ANALYSIS OF
TYPICAL FAULT WAVEFORMS IN
POWER SYSTEM SITES

电力系统现场
典型故障波形分析

张全元　主编

中国电力出版社
CHINA ELECTRIC POWER PRESS

内 容 提 要

本书选取了变电运行中较典型的故障波形进行系统分析，内容涉及发电、输电线路、电气设备、新能源、用户等，包含十二章、148 个案例、400 余张故障波形图。对每个案例的基本情况、保护动作报告及故障波形、专用故障录波器故障报告、整个故障动作过程、保护动作情况等内容进行了详细讲解，并对案例涉及的相关知识点进行了深化补充。

本书适用于变电运行、检修相关工程技术人员使用，也可供相关从业技术人员及专业学生参考。

图书在版编目（CIP）数据

电力系统现场典型故障波形分析 / 张全元主编.
北京：中国电力出版社，2025. 5. -- ISBN 978-7
-5198-9734-5

Ⅰ. TM711. 2

中国国家版本馆 CIP 数据核字第 20250JT687 号

出版发行：中国电力出版社
地　　址：北京市东城区北京站西街 19 号（邮政编码 100005）
网　　址：http://www.cepp.sgcc.com.cn
责任编辑：肖　敏（010-63412363）
责任校对：黄　蓓　郝军燕　于　维　李　楠
装帧设计：王红柳
责任印制：石　雷

印　　刷：北京雁林吉兆印刷有限公司
版　　次：2025 年 5 月第一版
印　　次：2025 年 5 月北京第一次印刷
开　　本：787 毫米×1092 毫米　16 开本
印　　张：40.25
字　　数：1005 千字
印　　数：0001—2000 册
定　　价：168.00 元

《电力系统现场典型故障波形分析》

编委会

主　　编　张全元

副 主 编　王　峰　孙宏录　孙德洲　熊超进　郭晨光　刘　飞　闫立凯　谭鑫巧　饶美玲　吴　玮　诸葛军　王宏芳

编写人员　肖梦凯　秦　豹　李　博　牛亚荣　高永永　游颖涛　刘津津　高银飞　梁志磊　赵启超　范　儒　张宜君　杨伟强　吴佳阳　吕振梅　苏继荣　任晋阳　张　锋　王　旭

前　言

在电力系统安全运行领域，故障波形分析犹如医生查看“心电图”，是诊断系统病症、优化保护方案的关键环节。然而长期以来，行业始终面临一个现实困境：市场上系统解析真实故障波形的专业书籍极为匮乏，大量珍贵的现场数据未能得到有效整理和传播。

2008 年，由本书主编张全元编写的《变电站现场事故处理及典型案例分析》问世，其中的故障波形分析内容成为众多电力从业者的“案头工具书”，历经多次重印仍供不应求。这充分印证了行业对真实故障案例的迫切需求。

《电力系统现场典型故障波形分析》的出版，正是对这一需求的深度回应。全书共十二章，包括电力系统故障分类、500kV 线路故障波形分析、220kV 线路故障波形分析、110kV 线路故障波形分析、66kV 及以下线路故障波形分析、发电机故障波形分析、变压器故障波形分析、35kV 及以下断路器故障波形分析、新能源故障波形分析、500kV 变电站 35kV 无功补偿电抗器故障波形分析、其他元件故障波形分析、复合性故障波形分析。书中对每个案例的基本情况、保护动作报告及故障波形、专用故障录波器故障报告、整个故障动作过程、保护动作情况等进行了详细讲解，同时对案例涉及的相关知识点进行了深化补充。

与其他理论教材不同，本书的每一幅波形图、每一个案例都来自真实的电力事故现场。主编团队历时十余年，从数千例故障报告中精选出 148 个最具代表性的典型案例，涵盖从 500kV 超高压线路到新能源电站的各类故障场景。这些珍贵的现场数据，凝聚了数十家电力企业的一线运行经验，其中大多数案例是首次公开披露。全书 400 余幅高清故障波形图中，您将看到：如何通过微妙的波形畸变发现潜在的设备隐患；不同保护装置在复杂故障下的动作特性对比；新能源并网引发的特殊故障模式；复合故障中多重保护配合的典型案例。

特别值得一提的是，本书不仅呈现原始波形，更通过“知识点提炼—现场基本情况—故障动作过程—波形解析”的四维分析法，带您深入事故本质。这种源于实战、归于实战的编写理念，使本书成为继电保护人员、运行检修人员不可多得的实战指南。

参与本书编写的作者分别来自国网湖北省电力有限公司超高压公司、国网辽宁省电力有限公司超高压公司、国网辽宁省电力有限公司大连供电公司、内蒙古电力（集团）有限责任公司鄂尔多斯供电分公司、内蒙古电力（集团）有限责任公司内蒙古超高压供电分公司、高新区智创山河技术服务工作室、国网新源集团有限公司河北丰宁抽水蓄能有限公司、北京恒源新能科技有限公司、国网新源集团有限公司新安江水力发电厂、山东泰开高压开关有限公司、山西西龙池抽水蓄能电站有限责任公司、中国电建集团西北勘测设计研究院有限公司、国网新源控股有限公司检修分公司、国网天津市电力公司、国网湖南省电力公司超高压公司、青岛城投新能源集团有限公司、国网山西省电力公司超高压变电分公司、国网新疆电力有限公司昌吉供电公司、内蒙古三峡蒙能能源有限公司等。

在知识快速迭代的今天，我们坚信：真实的故障数据比理论推演更有说服力，现场的经验总结比公式推导更具指导价值。本书的出版，不仅是一本专业著作的问世，更是对电力行业知识传承方式的一次创新尝试。

本书编写过程中参考了大量的相关书籍，在此对相关作者表示衷心的感谢，也对为本书提供资料的工程技术人员、为本书出版付出辛勤工作的编辑及绘图人员表示衷心的感谢。

由于现场故障的复杂性和技术发展的动态性，书中难免存在不足之处，我们期待与读者共同完善这份珍贵的行业知识库。您对本书的任何建议，都将为电力安全运行贡献一分力量。

编者

2025 年 5 月

目 录

第一章 电力系统故障分类

一、电力系统故障类型

电力系统的故障可分为两种，即横向故障（或短路故障）和纵向故障。

（1）横向故障是指在网络的节点处出现了相与相之间或相与零电位之间不正常接通的情况，如接地系统的单相接地短路、相间故障、两相接地短路、三相短路等。发生横向故障时，由故障点同零电位节点组成故障端口。

（2）纵向故障是指网络的两个相邻节点（都不是零电位点）之间出现了不正常断开或三相阻抗不相等的情况。断相会造成线路或设备的非全相运行。

造成非全相运行的原因很多，例如：一相或两相的导线断线；断路器在合闸过程中三相触头不同时接通；某一线路单相接地后，故障断路器跳闸；装有串联补偿电容器的线路上电容器一相或两相击穿以及三相参数不平衡等。电力系统发生纵向不对称故障时，虽然不会引起过电压，一般也不会引起大电流（非全相运行伴随振荡情况除外），但是系统中会产生具有不利影响的负序和零序分量。负序电流流过发电机时，会使发电机转子过热和绝缘损坏，影响发电机出力；零序电流的出现对附近通信系统产生干扰。另外，电力系统非全相运行产生的负序分量和零序分量会对反应负序或零序分量的继电保护装置产生影响，可能会造成保护动作（与故障前的负载电流大小有关）。

二、短路故障

（一）短路的基本概念

短路：电路中电源向负荷的两根导线不经过负荷而相互直接接通，就发生了电源被短路的情况。这时，电路中的电流可能增大到远远超过导线所允许的电流限度。

电力系统短路是指一相或多相载流导体接地（相与地之间短接）或相与相之间短接。在中性点直接接地系统中，还指单相接地或多相接地。

短路分为对称性短路和不对称性短路两种。

（1）对称性短路：当三相短路时，由于被短路回路的三相阻抗可以认为相等，因此三相短路电流和电压仍是对称。

（2）不对称性短路：在发生非三相短路时，不仅每相电路中的电流和电压数值不相等，它们的相角也不相同。不对称性短路有单相接地短路、相间故障、两相接地短路等。

任一组不对称三相系统的一组相量（电流、电压或磁通等），都可以分解成相序各不相同的三组对称三相系统的相量，正序系统、负序系统和零序系统。正序即 A、B、C 三相按顺时针排序，用下标 1 表示；负序即 A、B、C 三相按逆时针排序，用下标 2 表示；零序即 A、B、C 三相同向，用下标 0 表示。

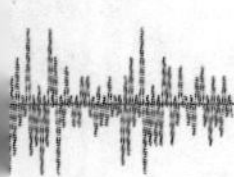

（二）短路故障的特点

1. 单相接地短路

单相接地短路故障发生较为频繁，以A相短路为例进行分析。

（1）短路点的边界条件为：

$$\begin{cases}\dot{U}_{\text{KA}}=0\\ \dot{I}_{\text{kB}}=\dot{I}_{\text{kC}}=0\end{cases} \tag{1-1}$$

式中：$\dot{U}_{\text{KA}}$为A相短路电压；$\dot{I}_{\text{kB}}$、$\dot{I}_{\text{kC}}$分别为B、C相短路电流。

单相接地短路时的系统接线如图1-1所示。

（2）单相接地短路的复合序网，如图1-2所示。

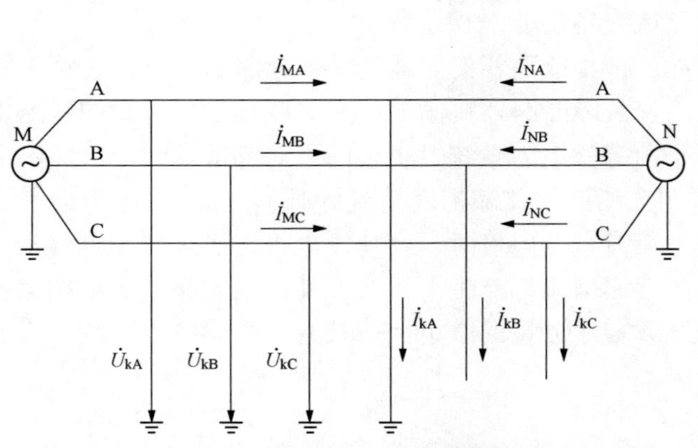

图1-1　单相接地短路时的系统接线图

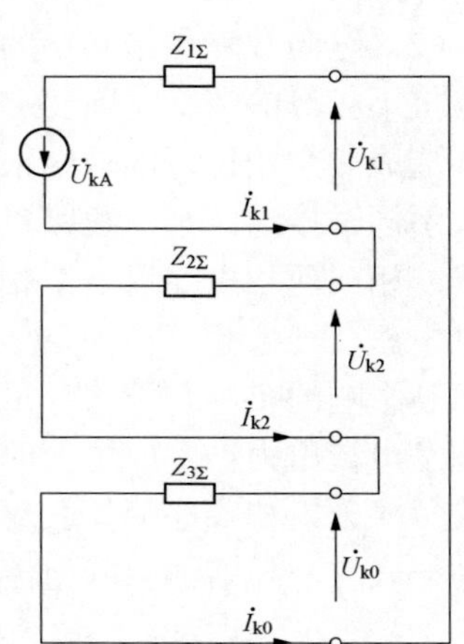

图1-2　单相接地短路复合序网图

（3）单相接地短路相量分析，电流和电压相量图如图1-3所示。

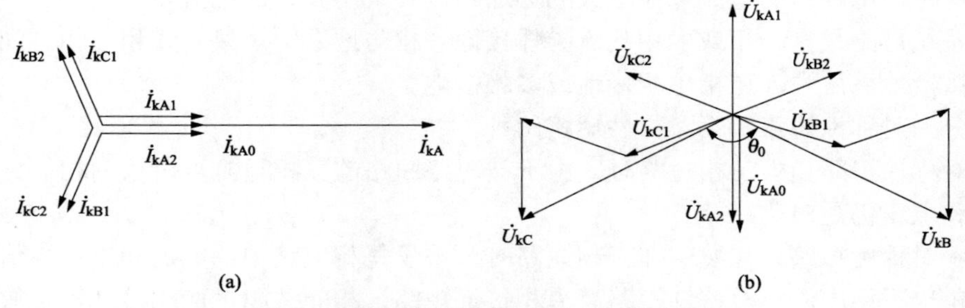

图1-3　单相接地短路电流和电压相量图

（a）电流相量图；（b）电压相量图

（4）单相接地短路特点。

1）单相接地短路故障点故障相电流的正序、负序和零序分量大小相等方向相同，所以故障相短路电流为$\dot{I}_{\text{KA}}=3\dot{I}_{\text{KA1}}=3\dot{I}_{\text{KA2}}=3\dot{I}_{\text{KA0}}$。

2）非故障相短路电流为零。

3）短路点故障相电压等于零。

4）短路点两非故障相电压幅值相等，相位角为 θ_0，它的大小取决于 $\sum Z_0/\sum Z_2$ 之比。

（5）单相接地短路波形。A 相单相接地短路典型波形如图 1-4 所示。

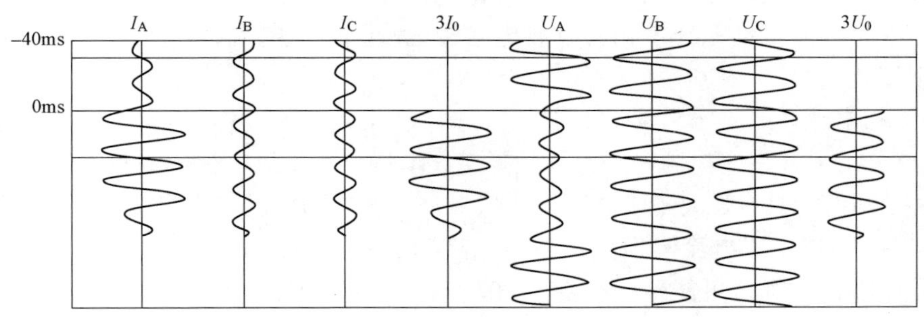

图 1-4　A 相单相接地短路典型波形图

单相接地短路故障波形分析：

1）波形记录了故障前（正常运行）40ms 的电流和电压量。

2）故障相电流增大、电压降低；出现零序电流和零序电压。

3）零序电流与故障相电流大小相等、方向相同。

4）由于故障录波器所取电压在保护安装处，因此故障相电压等于故障电流乘以故障点到保护安装处的阻抗。

5）非故障相电压不变。

6）故障电流和电压持续了 65ms（即故障持续时间=保护的动作时间+断路器的分闸时间）。

7）非故障相（B、C 相）电流为负载电流，非故障相电压为正常电压。

（6）中性点有效接地系统单相金属性接地故障电源侧电流、电压的特点（负荷侧变压器中性点不接地运行）。

1）故障电流。

a．幅值：①上升突变，同等条件下故障点离本侧母线越近，幅值越高，反之越低；②短路电流与零序电流幅值相等。

b．相位：①与零序电流同相；②滞后故障相电压（或故障相故障前的电压）一个系统阻抗约 80°。

2）非故障相电流：无故障分量，有负载电流。

3）零序电流。

a．幅值：上升突变，与故障相电流幅值相等。

b．相位：①与故障相电流同相；②超前零序电压约 100°。

4）故障相电压。

a．幅值：①在出口处金属性接地故障时，残压幅值为零；②非出口处故障时，残压幅值不为零；③故障点离本侧母线越远，残压幅值越高，反之越低。

b．相位：与故障前本相电压同相。

5）非故障相电压。

a．幅值：①上升、下降或不变，取决于此处的正序阻抗与零序阻抗的关系；②两相幅值对称变化；③非故障相之间的电压差与故障前始终保持不变。

b．相位：幅值上升、相位差变大，幅值下降、相位差变小。

6）接地点的零序电压最高；故障点离本侧母线越远，幅值越低，反之越高；零序电压的相位与故障相反相或与故障相前的电压反相。

（7）中性点有效接地系统单相经过渡电阻接地故障电源电流、电压的特点（负荷侧变压器中性点不接地运行）。

1）故障相电流。

a．幅值：①上升突变，同等条件下故障点离本侧母线越近，幅值越高，反之越低；②过渡电阻越大，幅值越低；过渡电阻越小，幅值越高；③短路电流与零序电流幅值相等。

b．相位：①与零序电流同相；②故障电流滞后故障相电压一个阻抗角，随过渡电阻及故障点的过渡阻抗不等，可能范围在 0°～80°。

2）非故障相电流：无故障分量，有负载电流。

3）零序电流：零序电流幅值上升突变，与故障相电流幅值相等。

a．幅值：①与故障相同相；②超前零序电压约 100°。

b．相位。

4）故障相电压。

a．幅值：①在出口处受过渡电阻影响，残压不为零；②故障点离本侧母线距离越远，残压越高，故障距离越近，残压越低。

b．相位：滞后故障前本相电压。

5）非故障两相。

a．幅值：①电压上升、下降或不变，取决于此处的正序阻抗与零序阻抗的关系；②两相不是同幅值对称变化，故障相滞后相电压幅值变化大于超前相；③非故障两相之间的相位差与故障前保持不变。

b．相位：滞后相幅值上升时，两非故障相之间的相位差变小，反之变大。

6）接地点的零序电压最高；故障点离本侧母线越远，幅值越低，反之越高；接地电阻越大，幅值越低，反之越高；零序电压的相位与故障相电压不是反相关系。

（8）中性点有效接地系统单相金属性接地故障电源侧电流、电压的特点（负荷侧变压器中性点接地运行）。

1）故障电流。

a．幅值：①上升突变，同等条件下故障点离本侧母线越近，幅值越高，反之越低；②短路电流与零序电流幅值不相等。

b．相位：①与零序电流同相；②滞后故障相电压或故障相故障前的电压一个系统阻抗角，约 80°。

2）非故障相电流：两非故障相出现等幅故障电流；两非故障相电流同相，与故障相电流反相。

3）零序电流。

a．幅值：上升突变，与故障相电流幅值相等。

b．相位：①与故障相电流同相；②超前零序电压约 100°。

4）故障相电压。

a．幅值：①在出口处金属性接地故障时，残压幅值为零；②非出口处故障时，残压幅值不为零；③故障点离本侧母线越远，残压幅值越高，反之越低。

b．相位：与故障前本相电压同相。

5）非故障相电压。

a．幅值：①上升、下降或不变，取决于此处的正序阻抗与零序阻抗的关系；②两相同幅值对称变化；③非故障相之间的电压差与故障前始终保持不变。

b．相位：幅值上升、相位差变大，幅值下降、相位差变小。

6）接地点的零序电压最高；故障点离本侧母线越远，幅值越低，反之越高；零序电压的相位与故障相反相或与故障相前的电压反相。

（9）中性点有效接地系统单相经过渡电阻接地故障电源侧电流、电压的特点（负荷侧变压器中性点接地运行）。

1）故障相电流。

a．幅值：①上升突变，同等条件下故障点离本侧母线越近，幅值越高，反之越低；②过渡电阻越大，幅值越低；过渡电阻越小，幅值越高；③短路电流与零序电流幅值相等。

b．相位：①与零序电流同相；②故障电流滞后故障相电压一个阻抗角，随过渡电阻及故障点的等值不等，可能范围在0°～80°。

2）非故障相电流：两非故障相出现等幅故障电流；两非故障相电流同相，与故障相电流反相。

3）零序电流。

a．幅值：零序电流幅值上升突变，与故障相电流幅值相等。

b．相位：①与故障相电流同相；②超前零序电压约100°。

4）故障相电压。

a．幅值：①在出口处受过渡电阻影响残压不为零；②故障点离本侧母线距离越远，残压越高，故障距离越近，残压越低。

b．相位：滞后故障前本相电压。

5）非故障两相。

a．幅值：①电压上升、下降或不变，取决于此处的正序阻抗与零序阻抗的关系；②两相不是同幅值对称变化，故障相滞后相电压幅值变化大于超前相；③非故障两相之间的相位差与故障前保持不变。

b．相位：滞后相幅值上升时，两非故障相之间的相位差变小，反之变大。

6）接地点的零序电压最高；故障点离本侧母线越远，幅值越低，反之越高；接地电阻越大，幅值越低，反之越高；零序电压的相位与故障相电压不是反相关系。

（10）中性点有效接地系统单相金属性接地故障负荷侧电流、电压的特点（负荷侧变压器中性点不接地运行）。

1）故障相电流：无。

2）非故障相电流：无。

3）零序电流：无。

4）故障相电压幅值及相位：幅值下降突变为零；相位无。

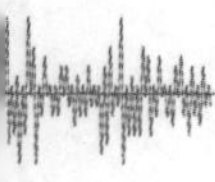

5）非故障相电压。

a．幅值：等幅值上升或下降，非故障相之间电压之差与故障前保持不变。

b．相位：幅值上升，相位差变小；幅值下降，相位差变大。

6）零序电压。

a．幅值：一般情况下，故障点离本侧母线越近，幅值越高；反之越低，极限为3倍正常相电压值。

b．相位：与对侧零序电压同相。

（11）中性点有效接地系统单相经过渡电阻接地故障负荷侧电流、电压的特点（负荷侧变压器中性点不接地运行）。

1）故障相电流：无。

2）非故障相电流：无。

3）零序电流：无。

4）故障相电压幅值及相位：幅值下降突变，幅值不为零；幅值始终等于故障点故障相电压幅值；相位无。

5）非故障相电压。

a．幅值：①上升、下降或不变；②两相不是等幅值变化，故障相滞后相电压幅值变化大于超前相；③非故障相之间电压之差与故障前保持不变。

b．相位：相位差变小或变大。

6）零序电压幅值及相位：一般情况下幅值都较高，对侧母线出口处故障时，本侧零序电压与对侧母线零序电压幅值相等；与对侧零序电压同相。

（12）中性点有效接地系统单相金属性接地故障负荷侧电流、电压的特点（负荷侧变压器中性点接地运行）。

1）故障相电流幅值及相位：出现小幅故障分量电流，与非故障相电流幅值相等；滞后故障相电压一个阻抗角（约80°），与非故障相电流同相。

2）非故障相电流幅值及相位：出现小幅故障分量电流，与非故障相电流幅值相等，与对侧同相电流幅值相等；相位与故障相电流相同，与对侧同相电流相反。

3）零序电流幅值及相位：幅值是各相电流幅值的3倍；相位与本侧各相电流相同，超前零序电压约100°。

4）故障相电压幅值及相位：幅值下降、突变，残压不为零；相位与故障前电压同相。

5）非故障相电压。

a．幅值：等幅值上升或下降；非故障相之间电压之差与故障前保持不变。

b．相位：幅值上升，相位差变小；幅值下降，相位差变大。

6）零序电压幅值及相位：故障点离本侧母线越近，幅值越高，反之越低；相位与故障相电压反相。

（13）中性点有效接地系统单相经过渡电阻接地故障负荷侧电流、电压的特点（负荷侧变压器中性点接地运行）。

1）故障相电流。

a．幅值：出现小幅故障分量电流，与非故障相电流幅值相等。

b．相位：①与零序电流同相；②滞后故障相电压一个阻抗角（随过渡电阻及故障点的等值不等，可能范围在 0°～80°）。

2）非故障相电流幅值及相位：出现小幅故障分量电流，与非故障相电流幅值相等，与对侧同相电流幅值相等；相位与故障相电流相同，与对侧同相电流相反。

3）零序电流幅值及相位：幅值是各相电流幅值的 3 倍；相位与本侧各相电流相同，超前零序电压约 100°。

4）故障相电压幅值及相位：幅值下降、突变，残压不为零；相位与故障前本相电压不相同。

5）非故障相电压。

a．幅值：①上升、下降或不变；②两相不是等幅值变化，故障相滞后相电压幅值变化大于超前相；③非故障相之间电压之差与故障前保持不变。

b．相位：相位差变小或变大。

6）零序电压幅值及相位：故障点离本侧母线越近，幅值越高，反之越低；相位与故障相电压不是反相关系，与对侧零序电压同相。

2．两相短路故障

（1）两相短路的边界条件。两相短路时的系统接线如图 1-5 所示，假定在 k 点发生 BC 两相短路，其边界条件为：

$$\dot{I}_{kA}=0\ ;\quad \dot{I}_{kB}=-\dot{I}_{kC}\ ;\quad \dot{U}_{kB}=\dot{U}_{kC} \tag{1-2}$$

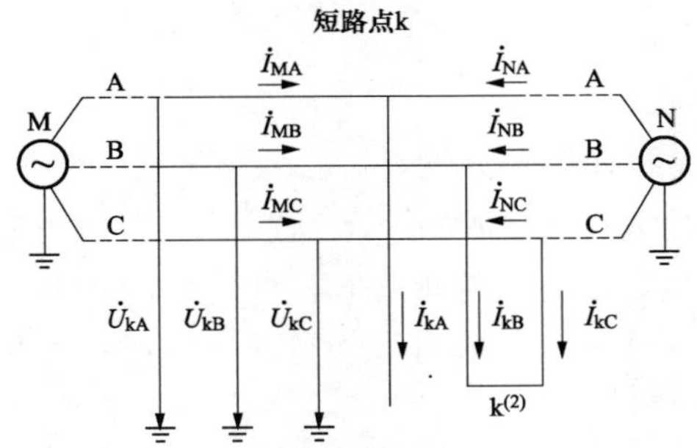

图 1-5　两相短路时的系统接线图

（2）两相短路时的序网及复合序网，如图 1-6 所示。

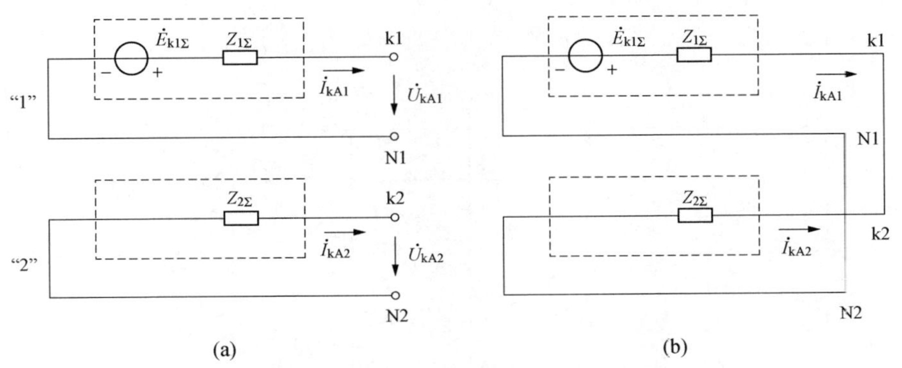

图 1-6　两相短路时的序网图及复合序网图

（a）序网图；（b）复合序网

（3）两相短路时短路处的电压、电流相量图，如图 1-7 所示。

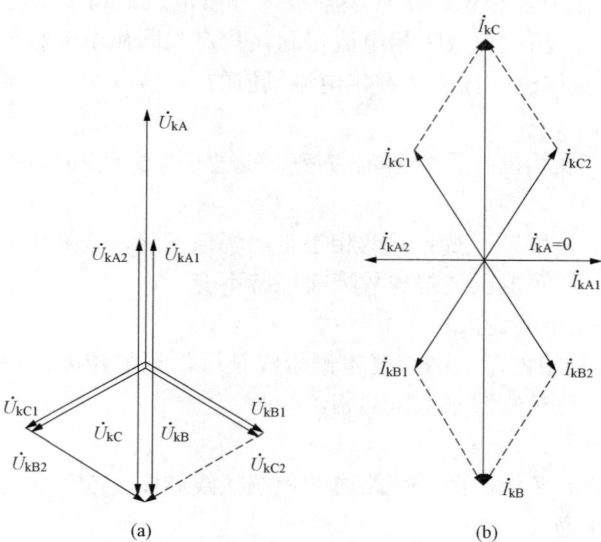

图 1-7　两相短路时的短路处的电压、电流相量图

（a）电压相量图；（b）电流相量图

（4）两相短路的基本特点：

1）短路电流及电压中不存在零序分量。

2）两故障相中的短路电流的绝对值相等，而方向相反，数值上为正序电流的 $\sqrt{3}$ 倍。

3）当在远离发电机的地方发生两相短路时，此时两相短路的故障相电流为同一点发生三相短路时的短路电流的 $\sqrt{3}/2$ 倍，因此可以通过对序网进行三相短路计算来近似求两相短路的电流。

4）两相短路时，正序电流在数值上与在短路点加上一个附加阻抗 $Z_{\Delta}^{(2)} = Z_{2\Sigma}$ 所构成的增广正序网而发生三相短路时的电流相等。

5）短路处两故障相电压总是大小相等，数值上为非故障相电压的 1/2，两故障相电压相位上总是相同，但与非故障相电压方向相反。

（5）两相短路故障波形。AB 相间短路典型波形如图 1-8 所示。

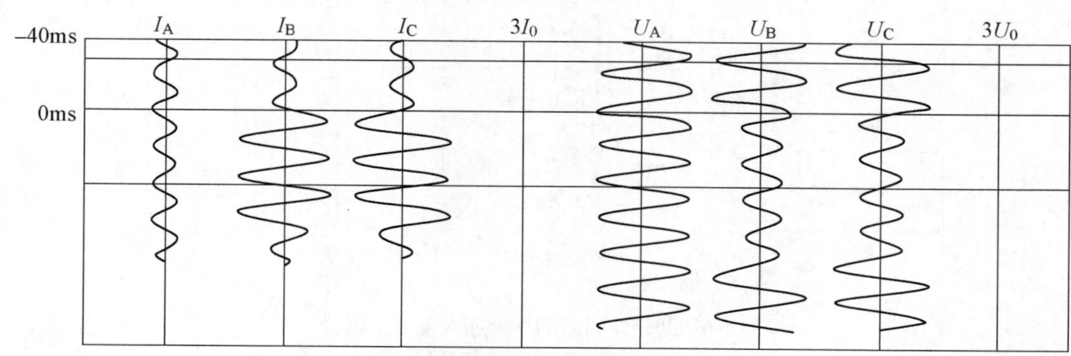

图 1-8　AB 相间短路典型波形图

两相短路故障波形分析：

1）波形记录了故障前（正常运行）40ms 的电流和电压量。

2）两短路故障电流大小相等、方向相反。

3）两故障相电压大小相等、方向相同。

4）没有零序电流、零序电压。

5）非故障相（C 相）电流为负载电流，非故障相（C 相）电压为正常电压。

（6）中性点有效接地系统两相金属性相间故障的电源侧电流、电压特点。

1）短路电流及电压中不存在零序分量。

2）故障相电流。

a．幅值：两故障相中的短路电流的绝对值相等。

b．相位：①电源侧两故障相电流相位相反；②电源侧两故障相电流中的滞后相电流超前非故障相电压约 10°，两故障相电流中的超前相电流滞后非故障相电压约 170°。

3）非故障相电流：无故障电流，有负载电流。

4）故障相电压。

a．幅值：①电源侧两故障相电压幅值下降，且相等；②故障点离母线越远，幅值越高，反之越低；③出口处故障有极限最小幅值，为非故障相电压值的一半。

b．相位：①电源侧两故障相电压的相位始终关于非故障相电压对称；②两故障相电压相位差变小，随故障点离本侧母线越远，角度差越大，反之越小，变化范围为 0°～120°；③出口处故障时，两电压同相且与非故障相电压反相。

5）非故障相电压幅值及相位：非故障相电压幅值和相位与故障前保持不变。

（7）中性点有效接地系统两相经过渡电阻相间故障的电源电流、电压特点。

1）短路电流及电压中不存在零序分量。

2）故障相电流。

a．幅值：两故障相中的短路电流的绝对值相等。

b．相位：①两故障相电流相位相反；②两故障相电流中的滞后相电流随过渡电阻及故障点远近变化，超前非故障相电流超前非故障相电压为 10°～90°，两故障相电流中的超前相电流随过渡电阻及故障点远近变化，滞后非故障相电压为 170°～90°。

3）非故障相电流：无故障电流，有负载电流。

4）故障相电压。

a．幅值：①两故障相电压幅值不相等；②两故障相中的超前相电压幅值大于滞后相电压幅值；③两故障相电压中的超前电压幅值随过渡电阻不相等，幅值可能下降也可能上升（较小过渡电阻时一般下降，较大过渡电阻时一般上升），但滞后相电压幅值会下降。

b．相位：两故障相电压相位差变小，随故障点离本侧母线距离及过渡电阻大小而变化，距离越远，角度差越大，反之越小，变化范围为 0°～120°。

5）非故障相电压幅值及相位：非故障相电压幅值和相位与故障前保持不变。

（8）中性点有效接地系统两相金属性相间故障的负荷侧电流、电压特点。

1）短路电流及电压中不存在零序分量。

2）故障相电流：无。

3）非故障相电流：无。

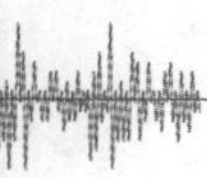

4）故障相电压。

a．幅值：两故障相电压幅值下降，且始终相等，为非故障相电压的一半，与故障点远近无关。

b．相位：两故障相电压始终相同，且与非故障相电压反相。

5）非故障相电压幅值及相位：非故障相电压幅值和相位与故障前保持不变。

（9）中性点有效接地系统两相经过渡电阻相间故障的负荷侧电流、电压特点。

1）短路电流及电压中不存在零序分量。

2）故障相电流：无。

3）非故障相电流：无。

4）故障相电压。

a．幅值：①两故障相电压幅值不相等；②两故障相电压中超前相的幅值大于滞后相的幅值；③两故障相电压中超前相的幅值随过渡电阻不相等，幅值可能下降也可能上升（过渡电阻较小时一般下降，过渡电阻较大时一般上升），但滞后相电压幅值会下降；④对侧母线出口处故障时，与对侧故障相电压相等。

b．相位：①两故障相电压相位差变小，随故障点离本侧母线距离及过渡电阻大小而变化，距离越远，角度差越大，反之越小，角度变化范围为0°～120°；②对侧母线出口处故障时，与对侧故障相电压相同。

5）非故障相电压幅值及相位：非故障相电压幅值和相位与故障前保持不变。

3．两相接地短路

（1）两相接地短路的边界条件。两相接地短路时的系统接线如图1-9所示，假定在k点发生BC两相接地短路，其边界条件为：

$$\dot{I}_{kA}=0\text{；}\ \dot{U}_{kB}=0\text{；}\ \dot{U}_{kC}=0 \tag{1-3}$$

（2）两相接地短路时的序网及复合序网，如图1-10所示。

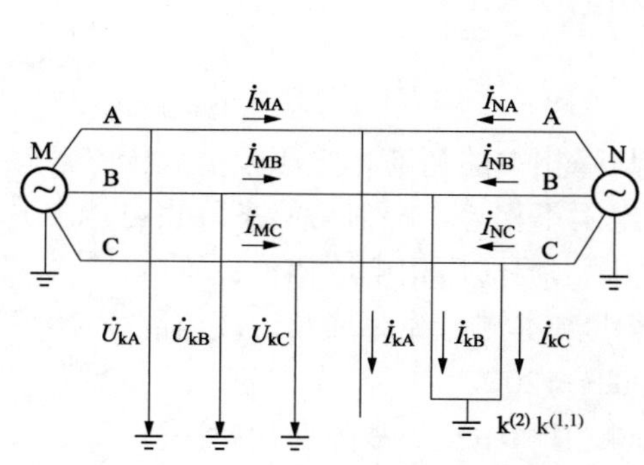

图1-9 两相接地短路时的系统接线图

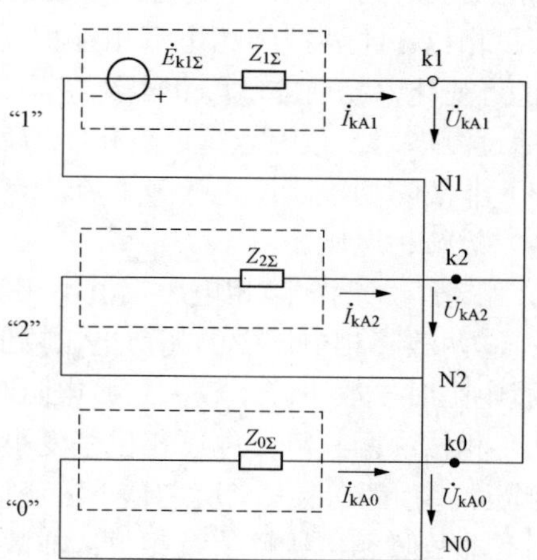

图1-10 两相接地短路时的序网及复合序网图

（3）两相接地短路时，短路处的电压、电流相量图如图1-11所示。

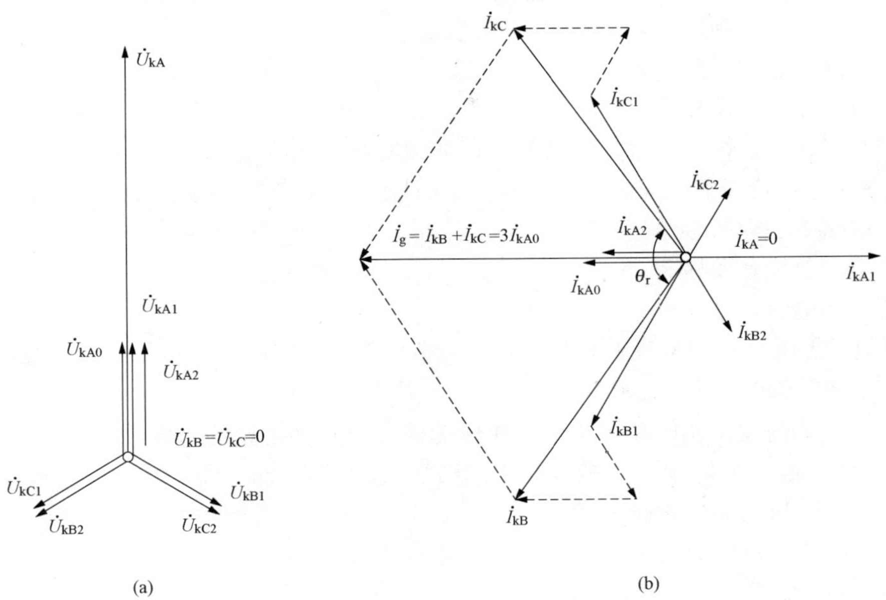

图 1-11　两相接地短路处的电压、电流相量图

（a）电压相量图；（b）电流相量图

（4）两相接地短路的基本特点。

1）短路处正序电流与在原正序网络上增接一个附加阻抗 $Z_{\Delta}^{(1.1)}=Z_{2\Sigma}//Z_{0\Sigma}$ 后而发生三相短路时的短路电流相等。

2）短路处两故障相电压等于零。

3）在假定 $Z_{0\Sigma}$ 和 $Z_{2\Sigma}$ 的阻抗角相等的情况下，两故障相电流的幅值总相等，其间的夹角 θ_1 随 $Z_{0\Sigma}/Z_{2\Sigma}$ 的不同而不同，当 $Z_{0\Sigma}/Z_{2\Sigma}$ 由 0 变到∞时，θ_1 由 60°变到 180°，即 $60°<\theta_1\leqslant 180°$。

4）流入地中的电流 $\dot{I}_g$ 等于两故障相电流之和。

（5）两相接地短路波形。A、B 两相接地短路典型波形如图 1-12 所示。

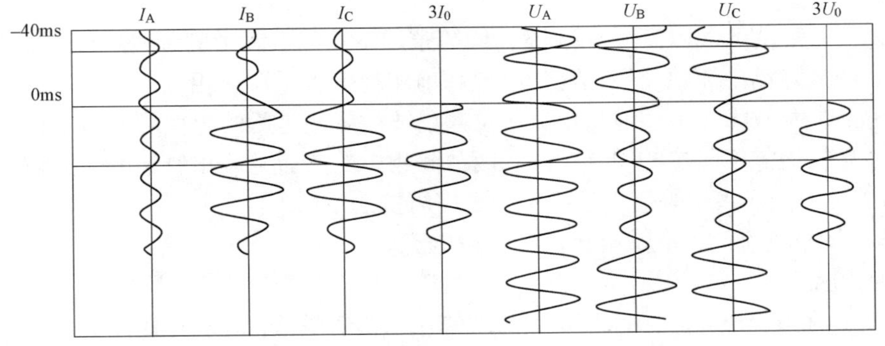

图 1-12　A、B 两相接地短路典型波形图

两相接地短路录波图分析：

1）波形记录了故障前（正常运行）40ms 的电流和电压量。

2）两短路故障电流大小相等、方向相同。

3）有零序电流和零序电压。

4）两故障相电压降低。

5）非故障相（C 相）电流为负载电流，非故障相电压为正常电压。

（6）中性点有效接地系统馈线发生两相金属性接地短路时，线路电源侧电流、电压特点（负荷侧变压器中性点不接地运行）。

1）有零序分量和负序分量。

2）故障相电流。

a．幅值：①两故障相电流上升突变，同等条件下故障点离本侧母线越近，幅值越高，反之越低；②两故障相电流幅值相等。

b．相位：①两故障相中超前相电流相位超前非故障相电压的角度约为 160°（系统等值正序阻抗与零序阻抗相等）；②两故障相中的滞后电流相位超前非故障相电压的角度约为 40°（系统等值正序阻抗与零序阻抗相等）。

3）非故障相电流：无故障电流，有的有负载电流。

4）零序电流。

a．幅值：上升突变，故障点离本侧母线越远，幅值越低，反之越高。

b．相位：①超前非故障相电压约 100°；②超前本侧零序电压约 100°。

5）故障相电压。

a．幅值：①出口处故障，残压为零；②非出口处故障，两接地相残压始终相等。

b．相位：与非故障相电压对称。

6）非故障相电压幅值及相位：幅值上升、下降或不变（取决于此处的正序等值阻抗与零序等值阻抗的关系）；相位与本相故障前同相位。

7）零序电压上升突变，相位与非故障相相同。

（7）中性点有效接地系统馈线发生两相经过渡电阻接地短路时，线路电源侧电流、电压特点（负荷侧变压器中性点不接地运行）。

1）有零序分量和负序分量。

2）故障相电流。

a．幅值：①两故障相电流上升突变，同等条件下故障点离本侧母线越近，幅值越高，反之越低；②两故障相电流幅值不相等，一般超前相幅值大于滞后相幅值。

b．相位：①两故障相中超前相电流相位超前非故障相电压的角度约为 149.11°～190°（系统等值正序阻抗为零序阻抗的 2 倍）；②两故障相中的滞后电流相位超前非故障相电压的角度约为 50.89°～10°（系统等值正序阻抗为零序阻抗的 2 倍）。

3）非故障相电流：无故障电流，有负载电流。

4）零序电流。

a．幅值：上升突变，故障点离本侧母线越远，幅值越低，过渡电阻越大，幅值越低，反之幅值越高。

b．相位：①超前非故障相电压约 100°；②出口处故障时与相电压同相位。

5）故障相电压。

a．幅值：①出口处故障时，两故障相残压幅值不为零，幅值相等，且与对侧非故障相电

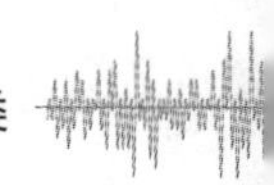

压幅值相等；②非出口处故障时，两接地相残压幅值不相等，滞后相电压幅值一般大于超前相电压幅值。

b．相位：①不再关于非故障相电压对称；②出口处故障时，与零序电流同相位，且与对侧故障相电压幅值相等。

6）非故障相电压幅值及相位：幅值上升、下降或不变（取决于此处的正序等值阻抗与零序等值阻抗的关系）；相位有可能超前本相故障前电压，也有可能滞后（取决于此处的正序等值阻抗与零序等值阻抗的关系）。

7）零序电压：幅值上升突变，相位超前非故障相电压，极限角度约为 80°。

（8）中性点有效接地系统馈线发生两相金属性接地短路时，线路电源侧电流、电压特点（负荷侧变压器中性点接地运行）。

1）有零序分量和负序分量。

2）故障相电流。

a．幅值：①两故障相电流上升突变，同等条件下故障点离本侧母线越近，幅值越高，反之越低；②两故障相电流幅值相等。

b．相位：①两故障相中超前相电流相位超前非故障相电压的角度约为 160°（系统等值正序阻抗与零序阻抗相等）；②两故障相中的滞后电流相位超前非故障相电压的角度约为 40°（系统等值正序阻抗与零序阻抗相等）。

3）非故障相出现故障分量。非故障相电流的相位：①滞后本侧非故障相电压角度为 80°；②与本侧零序电流反相位；③与对侧各相电流反相位。

4）零序电流幅值上升突变，故障点离本侧母线越远，幅值越低，反之越高。零序电流的相位：①超前非故障相电压约 100°；②超前本侧零序电压约 100°；③与本侧非故障相电流反相位。

5）故障相电压。

a．幅值：①出口处故障，残压为零；②非出口处故障，两接地相残压幅值始终相等。

b．相位：与非故障相电压对称。

6）非故障相电压。

a．幅值：上升、下降或不变（取决于此处的正序等值阻抗与零序等值阻抗的关系）。

b．相位：相位与本相故障前同相位。

7）零序电压幅值上升突变，相位与非故障相相同。

（9）中性点有效接地系统馈线发生两相经过渡电阻接地短路时，线路电源侧电流、电压特点（负荷侧变压器中性点接地运行）。

1）有零序分量和负序分量。

2）故障相电流。

a．幅值：①两故障相电流上升突变，同等条件下故障点离本侧母线越近，幅值越高，反之越低；②两故障相电流幅值不相等，一般超前相幅值大于滞后相幅值。

b．相位：①两故障相中超前相电流相位超前非故障相电压的角度约为 149.11°～190°（系统等值正序阻抗为零序阻抗的 2 倍）；②两故障相中的滞后电流相位超前非故障相电压的角度约为 50.89°～10°（系统等值正序阻抗为零序阻抗的 2 倍）。

3）非故障相出现故障分量。非故障相电流的相位：①滞后本侧非故障相电压可能的角度为0°～80°；②与本侧零序电流反相位；③与对侧各相电流反相位。

4）零序电流。

a．幅值：上升突变，故障点离本侧母线越远，幅值越低，过渡电阻越大，幅值越低，反之幅值越高。

b．相位：①超前非故障相电压约100°；②出口处故障时与相电压同相位。

5）故障相电压。

a．幅值：①出口处故障时，两故障相残压幅值不为零，幅值相等；②非出口处故障时，两接地相残压幅值不相等。滞后相电压幅值一般大于超前相电压幅值。

b．相位：①不再关于非故障相电压对称；②出口处故障时，与零序电流同相位。

6）非故障相电压。

a．幅值：上升、下降或不变，取决于此处的正序等值阻抗与零序等值阻抗的关系。

b．相位：有可能超前本相故障前电压，也有可能滞后，取决于此处的正序等值阻抗与零序等值阻抗的关系。

7）零序电压：幅值上升突变，相位超前非故障相电压，极限角度约为80°。

（10）中性点有效接地系统馈线发生两相金属性接地短路时，线路负荷侧电流、电压特点（负荷侧变压器中性点不接地运行）。

1）故障相电流幅值及相位：无。

2）非故障相电流幅值及相位：无。

3）零序电流幅值及相位：无。

4）故障相电压幅值及相位：幅值下降突变，幅值为零；相位无。

5）非故障相电压幅值及相位：幅值上升、下降或不变（取决于此处的正序等值阻抗与零序等值阻抗的关系）；相位与本相故障前同相位。

6）零序电压幅值及相位：幅值上升、突变，与非故障相电压相等；相位与非故障相相同。

（11）中性点有效接地系统馈线发生两相经过渡电阻接地短路时，线路负荷侧电流、电压特点（负荷侧变压器中性点接地运行）。

1）故障相电流幅值及相位：无。

2）非故障相电流幅值及相位：无。

3）零序电流幅值及相位：无。

4）故障相电压幅值及相位：幅值下降、突变，幅值不为零；两故障相电压相位相同，与对侧零序电流相位相同。

5）非故障相电压幅值及相位：幅值上升、下降或不变（取决于此处的正序等值阻抗与零序等值阻抗的关系）；相位有可能超前本相故障前电压，也可能滞后（取决于故障点的正序等值阻抗与零序等值阻抗的关系）。

6）零序电压幅值及相位：幅值上升、突变；相位超前非故障相电压，极限角度约为80°。

（12）中性点有效接地系统馈线发生两相金属性接地短路时，线路负荷侧电流、电压特点（负荷侧变压器中性点接地运行）。

1）故障相电流幅值及相位：出现故障分量电流，与非故障相电流幅值相等；相位超前非故障相电压的角度约为100°，与非故障相电流同相位。

2）非故障相电流幅值及相位：出现故障分量电流，与两故障相电流幅值相等；与对侧非故障相电流幅值相等；相位与两故障相电流同相位，与对侧非故障相电流相反。

3）零序电流幅值及相位：幅值是各相电流幅值的 3 倍；相位与本侧各相位电流相同，超前零序电压越 100°。

4）故障相电压幅值及相位：幅值下降突变，本侧出口处故障时幅值为零；两故障相电压相位相同，与对侧零序电流相位相同。

5）非故障相电压幅值及相位：幅值上升、下降或不变；相位与本侧故障相电压相同。

6）零序电压幅值及相位：幅值上升、突变，小于非故障相电压；相位与非故障相相同。

（13）中性点有效接地系统馈线发生两相经过渡电阻接地短路时，线路负荷侧电流、电压特点（负荷侧变压器中性点接地运行）。

1）故障相电流幅值及相位：出现故障分量电流，与非故障相电流幅值相等；两故障相电流与非故障相电流同相位。

2）非故障相电流。

a. 幅值：出现故障分量电流，与两故障相电流幅值相等；与对侧非故障相电流幅值相等。

b. 相位：与两故障相电流同相位，与对侧同故障相电流相反。

3）零序电流幅值及相位：幅值是各相电流幅值的 3 倍；相位与本侧各相位电流相同，超前零序电压越 100°。

4）故障相电压幅值及相位：幅值下降突变，残压幅值不为零；相位：两故障相电压相同。

5）非故障相电压幅值及相位：幅值上升、下降或不变；相位：有可能超前本相故障前电压，也有可能滞后。

6）零序电压幅值及相位：幅值上升突变，小于非故障相电压；相位超前非故障相电压，极限角度约 80°。

4．三相短路

（1）三相短路的边界条件。三相短路时的系统接线如图 1-13 所示，假定在 k 点发生三相短路，其边界条件为：

$$\begin{aligned}\dot{I}_{kA}+\dot{I}_{kB}+\dot{I}_{kC}=0\\ \dot{U}_{kA}=\dot{U}_{kB}=\dot{U}_{kC}\end{aligned} \tag{1-4}$$

（2）三相短路时的复合序网，如图 1-14 所示。

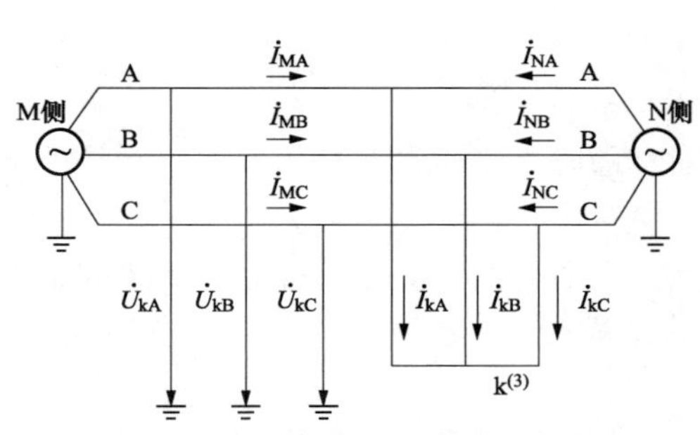

图 1-13　三相短路时的系统接线图

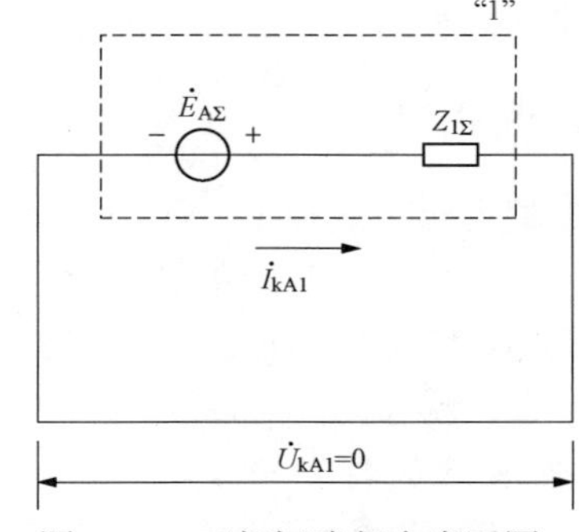

图 1-14　三相短路复合序网图

（3）三相短路相量图，如图 1-15 所示。由图 1-15（a）可见，三相短路电流是对称的，越靠近变电站首端，短路时电流幅值越大；由图 1-15（b）可见，三相短路电压也是对称的，短路点电压为零。

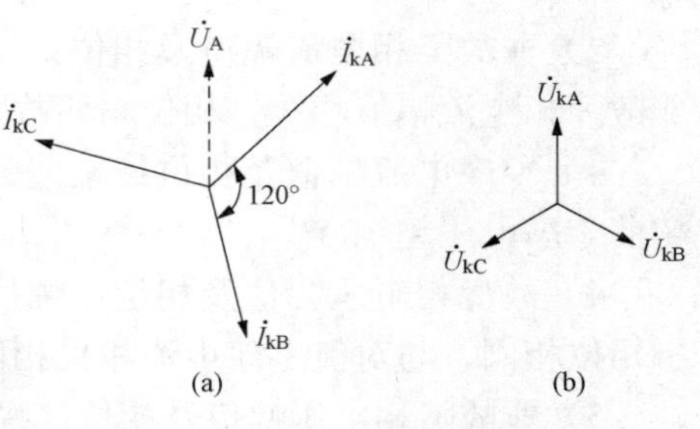

图 1-15　三相短路相量图

（a）电流相量图；（b）电压相量图

（4）三相对称性短路的特点。

1）三相短路为对称性短路，三个故障相短路电流值相等、相位互差 120°，因此当短路稳定后，零序电流和零序电压等于零，没有负载电流。

2）短路点电压等于零。

3）三相短路电流要比两相短路电流大，其关系式为 $\dot{I}_k^{(3)}=\dfrac{2}{\sqrt{3}}\dot{I}_k^{(2)}$。

（5）三相接地短路典型波形，如图 1-16 所示。

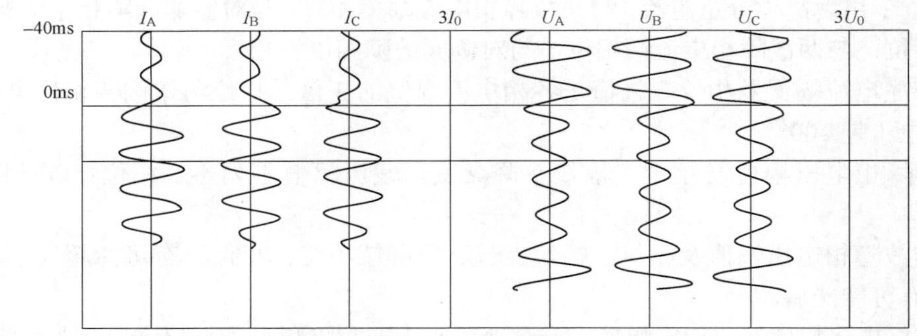

图 1-16　三相短路典型波形图

三相短路波形分析：

1）波形图记录了故障前（正常运行）40ms 的电流和电压量。

2）三相短路电流对称，幅值明显增大。

3）三相电压降低，其值等于短路电流乘以故障点到电压互感器（TV）安装处的阻抗，在出口处故障，三相电压为零。

4）故障时间约为 80ms。

5）故障切除后三相电压恢复正常。

6）波形中没有零序电流和零序电压。

三、断相

系统发生断相故障（一相或两相）是不对称故障之一，在这种情况下，系统处于非全相运行，除故障点外，其余部分均是平衡的。

断相故障有两种情况：①断相后又发生接地（如线路单相断相后接地），这种故障称为复合性故障，接地后相应的保护会动作；②断相后未造成接地，这种故障大多发生在变电站。

1. 断相后的特点

（1）一相断相时，非故障相电流在一般情况下较断相前的负载电流有所增加。

（2）一相断相后，系统出现负序和零序电流，正序电流较断相前要小一些，因此一相断相后，系统输送功率要降低。

（3）两相断相后，必须立即断开两侧断路器。

2. 断相对设备的影响

（1）发电机不对称运行时，产生负序电流。除了使定子三相电流不平衡，个别相的绕组可能超过额定值而使该绕组过热外，还会引起转子发热和机械振动。转子发热和振动往往是限制发电机不对称运行的主要因素。

（2）不对称运行时，变压器的三相电流不平衡，每相绕组发热不一致，很可能个别相绕组已经过热，而其余两相负荷不大、温度不高，因此必须按发热条件来决定变压器的可用容量。

（3）不对称运行时，将引起系统电压的不对称，使电能质量变坏，对用户产生不良影响。当负序电压达 5%时，异步电动机出力将降低 10%～15%；负序电压达 7%时，则出力降低 20%～25%。

（4）当输电线路上流过零序电流时，在沿输电线路平行架设的通信线路上将感应对地电压，危及通信设备和工作人员的安全，影响通信质量；当输电线路与铁路平行时，也可能影响铁道自动闭锁装置的正常工作，因此，应当核算电力系统不对称运行时对通信设备的影响，必要时应采取措施减少影响。

（5）不对称运行时，可能造成继电保护装置误动作，因此必须进行分析和校验。对于允许非全相运行的系统，对继电保护装置要求比较复杂。

（6）不对称运行时，零序电流长期通过大地，接地装置的电位升高，跨步电压和接触电压增大，故接地装置应按不对称状态下保证人身安全加以检验。

（7）不对称运行时，各相电流大小不相等，使系统的功率损耗增大，同时系统潮流不能按经济分配，也将影响运行的经济性。

3. 纵向故障分析

纵向不对称故障可用图 1-17 进行分析，k、k′处发生了一相或两相断开（图中示出的是一相断开）。由图 1-7 可以看出，在断线端口 k、k′之间出现了三相不对称的电压 $\Delta\dot{U}_A$、$\Delta\dot{U}_B$ 和 $\Delta\dot{U}_C$，为了便于分析，常将这三相不对称的电压用在 k、k′两点间串入的一组不对称电动势来代替，如图 1-18 所示。应用对称分量法和叠加定理，由于从端口 k、k′看电力系统的其余部分是三相对称的，所以可用三个独立的序网来代表，如图 1-19 所示。

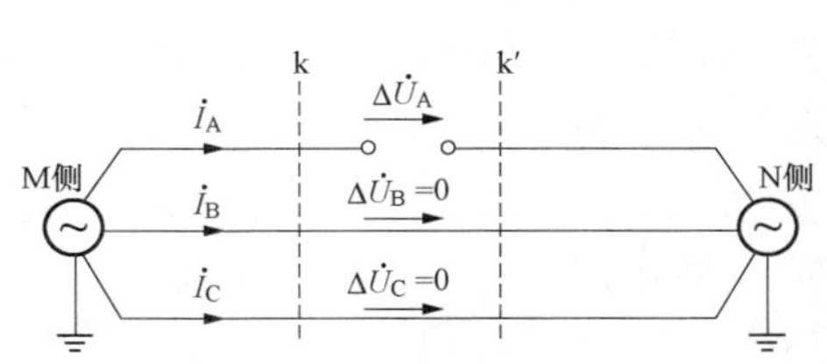

图 1-17　A 相断相系统接线图

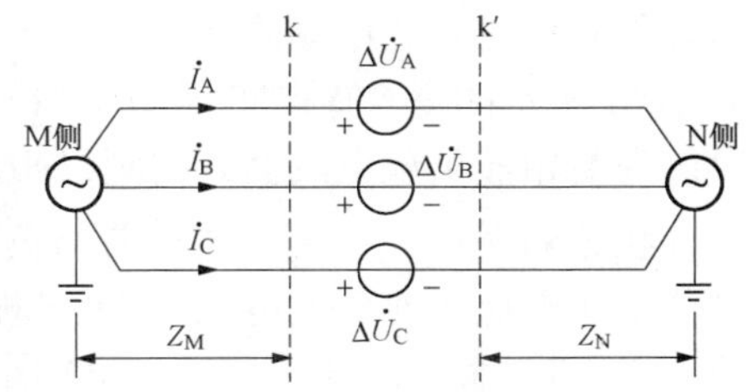

图 1-18　A 相断相系统等效图

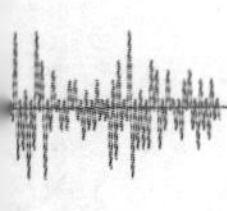

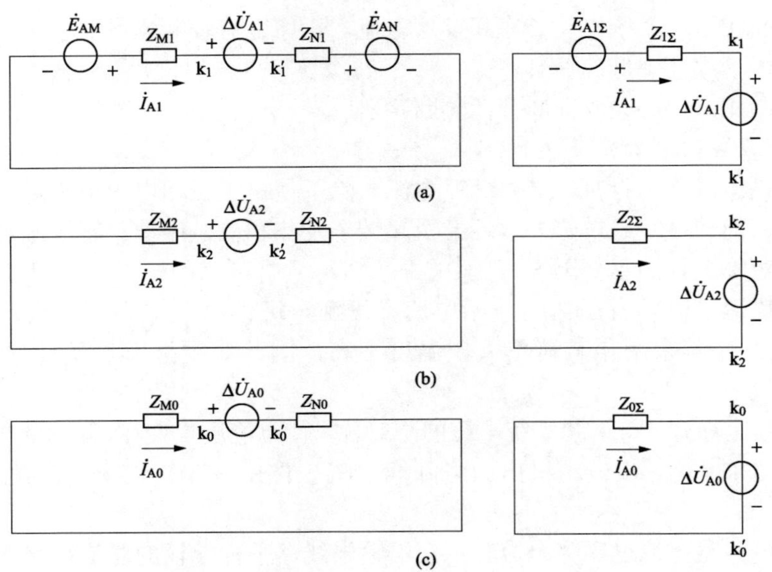

图 1-19　断相时的正序、负序和零序网络图

（a）正序网络；（b）负序网络；（c）零序网络

（1）单相断相。设在图 1-17 中 k、k′ 处 A 相断线，可以看出其边界条件为：

$$\dot{I}_A = 0, \ \Delta\dot{U}_B = 0, \ \Delta\dot{U}_C = 0 \tag{1-5}$$

由单相断相时的边界条件可知，它与两相接地短路时的边界条件形式上一样，因而它们具有相似的复合序网图及求各序分量的形式上一样的计算公式，但所代表的故障端口不同，算式的实质内容也不相同。A 相断相时的复合序网如图 1-20 所示。

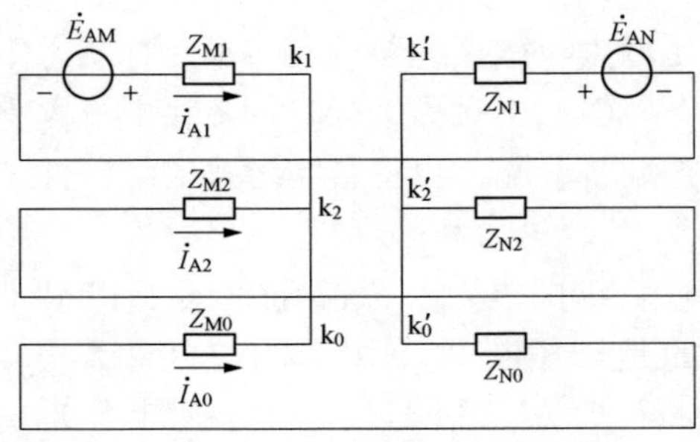

图 1-20　A 相断相时的复合序网图

由图 1-20 可以看出，单相断线后，在断相处会出现负序电压、电流和零序电压、电流（在断相处两侧要有接地中性点时才能有零序电流），其值与两侧等值电动势相差 $\dot{E}_{A1\Sigma}$ 成正比。当两侧等值电动势夹角 δ 接近 180°时，负序和零序分量有较大的数值；当两侧等值电动势幅值相等、夹角 δ 为 0°时，负序和零序分量为零，实际上这就是空载情况的单相断线。

在已知断相前负载电流的情况下，从复合序网图出发，应用叠加原理来进行计算也很方便。图 1-20 所示的复合序网可用图 1-21（a）来等值代替，在该图中 k、k′ 两端点间并联了两个数值为断相前负载电流但方向刚好相反的电流源 $\dot{I}_{A1}$。图 1-21（a）的状态又可等值地看成为两种状态的叠加，一种是断相前的负荷状态［见图 1-21（b）］，它是已知的正常运行状态，只有正序电流（即负载电流）；另一种是断相后故障附加状态［见图 1-21（c）］。

（2）两相断相。假定在图 1-22（a）所示的网络中发生 BC 两相断相，断相后的各独立序网与图 1-19 相同。断相处的边界条件为

$$\Delta\dot{U}_A = 0, \ \dot{I}_B = 0, \ \dot{I}_C = 0 \tag{1-6}$$

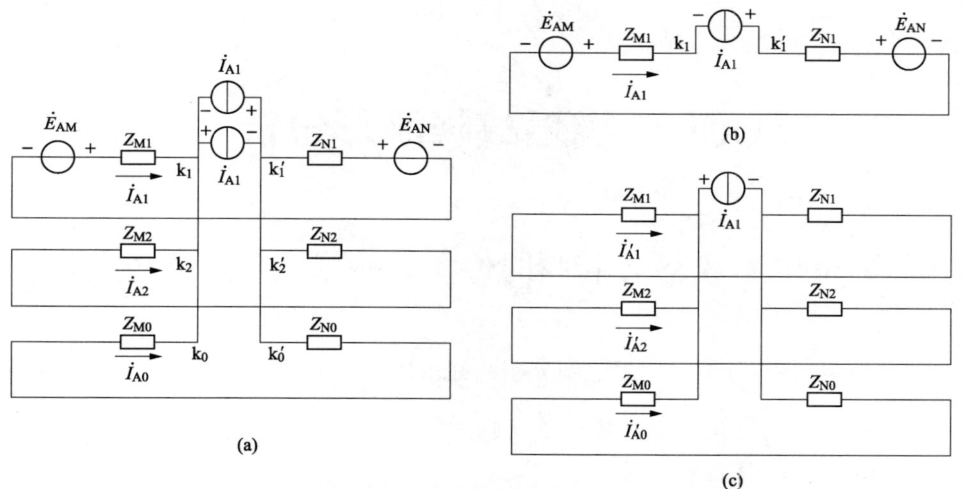

图 1-21 利用叠加原理计算 A 相断相的复合序网图

（a）复合序网络；（b）断相前的负荷状态；（c）断相后的故障附加状态

两相断相的边界条件在形式上和单相接地短路时完全一样，它们的复合序网如图 1-22（b）所示。

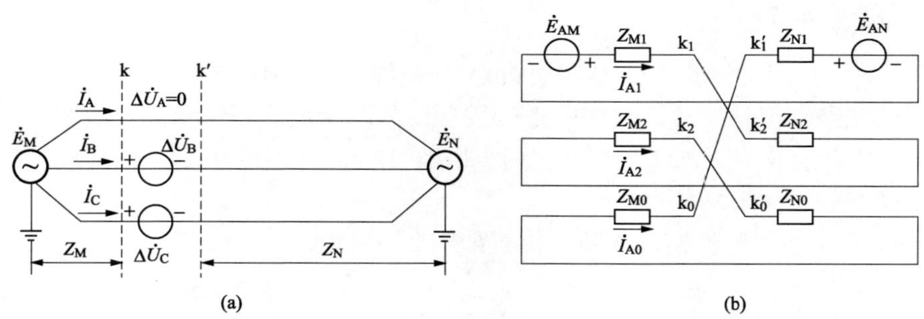

图 1-22 两相断相时的系统接线图和复合序网图

（a）系统接线图；（b）复合序网图

第二章

500kV 线路故障波形分析

案例 1：500kV 线路 A 相瞬时性接地故障重合闸重合成功

本案例分析的知识点

（1）500kV 线路 A 相接地保护装置故障波形分析。
（2）500kV 线路 A 相接地录波器波形分析。
（3）A 相接地保护动作报告分析。
（4）500kV A 相瞬时性接地故障时的动作过程。
（5）一个半断路器接线的特点。
（6）一个半断路器接线方式重合闸时间选择。

一、案例基本情况

2017 年 12 月 15 日 21 时 38 分 43 秒，500kV WQ 线 5041、5042 断路器 A 相跳闸，RCS-931、CSC-103A 电流差动保护动作，重合闸重合成功，故障录波器正常录波，故障相别类型：A 相接地故障；故障录波测距：27.895km；保护测距：27.0km（RCS-931），27.50km（CSC-103）；线路全长 62.339km。

500kV 线路 A 相瞬时性接地故障点位置如图 2-1 所示。

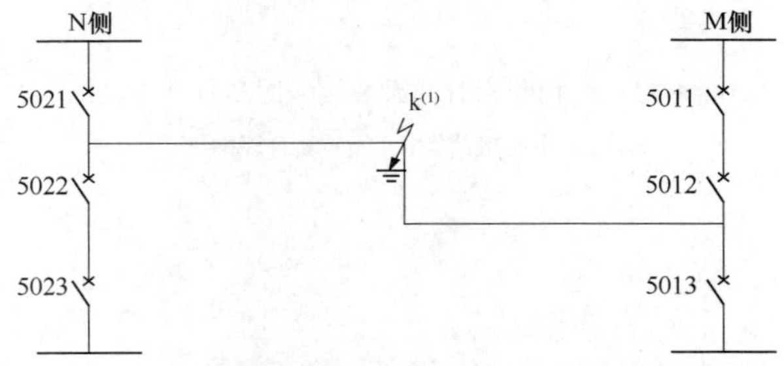

图 2-1　500kV 线路 A 相瞬时性接地故障点位置示意图

二、500kV 线路保护装置故障波形分析

500kV WQ 线路 A 相瞬时性接地故障波形如图 2-2 所示，横坐标表示模拟量的幅值，纵坐标表示故障时间。报告记录了故障前 60ms 的电压、电流波形，电流二次值（瞬时值），每刻度为 0.564A，电流变比为 2500/1。电压二次值（瞬时值），每刻度为 11.027V，电压变比为 5000/1。纵坐标（时间轴）每小格为一个周期（20ms），纵坐标模拟量 1、2、3、4、13、14、15、16 分别为电压 U_a、电压 U_b、电压 U_c、电压 $3U_0$、电流 I_a、电流 I_b、电流 I_c、电流 $3I_0$。

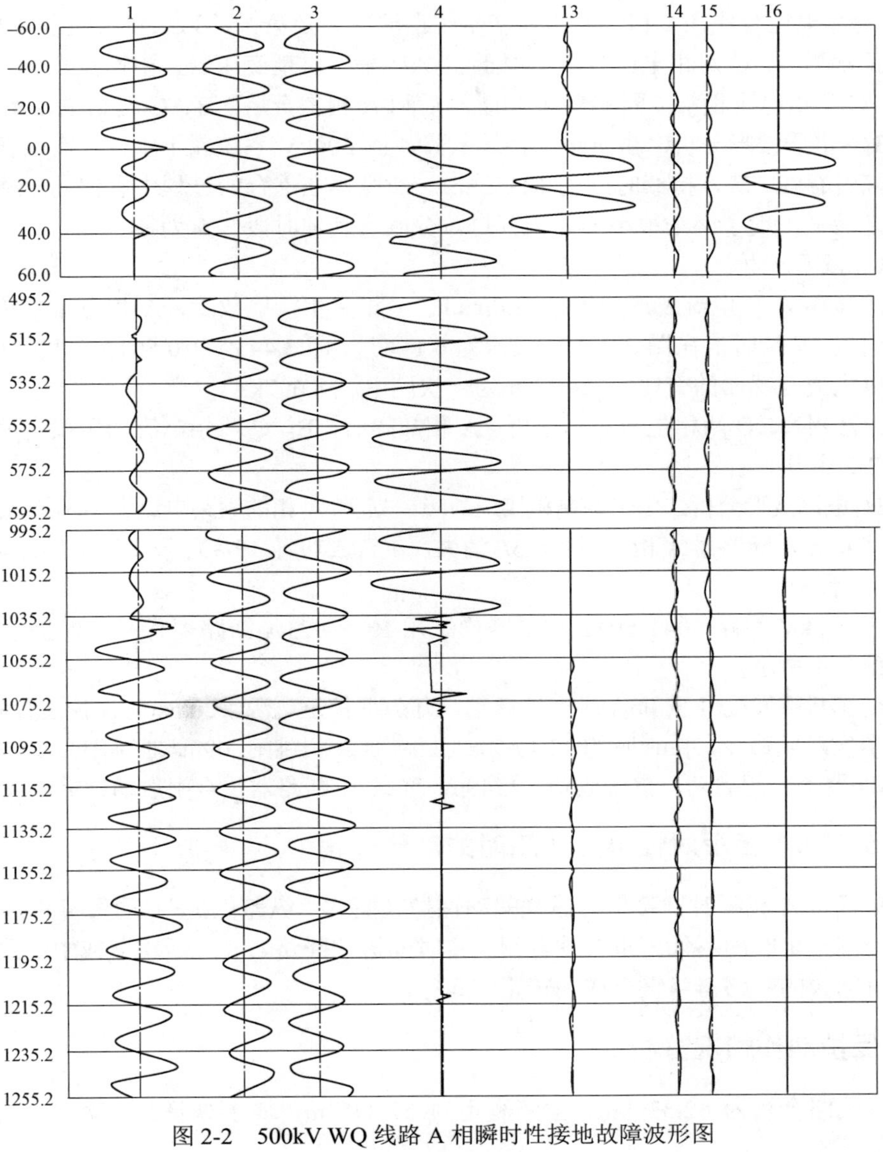

图 2-2 500kV WQ 线路 A 相瞬时性接地故障波形图

1. 电压波形分析

（1）故障相 A 相电压波形分析。−1.0ms 时 A 相单相接地故障，A 相电压明显降低，残压=短路电流×故障点到电压互感器安装处的阻抗，接地点的电压为零。故障开始时，$3U_0$ 出现了尖顶波，说明有谐波分量。40ms 时 $3U_0$ 出现了较明显的谐波分量。A 相单相接地故障持续时间 40ms（=保护固有时间+断路器分闸时间）。由于该 500kV 线路投入单相重合闸，即在单相接地故障时断路器故障相跳闸，−1～39ms 时 A 相电压降低；39ms 时断路器 A 相跳闸，A 相电压消失（U_A=0）；从图 2-2 上可以看出 495.2～1035.2ms，A 相电压再次出现，原因为线路 A 相瞬时性接地故障消失，由于电容效应导致产生了电压波动。1035.2ms 时重合闸动作，重合成功，A 相电压恢复正常；断路器合闸时出现了较为明显的谐波分量，由于故障录波器采集零序电压是电压互感器二次开口三角绕组，图 2-2 中零序电压 $3U_0$ 是在断路器合闸后由

A、B、C 三相电压合成，A 相合闸过程产生了谐波，涉及第一、第二和第四个周波。

（2）正常相 B、C 两相电压分析。由于 500kV 采用自耦变压器，中性点直接地，A 相故障时，B、C 两相电压正常，断路器 A 相跳闸后和 A 相重合后，B、C 两相电压均正常。

（3）$3U_0$ 电压波形分析。由于单相接地故障，而 500kV 系统属于中性点有效接地系统，因此在故障时存在 $3U_0$，持续时间为 1035.2ms。断路器在重合的过程中有偏向于横坐标的高频分量，之后又出现了两个很小的高频分量，分闸后其他时段 $3U_0$ 为零。

2. 电流波形分析

（1）故障相 A 相电流波形分析。−1.0ms 时 A 相单相接地故障，A 相电流由负载电流突变成短路电流，其瞬时值在图 2-2 中最大值为 6.1 刻度，即 3.443A（=0.564A 刻度×6.1 刻度），此电流乘以电流互感器的变比（2500/1）为一次侧电流 8.607kA。

（2）正常相 B、C 两相电流波形分析。A 相故障时，B、C 两相电流为负载电流和零序电流，在图 2-2 中几乎看不见。

（3）$3I_0$ 电流波形分析。由于为单相接地故障，$3I_0$ 和 A 相的短路电流大小相等、方向相同，持续时间为 40ms。断路器 A 相跳闸后，$3I_0$ 消失，重合成功后，$3I_0$ 为零，没有出现零序分量。

3. 开关量分析

（1）该 500kV 线路 5041/5042 断路器均采用 RCS-921A 断路器保护，保护录波分别如图 2-3 和图 2-4 所示。

（2）A 相故障发生几乎 0ms 时保护启动，开放保护正电源。20ms 时保护装置向 5042 与 5041 断路器发跳闸命令，39ms 时 5042 与 5041 断路器 A 相跳闸，69ms 时跳闸命令返回，940ms 时 5042 断路器重合闸启动，重合成功，1240ms 时 5041 断路器重合闸启动，重合成功。

三、500kVA 相瞬时性接地故障时的动作过程

500kV 线路 A 相瞬时性接地→纵联差动保护（简称“纵差保护”）动作→断路器 A 相跳闸→经重合闸整定时间→优先重合重合闸整定时间短的断路器（边断路器或中断路器）→后重合整定时间长的断路器→重合成功转正常运行。

四、保护动作情况分析

（1）本线路全长为 62.339km，故障测距为 27.895km，属于纵差保护动作范围，因此纵差保护动作正确。

（2）940ms（=保护固有动作时间+断路器分闸时间+重合闸整定时间+重合闸固有动作时间）时，5042 断路器保护 RCS-921A 重合闸动作；1240ms（=保护固有启动时间+断路器分闸时间+重合闸整定时间+重合闸固有动作时间）时，5041 断路器保护 RCS-921A 重合闸动作。

（3）故障相电流值为 3.443A（二次侧电流），电流互感器变比为 2500/1，一次故障电流为 8.607kA。

（4）故障相别：A 相，结果正确。

五、一个半断路器接线的特点

一个半断路器接线就是在每 3 台断路器中间送出 2 回出线，在我国该接线方式用于 330kV 及以上电压等级变电站的母线主接线。

1. 一个半断路器接线的优点

（1）运行调度灵活，正常时两条母线和全部断路器运行成多环状供电。

（2）检修时操作方便，当一组母线停运时，回路不需要切换，任一台断路器检修各回路仍按原接线方式运行，不需要切换。

动作序号	063	启动绝对时间	2017-12-15　21:38:43.504
序　　号	动作相	动作相对时间	动　作　元　件
01	A	00023ms	A 相跟跳
02		01271ms	重合闸动作

启动时开入量状态

序号	名称		状态	序号	名称		状态
01	投充电保护	:	0	10	B 相跳闸开入	:	0
02	先合投入	:	0	11	C 相跳闸开入	:	0
03	重合闸方式 1	:	0	12	A 相跳闸位置	:	0
04	重合闸方式 2	:	0	13	B 相跳闸位置	:	0
05	闭锁重合闸	:	0	14	C 相跳闸位置	:	0
06	闭锁先合开入	:	0	15	合闸压力降低	:	0
07	发变三跳开入	:	0	16	投充电保护 S	:	0
08	线路三跳开入	:	0	17	投先合压板 S	:	0
09	A 相跳闸开入	:	0	18	投闭重压板 S	:	0

启动后变位报告

序号	时间	名称	变位	序号	时间	名称	变位
01	00020ms	A 相跳闸开入	0→1	04	00376ms	A 相跳闸位置	0→1
02	00069ms	B 相跳闸开入	1→0	05	01296ms	A 相跳闸位置	1→0
03	00083ms	闭锁先合开入	0→1	06			

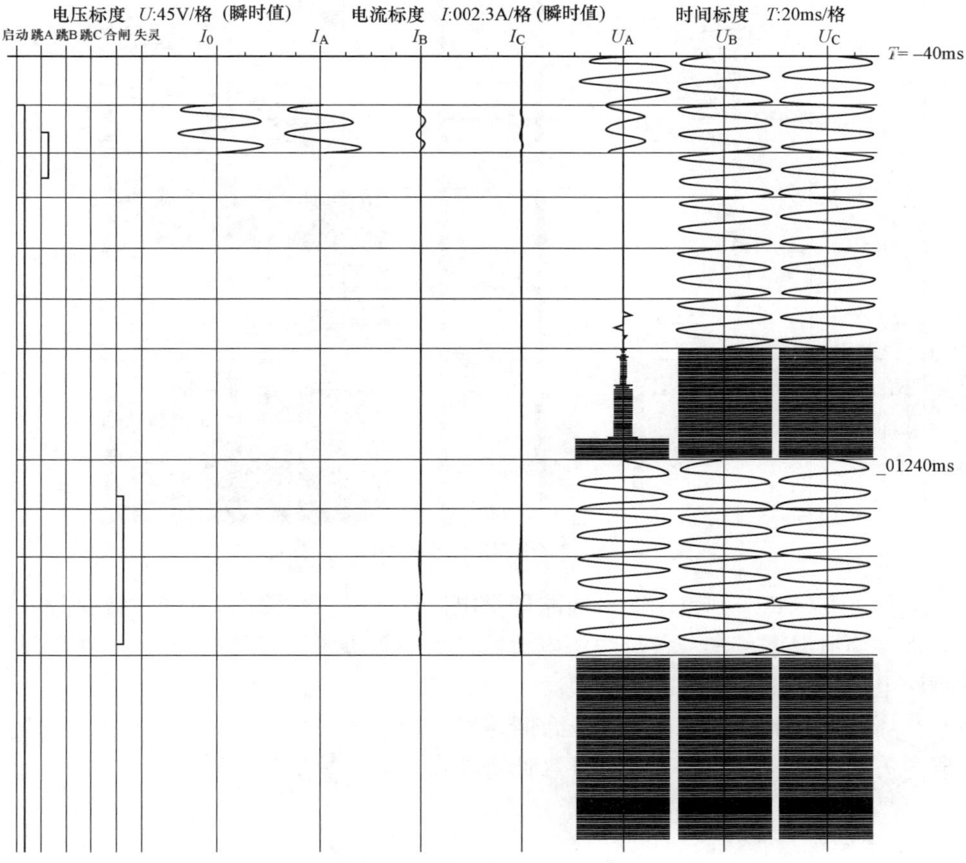

电压标度 U:45V/格（瞬时值）　电流标度 I:002.3A/格（瞬时值）　时间标度 T:20ms/格

启动 跳A 跳B 跳C 合闸 失灵　I_0　I_A　I_B　I_C　U_A　U_B　U_C

T= –40ms

_01240ms

图 2-3　5041 断路器 RCS-921A 保护录波

动作序号	140	启动绝对时间	2017-12-15 21:38:43.504
序　号	动作相	动作相对时间	动　作　元　件
01	A	00023ms	A 相跟跳
02		00970ms	重合闸动作

启动时开入量状态

序号	开入量		状态	序号	开入量		状态
01	投充电保护	:	0	10	B 相跳闸开入	:	0
02	先合投入	:	1	11	C 相跳闸开入	:	0
03	重合闸方式 1	:	0	12	A 相跳闸位置	:	0
04	重合闸方式 2	:	0	13	B 相跳闸位置	:	0
05	闭锁重合闸	:	0	14	C 相跳闸位置	:	0
06	闭锁先合开入	:	0	15	合闸压力降低	:	0
07	发变三跳开入	:	0	16	投充电保护 S	:	0
08	线路三跳开入	:	0	17	投先合压板 S	:	1
09	A 相跳闸开入	:	0	18	投闭重压板 S	:	0

启动后变位报告

序号	时间	变位量	变化	序号	时间	变位量	变化
01	00020ms	A 相跳闸开入	0→1	04	00352ms	A 相跳闸位置	0→1
02	00069ms	B 相跳闸开入	1→0	05	00995ms	A 相跳闸位置	1→0

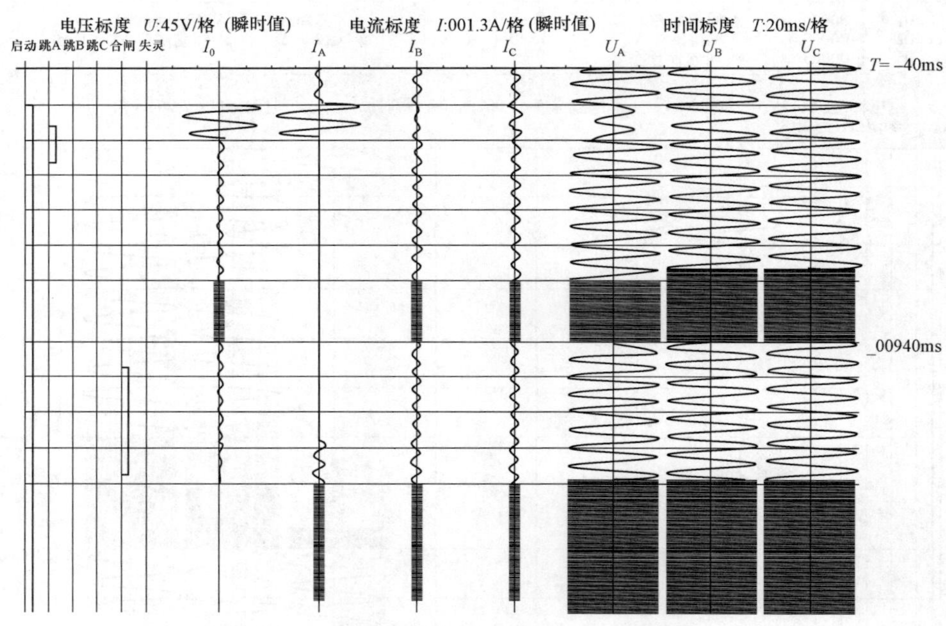

图 2-4　5042 断路器 RCS-921A 保护录波

（3）运行可靠，每一回路由两台断路器供电，母线发生故障时，任何回路都不停电。

（4）极端的情况下，在一条母线停电检修，另一条母线故障跳该母线上的所有断路器，也不影响送电（或两组母线同时故障）。

（5）在环网运行的情况下，当任一台断路器出现故障（如分闸闭锁）可解除故障断路器两侧隔离开关的闭锁，用隔离开关开环（此方法在现场要慎重使用）。

（6）可靠性高。

2. 一个半断路器接线的缺点

（1）需要的设备较多，特别是断路器和电流互感器，投资大。

（2）需要配置独立的断路器保护。

（3）接入线路的保护采用和电流。

（4）二次接线和机电保护复杂。

（5）若在断路器故障时，不允许采用上述优点中第（5）点的方法，那么在母线侧断路器故障时将会有一条线路停电，在中断路器故障时将会有两条线路停电。

六、一个半断路器接线方式重合闸时间选择

对一个半断路器接线方式的重合闸时间选择一般采用两个时间，即所谓的优先重合，对于某条线路，边断路器和中断路器的重合闸时间整定为两个时间。

当线路发生单相故障，边断路器和中断路器同时跳闸，经重合闸整定时间，边断路器先重合（时间整定短）或中断路器优先重合（各地不一样），重合成功（无故障），中断路器后重合（时间整定长）或边断路器优先重合。

当线路发生永久性故障时中断路器（或边断路器）不再重合，后合断路器有先重闭锁，同时保护也可发永跳令闭锁重合。两台断路器同时跳闸（中断路器或边断路器跳非故障的两相），这样，中断路器就减少了一次切断短路电流的次数。

案例 2：500kV 线路 B 相瞬时性接地故障重合闸重合成功

本案例分析的知识点

（1）500kV 线路 B 相瞬时性接地故障保护动作分析。

（2）500kV 线路 B 相瞬时性接地故障重合闸动作分析。

（3）500kV 线路 B 相瞬时性接地故障录波图分析。

（4）故障相电流值计算。

一、案例基本情况

2019 年 8 月 11 日 16 时 17 分 59 秒 906 毫秒，某 500kV 线路 B 相接地故障，14ms 时分相差动保护动作，62ms 时 5051、5052 断路器 B 相跳闸，896ms 时 5053 断路器重合闸动作，942ms 时 5053 断路器重合成功，1398ms 时 5052 断路器重合闸动作，1448ms 时 5052 断路器重合成功，故障测距：11.56km，线路全长为 69.82km，故障电流为 3.734A，电流互感器变比为 4000/1。500kV 线路 B 相单相接地故障点位置如图 2-5 所示。

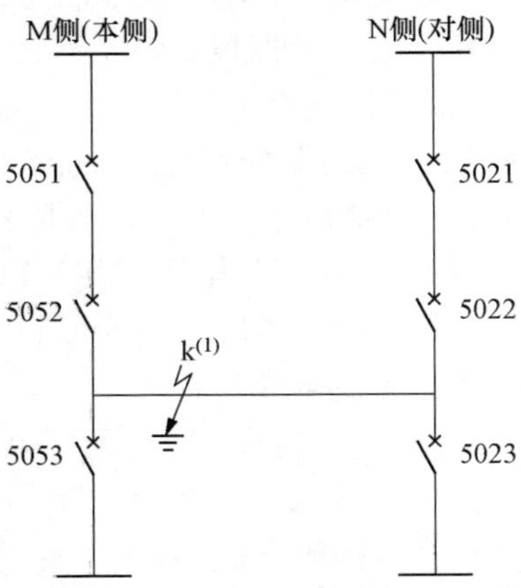

图 2-5　500kV 线路 B 相单相接地故障点位置示意图

二、CSC-103B 型线路保护装置故障报告分析

1. 保护动作信息

CSC-103B 超高压输电线路成套保护装置动作报告见表 2-1。

表 2-1　　CSC-103B 超高压输电线路成套保护装置动作报告

被保护设备 故障绝对时间：2019-08-11 16：17：59.906			装置地址：39 当前定值区号：01 打印时间：2019-08-11 18：01：53
3ms	保护启动		
14ms	纵差保护动作		
14ms	分相差动动作	B	I_{CDA}=0.0216A、I_{CDB}=2.141A、I_{CDC}=0.0162A
16ms	接地距离I段动作	B	X=2.516Ω R=0.3320Ω A 相
	三相差动电流		I_A=0.0270A、I_B=5.188A、I_C=0.0216A
	三相制动电流		I_A=0.5820A、I_B=2.219A、I_C=0.5938A
	对侧差动动作		
	故障相电压		U_A=67.5V、U_B=15.56V、U_C=66.00V
	故障相电流		I_A=0.2871A、I_B=3.734A、I_C=0.2969A
	测距阻抗		X=2.469Ω R=0.2383Ω B 相
	故障测距		L=11.56km B 相

2. 故障波形分析

500kV 线路 B 相永久接地故障波形如图 2-6 所示，横坐标表示模拟量和开关量的幅值，纵坐标表示故障时间单位毫秒。“5.93A”表示电流二次值（瞬时值），每格为 5.93A。“104.00V”表示电压二次值（瞬时值），每格为 104V。左边横坐标 1～9 为模拟量，分别表示 I_A、I_B、I_C、$3I_0$、U_A、U_B、U_C、$3U_0$；右边 1～8 为开关量，分别表示保护启动、跳 A、跳 B、跳 C、永跳、跳位 A、跳位 B、跳位 C。

（1）电压波形分析。

1）故障相 B 相电压波形分析。0ms 时 B 相单相接地故障，B 相电压明显降低。14ms 时分相差动保护动作跳 5052、5053 断路器 B 相，59ms 时 5053 断路器 B 相跳闸；62ms 时 5052 断路器 B 相跳闸，线路 B 相电压为零。B 相单相接地故障持续时间为 62ms（=保护启动时间+断路器固有分闸时间）。500kV 线路重合闸使用单相重合闸，896ms（=保护固有启动时间 5ms+断路器分闸时间 59ms+跳闸命令返回时间 32ms+重合闸整定时间 800ms）时，重合闸动作。942ms 时 5053 断路器 B 相重合，重合成功后，B 相出现电压（电压取自线路电压互感器），线路三相电压正常。1398ms（=保护固有启动时间 5ms+断路器分闸时间 62ms+跳闸命令返回时间 31ms+重合闸整定时间 1300ms）时，5052 断路器重合闸动作。1448ms 时 5052 断路器重合成功。

2）正常相 A、C 两相电压分析。B 相发生故障前后，A、C 两相电压均正常。

3）$3U_0$ 电压波形分析。由于单相接地故障，而 500kV 系统属于中性点有效接地系统，因此在故障时存在 $3U_0$，断路器 B 相跳闸前，其方向与 $3I_0$ 反向，大小为 $3I_0$×零序阻抗。断路器 B 相跳闸后，$3U_0=U_A=U_B$，方向与 U_A、U_B 之和相反。942ms 时断路器 B 相重合成功后，$3U_0$ 为零。

（2）电流波形分析。

1）故障相 B 相电流波形分析。0ms 时 B 相单相接地故障，B 相电流由负载电流突变成

短路电流。62ms 时断路器 B 相跳闸后，B 相电流为零。942ms 时 5053 断路器 B 相重合成功后，A 相电流正常，为负载电流。

2）正常相 A、C 两相电流波形分析。B 相故障前后，A、C 两相电流为负载电流，在图 2-2 中几乎看不见。

3）$3I_0$ 电流波形分析。由于为单相接地故障，而 500kV 系统属于中性点有效接地系统，因此在故障时存在 $3I_0$，其与 A 相的短路电流大小相等、方向相同，持续时间为 62ms。942ms 时 B 相重合成功后，$3I_0$ 消失。

4）故障时 B 相的电流和电压波形都是正弦波，说明在故障时电压互感器、电流互感器没有饱和现象。

（3）开关量分析：B 相故障发生几乎 0ms 时保护启动，14ms 时保护装置向断路器发“跳 B”命令，62ms 时断路器跳位 B 置“1”，942ms 时重合成功后断路器跳位 B 置“0”。图 2-6 中通道 14-单跳启动重合闸被压缩了。

时　间：2019-08-11　16:17:59.906

模拟量：01-I_a　02-I_b　03-I_c　04-$3I_0$
05-U_a　06-U_b　07-U_c　08-$3U_0$自产
09-U_x

开关量：01-保护启动　02-跳 A　03-跳 B　04-跳 C
05-永跳　06-跳位 A　07-跳位 B　08-跳位 C
09-重合　10-沟通三跳开出　11-远方跳闸出口　12-远传命令 1 开出
13-远传命令 2 开出　14-单跳启动重合闸　15-三跳启动重合闸　16-闭锁重合闸

满量程：104.00V/5.93A

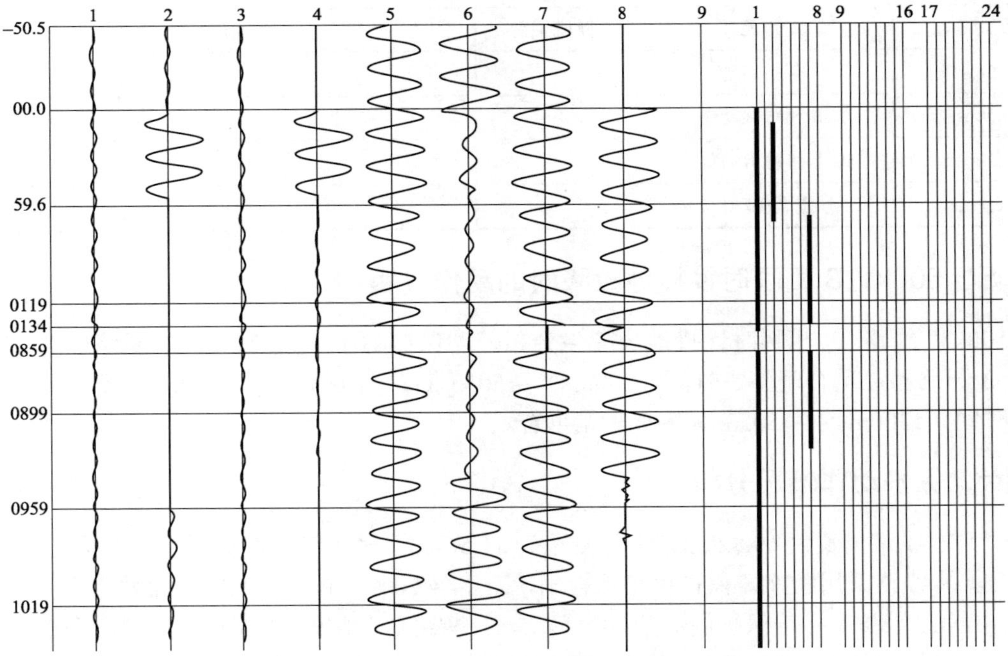

图 2-6　500kV 线路 B 相永久接地故障波形图

三、CSC-121A 型断路器保护动作报告（5053 断路器）分析

CSC-121A 断路器保护装置动作报告（5053 断路器）见表 2-2，保护启动时间为 2019 年

8 月 11 日 16 时 17 分 59 秒 909 毫秒。

表 2-2　　CSC-121A 断路器保护装置动作报告（5053 断路器）

被保护设备 5053 断路器 故障绝对时间：2019-08-11 16：17：59.909			装置地址：2E 当前定值区号：01 打印时间：2019-08-11 18：15：43

续表

相对时间	动作元件	跳闸相别	动作参数
5ms	保护启动		
32ms	B 相跟跳动作		
94ms	B 相单跳启动重合		
896ms	重合闸动作		

四、CSC-121A 型断路器保护动作报告（5052 断路器）

CSC-121A 断路器保护装置动作报告（5052 断路器）见表 2-3，保护启动时间为 2019 年 8 月 11 日 16 时 17 分 59 秒 909 毫秒。

表 2-3　　CSC-121A 断路器保护装置动作报告（5052 断路器）

被保护设备 5052 断路器 故障绝对时间：2019-08-11 16：17：59.909			装置地址：2C 当前定值区号：01 打印时间：2019-08-11 16：17：59.909
相对时间	动作元件	跳闸相别	动作参数
5ms	保护启动		
29ms	B 相跟跳动作		
94ms	B 相单跳启动重合		
1398ms	重合闸动作		

五、500kV B 相瞬时性接地故障时的动作过程

500kV 线路 B 相瞬时性接地故障→分相差动保护动作→5052、5053 断路器 B 相跳闸→5053 断路器经重合闸整定时间（800ms）→5053 断路器 B 相重合→5052 断路器经重合闸整定时间（1300ms）→5053 断路器 B 相重合。

六、保护动作情况分析

（1）本线路全长为 69.82km，故障测距为 11.56km，属于纵差保护范围，保护动作正确。

（2）本线路采用断路器保护单相重合闸，断路器单跳后单重。5053 断路器重合闸整定时间为 800ms，896ms（=保护固有启动时间 5ms+断路器分闸时间 59ms+跳闸命令返回时间 32ms+重合闸整定时间 800ms）时重合闸动作。5052 断路器重合闸整定时间为 1300ms，1398ms（=保护固有启动时间 5ms+断路器分闸时间 62ms+跳闸命令返回时间 31ms+重合闸整定时间 1300ms）时重合闸动作。

（3）故障相电流值为 3.734A（二次侧电流），电流互感器变比为 4000/1，一次故障电流为 14936A。

案例 3：500kV 线路 B 相近端瞬时性接地故障重合闸重合成功

本案例分析的知识点

（1）500kV 线路 B 相近端瞬时性接地故障保护动作分析。
（2）500kV 线路 B 相近端瞬时性接地故障重合闸动作分析。
（3）500kV 线路 B 相近端瞬时性接地故障录波图分析。
（4）500kV 线路 B 相近端瞬时性接地故障时的动作过程。
（5）500kV 线路 B 相近端瞬时性接地故障保护动作情况分析。

一、案例基本情况

2014 年 4 月 2 日 10 时 16 分，500kV MN 一线 B 相故障，断路器单相跳闸，重合成功。500kV 线路 B 相单相瞬时性接地故障点位置如图 2-7 所示。

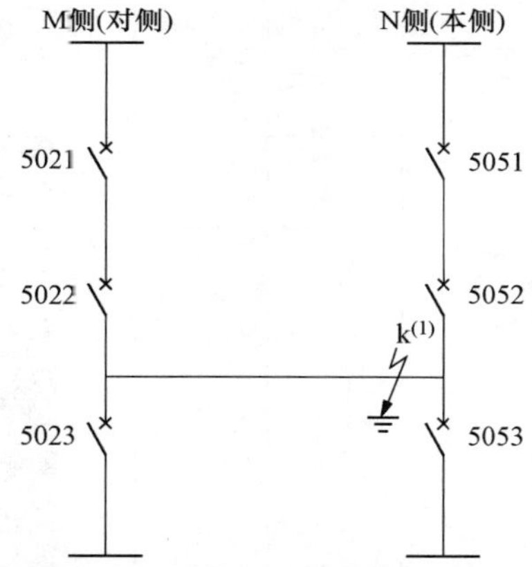

图 2-7　500kV 线路 B 相单相瞬时性接地故障点位置示意图

该线路 B 相接地短路故障，最大故障相电流为 4.76A（二次值）、14.280kA（一次值），最大零序电流为 5.13A（二次值）、15.390kA（一次值），电流互感器变比为 3000/1，最低故障相电压为 3.3V（二次值）、28.596kV（一次值），5052 断路器 B 相跳闸时间为 21.1ms，5053 断路器 B 相跳闸时间为 20.4ms，5052 断路器 B 相重合时间为 860ms，5053 断路器 B 相重合时间为 608ms，第一套保护 RCS-931DM-DB 保护出口时间为 6ms，第二套保护 RCS-931DM-DB 保护出口时间为 6ms，R7CS-921A 断路器保护（重合闸方式为单相重合闸—单跳单合—重合成功）。N 侧 500kV 变电站故障录波器测距为 1.7km，线路全长为 91.5km。

二、N 侧 500kV 变电站 MN 一线第一套纵联保护 RCS-931DM-DB 保护装置动作信息

1. 动作报告信息

RCS-931DM-DB 保护装置动作报告见表 2-4，时间为 2014 年 4 月 2 日 10 时 16 分 4 秒 313 毫秒。

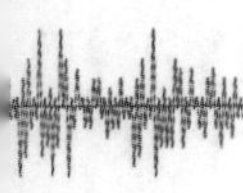

表 2-4　　RCS-931DM-DB 保护装置动作报告

相对时间	动作元件	跳闸相别	动作参数
6ms	工频变化量阻抗	B	
11ms	电流差动保护	B	
23ms	距离Ⅰ段动作	B	
	故障相电流值		4.60A
	故障零序电流值		4.95A
	故障差动电流		6.12A
	故障测距结果		L=2.2km B 相

2. 第一套纵联保护RCS-931DM-DB保护装置故障波形分析

第一套纵联保护 RCS-931DM-DB 保护装置故障波形如图 2-8 所示。

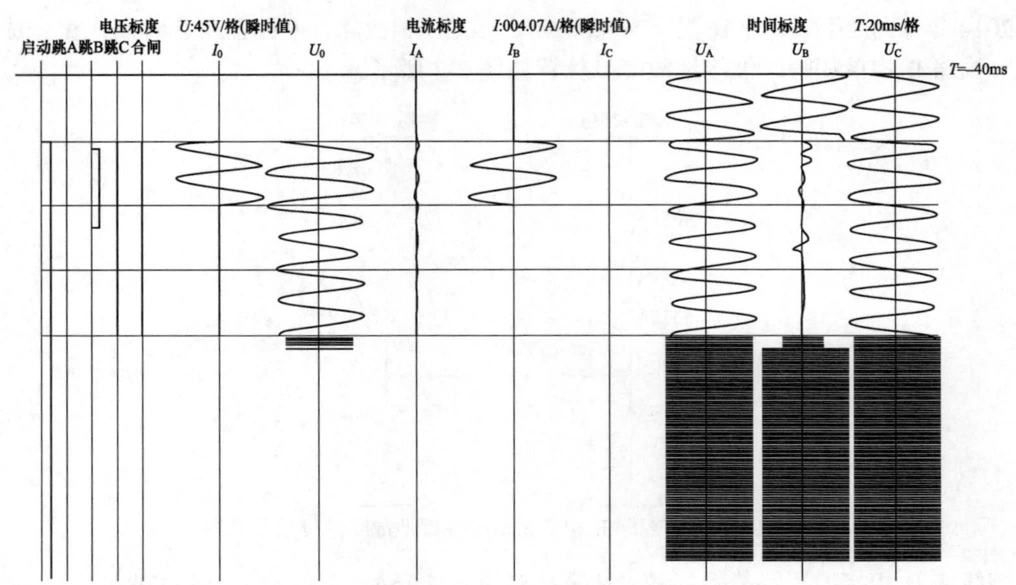

图 2-8　第一套纵联保护 RCS-931DM-DB 保护装置故障波形图

（1）波形记录故障前 40ms 正常电压、电流波形。

（2）0ms 时发生故障，保护启动（开放保护正电源），B 相电压几乎为零，说明是近区故障，A、C 两相电压不变，有 $3U_0$ 分量，保护电压量取自线路三相电压互感器；故障相 B 相电流与 $3I_0$ 大小相等、方向相反（电流回路至 $3I_0$ 回路 1n207、1n208 线厂家反接导致的），故障时间为 40ms，B 相跳闸后 $3I_0$ 为零。

（3）6ms 时 B 相有跳闸脉冲，持续时间约为 45ms。

（4）断路器 B 相分闸后一直有 $3U_0$ 分量，持续到重合闸重合成功；B 相分闸后，B 相电压在 65ms 时出现了一个小幅值高频分量，之后又接近为零。

（5）由于故障波形图中未显示纵坐标时间，由电压波形可看出波形有压缩，并且把重合闸重合过程波形压缩了。

（6）B 相电压恢复正常，说明 5053、5052 断路器重合成功。

三、N 侧 500kV 变电站 MN 一线第二套纵联保护 RCS-931DM-DB 保护装置动作信息

1．动作报告信息

RCS-931DM-DB 保护装置动作报告见表 2-5，时间为 2014 年 4 月 2 日 10 时 16 分 4 秒 312 毫秒。

表 2-5　RCS-931DM-DB 保护装置动作报告

相对时间	动作元件	跳闸相别	动作参数
6ms	工频变化量阻抗	B	
11ms	电流差动保护	B	
23ms	距离I段动作	B	
	故障相电流值		4.62A
	故障零序电流值		4.95A
	故障差动电流		6.14A
	故障测距结果		*L*=2.2km B 相

2．第二套纵联保护RCS-931DM-DB保护装置故障波形

第二套纵联保护 RCS-931DM-DB 保护装置故障波形如图 2-9 所示（波形分析同第一套保护）。

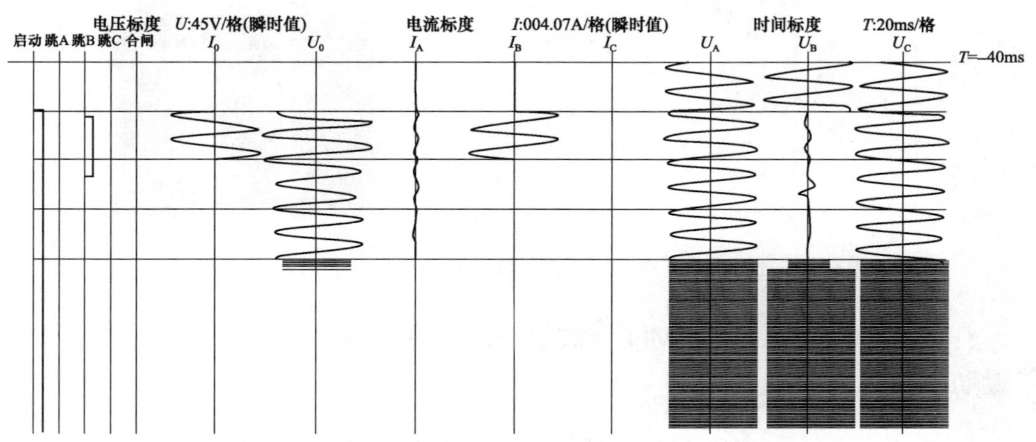

图 2-9　第二套纵联保护 RCS-931DM-DB 保护装置故障波形图

四、N 侧 500kV 变电站 MN 一线 5053 断路器保护 RCS-921A（V2.00）保护装置动作信息

（1）动作报告信息。5053 断路器保护 RCS-921A（V2.00）保护装置动作报告见表 2-6，启动后变位报告见表 2-7，时间为 2014 年 4 月 2 日 10 时 16 分 4 秒 315 毫秒。

表 2-6　　5053 断路器保护 RCS-921A（V2.00）保护装置动作报告

相对时间	动作元件	跳闸相别	动作参数
17ms	B 相跟跳	B	
608ms	重合闸动作		

表 2-7　　启动后变位报告

序号	时间	开入名称	数值	序号	时间	开入名称	数值
01	0014ms	B 相跳闸开入	0→1	04	0655ms	B 相跳闸位置	1→0
02	0055ms	B 相跳闸开入	1→0	05	1267ms	合闸压力降低	0→1
03	0065ms	B 相跳闸位置	0→1				

（2）5053 断路器保护 RCS-921A（V2.00）保护装置故障波形如图 2-10 所示（波形分析略）。

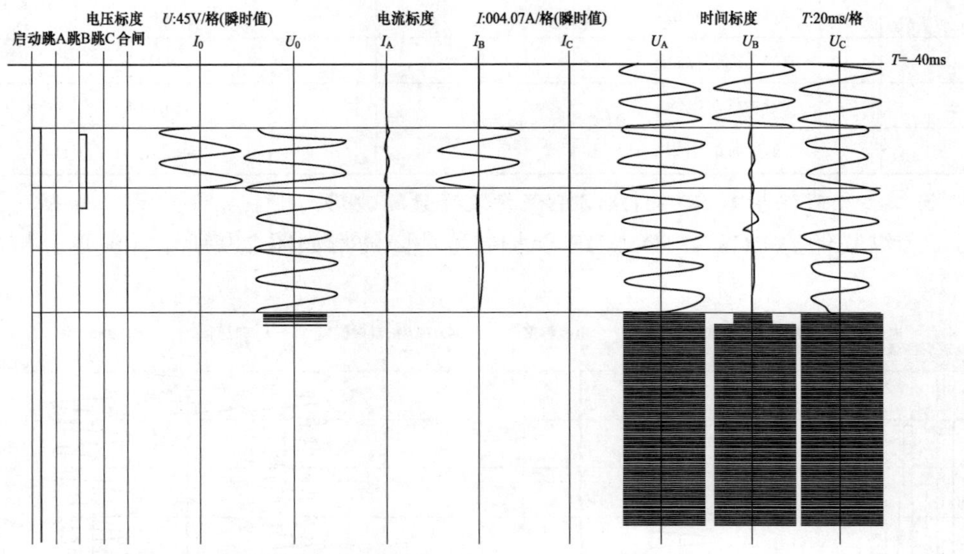

图 2-10　5053 断路器保护 RCS-921A（V2.00）保护装置故障波形

五、N 侧 500kV 变电站 MN 一线 5052 断路器保护 RCS-921A（V2.00）保护装置动作信息

（1）动作报告信息。5052 断路器保护 RCS-921A（V2.00）保护装置动作报告见表 2-8，启动后变位报告见表 2-9，时间为 2014 年 4 月 2 日 10 时 16 分 4 秒 315 毫秒。

表 2-8　　5052 断路器保护 RCS-921A（V2.00）保护装置动作报告

相对时间	动作元件	跳闸相别	动作参数
18ms	B 相跟跳	B	
860ms	重合闸动作		

表 2-9　　启动后变位报告

序号	时间	开入名称	数值	序号	时间	开入名称	数值
01	0015ms	B 相跳闸开入	0→1	04	0072ms	闭锁先合开入	0→1
02	0055ms	B 相跳闸开入	1→0	05	0915ms	B 相跳闸位置	1→0
03	0064ms	B 相跳闸位置	0→1	06	1366ms	合闸压力降低	0→1

（2）5052 断路器保护 RCS-921A（V2.00）保护保护装置故障波形，如图 2-11 所示，波形分析除了在 840ms（5022 后重合）重合闸开关量外，其他分析同前。

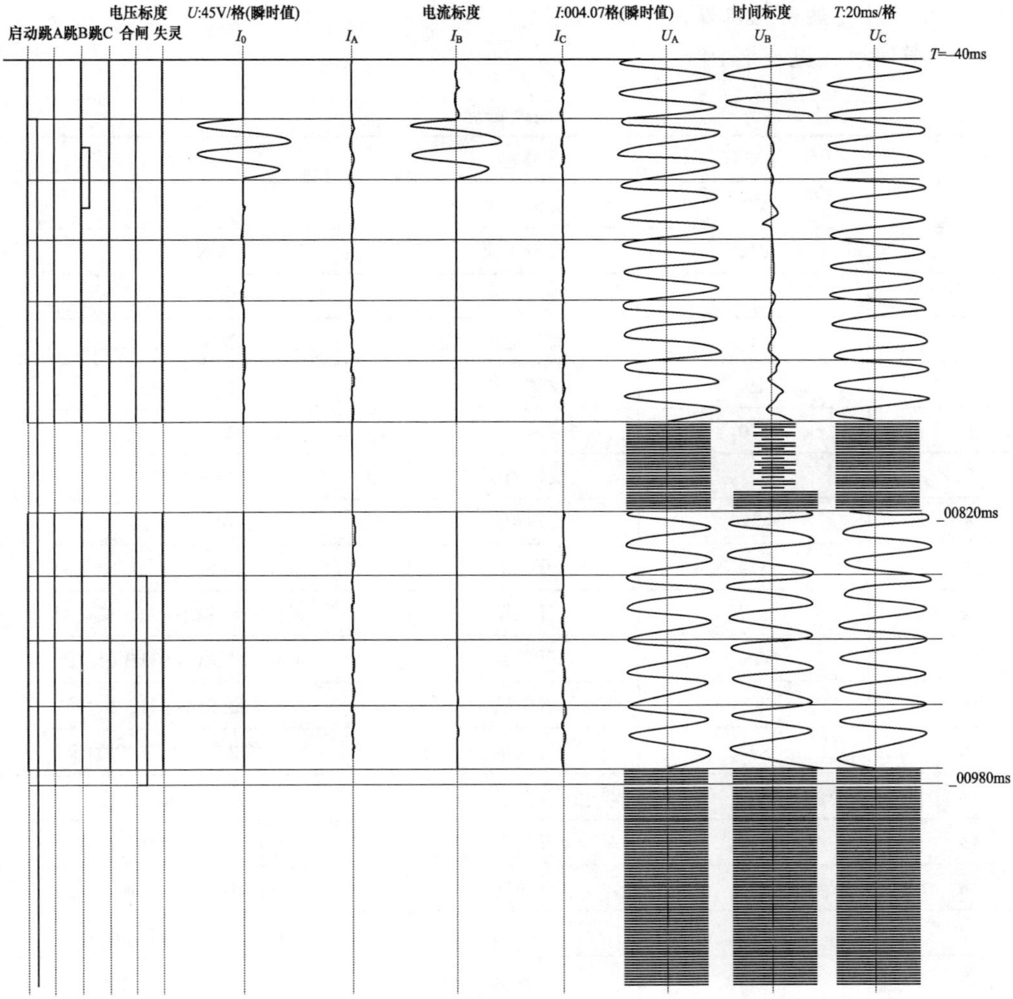

图 2-11　5052 断路器保护 RCS-921A（V2.00）保护装置故障波形图

六、N 侧变电站线路微机电力故障录波器故障分析报告

1. 主要动作信息

（1）故障录波时间：2014-04-02　10：40：04.314。

（2）变电站名称：500kV N 变电站。

（3）故障线路：500kV MN 一线。

（4）故障距离：1.7km。

（5）故障相别：BN。

（6）故障电流（A）：0.3，4.6，0.0。

（7）故障电压（V）：61.5，3.3，62.3。

（8）跳闸时间（ms）：36，24。

（9）重合时间（ms）：726，50。

2. 故障录波器波形信息及波形图

（1）通道信息（见表 2-10）。

表 2-10　　通道信息

序号	通道号	类型	通道名称
1	d9	交流电流	MN 一线 I_a
2	d10	交流电流	MN 一线 I_b
3	d11	交流电流	MN 一线 I_c
4	d12	交流电流	MN 一线 $3I_0$
5	a9	交流电压	MN 一线 U_a
6	a10	交流电压	MN 一线 U_b
7	a11	交流电压	MN 一线 U_c
8	a12	交流电压	MN 一线 $3U_0$
9	S14	开关量	其他线路 RCS-931B 相跳闸
10	S17	开关量	其他线路 RCS-931B 相跳闸
11	S5	开关量	MN 一线 RCS-931B 相跳闸
12	S2	开关量	MN 一线 RCS-931B 相跳闸
13	S44	开关量	5043 RCS-921 B 相跳闸
14	S69	开关量	5042 B 相跳闸
15	S39	开关量	5042 RCS-921 B 相跳闸
16	S72	开关量	5043 B 相跳闸
17	S59	开关量	5053 RCS-921 B 相跳闸
18	S54	开关量	5052 RCS-921 B 相跳闸
19	S78	开关量	5052 B 相跳闸
20	S81	开关量	5053 B 相跳闸

时标单位：ms。

比例尺：MN 一线电流 0.115461，MN 一线电压 2.894047。

（2）故障录波器波形图，如图 2-12 所示。

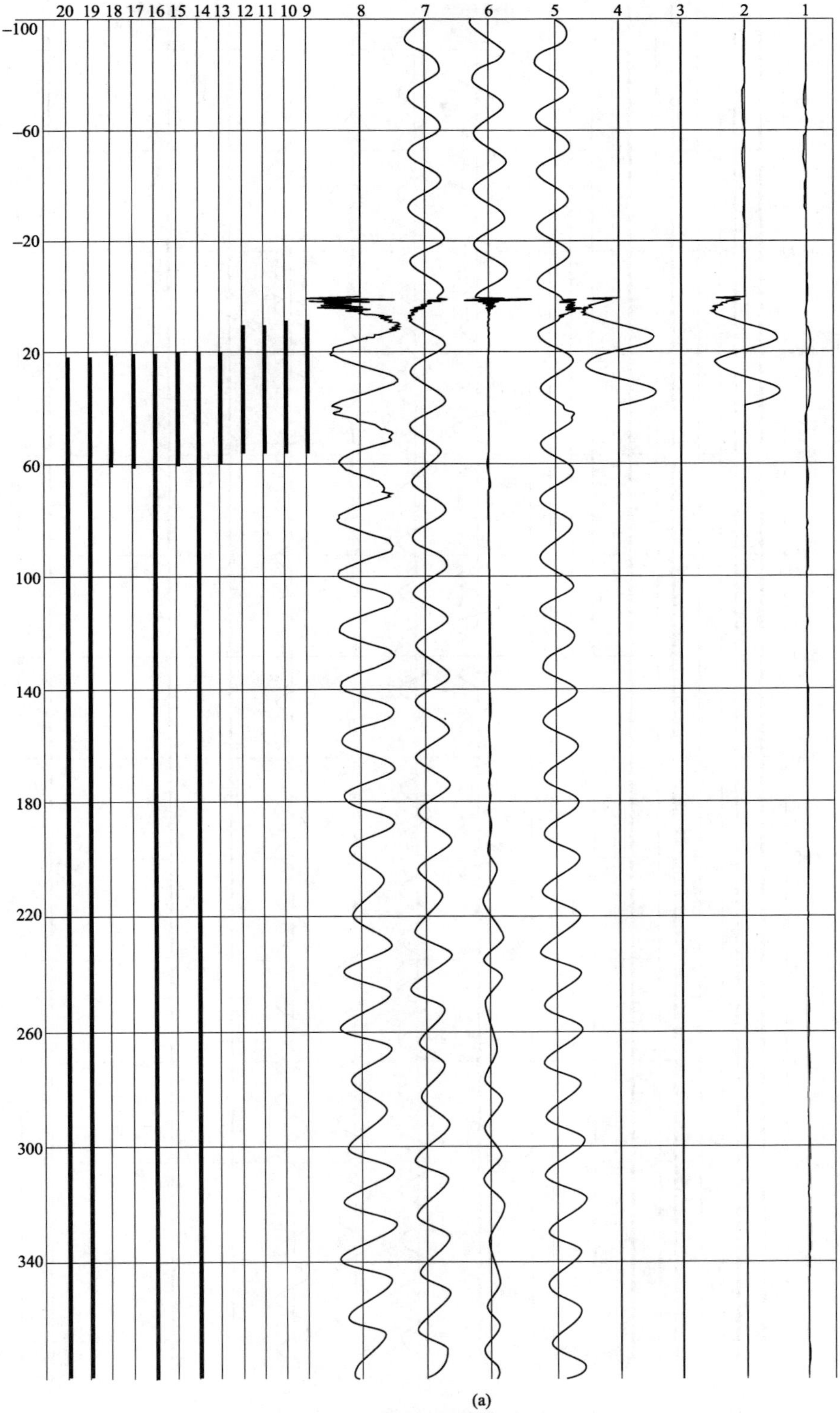

(a)

图 2-12　故障录波器波形图（一）

（a）波形 1

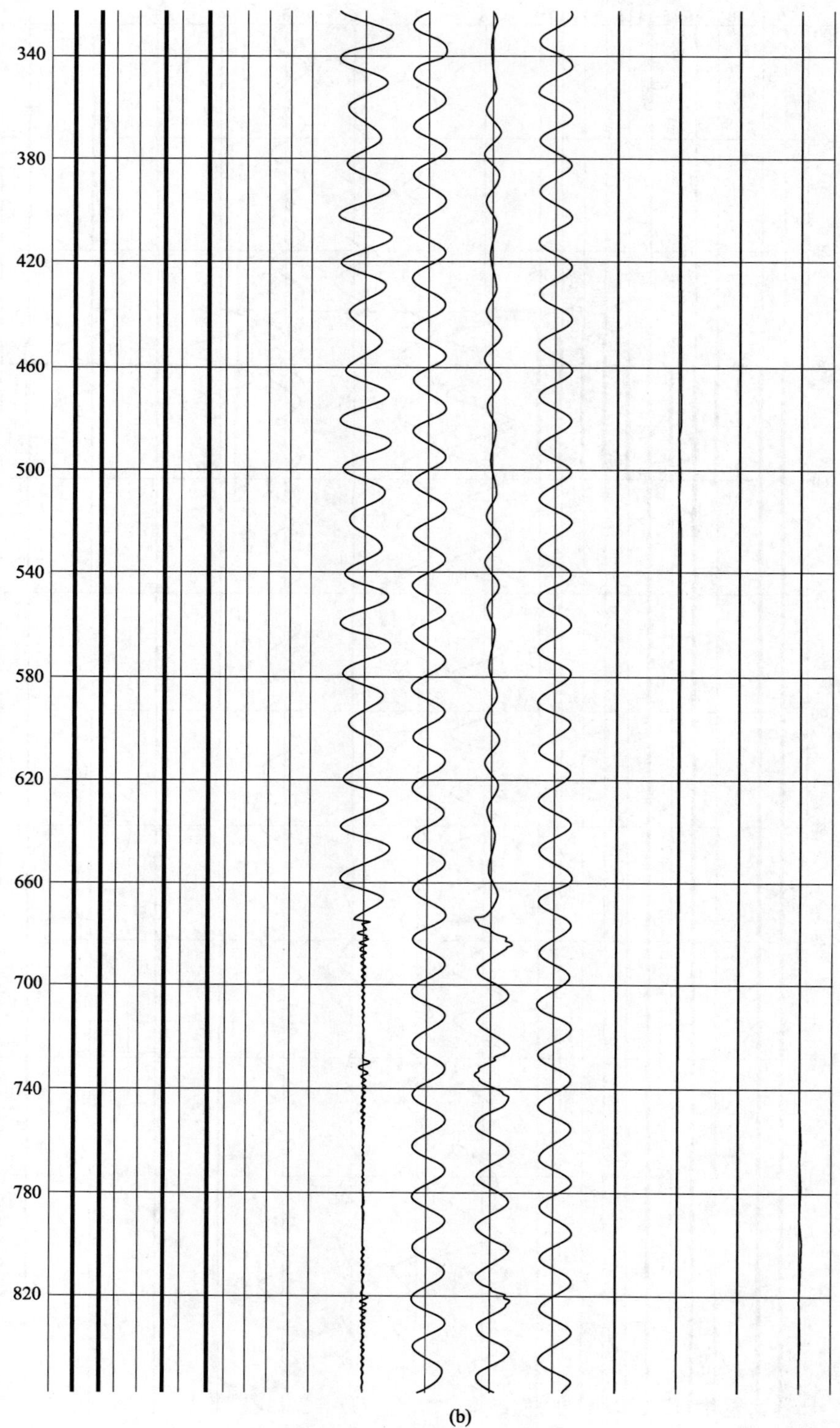

图 2-12　故障录波器波形图（二）
（b）波形 2

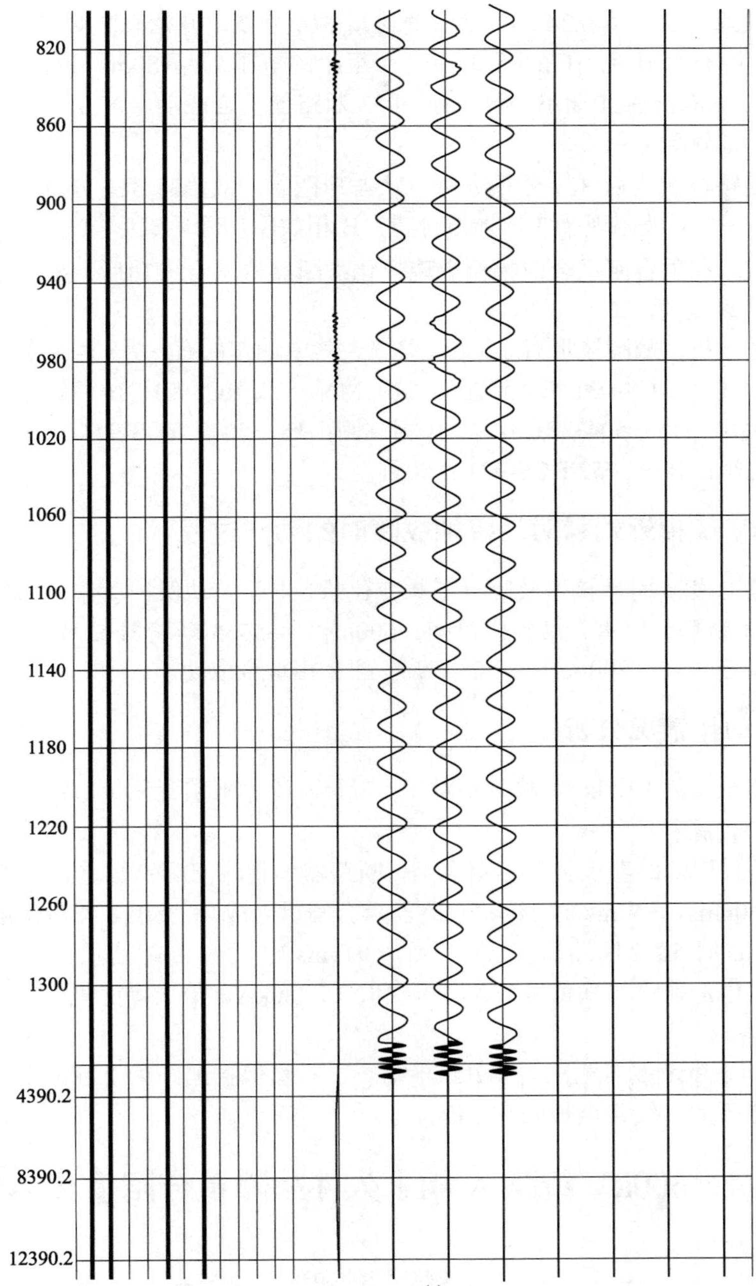

(c)

图 2-12　故障录波器波形图（三）

（c）波形 3

3. 故障录波器波形分析

（1）纵坐标表示模拟量和开关量的幅值，横坐标表示故障时间。

（2）报告记录了故障前 100ms 正常电压、电流波形。

（3）0ms 时线路三相电压都出现了高频分量，以 B 相最为严重，B 相电压经高频振荡后降为零（近区故障，二次值 0.34V）；故障时出现 $3U_0$ 分量，开始有高频和谐波分量。

（4）B 相断路器跳闸后，在 60ms 时有一个很小的电压，从 180ms 开始有断续的电压（应该是感应电压），680ms 后 B 相电压升高，5053 断路器重合成功，前 3 个周波和后几个周波有谐波分量，后面恢复正常。

（5）B 相断路器跳闸后 $3U_0$ 分量分析。从波形图看，故障时 $3U_0$ 分量比较大（有效值为 118V），之后有一个周波出现了 3 次谐波分量，B 相故障切除后 $3\dot{U}_0=\dot{U}_A+\dot{U}_C$；但由于 B 相有感应电压，$3U_0$ 在重合闸重合前幅值出现变化；断路器重合成功后，出现了间断的高频振荡，并且幅值是衰减的。

（6）开关量分析：故障波形有 12 个开关量，其中动作的有：9—其他线路 RCS-931 B 相跳闸；10—其他线路 RCS-931 B 相跳闸；11—MN 一线 RCS-931 B 相跳闸；12—MN 一线 RCS-931 B 相跳闸；13—5043 RCS-921 B 相跳闸；15—5042 RCS-921 B 相跳闸；17—5053 RCS-921 B 相跳闸；18—5052 RCS-921 B 相跳闸。

七、500kV B 相近端瞬时性接地故障时的动作过程

500kV 线路 B 相瞬时性接地故障→工频变化量、电流差动保护动作→5052、5053 断路器 B 相跳闸→5053 断路器经重合闸整定时间（600ms）→5053 断路器 B 相重合成功→5052 断路器经重合闸整定时间（800ms）→5052 断路器 B 相重合成功。

八、保护动作情况分析

（1）本线路全长为 91.5km，故障测距为 1.7km，属于工频变化量、纵差保护和距离 I 段范围，保护动作正确。

（2）本线路采用断路器保护单相重合闸，断路器单相跳闸后单相重合。5053 断路器重合闸整定时间为 600ms，655ms 时 5053 断路器重合闸重合成功。5052 断路器重合闸整定时间为 800ms，860ms 时 5052 断路器重合闸动作，915ms 时 5052 断路器重合成功。

（3）故障相电流值：二次值 4.76A，一次值 14.280kA；最大零序电流：二次值 5.13A，一次值 15.390kA。

（4）测距：故障录波器测距为 1.7km，第一、二套保护测距为 2.2km，专用故障录波器与保护测距误差不大，线路全长为 91.5km。

案例 4：500kV 线路 A 相永久性故障重合闸重合不成功

本案例分析的知识点

（1）500kV 线路 A 相永久性故障保护动作分析。

（2）500kV 线路 A 相永久性故障重合闸动作分析。

（3）500kV 线路 A 相永久性故障录波图分析。

（4）500kV 线路 A 相永久性故障时的动作过程。

（5）A 相永久性故障保护动作情况分析。

一、案例基本情况

2018 年 1 月 25 日 19 时 55 分 1 秒 758 毫秒，某 500kV 线路 A 相接地故障，13ms 时分相差动保护动作，53ms 时 5051、5052 断路器 A 相跳闸，885ms 时 5051 断路器重合闸动作，897ms 时 5051 断路器先重合于故障，974ms 线路保护距离加速动作三跳 5051、5052 断路器，5052 断路器重合闸未动作。故障测距：29.75km。500kV 线路 A 相单相接地故障点位置如图 2-13 所示。

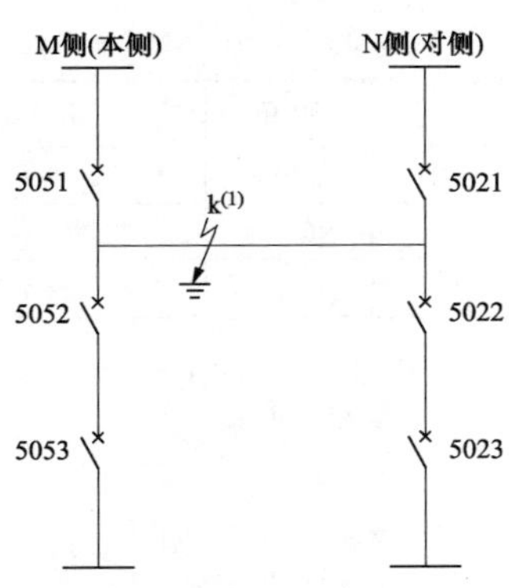

图 2-13　500kV 线路 A 相单相接地故障点位置示意图

二、CSC-103B 型线路保护装置故障波形分析

CSC-103B 超高压输电线路成套保护装置动作报告见表 2-11，启动后变位报告见表 2-12，500kV 线路 A 相永久接地故障波形如图 2-14 所示，横坐标表示模拟量和开关量的幅值，纵坐标表示故障时间单位毫秒。“I：4.84A/1”表示电流二次值（瞬时值），每格为 4.84A。“U：97.3V/1”表示电压二次值（瞬时值），每格为 97.3V。左边横坐标 1～9 为模拟量，分别表示 I_A、I_B、I_C、$3I_0$、U_A、U_B、U_C、$3U_0$；右边横坐标 1～8 为开关量，分别表示保护启动、跳 A、跳 B、跳 C、永跳、跳位 A、跳位 B、跳位 C。

表 2-11　　CSC-103B 超高压输电线路成套保护装置动作报告

被保护设备 故障绝对时间：2018-01-25 19：55：01.758			装置地址：3E 当前定值区号：01 打印时间：2018-01-25 20：22：12
相对时间	**动作元件**	**跳闸相别**	**动作参数**
3ms	保护启动		
13ms	纵差保护动作		
13ms	分相差动动作	A	I_{CDA}=2.395A、I_{CDB}=0.0162A、I_{CDC}=0.0162A
	三相差动电流		I_A=5.844A、I_B=0.0216A、I_C=0.0216A
	三相制动电流		I_A=2.313A、I_B=0.3242A、I_C=0.1348A
30ms	接地距离I段动作	A	X=6.469Ω R=2.344Ω A 相
974ms	距离相近加速动作	ABC	X=6.344Ω R=0.8398Ω A 相
974ms	距离加速动作	ABC	X=6.344Ω R=0.8398Ω A 相
976ms	纵差保护动作		
976ms	分相差动动作	ABC	I_{CDA}=6.719A、I_{CDB}=0.0216A、I_{CDC}=0.0216A
	三相差动电流		I_A=6.719A、I_B=0.0216A、I_C=0.0216A
	三相制动电流		I_A=2.656A、I_B=0.3789A、I_C=0.1621A
	对侧差动动作		
	故障相电压		U_A=27.88V、U_B=64.50V、U_C=63.50V
	故障相电流		I_A=1.859A、I_B=0.1729A、I_C=0.0649A
	测距阻抗		X=6.438Ω R=2.328Ω A 相
	故障测距		L=29.75km A 相

表 2-12　　启动后变位报告

序号	时间	开入名称	数值	序号	时间	开入名称	数值
01	67ms	分相跳闸位置 TWJA	0→1	04	1019ms	分相跳闸位置 TWJB	0→1
02	909ms	分相跳闸位置 TWJA	1→0	05	1021ms	分相跳闸位置 TWJA	0→1
03	1015ms	分相跳闸位置 TWJC	0→1				

时　间：　2018-01-25　19:55:01.758

模拟量：　01-I_a　02-I_b　03-I_c　04-$3I_0$

05-U_a　06-U_b　07-U_c　08-$3U_0$自产

09-U_x

开关量：　01-保护启动　02-跳 A　03-跳 B　04-跳 C

05-永跳　06-跳位 A　07-跳位 B　08-跳位 C

09-重合　10-沟通三跳开出　11-远方跳闸出口　12-远传命令 1 开出

13-远传命令 2 开出　14-单跳启动重合闸　15-三跳启动重合闸　16-闭锁重合闸

17-低气压闭锁重合闸　18-远方跳闸开入　19-远传命令 1 开入　20-远传命令 2 开入

21-三相不一致出口

满量程：　97.3V/4.84A

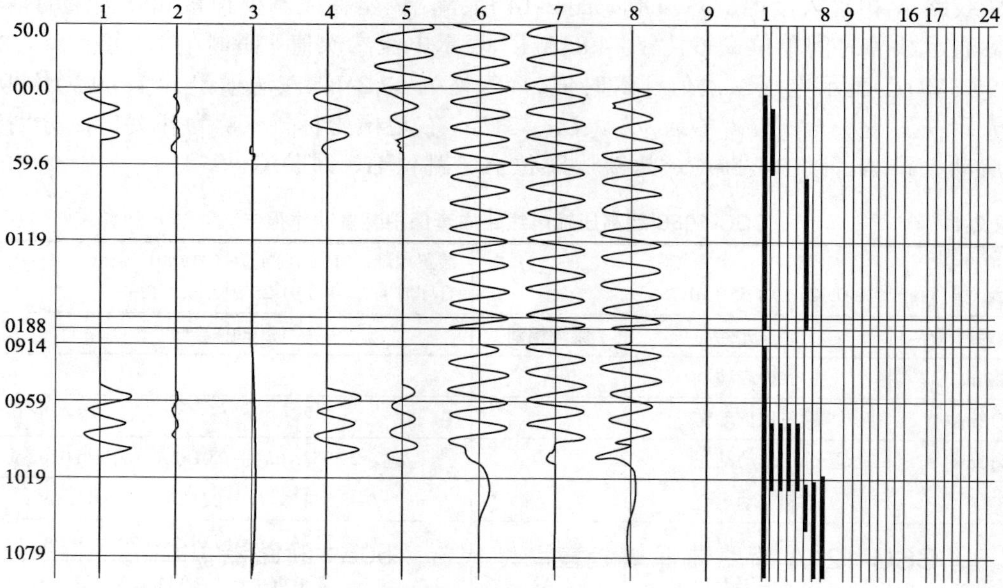

1　2　3　4　5　6　7　8　9　1　8　9　16　17　24

50.0　00.0　59.6　0119　0188　0914　0959　1019　1079

图 2-14　500kV 线路 A 相永久接地故障波形图

1. 电压波形分析

（1）故障相 A 相电压波形分析。0ms 时 A 相单相接地故障，A 相电压明显降低。13ms 时分相差动保护动作跳 5051、5052 断路器 A 相，53ms 时 5051 断路器 A 相跳闸；55ms 时 5052 断路器 A 相跳闸，线路 A 相电压为零。A 相单相接地故障持续时间为 40ms（=保护启动时间+断路器固有分闸时间）。500kV 线路重合闸使用单相重合闸，885ms（=保护固有启动时间 5ms+断路器分闸时间 55ms+跳闸命令返回时间 25ms+重合闸整定时间 800ms）时重合闸动作。940ms 时 5051 断路器 A 相重合于故障，A 相出现电压（=短路电流×故障点到电压互感器安装处的阻抗），974ms 时距离保护加速动作跳 ABC 三相，1001ms 时 5052 断路器 B 相跳闸，1005ms 时 5052 断路器 C 相跳闸，1003ms 时 5051 断路器 A 相跳闸，1007ms 时 5051 断路器 B 相跳闸，1009ms 时 5051 断路器 C 相跳闸，三相电压为零。

（2）正常相 B、C 两相电压分析。A 相故障时，B、C 两相电压正常，A 相跳闸后，B、C 两相电压正常。断路器三相跳闸后，A、C 两相电压为零。由于电压互感器采用电容式电压互感器，B 相和 $3U_0$ 电压衰减振荡为零。

（3）$3U_0$ 电压波形分析。由于单相接地故障，而 500kV 系统属于中性点有效接地系统，因此在故障时存在 $3U_0$，断路器 A 相跳闸前，其方向与 $3I_0$ 反向，大小为 $3I_0$×零序阻抗。断路器 A 相跳闸后，$3\dot{U}_0=\dot{U}_A+\dot{U}_B$，方向与 U_A、U_B 之和相反。940ms 时断路器 A 相重合后，$3U_0$ 方向与 $3I_0$ 反向，大小为 $3I_0$×零序阻抗。断路器三相跳闸后，$3U_0$ 为零（A、C 相电压为零后，$3U_0=U_B$ 同 B 相电压衰减为零）。

2. 电流波形分析

（1）故障相 A 相电流波形分析。0ms 时 A 相单相接地故障，A 相电流由负载电流突变成短路电流。55ms 时断路器 A 相跳闸后，A 相电流为零。940ms 时 5051 断路器 A 相重合于故障，A 相电流为故障电流。断路器三相跳闸后，A 相电流为零。

（2）正常相 B、C 两相电流波形分析。A 相故障时，B、C 两相电流为负载电流，在图 2-14 中几乎看不见。断路器三相跳闸后 B、C 两相电流为零。

（3）$3I_0$ 电流波形分析。由于为单相接地故障，而 500kV 系统属于中性点有效接地系统，因此在故障时存在 $3I_0$，其与 A 相的短路电流大小相等、方向相同，持续时间为 55ms。940ms 时 A 相重合后，$3I_0=I_A$。断路器三相跳闸后，$3I_0$ 消失。

（4）重合闸重合后，A 相故障电流和 $3I_0$ 有正的直流分量，并且最大峰值电流在最后一个半波。

3. 开关量分析

本报告有 24 个开关量，其中动作的有 9 个。

（1）图 2-14 中 1～8 表示开关量，分别是：保护启动、跳 A、跳 B、跳 C、永跳、跳位 A、跳位 B、跳位 C，通道 14-单跳启动重合闸被压缩了。

（2）A 相故障发生几乎 0ms 时保护启动，13ms 时保护装置向断路器发“跳 A”命令，61ms 时断路器跳位 A 置“1”，974ms 时线路保护距离加速动作向断路器发“跳 ABC”命令，1019ms 左右跳位 ABC 置“1”。

三、CSC-121A 断路器保护装置动作报告（5051 断路器）

CSC-121A 断路器保护装置动作报告见表 2-13，保护启动时间为 2018 年 1 月 25 日 19 时 55 分 1 秒 760 毫秒。

表 2-13　　CSC-121A 断路器保护装置动作报告（5051 断路器）

被保护设备 5051 断路器 故障绝对时间：2018-01-25 19：55：01.760			装置地址：2C 当前定值区号：01 打印时间：2018-01-25 19：55：11
相对时间	动作元件	跳闸相别	动作参数
5ms	保护启动		
29ms	A 相跟跳动作		
84ms	A 相单跳启动重合		
885ms	重合闸动作		
975ms	三相跟跳动作		
976ms	沟通三相跳闸动作		

四、CSC-121A 断路器保护装置动作报告（5052 断路器）

CSC-121A 断路器保护装置动作报告见表 2-14，保护启动时间为 2018 年 1 月 25 日 19 时 55 分 1 秒 760 毫秒。

表 2-14　　CSC-121A 断路器保护装置动作报告（5052 断路器）

被保护设备 5052 断路器 故障绝对时间：2018-01-25 19：55：01.760			装置地址：2C 当前定值区号：01 打印时间：2018-01-25 19：55：11
相对时间	动作元件	跳闸相别	动作参数
5ms	保护启动		
31ms	A 相跟跳动作		
85ms	A 相单跳启动重合		
973ms	三相跟跳动作		
973ms	三跳闭锁重合闸		
975ms	沟通三相跳闸动作		

五、500kVA 相永久性故障时的动作过程

500kV 线路 A 相永久接地故障→分相差动保护动作→5051、5052 断路器 A 相跳闸→5051 断路器经重合闸整定时间（800ms）→5051 断路器 A 相重合→重合于永久性故障→5051、5052 断路器后加速跳三相。

六、A 相永久性故障保护动作情况分析

（1）本线路全长为 87.5km，故障测距为 29.75km，属于纵差保护范围，保护动作正确。

（2）本线路采用断路器保护单相重合闸，5051 断路器重合闸整定时间为 800ms，885ms（=保护固有启动时间 3ms+断路器分闸时间 55ms+跳闸命令返回时间 27ms+重合闸整定时间 800ms）时重合闸动作。

（3）故障相电流值为 1.859A（二次侧电流），电流互感器变比为 4000/1，一次故障电流为 7436A。

案例 5：500kV 线路 C 相永久性故障重合闸重合不成功

本案例分析的知识点

（1）500kV 线路 C 相永久性故障保护装置动作报告及故障波形分析。
（2）500kV 线路 C 相永久性故障断路器保护装置动作报告及故障波形分析。
（3）500kV 线路 C 相永久性故障时的动作过程分析。
（4）C 相永久性故障 5053 断路器保护装置动作报告分析。

一、案例基本情况

某 500kV 线路 C 相永久性故障重合闸重合不成功。该线路保护配置为：第一套线路

保护 CSC-103A 保护装置、第二套线路保护 WXH-803A 保护装置、5052 断路器第一套断路器保护 CSC-121A 保护装置、5052 断路器第二套断路器保护 WDLK-862A 保护装置、5053 断路器第一套断路器保护 CSC-121A 保护装置、5053 断路器第二套断路器保护 WDLK-862A 保护装置。500kV 线路 C 相接地故障接线如图 2-15 所示。CSC-103A 和 WXH-803A 保护装置定值见表 2-15 和表 2-16。电流互感器变比为 4000/1，故障测距为 48km，线路全长为 51.8km。

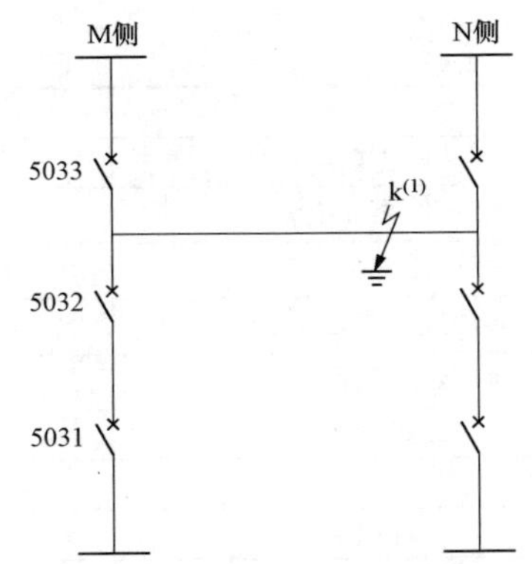

图 2-15 500kV 线路 C 相接地故障接线示意图

表 2-15 CSC-103A 保护装置定值

基本情况			
保护型号	CSC-103A	TA 变比	4000/1A
保护定值			
整定项目	整定值	整定项目	整定值
差动动作电流定值	0.15A	TA 断线后分相差动定值	0.75A
接地距离Ⅰ段定值	7.75Ω	接地距离Ⅱ段定值	22.98Ω
接地距离Ⅱ段时间	0.50s	接地距离Ⅲ段定值	26.28Ω
接地距离Ⅲ段时间	1.50s	相间距离Ⅰ段定值	8.83Ω
相间距离Ⅱ段定值	17.53Ω	相间距离Ⅱ段时间	0.60s
相间距离Ⅲ段定值	19.49Ω	相间距离Ⅲ段时间	1.50s
零序过电流Ⅱ段定值	0.13A	零序过电流Ⅱ段时间	4s
零序过电流Ⅲ段定值	0.08A	零序过电流Ⅲ段时间	4.50s
线路总长度	51.80km		
控制字			
控制字	整定	控制字	整定
纵差保护	1	距离保护Ⅰ段	1
距离保护Ⅱ段	1	距离保护Ⅲ段	1
零序电流保护	1	Ⅱ段保护闭锁重合闸	1

表 2-16 WXH-803A 保护装置定值

基本情况			
保护型号	WXH-803A	TA 变比	4000/1A
保护定值			
整定项目	整定值	整定项目	整定值
差动动作电流定值	0.15A	TA 断线后分相差动定值	0.75A
接地距离Ⅰ段定值	7.75Ω	接地距离Ⅱ段定值	22.98Ω
接地距离Ⅱ段时间	0.50s	接地距离Ⅲ段定值	26.28Ω
接地距离Ⅲ段时间	1.50s	相间距离Ⅰ段定值	8.83Ω

续表

保护定值			
整定项目	整定值	整定项目	整定值
相间距离Ⅱ段定值	17.53Ω	相间距离Ⅱ段时间	0.60s
相间距离Ⅲ段定值	19.49Ω	相间距离Ⅲ段时间	1.50s
零序过电流Ⅱ段定值	0.13A	零序过电流Ⅱ段时间	4s
零序过电流Ⅲ段定值	0.08A	零序过电流Ⅲ段时间	4.50s
线路总长度	51.80km		
控制字			
控制字	整定	控制字	整定
纵差保护	1	距离保护Ⅰ段	1
距离保护Ⅱ段	1	距离保护Ⅲ段	1
零序电流保护	1	Ⅱ段保护闭锁重合闸	1

二、CSC-103A 保护装置录波报告分析

CSC-103A 保护装置录波波形如图 2-16 所示，横坐标表示模拟量和开关量的幅值，纵坐标表示故障时间。横坐标“I: 3.84A/1”表示电流二次值，每格为 3.84A（瞬时值），“U: 150.0V/1”表示电压二次值，每格为 150V（瞬时值）。纵坐标时间标度 T：60.00ms/格，电压电流波形的周期为 20ms。纵坐标的时间轴从－50.8ms 开始计时，表示报告记录故障前 50.8ms，约 3 个周波的电压、电流波形，整个波形有一段压缩过程。

录波报告

时　间：　2022-03-16　16:35:41.177

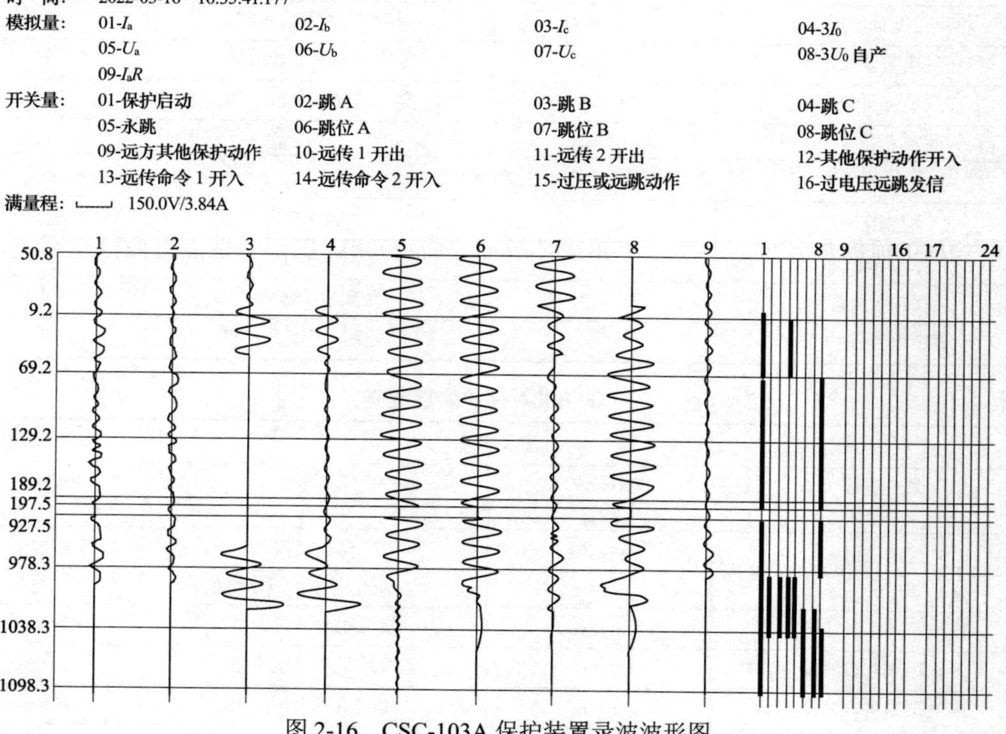

图 2-16　CSC-103A 保护装置录波波形图

1．电压波形分析

（1）故障相C相电压波形分析。录波图记录了故障前50.8ms的正常电压波形，0ms时C相单相接地故障，C相电压明显降低，残压很低，幅值约为34V，有效值为24.25V。C相单相接地故障持续时间约为50ms（两个半周波）。由于500kV线路使用线路侧电压互感器，配单相重合闸，即在单相接地故障时断路器单相跳闸，C相电压较接地时进一步降低，电压没有完全降为零是因为超高压线路感应电压较高。890ms时重合闸动作，957ms时断路器重合成功，重合于故障线路，电压略有升高，985ms时保护再次动作，1020ms时C相分闸，电压降低为零。

（2）正常相A、B两相电压分析。C相故障时，A、B两相电压正常，C相断路器单相跳闸后重合于故障线路，断路器三相跳闸，A、B相断路器分闸时间比C相短，电压逐渐降为零。

（3）$3U_0$电压波形分析。0ms时发生单相接地故障，故障时有$3U_0$，其幅值$3\dot{U}_0=\dot{U}_a+\dot{U}_b+\dot{U}_c$，因为$U_C$降低比较明显但不为零，因此$3U_0$比正常相电压幅值低，幅值约为60V。50ms后，C相断路器分闸，分闸后C相电压不为零，$3U_0$幅值较正常相略微降低，其方向与$3I_0$基本反向。C相断路器重合于永久故障，断路器三相跳闸，因A、B相断路器分闸速度较C相快，$3U_0$突然增大，待三相断路器全部分闸后逐渐降为零。

2．电流波形分析

（1）故障相C相电流波形分析。录波图记录了故障前50.8ms的正常电流波形，0ms时C相单相接地故障，C相电流由负载电流突变成短路电流，其瞬时值约为2.02A，有效值为1.43A，此电流乘以电流互感器的变比则为一次电流值。故障电流持续时间为50ms，C相断路器跳闸后，C相电流为零。890ms时重合闸动作，957ms时断路器重合于永久性故障，C相电流变为故障电流，偏向时间轴的一边，含有直流分量。A、B相断路器分闸后，故障电流略微增大，故障时间经过约60ms后C相断路器跳闸，故障切除，C相电流为零。

（2）正常相A、B两相电流分析。C相故障时，A、B两相电流为负载电流，C相断路器单相跳闸后重合于永久故障，A、B两相电流为负载电流，A、B相断路器跳闸后，A、B两相电流为零。

（3）$3I_0$电流波形分析。由于是单相接地故障，而500kV属于中性点有效接地系统，因此在故障时有$3I_0$，其大小较C相故障电流小，幅值约为1.298，有效值为0.918A，方向相同，其方向与$3U_0$基本反向。故障时间持续50ms，C相断路器跳闸后，$3I_0$几乎为零。890ms重合闸动作，957ms时断路器重合成功，重合于故障线路，$3I_0$大小较C相故障电流小，方向相同，偏向时间轴一边，含有直流分量，A、B相断路器分闸后，$3I_0$略微增大，故障时间经过约60ms后C相断路器跳闸，故障切除，$3I_0$为零。

3．开关量分析

（1）波形图中共有16个开关量，分别是保护启动、跳A、跳B、跳C、永跳、跳位A、跳位B、跳位C、远方其他保护动作等。

（2）C相发生单相接地故障时，0ms时保护启动，开放正电，13.2ms时发跳C指令，持续约60ms，73.2ms时发出跳位C，持续到982.4ms，985ms时保护动作，发“跳A”“跳B”“跳C”“永跳”指令，持续约60ms，1020ms时发出“跳位A”“跳位B”指令1035ms时发出“跳位C”指令。

三、5052 断路器第一套断路器保护 CSC-121A 保护装置录波报告分析

5052 断路器第一套断路器保护 CSC-121A 保护装置录波如图 2-17 所示，横坐标表示模拟量和开关量的幅值，纵坐标表示故障时间。横坐标“1.81A”表示电流二次值，每格为 1.81A（瞬时值），“89.4V”表示电压二次值，每格为 89.4V（瞬时值）。纵坐标时间标度 T：60.00ms/格，电压电流波形的周期为 20ms。纵坐标的时间轴从－51.6ms 开始计时，表示报告记录故障前 51.6ms，约 3 个周波的电压、电流波形，整个波形有一段压缩过程。

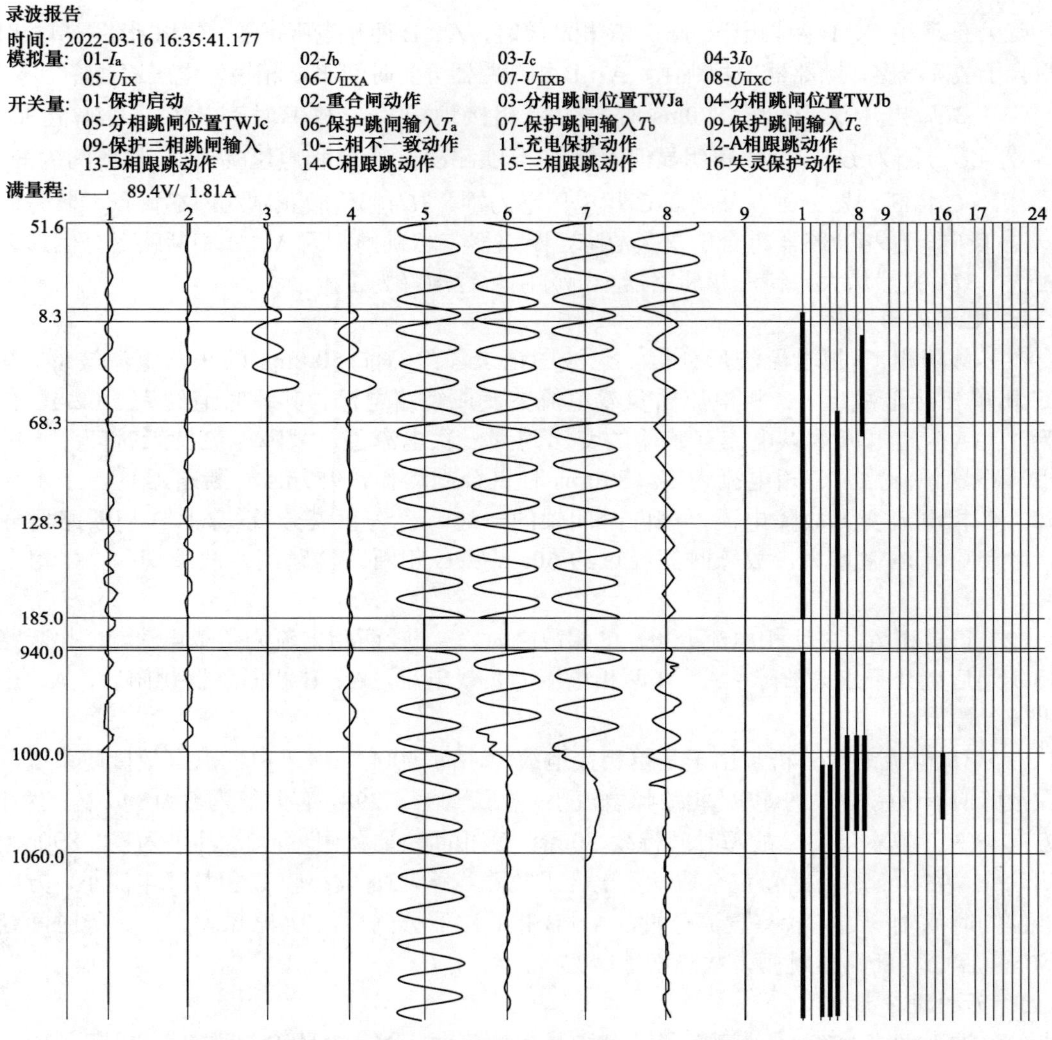

录波报告
时间：2022-03-16 16:35:41.177
模拟量：01-I_a　02-I_b　03-I_c　04-$3I_0$
05-U_{IX}　06-U_{IIXA}　07-U_{IIXB}　08-U_{IIXC}
开关量：01-保护启动　02-重合闸动作　03-分相跳闸位置TWJa　04-分相跳闸位置TWJb
05-分相跳闸位置TWJc　06-保护跳闸输入T_a　07-保护跳闸输入T_b　09-保护跳闸输入T_c
09-保护三相跳闸输入　10-三相不一致动作　11-充电保护动作　12-A相跟跳动作
13-B相跟跳动作　14-C相跟跳动作　15-三相跟跳动作　16-失灵保护动作
满量程：89.4V/ 1.81A

1　2　3　4　5　6　7　8　9　1　8　9　16　17　24
51.6
8.3
68.3
128.3
185.0
940.0
1000.0
1060.0

图 2-17　5052 断路器第一套断路器保护 CSC-121A 保护装置录波波形图

1．电压波形分析

（1）故障相 C 相电压波形分析。录波图记录了故障前 51.6ms 的正常电压波形，0ms 时 C 相单相接地故障，C 相电压明显降低，残压很低。C 相单相接地故障持续时间约为 50ms（两个半周波）。由于 500kV 线路使用线路侧电压互感器，配单相重合闸，即在单相接地故障时

断路器单相跳闸，C 相电压较接地时进一步降低，电压没有完全降为零是因为超高压线路感应电压较高。954ms 时电压略有升高，1020ms 时电压降低为零。

（2）正常相 A、B 两相电压分析。C 相故障时，A、B 两相电压正常，C 相断路器单相跳闸后重合于故障线路，断路器三相跳闸，A、B 相断路器分闸时间比 C 相短，电压逐渐降为零。

（3）U_{1X} 母线电压波形分析。母线电压 U_{1X} 在整个故障过程中一直正常。

2. 电流波形分析

（1）故障相 C 相电流波形分析。录波图记录了故障前 51.6ms 的正常电流波形，0ms 时 C 相单相接地故障，C 相电流由负载电流突变成短路电流，其瞬时值最高约为 1.7A，有效值为 1.2A，此电流乘以电流互感器的变比则为一次电流值。故障电流持续时间为 50ms，C 相断路器跳闸后，C 相电流为零。

（2）正常相 A、B 两相电流分析。C 相故障时，A、B 两相电流为负载电流。C 相断路器单相跳闸后重合于永久故障，A、B 两相电流为负载电流。A、B 相断路器跳闸后，A、B 两相电流为零。

（3）$3I_0$ 电流波形分析。由于是单相接地故障，而 500kV 属于中性点有效接地系统，因此在故障时有 $3I_0$，其大小较 C 相故障电流小，最高幅值约为 1.6A，有效值为 1.1A，方向相同。故障时间持续 50ms，C 相断路器跳闸后，$3I_0$ 几乎为零。954ms 时 $3I_0$ 略微增大，995ms 时 $3I_0$ 降为零。

3. 开关量分析

（1）波形图中共有 16 个开关量，分别是保护启动、重合闸动作、分相跳闸位置 TWJa、分相跳闸位置 TWJb、分相跳闸位置 TWJc、保护跳闸输入 T_a、保护跳闸输入 T_b、保护跳闸输入 T_c、保护三相跳闸输入、三相不一致动作、充电保护动作、A 相跟跳动作、B 相跟跳动作、C 相跟跳动作、三相跟跳动作、失灵保护动作。

（2）C 相发生单相接地故障时，0ms 时保护启动，开放正电。16ms 时发“保护跳闸输入 T_c”指令，持续 62ms。28ms 发出“C 相跟跳动作”，持续约 40ms。62ms 时发“分相跳闸位置 TWJc”，992ms 时发“保护跳闸输入 T_a”“保护跳闸输入 T_b”“保护跳闸输入 T_c”，持续约 60ms。1008ms 时发“分相跳闸位置 TWJa”“分相跳闸位置 TWJb”。1000ms 时发“三相跟跳动作”，持续约 36ms。

四、5053 断路器第一套断路器保护 CSC-121A 保护装置录波报告分析

5053 断路器第一套断路器保护 CSC-121A 保护装置录波如图 2-18 所示，横坐标表示模拟量和开关量的幅值，纵坐标表示故障时间。横坐标“3.86A”表示电流二次值，每格为 3.86A（瞬时值），“89.5V”表示电压二次值，每格为 89.5V（瞬时值）。纵坐标时间标度 T：60.00ms/格，电压电流波形的周期为 20ms。纵坐标的时间轴从−52.5ms 开始计时，表示报告记录故障前 52.5ms，约 3 个周波的电压、电流波形，整个波形有一段压缩过程。

1. 电压波形分析

（1）故障相 C 相电压波形分析。录波图记录了故障前 52.5ms 的正常电压波形，0ms 时 C 相单相接地故障，C 相电压明显降低，残压很低，幅值约为 44V。C 相单相接地故障持续时间约为 50ms（两个半周波）。由于 500kV 线路使用线路侧电压互感器，配单相重合闸，即在单相接地故障时断路器单相跳闸，C 相电压较接地时进一步降低，幅值约为 30V，电压没

有完全降为零是因为超高压线路感应电压较高。958ms 时电压略有升高，1022ms 时电压降低为零。

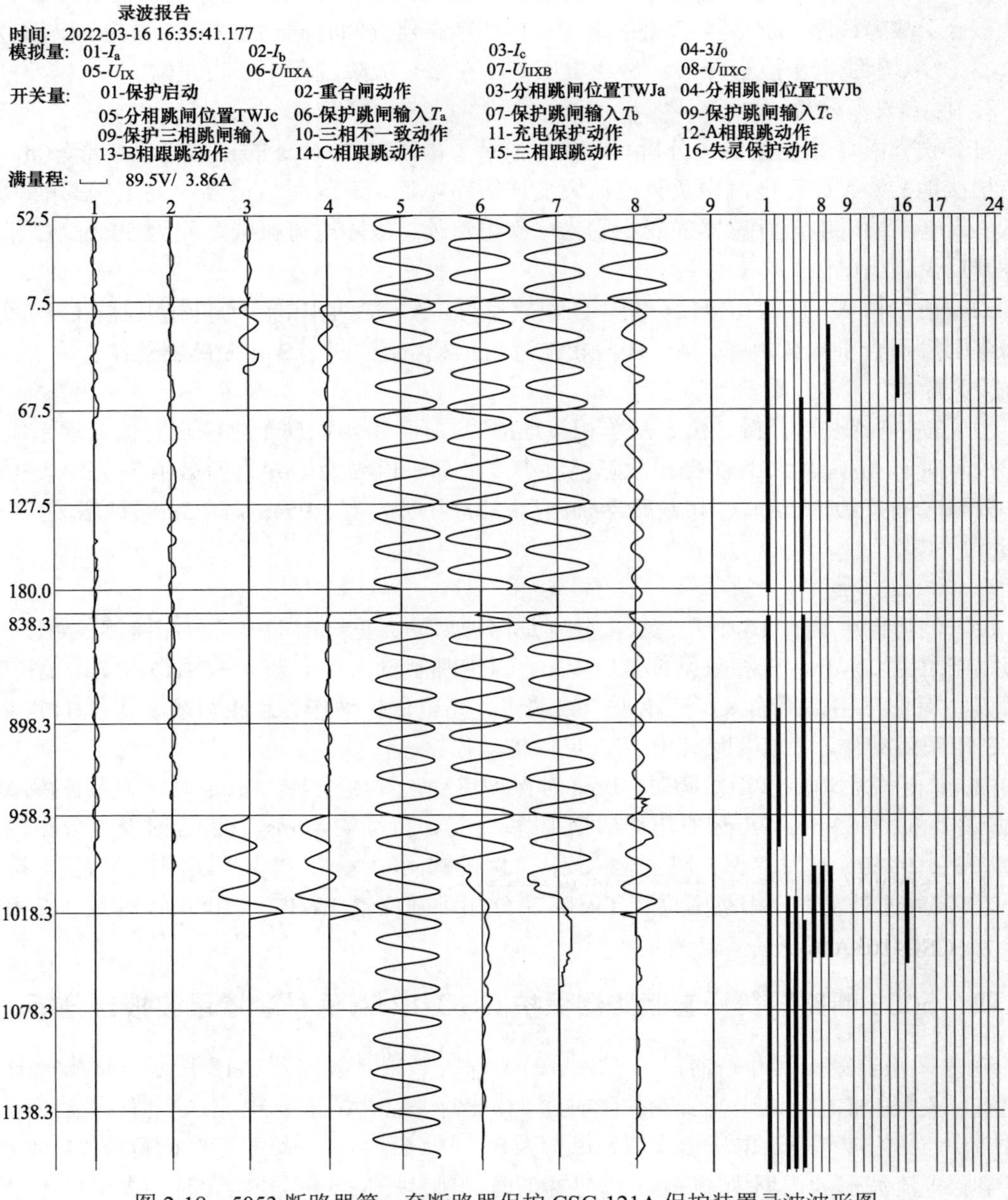

录波报告

时间：2022-03-16 16:35:41.177

模拟量：01-I_a　02-I_b　03-I_c　04-$3I_0$
05-U_{IX}　06-U_{IIXA}　07-U_{IIXB}　08-U_{IIXC}

开关量：01-保护启动　02-重合闸动作　03-分相跳闸位置TWJa　04-分相跳闸位置TWJb
05-分相跳闸位置TWJc　06-保护跳闸输入T_a　07-保护跳闸输入T_b　09-保护跳闸输入T_c
09-保护三相跳闸输入　10-三相不一致动作　11-充电保护动作　12-A相跟跳动作
13-B相跟跳动作　14-C相跟跳动作　15-三相跟跳动作　16-失灵保护动作

满量程：⌴ 89.5V/ 3.86A

1　2　3　4　5　6　7　8　9　1　8　9　16　17　24

52.5
7.5
67.5
127.5
180.0
838.3
898.3
958.3
1018.3
1078.3
1138.3

图 2-18　5053 断路器第一套断路器保护 CSC-121A 保护装置录波波形图

（2）正常相 A、B 两相电压分析。C 相故障时，A、B 两相电压正常，C 相断路器单相跳闸后重合于故障线路，断路器三相跳闸，A、B 相断路器分闸时间比 C 相短，电压逐渐降为零。

（3）U_{IX} 母线电压波形分析。母线电压 U_{IX} 在整个故障过程中一直正常。

2. 电流波形分析

（1）故障相 C 相电流波形分析。录波图记录了故障前 52.5ms 的正常电流波形，0ms 时 C

相单相接地故障，C 相电流由负载电流突变成短路电流，其瞬时值最高约为 1.4A，有效值为 1A，此电流乘以电流互感器的变比则为一次电流值。故障电流持续时间为 50ms，C 相断路器跳闸后，C 相电流为零。958.3ms 时 C 相断路器重合，C 相电流变为故障电流，偏向时间轴的一边，说明含有直流分量，最大幅值约为 2.1A，有效值为 1.5A。1020ms 时 C 相电流变为零。

（2）正常相 A、B 两相电流分析。C 相故障时，A、B 两相电流为负载电流，C 相断路器单相跳闸后重合于永久故障，A、B 两相电流为负载电流，A、B 相断路器跳闸后，A、B 两相电流为零。

（3）$3I_0$ 电流波形分析。由于是单相接地故障，而 500kV 属于中性点有效接地系统，因此在故障时有 $3I_0$，其大小较 C 相故障电流小，最高幅值约为 0.97A，有效值为 0.68A，方向相同。故障时间持续 50ms，C 相断路器跳闸后，$3I_0$ 几乎为零。958.3ms 时 C 相断路器重合，出现 $3I_0$，偏向时间轴的一边，说明含有直流分量，最大幅值约为 2.1A，有效值为 1.5A。1020ms 时 $3I_0$ 变为零。

3. 开关量分析

（1）波形图中共有 16 个开关量，分别是保护启动、重合闸动作、分相跳闸位置 TWJa、分相跳闸位置 TWJb、分相跳闸位置 TWJc、保护跳闸输入 T_a、保护跳闸输入 T_b、保护跳闸输入 T_c、保护三相跳闸输入、三相不一致动作、充电保护动作、A 相跟跳动作、B 相跟跳动作、C 相跟跳动作、三相跟跳动作、失灵保护动作。

（2）C 相发生单相接地故障时，0ms 时保护启动，开放保护正电。16ms 时发“保护跳闸输入 T_c”指令，持续约 62ms。29ms 时发出“C 相跟跳动作”，持续约 40ms，62ms 时发“分相跳闸位置 TWJc”，持续到 972ms。890ms 时发“重合闸动作”。988ms 时发“保护跳闸输入 T_a”“保护跳闸输入 T_b”“保护跳闸输入 T_c”，持续约 60ms。1008ms 时发“分相跳闸位置 TWJa”“分相跳闸位置 TWJb”。1026ms 时发“分相跳闸位置 TWJc”。999ms 时发“三相跟跳动作”，持续约 60ms。

五、500kV 线路保护装置动作报告分析

1. CSC-103A保护装置动作报告

第一套线路保护 CSC-103A 保护装置动作报告见表 2-17。

表 2-17　第一套线路保护 CSC-103A 保护装置动作报告

保护动作时间		2022-03-16　16：35：41.177	
序号	动作相	动作相对时间	动作元件
1	C	15ms	分相差动动作
2	C	15ms	纵差保护动作
3	ABC	985ms	纵差保护动作
4	ABC	985ms	分相差动动作
5	ABC	988ms	距离相近加速动作
6	ABC	988ms	距离加速动作

续表

序号	动作相	动作相对时间	动作元件
7		988ms	闭锁重合闸
故障测距结果		48.75km	
故障相别		C	
故障相电流		1.43A	
零序电流		0.918A	
故障相电压		24.25V	

启动时开入量状态

序号	开入名称	数值	序号	开入名称	数值
01	信号复归	0	06	远传 2	0
02	分相跳闸位置 TWJa	0	07	其他保护动作	0
03	分相跳闸位置 TWJb	0	08	远跳收信	0
04	分相跳闸位置 TWJc	0	09	远跳通道故障	0
05	远传 1	0	10	GOOSE 检修不一致	0

启动时压板状态

序号	压板名称	数值	序号	压板名称	数值
01	光纤通道一	1	08	边断路器强制分位	0
02	光纤通道二	1	09	中断路器强制分位	0
03	距离保护	1	10	远方投退压板	0
04	零序过电流保护	1	11	远方切换定值区	0
05	沟通三跳	0	12	远方修改定值	0
06	远方跳闸保护	1	13	远方操作	0
07	过电压保护	1	14	保护检修状态	0

启动后变位报告

序号	时间	开入名称	数值	序号	时间	开入名称	数值
01	74ms	分相跳闸位置 TWJc	0→1	04	1022ms	分相跳闸位置 TWJb	0→1
02	983ms	分相跳闸位置 TWJc	1→0	05	1036ms	分相跳闸位置 TWJc	0→1
03	1022ms	分相跳闸位置 TWJa	0→1				

（1）保护启动时间：2022-03-16　16：35：41.177。

（2）15ms 时分相差动动作、纵差保护动作。985ms 时纵差保护动作、分相差动动作。988ms 时距离相近加速动作、距离加速动作、闭锁重合闸动作。

（3）故障相：C 相。

（4）故障测距：48.75km。

（5）故障相电流：1.43A（二次侧电流）。

（6）零序电流：0.918A（二次侧电流）。

（7）故障相电压：24.25V（二次侧电压）。

2. WXH-803A保护装置动作报告

第二套线路保护 WXH-803A 保护装置动作报告见表 2-18。

表 2-18　第二套线路保护 WXH-803A 保护装置动作报告

保护动作时间		2022-03-16　16：35：41.184	
序号	动作相	动作相对时间	动作元件
1	C	0ms	保护动作
2	C	3ms	分相差动动作
3	ABC	949ms	保护动作
4		949ms	永跳出口
5	C	974ms	距离加速动作
故障测距结果		48.16km	
故障相别		C	
故障相电流		1.387A	
零序电流		0.889A	
故障相电压		24.12V	

（1）保护启动时间：2022-03-16　16：35：41.184。

（2）0ms 时保护动作，3ms 时分相差动动作，949ms 时保护动作、永跳出口，974ms 时距离加速动作。

（3）故障相：C 相。

（4）故障测距：48.16km。

（5）故障相电流：1.387A（二次侧电流）。

（6）零序电流：0.889A（二次侧电流）。

（7）故障相电压：24.12V（二次侧电压）。

六、5052 断路器保护装置动作报告分析

1. CSC-121A保护装置动作报告

5052 断路器第一套断路器保护 CSC-121A 保护装置动作报告见表 2-19。

表 2-19　5052 断路器第一套断路器保护 CSC-121A 保护装置动作报告

保护动作时间		2022-03-16　16：35：41.177	
序号	动作相	动作相对时间	动作元件
1	C	0ms	保护动作
2	C	28ms	C 相跟跳动作
3	C	90ms	C 相单跳启动重合
4	ABC	1000ms	三相跟跳动作
5	ABC	1000ms	三跳闭锁重合闸

续表

启动时开入量状态					
序号	开入名称	数值	序号	开入名称	数值
01	信号复归	0	07	保护跳闸输入 T_a	0
02	分相跳闸位置 TWJa	0	08	保护跳闸输入 T_b	0
03	分相跳闸位置 TWJb	0	09	保护跳闸输入 T_c	0
04	分相跳闸位置 TWJc	0	10	保护三相跳闸输入	0
05	闭锁重合闸	0	11	重合闸充电完成	1
06	低气压闭锁重合闸	0	12	GOOSE 检修不一致	0

启动后开关量变位							
序号	时间	开入名称	数值	序号	时间	开入名称	数值
01	16ms	保护跳闸输入 T_c	0→1	03	78ms	保护跳闸输入 T_c	1→0
02	62ms	分相跳闸位置 TWJc	0→1				

（1）保护启动时间：2022-03-16　16：35：41.177。

（2）0ms 时保护动作，28ms 时 C 相跟跳动作，90ms 时 C 相单跳动作，1000ms 时三相跟跳动作、三跳闭锁重合闸动作。

2. WDLK-862A保护装置动作报告

5052 断路器第二套断路器保护 WDLK-862A 保护装置动作报告见表 2-20。

表 2-20　5052 断路器第二套断路器保护 WDLK-862A 保护装置动作报告

保护动作时间		2022-03-16　16：35：41.180	
序号	动作相	动作相对时间	动作元件
1	C	0ms	保护动作
2	C	21ms	C 相跟跳动作
3	C	961ms	沟通三相跳闸动作
4	A	968ms	A 相跟跳动作
5	B	977ms	B 相跟跳动作
6	ABC	977ms	三相跟跳动作

（1）保护启动时间：2022-03-16　16：35：41.180。

（2）0ms 时保护动作，21ms 时 C 相跟跳动作，961ms 时沟通三相跳闸动作，968ms 时 A 相跟跳动作，977ms 时 B 相跟跳动作，三相跟跳动作。

七、5053 断路器保护装置动作报告分析

1. CSC-121A保护装置动作报告

5053 断路器第一套断路器保护 CSC-121A 保护装置动作报告见表 2-21。

表 2-21　5053 断路器第一套断路器保护 CSC-121A 保护装置动作报告

保护动作时间		2022-03-16　16：35：41.177	
序号	动作相	动作相对时间	动作元件
1	C	0ms	保护动作

续表

序号	动作相	动作相对时间	动作元件
2	C	29ms	C 相跟跳动作
3	C	89ms	C 相单跳启动重合
4	C	890ms	重合闸动作
5	ABC	999ms	三相跟跳动作
6	ABC	1000ms	沟通三跳跳闸动作

启动时开入量状态

序号	开入名称	数值	序号	开入名称	数值
01	信号复归	0	07	保护跳闸输入 T_a	0
02	分相跳闸位置 TWJa	0	08	保护跳闸输入 T_b	0
03	分相跳闸位置 TWJb	0	09	保护跳闸输入 T_c	0
04	分相跳闸位置 TWJc	0	10	保护三相跳闸输入	0
05	闭锁重合闸	0	11	重合闸充电完成	1
06	低气压闭锁重合闸	0	12	GOOSE 检修不一致	0

启动后开关量变位

序号	时间	开入名称	数值	序号	时间	开入名称	数值
01	16ms	保护跳闸输入 T_c	0→1	04	893ms	重合闸充电完成	1→0
02	62ms	分相跳闸位置 TWJc	0→1	05	972ms	分相跳闸位置 TWJc	1→0
03	78ms	保护跳闸输入 T_c	1→0				

（1）保护启动时间：2022-03-16　16：35：41.177。

（2）0ms 时保护动作，29ms 时 C 相跟跳动作，89ms 时 C 相单跳启动重合，890ms 时重合闸动作，999ms 时三相跟跳动作，1000ms 时沟通三跳跳闸动作。

2. WDLK-862A 保护装置动作报告

5053 断路器第二套断路器保护 WDLK-862A 保护装置动作报告见表 2-22。

表 2-22　　5053 断路器第二套断路器保护 WDLK-862A 保护装置动作报告

保护动作时间		2022-03-16　16：35：41.182	
序号	动作相	动作相对时间	动作元件
1	C	0ms	保护动作
2	C	21ms	C 相跟跳动作
3	C	867ms	重合闸动作
4	ABC	961ms	沟通三跳动作
5	ABC	970ms	ABC 相跟跳动作
6	ABC	978ms	三相跟跳动作

（1）保护启动时间：2022-03-16　16：35：41.182。

（2）0ms 时保护动作，21ms 时 C 相跟跳动作，867ms 时重合闸动作，961ms 时沟通三相跳闸动作，970ms 时三相跟跳动作，978ms 时三相跟跳动作。

八、500kV 线路 C 相永久性接地故障时的动作过程

线路 C 相永久性接地→线路两套保护分相差动、纵差保护动作→5052 C 相断路器、5053 C 相断路器跳闸→5053 断路器重合闸动作（890ms）→5053 C 相断路器合闸，重合于故障点，距离相近加速动作→5053 断路器三相永跳（988ms）→5052 断路器三相永跳（992ms）。

九、500kV 线路 C 相保护动作情况分析

（1）本次事故中，故障点在 48km 处，线路全长为 51.8km，属于差动保护范围内，差动保护动作正确。

（2）89ms 时 C 相单跳启动重合，890ms 时重合闸动作，延时 0.8s，符合实际。

（3）两套保护装置测得的故障相电流二次值分别为 1.43A 和 1.387A，大于差动动作电流 0.15A，电流互感器变比为 4000/1，一次故障电流分别为 5720A 和 5548A。

案例 6：500kV 线路 AB 相间靠近对侧故障断路器三相跳闸

本案例分析的知识点

（1）500kV 线路 AB 相间靠近对侧故障保护动作分析。
（2）500kV 线路 AB 相间靠近对侧故障波形分析。
（3）500kV 线路 AB 相间靠近对侧故障动作过程。

一、案例基本情况

2021 年 11 月 10 日 10 时 37 分，500kV MN 二线 AB 相间故障，断路器三相跳闸，不重合，故障点位置如图 2-19 所示。

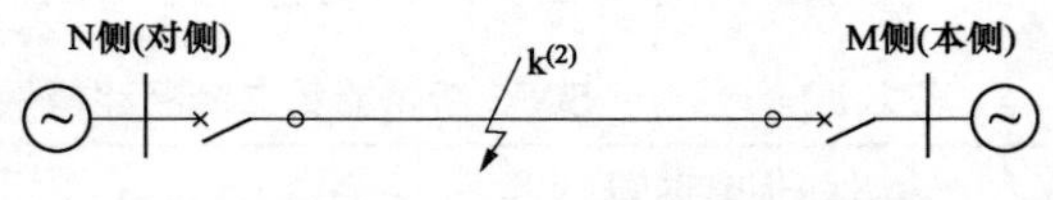

图 2-19　500kV 线路 AB 相间故障点位置示意图

该线路 AB 相间短路故障，故障相电流为 3.23A（二次值）、12.920kA（一次值），零序电流为 0.03A（二次值）、0.120kA（一次值），故障切除时间 60ms，第一套保护 RCS-931DM-DB（程序版本 3.00）保护出口时间为 11ms，第二套保护 RCS-931DM-DB（程序版本 3.00）保护出口时间为 11ms，（重合闸方式为单相重合闸——相间故障三跳不重合）。M 侧：故障测距为 56.3km，线路全长为 75.1km。

二、M 侧 500kV 变电站 MN 一线第一套纵联保护 RCS-931DM-DB 保护装置动作信息

（1）动作报告信息。第一套纵联保护 RCS-931DM-DB 保护装置动作报告见表 2-23，时间为 2015 年 11 月 10 日 10 时 37 分 14 秒 812 毫秒。

表 2-23　　第一套纵联保护 RCS-931DM-DB 保护装置动作报告

相对时间	动作元件	跳闸相别	动作参数
11ms	电流差动保护	ABC	
33ms	距离 I 段动作	ABC	
	故障相电流值		003.23A
	故障零序电流值		000.03A
	故障差动电流		008.71A
	故障测距结果		L=0056.3km AB 相

（2）启动后变位报告信息。启动后变位报告见表 2-24。

表 2-24　　启动后变位报告

序号	时间	开入名称	数值	序号	时间	开入名称	数值
01	00058ms	C 相跳闸位置	0→1	03	00060ms	A 相跳闸位置	0→1
02	00058ms	B 相跳闸位置	0→1				

（3）故障波形分析。第一套纵联保护 RCS-931DM-DB 保护故障波形如图 2-20 所示。

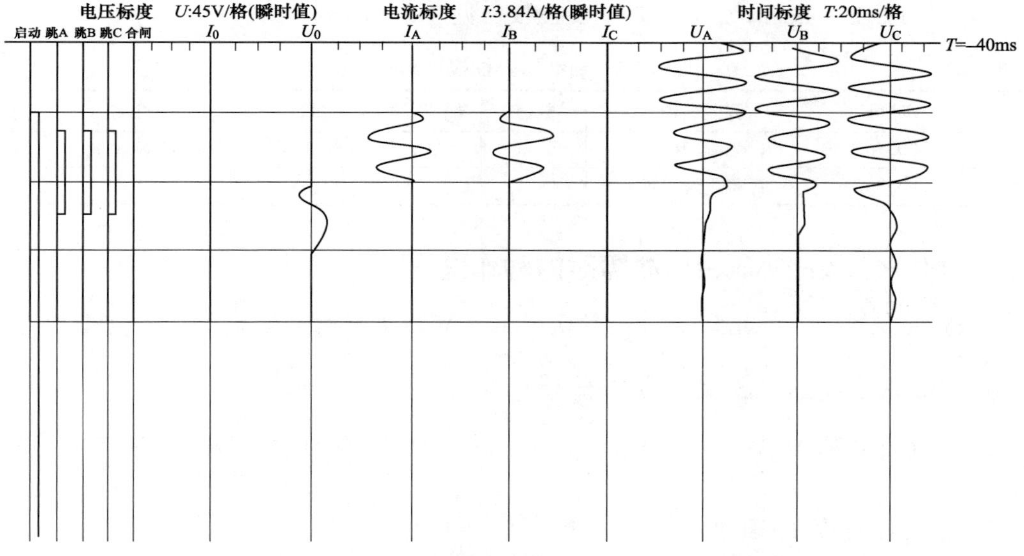

图 2-20　第一套纵联保护 RCS-931DM-DB 保护故障波形

1）报告记录故障前 40ms（2 个周波）正常电压、电流波形。

2）0ms 时保护启动，开放保护正电源，A、B 两相电压降低；出现故障电流分量，两短路相电流大小相等、方向相反，I_A 出现正的直流分量，I_B 出现负的直流分量；故障电流时间为 40ms（保护固有时间+断路器分闸时间）。

3）故障时没有零序电压和零序电流分量。

4）40ms 后断路器三相跳闸，三相线路电压及 $3U_0$（自产）出现了低频衰减（电容式电压互感器暂态特性原因造成）。

5）开关量分析：0ms 时保护启动，12ms 时跳 A、跳 B 动作，由于断路器重合闸采用单相重合方式，相间故障，断路器直接三跳。

6）故障相间电压超前故障相间电流 80°左右。

三、M 侧 500kV 变电站 MN 一线第二套纵联保护 RCS-931DM-DB 保护装置信息

（1）动作报告信息。第二套纵联保护 RCS-931DM-DB 保护装置动作报告见表 2-25，时间为 2015 年 11 月 10 日 10 时 37 分 17 秒 340 毫秒。

表 2-25　　第二套纵联保护 RCS-931DM-DB 保护装置动作报告

相对时间	动作元件	跳闸相别	动作参数
00011ms	电流差动保护	ABC	
00032ms	距离Ⅰ段动作	ABC	
	故障相电流值		003.22A
	故障零序电流值		000.02A
	故障差动电流		008.68A
	故障测距结果		L=0056.2km　AB 相

（2）启动后变位报告信息。启动后变位报告见表 2-26。

表 2-26　　启动后变位报告

序号	时间	开入名称	数值	序号	时间	开入名称	数值
01	00057ms	C 相跳闸位置	0→1	03	00059ms	A 相跳闸位置	1→0
02	00058ms	B 相跳闸位置	0→1				

四、500kV 线路 AB 相间故障时的动作过程

500kV 线路 A、B 相间故障→电流差动保护、距离Ⅰ段动作→跳本线路两个断路器。

五、500kV 线路 AB 保护动作分析

（1）故障测距离 56.3km，线路全长为 75.1km。M 侧两套保护光纤差动和相间距离Ⅰ段动作正确。

（2）两套保护故障测距正确。

（3）第一套 RCS-931DM、第二套 RCS-931DM、GPS 对时不准确。

案例 7：500kV 线路 AB 相间靠近本侧故障断路器三相跳闸

本案例分析的知识点

（1）500kV 线路 AB 相间靠近本侧故障保护动作分析。

（2）500kV 线路 AB 相间靠近本侧故障波形分析。

（3）500kV 线路 AB 相间靠近本侧故障动作过程。

（4）故障性质及原因分析。

一、案例基本情况

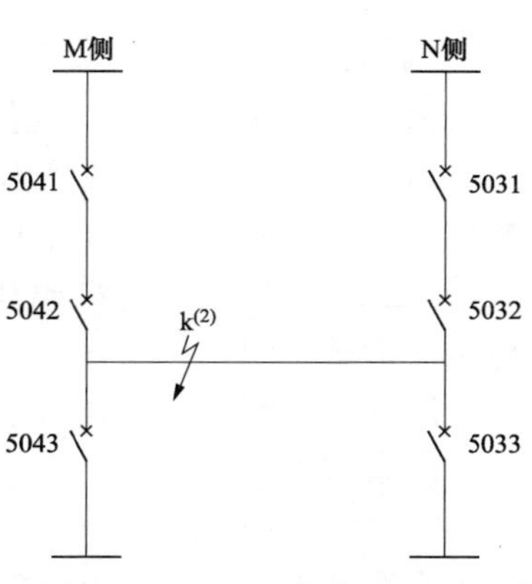

图 2-21　500kV 线路 AB 相间短路故障点位置示意图

2022 年 4 月 26 日 12 时 5 分某线路 AB 相故障跳闸，线路配置的两套线路保护装置 PCS-931、CSC-103A 保护均差动保护动作，闭锁重合闸（投单相重合闸），保护跳 ABC 三相，故障测距：CSC-103A 测距为 36.75km，PCS-931 测距为 35.9km，故障录波器测距为 38.688km，线路全长为 147.2km。500kV 线路 AB 相间短路故障点位置如图 2-21 所示。

二、故障录波图分析

M 侧故障波形如图 2-22 所示，横坐标表示模拟量和开关量通道，纵坐标表示故障时间，每小格为一个周期（20ms）。横坐标 1～4 为模拟量通道，分别表示线路相电压 U_A、U_B、U_C 和线路电压 $3U_0$，9～12 分别表示线路电流 I_A、I_B、I_C 和线路电流 $3I_0$。交流电压为 11.562V/刻度，交流电流为 1.104A/刻度，均为二次值。纵坐标（时间轴）每小格为一个周期（20ms）。

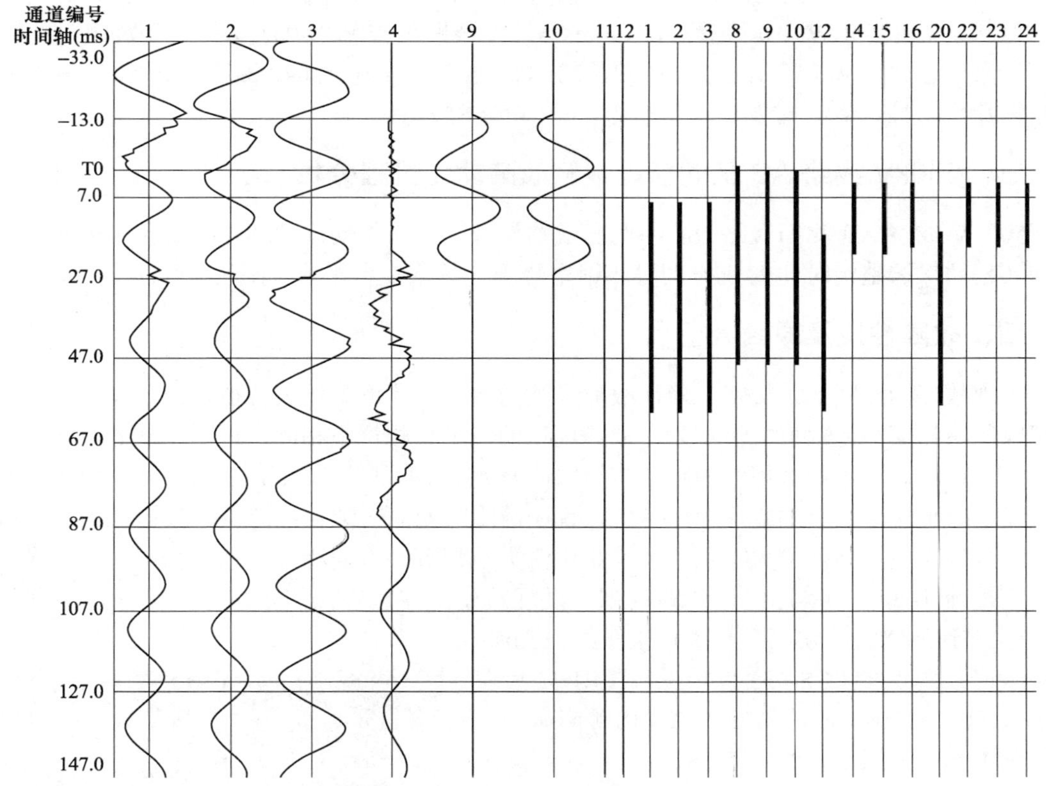

图 2-22　M 侧故障波形图

1—CSC-103A A 相跳闸；2—CSC-103A B 相跳闸；3—CSC-103A C 相跳闸；8—PCS-931 A 相跳闸；9—PCS-931 B 相跳闸；10—PCS-931 C 相跳闸相跳闸；12—5042 CSC-121A-G 保护动作；14—5042 JFZ-22F A 相出口跳闸；15—5042 JFZ-22F B 相出口跳闸；16—5042 JFZ-22F C 相出口跳闸；20—5043 CSC-121A-G 保护动作；22—5043 JFZ-22F A 相出口跳闸；23—5043 JFZ-22F B 相出口跳闸；24—5043 JFZ-22F C 相出口跳闸

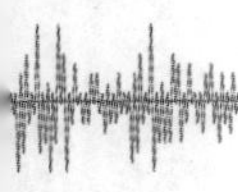

1. 电压波形分析

由图 2-22 可知，故障大约出现在−15ms，故障发生前，线路三相电压波形对称，没有零序电压 $3U_0$。−15ms 时故障出现，发生故障的 A、B 相电压波形明显出现波形畸变，且电压幅值变小，同时出现幅值较小的零序电压 $3U_0$，$3U_0$ 出现是因为 A、B 两相电压由在故障时有谐波分量，非故障相的 C 相到约 25ms 之前电压波形、幅值均没有变化。25ms 之后 A、B 相电压波形幅值明显再次变小，C 相电压波形发生畸变，且幅值逐渐衰减，并且出现明显的零序电压 $3U_0$。零序电压 $3U_0$ 波形刚开始产生时波形畸变严重，之后在 75ms 左右变得平滑，之后逐渐衰减。

2. 电流波形分析

由图 2-22 可知，故障大约出现在−15ms，故障发生前，线路三相电流很小，为正常负载电流。−15ms 时故障出现，发生故障的 A、B 相电流逐渐增大，出现 A、B 相电流大小相等、相位相同、方向相反的特征，此时的电流为故障电流，故障电流大约持续 40ms，到 25ms 时故障电流消失。由于负载电流相比较于故障电流很小，未发生故障的 C 相电流波形没有明显增大和其他变化。

3. 保护动作及开关量分析

从通道 1～3 可看出，在 8ms 左右，线路保护 CSC-103A 保护三相跳闸，约 58ms 时跳闸命令返回。从通道 8、9、10 可看出，在 0ms 左右，线路保护 PCS-931 保护三相跳闸，约 48ms 时跳闸命令返回。从 14、15、16 和 22、23、24 通道可看出，5042 断路器和 5043 断路器的操作箱几乎同时于 2ms 时发出动作命令，于 20ms 时返回。

三、500kV 线路 AB 相间靠近本侧故障动作过程分析

500kV 线路 AB 相间短路故障→两套线路保护装置均差动保护动作→线路本侧两断路器跳闸（差动保护整定时间为 0s）同时闭锁重合闸（线路投单相重合闸）。

四、故障性质及原因分析

本次故障为相间 AB 短路故障，故障录波图中完全体现了相关特征。故障发生时故障的两相电压明显变小，幅值大小不为非故障电压的一半且相位不相同，说明此次故障发生地点不是在出口处，或不是金属性短路，实际故障点距离 M 侧 38.688km（线路全长 147.2km），故障发生时出现了很小的零序电压 $3U_0$，说明故障时相间对地也同时发生高电阻接地，故障发生时故障相电流突然增大，且两故障相电流大小相等、方向相反、相位相同，无零序电流或零序电流不明显。实际经过线路巡视，发现跳闸线路故障点附近发生大面积山火（见图 2-23），导致线路故障跳闸。故障发生在约−15ms，约 0ms 时线路保护 PCS-931 保护三相跳闸，随后在 2ms 时 5042、5043 断路器操作箱发出跳闸命令，同时在 15ms 左右断路器保护 CSC-121A-G 闭锁重合闸。本侧三相断路器跳闸后，三相电压及零序电压并没有迅速降低，而是经过了大约 4000ms 振荡之后，电压才全部接近归零，从图 2-24 PCS-931 保护装置录波图中可看到电压衰减的全过程。产生此

图 2-23　故障点发生山火

现象的原因是线路上有高压并联电抗器，并联电抗器与线路的对地和相间电容的能量交换导致的振荡使电压衰减较慢。零序电压在断路器跳闸后也没有立即归零。

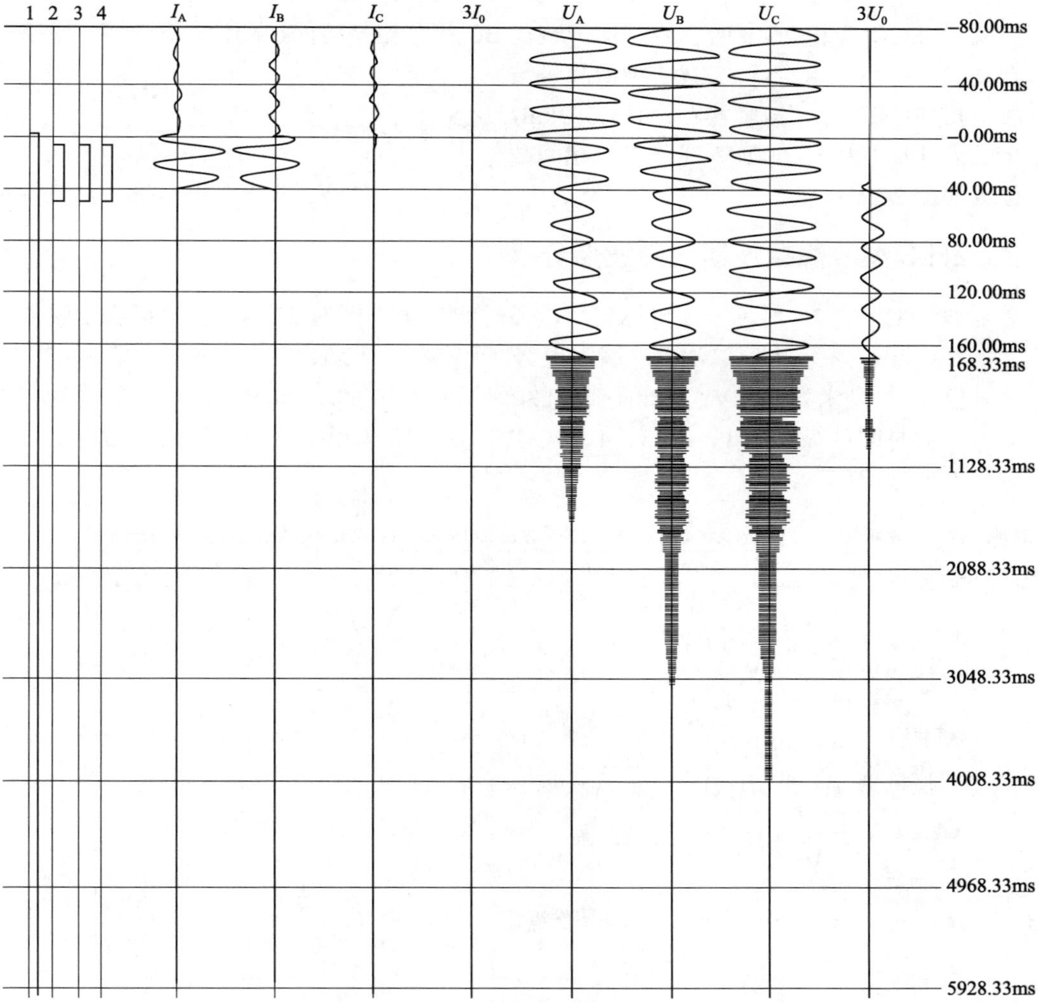

图 2-24　PCS-931 保护装置录波图

案例 8：500kV 线路 BC 相间末端故障断路器三相跳闸

本案例分析的知识点

（1）500kV 线路 BC 相间末端故障录波器波形图分析。

（2）P546 型线路保护装置动作报告分析。

（3）500kV 线路 BC 相间末端短路故障时的动作过程。

（4）断路器切断短路电流的高频暂态电压波形分析。

一、案例基本情况

2021 年 3 月 14 日 9 时 40 分 31 秒 724 毫秒，某 500kV 线路 BC 相间故障，闭锁重合闸，线路三跳。CSC-103 和 P546 两套线路保护装置 BC 相分相差动保护动作，跳三相。线路投单相重合闸，三跳闭锁重合闸。ZH-3 型故障录波器，故障相别：BC 相，故障测距：191.683km，线路全长为 193.10km。500kV 线路 BC 相间故障点位置如图 2-25 所示。

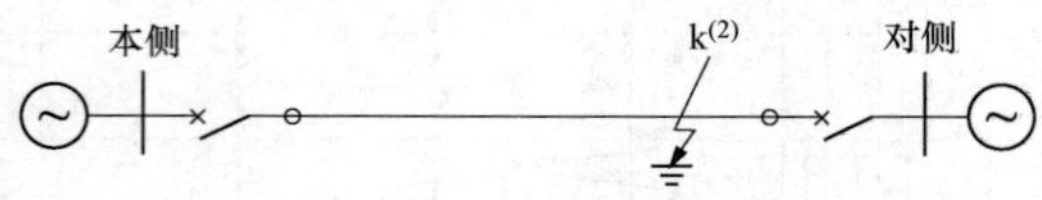

图 2-25　500kV 线路 BC 相间故障点位置示意图

二、ZH-3 型故障录波器故障波形分析

故障波形如图 2-26 所示，横坐标表示故障时间，每小格为 25ms，纵坐标表示模拟量的幅值；“0.2A/mm” 表示电流二次值（瞬时值），每毫米为 0.2A；“9.32V/mm” 表示电压二次值（瞬时值），每毫米为 9.32V；0.0ms 代表故障时刻，−100.0、−50.0、50.0ms 等均为相对故障时刻的相对时间；纵坐标 1、2、3、4、9、10、11、12 为模拟量，分别表示 U_a、U_b、U_c、$3U_0$、I_a、I_b、I_c、$3I_0$。

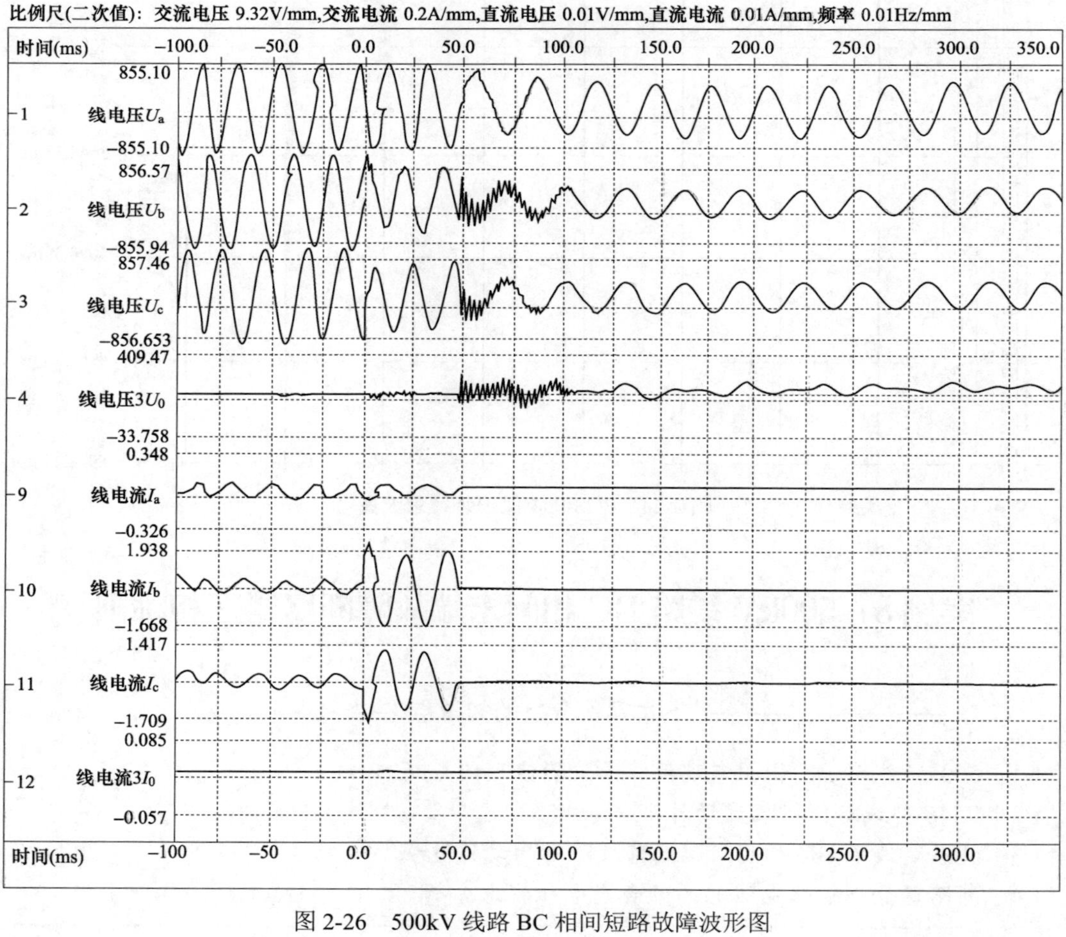

比例尺(二次值)：交流电压 9.32V/mm,交流电流 0.2A/mm,直流电压 0.01V/mm,直流电流 0.01A/mm,频率 0.01Hz/mm

图 2-26　500kV 线路 BC 相间短路故障波形图

1. 电压波形分析

（1）故障相 B、C 相电压波形分析。0ms 时 BC 相间短路故障，故障持续时间约 47.5ms，B、C 相电压明显降低。由于 500kV 线路重合闸使用单相重合闸，即在相间故障时断路器三相跳闸，闭锁重合闸。500kV 线路保护用的电压量取自线路电压互感器，本线路全长 193.10km，故障点又发生在线路末端，所以在断路器三相跳闸后，线路三相电压不能立即减小为零，在断路器跳闸后持续 330ms 三相电压为零。故障发生后 B、C 相电压发生畸变，故障后 47.5ms 断路器三相跳闸，电流过零时刻，B、C 相电压出现高次谐波振荡，此时加在 B、C 相的电压是断路器触头之间的暂态恢复电压。图 2-27 中 B 相暂态恢复电压持续 62.5ms，C 相暂态恢复电压持续 42.5ms。从图 2-27 中反映出本线路断路器触头性能不是很好。故障后 110ms，B、C 两相电压幅值下降且相等，相位差为 110°～120°之间。

（2）正常相 A 相电压分析。B、C 相间故障时，A 相电压波形发生畸变。断路器三相跳闸后，A 相电压出现高次谐波。高次谐波持续 50ms，前 25ms 振荡明显，后 25ms 振荡衰减，波形趋于平滑。A 相电压高次谐波振荡较故障相 B、C 相小了很多。

（3）$3U_0$ 电压波形分析。故障发生后 35ms 由于 A、B、C 三相电压发生不规则的畸变，导致相间短路，出现零序电压。在故障发生后的 35ms 到断路器三相跳闸后 47.5ms 之间，B、C 两相电压与 A 相电压反向，大小为 A 相电压的一半，$3U_0$ 为零。断路器三相跳闸后 110ms 内，B、C 相出现暂态恢复电压，A 相电压电压发生畸变，导致 $3U_0$ 电压波形为高次谐波。断路器跳闸后 110～330ms 之间，由于 B、C 两相电压与 A 相电压反向，大小约为 A 相电压的一半，$3U_0$ 电压基本趋于零。

（4）断路器在三相分闸时出现了不同程度的暂态恢复电压（参看第三章案例 24 220kV 线路三相对称性短路故障中关于暂态恢复电压、断路器的首开系数、断路器三相开断的暂态恢复电压相关介绍）。从电压波形看，A 相有高次谐波分量，B、C 相及 $3U_0$ 有 50ms 的高频分量，并逐步衰减，B 相幅值最大。这种在 500kV 断路器开断时出现高幅值高频分量的波形并不多见。

2. 电流波形分析

（1）故障相 B、C 相电流波形分析。在故障持续的 47.5ms 内，B、C 相电流由负载电流突变成短路电流，短路电流明显增大，大小相等、方向相反。在故障发生 10ms 内，B、C 相电流发生畸变，有高次谐波出现。图 2-26 中 B 相二次瞬时值最大值为 1.988A，此电流乘以电流互感器的变比（4000/1）为一次侧电流，即一次电流瞬时值为 7.952kA。图 2-26 中 C 相二次瞬时值最大值为 1.709A，此电流乘以电流互感器的变比（4000/1）为一次侧电流，即一次电流最大瞬时值为 6.836kA。故障后 47.5ms 断路器三相跳闸，B、C 相电流为零。

（2）正常相 A 相电流波形分析。B、C 相故障时，A 相电流没有明显变化。断路器三相跳闸后，A 相电流为零。

（3）$3I_0$ 电流波形分析。由于相间短路故障，没有零序电流，所以从图 2-26 中基本看不出零序电流。

三、P546 型线路保护装置动作报告分析

P546 保护没有故障录播图和故障分析报告。保护装置液晶显示 ABC 相差动电流、故障

测距和故障相，具体内容如图 2-27 所示。

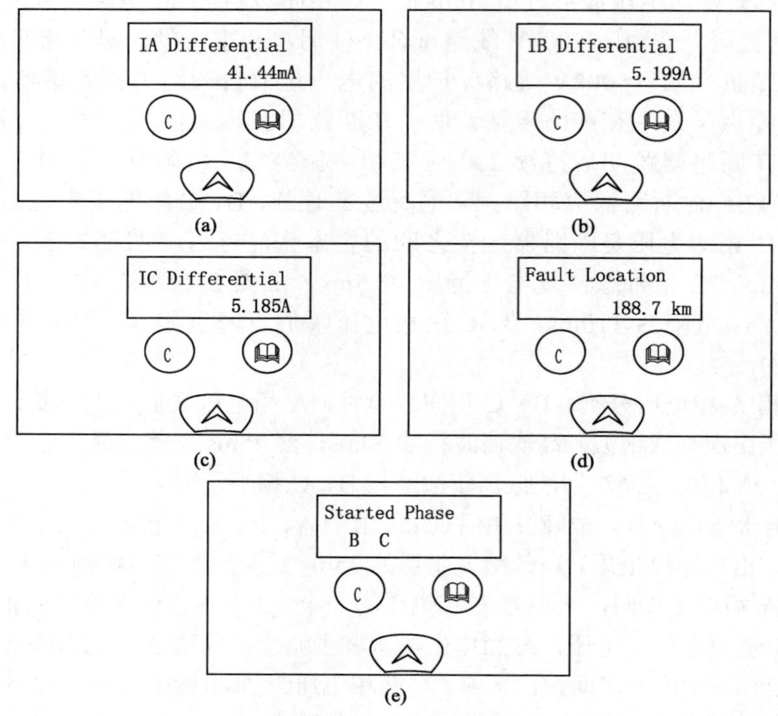

图 2-27 P546 线路保护装置液晶显示

(a) A 相差动电流；(b) B 相差动电流；(c) C 相差动电流；(d) 故障测距；(e) 故障相

四、CSC-103AC 型线路保护装置动作报告分析

CSC-103AC 型线路保护故障波形如图 2-28 所示。

1. 电流波形分析

从 CSC-103AC 型线路保护装置录波图看到，0ms 时发生 BC 相间短路故障，B、C 相电流大小相等、方向相反；在 50ms 左右，三相电流为零，断路器三相跳闸。

2. 电压波形分析

发生故障后，BC 相电压幅值减小。由于线路长，且故障发生在远端，在 50ms 左右断路器三相跳闸，A 相电压减小，BC 相电压减小且大小相等，有相位差。故障后 119ms，线路电压三相电压衰减为零。图 2-28 中无零序电流和零序电压。

3. 开关量分析

故障发生后 4ms 保护启动，18ms 后保护发“跳 A”“跳 B”“跳 C”指令，63ms 后断路器跳闸，B 相先跳，接着 C 相跳闸，最后 A 相跳闸。

五、500kV 线路 BC 相间末端故障时的动作过程

500kV 线路 B、C 相间故障→B、C 相差动保护动作→跳 500kV 断路器、中断路器三相跳闸。

故障绝对时间：2021-03-14 09:37:56.399　打印时间：2021-03-14 10:35:50

动作相对时间	动作元件	跳闸相别	动作参数
4ms	保护启动		
18ms	分相差动出口	ABC	I_A=1.0432A　I_B=1.523A　I_C=1.477A
	数据来源通道A		
	测距阻抗		X=30.75Ω　R=3.906Ω　BC相
	测距		L=186.0km　BC相
	对侧差动出口		
	三相差动电流		I_A=1.0432A　I_B=5.875A　I_C=5.844A
	三相制动电流		I_A=0.3789A　I_B=3.734A　I_C=4.000A

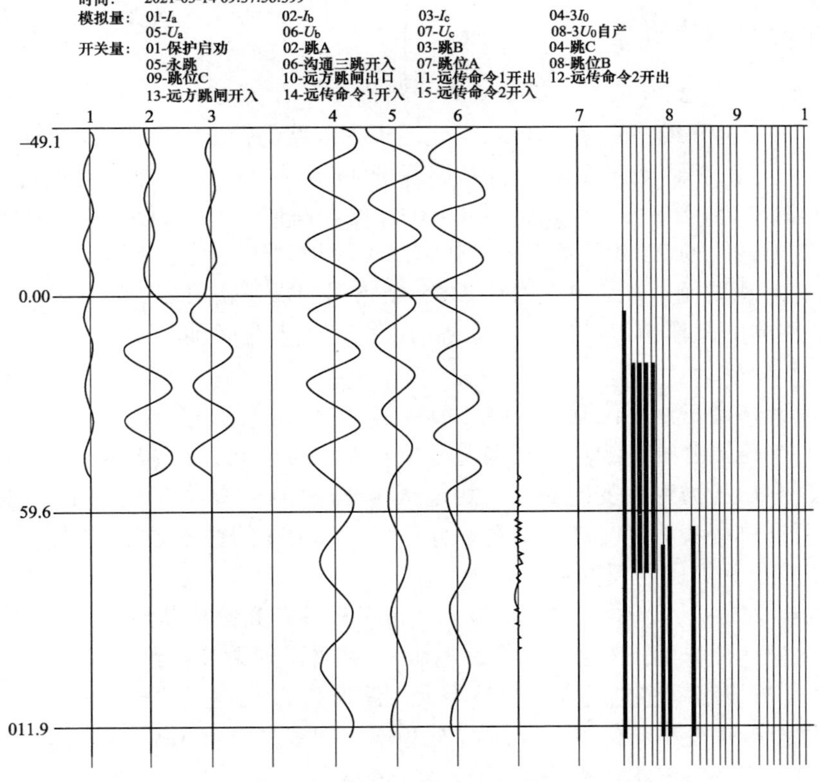

图 2-28　CSC-103AC 型线路保护故障波形图

案例 9：500kV 线路 AB 两相末端接地短路故障断路器三相跳闸

本案例分析的知识点

（1）500kV 线路两相末端接地短路故障保护装置动作报告及故障波形图分析。

（2）500kV 线路两相末端接地短路故障保护动作过程分析。

（3）500kV 线路两相末端接地短路故障性质及原因分析。

一、案例基本情况

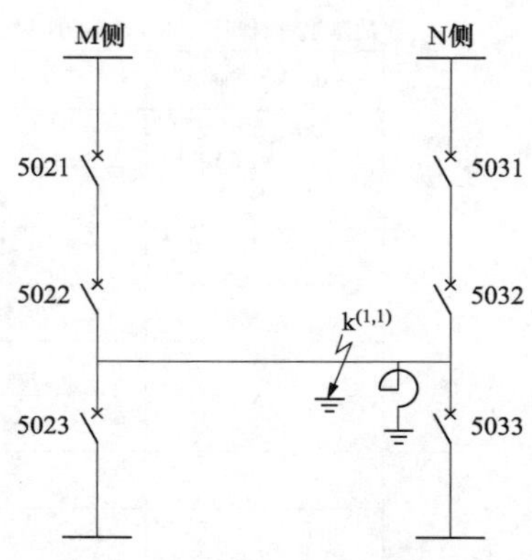

图 2-29　500kV 线路 AB 相间接地短路故障点位置示意图

2018 年 12 月 31 日 8 时 55 分，500kV 某线路检修后送电过程中，当 M 侧用 5022 断路器对线路充电时（5023 断路器在冷备用状态），发生 A、B 两相短路接地故障。线路配置的两套线路保护装置 PCS-931、CSC-103A 保护均差动保护动作，闭锁重合闸（投单相重合闸），保护跳 ABC 三相。故障测距：CSC-103A 测距为 239.00km，PCS-931 测距为 239.90km，故障录波器测距为 237.93km，线路全长为 242.0km。500kV 线路 AB 相间接地短路故障点位置如图 2-29 所示。

二、故障录波图分析

M 侧故障波形如图 2-30 所示，纵坐标为线路相电压 U_A、U_B、U_C 和线路零序电压 $3U_0$，线路相电流 I_A、I_B、I_C 和线路零序电流 $3I_0$。通道 1 为线路保护 PCS-931 A 相跳闸，通道 2 为线路保护 PCS-931 B 相跳闸，通道 3 为线路保护 PCS-931 C 相跳闸，通道 4 为线路保护 CSC-103A A 相跳闸，通道 5 为线路保护 CSC-103A B 相跳闸，通道 6 为线路保护 CSC-103A C 相跳闸，通道 7 为线路 5022 断路器保护 CSC-121A 保护动作，通道 8 为线路 5022 断路器的操作箱 JFZ-22F A 相跳闸，通道 9 为线路 5022 断路器的操作箱 JFZ-22F B 相跳闸，通道 10 为线路 5022 断路器的操作箱 JFZ-22F C 相跳闸。横坐标为时间轴。

1. 电压波形分析

（1）0ms 前断路器在分闸位置，合闸之前线路上没有电压。

（2）0ms 时断路器合闸，线路开始出现三相电压，同时出现了零序电压，相电压波形明显出现畸变，C 相电压波形畸变明显，A 相电压在 10～20ms 之间畸变明显，这是由于断路器合闸瞬间的暂态过程和故障时产生的暂态分量与基波电压的叠加导致。因为有 $3U_0$ 分量，A、B 相电压没有出现方向相反的特征。

（3）在 55ms 左右，A、B 相电压明显降低，之后逐渐高频振荡消失；同时 C 相电压明显增大，幅值大概为原来的 1.5 倍（操作过电压），并且出现谐波导致波形畸变。

（4）55ms 左右线路零序电压 $3U_0$ 突然增大，波形和 C 相电压波形相似，但幅值比 C 相电压大，之后逐渐振荡变小。在 700ms 左右 C 相电压和零序电压 $3U_0$ 谐波分量基本消失，电压波形恢复正常，但仍逐渐振荡变小。

2. 电流波形分析

（1）故障发生前，线路三相电流为零。

（2）0ms 时合上断路器之后，A、B 相便出现了故障电流。

（3）故障发生后，C 相电流很小，为正常线路充电电流（电容电流），A、B 相电流幅值较大，幅值没有出现完全的大小相同，方向也并不是完全相反，有一定的相位差，这是因为两相接地有零序电流分量。

（4）故障 A、B 相电流波形上下不对称是由于断路器合闸瞬间的暂态过程出现非周期分量导致的（A 相电流出现了比较大的负的直流分量，B 相流出现了比较小的正的直流分量）。在 55ms 左右发生故障的 A、B 相电流消失，同时线路零序电流也消失，说明此时断路器已

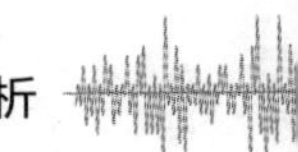

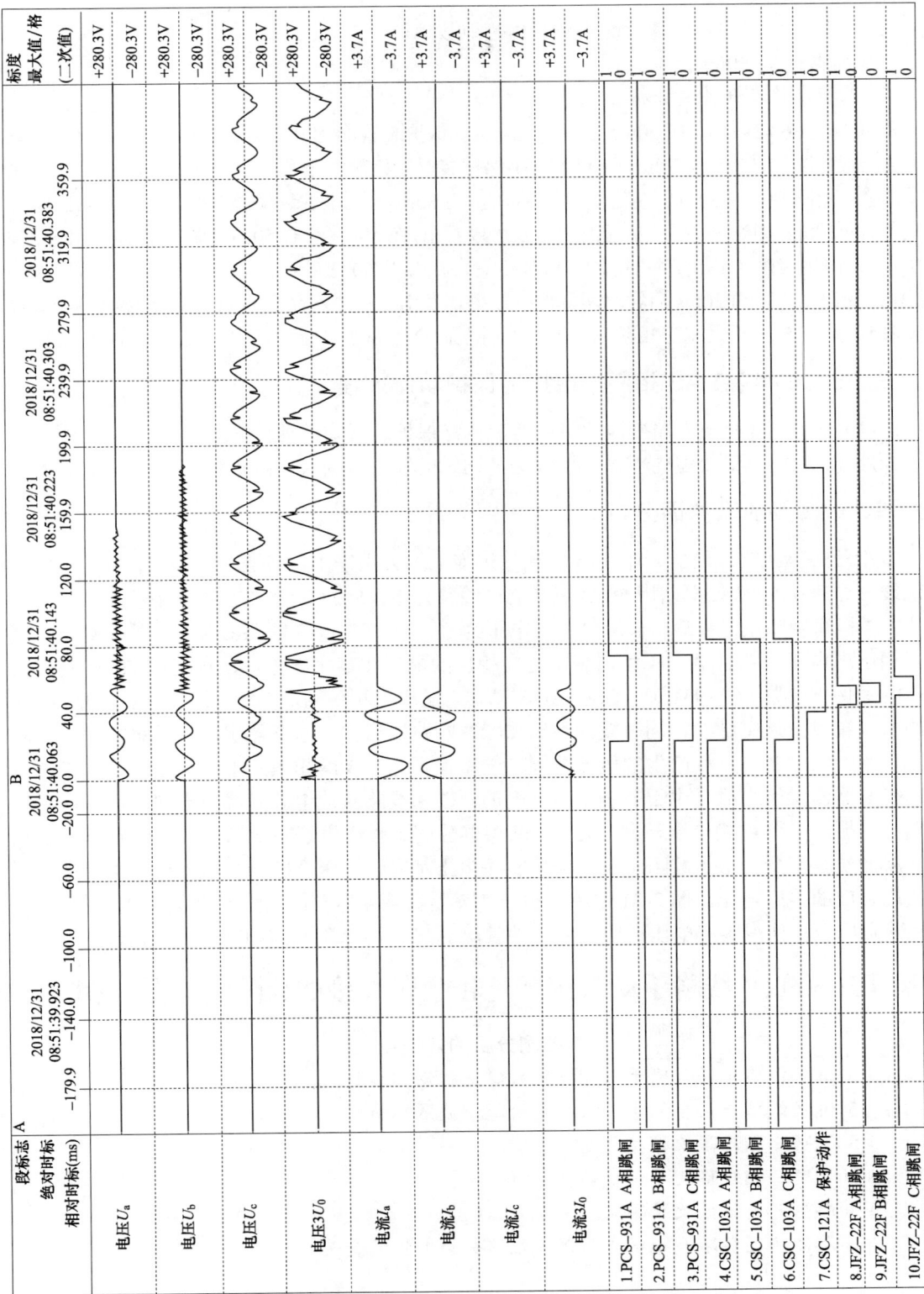

图 2-30　M 侧故障波形图

经跳闸，线路失电。

（5）故障时出现 $3I_0$ 分量，说明是两相接地故障。

（6）故障时间 50ms。

3. 保护动作及开关量分析

从通道 1～6 可看出，在 20ms 左右，线路两套保护装置 PCS-931SC、CSC-103A 几乎同时动作，发出三相跳闸命令，约 70ms 时 PCS-931 保护装置三相跳闸命令返回，约 80ms 时 CSC-103A 保护装置三相跳闸命令返回。从通道 7 可看出，约 35ms 时 5022 断路器保护装置 CSC-121A 保护动作，约 180ms 时命令返回。从通道 8～10 可以看出，在 40ms 左右 5022 断路器操作箱 JFZ-22F 发出了 3 个约持续 10ms 的跳闸脉冲。整体上看，在合上 5022 断路器对线路充电时，线路发生 AB 相间短路故障，约 20ms 后线路两套保护装置均发出三相跳闸命令给 5022 断路器操作箱，操作箱收到命令 15ms 后发出三相跳闸脉冲，同时发命令给 5022 断路器保护，使其闭锁重合闸。

三、500kV 线路 AB 相间末端接地保护动作过程分析

500kV 线路 AB 相间末端接地故障→两套线路保护装置均差动保护动作→线路充电侧（M 侧）断路器跳闸（差动保护整定时间为 0s），同时闭锁重合闸（线路投单相重合闸）。

四、故障性质及原因分析

本次故障为线路检修后，在线路 N 侧接近变电站处由于工作班成员的失误，漏拆 AB 相接地线，导致在 M 侧变电站用 5022 断路器给线路充电（5023 断路器在冷备用状态）时发生的 A、B 相间接地短路故障。合闸前线路电压为零，0ms 时 5022 断路器合闸给线路充电，线路三相出现电压，并且 A、B 相出现了方向相反的电流和零序电流，在合闸后 20ms 左右，线路两套保护装置 PCS-931SC、CSC-103A 动作，发出三相跳闸命令，又过 15ms，5022 断路器的操作箱发出跳闸脉冲，同时发命令给 5022 断路器保护，断路器保护闭锁重合闸。在断路器合闸瞬间的暂态过程产生的电流非周期分量使得 A、B 两相故障电流均出现正负半波偏移。在断路器跳闸之后，由于能量不能突变的，C 相线路对地电容和线路末端高压并联电抗器形成共振，使得 C 相电压升高。另外，断路器分闸过程产生了高次谐波，使得分闸后 C 相电压波形发生畸变。由于故障录波器采集零序电压是通过电压互感器二次开口三角绕组，属于物理合成的零序电压，图 2-31 中零序电压 $3U_0$ 是在断路器分闸后由 C 相谐振电压叠加 A、B 相残余电压，使得零序电压瞬间增大，并且出现和 C 相电压方向相同、波形相似的特征。

案例 10：500kV 线路手动合闸于三相金属性接地故障断路器三相跳闸

本案例分析的知识点

（1）500kV 线路手动合闸于三相接地故障保护动作分析。

（2）500kV 线路手动合闸于三相接地故障录波图分析。

（3）500kV 三相短路故障动作过程。

（4）500kV 三相短路故障保护动作分析。

（5）断路器开断近区故障的概念。

（6）断路器额定短路开断电流与额定短路关合电流的含义。

一、案例基本情况

2018 年 4 月 3 日 0 时 16 分 17 秒 615 毫秒，某 500kV 线路进行由检修转运行操作，在执行合上 5021 断路器（5022 断路器在分位）时，由于线路上接地线未拆导致 ABC 三相接地故障。11ms 时电流差动保护动作，53ms 时 5021 断路器 ABC 三相跳闸。故障测距为 0.5km，线路全长为 173.9km。500kV 线路三相接地故障点位置如图 2-31 所示。

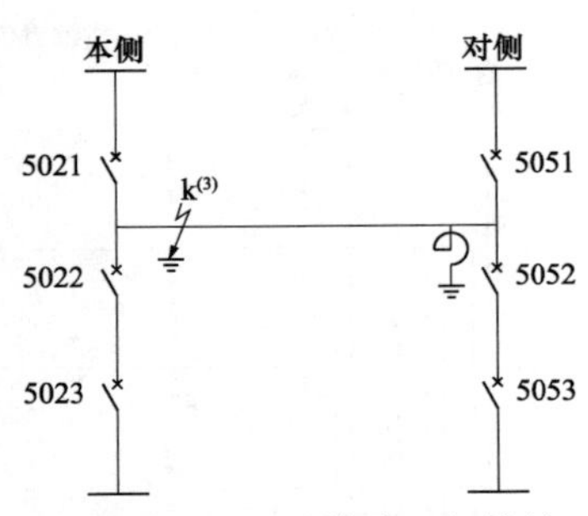

图 2-31　500kV 线路三相接地故障点位置示意图

二、RCS-931AM 型线路保护装置故障波形分析

RCS-931AM 超高压线路保护装置动作报告见表 2-27。500kV 线路 ABC 三相永久接地故障波形如图 2-32 所示，横坐标表示模拟量和开关量的幅值，纵坐标表示故障时间单位毫秒。“I：17.4A/格”表示电流二次值（瞬时值），每格为 4.48A。“U：45V/格”表示电压二次值（瞬时值），每格为 97.3V。横坐标分别表示保护启动、跳 A、跳 B、跳 C、合闸、I_0、U_0、I_A、I_B、I_C、U_A、U_B、U_C。

表 2-27　RCS-931AM 超高压线路保护装置动作报告

厂站名：南继保　线路：装置　地址：051　管理序号：00017214　打印时间：2018-04-03　01：13

动作序号	007	启动绝对时间	2018-04-03 00：16：17.615
序号	动作相	动作相绝对时间	动作元件
01	ABC	00011ms	电流差动保护
02	ABC	00029ms	距离加速
03	ABC	00038ms	距离 I 段动作
故障测距结果		0000.5km	
故障相别		ABC	
故障相电流值		011.83A	
故障零序电流		013.08A	
故障差动电流		013.08A	

启动时开入量状态

序号	开入名称	数值	序号	开入名称	数值
01	差动保护	1	12	合闸压力降低	0
02	距离保护	1	13	发远跳	0
03	零序保护	1	14	发远传 1	0
04	重合闸方式 1	1	15	发远传 2	0
05	重合闸方式 2	1	16	收远跳	0
06	闭重三跳	0	17	收远传 1	0
07	跳闸启动重合	0	18	收远传 2	0
08	三跳启动重合	0	19	主保护压板 S	1
09	A 相跳闸位置	0	20	距离压板 S	1
10	B 相跳闸位置	0	21	零序压板 S	1
11	C 相跳闸位置	0	22	闭重三跳 S	0

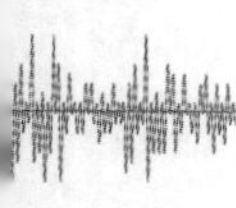

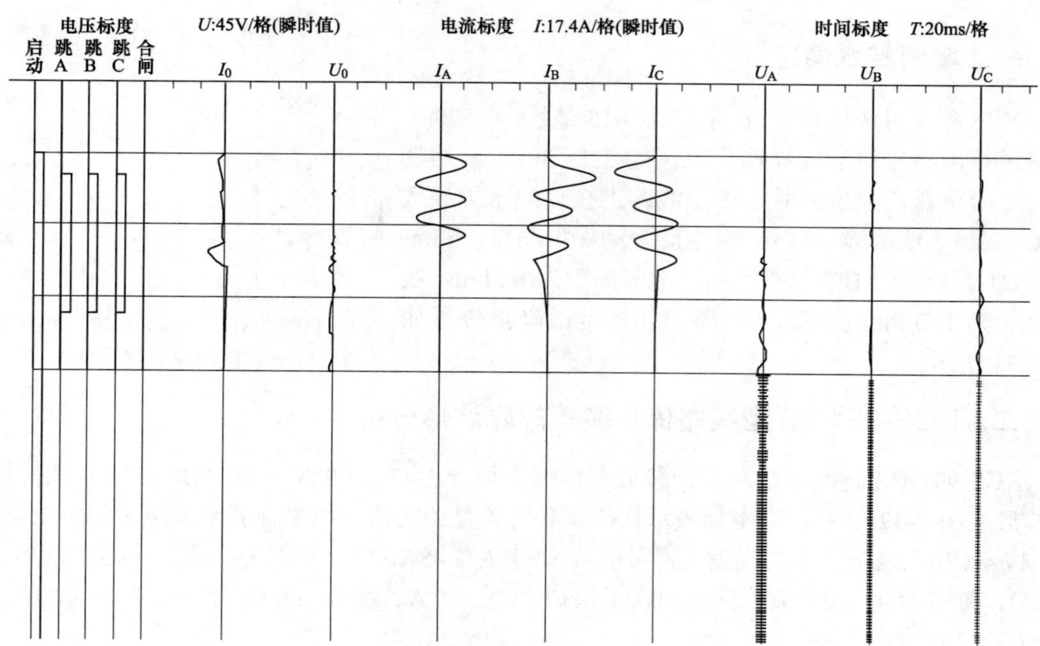

图 2-32 500kV 线路 ABC 三相永久接地故障波形图

1. 电压波形分析

（1）故障相 A 相电压波形分析。故障前线路在冷备用状态，且线路存在三相接地线，A、B、C 三相电压为零。由于近区短路，故障电流过大，烧毁接地线，故障切除后产生少量电压。

（2）U_0 电压波形分析。三相对称短路故障，$3U_0$ 为零。

2. 电流波形分析

（1）故障相 A、B、C 相电流波形分析。此例中 ABC 三相故障前三相电流为零，即 $I_{m|0|}=0$，此时短路零时刻直流分量的大小取决于短路电流交流幅值 I_m 的大小。故障录波图 2-33 中 A 相几乎没有直流分量，即 $C=I_{ma}\sin(\alpha-\varphi)=0$，即 A 相在 $\alpha=\varphi$ 时刻发生合闸，其三相初始状态电流相量图如图 2-33 所示。

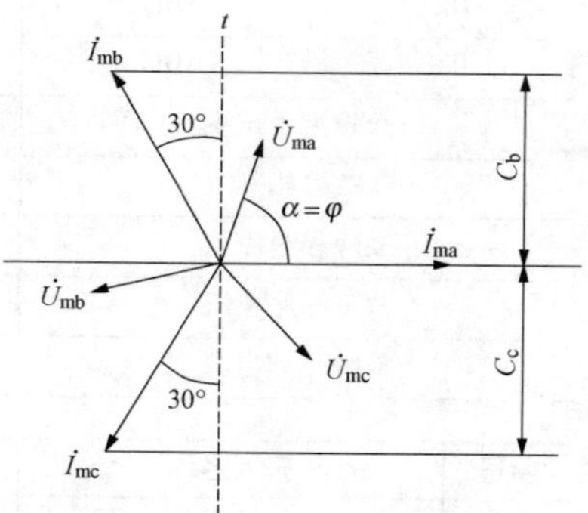

图 2-33 三相初始状态电流相量图

B、C 相的直流分量大小相同、方向相反，为短路电流周期分量幅值的 $\sqrt{3}/2$ 并不断衰减。A、C 相电流在断路器分闸后电流为零，B 相电流在断路器分闸后电流衰减至零，可能为断路器开段时产生电弧，电弧未立即熄灭。其中 A 相电流峰值在图 2-33 中为 1.1 格，即 19.14A（=17.4A/格×1.1 格），B、C 相电流峰值在图 2-33 中为 1.1 格，即 31.32A（=17.4A/格×1.8 格）。

（2）I_0 电流波形分析。三相接地故障，由于分相断路器 B 相合闸时间稍迟，产生少许零序电流，后随之衰减。断路器分闸时 A 相先分闸，C 相最后分闸，分闸不同期产生零序电流。

（3）在故障时 ABC 三相的电流波形都是正弦波，说明在故障时电流互感器没有饱和现象。

三、RCS-921A 型断路器保护动作报告（5021 断路器）

RCS-921A 断路器保护装置动作报告见表 2-28，保护启动时间为 2018 年 4 月 3 日 0 时 16 分 17 秒 616 毫秒。

表 2-28　RCS-921A 断路器保护装置动作报告

厂站名：南继保　线路：装置　地址：053　管理序号：00008338　打印时间：18-04-03 01：20

动作序号	011	启动绝对时间	2018-04-03 00：16：17.616
序号	动作相	动作相绝对时间	动作元件
01	ABC	00023ms	A 相跟跳
02	ABC	00023ms	B 相跟跳
03	ABC	00023ms	C 相跟跳
04	ABC	00023ms	三相跟跳
05	ABC	00023ms	沟通三跳

启动时开入量状态

序号	开入名称	数值	序号	开入名称	数值
01	投充电保护	0	10	B 相跳闸开入	0
02	先合投入	1	11	C 相跳闸开入	0
03	重合闸方式 1	0	12	A 相跳闸位置	0
04	重合闸方式 2	0	13	B 相跳闸位置	0
05	闭锁重合闸	1	14	C 相跳闸位置	0
06	闭锁先合开入	0	15	合闸压力降低	0
07	发变三跳开入	0	16	投充电保护 S	1
08	线路三跳开入	0	17	投先合压板 S	1
09	A 相跳闸开入	0	18	投闭重压板 S	0

启动后变位报告

序号	时间	开入名称	数值	序号	时间	开入名称	数值
01	00020ms	A 相跳闸开入	0→1	07	00120ms	B 相跳闸开入	1→0
02	00020ms	B 相跳闸开入	0→1	08	00120ms	C 相跳闸开入	1→0
03	00020ms	C 相跳闸开入	0→1	09	00125ms	线路三跳开入	1→0
04	00037ms	线路三跳开入	0→1	10	00128ms	发变三跳开入	1→0
05	00038ms	发变三跳开入	0→1	11	00434ms	合闸压力降低	0→1
06	00120ms	A 相跳闸开入	1→0				

四、500kV 三相短路故障时的动作过程

500kV 线路合闸于 ABC 相永久接地故障→电流差动保护动作→5021 断路器 ABC 三相分闸。

五、500kV 三相短路故障保护动作分析

（1）本线路全长为 173.9km，故障测距为 0.5km，属于纵差保护范围，保护动作正确。

（2）故障相电流值：相电流有效值为 19.14/1.732=11.05A（二次侧电流），电流互感器变比为 3000/1，一次故障电流为 33150A。

六、断路器开断近区故障的基本概念

（1）断路器开断近区故障电流比额定短路开断电流要小。在架空线路上离断路器出线端

子距离短，但还有一定距离（*n* 公里）处短路故障称为近区故障。分析认为，断路器开断近区故障的主要困难在于瞬态恢复电压起始部分的上升速度很高，电弧难以熄灭。因此在国标里规定了“对设计用于额定电压 72.5kV 及以上，额定短路电流大于 12.5kA，直接与架空输电线路连接的三极断路器，要求具有近区故障性能”。如断路器中常规定近区开断故障电流（L90/L75），即为额定短路开断电流的 90%和 75%。

（2）近区故障对断路器的影响。断路器近区故障的真正挑战在于开断后立即出现上升速度非常快的 RTV（暂态恢复电压）。

七、断路器额定短路开断电流与额定关合电流的含义

根据 DL/T 615—2013 高压交流断路器参数选用导则规定：

（1）额定短路开断电流。是指在规程规定的使用和性能条件下，断路器所能开断的最大短路电流。

（2）额定短路关合电流。是指在额定电压及规定的使用和性能条件下，断路器能保证正常关合的最大短路（峰值）电流。

本案例中，额定短路开断电流值 63kA，关合电流 156kA。

案例 11：500kV 空载线路雷击三相接地短路故障（N 侧）

本案例分析的知识点

（1）500kV 线路三相雷击故障保护信息分析。

（2）500kV 线路三相雷击故障录波图分析。

（3）500kV 线路三相雷击故障保护动作分析。

一、案例基本情况

（1）2014 年 8 月 26 日 0 时 5 分，某 500kV MN 线 ABC 三相故障跳闸，重合闸方式为单相重合闸，三相跳闸不重合，1 时 20 分强送成功。N 侧变电站：测距为 29.73km，故障电流为 13864A。该地区当时为雷雨天气。500kV 线路 ABC 相故障点位置如图 2-34 所示。

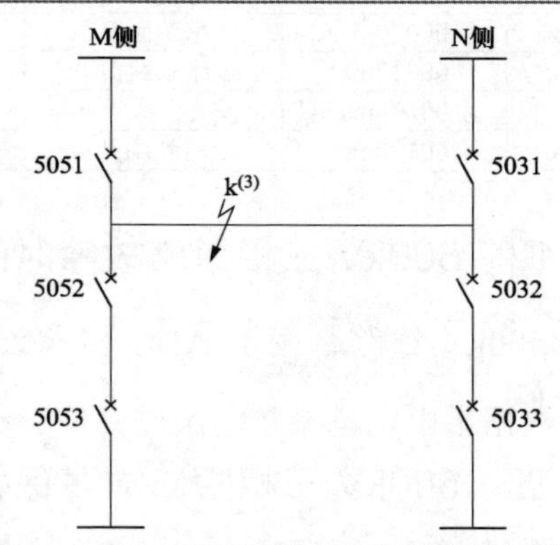

图 2-34　500kV 线路 ABC 相故障点位置示意图

（2）故障区段基本情况。

1）线路全长 46.416km，投运时间为 2009 年 8 月 18 日，故障杆塔为 33、36 号塔，导线、地线型号分别为 LGJ-400/35、OPGW、GJ-80。

2）33 号塔型号为 5B-ZBC1-36（直线塔），绝缘子配置为 FC160P/155×30×2，接地电阻实测值为 9Ω，季节系数取 1.8，接地电阻值为 16.2Ω。故障杆塔相邻五基杆塔的接地电阻设计值均为 30Ω，实测值（换算后）分别为 25.2、18、16.2、19.8、14.4Ω，雷害等级为二级，距离 N 变电站 31.23km。故障区段主要地形为山地，杆塔位于山地的山顶上，地面倾斜角为

35°，边线导线保护角为 12°。

3）36 号塔型号为 5B-JC1-30（耐张塔），绝缘子配置为 FC210/170×32×2，接地电阻实测值为 12Ω，季节系数取 1.8，接地电阻值为 21.6Ω。故障杆塔相邻五基杆塔的接地电阻设计值均为 25Ω，实测值（换算后）分别为 19.8、14.4、21.6、19.8、16.2Ω，雷害等级为二级，距离 N 变电站 29.721km。故障区段主要地形为山地，杆塔位于山地的山顶上，地面倾斜角为 32°，边相导线保护角为 12°。

故障区段耐张段长度为 3.883km，采用的防雷措施为避雷线。

4）故障区段基本情况见表 2-29。

（3）故障时段天气。根据故障时段气象数据，8 月 26 日，故障区段天气情况为：雷阵雨，气温在 16～22℃间，西南风 2 级，相对湿度为 98%，降水量 60mm。

表 2-29　故障区段基本情况

地面倾角（°）	接地形式	导线对地高度（m）	导线型号	地线型号	绝缘子配置				
					型号及片数	串型	并联串数	串长（mm）	爬电距离（mm）
35	T50m	31	LGJ-400/35	OPGW、GJ-80	FC160P/155×30	S1	双串	4650	13500
32	T20d	26	LGJ-400/35	OPGW、GJ-80	FC210/170×32	N1	双串	5440	14400

（4）雷电定位系统查询情况。故障区段雷电活动频繁，故障时刻雷电定位系统显示多条雷电信息，其中系统显示距离线路较近的雷电流幅值为 73.1kA。

（5）故障巡视及处理。8 月 26 日，接到调度命令后，立即查看天气情况及雷电定位系统并根据故障录波信息初步判断是雷击造成，随即组织巡视人员紧急赶赴现场，对故障区段线路进行巡视。根据故障测距数据，到达现场后，登检人员发现 33 号塔 B 相（中线）导线、导线防振锤、杆塔上均有放电痕迹，36 号塔 A 相（右边线）、C 相（左边线）引流线和耐张串第 1 片绝缘子均有放电痕迹。故障巡视情况如图 2-35 所示。

二、故障原因分析

1. 故障原因排查

综合分析故障区段的地理特征、气候特征、故障时段的天气情况等，结合雷电定位系统、故障录波信息和故障杆塔闪络放电痕迹等信息，判定本次故障为雷击故障。

2. 雷电定位系统数据分析

根据雷电定位系统的数据，结合故障录波信息和现场巡视情况，结合落雷的时间、落雷的幅值、落雷位置等方面进行分析：当时为雷雨天气，故障区段有较密集的落雷，故障时刻，探测到的雷电流幅值为 73.1kA，距离 33、34 号塔较近。

3. 雷电定位系统数据分析

对 N 侧保护装置动作报告、故障录波进行初步分析，线路为 A、B、C 三相故障，三相同时均有故障电流。A、C 相断路器相同，都在 68ms 时保护跳开，B 相断路器在 70ms 时保护跳开，与现场实际 A、C 相同在 36 号塔放电、B 相在 33 号塔放电相符。没有零序电流，只是在分闸时出现零序电流和零序电压，是由于断路器分闸不同期造成的，典型三相同时短路特征。

(a) (b) (c) (d) (e) (f) (g) (h)

图 2-35　故障巡视情况

（a）33 号塔地理环境及放电通道痕迹；（b）33 号塔导线端导线、防振锤上闪络放电；
（c）33 号塔下右侧曲臂闪络放电痕迹；（d）36 号塔地理环境及闪络放电通道；（e）36 号塔 A 相引流线闪络放电痕迹；
（f）36 号塔 A 相玻璃绝缘子闪络放电痕迹；（g）6 号塔 C 相玻璃绝缘子闪络放电痕迹；
（h）36 号塔 C 相引流线闪络放电痕迹

4. 雷击原因分析

当时雷雨天气，根据现场照片及雷电定位系统查询结果，判定为雷击故障，雷击到 33～36 号段附近塔顶或架空地线处，从地形图上看，33 号塔所处地势最高，遭雷击的可能性最大。33～36 号段附近铁塔地电位瞬间升高，33 号塔顶电位最大，36 号塔接地电阻相对较大，同时 33 号塔 B 相及 36 号塔 A、C 相空气间隙相对较小，强大的雷电流造成三相绝缘同时被击穿，属于反击雷。

雷电定位系统显示故障时间、故障段附近最接近的雷电流幅值为 73.1kA，经咨询国网电科院及南瑞公司有关专家：这个雷不易引起 500kV 线路反击，怀疑雷电定位系统监测、显示的数据存在误差，目前雷电定位系统只能捕捉到 80%雷电，定位精度为 1000m，在同一时间、不同地点，可能有更大的雷没有探测到，此次故障可能是由发生在同一时间的更大雷电流引起的。另外，也可能是两个很大的雷同时击到 33、36 号塔上，还可能是一个很大的雷分叉同时击到 33、36 号塔上。

经测量：33 号塔为 ZBC1-型酒杯塔，中导线距离塔身 4.2m；36 号塔为 JC1-30 型耐张塔，右边线引流距离第 1 片绝缘子 4.2m，左边线引流距离第 1 片绝缘子 3.8m，均满足设计要求，但与相临 7 基铁塔导线距离塔身相比较，距离最短。故障区段铁塔型号及空气间隙见表 2-30。

经测量：33 号塔的实测接地电阻值为 16.2Ω，36 号塔的实测接地电阻值为 21.6Ω，接地

电阻值均满足设计要求；但 33、36 号塔接地电阻值与故障区段其他杆塔相比较接地电阻偏大。故障区段铁塔接地电阻值见表 2-31。

表 2-30　　故障区段铁塔型号及空气间隙

序号	塔号	塔型	串型	左导线距塔身最近距离（m）	中导线距塔身最近距离（m）	右导线距塔身最近距离（m）
1	30	5B-ZBC1	I，V，I	5.72	4.35	5.72
2	31	5B-ZBC1	I，V，I	5.72	4.35	5.72
3	32	5B-ZBC4	I，I，I	6.95	4.8	6.95
4	33	5B-ZBC1	I，I，I	5.72	4.2	5.72
5	34	5B-ZBC3	I，V，I	6.75	4.65	6.75
6	35	5B-ZBC2	I，V，I	6.2	4.3	6.2
7	36	5B-JC1	双拉串	3.8	5.8	4.2
8	37	ZBK1	I，V，I	5.7	4.3	5.7
9	38	5B-ZBC2	I，V，I	6.2	4.3	6.2

表 2-31　　故障区段铁塔接地电阻值　　（Ω）

塔号	31	32	33	34	35	36	37	38
实测值（换算后）	25.2	18	16.2	19.8	14.4	21.6	19.8	16.2

三、N 侧 500kV 变电站故障录波报告分析

1. 第一套纵联PSL602GW保护分析

（1）第一套纵联 PSL602GW 保护装置动作报告：

0ms 启动 CPU 启动；

0ms 纵联保护启动；

0ms 距离零序保护启动；

0ms 纵联保护启动；

50ms 相间距离Ⅰ段动作；

50ms 保护永跳出口；

57ms 故障类型和测距：三相故障 29.73km；

57ms 测距阻抗值 0.657+j6.549Ω；

57ms 故障相电流：电流=3.466A；

5116ms 纵联保护整组复归；

5118ms 距离零序保护复归；

5332ms 启动 CPU 复归。

（2）N 侧 500kV 变电站 500kV MN 线第一套 PSL602GW 保护装置故障录波图如图 2-36 所示。

PSL602GW 数字式保护装置保护类型：纵联保护Ⅰ。

时间：2014-08-26　00：05：06.821。

模拟量通道：I_a=9.00A/格；I_b=9.00A/格；I_c=9.00A/格；$3I_0$=9.00A/格；U_a=100.00V/格；U_b=100.00V/格；U_c=100.00V/格；$3U_0$=100.00V/格。

开关量通道：1—收信；2—发信；3—A 相跳闸；4—B 相跳闸；5—C 相跳闸；6—永跳

出口；7—远传跳开入。

2. 第二套纵联PSL602GW保护分析

（1）第二套纵联 PSL602GW 保护装置动作报告：

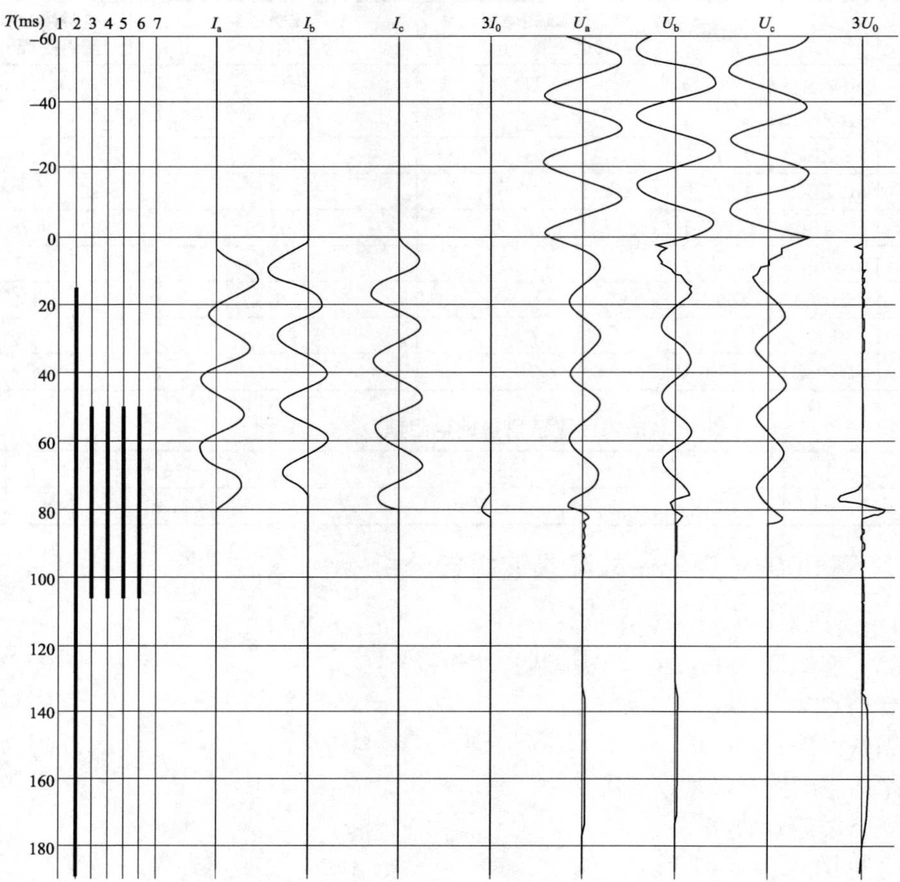

图 2-36　N 侧 500kV 变电站 500kV MN 线第一套 PSL602GW 保护装置故障录波图

0ms 启动 CPU 启动；

0ms 距离零序保护启动；

0ms 差动保护启动；

39ms 相间距离Ⅰ段动作；

39ms 保护永跳出口；

40ms 差动保护 A 跳出口；

46ms 差动永跳出口；

46ms 故障类型和测距：三相故障 29.80km；

46ms 测距阻抗值 0.667+j6.564Ω；

46ms 故障相电流：电流=3.463A；

63ms 故障类型双端测距：三相故障，32.5km；

6009ms 差动保护整组复归；

6014ms 距离零序保护复归；

6225ms 启动 CPU 复归。

（2）N 侧 500kV 变电站 500kV MN 线第二套 PSL602GW 保护装置故障录波图如图 2-37 所示。

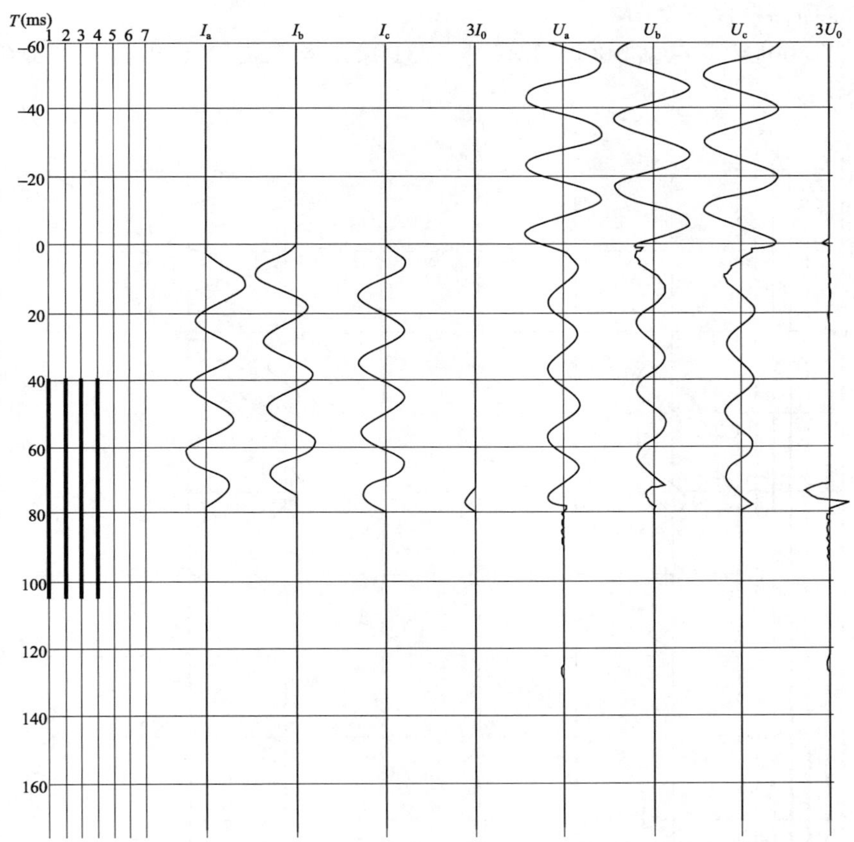

图 2-37　N 侧 500kV 变电站 500kV MN 线第二套 PSL602GW 保护装置故障录波图

PSL602GW 数字式保护装置保护类型：差动保护 AM。

时间：2014-08-26　00：05：06.821。

模拟量通道：I_a=9.00A/格；I_b=9.00A/格；I_c=9.00A/格；$3I_0$=9.00A/格；U_a=100.00V/格；U_b=100.00V/格；U_c=100.00V/格；$3U_0$=100.00V/格。

开关量通道：1—A 相跳闸；2—B 相跳闸；3—C 相跳闸；4—永跳出口；5—远跳开入；6—远传 A 开入；7—远传 B 开入。

3. 5031断路器PSL632C保护分析

（1）5031 断路器 PSL632C 保护装置动作报告：

0ms 断路器保护启动；

01ms 综重电流启动；

68ms 失灵重跳 A 相；

70ms 失灵重跳 B 相；

68ms 失灵重跳 C 相；

71ms 失灵重跳三相；

5102ms 综重电流整组复归；

10062ms 开关量变位低气压闭锁重合分→合；

15106ms 断路器保护复归。

（2）N 侧 500kV 变电站 500kV MN 线 5031 断路器 PSL632C 保护装置故障录波图如图 2-38 所示。

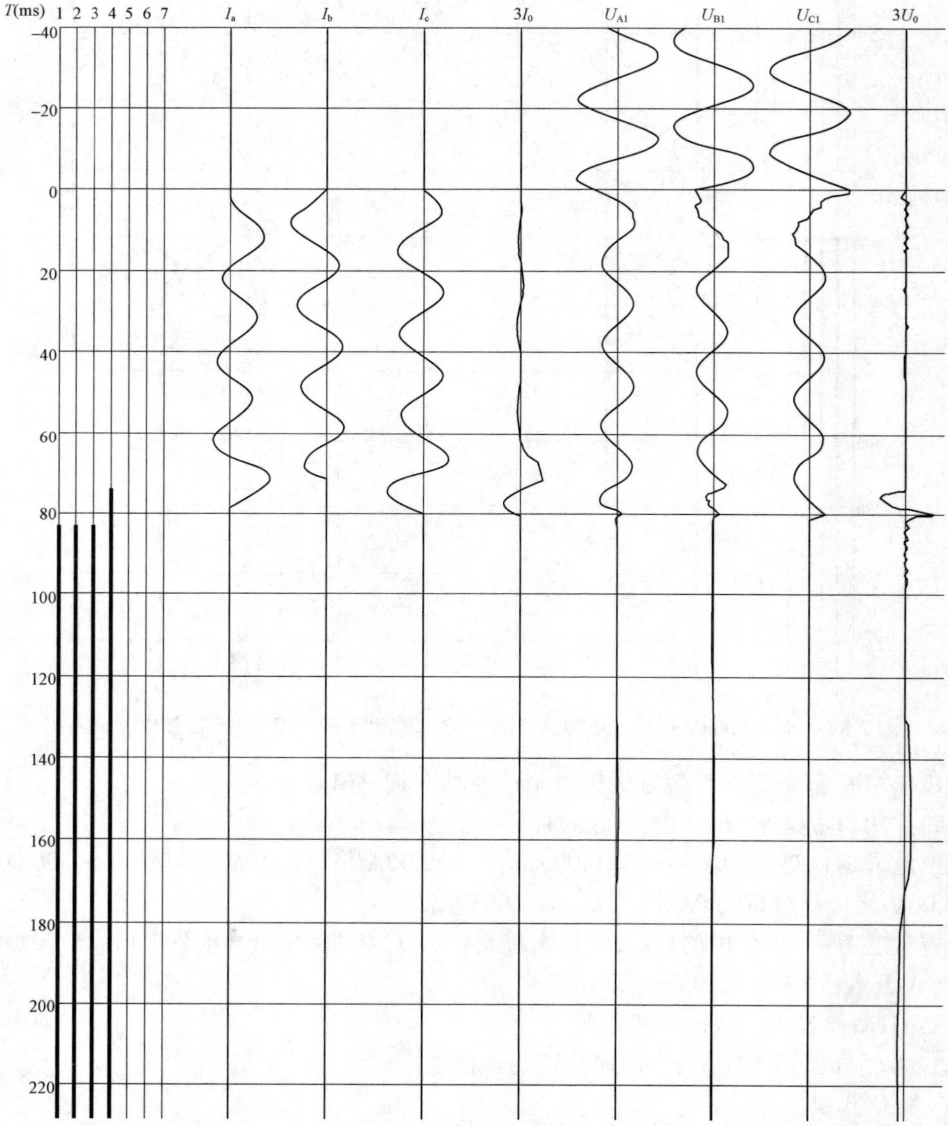

图 2-38　N 侧 500kV 变电站 500kV MN5031 断路器 PSL632C 保护装置故障录波图

PSL632C 数字式保护装置保护类型：断路器保护（632C）。

时间：2014-08-26　00：05：06.821。

模拟量通道：I_a=6.00A/格；I_b=6.00A/格；I_c=6.00A/格；$3I_0$=6.00A/格；U_a=100.00V/格；U_b=100.00V/格；U_c=100.00V/格；$3U_0$=100.00V/格。

开关量通道：1—A 相跳闸位置；2—B 相跳闸位置；3—C 相跳闸位置；4—断路器跳闸动作；5—断路器合闸动作；6—发变三跳输入；7—专用不一致开入。

（3）5032 断路器 PSL632C 保护装置动作报告：

0ms 综重电流启动；

0ms 断路器保护启动；

70ms 失灵重跳 A 相；

70ms 失灵重跳 B 相；

70ms 失灵重跳 C 相；

70ms 失灵重跳三相；

5095ms 综重电流整组复归；

10081ms 开关量变位低气压闭锁重合分→合；

15098ms 断路器保护复归。

四、故障波形分析

故障波形如图 2-36～图 2-38 所示。

（1）图 2-37、图 2-38 记录了故障前 60ms 正常电压、线路充电电流波形（电容电流），图 2-39 记录了故障前 40ms 正常电压、线路充电电流波形。

（2）A、B、C 三相短路故障波形特点分析：三相电流增大，三相电压降低；有很小的零序电流和零序电压（因为故障点在靠近对侧）；故障相电压超前故障相电流约 80°；故障相间电压超前故障相间电流同样约 80°。

（3）故障时间为 80ms（保护固有动作时间+断路器三相分闸时间）。

（4）线路第一、二套保护 A 相故障电流有正的直流分量，B 相故障电流有负的直流分量，衰减时间常数 τ＞80ms。

（5）断路器 A 相故障电流有正的直流分量，B 相有负的直流分量。在断路器分闸时，A、C 相电流变大。

（6）由于断路器三相分闸不同期，在分闸时出现了高频零序电流和高频零序电压。

（7）故障开始时三相电压发生畸变，B、C 两相有谐波分量，同时出很小的 $3U_0$ 分量。

（8）5031 断路器保护有可见的 $3I_0$ 波形。

五、保护动作情况分析

（1）此次雷击造成三相接地短路故障，重合闸方式为单相重合闸，相间故障不重合，保护动作正确。

（2）第一套纵联 PSL602GW 保护装置报告 50ms 时相间距离Ⅰ段动作，第二套纵联 PSL603GAM 保护装置报告 39ms 时相间距离Ⅰ段动作。查阅 PSL602GW 和 PSL603GAM 说明书，线路近处故障动作时间小于 10ms，线路 70%处故障典型动作时间达到 12ms，线路远处故障小于 25ms，本次故障中两套保护的相间距离Ⅰ段动作时间分别是 39ms 和 50ms，保护动作时间稍长，延缓了故障的切除时间。技术支持解释为是由于程序版本较早运算速度慢，说明书中的动作时间是在实验室做动模实验的数据。

（3）此次故障是发生在500kV MN线空载状态，如果发生在跨地区，输送大功率的联络线断面上，从故障发生时刻到80ms后故障切除，故障电流为13864A，将破坏500kV系统的静态稳定，后果将变得非常严重。

案例12：500kV空载线路雷击三相接地短路故障（M侧）

本案例分析的知识点

（1）500kV线路三相接地故障保护信息分析。
（2）500kV线路三相接地故障录波图分析。
（3）500kV线路三相接地故障保护动作分析。

一、案例基本情况

2014年8月26日4时59分，500kV MN线三相接地短路故障，断路器三相跳闸，500kV线路A、B、C相故障点位置如图2-39所示。第一套PSL602GW保护未动作，第二套PSL603GAM保护出口时间为25ms，5051断路器80ms时三相跳闸（重合闸方式为单相重合闸，相间相故障三跳不重合），5052断路器86ms时三相跳闸（重合闸方式为单相重合闸，相间故障三跳不重合），故障录波器故障测距：区外，第二套纵联PSL603GAM保护故障报告显示，故障双端测距为165.01km，线路全长为46.4km。

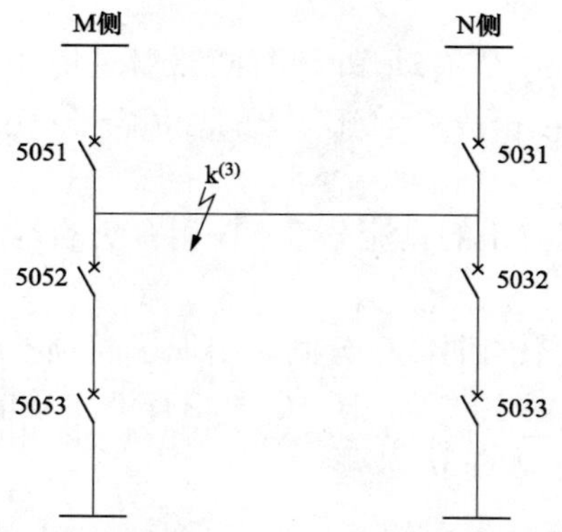

图2-39　500kV线路A、B、C相故障点位置示意图

二、M侧500kV抽水蓄能电站500kV MN线第一套纵联保护PSL602GW数字式保护装置动作信息

（1）故障报告信息。动作时间为2014年8月26日0时5分6秒840毫秒。

0ms 距离零序保护启动	（距离零序保护DI型）	[CPU2]
0ms 纵联保护启动	（纵联保护Ⅱ）	[CPU3]
0ms 启动CPU启动	（启动CPU保护）	[CPU4]

01ms 纵联保护启动　　（纵联保护Ⅰ）　　[CPU1]
5024ms 距离零序保护复归　　（距离零序保护 DⅠ型）　　[CPU2]
5024ms 纵联保护整组复归　　（纵联保护Ⅱ）　　[CPU3]
5026ms 纵联保护整组复归　　（纵联保护Ⅰ）　　[CPU1]
5241ms 启动 CPU 复归　　（启动 CPU 保护）　　[CPU4]

（2）故障录波图。500kV MN 线第一套纵联保护 PSL603GAM 波形如图 2-40 所示。

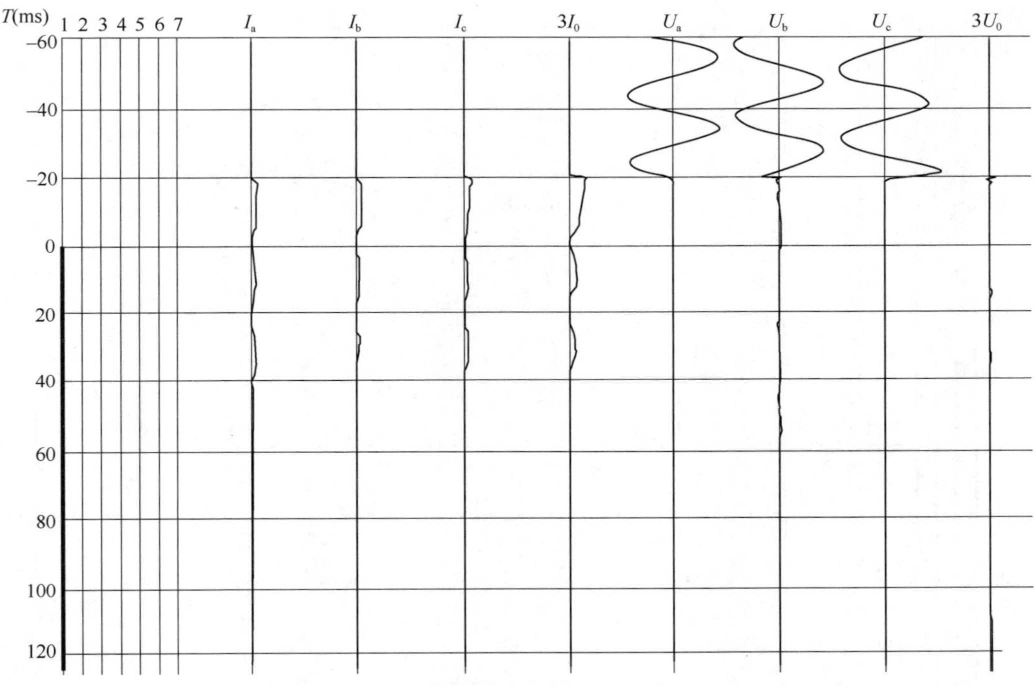

图 2-40　500kV MN 线第一套纵联保护 PSL603GAM 波形图

保护类型：纵联保护Ⅰ。

时间：2014-08-26　00：05：06.841。

模拟量通道：I_a=1.00A/格；I_b=1.00A/格；I_c=1.00A/格；$3I_0$=1.00A/格；U_a=100.00V/格；U_b=100.00V/格；U_c=100.00V/格；$3U_0$=100.00V/格。

开关量通道：1—收信；2—发信；3—A 相跳闸；4—B 相跳闸；5—C 相跳闸；6—永跳出口；7—远跳开入。

三、M 侧抽水蓄能电站 500kV MN 线第二套纵联保护 PSL603GAM 数字式保护装置动作信息

（1）故障报告信息。动作时间为 2014 年 8 月 26 日 0 时 5 分 6 秒 834 毫秒。

0ms 差动保护启动　　（差动保护 AM）　　[CPU1]
25ms 差动保护 A 跳出口　　（差动保护 AM）　　[CPU1]
31ms 差动永跳出口　　（差动保护 AM）　　[CPU1]

I_{am}=0.015A I_{bm}=0.015A I_{cm}=0.015A

I_{an}=5.204A I_{bn}=5.468A I_{cn}=5.332A

I_{acd}=5.216A I_{bcd}=5.454A I_{ccd}=5.336A

I_{azd}=5.191A I_{bzd}=5.482A I_{czd}=5.338A

54ms 故障类型双端测距三相故障 165.01km（差动保护 AM） [CPU1]

6006ms 差动保护整组复归 （差动保护 AM ） [CPU1]

（2）故障录波图。500kV MN 线第二套纵联保护 PSL603GAM 波形如图 2-41 所示。

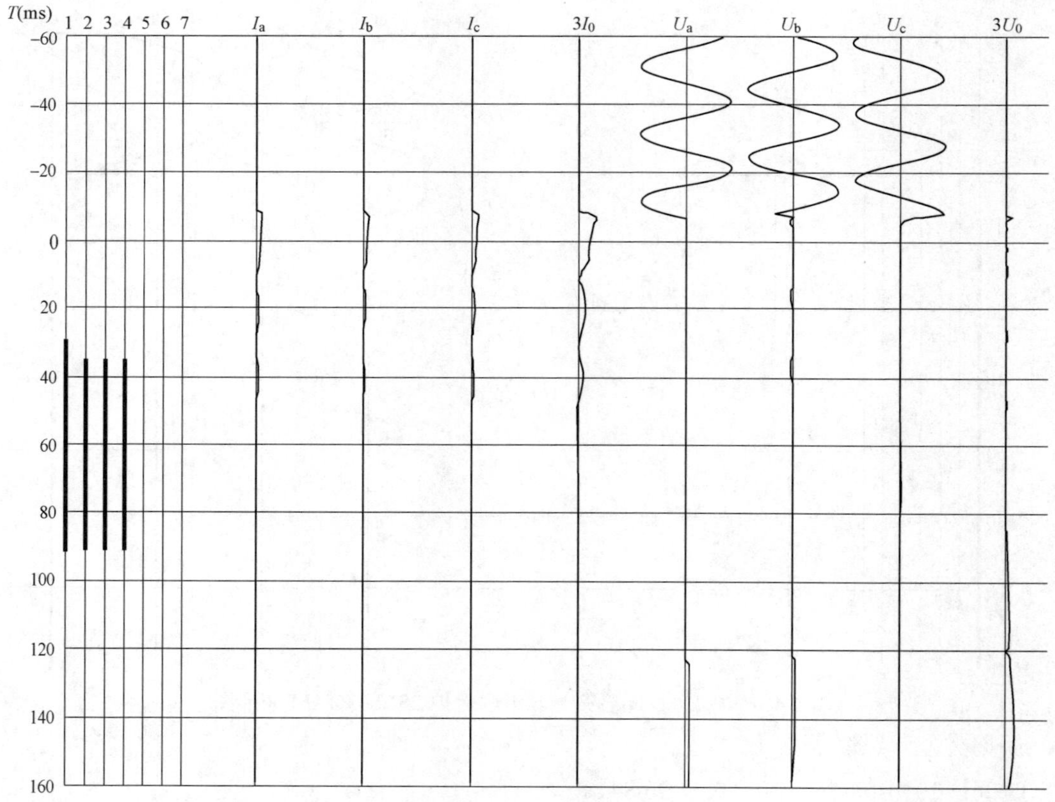

图 2-41 500kV MN 线第二套纵联保护 PSL603GAM 波形图

保护类型：差动保护 AM。

时间：2014-08-26 00：05：06.834。

模拟量通道：I_a=1.00A/格；I_b=1.00A/格；I_c=1.00A/格；$3I_0$=1.00A/格；U_a=100.00V/格；U_b=100.00V/格；U_c=100.00V/格；$3U_0$=100.00V/格。

开关量通道：1—A 相跳闸；2—B 相跳闸；3—C 相跳闸；4—永跳出口；5—远跳开入；6—远传 A 开入；7—远传 B 开入。

四、M 侧抽水蓄能电站 500kV 5051 断路器 RCS-921A（2.10）断路器保护装置动作信息

（1）故障报告信息。动作时间：2014 年 8 月 26 日 0 时 5 分 6 秒 870 毫秒。启动后变位报告见表 2-32。

表 2-32　　启动后变位报告

序号	时间	开入名称	数值	序号	时间	开入名称	数值
01	06ms	B 相跳闸开入	0→1	08	0053ms	B 相跳闸开入	1→0
02	06ms	C 相跳闸开入	0→1	09	0055ms	A 相跳闸开入	1→0
03	12ms	线路三跳开入	0→1	10	0056ms	C 相跳闸开入	1→0
04	14ms	发变三跳开入	0→1	11	0058ms	发变三跳开入	1→0
05	35ms	A 相跳闸位置	0→1	12	0063ms	线路三跳开入	1→0
06	38ms	B 相跳闸位置	0→1	13	1049ms	合闸压力降低	0→1
07	39ms	C 相跳闸开入	0→1				

（2）故障录波图。5051 断路器 RCS-921A 断路器保护故障波形如图 2-42 所示。

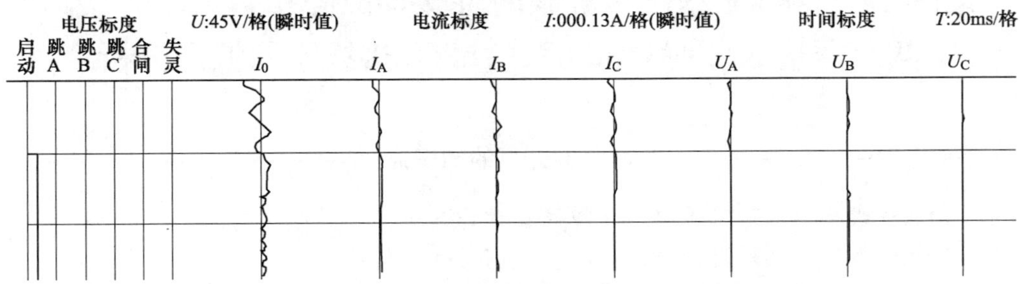

图 2-42　5051 断路器 RCS-921A 断路器保护故障波形图

五、故障录波图分析

（1）图 2-40 记录了故障前 40ms 空载电压和线路充电电流（线路电容电流），图 2-41 记录了故障前 60ms 空载电压和线路充电电流，图 2-42 记录了故障前 40ms 线路充电电流。

（2）由于 M 侧为抽水蓄能电站，电站未发电，故障时线路为空载，因此故障电流无正序和负序分量，A、B、C 三相故障电流由接地点的 $3U_0$ 通过变压器中性点产生。由图 2-40～图 2-42 可知：$3I_0=I_A+I_B+I_C$，三相电流大小几乎相等、方向相同，与零序电流同相。

（3）故障开始，三相电压为零，$3U_0$ 在开始时有一个高频波，后面很小。

六、保护动作分析

（1）第二套纵联保护 PSL603GAM 纵联保护 54ms 故障类型和双端测距：三相故障，165.01km，6006ms 时差动保护整组复归。

（2）5051 断路器 RCS-921A 保护：故障时故障电流未达到保护动作值，未动作，开关量变位正确，符合故障特征。

（3）5052 断路器 RCS-921A 保护：故障时故障电流未达到保护动作值，未动作，开关量变位正确，符合故障特征。

（4）分析此次雷击造成永久性故障，31ms 时永跳出口，闭锁了重合闸，保护动作正确。5051 和 5052 断路器 RCS-921A 保护重合闸方式均为单相重合闸，相间故障三跳不重合。

（5）第一套纵联 PSL602GW 主保护未动作的原因分析。正常运行时，500kV MN 线两侧断路器均在合位，有三种工作状态：①当电厂为发电机发电向电网送出负荷时，M 抽水蓄能电站侧为强电侧，PSL602GW 保护不需要投入弱馈功能；②当电厂为向山顶水库抽水蓄能时，是负荷侧，此时电厂侧是弱电侧，电网是强电侧，需要在定值中投入弱馈主保护才能动作；

③电厂侧既不是在发电状态，也不是在抽水蓄能状态，在空载状态运行。这次故障时恰好500kV MN线在M侧的空载状态，是弱电侧，此时M抽水蓄能电站需要在定值中投入弱馈保护，主保护才能动作。本次故障中M抽水蓄能电站定值没有投入弱馈保护，导致没有给N侧变电站发信，两侧主保护未动作的原因是符合允许式保护动作原理的。

（6）第二套纵联PSL603GAM保护故障报告显示，故障双端测距为165.01km，而线路全长46.416km，测距不准确；分析原因是故障时线路空载电流很小，线路电压瞬时接近为零的情况下导致的故障测距不准确。

案例13：500kV线路单相瞬时性接地故障重合成功，线路两套保护$3I_0$回路1n207、1n208接线不同波形分析

本案例分析的知识点

（1）500kV线路单相瞬时性接地故障保护动作分析。
（2）500kV线路单相瞬时性接地故障重合闸动作分析。
（3）500kV线路单相瞬时性接地故障录波图分析。
（4）线路两套保护$3I_0$回路1n207、1n208接线不同对3I0方向的影响。

一、案例基本情况

2014年4月2日10时16分，500kV MN线B相瞬时性故障，重合成功，5043、5042断路器跳闸。500kV线路B相单相瞬时性故障点位置如图2-43所示。

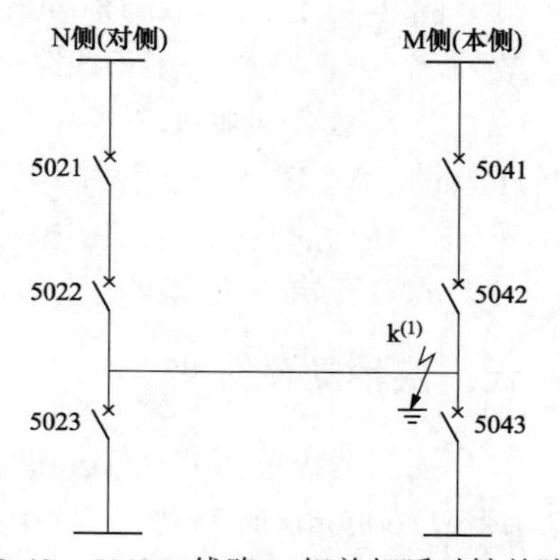

图2-43　500kV线路B相单相瞬时性故障点位置示意图

该线路B相接地短路故障，故障相电流二次值4.58A、一次值18.320kA，零序电流二次值4.62A、一次值18.480kA，第一次故障切除时间为40ms，第一套、第二套电流差动保RCS-931DM-DB（程序版本3.00）动作，工频变化量阻抗动作，电流差动保护动作，距离Ⅰ段动作。5042断路器保护B相跟跳动作，重合闸动作，5043断路器保护B相跟跳动作，重合闸动作，重合闸方式为单相重合闸；5042断路器单相跳闸，单相重合闸，重合成功；5043断路器单相跳闸，单相重合闸，重合成功。线路一侧装有并联电抗器。

M侧500kV变电站：故障测距离为2.3km，线路全长为141.09km。

二、M侧500kV变电站MN线第一套纵联保护RCS-931DM-DB保护装置动作报告信息

（1）动作报告信息。RCS-931DM-DB保护装置动作报告见表2-33，动作时间为2014年4月2日10时16分4秒312毫秒。

表 2-33　　RCS-931DM-DB 保护装置动作报告

相对时间	动作元件	跳闸相别	动作参数
5ms	工频变化量阻抗	B	
12ms	电流差动保护	B	
22ms	距离Ⅰ段动作	B	
	故障测距结果		L=2.3km B 相
	故障相电流值		4.58A
	故障零序电流值		4.62A
	故障差动电流		5.22A

（2）启动后变位报告见表 2-34。

表 2-34　　启动后变位报告

序号	时间	开入名称	数值	序号	时间	开入名称	数值
01	64ms	B 相跳闸位置	0→1	02	653ms	B 相跳闸位置	1→0

（3）第一套纵联保护 RCS-931DM-DB 保护装置故障波形分析。RCS-931DM-DB 保护装置故障波形如图 2-44 所示。

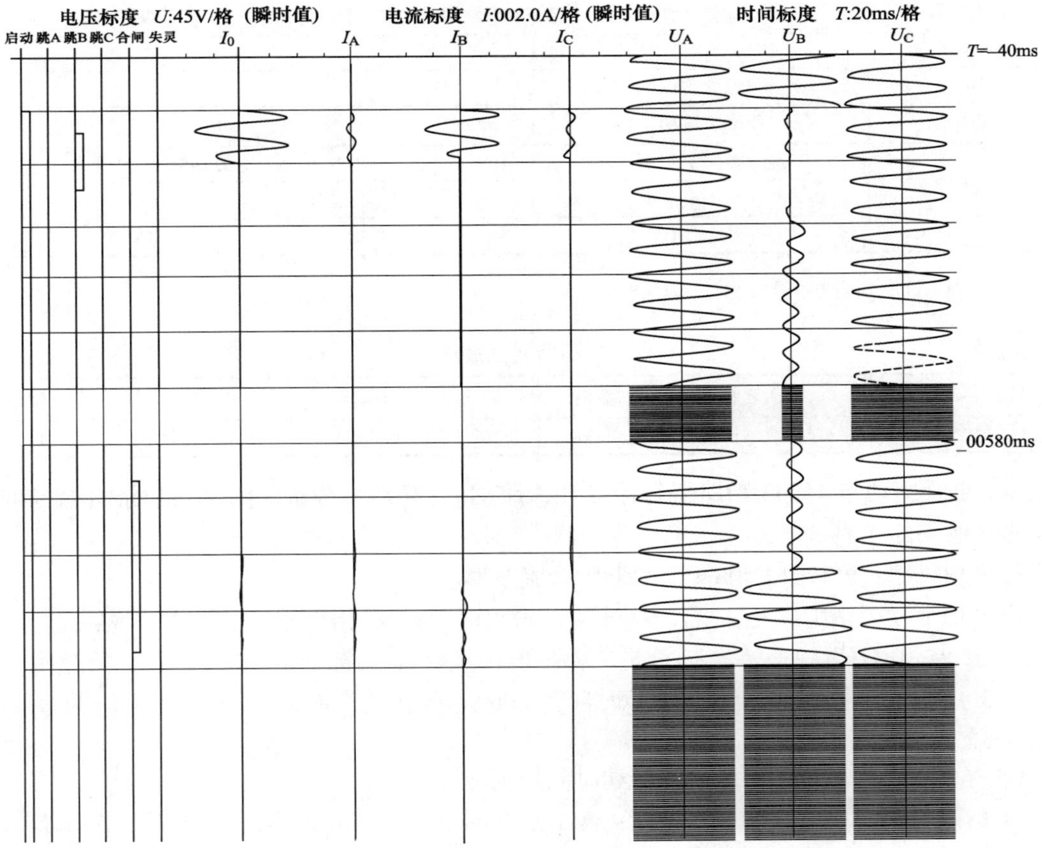

图 2-44　第一套纵联保护 RCS-931DM-DB 保护装置故障波形图

1）波形记录了故障前 40ms 正常电压电流波形。

2）0ms 时发生故障，保护启动（开放保护正电源），B 相电压几乎为零，说明是近区故障；A、C 两相电压不变，有 $3U_0$ 分量，保护电压量取自线路三相电压互感器；故障相 B 相电流与 $3I_0$ 大小相等、方向相同，故障时间为 30ms（保护固有时间+断路器分闸时间），B 相跳闸后 $3I_0$ 为零。

3）15ms 时 B 相有跳闸脉冲，持续时间约为 40ms。

4）故障波形图中没有记录 $3U_0$ 分量。

5）B 相故障购 80ms，B 相有电压（残压+感应电压）。

6）595ms 时 5043 断路器 B 相重合闸重合成功，630ms 时 5043 断路器 B 相重合闸重合成功，B 相电压恢复正常；之后 5042 断路器 B 相重合成功。

三、M 侧 500kV 变电站 MN 线第二套纵联保护 RCS-931DM-DB 保护装置动作信息

（1）动作报告信息。RCS-931DM-DB 保护装置动作报告见表 2-35，动作时间为 2014 年 4 月 2 日 10 时 16 分 4 秒 313ms。

表 2-35　RCS-931DM-DB 保护装置动作报告

相对时间	动作元件	跳闸相别	动作参数
5ms	工频变化量阻抗	B	
11ms	电流差动保护	B	
22ms	距离 I 段动作	B	
	故障测距结果		L=2.3km　B 相
	故障相电流值		4.56A
	故障零序电流值		4.60A

（2）启动后变位报告见表 2-36。

表 2-36　启动后变位报告

序号	时间	开入名称	数值	序号	时间	开入名称	数值
01	64ms	B 相跳闸位置	0→1	02	653ms	B 相跳闸位置	1→0

（3）第二套纵联保护 RCS-931DM-DB 保护装置故障波形分析。RCS-931DM-DB 保护装置故障波形如图 2-45 所示。

1）波形记录了故障前 40ms 正常电压电流波形。

2）0ms 时发生故障，保护启动（开放保护正电源），B 相电压几乎为零，说明是近区故障；A、C 两相电压不变，有 $3U_0$ 分量，保护电压量取自线路三相电压互感器；故障相 B 相电流与 $3I_0$ 大小相等、方向相反，故障时间为 30ms（保护固有时间+断路器分闸时间），B 相跳闸后 $3I_0$ 为零。

3）5ms 时，B 相有跳闸脉冲，持续时间约为 45ms。

4）故障波形图中有记录 $3U_0$ 分量；由于是近端故障，$3U_0$ 分量接近相电压；断路器 B 相跳闸后 40ms，B 相出现低幅值电压，$3U_0$ 等于三相电压相量和。

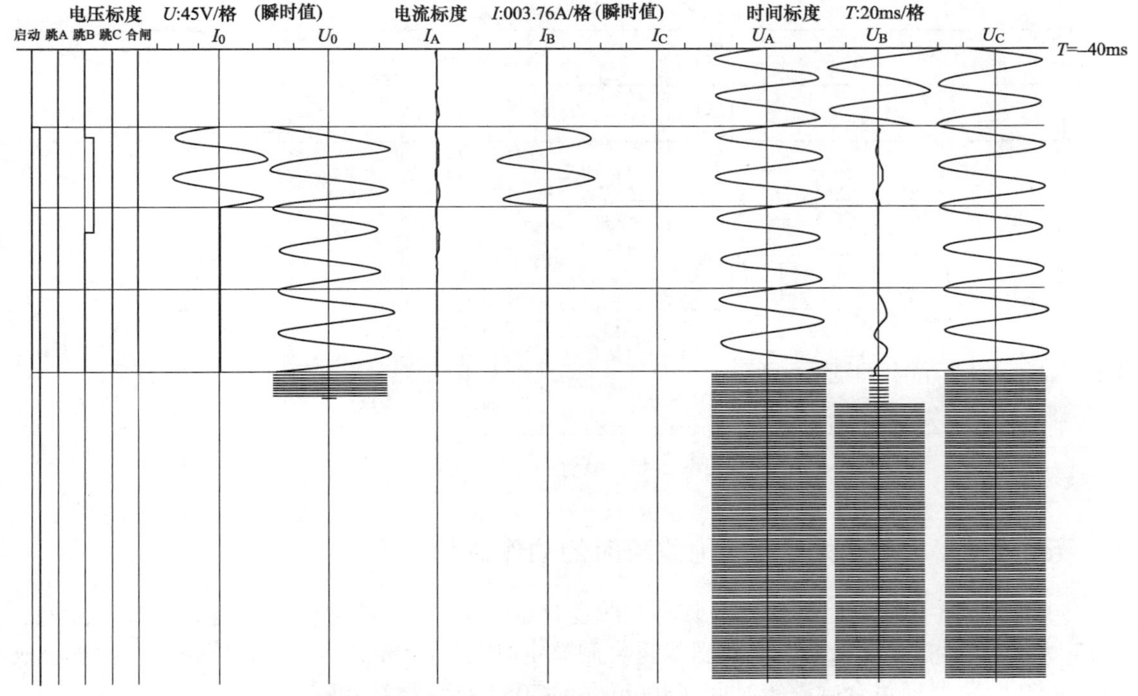

图 2-45　第二套纵联保护 RCS-931DM-DB 保护装置故障波形图

5）本故障波形图中重合闸开关量被压缩了，从电压波形图中可以看出，B 相电压恢复正常就是 5043 断路器 B 相重合闸重合成功，630ms 时 5043 断路器 B 相重合闸重合成功，B 相电压恢复正常；之后 5042 断路器 B 相重合成功。

四、本案例两套线路保护 $3I_0$ 与故障相电流的方向问题

继电保护说明书中“硬件原理说明”里有插件电流接线图和装置整体结构图，分别如图 2-46 和图 2-47 所示，$3I_0$ 与故障电流方向取决于电流回路至 $3I_0$ 回路厂家线 1n207、1n208 接线，现场施工未按照说明书交流输入变换插件与系统接线图设计，$3I_0$ 与故障相电流的方向反相位，反之则同相位。

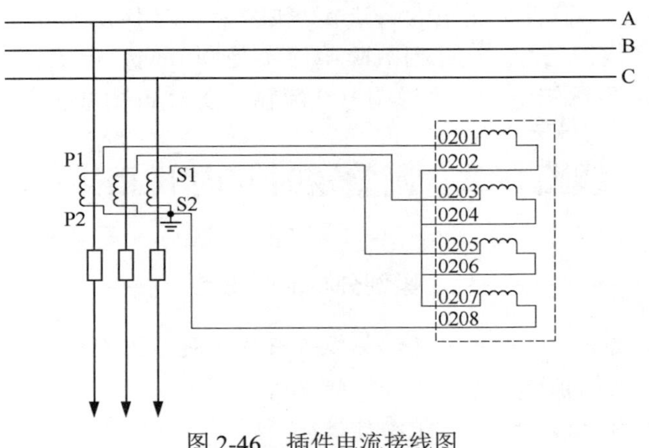

图 2-46　插件电流接线图

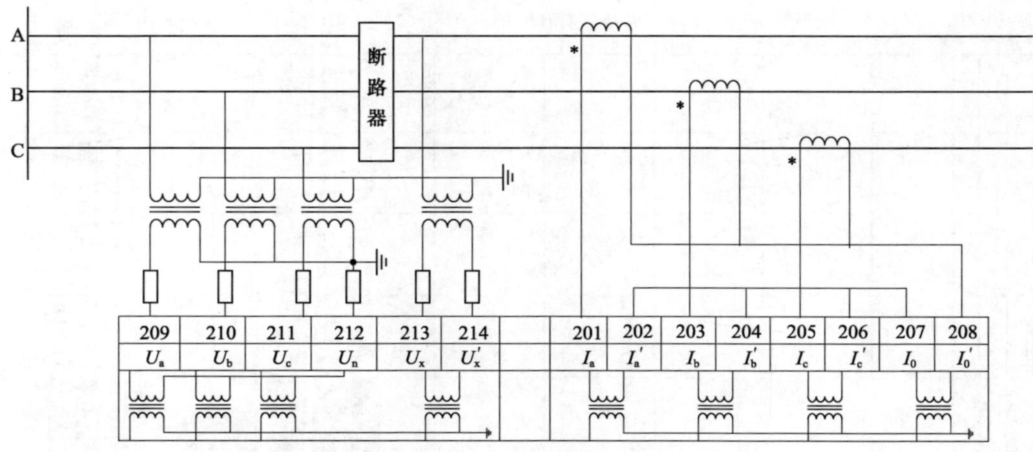

图 2-47 装置整体结构图

五、500kV 单相瞬时性接地故障时的动作过程

500kV 线路 B 相瞬时性接地故障→工频变化量、电流差动保护、距离 I 段动作→5042、5043 断路器 B 相跳闸→5053 断路器经重合闸整定时间（600ms）→5053 断路器 B 相重合成功→5052 断路器经重合闸整定时间（800ms）→5052 断路器 B 相重合成功。

六、保护动作情况分析

（1）本线路全长为 141.09km，故障测距为 2.3km，属于工频变化量、纵差保护和距离 I 段范围，保护动作正确。

（2）本线路采用断路器保护单相重合闸，断路器单相跳闸后单相重合闸。5043 断路器重合闸整定时间为 600ms，653ms 时 5053 断路器重合闸重合成功。5052 断路器重合闸整定时间为 800ms，经一定时间（报告未标明 5042 断路器重合闸重合时间）5052 断路器重合闸动作并重合成功。

（3）故障相电流值：二次值为 4.58A，一次值为 148.320kA，最大零序电流二次值为 4.62A，一次值为 18.480kA。

（4）测距：第一、二套保护测距为 2.3km，线路全长为 141.09km。

（5）第二套线路保护 $3I_0$ 与 B 相故障电流不是同方向，电流回路至 $3I_0$ 回路厂家线 1n207、1n208 接线，现场施工未按照说明书交流输入变换插件与系统接线图设计。

案例 14：500kV 线路在重合闸整定时间内 B 相接地转 A 相接地故障

本案例分析的知识点

（1）500kV 线路相继动作保护装置动作报告及故障波形图分析。

（2）500kV 线路两相相继故障的动作过程分析。

（3）500kV 线路两相相继故障保护动作情况分析。

一、案例基本情况

2009 年 3 月 20 日 15 时 45 分，某 500kV 线路 5042、5043 断路器 B、A 相相继发生接地故障，线路配置的两套线路保护装置 RCS-931、P546 纵联电流差动保护动作出口，闭锁重合闸，5042、5043 断路器三相跳闸。故障录波器测距为 14.3km，线路全长为 15.50km。500kV 线路 AB 两相相继故障点位置如图 2-48 所示。

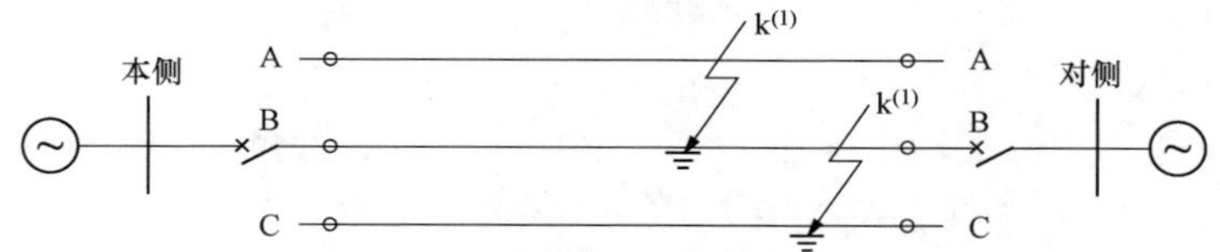

图 2-48　500kV 线路 AB 两相相继故障点位置示意图

二、故障波形分析

本侧中断路器故障波形如图 2-49 所示，横坐标表示模拟量和开关量通道，纵坐标表示故障时间，每小格为一个周期（20ms）。横坐标 1～8 为模拟量通道，分别表示线路电流 I_A、I_B、I_C、零序电流 $3I_0$、母线电压 U_{Ix}、线路相电压、U_A、U_B、U_C。交流电压为 90.3V/刻度，交流电流为 8.66A/刻度，均为二次值。

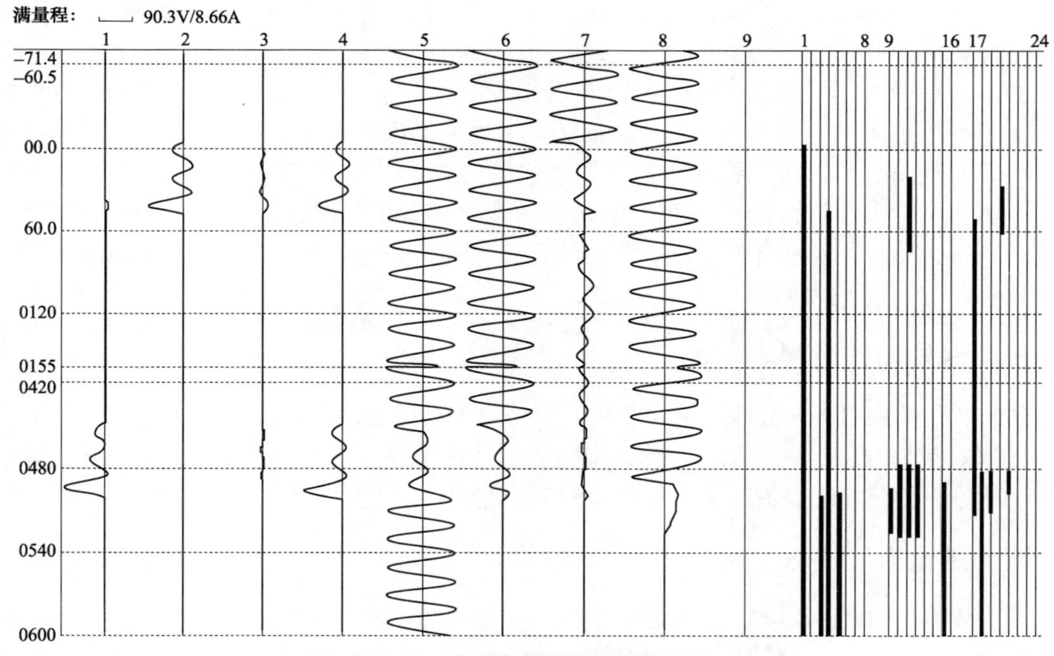

图 2-49　本侧中断路器故障波形图

模拟量：1—I_a；2—I_b；3—I_c；4—$3I_0$；5—U_{IX}；6—$U_{\text{II}XA}$；7—$U_{\text{II}XB}$；8—$U_{\text{II}XC}$。

开关量：1—保护启动；2—合闸；3—跳位 A；4—跳位 B；5—跳位 C；6—I 跳 A；7—Ⅰ跳 B；8—Ⅰ跳 C；9—Ⅰ跳三；10—Ⅱ跳 A；11—Ⅱ跳 B；12—Ⅱ跳 C；13—Ⅱ跳三；14—发变三跳；15—闭锁重合闸；16—低气压闭锁重合闸；17—启动三相不一致；18—沟通三跳；19—A 相跳闸；20—B 相跳闸；21—C 相跳闸；22—失灵跳相关断路器；23—死区保护出口；24—三相不一致出口

1. 电压波形分析

由图 2-49 可知，故障大约出现在−3ms，故障发生前，线路三相电压波形对称。−3ms 时 B 相故障出现，发生故障的 B 相电压波形明显出现波形畸变，且电压幅值变小。约 47ms 时 B 相电压幅值逐渐衰减。约 450ms 时 A 相故障出现，发生故障的 A 相电压波形明显出现波形畸变，且电压幅值变小。约 500ms 时 A 相电压幅值逐渐衰减至零，非故障相的 C 相到约 490ms 之前电压波形、幅值均没有变化。490ms 之后 A、B、C 三相电压波形幅值明显再次变小，C 相电压波形发生畸变，且幅值逐渐衰减。

2. 电流波形分析

由图 2-49 可知，故障大约出现在−3ms，故障发生前，线路三相电流很小，为正常负载电流。−3ms 时故障出现，发生故障的 B 相电流逐渐增大，C 相出现与 B 相方向相反的小幅度电流（没有达到整定值），零序电流 $3I_0$ 与 B 相电流方向相等，幅值小于 B 相电流（$3\dot{I}_0=\dot{I}_A+\dot{I}_B+\dot{I}_C$，图 2-49 中 B 相分闸时出现了一点 I_A，故障时很小的 I_C，因此故障相电流不等于 $3I_0$），故障电流大约持续 53ms，到 50ms 时故障电流消失。453ms 时 A 相故障出现，发生故障的 A 相电流逐渐增大，C 相出现与 A 相方向相反的小幅度电流，零序电流 $3I_0$ 与 A 相电流方向相等，幅值小于 A 相电流，故障电流大约持续 50ms，到 500ms 时故障电流消失。

本案例故障电流的峰值电流不出现在第一个大半波，而在最后一个波形，与常规断路器标准中“额定断路峰值耐受电流”和“额定断路关和电流”不符。

3. 保护动作及开关量分析

从通道 11 可看出，在 20ms 左右，断路器保护 CSC-121A B 相跳闸，约 78ms 时跳闸命令返回。从通道 4 可看出，约 50ms 时 B 相分位。从通道 20 可看出，约 30ms 时 B 相开始分闸，约 60ms 时 B 相分位返回。从通道 17 可看出，约 60ms 时，三相不一致保护启动，约 510ms 时返回。从通道 10～12 可看出，在 478ms 左右，断路器保护 CSC-121A A、B、C 三相跳闸，约 530ms 时跳闸命令返回。从通道 3、5 可看出，约 500ms 时 A、C 相分位。从通道 15 可看出，约 492ms 时闭锁重合闸。从通道 18 可看出，约 482ms 时沟通三跳启动。从通道 19、21 可看出，约 482ms 时 A 相开始分闸，约 510ms 时 A 相分位返回，约 481ms 时 C 相开始分闸，约 498ms 时 C 相分位返回。

三、保护动作过程

500kV 线路 B 相接地故障→两套线路保护装置差动保护动作→线路两侧两断路器 B 相跳闸→453ms 500kV 线路 A 相接地故障（非全相运行再故障）→闭锁重合闸（投单相重合闸）→两套线路保护装置差动保护动作，线路两侧两断路器三相跳闸。

四、结论

本次故障为 500kV 线路 B、A 相相继发生接地故障，相继时间为 453ms，故障录波图中完全体现了相关特征。故障发生时故障相电压明显变小，测距为 14.341km（线路全长 15.50km）。B 相故障发生在约－3ms，约 20ms 时断路器操作箱发出 B 相跳闸命令；A 相故障发生在约 450ms，约 478 ms 时断路器操作箱发出三相跳闸命令，约 492ms 时发出闭锁重合闸命令。本侧三相断路器跳闸后，线路 C 相电压有一个 30ms 衰减过程，这是因为电容式电压互感器的暂态特性的原因。断路器三相跳闸后，因母线电压互感器接 A 相，电压恢复正常。

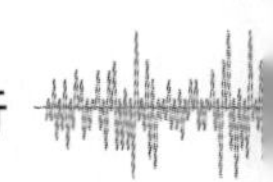

案例 15：500kV 线路在重合闸整定时间内 A 相接地转 B 相接地故障

本案例分析的知识点

（1）500kV 线路两相相继动作保护装置动作报告及故障波形图分析。
（2）500kV 线路两相相继故障的动作过程分析。
（3）500kV 线路两相相继故障保护动作情况分析。
（4）500kV 线路两相相继故障 $3U_0$ 分析。

一、案例基本情况

2010 年 8 月 1 日 13 时 19 分 33 秒 607 毫秒，500kV 某线 A 相接地故障，线路第一套 RCS-901A 保护、第二套 CSC-103A 保护动作，5032、5033 断路器 A 相跳闸，207ms 后 B 相发生接地故障，故障由单相接地短路转两相接地短路。214ms 后 5032、5033 断路器 A、B、C 三相跳闸，RCS-901A 保护测距为 134.3km，CSC-103A 保护测距为 139km，线路全长为 196km。500kV 线路相继故障接线如图 2-50 所示，电流互感器变比为 3000/1。

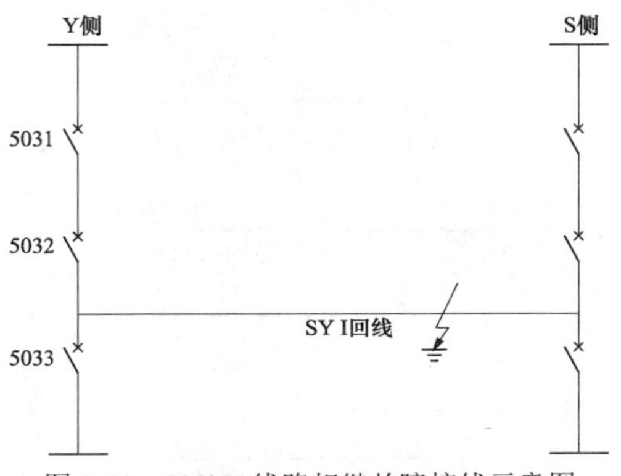

图 2-50　500kV 线路相继故障接线示意图

二、负荷情况

1. 跳闸前负荷情况

（1）SYⅠ回线负荷情况：I=657.42A，P=−624.24MW，Q=14.61Mvar。
（2）SYⅡ回线负荷情况：I=639.84A，P=−597.34MW，Q=0Mvar。

2. 跳闸后负荷情况

（1）SYⅠ回线负荷情况：I=0A，P=0MW，Q=0Mvar。
（2）SYⅡ回线负荷情况：I=952.73A，P=−885.96MW，Q=69.42Mvar。

三、保护动作情况（对 Y 侧保护进行分析）

（1）500kV SYⅠ回线 RCS-901A 保护装置动作报告见表 2-37。

表 2-37　500kV SYⅠ回线 RCS-901A 保护装置动作报告

动作序号	013	启动绝对时间	2010-08-01　13：19：33.718
序号	动作相	动作相对时间	动作元件
01	A	24ms	纵联变化量方向
02	A	24ms	纵联零序方向
03	A、B、C	230ms	纵联变化量方向
故障测距结果		134.3km	

续表

故障测距结果	134.3km
故障相别	A
故障相电流值	1.18A
故障零序电流	1.21A

（2）500kV SY Ⅰ回线 CSC-103A 保护装置动作报告见表 2-38。

表 2-38　500kV SY Ⅰ回线 CSC-103A 保护装置动作报告

动作相对时间	动作元件	跳闸相别	动作参数
2ms	保护启动		
17ms	分相差动出口	A	
	故障相电流值		1.461A
	故障测距结果		139km
207ms	差动发展性故障（B 相故障）	A、B、C	
	故障相电流值		2.172A

（3）5032、5033 断路器 RCS-921A 保护装置动作报告分别见表 2-39 和表 2-40。

表 2-39　5032 断路器 RCS-921A 保护装置动作报告

启动绝对时间		2010-08-01　13：19：33.720	
序号	动作相	动作相对时间	动作元件
01	A	26ms	A 相跟跳
02	A、B、C	214ms	B 相跟跳
03	A、B、C	214ms	三相跟跳
04	A、B、C	214ms	沟通三跳

表 2-40　5033 断路器 RCS-921A 保护装置动作报告

启动绝对时间		2010-08-01 13：19：33.720	
序号	动作相	动作相对时间	动作元件
01	A	27ms	A 相跟跳
02	A、B、C	214ms	三相跟跳
03	A、B、C	214ms	沟通三跳
04	A、B、C	215ms	B 相跟跳

（4）线路保护及断路器保护面板信号。

1）线路第一套 RCS-901A 保护："跳 A、跳 B、跳 C"红灯亮。

2）线路第二套 CSC-103A 保护："跳 A、跳 B、跳 C"红灯亮。

3）5032 断路器 RCS-921A 保护："跳 A、跳 B、跳 C"红灯亮；CZX-22R 操作箱："TA、TB、TC"红灯亮。

4）5033 断路器 RCS-921A 保护："跳 A、跳 B、跳 C"红灯亮；CZX-22R 操作箱："TA、TB、TC"红灯亮。

四、故障波形图分析

RCS-901A 线路保护装置故障波形如图 2-51 所示，图中，纵坐标表示时间，横坐标表示模拟量的幅值。“I：1.35A/格（瞬时值）”表示每格电流为 1.35A（二次峰值），“U：45V/格（瞬时值）”表示每格电压为 45V（二次）。

动作序号	013	启动绝对时间	2010-08-01 13:19:33.718
序 号	动作相	动作相对时间	动 作 元 件
01	A	00024ms	纵联变化量方向
02	A	00024ms	纵联零序方向
03	A、B、C	00230ms	纵联变化量方向

故障测距结果	0134.3 km
故障相别	A
故障相电流值	001.18 A
故障零序电流	001.21 A

启动时开入量状态

01	高频保护	:	1		11	收发信机告警	:	0
02	距离保护	:	1		12	A 相跳闸位置	:	0
03	零序保护	:	1		13	B 相跳闸位置	:	0
04	重合闸方式 1	:	1		14	C 相跳闸位置	:	0
05	重合闸方式 2	:	1		15	合闸压力降低	:	0
06	闭重三跳	:	0		16	收信	:	0
07	通道试验	:	0		17	主保护压板 S	:	1
08	其他保护停信	:	0		18	距离压板 S	:	1
09	跳闸启动重合	:	0		19	零序压板 S	:	1
10	三跳启动重合	:	0		20	闭重三跳 S	:	0

启动后变位报告

01	00015ms	收信 0→1	05	00264ms	B 相跳闸位置 0→1
02	00075ms	A 相跳闸位置 0→1	06	00265ms	C 相跳闸位置 0→1
03	00181ms	收信 1→0	07	05206ms	收信 1→0
04	00204ms	收信 0→1	08		

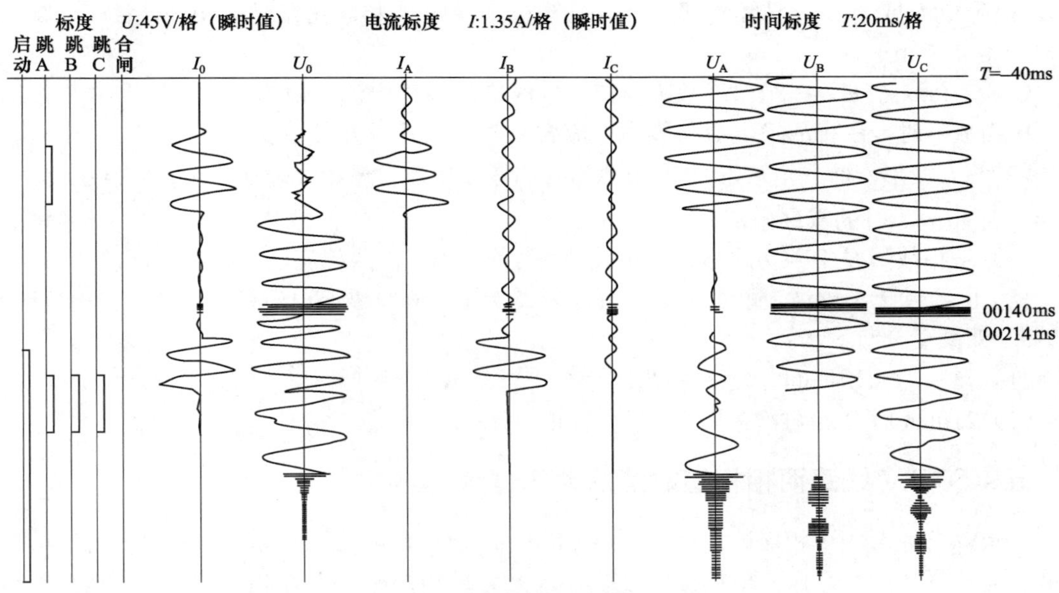

图 2-51 RCS-901A 线路保护装置故障报告波形图

波形记录了故障前 40ms 的正常电压和电流波形。故障发生前，三相电压、电流平衡运行，无零序电压和零序电流。

1. 电压波形分析

（1）A 接地故障发生时，A 相电压降低，同时产生零序电压（自产 $3\dot{U}_0$）。A 故障时 $3\dot{U}_0$

比较小，$3\dot{U}_0=\dot{U}_A\downarrow+\dot{U}_B+\dot{U}_C$。三相正常电压相量图如图 2-52 所示，A 相接地 $3U_0$ 相量图如图 2-53 所示。

（2）A 相故障切除后，$3\dot{U}_0$ 的值增大，$3\dot{U}_0=\dot{U}_B+\dot{U}_C$，A 相跳闸 $3U_0$ 相量图如图 2-54 所示。

（3）210ms B 接地故障发生时，B 相电压降低，同时 $3\dot{U}_0$ 的波形偏向正方向，$3\dot{U}_0=\dot{U}_B\downarrow+\dot{U}_C$。B 相接地 $3U_0$ 相量图如图 2-55 所示。

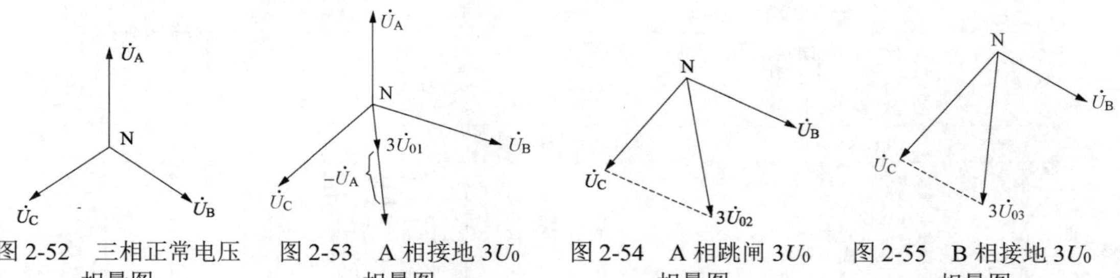

图 2-52　三相正常电压相量图　图 2-53　A 相接地 $3U_0$ 相量图　图 2-54　A 相跳闸 $3U_0$ 相量图　图 2-55　B 相接地 $3U_0$ 相量图

（4）A 相故障发生并切除后、B 相故障发生前，B、C 两相电压正常。

（5）断路器三相跳闸，即故障切除后，A、B、C 三相电压出现振荡，三相电压周期性衰减，这是因为本线路一侧带有高压并联电抗器，与线路的对地电容一起形成能量振荡。

2. 电流波形分析

（1）A 相接地故障时，A 相故障电流与零序电流大小基本相等、方向相反（保护接线原因）。故障电流持续 2.5 个周波，即 50ms 后消失，说明 A 相断路器已被断开，故障切除。此时本线路非全相运行。

（2）210ms 左右，B 相出现故障电流，同时产生零序电流，说明此时又发生 B 相接地故障。B 相故障时，B 相故障电流与零序电流大小基本相等、方向相反。

（3）$3\dot{I}_0$ 波形：前一个波形是 A 相故障时的零序电流，A 相故障切除后，$3\dot{I}_0=0$；后一个波形是 B 相故障时的零序电流。

（4）A 相故障发生并切除后、B 相故障发生前，B、C 两相流过的是负载电流。

（5）再经过 2 个周波，即 40ms，三相电流均为零，同时零序电流消失，说明三相被切除。

3. 开关量分析

（1）在故障初始期间，发 A 相跳闸命令，直至 A 相跳开。

（2）210ms 后 B 相再次故障后，发三相跳闸命令。

五、500kV 线路两相相继故障的动作过程

500kV 线路 A 相单相接地故障→线路差动保护动作断路器边断路器、中断路器跳闸→断路器单相跳闸→214ms 后 B 相单相接地故障→因 A 相单相接地故障 A 相跳闸后，未达到重合闸整定时间 B 相又发生单相接地故障，断路器沟通三跳→跳边断路器、中断路器的 B、C 相。

六、保护动作情况分析

线路先是 A 相接地故障，故障测距为 134.3km（全长 196km）。故障后线路保护纵联变化量方向、纵联零序方向动作，A 相断路器跳闸。214ms 左右，线路 B 相再次发生故障，保护发三跳命令，断路器保护三相跟跳。当断路器保护收到三跳命令后，重合闸立即放电，满

足沟通三跳条件，故发沟通三跳命令跳本断路器三相，保护动作正确。

案例 16：500kV 线路单相近端 C 相故障重合闸重合到对侧 C 相故障对侧线路避雷器爆炸

本案例分析的知识点

（1）500kV 线路单相永久性故障保护动作分析。
（2）500kV 线路单相永久性故障重合闸动作分析。
（3）如何根据故障波形图判断故障点。
（4）500kV 线路单相近端 C 相故障重合闸重合到对侧 C 相故障的特点。
（5）500kV 线路单相近端 C 相故障重合闸重合到对侧 C 相故障保护动作情况分析。
（6）故障电流及零序电流分析。

一、案例基本情况

2017 年 7 月 1 日 23 时 21 分，500kV DL 二线 C 相故障，断路器单相跳闸，重合闸重合不成功，断路器三相跳闸。

M 侧（本侧）电流互感器变比为 2500/1，该线路 C 相接地短路故障，故障相电流 M 侧（本侧）C 相二次电流有效值为 4.12A（一次电流为 10300A）；零序电流二次电流有效值为 4.24A，一次零序电流为 10600A，故障切除时间为 839ms；RCS-931DM-DB（程序版本 3.00）保护出口时间为 7ms，CSC-103B（程序版本 V1.29L）保护出口时间为 14ms，654ms 时重合闸动作（重合闸方式为单相重合闸→单跳单合→重合于永久性故障→三跳不重合）。M 侧测距：RCS-931DM 第一次测距为 35.2km，线路全长为 160km。M 侧重合于永久故障：C 相故障电流为 4894A，零序电流为 4470A，故障第二次测距为 114km。

N 侧（对侧）：两套电流差动保护，距离Ⅰ段动作，重合闸动作，电流互感器变比为 3000/1，故障录波器第一次故障 C 相二次电流有效值为 1.541A，一次电流有效值为 4623A；零序电流二次电流有效值为 1.477A，一次电流为 4431A。第二次故障 C 相二次电流有效值为 11.304A，一次电流有效值为 33912A；零序电流二次电流有效值为 11.147A，一次电流有效值为 33441A。

500kV 线路 C 相单相永久性故障点位置如图 2-56 所示。

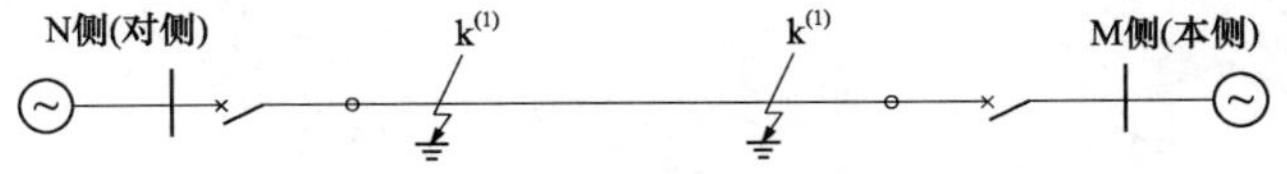

图 2-56　500kV 线路 C 相单相永久性故障点位置示意图

二、保护故障录波波形分析

故障波形如图 2-57 所示，纵坐标表示模拟量和开关量的幅值，横坐标表示故障时间。

2017-07-01　23:50:01.888
远方跳闸开入
822ms　　　　　　　　　　　三跳闭锁重合闸
2017-07-01　23:50:01.893
闭锁重合闸开入
2017-07-01　23:50:02.708
低气压闭锁重合闸

录波装置：13

时　间：2017-07-01　23:50:01.127

模拟量：	01-I_a	02-I_b	03-I_c	04-$3I_0$
	05-U_a	06-U_b	07-U_c	08-$3U_0$ 自产
	09-U_x			
开关量：	01-保护启动	02-跳 A	03-跳 B	04-跳 C
	05-永跳	06-沟通三跳开入	07-跳位 A	08-跳位 B
	09-跳位 C	10-重合	11-沟通三跳开出	12-远方跳闸出口
	13-远传命令 1 开出	14-远传命令 2 开出	15-单跳启动重合闸	16-三跳启动重合闸

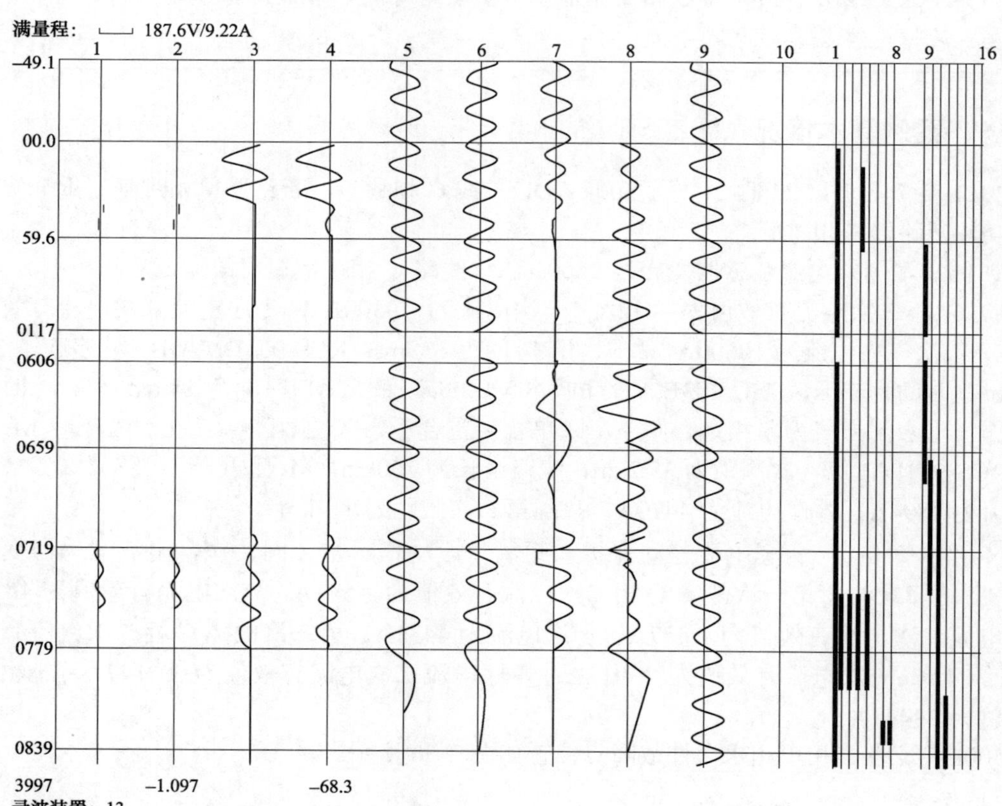

图 2-57　故障波形图

1. 电压波形分析

（1）该线路电压取自母线侧，由于故障点靠近 M 侧，所以 M 侧 C 相电压下降明显。由于 C 相接地故障，而 500kV 系统属于中性点有效接地系统，因此在故障时存在 $3U_0$，断路器三相跳闸后 $3U_0$ 为零。

（2）0ms 时 C 相电压降低，时间为 45ms，C 相跳闸后电压为零；620ms 开始 C 相出现一个低于 50Hz 的电压波形，之后又为零；714ms 时重合于永久故障，C 相有电压，第一个周波出了电压升高，第一个波形负半波峰值被切了，说明有过电压，故障应该在对侧；断路器三相跳闸后，C 相电压为零。

（3）$3U_0$ 分析：故障开始有很小的 $3U_0$，C 相跳闸后 $3U_0$ 为负 U_A，但在 620ms 出现了一个低于 50Hz 的电压波形，随后恢复正常，重合于永久故障，$3U_0$ 降低。

（4）断路器三相跳闸后，A、B 相电压和 $3U_0$ 由于电容式电压互感器瞬态特性，电压有一个衰减过程。

（5）通道 9 是母线单相电压。

2. 故障时电流波形分析

（1）0ms 时，因雷雨天气造成该线路 C 相短路接地故障，C 相电流由负载电流突变成短路电流，其二次瞬时值为 4.12A，此电流乘以电流互感器的变比（2500/1）为一次侧电流。由于为单相接地故障，而 500kV 系统属于中性点有效接地系统，因此 C 相电流和零序电流大小相等、方向相同，在故障时存在 $3I_0$，其大小与 C 相的短路电流相等。断路器 C 相及三相跳闸后，$3I_0$ 消失。

（2）开始故障 C 相和 $3I_0$ 电流有负的直流分量，故障时间 40ms（保护动作时间+断路器分闸时间）；重合于永久故障电流比第一次故障电流幅值小，故障时间 60ms（后加速保护时间+“合—分”时间）。

3. 开关量分析

本波形有 11 个开关量，分别是：1—保护启动；2—跳 A；3—跳 B；4—跳 C；5—永跳；7—跳位 A；8—跳位 B；9—跳位 C；10—重合闸；11—沟通三跳开出；12—远方跳闸出口。

三、线路保护装置 RCS-931DM-DB 动作报告分析

N 侧 RCS-931DM-DB 线路保护装置动作报告见表 2-41，保护启动时间为 2017 年 7 月 1 日 23 时 50 分 1 秒 842 毫秒。7ms 时工频变化量阻抗动作，17ms 时电流差动保护动作，21ms 时距离Ⅰ段动作；654ms 时重合闸动作，728ms 时电流差动保护，742ms 时距离加速，744ms 时零序加速。

故障相：C 相。

故障测距：35.2km。

故障电流：C 相为 4.12A（二次侧电流），一次电流为 10300A。

表 2-41　　N 侧 RCS-931DM-DB 线路保护装置动作报告

相对时间	动作元件	跳闸相别	动作参数
7ms	工频变化量阻抗	C	
17ms	电流差动保护	C	
21ms	距离Ⅰ段动作	C	
654ms	重合闸动作		
728ms	电流差动保护	A、B、C	
742ms	距离加速	A、B、C	
744ms	零序加速	A、B、C	

续表

相对时间	动作元件	跳闸相别	动作参数
	故障相电流值		4.12A
	故障零序电流值		4.24A
	故障差动电流		6.21A
	故障测距结果		L=35.2km C 相

四、N 侧故障录波器波形分析

N 侧故障录波器波形如图 2-58 所示。

1. 电压量分析

N 侧保护电压采用母线电压互感器。

（1）0ms 前纪录三相正常电压波形。

（2）0ms 时 C 相故障，C 相电压略有降低（故障电在靠近 M 侧），故障时间约为 45ms。

（3）45ms 后 C 相故障切除，C 相电压恢复正常；736ms 时 C 相电压为零，说明重合到 N 侧出口处故障；60ms 后，C 相电压恢复正常。

（4）$3U_0$ 分析：0ms 之前没有 $3U_0$；0ms 开始有 $3U_0$，幅值很小，时间为 45ms；45ms 后 $3U_0$ 为零；736ms 时出现了大的 $3U_0$；断路器三相跳闸后，$3U_0$ 经过小幅值高频振荡。

2. 故障电流分析

（1）0ms 前纪录三相负载电流波形。

（2）0ms 时 C 相故障，由于故障靠近 M 侧，C 相电流很小。

（3）45ms 后 C 相故障切除，C 相电流为零。

（4）736ms 时 C 相 N 侧近端故障（出线避雷器爆炸），C 相电流很大，第一个周波的波峰被削了，有正的直流分量，电流互感器有饱和现象，故障时间为 60ms。

（5）$3I_0$ 分量，第一次故障 $3I_0$ 很小，与故障电流大小相等、方向相同；重合于 N 侧永久故障，$3I_0$ 分量很大，与 C 相电流大小相等、方向相同。

3. 开关量分析

5ms 时 C 相跳闸开始变位，重合于 N 侧永久故障，断路器三相跳闸。

五、500kV 单相近端 C 相故障重合闸重合到 C 相对侧故障动作过程（M 侧）

500kV 线路 C 相永久接地故障→分相差动保护动作、距离 I 段动作→5051、5052 断路器 C 相跳闸→5051 断路器经重合闸整定时间（600ms）→5051 断路器 A 相重合→重合于对侧永久性故障→5051、5052 断路器后加速跳三相。

六、保护动作情况分析

（1）本线路全长为 160km，M 侧第一次故障测距为 35.2km，属于纵差保护范围，保护动作正确。

（2）本线路采用断路器保护单相重合闸，5051 断路器重合闸整定时间为 600ms。654 ms 时重合闸动作，重合于对侧 C 相故障永久三跳，重合闸动作正确。

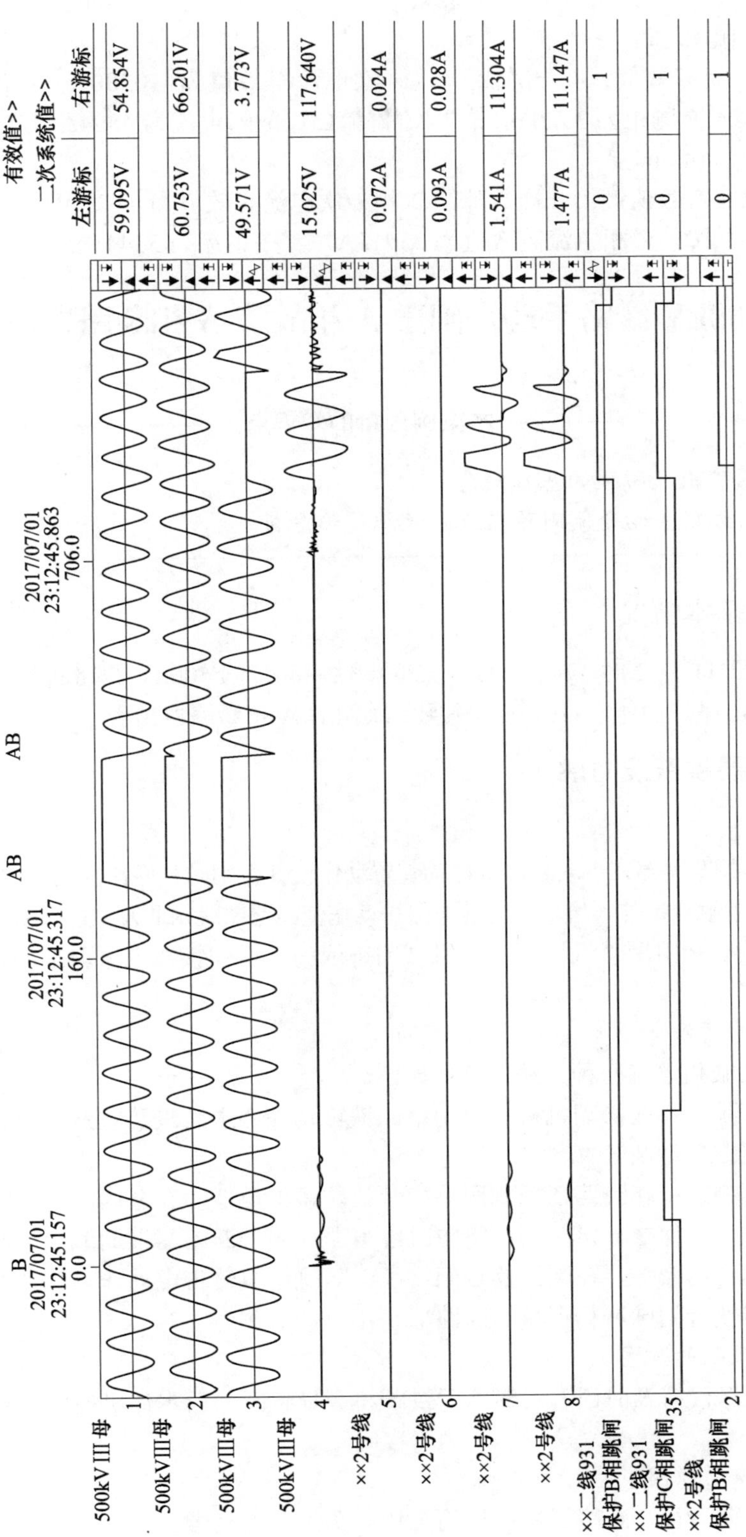

B　2017/07/01 23:12:45.157 0.0
AB　2017/07/01 23:12:45.317 160.0
AB　2017/07/01 23:12:45.863 706.0

有效值>>
二次系统值>>

通道	左游标	右游标
1 500kVⅧ母	59.095V	54.854V
2 500kVⅧ母	60.753V	66.201V
3 500kVⅧ母	49.571V	3.773V
4 500kVⅧ母	15.025V	117.640V
5 ××2号线	0.072A	0.024A
6 ××2号线	0.093A	0.028A
7 ××2号线	1.541A	11.304A
8 ××2号线	1.477A	11.147A
××二线931保护B相跳闸	0	1
35 ××二线931保护C相跳闸	0	1
2 ××2号线保护B相跳闸	0	1

图 2-58　N 侧故障录波器波形图

（3）故障相电流值。

1）M 侧电流有效值：第一次故障，一次电流有效值为 10300A，零序电流有效值为 10600A，故障第一次测距为 35.2km；第二次故障，C 相故障电流为 4894A，零序电流为 4470A，故障第二次测距 114km。

2）N 侧电流有效值：第一次故障，C 相一次电流有效值为 4623A，零序电流有效值为 4431A；第二次故障，C 相电流有效值为 33912A，零序电流为 33441A。

案例 17：500kV 线路手动合闸于 A 相故障 A 相断路器跳跃两次故障

本案例分析的知识点

（1）断路器跳跃及防跳的基本概念。

（2）500kV 线路手动合闸断路器跳跃故障波形分析。

一、案例基本情况

2017 年 7 月 11 日 2 时 17 分 7 秒，某变电站手动合闸 500kV 线路断路器（5051 边断路器），A 相接地，保护动作，直接三相跳闸，跳闸后 A 相断路器出现了两次“合—分”现象。

二、断路器跳跃及防跳

1. 基本概念

（1）跳跃是指断路器在手动合闸或自动装置动作使其合闸时，操作控制开关被复归或控制开关触点、自动装置触点卡住，恰巧此时继电保护动作使断路器跳闸而发生的多次“跳—合”现象。

（2）防跳是指利用操动机构本身的机械闭锁或另在操作接线上采取措施，以防止跳跃现象发生。

2. 防跳跃的方法

防跳跃有机械和电气两种方法，具体如下。

（1）机械防跳跃：在操动机构的分闸电磁铁可动铁心上装设防跳跃触点，只要分闸铁心吸动就将合闸回路自动断开。

（2）电气防跳跃：在断路器控制回路中装设防跳继电器，在分闸时，该防跳继电器动作将合闸回路断开，并保持一定时间；将防跳继电器线圈经断路器辅助触点串联后与合闸线圈并联，一旦接到合闸命令，在断路器合闸终了，防跳继电器带电动作，其动断触点切断合闸回路，这样，即使合闸脉冲仍保持，断路器也不可能合闸。

3. 断路器跳跃的危害

如果控制电源没有及时断开，断路器跳跃将会导致断路器本体机构的严重变形和负载设备损坏。

4. 引起跳跃的原因

（1）由于长期运行，断路器操动机构工作电源没有得到维护。

（2）由于环境和工作温度的影响，断路器操动机构上使用的润滑脂在长时期高温运行中

受温度影响后，有效作用时间缩短，导致操动机构内部润滑不良。

（3）维护周期太长。

（4）合闸半轴两端与侧板孔之间的窄摩擦力过大，导致合闸半轴缓慢返回或卡住。

（5）断路器的工作频率低。

三、故障波形分析

500kV 线路断路器（5051 边断路器）A 相接地断路器三相跳闸后出现两次跳跃故障波形如图 2-59 所示。

1. 电压波形分析

（1）−12.496～81.238ms，5239 线路 5051 三相断路器合闸，A 相合闸后 A 相接地，电压降低（采用线路三相电压互感器），B、C 两相电压基本正常，B 相电压有谐波，有 $3U_0$ 分量（有高次谐波和高频分量），故障时间约 60ms 后 5051 断路器三相分闸。A 相电压为零，B、C 相电压 $3U_0$ 电压有一个衰减过程（时间不长）。

（2）174.958ms 前 10ms，A 相及 $3U_0$ 第二次出现电压，时间为 70ms，说明 A 相第二次“合一分”。

（3）268.677～362.397ms，A 相、$3U_0$ 第三次出现电压，时间为 70ms，说明 A 相第三次“合一分”。

后面两次 $3U_0$ 有明显的负直流分量。

2. 电流波形分析

（1）−12.496～81.238ms，5239 线路 5051 三相断路器合闸，A 相出现 60ms 故障电流和 $3I_0$，两电流方向相同，说明手动合闸于故障，随后三相分闸，电流消失。

（2）174.958ms 前 10ms，A 相和 $3I_0$ 第二次出现故障分量，随后电流为零，说明 A 相第二次“合一分”。

（3）268.677～362.397ms，A 相、$3I_0$ 第三次出现故障电流，时间为 70ms，说明 A 相第三次“合一分”。

后面两次 A 相电流和 $3I_0$ 有明显的负直流分量。

3. 开关量分析

本报告有 9 个开关量，分别为：5239 第一套保护 A、B、C 跳闸，5239 第二套保护 A、B、C 跳闸，5051 断路器 A、B、C 三相分闸位置。

（1）5239 第一套保护 A、B、C 有三次“合一分”变位。

（2）5239 第一套保护 A、B、C 有两次“合一分”变位，其中第二次没有。

（3）5051 断路器 A 相有三次“合一分”变位，B、C 两相有一次“合一分”变位。

案例 18：500kV 电磁式电压互感器铁磁谐振

本案例分析的知识点

（1）500kV 一个半断路器接线方式电磁式电压互感器铁磁谐振动作分析。

（2）500kV 一个半断路器接线方式电磁式电压互感器铁磁谐振故障录波图分析。

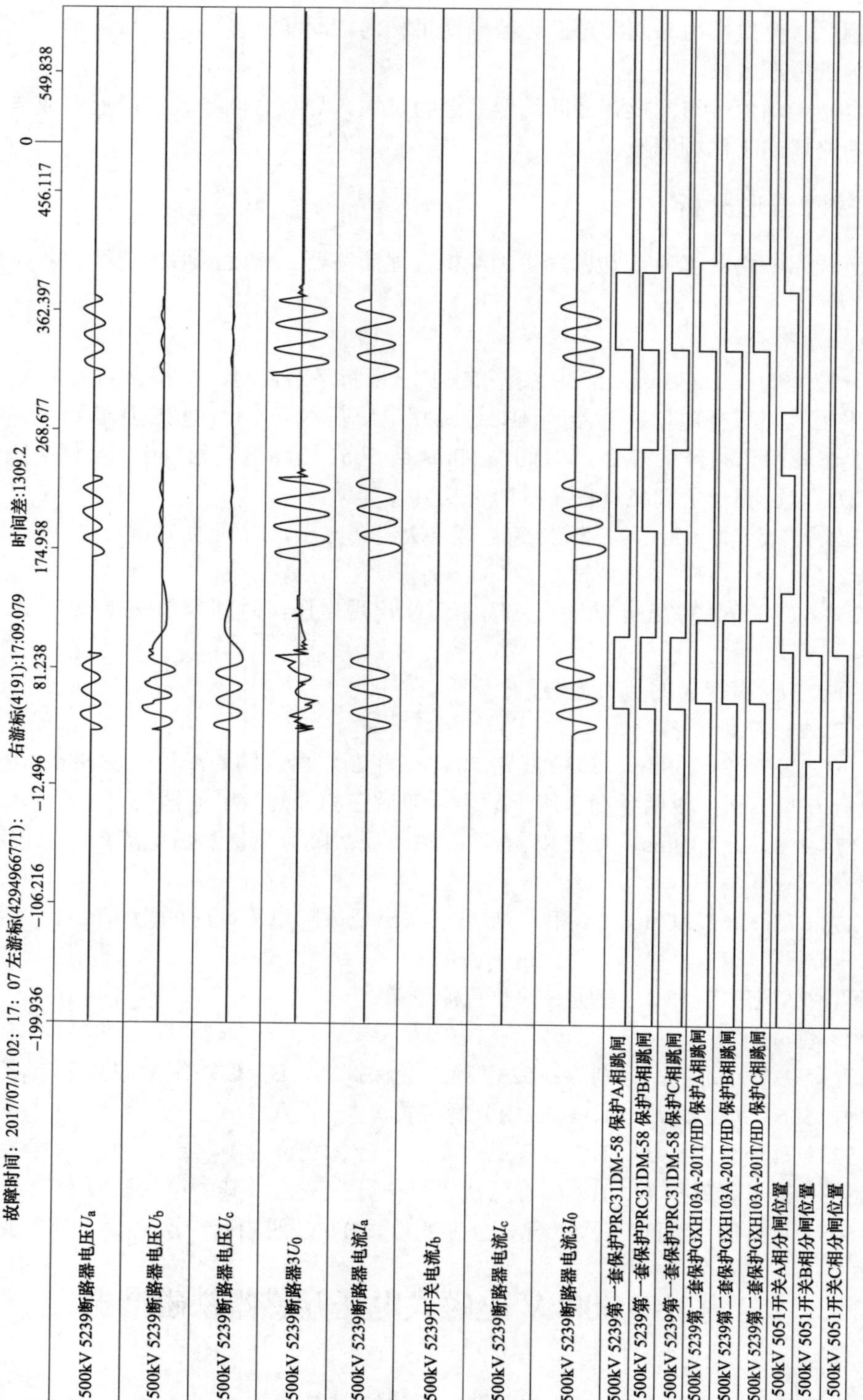

故障时间：2017/07/11 02：17：07 左游标(4294966771)：　右游标(4191):17:09.079　时间差:1309.2

−199.936　−106.216　−12.496　81.238　174.958　268.677　362.397　456.117　0　549.838

1 500kV 5239断路器电压U_a

2 500kV 5239断路器电压U_b

3 500kV 5239断路器电压U_c

4 500kV 5239断路器$3U_0$

5 500kV 5239断路器电流I_a

6 500kV 5239开关电流I_b

7 500kV 5239断路器电流I_c

8 500kV 5239断路器电流$3I_0$

9 500kV 5239第一套保护PRC31DM-58 保护A相跳闸

10 500kV 5239第一套保护PRC31DM-58 保护B相跳闸

11 500kV 5239第一套保护PRC31DM-58 保护C相跳闸

12 500kV 5239第二套保护GXH103A-201T/HD 保护A相跳闸

13 500kV 5239第二套保护GXH103A-201T/HD 保护B相跳闸

14 500kV 5239第二套保护GXH103A-201T/HD 保护C相跳闸

15 500kV 5051开关A相分闸位置

16 500kV 5051开关B相分闸位置

17 500kV 5051开关C相分闸位置

图 2-59　500kV 线路断路器（5051 边断路器）A 相接地断路器三相跳闸后出现两次跳跃故障波形图

一、案例基本情况

某变电站 500kV 系统采用一个半断路器接线双分段联络运行电气主接线（GIS 设备），通过 4 回同塔双回路并行架设送入电力系统。2021 年 9 月 1 日 500kV 串内 T 区在送出工程系统调试过程中，出现电压互感器铁磁谐振故障。500kV 变电站电气主接线如图 2-60 所示。

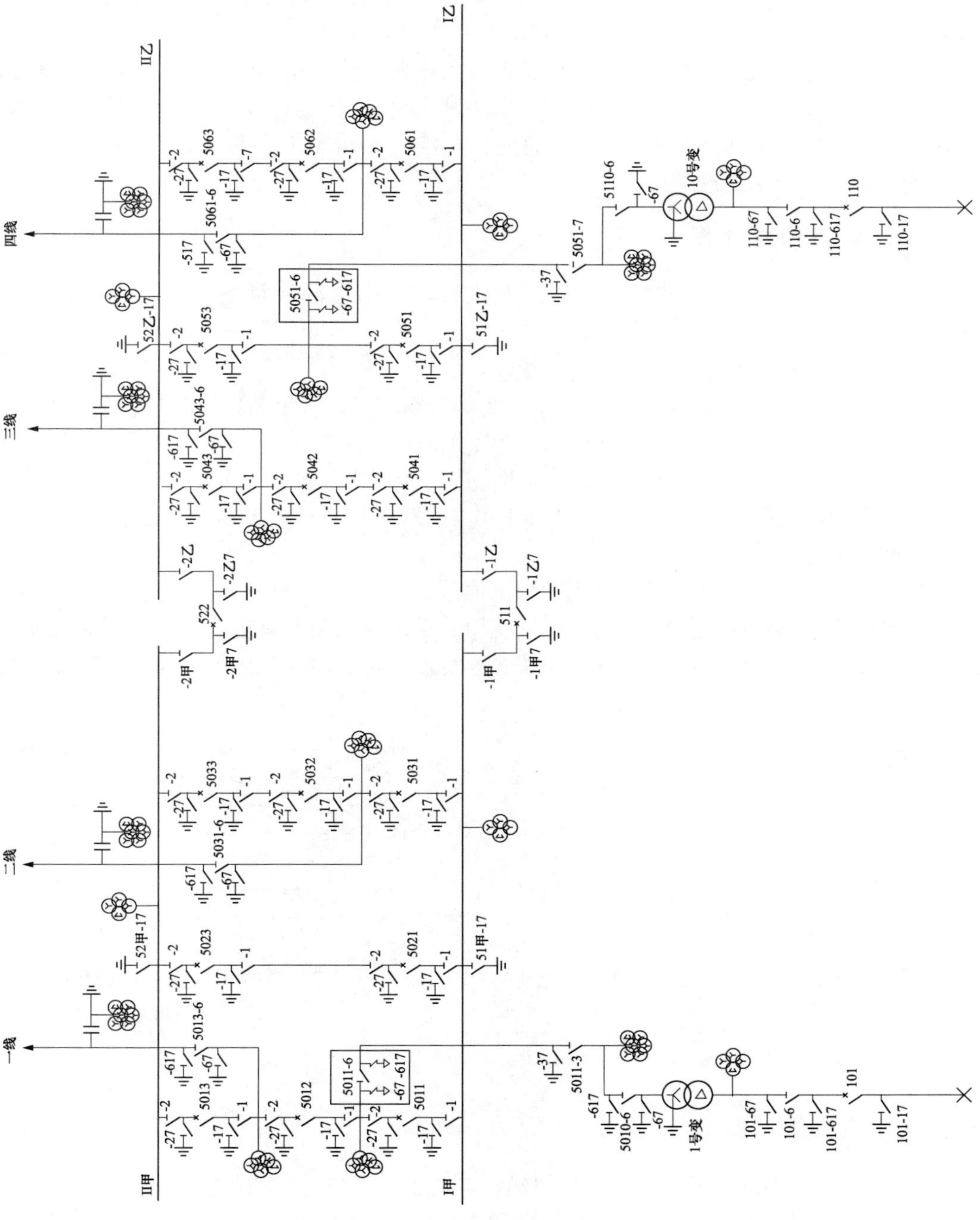

图 2-60　500kV 变电站电气主接线

（1）第二回送出线路由系统侧充电运行状态下，5032 断路器合闸运行，其他断路器全部处于热备用状态。拉开 5032 断路器后，5032/5033 间隔电磁式电压互感器 A 相二次侧电压达到 28.22V，电压互感器本体存在异响，在 5032 断路器合入后二次电压恢复正常；在相同运行方式下，拉开 5032 断路器后出现相同情况，C 相二次电压达到 25.77V。

（2）第二回送出线路由系统侧充电运行状态下，5031、5021 断路器合闸运行。拉开 5021 断路器后，5021/5023 间隔电磁式电压互感器 A 相二次侧电压达到 29.65V，电压互感器本体存在异响，在拉开 5031 断路器后恢复正常。

（3）原理分析。电压互感器产生铁磁谐振等效电路如图 2-61 所示。由图 2-61 可知，QF（断路器）断开时，双断口 SF_6 断路器断口均压用并联电容 C_s 与母线电容 C_e 上的残留电荷对 T 区电磁式电压互感器电感 L 放电，电磁能量在电容 C_e 和电感 L 之间振荡，电感和电容参数在某些条件下可能产生铁磁谐振。

二、计算机仿真计算

结合试验过程和故障录波分析结果，并进行铁磁谐振的计算机仿真复核计算，计算条件：

（1）电源电压设定为 $500/\sqrt{3}$ kV 交流电压；

（2）单台断路器极间电容量 C_1=250pF（断路器双端口，每个断口电容量为 500pF）；

（3）母线对地电容量 C_2=1171.2pF（不带电缆，带隔离开关）；

（4）母线对地电容量 C_2=104041.2pF（带电缆，带隔离开关）；

（5）电缆回路的对地电容量 C_2=94210pF（本回路中母线对地电容为 3405pF，电缆对地电容为 90805pF）；

（6）电压互感器一次直流电阻为实际测试值；

（7）电压互感器一次线圈等效励磁电感使用的是磁链电流的瞬时值特性，因而必须先将电压电流有效值伏安特性转换为磁链电流瞬时值特性，得到电压互感器的 $\Phi—I$ 特性曲线如图 2-62 所示。

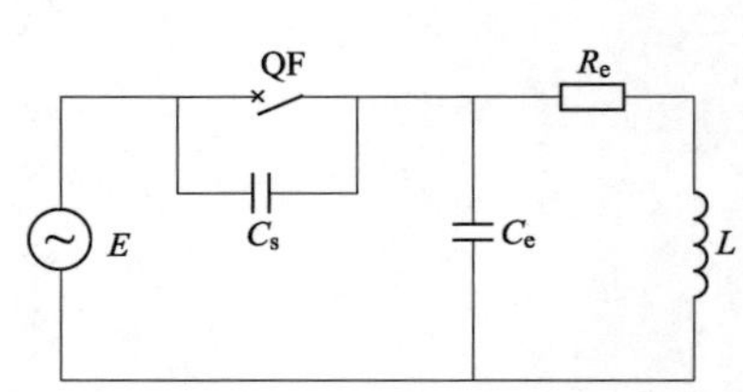

图 2-61　电压互感器产生铁磁谐振等效电路图

QF—断路器；C_s—断路器极间电容；C_e—GIS 母线对地电容；R_e—TV 一次线圈直流电阻；L—TV 一次线圈等效励磁电感；E—电源电压

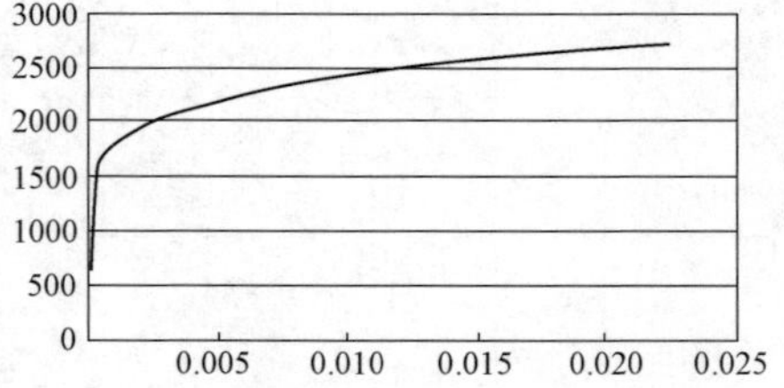

图 2-62　带电缆、隔离开关电压互感器 $\Phi—I$ 特性曲线

三、仿真模型

（1）根据图 2-62 铁磁谐振等效电路图建立电路仿真模型，如图 2-63 所示。

（2）仿真结果如图 2-64 所示。

四、ZH-5 型电力故障录波分析装置故障波形分析

5021/5023 断路器 T 区电压互感器 A 相故障波形如图 2-65 所示。

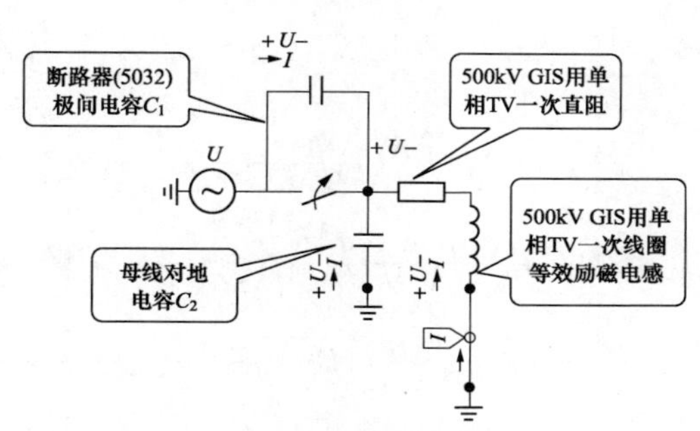

图 2-63 电路仿真模型

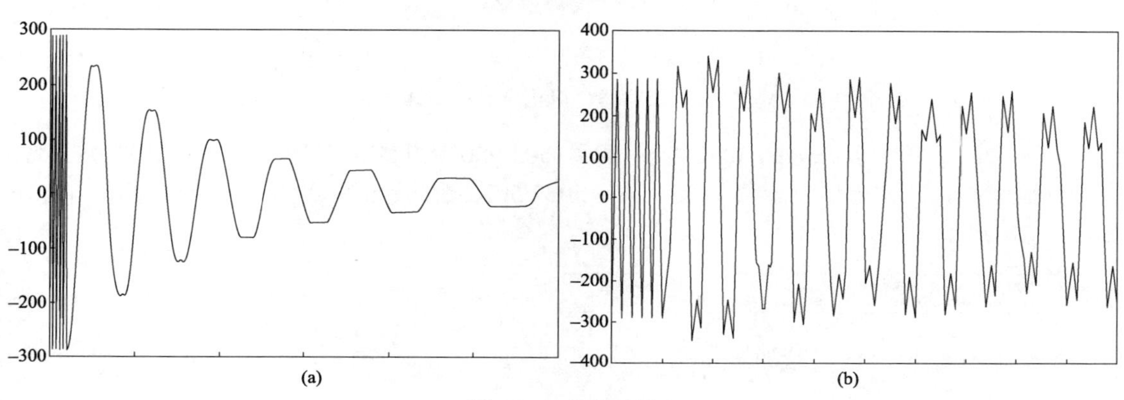

图 2-64 仿真结果

（a）带电缆、隔离开关；（b）不带电缆、带隔离开关

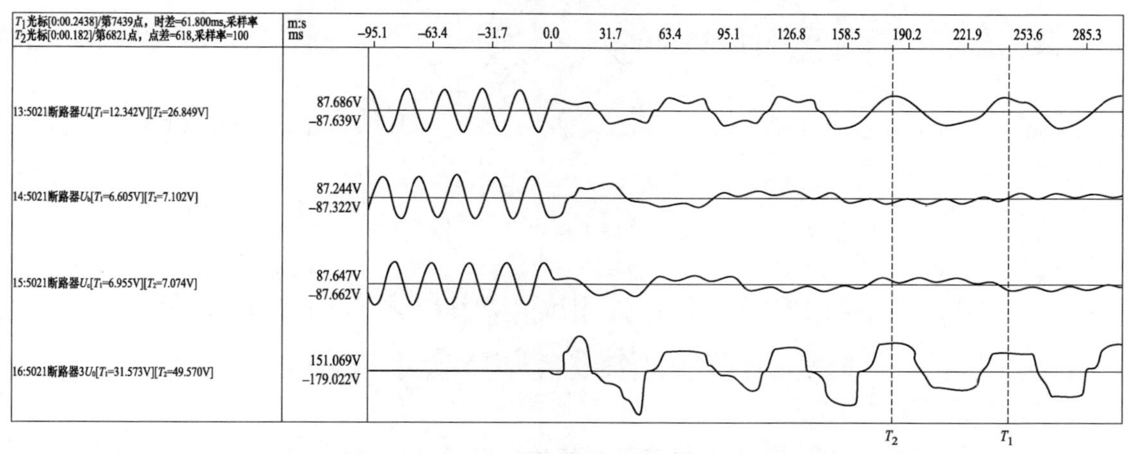

图 2-65 5021/5023 断路器 T 区电压互感器 A 相故障波形图

注：5021、5023 断路器之间有一条出线，在 T 接线之间有电压互感器。

2021 年 9 月 1 日 6 时 50 分 56 秒，在分断 5021 断路器后，5021/5023 断路器 T 区电压互感器 A 相出现 3 分频铁磁谐振，二次电压有效值为 26.84V。

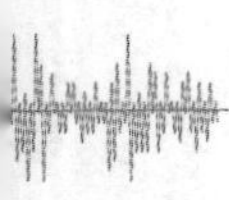

14 时 6 分 37 秒，在分断 5032 断路器后，5032/5033 断路器 T 区电压互感器 A 相出现 3 分频铁磁谐振，二次电压有效值为 24.27V。5032/5033 断路器 T 区电压互感器 A 相故障波形如图 2-66 所示。

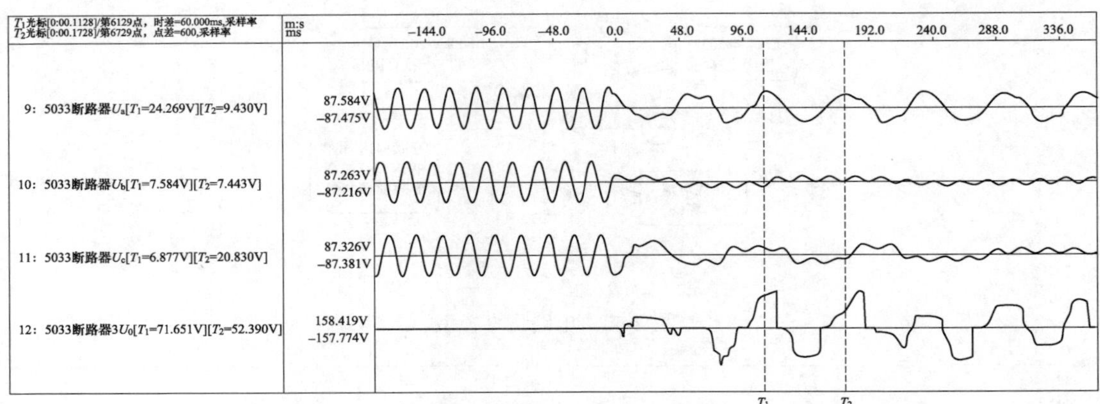

图 2-66　5032/5033 断路器 T 区电压互感器 A 相故障波形图

15 时 28 分 30 秒，在分断 5032 断路器后，5032/5033 断路器 T 区电压互感器 C 相出现 3 分频铁磁谐振，二次电压有效值为 25.73V。5032/5033 断路器 T 区电压互感器 C 相故障波形如图 2-67 所示。

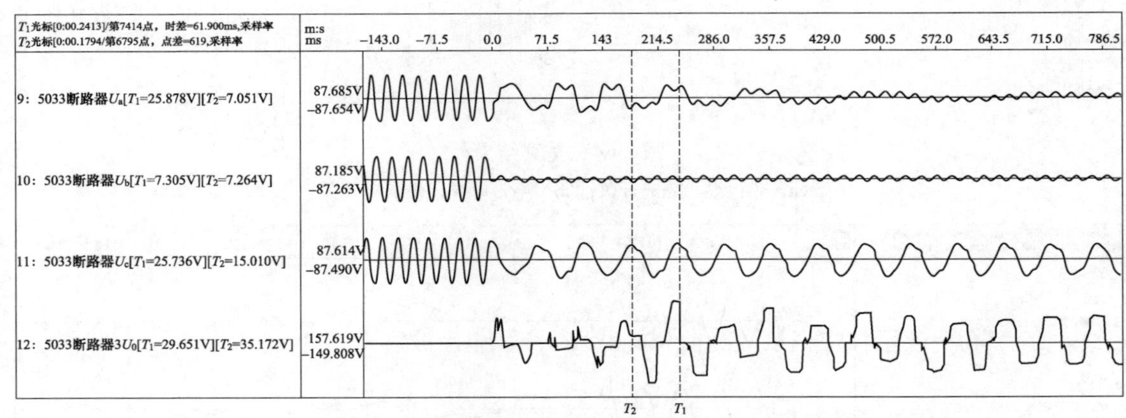

图 2-67　5032/5033 断路器 T 区电压互感器 C 相故障波形图

案例 19：500kV 线路 A 相站内出口永久性故障光纤差动保护动作重合闸重合不成功

本案例分析的知识点

（1）单相永久性近区故障波形分析。
（2）断路器“合—分”时间概念。
（3）电容式电压互感器产生铁磁谐振的原因分析。

一、案例基本情况

20××年 4 月 4 日 19 时 7 分 FN 线 A 相故障，线路光纤差动保护动作，变断路器 A 相跳闸，经重合闸整定时间 0.9s，重合于永久故障，边断路器和中断路器三相永久跳闸。故障涉及的线路系统简图如图 2-68 所示。

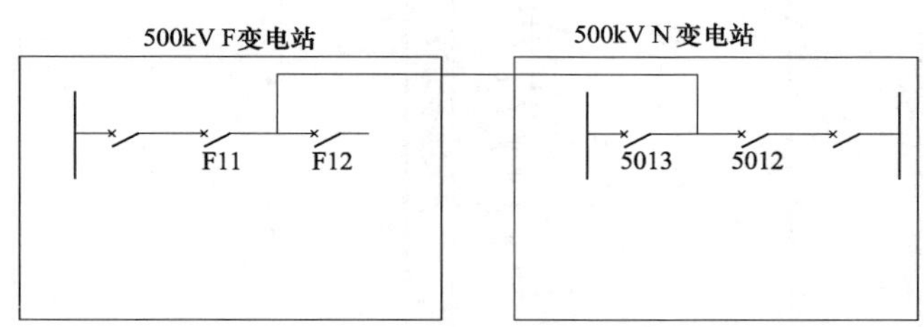

图 2-68　故障涉及的线路系统简图

二、故障波形分析

故障波形如图 2-69 所示，横坐标表示时间，纵坐标表示电压与电流量的幅值。

1. 电压波形分析

（1）“−40”表示报告记录故障前 40ms 正常电压波形。

（2）0ms 时故障 A 相电压为零，说明故障点在近端或站内。

（3）B、C 两相电压不变。

（4）$3\dot{U}_0=\dot{U}_B+\dot{U}_C$。

（5）断路器三相跳闸后，B 相、$3U_0$ 电压出现了短时过电压，B、C 相和 $3U_0$ 出现了铁磁谐振现象（该电压互感器为电容式，取自线路电压互感器），$3U_0$ 谐振时间最长。断路器三跳后，C 相电压有高频寄生振荡现象，同时电压互感器的开口三角形电压出现了比 C 相电压幅值高的高频寄生振荡现象。

2. 电流波形分析

（1）“−40”表示报告记录故障前 40ms 正常负载电流波形。

（2）0ms 时故障 A 相出现 30ms 故障电流波形，并有正的直流分量，最大峰值在第一个大半波；$3U_0$ 与 A 相故障电流大小相等、方向相反。

（3）30ms 后 A 相边断路器和中断路器跳闸。

（4）978ms 时 A 相边断路器重合于永久故障，A 相再次出现 50ms（=保护动作时间+合分时间）故障电流，故障电流有正的直流分量；$3U_0$ 与 A 相故障电流大小相等、方向相反，是接线原因所致。

（5）最大故障电流（电流互感器变比：3000/1）3000×3.01（A），出现在第一个大半波。

（6）最大零序电流（电流互感器变比：3000/1）3000×3.01（A），出现在第一个大半波。

（7）1043ms 时边断路器、中断路器永久三跳。

（8）故障前 A 相电压超前电流 72.8°。

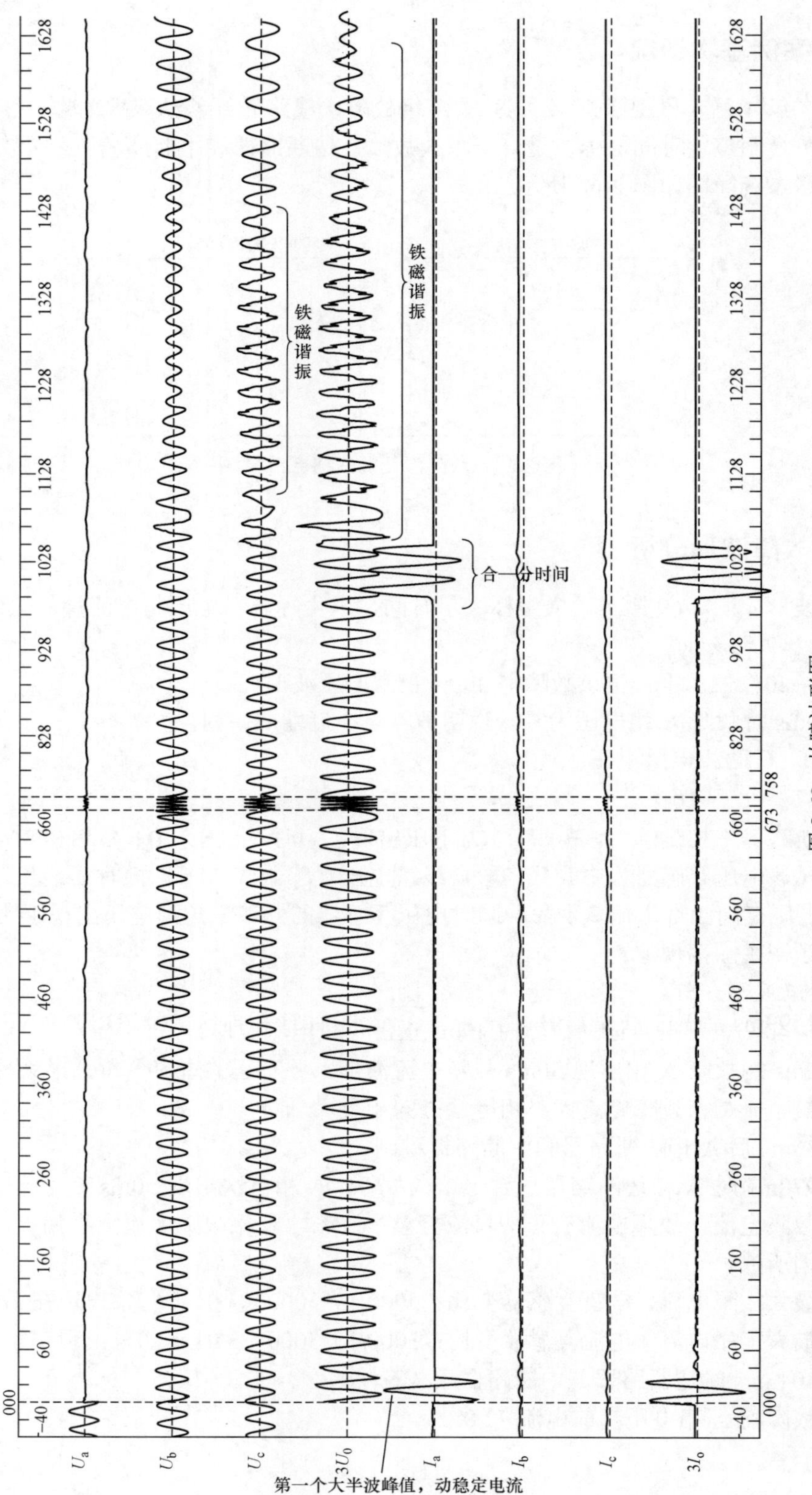

铁磁谐振
铁磁谐振
合—分时间
第一个大半波峰值，动稳定电流
Ua
Ub
Uc
3U0
Ia
Ib
Ic
3I0
−40
000
60
160
260
360
460
560
660
673 758
828
928
1028
1128
1228
1328
1428
1528
1628

图 2-69　故障波形图

三、"合—分时间"概念

"合—分"时间是指合闸操作中，某一极触头首先接触瞬间和随后的分闸操作中所有极弧触头都分离瞬间之间的时间间隔。"合—分"时间又称金属短接时间。对 126kV 及以上断路器，"合—分"时间应不大于 60ms，推荐不大于 50ms。

四、电容式电压互感器产生铁磁谐振的原因

电容式电压互感器产生铁磁谐振的原因是，当中压变压器的二次（及三次）完全开路的情况下，在二次端子短路后突然断开或二次（三次）有直流激发能量时，变压器的一次侧将经历一个暂态过程，使铁心饱和的励磁阻抗通过 L 与并联的两部分分压电容产生分数倍或整数倍工频谐振，在中压变压器各侧端子上产生高电压，同时通过高压侧电源供给能量，能长时间地维持。

这种铁磁谐振局限于电容式电压互感器的中压回路，对变电站的一次回路和其他设备没有影响，这与电磁式电压互感器在变电站内产生一次回路铁磁谐振是不同的。

案例 20：500kV 线路 B 相在重合闸充电时间内接地断路器三相跳闸出现过电压

本案例分析的知识点

切空载长线路时产生的过电压波形分析。

一、案例基本情况

20××年 4 月 4 日 19 时 7 分 FN 线 B 相故障，LFP-901B、CSL-101A 保护及 LFP-921 断路器保护动作。故障后 22ms，F11、F12 断路器 B 相跳闸，1004ms 后 F12 断路器 B 相重合成功，1499ms 后 F11 断路器 B 相重合。经过 4s 后 B 相再次故障，LFP-901B、CSL-101A 保护及 LFP-921 断路器保护动作。由于重合闸此时尚未做好充电准备（重合闸充电时间 15s），F11、F12 断路器三相跳闸。保护测距分别为 114.9km 和 107km，线路全长为 329km。

20 时 25 分，接网调调度命令，合上 F12 断路器，对 FN 线充电成功，20 时 31 分合上 F11 断路器。

故障涉及的线路系统简图如图 2-70 所示。

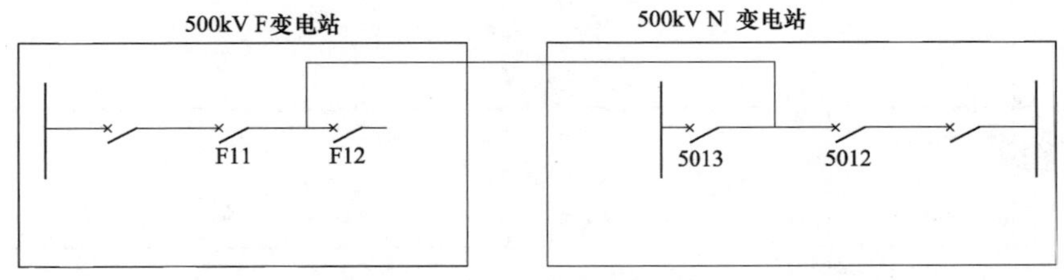

图 2-70　故障涉及的线路系统简图

二、第二次故障波形分析

第二次故障波形如图 2-71 所示。

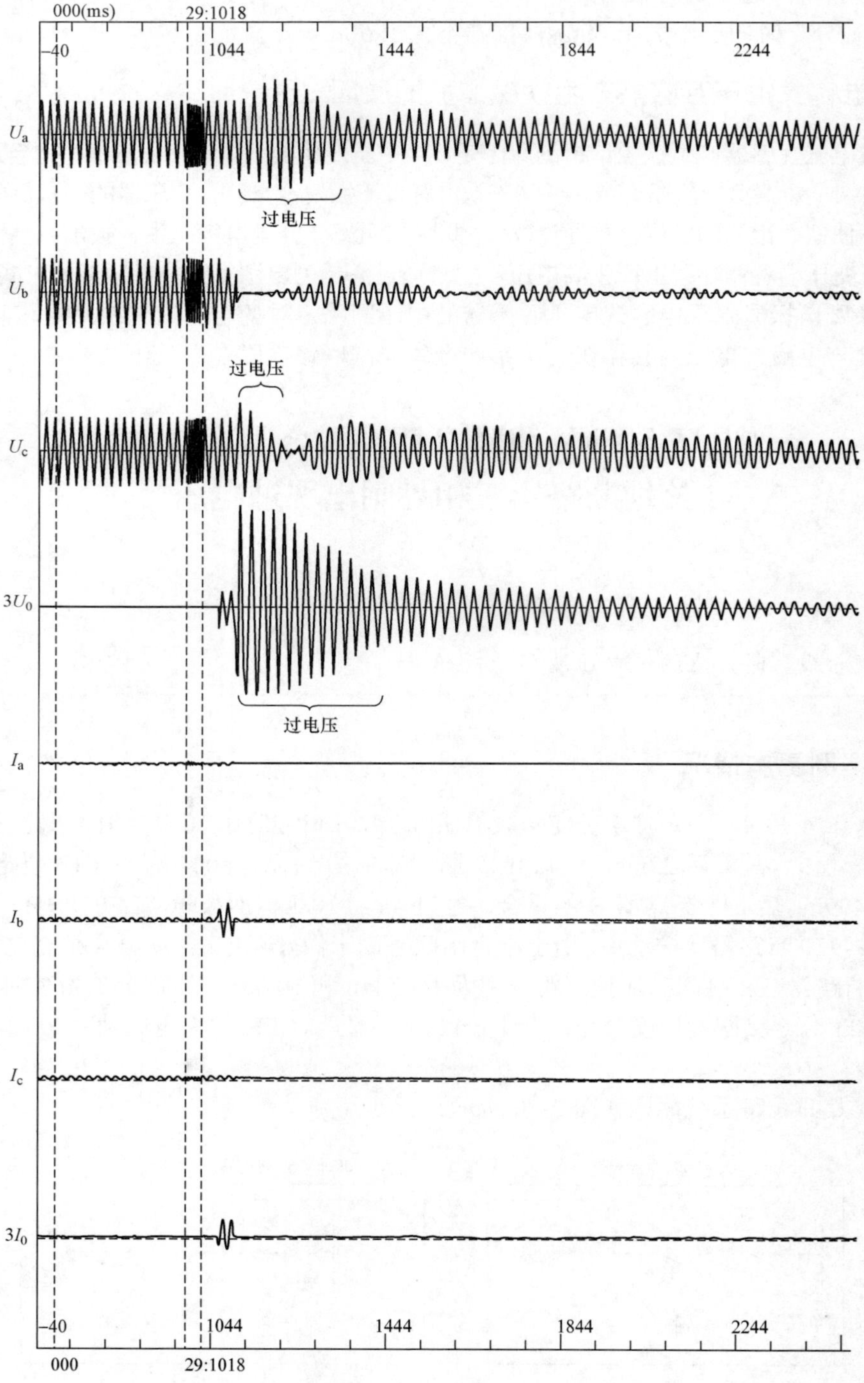

图 2-71　第二次故障波形图

（1）时间：2004-04-04 19：06：56.252（时间与当时故障时间及保护时间整定有差异）。

（2）两次间隔时间为 4s158ms。

（3）故障录波经约 1044ms 再次出现故障波形，故障时间约为 30ms。

（4）1100ms 线路断路器三相跳闸。

（5）断路器三相跳闸后，三相电压和零序电压出现了振荡现象，其中 A 相电压振荡严重（出现了包络线状振荡），B 相最小，而零序电压出现了喇叭状的振荡，其幅值超过了两倍的相电压，说明出现了过电压。振荡的原因是线路较长，线路两侧装有并联电抗器，导线对地电容和线路并联电抗器的能量在断路器分闸时不能突变。

从图 2-71 可知，A、C 相和开口三角均出现了过电压，其中开口三角过电压时间比较长。

第三章 220kV线路故障波形分析

案例1：220kV线路B相瞬时性接地故障重合闸重合成功

本案例分析的知识点

（1）保护故障报告详细阅读和分析。
（2）故障波形分析。
（3）根据报告计算故障电流和电压。
（4）220kV线路B相瞬时性接地故障时的动作过程。
（5）保护动作情况分析。
（6）中性点有效接地系统单相金属性接地故障的特点。

一、案例基本情况

2022年4月16日16时35分14秒942毫秒，某地区220kV变电站220kV线路发生B相瞬时故障，该线路配置两套保护分别为南瑞 PCS-931A-G 线路保护和北京四方CSC-103A-G-D保护，故障发生17ms纵差保护动作跳开B相，617ms时重合闸动作，重合成功，故障测距约17km。220kV线路B相瞬时性接地故障点位置如图3-1所示。

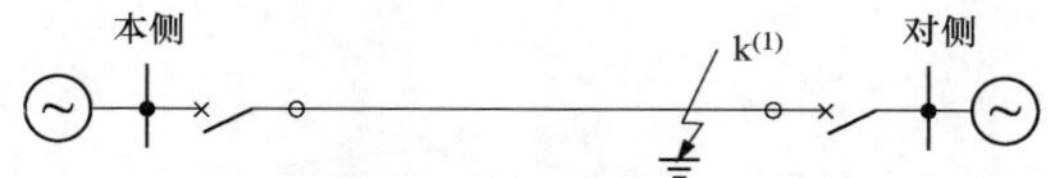

图3-1　220kV线路B相瞬时性接地故障点位置示意图

二、南瑞PCS-931A保护装置录波图分析

南瑞PCS-931A保护装置录波图如图3-2所示。

标度组：电流12.84A；电压44.93V；时间标度20ms/格。

开关量：1—总启动；2—A相跳闸动作；3—B相跳闸动作；4—C相跳闸动作；5—重合闸动作。模拟量：CH01—保护电流A相（I_A）；CH02—保护电流B相（I_B）；CH03—保护电流C相（I_C）；CH04—保护零序电流（$3I_0$）；CH05—保护电压A相（U_A）；CH06—保护电压B相（U_B）；CH07—保护电压C相（U_C）；CH08—保护零序电压（$3U_0$）；CH09—保护同期电压（U_L）。

1. 电压波形分析

（1）报告中记录了线路三相电压量和零序电压量。

（2）报告记录了故障前80ms的正常电压波形，故障后B相电压有所降低，二次值为

33.53V。电压量取自母线电压互感器，所测量的是故障点到母线的残压，等于短路电流乘以短路点到母线的阻抗。故障发生的同时出现零序电压 $3\dot{U}_0 = \dot{U}_A + \dot{U}_B + \dot{U}_C$。

（3）约 58ms 时，保护动作断路器 B 相单相跳闸，断路器分闸过程中出现约 1 个周波的暂态过程，波形发生畸变。分闸后约 1 个周波后电压恢复正常，零序电压变为零。

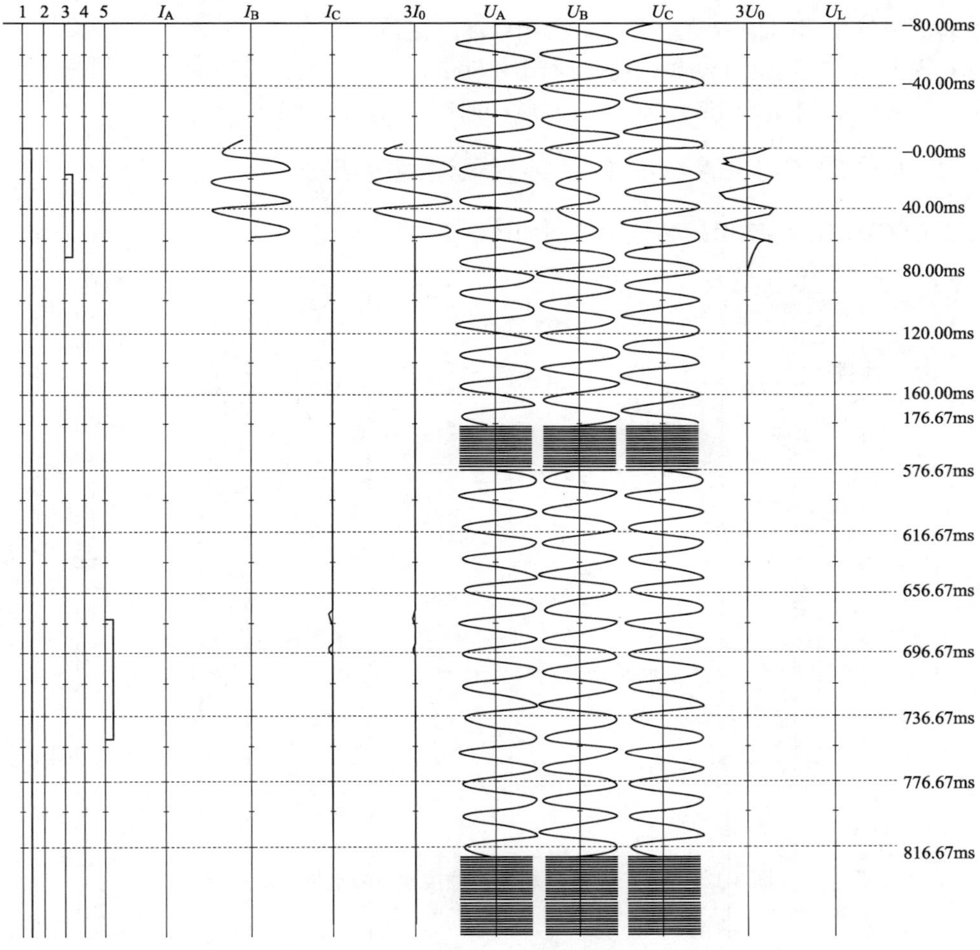

图 3-2　南瑞 PCS-931A 保护装置录波图

（4）A、C 相在故障时电压正常。

（5）约 684ms 时，重合闸动作，B 相重合，重合成功，电压正常，也未出现零序电压。

2. 电流波形分析

（1）报告中记录了线路三相电流量和零序电流量。

（2）故障前 80ms 为正常负载电流，波形几乎为零，故障发生时，B 相出现明显的故障电流，并在第二个周波达到峰值，二次为 17.48A。

（3）故障发生的同时出现零序电流，与 B 相故障电流大小相等、方向相同。

（4）故障期间 A、C 相为负载电流。

（5）约 58ms 时，保护动作断路器 B 相单相跳闸，B 相故障电流和零序电流变为零。

（6）约 684ms 时，重合闸动作，B 相重合，重合时间为 80ms。重合时 C 相出现微小的故障电流，同时出现零序电流，与 C 相故障电流大小相等、方向相同。故障电流随时间衰减，在 3 个周期内逐渐变小为零，此后电流正常。此次故障未达到出口条件，断路器未跳闸。

3. 开关量分析

（1）启动的开关量装置有 3 个，分别是保护启动、跳位 B、重合闸。

（2）故障发生后保护启动动作，持续到录波结束。

（3）约 58ms 时跳位 B 动作，持续时间约 60ms。

（4）约 684ms 时重合闸动作，重合闸脉冲时间持续 80ms。

三、四方 CSC-103A-G-D 保护装置录波图分析

四方 CSC-103A-G-D 保护装置录波图如图 3-3 所示。

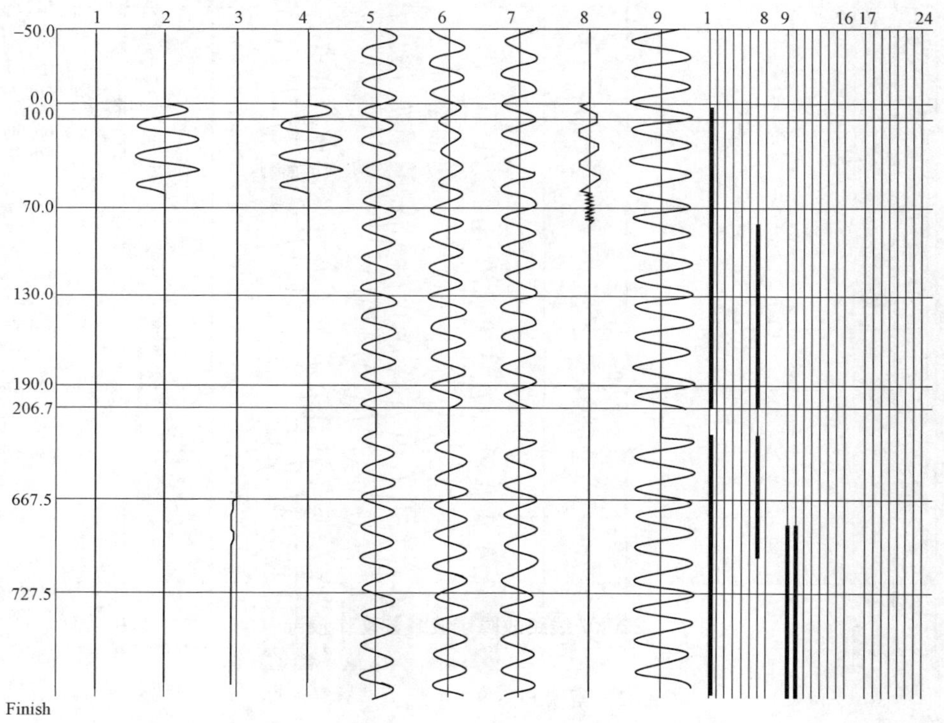

图 3-3 四方 CSC-103A-G-D 保护装置录波图

满量程标度：154.7V/25.4A。

开关量：1—总启动；2—跳 A；3—跳 B；4—跳 C；5—永跳；6—跳位 A；7—跳位 B；8—跳位 C；9—重合；10—沟通三跳开出；11—远方其他保护动作；12—远传 1 开出；13—远传 2 开出；14—闭锁重合闸；15—低气压闭锁重合闸；16—其他保护动作开入。

模拟量：1—I_A；2—I_B；3—I_C；4—$3I_0$；5—U_A；6—U_B；7—U_C；8—$3U_0$ 自产；9—U_X。

1. 电压波形分析

（1）报告中记录了线路三相电压量和零序电压量。

（2）报告记录了故障前 80ms 的正常电压波形，故障后 B 相电压有所降低，二次值为

33.75V。电压量取自母线电压互感器，所测量的是故障点到母线的残压，等于短路电流乘以短路点到母线的阻抗。故障发生的同时出现零序电压 $3\dot{U}_0=\dot{U}_A+\dot{U}_B+\dot{U}_C$。

（3）约 58ms，保护动作断路器 B 相单相跳闸，断路器分闸过程中出现约 1 个周波的暂态过程，波形发生畸变。分闸后约 1 个周波后电压恢复正常，零序电压变为零。

（4）A、C 相在故障时电压正常，分闸过程中出现约一个周波的暂态过程，波形发生畸变。此后再次恢复正常。

（5）约 684ms 时，重合闸动作，B 相重合，重合成功，电压正常，也未出现零序电压。

2. 电流波形分析

（1）报告中记录了线路三相电流量和零序电流量。

（2）故障前 80ms 为正常负载电流，波形几乎为零，故障发生时，B 相出现明显的故障电流，并在第二个周波达到峰值，二次值为 18A。

（3）故障发生的同时出现零序电流，与 B 相故障电流大小相等、方向相同。

（4）故障期间 A、C 相电流几乎不变。

（5）约 58ms 时，保护动作断路器 B 相单相跳闸，B 相故障电流和零序电流变为零。

（6）约 684ms 时，重合闸动作，B 相重合，重合时间为 80ms。重合时 C 相出现微小的故障电流，同时出现零序电流，与 C 相故障电流大小相等、方向相同。故障电流随时间衰减，在 3 个周期内逐渐变小为零，此后电流正常。此次故障未达到出口条件，断路器未跳闸。

3. 开关量分析

（1）启动的开关量有 4 个，分别是保护启动、跳位 B、重合闸沟通三跳开出。

（2）故障发生后保护启动动作，持续到录波结束。

（3）约 58ms 时跳位 B 动作，持续时间约 60ms。

（4）约 684ms 时重合闸动作，重合闸脉冲时间持续 80ms。

四、装置动作报告分析

1. 故障录波装置动作报告分析

220kV 线路故障录波装置动作报告见表 3-1。

表 3-1　220kV 线路故障录波装置动作报告

故障录波简表			
第一次故障：			
故障开始时间	0.0ms		
故障相别	BN		
故障距离	17.564km		
二次侧电抗	0.594Ω		
故障结束时间	60ms		
故障跳闸时间	58ms		
第二次故障：			
故障开始时间	666.2ms		
故障相别	CN		
故障距离	17.928km		
故障结束时间	789.2ms		
开关量变位清单：			

续表

故障录波分析简表			
108 通道	257 PCS-931	B 相跳闸	
	变位	相对时间	24.0ms
	复位	相对时间	84.0ms
110 通道	257 PCS-931	重合闸动作	
	变位	相对时间	684.2ms
	复位	相对时间	768.2ms
104 通道	257 CSC-103	重合闸动作	
	变位	相对时间	689.2ms
	复位	相对时间	819.2ms

（1）0ms 时第一次故障开始，58ms 时故障跳闸，60ms 时第一次故障结束；666.2ms 时第二次故障开始，789.2ms 故障结束。

（2）故障相：第一次故障相为 B 相，第二次故障相为 C 相。

（3）测距：第一次测距为 17.564km，第一次测距为 17.928km。

2. 南瑞PCS-931A保护装置动作报告分析

南瑞 PCS-931A 保护装置动作报告见表 3-2。

表 3-2　南瑞 PCS-931A 保护装置动作报告

动作报告				
序号	启动时间	相对时间	动作相别	动作元件
234	2022-04-16 16：35：14.942	0000ms		保护启动
	电流互感器变比：1200/5	0017ms	B	纵差保护动作
		0617ms		重合闸动作
故障相电压		33.53V		
故障相电流		17.48A		
最大零序电流		17.67A		
最大差动电流		17.78A		
故障测距		16.32km		
故障相别		B		
线路总长		19.58km		

（1）故障时间：2022-04-16 16：35：14.942。

（2）0ms 保护启动，17ms 纵差保护动作，617ms 重合闸动作，重合成功。

（3）故障相：B 相。

（4）故障测距：16.32km。

（5）故障相电流：17.48A（二次值），最大零序电流 17.67A（二次值），最大差动电流 17.78A（二次值）。

3. 四方CSC-103A-G-D保护装置动作报告分析

四方 CSC-103A-G-D 保护装置动作报告见表 3-3。

表 3-3　　四方 CSC-103A-G-D 保护装置动作报告

故障绝对时间：2022-04-16 16：35：14.937　　电流变比：1200/5			
时间	动作元件	跳闸相别	动作参数
2022-04-16 16：35：14.937	保护启动		
	采样失步		
85ms	单相不对应启动		
684ms	重合闸动作		
	故障相电压		U_A=58.50V U_B=34.75V U_C=62.75V
	故障相电流		I_A=0.162A I_B=18.00A I_C=0.216A $3I_0$=18.13A
	测距阻抗		X=0.555Ω R=1.086Ω B 相
	故障测距		L=16.38km　B 相

（1）故障时间：2022-04-16 16：35：14.937。

（2）0ms 保护启动，85ms 单相不对应启动，684ms 重合闸动作，重合成功。

（3）故障相：B 相。

（4）故障测距：16.38km。

（5）故障相电流：18.00A（二次值），零序电流 18.13A（二次值）。

五、220kV 单相接地故障动作过程

220kV 线路 B 相单相瞬时性接地→纵差保护动作→断路器 B 相跳闸→经重合闸整定时间（600ms）→断路器 B 相重合→220kV 线路 C 相单相瞬时高阻抗性接地（未出口）→重合成功。

六、保护动作情况分析

（1）第一次故障发生接近线路末端，线路总长为 19.58km，故障录波测距为 17.56km（南瑞测距为 16.32km，四方测距为 16.38km），判定为区内故障，纵差保护动作正确。

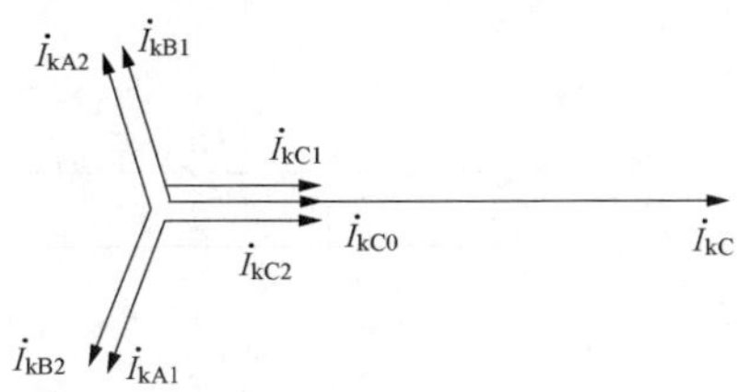

图 3-4　C 相故障时故障电流相量图

（2）故障发生约 18ms 时跳位 B 动作，B 相分闸时间约 40ms，跳位 B 动作持续约 60ms。约 684ms 时，重合闸动作，断路器 B 相重合，重合同时出现 C 相高阻抗接地故障。C 相故障时故障电流相量图如图 3-4 所示。此次故障未达到保护出口定值，且 C 相接地在 3 个周波后消失，断路器重合成功。重合闸动作正确。

（3）第一次故障差动电流值为 17.48A（二次值），电流互感器变比为 1200/5，一次差动电流为 4195.2A。

七、中性点有效接地系统单相金属性接地故障的特点

（1）有零序分量和负序分量。

（2）短路电流与零序电流大小相等、方向（相位）相同。

（3）故障相电压降低，降低的程度与故障点到保护安装处距离有关：故障距离越远，残压越高，故障距离越近，残压越低，在出口处纯金属性接地故障，残压为零。

（4）故障电流滞后故障相电压（或故障相故障前的电压）一个系统阻抗约 80°。

（5）零序电流超前零序电压约 100°。

（6）非故障两相电压上升、下降或不变（取决于此处的正序阻抗与零序阻抗的关系），两相幅值不变，两相之间的相位差与故障前始终保持不变。

（7）接地点的零序电压最高。故障点离本侧母线越远，幅值越低，反之越高。零序电压的相位与故障相反相或与故障相前的电压反相。

（8）非故障相在故障时或断路器单相跳闸重合闸重合前，对于联络线（双侧有电源）流过的是负载电流；对于一侧有电源（馈线并且对侧变压器中性点接地开关在合位）在故障时流过的是零序电流，相位与 A 相电流反相。

案例 2：220kV 线路 A 相瞬时性接地故障三相跳闸重合成功

本案例分析的知识点

（1）保护故障报告分析。
（2）故障波形分析。
（3）根据报告计算故障电流和电压。
（4）220kV 线路 A 相瞬时性接地故障时的动作过程。
（5）保护动作情况分析。
（6）保护与故障录波器 GPS 对时不同步的影响。

一、案例基本情况

2014 年 7 月 17 日 1 时 18 分，某 220kV MN 线路 A 相接地短路故障，断路器三相跳闸，重合良好。该线路 A 相接地短路故障，故障相电流二次值 8.2A（一次电流 20.500kA），故障切除时间 50ms，电流互感器变比 2500/1，第一套保护 PSL-603U 保护出口 10ms，第二套保护 PSL603U 保护出口 11ms，断路器 11ms 三相跳闸（重合闸方式为三相重合闸，单相故障三相跳闸，重合成功）。故障测距 5.8km，线路全长为 25.5km。220kV 线路 A 相瞬时性接地故障点位置如图 3-5 所示。

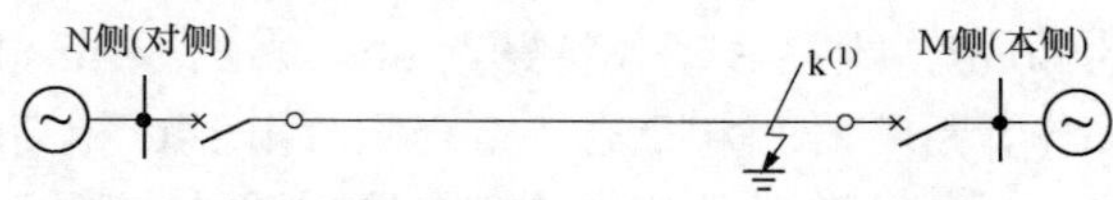

图 3-5　220kV 线路 A 相瞬时性接地故障点位置示意图

二、M 侧第一套纵联保护 PSL603U 数字式保护装置动作分析信息

1. PSL603U保护装置故障报告信息

本线路两套保护相同，仅分析第一套保护信息。

故障事件报告清单（CPU1）

时间：2014-07-17　01：18：43.474

0ms 保护启动
10ms 纵差保护动作
10ms 保护三跳出口
10ms 保护动作
14ms 接地距离Ⅰ段动作
62ms 重合闸启动
72ms 故障参数
故障类型：AN
故障测距：5.313km
故障阻抗：0.367+j1.999Ω
故障电流：8.255A
零序电流：8.398A
最大差流：11.694A
75ms 接地距离Ⅰ段动作　（返回）
75ms 纵差保护动作　（返回）
75ms 保护三跳出口　（返回）
75ms 保护动作　（返回）
2067ms 重合闸出口
2070ms 保护动作
2072ms 重合闸充电完成　分（变位）
2167ms 重合闸出口　（返回）
2170ms 保护动作　（返回）
2172ms 重合闸复归
2172ms 重合闸启动　（返回）
5082ms 保护整组复归
5090ms 保护启动　（返回）

2. 故障波形图分析

PSL603U 数字式保护装置故障波形如图 3-6 所示。

开关量通道：a—A 跳开出；b—B 跳开出；c—C 跳开出；d—重合闸出口；e—A 相跳闸位置；f—B 相跳闸位置；g—C 相跳闸位置。

模拟量通道：I_a=20.00A/格；I_b=20.00A/格；I_c=20.00A/格；I_0=20.00A/格；U_a=90.00V/格；U_b=90.00V/格；U_c=90.00V/格；$3U_0$=90.00V/格。

（1）报告记录故障前 77ms 正常电压、电流波形值。

（2）0ms 开始 A 相电压降低，故障靠近 M 侧，出现了 $3U_0$ 分量；I_A 短路电流与 $3I_0$ 大小相等、方向相同；断路器三相跳闸后，$3U_0$、$3I_0$ 消失。

（3）故障时间 50ms。

（4）B、C 两相电压在故障时不变。

（5）断路器三相跳闸后，220kV 母线电压恢复正常。

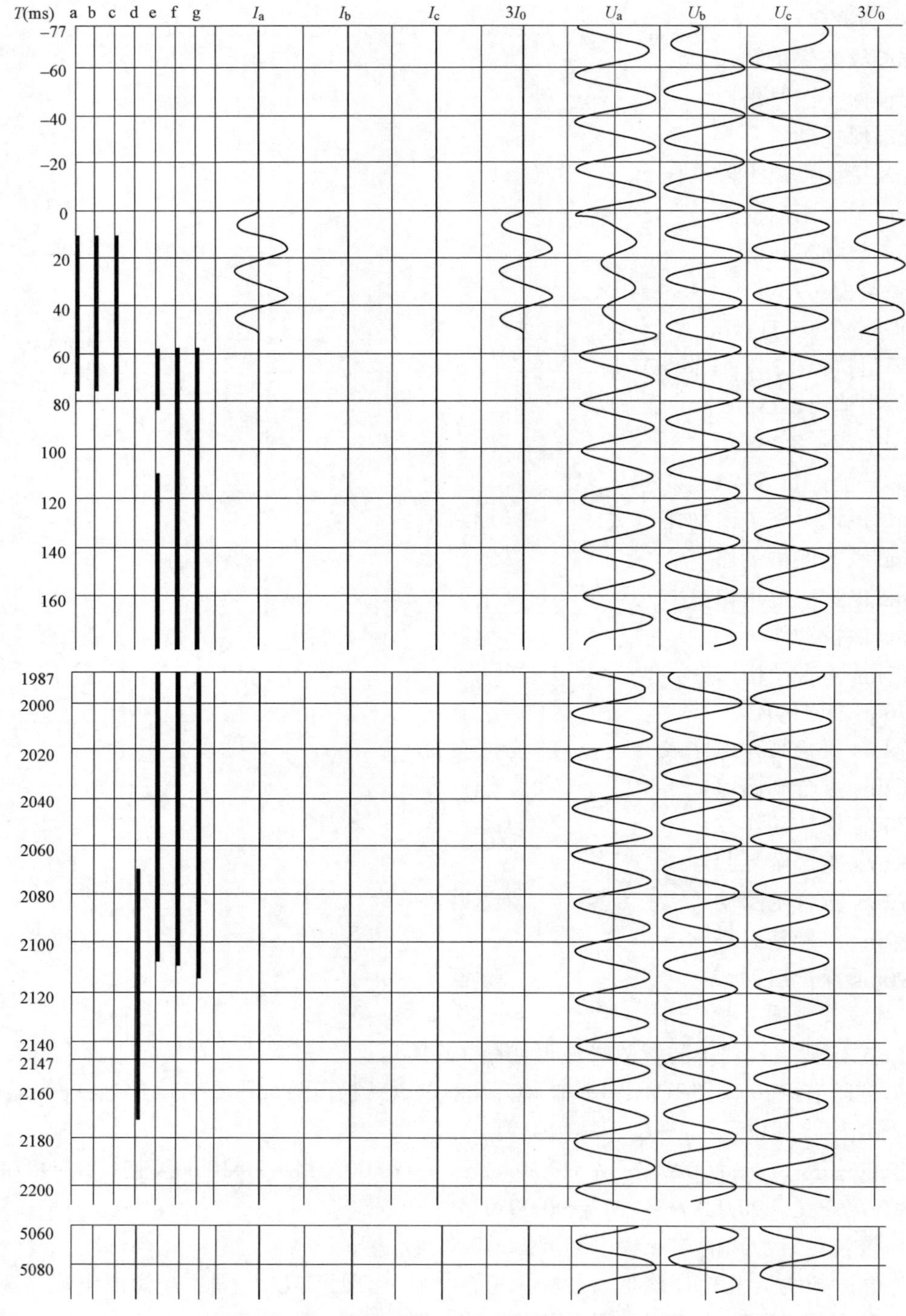

图 3-6　PSL603U 数字式保护装置故障波形图

（6）10ms 时断路器三跳，75ms 时分闸，2070ms 时断路器三相重合，2170ms 时重合成功。

3. 相关保护定值

控制字整定见表 3-4，第一套保护整定值见表 3-5。

表 3-4　　控制字整定

序号	定值名称	数值	序号	定值名称	数值
01	纵差保护	1-投入	15	多相故障闭锁重合闸	0-退出
02	TA 断线闭锁差动	1-投入	16	单相重合闸	0-退出
03	通信内时钟	1-内时钟	17	三相重合闸	1-投入
04	电压取线路 TV 电压	0-母线	18	禁止重合闸	0-退出
05	振荡闭锁元件	1-投入	19	停用重合闸	0-退出
06	距离保护Ⅰ段	1-投入	20	快速距离保护	0-退出
07	距离保护Ⅱ段	1-投入	21	电流补偿	0-退出
08	距离保护Ⅲ段	1-投入	22	零序反时限	0-退出
09	零序电流保护	1-投入	23	三相不一致保护	0-退出
10	零序过电流Ⅲ段经方向	1-投入	24	不一致经零负序电流	1-投入
11	三相跳闸方式	0-退出	25	单相 TWJ 启动重合闸	1-投入
12	重合闸检同期方式	0-退出	26	三相 TWJ 启动重合闸	1-投入
13	重合闸检无压方式	0-退出	27	单相重合闸检线路有压	0-退出
14	Ⅱ段保护闭锁重合闸	1-投入			

表 3-5　　第一套保护整定值

序号	定值名称	数值	单位	序号	定值名称	数值	单位
01	突变量启动电流定值	0.100	A	22	零序过电流Ⅱ段定值	0.360	A
02	零序启动电流定值	0.100	A	23	零序过电流Ⅱ段时间	3.500	s
03	差动动作电流定值	0.240	A	24	零序过电流Ⅲ段定值	0.120	A
04	线路正序阻抗定值	8.48	Ω	25	零序过电流Ⅲ段时间	5.300	s
05	线路正序灵敏角	78.0	°	26	零序过电流加速段定值	0.360	A
06	线路零序阻抗定值	19.450	Ω	27	TV 断线相过电流定值	1.000	A
07	线路零序灵敏角	70.00	°	28	TV 断线零序过电流定值	0.360	A
08	线路正序容抗定值	6000.00	Ω	29	TV 断线过电流时间	0.200	s
09	线路零序容抗定值	6000.00	Ω	30	单相重合闸时间	1.000	s
10	线路总长度	25.500	km	31	三相重合闸时间	2.000	s
11	接地距离Ⅰ段定值	2.750	Ω	32	同期合闸角	40.00	°
12	接地距离Ⅱ段定值	16.250	Ω	33	零序反时限电流定值	0.500	A
13	接地距离Ⅱ段时间	1.700	s	34	零序反时限时间	10.000	s
14	接地距离Ⅲ段定值	16.250	Ω	35	零序反时限最小时间	10.000	s
15	接地距离Ⅲ段时间	9.900	s	36	不一致经零负序电流定值	0.100	A
16	相间距离Ⅰ段定值	5.000	Ω	37	三相不一致保护时间	10.000	s
17	相间距离Ⅱ段定值	16.250	Ω	38	TA 断线差动电流定值	1.000	A
18	相间距离Ⅱ段时间	1.700	s	39	快速距离阻抗定值	2.750	Ω
19	相间距离Ⅲ段定值	16.250	Ω	40	零序电抗补偿系数 K_X	0.460	
20	相间距离Ⅲ段时间	2.000	s	41	零序电阻补偿系数 K_R	1.030	
21	负荷限制电阻定值	37.500	Ω				

三、故障录波器故障分析报告及录波图

1. 故障报告信息

故障时间：2014-07-17　00：20：43.511。

故障线路：MN 线。

故障距离：5.8km。

故障类型：A 相接地故障。

故障电流（A）：I_a=8.2，I_b=0.1，I_c=0.3。

故障电流（V）：U_a=25.4，U_b=60.1，U_c=59.0。

跳闸相别：A，B，C。

跳闸时间（ms）：48，40，36。

重合时间（ms）：2147，2151，2147。

2. 故障前后电流电压有效值

线路名：220kVⅢ段母线电压及 MN 线路电流二次值。

故障前 2 周波电压（V）：$U_a = 60.16$，$U_b = 59.76$V，$U_c = 59.97$V，$3U_0 = 0.28$。

故障前 2 周波电流（A）：$I_a = 0.20$，$I_b = 0.20$，$I_c = 0.22$，$3I_0 = 0.03$。

故障前 1 周波电压（V）：$U_a = 60.15$，$U_b = 59.76$，$U_c = 59.97$，$3U_0 = 0.29$。

故障前 1 周波电流（A）：$I_a = 0.20$，$I_b = 0.19$，$I_c = 0.22$，$3I_0 = 0.03$。

故障后 1 周波电压（V）：$U_a = 27.35$，$U_b = 60.82$，$U_c = 58.78$，$3U_0 = 60.48$。

故障后 1 周波电流（A）：$I_a = 8.10$，$I_b = 0.19$，$I_c = 0.30$，$3I_0 = 8.35$。

故障后 2 周波电压（V）：$U_a = 25.34$，$U_b = 59.98$，$U_c = 59.03$，$3U_0 = 61.81$。

故障后 2 周波电流（A）：$I_a = 8.16$，$I_b = 0.20$，$I_c = 0.31$，$3I_0 = 8.41$。

故障后 3 周波电压（V）：$U_a = 41.97$，$U_b = 59.15$，$U_c = 58.54$，$3U_0 = 29.35$。

故障后 3 周波电流（A）：$I_a = 3.99$，$I_b = 0.02$，$I_c = 0.00$，$3I_0 = 4.04$。

故障后 4 周波电压（V）：$U_a = 59.50$，$U_b = 59.15$，$U_c = 59.28$，$3U_0 = 0.31$。

故障后 4 周波电流（A）：$I_a = 0$，$I_b = 0$，$I_c = 0$，$3I_0 = 0.01$。

故障后 5 周波电压（V）：$U_a = 59.65$，$U_b = 59.33$，$U_c = 59.46$，$3U_0 = 0.33$。

故障后 5 周波电流（A）：$I_a = 0$，$I_b = 0$，$I_c = 0$，$3I_0 = 0$。

3. 故障波形分析

故障波形如图 3-7 所示。

（1）报告记录了故障前 60ms 正常电压、电流波形。

（2）0ms 时 A 相单相接地，A 相电压降低，B、C 两相电压正常。

（3）0ms 时出现了 $3U_0$（外接）分量，第一个周波有谐波分量，断路器三跳后出现高频振荡，时间约 10ms。

（4）0ms 时 A 相出现故障电流，A 相电流与 $3I_0$ 大小相等、方向相反。

（5）故障时间为 50ms（保护固有动作时间+断路器三相分闸时间）。

（6）开关量分析：12～72ms 第一套、第二套保护跳 A、B、C 动作。

（7）断路器三相跳闸后，220kV 母线三相电压正常。

（8）2069～2160ms 重合闸重合，三相电压正常，没有故障电流，重合成功。

四、220kV 单相接地故障时的动作过程

220kV 线路单相接地→纵联保护动作→断路器三相跳闸→经重合闸整定时间（2s）→重合成功。

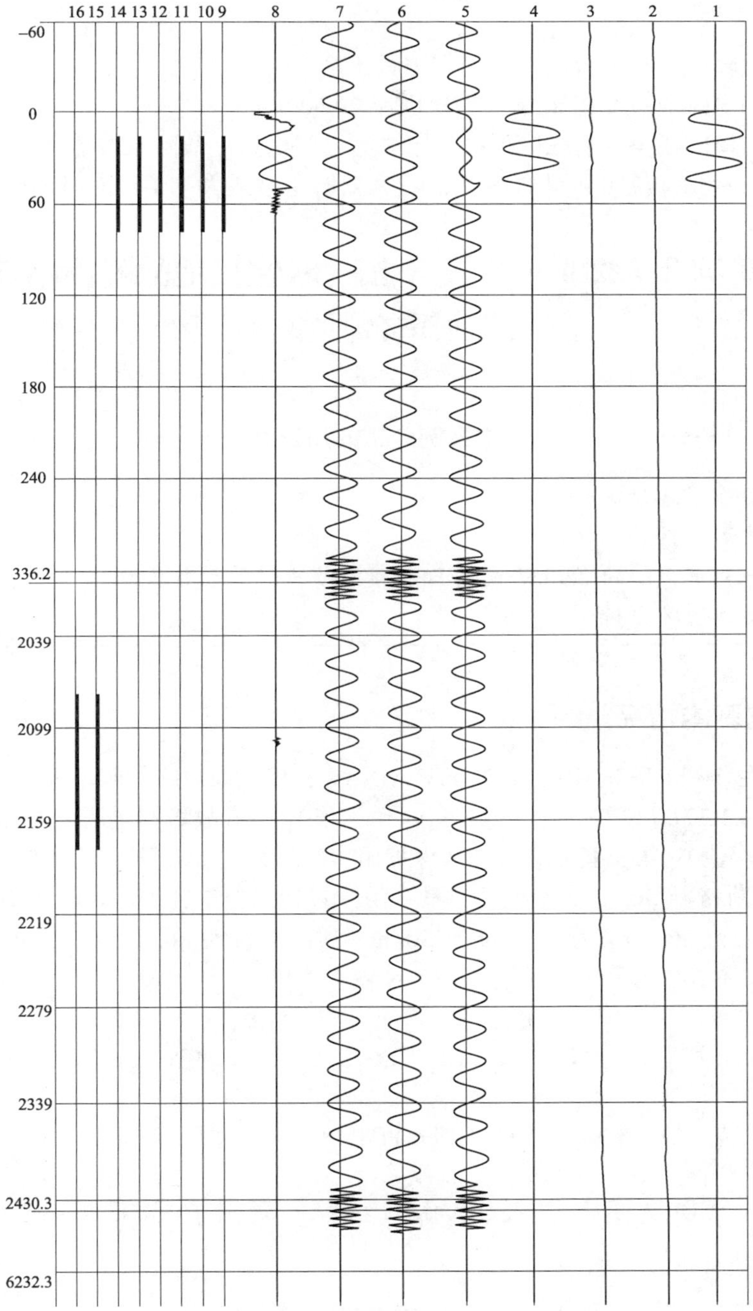

图 3-7　故障波形图

1～4—三相电流和 $3I_0$；5～8—三相电压和 $3U_0$；9—第一套保护跳 A；10—第一套保护跳 B；11—第一套保护跳 C；12—第二套保护跳 A；13—第二套保护跳 B；14—第二套保护跳 C；15—第一套保护跳重合闸；16—第二套保护跳重合闸

五、保护动作情况分析

（1）本线路全长为 25.5km，故障测距为 5.8km，M 侧纵联保护动作，保护动作正确，故

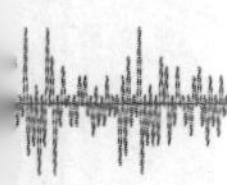

障录波正确。

（2）单相故障，三相重合动作，动作逻辑正确。

（3）故障相电流值：A 相 8.2A（一次电流 20.500kA）。

（4）220kV MN 线第一套纵联保护、第二套纵联保护、故障录波器之间启动录波时间有偏差，不是同一时刻，说明装置 GPS 对时存在对时不准或人工手动对时的问题。

案例 3：220kV 馈线 B 相瞬时性接地故障断路器三相跳闸重合闸重合成功

本案例分析的知识点

（1）保护动作信息分析。
（2）故障波形分析。
（3）采用三相重合闸的 220kV 线路 B 相接地故障时的动作过程。
（4）保护动作情况分析。

一、案例基本情况

2021 年 8 月 16 日 23 时 10 分，220kV MN 线 B 相接地短路故障，断路器三相跳闸。最大故障相电流为 1.371A（二次值）、3.427kA（一次值），最低故障相电压为 51.898V（二次值）、114.177kV（一次值）。第一套 CSC-103B 保护出口时间为 15ms，第二套 CSC-103B 保护出口时间为 16ms，断路器 50ms 三相跳闸（重合闸方式为三相重合闸，单相故障三跳三重），故障测距第一套为 71.563km，第二套为 71.50km，线路全长为 86.8km。220kV 线路 B 相瞬时性故障点位置如图 3-8 所示（M 侧为本侧，N 侧为对侧）。

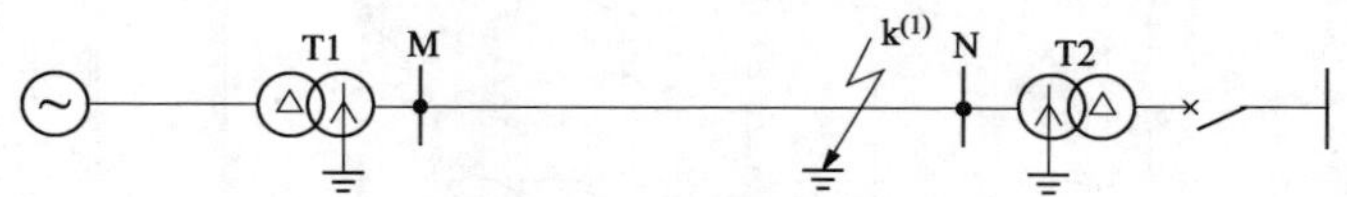

图 3-8　220kV 线路 B 相瞬时性故障点位置示意图

二、M 侧 500kV 变电站 220kV MN 线第一套保护 CSC-103B 动作信息

1. 保护动作报告

（1）220kV MN 线第一套保护 CSC-103B 保护装置动作报告见表 3-6。

（2）对侧差动动作。

1）故障相电压：U_A=59.00V，U_B=52.50V，U_C=59.25V。

2）故障相电流：I_A=0.1133A，I_B=1.3590A，I_C=0.0864A。

3）测距阻抗：X=24.13Ω，R=4.750Ω，B 相。

4）故障测距：L=71.00km，B 相。

（3）启动后变位报告见表 3-7。

表 3-6　　220kV MN 线第一套保护 CSC-103B 保护装置动作报告

故障绝对时间：2021-08-16　23:10:31.706　　打印时间 2021-08-16 10:43:58

相对时间	动作元件	跳闸相别	动作参数
2ms	保护启动		
15ms	纵差保护动作		
15ms	分相差动动作	ABC	
	三相差动电流		I_{CDa}=0.0162A I_{CDb}=1.453A　I_{CDc}=0.0162A
	三相故障电流		I_A=0.0216A I_B=3.109A　I_C=0.0108A
	三相制动电流		I_A=0.2480A I_B=0.3613A　I_C=0.1943A
73ms	三跳启动重合		
2072ms	重合闸动作		

表 3-7　　启动后变位报告

序号	时间	开入名称	数值
01	86ms	分相跳闸位置 TWJA	0→1
02	86ms	分相跳闸位置 TWJB	0→1
03	86ms	分相跳闸位置 TWJC	0→1
04	2091ms	分相跳闸位置 TWJA	1→0
05	2091ms	分相跳闸位置 TWJB	1→0
06	2091ms	分相跳闸位置 TWJc	1→0
07	2671ms	低气压闭锁重合闸	0→1

2. 故障录波图

第一套保护 CSC-103B 保护装置故障录波图如图 3-9 所示。

时间：2021-08-16　23：10：31.706。

模拟量：1—I_a；2—I_b；3—I_c；4—$3I_0$；5—U_a；6—U_b；7—U_c；8—U_x；9—I_aR。

开关量：1—保护启动；2—跳 A；3—跳 B；4—跳 C；5—永跳；6—跳位 A；7—跳位 B；8—跳位 C；9—重合；10—沟通三跳开出；11—远方跳闸出口；12—远传命令 1 开出；13—远传命令 2 开出；14—单跳启动重合闸；15—三跳启动重合闸；16—闭锁重合闸；17—低气压闭锁重合闸；18—远方跳闸开入；19—远传命令 1 开入；20—远传命令 2 开入；21—三相不一致出口。

3. 相关保护定值

相关保护定值见表 3-8。

表 3-8　　相关保护定值

序号	定值名称	数值	单位	序号	定值名称	数值	单位
01	突变量启动电流定值	0.100	A	10	零序电抗补偿系数 K_X	0.600	
02	零序启动电流定值	0.100	A	11	零序电阻补偿系数 K_R	1.260	
03	差动动作电流定值	0.240	A	12	振荡闭锁过电流	1.000	A
04	TA 变比系数	1.000		13	零序差动定值	2.000	A
05	零序反时限电流定值	0.500	A	14	TA 断线后分相差动定值	1.000	A
06	零序反时限时间	10.00	s	15	单相重合闸时间	1.000	s
07	零序反时限最小时间	10.00	s	16	三相重合闸时间	2.000	s
08	不一致零负序电流定值	0.100	A	17	同期重合角	40.00	°
09	三相不一致保护时间	10.00	s				

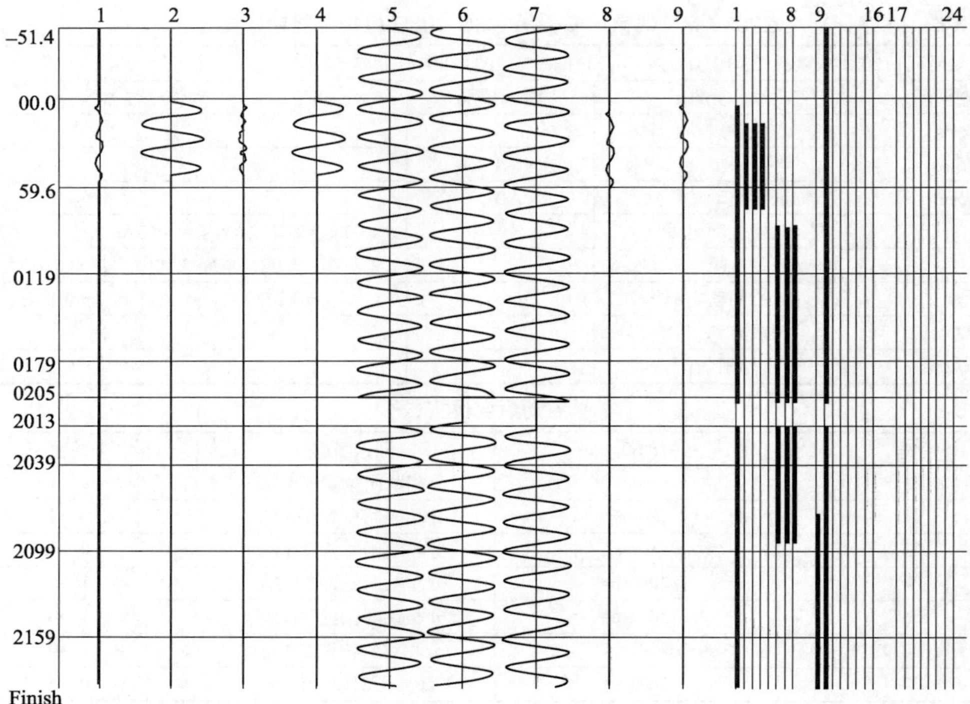

时间: 2021-08-16 23:10:31.706
模拟量: 01-I_bR　　　　02-I_cR
开关量:
满量程: ⎵ 84.1V/2.02A

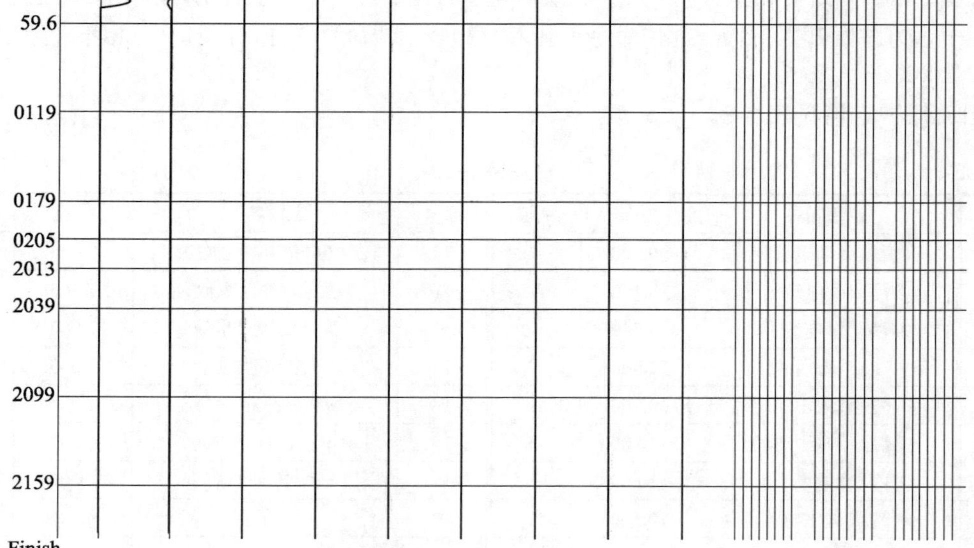

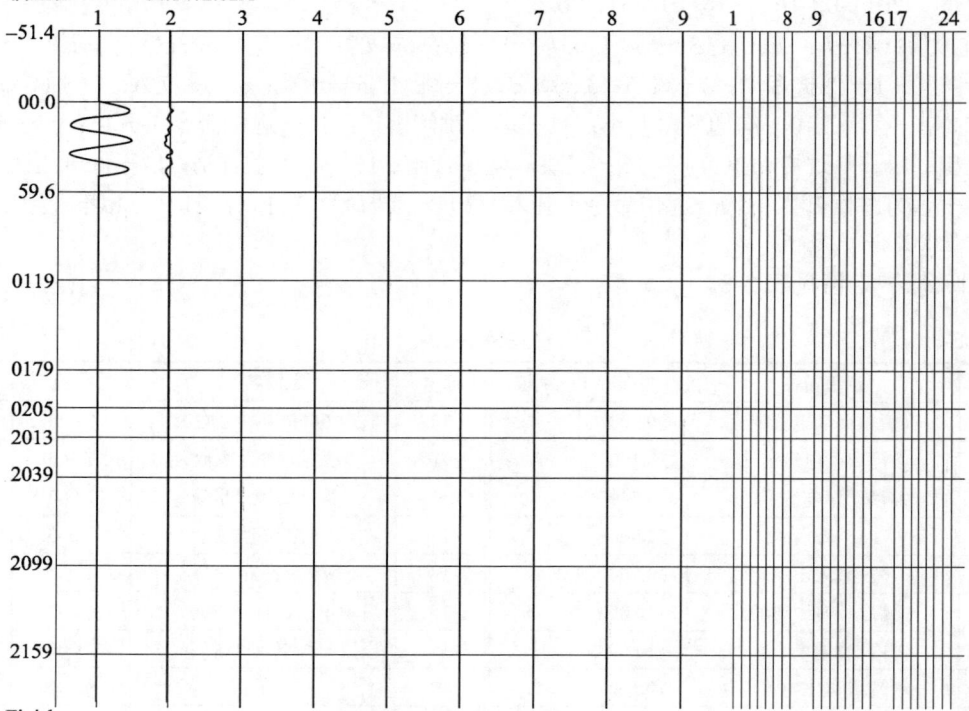

图 3-9　第一套保护 CSC-103B 保护装置故障录波图

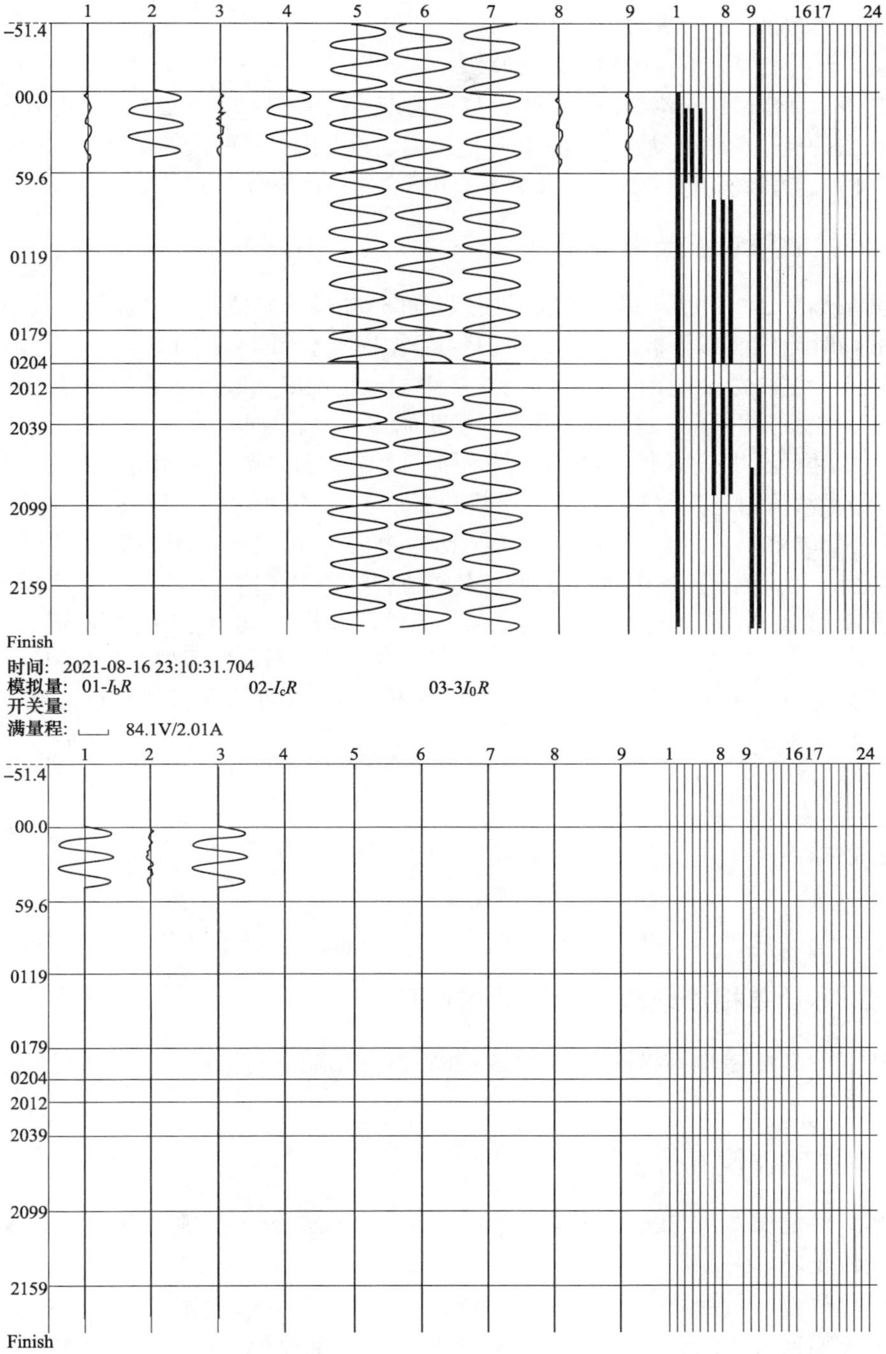

Finish

时间:　2021-08-16 23:10:31.704

模拟量:　01-I_bR　　02-I_cR　　03-$3I_0R$

开关量:

满量程:　　84.1V/2.01A

Finish

图 3-10　第二套保护 CSC-103B 保护装置故障录波图

三、M 侧 500kV 变电站 220kV MN 线第二套保护 CSC-103B 动作信息

第二套保护 CSC-103B 保护装置故障录波图如图 3-10 所示，其他信息略。

时间：2021-08-16　23∶10∶31.706。

模拟量：1—I_bR；2—I_cR。

开关量：1—保护启动；2—跳 A；3—跳 B；4—跳 C；5—永跳；6—跳位 A；7—跳位 B；8—跳位 C；9—重合；10—沟通三跳开出；11—远方跳闸出口；12—远传命令 1 开出；13—远传命令 2 开出；14—单跳启动重合闸；15—三跳启动重合闸；16—闭锁重合闸；17—低气压闭锁重合闸；18—远方跳闸开入；19—远传命令 1 开入；20—远传命令 2 开入；21 三相不一致出口。

四、保护故障录波波形分析

故障波形如图 3-9 所示，纵坐标表示模拟量和开关量的幅值，横坐标表示故障时间。

（1）故障时电压波形分析。该线路保护装置电压取自母线电压互感器，由于故障时 B 相电压降低较小，结合故障测距分析是线路末端单相接地故障。220kV 系统属于中性点有效接地系统，因此在故障时存在 $3U_0$。断路器三相跳闸后，$3U_0$ 为零。

（2）故障时电流波形分析。该线路 B 相瞬时性短路接地故障，B 相电流由负载电流突变成短路电流，最大故障相电流为 1.371A（二次值）、3.427kA（一次值），最低故障相电压为 51.898V（二次值）、114.177kV（一次值）。电流互感器变比为 2500/1，非故障相 AC 相电流为零序分量（因本线路为馈线，负荷侧变压器中性点接地），其幅值相等、方向相同，与 B 相电流反相。由于为单相接地故障，220kV 系统属于中性点有效接地系统，因此 B 相电流和零序电流大小相等、方向相同，在故障时存在 $3I_0$，其大小与 B 相的短路电流基本相等。断路器三相跳闸后，$3I_0$ 消失。

（3）在故障时，B 相的电流和电压波形都是正弦波，说明在故障时电压互感器、电流互感器没有饱和现象。

（4）故障时间为 50ms。

（5）2072ms 时重合闸动作。

（6）波形图 205～2013ms 之间有压缩。

（7）模拟量：I_bR、I_cR 为冗余电流。

故障波形图 3-10 与图 3-9 的区别在于冗余电流，图 3-10 中有 I_bR、I_cR、$3I_0R$。

五、220kV 单相接地故障时的动作过程

220kV 线路 B 相接地→纵联保护动作→断路器三相跳闸→经重合闸整定时间（2s）→重合闸重合成功。

六、保护动作情况分析

（1）本线路全长为 86.8km，故障测距为 71.5635.8km，M 侧纵联保护动作，保护动作正确，故障录波正确。

（2）单相故障，重合动作，动作逻辑正确。

（3）故障相电流值：B 相最大故障相电流二次值为 1.371A，一次值为 3.427kA。

（4）两套保护测距相同。

（5）220kV 线路两套 CSC-103B 保护装置故障启动时间相同。

（6）两套保护冗余电流采样不一致，第一套没有 $3I_0R$，第二套有 $3I_0R$。

案例 4：220kV 馈线 C 相永久性接地故障重合闸重合不成功

本案例分析的知识点

（1）保护故障报告分析。
（2）故障波形分析。
（3）根据报告计算故障电流和电压。
（4）220kV 线路 C 相永久性接地故障时的动作过程。
（5）保护动作情况分析。

一、案例基本情况

2022 年 1 月 21 日 6 时 59 分 38 秒，某风电场 220kV 线路 C 相发生永久性接地故障，重合闸重合不成功。其中，N 侧 PRS-753 保护装置 C 相 12ms 时分相差动保护动作，13ms 时保护动作发出 C 相跳闸命令，562ms 时重合闸动作，664ms 时距离加速保护动作，三相断路器均跳闸，故障相为 C 相，故障相电流二次值为 10.64A，故障零序电流为 10.66A，故障测距为 7.5km，两侧保护装置型号相同。220kV 线路 C 相永久性接地故障点位置如图 3-11 所示，N 侧 PRS-753 保护装置动作报告见表 3-9。

图 3-11　220kV 线路 C 相永久性接地故障点位置示意图

表 3-9　N 侧 PRS-753 保护装置动作报告

时间	描述
2022-01-21　06：59：38.064	保护启动
12ms	分相差动动作
13ms	保护动作，跳闸 C
16ms	相关差动动作
562ms	重合闸动作
664ms	距离加速动作
665ms	保护动作，跳闸 ABC
698ms	分相差动动作
故障序号	00399
故障相别	C
测距	007.5km
I_c	000.66A
U_c	002.54V

续表

时间	描述
I_{dc}	10.64A
I_{d0}	10.66A
跳 C 时间	13ms
重合闸时间	562ms
三跳时间	665 ms

二、M 侧 PRS-753 型线路保护装置故障波形分析

M 侧 PRS-753 型线路保护装置故障波形如图 3-12 所示，图中，横坐标表示模拟量和开关量的幅值，纵坐标表示故障时间。“电压标度：71.99V/格”表示电压二次值，每格为 71.99V（瞬时值）。“电流标度：11.77A/格”表示电流二次值，每格为 11.77A（瞬时值）。“时间标度：20ms/格”表示电压电流波形的周期为 20ms。纵坐标（时间轴）每小格为一个周期（20ms）。横坐标开关量 TZA、TZB、TZC、HZ、TWA、TWB、TWC 分别表示 A 相跳闸、B 相跳闸、C 相跳闸、合闸、分相跳闸位置 TWJa、TWJb、TWJc，I_a、I_b、I_c 分别表示 A、B、C 三相电流，U_a、U_b、U_c 分别表示 A、B、C 三相电压，$3\dot{I}_0$ 表示零序电流。报告记录了故障前 40ms，即 2 个周波的电压、电流波形。

1. 电压波形分析

（1）故障相 C 相电压波形分析。0ms 时，C 相单相接地故障，C 相电压降低，存在较大残压，残压等于短路电流乘以故障点到电压互感器安装处的阻抗，说明接地故障点距离本侧较远，C 相单相接地故障持续时间约为 60ms，C 相跳闸后，电压恢复正常，这是因为 220kV 线路保护的电压量取自所在母线电压互感器。562ms（=重合闸整定时间+保护固有启动时间+断路器分闸时间）时重合闸动作，630ms 时重合于永久故障，故障时间经过 60ms 断路器三相跳闸，故障切除，C 相电压恢复正常。

（2）正常相 A、B 两相电压分析。C 相故障时，A、B 两相电压正常，断路器 C 相跳闸后 A、B 两相电压正常，630ms 时重合于永久故障。断路器三相跳闸之后，A、B 两相电压正常。

（3）零序电压波形分析。M 侧保护装置故障录波图未采集零序电压波形。

2. 电流波形分析

（1）故障时 C 相电流波形分析。0ms 时 C 相单相接地故障，C 相出现短路电流，故障电流持续 60ms 后 C 相跳闸，故障电流消失，重合闸动作。632ms 时 C 相再次出现故障电流，持续时间 60ms 后三相跳闸，C 相故障电流为零，两次故障电流均含有直流分量，偏向坐标轴负半轴。注意：第二次 C 相故障电流及故障电压波形时间晚于零序电流及非故障相分量电流约 70ms，且在三相断路器分闸后出现，此为波形采集异常。

（2）正常相 A、B 两相电流波形分析。在 C 相故障时 A、B 两相出现等幅零序电流分量（N 侧没有电源），相位相同，且与故障相电流 I_C 反向，持续 60ms 后，C 相跳闸，A、B 相小幅故障分量电流为零，C 相断路器重合，A、B 相第二次出现小幅故障分量电流，二者相位相同、幅值相等，且与故障相 I_C 相位相反，持续时间 60ms 后三相跳闸，A、B 相电流变为零。

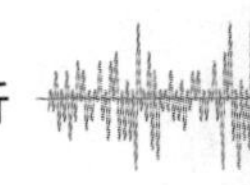

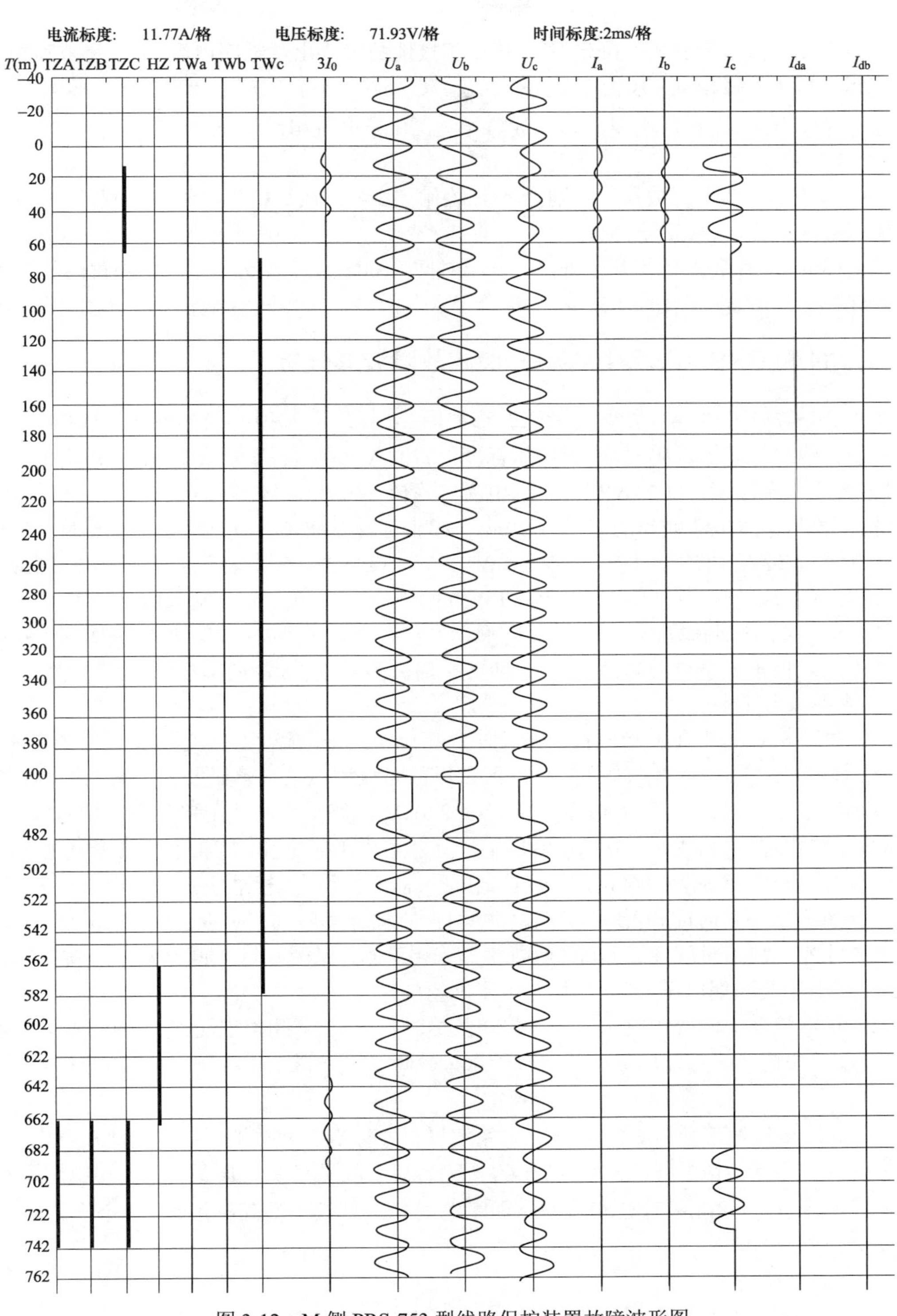

电流标度:　11.77A/格　　电压标度:　71.93V/格　　时间标度:2ms/格

T(m) TZA TZB TZC HZ TWa TWb TWc $3I_0$ U_a U_b U_c I_a I_b I_c I_{da} I_{db}

−40 −20 0 20 40 60 80 100 120 140 160 180 200 220 240 260 280 300 320 340 360 380 400 482 502 522 542 562 582 602 622 642 662 682 702 722 742 762

图 3-12　M 侧 PRS-753 型线路保护装置故障波形图

TZA—A 相跳闸；TZB—B 相跳闸；TZC—C 相跳闸；HZ—合闸；TWA—A 相跳闸位置；TWB—B 相跳闸位置；TWC—C 相跳闸位置

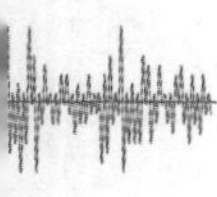

（3）零序电流波形分析。0ms 时 C 相单相接地故障，出现零序电流 $3\dot{I}_0$，与故障相 C 相电流同相，与非故障相 A、B 相电流相位相反，C 相跳闸后，零序电流变为零，重合闸动作。632ms 时零序电流 $3\dot{I}_0$ 再次出现，与非故障相 A、B 相电流相位相反，幅值不同。

3. 开关量分析

（1）本波形有 7 个开关量，分别是 A 相跳闸、B 相跳闸、C 相跳闸、合闸、A 相跳闸位置、B 相跳闸位置、C 相跳闸位置。

（2）13ms 时断路器 C 相开始分闸，分闸时间为 60ms。C 相分闸后，C 相跳闸位置 TWC 启动，562ms 时重合闸动作，632ms 时重合于永久故障，三相断路器分闸，分闸时间 70ms。

三、N 侧 PRS-753 型线路保护装置故障波形分析

N 侧 PRS-753 型线路保护装置故障波形如图 3-13 所示，图中，横坐标表示模拟量和开关量的幅值，纵坐标表示故障时间。"电压标度：71.99V/格"表示电压二次值，每格为 71.99V（瞬时值）。"电流标度：11.77A/格"表示电流二次值，每格为 11.77A（瞬时值）。"时间标度：20ms/格"表示电压电流波形的周期为 20ms。纵坐标（时间轴）每小格为一个周期（20ms）。横坐标开关量 TZA、TZB、TZC、HZ、TWA、TWB、TWC 分别表示 A 相跳闸、B 相跳闸、C 相跳闸、合闸、分相跳闸位置 TWJa、TWJb、TWJc，I_a、I_b、I_c 分别表示 A、B、C 三相电流，U_a、U_b、U_c 分别表示 A、B、C 三相电压，I_0 表示零序电流，$3\dot{U}_0$ 表示零序电压，U_x 表示同期电压。报告记录了故障前 40ms，即 2 个周波的电压、电流波形。

1. 电压波形分析

（1）故障相 C 相电压波形分析。0ms 时 C 相单相接地故障，C 相电压接近零，说明故障在 N 侧近端或出口处，因此残压（短路电流乘以故障点到电压互感器安装处的阻抗）趋于零，C 相单相接地故障持续时间为 40ms。由于该 220kV 线路重合闸使用单相重合闸，即在单相接地故障时断路器单相跳闸，故障切除后电压互感器出现了饱和，C 相电压波形发生了畸变，畸变持续时间约 3 个周波（60ms），并且电压升高，之后转入标准正弦波，电压恢复正常。562ms（=重合闸整定时间+保护固有启动时间+断路器分闸时间）时重合闸动作，630ms 时重合于永久故障，故障时间经过 60ms 后断路器三相跳闸，故障切除，断路器三相跳闸时，A、B、C 三相电压及同期电压 U_x 波形均发生了严重的畸变。

（2）正常相 A、B 两相电压分析。C 相故障时，A、B 两相电压正常，断路器 C 相跳闸后，A、B 两相电压正常，630ms 时重合于永久故障，断路器三相跳闸，A、B 两相电压发生了严重畸变。

（3）零序电压波形分析。由于 220kV 系统属于中性点有效接地系统，因此在发生单相接地故障时存在零序电压 $3\dot{U}_0$，$3\dot{U}_0=\dot{U}_a+\dot{U}_b+\dot{U}_c$。其中故障 C 相电压下降，三相电压不对称，出现零序电压 $3\dot{U}_0$，40ms 后 C 相跳闸，零序电压 $3\dot{U}_0$ 持续小幅高频振荡，3 个周波（60ms）后彻底为零。

2. 电流波形分析

（1）故障时 C 相电流波形分析。0ms 时 C 相单相接地故障，C 相出现小幅故障分量电流，与非故障相分量电流幅值相等，故障分量电流持续 40ms 后，C 相跳闸，C 相故障分量电流为零。632ms 时，C 相断路器重合，C 相第二次出现小幅故障分量电流，与非故障分量电流

幅值相等，故障分量电流持续 60ms。

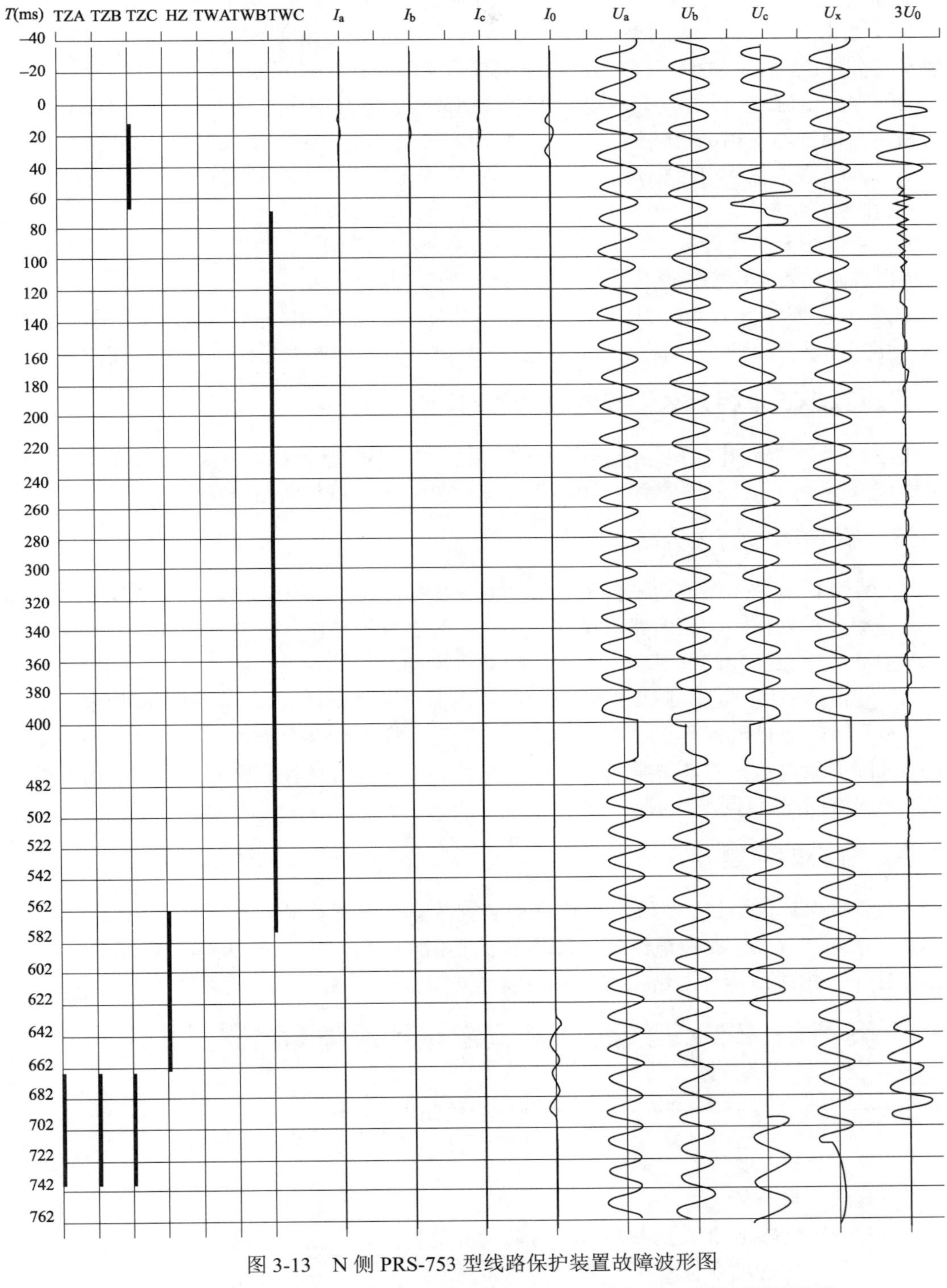

图 3-13 N 侧 PRS-753 型线路保护装置故障波形图

TZA—A 相跳闸；TZB—B 相跳闸；TZC—C 相跳闸；HZ—合闸；TWA—A 相跳闸位置；
TWB—B 相跳闸位置；TWC—C 相跳闸位置

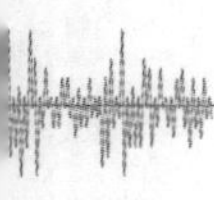

（2）正常相A、B两相电流波形分析。C相故障时，A、B两相出现小幅分量电流，与故障相C相电流幅值相等（N侧没有电源，没有正序和负序分量，只有零序电流分量），持续40ms后，C相跳闸，A、B相小幅分量电流为0；632ms，C相断路器重合，A、B相第二次出现小幅分量电流，与故障相C相分量电流幅值相等，持续时间60ms。

（3）零序电流波形分析。0ms C相单相接地故障，出现零序电流I_0，与A、B、C三相电流同相，其幅值为各相电流幅值的3倍，632ms第二次出现零序电流，与A、B、C三相电流同相，其幅值为各相电流幅值的3倍，说明N侧无电源点且中性点直接接地运行。

3. 开关量分析

（1）本波形有7个开关量，分别是A相跳闸、B相跳闸、C相跳闸、合闸、A相跳闸位置、B相跳闸位置、C相跳闸位置。

（2）13ms断路器C相开始分闸，分闸时间为60ms，C相分闸后，C相跳闸位置TWC启动，562ms重合闸动作，632ms重合于永久故障，三相断路器分闸，分闸时间70ms。

四、220kV单相永久性接地故障时的动作过程

线路N侧近端C相接地→线路电流差动保护动作→C相断路器跳闸→重合闸动作，C相断路器重合→重合于永久性故障→距离后加速保护动作，三相断路器跳闸。

五、保护动作情况分析

（1）两侧PRS-753保护动作情况分析。线路C相故障，故障点位于N侧7.5km处，12ms时电流差动保护动作，C相断路器跳闸，562ms时重合闸动作，重合于永久故障后，距离后加速保护动作，三相断路器跳闸，两侧保护动作正确。

（2）发生单相接地时，电源侧M侧故障相电流与零序电流同相，非故障两相电流出现等幅、同相位故障分量电流且与故障相电流相位相反；发生单相接地时，负荷侧N侧故障相出现小幅故障分量电流，与非故障相电流幅值相等，零序电流是各相电流幅值的3倍。综上所述，说明N侧无电源点，且N侧中性点直接接地。

六、存在的问题

（1）微机保护采用自产$3U_0$，M侧保护装置故障录波图未采集零序电压波形。

（2）第二次C相故障电流及故障电压波形时间晚于零序电流及非故障相分量电流约70ms，且在三相断路器分闸后出现（此为波形采集异常）。

案例5：220kV线路A相高阻接地故障断路器三相跳闸

本案例分析的知识点

（1）保护故障报告分析。

（2）故障波形分析。

（3）220kV线路A相高阻接地故障时的动作过程。

（4）保护动作情况分析。

（5）接地距离Ⅰ段动作特性分析。

一、案例基本情况

2014 年 6 月 26 日 11 时 3 分 53 秒 241 毫秒，某 220kV 线路 A 相高阻接地故障，单跳单重后故障还存在，断路器三跳。故障相二次电流 9.28A，零序二次电流 8.20A，CSC-101B 保护出口 149.2ms，断路器 152.4ms A 相跳闸，1220.8ms A 相断路器重合闸，1503.5ms 断路器 ABC 三相跳开。两套装置高频保护未动作。故障测距为 14.5km，线路全长为 115.5km。220kV 线路 A 相单相故障点位置如图 3-14 所示。

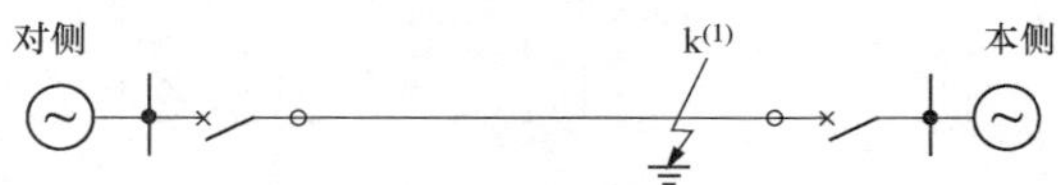

图 3-14　220kV 线路 A 相单相故障点位置示意图

二、线路保护装置故障波形分析

故障波形如图 3-15 所示，纵坐标表示模拟量和开关量的幅值，横坐标表示故障时间。在故障发生时，由于故障点靠近本侧，本侧向故障点提供大量故障电流，而故障点的电压降低很小，对侧保护感受到的故障电流很小，即本侧故障电流变大，对侧故障电流变小，则本侧发信，并立即由保护正方向元件停信。对侧收发信机已被本侧远方启动，且对侧保护未启动，对侧收发信机不停信，持续发信，闭锁本侧高频保护。等本侧接地Ⅰ段动作（接地阻抗 X=0.7305Ω，R=2.859Ω，它落在 CSC-101B 接地距离Ⅰ段动作范围内，在 PCS-901G 接地Ⅰ段动作范围外），跳 A 相断路器，此时故障电流仅由对侧提供，A 相电流增大，对侧保护启动，并经方向元件停信，对侧高频保护出口跳闸（本侧开始发信绝对时间：2014-06-26 11：03：53.241，对侧开始收信绝对时间：2014-06-26 11：02：38.181，对侧发信退出时间：2014-06-26 11：02：38.353，对侧保护出口时间：2014-06-26 11：02：38.385）。本侧重合闸后，对侧在本侧合上后也重合，故障点仍存在，对故障点放电，距离后加速动作，两侧跳开。

1. 电压、电流波形分析

（1）该线路电压取自母线侧，故电压无相应变化。由于单相高阻接地故障，而 220kV 系统属于中性点有效接地系统，因此在故障时存在 $3U_0$，其瞬时值为 19.39V，断路器 A 相跳闸后 $3U_0$ 为零。断路器重合成功后 $3U_0$ 依然存在，故障点仍存在，断路器三跳，此时 $3U_0$ 由对侧提供，对侧断路器跳开后 $3U_0$ 消失。

（2）故障时电流波形分析。0ms 时，A 相单相高阻接地故障，A 相电流由负载电流突变成短路电流，其瞬时值为 9.28A，此电流乘以电流互感器的变比（1200/5）为一次侧电流。正常相 B、C 两相电流为负载电流，其瞬时值分别为 1.67、1.47A。断路器三相跳闸后，A、C 两相电流为零。由于为单相高阻接地故障，而 220kV 系统属于中性点有效接地系统，因此在故障时存在 $3I_0$，其大小和 A 相的短路电流相等、方向相同。断路器单相跳闸后，$3I_0$ 消失，重合成功后 $3I_0$ 依然存在，故障点仍存在，断路器三跳，此时 $3I_0$ 由对侧提供，对侧断路器跳开后，$3I_0$ 消失。

（3）在故障时 A 相的电流和电压波形都是正弦波，说明在故障时电压互感器、电流互感器没有饱和现象。

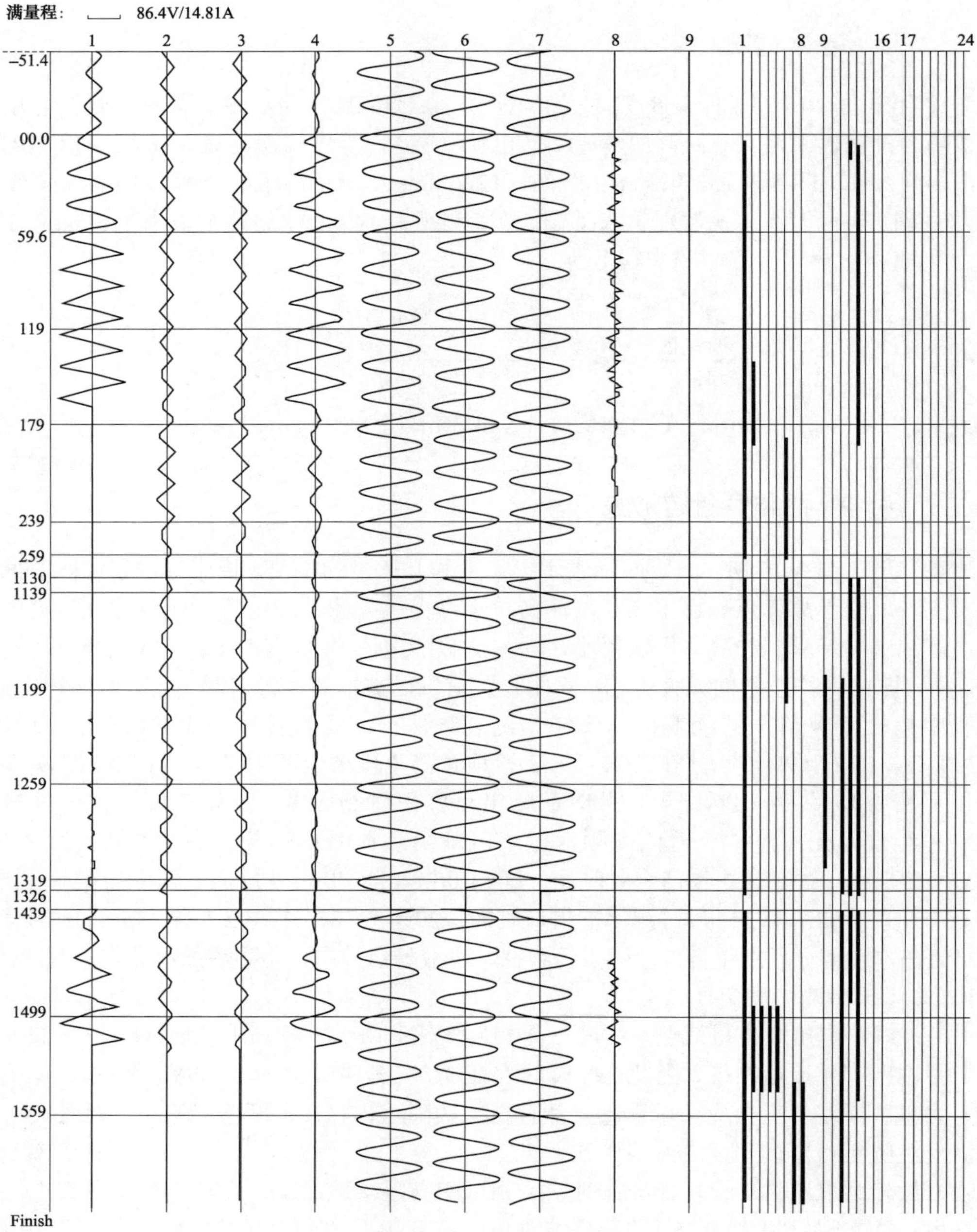

满量程：86.4V/14.81A

1 2 3 4 5 6 7 8 9 1 8 9 16 17 24

−51.4 00.0 59.6 119 179 239 259 1130 1139 1199 1259 1319 1326 1439 1499 1559 Finish

图 3-15　220kV 线路 A 相单相高阻接地故障波形图

时间：2014-06-26 11:03:53.236。

模拟量：1—I_a；2—I_b；3—I_c；4—$3I_0$；5—U_a；6—U_b；7—U_c；8—$3U_0$ 自产；9—U_x。

开关量：1—保护启动；2—跳 A；3—跳 B；4—跳 C；5—永跳；6—跳位 A；7—跳位 B；8—跳位 C；9—重合；10—其他保护停信；11—沟通三跳开出；12—发信控制；13—收信；14—解除闭锁；15—单跳启动重合闸；16—三跳启动重合闸；17—闭锁重合闸；18—低气压闭锁重合闸；19—备用。

2. 开关量分析

（1）本波形有4个开关量：A—高频保护启动；B—跳闸；C—合闸；D—重合闸。

（2）A相故障发生2ms时（53s243ms）保护启动，立即由保护正方向元件停信保护装置向断路器发跳闸命令，对侧收发信机已被本侧远方启动，且对侧保护未启动，对侧收发信机不停信，持续发信，闭锁本侧高频保护。等本侧接地Ⅰ段动作，跳A相断路器，本侧重合闸后，对侧在本侧合上后也重合，故障仍存在，对故障点放电，距离后加速动作，两侧跳开。

三、线路保护装置动作报告分析

线路保护装置动作报告见表3-10，保护整定值见表3-11，保护启动时间为2014年6月26日11时3分53秒241毫秒。

表3-10　线路保护装置动作报告

相对时间	动作元件	跳闸相别	动作参数
2ms	保护启动		
14ms	纵联阻抗停信		X=4.031Ω　R=9.875Ω A相
140ms	接地距离Ⅰ段动作	A	X＝0.7305Ω　R＝2.859Ω A相
181ms	纵联零序停信		$3I_0$=4.25A
190ms	单跳启动重合		
1190ms	重合闸动作		
1489ms	纵联零序停信		$3I_0$=4.781A
1492ms	距离Ⅱ段加速动作	ABC	X＝1.305Ω　R=4.406Ω A相
1492ms	距离加速动作	ABC	X＝1.305Ω　R=4.406Ω A相
1492ms	三跳闭锁重合闸		
1503ms	纵联阻抗停信		X＝1.063Ω　R=3.547Ω A相
	故障相电压		U_A=50.00V　U_B=61.25V　U_C=61.00V
	故障相电流		I_A=9.188A　I_B=1.705A　I_C=1.570A
	测距阻抗		X＝0.7305Ω　R＝2.859Ω A相
	故障测距		L＝14.50km A相
1493ms	闭锁重合闸		

表3-11　保护整定值

序号	定值名称	数值	单位	序号	定值名称	数值	单位
01	线路正序阻抗定值	5.950	Ω	12	相间距离Ⅱ段定值	8.330	Ω
02	线路正序灵敏角	78.90	°	13	相间距离Ⅱ段时间	2.000	s
03	线路零序阻抗定值	14.46	Ω	14	相间距离Ⅲ段定值	10.69	Ω
04	线路零序灵敏角	66.00	°	15	相间距离Ⅲ段时间	4.000	s
05	线路总长度	115.5	km	16	负荷限制电阻定值	11.50	Ω
06	接地距离Ⅰ段定值	3.870	Ω	17	零序电抗补偿系数K_X	0.420	
07	接地距离Ⅱ段定值	8.330	Ω	18	零序电阻补偿系数K_R	1.380	
08	接地距离Ⅱ段时间	2.000	s	19	振荡闭锁过电流	5.000	A
09	接地距离Ⅲ段定值	10.69	Ω	20	单相重合闸时间	1.000	s
10	接地距离Ⅲ段时间	4.000	s	21	三相重合闸时间	10.00	s
11	相间距离Ⅰ段定值	4.460	Ω	22	同期合闸角	20.00	°

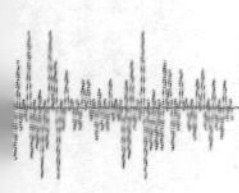

2ms 时保护装置启动，14ms 时纵联阻抗停信，140ms 时接地距离Ⅰ段动作 A 相跳闸，1190ms 时重合闸动作 A 相合闸，1492ms 时距离加速动作断路器三跳。

故障相：A 相；故障测距：14.5km。

四、220kV 单相高阻接地故障时的动作过程

220kV 线路单相高阻接地→接地距离Ⅰ段动作→断路器单相跳闸→经重合闸整定时间（1s）→断路器单相重合→故障存在→距离加速动作三跳。

五、保护动作情况分析

（1）本线路全长为 115.5km，故障测距为 14.5km，对侧保护未启动，对侧收发信机不停信，持续发信，闭锁本侧高频保护，因此主保护未动作。在本侧接地距离Ⅰ段动作范围，因此接地距离Ⅰ段保护动作正确。

（2）1190ms 时重合闸动作，重合闸整定时间为 1s，时间正确。

（3）重合闸动作后单相重合，故障仍然存在，距离加速动作跳开三相断路器，动作逻辑正确。

（4）故障相电流值为 9.39A（二次侧电流），电流互感器变比为 1200/5，一次故障电流为 2253.6A。

六、接地距离Ⅰ段动作特性分析

接地距离Ⅰ段动作特性如图 3-16 所示。

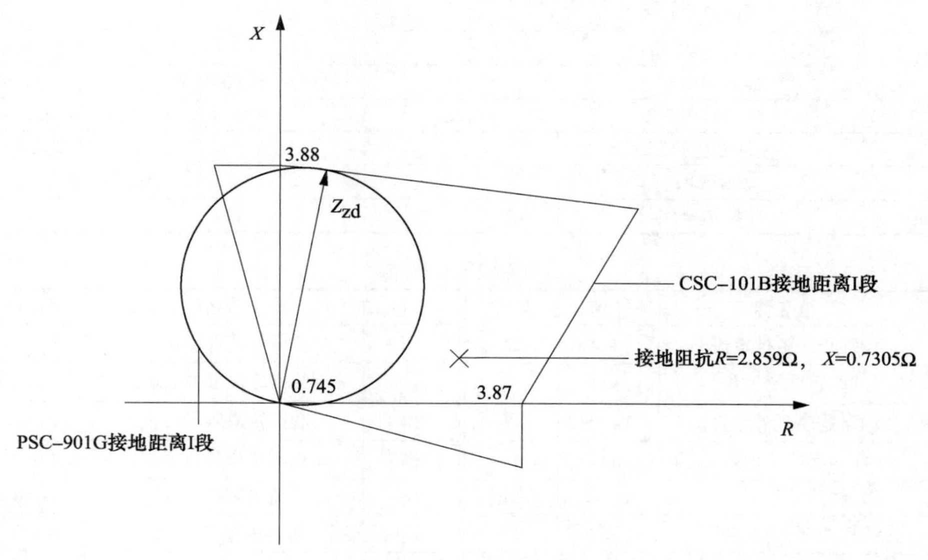

图 3-16 接地距离Ⅰ段动作特性

CSC-101B 保护接地距离Ⅰ段定值为 3.87Ω，故可近似认为 R_{DZ}=3.87。

PCS-901G 保护接地距离Ⅰ段定值为 3.87Ω，线路正序灵敏角 78.9°，则阻抗圆与 R 轴的交点为 0.745。

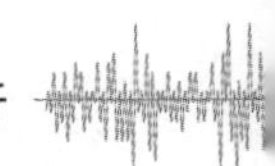

案例 6：220kV 线路单相接地小电源侧故障

本案例分析的知识点

220kV 线路单相接地小电源侧故障波形分析。

220kV 线路 C 相永久性接地故障，RCS-931AMM 保护装置动作报告见表 3-12，故障波形如图 3-17 所示。

表 3-12 RCS-931AMM 保护装置动作报告

动作序号	499	启动绝对时间	2020-19-21 13:49:13.791
序号	动作相	动作相对时间	动作元件
01	C	9ms	电流差动保护
02		852ms	重合闸动作
03	ABC	935ms	电流差动保护
04	ABC	958ms	距离加速
05	ABC	975ms	远方启动跳闸
06	ABC	985ms	零序加速
故障测距结果		9.4km	
故障相别		C	
故障相电流		2.92A	
故障相零序电流		1.44A	
故障差动电流		25.57A	

动作序号	499	启动绝对时间	2020-09-21 13:49:13.791
序 号	动作相	动作相对时间	动 作 元 件
01	C	00009ms	电流差动保护
02		00852ms	重合闸动作
03	ABC	00935ms	电流差动保护
04	ABC	00958ms	距离加速
05	ABC	00975ms	远方启动跳闸
06	ABC	00985ms	零序加速

故 障 测 距 结 果	0009.4 km
故 障 相 别	C
故 障 相 电 流 值	002.92 A
故 障 零 序 电 流	001.44 A
故 障 差 动 电 流	024.57 A

启动时开入量状态

序号	名称	状态	序号	名称	状态
01	差动保护	1	13	发远跳	0
02	距离保护	1	14	发远传 1	0
03	零序保护	1	15	发远传 2	0
04	重合闸方式 1	0	16	收远跳	0
05	重合闸方式 2	0	17	收远传 1	0
06	闭重三跳	0	18	收远传 2	0
07	跳闸启动重合	0	19	主保护压板 S	1
08	三跳启动重合	0	20	距离压板 S	1
09	A相跳闸位置	0	21	零序压板 S	1
10	B 相跳闸位置	0	22	闭重三跳 S	0
11	C 相跳闸位置	0	23	对侧差动压板	1
12	合闸压力降低	0	24		

启动时自检状态

序号	名称	状态	序号	名称	状态
01	通道 B 异常	1	02	CHB 差动退出	1

启动后变位报告

序号	时间	变位	序号	时间	变位
01	08002ms	CHB 差动退出 1→0	02		
01	00061ms	C 相跳闸位置 0→1	06	00980ms	闭重三跳 0→1
02	00392ms	合闸压力降低 0→1	07	01051ms	闭重三跳 1→0
03	00871ms	C 相跳闸位置 1→0	08	01055ms	发远跳 1→0
04	00974ms	发远跳 0→1	09	01055ms	收远跳 1→0
05	00974ms	收远跳 0→1	10		

图 3-17 RCS-931AMM 保护装置故障波形图（一）

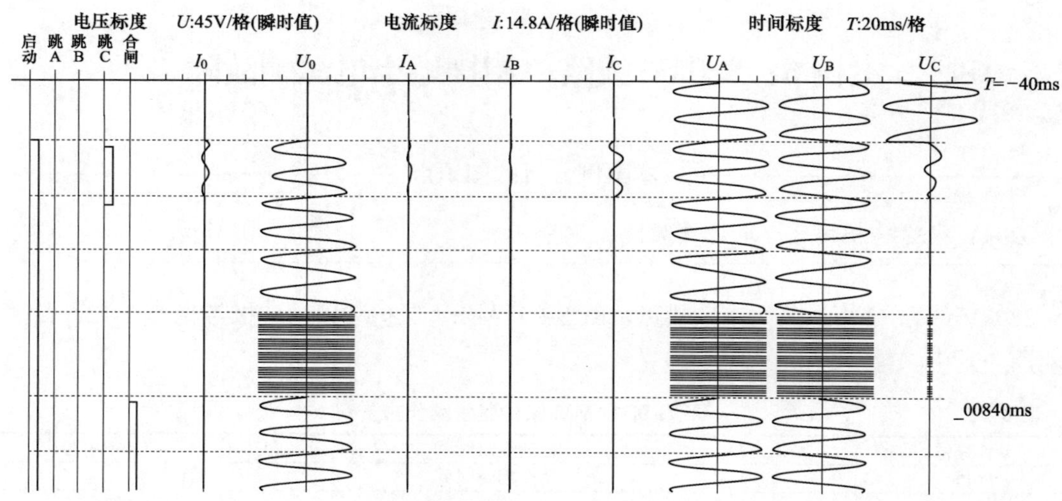

图 3-17　RCS-931AMM 保护装置故障波形图（二）

（1）C 相故障电流为 2.92A，而故障差动电流为 25.57A，本侧电流比对侧故障电流小得多，有两种可能：

1）本侧是小电源侧；

2）故障点应在靠近对侧，线路全长距离不长（因 C 相故障电压比较小）。

（2）表 3-12 中 C 相故障电流为 2.92A，故障相零序电流为 1.44A（自产）有误差，因对侧电流大，而光纤差动电流是等于两侧故障电流的相量和的绝对值。

（3）由图 3-17 可知，C 相故障时间为 40ms，故障时 A、B 两相出现了电流（小电源或风机很少运行），$3\dot{I}_0=\dot{I}_A+\dot{I}_B+\dot{I}_C$，$3I_0 \leqslant I_A$。

（4）稳态时光纤差动保护动作方程：$I_{CD\Phi}=\left|\dot{I}_{M\Phi}+\dot{I}_{N\Phi}\right|$。

案例 7：220kV 线路 C 相故障重合闸重合不成功断路器三相跳闸

本案例分析的知识点

（1）保护故障报告分析。

（2）故障波形分析。

（3）220kV 线路 C 相永久性接地故障时的动作过程。

（4）保护动作情况分析。

（5）短路电流的基本概念。

（6）产生电流失零的情况分析，短路电流失零对断路器的影响分析。

一、案例基本情况

2017 年 1 月 14 日 10 时 0 分 12 秒 895 毫秒，某 220kV 线路 C 相永久接地故障，断路器

三相跳闸。该线路 C 相永久接地故障，故障相电流为 4.802A（一次电流 1152A），零序电流为 4.055A（一次电流 973A），故障切除时间为 52.0ms，CSC-101A 保护出口时间为 36ms，RCS-901A 保护出口时间为 31ms，断路器 52ms 时 C 相跳闸，1112ms 时断路器重合闸，1155ms 时保护三相跳闸切除故障。故障测距为 107.5km，线路全长为 116km。220kV 线路 C 相永久性接地故障点位置如图 3-18 所示。

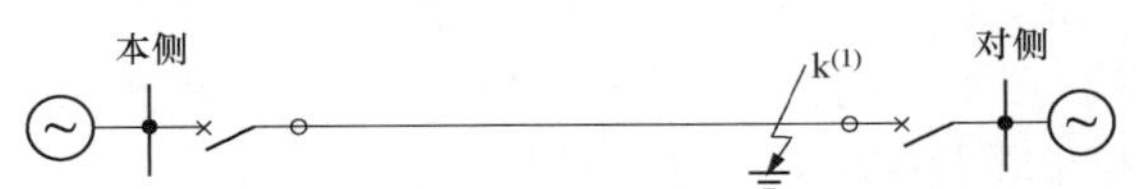

图 3-18　220kV 线路 C 相永久性接地故障点位置示意图

二、故障波形分析

220kV 线路 C 相单相永久接地故障波形如图 3-19 所示，纵坐标表示模拟量和开关量的幅值，横坐标表示故障时间。

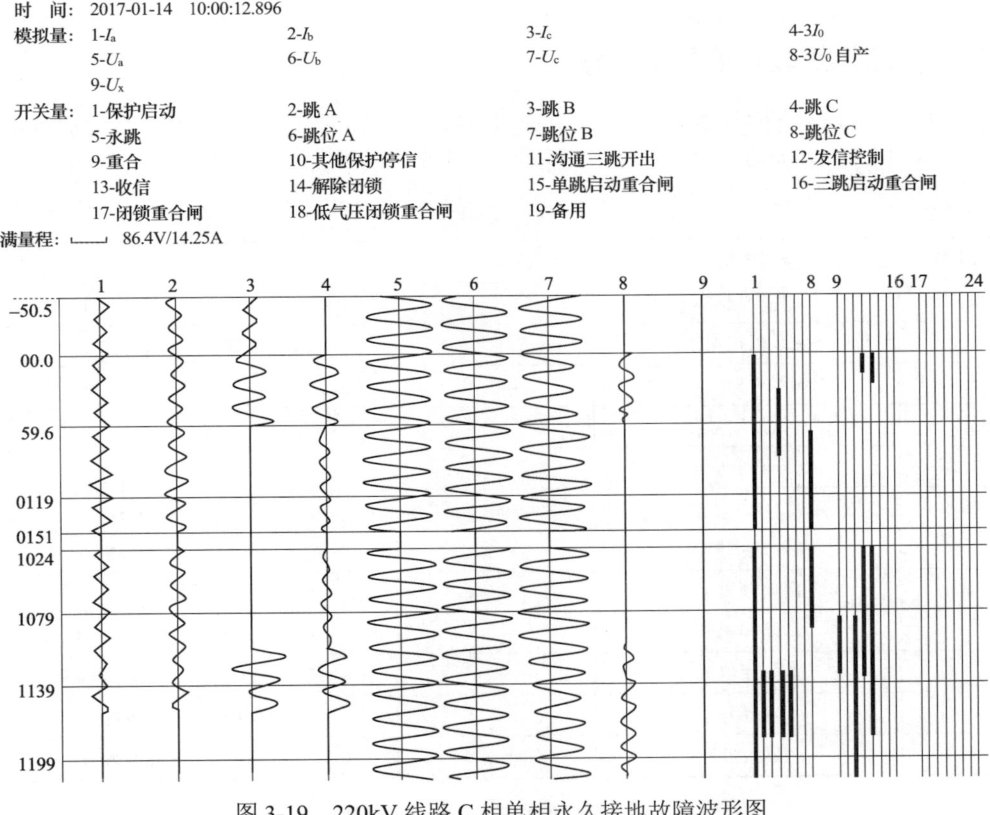

图 3-19　220kV 线路 C 相单相永久接地故障波形图

1. 电压、电流波形分析

（1）报告记录了故障前 50.5ms 正常电压和负载电流值。

（2）0ms 时线路 C 相故障，C 相电压降低，C 相出现了故障电流，并出现了 $3U_0$ 和 $3I_0$

分量，故障时间 60ms。

（3）60ms 时 C 相跳闸后故障切除，C 相电压恢复正常，$3U_0$ 和 $3I_0$ 消失。在 C 相分闸时 C 相故障电流最后一个波比前面峰值大。

（4）1112ms 时 C 断路器重合闸，C 相电压再次降低，C 相再次出现故障电流，并且偏向时间轴正方向，说明有正的直流分量，并且在第二个周波负半波峰值刚好在横坐标上，电流基本失零；重合于永久性故障后，再次出现 $3U_0$ 和 $3I_0$ 分量，$3I_0$ 也存在整的直流分量。

（5）1155ms 时断路器三相跳闸，从故障波形可看出 A、B 两相先于 C 相断开。

（6）在故障时及 C 相单相跳闸后，A、B 两相电压波形正常，A、B 两相流过的是负载电流。

（7）断路器三相分闸后，母线三相电压恢复正常。

2. 开关量分析

（1）本波形有四个开关量：A—高频保护启动；B—跳闸；C—合闸；D—重合闸。

（2）C 相故障发生 3ms 时（12s898ms）保护启动，立即由保护正方向元件停信保护装置向断路器发跳闸命令，对侧收发信机已被本侧远方启动，对侧收发信机停信，开放本侧纵联保护。纵联保护动作，跳 C 相断路器，重合闸启动，重合闸动作后故障仍存在，断路器三跳。

三、线路保护装置动作报告分析

RCS-901A 线路保护装置动作报告见表 3-13，保护整定值见表 3-14，保护启动时间为 2017 年 1 月 14 日 10 时 0 分 12 秒 895 毫秒。

表 3-13　　RCS-901A 线路保护装置动作报告

相对时间	动作元件	跳闸相别	动作参数
3ms	保护启动		
14ms	纵联阻抗停信		X=5.781Ω R=3.844Ω C 相
31ms	纵联保护动作	C	C 相
84ms	单跳启动重合		
1084ms	重合闸动作		
1130ms	距离II段加速动作	ABC	X=5.5Ω R=1.117Ω C 相
1130ms	纵联阻抗停信		X=5.5Ω R=1.117Ω C 相
1226ms	三跳闭锁重合闸		
	故障相电压		U_A=60.08V U_B=58V U_C=42.25V
	故障相电流		I_A=1.622A I_B=1.672A I_C=4.906A
	测距阻抗		X=5.406Ω R=2.469Ω C 相
	故障测距		L=107.5km C 相

表 3-14　　保护整定值

序号	定值名称	数值	单位	序号	定值名称	数值	单位
01	线路正序阻抗定值	5.950	Ω	03	线路零序阻抗定值	14.46	Ω
02	线路正序灵敏角	78.5	°	04	线路零序灵敏角	66.00	°

续表

序号	定值名称	数值	单位	序号	定值名称	数值	单位
05	线路总长度	116	km	14	相间距离Ⅲ段定值	10.46	Ω
06	接地距离Ⅰ段定值	3.87	Ω	15	相间距离Ⅲ段时间	3.000	s
07	接地距离Ⅱ段定值	8.33	Ω	16	负荷限制电阻定值	11.50	Ω
08	接地距离Ⅱ段时间	2	s	17	零序电抗补偿系数 K_X	0.420	
09	接地距离Ⅲ段定值	10.69	Ω	18	零序电阻补偿系数 K_R	1.380	
10	接地距离Ⅲ段时间	4.000	s	19	振荡闭锁过电流	5.000	A
11	相间距离Ⅰ段定值	4.46	Ω	20	单相重合闸时间	1.000	s
12	相间距离Ⅱ段定值	8.33	Ω	21	三相重合闸时间	10.00	s
13	相间距离Ⅱ段时间	2.0	s	22	同期合闸角	20.00	°

3ms 时保护装置启动，14ms 时纵联阻抗停信，31ms 时纵联保护动作 C 相跳闸，1084ms 时重合闸动作 C 相合闸，故障仍存在，1130ms 时纵联保护加速出口，断路器三跳。

故障相：C 相。

故障测距：107.5km。

故障电流：4.906A（二次侧电流）。

四、220kV 单相永久接地故障时的动作过程

220kV 线路单相永久接地→纵联保护动作→断路器单相跳闸→经重合闸整定时间（1s）→断路器单相重合→故障仍存在→断路器三跳。

五、保护动作情况分析

（1）本线路全长为 116km，故障测距为 107.5km，本侧纵联保护动作，保护动作正确。

（2）1112ms 时重合闸动作，重合闸整定时间为 1s，时间正确。

（3）重合闸动作后单相重合，故障仍然存在，纵联加速动作跳开三相断路器，动作逻辑正确。

（4）故障相电流值为 4.802A（二次侧电流），电流互感器变比为 1200/5，一次故障电流为 1152A。

六、关于短路电流的基本概念

短路电流由短路电流的周期分量与非周期分量（直流分量）构成，非对称电流峰值系数是直流时间常数（$\tau=L/R$）和频率的函数。单相故障短路电流波形如图 3-20 所示。

（1）当短路发生于电压为零时刻（$\psi=\pi/2$）时，直流分量为最大值，这时非对称电流峰值很大。高压断路器标准中规定直流时间常数 τ=45ms，在 50Hz 情况下对应于非对称电流峰值 $2.55I_{SC}$（I_{SC} 为短路电流的有效值）。

（2）当短路发生于电压峰值时刻（$\psi\approx 0$）时，直流分量为零，电流立即进入稳态，即对称电流，电流的完全对称条件是在电压峰值，而是当 $\psi=\pi/2-\phi$ 时刻。

上述两种极端情况如图 3-21 所示。

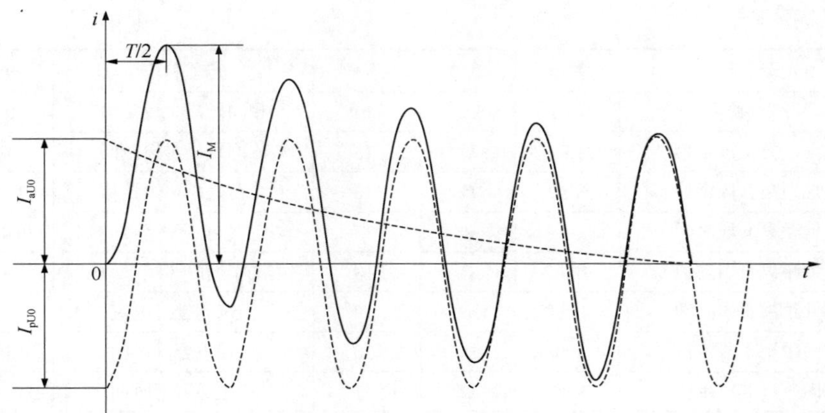

图 3-20　单相故障短路电流波形图

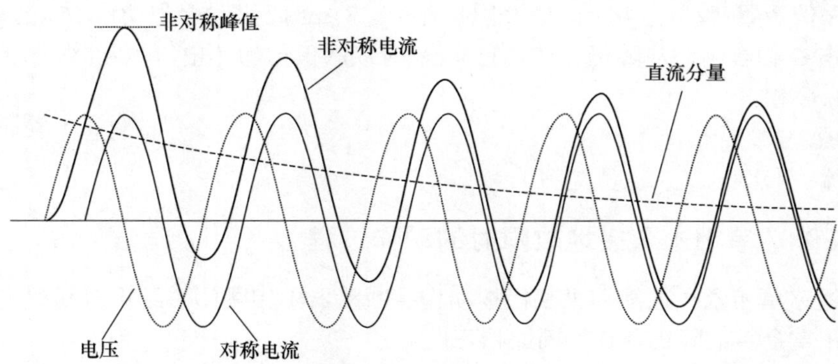

图 3-21　在单相因直流分量导致产生对称电流（短路发生于电压峰值时刻）和非对称电流（短路发生于电压为零时刻）示意图

七、产生短路电流失零的情况及其对断路器的影响

由于直流分量可能超过交流分量，它能够在一定时间范围内产生短路电流失零，如图3-22所示。短路电流失零，断路器将无法断开电弧。

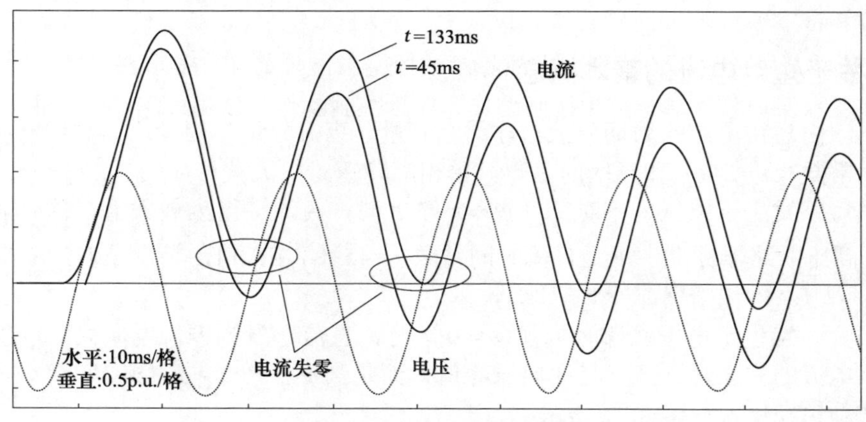

图 3-22　短路电流失零示意图

案例 8：220kV 线路（区外）B 相永久性接地故障重合闸重合不成功

本案例分析的知识点

（1）保护故障报告分析。
（2）故障波形分析。
（3）根据报告计算故障电流和电压。
（4）220kV 线路 B 相永久性接地故障时的动作过程。
（5）保护动作情况分析。

一、案例基本情况

2020 年 6 月 22 日 15 时 24 分 34 秒 884 毫秒，某 220kV 线路 B 相永久性接地故障，重合不成功。PCS-931GM 线路保护装置 2529ms 零序过电流Ⅱ段动作，线路断路器 B 相跳闸。3205ms 时重合闸动作，重合于永久故障，3377ms 时零序加速动作，跳开三相断路器。故障测距为 254km，线路全长为 134km（区外故障）。220kV 线路 B 相永久性接地故障点位置如图 3-23 所示。

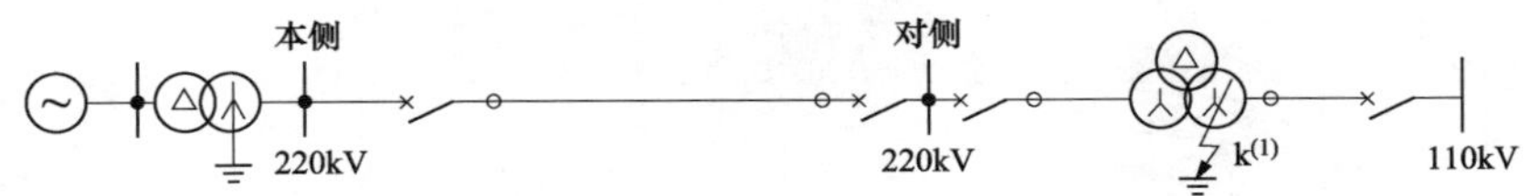

图 3-23　220kV 线路 B 相永久性接地故障点位置示意图

二、PCS-931GM 型线路保护装置波形分析

PCS-931GM 型线路保护装置开关量和模拟量见表 3-15，故障波形如图 3-24 所示，横坐标表示模拟量和开关量的幅值，纵坐标表示故障时间。“I：1.00A/1”表示电流二次值（瞬时值），每格为 1.00A。“U：41.05V/1”表示电压二次值（瞬时值），每格为 41.05V。纵坐标（时间轴）每小格为一个周期（20ms）。“－80ms”表示报告记录保护启动前 80ms（即 4 个周波）的电压、电流波形（按照相关规程要求故障录波器记录故障前 40～60ms）。横坐标 1～5 为开关量，分别表示保护总启动、A 相跳闸动作、B 相跳闸动作、C 相跳闸动作、重合闸动作。

表 3-15　　PCS-931GM 型线路保护装置开关量和模拟量

被保护设备：保护设备	版本号：3.10	打印时间：2020-06-22 15：27：29
标度组 00（通道 CH01～CH04）：1.00A 标度组 01（通道 CH05～CH09）：41.05V 瞬时值录波时间标度 T：20.00ms/格		
跳闸位说明：		
1：总启动	2：A 相跳闸动作	3：B 相跳闸动作
4：C 相跳闸动作	5：重合闸动作	

续表

模拟通道说明：

CH01：保护电流 A 相（I_A）	CH02：保护电流 B 相（I_B）
CH03：保护电流 C 相（I_C）	CH04：保护零序电流（$3I_0$）
CH05：保护电压 A 相（U_A）	CH06：保护电压 B 相（U_B）
CH07：保护电压 C 相（U_C）	CH08：保护零序电压（$3U_0$）
CH09：同期电压（U_L）	

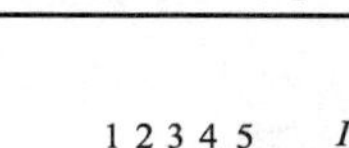

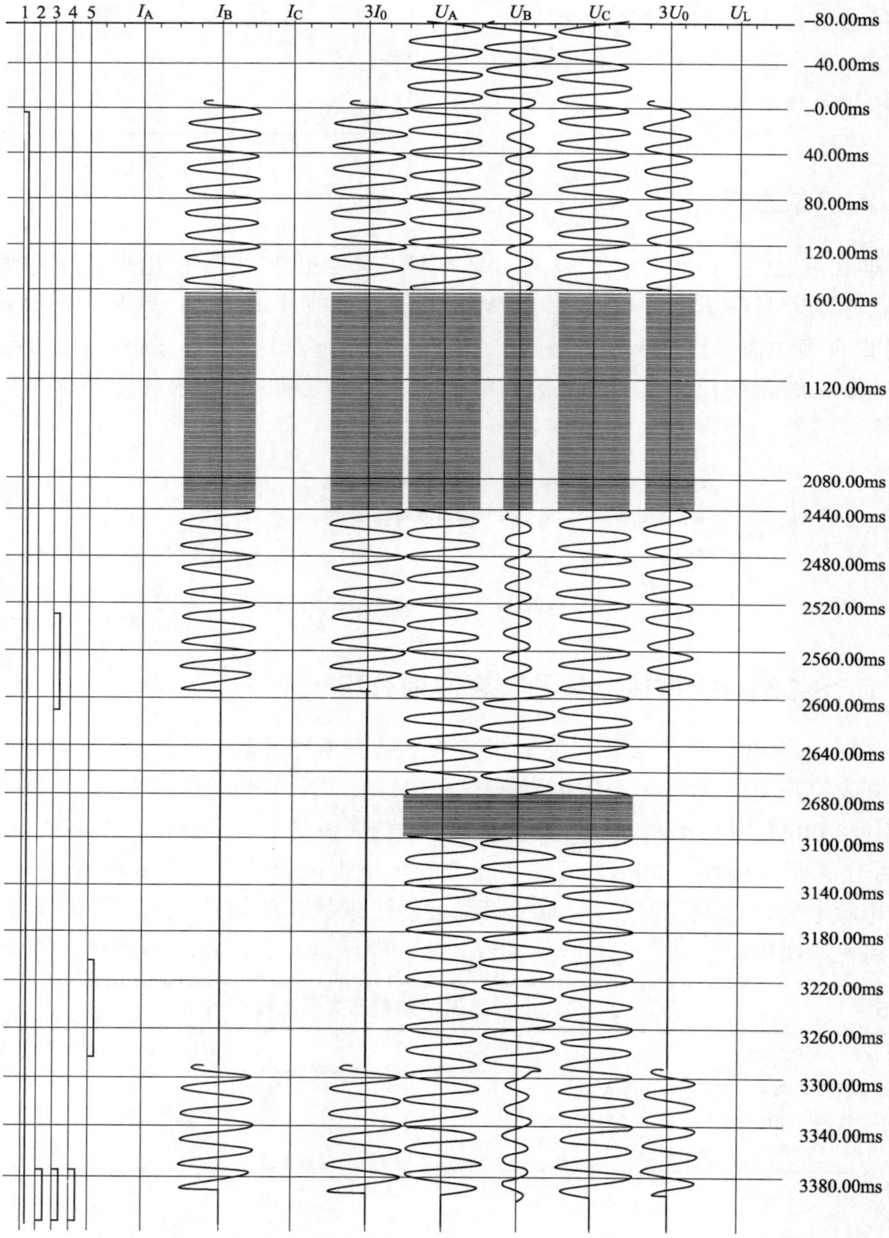

图 3-24　220kV 线路 B 相永久性接地故障波形图

1. 电压波形分析

（1）故障相 B 相电压波形分析。−8ms 时 B 相单相接地故障，B 相电压明显降低，因故障在线路远端，因此残压（=短路电流×故障点到保护安装处的阻抗）比较高，接地点的电压为零。B 相单相接地故障持续时间为 2600ms。由于 220kV 线路重合闸多使用单相重合闸，即在单相接地故障时断路器单相跳闸。2592ms 时断路器 B 相跳闸，B 相电压恢复正常。这是因为线路保护的电压量取自母线电压互感器。3205ms［=零序过电流II段动作时间 2530ms（保护定值为 2500ms）+断路器固有分闸时间 62ms（国家标准要求：对于 126kV 及以上的断路器固有分闸时间不大于 60ms，推荐不大于 50ms）+跳闸命令返回时间 13ms+重合闸整定时间 600ms］时重合闸动作。3293ms 时重合于永久故障。3395ms 时断路器三相跳闸，故障切除，B 相电压恢复正常。

（2）正常相 A、C 两相电压分析。B 相故障时，A、C 两相电压正常，断路器三相跳闸后和三相重合于永久故障后，A、C 两相电压均正常。

（3）$3U_0$ 电压波形分析。由于单相接地故障，而 220kV 系统属于中性点有效接地系统，因此在故障时存在 $3U_0$，持续时间为 2600ms。断路器 B 相跳闸后 $3U_0$ 为零，3293ms 时重合于永久故障后 $3U_0$ 又出现了。断路器三相跳闸后，故障切除，$3U_0$ 为零。

2. 电流波形分析

（1）故障相 B 相电流波形分析。−8ms 时 B 相单相接地故障，B 相电流由负载电流突变成短路电流，其瞬时值在图 3-24 中最大值为 2 格，即 2A（=1A/格×2 格），此电流乘以电流互感器的变比（1250/5）为一次侧电流。

（2）正常相 A、C 两相电流波形分析。B 相故障时，A、C 两相电流为负载电流，图 3-24 中几乎看不见。断路器 B 相跳闸后，A、C 两相仍为负载电流。B 相重合于永久故障，断路器三相跳闸后，A、C 相电流为零。

（3）$3I_0$ 电流波形分析。由于为单相接地故障，而 220kV 系统属于中性点有效接地系统，因此在故障时存在 $3I_0$，其与 B 相的短路电流大小相等、方向相同，持续时间为 2600ms。断路器 B 相跳闸后，$3I_0$ 消失，3293ms 时重合于永久故障后 $3I_0$ 又出现了。断路器三相跳闸后，故障切除，$3I_0$ 为零。

（4）在故障时 B 相的电流和电压波形都是正弦波，说明在故障时电压互感器、电流互感器没有饱和现象。

3. 开关量分析

（1）本波形有 4 个开关量，分别是保护总启动、A 相跳闸动作、B 相跳闸动作、C 相跳闸动作、重合闸动作。

（2）相对时间−8ms 时 B 相单相接地，0ms 时保护启动（接通保护正电源），2530ms 时保护装置向断路器发跳闸命令，2592ms 时断路器 B 相跳闸，2605ms 时跳闸命令返回，3205ms 时重合闸启动，3293ms 时重合于永久故障，3285ms 时重合闸命令返回，3377ms 时零序加速动作，发三相跳闸命令，3395ms 时断路器三相跳闸，3418ms 时跳闸命令返回。

三、PCS-931GM 型线路保护装置动作报告分析

PCS-931GM 型线路保护装置动作报告见表 3-16，保护启动时间为 2020 年 6 月 22 日 15 时 24 分 34 秒 884 毫秒。0ms 时保护装置启动，2530ms 时零序Ⅱ段动作，3205ms 时重合闸

动作，3377ms 时零序加速动作。故障相为 B 相，故障测距为 254km，故障相电压幅值为 20.92V（二次侧电压），故障电流幅值为 2.00A（二次侧电流），零序电流幅值为 2.00A（二次侧电流）。由于故障发生在区外，因此无差动电流。

表 3-16　　PCS-931GM 型线路保护装置动作报告

被保护设备：保护设备　　版本号：3.10　　打印时间：2020-06-22 15：27：29

序号	启动时间	相对时间	动作相别	动作元件
0266	2020-06-22 15：24：34.884	0000ms		保护启动
		2530ms	B	零序过电流Ⅱ段动作
		3205ms		重合闸动作
		3377ms	ABC	零序加速动作

故障相电压	20.92V
故障相电流	2.00A
最大零序电流	2.00A
最大差动电流	0.00A
故障测距	254.00km
故障相别	B

启动时开关量状态

序号	描述：实际值	序号	描述：实际值
01	停用/闭锁重合：0	08	纵差保护：1
02	低气压闭锁重合闸：0	09	纵差保护软压板：1
03	A 相跳闸位置：0	10	A 相跳闸出口：0
04	B 相跳闸位置：0	11	B 相跳闸出口：0
05	C 相跳闸位置：0	12	C 相跳闸出口：0
06	重合闸充电完成：1	13	重合闸出口：0
07	纵联保护差动投入：1	14	保护三跳出口：0

启动后开关量状态

序号	描述：实际值	序号	描述：实际值
01	B 相跳闸出口：0→1	13	保护跳闸出口：0→1
02	保护跳闸出口：0→1	14	保护三跳出口：0→1
03	B 相跳闸位置：0→1	15	闭锁重合闸出口：0→1
04	B 相跳闸出口：1→0	16	A 相跳闸位置：0→1
05	保护跳闸出口：1→0	17	B 相跳闸位置：0→1
06	重合闸出口：0→1	18	C 相跳闸位置：0→1
07	重合闸充电完成：1→0	19	A 相跳闸出口：1→0
08	B 相跳闸位置：1→0	20	B 相跳闸出口：1→0
09	重合闸出口：1→0	21	C 相跳闸出口：1→0
10	A 相跳闸出口：0→1	22	保护跳闸出口：1→0
11	B 相跳闸出口：0→1	23	保护三跳出口：1→0
12	C 相跳闸出口：0→1	24	闭锁重合闸出口：1→0

设备参数定值

序号	描述：实际值	序号	描述：实际值
01	定值区号：1	02	TA 一次额定值：1250A

续表

设备参数定值			
序号	描述：实际值	序号	描述：实际值
03	TA 二次额定值：5A	05	TV 二次额定值：100V
04	TV 一次额定值：220kV	06	通道类型：复用
保护主要定值			
序号	描述：实际值	序号	描述：实际值
01	变化量启动电流定值：0.96A	17	零序过电流Ⅱ段定值：1.30A
02	零序启动电流定值：0.96A	18	零序过电流Ⅱ段时间：2.50s
03	差动动作电流定值：1.92A	19	零序过电流Ⅲ段定值：1.20A
04	本侧识别码：7742	20	零序过电流Ⅲ段时间：5.00s
05	对侧识别码：7741	21	零序过电流加速段定值：1.30A
06	线路总长度：134.00km	22	单相重合闸时间：0.60s
07	接地距离Ⅰ段定值：3.10Ω	23	三相重合闸时间：3.00s
08	接地距离Ⅱ段定值：6.43Ω	24	TA 变比系数：1.00
09	接地距离Ⅱ段时间：9.90s	25	纵差保护：1
10	接地距离Ⅲ段定值：6.43Ω	26	距离保护Ⅰ段：1
11	接地距离Ⅲ段时间：9.90s	27	距离保护Ⅱ段：1
12	相间距离Ⅰ段定值：3.81Ω	28	距离保护Ⅲ段：1
13	相间距离Ⅱ段定值：6.43Ω	29	零序电流保护：1
14	相间距离Ⅱ段时间：1.00s	30	单相重合闸：1
15	相间距离Ⅲ段定值：9.52Ω	31	三相重合闸：0
16	相间距离Ⅲ段时间：3.00s	32	停用重合闸：0

四、220kV 单相（区外）永久性接地故障时的动作过程

220kV 线路 B 相（区外）永久性接地→零序过电流Ⅱ段动作（Ⅱ段整定时间 2.5s）→断路器 B 相跳闸→经重合闸整定时间（600ms）→断路器 B 相重合→重合于永久性故障→后加速跳三相。

五、保护动作情况分析

（1）本线路全长为 134km，故障测距为 254km，不属于纵差保护范围，因此零序过电流II段动作，保护动作正确。动作原因：

1）下一级主保护拒动；

2）线路经高阻抗接地。

（2）3205ms［=零序过电流Ⅱ段动作时间 2530ms（保护定值为 2500ms）+断路器分闸时间 62ms+跳闸命令返回时间 13ms+重合闸整定时间 600ms］时，重合闸动作。

（3）故障相电流值为 2A（二次侧电流），电流互感器变比为 1250/5，一次故障电流为 500A。

六、存在的问题

（1）断路器分闸时间过长（62ms），大于 20ms。

（2）断路器从 B 相重合于故障到三相分闸时间为 100ms。

案例 9：220kV 馈线手动合闸于单相接地故障三相跳闸

本案例分析的知识点

（1）保护故障报告分析。
（2）故障波形分析。
（3）220kV 线路手动合闸于单相接地故障时的动作过程。
（4）220kV 线路手动合闸于单相接地故障保护动作逻辑。

一、案例基本情况

2013 年 9 月 7 日，值班人员对 220kV 某线路进行检修转运行操作过程中，4 时 47 分，当合上该线路断路器时，线路两套保护装置均启动，A、B、C 三相断路器跳闸。其中第一套保护 RCS-902B 未投主保护，由距离 Ⅰ 段保护启动三相跳闸，重合闸投三重，断路器三相跳闸后重合闸未启动，故障相为 B 相，故障测距为 13.2km，线路全长为 42.8km。220kV 线路 B 相接地故障点位置如图 3-25 所示（故障点在 M 侧近端）。

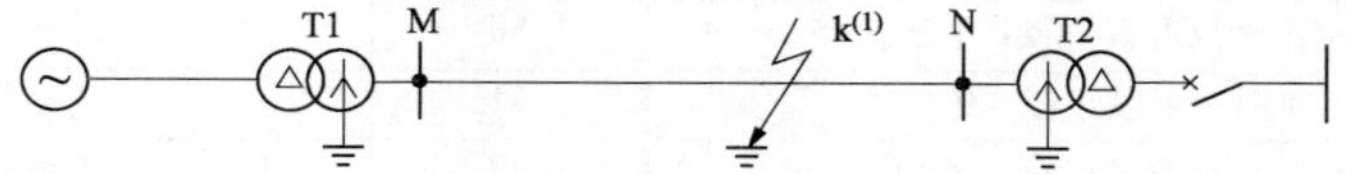

图 3-25　220kV 线路 B 相接地故障点位置示意图

二、RCS-902B 型线路保护装置故障波形分析

RCS-902B 型线路保护装置故障波形如图 3-26 所示，横坐标表示模拟量和开关量的幅值，纵坐标表示故障时间。“*I*：69.8A/格”表示电流二次值（瞬时值），每格为 69.8A。“*U*：45V/格”表示电压二次值（瞬时值），每格为 45V。“*T*=－40ms”表示报告记录故障前 40ms（即 2 个周波）的电压、电流波形。

1. 电压波形分析

（1）故障相 B 相电压波形分析。0ms 时 B 相单相接地故障时，B 相电压明显降低。因电压量取自母线电压互感器，所测量的是故障点到电压互感器的残压，它等于短路电流乘以短路点到电压互感器安装处的阻抗，故障电压持续时间约 60ms。60ms 时断路器 A、B、C 三相跳闸，B 相电压恢复正常。

（2）正常相 A、C 两相电压分析。B 相故障时，A、C 两相电压正常，断路器三相跳闸后，A、C 两相电压均正常。

（3）零序电压波形分析。由于 220kV 系统属于中性点有效接地系统，因此在发生单相接地故障时存在零序电压 $3\dot{U}_0$，$3\dot{U}_0=\dot{U}_a+\dot{U}_b+\dot{U}_c$。其中，故障相 B 相电压下降，三相电压不对称，出现零序电压 $3\dot{U}_0$；故障切除后 A、B、C 三相电压对称，零序电压 $3\dot{U}_0$ 为零。

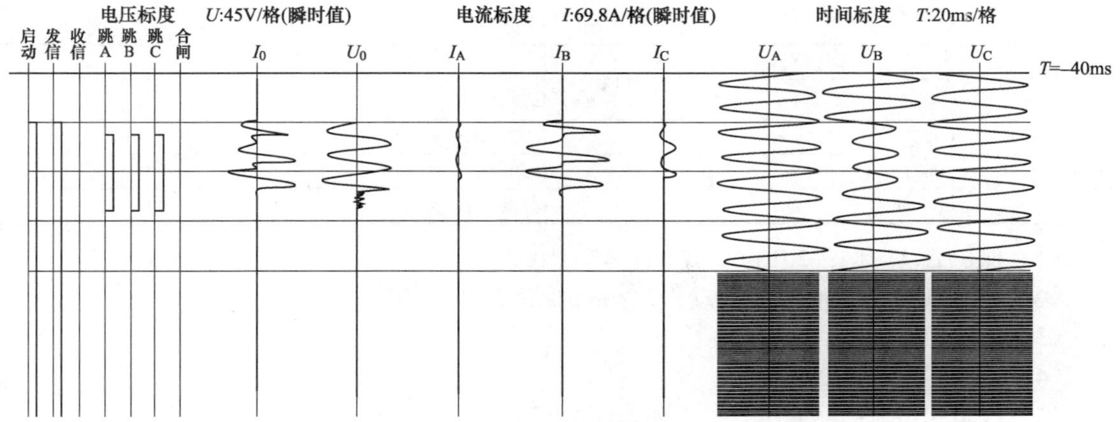

图 3-26　RCS-902B 型线路保护装置故障波形图

启动—保护启动；发信—用于保护发信；收信—用于保护收信；跳 A—断路器 A 相跳闸；跳 B—断路器 B 相跳闸；跳 C—断路器 C 相跳闸；合闸—重合闸

2．电流波形分析

（1）故障时 B 相电流波形分析。0ms 时 B 相单相接地故障，B 相电流由零突变成故障电流，故障电流与零序电流大小相近、方向相同，故障电流持续时间 60ms。故障电流在第二个波时出现最大峰值，且有直流分量，偏向坐标轴正半轴。

（2）正常相 A、C 两相电流波形分析。B 相故障时，A、C 两相为故障零序分量电流，其值较小。断路器三相跳闸后，A、C 两相电流为零。

（3）零序电流波形分析。由于 220kV 系统属于中性点有效接地系统，因此在发生单相接地故障时存在零序电流 $3\dot{I}_0$，其与 B 相的短路电流大小相近、方向相同。断路器三相跳闸后，零序电流 $3\dot{I}_0$ 为零。

3．开关量分析

（1）本波形有 7 个开关量，分别是启动、发信、收信、跳 A、跳 B、跳 C、合闸。

（2）B 相故障开始 0ms，距离Ⅰ段动作，整个故障时间内，保护都在启动状态。

（3）10ms 后断路器三相开始分闸，断路器分闸时间为 60ms。

（4）重合闸开关量整个故障时间内均未启动。

三、RCS-902B 型线路保护装置动作报告分析

RCS-902B 型线路保护装置动作报告见表 3-17。

表 3-17　RCS-902B 型线路保护装置动作报告

动作序号	098	启动绝对时间	2013-09-07　04:47:10.393
序号	动作相	动作相对时间	动作元件
01	ABC	00010ms	工频变化量阻抗
02	ABC	00030ms	距离Ⅰ段动作
故障测距结果		13.2km	
故障相别		B	
故障相电流值		49.69A	

续表

故障零序电流	31.22A	
启动后变位报告		
00068ms	A 相跳闸位置	0→1
00071ms	B 相跳闸位置	0→1
00075ms	C 相跳闸位置	0→1

（1）保护启动时间：2013-09-07 04：47：10.393。

（2）10ms 时工频变化量阻抗动作，30ms 时距离Ⅰ段动作。

（3）故障相：B 相。

（4）故障测距：13.2km。

（5）故障相电流：49.69A（二次侧电流）。

（6）最大零序电流：31.22A（二次侧电流）。

四、220kV 线路手动合闸于单相接地故障时的动作过程

220kV 线路单相接地→距离保护Ⅰ段动作→断路器三相跳闸（重合闸未动作）。

五、保护动作情况分析

（1）本线路全长为 42.8km，故障测距为 13.2km，主保护差动保护未投，距离保护Ⅰ段保护范围为线路全长的 80%～85%。故障点位于距离Ⅰ段保护动作范围，因此距离Ⅰ段保护动作，保护动作正确。

（2）保护动作后，重合闸未启动，其原因是 RCS-902B 型线路保护装置具有手动合闸闭锁重合闸功能。当线路有故障，手动合闸时，直接启动距离加速保护，重合闸功能被闭锁，不再启动。RCS-902B 型线路保护装置手动合闸逻辑图如图 3-27 所示。

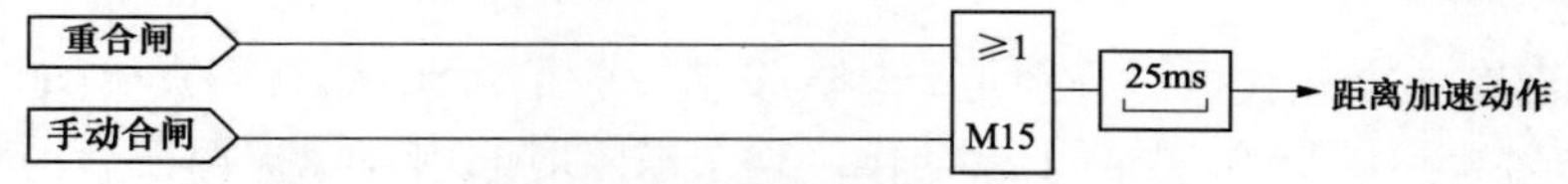

图 3-27　RCS-902B 型线路保护装置手动合闸逻辑图

案例 10：220kV 线路 B 相瞬时性接地故障重合成功后 B 相再次接地断路器三跳

本案例分析的知识点

（1）保护故障报告分析。

（2）故障波形分析。

（3）根据报告计算故障电流。

（4）重复性故障的动作过程分析。

（5）重复性故障保护动作情况分析。

一、案例基本情况

2016 年 1 月 23 日 8 时 16 分 34 秒 224 毫秒，因大雪、冻雨天气造成某 220kV 线路 B 相瞬时性接地故障，重合成功，故障相电流为 11.064A，零序电流为 11.734A，CSC-101B 保护出口时间为 26ms，RCS-901A 保护出口时间为 26ms，断路器 34ms 时 B 相跳闸，1060ms 时 B 相断路器重合闸成功。

123.2ms，该线路 B 相再次接地故障，故障相电流为 11.777A（一次电流为 2826.48A），零序电流为 11.963A，故障距离为 54.248km，故障切除时间为 4192.2ms（相对于故障发生时间 4123.2ms），CSC-101B 型线路保护装置出口时间为 4171.2ms，RCS-901A 型线路保护装置出口时间为 4172.2ms，断路器 4180.2ms 时 B 相跳闸，断路器 4181.2ms 时 A、C 相跳闸。由于两次故障时间间隔仅有 3s 左右，重合闸充电未达到充电完成时间，所以第二次故障未重合。第二次故障第一套保护高频受对侧闭锁高频保护未出口。故障测距为 126km，线路全长为 126.3km。220kV 线路 B 相接地故障点位置如图 3-28 所示。

图 3-28　220kV 线路 B 相接地故障点位置示意图

二、线路保护装置故障波形分析

220kV 线路 B 相单相接地故障波形如图 3-29 所示。

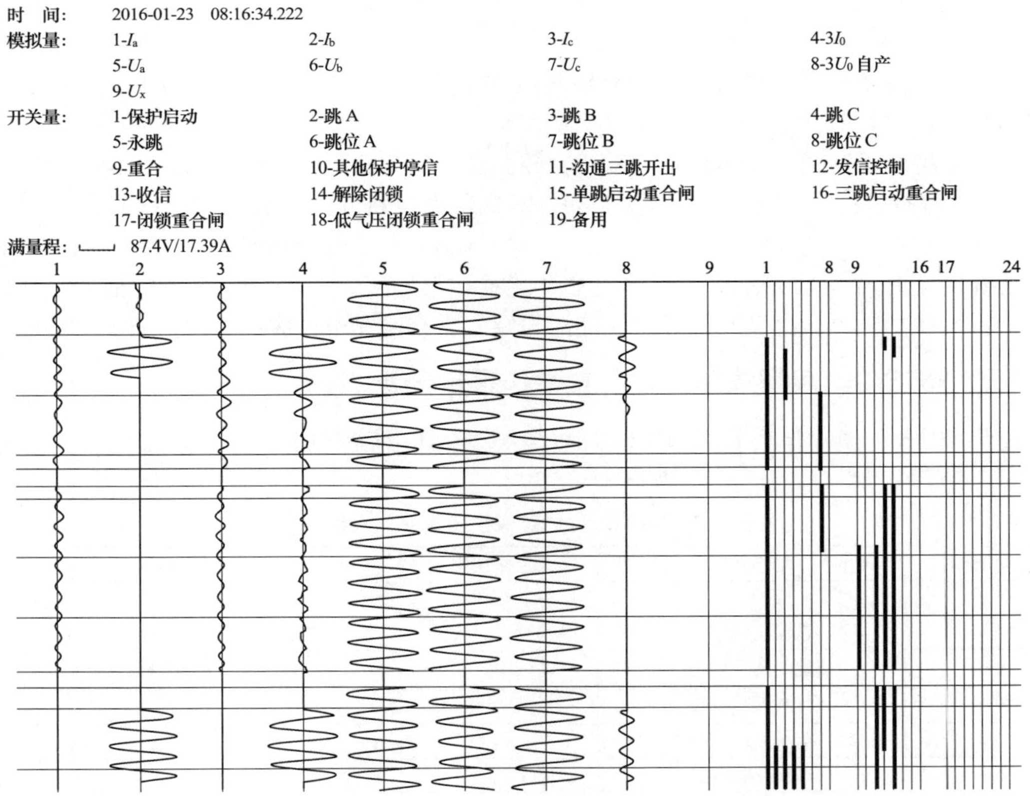

图 3-29　220kV 线路 B 相单相接地故障波形图

1. 线路保护动作情况

（1）CSC-101B 型线路保护装置：纵联保护动作，接地距离Ⅰ段动作，重合闸动作，接地距离Ⅰ段动作（第二次故障）。

（2）RCS-901A 型线路保护装置：工频变化量阻抗动作，距离Ⅰ段动作，纵联零序方向，重合闸动作，纵联变化量方向（第二次故障）、纵联零序方向（第二次故障）、距离Ⅰ段动作（第二次故障）。

2. 电压、电流波形分析

（1）该线路电压取自母线侧，由于单相瞬时性接地故障，而 220kV 系统属于中性点有效接地系统，因此在故障时存在 $3U_0$，第一次故障时其瞬时值为 70.35V，断路器 B 相跳闸后 $3U_0$ 为零，断路器重合成功后，$3U_0$ 消失，没有出现零序分量。约 3s 后出现第二次故障，$3U_0$ 瞬时值为 70.352V，断路器三相跳闸后，$3U_0$ 消失。

（2）故障时电流波形分析。0ms 时 B 相瞬时性接地故障，B 相电流由负载电流突变成短路电流，其瞬时值为 11.064A，此电流乘以电流互感器的变比（1200/5）为一次侧电流。正常相 A、C 两相电流为负载电流，其二次瞬时值分别为 1.48、3.59A。由于为单相瞬时性接地故障，而 220kV 系统属于中性点有效接地系统，因此在故障时存在 $3I_0$，其与 B 相的短路电流大小相等、方向相同。第一次故障断路器单相跳闸后，$3I_0$ 消失，重合成功后，$3I_0$ 为零，没有出现零序分量。第二次故障出现后，$3I_0$ 瞬时值为 16.43A，断路器三相跳闸后，$3I_0$ 消失。

（3）在故障时 B 相的电流和电压波形都是正弦波，说明在故障时电压互感器、电流互感器没有饱和现象。

3. 开关量分析

（1）本波形动作开关量有 7 个，分别是高频保护启动、B 跳闸、跳位 B、重合闸、沟通三跳开出、收信、收信。

（2）B 相故障发生 2ms 时保护启动，立即由保护正方向元件停信保护装置向断路器发跳闸命令，对侧收发信机已被本侧远方启动，对侧收发信机停信，开放本侧纵联保护。29ms 时纵联保护动作，跳 B 相断路器，重合闸启动，1066ms 重合闸动作成功。重合闸动作成功后，系统恢复正常。4123ms 时 B 相再次发生接地（接地位置与第一次不同），保护再次启动，第二套纵联保护动作。因两次故障时间间隔较短，重合闸充电未完成，故断路器直接三跳。

三、RCS-901A 型线路保护装置动作报告分析

RCS-901A 型线路保护装置动作报告见表 3-18，保护启动时间为 2016 年 1 月 23 日 8 时 16 分 34 秒 224 毫秒。

表 3-18　　RCS-901A 型线路保护装置动作报告

相对时间	动作元件	跳闸相别	动作参数
2ms	保护启动		
14ms	纵联阻抗停信		X=2.516Ω R=0.4805Ω B 相
14ms	接地距离Ⅰ段动作	B	X=2.541Ω R=0.498Ω B 相
29ms	纵联保护动作	B	B 相
65ms	单跳启动重合		
1066ms	重合闸动作		
4175ms	接地距离Ⅰ段动作	ABC	X=2.484Ω R=0.466Ω B 相

续表

相对时间	动作元件	跳闸相别	动作参数
4175ms	纵联阻抗停信		X=2.484Ω R=0.466Ω B 相
4175ms	三跳闭锁重合闸		
	故障相电压		U_A=61.25V U_B=45.75V U_C=61.75V
	故障相电流		I_A=0.7852A I_B=11.19A I_C=1.274A
	测距阻抗		X=2.484Ω R=0.466Ω B 相
	故障测距		L=56km B 相

2ms 时保护装置启动，14ms 时纵联阻抗停信，29ms 时纵联保护动作 B 相跳闸，1060ms 时重合闸动作 B 相合闸，重合闸成功；4123ms 时再次发生接地故障，4184ms 时纵联阻抗停信，4223ms 时纵联保护动作三相跳闸。

故障相：两次都为 B 相。

故障测距：126、56km。

故障电流：11.06、11.78A（二次侧电流）。

启动时开入量状态、启动时压板状态、启动后变位报告及相关保护定值分别见表 3-19～表 3-23。

表 3-19　　启动时开入量状态

序号	开入名称	数值	序号	开入名称	数值
01	信号复归	0	08	解除闭锁	0
02	分相跳闸位置 TWJA	0	09	通道异常告警	0
03	分相跳闸位置 TWJB	0	10	闭锁重合闸	0
04	分相跳闸位置 TWJC	0	11	低气压闭锁重合闸	0
05	其他保护停信	0	12	三跳启动重合	0
06	通道试验按钮	0	13	单跳启动重合	0
07	收信	1			

表 3-20　　启动时压板状态

序号	压板名称	数值	序号	压板名称	数值
01	纵联保护	1	04	保护检修状态	0
02	停用重合闸	0	05	远方切换定值区	0
03	远方修改定值	0	06	远方控制压板	0

表 3-21　　启动后变位报告

序号	时间	开入名称	数值	序号	时间	开入名称	数值
01	4ms	收信	0→1	07	69ms	单跳启动重合闸	0→1
02	7ms	收信	0→1	08	1066ms	分相跳闸位置 TWJB	1→0
03	23ms	收信	1→0	09	4175ms	分相跳闸位置 TWJB	0→1
04	29ms	收信	0→1	10	4175ms	分相跳闸位置 TWJC	0→1
05	31ms	收信	1→0	11	4175ms	分相跳闸位置 TWJA	0→1
06	65ms	分相跳闸位置 TWJB	0→1				

表 3-22 相关保护定值

序号	定值名称	数值	序号	定值名称	数值
01	弱电源侧	0	11	零序加速段带方向	1
02	电压取线路 TV 电压	0	12	三相跳闸方式	0
03	振荡闭锁元件	1	13	重合闸检同期方式	0
04	距离保护Ⅰ段	1	14	重合闸检无压方式	0
05	距离保护Ⅱ段	1	15	Ⅱ段保护闭锁重合闸	1
06	距离保护Ⅲ段	1	16	多相故障闭锁重合闸	1
07	快速距离保护	1	17	单相重合闸	1
08	自动交换通道	1	18	三相重合闸	0
09	单相 TWJ 启动重合闸	1	19	禁止重合闸	
10	三相 TWJ 启动重合闸	0	20	停用重合闸	

表 3-23 阻抗保护整定值

序号	定值名称	数值	单位	序号	定值名称	数值	单位
01	线路正序阻抗定值	5.490	Ω	12	相间距离Ⅱ段定值	2.68	Ω
02	线路正序灵敏角	81.0	°	13	相间距离Ⅱ段时间	0.5	s
03	线路零序阻抗定值	14.13	Ω	14	相间距离Ⅲ段定值	3.22	Ω
04	线路零序灵敏角	78.00	°	15	相间距离Ⅲ段时间	3.000	s
05	线路总长度	126.3	km	16	负荷限制电阻定值	11.50	Ω
06	接地距离Ⅰ段定值	0.77	Ω	17	零序电抗补偿系数 K_X	0.520	
07	接地距离Ⅱ段定值	2.680	Ω	18	零序电阻补偿系数 K_R	0.830	
08	接地距离Ⅱ段时间	0.5	s	19	振荡闭锁过电流	5.000	A
09	接地距离Ⅲ段定值	3.22	Ω	20	单相重合闸时间	1.000	s
10	接地距离Ⅲ段时间	3.000	s	21	三相重合闸时间	10.00	s
11	相间距离Ⅰ段定值	0.9	Ω	22	同期合闸角	20.00	°

四、220kV 线路重复性单相接地故障时的动作过程

220kV 线路单相瞬时性接地→纵联保护动作→断路器单相跳闸→经重合闸整定时间（1s）→断路器单相重合→重合成功→正常运行→3s 后再次单相瞬时性接地→纵联保护动作→断路器三相跳闸。

五、重复性故障保护动作情况分析

（1）本线路全长为 126.3km，第一次故障测距为 126km，本侧纵联保护动作。第二次故障测距为 56km，纵联保护再次动作，保护动作正确。

（2）1060ms 时重合闸动作，重合闸整定时间为 1s，时间正确。

（3）重合闸动作后，第二次故障时重合闸充电尚未完成，断路器直接三跳，保护逻辑正确。

（4）故障相电流值：第一次为 11.06A（二次侧电流），电流互感器变比为 1200/5，一次故障电流为 2654.4A；第二次为 11.78A（二次侧电流），电流互感器变比为 1200/5，一次故障电流为 2827.2A。

案例 11：220kV 线路在重合闸充电时间内单相重复性接地故障

本案例分析的知识点

（1）保护动作信号分析。
（2）重复性故障的特点。
（3）重复性故障的分析方法。
（4）重复性故障的录波图分析。
（5）重复性故障保护动作报告分析。
（6）重复性故障的动作过程分析。
（7）重合闸充电条件。
（8）重合闸放电条件。

一、案例基本情况

2021 年 5 月 19 日 21 时 7 分 47 秒 920 毫秒，某 220kV 线路 B 相瞬时性接地故障，重合成功，后再次发生接地故障，重合闸充电未完成，导致三相跳闸。PCS-931A-G 型线路保护装置 5ms 时工频变化量阻抗动作，9ms 时纵差保护动作，13ms 时接地距离Ⅰ段动作，24ms 时相间距离Ⅰ段动作，B 相断路器跳闸，654ms 时重合闸动作，4057ms 时工频变化量阻抗动作，4060ms 时纵差保护动作，4084ms 时接地距离Ⅰ段动作，三相跳闸。故障测距为 0.8km。220kV 线路 B 相瞬时性接地故障点位置如图 3-30 所示。

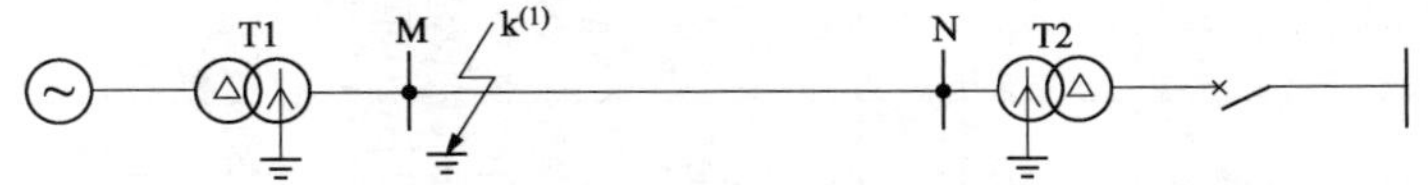

图 3-30　220kV 线路 B 相瞬时性接地故障点位置示意图

二、PCS-931-G 型线路保护装置录波分析

PCS-931A-G 型线路保护装置模拟量、开关量见表 3-24，故障录波图如图 3-31 所示，图中横坐标表示模拟量和开关量的幅值，纵坐标表示故障时间。“标度组 00（CH01～CH04）：47.14A”表示电流二次值，每格为 47.14A（瞬时值）。“标度组 01（CH05～CH09）：55.06V”表示电压二次值，每格为 55.06V（瞬时值）。“瞬时值录波时间标度 *T*：20.00ms/格”表示电压电流波形的周期为 20ms。纵坐标的时间轴从－80ms 开始计时，表示报告记录故障前 80ms（既 4 个周波）的电压、电流波形，整个波形有三段压缩过程。

表 3-24　　PCS-931A-G 型线路保护装置模拟量、开关量

打印时间：2022-04-01 22:01:12
标度组 00（通道 CH01～CH04）：47.14A 标度组 01（通道 CH05～CH09）：55.06V 瞬时值录波时间标度 *T*：20.00ms/格

续表

跳闸位说明： 1：总启动 2：A 相跳闸动作 3：B 相跳闸动作 4：C 相跳闸动作 5：重合闸动作
模拟通道说明： CH01：保护电流 A 相（I_A） CH02：保护电流 B 相（I_B） CH03：保护电流 C 相（I_C） CH04：保护零序电流（$3I_0$） CH05：保护电压 A 相（U_A） CH06：保护电压 B 相（U_B） CH07：保护电压 C 相（U_C） CH08：保护零序电压（$3U_0$） CH09：保护同期电压（U_L）

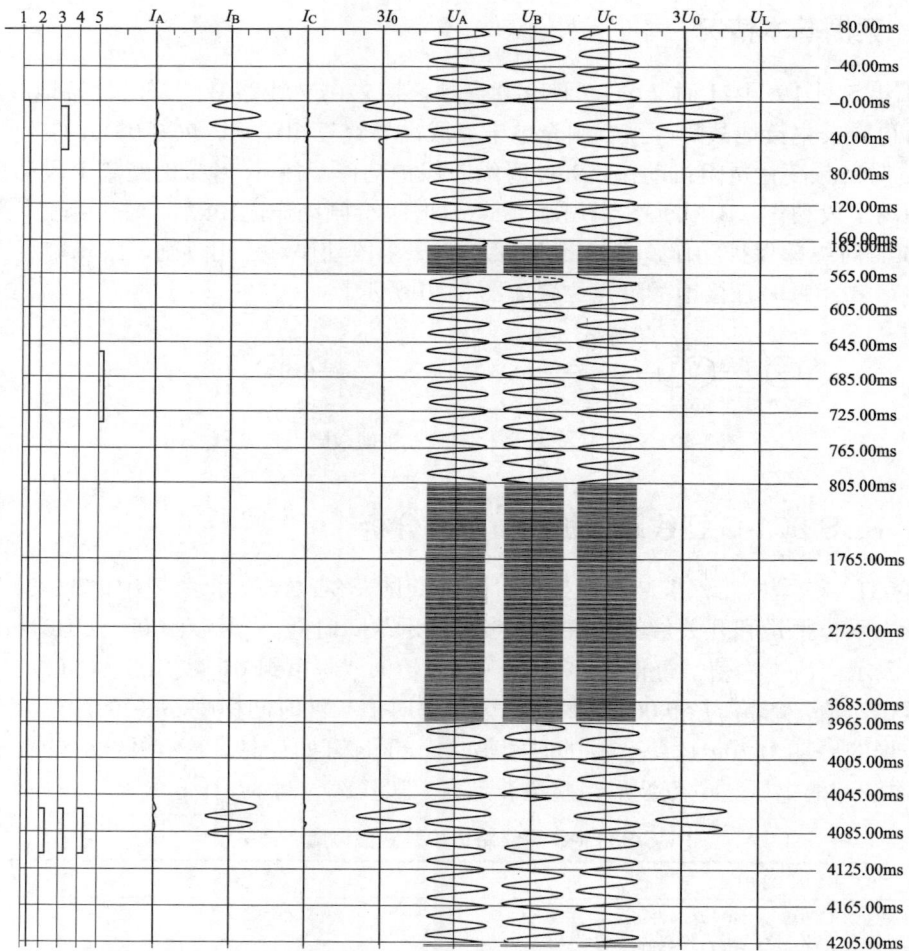

图 3-31　PCS-931-G 型线路保护装置单相接地故障录波图

1. 电压波形分析

（1）故障相 B 相电压波形分析。录波图记录了故障前 80ms 的正常电压波形。0ms 时 B 相单相接地故障，B 相电压明显降低，由于在近区故障，此残压很低，基本为零，它等于短路电流乘以短路点到电压互感器安装处的阻抗。第一次 B 相单相接地故障持续时间为 40ms。由于 220kV 线路重合闸多使用单相重合闸，即在单相接地故障时断路器单相跳闸，故障切除。故障切除后 B 相电压恢复正常，这是因为线路保护的电压量取自母线电压互感器。654ms（=重合闸整定时间 0.6s+保护固有启动时间+断路器分闸时间）时重合闸动作，717ms 时断路器重合成功。4050ms 时，B 相再次单相接地故障，电压降低，4057ms 时工频变化量阻抗动作，4060ms 时纵差保护动作，4084ms 时接地距离Ⅰ段动作，由于断路器重合闸充电未完成（重合闸充电时间 15s），故障时间经过约 40ms 后断路器三相跳闸，故障切除，B 相电压恢复正常。

（2）正常相 A、C 两相电压分析。B 相故障时，A、C 两相电压正常，B 相断路器单相跳闸、重合成功又再次接地故障后，A、C 两相电压正常。

（3）$3U_0$ 电压波形分析。由于是单相接地故障，而 220kV 属于中性点有效接地系统，因此在故障时有 $3U_0$，其幅值 $3\dot{U}_0=\dot{U}_A+\dot{U}_B+\dot{U}_C$。因为 U_C 降低比较明显，因此 $3U_0$ 比正常相电压还高，第一次故障时间持续 40ms，其方向与 $3I_0$ 基本反向。B 相断路器第一次跳闸后、重合成功后至再次发生单相接地故障前，$3U_0$ 为零，第二次故障 $3U_0$ 持续时间约为 40ms。断路器三相跳闸后，故障切除，$3U_0$ 为零。

2. 电流波形分析

（1）故障相 B 相电流波形分析。录波图记录了故障前 80ms 的正常电流波形。0ms 时 B 相单相接地故障，B 相电流由负载电流突变成短路电流，其瞬时值为（左半波最大为 1 格，右半波最大为 1.6 格，相加后除以 2，然后乘以 47.14A/格），有效值为瞬时值最大值除以 1.414，此电流乘以电流互感器的变比则为一次电流值。第一次故障电流持续时间为 40ms，由于 220kV 线路重合闸多使用单相重合闸，即在单相接地故障时断路器单相跳闸，故障切除。故障切除后 B 相电流为零。654ms（=重合闸整定时间 0.6s+保护固有启动时间+断路器分闸时间）时重合闸动作，717ms 时断路器重合成功。4050ms 时，B 相再次单相接地故障，B 相电流再次增大，4057ms 时工频变化量阻抗动作，4060ms 时纵差保护动作，4084ms 时接地距离Ⅰ段动作。由于断路器重合闸充电未完成，故障时间经过约 40ms 后断路器三相跳闸，故障切除，B 相电流为零。

（2）正常相 A、C 两相电流分析。B 相故障时，A、C 两相电流为负载电流。B 相断路器单相跳闸、重合成功又再次接地故障前，A、C 两相电流为负载电流。再次故障后，断路器三相跳闸，A、C 两相电流为零。

（3）$3I_0$ 电流波形分析。由于是单相接地故障，而 220kV 属于中性点有效接地系统，因此在故障时有 $3I_0$，其与 B 相故障电流大小相等、方向相同，第一次故障时间持续 40ms，其方向与 $3U_0$ 基本反向。B 相断路器第一次跳闸后、重合成功后至再次发生单相接地故障前，$3I_0$ 为零，第二次故障 $3I_0$ 持续时间约为 40ms。断路器三相跳闸后，故障切除，$3I_0$ 为零。

3. 开关量分析

（1）波形图中共有 5 个开关量，分别是总启动、A 相跳闸动作、B 相跳闸动作、C 相跳闸动作、重合闸动作。

（2）B 相发生单相接地故障 5ms 时断路器 B 相开始分闸，分闸时间为 35ms。654ms 时重合闸出口动作，734ms 时重合闸出口返回，重合成功。4052ms 时 B 相再次发生单相接地故障，断路器三相跳闸，分闸时间为 35ms。

三、PCS-931A-G 型线路保护装置动作报告分析

PCS-931A-G 型线路保护装置动作报告见表 3-25，启动后开关量状态变位见表 3-26。

表 3-25　PCS-931A-G 型线路保护装置动作报告

打印时间：2022-04-01 22：01：03

序号	启动时间	相对时间	动作相别	动作元件
0234	2021-05-19 21：07：47.920	0000ms		保护启动
		0005ms	B	工频变化量阻抗动作
		0009ms	B	纵差保护动作
		0013ms	B	接地距离 I 段动作
		0024ms	B	相间距离 I 段动作
		0654ms		重合闸动作
		4057ms	ABC	工频变化量阻抗动作
		4060ms	ABC	纵差保护动作
		4084ms	ABC	接地距离 I 段动作

故障相电压：0.11V
故障相电流：44.18A
最大零序电流：48.69A
最大差动电流：58.60A
故障测距：0.80km
故障相别：B

表 3-26　PCS-931A-G 型线路保护装置启动后开关量状态变位

序号	相对时间	描述：实际值	序号	相对时间	描述：实际值
00	00005ms	B 相跳闸出口：0→1	16	04057ms	B 相跳闸出口：0→1
01	00005ms	保护跳闸出口：0→1	17	04057ms	C 相跳闸出口：0→1
02	00008ms	保护跳闸：0→1	18	04057ms	保护跳闸出口：0→1
03	00054ms	B 相跳闸出口：1→0	19	04057ms	保护三跳出口：0→1
04	00054ms	保护跳闸出口：1→0	20	04105ms	A 相跳闸出口：1→0
05	00055ms	分相跳闸位置 TWJb：0→1	21	04105ms	B 相跳闸出口：1→0
06	00055ms	分相跳闸位置 TWJb_OPT：0→1	22	04105ms	C 相跳闸出口：1→0
07	00654ms	重合闸出口：0→1	23	04105ms	保护跳闸出口：1→0
08	00655ms	重合闸充电完成：1→0	24	04105ms	保护三跳出口：1→0
09	00658ms	重合闸：0→1	25	04106ms	分相跳闸位置 TWJa：0→1
10	00658ms	充电完成：1→0	26	04106ms	分相跳闸位置 TWJa_OPT：0→1
11	00717ms	分相跳闸位置 TWJb：1→0	27	04107ms	分相跳闸位置 TWJb：0→1
12	00717ms	分相跳闸位置 WJb_OPT：1→0	28	04107ms	分相跳闸位置 TWJc：0→1
13	00734ms	重合闸出口：1→0	29	04107ms	分相跳闸位置 TWJb_OPT：0→1
14	00854ms	重合闸有效：1→0	30	04107ms	分相跳闸位置 TWJc_OPT：0→1
15	04057ms	A 相跳闸出口：0→1			

（1）保护启动时间：2021-05-19 21：07：47.920。

（2）0ms 时保护装置启动，5ms 时工频变化量阻抗动作，9ms 时纵差保护动作，13ms 时接地距离Ⅰ段动作，24ms 时相间距离Ⅰ段动作，654ms 时重合闸动作，4057ms 时工频变化量阻抗动作，4060ms 时纵差保护动作，4084ms 时接地距离Ⅰ段动作。

（3）故障相：B 相。

（4）故障测距：0.80km。

（5）故障电流为 44.18A（二次侧电流），最大零序电流为 48.69A（二次侧电流），最大差动电流为 58.60A（二次侧电流）。

四、220kV 线路重复性单相接地故障时的动作过程

220kV 线路瞬时性单相接地→工频变化量阻抗、纵差保护、接地距离Ⅰ段动作→B 相断路器跳闸→经重合闸整定时间（600ms）→断路器三相重合→重合成功→4052ms 时 B 相再次发生单相接地故障，重合闸未充满电→工频变化量阻抗、纵差保护、接地距离Ⅰ段动作→断路器三相跳闸。

五、保护动作情况分析

（1）故障测距为 0.80km，属于距离Ⅰ段和线路差动保护动作范围，保护动作正确。

（2）654ms 时重合闸动作，重合成功，重合闸开始充电。

（3）4052ms 时 B 相再次发生单相接地故障，由于重合闸充电时间需要 15s，未充满电，保护再次动作，三相跳闸。

六、重合闸充电条件

（1）断路器在“合闸”位置，即接入保护装置的跳闸位置继电器 TWJ 不动作。

（2）重合闸不在“重合闸停用”位置。

（3）重合闸启动回路不动作。

（4）没有低气压闭锁重合闸和闭锁重合闸开入。

充电计时元件充满电的时间为 15s，重合闸的重合功能必须在充满电后才允许重合，同时点亮面板上的充电灯；未充满电时不允许重合，熄灭面板上的充电灯。

七、重合闸放电条件

（1）重合闸方式在“重合闸停用”位置。

（2）重合闸在“单重”方式时保护动作三跳，或断路器断开三相。

（3）收到外部闭锁重合闸信号（如手跳、永跳、遥控闭锁重合闸等）。

（4）重合闸出口命令发出的同时“放电”。

（5）重合闸充电未满时，跳闸位置继电器 TWJ 动作或有保护启动重合闸信号开入。

（6）重合闸启动前，收到低气压闭锁重合闸信号，经 200ms 延时后放电。

（7）重合闸启动过程中，跳开相有电流。

案例 12：220kV 线路手动合闸于 B 相单相接地三相跳闸后两次强送到 B 相故障

本案例分析的知识点

（1）220kV 馈线手动合闸于故障两侧故障波形分析。
（2）故障波形高频分量和谐波分量。
（3）单相接地故障无电源侧电压、电流波形的特点。
（4）线路不能强送的情况分析。

一、案例基本情况

某风电场 220kV 送出线路在空载充电（风电场侧变压器低压断路器断开），于 2013 年 9 月 2 日 20 时 50 分 6 秒 37 毫秒线路 B 相故障，线路 RCS-902 保护动作，9ms 时工频变化量阻抗，22ms 时距离Ⅰ段动作，断路器三跳；该线路于 9 月 6 日 8 时 40 分 6 秒 639 毫秒、9 月 7 日 4 时 47 分强送两次均三相跳闸，经检查发现 B 相有一串绝缘子损坏，更换后送电正常。

220kV 线路 B 相接地故障点位置如图 3-32 所示。

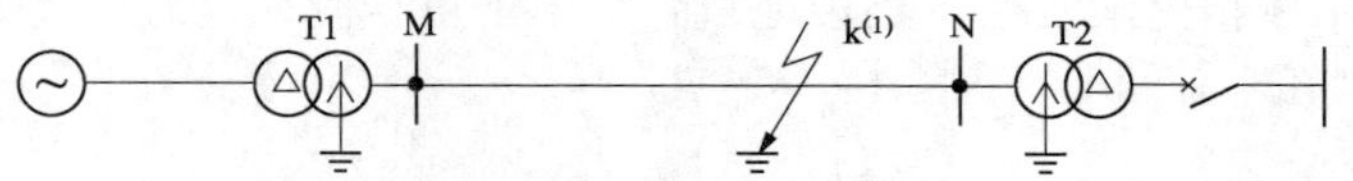

图 3-32　220kV 线路 B 相接地故障点位置示意图

二、第一次手动合闸于 B 相故障分析（M 侧）

2013 年 9 月 2 日 20 时 50 分 6 秒 37 毫秒线路 B 相故障，9ms 时工频变化量阻抗，22ms 时距离Ⅰ段动作，故障测距结果为 6.3km，故障相电流值为 63.06A，故障零序电流为 53.86A。关于手动合闸于 M 侧故障波形分析见本章案例 9，关于变压器励磁涌流见其他章相关案例。

RCS-902B 线路保护装置动作报告见表 3-27，故障波形如图 3-33 所示，风电场侧变压器励磁涌流波形如图 3-34 所示，保护装置整定值见表 3-28，工频变化量阻抗整定值为 0.54Ω，距离Ⅰ段动作值为 0.95Ω。

表 3-27　RCS-902B 线路保护装置动作报告

动作序号	094	启动绝对时间	2013-09-02　20：50：06.037
序号	动作相	启动相对时间	动作元件
01	ABC	9ms	工频变化量阻抗
02	ABC	22ms	距离Ⅰ段动作
故障测距结果		6.3km	
故障相别		B	
故障相电流值		63.06A	
故障零序电流		53.86A	

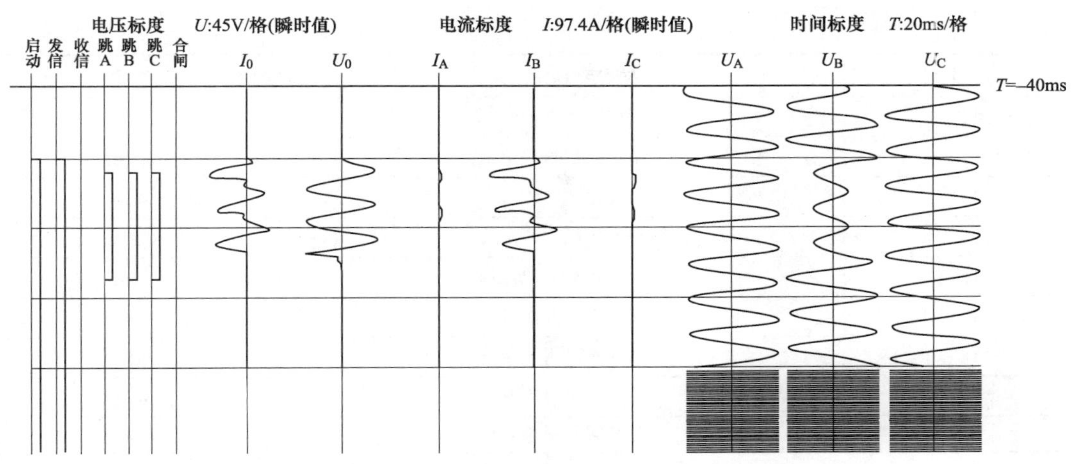

图 3-33　第一次手动合闸于故障 RCS-902B 线路保护装置故障波形图（M 侧）

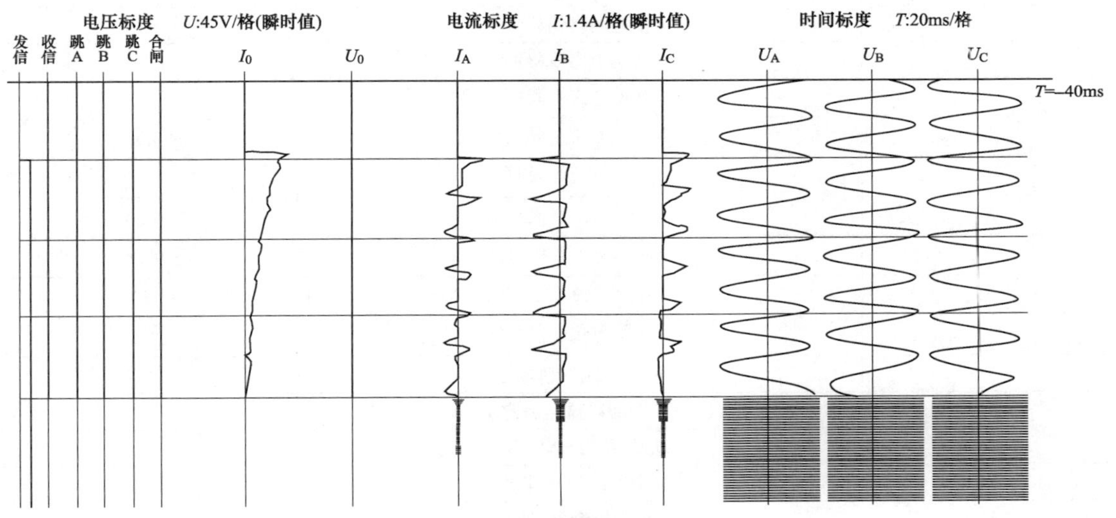

图 3-34　风电场侧变压器励磁涌流波形图

表 3-28　　RCS-902B 线路保护装置整定值

序号	定值名称	数值
01	电流变化量启动	1.0A
02	零序电流启动	1.0A
03	工频变化量阻抗	0.54Ω
04	距离方向阻抗定值	1.58Ω
05	距离反方向阻抗	0.61Ω
06	零序方向过电流定值	3.0A
07	通道交换时间定值	9.0h
08	零序补偿系数	0.38
09	振荡闭锁过电流	5.1A
10	接地距离Ⅰ段定值	0.95Ω
11	接地距离Ⅱ段定值	1.19Ω

续表

序号	定值名称	数值
12	接地距离Ⅱ段时间	0.5s
13	接地距离Ⅲ段定值	2.38Ω
14	接地距离Ⅲ段时间	4.3s
15	相间距离Ⅰ段定值	0.95Ω
16	相间距离Ⅱ段定值	1.19Ω
17	相间距离Ⅱ段时间	0.5s
18	相间距离Ⅲ段定值	4.6Ω
19	相间距离Ⅲ段时间	4.3s
20	负荷限制电阻定值	4.46Ω
21	正序灵敏角	76.9°
22	零序灵敏角	70.4°
23	接地距离偏移角	15.0°
24	相间距离偏移角	0.0°
25	零序过电流Ⅰ段定值	99.0A
26	零序过电流Ⅱ段定值	99.0A
27	零序过电流Ⅱ段时间	9.9s
28	零序过电流Ⅲ段定值	99.0A
29	零序过电流Ⅲ段时间	9.9s
30	零序过电流Ⅳ段定值	1.5A
31	零序过电流Ⅳ段时间	3.5s
32	零序过电流加速段定值	4.0A
33	TV 断线时过电流定值	5.0A
34	TV 断线时零序过电流定值	4.0A
35	TV 断线时过电流时间	0.2s
36	单相重合闸时间	1.0s
37	三相重合闸时间	1.0s
38	同期合闸角	30°
39	线路正序电抗	0.79Ω
40	线路正序电阻	0.18Ω
41	线路零序电抗	1.64Ω
42	线路零序电阻	0.58Ω
43	线路总长度	25.27 km

三、第二次手动合闸于 B 相故障分析（M 侧）

2013 年 9 月 6 日 8 时 40 分 6 秒 693 毫秒，线路 B 相故障 RCS-902B 线路保护装置动作报告见表 3-29，第二次手动合闸于故障 RCS-902B 线路保护装置故障波形如图 3-35 所示。比较表 3-28 与表 3-29，两次强送测距相差 1km，故障电流和零序电流也有差别。图 3-35 中，第一次直流分量在横坐标下面，第二次在上面，不明显。故障时间基本都是 60ms。

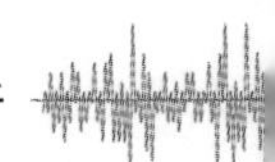

表 3-29　　RCS-902B 线路保护装置动作报告

动作序号	094	启动绝对时间	2013-09-06　08：40：06.693
序号	动作相	启动相对时间	动作元件
01	ABC	9ms	工频变化量阻抗
02	ABC	22ms	距离Ⅰ段动作
故障测距结果		7.3km	
故障相别		B	
故障相电流值		67.79A	
故障零序电流		50.48A	

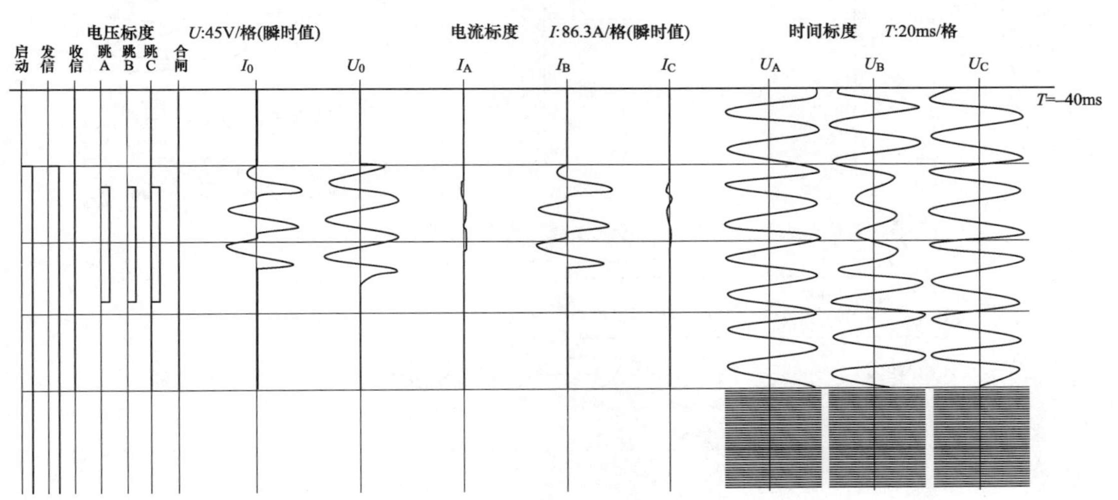

图 3-35　第二次手动合闸于故障 RCS-902B 线路保护装置故障波形图（M 侧）

四、第三次强送 M 侧分析

第三次强送，RCS-902B 线路保护装置动作报告见表 3-30，故障波形（M 侧）如图 3-36 所示。本次强送测距和故障电流与之前都不同，从故障波形图中可看出，强送到 B 相故障时，A、C 相零序电流比之前明显。

表 3-30　　RCS-902B 线路保护装置动作报告

动作序号	094	启动绝对时间	2013-09-07　04：47：10.393
序号	动作相	启动相对时间	动作元件
01	ABC	9ms	工频变化量阻抗
02	ABC	22ms	距离Ⅰ段动作
故障测距结果		13.2km	
故障相别		B	
故障相电流值		49.69A	
故障零序电流		31.22A	

五、第一次手动合闸于故障 N 侧电流、电压波形分析

第一次手动合闸于线路 B 相故障 N 侧（线路）波形如图 3-37 所示，报告记录了 4 个母

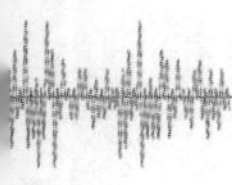

线电压和 4 个变压器高压侧电流波形。

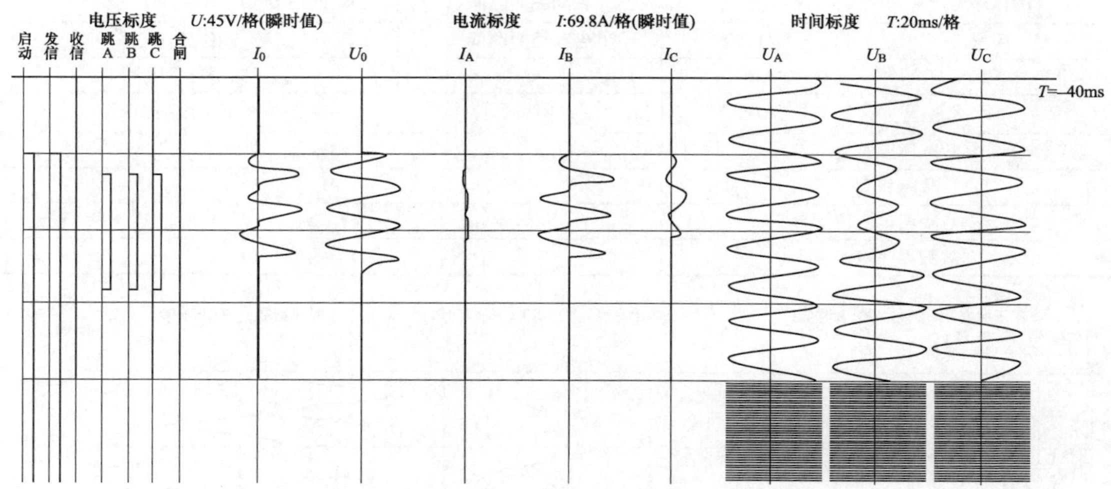

图 3-36 第三次强送 RCS-902B 线路保护装置故障波形图（M 侧）

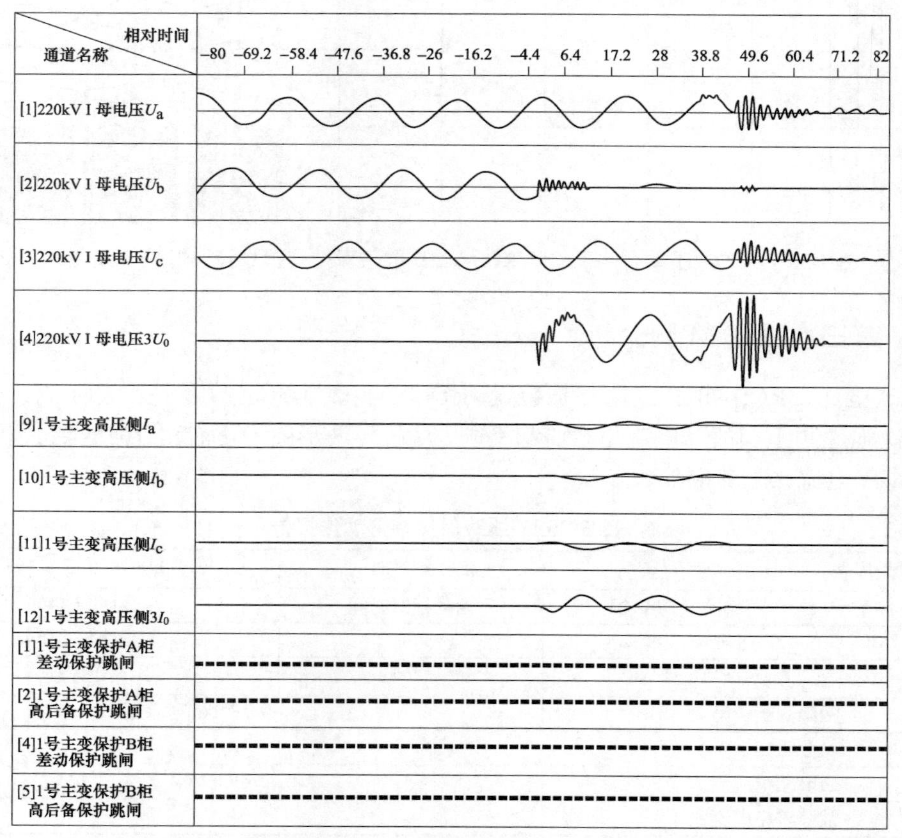

图 3-37 第一次手动合闸于线路 B 相故障 N 侧（线路）波形图

1. 电压波形分析

（1）0ms之前为正常电压。

（2）0ms时B相开始故障，B相经过一个小峰值高频振荡接地，之后B相电压几乎为零，说明距离很近。故障时 A、C 两相电压不变，故障切除后，A、C 两相电压经过高频振荡衰减到零。

（3）$3U_0$分析：故障开始有$3U_0$，前8ms有大量高次谐波分量；断路器分闸后，$3U_0$出现了高幅值高频振荡衰减到零。

（4）故障时间约50ms。

2. 故障电流分析

由于风电场侧没有电源，故障时没有正序和负序电流分量，只有零序电流分量，因此A、B、C三相电流相位相同、幅值相等，与$3I_0$反向，$3I_0=I_{AN}+I_{BN}+I_{CN}$。

故障时间约50ms。

六、第二次手动合闸于故障N侧电流、电压波形分析

第二次手动合闸于线路B相故障N侧（线路）波形如图3-38所示。

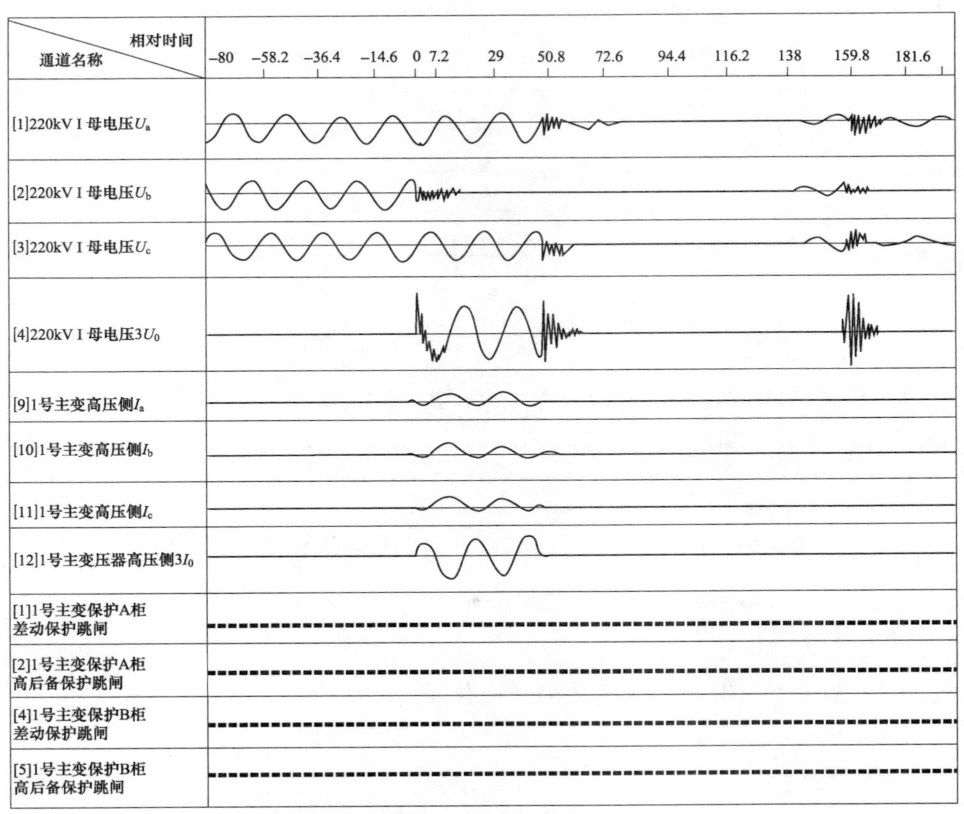

图3-38　第二次手动合闸于线路B相故障N侧（线路）波形图

（1）电压量分析。第二次手动合闸的特点是在159ms后，A、C两相电压及$3U_0$再次出

现高频振荡。

（2）电流分析与第一次手动合闸相同。

七、第三次手动合闸于故障N侧电流、电压波形分析

第三次手动合闸于线路B相故障N侧（线路）波形如图3-39所示，由图可见在238ms以后还有电压。

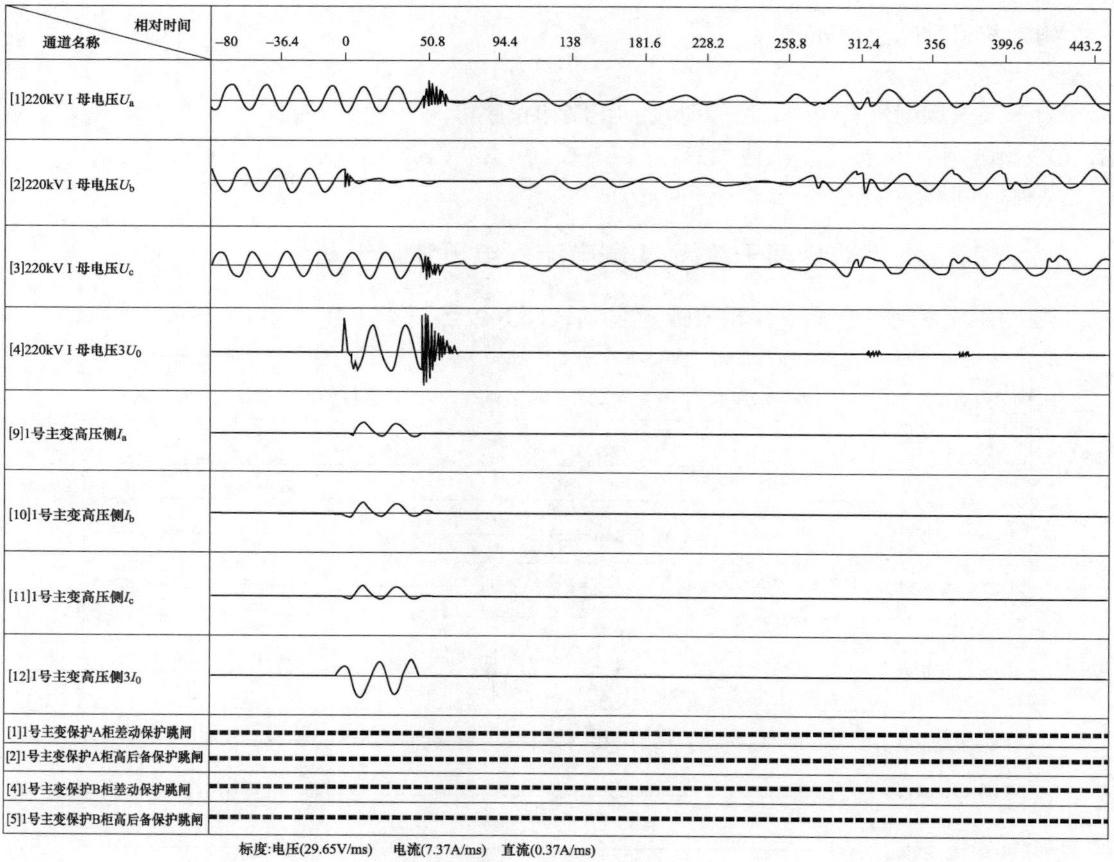

相对时间
通道名称
−80 −36.4 0 50.8 94.4 138 181.6 228.2 258.8 312.4 356 399.6 443.2
[1]220kV I 母电压U_a
[2]220kV I 母电压U_b
[3]220kV I 母电压U_c
[4]220kV I 母电压$3U_0$
[9]1号主变高压侧I_a
[10]1号主变高压侧I_b
[11]1号主变高压侧I_c
[12]1号主变高压侧$3I_0$
[1]1号主变保护A柜差动保护跳闸
[2]1号主变保护A柜高后备保护跳闸
[4]1号主变保护B柜差动保护跳闸
[5]1号主变保护B柜高后备保护跳闸
标度:电压(29.65V/ms) 电流(7.37A/ms) 直流(0.37A/ms)

图3-39 第三次手动合闸于线路B相故障N侧（线路）波形图

八、存在的问题

本案例三次故障都是B相，说明故障是永久性的，第一次强送三跳后就应该仔细巡线，在没有找到故障点前不能再强送。

不宜强送的情况：

（1）空充电线路。

（2）试运行线路。

（3）线路跳闸后，经备用电源自动投入已将负荷转移到其他线路上，不影响供电。

（4）电缆线路。

（5）有带电作业工作并声明不能强送的线路。

（6）线路—变压器组断路器跳闸，重合不成功。

（7）运行人员已发现明显故障现象。

（8）线路断路器有缺陷或遮断容量不足的线路。

案例 13：220kV 线路单相瞬时性故障本侧第一套重合闸压板未投，第二套收对侧远跳闭锁三相重合成功造成本侧重合闸重合不成功

本案例分析的知识点

（1）220kV 线路单相瞬时性故障本侧保护信息和故障波形分析。

（2）外接的电流回路接线未按照说明书交流输入变换插件与系统接线图设计，电流回路至 $3I_0$ 回路厂家线 1n207、1n208 反接导致的 $3I_0$ 与故障相电路反相位。

（3）M 侧误发远跳信号分析。

（4）关于线路保护在正常运行时投入双套重合闸出口压板和单套重合闸出口压板的问题。

一、案例基本情况

2016 年 8 月 29 日 14 时 15 分，220kV MN 线 C 相故障，断路器三相跳闸，重合不成功。220kV 线路 C 相瞬时性接地故障点位置如图 3-40 所示。

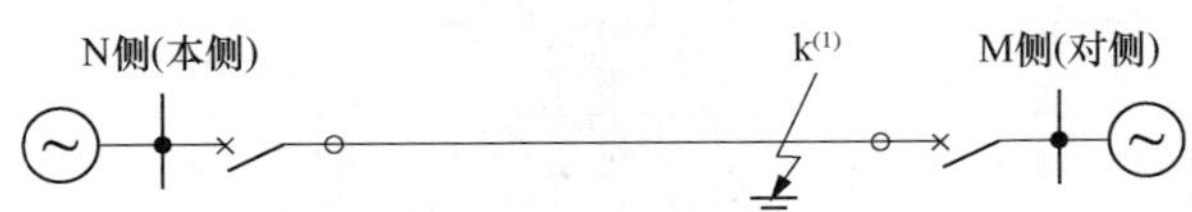

图 3-40　220kV 线路 C 相瞬时性接地故障点位置示意图

该线路 C 相接地短路故障，本侧故障相电流为 0.72A（二次值）、1800A（一次值），零序电流为 0.75A（二次值）、1875A（一次值），故障切除时间为 40ms，电流互感器变比为 2500/1。RCS-901BFM（程序版本 2.10）保护装置出口时间为 13ms，RCS-931AMV（程序版本 R5.00）保护装置出口时间为 10ms，2054ms 时第一套保护重合闸动作（重合闸方式为单相重合闸，重合闸出口压板未投，重合闸不成功）。

本侧（N 侧）第一套保护 RCS-901BFM 保护装置，纵联零序方向、纵联变化量方向动作，重合闸动作，故障测距离为 25.4km。第二套保护 RCS-931AMV 保护装置，电流差动保护、远方启动跳闸动作，故障测距离为 7.4km，线路全长为 27.42km。

二、N 侧（本侧）线第一套纵联保护 RCS-901FM 保护装置动作信息

（1）动作报告。第一套纵联保护 RCS-901FM 保护装置动作报告见表 3-31，时间为 2016 年 8 月 29 日 14 时 15 分 20 秒 665 毫秒。

表 3-31　　第一套纵联保护 RCS-901FM 保护装置动作报告

相对时间	动作元件	跳闸相别	动作参数
13ms	纵联零序方向	ABC	
34ms	纵联变化量方向	ABC	
2054ms	重合闸动作		
	故障相电流值		0.69A
	故障零序电流值		0.722A
	故障测距结果		L=25.4km C 相

（2）启动时开入量状态见表 3-32。

表 3-32　　启动时开入量状态

序号	开入名称	数值	序号	开入名称	数值
01	主保护	1	13	合闸压力降低	0
02	距离保护	1	14	发远跳	0
03	零序保护	1	15	发远传 1	0
04	重合闸方式 1	0	16	发远传 2	0
05	重合闸方式 2	0	17	收信	0
06	闭重三跳	0	18	收远跳	0
07	其他保护停信	0	19	收远传 1	0
08	跳闸启动重合	0	20	收远传 2	0
09	三跳启动重合	0	21	主保护压板	1
10	A 相跳闸位置	0	22	距离压板	1
11	B 相跳闸位置	0	23	零序压板	1
12	C 相跳闸位置	0	24	闭重三跳	0

（3）启动后变位报告见表 3-33。

表 3-33　　启动后变位报告

序号	时间	开入名称	数值	序号	时间	开入名称	数值
01	03ms	收信	0→1	04	68ms	B 相跳闸位置	0→1
02	63ms	A 相跳闸位置	0→1	05	2393ms	收信	1→0
03	63ms	C 相跳闸位置	0→1				

（4）第一套保护装置故障波形如图 3-41 所示。

三、N 侧（本侧）第二套纵联保护 RCS-931AMV 保护装置动作信息

（1）动作报告。第二套纵联保护 RCS-931AMV 保护动作报告见表 3-34，时间为 2016 年 8 月 29 日 14 时 15 分 20 秒 665 毫秒。

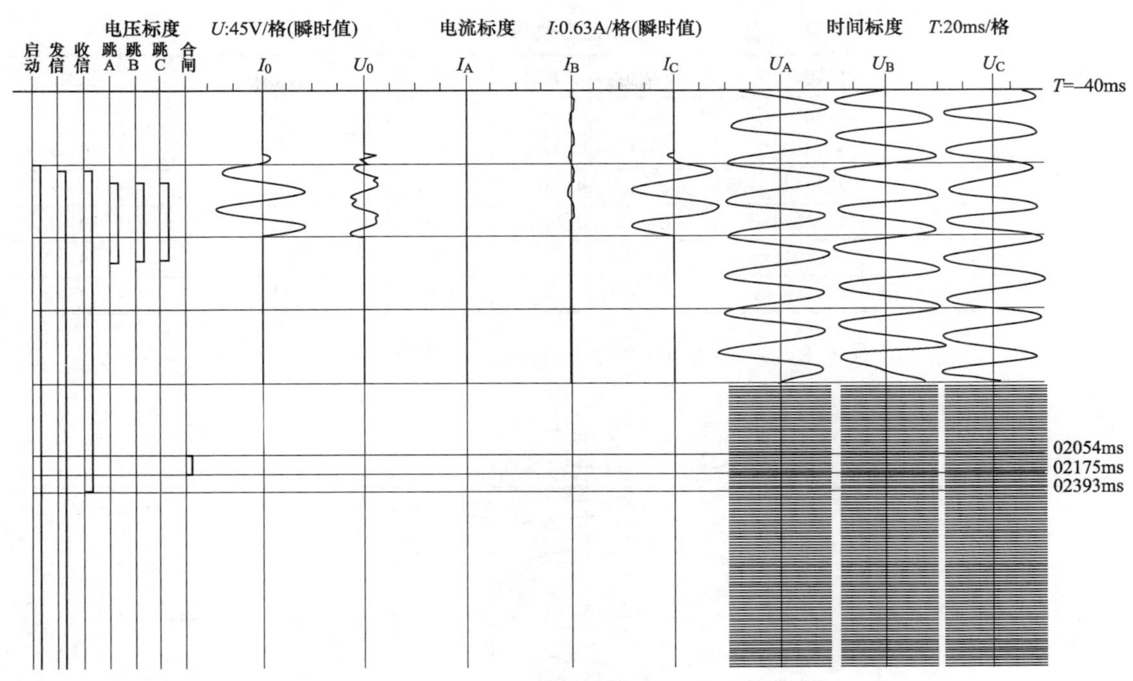

图 3-41　第一套保护装置故障波形图

启动—保护启动接通正电源；发信、收信—允许式保护区内故障时两侧发信，两侧收信

表 3-34　　第二套纵联保护 RCS-931AMV 保护装置动作报告

相对时间	动作元件	跳闸相别	动作参数
10ms	电流差动保护	ABC	
32ms	远方启动跳闸	ABC	
	故障相电流值		0.72A
	故障零序电流值		0.75A
	故障差动电流		1.58A
	故障测距结果		L=7.4km C 相

（2）启动时开入量状态见表 3-35。

表 3-35　　启动时开入量状态

序号	时间	描述	变化值	序号	时间	描述	变化值
01	32ms	收远跳	0→1	04	62ms	A 相跳闸位置	0→1
02	62ms	C 相跳闸位置	0→1	05	63ms	收远跳	1→0
03	62ms	B 相跳闸位置	0→1				

（3）启动后变位报告见表 3-36。

表 3-36　　启动后变位报告

序号	时间	描述	变化值	序号	时间	描述	变化值
01	10ms	跳 A 出口	0→1	07	50ms	跳 A 出口	1→0
02	10ms	跳 B 出口	0→1	08	50ms	跳 B 出口	1→0
03	10ms	跳 C 出口	0→1	09	50ms	跳 C 出口	1→0
04	10ms	保护跳闸出口	0→1	10	50ms	保护跳闸出口	1→0
05	10ms	保护三跳出口	0→1	11	50ms	保护三跳出口	1→0
06	32ms	闭锁重合闸出口	0→1	12	7062ms	闭锁重合闸出口	1→0

（4）第二套纵联保护 RCS-931AMV 保护装置故障波形如图 3-42 所示。

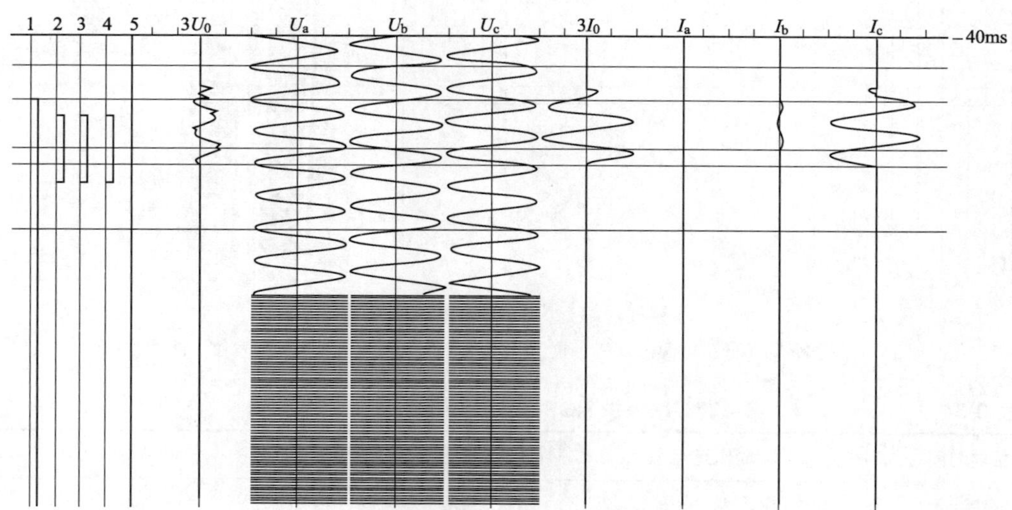

图 3-42　第二套纵联保护 RCS-931AMV 保护装置故障波形图

1）各路波形幅值（启动后 1 个周波内有效值）：零序电压（$3U_0$）—17.36V；电压 A 相（U_a）—63.91V；电压 B 相（U_b）—60.34V；电压 C 相（U_c）—56.71V；零序电流（$3I_0$）—0.74A；电流 A 相（I_a）—0.01A；电流 B 相（I_b）—0.03A；电流 C 相（I_c）—00.71A；标度组 00（通道 01～04）—44.57V/格；标度组 01（通道 05～08）—0.56A/格；录波时间标度 T—20.00ms/格。

2）开关量说明：1—CPU 启动；2—跳闸 A 相（A）；3—跳闸 B 相（B）；4—跳闸 C 相（C）；5—重合闸动作。

四、故障波形分析

故障波形如图 3-41 和图 3-42 所示，横坐标表示模拟量和开关量的幅值，纵坐标表示故障时间。

1. 电压波形分析

（1）该线路第一、二套保护装置电压取自母线电压互感器，由于故障 C 相电压降低很小，分析是高阻接地故障。

（2）故障后零序电压波形叠加了高次谐波，其中有 3 个半波有明显的 3 次谐波分量，呈现出双顶波特点，220kV 系统属于中性点有效接地系统，因此在故障时存在 $3U_0$，断路器三

相跳闸后，$3U_0$ 为零。

2. 电流波形分析

该线路 C 相瞬时性接地短路故障，C 相电流由负载电流突变成短路电流，其瞬时值为 0.72A、1800A（一次值），电流互感器变比为 2500/1。正常相 A、B 相电流为负载电流，其瞬时值较小。由于为单相接地故障，220kV 系统属于中性点有效接地系统，因此 C 相电流和零序电流大小相等、方向相同，在故障时存在 $3I_0$，其大小与 C 相的短路电流基本相等。断路器三相跳闸后，$3I_0$ 消失。

本案例中的零序电流和 C 相电流波形相位相差 180°，是因为外接的电流回路接线未按照说明书交流输入变换插件与系统接线图设计，电流回路至 $3I_0$ 回路厂家线 1n207、1n208 反接导致的，不影响 RCS-931AMV 保护装置正确动作。

在故障时 C 相的电流和电压波形都是正弦波，说明在故障时电压互感器、电流互感器没有饱和现象。

3. 开关量分析

（1）第二套纵联保护 RCS-931AMV 保护装置在 32ms 时远方启动跳闸动作，闭锁了重合闸，在图 3-42 上可以看到第二套纵联保护 RCS-931AMV 保护装置重合闸开入没有动作。

（2）第一套纵联保护 RCS-901BFM 保护装置在 2054ms 时重合闸动作，在图 3-41 上可以看到第一套纵联 RCS-901BFM 保护装置 2054ms 时重合闸开入量变位，但是因为第一套纵联保护 RCS-901BFM 保护装置的重合闸出口压板没有投入，所以 N 侧 500kV 变电站 MN 线断路器实际上没有重合成功。该变电站正常运行方式下只投入第二套纵联保护的重合闸出口压板。

（3）在这次故障中，第二套纵联保护 RCS-931AMV 保护在 32ms 时远方启动跳闸已经先动作，而第一套纵联保护 RCS-901BFM 保护装置在 2054ms 时重合闸仍然能够动作，说明两套保护装置之间没有相互闭锁重合闸回路的设计。

（4）这次故障是线路区内故障，M 侧母差及失灵保护并没有动作跳闸，N 侧第二套纵联保护 RCS-931AMV 保护装置在 32ms 时收远跳 0→1 信号，32ms 时远方启动跳闸动作，N 侧收到了 M 侧的远跳开入信号，说明 M 侧误发远跳信号。经查，M 侧在 2014 年第二套纵联保护 RCS-901 保护装置更换为 RCS-931AM 保护装置过程中，在操作箱未将 TJR 和 TJQ 分开，如图 3-43 所示；后来又通过更换插件程序升级将 RCS-931AM 升级为 RCS-931AMV，RCS-931AM 升级为 RCS-931AMV 工作中外围二次回路保持不变，直到此次跳闸，N 侧重合不成功，将此缺陷问题暴露出来。M 侧在操作箱将 TJR 和 TJQ 分开，缺陷得到处理。此事暴露出 RCS-901 保护装置更换为 RCS-931AM 保护装置过程中图纸设计、施工、调试、验收工作不细致，对允许式保护更换为分相电流差动式保护装置原理掌握得不清楚，对二次变动应做的改动不清楚，两侧通道联调工作中遗漏两侧同时三跳三合调试项目，两侧通道联调工作中未仔细分析保护装置动作报告开关量开入变位的正确性。

五、重合闸出口压板投入问题

关于线路保护在正常运行时投入双套重合闸出口压板和单套重合闸出口压板的问题，全国各地做法不同。导致该问题的原因为历史遗留问题，以前的保护装置存在过重合闸竞赛，避免两套线路保护重合闸实际动作时间的不同，从而造成二次重合于故障问题，所以只投入单套重合闸，从此就形成了只投入一套重合闸出口压板的习惯。在目前保护装置的可靠性和开关性能已经很优秀的情况下，投入双套重合闸出口压板的做法是正确的。

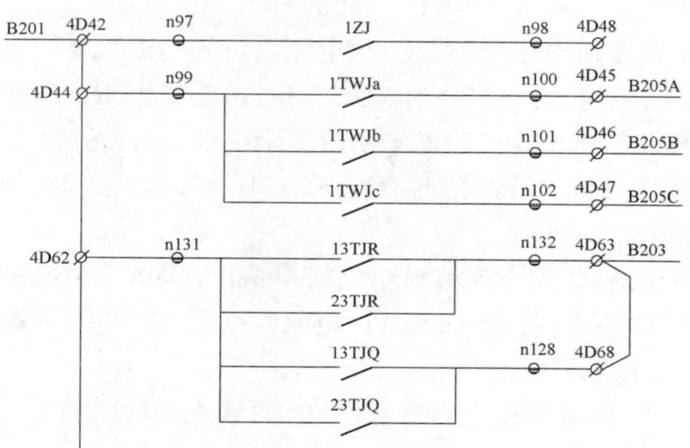

图 3-43　TJR 和 TJQ 二次接线图

案例 14：220kV 线路 A 相故障在重合闸整定时间内转 C 相故障

本案例分析的知识点

（1）220kV 线路 A 相故障在重合闸整定时间内转 C 相故障波形分析。
（2）220kV 线路 A 相故障在重合闸整定时间内转 C 相故障动作过程。
（3）220kV 线路 A 相故障在重合闸整定时间内转 C 相故障保护动作分析。

一、案例基本情况

2020 年 12 月 5 日 3 时 21 分 1 秒 781 毫秒，某 220kV 线路 A 相发生接地故障，接地距离Ⅰ段、分相差动保护动作，A 相跳闸。重合闸整定时间内，C 相又发生接地故障，差动保护动作，沟通三跳，三相断路器跳闸。故障测距为 0.7109km，线路全长为 75.6km。220kV 线路单相接地故障点位置如图 3-44 所示。

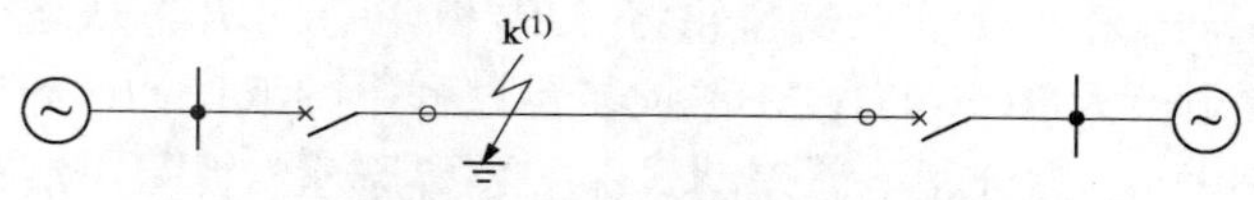

图 3-44　220kV 线路单相接地故障点位置示意图

二、CSC-103D 型线路保护装置故障波形分析

CSC-103D 型线路保护装置故障波形如图 3-45 所示，横坐标表示模拟量和开关量的幅值，纵坐标表示故障时间。“74.74A”表示电流二次值（瞬时值），每格为 74.74A。“96.6V”表示电压二次值（瞬时值），每格为 96.6V。纵坐标（时间轴）以所标时间为准。横坐标模拟量 1～9 分别表示 I_A、I_B、I_C、I_0、U_A、U_B、U_C、U_0、U_X；开关量 1～21 分别表示保护启动、跳 A、跳 B、跳 C、永跳、沟通三跳开入、跳位 A、跳位 B、跳位 C、重合、沟通三跳开出、远方

跳闸出口、远传命令 1 开出、远传命令 2 开出、单跳启动重合闸、三跳启动重合闸、闭锁重合闸、低气压闭锁重合、远方跳闸开入、远传命令 1 开入、远传命令 2 开入。

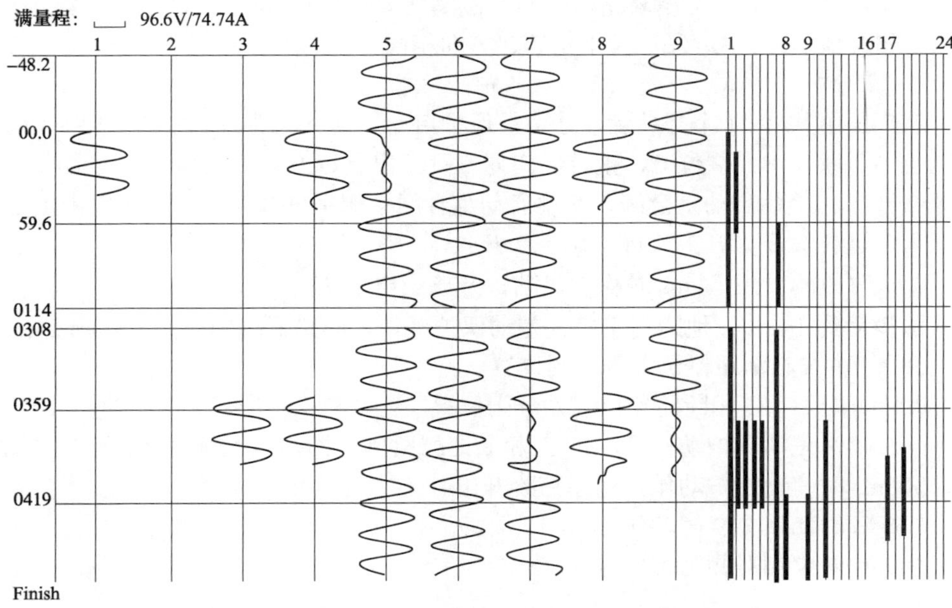

图 3-45　CSC-103D 型线路保护装置故障波形图

1. 电压波形分析

（1）波形记录了故障前 48.2ms 的正常电压波形。0ms 时第一次故障发生，A 相单相接地故障，故障相 A 相电压降低明显。因故障点属于近区故障，所测量的电压是故障点到母线电压互感器的残压，它等于短路电流乘以短路点到母线电压互感器安装处的阻抗。故障持续 40ms，由于 220kV 线路重合闸多使用单相重合闸，即在单相接地故障时断路器单相跳闸，故障切除，故障相 A 相电压恢复正常，这是因为电压取自母线电压互感器。349ms 时，C 相发生单相接地故障，C 相电压降低明显，属于近区故障。故障持续 40ms，断路器跳闸后，故障相 C 相电压恢复正常。

（2）从波形开始到结束，B 相电压正常。

（3）$3U_0$ 电压波形分析。$3U_0$ 为自产，由于是单相接地故障，因此在故障时有 $3U_0$，$3\dot{U}_0=\dot{U}_A+\dot{U}_B+\dot{U}_C$。因为 U_A 降低比较明显，因此 $3U_0$ 比较高，其方向与 U_A 基本反向。A 相断路器跳闸后、C 相发生单相接地故障前，$3U_0$ 为零。第二次故障 $3U_0$ 持续时间约为 40ms，断路器三相跳闸后故障切除，$3U_0$ 为零。

（4）U_x 取自线路电压互感器 C 相，0ms 时第一次故障发生，A 相单相接地故障，U_x 电压不变。349ms 时第二次故障发生，C 相单相接地故障，U_x 与 U_c 大小相等、方向相同，幅值降低。三相断路器跳闸后故障切除，U_x 变为零。

2. 电流波形分析

（1）波形记录了故障前 48.2ms 的正常电流波形。0ms 时第一次故障发生，A 相单相接地故障，A 相电流突变为故障电流，持续 40ms 后，A 相断路器跳闸，故障被切除，A 相电流为零。349ms 时第二次故障发生，C 相单相接地故障，C 相电流突变为故障电流，持续 40ms

后，三相断路器跳闸，故障被切除，C 相电流为零。

（2）$3\dot{I}_0=\dot{I}_A+\dot{I}_B+\dot{I}_C$，0ms 时第一次故障发生，A 相单相接地故障，$3I_0$ 与 I_A 大小相等、方向相同；持续 40ms 后，A 相断路器跳闸，故障被切除，$3I_0$ 为零。349ms 时第二次故障发生，C 相单相接地故障，$3I_0$ 与 I_C 大小相等、方向相同。

3. 开关量分析

（1）波形图中共有 21 个开关量，分别是保护启动、跳 A、跳 B、跳 C、永跳、沟通三跳开入、跳位 A、跳位 B、跳位 C、重合、沟通三跳开出、远方跳闸出口、远传命令 1 开出、远传命令 2 开出、单跳启动重合闸、三跳启动重合闸、闭锁重合闸、低气压闭锁重合闸、远方跳闸开入、远传命令 1 开入、远传命令 2 开入。

（2）0ms 时故障发生，5ms 时保护启动，开放正电压 7s。

（3）故障后约 14ms 接地距离Ⅰ段、差动保护动作，断路器跳闸时间持续约 26ms。

（4）58ms 时 A 相断路器位置为分闸位置。

（5）409ms 时 B、C 相断路器位置为分闸位置。

（6）366ms 时差动保护动作，ABC 三相断路器跳闸，断路器跳闸时间持续约 26ms。

（7）366ms 时差动保护动作，沟通三跳开出。

（8）366ms 时闭锁重合闸动作。

（9）380ms 时收到对侧远跳信号。

三、CSC-103D 型线路保护装置动作报告分析

（1）CSC-103D 型线路保护装置动作报告见表 3-37，保护启动时间为 2020 年 12 月 5 日 3 时 21 分 1 秒 781 毫秒。

表 3-37　　CSC-103D 型线路保护装置动作报告

保护装置	北京四方 CSC-103D（V1.06L）保护装置		
时间	2020-12-05 03：21：01.781		
动作时间	动作元件	跳闸相别	动作参数
5ms	保护启动		
14ms	Ⅰ段阻抗出口	A	A 相
14ms	分相差动出口	A	I_A=31.38A　I_B=0.1348A　I_C=0.1079A
	三相差动电流		I_A=62.00A　I_B=0.1079A　I_C=0.1079A
	三相制动电流		I_A=36.00A　I_B=2.703A　I_C=4.781A
	对侧差动出口		
	测距阻抗		X=0.0247Ω　R=0.092Ω A 相
	测距		L=0.7109km　A 相
66ms	单跳启动重合闸		
366ms	闭锁重合闸		
366ms	差动发展性故障 2	ABC	I_A=0.00A　I_B=0.1079A　I_C=29.25A
378ms	阻抗Ⅰ段发展出口	ABC	
	三相差动电流		I_A=0.0270A　I_B=0.1079A　I_C=60.50A
	三相制动电流		I_A=0.0270A　I_B=5.563A　I_C=35.75A
	TA 变比 800/5		线路全长：75.6km

（2）5ms 时保护装置启动，14ms 时接地距离Ⅰ段、分相差动保护动作，跳 A 相；349ms 时第二次故障发生，C 相单相接地故障，差动保护动作，跳 ABC 三相。

（3）故障相：先 A 相单相接地故障，后 C 相单相接地故障。

（4）故障测距：0.7109km。

（5）故障电流：A 相 31.38A，C 相 29.25A（二次侧电流）。

四、220kV 单相转换性故障时的动作过程

220kV 线路 A 相接地→接地距离Ⅰ段、分相差动保护动作→断路器 A 相跳闸→349ms 时 C 相接地→差动保护动作→沟通三跳开出→断路器 ABC 相跳闸→未达到重合闸整定时间（800ms）→闭锁重合闸。

五、保护动作情况分析

（1）本线路全长为 75.6km，故障测距为 0.7109km，属于距离Ⅰ段、差动保护动作范围，因此接地距离Ⅰ段、分相差动保护动作，保护动作正确。

（2）0ms 时第一次故障发生，A 相单相接地故障，接地距离Ⅰ段、分相差动保护动作，跳 A 相；349ms 时第二次故障发生，C 相单相接地故障，差动保护动作，跳 ABC 三相；因两次故障发生在重合闸整定时间内，二次故障三跳闭锁重合闸。

（3）故障相电流值为 A 相 31.38A、C 相 29.25A（二次侧电流），TA 变比为 800/5，A 相一次故障电流为 5020.8A，C 相一次故障电流为 4680A。

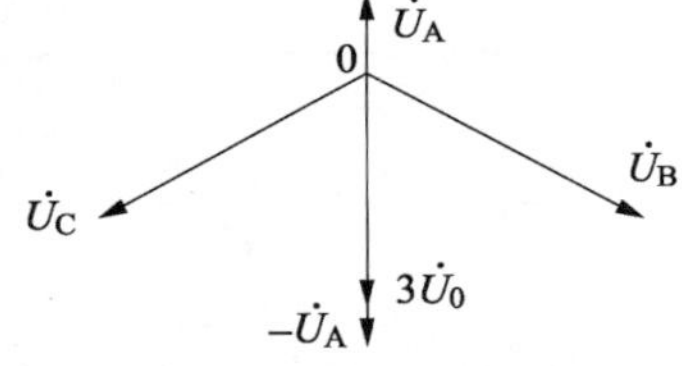

图 3-46　A 相单相接地保护安装处电压相量图

（4）阻抗Ⅰ段的测量值折算到一次侧的阻抗值：

$$Z_1 = \frac{U_1}{I_1} = \frac{K_U \cdot U_2}{K_I \cdot I_2} = \frac{K_U}{K_I} \times Z_2 = \frac{2200}{160} \times (0.0952 + j0.0247)$$

$$= 1.309 + j0.3396$$

（5）A 相单相接地保护安装处电压相量图如图 3-46 所示。

案例 15：220kV 线路 C 相故障在重合闸整定时间内转 A 相故障

本案例分析的知识点

（1）转换性故障动作报告分析。

（2）故障波形分析。

（3）线路保护、单相重合闸、断路器本体三相不一致保护时间配合。

（4）220kV 单相转换性故障时的动作过程。

（5）保护动作情况分析。

一、案例基本情况

2017 年 9 月 28 日 16 时 37 分某变电站 220kV 路线路受雷击，发生区内故障，双套主保

护动作，C 相断路器跳闸，约 400ms 后，A 相发生接地，线路断路器三相跳闸。线路 A 套装置为 RCS-931 电流差动保护装置，B 套装置为 RCS-902 高频距离保护装置，重合闸投单重，单相重合闸时间为 0.7s。之后强送成功。220kV 线路单相接地故障点位置如图 3-47 所示。

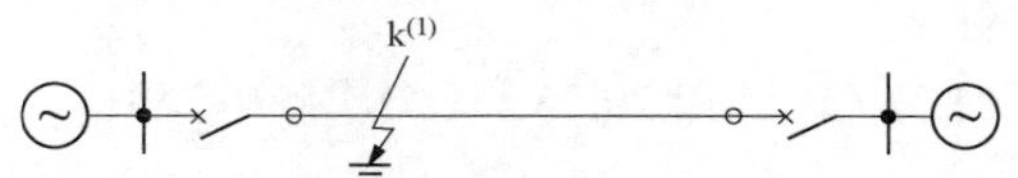

图 3-47　220kV 线路单相接地故障点位置示意图

二、RCS-931 电流差动保护装置动作报告分析

RCS-931 电流差动保护装置动作报告见表 3-38 和表 3-39。

表 3-38　　RCS-931 电流差动保护装置动作报告（一）

动作序号	094	启动绝对时间	2017-09-28　16：37：17.498
序号	动作相	动作相对时间	动作元件
01	C	6ms	工频变化量阻抗
02	C	14ms	电流差动保护
03	C	23ms	距离Ⅰ段动作
04	ABC	418ms	工频变化量阻抗
05	ABC	421ms	电流差动保护
06	ABC	454ms	距离Ⅰ段动作
故障测距结果		1.8km	
故障相别		C	
故障相电流值		76.37A	
故障零序电流		76.45A	
故障差动电流		93.85 A	

表 3-39　　RCS-931 电流差动保护装置动作报告（二）

动作序号	094	启动绝对时间	2017-09-28　16：37：16.499
序号	动作相	动作相对时间	动作元件
01	C	13ms	电流差动保护
02	ABC	420ms	电流差动保护
故障测距结果		22.7km	
故障相别		C	
故障相电流值		9.98A	
故障零序电流		9.38A	
故障差动电流		56.26 A	

（1）表 3-38 分析。启动绝对时间为 16 时 37 分 17 秒 498 毫秒。RCS-931 保护读取动作报告，第一次保护动作：6ms 时工频变化量阻抗保护动作，14ms 时电流差动保护动作，23ms 时距离Ⅰ段保护动作，动作相别为 C 相。第二次保护动作，418ms 时工频变化量阻抗保护动作，421ms 时电流差动保护动作，454ms 时距离Ⅰ段工作，动作相别为三相，故障测距为 1.8km，故障相电流为 76.37A，零序电流为 76.45A，故障差动电流为 93.85A。

因重合闸整定时间为 0.7s，第二次 A 相故障在单相重合闸整定时间内，保护直接三跳。

（2）表 3-39 分析。启动绝对时间为 16 时 37 分 16 秒 499 毫秒。RCS-931 保护读取动作报告，第一次保护动作：13ms 时电流差动保护动作，动作相别为 C 相。第二次保护动作，420ms 时电流差动保护动作，动作相别为三相，故障测距为 22.7km，故障相电流为 9.98A，零序电流为 9.38A，故障差动电流为 56.26A。

表 3-1 与表 3-2 的测距不一样，故障电流及差动电流也不一样，说明是两次故障。

三、RCS-902 保护动作报告分析

RCS-902 保护装置动作报告见表 3-40 和表 3-41。

表 3-40　　RCS-902 保护装置动作报告（一）

动作序号	095	启动绝对时间	2017-09-28　16：37：17.498
序号	动作相	动作相对时间	动作元件
01	C	6ms	工频变化量阻抗
02	C	19ms	纵联距离动作
03	C	19ms	纵联零序动作
04	C	23ms	距离 I 段动作
05	ABC	418ms	工频变化量阻抗
06	ABC	443ms	纵联距离动作
07	ABC	454ms	距离 I 段动作
故障测距结果		1.8km	
故障相别		C	
故障相电流值		74.77A	
故障零序电流		75.78A	

表 3-41　　RCS-902 保护装置动作报告（二）

动作序号	976	启动绝对时间	2017-09-28　16：37：16.499
序号	动作相	动作相对时间	动作元件
01	C	15ms	纵联距离动作
02	C	15ms	纵联零序动作
03	ABC	430ms	纵联距离动作
故障测距结果		22.5km	
故障相别		C	
故障相电流值		9.94A	
故障零序电流		9.56A	

（1）表 3-40 分析。启动绝对时间为 16 时 37 分 17 秒 498 毫秒。RCS-902 保护读取动作报告，第一次保护动作：6ms 时工频变化量阻抗保护动作，19ms 时纵联距离保护及纵联零序保护动作，23ms 时距离 I 段保护动作，动作相别为 C 相。第二次保护动作，418ms 时工频变化量阻抗保护动作，443ms 时纵联距离保护动作，454ms 时距离 I 段动作，动作相别为三相，故障测距为 1.8km，故障电流为 74.77A，故障零序电流为 75.78A。

（2）表 3-41 分析。启动绝对时间为 16 时 37 分 17 秒 499 毫秒。RCS-902 保护读取动作

报告，第一次保护动作：15ms 时纵联距离保护及纵联零序保护动作，动作相别为 C 相；第二次保护动作，438ms 时纵联距离保护动作，动作相别为三相，故障测距为 22.5km，故障电流为 9.94A，故障零序电流为 9.56A。

四、RCS-902 保护装置故障波形分析

RCS-902 保护装置故障波形如图 3-48 所示。

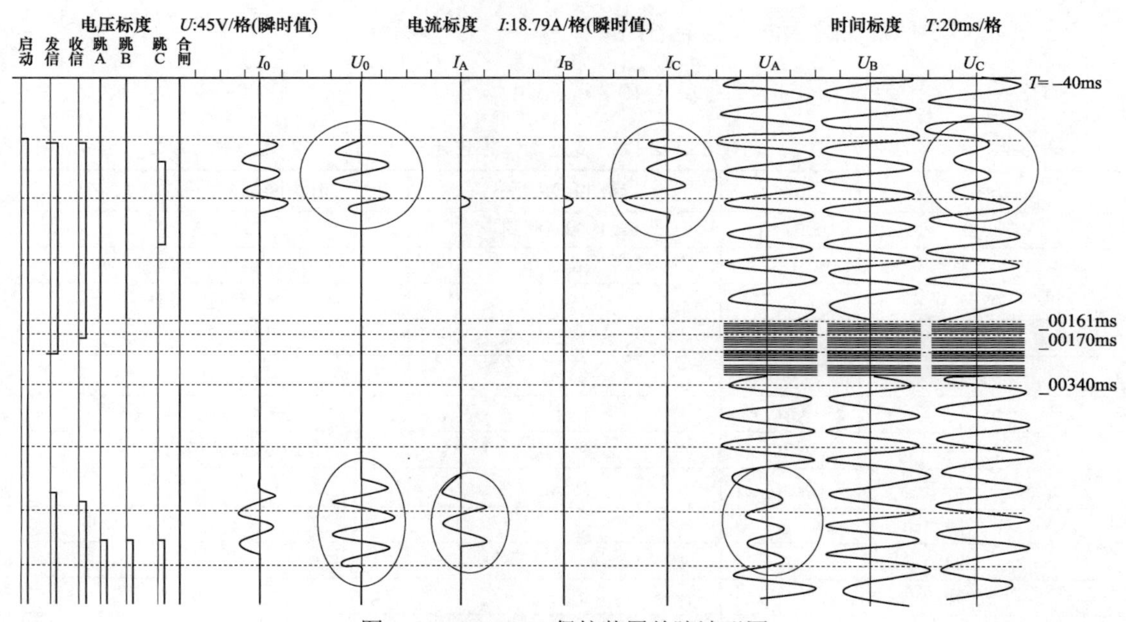

图 3-48 RCS-902 保护装置故障波形图

报告有 8 个模拟量、7 个开关量。横坐标表示模拟量和开关量的幅值，纵坐标表示故障时间。“I：18.79A/格”表示电流二次值（瞬时值）。“U：45V/格”表示电压二次值（瞬时值）。纵坐标（时间轴）以所标时间为准。横坐标模拟量分别表示 I_A、I_B、I_C、I_0、U_A、U_B、U_C；开关量分别表示保护启动、发信、收信、跳 A、跳 B、跳 C、重合。

1. 模拟量分析

（1）“T=－40ms”表示记录故障前 2 个周波正常电压、负载电流值。

（2）0ms 时 C 相故障，C 相电压降低 50ms，之后 C 相电压正常，出现 $3U_0$ 分量；C 相出现故障电流，并出现 $3I_0$，$3I_0$ 方向与 C 相故障电流反向（接线原因），故障时间 50ms，故障电流与 $3I_0$ 最大峰值在最后半个周波；故障 40ms 时 A、B 两相出现很小故障电流，时间约 5ms；故障时和 C 相断路器跳闸后 A、B 两相电压正常。

（3）400ms 时 A 相电压降低，再次产生 $3U_0$；A 相有故障电流，并产生 $3I_0$，$3I_0$ 方向与 C 相故障电流反向，故障时间 40ms。

（4）440ms 后三相电压恢复正常，说明故障已切除。

2. 开关量分析

（1）0ms 启动：保护启动，开放保护正电源。

（2）1ms 时发信、9ms 时收信，RCS-902 纵联高频保护为高频允许式保护，在故障相对

侧发信并收到对侧信号判区内故障保护出口跳闸。

（3）15ms 时跳 C 相分闸开始，时间约 50ms。

（4）400ms 时再次发信，409ms 时收信，435ms 时断路器三跳，跳开 A、B 相。

五、220kV 故障录波器母线电压波形图分析

220kV 故障录波器电压波形如图 3-49 所示。从图 3-49（a）可以看出第一次 0ms 时 C 相电压降低，出现 $3U_0$ 分量；从图 3-49（b）可以看出第一次 400ms 时 A 相电压降低，出现 $3U_0$ 分量。

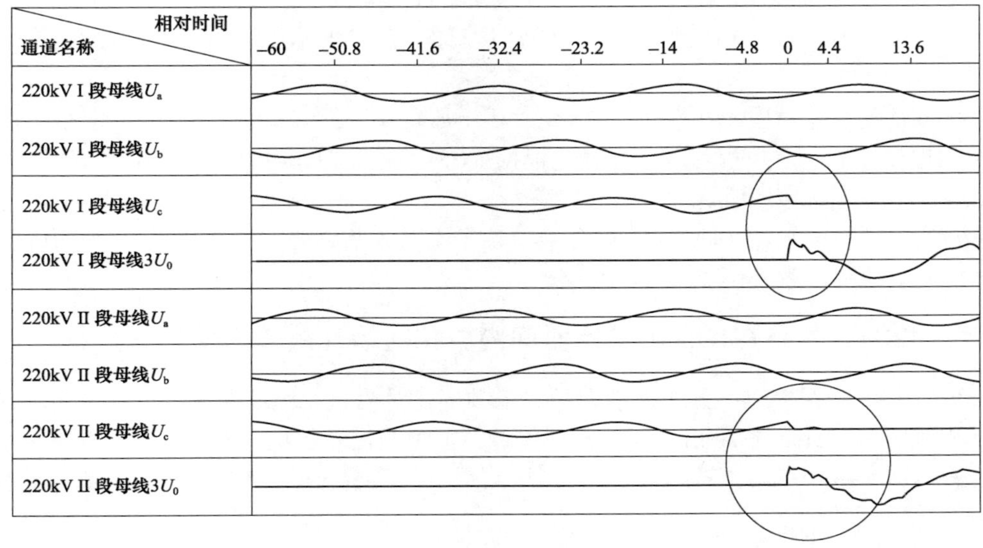

(a)

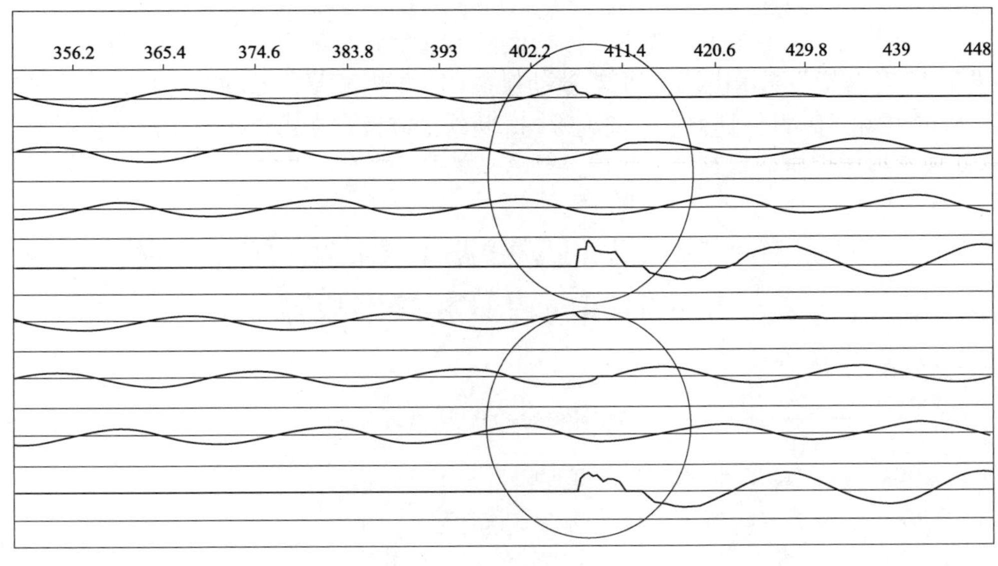

(b)

图 3-49　220kV 故障录波器母线电压波形图

（a）故障开始时 0ms；（b）故障开始后约 400ms

六、原因分析

（1）该地区 220kV 及以上线路投单相重合闸方式，本线路重合闸整定时间为 0.7s。线路两套重合闸出口压板均应投入运行。

（2）该地区 220kV 及以上线路断路器采用断路器本体三相不一致保护，动作时间取 2.5s。

当故障开始时，220kV 两段母线 C 相电压均出现不规律变化且出现零序电压，线路 C 相电流也升高，可判断此时为 C 相单相接地故障，两侧 C 相断路器跳开，C 相母线电压恢复正常。

约 400ms 发生故障前，由于单相重合闸整定时间为 0.7s，未达到 C 相重合闸时间。非全相保护动作时间为 2.5s，未达到非全相保护动作时间，故此时两侧 C 相断路器均在跳位，A、B 相断路器在合位。

约 400ms 发生故障后，220kV 两段母线 A 相电压均出现不规律变化且再次出现零序电压，线路 A 相电流升高，可判断为 A 相故障。根据 RCS-931 及 RCS-902 线路保护装置跳闸逻辑，非全相运行再故障直接三跳。

根据上述判断可知，220kV 线路重合闸未动作原因为断路器在未达到重合闸动作时间时，线路再次发生故障，跳开两侧三相断路器。

七、220kV 线路在重合闸整定时间内单相转换性故障时的动作过程

220kV 线路 C 相接地→分相差动保护、工频变化量阻抗、纵联距离、纵联零序动作→断路器 C 相跳闸→400ms 时 A 相接地→差动保护、工频变化量阻抗、纵联距离、纵联零序动作→沟通三跳开出→断路器 ABC 相跳闸→未达到重合闸整定时间（700ms）→闭锁重合闸。

八、保护动作情况分析

0ms 时第一次故障发生，C 相单相接地故障，A 套装置为 RCS-931 电流差动保护，B 套装置为 RCS-902 高频距离保护。跳 C 相；400ms 时第二次故障发生，A 相单相接地故障，差动保护动作，A 套装置为 RCS-931 电流差动保护，B 套装置为 RCS-902 高频距离保护，再次动作跳 ABC 三相；因重合闸整定时间为 0.7s，两次故障发生在重合闸整定时间内，第二次故障后三跳并闭锁重合闸，保护动作正确。

案例 16：雷击 220kV 线路 C 相故障在重合闸整定时间内转 B 相接地故障

本案例分析的知识点

（1）220kV 线路 B、C 相接地短路保护动作分析。

（2）220kV 线路 B、C 相接地短路故障录波图分析。

（3）220kV B、C 相分别接地短路故障时的动作过程。

（4）保护动作情况分析。

（5）两套保护测距存在的问题。

一、案例基本情况

2022 年 8 月 17 日 18 时 0 分 58 秒 842 毫秒，某 220kV 线路 C 相短路接地故障，14ms 时纵差保护动作、分相差动动作跳 C 相，72ms 时单跳启动重合闸，130ms 时 B 相短路接地，147ms 时纵差保护动作出口跳 ABC 三相，150ms 时断路器三跳闭锁重合闸，故障切除。因线路采用单相重合闸，线路三跳不重合。CSC-103A 型线路保护装置故障测距为 29.5km，PRS-753A 型线路保护装置故障测距为 39.9km，线路全长为 51.31km。220kV 线路 B、C 两相接地短路故障点位置如图 3-50 所示。

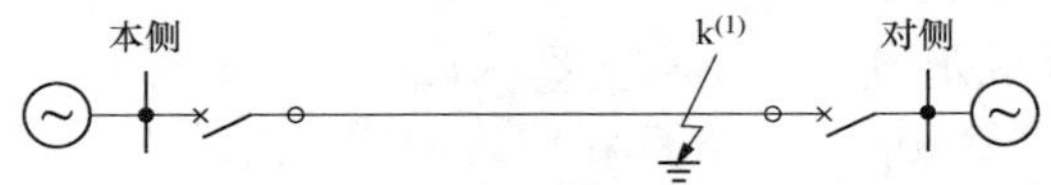

图 3-50　220kV 线路 B、C 两相接地短路故障点位置示意图

二、CSC-103A 型线路保护装置故障波形分析

故障波形如图 3-51 所示，横坐标表示模拟量和开关量的幅值，纵坐标表示故障时间单位毫秒。“23.17A”表示电流二次值（瞬时值），每格为 23.17A。“112.1V”表示电压二次值（瞬时值），每格为 112.1V。横坐标 1～9 为模拟量，分别表示 I_A、I_B、I_C、$3I_0$、U_A、U_B、U_C、$3U_0$、U_X；2～4 为开关量，分别表示跳 A、跳 B、跳 C。

录波报告

时间：2022-08-17 18: 00: 58.842

模拟量：1-I_a　2-I_b　3-I_c　4-$3I_0$

5-U_a　6-U_b　7-U_c　8-$3U_0$ 自产

9-U_x

开关量：1-保护启动　2-跳 A　3-跳 B　4-跳 C

5-永跳　6-跳位 A　7-跳位 B　8-跳位 C

9-重合　10-沟通三跳开出　11-远方其他保护动作　12-远传 1 开出

13-远传 2 开出　14-闭锁重合闸　15-低气压闭锁重合闸　16-其他保护动作开入

满量程：　112.1V/23.17A

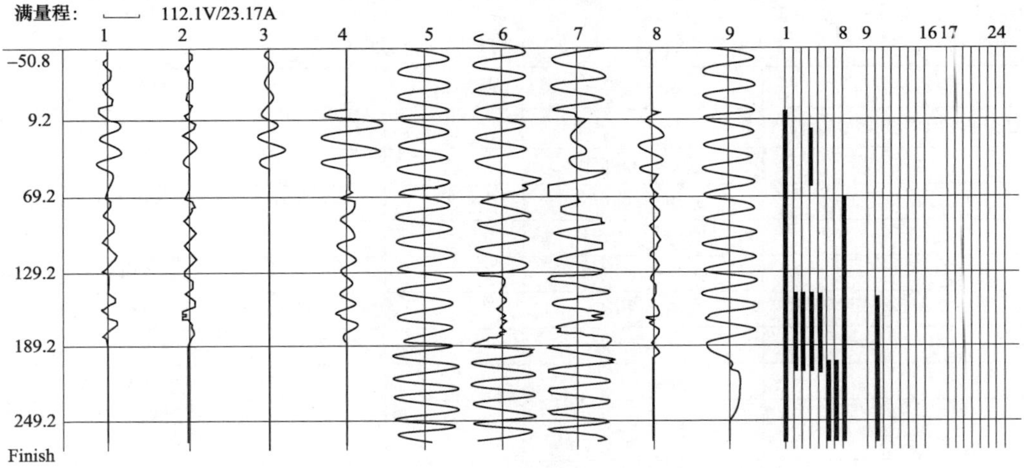

1　2　3　4　5　6　7　8　9　1　8　9　16　17　24

−50.8

9.2

69.2

129.2

189.2

249.2

Finish

图 3-51　220kV 线路 B、C 相接地短路故障波形图

1. 电压波形分析

（1）故障相电压分析：0ms 前三相电压正常，0ms 时 C 相接地故障，C 相电压产生波动，C 相电压降低，同时 A、B 两相电压也略有降低，零序电压出现。130ms 时 B 相电压波动，B 相电压降低（近端），零序电压持续。14ms 时分相差动保护动作发出跳断路器 C 相命令，147ms 时断路器三相跳闸。

（2）$3U_0$ 电压波形分析。C 相故障时 $3\dot{U}_0=\dot{U}_A+\dot{U}_B+\dot{U}_C\downarrow$，C 相跳闸后 $3\dot{U}_0=\dot{U}_A+\dot{U}_B$，B 相故障时 $3\dot{U}_0=\dot{U}_A+\dot{U}_B\downarrow$。

（3）通道 9 是线路 A 相电压。

2. 电流波形分析

（1）故障相 C 相电流波形分析。0ms 时 C 相短路接地故障，三相电流由负载电流突变成短路电流，68ms 时断路器 C 相跳闸后，C 相电流为零，由于 A、B 两相故障电流没有达到整定值，A、B 两相保护没有动作；130ms 时 B 相近端故障，B 相有故障电流，147ms 时断路器 A、B、C 三相跳闸后，A、B 两相电流为零，故障电流切除。

（2）$3I_0$ 电流波形分析。C 相故障，$3I_0$ 为三相电流之相量和；C 相跳闸，A、B 两相有很小的故障电流，$3I_0$ 不为零。130ms 时 B 相故障，$3I_0$ 略增大。由于断路器三相开断存在时间差，184ms 左右，断路器三相均断开后 $3I_0$ 消失。

（3）在故障时 ABC 相的电流和电压波形都是正弦波，说明在故障时电压互感器和电流互感器没有饱和现象。

3. 开关量分析

（1）图 3-51 中 02～04 表示开关量，分别是跳 A、跳 B、跳 C。

（2）线路 C 相短路接地故障发生后几乎 0ms 时保护启动，14ms 时分相差动保护动作，保护装置向断路器发“跳 C”命令。

三、CSC-103A 型线路保护装置动作报告分析

CSC-103A 型线路保护装置动作报告见表 3-42。

表 3-42　　CSC-103A 型线路保护装置动作报告

间隔名称：CSC 系列保护装置 故障绝对时间：2022-08-17 18：00：58.842		装置地址：11 当前定值区号：01 打印时间：2022-08-27 16：27：39	
相对时间	动作元件	跳闸相别	动作参数
2022-08-17 18：00：58.842			
14ms	纵差保护动作	C	
14ms	分相差动动作	C	I_{CDa}=0.213A　I_{CDb}=0.159A　I_{CDc}=13.31A
	数据来源通道一		
	三相差动电流		I_{CDa}=0.159A　I_{CDb}=0.213A　I_{CDc}=35A
	三相制动电流		I_A=11.13A　I_B=6.375A　I_C=24.63A
	对侧差动动作		
	故障相电压		U_A=59.75V　U_B=48.75V　U_C=16.38V
	故障相电流		I_A=5.969A　I_B=3.156A　I_C=5.750A $3I_0$=14.63A
	测距阻抗		X=1.273Ω　R=0.496Ω C 相

续表

相对时间	动作元件	跳闸相别	动作参数
	故障测距		L=29.5km C 相
72ms	单跳启动重合		
147ms	纵差保护动作	ABC	
147ms	差动发展动作	ABC	I_{CDa}=0.159A　I_{CDb}=14.94A　I_{CDc}=0A
	数据来源通道一		
149ms	闭锁重合闸		
150ms	三跳闭锁重合闸		
	三相差动电流		I_{CDa}=0.106A　I_{CDb}=26A　I_{CDc}=0A
	三相制动电流		I_{CDa}=3.563A　I_{CDb}=30A　I_{CDc}=0A

（1）保护启动时间：2022-08-27 18：00：58.842。

（2）0ms 时保护装置启动，14ms 时分相差动出口。

（3）故障相：C 相。

（4）故障测距：29.5km。

（5）差动电流：I_A=0.213A，I_B=0.159A，I_C=13.31A（二次侧电流）。

四、PRS-753A 型线路保护装置动作报告分析

PRS-753A 型线路保护装置动作报告见表 3-43。

表 3-43　PRS-753A 型线路保护装置动作报告

厂站名：　线路：　装置地址：004　管理版本：V1.02　打印时间：2022-08-28 11：29

故障序号	00284	启动绝对时间	2022-08-17 18：00：58.917
序号	动作相	动作相绝对时间	动作元件
01	C	9ms	分相差动动作
故障测距结果		39.9km	
故障相别		C	
故障相电流值		5.71A	
故障零序电流		36.53A	

保护动作情况

类别	时间	描述
	2022-08-17 18：00：58.917	保护启动
	9ms	分相差动动作
	10ms	保护动作 跳闸 C
	11ms	相关差动动作
	158ms	分相差动动作
	159ms	保护动作 跳闸 ABC
	故障序号	00284
	故障相别	C
	测距	039.9km
	I_c	005.71A
	U_c	016.42V
	I_{dc}	036.40A
	I_{do}	036.53A

（1）保护启动时间：2022-08-17 18：00：58.917。

（2）9ms 时分相差动动作。

（3）故障相：C 相。

（4）故障测距：39.9km。

（5）故障相电流：5.71A（二次侧电流）。

（6）故障零序电流：36.53A（二次侧电流）。

五、220kV C、B 相分别接地短路故障时的动作过程

220kV 线路 C 相接地短路故障→分相差动保护动作→断路器 C 相跳闸→130ms 时 B 相接地短路→纵差保护动作、差动发展动作→断路器三相跳闸→故障切除。

六、保护动作情况分析

（1）本线路全长为 51.31km，CSC-103A 型线路保护装置故障测距为 29.5km，PRS-753A 型线路保护装置故障测距为 39.9km，属于纵差保护范围，保护动作正确。两套保护测距相差 10.4km，测距存在问题。

（2）本线路采用单相重合闸，线路两相故障，断路器三相跳闸不重合。

（3）故障相电流值为 5.71A（二次侧电流），电流互感器变比为 600/5，一次故障电流为 685.2A。

案例 17：220kV 线路 BC 相间短路故障断路器三相跳闸重合闸重合成功

本案例分析的知识点

（1）220kV 线路相间故障保护信息和故障波形分析。

（2）220kV 线路相间故障录波器主要信息和故障波形分析。

（3）220kV 线路相间故障动作过程。

一、案例基本情况

2015 年 11 月 7 日 10 时 14 分 28 秒 582 毫秒，某 500kV 变电站 220kV MN 二线 BC 相间短路故障，断路器三相跳闸。220kV MN 二线第一套 WXH-802A/F1/R1 高压线路保护装置出口时间为 13ms，220kV MN 二线第二套 WXH-803A/B1/R1 高压线路保护装置出口时间为 8ms，断路器 40ms 三相跳闸，重合闸方式为三相重合闸，单相故障三跳三重，重合闸成功，故障相别为 BC 相，故障距离为 14.169km，线路全长为 24.96km。220kV 线路 BC 相瞬时性故障点位置如图 3-52 所示。

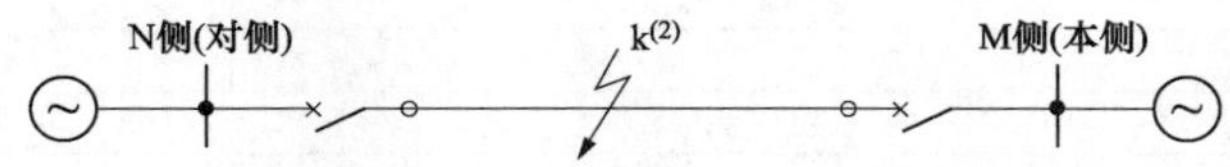

图 3-52　220kV 线路 BC 相瞬时性故障点位置示意图

二、M 侧变电站 220kV MN 二线第一套保护 WXH-802A/F1/R1 高压线路保护装置动作信息

1. 动作报告及故障参数

WXH-802A/F1/R1 保护装置动作报告见表 3-44，故障参数见表 3-45。

表 3-44　WXH-802A/F1/R1 保护装置动作报告

序号	动作元件名称	动作相别	动作相对时间
01	纵联距离动作	ABC	013ms
02	距离Ⅰ段动作	ABC	035ms
03	重合闸		2059ms
04	故障测距：14.91km		

表 3-45　故障参数

序号	名称	量值	序号	名称	量值
01	A 相电流	0.241∠193 A	03	C 相电流	6.328∠007 A
02	B 相电流	6.156∠187 A	04	$3I_0$	0.071∠167 A

2. 第一套保护故障波形分析

第一套 WXH-802A/F1/R1 保护装置故障波形如图 3-53 所示。

（1）故障波形分析：

1）报告有 8 个模拟量、8 个开关量；

2）报告记录了故障前 79ms 正常电压电流波形值；

3）0ms 时故障，220kV 母线 B、C 两相电压降低，线路单相电压互感器 C 相降低；

4）B、C 两相短路电流大小相等、方向相反；

5）故障时间为 60ms，断路器三相跳闸后，220kV 母线电压恢复正常，线路电压为零；

6）故障时 A 相电流略有增大，时间为 40ms；

7）故障时有很小的 $3I_0$；

8）2108ms 重合闸重合成功，线路单相电压恢复正常；

9）故障相间电压超前故障相间电流约 80°。

（2）开关量分析：故障开始 6ms 保护启动，40ms 时三相分闸，2059ms 重合闸重合。

三、M 变侧线路微机电力故障录波器故障分析报告

1. 故障录波器主要信息

（1）故障录波时间：2015-11-07　10：09：12.471。

（2）变电站名称：500kV M 变电站。

（3）故障线路：220kV MN 二线。

（4）故障距离：14.169km。

（5）故障相型：BC 相间短路故障。

（6）故障电流（A）：I_a=0.238，I_b=5.945，I_c=6.129，$3I_0$=0.058。

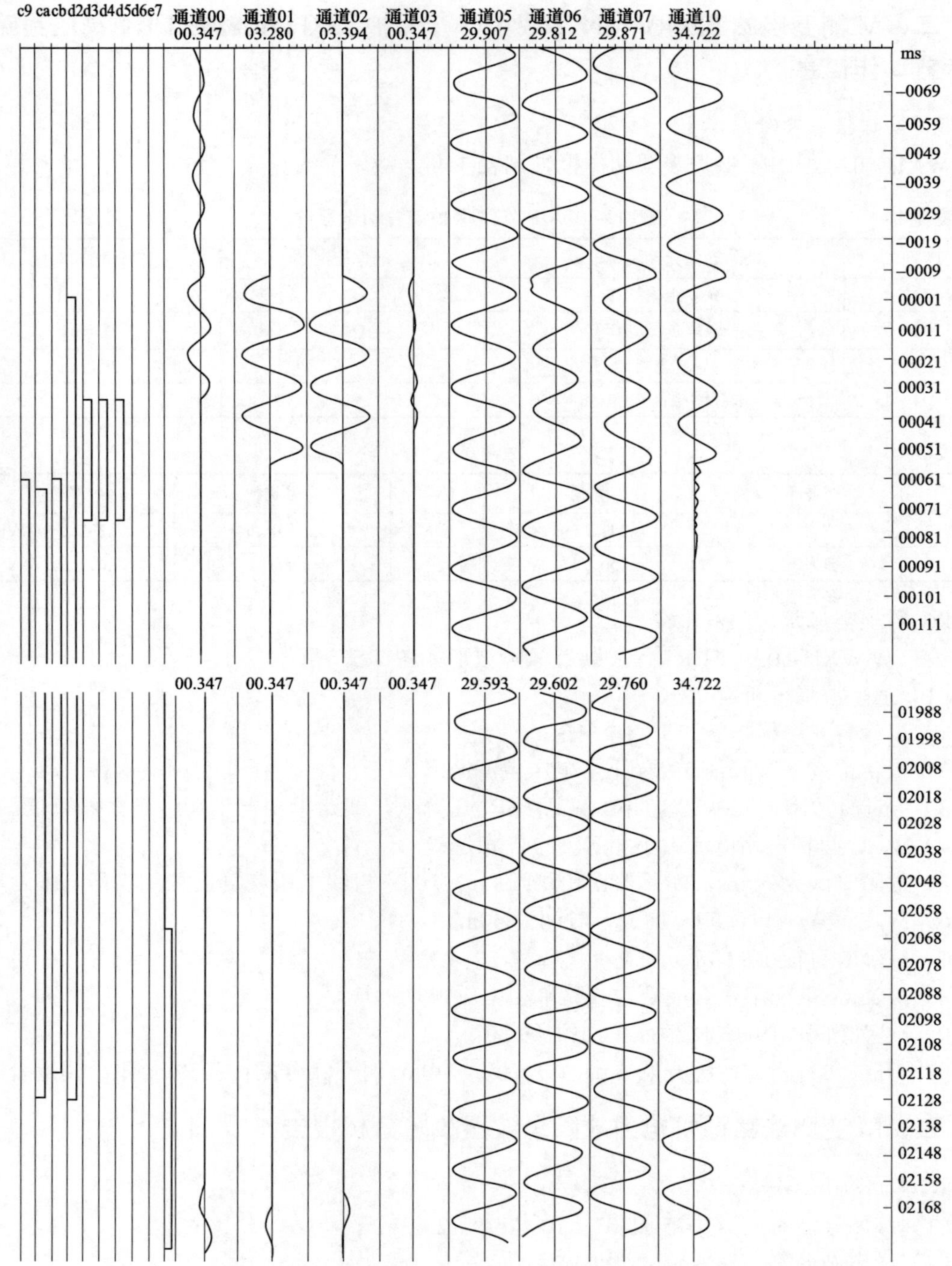

图 3-53　第一套 WXH-802A/F1/R1 保护装置故障波形图

c9—A 相跳位；ca—B 相跳位；cb—C 相跳位；d2—装置启动；d3—跳 A 相；d4—跳 B 相；d5—跳 C 相；d6—闭锁重合闸；e7—合闸；00—A 相电流；01—B 相电流；02—C 相电流；03—零序电流；05—A 相电压；06—B 相电压；07—C 相电压；10—U_{xC} 电压

（7）故障电压（V）：U_a=58.698，U_b=41.107，U_c=41.317，$3U_0$=0.123。

（8）故障前一周波电压（V）：U_a=60.452∠307.33，U_b=58.113∠186.79，U_c=58.813∠69.12，$3U_0$=0.092∠173.96。

（9）故障前一周波电流（A）：I_a=0.094∠110.99，I_b=0.152∠208.56，I_c=0.164∠356.19，$3I_0$=0.006∠130.54。

（10）故障后一周波电压（V）：U_a=58.528∠307.25，U_b=41.128∠172.04，U_c=41.091∠82.66，$3U_0$=0.150∠250.27。

（11）故障后一周波电流（A）：I_a=0.228∠140.46，I_b=5.922∠135.44，I_c=6.102∠315.49，$3I_0$=0.049∠152.61。

（12）故障后两周波电压（V）：U_a=58.280∠307.16，U_b=45.432∠176.50，U_c=44.645∠76.86，$3U_0$=0.194∠270.83。

（13）故障后两周波电流（A）：I_a=0∠58.64，I_b=5.972∠132.46，I_c=6.029∠312.37，$3I_0$=0.058∠303.64。

2. 开关量变位主要信息

（1）A 相跳闸时间：37.1ms。

（2）A 相重合闸时间：2154.0ms。

（3）B 相跳闸时间：59.6ms。

（4）B 相重合闸时间：2161.5ms。

（5）C 相跳闸时间：59.6ms。

（6）C 相重合闸时间：2157.8ms。

3. 故障波形图开关量信息

（1）MN 二线第一套 WXH-802A：跳 A 相[变位]。

（2）MN 二线第一套 WXH-802A：跳 B 相[变位]。

（3）MN 二线第一套 WXH-802A：跳 C 相[变位]。

（4）MN 二线第一套 WXH-802A：重合闸动作[变位]。

（5）MN 二线第二套 WXH-803A：跳 A 相[变位]。

（6）MN 二线第二套 WXH-803A：跳 B 相[变位]。

（7）MN 二线第二套 WXH-803A：跳 C 相[变位]。

（8）MN 二线第二套 WXH-803A：重合闸动作[变位]。

4. 故障波形图分析

故障波形如图 3-54 所示。

（1）报告有 8 个模拟量、8 个开关量。

（2）报告记录了故障前 40ms 正常电压电流波形值。

（3）0ms 时故障，220kV 母线电压 B、C 两相降低，A 相电压不变。

（4）B、C 两相短路电流大小相等、方向相反。

（5）故障时间 60ms，断路器三相跳闸后，220kV 母线电压恢复正常。

（6）故障时 A 相电流略有增大，时间为 40ms。

（7）故障时有很小的 $3I_0$。

（8）1489.687ms 到 2040.937ms 之间波形有压缩。

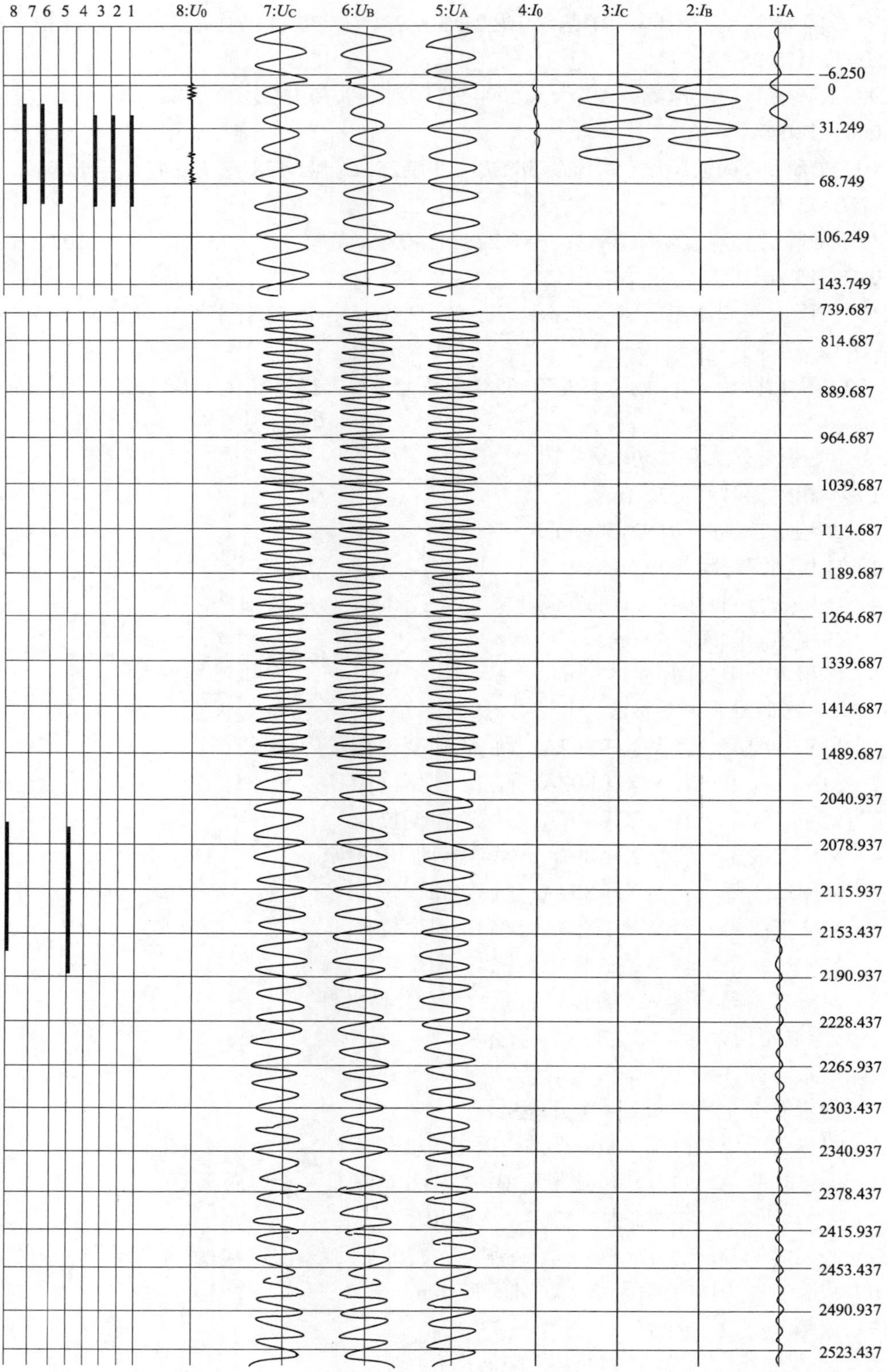

8 7 6 5 4 3 2 1
8:U_0
7:U_C
6:U_B
5:U_A
4:I_0
3:I_C
2:I_B
1:I_A
-6.250
0
31.249
68.749
106.249
143.749
739.687
814.687
889.687
964.687
1039.687
1114.687
1189.687
1264.687
1339.687
1414.687
1489.687
2040.937
2078.937
2115.937
2153.437
2190.937
2228.437
2265.937
2303.437
2340.937
2378.437
2415.937
2453.437
2490.937
2523.437

图 3-54 故障波形图

（9）开关量分析：故障开始 13ms 有第一套跳 A、B、C 相变位开关量，约 25ms 有第二套跳 A、B、C 相变位开关量；2054ms 时第一套重合闸动作，2057ms 时第二套重合闸动作。

（10）故障相间电压超前故障相间电流约 80°。

四、220kV 相间接地故障时的动作过程

220kV 线路相间故障→纵联保护动作、距离Ⅰ段动作→断路器三相跳闸→经重合闸整定时间（2s）→断路器三相重合→重合成功，线路正常运行。

五、保护动作分析

（1）本次故障，线路两套保护动作正确（第二套分析略），测距吻合。

（2）故障录波器 GPS 对时不准需要处理。

案例 18：220kV 馈线负荷侧 B、C 两相接地短路第一套主保护拒动作故障

本案例分析的知识点

（1）小电流侧或负荷侧故障波形分析。

（2）保护推动故障分析。

一、案例基本情况

2019 年 4 月 3 日 16 时 37 分，某 220kV 线路 B、C 两相接地短路故障，断路器三相跳闸。该线路 B、C 两相接地短路故障，故障二次电流为 1.972A，一次电流为 986A，电流互感器变比为 500/1，零序二次电流为 3.129A，一次电流为 1564.5A，电流互感器变比为 500/1，故障切除时间为 27ms。220kV 线路 BCN 相接地故障点位置如图 3-55 所示。

图 3-55　220kV 线路 BCN 相接地故障点位置示意图

第一套保护 PSL603GCM 保护装置动作情况：2019 年 4 月 3 日 16 时 38 分 18 秒，差动保护启动、距离零序保护启动、综合重合闸电流启动，但均未出口。

第二套保护 PSL603U 保护装置动作情况：2019 年 4 月 3 日 16 时 37 分 50 秒，纵联差保护动作、接地距离Ⅰ段保护动作、纵联保护动作，220kV 线路断路器跳闸，故障相别为 BCN，故障测距为 7.079km，重合闸方式为单重，多相故障直接三跳，重合放电，测距为 21km。

二、N 侧第一套保护 PSL603GCM 保护装置动作信息

1. 故障报告信息

时间：2019-04-03　16：38：18.291。

保护动作信息如下：

0ms 差动保护启动（差动保护 M） [CPU1]
0ms 距离零序保护启动（距离零序保护 C 型） [CPU2]
0ms 综重电流启动［综合重合闸（600）］ [CPU3]
01ms 启动 CPU 启动 （启动 CPU 保护） [CPU4]
6005ms 差动保护整组复归 （差动保护 M） [CPU1]
6010ms 综重电流复归 ［综合重合闸（600）］ [CPU3]
6011ms 距离零序保护复归 （距离零序保护 C 型） [CPU2]
6223ms 启动 CPU 复归（启动 CPU 保护） [CPU4]

上述信息中，没有保护出口信息，只有启动和复归信息，说明保护拒动。

2. 第一套保护PSL603GCM故障波形分析

第一套保护 PSL603GCM 保护装置故障波形如图 3-56 所示。

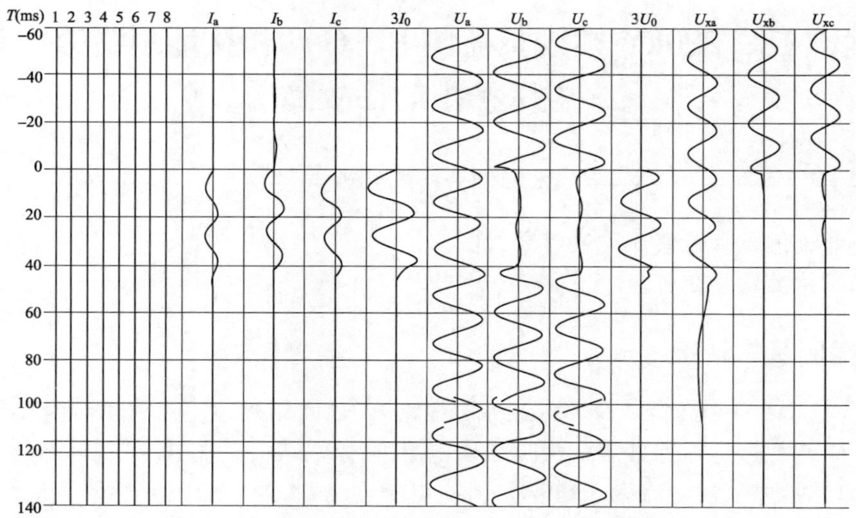

图 3-56 第一套保护 PSL603GCM 保护装置故障波形图

时间：2019-04-03 16：38：18.291。

模拟量通道：I_a=10.00A/格；I_b=10.00A/格；I_c=10.00A/格；$3I_0$=10.00A/格；U_a=100.00V/格；U_b=100.00V/格；U_c=100.00V/格；$3U_0$=100.00V/格；U_{xa}=173.00V/格；U_{xb}=173.00V/格；U_{xc}=173.00V/格。

开关量通道：1—A 相跳闸；2—B 相跳闸；3—C 相跳闸；4—永跳出口；5—重合闸动作；6—远跳开入；7—远传 A 开入；8—远传 B 开入。

（1）报告记录了故障前 60ms 正常母线电压、线路电压、线路电流波形。

（2）0ms 时故障，220kV 母线电压、线路电压 B、C 相降低，由于是近段端故障，B、C 两相残压很低。

（3）故障时出现 $3U_0$ 分量，说明是两相接地故障；$3U_0$ 与非故障相 A 相同相位，说明线路发生的是金属性短路故障。

（4）故障时 B、C 两相电流大小相等，非故障相 A 相电流略小，三相方向相同，与 $3I_0$ 同相，$3I_0=I_A+I_B+I_C$，说明本侧是弱电源侧（小水电或者没有发电，几乎没有正序和负序分量），

此电流由接地点 $3U_0$ 产生。

（5）故障时间为 45ms，首开相为 B 相。

（6）故障切除时 $3U_0$ 出现了谐波分量；线路 A 相电压没有立即为零，有一个衰减过程。

（7）故障切除后，220kV 母线电压恢复正常。

（8）故障报告中 8 个开关量在故障时都没有动作，说明第一套保护装置拒动。

三、N 侧第二套保护 PSL603UZC 保护装置动作信息

1．保护动作信息

时间：2019-04-03　16：37：50.283。

（1）0ms 保护启动。

（2）9ms 纵差保护动作。

（3）9ms 保护 B 跳出口。

（4）11ms 保护永跳出口。

（5）27ms 接地距离 I 段动作。

（6）34ms 纵联保护动作。

（7）5080ms 保护整组复归。

（8）故障测距：7.079km。

2．保护动作行为报告

（1）故障相别：BCN。

（2）故障测距结果：7.079km。

（3）故障回路电压：3.037V。

（4）故障回路电流：1.972A。

（5）零序电流：3.129A。

（6）故障回路阻抗：1.490+j0.698Ω。

（7）A 相差动电流：0.000A。

（8）A 相制动电流：0.000A。

（9）B 相差动电流：16.158A。

（10）B 相制动电流：12.837A。

（11）C 相差动电流：16.314A。

（12）C 相制动电流：12.782A。

（13）装置启动时综合状态：2e8018a5。

（14）装置动作时综合状态：2e8018a7。

（15）纵联保护动作时状态：4c01c08e。

（16）后备保护动作时状态：ddb8e5f2。

3．启动后开关量变位

启动后开关量变位信息如下：

2ms	发信/发信 A	0→1
4ms	从 CPU 启动	0→1
9ms	B 跳开出	0→1

10ms	收信/收信 A	0→1
11ms	A 跳开出	0→1
11ms	C 跳开出	0→1
11ms	永跳开出	0→1
14ms	重合闸放电	0→1
14ms	沟通三跳	0→1
16ms	发信/发信 A	1→0
27ms	收信/收信 A	1→0
63ms	C 相跳闸位置	0→1
65ms	A 相跳闸位置	0→1
65ms	B 相跳闸位置	0→1
69ms	A 跳开出	1→0
69ms	B 跳开出	1→0
69ms	C 跳开出	1→0
69ms	永跳开出	1→0

4. 故障波形分析

第二套保护 PSL603UZC 保护装置故障波形如图 3-57 和图 3-58 所示。

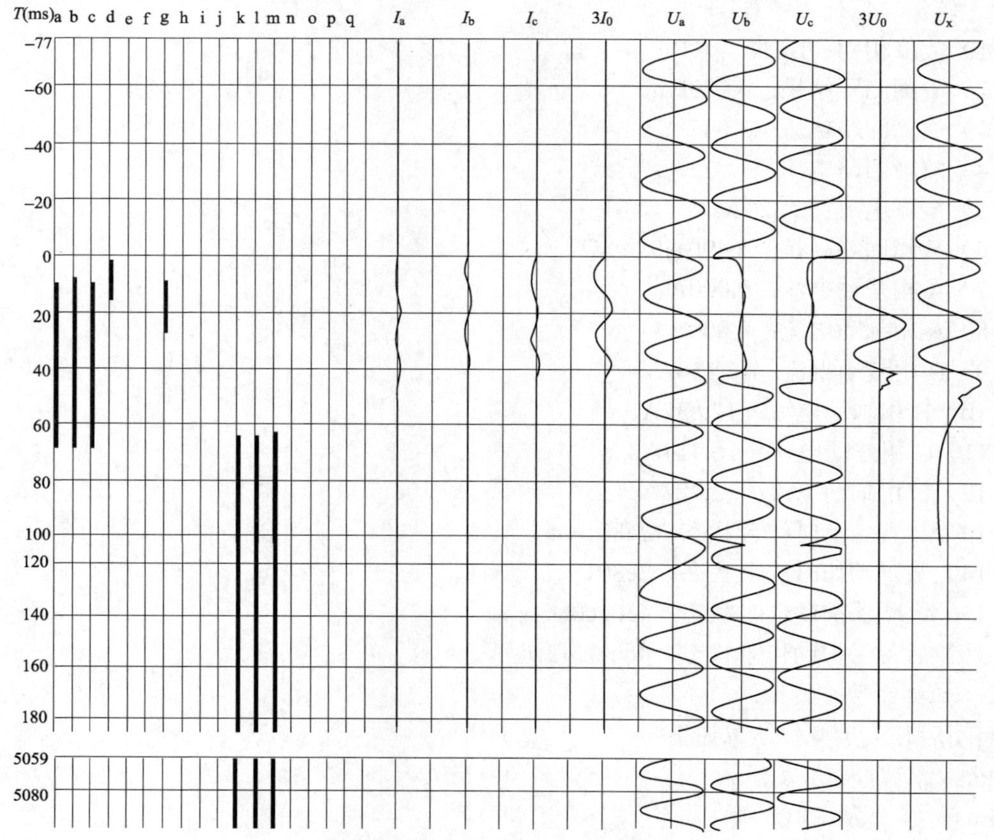

图 3-57　第二套保护 PSL603UZC 保护装置故障波形 1

开关量通道：a—A 跳开出；b—B 跳开出；c—C 跳开出；d—发信/发信 A；e—发信 B；f—发信 C；g—收信/收信 A；h—收信 B；i—收信 C；j—重合闸开出；k—A 相跳闸位置；l—B 相跳闸位置；m—C 相跳闸位置；n—远方跳闸开入；o—高保真 A 跳开出；p—高保真 B 跳开出；q—高保真 C 跳开出。

模拟量通道：I_a=30.00A/格；I_b=30.00A/格；I_c=30.00A/格；$3I_0$=30.00A/格；U_a=90.00V/格；U_b=90.00V/格；U_c=90.00V/格；$3U_0$=90.00V/格；U_x=90.00V/格。

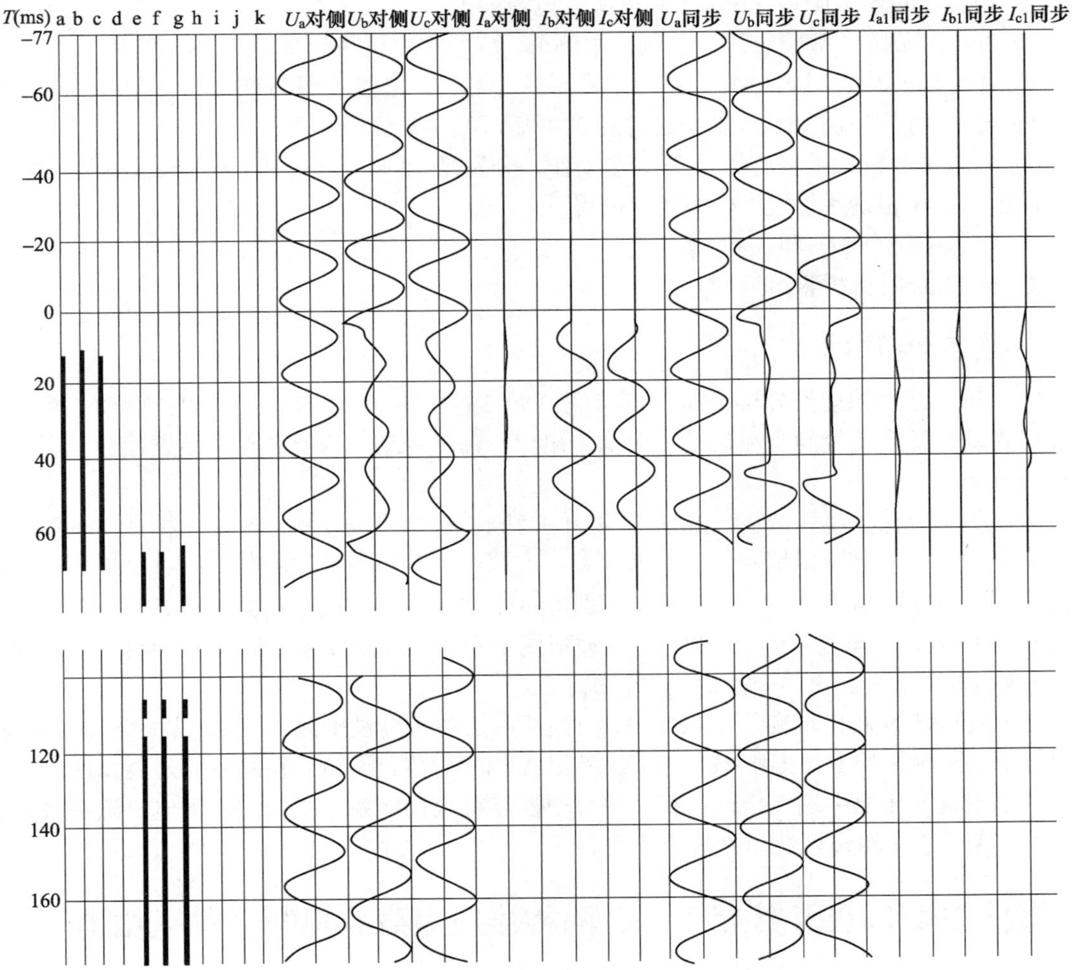

图 3-58　第二套保护 PSL603UZC 保护装置故障波形 2

（1）图 3-57 故障波形分析。

1）图 3-57 有 9 个模拟量、17 个开关量。

2）报告记录了故障前 77ms 正常电压、电流波形值。

3）0ms 开始故障，220kV 母线 B、C 两相电压降低，有 $3U_0$ 分量，在断路器分闸时 $3U_0$ 分量出现了谐波分量；三相故障电流同方向，与 $3I_0$ 方向相同。

4）故障切除后，220kV 母线电压恢复正常，线路单相电压有一个衰减过程。

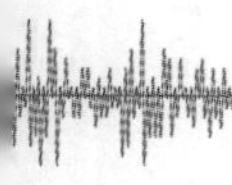

5）报告动作的开关量有 8 个，分别是 A 跳开出、B 跳开出、C 跳开出、发信/发信 A、收信/收信 A、A 相跳闸位置、B 相跳闸位置、C 相跳闸位置。从图 3-58 可以看出三相跳闸直到 5080ms 保护整组返回。

（2）图 3-58 故障波形分析。

1）报告有 12 个模拟量、11 个开关量。模拟量记录对侧三相电压、三相电流和本侧的三相电压、三相电流。

2）报告记录了故障前 77ms 正常电压、电流波形值。

3）0ms 时故障，故障点靠近本侧，本侧 B、C 两相电压降低多，对侧降低少。

4）对侧是电源侧，因此故障 B、C 相电流大小相等，本侧三相都有故障电流，方向相同。

5）45ms 时故障切除，本侧和的对侧 220kV 母线电压恢复正常。

6）开关量分析：报告有 6 个开关量动作，分别是 A 跳开出、B 跳开出、C 跳开出、A 相跳闸位置、B 相跳闸位置、C 相跳闸位置。

7）报告中没有 $3U_0$ 和 $3I_0$ 分量。

8）5080ms 时保护整组返回。

四、保护动作分析

（1）第一套保护动作分析。2019 年 4 月 3 日 16 时 38 分 18 秒，差动保护启动、距离零序保护启动、综合重合闸电流启动，但均未出口，保护拒动。需要做保护装置校验，查明不动作的原因。

（2）第二套保护动作分析。2019 年 4 月 3 日 16 时 37 分 50 秒，纵差保护动作、接地距离Ⅰ段保护动作、纵联保护动作，因为重合闸方式投单重，多相故障跳三相，不重合；所以 14ms 时重合闸放电 0→1，14ms 时沟通三跳 0→1；220kV MN 线断路器三相跳闸不重合，故障相别为 BCN，故障测距为 7.079km。从波形图上看，两侧在故障时刻 B、C 两相电压降低，B、C 两相电流增大。第二套保护动作正确。

（3）故障时 N 侧出现幅值基本相等、方向相同的故障分量电流。两侧非故障相 A 相电流幅值相等，N 母线处零序电压 $3U_0$ 与非故障相 A 相同相位，说明线路发生的是金属性短路故障。小水电端变压器中性点接地运行，符合中性点有效接地系统中的与小水电电源侧联系的线路发生 B、C 两相金属性短路故障特点。

案例 19：220kV 线路 B、C 两相接地短路故障断路器三相跳闸

本案例分析的知识点

（1）保护故障报告分析。
（2）故障波形分析。
（3）220kV 两相接地故障时的动作过程。
（4）保护动作情况分析。
（5）中性点有效接地系统两相接地短路的特点。

一、案例基本情况

2020 年 7 月 20 日 16 时 32 分，某 220kV 线路 B、C 两相接地短路故障，断路器三相跳闸。该线路 B、C 两相接地短路故障，故障相电流 B 相为 40.777A（一次电流为 9.787kA），C 相为 37.403A（一次电流为 8.977kA），零序电流为 35.54A，故障切除时间为 43.6ms，CSC-101B 保护装置出口时间为 16.4ms，RCS-901G 保护装置出口时间为 8.6ms，断路器 33ms 时三相跳闸（重合闸方式为单相重合闸，相间故障三跳不重合）。故障距离为 4.641km，线路全长为 118km。220kV 线路 B、C 两相接地故障点位置如图 3-59 所示。

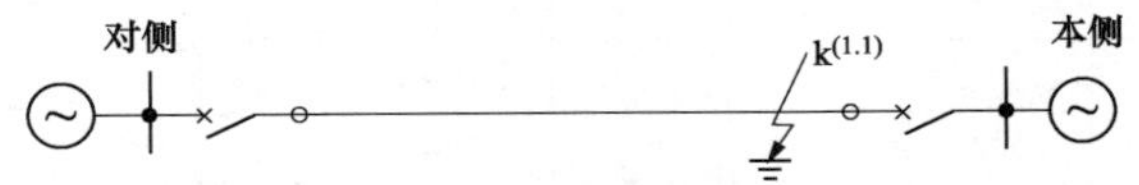

图 3-59　220kV 线路 B、C 两相接地故障点位置示意图

二、故障波形分析

220kV 线路 B、C 两相接地故障波形如图 3-60 所示，图中纵坐标表示模拟量和开关量的幅值，横坐标表示故障时间。

时间：2020-07-20 16：32：31.622。

模拟量：I_a、I_b、I_c、$3I_0$、$3U_a$、U_b、U_c、$3U_0$。

开关量：保护启动、发信、收信、跳 A 跳 B、跳 C、合闸。

1. 电压、电流波形分析

（1）该线路电压取自母线侧，由于故障点靠近本侧，所以 B、C 相电压下降明显。由于两相接地故障，而 220kV 系统属于中性点有效接地系统，因此在故障时存在 $3U_0$。断路器三相跳闸后，$3U_0$ 为零。

（2）故障时电流波形分析。31s624ms，因雷雨天气造成该线路 B、C 两相接地短路故障，B、C 相电流由负载电流突变成短路电流，其瞬时值为 B 相 40.777A、C 相 37.403A，此电流乘以电流互感器的变比（1200/5）为一次侧电流。正常相 A 相电流为负载电流，其瞬时值较小。由于为两相接地故障，而 220kV 系统属于中性点有效接地系统，因此 B、C 两相电流大小相等、有相位差。在故障时存在 $3I_0$。断路器三相跳闸后，$3I_0$ 消失。

（3）在故障时 B、C 相的电流和电压波形都是正弦波，说明在故障时电压互感器和电流互感器没有饱和现象。

2. 开关量分析

（1）本波形有 7 个开关量，分别是高频保护启动、发信、收信、跳 A、跳 B、跳 C、合闸。

（2）B、C 相故障发生 3ms 时（31s627ms）保护启动，立即由保护正方向元件停信保护装置向断路器发跳闸命令，对侧收发信机已被本侧远方启动，对侧收发信机停信，开放本侧纵联保护。纵联保护动作，跳三相断路器。

三、线路保护装置动作报告分析

RCS-901A 线路保护装置动作报告见表 3-46，启动后变位报告见表 3-47，相关保护定值见表 3-48，保护启动时间为 2020 年 7 月 20 日 16 时 32 分 31 秒 624 毫秒。

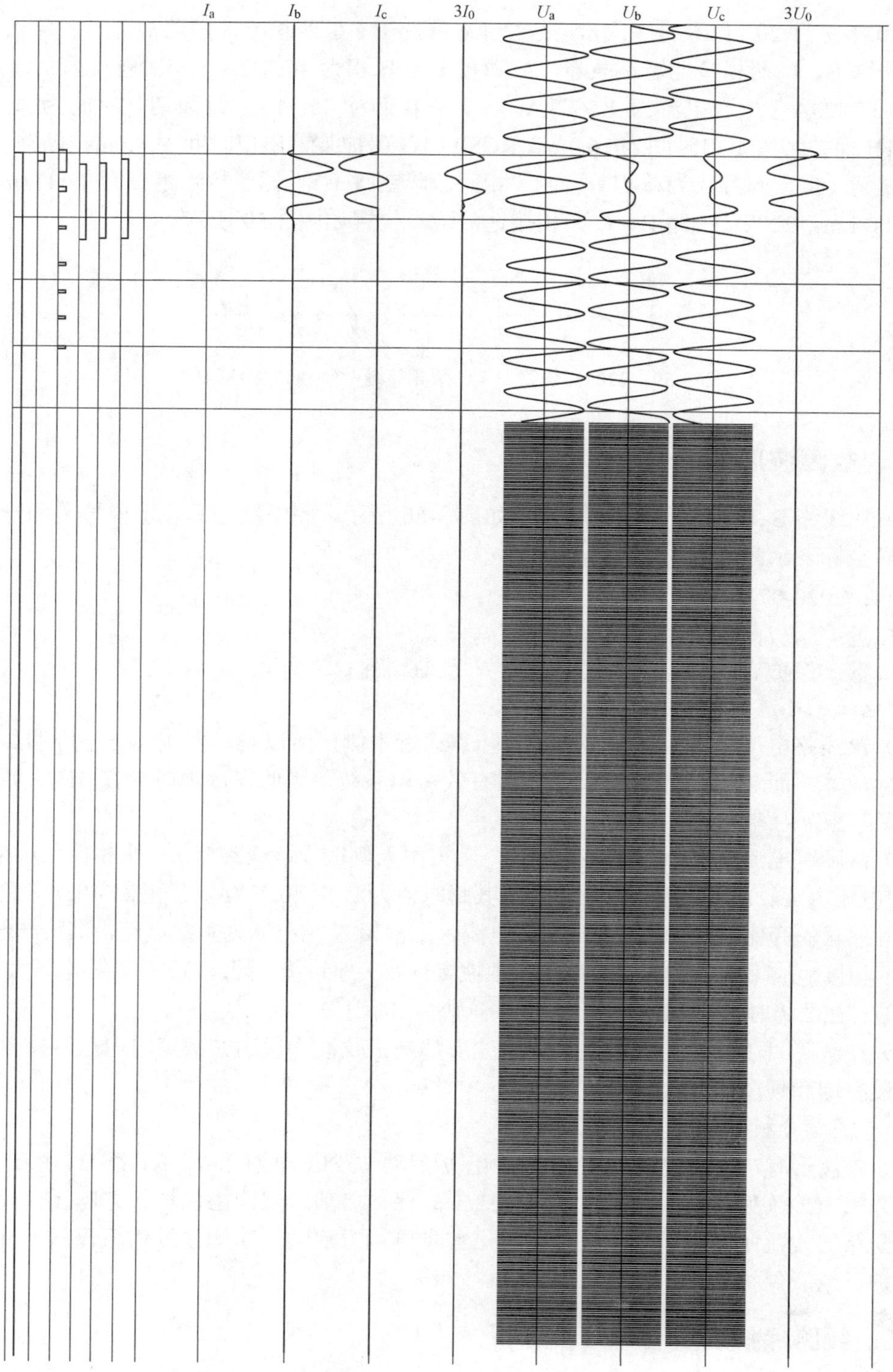

图 3-60　220kV 线路 B、C 两相接地短路故障波形图

表 3-46　RCS-901A 线路保护装置动作报告

相对时间	动作元件	跳闸相别	动作参数
3ms	保护启动		
10ms	相间距离Ⅰ段动作	ABC	X=0.248Ω　R=0.0603Ω　BCN 相
12ms	三跳闭锁重合闸		
14ms	纵联阻抗停信		X=0.248Ω　R=0.0603Ω　BCN 相
35ms	纵保护动作	ABC	BCN 相
13ms	闭锁重合闸		
	故障相电压		U_A=61.5V　U_B=10.63V　U_C=14.14V
	故障相电流		I_A=2.047A　I_B=41.15A　I_C=55.15A
	测距阻抗		X=0.2354Ω　R=0.0698Ω　BCN 相
	故障测距		L=5.125km BCN 相

表 3-47　启动后变位报告

序号	时间	开入名称	数值	序号	时间	开入名称	数值
01	27ms	收信	1→0	05	53ms	分相跳闸位置 TWJA	0→1
02	49ms	收信	0→1	06	53ms	分相跳闸位置 TWJB	0→1
03	51ms	分相跳闸位置 TWJC	0→1	07	71ms	收信	0→1
04	51ms	收信	1→0	08	74ms	收信	1→0

表 3-48　相关保护定值

序号	定值名称	数值	单位	序号	定值名称	数值	单位
01	线路正序阻抗定值	5.490	Ω	12	相间距离Ⅱ段定值	2.68	Ω
02	线路正序灵敏角	81.0	°	13	相间距离Ⅱ段时间	0.5	s
03	线路零序阻抗定值	14.13	Ω	14	相间距离Ⅲ段定值	3.22	Ω
04	线路零序灵敏角	78.00	°	15	相间距离Ⅲ段时间	3.000	s
05	线路总长度	118	km	16	负荷限制电阻定值	11.50	Ω
06	接地距离Ⅰ段定值	0.77	Ω	17	零序电抗补偿系数 K_X	0.520	
07	接地距离Ⅱ段定值	2.680	Ω	18	零序电阻补偿系数 K_R	0.830	
08	接地距离Ⅱ段时间	0.5	s	19	振荡闭锁过电流	5.000	A
09	接地距离Ⅲ段定值	3.22	Ω	20	单相重合闸时间	1.000	s
10	接地距离Ⅲ段时间	3.000	s	21	三相重合闸时间	10.00	s
11	相间距离Ⅰ段定值	0.9	Ω	22	同期合闸角	20.00	°

（1）3ms 时保护装置启动，14ms 时纵联阻抗停信，35ms 时纵联保护动作三相跳闸。

（2）故障相：B、C 相。

（3）故障测距：4.641km。

（4）故障电流：B 相 40.777A、C 相 37.403A（二次侧电流）。

四、220kV 两相接地故障时的动作过程

220kV 线路两相接地→纵联保护动作→断路器三相跳闸。

五、保护动作情况分析

（1）本线路全长为 118km，故障测距为 4.641km，本侧纵联保护动作，保护动作正确。

（2）两相故障，重合不动作，动作逻辑正确。

（3）故障相电流值：B 相为 40.777A（一次电流为 9.787kA），C 相为 37.403A（一次电流为 8.977kA）。

六、中性点有效接地系统两相接地短路的特点（两相纯金属性接地故障，电源侧）

（1）有零序分量和负序分量。

（2）两故障相电流上升突变，同条母线下故障点离本侧母线越近，幅值越高，反之越低。

（3）两故障相电流幅值相等。

（4）故障电流的相位：

1）两故障相中的超前相电流相位超前非故障相电压的角度约为 160°（系统等值正序阻抗与零序阻抗相等）；

2）两故障相中的滞后电流相位超前非故障相电压的角度约为 40°（系统等值正序阻抗与零序阻抗相等）。

（5）零序电流幅值上升突变，故障点离本侧母线越近，幅值越高，反之越低。

（6）零序电流的相位：

1）超前非故障相电压约 100°；

2）超前本侧零序电压约 100°。

（7）故障相电压：

1）对于出口处故障，残压为零；

2）对于非出口处故障，两接地相残压始终相等。

（8）非故障相电压上升、下降或不变（取决于此处的正序等值阻抗与零序等值阻抗的关系）。

（9）非故障相电压的相位与本相故障前相同。

（10）零序电流上升，相位与非故障相相同。

案例 20：220kV 线路 BC 相间短路故障断路器三相跳闸重合闸重合不成功

本案例分析的知识点

（1）220kV 线路 BC 相间永久性故障保护信息和故障波形分析。

（2）220kV 线路 BC 相间永久性故障录波器主要信息和故障波形分析。

（3）220kV 线路 BC 相间永久性故障动作过程。

一、案例基本情况

2015 年 11 月 7 日 12 时 9 分 39 秒 497 毫秒，某 500kV 变电站 220kV MN 二线 BC 相间短路故障，断路器三相跳闸。220kV MN 二线第一套 WXH-802A/F1/R1 线路保护装置出口时

间为 15ms，220kV MN 二线第二套 WXH-803A/B1/R1 线路保护装置出口时间为 11ms，断路器 60ms 时三相跳闸，重合闸方式为三相重合闸，单相故障三跳三重，重合闸成功，故障相别为 BC 相，故障距离为 17.319km，线路全长为 24.96km。220kV 线路 BC 相永久性故障点位置如图 3-61 所示。

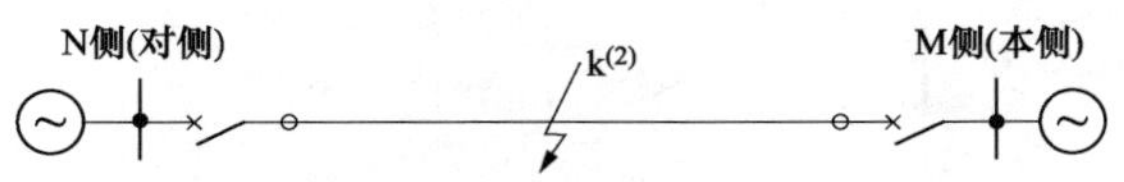

图 3-61 220kV 线路 BC 相永久性故障点位置示意图

二、220kV MN 二线 M 侧第一套保护 WXH-802A/F1/R1 线路保护装置动作信息

（1）WXH-802A/F1/R1 线路保护装置动作报告相关信息见表 3-49～表 3-52，启动时间为 2015 年 11 月 7 日 10 时 14 分 28 秒 582 毫秒。

表 3-49 WXH-802A/F1/R1 保护装置动作报告信息

序号	动作元件名称	动作相别	动作相对时间
01	纵联距离动作	ABC	13ms
02	重合闸		2060ms
03	纵联距离动作	ABC	2687ms
04	故障测距 测距参数 18.12km		

表 3-50 故障测距故障参数

序号	名称	量值	序号	名称	量值
01	A 相电流	0.296∠194 A	03	C 相电流	5.549∠007 A
02	B 相电流	5.335∠186 A	04	$3I_0$	0.082∠175 A

表 3-51 故障波形开关量信息

状态量序号	状态量名称	状态量序号	状态量名称
c9	A 相跳位	ca	B 相跳位
cb	C 相跳位	de	装置启动
d6	跳 A 相	d7	跳 B 相
d8	跳 C 相	d9	闭锁重合出口

表 3-52 故障波形模拟量通道信息

通道号	通道名称	通道号	通道名称
00	A 相电流	05	A 相电压
01	B 相电流	06	B 相电压
02	C 相电流	07	C 相电压
03	零序电流	22	零序电压

第一套 WXH-802A/F1/R1 线路保护装置故障波形如图 3-62 所示。

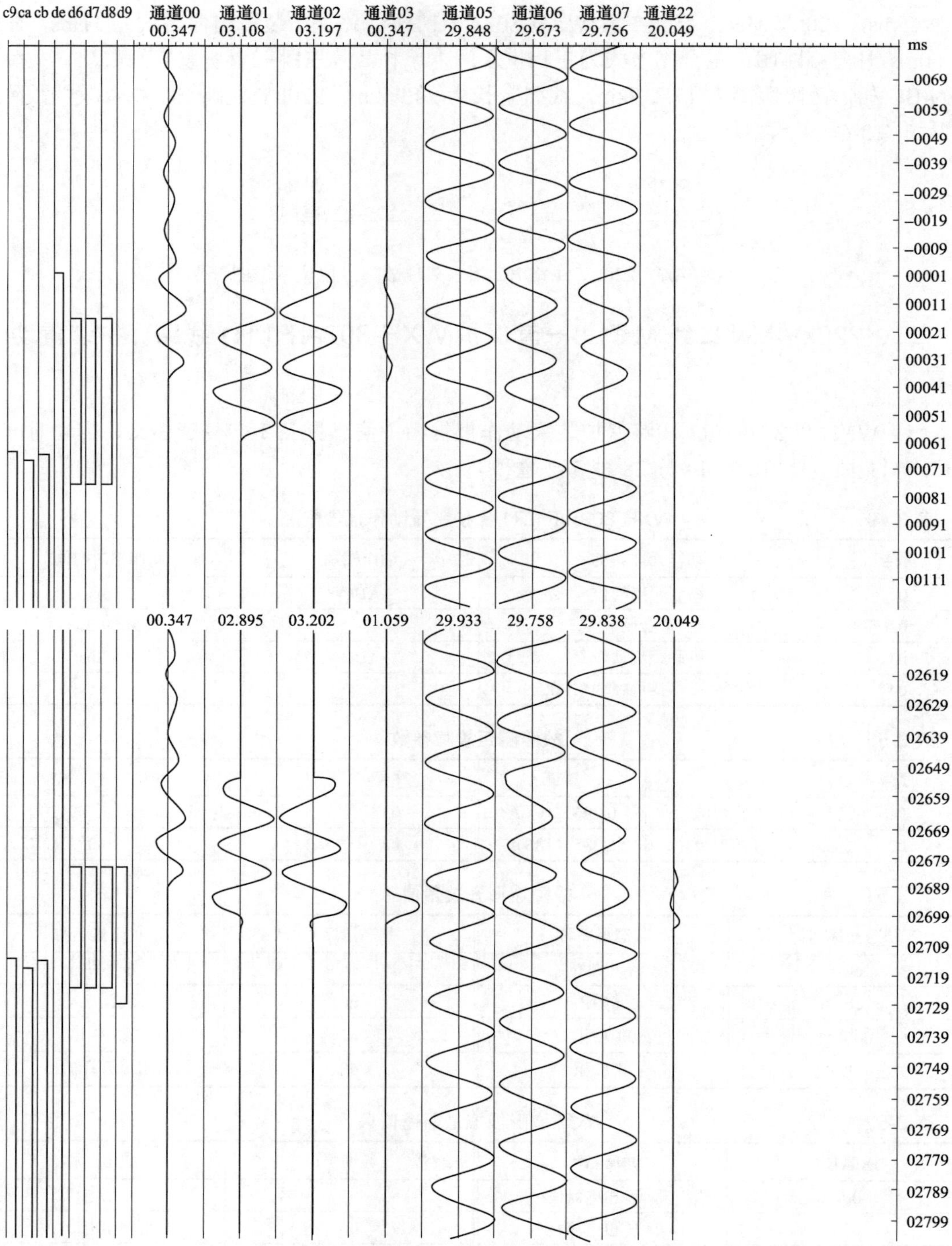

图 3-62　第一套 WXH-802A/F1/R1 线路保护装置故障波形图（有零序电压）

1）报告有 8 个模拟量、8 个开关量。

2）报告记录了故障前 89ms 正常电压电流波形值。

3）0ms 时故障，220kV 母线 B、C 两相电压降低。

4）B、C 两相短路电流大小相等、方向相反。

5）故障时间为 60ms，断路器三相跳闸后，220kV 母线电压恢复正常。

6）故障时 A 相电流略有增大，时间为 40ms。

7）故障时有很小的 $3I_0$，没有 $3U_0$ 分量。

8）2639ms 时重合于永久性故障，220kV 母线电压 B、C 两相降低，B、C 两相断路电流大小相等、方向相反，故障时间为 50ms。

9）重合于永久性故障后，断路器三相分闸不同期，首开相 A 相，出现了 $3U_0$ 和 $3I_0$ 分量；断路器三相跳闸后，220kV 母线电压恢复正常。

10）开关量分析：故障开始 5ms 时保护启动，37ms 时 A 跳、B 跳、C 跳，70ms 时 A 相跳位、B 相跳位、C 相跳位；2679ms 时再次发 A 跳、B 跳、C 跳并闭锁重合出口，2709ms 时 A 相跳位、B 相 2 跳位、C 相跳位。

11）故障相间电压超前故障相间电流约 80°。

（2）WXH-802A/F1/R1 保护装置动作报告相关信息见表 3-53 和表 3-54（有线路电压）。

表 3-53　　故障波形开关量信息

状态量序号	状态量名称	状态量序号	状态量名称
c9	A 相跳位	ca	B 相跳位
cb	C 相跳位	de	装置启动
d6	跳 A 相	d7	跳 B 相
d8	跳 C 相	d9	闭锁重合闸出口

表 3-54　　故障波形模拟量通道信息

通道号	通道名称	通道号	通道名称
00	A 相电流	05	A 相电压
01	B 相电流	06	B 相电压
02	C 相电流	07	C 相电压
03	零序电流	10	U_{xA} 电压

第一套 WXH-802A/F1/R1 线路保护装置故障波形如图 3-63 所示（有线路电压）。

图 3-63 与图 3-62 不同之处分析：

1）2074ms 时有重合闸启动信息。

2）波形图中没有 $3U_0$ 分量。

3）有线路单相电压量，故障时线路电压降低，说明线路单相电压互感器是 C 相。断路器三相跳闸后，线路电压为零，断路器三相重合，线路有电压。

三、M 侧线路故障录波器故障分析报告

1. 故障录波器主要信息

（1）故障录波时间：2015-11-07　12：09：39.497。

（2）变电站名称：500kV M 变电站。

（3）故障线路：220kV MN 二线。

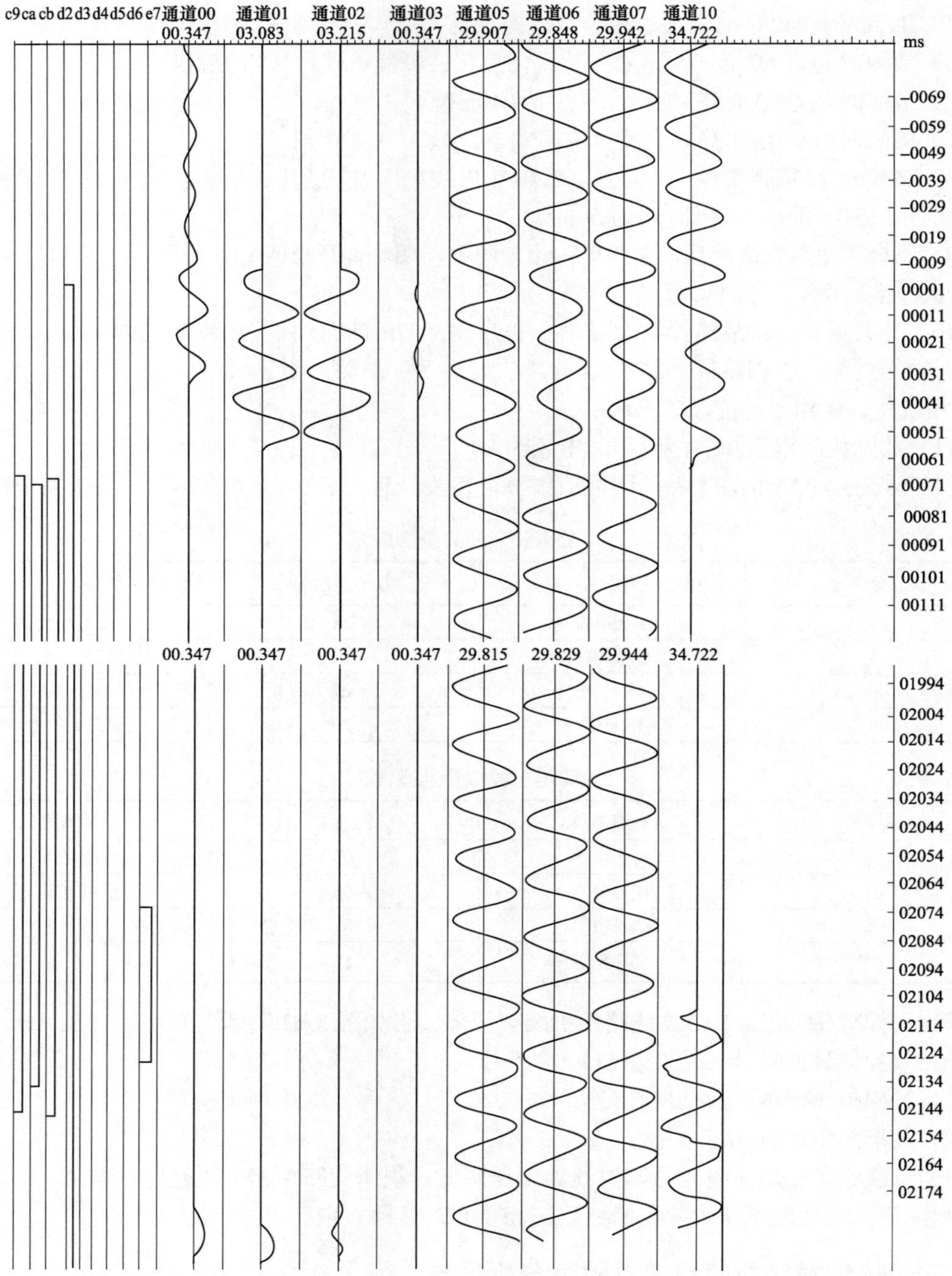

图 3-63　第一套 WXH-802A/F1/R1 线路保护装置故障波形图（有线路电压）

（4）故障距离：17.319km。

（5）故障相型：BC 相间短路故障。

（6）故障电流（A）：I_a=0.286，I_b=5.027，I_c=5.243，$3I_0$=0.070。

（7）故障电压（V）：U_a=59.006，U_b=42.139，U_c=42.395，$3U_0$=0.072。

（8）故障前一周波电压（V）：U_a=60.695∠321.67，U_b=59.975∠201.69，U_c=59.398∠84.02，$3U_0$=0.062∠173.26。

（9）故障前一周波电流（A）：I_a=0.106∠130.03，I_b=0.162∠202.82，I_c=0.211∠355.78，$3I_0$=0.008∠161.09。

（10）故障后一周波电压（V）：U_a=58.837∠321.95，U_b=42.977∠188.14，U_c=42.491∠95.14，$3U_0$=0.033∠240.93。

（11）故障后一周波电流（A）：I_a=0.260∠152.90，I_b=5.704∠150.86，I_c=5.274∠330.79，$3I_0$=0.062∠165.16。

（12）故障后两周波电压（V）：U_a=58.845∠322.03，U_b=48.562∠193.36，U_c=47.095∠89.09，$3U_0$=0.359∠252.04。

（13）故障后两周波电流（A）：I_a=0.000∠76.52，I_b=5.526∠145.80，I_c=5.537∠325.72，$3I_0$=0.014∠290.54。

2. 开关量变位信息

（1）A 相跳闸时间：37.1ms。

（2）A 相重合闸时间：2164.6ms。

（3）A 相再跳闸时间：2694.6ms。

（4）B 相跳闸时间：59.6ms。

（5）B 相重合闸时间：2168.4ms。

（6）B 相再跳闸时间：2705.9ms。

（7）C 相跳闸时间：59.6ms。

（8）C 相重合闸时间：2164.6ms。

（9）C 相再跳闸时间：2705.9ms。

（10）模拟量通道 1：MN 二线 I_a（坐标范围±0.326A）。

（11）模拟量通道 2：MN 二线 I_b（坐标范围±6.367A）。

（12）模拟量通道 3：MN 二线 I_c（坐标范围±6.564A）。

（13）模拟量通道 4：MN 二线 I_0（坐标范围±2.179A）。

（14）模拟量通道 5：220kV Ⅰ段母线电压 U_a（坐标范围±60.286V）。

（15）模拟量通道 6：220kV Ⅰ段母线电压 U_b（坐标范围±62.653V）。

（16）模拟量通道 7：220kV Ⅰ段母线电压 U_c（坐标范围±61.335V）。

（17）模拟量通道 8：220kV Ⅰ段母线电压 U_0（坐标范围±12.917V）。

（18）MN 二线第一套 WXH-802A：跳 A 相[变位]。

（19）MN 二线第一套 WXH-802A：跳 B 相[变位]。

（20）MN 二线第一套 WXH-802A：跳 C 相[变位]。

（21）MN 二线第一套 WXH-802A：重合闸动作[变位]。

（22）MN 二线第二套 WXH-803A：跳 A 相[变位]。

（23）MN 二线第二套 WXH-803A：跳 B 相[变位]。

（24）MN 二线第二套 WXH-803A：跳 C 相[变位]。

（25）MN 二线第二套 WXH-803A：重合闸动作[变位]。

3. 故障波形图分析

故障波形如图 3-64 所示。

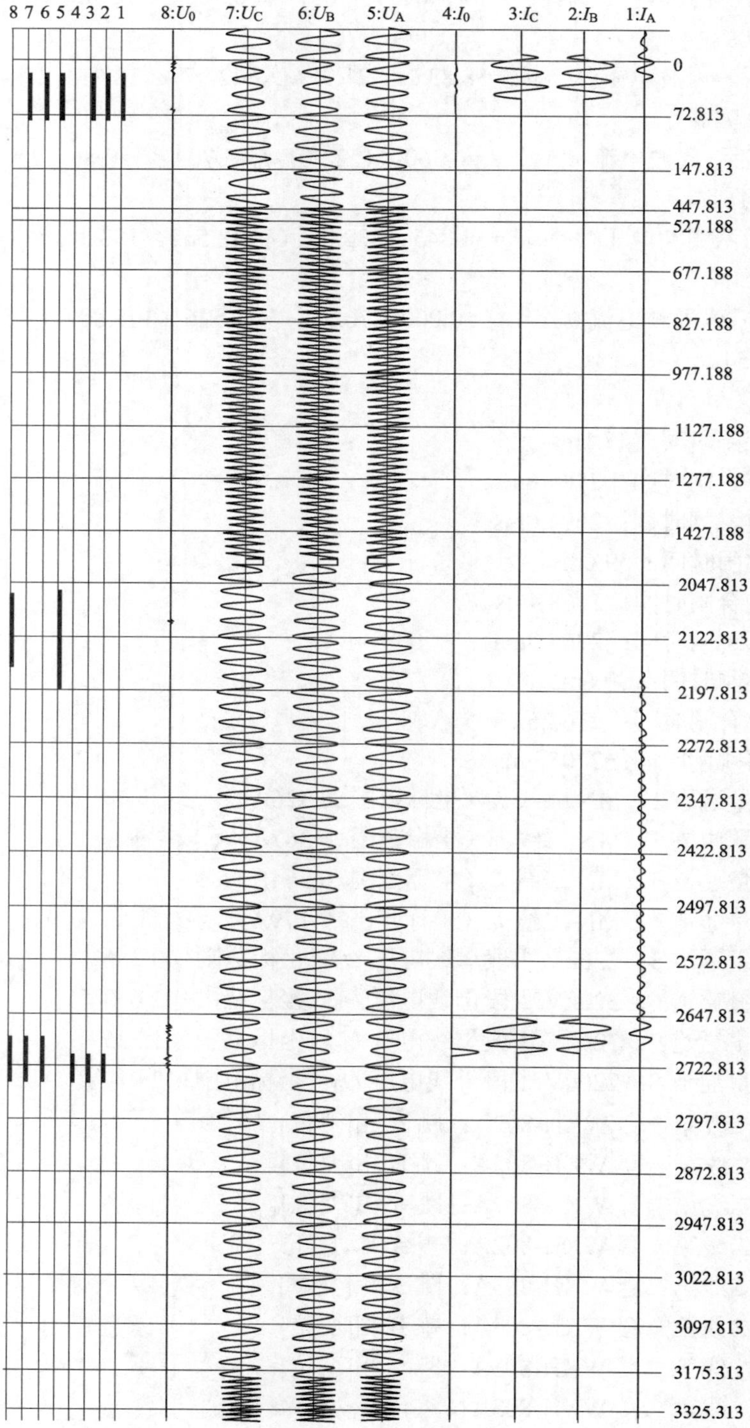

图 3-64 故障波形图

（1）报告有 8 个模拟量、8 个开关量。

（2）报告记录了故障前 40ms 正常电压电流波形值。

（3）0ms 时故障，220kV 母线 B、C 两相电压降低，A 相电压不变。

（4）B、C 两相短路电流大小相等、方向相反。

（5）故障时间为 60ms，断路器三相跳闸后，220kV 母线电压恢复正常。

（6）故障时 A 相电流略有增大，时间为 40ms。

（7）故障时有很小的 $3I_0$。

（8）1427.188ms 到 2047.813ms 之间波形有压缩。

（9）断路器三相分闸不同期，首开相为 A 相，出现了 $3U_0$ 和 $3I_0$ 分量。

（10）开关量分析：故障开始 15ms 时有第一套跳 A、B、C 相变位开关量，约 20ms 时有第二套跳 A 相、跳 B 相、跳 C 开关量；2054ms 时第一套重合闸动作，2057ms 时第二套重合闸动作。

（11）故障相间电压超前故障相间电流约 80°。

四、220kV 相间故障时的动作过程

220kV 线路相间故障→纵联保护动作、距离 I 段动作→断路器三相跳闸→经重合闸整定时间（2s）→断路器三相重合→重合不成功，后加速保护动作→断路器永久三跳。

五、保护动作分析

（1）本次故障，线路两套保护动作正确（第二套分析略），测距吻合。

（2）故障录波器 GPS 对时不准需要处理。

案例 21：220kV 线路 AC 相间在重合闸充电时间内重复性故障

本案例分析的知识点

（1）220kV 线路 AC 相间重复性故障保护信息和故障波形分析。

（2）220kV 线路 AC 相间重复性故障录波器主要信息和故障波形分析。

（3）220kV 线路 AC 相间重复性故障动作过程。

（4）220kV 线路 AC 相间永久性故障与重复性故障的区别。

一、案例基本情况

2015 年 11 月 7 日 13 时 55 分，220kV MN 三线 AC 相间短路故障，断路器三相跳闸并重合成功，运行 2.6s 后再次故障，断路器永久三跳。最大故障相电流为 5.723A（二次值）、14.3075kA（一次值）、最大零序电流为 0.075A（二次值）、0.1875kA（一次值），最低故障相电压为 37.940V（二次值）、83.468kV（一次值）。第一套 PSL602GM 保护装置第一次出口时间为 22ms（允许式），第二套 PSL603GM 保护装置第一次出口时间为 15ms，断路器 60ms 时三相跳闸（重合闸方式为三相重合闸，单相故障三跳三重，重合不成功），

故障距离为12.248km，线路全长为24.94km。220kV线路AC相间短路故障点位置如图3-65所示。

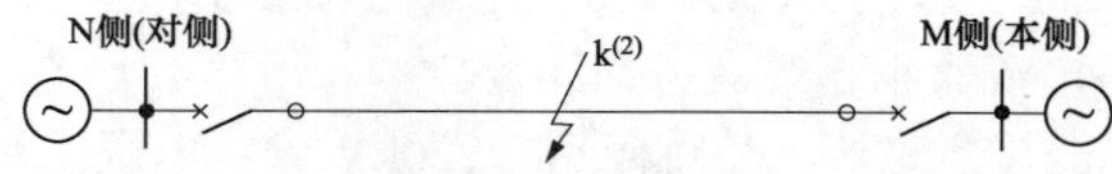

图3-65　220kV线路AC相间短路故障点位置示意图

二、M侧220kV MN线路第一套纵联保护PSL602GM数字式保护装置动作信息

（1）故障报告信息。时间：2015-11-07 14：01：14.647。

0ms 启动CPU启动	（启动CPU保护）	[CPU4]
01ms 距离零序保护启动	（距离零序保护）	[CPU2]
01ms 纵联保护启动	（纵联保护M）	[CPU1]
01ms 综重电流启动	［综合重合闸（600）］	[CPU3]
22ms 纵联保护三跳出口	（纵联保护M）	[CPU1]
44ms 故障类型和测距：CA相间12.32km	（距离零序保护）	[CPU2]
44ms 测距阻抗值0.711+j4.248Ω	（距离零序保护）	[CPU2]
44ms 故障相电流：电流=5.638A	（距离零序保护）	[CPU2]
50ms 相间距离Ⅰ段动作	（距离零序保护）	[CPU2]
50ms 保护三跳出口	（距离零序保护）	[CPU2]
63ms 综重重合闸启动	［综合重合闸（600）］	[CPU3]
2095ms 综重重合闸出口	［综合重合闸（600）］	[CPU3]
2257ms 综重重合闸复归	［综合重合闸（600）］	[CPU3]
4785ms 纵联保护三跳出口	（距离零序保护）	[CPU2]
4801ms 相间距离Ⅰ段动作	（距离零序保护）	[CPU2]
4801ms 保护三跳出口	（距离零序保护）	[CPU2]
4809ms 故障类型和测距：CA相间12.86km	（距离零序保护）	[CPU2]
4809ms 测距阻抗值0.757+j4.436Ω	（距离零序保护）	[CPU2]
4809ms 故障相电流：电流=5.424A	（距离零序保护）	[CPU2]
9833ms 纵联保护整组复归	（纵联保护M）	[CPU1]
9833ms 综重电流复归	［综合重合闸（600）］	[CPU3]
9835ms 距离零序保护复归	（距离零序保护）	[CPU2]
10062ms 启动CPU复归	（启动CPU保护）	[CPU4]

（2）故障波形图信息。第一套纵联保护PSL602GM数字式保护装置故障波形如图3-66所示。

保护类型：纵联保护M。

时间：2015-11-07 14：01：14.648。

模拟量通道：I_a=9.00A/格；I_b=9.00A/格；I_c=9.00A/格；$3I_0$=9.00A/格；U_a=100.00V/格；

U_b=100.00V/格；U_c=100.00V/格；$3U_0$=100.00V/格；U_{xc}=173.00V/格。

开关量通道：1—收信；2—发信；3—A 相跳闸；4—B 相跳闸；5—C 相跳闸；6—重合闸；7—永跳；8—远传跳闸开入。

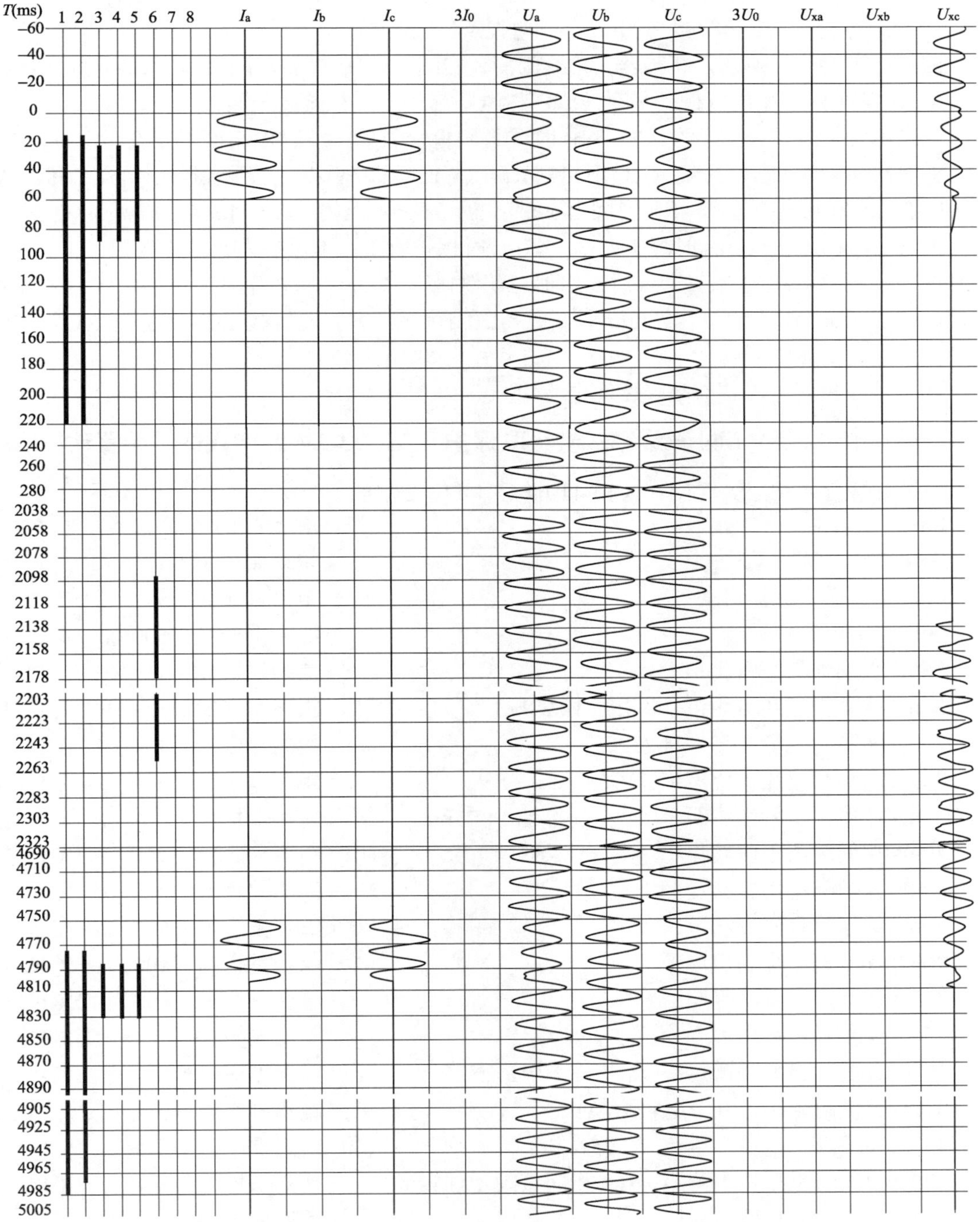

图 3-66　第一套纵联保护 PSL602GM 数字式保护装置故障波形图

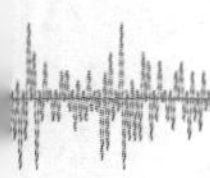

（3）故障波形分析：

1）报告有 12 个模拟量、8 个开关量。

2）报告记录了故障前 60ms 正常电压、电流波形值。

3）0ms 时故障，220kV 母线 A、C 两相电压降低，线路单相电压互感器 C 相降低。

4）A、C 两相短路电流大小相等、方向相反。

5）故障时间为 60ms，断路器三相跳闸后，220kV 母线电压恢复正常，线路电压为零。

6）故障时，A 相电压最后半个波、C 相电压第一个波有谐波分量。

7）2095ms 时重合闸动作，2128ms 时重合闸重合成功，线路单相电压恢复正常。

8）4750ms 时 220kV 母线 A、C 两相电压再次降低，线路单相电压互感器 C 相再次降低；A、C 两相第二次出现故障电流，故障时间为 50ms；断路器三相跳闸后，220kV 母线电压恢复正常。

9）开关量分析：15ms 时保护发信，17ms 时保护收信；本保护为允许式保护，在区内故障时两侧同时发信和收信；23ms 时断路器三相跳闸，2195ms 时重合闸重合，4775ms 时本侧发信，4777ms 时本侧收信，4780ms 时断路器三相跳闸，本侧发信截止时间为 4963ms，本侧收信截止时间为 4977ms。

10）故障相间电压超前故障相间电流约 80°。

三、M 侧 220kV MN 三线第二套纵联保护 PSL603GM 数字式保护装置动作信息

（1）故障报告信息。时间：2015-11-07 15：47：21.983。

0ms 启动 CPU 启动	（启动 CPU 保护）	[CPU4]
0ms 差动保护启动	（差动保护 M）	[CPU1]
0ms 距离零序保护启动	（距离零序保护）	[CPU2]
0ms 综重电流启动	[综合重合闸（600）]	[CPU3]
15ms 差动保护三跳出口	（差动保护 M）	[CPU1]
32ms 故障类型和测距：CA 相间 12.29km	（距离零序保护）	[CPU2]
33ms 测距阻抗值 0.734+j4.239Ω	（距离零序保护）	[CPU2]
33ms 故障相电流：电流=5.710A	（距离零序保护）	[CPU2]
37ms 故障类型双端测距：CA 相间接地 21.73km	（差动保护 M）	[CPU1]
49ms 相间距离 I 段动作	（距离零序保护）	[CPU2]
49ms 保护三跳出口	（距离零序保护）	[CPU2]
61ms 综重重合闸启动	[综合重合闸（600）]	[CPU3]
2094ms 综重重合闸出口	[综合重合闸（600）]	[CPU3]
2255ms 综重重合闸复归	[综合重合闸（600）]	[CPU3]
4763ms 差动永跳出口	（差动保护 M）	[CPU1]
4788ms 故障类型和测距：CA 相间 12.15km	（距离零序保护）	[CPU2]
4788ms 测距阻抗值 0.736+j4.188Ω	（距离零序保护）	[CPU2]
4788ms 故障相电流：电流=5.735A	（距离零序保护）	[CPU2]
4790ms 故障类型双端测距：CA 相间接地 19.41km	（差动保护 M）	[CPU1]
9823ms 差动保护整组复归	（差动保护 M）	[CPU1]
9826ms 综重电流复归	[综合重合闸（600）]	[CPU3]

9828ms 距离零序保护复归　　（距离零序保护）　　[CPU2]
9848ms 差动保护启动　　（差动保护 M）　　[CPU1]
15853ms 差动保护整组复归　　（差动保护 M）　　[CPU1]
16066ms 启动 CPU 复归　　（启动 CPU 保护）　　[CPU4]

（2）故障波形图信息。第二套纵联保护 PSL603GM 数字式保护装置故障波形如图 3-67 所示。

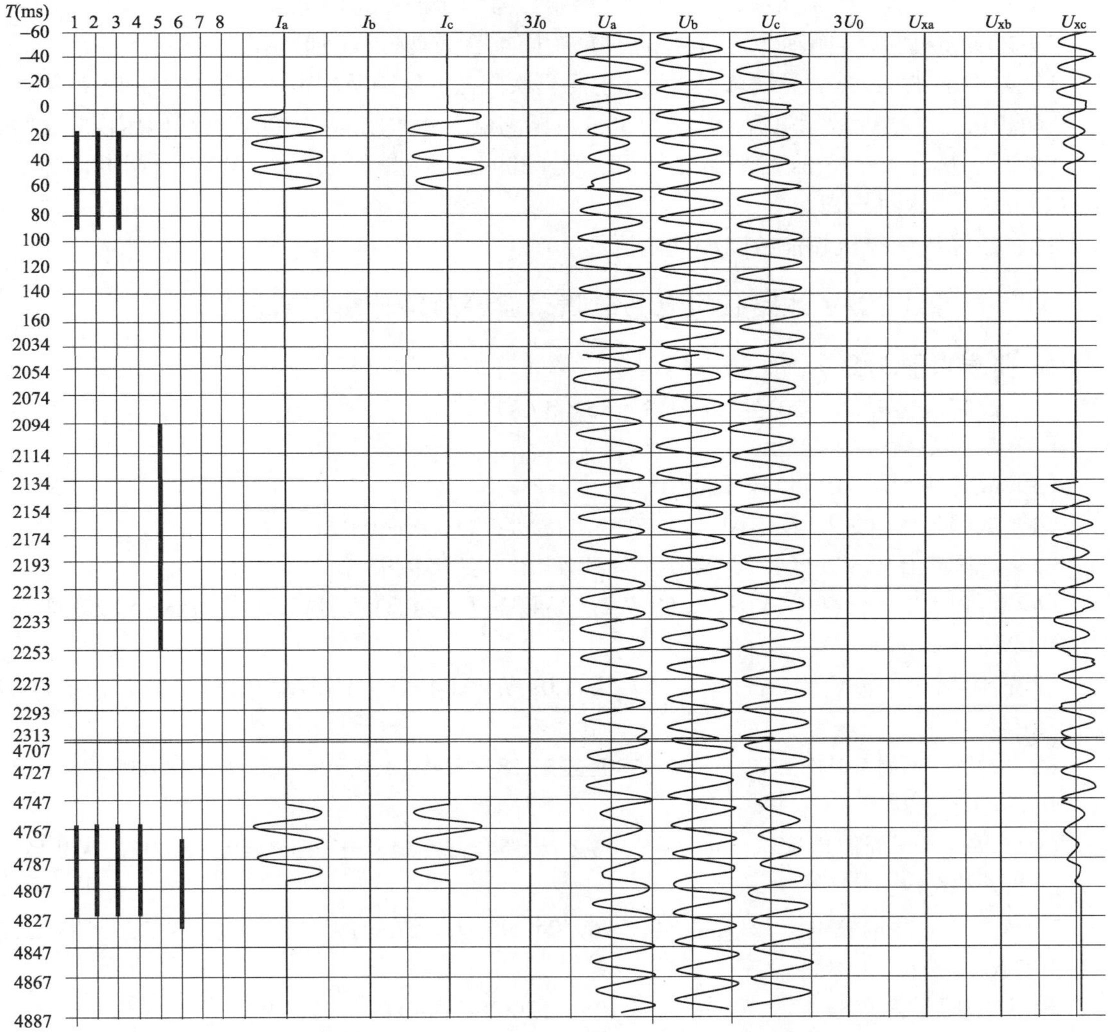

图 3-67　第二套纵联保护 PSL603GM 数字式保护故障波形图

保护类型：差动保护 M。

时间：2015-11-07 13：47：21.983。

模拟量通道：I_a=9.00A/格；I_b=9.00A/格；I_c=9.00A/格；$3I_0$=9.00A/格；U_a=100.00V/格；U_b=100.00V/格；U_c=100.00V/格；$3U_0$=100.00V/格；U_{xc}=173.00V/格。

开关量通道：1—A 相跳闸；2—B 相跳闸；3—C 相跳闸；4—永跳出口；5—重合闸动作；6—远跳开入；7—远传 A 开入；8—远传 B 开入。

1）报告有 12 个模拟量、8 个开关量。

2）报告记录了故障前 60ms 正常电压电流波形值。

3）0ms 时故障，220kV 母线 A、C 两相电压降低，线路单相电压互感器 C 相降低。

4）A、C 两相短路电流大小相等、方向相反。

5）故障时间为 60ms，断路器三相跳闸后，220kV 母线电压恢复正常，线路电压为零。

6）故障时，A 相电压最后半个波、C 相电压第一个波有谐波分量。

7）2094ms 时重合闸动作，2137ms 时重合闸重合成功，线路单相电压恢复正常。

8）4753ms 时 220kV 母线 A、C 两相电压再次降低，线路单相电压互感器 C 相再次降低；A、C 两相第二次出现故障电流，时间为 50ms；断路器三相跳闸后，220kV 母线电压恢复正常。

9）开关量分析：15ms 时断路器三相跳闸，2094ms 时重合闸重合，4775ms 时断路器 A、B、C 相跳闸和永跳出口。

10）故障相间电压超前故障相间电流约 80°。

四、M 侧 220kV 线路微机电力故障录波器故障分析报告信息

1. 报告主要信息

（1）故障录波时间：2015-11-07 13：55：57.873。

（2）故障距离：12.248km。

（3）故障相型：AC 相间短路故障。

（4）故障电流（A）：I_a=5.612，I_b=0.185，I_c=5.723，$3I_0$=0.075。

（5）故障电压（V）：U_a=37.940，U_b=58.430，U_c=38.029，$3U_0$=0.041。

（6）故障前一周波电压（V）：U_a=58.582∠234.31，U_b=60.312∠113.21，U_c=58.452∠352.28，$3U_0$=0.022∠185.64。

（7）故障前一周波电流（A）：I_a=0.159∠201.09，I_b=0.049∠104.46，I_c=0.158∠4.03，$3I_0$=0.004∠162.61。

（8）故障后一周波电压（V）：U_a=37.780∠252.78，U_b=58.310∠112.62，U_c=38.036∠332.18，$3U_0$=0.034∠342.27。

（9）故障后一周波电流（A）：I_a=5.583∠121.64，I_b=0.184∠115.01，I_c=5.695∠301.24，$3I_0$=0.074∠136.19。

（10）故障后两周波电压（V）：U_a=38.776∠249.90，U_b=57.891∠112.52，U_c=39.325∠334.21，$3U_0$=0.106∠209.01。

（11）故障后两周波电流（A）：I_a=5.485∠120.48，I_b=0.001∠111.99，I_c=5.541∠300.15，$3I_0$=0.064∠271.41。

2. 开关量变位信息

（1）A 相跳闸时间：59.6ms。

（2）A 相重合闸时间：2163.4ms。

（3）A 相再跳闸时间：4801.5ms。

（4）B 相跳闸时间：40.9ms。

（5）B 相重合闸时间：2159.6ms。

（6）B 相再跳闸时间：4790.3ms。

（7）C 相跳闸时间：59.6ms。

（8）C 相重合闸时间：2155.9ms。

（9）C 相再跳闸时间：4801.5ms。

3. 故障波形图开关量信息

（1）模拟量通道 1：MN 三线 I_a（坐标范围±6.272A）。

（2）模拟量通道 2：MN 三线 I_b（坐标范围±0.201A）。

（3）模拟量通道 3：MN 三线 I_c（坐标范围±6.403A）。

（4）模拟量通道 4：MN 三线 I_0（坐标范围±0.108A）。

（5）模拟量通道 5：220kV Ⅰ段母线电压 U_a（坐标范围±63.627V）。

（6）模拟量通道 6：220kV Ⅰ段母线电压 U_b（坐标范围±60.963V）。

（7）模拟量通道 7：220kV Ⅰ段母线电压 U_c（坐标范围±61.004V）。

（8）模拟量通道 8：220kV Ⅰ段母线电压 U_0（坐标范围±10.038V）。

4. 故障波形图分析

故障波形如图 3-68 所示。

（1）报告有 8 个模拟量。

（2）报告记录了故障前 40ms 正常电压电流波形值。

（3）0ms 时故障，220kV 母线 A、C 两相电压降低，B 相电压不变。

（4）A、C 两相短路电流大小相等、方向相反。

（5）故障时间为 60ms，断路器三相跳闸后，220kV 母线电压恢复正常。

（6）故障时 B 相电流略有增大，时间为 40ms。

（7）故障时有很小的 $3I_0$。

（8）3577.188ms 到 4729.688ms 之间波形由压缩。

（9）4750ms 时 A、C 相第二次出现故障，A、C 两相电压降低，故障电流时间为 50ms。

五、220kV 线路 AC 相间在重合闸充电时间内重复性故障动作过程

220kV 线路 AC 相间故障→纵联保护动作→断路器三相跳闸→经重合闸整定时间（2s）→断路器三相重合→重合成功，线路正常运行 2.6s→220kV 线路 AC 相间再次故障→纵联保护动作→因重合闸充电时间未到（重合闸未准备好）→断路器永久三跳。

六、保护动作分析

（1）第一套保护动作分析：第一套纵联保护采用允许式，纵联保护三跳出口时间为 22ms（=保护的固有时间+通道时间）；第一套距离Ⅰ段出口时间为 50ms，当纵联通道出现故障时，这个时间不满足保护的快速性要求。

（2）第一套保护动作分析：差动保护三跳出口时间为 15ms（保护的固有时间），第一套距离Ⅱ段出口时间为 49ms，分析同上。《继电保护和安全自动装置技术规程》（GB/T 14285—2023）中规定：具有全线速动保护的线路，其主保护装置动作时间应为，对近端故障不大于 20ms，对远端故障不大于 30ms（不计纵联保护通信通道实际传输时间）。

（3）本案例两次故障在保护整组复归时间以内，所以是一份报告，现场运行人员包括保护人员往往会认为是重合于永久故障，在分析时应该仔细看时间。

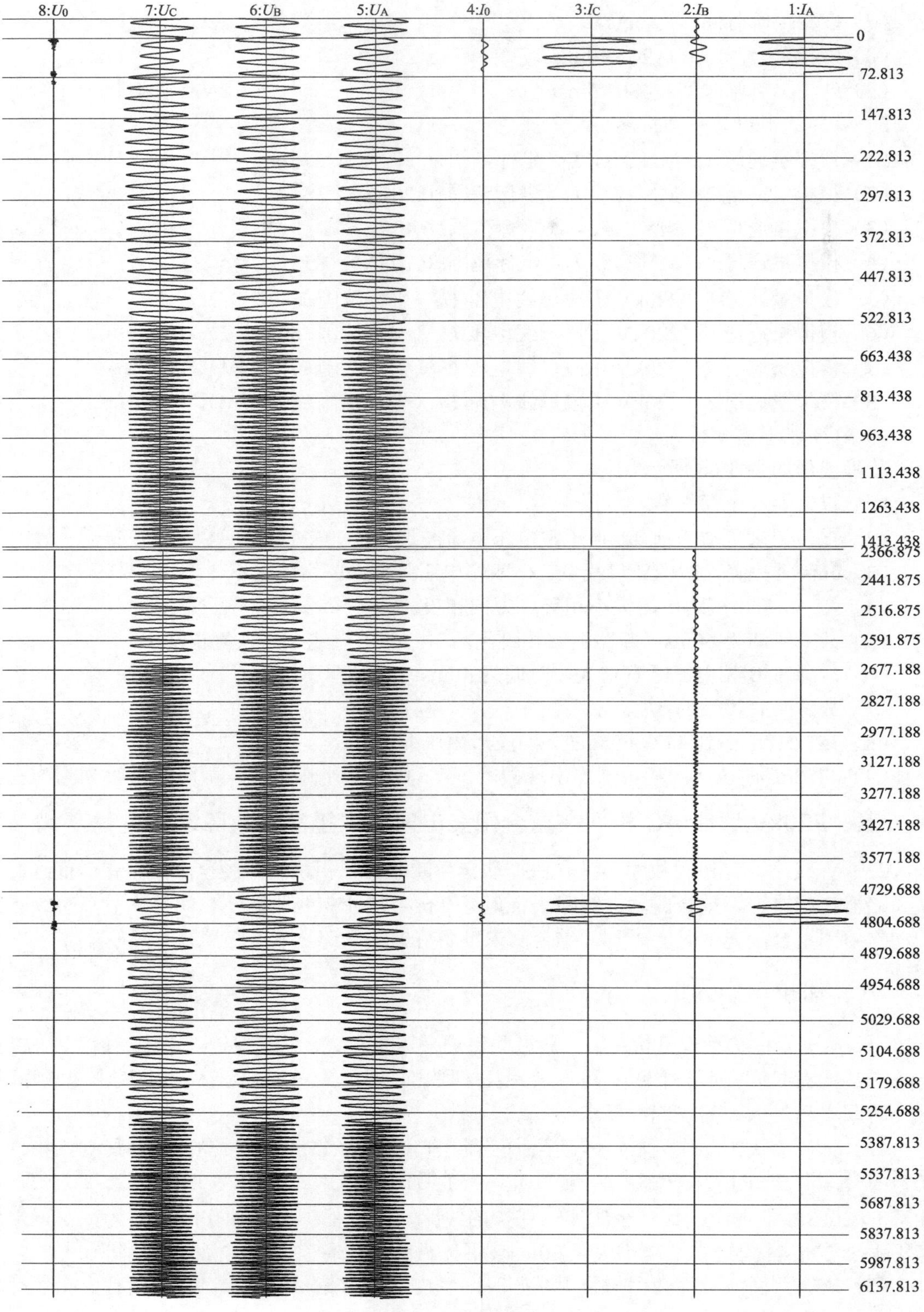

8:U_0
7:U_C
6:U_B
5:U_A
4:I_0
3:I_C
2:I_B
1:I_A
0
72.813
147.813
222.813
297.813
372.813
447.813
522.813
663.438
813.438
963.438
1113.438
1263.438
1413.438
2366.875
2441.875
2516.875
2591.875
2677.188
2827.188
2977.188
3127.188
3277.188
3427.188
3577.188
4729.688
4804.688
4879.688
4954.688
5029.688
5104.688
5179.688
5254.688
5387.813
5537.813
5687.813
5837.813
5987.813
6137.813

图 3-68 故障波形图

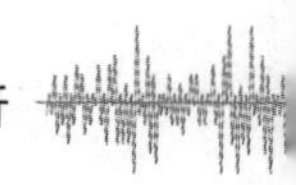

（4）永久性故障与重复性故障区别：重合于永久性故障，保护后加速出口，断路器三跳；重复性故障是重合成功后，运行一段时间，保护再次动作。

案例 22：220kV 线路 C 相接地故障转重合于 A、C 两相接地故障分析

本案例分析的知识点

（1）220kV 线路保护的配置及功能。
（2）C 相永久性接地故障及重合于 A、C 两相接地故障的判断与分析。
（3）保护动作信号分析。
（4）故障电流、阻抗计算。
（5）故障波形分析。
（6）保护打印报告波形分析。
（7）单相永久性接地故障及重合于两相接地故障的动作过程。
（8）保护动作情况分析。

一、案例基本情况

某年 10 月 9 日 14 时 30 分 15 秒 475 毫秒，监控机出现“断路器事故变位”报警音响，推出 2214 线路接线图画面，画面显示 2214 断路器遥信指示分位，遥测电流无指示。监控机报出如下事故报文：

2214 保护 PSL-603GM 距离零序启动
2214 保护 PSL-603GM 差动保护启动
2214 保护 PSL-603GM 综重电流启动
本站 2214 纵差保护 PSL-603GM 动作
本站 2214 纵差保护 PSL-603GM 出口跳闸
本站 2214 纵差保护 RCS-931AM 动作
本站 2214 纵差保护 RCS-931AM 出口跳闸
2214 保护 RCS-931AM 电流差动保护动作
2214 保护 PSL-603GM 差动保护 C 跳出口
2214 保护 RCS-931AM C 相由合到分
2214 保护 PSL-603GM 综重重合闸启动
2214 保护 PSL-603GM 综重重合闸出口
2214 保护 RCS-931AM 闭重三跳动作
2214 保护 RCS-931AM C 相由分到合
2214 保护 RCS-931AM 电流差动保护动作
2214 保护 PSL-603GM 差动保护永跳出口动作
2214 保护 RCS-931AM 距离加速动作
2214 保护 PSL-603GM 综重沟通三跳动作

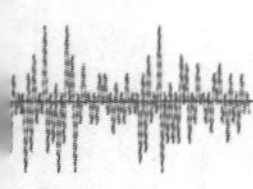

2214 保护 RCS-931AM A 相由合到分

2214 保护 RCS-931AM B 相由合到分

2214 保护 RCS-931AM C 相由合到分

本线路 C 相接地重合到 A、C 两相接地，断路器永久三跳，故障线路故障点位置如图 3-69 所示。线路电流互感器变比为 2000/1，母线电压互感器变比为（220/$\sqrt{3}$）/（0.1/$\sqrt{3}$）/0.1kV。

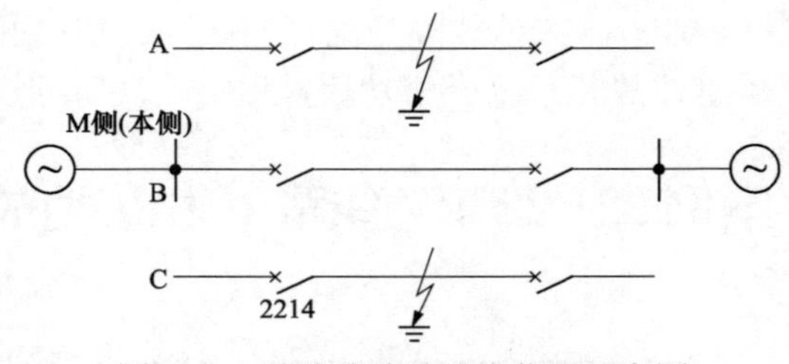

图 3-69　故障线路故障点位置示意图

二、保护配置

220kV MN 线路第一套配 PSL-603GM 纵联电流差动保护，第二套配 RCS-931AM 纵联电流差动保护；PSL-603GM 型保护装置重合闸手柄打在“单重”位置，投入重合闸出口压板，RCS-931AM 型保护装置重合闸手柄打在“停用”位置，RCS-931AM 型保护装置通过 PSL-603GM 型保护装置重合，单相重合闸整定时间为 0.5s。现场检查发现：RCS-931AM 保护装置“跳 A”“跳 B”“跳 C”信号灯点亮。220kV MN 线路保护配置见表 3-55。

表 3-55　220kV MN 线路保护配置

线路	保护装置配置	保护装置基本原理及功能
MN 线	PSL-603GM 纵联电流差动； FCX-22U 分相操作箱； LQ-300K+型打印机	（1）主保护：纵联电流差动保护（包括分相纵联电流差动保护、零序纵联电流差动保护），专用光纤通道。 （2）后备保护：Ⅲ段接地距离保护，Ⅲ段相间距离保护，Ⅳ段零序方向过电流保护。 （3）综合重合闸
	RCS-931AM 纵联电流差动； CZX-11R2 分相操作箱； LQ-300K+型打印机	（1）主保护：纵联电流差动保护，复用光纤通道。 （2）后备保护：Ⅲ段接地距离保护，Ⅲ段相间距离保护，Ⅳ段零序方向过电流保护。 （3）综合重合闸

三、第一套 PSL-603G 保护装置故障报告分析

PSL-603GM 保护装置：“保护动作”“重合闸动作”信号灯点亮。

故障报告信息：

时间：××××-10-09 14：30：15.475

0000ms 综重电流启动

0001ms 启动 CPU 启动

0001ms 距离零序保护启动

0001ms 差动保护启动

0016ms 差动保护 C 跳出口

0039ms 故障类型和测距 C 相接地 6.34km

0039ms 测距阻抗值 1.458+j1.650Ω

0039ms 故障相电流 3.834A（二次）

0046ms 故障类型双端测距 C 相接地 6.33km

0066ms 综合重合闸启动

0576ms 综合重合闸出口

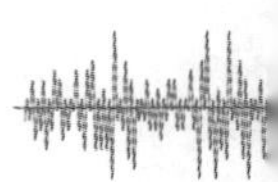

0635ms 综合重合闸复归

0664ms 差动永跳出口

0676ms 综重沟通三跳

0685ms 故障类型和测距 CA 相间接地 4.22km

0685ms 测距阻抗值 0.153+j1.098Ω

0685ms 故障相电流 9.156A（二次）

0686ms 故障类型双端测距 CA 相接地 4.25km

6013ms 差动保护整组复归

6013ms 综合重电流复归

6017ms 距离零序保护复归

6233ms 启动 CPU 复归

PSL-603GM 保护装置故障波形如图 3-70 所示。图 3-70 中显示了故障线路 4 个电流量、4 个母线电压量及线路单相电压互感器 U_{xa}（220kV 线路保护电压量取自母线电压互感器，线路电压互感器仅用于同期，因此为单相），分析如下。

1. 电压量分析

（1）第一次 C 相和 $3\dot{U}_0$ 故障电压时间为 60ms，655ms 时重合于永久故障后 C 相和 $3\dot{U}_0$ 故障电压时间为 120ms，断路器三相跳闸后，C 相电压恢复正常，$3\dot{U}_0$ 为零。

（2）655ms 时重合于永久故障后 A 相故障，A 相故障电压时间为 60ms，C 相线路电压故障时间为 120ms，线路 U_{xa} 降低，时间为 120ms，断路器三相跳闸后，U_{xa} 为零。

（3）正常相 A、B 两相电压分析。C 相故障时，A、B 两相电压正常，断路器 C 相跳闸后 A、B 两相电压正常。A 相故障，转 A、C 两相相间接地故障，B 相电压正常。

（4）第一次 C 相故障和重合于 A、C 两相接地故障时，故障电压都比较低，说明故障点在近端。

2. 电流量分析

（1）第一次 C 相和 $3\dot{I}_0$ 故障电流时间为 40ms，655ms 时重合于永久故障后 C 相和 $3\dot{I}_0$ 故障电流时间为 40ms，断路器三相跳闸后，三相电流和 $3\dot{I}_0$ 为零。

（2）655ms 时重合于永久故障后转 A、C 相故障，故障电流时间为 40ms，断路器三相跳闸后，三相电流和 $3\dot{I}_0$ 为零。

（3）正常相 A、B 两相电流波形分析。C 相故障及断路器 C 相跳闸后，A、B 两相电流为负载电流，图 3-70 中几乎看不见，C 相重合于 C 相永久性故障后 B 相电流为负载电流，A 相为短路电流。

（4）C 相重合于永久性故障电流比开始故障电流大。

3. 开关量分析

（1）报告中有 8 个开关量，分别是 A 相跳闸、B 相跳闸、C 相跳闸、永久出口、重合闸动作、远方跳闸、远传 A 出口、远传 B 出口。

（2）C 相故障开始 15ms 断路器 C 相开始分闸，分闸时间为 55ms。580ms 时重合闸动作，650ms 时 C 相合闸，重合闸于故障后，断路器三相跳闸，分相分闸时间为 90ms，永久出口时间为 60ms。

PSL603GM 数字式保护装置
故障录波
保护类型：差动保护 M
2012 年 10 月 9 日　14 时 30 分 15 秒 458 毫秒

模拟量通道：

I_a=14.00A/格	I_b=14.00A/格	I_c=14.00A/格	$3I_0$=14.00A/格
U_a=100.00V/格	U_b=100.00V/格	U_c=100.00V/格	$3U_0$=100.00V/格
U_{xa}=173.00V/格	U_{xb}=173.00V/格	U_{xc}=173.00V/格	

开关量通道：

1-A 相跳闸	2-B 相跳闸	3-C 相跳闸	4-永跳出口
5-重合闸动作	6-远传跳闸	7-远传 A 出口	8-远传 B 出口

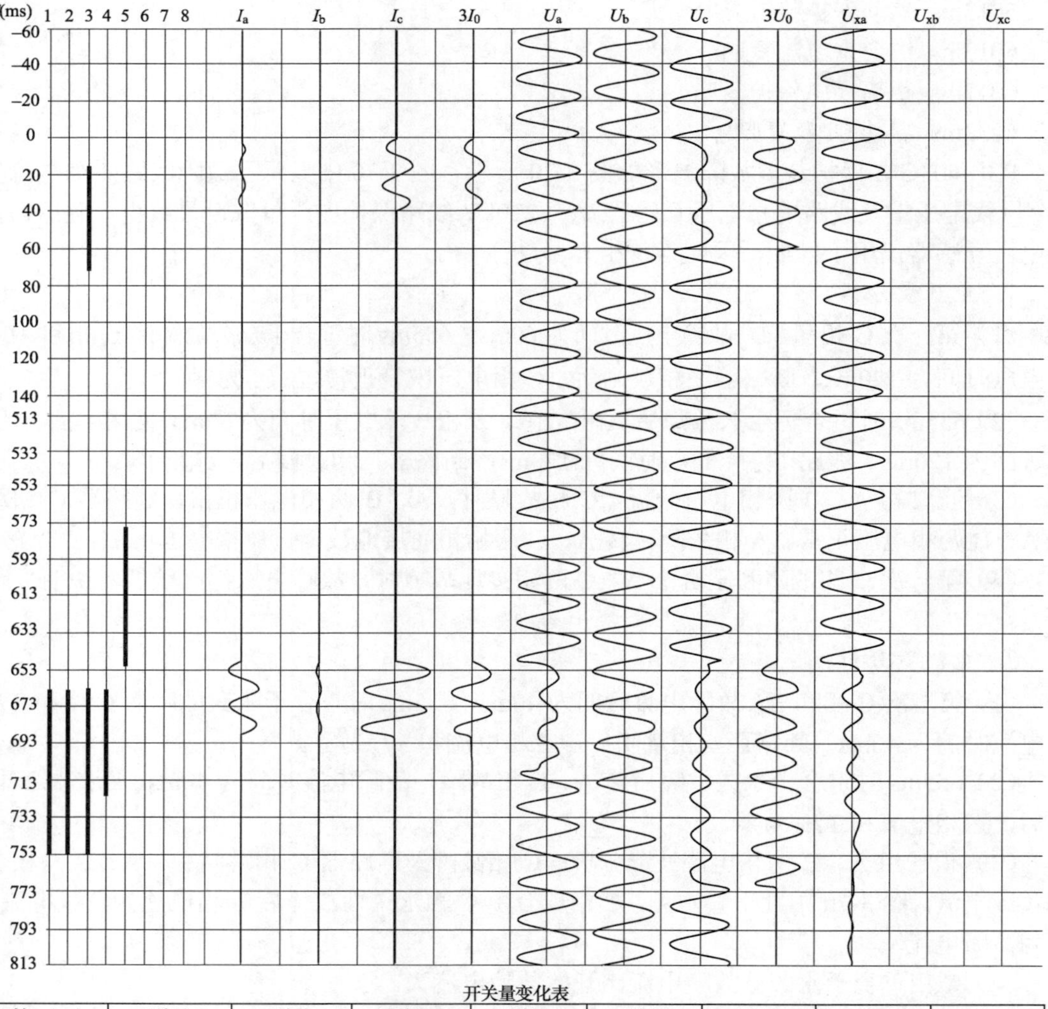

开关量变化表

时间（ms）	开关量 1	开关量 2	开关量 3	开关量 4	开关量 5	开关量 6	开关量 7	开关量 8
−60	0	0	0	0	0	0	0	0
15	0	0	1	0	0	0	0	0
72	0	0	0	0	0	0	0	0
576	0	0	0	0	1	0	0	0
651	0	0	0	0	0	0	0	0
663	1	1	1	1	0	0	0	0
721	1	1	1	0	0	0	0	0
753	0	0	0	0	0	0	0	0

图 3-70　PSL-603GM 保护装置故障波形图

4. 故障电流、故障阻抗计算

首次故障电流有效值：I_d=3.843×2000/1=7687（A）

重合后故障电流有效值：I_d=9.156×2000/1=18312（A）

首次故障一次阻抗值：$Z_1=\dot{U}_1/\dot{I}_1=(K_u\cdot\dot{U}_2)/(\dot{I}_2/K_i)=Z_{c1}\cdot K_u/K_i$=（1.458+j1.650）×2200/2000=1.6038+j1.815（Ω）

重合后故障一次阻抗值：$Z_2=\dot{U}_1/\dot{I}_1=(K_u\cdot\dot{U}_2)/(\dot{I}_2/K_i)=Z_{c2}\cdot K_u/K_i$=（0.153+j1.098）×2200/2000=0.1683+j1.2078（Ω）

四、第二套 RCS-931 线路保护装置动作报告分析

RCS-931线路保护装置动作报告如图3-71所示，图中横坐标表示模拟量和开关量的幅值，纵坐标表示故障时间；“U：45V/1”表示电压二次值，每格为 45V（瞬时值）；“I：7.7A/1”表示电流二次值，每格为 7.7A（瞬时值）；“T：20ms/格”表示电压电流波形的周期为 20ms；“T=−40ms”表示报告记录故障前 40ms，即 2 个周波的电压、电流波形；整个波形有两段压缩过程。

1. 电压波形分析

（1）故障相 C、A 相电压波形分析。0ms 时 C 相单相接地故障，C 相电压明显降低，因故障在线路近端，因此残压（短路电流乘以故障点到电压互感器安装处的阻抗）比较低，接地点的电压为零。C 相单相接地故障持续时间 40ms。由于 220kV 线路重合闸多使用单相重合闸，即在单相接地故障时断路器单相跳闸，故障切除。故障切除后 C 相电压恢复正常，这是因为线路保护的电压量取自母线电压互感器。560ms（=重合闸整定时间 0.5s+保护固有启动时间+断路器分闸时间）重合闸动作，650ms 时重合于永久故障，故障时间经过 55ms 断路器三相跳闸，故障切除，C 相电压恢复正常。

C 相重合于永久故障，转 A、C 两相接地故障，B 相电压正常，A、C 两相电压降低。第一次 C 相故障电压时间为 55ms；A、C 两相相间故障后 A 相故障持续时间为 45ms，C 相故障电压时间为 65ms。

（2）正常相 A、B 两相电压分析。C 相故障时，A、B 两相电压正常，断路器 C 相跳闸后 A、B 两相电压正常。A 相故障转 A、C 两相相间故障，B 相电压正常。

（3）$3\dot{U}_0$ 电压波形分析。由于是单相接地故障，而 220kV 属于中性点有效接地系统，因此在故障时有 $3\dot{U}_0$，其幅值为 1.5 格，C 相故障 $3\dot{U}_0$ 持续时间为 60ms。方向与 $3\dot{I}_0$ 基本相反。断路器 C 相跳闸后，$3\dot{U}_0$ 为零，560ms 时 C 相重合闸重合，650ms 时重合于永久故障，A、C 相相继故障，$3\dot{U}_0$ 持续时间约为 80ms（=断路器的 C 相合闸时间+合于故障的保护动作时间+断路器的三相分闸时间）。断路器三相跳闸后，故障切除，$3\dot{U}_0$ 为零。

2. 电流波形分析

（1）故障相 C 相电流波形分析。0ms 时 C 相单相接地故障，C 相电流由负载电流突变成短路电流，其瞬时值在图 3-71 中接近 1 格，此电流乘以电流互感器的变比则为一次侧电流。短路电流持续时间为 40ms。

C 相重合于永久故障，转 A、C 两相接地故障，C 相故障电流明显大于第一次故障，最大电流接近 2 格，时间为 40ms；A 相故障电流接近 1 格，持续时间为 40ms。

动作序号	039	启动绝对时间	2012-10-09 14:30:15.457
序 号	动作相	动作相对时间	动 作 元 件
01	C	00010ms	电流差动保护
02	ABC	00658ms	电流差动保护
03	ABC	00668ms	距离加速

故障测距结果	0005.4 km
故障相别	C
故障相电流值	003.88 A
故障零序电流	002.68 A
故障差动电流	009.17 A

启动时开入量状态

序号	名称	状态	序号	名称	状态
01	差动保护	1	13	发远跳	0
02	距离保护	1	14	发远传 1	0
03	零序保护	1	15	发远传 2	0
04	重合闸方式 1	1	16	收远跳	0
05	重合闸方式 2	1	17	收远传 1	0
06	闭重三跳	0	18	收远传 2	0
07	跳闸起动重合	0	19	主保护压板 S	1
08	三跳启动重合	0	20	距离压板 S	1
09	A 相跳闸位置	0	21	零序压板 S	1
10	B 相跳闸位置	0	12	闭重三跳 S	0
11	C 相跳闸位置	0	13	对侧主保护压板	1
12	合闸压力降低	0	14		

启动后变位报告

序号	时间	变位	序号	时间	变位
01	00062ms	C 相跳闸位置 0→1	04	00708ms	B 相跳闸位置 0→1
02	00595ms	闭重三跳 0→1	05	00709ms	A 相跳闸位置 0→1
03	00622ms	C 相跳闸位置 1→0	06	00711ms	C 相跳闸位置 0→1

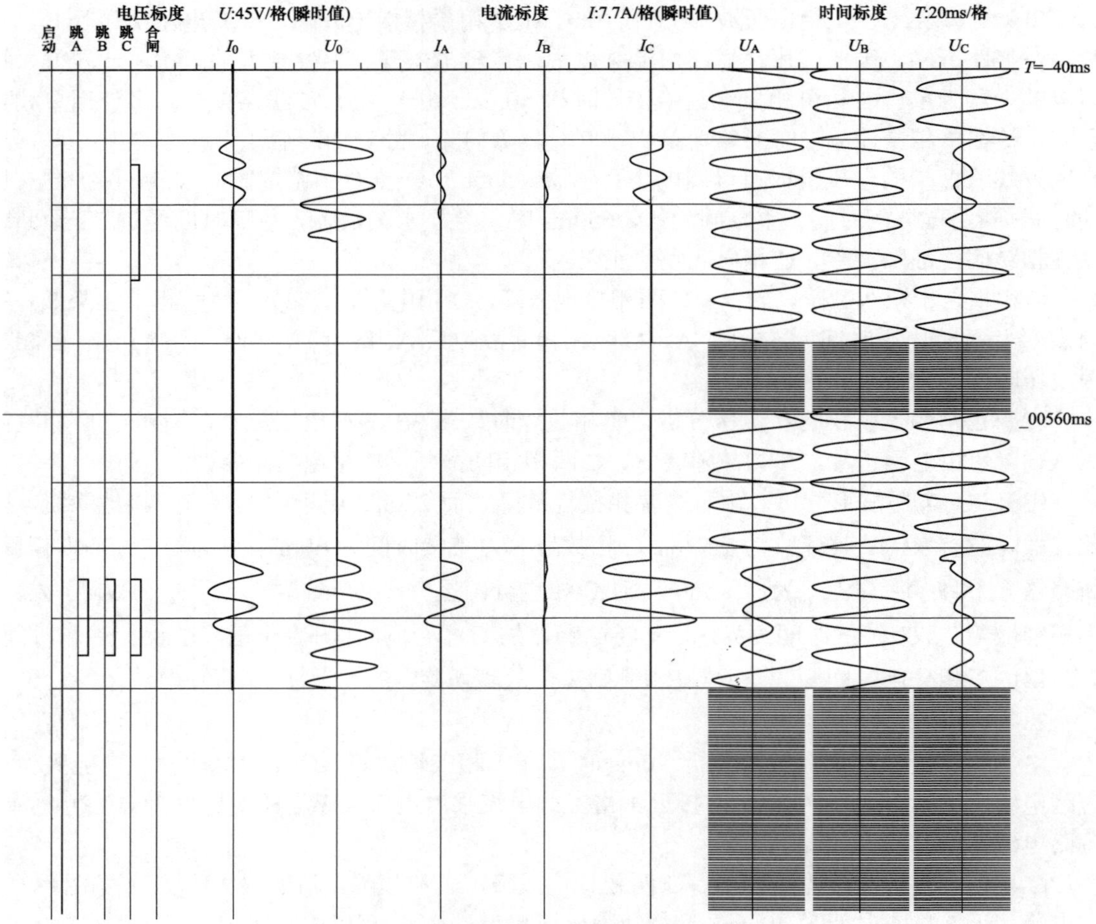

图 3-71 RCS-931 线路保护装置动作报告

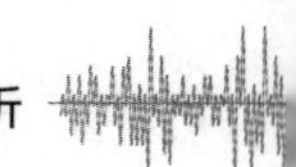

（2）正常相 A、B 两相电流波形分析。C 相故障及断路器 C 相跳闸后，A、B 两相电流为负载电流，图 3-70 中几乎看不见。重合于 C 相永久性故障后 B 相电流为负载电流，A 相为短路电流。

（3）$3\dot{I}_0$ 电流波形分析。由于是单相接地故障，而 220kV 系统属于中性点有效接地系统，因此在故障时有 $3\dot{I}_0$，其与 C 相短路电流大小相等（它们是一个回路的电流）、方向相同，时间为 40ms。$3\dot{I}_0$ 方向与 $3\dot{U}_0$ 相反。断路器 C 相跳闸后，没有 $3\dot{I}_0$，650ms 时重合于永久性故障，又出现了 $3\dot{I}_0$，其持续时间为 40ms。断路器三相跳闸后故障切除，$3\dot{I}_0$ 为零。

（4）重合闸重合于永久性故障后，从波形图中可看到三相负载电流为零。

3. 开关量分析

（1）本报告中有 5 个开关量，分别是启动、跳 A、跳 B、跳 C、合闸。

（2）0ms 时保护启动，开放保护正电源，C 相故障 12ms 时断路器 C 相开始分闸，分闸时间为 43ms。650ms 时重合闸于故障，断路器三相跳闸，三相分闸时间为 43ms。图 3-71 中重合动作开关量被压缩了。

五、故障录波器波形分析

故障录波器波形如图 3-72 所示，图中横坐标表示模拟量的幅值，纵坐标表示时间。

故障时间：××××-10-09 14：30：15.474。

故障相别：C 相接地。

故障距离：5.675km。

跳闸相别：C 相。

故障切除：40ms。

重合闸时间：647ms。

再次跳闸相别：C 相接地。

再次跳闸相别：ABC 三相。

再次故障切除：687ms。

通道 1～4：220kV Ⅰ段母线三相及 $3U_0$ 电压量。

通道 5～8：线路三相电流及 $3I_0$。

通道 9～12：220kV Ⅱ段母线三相及 $3U_0$ 电压量。

通道 13：保护 A 跳。

通道 14：保护 B 跳。

通道 15：保护 C 跳。

1. 电压波形分析（通道1～4、9～12）

由于 220kV 系统采用了双母线接线方式，因此通道 1～4 记录了母线的电压，通道 9～12 记录了Ⅱ段母线的电压。

（1）报告记录了故障前 100ms 的正常电压波形，故障后两个母线 C 相电压降低，由于在近区故障，因此残压很低，它等于短路电流乘以短路点到电压互感器安装处的阻抗。

（2）由于电压互感器采用的是电容式电压互感器，故障相电压和 $3\dot{U}_0$ 持续时间约为 60ms，比故障电流持续时间长，这是由电容式电压互感器瞬变暂态特性所致。

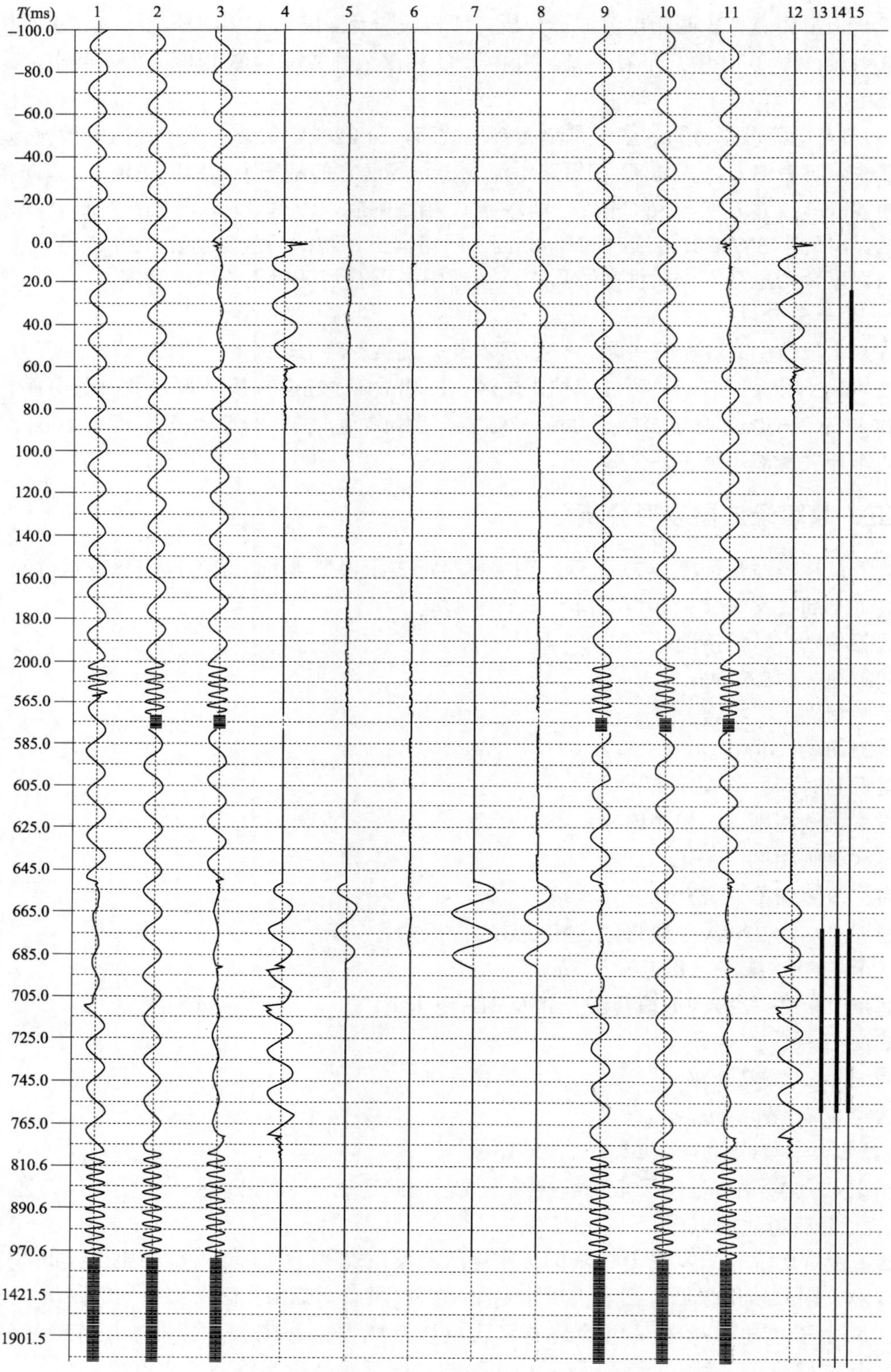

图 3-72　故障录波器波形图

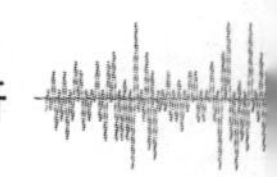

（3）在故障开始时，两母线的 $3\dot{U}_0$ 出现了尖顶波，说明有高频分量。

（4）C 相断路器跳闸后，故障切除，两母线电压恢复正常。

（5）650ms 时 C 相合闸于永久故障。在 C 相合闸的同时，A 相也出现故障，断路器三相跳闸。两母线 A 相故障电压持续时间约 60ms，C 相和 $3\dot{U}_0$ 故障电压持续时间为 100ms。

（6）765ms 后，断路器三相跳闸，故障切除，两条母线电压恢复正常。

2. 电流波形分析（通道5～8）

（1）报告记录了故障前 100ms 的负载电流，故障后短路电流明显增大，故障电流波形持续时间约 43ms。

（2）C 相短路电流与 $3\dot{I}_0$ 大小相等、方向相同，故障电流时间持续 43ms。

（3）A 相故障前，A、B 两相为负载电流。

（4）650ms 时 C 相合闸于永久故障，在 C 相合闸的同时，A 相也出现故障，断路器三相跳闸。从波形图中可看出，C 相第二次故障的短路电流幅值比第一次故障电流大，并且 A、C 相短路电流方向相反，因此 $3\dot{I}_0$ 的电流幅值没有 C 相大。A、C 相短路电流持续时间为 43ms。

（5）故障切除后，A、C 相和 $3\dot{I}_0$ 电流为零。

3. 开关量分析

（1）通道 15：23ms 后 C 相开始分闸，断路器的分闸时间约为 57ms。

（2）通道 13～15：673ms 时断路器三相分闸，分闸时间约为 87ms。

（3）560ms 时重合闸动作开始重合于故障，650ms 时重合于永久故障。

六、220kV 线路 C 相接地故障转 A、C 两相接地故障的动作过程

220kV 线路单相故障→光纤差动保护动作→断路器单相跳闸→经重合闸整定时间（0.5s）→断路器单相重合→重合于 A、C 相故障→保护后加速距离跳闸。

七、保护动作情况分析

（1）14 时 30 分 15 秒，0ms 时 2214 保护 PSL-603GM 综重电流启动，1ms 时 PSL-603GM 距离零序启动、差动保护启动，10ms 时 RCS-931AM 电流差动保护动作，16ms 时 PSL-603GM 差动保护 C 跳出口动作跳闸，66ms 时 PSL-603GM 综合重合闸启动，576ms 时 PSL-603GM 综合重合闸出口 C 相合闸，658ms 时 RCS-931AM 电流差动保护动作，664ms 时 PSL-603GM 差动保护永跳出口动作，668ms 时 RCS-931AM 距离加速动作，676ms 时 PSL-603GM 综重沟通三跳动作（其中 685ms 得出的故障电流、故障测距为断路器重合后再次检测的结果），708ms 时 A 相由合到分，709ms 时 B 相由合到分，711ms 时 C 相由合到分。

综合故障信息分析可知：C 相跳闸后，重合闸动作进行重合；在 C 相合闸的同时，A 相相继出现故障，且 A、C 两相符合两相接地短路的特点，保护动作正确。

（2）C 相故障测距。

1）第一套 PSL-603GM 保护装置第一次测距为 6.33km，再次测距为 4.25km。

2）第二套保护测距：5.4km。

3）故障录波器测距：5.675km。

保护装置和故障录波器测距误差不大。

八、存在的问题

本案例在重合于两相接地故障断路器三跳后，两套保护和专用故障录波器故障电压波形A、C时间不一致，A相60ms，C相120ms。

案例23：雷击220kV线路造成三相对称性短路故障三相跳闸重合闸重合成功

本案例分析的知识点

（1）三相瞬时性故障保护故障报告和波形图分析。
（2）220kV三相瞬时性接地故障时的动作过程。
（3）保护动作情况分析。

一、案例基本情况

2018年3月15日7时54分，某220kV MN线路因雷击造成三相对称性短路故障，断路器三相跳闸，三相重合闸重合成功。最大故障相二次电流3.370A，一次18.426kA，最低故障相二次电压23.851V，一次52.472kV。第一套CSC-103B保护出口14ms，第二套CSC-103B保护出口15ms，断路器59.6ms三相跳闸（重合闸方式为三相重合闸，相间故障三跳三重），两套保护故障距离11.13km，线路全长为86.80km。220kV线路ABC三相瞬时性故障点位置如图3-73所示。

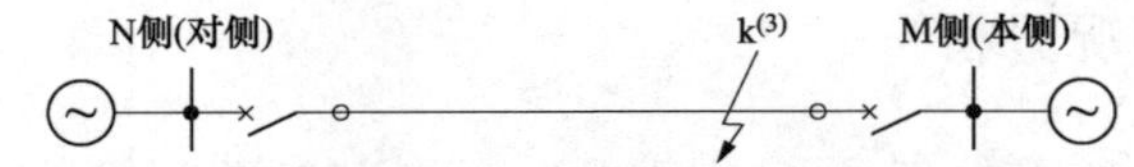

图3-73　220kV线路ABC三相瞬时性故障点位置示意图

二、第一套保护CSC-103B保护装置动作信息

（1）第一套保护CSC-103B保护装置动作报告见表3-56，时间为2018年3月15日7时54分20秒123毫秒。

表3-56　第一套保护CSC-103B保护装置动作报告

相对时间	动作元件	跳闸相别	动作参数
4ms	保护启动		
14ms	相间距离Ⅰ段动作	ABC	
16ms	纵差保护动作		
16ms	分相差动动作	ABC	I_{CDa}=4.281A I_{CDb}=5.219A I_{CDc}=1.641A
	三相差动电流		I_A=8.483A I_B=8.750A I_C=8.125A

续表

相对时间	动作元件	跳闸相别	动作参数
	三相制动电流		I_A=6.625A I_B=6.219A I_C=6.375A
85ms	三跳启动重合		
2084ms	重合闸动作		
	对侧差动动作		
	故障相电压		U_A=26.25V U_B=25.88V U_C=24.25V
	故障相电流		I_A=6.906A I_B=6.750A I_C=7.719A
	测距阻抗		X=3.797Ω R=0.5859Ω ABC 相
	故障测距		L=11.13km ABC 相

（2）启动后变位报告见表 3-57。

表 3-57　启动后变位报告

序号	时间	开入名称	数值
01	82ms	分相跳闸位置 TWJA	0→1
02	84ms	分相跳闸位置 TWJC	0→1
03	88ms	分相跳闸位置 TWJB	0→1
04	2013ms	分相跳闸位置 TWJA	1→0
05	2013ms	分相跳闸位置 TWJB	1→0
06	2013ms	分相跳闸位置 TWJC	1→0
07	2644ms	低气压闭锁重合闸	0→1

（3）第一套保护 CSC-103B 保护装置故障波形分析。第一套保护 CSC-103B 保护装置故障波形如图 3-74 所示。

时间：2018-03-15 07：54：20.123

模拟量：1—I_a；2—I_b；3—I_c；4—$3I_0$；5—U_a；6—U_b；7—U_c；8—U_x；9—I_aR；第二段 1—I_bR；第二段 2—I_cR。

开关量：1—保护启动；2—跳 A；3—跳 B；4—跳 C；5—永跳；6—跳位 A；7—跳位 B；8—跳位 C；9—重合；10—沟通三跳开出；11—远方跳闸出口；12—远传命令 1 开出；13—远传命令 2 开出；14—单跳启动重合闸；15—三跳启动重合闸；16—闭锁重合闸；17—低气压闭锁重合闸；18—远方跳闸开入；19—远传命令 1 开入；20—远传命令 2 开入；21—三相不一致出口。

1）报告记录了故障前 49.6ms 正常电压、电流波形。

2）0ms 时故障，220kV 母线电压、线路单相电压降低。

3）报告没有记录 $3U_0$ 电压。

4）故障时三相电流都出现了直流分量，I_a 有负的直流分量，I_b、I_c 有正的直流分量，故障时间为 59.6ms。

5）I_aR、I_bR、I_cR（冗余电流）的直流分量同故障电流。

6）故障开始时有很小的 $3I_0$ 分量（应该是三相故障时间差造成），断路器三相分闸时由于三相分闸不同期，产生了约 5ms 的 $3I_0$ 分量。

7）B 相为断路器首开相。

8）断路器三相跳闸后，220kV 母线电压恢复正常；线路电压出现了低幅值的高频振荡，时间约为 15ms。

9）2159ms 时重合闸重合成功，线路单相电压恢复正常。

10）开关量动作了 8 个：4ms 时保护启动；14ms 时跳 A、跳 B、跳 C；82ms 时跳位 A、跳位 C，86ms 时跳位 B；2084ms 时重合闸动作（三相重合闸整定时间 2s）；“沟通三跳”开出。

11）波形在 207～2024ms 进行了压缩。

三、第二套保护 CSC-103B 保护装置动作信息

（1）第二套保护 CSC-103B 保护装置动作报告见表 3-58，时间为 2018 年 3 月 15 日 7 时 54 分 20 秒 123 毫秒。

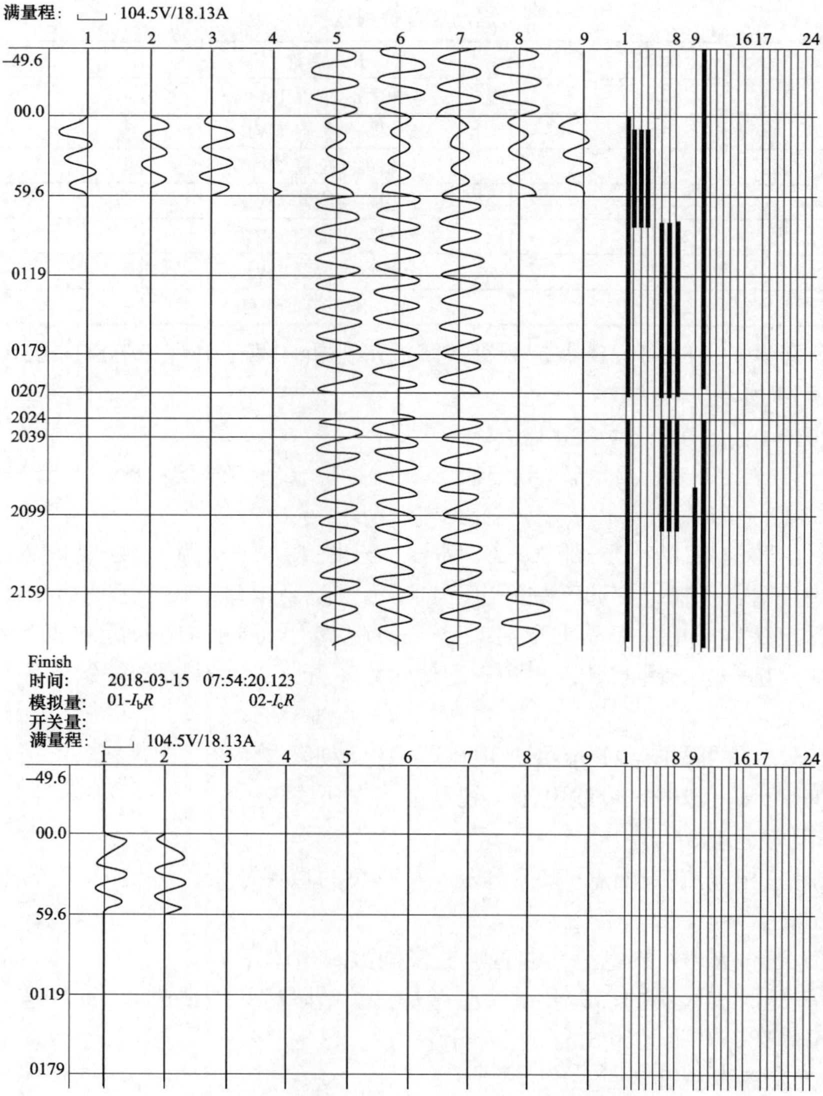

满量程: 104.5V/18.13A

Finish
时间: 2018-03-15 07:54:20.123
模拟量: 01-I_bR 02-I_cR
开关量:
满量程: 104.5V/18.13A

图 3-74 第一套保护 CSC-103B 保护装置故障波形图

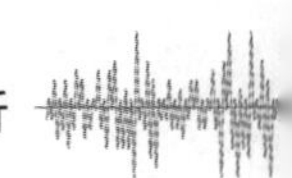

表 3-58　　第二套保护 CSC-103B 保护装置动作报告

相对时间	动作元件	跳闸相别	动作参数
5ms	保护启动		
15ms	相间距离 I 段动作	ABC	
17ms	纵差保护动作		
17ms	分相差动动作	ABC	I_{CDa}=5.094A I_{CDb}=5.594A I_{CDc}=1.898A
	三相差动电流		I_A=8.688A I_B=8.750A I_C=8.250A
	三相制动电流		I_A=6.750A I_B=6.219A I_C=6.500A
83ms	三跳启动重合		
2082ms	重合闸动作		
	对侧差动动作		
	故障相电压		U_A=26.13V U_B=25.75V U_C=24.25V
	故障相电流		I_A=6.500A I_B=6.871A I_C=7.500A
	测距阻抗		X=3.797Ω R=0.6016Ω ABC 相
	故障测距		L=11.13km ABC 相

（2）启动后变位报告见表 3-59。

表 3-59　　启动后变位报告

序号	时间	开入名称	数值
01	82ms	分相跳闸位置 TWJA	0→1
02	84ms	分相跳闸位置 TWJC	0→1
03	88ms	分相跳闸位置 TWJB	0→1
04	2101ms	分相跳闸位置 TWJA	1→0
05	2101ms	分相跳闸位置 TWJB	1→0
06	2101ms	分相跳闸位置 TWJC	1→0
07	2647ms	低气压闭锁重合闸	0→1

（3）第二套保护 CSC-103B 保护装置故障波形分析。第二套保护 CSC-103B 保护装置故障波形如图 3-75 所示。

时间：2018-03-15　07：54：20.125。

模拟量：1—I_a；2—I_b；3—I_c；4—$3I_0$；5—U_a；6—U_b；7—U_c；8—U_x；9—I_aR。

开关量：1—保护启动；2—跳 A；3—跳 B；4—跳 C；5—永跳；6—跳位 A；7—跳位 B；8—跳位 C；9—重合；10—沟通三跳开出；11—远方跳闸出口；12—远传命令 1 开出；13—远传命令 2 开出；14—单跳启动重合闸；15—三跳启动重合闸；16—闭锁重合闸；17—低气压闭锁重合闸；18—远方跳闸开入；19—远传命令 1 开入；20—远传命令 2 开入；21—三相不一致出口。

1）报告记录了故障前 52.3ms（波形图中 55ms）正常电压、电流波形。

2）0ms 时故障，220kV 母线电压、线路单相电压降低。

3）报告没有记录 $3U_0$ 电压。

4）故障开始时三相电流都出现了直流分量，I_a 有负的直流分量，I_b、I_c 有正的直流分量，故障时间为 59.6ms。

5）I_aR、I_bR、I_cR（冗余电流）的直流分量同故障电流。

6）故障时有很小的 $3I_0$ 分量（应该是三相故障时间差造成），断路器三相分闸时由于三相分闸不同期，产生了约 5ms 的 $3I_0$ 分量。

7）B 相为断路器首开相。

8）断路器三相跳闸后，220kV 母线电压恢复正常；线路电压出现了低幅值的高频振荡，时间约为 15ms。

9）2159ms 时重合闸重合成功，线路单相电压恢复正常。

10）开关量动作了 8 个：5ms 时保护启动；15ms 时跳 A、跳 B、跳 C；83ms 时跳位 A、跳位 C，86ms 时跳位 B；2082ms 时重合闸动作（三相重合闸整定时间 2s）；“沟通三跳”开出。

11）报告在 205～2023ms 进行了压缩。

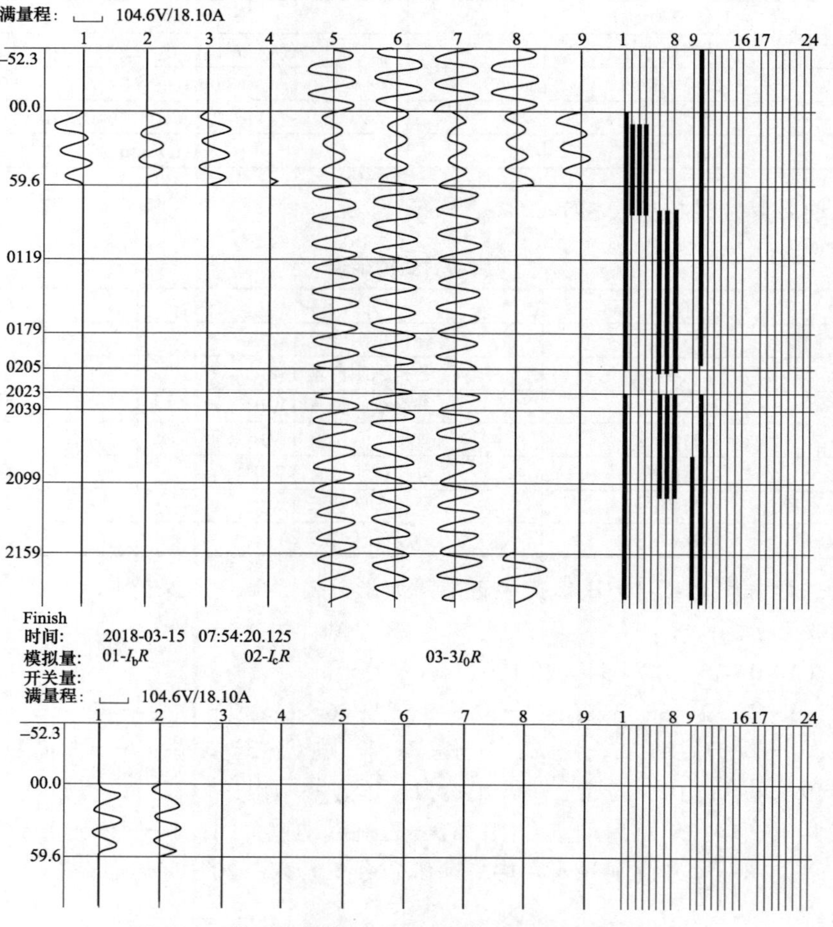

图 3-75 第二套保护 CSC-103B 保护装置故障波形图

四、相关保护定值

相关保护定值见表 3-60。

表 3-60 相关保护定值

序号	定值名称	数值	单位
01	突变量启动电流定值	0.100	A

续表

序号	定值名称	数值	单位
02	零序启动电流定值	0.100	A
03	差动动作电流定值	0.240	A
06	线路正序阻抗定值	30.25	Ω
07	线路正序灵敏角	78.00	°
08	线路零序阻抗定值	88.43	Ω
09	线路零序灵敏角	70.00	°
10	线路正序容抗定值	9000	Ω
11	线路零序容抗定值	9000	Ω
12	线路总长度	86.80	km
13	相间距离Ⅰ段定值	20.00	Ω
14	TA 变比系数	1.000	
15	三相重合闸时间	2.000	s
16	纵差保护	1	
17	距离保护Ⅰ段	1	
18	三相 TWJ 启动重合闸	1	
19	三相重合闸	1	

五、220kV 三相对称性断路故障动作过程（重合闸采用三重方式）

220kV 线路三相瞬时性接地→相间距离Ⅰ段、纵差保护动作、分相差动动作→断路器三相跳闸→经重合闸整定时间（2s）→断路器三相重合→重合成功，转正常运行。

六、保护动作情况分析

（1）线路三相近端故障，两套线路保护相间距离Ⅰ段、纵差保护、分相差动保护动作，相差时间仅 1ms，保护动作正确。

（2）两套保护测距均为 11.13km，无误差。

（3）两套保护重合闸动作时间仅相差 2ms。

（4）故障相电压超前故障相电流 80°左右，故障相间电压超前故障相间电流 80°左右。

（5）三个故障相电流、三相差动电流、三相制动电流几乎相等。

案例 24：220kV 线路三相对称性短路故障

本案例分析的知识点

（1）220kV 线路三相对称性短路故障保护动作分析。

（2）220kV 线路三相对称性短路故障波形图分析。

（3）220kV 三相对称性短路故障时的动作过程。

（4）保护动作情况分析。

（5）三相对称性短路的特点。

（6）暂态恢复电压相关介绍。

（7）断路器首开系数的概念。

（8）断路器三相开断的暂态恢复电压。

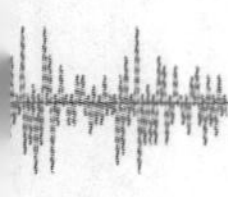

一、案例基本情况

2015 年 5 月 29 日 10 时 6 分 21 秒 38 毫秒，某 220kV 线路 ABC 三相短路故障，13ms 时分相差动保护动作出口跳 ABC 三相，16ms 时距离Ⅰ段阻抗动作出口，49ms 时断路器三跳，故障切除。因线路采用单相重合闸，线路三跳不重合。故障测距为 67km。断路器为 GIS 设备，电压互感器为外置电容式电压互感器。220kV 线路 ABC 三相短路故障点位置如图 3-76 所示。

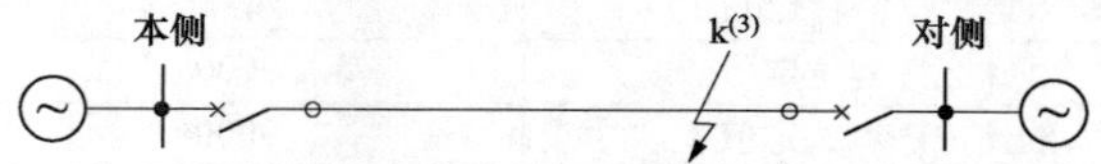

图 3-76　220kV 线路 ABC 三相短路故障点位置示意图

二、CSC-103A 型线路保护装置故障波形分析

220kV 线路 ABC 三相短路故障波形如图 3-77 所示，横坐标表示模拟量和开关量的幅值，纵坐标表示故障时间单位毫秒。“14.93A”表示电流二次值（瞬时值），每格为 14.93A。“186.15V”表示电压二次值（瞬时值），每格为 186.15V。横坐标 1～9 为模拟量，分别表示 U_A、U_B、U_C、$3U_0$、I_A、I_B、I_C、$3I_0$；13～15 为开关量，分别表示跳 A、跳 B、跳 C。

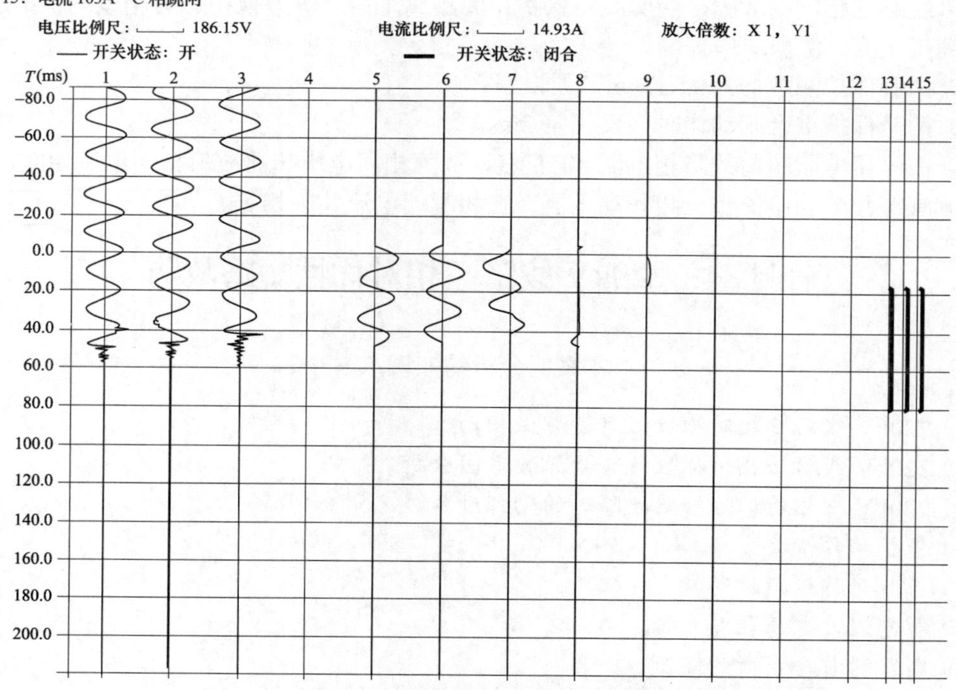

图 3-77　220kV 线路 ABC 三相短路故障波形图

1. 电压波形分析

（1）故障相 ABC 三相电压波形分析。−4ms 时 ABC 相三相故障，电压产生波动，三相电压降低。因故障在线路远端，因此残压（=短路电流×故障点到保护安装处的阻抗）比较高，接地点的电压为零。13ms 时分相差动保护动作发出跳断路器 ABC 相命令，49ms 时断路器三相跳闸。因系统振荡，故障电流过零后三相均产生高频暂态恢复电压，并伴随振荡衰减，最终达到稳定状态。

（2）$3U_0$ 电压波形分析。三相对称性短路故障，$3U_0$ 为零。

2. 电流波形分析

（1）故障相 ABC 相电流波形分析。−4ms 时 ABC 相三相故障，三相电流由负载电流突变成短路电流；49ms 断路器三相跳闸后，故障切除，电流为零。

（2）$3I_0$ 电流波形分析。线路三相短路故障，$3I_0$ 为零。46ms 左右，由于断路器三相开断存在时间差，产生 $3I_0$；断路器三相均断开后，$3I_0$ 消失。

（3）在故障时 ABC 相的电流和电压波形都是正弦波，说明在故障时电压互感器和电流互感器没有饱和现象。

3. 开关量分析

（1）图 3-77 中 13～15 表示开关量，分别是跳 A、跳 B、跳 C。

（2）线路三相短路故障发生后几乎 0ms 时保护启动，13ms 时分相差动保护动作，保护装置向断路器发跳 ABC 命令。

（3）断路器在开断时暂态恢复过电压（TVR）。由图 3-77 可知，C 相为首开相，对应 C 相高频振荡电压比 A、B 两相高，A、B 两相暂态电压在开始第一个波可看出方向是相反（类似图 3-80）。

三、CSC-103A 线路保护装置动作报告分析

CSC-103A 线路保护装置故障动作报告见表 3-61，保护启动时间为 2015 年 5 月 29 日 10 时 6 分 21 秒 38 毫秒。

表 3-61　　CSC-103A 线路保护装置故障动作报告

间隔名称：CSC 系列保护装置 故障绝对时间：2015-05-29 10：06：21.038			装置地址：4B 当前定值区号：01 打印时间：2015-05-29 10：23：19
相对时间	**动作元件**	**跳闸相别**	**动作参数**
4ms	保护启动		
	通道 A 通，丢帧		
	通道 B 通，丢帧		
	采样已同步		
13ms	分相差动出口	ABC	I_A=3.188 I_B=2.266 I_C=3.453A
	数据来源通道 A		
16ms	Ⅰ段阻抗出口	ABC	X=11.63Ω R=2.859Ω ABC 相
	三相差动电流		I_A=4.688 I_B=4.719 I_C=5.063A
	三相制动电流		I_A=3.922 I_B=3.922 I_C=4.219A
	测距阻抗		X=11.88Ω R=2.906Ω ABC 相
	测距		L=67.00km ABC 相
	对侧差动出口		

（1）4ms 时保护装置启动，13ms 时分相差动出口，16ms 时Ⅰ段阻抗出口。

（2）故障相：ABC 相。

（3）故障测距：67km。

（4）差动电流：I_A=4.688A，I_B=4.719A，I_C=5.063A（二次侧电流）。

四、RCS-902A 线路保护装置动作报告分析

故障动作报告见表 3-62，保护启动时间为 2015 年 5 月 29 日 10 时 6 分 21 秒 37 毫秒。

表 3-62　　RCS-902A 线路保护装置动作报告

厂站名：南继保　　线路：　　装置地址：072　　管理序号：00043406　　打印时间：2015-05-29 10：33

动作序号	145	启动绝对时间	2015-05-29 10：06：21.037
序号	动作相	动作相绝对时间	动作元件
01	ABC	00024ms	距离Ⅰ段动作
故障测距结果		0066.8km	
故障相别		ABC	
故障相电流值		004.4A	
故障零序电流		000.72A	

启动时开入量状态

序号	开入名称	数值	序号	开入名称	数值
01	主保护	1	11	收发信机告警	0
02	距离保护	1	12	A 相跳闸位置	0
03	零序保护	1	13	B 相跳闸位置	0
04	重合闸方式 1	0	14	C 相跳闸位置	0
05	重合闸方式 2	0	15	合闸压力降低	0
06	闭重三跳	0	16	收信	0
07	通道试验	0	17	主保护压板	1
08	其他保护停信	0	18	距离压板	1
09	跳闸启动重合	0	19	零序压板	1
10	三跳启动重合	0	20	闭重三跳	0

启动后变位报告

序号	时间	开入名称	数值	序号	时间	开入名称	数值
01	00008ms	收信	0→1	05	00090ms	C 相跳闸位置	0→1
02	00024ms	收信	1→0	06	00092ms	B 相跳闸位置	0→1
03	00033ms	闭重三跳	0→1	07	00098ms	A 相跳闸位置	0→1
04	00088ms	闭重三跳	1→0				

（1）24ms 时距离Ⅰ段动作。

（2）故障相：ABC 相。

（3）故障测距：66.8km。

（4）故障相电流：4.4A（二次侧电流）。

（5）故障零序电流：0.72A（二次侧电流）。

五、220kV 三相短路故障时的动作过程

220kV 线路三相短路故障→分相差动保护动作→断路器三相跳闸→故障切除。

六、保护动作情况分析

（1）本线路全长为 102.4km，故障测距为 67km，属于纵差保护范围，保护动作正确。

（2）本线路采用单相重合闸，线路三相故障，断路器三相跳闸不重合。

（3）故障相电流值为 4.4A（二次侧电流），电流互感器变比为 1250/1，一次故障电流为 5500A。

七、三相对称性短路的特点

（1）没有负序和零序分量。

（2）三相电流对称，三相电压对称。

（3）短路电压与故障点到保护安装处的距离有关，距离越近残压越低，出口故障时残压为零。

（4）短路点的电压为零。

八、暂态恢复电压相关介绍

1. 暂态恢复电压的概念

暂态恢复电压（transient recovery voltage，TRV）是电流开断后立即加在断路器打开的触头上的电压，即 u_{ab}，是断路器电源侧对地电压 u_{an} 与负载侧对地电压 u_{bn} 之差（$u_{ab}=u_{an}-u_{bn}$），因此，暂态恢复电压由电源分量 u_{an} 和负载分量 u_{bn} 两个分量组成。在所有情况下，暂态恢复电压总是在电流零点时刻开始，达到瞬时的工频电压后过冲，并以阻尼振荡的方式衰减，伴随持续振荡最终达到稳定状态。这个稳定状态是一个工频电压，称作恢复电压（RV）。

2. 暂态恢复电压对开断的影响

（1）恢复电压上升率（RRRV）可能会很高，它由振荡频率决定。这意味着电弧熄灭后很短时间内在触头两端出现一个很高的电压。如果电弧残留物仍保持一定的电离度和温度，由于暂态恢复电压的影响电弧将重新燃烧（复燃）。

（2）暂态恢复电压的峰值可能非常高。

图 3-78 所示为纯电感交流电路中的开断，图 3-79 所示为感性交流电路中的电流过零和暂态恢复过电压。

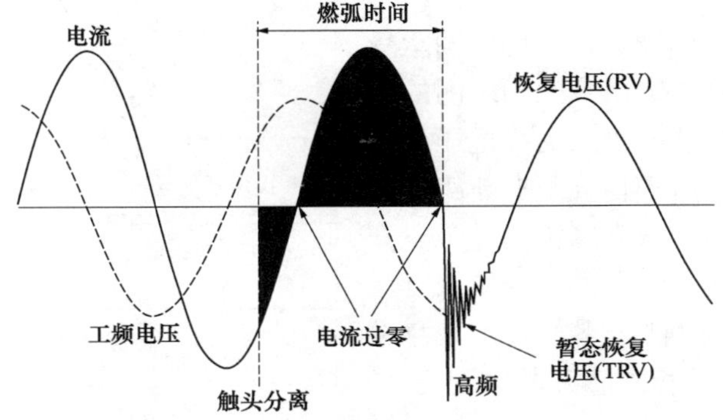

图 3-78　纯电感交流电路中的开断示意图

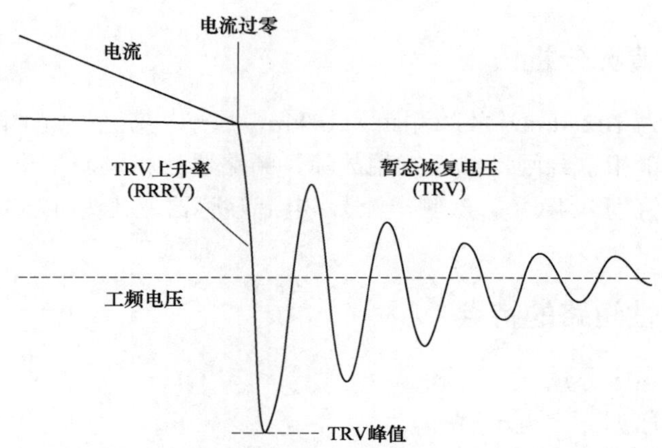

图 3-79 感性交流电路中的电流过零和暂态恢复过电压示意图

九、断路器首开系数的概念

通常用首开极系数 κ_{PP} 来描述接地方式对暂态恢复电压的影响，它是一个无量纲的常数，表示在电流开断时刻首开极两端的工频电压（即恢复电压）与正常情况下的稳态工频电压之比值。

《高压交流断路参数选用导则》（DL/T 615—2013）中规定，首开极系数是指断路器在开断三相对称电流时，其他极电流开断之前，先开断的极两端的工频电压与三极都开断后一级或所有极两端的工频电压之比。如 LW25-126kV 断路器首开系数是 1.5，因而 κ_{PP} 是首开极在单相情况下恢复电压的一个乘积系数。如首开极的恢复电压达到 1.5p.u.，则首开系数 κ_{PP}=1.5p.u.。

（1）对于中性点非有效接地系统，κ_{PP}=1.5p.u.。

（2）对于中性点有效接地系统，κ_{PP}=1.3p.u.。

（3）对于额定电压 1100kV 和 1200kV 的特高压系统，κ_{PP}=1.2 p.u.。

假定系统中性点是良好接地（接地阻抗为零），则 κ_{PP}=1.0p.u.。在此情况下相与相之间不发生相互作用，三相系统可以看作三个独立的单相系统。

第二极和第三极同时开断，它们共同承受一个恢复电压 $\sqrt{3}\,u$，这个电压是两相之间的电压，或者说是施加在串联两极上的线电压。在纯电感电路中，假定电压平均分配在断路器的第二极和第三极上，这样从后二极的过零点开始，每极的工频电压从 0.5 倍 $\sqrt{3}\,u$ 开始恢复，即 0.87p.u.。在后两极开断后，各极上的恢复电压都将恢复到 1p.u.。三相故障开断如图 3-80 所示。

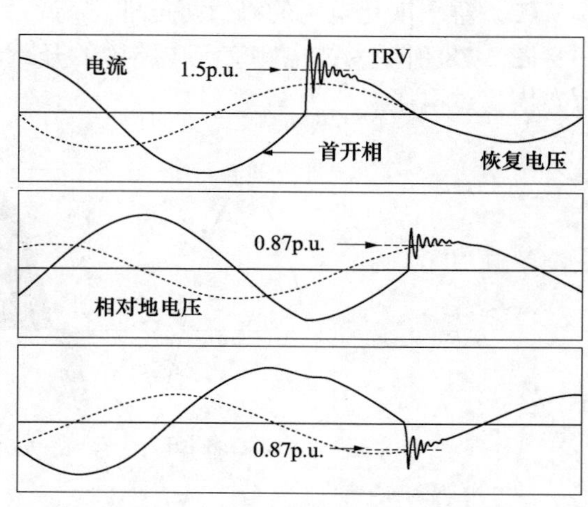

图 3-80 三相故障开断示意图

案例 25：220kV 线路对侧三相对称性故障 RCS-931、CSC-103B 保护装置收远跳动作

本案例分析的知识点

（1）收远跳保护动作信息及故障波形分析。
（2）录波器故障波形分析。
（3）220kV 保护装置收远跳动作过程。
（4）保护装置动作情况分析。
（5）远跳的基本概念。

一、案例基本情况

某年 8 月 16 日 1 点 38 分 11 秒，220kV 某线对侧三相故障，0ms 后线路第一套 RCS-931、第二套 CSC-103B 保护装置动作，50ms 后断路器三相跳闸。YS-89A 故障录波器装置测距为 0km，RCS-931 保护装置测距为 5.6 km，CSC-103B 保护装置测距为 80km（线路全长为 33.76 km）。220kV 线路三相永久性故障点位置如图 3-81 所示。

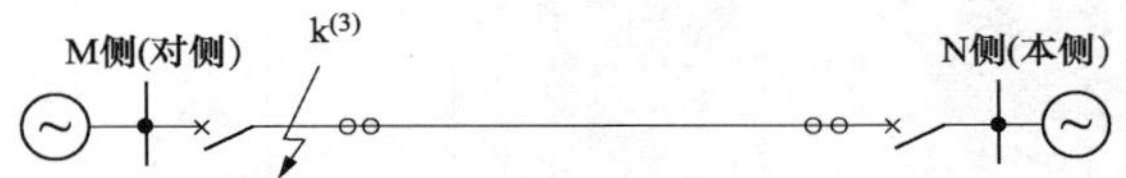

图 3-81 220kV 线路三相永久性故障点位置示意图

微机监控信号：220kV 第一套 RCS-931 保护装置动作，第一套 RCS-931 保护装置远方启动跳闸、收远跳动作；第二套 CSC-103B 保护装置动作，第二套 CSC-103B 保护装置远方跳闸动作。闭锁重合闸动作，第一组保护装置出口跳闸。

负荷情况：跳闸前，I=228.52A，P=88.41MW，Q=−26.12Mvar；跳闸后，I=0A，P=0MW，Q=0Mvar。

二、N 侧第一套 RCS-931 保护装置动作信息分析

第一套 RCS-931 保护装置掉牌信号：“跳 A”“跳 B”“跳 C”红灯亮。

CZX-12G：第一跳圈“跳闸信号 I”中“A 相”“B 相”“C 相”红灯亮。

RCS-931 保护装置动作情况见表 3-63，第一套 RCS-931 保护装置故障波形如图 3-82 所示。

表 3-63 RCS-931 保护装置动作情况

报告序号	055	启动时间	××××-08-16 01：38：11.547
序号	动作相	动作相对时间	动作元件
01		00000ms	保护启动
02	ABC	00060ms	远方启动跳闸
故障相别		B	
故障测距结果		5.6km	
故障相电流		0A	

续表

零序电流	0.01A
差动电流	0.03A
故障相电压	0V

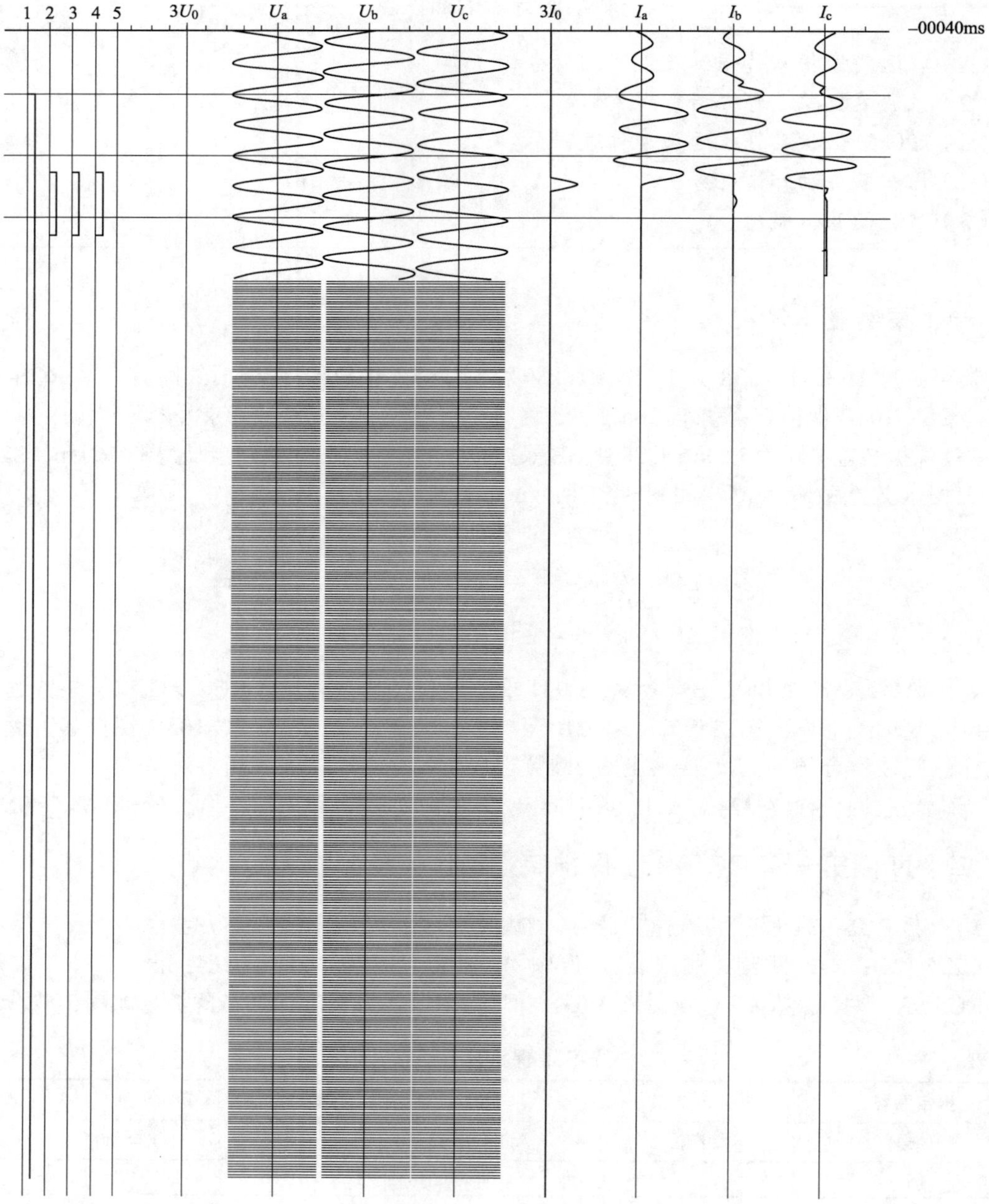

图 3-82　第一套 RCS-931 保护装置故障波形图

1. 电流波形分析

（1）报告记录了故障前 2 个周波（40ms）的负载电流。

（2）0ms 时三相电流突然变大，A 相出现了负的直流分量，C 相出现了正的直流分量。

（3）故障时没有零序分量，说明是三相对称性短路。

（4）故障波形时间约为 60ms，B 相是首开相，C 相最后断开。

（5）在接近 60ms 时，出现了零序电流尖波，应考虑是断路器分闸不同期造成。

2. 电压波形分析

（1）报告记录了故障前 40ms 的正常电压波形。

（2）0ms 时三相故障，故障后电压没有明显变化，说明故障点在对侧。

（3）没有零序电压分量。

3. 开关量分析

（1）通道 1：保护启动，开放保护正电源。

（2）通道 2～4：A、B、C 三相跳闸，断路器的分闸时间约为 40ms。

（3）通道 5：重合闸，没有信息。

三、第二套 CSC-103B 保护装置动作信息分析

（1）第二套 CSC-103B 保护装置掉牌信号：“跳 A”“跳 B”“跳 C”红灯亮。

（2）保护动作信息。

1）故障绝对时间：××××-08-16 01：38：13.512。

2）4ms 时保护启动。

3）60ms 时远方跳闸动作，跳 ABC 相。

4）61ms 时三跳闭锁重合闸。

5）故障相电压（二次）：U_a=62.75V；U_b=62.75V；U_c=62.25V。

6）故障相电流（二次）：I_a=0.3145A；I_b=0.0811A；I_c=0.3398A。

7）测距阻抗：X=13.13Ω，R=28.13Ω，B 相。

四、故障波形分析

YS-89A 故障录波器故障波形如图 3-83 所示。

1. 电流分析（通道1～4）

（1）报告记录了故障前 60ms 的负载电流。

（2）0ms 故障后短路电流明显增大，A 相出现了正的直流分量，C 相出现了负的直流分量。

（3）故障时没有零序分量，说明是三相对称性短路。

（4）故障电流波形持续时间 60ms。

（5）三相短路电流对称，没有零序分量。

（6）在接近 60ms 时，出现了零序电流尖波，应考虑是断路器分闸不同期造成。

2. 电压波形分析（通道5～8）

（1）报告记录了故障前 60ms 的正常电压波形，故障后电压降低不大，因为故障点靠近对侧端，所测量的是故障点到母线电压互感器的残压，它等于短路电流乘以短路点到电压互感器安装处的阻抗。

（2）故障时三相电压对称。

3. 开关量分析

（1）通道 9，YMⅠ回 931 B 相跳闸。

（2）通道 10，YMⅠ回 931 远跳。

（3）通道 11，YMⅠ回 931 A 相跳闸。

（4）通道 12，YMⅠ回 931 C 相跳闸。

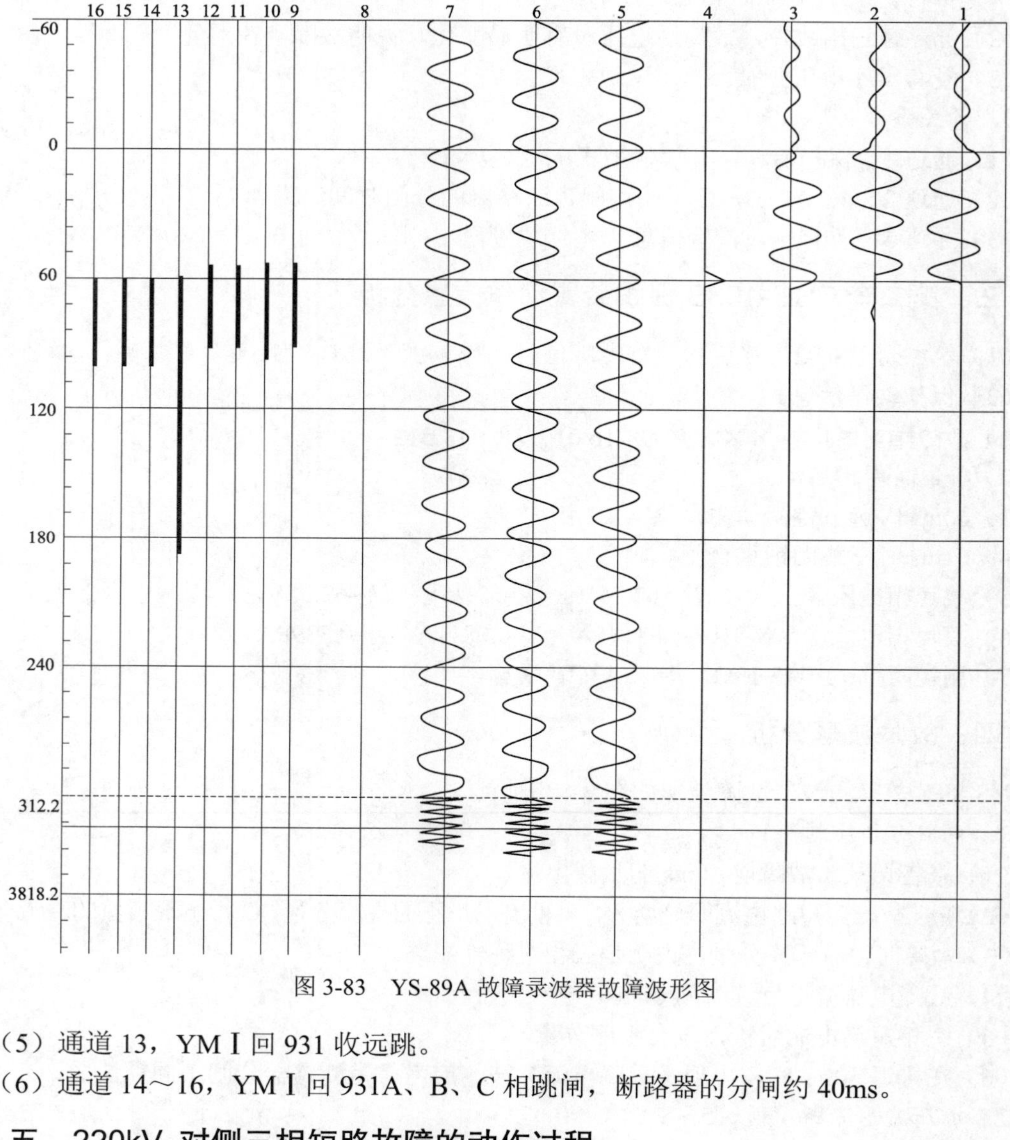

图 3-83 YS-89A 故障录波器故障波形图

（5）通道 13，YMⅠ回 931 收远跳。

（6）通道 14～16，YMⅠ回 931A、B、C 相跳闸，断路器的分闸约 40ms。

五、220kV 对侧三相短路故障的动作过程

220kV 对侧（M 侧）三相短路故障→对侧母差保护动作→母差保护动作触点闭合→跳闸继电器励磁→TJR 闭合→接通操作箱的其他保护动作远跳回路→同时远跳信号开入 RCS-931 保护弱电源输入回路→将远跳开入转换为光信号通过光纤通道传到对侧（本案例 N 侧）→本侧（N 侧）收远方跳闸动作（跳闸逻辑回路）→线路断路器永久三相跳闸。

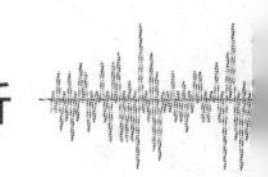

六、保护动作情况分析

（1）本案例故障点在对侧（光纤差动保护范围外），本侧两套保护装置远方跳闸动作正确。

（2）第二套 CSC-103B 保护装置三相故障闭锁重合闸，正确。

（3）两套保护装置动作信息检测故障电流与故障波形图不符。

（4）故障测距：YS-89A 故障录波报告上故障测距有问题，测距为 0km；第一套 RCS-931 保护装置测距为 5.6km，第二套保护 CSC-103B 保护装置测距为 80km，线路全长仅为 33.76km。说明故障录波和两套保护装置测距不正确。

（5）故障相别：ABC 相，正确。

七、远方跳闸概念

为了使母线及断路器与电流互感器之间故障时对侧保护快速跳闸，220kV 线路保护装置设有一个远方跳闸开入端子。在本侧端启动元件启动情况下用于传送母差、失灵等保护的动作信号。对侧线路保护装置收到此信号后驱动永跳出口跳闸。

案例 26：220kV 线路Ⅱ段保护范围 C 相接地转 A、C 两相接地转三相故障分析

本案例分析的知识点

（1）故障电压、电流之间的相位差计算。

（2）故障波形电压、电流、开关量分析。

（3）Ⅰ、Ⅱ段保护相互配合。

（4）断路器三相分闸不同期判断。

（5）两侧保护动作分析。

一、案例基本情况

2020 年 7 月 16 日 16 点 10 分 16 秒 348 毫秒，某 500kV 变电站 220kV 线路Ⅱ段保护范围故障，距离Ⅱ段动作跳本侧断路器。该线路送用户，配有高频闭锁式距离、高频闭锁零序，相间距离、接地距离和零序。距离Ⅱ段整定值为 15.91Ω、0.8s，接地距离Ⅱ段整定值为 15.34Ω、0.8s，零序Ⅱ段整定值为 0.4A、4s，高频保护退出。第一套 NSR-302 保护装置故障测距为 34.94km，第二套 WXH-802 保护装置故障测距为 34.99km，线路全长为 37.56km。220kV 线路Ⅱ段保护范围故障接线如图 3-84 所示。

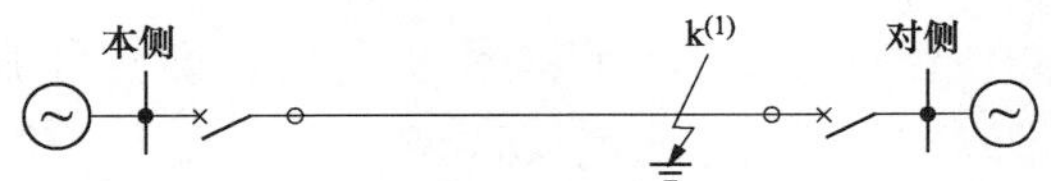

图 3-84 220kV 线路Ⅱ段保护范围故障接线示意图

二、保护装置动作报告

（1）第一套 NSR-302 保护装置动作报告见表 3-64。

表 3-64　　第一套 NSR-302 保护装置动作报告

故障绝对时间	2020-07-16 16：10：16.348		
相对时间	动作元件	故障相别	动作参数
0ms	保护启动		
1164ms	相间距离Ⅱ段动作	ABC	
	故障电压	86.17V	
	故障电流	9.55A	
	零序故障电流	0.07A	
	故障测距结果	34.94km	线路全长 37.56km
	故障相别	ABC	

（2）第二套 WXH-802 保护装置动作报告见表 3-65。

表 3-65　　第二套 WXH-802 保护装置动作报告

故障绝对时间	2020-07-16 16：10：16.346		
相对时间	动作元件	故障相别	动作参数
0ms	保护启动		
1168ms	相间距离Ⅱ段动作	ABC	
1168ms	永跳动作		
1168ms	保护动作	ABC	
1218ms	故障持续时间		
	测距		34.99km
	A 相电压		50.216V∠000
	B 相电压		49.539V∠240
	C 相电压		49.767V∠119
	A 相电流		5.475A∠281
	B 相电流		5.403A∠158
	C 相电流		5.278A∠040
	$3I_0$		0.067∠013

（3）表 3-65 中故障电压、电流之间的相位差如下。

A 相：360－281=79°，即 A 相电压超前 A 相电流 79°。

B 相：240－158=82°，即 B 相电压超前 B 相电流 82°。

C 相：119－40=69°，即 C 相电压超前 C 相电流 69°。

三、保护及故障录波器波形分析

保护及故障录波器波形分别如图 3-85～图 3-87 所示。

图 3-85 中开关量：CPU 启动、DSP 启动、保护启动、跳 A、跳 B、跳 C、重合闸。

模拟量：I_a、I_b、I_c、$3I_0$、U_a、U_b、U_c、$3U_0$、U_{syn}。

（1）图 3-85 记录了故障前 100ms 正常电流、电压波形，保护电压量采用线路电压互感器，母线是单相电压互感器。

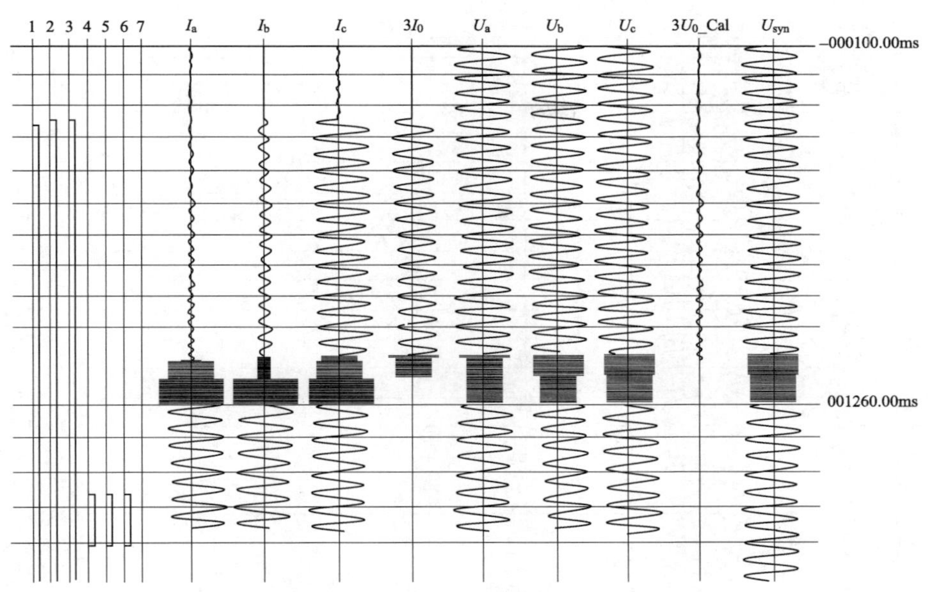

图 3-85　第一套保护装置故障波形图

（2）0ms 时 C 相故障，C 相出现故障电流，出现 $3I_0$ 分量，说明 C 相接地；C 相接地，电压降低不是很明显，并出现很小的 $3U_0$ 分量；C 相故障时 B 相有很小的故障电流。

（3）由图 3-85 和图 3-86 可知，319ms 时 A 相故障，A 相故障后仍有 $3I_0$ 分量，但没有 $3U_0$ 分量；A、C 两相电压略有降低；A、C 两相有故障电流。

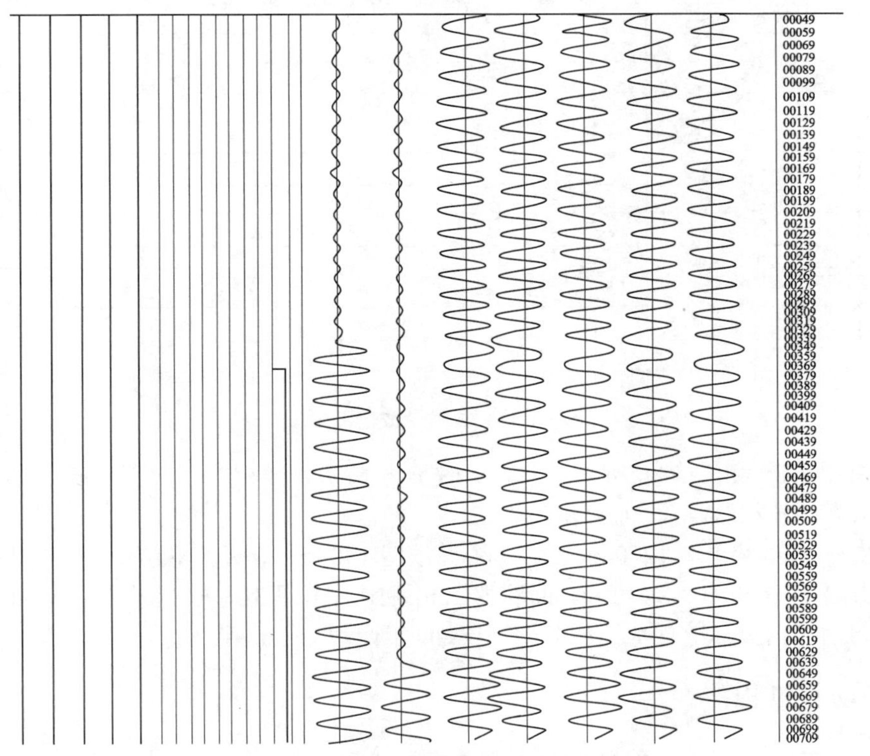

图 3-86　第二套保护装置故障波形图

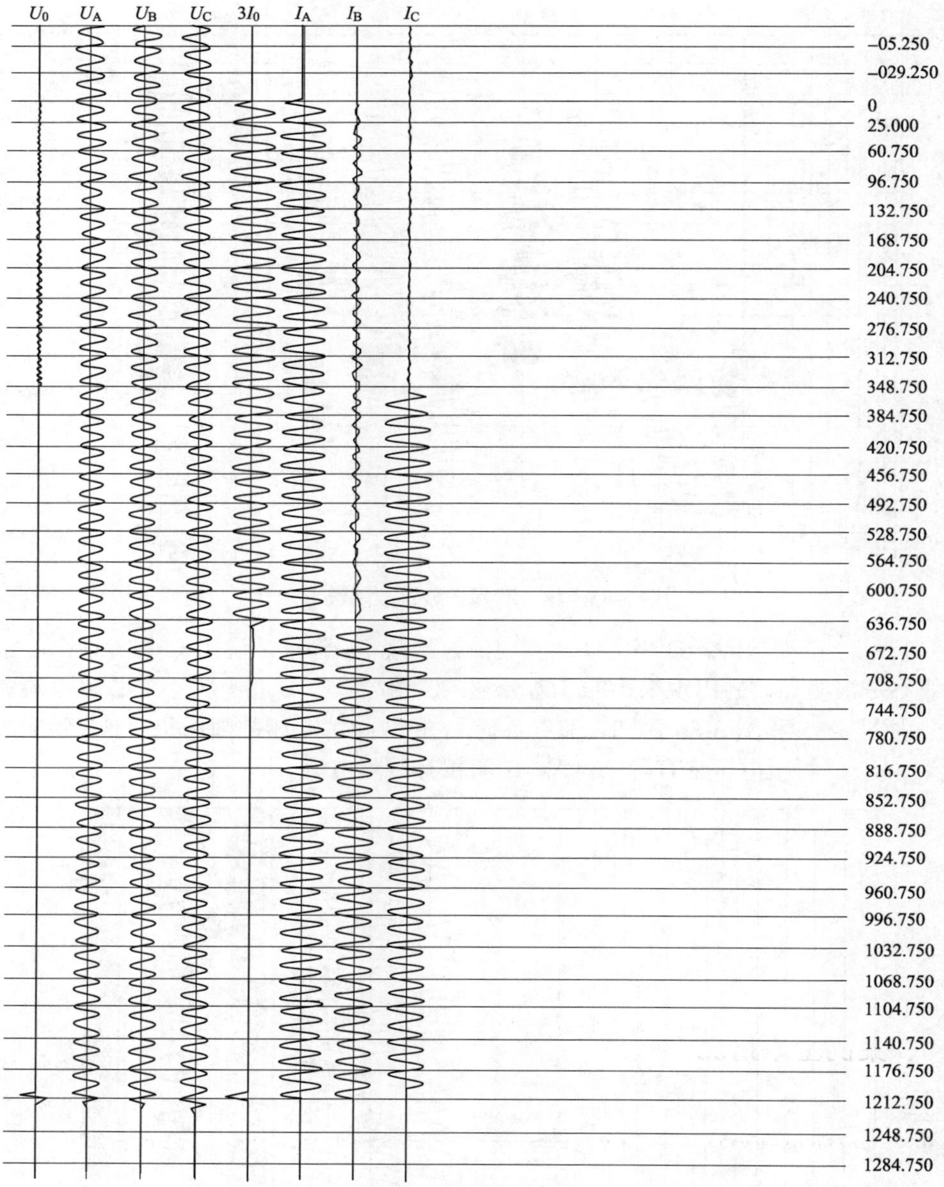

图 3-87　故障录波器波形图

（4）由图 3-85 和图 3-86 可知，629ms 时 B 相故障，B 相电压略有降低，此时转三相对称性短路故障，B 相故障后 $3I_0$ 分量消失。

（5）由图 3-85 可知，1260ms 后经 7 个周波即 1400ms 故障波形结束。

（6）由图 3-85 和图 3-87 可知，断路器三相跳闸后出现 $3U_0$ 与 $3I_0$ 分量，原因是断路器三相分闸不同期（相关标准规定三相分闸不同期时间不大于 2ms）。

四、动作过程

2020 年 7 月 16 日 16 点 10 分 16 秒，某 500kV 变电站 220kV 线Ⅱ段保护范围 C 相接地→A、

C 两相接地故障→三相对称性短路→距离Ⅱ段保护动作出口→整定时间 0.8s→断路器三相跳闸。

五、分析保护动作情况

（1）本线路全长 37.56km，而保护测距分别为 34.94km 和 34.99km，为零序Ⅱ段和相间距离Ⅱ段动作范围，C 相故障时间只有 629ms（小于接地距离Ⅱ段动作时间），在 319ms A 相故障后，相间距离保护Ⅱ段保护启动，经 0.8s 出口。

（2）C 相接地时线路零序Ⅱ段或接地距离Ⅱ段没有动作，因为 C 相接地故障时间为 319ms，之后转相间故障，C 相故障时间只有 629ms（小于接地距离Ⅱ段动作时间），零序Ⅱ段或接地距离Ⅱ段返回，距离Ⅱ段启动，达到整定值 0.8s 后相间距离Ⅱ段动作。

（3）因故障点在对侧的Ⅰ段范围内，当 C 相故障时对侧Ⅰ段保护动作跳开对侧断路器，但由于本侧是电源点，故障没有消除，继续向故障点供短路电流。

（4）因本线路高频保护没有投入，C 相接地故障未达到接地距离Ⅱ段整定时间，由相间距离保护动作。本侧保护动作正确。

案例 27：220kV 线路电流互感器故障线路保护、母差保护动作跳闸

本案例分析的知识点

（1）220kV 线路电流互感器故障线路保护分析。
（2）220kV 线路电流互感器故障母差保护分析。
（3）故障波形分析。
（4）220kV 线路电流互感器故障动作过程。
（5）保护动作行为分析。
（6）NSR371A 母线保护原理。

一、案例基本情况

2022 年 3 月 15 日 11 时 55 分 24 秒，500kV 变电站 220kV 某二线 A、B 套线路保护动作、220kVⅡB 段母线母差保护 B 套动作，跳开ⅡB 段母线所带某二线 626 断路器、某三线 636 断路器、某四线 638 断路器及变压器中压侧 640 断路器。220kV 系统接线如图 3-88 所示。

15 日 15 时左右，某三线 636 断路器、某四线 638 断路器、4 号主变压器（简称“主变”）中压侧 640 断路器先后通过 220kVⅠB 段母线恢复运行。将电流互感器更换后，16 日 5 时 220kVⅡ段 B 母线及某二线恢复运行。

故障前运行方式：500 kV 变电站 3 台主变运行，500kV 正常运行，220kV 母线为双母双分段双分列运行方式。

二、保护动作情况

1. 220kV某二线线路保护动作情况

220kV 某二线配置双重化线路保护，第一套保护为北京四方 CSC-103A 保护装置、第二套保

护为许继电气 WXH-803A 保护装置，双套线路保护装置 C 相差动保护动作，断路器三跳不重合。

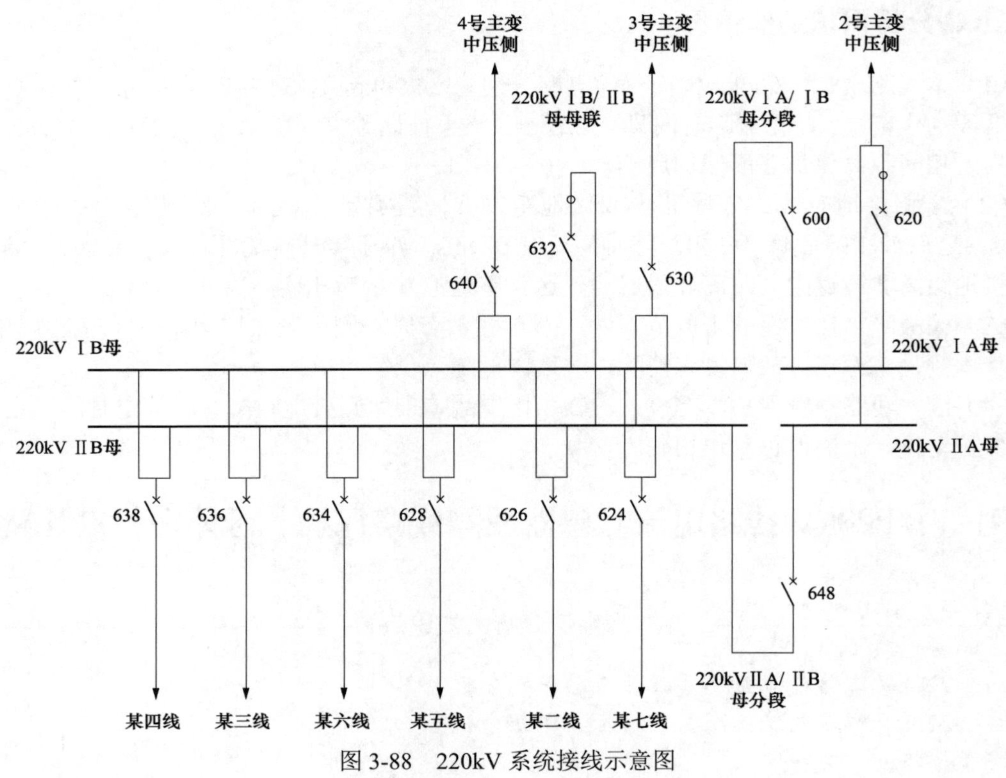

图 3-88　220kV 系统接线示意图

CSC-103A 保护装置动作报告见表 3-66。

表 3-66　　第一套　CSC-103A 保护装置动作报告

时间（ms）	动作保护
0	保护启动
16	纵差保护动作跳 C 相
16	分相差动动作

第二套 WXH-803A 保护装置动作报告见表 3-67。

表 3-67　　第二套 WXH-803A 保护装置动作报告

时间（ms）	动作保护
0	保护启动
8	分相差动动作跳 C 相
38	沟通三跳、保护动作跳 ABC

2．220kV ⅠB/ⅡB 段母差保护动作情况

220kV ⅠB/ⅡB 段母线配置双重化母线保护，A 套保护为南瑞继保 PCS-915A 保护装置、B 套保护为南瑞科技 NSR371A 保护装置，NSR371A 母线保护ⅡB 段母线 C 相差动保护动作跳开ⅡB 段母线所有断路器，PCS-915A 母线保护装置仅启动未动作。

第二套 NSR371A 母线保护装置动作报告见表 3-68。

表 3-68　　第二套 NSR371A 母线保护装置动作报告

时间（ms）	动作保护
0	保护启动
5	ⅡB 母差动动作

3. 监控后台主要信号

220kV 某二线第一套 CSC-103A 保护装置动作，220kV 某二线第二套 WXH-803A 保护装置动作。220kV 线路 NSR371A 母线保护装置动作：某二线 626 断路器、某三线 636 断路器、某四线 638 断路器、4 号主变中压侧 640 断路器分闸。

三、故障波形图分析

1. 220kV某二线保护装置录波分析

220kV 某二线 A 套 CSC-103A 线路保护装置 C 相故障电压跌落到接近为零，C 相故障电流约为 7.5A（2500/1），零序电流超前零序电压约 90°，线路对侧几乎无故障电流，判断为线路区内故障；B 套 WXH-803A 线路保护装置 C 相故障电压跌落到接近为零，故障初始时刻 C 相电流约为 7.4A（2500/1），故障中后期电流波形发生严重畸变，线路对侧几乎无故障电流，判断为线路区内故障。220kV 某二线第一套 CSC-103A 保护装置故障波形如图 3-89 所示，220kV 某二线第二套 WXH-803A 保护装置故障波形如图 3-90 所示。

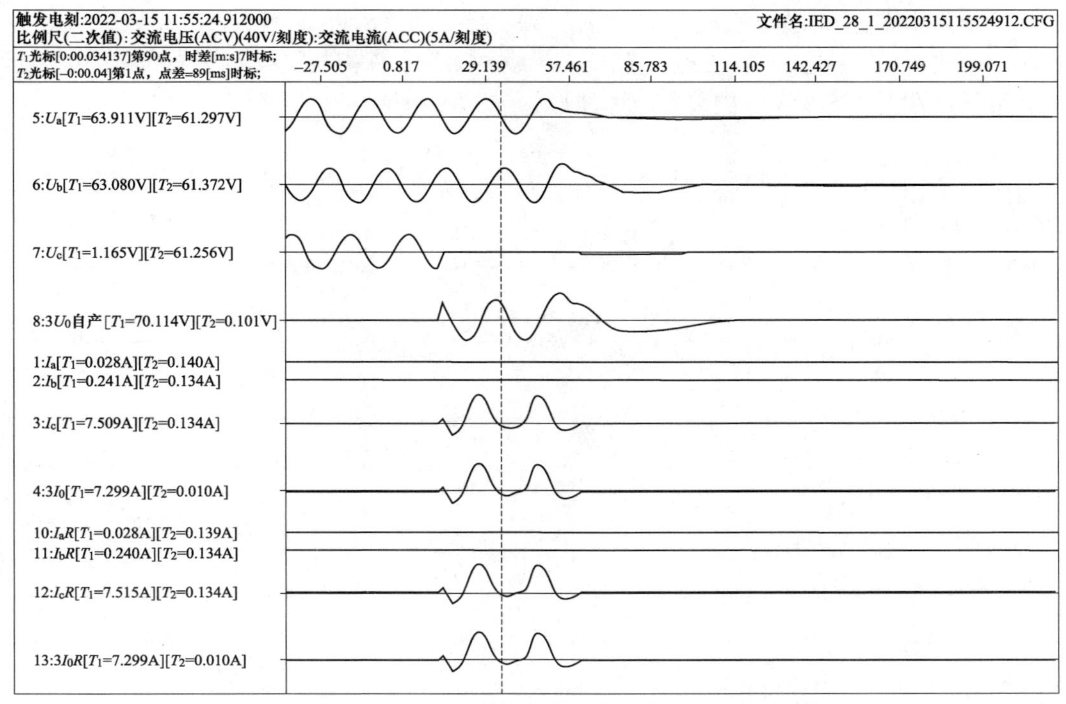

图 3-89　220kV 某二线第一套 CSC-103A 保护装置故障波形图

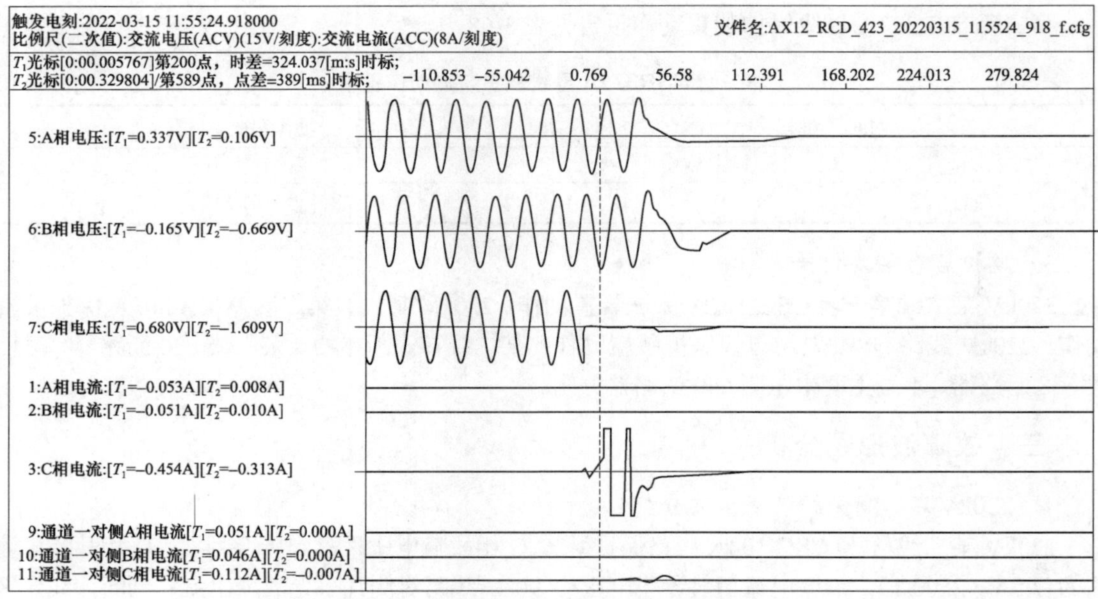

图 3-90　220kV 某二线第二套 WXH-803A 保护装置故障波形图

2. 220kV Ⅰ B/Ⅱ B段母线保护装置录波分析

220kVⅠB/ⅡB段母线A套PCS-915母线保护装置ⅡB段母线C相故障电压跌落到接近为0，故障初始时刻ⅡB段母线差流约为0.42A，13ms后差流突增，波形发生异常畸变；B套NSR371母线保护装置故障初始时刻产生约1.9A差流，差动保护动作，5.5ms后差流几乎为零，28ms后差流突增，波形发生异常畸变。220kV第一套母线PCS-915保护装置故障波形如图3-91所示，220kV第一套母线PCS-915保护装置故障波形如图3-92所示。

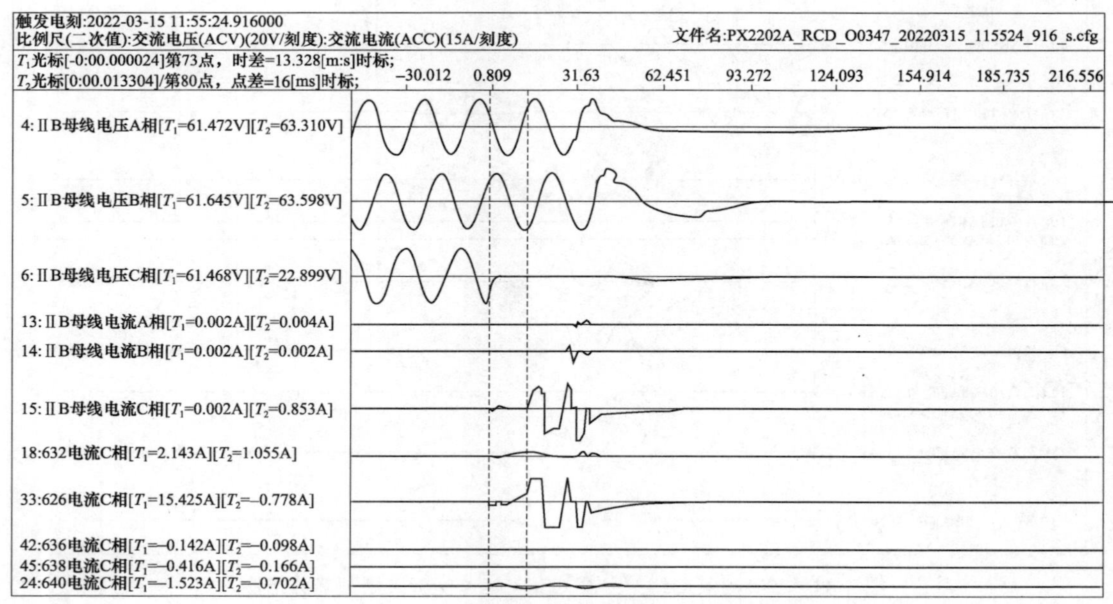

图 3-91　220kV 第一套母线 PCS-915 保护装置故障波形图

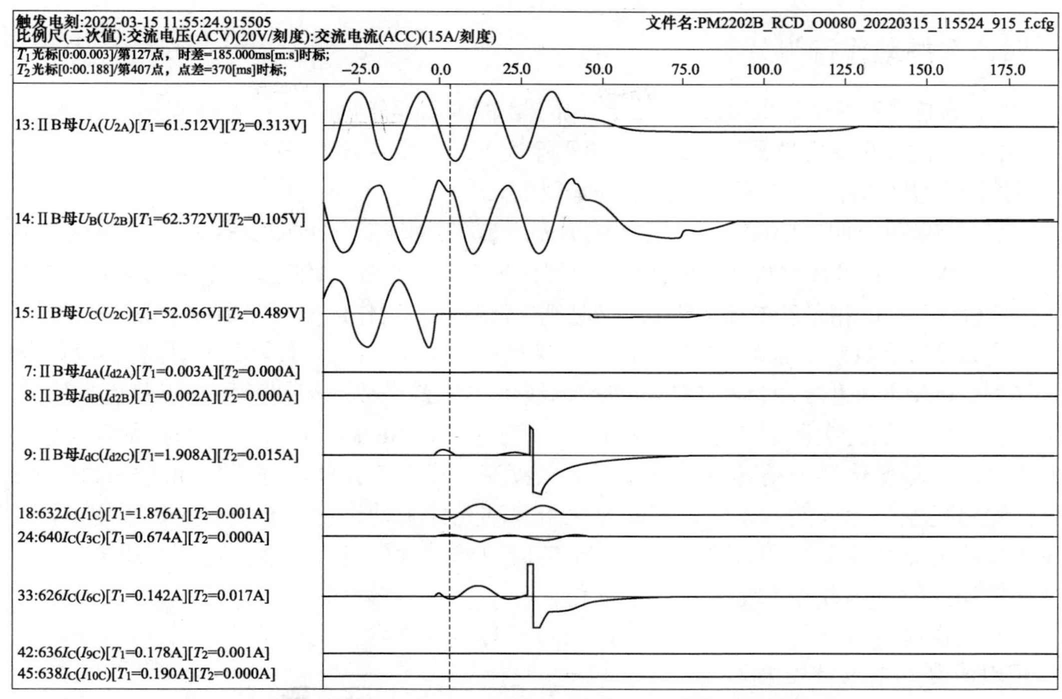

图 3-92　220kV 第一套母线 PCS-915 保护装置故障波形图

3．220kV故障录波装置录波分析

某二线 A 套 CSC-103A 线路保护装置电流串接至 220kV 线路故障录波装置，两者所录某二线 C 相电流波形一致。220kV 线路故障录波图如图 3-93 所示。

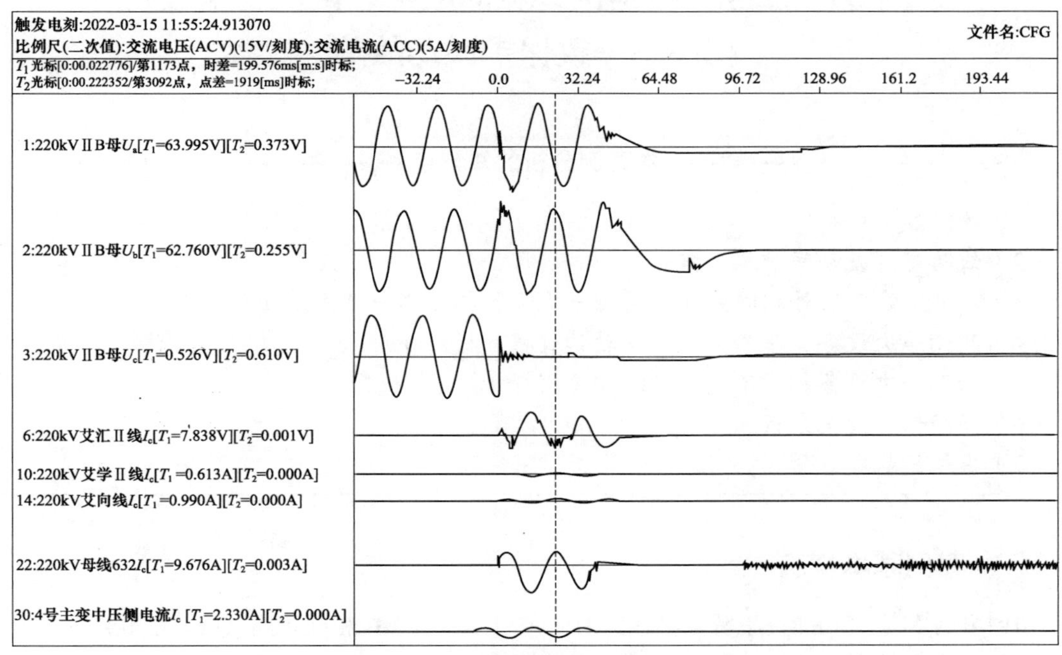

图 3-93　220 kV 线路故障录波图

四、保护动作行为分析

（1）根据某二线各绕组电流波形和绕组电阻测量情况，可判断某二线电流互感器内部发生故障，放电电流波及电流互感器二次绕组，导致除接入某二线 A 套线路保护装置的绕组外，其他三个保护装置绕组均被放电短路电流烧至断开状态。

（2）录波数据表明，220kV 某二线故障点位于线路差动保护动作范围内，线路保护正确动作。

（3）220kV ⅠB/ⅡB 段母线 NSR371A 母线保护装置在故障起始时刻存在明显差流。根据录波文件分析计算，C 相差动电流大于 0.5 倍制动电流且大于动作门槛（0.32A），满足差动动作条件，在故障最后阶段差流远大于制动电流，仍满足差动动作条件，母差保护动作符合设计逻辑。

（4）220kV ⅠB/ⅡB 段母线 PCS-915A 母线保护装置在故障初期感受较小差流，13ms 后差流增大且含大量高次谐波（二次谐波 133%、三次谐波 86%）。厂家人员根据故障录波进行分析计算，工频变化量差动元件动作滞后于工频变化量电流元件，符合母线区外故障特征，不符合变化量差动元件动作条件，因此变化量差动元件未动作；稳态差动元件采用谐波制动原理构成的电流互感器饱和检测判据，由于差流中谐波含量高，判断为电流互感器饱和，闭锁稳态差动元件，因此稳态量差动也未动作。

一次设备检查：现场检查 220kVⅡB 段母线母差范围内一次设备外观无异常，626 断路器 C 相电流互感器表计压力为零。

综上所述，可判断因某二线 626 断路器 C 相电流互感器内部发生故障，放电电弧波及电流互感器二次绕组，导致两套线路保护装置及 B 套母差保护动作。由于 626 断路器电流互感器二次波形畸变严重，满足 A 套母差保护装置电流互感器饱和判据，A 套母差保护不动作。

案例 28：220kV 线路区外相间故障，两侧一次设备相序不一致保护误动故障

本案例分析的知识点

（1）故障波形分析。
（2）线路光纤差动保护基本概念。
（3）220kV 线路区外相间故障，两侧一次设备相序不一致保护误动分析。
（4）两侧一次设备相序不一致保护动作过程分析。
（5）两侧一次设备相序不一致电流相量图分析。
（6）保护动作情况分析。
（7）核相的基本概念。

一、案例基本情况

2017 年 5 月 11 日 6 时 41 分，某线路对侧牵引站区外 AB 相间短路故障，三相跳闸。线路配置的两套线路保护装置，RCS-931 电流差动保护装置动作，PRS-753 差动保护装置未动作（对

侧退出）。重合闸动作，重合不成功，断路器三相跳闸。本侧RCS-931选相为BC，测距为1270.6km，故障录波器选相AC，测距 21.5km，线路全长 21.53km。对侧站内 PRS-753 保护装置差动保护功能硬压板在退出位置，因此 PRS-753 差动保护装置未动作。故障接线如图 3-94 所示。

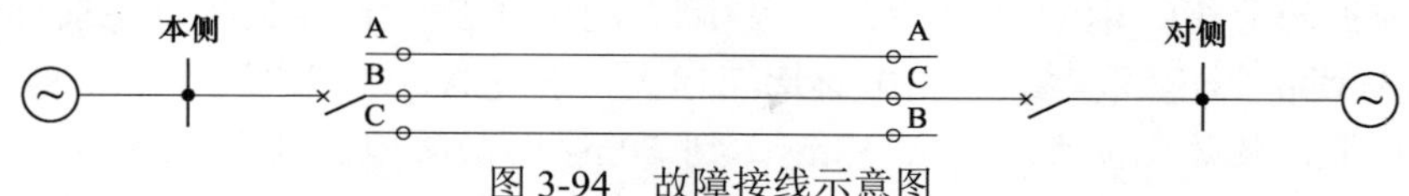

图 3-94 故障接线示意图

二、故障录波器波形分析

本侧故障录波器波形如图 3-95 所示，横坐标表示模拟量和开关量通道，纵坐标表示故障时间，每小格为一个周期（20ms）。横坐标包括保护启动、跳 A、跳 B、跳 C、合闸开关量，线路相电压 U_A、U_B、U_C 和零序电压 U_0，电压标度为 45V/格，线路电流 I_A、I_B、I_C 和零序电流 I_0，电流标度为 0.6A/格，均为二次值。

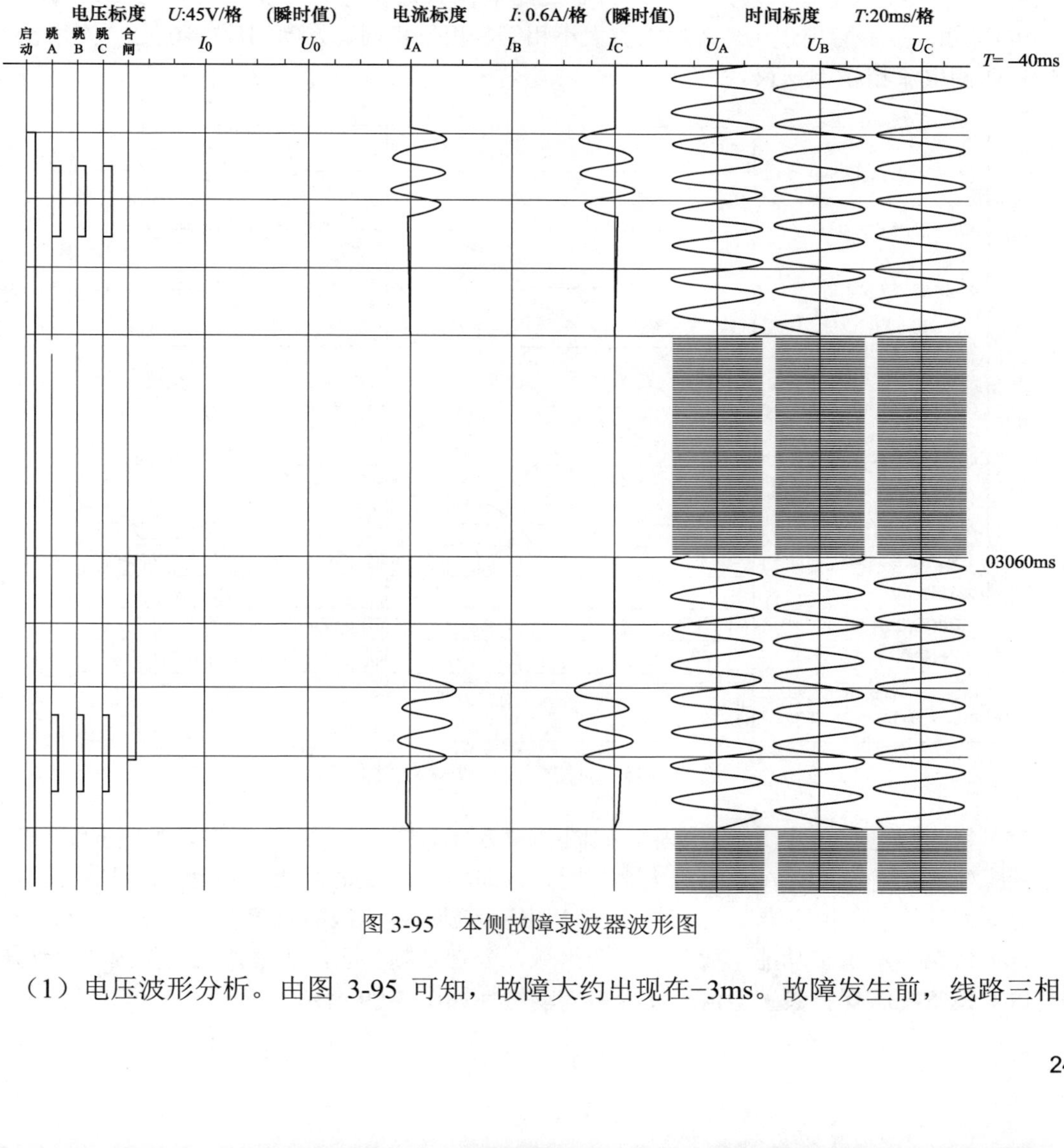

图 3-95 本侧故障录波器波形图

（1）电压波形分析。由图 3-95 可知，故障大约出现在−3ms。故障发生前，线路三相电

压波形对称，没有零序电压 U_0。-3ms 时故障出现，线路三相电压波形仍对称，没有零序电压 U_0。3120ms 时故障再次出现，线路三相电压波形仍对称，没有零序电压 U_0。直到 3174ms 断路器三相跳闸后，三相电压均正常，无零序电压。

（2）电流波形分析。由图 3-95 可知，故障大约出现在-3ms。故障发生前，线路三相电流很小。-3ms 时故障出现，A、C 相电流逐渐增大，出现 A、C 相电流大小相等、相位相同、方向相反的特征，故障电流大约持续 53ms，到 50ms 时故障电流消失。3120ms 时故障再次发生，出现 A、C 相电流大小相等、相位相同、方向相反的特征，直到 3174ms 断路器三相跳闸后，故障电流消失。B 相电流 I_B 及零序电流 I_0 波形没有明显增大和其他变化。

（3）保护动作及开关量分析。从跳 A、跳 B、跳 C 通道可看出，在 10ms 左右，线路保护 RCS-931 保护装置三相跳闸，约 62ms 时跳闸命令返回。在 3147ms 左右，线路保护 RCS-931 保护装置再次三相跳闸，约 3190ms 时跳闸命令返回。从合闸通道可看出，在 3051ms 左右，重合闸动作启动，约 3172ms 时重合闸返回。

（4）由于 RCS-931 差动保护装置选相为 BC，测距为 1270.6km，远远大于线路全长，故障点应该在对侧，且电压无异常变化。对线路对侧录波图进行分析，如图 3-96 所示。由图 3-96 可知，故障时出现 A、B 相电流大小相等、相位相同、方向相反的特征，电压无异常变化。两侧电流相序不一致。

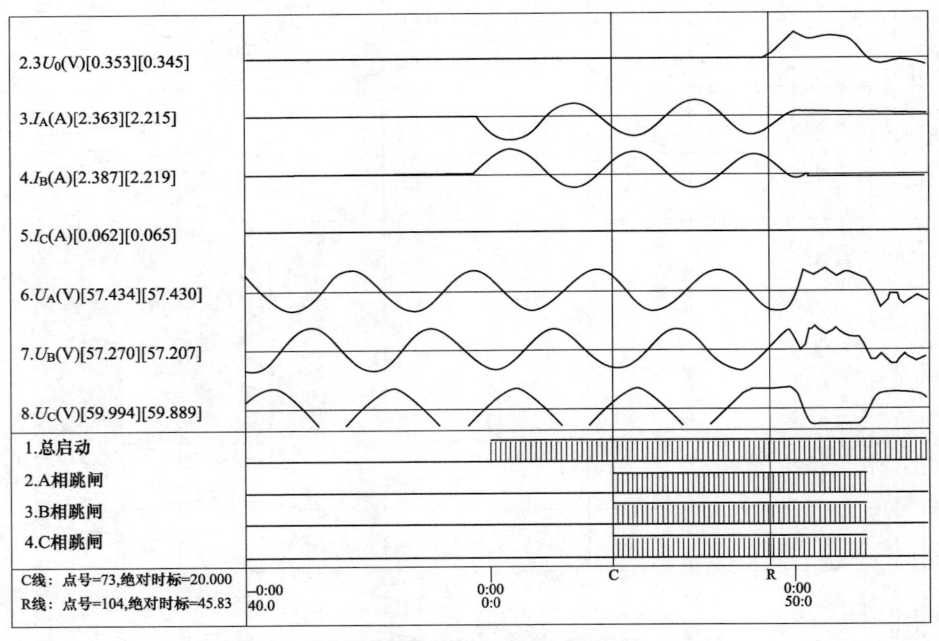

图 3-96 对侧牵引站故障录波图

（5）将两侧电流合并在一张图中，如图 3-97 所示，图中 1、3、5 通道是本侧电流，2、4、6 通道是对侧电流，两侧 A 相电流大小相同、方向相反，因此 A 相无差流；而两侧 B、C 相电流无法对应，存在相序错误，导致 B、C 相出现差流。两侧故障电流相量图如图 3-98 所示。

（6）线路差动保护功能一般分为三个区域，分别是制动区、比率差动动作区和差动速断动作区。RCS-931 保护装置电流差动保护差动特性如图 3-99 所示。

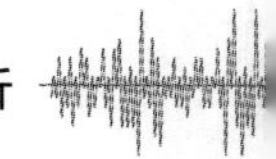

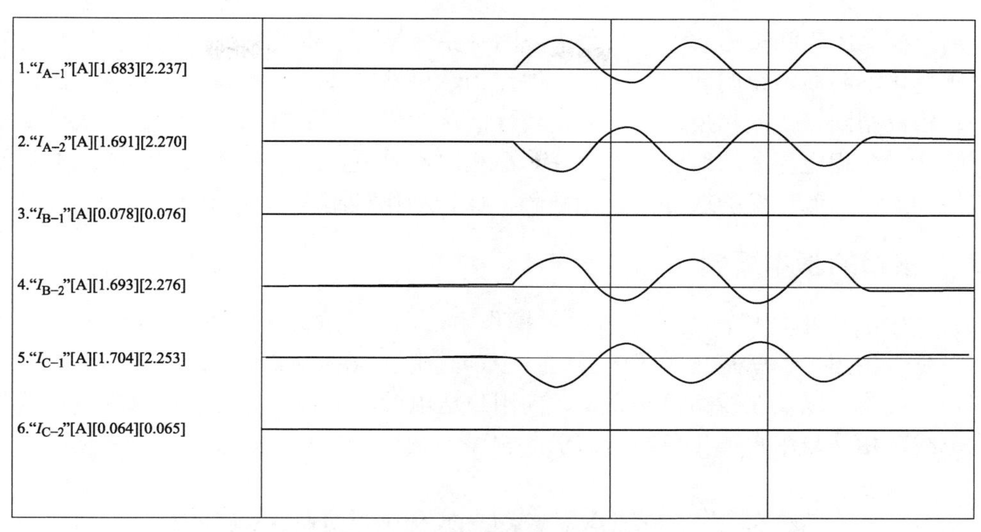

图 3-97　两侧故障电流录波图

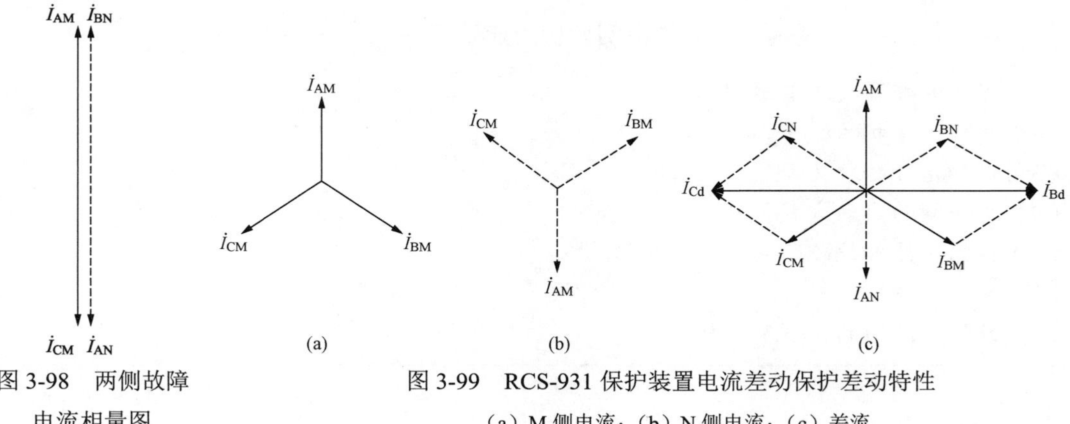

图 3-98　两侧故障电流相量图

图 3-99　RCS-931 保护装置电流差动保护差动特性

（a）M 侧电流；（b）N 侧电流；（c）差流

稳态Ⅰ段差动电流 $I_d=|\dot{I}_{M\Phi}+\dot{I}_{N\Phi}|$，制动电流 $I_{RD}=|\dot{I}_{M\Phi}-\dot{I}_{N\Phi}|$，由公式可知：

1）A 相差动电流 I_d 正好方向相反，差流为零，如图 3-98 所示。

2）B、C 两相由于对侧相序接反，将有差流，差流如图 3-99 所示。当负载电流小时，差流达不到整定值，差动保护不会动作；当有故障时，差流大于差动保护整定值，差动保护动作。

三、保护动作过程分析

对侧区外 AB 相间短路故障→由于对侧相序接反，电流达到差动保护整定值→单套线路保护装置差动保护动作→线路断路器跳闸→三相重合闸动作（投三重）→重合于故障→线路永久三跳。

四、保护动作情况分析

本案例存在的问题就是对侧在工作完后未对线路一次侧进行核相，造成线路光纤差动保护动作。

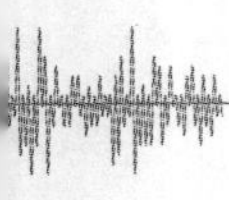

对侧区外AB相间短路故障，故障录波图中完全体现了相关特征。故障发生时，故障的两相电压变化不明显，说明此次故障发生地点为牵引站区外远端故障。对侧A、B相电流大小相等、相位相同、方向相反，说明为金属性短路故障。由于对侧B、C相一次设备相序接反，两侧 B、C相电流无法对应，导致 B、C相出现差流，高于差动动作门槛（本侧差动保护定值为 0.4A），差动保护选 B、C相故障，保护动作跳闸。

五、核相的基本概念

电力学中的核相是指在电力系统电气操作中，用仪表或其他手段核对两电源或环路相位、相序是否相同，也就是在实际电力运行中，对相位差的测量。新建、改建、扩建后的变电站和输电线路，以及在线路检修完毕、向用户送电前，都必须进行三相电路核相试验，以确保输电线路相序与用户三相负载所需求的相序一致。

案例29：220kV线路区外故障越级跳闸

本案例分析的知识点

（1）保护的配置及基本原理。
（2）闭锁式保护的概念。
（3）保护信号的含义。
（4）重合闸的启动方式。
（5）区内、区外故障的判断与分析。
（6）保护选择性分析。
（7）故障录波图的识图及分析。

一、案例基本情况

本案例选择某地区一座220kV变电站在110kV出线故障时由于保护接线存在问题，造成220kV线路越级跳闸故障。

说明：本案例分析以FS变电站为主。

某年1月16日23时19分10秒461毫秒，F36断路器C相跳闸，主控室内F36断路器操作手柄发平光，F36断路器C相电流表指示为零，FY线路有功功率表、无功功率表指示为零，A、B两相断路器在合闸位置，F侧非全相运行约230ms。Y侧Y24断路器三相跳闸（先于110kV线路跳闸），造成220kV YW变电站全站失压，停供负荷约56MW。

跳闸涉及的线路及变电站如图3-100所示。

二、保护屏信号

1. 第一套保护装置

（1）SCI 101A：重合闸充电、重合闸动作（红灯亮）。

（2）SF-600收发信机：发信指示、保护启信、位置停信、立即停信、收信指示。

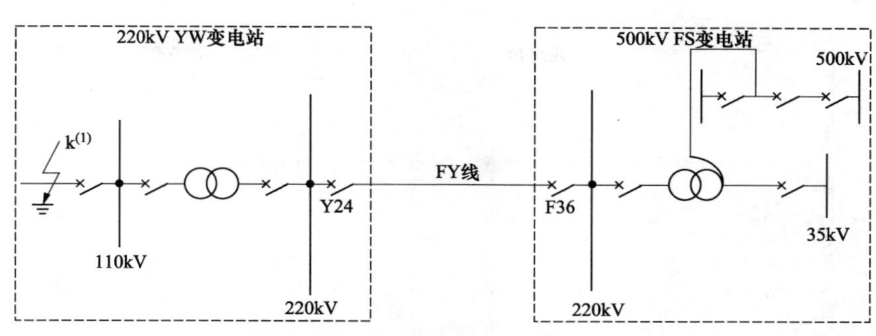

图 3-100　跳闸涉及的线路及变电站简化系统图

（3）CSL 101A：C 相跳闸。

2. 第二套保护装置

（1）CZX-12A：TC2：TC 红灯亮。

（2）SF-600 收发信机：发信指示、保护启信、收信指示。

三、微机监控系统打印信号

F36 101 保护收发信动作

F30 101 保护动作

FY 线 C 相跳闸动作

F36 断路器分

FY 线位置继电器故障动作

FY 线第一组控制回路断线动作

F36 断路器油泵运转

录波器动作

FY 线 101 保护重合闸动作

四、处理（讨论 FS 侧）

（1）出现上述跳闸后，当值运行人员立即向调度汇报，并对本站一、二次设备进行了检查，现场发现 F36 断路器 C 相已跳闸，A、B 两相在合闸位置，无其他异常情况；检查二次设备发现本线路 CSL 101A 保护装置高频零序动作，重合闸出口，故障录波器启动，对二次设备的信号做了记录，并将检查的情况再次向调度汇报。

（2）16 日 23 时 39 分，中调调度员下令断开 F36 断路器 A、B 两相。

（3）17 日 1 时 15 分，中调调度员下令 FY 线 F36 断路器由运行转冷备用。

（4）17 日 2 时 45 分，中调调度员下令用 F38 旁路断路器代 F36 断路器运行（试送电成功），F36 断路器由备用转检修。

（5）FS 侧经保护人员对本侧保护检查为正常。

五、故障录波器波形图分析

故障录波器波形如图 3-101 所示，电流互感器变比为 1/1200。

（1）故障相：C 相。

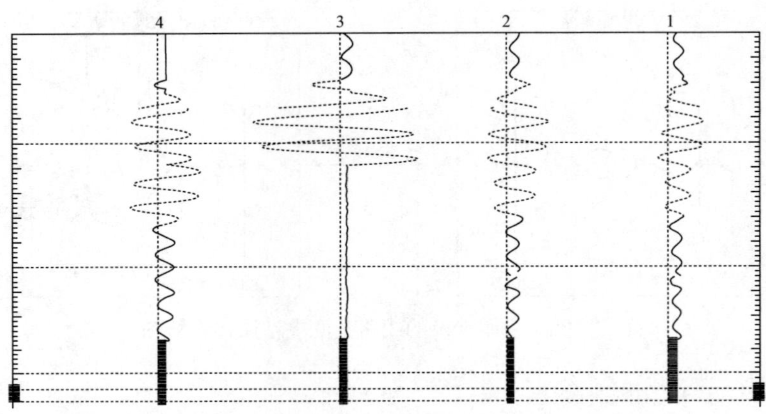

图 3-101　故障录波器波形图

（2）故障约 70ms 时 C 相跳闸。

（3）C 相跳闸后线路非全相运行，A、B 两相有电流，说明对侧断路器未跳闸。

（4）从波形图可以看出，故障时 A、B 两相有高频寄生振荡现象。

（5）C 相电流 I_C=1.97×1200A。

（6）$3I_0$=0.82×1200A。

录波时间：2004-01-16 23：19：13.466。

故障前后电流有效值：

	A	B	C	0
−40ms	0.11A	0.11A	0.12A	0.00A
−20ms	0.12A	0.12A	0.15A	0.02A
0ms	0.22A	0.36A	0.85A	0.31A
20ms	0.49A	0.73A	1.97A	0.77A
40ms	0.49A	0.73A	1.92A	0.73A
60ms	0.50A	0.71A	1.85A	0.67A
80ms	0.31A	0.52A	0.02A	0.82A
100ms	0.32A	0.51A	0.01A	0.82A
120ms	0.15A	0.20A	0.01A	0.29A
140ms	0.12A	0.16A	0.01A	0.24A

打印序号	通道号	类型	通道名称
1	d9	电流	I_a
2	d10	电流	I_b
3	d11	电流	I_c
4	d12	电流	$3I_0$

时标单位：ms。

六、保护动作情况分析

1．两侧保护的配置情况

（1）第一套保护装置：CSL 101A 数字式线路保护装置（CPU1 为高频保护，CPU2 为距离保护，CPU3 为零序保护，CPU6 为故障录波），SCI 101A 数字式重合闸，SF-600 集成电路

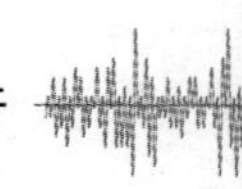

收发信机，YQX-21J 电压切换箱。

（2）第二套保护装置：LFP-902A 型线路成套快速保护装置（CPU1 为主保护，由以超范围整定的复合式距离继电器和零序方向元件通过配合构成全线路快速跳闸保护，由Ⅰ段工频变化量距离继电器构成快速独立跳闸段，由两个延时零序方向过电流段构成接地后备段保护；CPU2 为三段式相间和接地距离保护，以及重合闸逻辑），SF-600 集成电路收发信机，LFP-923C 型失灵启动及辅助保护装置，CZX-12A 型操作继电器装置。

（3）保护信号的含义。

“发信指示”：该指示灯在装置处于正常发信状态时亮。

“保护起信”：该指示灯在保护装置停止发信时亮。

“位置停信”：该信号灯在断路器断开停止发信时亮。

“立即停信”：该指示灯在保护装置启动发信时亮。

“其他保护停信”：该指示灯在外接保护停止发信时亮。

“装置异常启信”：该指示灯在装置异常启动发信时亮。

“保护异常启信”：该指示灯在保护异常启动发信时亮。

“收信指示”：当发信机接收到大于收信灵敏度信号时灯亮。

TC2：第二套跳闸。

TC：C 相跳闸。

2. 重合闸投入方式

SCI 101A 数字式重合闸和 LFP-902A 型线路成套快速保护装置重合闸（CPU2）均为独立启动，独立出口。

SCI 101A 数字式重合闸手柄在“单重”位置，出口压板在“停用”位置。

LFP-902A 重合闸手柄在“单重”位置，出口压板在“加用”位置。

3. 保护通道

220kV 线路采用闭锁式通道，闭锁式保护简化逻辑图如图 3-102 所示。

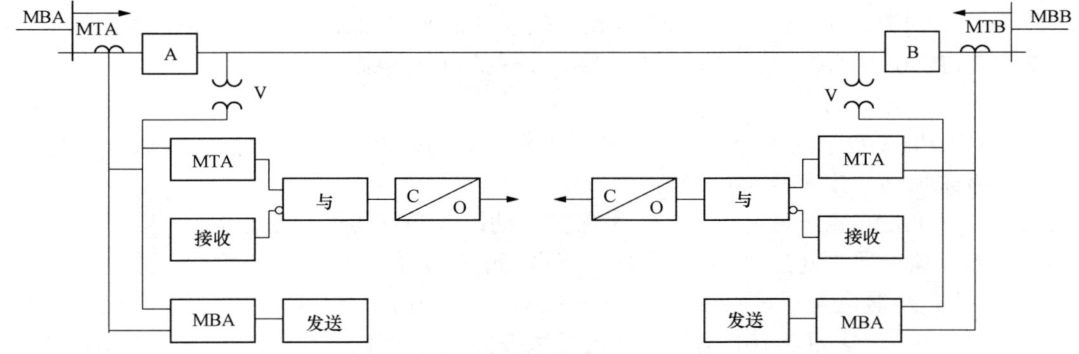

图 3-102　闭锁式保护简化逻辑图

闭锁式保护就是在系统故障时，收到对侧信号（区外故障时）保护将被闭锁，收不到对侧信号（区内故障时）保护将动作跳闸，其特点如下。

（1）在线路两端装设了跳闸元件（MT）和闭锁元件（MB）。

（2）闭锁元件动作，启动闭锁信号，闭锁信号闭锁两端跳闸。

（3）跳闸元件动作且无闭锁信号时，保护将带一固定时间启动跳闸出口，并与远端跳闸元件是否动作无关，即一端 MT 不动，保护仍能跳闸。

（4）保护动作时间：

$$t=t_L+t_c$$

式中：t_L 为本端 MT 动作时间；t_c 为配合时间，它等于通道响应时间加上信号传播时间。

（5）配置有快速的调幅通道（ON—OFF）。

（6）外部故障发闭锁信号，信号不能通过故障点，可采用相—地耦合通道。

（7）通道平时不能监视，不安全。通道有问题，外部故障将引起误动。

（8）弱电源相继动作。

（9）内部故障时能可靠动作。

4. 故障分析

FY 线路保护采用闭锁式保护，而此次故障的性质为区外故障，保护分析如图 3-103 所示。对 Y 侧，方向元件判断为反向，闭锁元件动作，启动闭锁信号，闭锁信号闭锁两端跳闸。对于 F 侧，其方向元件判断为正方向，由于收到了对侧闭锁信号，因此高频保护应可靠闭锁。

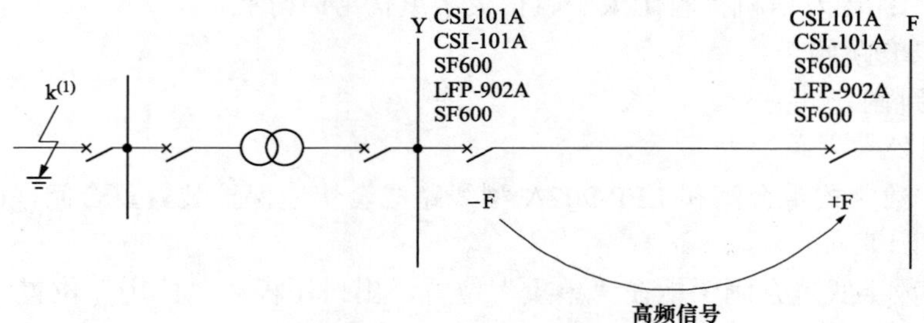

图 3-103 区外故障时保护分析

实际上，由于 Y 侧 CSL 101A 保护存在问题，电流互感器极性接反，因此在区外故障时，Y 侧 CSL 101A 保护动作，三相跳闸。F 侧 CSL 101A 保护因未收到对侧高频闭锁信号，造成高频零序（GPI0CK）保护出口，C 相跳闸。Y 侧 LFP-902A 保护判断为反相，发闭锁信号闭锁了 F 侧 LFP-902A 保护，因此 F 侧 LFP-902A 保护可靠闭锁。

5. F侧重合闸分析

（1）SCI 101A 数字式重合闸启动方式：①保护启动；②断路器位置不对应启动。该重合闸出口压板未加用，未重合是正确的。

（2）LFP-902A 重合闸启动方式：①保护启动；②断路器位置不对应启动。不对应启动条件是：断路器位置不对应（TWJ）+任一相电流的低定值（$0.06I_N$）过电流元件动作（L_A、L_B、L_C），或断路器位置不对应（TWJ）+低功率元件动作（正常运行电流小于 $0.1I_N$ 时置低功率）电流（P_L）。从图 3-101 可知，在区外故障约 230ms 时对侧断路器三相跳闸，其电流判别元件条件不满足，所以此回路不启动重合闸；又因在故障前 FY 线有功功率为 53MW，其低功率判别元件条件不满足，因此，LFP-902A 重合闸不应启动。

七、越级跳闸的原因

（1）Y 侧 110kV 故障线路断路器采用的是少油断路器，保护采用的是晶体管型保护，断

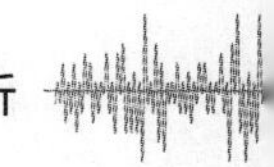

路器固有跳闸时间+保护动作时间较长。

（2）Y 侧 CSL 101A 保护存在问题，电流互感器极性接反，当反向 110kV 线路设备故障时误判为正方向，造成闭锁式保护停信。

以上原因造成了区外故障越级跳闸。

案例 30：220kV 线路单相接地故障断路器重燃击穿

本案例分析的知识点

（1）保护故障报告分析。

（2）复燃和重击穿的基本概念。

（3）影响 SF_6 断路器绝缘击穿的因素。

（4）真空断路器多次重燃的后果。

一、案例基本情况

某 220kV 线路断路器 B 相接地，B 相保护动作，断路器单相跳闸，断路器分闸 28ms 后 B 相断路器触头又出现电流，断路器重燃。

二、断路器重燃波形分析

220kV 线路 B 相接地，B 相断路器分闸后重击穿波形如图 3-104 所示。

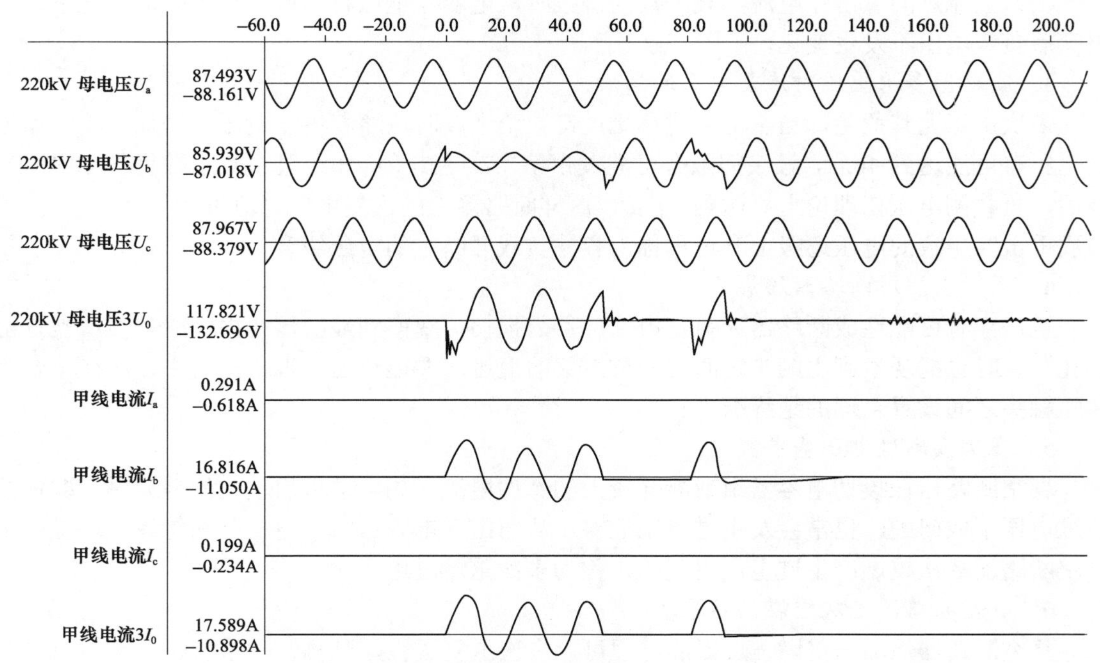

图 3-104　B 相断路器分闸后重击穿波形图

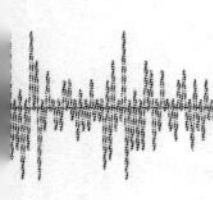

（1）报告记录了故障前 60ms 正常电压和负载电流波形。

（2）电压波形分析。0ms 时 B 相电压降低，故障开始时 B 相电压有高次谐波分量。故障切除，B 相电压恢复，25ms 后出现畸变并且有高次谐波分量。故障时出现 $3U_0$ 分量，在故障开始 $3U_0$ 有高次谐波分量，故障切除时有高频分量，28ms 后再次出现 $3U_0$ 分量（对应 B 相畸变电压），引起断路器重燃的原因主要是暂态恢复电压高。$3U_0$ 后面出现小幅值高频振荡电压。B 相重燃电流切除后，220kV 母线电压恢复正常。

（3）故障电流波形分析。0ms 时 B 相出现故障电流，同时出现零序电流，两电流大小基本相等、方向相同，有正的直流分量，故障时间为 50ms。B 相分闸后 28ms，B 相再次出现电流，此电流为断路器重击穿电流，同时也出现 $3I_0$。

三、复燃和重击穿相关知识

1. 断路器的复燃和重击穿的概念

复燃是指断路器的触头在分闸过程中，电流过零后 1/4 工频周期（90ms）内，断路器触头之间重新出现电流的现象。

为了区分击穿效应的严重程度，IEC 标准使用术语“复燃”来表征开断后 1/4 工频周期内发生的击穿（断路器触头有电流），在 1/4 工频周期之后发生的击穿称为“重击穿”。

一般情况下，SF_6 断路器很少发生重燃，真空断路器在投切电容电流时可能产生复燃和重燃击穿现象。

2. 开断单相容性负载流过触头间隙的高频重击穿电流的高频个数对电容电压的影响

（1）当流过的重击穿电流半波个数为奇数时，电容器电压将增加，如果不考虑阻尼，电容器上的电压发生的最大偏移将由－1p.u.增加到+2p.u.。

（2）当流过的重击穿电流半波个数为偶数时，电容器电压将降低，在无阻尼情况下，重击穿后负载电压不发生变化。

3. 断路器多次重燃对恢复电压的影响

多次击穿尤其危险，当重击穿电流流过奇数个半波时，随着恢复电压的增加，断路器上的电压有可能达到 4p.u.，触头间隙有可能发生第二次重击穿。在经过奇数个数重击穿电流半波后，负载侧电压在理论上可达到 5p.u.，这样断路器上的恢复电压峰值可达到 6p.u.。由于多次重击穿导致的电压逐级上升过程称为容性负载开断中的电压级升。

4. 多次重燃对断路器的影响

重击穿有可能造成断路器灭弧室内部部件的损伤，观察到最明显的损伤就是喷口被打出洞孔，有时也能观察到主触头之间发生重击穿的痕迹。要避免这一现象的发生，应在主触头和弧触头之间设置合理的绝缘配合。

5. 多次重燃过电压基本概念

真空断路器在投切电容器组或断开较大的感性电流（如电动机启动电流等）时，即使截流过电压不成问题，也常会发生过电压危害，从而击穿电容器组或电机匝间绝缘。这是由于真空断路器多次重燃产生过电压引起的，称为多次重燃过电压。

6. 真空断路器多次重燃的后果

真空断路器熄弧—重燃—熄弧的过程可以多次重复进行，且每一次重燃时，负载上得到的电压都比上一次重燃时要高，电感中电流也可能比上一次要大。也就是说随着重燃次数的

增多，负载中贮存的能量也越来越大。如果在第 n 次重燃后电弧最终熄灭，且随重燃次数增多电感中的电流为单调递升，则 I_{ln} 增大，使产生的过电压增高。

多次重燃过程并不会无限地重复，所产生的过电压也必然有一定的限制。这是由于触头间距在多次重燃过程中是不断增加的，它的介质恢复强度也不断升高，当介质恢复强度超过 U_m 时，负载侧电压就会穿过中性线。

7. 多次重燃过电压的组成

多次重燃时产生的过电压可看成两部分过电压的叠加。

（1）等效截流所引起的过电压，其频率为 f_0（通常为几千赫兹），取决于负载的参数，电压的上升速率随着重燃次数增加逐渐变陡，电压值也升高。过电压的值可以达到较高，但由于重燃，过电压特性取决于真空断路器间隙的介质恢复特性。

（2）重燃引起的过电压，称为重燃过电压，它的频率 f_h 取决于重燃高频电路的参数（通常可以达数兆赫）。这一重燃过电压上升陡度很高，对电机或变压器绕组间的绝缘危害极大，过电压能使匝间绝缘损坏。这正是多次重燃过电压对系统和其他电器造成危害的主要原因。

四、影响 SF_6 断路器绝缘击穿的因素

（1）电极表面粗糙度：电极表面越粗糙，则击穿电压越低。

（2）面积效应：电极面积越大，电极表面上和间隙中引起击穿电压降低的一些偶然因素（例如比较粗糙的部位）出现的概率就越多，故表面积增大时击穿电压也会降低。

（3）电极材料。

（4）导电粒子的影响。

（5）净化效应：对于刚经过加工装配后的 SF_6 气体的电气设备或试验装置，电极表面上可能带有一些加工中的毛刺或脏物，从而增加了表面粗糙度，而在电极间也可能带进一些加工金属屑或粉末等导电粒子，它们都将使击穿电压降低，但在多次击穿后可逐渐将这些杂质烧掉从而使击穿电压提高，这就是净化效应。

（6）SF_6 气体中沿固体介质表面的放电。

案例 31：220kV 线路 A 相阻波器引下线单相断相

本案例分析的知识点

（1）断相的特点。

（2）断相的后果。

（3）断相后保护的动作情况。

（4）断相后的检查。

（5）信号的分析。

一、案例基本情况

电力系统的断相故障在系统的故障中虽然较少，但容易被忽视。本案例就是发生在某系

统的一起220kV线路单相断相故障，并且在断相后线路继续运行约10h。通过对本案例的分析，可使运行人员对线路断相相关知识有一定的了解。

某500kV变电站某日21时FT二回线微机保护“呼唤值班员”，变电站值班员复归信号后，到设备区进行检查未发现异常。次日8时，调度询问变电站值班员FT线A相没有电流，责令检查；值班员现场检查发现FT二回线A相阻波器至线路隔离开关的引下线脱落（新线路，可能是接头未压紧），并且掉落在线路隔离开关上。同时通知控制室立即断开FT线断路器。

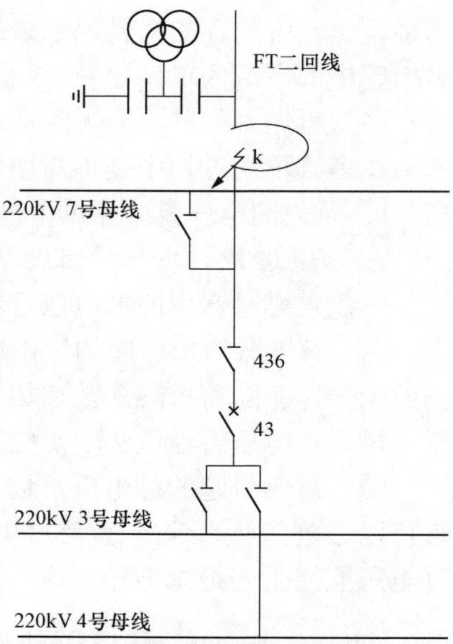

二、故障线路及故障点

故障线路及故障点如图3-105所示，图中k点为断相点，现场阻波器与线路侧F436隔离开关相隔很近。

图3-105　故障线路及故障点示意图

三、故障经过

某日8时，中调调度员发现FT二回线A相电流为零（变电站电流表监视在B相），立即向该线路的两个变电站值班人员进行核实，检查T变电站未发生异常现象，F变电站检查发现FT二回线A相阻波器至线路隔离开关的引下线脱落（新线路，可能是接头未压紧），并且掉落在线路隔离开关上，但未造成单相接地和相间短路。因此造成FT二回线非全相运行。

该站属传统变电站，在控制屏上的电流表可显示三相，并由电流表的切换开关对A、B、C三相进行切换。正常时切换开关放在B相位置，监视的是B相电流，监控系统采样的也是B相电流，因此，在A相断相时未能及时发现。在检查时，运行人员发现，在前日21时，有FT二回线微机保护“呼唤值班员”信号，值班员对该光字牌进行了复归（信号未消失），但未到保护屏上进行检查。所以，此信号一直未引起重视，在该站站岗武警战士也就是在同时发现断相的方位有明显的放电。前日当晚，当班值班员对现场进行了检查，由于是新间隔，照明未能及时解决，未能及时查出故障。

四、分析

1. 断相时及断相后的负荷情况

断相时FT二回线电流为198A，由于断相是发生在21时以后，B、C两相电流均小于180A。

2. 断相时的信号

断相时天气晴好，系统无任何干扰，除FT二回有微机保护“呼唤值班员”信号外，无其他信号。

WXH-11微机保护“呼唤值班员”灯亮的含义：

（1）系统故障；

（2）保护动作；

（3）压板变位。

从以上三种含义分析，如果是系统故障，本站应不止一条线路的微机保护有此信号，至少还应有 FT 一回（双回线）线也应有此信号，而在断相时仅有 FT 二回线有“呼唤”信号，因此，可说明干扰来自本线路。

3. 断相时保护的分析

线路单相断相时，反应负序分量、零序分量的保护是否动作与故障前的负载电流的大小及保护取用的电压互感器有关。当保护取用线路电压互感器时，送端的负序和零序电流滞后于负序和零序电压 ϕ_L，受端的负序和零序电流超前于负序和零序电压 $180°-\phi_L$；当保护取用母线电压互感器时，送端和受端的负序和零序电流的相位都超前于负序和零序电压 90°，因此和线路内部故障相似而误动作。

4. 线路保护定值

FT 二回线配置两套微机保护装置，第一套为 WXH-11 型微机保护装置，第二套为 LFP-902A 型微机保护装置。保护装置的有关整定值见表 3-69～表 3-72，电流互感器变比为 1200/1。

表 3-69　　WXH-11 微机保护装置部分定值（高频）

定值名称	整定值（A）	含义	定值名称	整定值（A）	含义
IQD	0.15	启动元件电流	DI2	0.15	健全相电流差突变量元件
IWI	0.1	无电流判别	I04	0.4	零序辅助启动元件
3I0	0.4	零序电流			

表 3-70　　WXH-11 微机保护装置部分定值（距离）

定值名称	整定值（A）	含义	定值名称	整定值（A）	含义
IQD	0.15	启动元件电流	DI2	0.15	相电流差突变量
IWI	0.1	无电流判别	I04	0.15	零序辅助启动元件

表 3-71　　WXH-11 微机保护装置部分定值（零序）

定值名称	整定值（A）	含义	定值名称	整定值（A）	含义
IQD	0.15	启动元件电流	I03	0.60	零序Ⅲ段
IWI	0.10	无电流判别	I04	0.25	零序Ⅳ段
I01	3.00	零序Ⅰ段	IN1	3.00	零序不灵敏Ⅰ段
I02	0.60	零序Ⅱ段	IN2	0.25	缩短 ΔT 零序Ⅳ段

表 3-72　　LFP-902A 微机保护装置部分定值（方向）

定值名称	整定值（A）	含义	定值名称	整定值（A）	含义
I0qzd	0.18	零序启动电流	I0zd3	0.25	零序过电流Ⅲ段
I0zd2	0.60	零序过电流Ⅱ段	I0zdF	0.25	零序方向比较过电流

由表 3-69～表 3-72 所给出的定值可知，保护的整定值均大于断相时的负载电流，所以反应负序分量和零序分量的保护不动作。另外，在非全相运行时，有的保护将自动退出。

该案例断相时是在轻载的情况下，如果在重载的情况下断相，当负序分量或零序分量达到保护整定值时，可能引起保护的动作。但无论在什么情况下，对运行人员来说，不能放过任何一个信号是非常重要的。

五、存在的问题

线路断相现场变电运行人员没有发现，而是调度在断相 10h 后发现，其原因有：

（1）断相时本线路保护有“呼唤值班员”信号，但未引起重视，盲目将信号复归；

（2）现场执勤的武警在断相时已看见了明显的拉弧现象，并已向主控室值班员报告，当班值班员到现场进行了检查未发现情况，第二天天亮后又未派人到现场做进一步的检查；

（3）值班员对保护信号的含义认识不清。

案例 32：220kV 线路 B 相断相造成多个变电站三相电流不平衡运行 4h 后一侧零序过电流Ⅲ段保护动作断路器三跳

本案例分析的知识点

（1）线路断相分析和判断。

（2）断相又接地保护动作信息分析。

一、案例基本情况

2021 年 4 月 7 日上午，某 220kV 电网几座变电站线路三相电流不平衡，B 相电流只有几安或十几安，A、C 相电流基本相等，母线电压正常，不对称运行到 13 时 45 分 17 秒，MN 线路靠近小电源侧零序过电流Ⅲ段动作，跳本侧三相断路器。本线路第一套保护为 RCS-931 保护装置，第二套保护为 CSC-101B 保护装置，线路全长为 203km，保护测距为 191.8km。断相线路接线如图 3-106 所示。

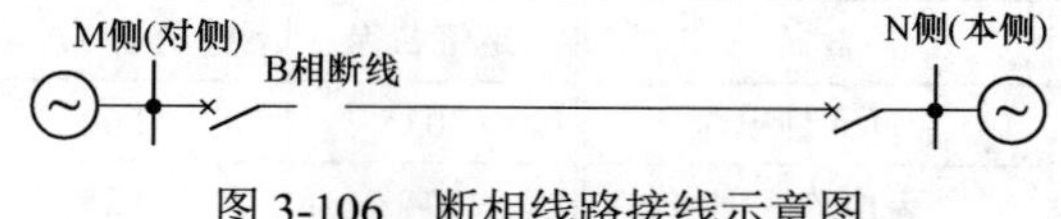

图 3-106　断相线路接线示意图

二、断相接地时 RCS-931 保护装置动作信息

RCS-931 保护装置动作报告见表 3-73。

表 3-73　RCS-931 保护装置动作报告

序号	动作相别	动作相对时间	动作元件名称
01	ABC	54608ms	零序过电流Ⅲ段
故障测距结果		191.8km	
故障相别		B	
故障相电流		1.07A	
故障零序电流		0.97	
故障差动电流		0.61	

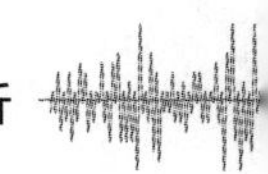

启动后变位报告见表 3-74。

表 3-74　启动后变位报告

序号	时间	开入名称	数值	序号	时间	开入名称	数值
01	50002ms	装置长期启动	0→1	05	54608ms	零序长期启动	1→0
02	54608ms	零序长期启动	0→1	06	54608ms	零序长期启动	0→1
03	54608ms	零序长期启动	1→0	07	54608ms	零序长期启动	1→0
04	54608ms	零序长期启动	0→1				
01	54608ms	B 相跳闸位置	0→1	03	54608ms	C 相跳闸位置	0→1
02	54608ms	A 相跳闸位置	0→1				

三、断相分析

（1）该系统 220kV 为环网运行，电源点有两个，断相靠近大电源侧。因变电站母线电压正常，运行人员没有及时判断出不对称运行的原因是断相，直到 N 侧经高阻抗接地，零序过电流Ⅲ段保护动作跳 M 侧断路器，M 侧负荷 A、C 相电流为零，巡线后才发现靠近 M 侧一杆塔引流线 B 相断相。

（2）零序过电流Ⅲ段保护动作前，B 相（MN）线 N 侧显示有十几安电流是线路的电容电流（因为是两个电源点），220kV 线路没有断相保护功能，断相后零序和负序分量很小，达不到Ⅲ段保护的定值。

（3）运行到 13 时 45 分 17 秒，N 侧断相处经高阻抗接地，线路相电流由电容电流突变到故障电流，由于 B 相故障电流很小，光纤差动保护及零序Ⅰ、Ⅱ段保护没有动作，零序Ⅲ段保护整定值为 1A，故障相电流为 1.07A，故障零序电流为 0.97（自产显示有误差），故障相电流达到保护动作定值，$3\dot{I}_0=\dot{I}_A+\dot{I}_B+\dot{I}_C$，零序Ⅲ段保护动作正确。

四、保护动作分析

N 侧断相处经高阻抗接地，零序Ⅲ段保护动作时间为 54608ms，大大超过电气设备热稳定时间，时间整定不正确。

案例 33：运行中隔离开关闸口拉弧导致 220kV 侧母线缺相运行故障

本案例分析的知识点

（1）单相断相运行的基本概念。

（2）单相断相运行造成的后果。

（3）单相断相后保护的动作情况。

（4）单相断相后的检查。

（5）单相断相时信号的分析。

一、案例基本情况

2019 年 10 月 20 日 15 时 51 分，某变电站 220kV 南北母联 2010-北隔离开关 B 相触头拉

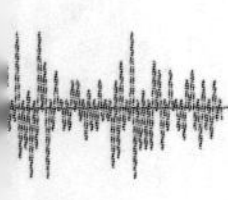

弧放电，该母联间隔B相电流降为零，随即该母线上所带线路B相电流急剧攀升（与A、C相电流相比分别相差约500A）。

发生异常时，该站监控后台报“220kV 母联 2010 二次设备或回路告警”“220kV 母联 2010 保护装置保护出口动作”“220kV 相应线路间隔二次设备或回路告警、故障”“220kV 相应线路 PSL603UA TA 断线动作”“220kV 相应线路 PSL631 TA 断线动作”“220kV 相应线路 PCS-931 保护装置异常”等报文。

该站 220kV 系统为南北母并列运行，为户外敞开式设备，异常时现场天气晴，温度 6℃，风力 3 级。

该站受新能源负荷影响，负荷变化较大。220kV 正常运行方式下，阴雨天气或每日日落后，一般该母联间隔电流为 60～100A。当日，受日间新能源负荷增加影响，该母联间隔电流从早 9 时开始持续攀升，最高达到 1000A，随后该母联 2010-北隔离开关 B 相闸口拉弧烧灼放电，后检查为该隔离开关触头弹簧夹紧力不足所致。

二、故障波形及保护动作分析

本次保护异常主要涉及该母联 2010 断路器保护，220kV 相关线路的 PSL-603、PCS-931 及 PSL-631 保护装置。运行异常时后台显示采样值见表 3-75，线路Ⅰ故障波形如图 3-107 所示。

表 3-75　运行异常时后台显示采样值　（A）

线路名称	A 相电流（一、二次值）	B 相电流（一、二次值）	C 相电流（一、二次值）
线路Ⅰ	100/0.08	560/0.448	43/0.034
线路Ⅱ	200/0.16	800/0.64	253/0.202
母联 2010	920/0.736	0	880/0.704

根据该母联断路器保护定值（见表 3-76）可以看出，零序Ⅱ段保护定值为 0.6A、0.3s，零序Ⅲ段保护定值为 0.3A、0.6s，零序Ⅱ段保护定值大小满足、时限不满足，零序Ⅱ段不动作；根据表 3-76，零序Ⅲ段保护定值大小及时限满足，零序方向元件动作区域为 Arg($3U_0/3I_0$)一次值=−1950V/750A，零序Ⅲ段保护动作。该母联 2010 断路器保护的出口原因为零序Ⅲ段保护动作，同时保护装置异常动作。

表 3-76　母联断路器保护定值单

零序电流	改变后整定值			灵敏度
	一次值（A）	二次值（A）	时间（s）	
Ⅰ	1125	0.9	0	1.5
Ⅱ	750	0.6	0.3	2.2
Ⅲ	375	0.3	0.6	4

220kV 线路的 PSL-603 及 PSL-631 保护装置异常均为电流互感器不平衡引起，根据说明书，零序电流大于零序启动定值，持续 10s 后报“TA 不平衡”。

1. PSL-603交流电流异常判据

（1）电流互感器断线。该逻辑为单侧量电流互感器断线判据，具体有：①$3I_0 > I_{0QD}$；②$3U_0 < 0.5 + U_{0FDAN}$；③三相全相运行。其中，I_{0QD} 为零序启动电流定值，U_{0FDAN} 为零序电压浮动门槛。

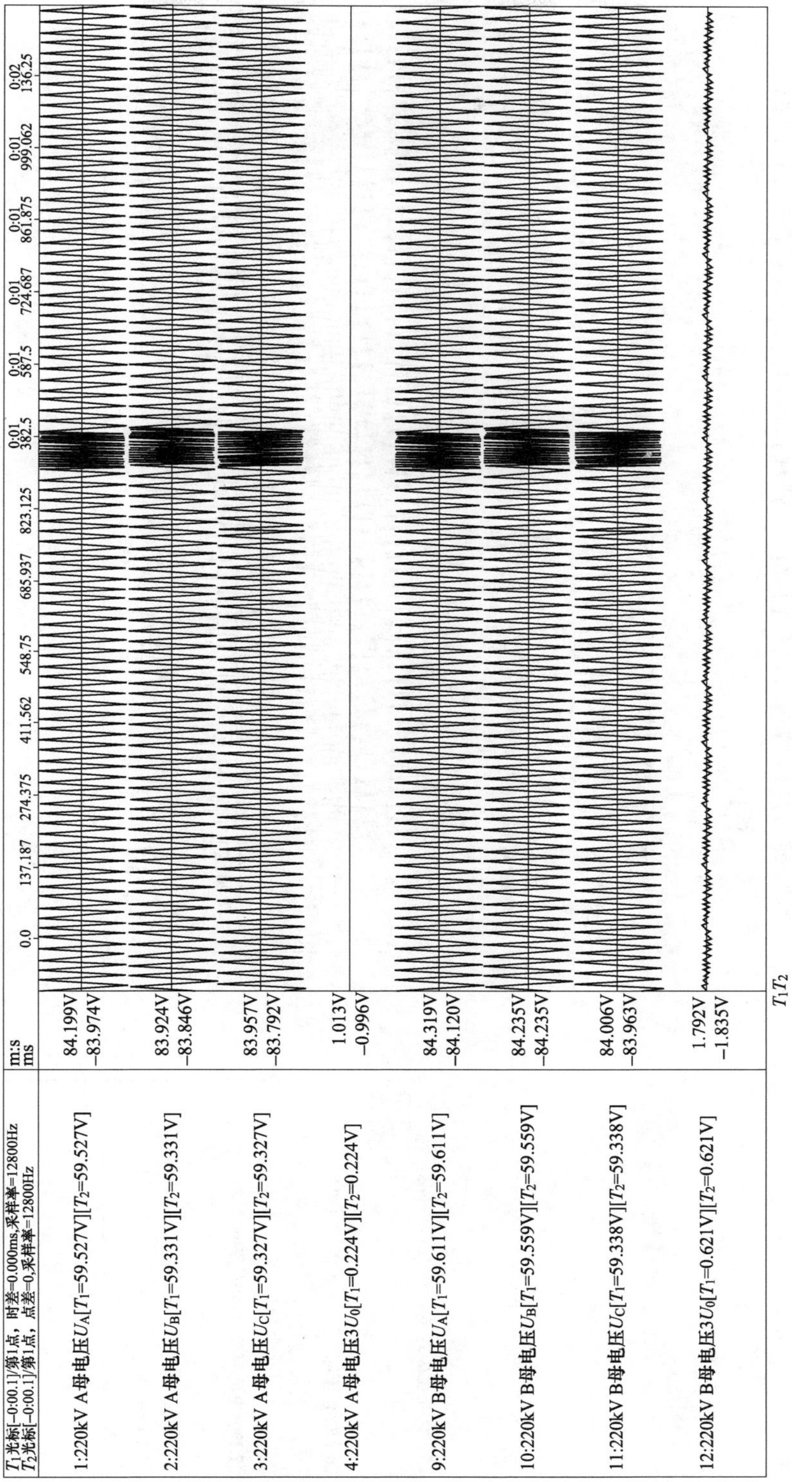

T_1光标[−0:00.1]/第1点，时差=0.000ms,采样率=12800Hz
T_2光标[−0:00.1]/第1点，点差=0,采样率=12800Hz

m:s
ms
0.0 137.187 274.375 411.562 548.75 685.937 823.125 0:01 382.5 0:01 587.5 0:01 724.687 0:01 861.875 0:01 999.062 0:02 136.25

1:220kV A母电压U_A[T_1=59.527V][T_2=59.527V] 84.199V −83.974V

2:220kV A母电压U_B[T_1=59.331V][T_2=59.331V] 83.924V −83.846V

3:220kV A母电压U_C[T_1=59.327V][T_2=59.327V] 83.957V −83.792V

4:220kV A母电压$3U_0$[T_1=0.224V][T_2=0.224V] 1.013V −0.996V

9:220kV B母电压U_A[T_1=59.611V][T_2=59.611V] 84.319V −84.120V

10:220kV B母电压U_B[T_1=59.559V][T_2=59.559V] 84.235V −84.235V

11:220kV B母电压U_C[T_1=59.338V][T_2=59.338V] 84.006V −83.963V

12:220kV B母电压$3U_0$[T_1=0.621V][T_2=0.621V] 1.792V −1.835V

T_1T_2

(a)

图 3-107 线路Ⅰ故障波形图（一）

（a）电压波形

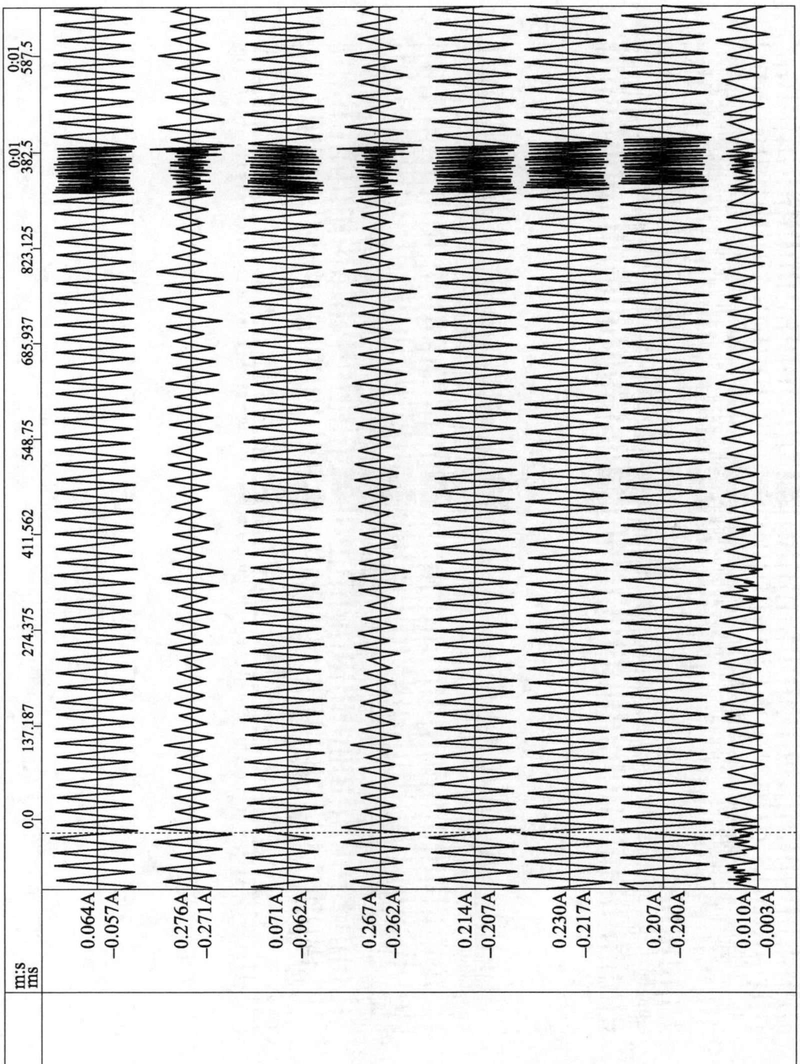

(b)

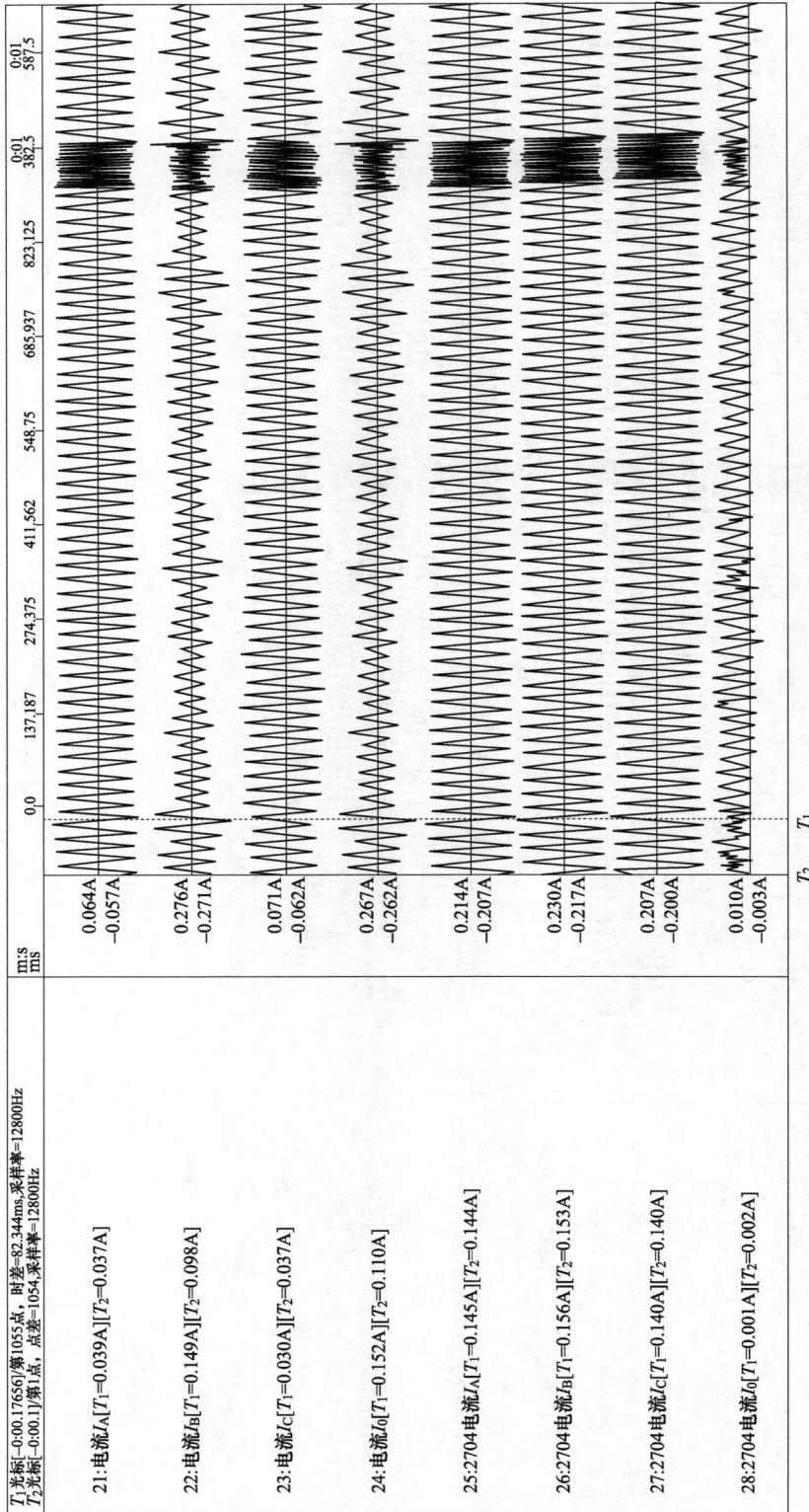

图 3-107　线路 I 故障波形图（二）

（b）电流波形

上述判据满足 8s 报“TA 断线”事件，发运行异常信号，“TA 断线”信号灯亮，闭锁零序差动保护和零序加速保护；当条件不满足时，延时 1s 返回。“TA 断线”信号灯为自保持，需要手动复归。

（2）电流互感器反序判据。装置上电 2h 之内，检查交流电流相序的正确性，判据为：①$3I_2>0.25I_n$；②$3I_2>4\times3I_1$；③持续时间 1min。

上述判据都满足时，报“TA 异常”事件，发运行异常信号，不闭锁保护。

（3）电流互感器负载不对称判别。在最大相间电流差大于最大相电流的 50%且最大相电流大于额定电流的 25%时，延时 10min 报“TA 负载不对称”，发运行异常信号，不闭锁保护。

（4）电流互感器不平衡判据。零序电流 $3I_0$ 大于零序电流启动定值，持续 10s 后报“TA 不平衡”，并且闭锁零序电流启动元件。当零序电流返回 1s 后，保护也立即恢复正常。

零序保护整定值见表 3-77。

表 3-77　　零序保护整定值

零序过电流Ⅱ段定值	1250/0.5A
零序过电流Ⅱ段时间	1.80s
零序过电流Ⅲ段定值	250/0.1A
零序过电流Ⅲ段时间	5.50s
零序过电流加速段定值	350/0.14A

2. PSL-631电流互感器不平衡判据

装置上电 2h 之内检查交流电流相序的正确性，判据为：①$3I_2>0.25I_n$；②$3I_2>4\times3I_1$；③持续时间 1min。

在最大相间电流差大于最大相电流的 50%且最大相电流大于额定电流的 25%时，延时 10min 报“TA 负载不对称”，发运行异常信号，不闭锁保护。

零序电流 $3I_0$ 大于零序电流启动定值，持续 10s 后报“TA 不平衡”，并且闭锁零序电流启动元件。当零序电流返回 1s 后，保护也立即恢复正常。

零序保护整定值见表 3-78。

表 3-78　　零序保护整定值

零序启动电流定值	250/0.1A
零序过电流Ⅰ段定值	750/0.3A
零序过电流Ⅰ段时间	0s
零序过电流Ⅱ段定值	750/0.3A
零序过电流Ⅱ段时间	0.5s

3. PCS-931保护装置电流互感器断线判据

220kV 线路的 PCS-931 保护装置异常原因为电流互感器断线引起，根据说明书，有自产零序电流而无零序电压，且至少有一相无电流，则延时 10s 发“TA 断线”。

（1）交流电流断线（始终计算）。

（2）自产零序电流小于 0.75 倍的外接零序电流，或外接零序电流小于 0.75 倍的自产零

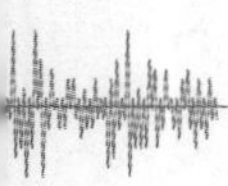

序电流，延时200ms发电流互感器断线异常信号。

（3）有自产零序电流而无零序电压，且至少有一相无电流，则延时10s发出电流互感器断线异常信号。

保护判出交流电流断线后，在装置总启动元件中不进行零序过电流元件启动判别，退出零序过电流保护Ⅱ、零序过电流Ⅲ段和零序反时限（R）保护，同时退出工频变化量阻抗和距离Ⅰ段保护，闭锁三相不一致保护（P）中的零负序电流元件，闭锁远方跳闸（Y）就地判据中的零负序电流元件，重合闸放电，若保护跳闸则闭锁重三跳。

差动保护由“TA 断线闭锁差动”控制字来决定是否闭锁断线相。当一侧保护装置判断出电流互感器断线后，会将本侧的“TA 断线”信号通过光纤传送至对侧；对侧保护装置收到该信号后会发出“对侧 TA 断线”的告警信息。当两侧保护装置任意一侧的保护装置判出电流互感器断线时，差动保护满足动作条件后延时150ms三相跳闸并闭锁重合闸。

综上所述，该站保护装置异常告警信息正确。

第四章

110kV 线路故障波形分析

案例 1：110kV 线路 A 相瞬时性接地故障重合闸重合成功

本案例分析的知识点

（1）110kV 线路 A 相瞬时性接地故障保护动作信息分析。
（2）110kV 线路 A 相瞬时性接地故障波形分析。
（3）110kV 线路 A 相瞬时性接地故障时的动作过程。

一、案例基本情况

2022 年 4 月 28 日 10 时 32 分 14 秒 898 毫秒，某 110kV 线路 A 相瞬时性接地故障，重合成功。0ms 时线路 A 相单相接地，CSC-163A-G 线路保护装置 44ms 接地距离Ⅰ段保护动作，100ms 时线路断路器三相跳闸。921ms 时重合闸动作，重合成功。故障测距为 16.25km，线路全长为 25.55km。110kV 线路 A 相瞬时性接地故障点位置如图 4-1 所示。

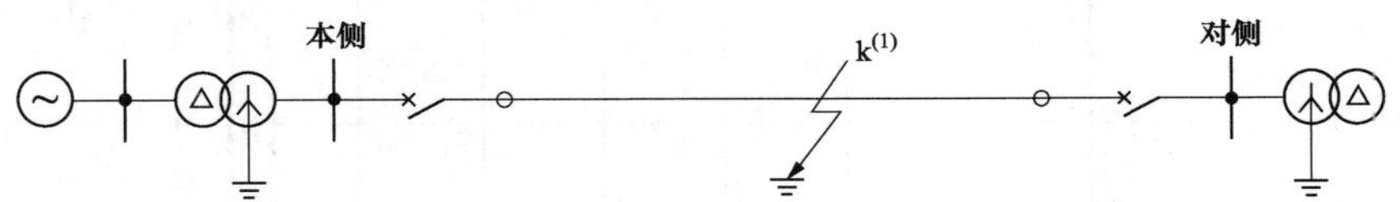

图 4-1　110kV 线路 A 相瞬时性接地故障点位置示意图

二、CSC-163A-G 线路保护装置故障波形分析

CSC-163A-G 线路保护装置模拟量及开关量见表 4-1。110kV 线路单相接地故障波形如图 4-2 所示，横坐标表示模拟量和开关量的幅值，纵坐标表示故障时间。横坐标模拟量 1～9 分别表示 I_a、I_b、I_c、$3I_0$、U_a、U_b、U_c、自产 $3U_0$、U_x。开关量 1～13 分别表示保护启动、保护跳闸、永跳、重合动作、远传 1 开出、远传 2 开出、跳位、合位、其他保护动作开入、远传 1 开入、远传 2 开入、闭锁重合闸、低气压闭锁重合闸。“满量程 81.0V/11.0A”表示电压/电流波形满格时的数值为 81.0V/11.0A。

表 4-1　CSC-163A-G 线路保护装置模拟量及开关量

时间：2022-04-28 10：32：14.898			
模拟量：			
01：I_a	02：I_b	03：I_c	04：$3I_0$
05：U_a	06：U_b	07：U_c	08：$3U_0$ 自产
09：U_x			

续表

开关量：			
01：保护启动	02：保护跳闸	03：永跳	04：重合
05：远传 1 开出	06：远传 2 开出	07：跳位	08：合位
09：其他保护动作开入	10：远传 1 开入	11：远传 2 开入	12：闭锁重合闸
13：低气压闭锁重合闸			
满量程：81.0V/7.11A			

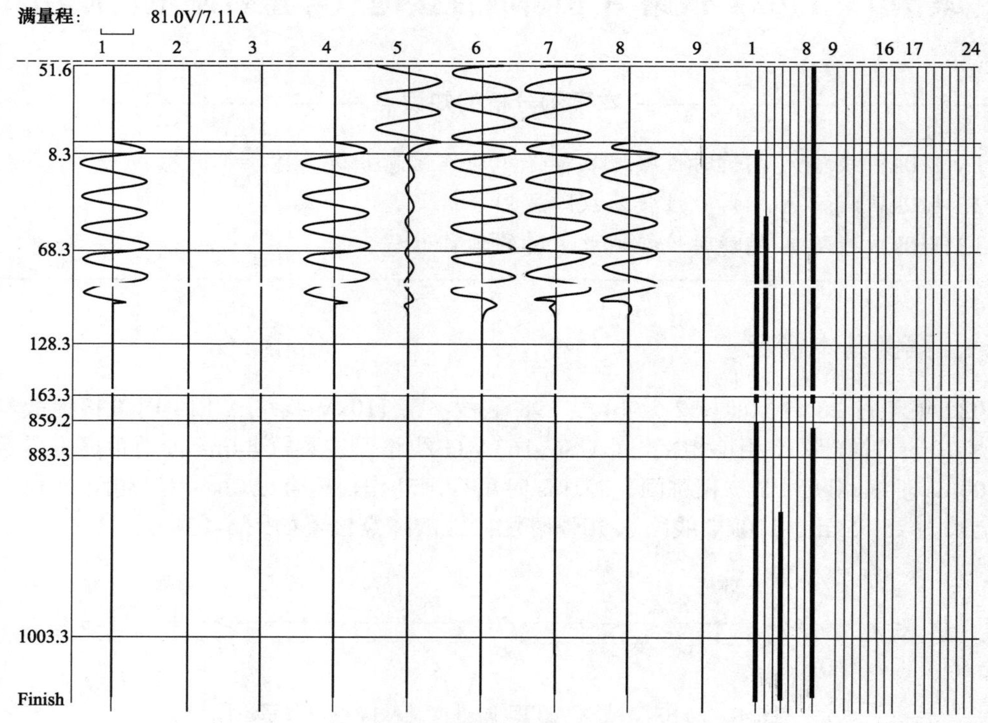

图 4-2　110kV 线路单相接地故障波形图

1. 电压波形分析

（1）故障相 A 相电压波形分析。0ms 时 A 相单相接地故障，A 相电压明显降低，因故障在线路近端，因此残压（=短路电流×故障点到电压互感器安装处的阻抗）比较低，接地点的电压为零。A 相单相接地故障持续至 100ms［=接地距离Ⅰ段定值 44ms+断路器固有跳闸时间 56ms（相关国家标准要求，对于 126kV 及以上的断路器固有分闸时间不大于 60ms，推荐不大于 50ms）］。100ms 时断路器三相跳闸，故障切除。故障切除后 A 相电压恢复正常，这是因为线路保护的电压量取自母线电压互感器（在图 4-2 中，由于故障切除后的正常波形被压缩，没有显现）。921ms（=接地距离Ⅰ段延时 44ms+断路器固有跳闸时间 56ms+跳闸命令返回时间 22ms+重合闸整定时间 800ms）时，重合闸动作，重合成功。

（2）正常相 B、C 两相电压分析。A 相单相接地故障时，B、C 相电压正常，断路器三相跳闸后和三相重合成功后，B、C 相电压均正常。

（3）$3U_0$ 电压波形分析。由于为单相接地故障，而 110kV 系统属于中性点有效接地系统，

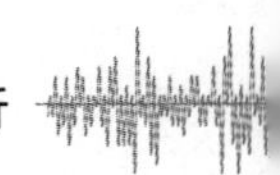

因此在故障时存在 $3U_0$，持续时间为 100ms，其方向与 $3I_0$ 基本反向。断路器三相跳闸后 $3U_0$ 为零，断路器重合成功后 $3U_0$ 为零，没有出现零序分量。

2. 电流波形分析

（1）故障相 A 相电流波形分析。0ms 时 A 相单相接地故障，A 相电流由负载电流突变成短路电流，其瞬时值为满格的 3/7，故障相电流为 4.969A（4.969≈3/7×11.0），此电流乘以电流互感器的变比 800/5 为一次侧电流 795A。100ms 时断路器三相跳闸，三相电流变为零。

（2）正常相 B、C 两相电流波形分析。A 相单相接地故障时，B、C 相电流为负载电流，在图 4-2 中基本看不见。断路器三相跳闸后，B、C 相电流为零。

（3）$3I_0$ 电流波形分析。由于故障为 A 相单相接地，而 110kV 系统属于中性点有效接地系统，因此在故障时存在 $3I_0$，其与 A 相短路电流大小相等（它们是一个回路的电流）、方向相同，持续时间为 100ms。断路器三相跳闸后及重合成功后均没有出现 $3I_0$。

3. 开关量分析

（1）本波形有 5 个开关量：1—保护启动；2—保护跳闸；4—重合闸动作；5—跳位；6—合位。

（2）0ms 时 A 相单相接地发生，3ms 时保护 CPU 启动、开放保护正电源 7s，44ms 时接地距离Ⅰ段保护动作，向断路器发跳闸命令，100ms 时断路器三相跳闸，故障电流消失，122ms 时跳闸命令返回，921ms 时重合闸启动，重合成功。

三、CSC-163A-G 线路保护装置动作报告分析

CSC-163A-G 线路保护装置动作报告见表 4-2，保护启动时间为 2022 年 4 月 28 日 10 时 32 分 14 秒 898 毫秒。

表 4-2　　CSC-163A-G 保护装置动作报告

设备名称：CSC 保护装置　　一次设备调度编号：152

故障绝对时间：2022-04-28 10：32：14.898　　打印时间：2022-04-28 10：37：44.438

时间	动作元件	跳闸相别	动作参数
2022-04-28 10：32：14.898	保护启动		
44ms	接地距离Ⅰ段动作		X=0.883Ω R=0.192Ω A 相
	故障相电压		U_A=7.563V U_B=57.75V U_C=57.75V
	故障相电流		I_A=4.969A I_B=0.000A I_C=0.000A $3I_0$=4.969A
	测距阻抗		X=0.883Ω R=0.192Ω A 相
	故障测距		L=16.25km A 相
122ms	三跳启动重合		
921ms	重合闸动作		

启动时开关量状态

序号	开入名称	数值	序号	开入名称	数值
01	断路器跳闸位置	0	05	气压低（未储能）闭重	0
02	断路器合闸位置 1	1	06	重合闸充电完成	1
03	断路器合闸位置 2	0	07	投Ⅰ母电压	0
04	闭锁重合闸	0	08	投Ⅱ母电压	1

续表

启动时压板状态					
序号	压板名称	数值	序号	压板名称	数值
01	纵差保护	0	06	远方切换定值区	0
02	距离保护	1	07	远方修改定值	0
03	零序过电流保护	1	08	保护远方操作	0
04	停用重合闸	0	09	检修状态	0
05	远方投退	0			

启动后开关量变化							
序号	时间	开入名称	数值	序号	时间	开入名称	数值
01	923ms	重合闸充电完成	1→0				

设备参数定值					
序号	参数名称	数值（单位）	序号	参数名称	数值（单位）
01	TV 一次值	110.0kV	03	TA 二次值	5.000A
02	TA 一次值	800.0A			

保护定值					
序号	定值名称	数值（单位）	序号	定值名称	数值（单位）
01	变化量启动电流定值	1.000A	14	相间距离Ⅲ段定值	5.000Ω
02	零序启动电流定值	1.000A	15	相间距离Ⅲ段时间	2.100s
03	线路正序阻抗定值	1.470Ω	16	零序过电流Ⅰ段定值	100.0A
04	线路零序阻抗定值	3.160Ω	17	零序过电流Ⅰ段时间	10.00s
05	线路总长度	25.55km	18	零序过电流Ⅱ段定值	10.00A
06	接地距离Ⅰ段定值	0.960Ω	19	零序过电流Ⅱ段时间	0.600s
07	接地距离Ⅱ段定值	0.960Ω	20	零序过电流Ⅲ段定值	1.870A
08	接地距离Ⅱ段时间	10.00s	21	零序过电流Ⅲ段时间	0.900s
09	接地距离Ⅲ段定值	0.960Ω	22	零序过电流Ⅳ段定值	1.870A
10	接地距离Ⅲ段时间	10.00s	23	零序过电流Ⅳ段时间	10.00s
11	相间距离Ⅰ段定值	1.200Ω	24	零序过电流加速段定值	1.870A
12	相间距离Ⅱ段定值	2.500Ω	25	重合闸时间	0.800s
13	相间距离Ⅱ段时间	0.800s			

控制字					
序号	控制字名称	数值（单位）	序号	控制字名称	数值（单位）
01	纵差保护	1	11	零序过电流Ⅰ段经方向	0
02	TA 断线闭锁差动	1	12	零序过电流Ⅱ段经方向	0
03	距离保护Ⅰ段	1	13	零序过电流Ⅲ段经方向	0
04	距离保护Ⅱ段	1	14	停用重合闸	0
05	距离保护Ⅲ段	1	15	TWJ 启动重合闸	1
06	重合加速距离Ⅲ段	1	16	远跳受启动元件控制	1
07	零序过电流Ⅰ段	0	17	TV 断线自检	1
08	零序过电流Ⅱ段	1	18	过负荷告警	1
09	零序过电流Ⅲ段	1	19	控制回路 1 断线自检	1
10	零序过电流Ⅳ段	0			

（1）44ms 时接地距离Ⅰ段保护动作，122ms 时三跳命令返回，921ms 时重合闸动作。
（2）故障相：A 相。
（3）故障测距：16.25km。
（4）故障电流：4.969A（二次侧电流）。

四、110kV 线路 A 相瞬时性接地故障时的动作过程

110kV 线路 A 相瞬时性接地→接地距离Ⅰ段动作→断路器三相跳闸→经重合闸整定时间（800ms）→断路器三相重合→重合成功。

五、保护动作情况分析

（1）本线路全长为 25.55km，故障测距为 16.25km，根据表 4-2 中的测距阻抗 X=0.883Ω、R=0.192Ω，计算 $Z=\sqrt{X^2+R^2}=0.85\Omega$，$Z$＜接地距离Ⅰ段定值（0.96Ω），属于接地距离Ⅰ段范围，因此接地距离Ⅰ段动作，保护动作正确。

（2）保护装置启动后 41ms 接地距离Ⅰ段动作，接地距离Ⅰ段定值为 0ms，此时 41ms 的延时较长。

案例 2：110kV 线路 C 相永久性接地故障零序Ⅱ段保护动作重合闸重合不成功

本案例分析的知识点

（1）110kV 线路 C 相永久性接地故障保护动作分析。
（2）110kV 线路 C 相永久性接地故障波形分析。
（3）110kV 线路 C 相永久性接地故障时的动作过程。

一、案例基本情况

2023 年 3 月 15 日 10 时 39 分 2 秒 305 毫秒，某 110kV 线路 C 相永久性接地故障，重合不成功。0ms 时线路 C 相单相接地，CSC-161A 线路保护装置 602ms 零序Ⅱ段保护动作，659ms 时线路断路器三相跳闸。1494ms 时重合闸动作，重合不成功。故障测距为 18.233km，线路全长为 21.98km。110kV 线路 C 相永久性接地故障点位置如图 4-3 所示。

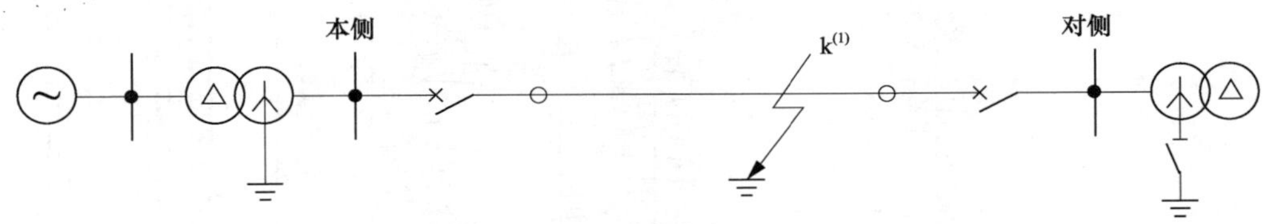

图 4-3　110kV 线路 C 相永久性接地故障点位置示意图

二、CSC-161A 线路保护装置故障波形分析

CSC-161A 线路保护装置动作报告见表 4-3，110kV 线路单相永久性接地故障波形如图 4-4 所示，横坐标表示模拟量和开关量的幅值，纵坐标表示故障时间。横坐标模拟量 1～10 分别表示 I_a、I_b、I_c、$3I_0$、I_x、U_a、U_b、U_c、U_x、$3U_0$。开关量 1～9 分别表示保护启动、保护动作、保护重合、装置告警、TWJ（跳闸位置继电器）、HWT1（合闸位置继电器 1）、HWJ2（合闸位置继电器 2）、闭锁重合开入、相邻线加速信号。“满量程 86.9V/85.72A”表示电压/电流波形满格时的数值为 86.9V/85.72A。

表 4-3　CSC-161A 线路保护装置动作报告

故障绝对时间：2023-03-15 10：39：02.305			
3ms	保护启动		
602ms	零序Ⅱ段出口	$3I_0$=36.25	
1494ms	重合出口		
1597ms	距离Ⅲ段加速出口		
时间：2023-03-15 10：39：02.305			
模拟量：			
01：I_a	02：I_b	03：I_c	04：$3I_0$
05：I_x	06：U_a	07：U_b	08：U_c
09：U_x	10：$3U_0$		
开关量：			
01：保护启动	02：保护动作	03：保护重合	04：装置告警
05：TWJ	06：HWJ1	07：HWJ2	08：闭锁重合开入
09：相邻线加速信号			
满量程：86.9V/85.72A			

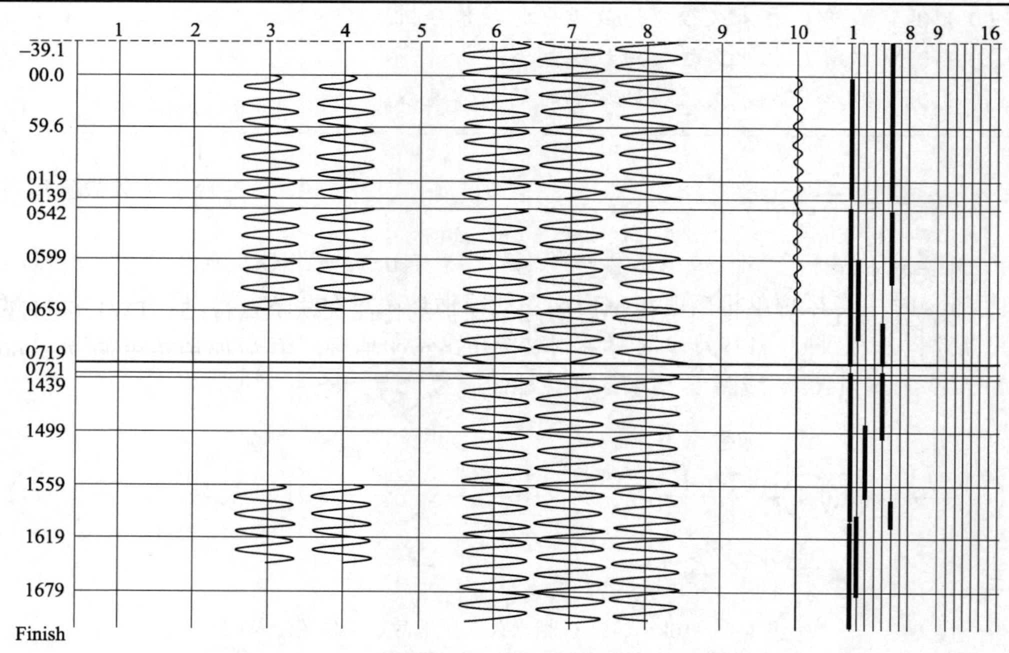

图 4-4　110kV 线路单相永久性接地故障波形图

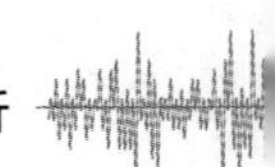

1. 电压波形分析

（1）故障相C相电压波形分析。0ms 时 C 相单相接地故障，C 相电压明显降低，因故障在线路远端，因此残压（=短路电流×故障点到电压互感器安装处的阻抗）比较高，接地点的电压为零。A 相单相接地故障持续至 659ms［=保护装置固有动作时间 3ms+零序Ⅱ段延时 600ms+断路器固有跳闸时间 56ms（相关国家标准要求，对于 126kV 及以上的断路器固有分闸时间不大于 60ms，推荐不大于 50ms）］。659ms 时断路器三相跳闸，故障切除。故障切除后 C 相电压恢复正常，这是因为线路保护的电压量取自母线电压互感器。1494ms（≈保护装置固有动作时间 3ms+零序Ⅱ段延时 600ms+断路器固有跳闸时间 56ms+跳闸命令返回时间 35ms+重合闸整定时间 800ms）时重合闸动作，1559ms 时重合于永久故障，1597ms 时距离Ⅲ段加速出口，1649ms 时断路器三相跳闸，故障切除，C 相电压恢复正常。

（2）正常相 A、B 两相电压分析。C 相单相接地故障时，A、B 相电压正常，断路器三相跳闸后和三相重合于永久故障后，A、B 两相电压均正常。

（3）$3U_0$ 电压波形分析。由于为单相接地故障，而 110kV 系统属于中性点有效接地系统，因此在故障时存在 $3U_0$，持续时间为 659ms，其方向与 $3I_0$ 基本反向。由于故障发生在线路较远端，残压高，因此 $3U_0$ 数值较小。断路器三相跳闸后 $3U_0$ 为零，1559ms 时重合于永久故障后 $3U_0$ 又出现了，断路器三相跳闸后故障切除，$3U_0$ 为零。

2. 电流波形分析

（1）故障相 C 相电流波形分析。0ms 时 C 相单相接地故障，C 相电流由负载电流突变成短路电流，其瞬时值为满格的 3/7，故障相电流为 36.25A（36.25≈3/7×85.72），此电流乘以电流互感器的变比 600/5 为一次侧电流 4350A。659ms 时断路器三相跳闸，三相电流变为零。1559ms 时重合于永久故障，C 相又出现故障电流，1649ms 时断路器三相跳闸，故障切除，C 相电流又变为零。

（2）正常相 A、B 两相电流波形分析。C 相单相接地故障时，A、B 相电流为负载电流，在图 4-4 中基本看不见。断路器三相跳闸后，A、B 相电流为零。

（3）$3I_0$ 电流波形分析。由于故障为 C 相单相接地，而 110kV 系统属于中性点有效接地系统，因此在故障时存在 $3I_0$，其与 C 相短路电流大小相等（它们是一个回路的电流）、方向相同，持续时间为 659ms。断路器三相跳闸后 $3I_0$ 消失，1559ms 时重合于永久故障后 $3I_0$ 又出现了，1649ms 时断路器三相跳闸后故障切除，$3I_0$ 为零。

3. 开关量分析

（1）本波形有 5 个开关量：1—保护启动；2—保护动作；3—保护重合；5—TWJ；6—HWT1。

（2）0ms 时 C 相单相接地发生，3ms 时保护 CPU 启动、开放保护正电源 7s，602ms 时零序Ⅱ段保护动作，向断路器发跳闸命令，659ms 时断路器三相跳闸，故障电流消失，694ms 时跳闸命令返回，1494ms 时重合闸启动，1559ms 时断路器三相重合，1574ms 时重合闸命令返回，重合于永久故障，1597ms 时距离Ⅲ段后加速保护动作，1649ms 时断路器三相跳闸。

三、110kV 线路保护定值通知单

某 110kV 线路保护装置定值单见表 4-4。

表 4-4 某 110kV 线路保护装置定值单

序号	定值名称	整定值	单位	整定说明
1	突变量电流定值	1	A	保护型号：CSC-161A
2	静稳破坏电流定值	7	A	TA：600/5
3	线路每千米电抗值（一次值）	0.39	Ω/km	
4	正序电阻与电抗比	0.3		
5	线路全长	21.98	km	
6	相间距离电阻定值	2	Ω	
7	相间Ⅰ段电抗定值	0.64	Ω	
8	相间Ⅱ段电抗定值	1.47	Ω	
9	相间Ⅲ段电抗定值	4	Ω	
10	相间Ⅰ段时间定值	0	s	
11	相间Ⅱ段时间定值	0.8	s	
12	相间Ⅲ段时间定值	2.1	s	
13	接地距离电阻定值	2	Ω	
14	接地Ⅰ段电抗定值	0.5	Ω	
15	接地Ⅱ段电抗定值	0.5	Ω	
16	接地Ⅲ段电抗定值	0.5	Ω	
17	接地Ⅰ段时间定值	0	s	
18	接地Ⅱ段时间定值	20	s	
19	接地Ⅲ段时间定值	20	s	
20	电抗零序补偿系数	0.62		
21	电阻零序补偿系数	0.62		
22	零序Ⅰ段电流定值	150	A	
23	零序Ⅱ段电流定值	12.6	A	
24	零序Ⅲ段电流定值	2.5	A	
25	零序Ⅳ段电流定值	150	A	
26	零序Ⅰ段时间定值	20	s	
27	零序Ⅱ段时间定值	0.6	s	
28	零序Ⅲ段时间定值	0.9	s	
29	零序Ⅳ段时间定值	20	s	
30	TV 断线后Ⅰ段电流定值	50	A	
31	TV 断线后Ⅱ段电流定值	7	A	
32	TV 断线后Ⅰ段时间定值	0	s	
33	TV 断线后Ⅱ段时间定值	2.1	s	
34	重合闸同期角度	90	°	
35	重合闸时间定值	0.8	s	
36	过负载电流定值	5	A	
37	过负荷时间定值	5	s	

四、110kV 线路 C 相永久性接地故障时的动作过程

110kV 线路单相永久性接地→零序Ⅱ段动作→断路器三相跳闸→经重合闸整定时间（800ms）→断路器三相重合→重合于永久性故障→后加速跳三相。

五、保护动作情况分析

（1）重合闸动作时间为 1494ms（≈保护装置固有动作时间 3ms+零序Ⅱ段延时 600ms+断路器固有跳闸时间 56ms+跳闸命令返回时间 35ms+重合闸整定时间 800ms）。零序Ⅱ段延时、重合闸动作时间与定值相符。

（2）从波形图得 C 相电压（二次值）$U_c = 3.5/10格 \times 86.9V/格 = 30.415V$。根据公式 U_c=1+K（I×Z）（其中，K 为电抗零序补偿系数），得：阻抗 Z=(U−1)÷K÷I=(30.415−1)÷0.62÷36.25=1.31Ω。Z 大于接地Ⅰ段电抗定值（0.5Ω），因此接地Ⅰ段不动作，保护动作正确。

案例 3：110kV 馈线 B 相接地纵差保护动作小电源侧断路器三相跳闸

本案例分析的知识点

110kV 馈线 B 相接地纵差保护动作故障波形分析。

一、案例基本情况

2021 年 9 月 25 日 0 时 9 分 17 秒 323 毫秒，某风电场 110kV 出线 B 相接地，线路纵差保护动作，线路三相重合闸退出，断路器三相跳闸。110kV 线路 B 相接地故障点位置如图 4-5 所示。

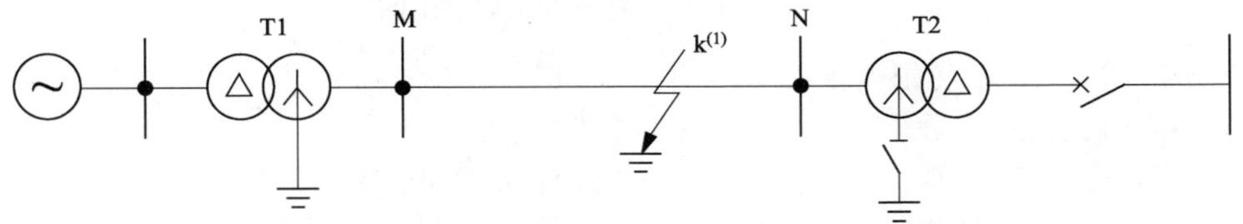

图 4-5　110kV 线路 B 相接地故障点位置示意图（变压器中性点不接地）

二、N 侧动作信息

（1）0ms 时保护启动。
（2）08ms 时纵差保护动作。
（3）故障相电压：9.78V。
（4）故障相电流：5.37A。
（5）最大差动电流：27.70A。
（6）故障测距：5.90km。
（7）故障相：B 相。

三、N 侧故障波形分析

110kV 线路 B 相故障波形如图 4-6 所示。

1. 电压量分析

（1）故障前三相电压正常，没有 $3U_0$ 分量。

（2）B 相故障，电压降得比较低，故障点离 N 侧比较近，故障时间为 53ms。

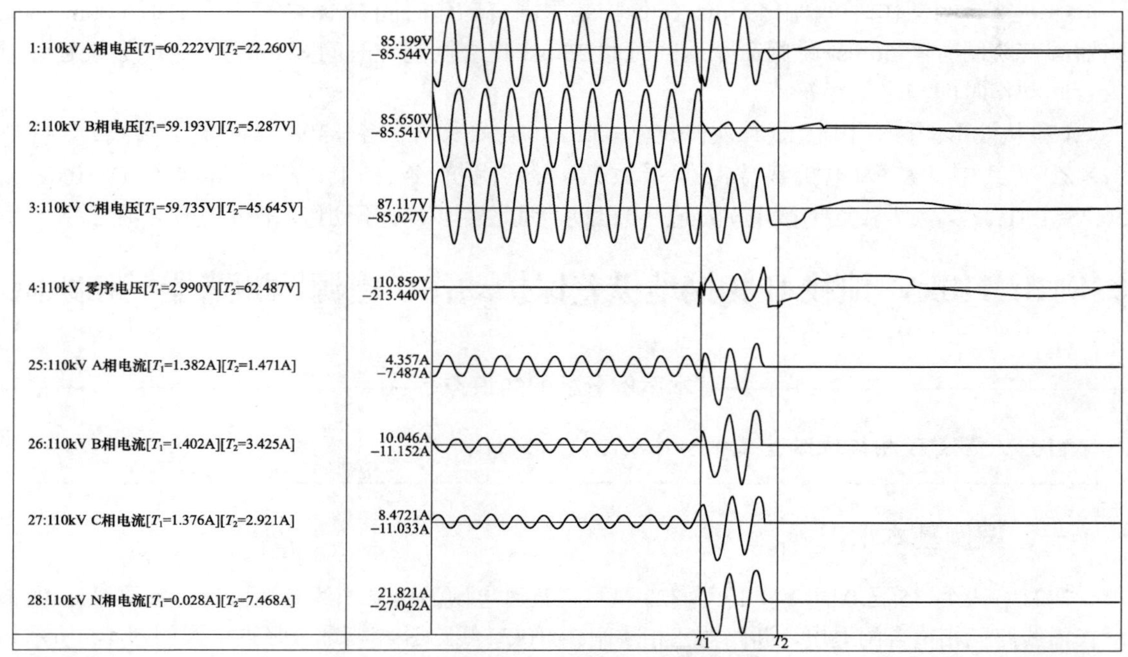

图 4-6　110kV 线路 B 相故障波形图

（3）故障时，A、C 两相电压不变。

（4）故障时出现 $3U_0$ 分量，并在断路器分闸时变大。

（5）断路器三相跳闸后，A、C 相电压及 $3U_0$ 没有立即变为零，出现了衰减过程。

（6）该电压互感器为线路电压互感器。

2. 故障电流分析

（1）故障前三相电流为正常负载电流，没有 $3I_0$ 分量。

（2）B 相近端接地时，B 相出现故障电流，由保护信息可知，N 侧二次故障相电流为 5.37A，而最大差动电流为 27.70A，说明 M 侧是电网侧（大电源侧），M 侧所送短路电流大。

（3）由于 N 侧为小电源侧，非故障相 A、C 相在故障时出现的电流主要是故障零序分量，并且 A、C 相同时出现负的直流分量，A、C 相电流同方向。

（4）由三相电流波形可知，断路器 A、B 相先分，C 相后分。

（5）故障时出现 $3I_0$ 分量，并且有负的直流分量。

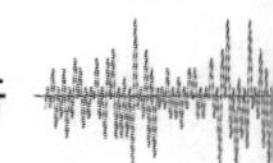

案例 4：110kV 馈线 A 相永久性接地故障零序过电流Ⅱ段动作重合闸重合不成功

本案例分析的知识点

（1）保护故障报告详细阅读和分析。
（2）根据报告计算故障电流和电压。
（3）110kVA 相永久性接地故障时的动作过程总结。
（4）保护动作情况分析。
（5）重合闸后加速逻辑图分析。

一、案例基本情况

2021 年 11 月 17 日 15 时 56 分 13 秒 412 毫秒，某 110kV 线路 A 相永久性接地故障，重合不成功，iPACS-5911A 线路保护装置 702ms 零序过电流Ⅱ段动作，线路断路器三相跳闸。1520 重合闸动作，重合不成功，跳开三相断路器。故障测距为 35.97km，线路全长为 41.70km。110kV 线路 A 相永久性接地故障点位置如图 4-7 所示。

图 4-7　110kV 线路 A 相永久性接地故障点位置示意图（变压器中性点不接地）

二、iPACS-5911A 线路保护装置故障波形分析

iPACS-5911A 线路保护装置动作报告见表 4-5，110kV 线路 A 相永久性接地故障波形如图 4-8 所示。横坐标表示模拟量和开关量的幅值，纵坐标表示故障时间。“I：2.00A/1”表示电流二次值（瞬时值），每格为 2.00A。“U：49.0V/1”表示电压二次值（瞬时值），每格为 49V。纵坐标（时间轴）每小格为一个周期（20ms），T_0～T_7 为当时的绝对时间。横坐标 1～8 为模拟量，分别表示 U_a、U_b、U_c、U_0、I_A、I_B、I_C、I_0；A、B、C、D 为开关量，分别表示保护启动、保护跳闸出口动作、重合闸出口动作、距离Ⅰ段动作。

表 4-5　　iPACS-5911A 线路保护装置动作报告

装置名称：iPACS-5911A 线路保护装置				
装置地址：00016				
打印时间：2021-11-17 15：59：37				
1：U_A	2：U_B	3：U_C	4：U_0	5：I_A
6：I_B	7：I_C	8：I_0	A：启动	B：跳闸
C：合闸	D：距离Ⅰ段动作			
2021-11-17 15：56	T_0：13s392ms	T_1：13s552ms		
T_2：14s012ms	T_3：14s172ms	T_4：14s902ms		
T_5：15s062ms	T_6：15s115ms	T_7：15s275ms		
U：49.0V/1	I：2.00A/1			

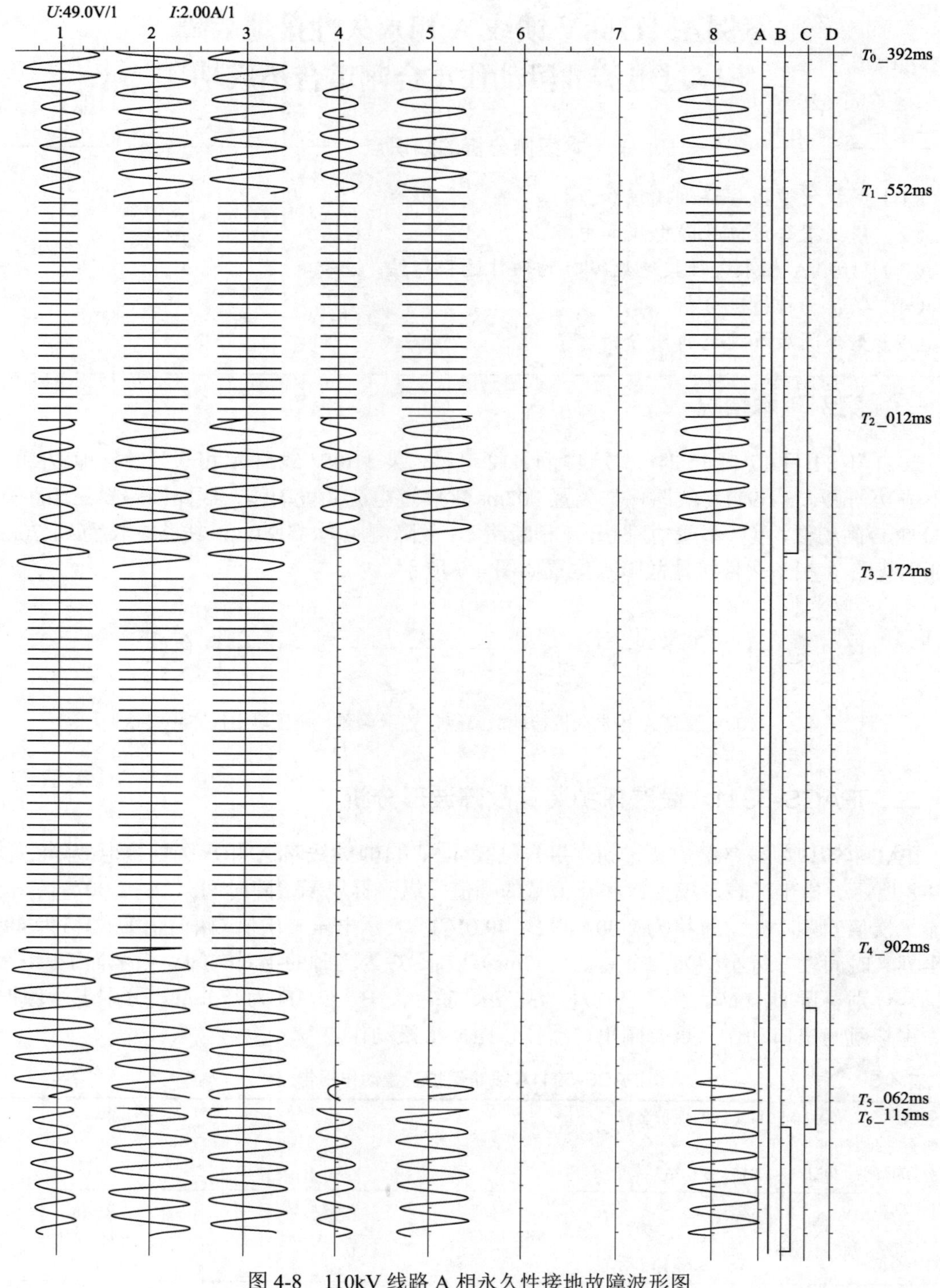

图 4-8 110kV 线路 A 相永久性接地故障波形图

1. 电压波形分析

（1）故障相 A 相电压波形分析。13s412ms，A 相单相接地故障，A 相电压明显降低，因

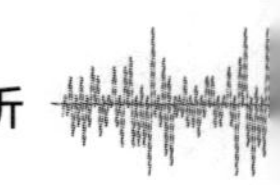

故障在线路远端，因此残压（=短路电流×故障点到电压互感器安装处的阻抗）比较高，接地点的电压为零。A 相单相接地故障持续时间为 702ms［=保护启动时间 10ms+零序过电流Ⅱ段整定时间 620ms（保护定值为 900ms）+断路器固有跳闸时间 72ms］。由于 110kV 线路重合闸采用了三相重合闸，即在单相接地故障时断路器三相跳闸，14s114ms 时断路器三相跳闸，A 相电压恢复正常，这是因为线路保护的电压量取自母线电压互感器。1520ms（14s932ms）时，重合闸动作［1520ms=保护固有启动时间 10ms+零序过电流Ⅱ段动作时间 620ms（保护定值为 900ms）+断路器固有跳闸时间 72ms+跳闸命令返回时间 18ms+重合闸整定时间 800ms］。1610ms（15s22ms）时重合于永久故障，1733ms（15s145ms）时零序过电流加速段动作，故障时间经过 193ms（15s215ms）断路器三相跳闸，故障切除，A 相电压恢复正常。

（2）正常相 B、C 两相电压分析。A 相故障时，B、C 两相电压正常，断路器三相跳闸后和三相重合于永久故障后，B、C 两相电压均正常。

（3）$3U_0$ 电压波形分析。由于为单相接地故障，而 110kV 系统属于中性点有效接地系统，因此在故障时存在 $3U_0$，持续时间为 702ms，其方向与 $3I_0$ 反向。断路器三相跳闸后 $3U_0$ 为零，1610ms（15s22ms）时重合于永久故障后 $3U_0$ 又出现了。断路器三相跳闸后故障切除，$3U_0$ 为零。

2. 电流波形分析

（1）故障相 A 相电流波形分析。13s412ms 时 A 相单相接地故障，A 相电流由负载电流突变成短路电流，其瞬时值在图 4-8 中最大值为 1.5 格，即 13.5A（=2A×1.5 格），此电流乘以电流互感器的变比（600/5）为一次侧电流。

（2）正常相 B、C 两相电流波形分析。A 相故障时，B、C 两相电流为负载电流，图 4-8 中几乎看不见。断路器三相跳闸后，B、C 两相电流为零。三相重合于永久故障后，B、C 两相电流正常。重合于永久性故障断路器三相跳闸后，B、C 相电流为零。

（3）$3I_0$ 电流波形分析。由于为单相接地故障，而 110kV 系统属于中性点有效接地系统，因此在故障时存在 $3I_0$，其与 A 相的短路电流大小相等、方向相同，持续时间为 702ms。断路器三相跳闸后 $3I_0$ 消失，1610ms（15s22ms）时重合于永久故障后 $3I_0$ 又出现了。断路器三相跳闸后故障切除，$3I_0$ 为零。

（4）在故障时 A 相的电流和电压波形都是正弦波，说明在故障时电压互感器、电流互感器没有饱和现象。

3. 开关量分析

（1）本波形有 4 个开关量：启动、跳闸、合闸、距离Ⅰ段。

（2）A 相故障发生 10ms（13s422ms）后保护启动，630ms（14s42ms）时保护装置向断路器发跳闸命令，702ms（14s114ms）时断路器三相跳闸，720ms（14s132ms）时跳闸命令返回，1520ms（14s932ms）时重合闸启动，1610ms（15s22ms）时重合于永久故障，1650ms（15s62ms）时重合闸命令返回，1733ms（15s145ms）时保护装置向断路器发跳闸命令，1803ms（15s215ms）时断路器三相跳闸，1823ms（15s235ms）时跳闸命令返回。

三、iPACS-5911A 线路保护装置动作报告分析

iPACS-5911A 线路保护装置动作报告见表 4-6，保护启动时间为 2021 年 11 月 17 日

15 时 56 分 13 秒 412 毫秒。

表 4-6　　iPACS-5911A 线路保护装置动作报告

装置名称：iPACS-5911A 线路保护装置			
装置地址：00016			
打印时间：2021-11-17 15：59：37			
2021-11-17 15：56：13.412			
选相：AN			
测距：35.97km			
I_{max}=13.5A			
启动：0000			
零序Ⅱ段动作：0702			
重合闸动作：01520			
零序过电流加速：01733			
[系统定值]			
定值区号	00 区	系统频率	50Hz
TV 一次额定值	110kV	TV 二次额定值	100.00V
TA 一次额定值	600A	TA 二次额定值	5.00A
[定值区号：00 区]			
电流变化量启动值	1.00A	零序启动电流	1.00A
零序补偿系数	0.62	振荡闭锁过电流	11.00A
接地距离Ⅰ段定值	1.60Ω	距离Ⅰ段时间	0.00s
接地距离Ⅱ段定值	1.60Ω	接地距离Ⅱ段时间	10.00s
接地距离Ⅲ段定值	1.60Ω	接地距离Ⅲ段时间	10.00s
接地四边形阻抗定值	1.60Ω	接地四边形电阻定值	1.60Ω
接地四边形时间	10.00s	相间距离Ⅰ段定值	2.00Ω
相间距离Ⅱ段定值	3.20Ω	相间距离Ⅱ段时间	0.50s
相间距离Ⅲ段定值	4.00Ω	相间距离Ⅲ段时间	2.10s
零序过电流Ⅰ段定值	100.00A	零序过电流Ⅰ段时间	10.00s
零序过电流Ⅱ段定值	5.00A	零序过电流Ⅱ段时间	0.90s
零序过电流Ⅲ段定值	2.50A	零序过电流Ⅲ段时间	1.20s
零序过电流Ⅳ段定值	2.50A	零序过电流Ⅳ段时间	10.00s
零序过电流加速段	2.50A	重合闸时间	0.80s
线路总长度	41.70km	线路编号	157
投Ⅰ段接地距离：1	投Ⅱ段接地距离：0	投Ⅲ段接地距离：0	投四边形接地距离：0
投Ⅰ段相间距离：1	投Ⅱ段相间距离：1	投Ⅲ段相间距离：1	重合闸加速Ⅲ段距离：1
投Ⅰ段零序方向：0	投Ⅱ段零序方向：1	投Ⅲ段零序方向：1	投Ⅳ段零序方向：0
投重合闸：1			

（1）0ms 保护装置启动，702ms 零序Ⅱ段动作，1520ms 重合闸动作，1733ms 零序过电流加速动作。

（2）故障相：A 相。

（3）故障测距：35.97km。

（4）故障电流：13.5A（二次侧电流）。

四、110kV 线路 A 相永久性接地故障时的动作过程

110kV 线路单相永久性接地→零序过电流Ⅱ段动作→断路器三相跳闸→经重合闸整定时间（800ms）→断路器三相重合→重合于永久性故障→后加速跳三相。

五、保护动作情况分析

（1）本线路全长为 41.70km，故障测距为 35.97km，不属于距离Ⅰ段动作范围，因此零序过电流Ⅱ段动作，保护动作正确。

（2）1520ms（14s932ms）时，重合闸动作[1520ms=保护固有启动时间 10ms+零序过电流Ⅱ段动作时间 620ms（保护定值为 900ms）+断路器固有跳闸时间 72ms+跳闸命令返回时间 18ms+重合闸整定时间 800ms]。

（3）保护装置启动 620ms 后向断路器发跳闸命令，零序Ⅱ段整定时间为 900ms，时间不正确。

（4）故障相电流值为 13.5A（二次侧电流），电流互感器变比为 600/5，一次故障电流为 1620A。

六、重合闸后加速逻辑图分析

重合闸后加速是指当线路发生故障后，保护将有选择性地跳开断路器，然后进行重合闸，若是瞬时性故障，在线路断路器跳开后故障随即消失，重合闸成功，线路将恢复供电；若是永久性故障，重合闸后，保护装置的时间元件将被退出，保护将无选择性地瞬时跳开断路器切除故障。

iPACS-5911A 线路保护装置重合闸逻辑如图 4-9 所示。

案例 5：110kV 馈线 B 相瞬时性接地故障零序Ⅱ段动作重合闸重合成功

本案例分析的知识点

（1）保护故障报告分析。
（2）根据报告计算故障电流和电压。
（3）110kV 馈线 B 相瞬时性接地故障时的动作过程总结。
（4）保护动作情况分析。
（5）iPACS-5911A 线路保护装置功能。
（6）iPACS-5911A 线路保护装置过电流保护逻辑方框图识图。

一、案例基本情况

2021 年 5 月 8 日 13 时 15 分 48 秒 957 毫秒，某 110kV 线路 B 相永久性接地故障，重合成功，iPACS-5911A 线路保护装置 912ms 零序过电流Ⅱ段动作，线路断路器三相跳闸。1791ms 重合闸动作，三相重合成功。故障测距为 23.86km，线路全长为 28.70km。110kV 线路 B 相瞬时性接地故障点位置如图 4-10 所示。

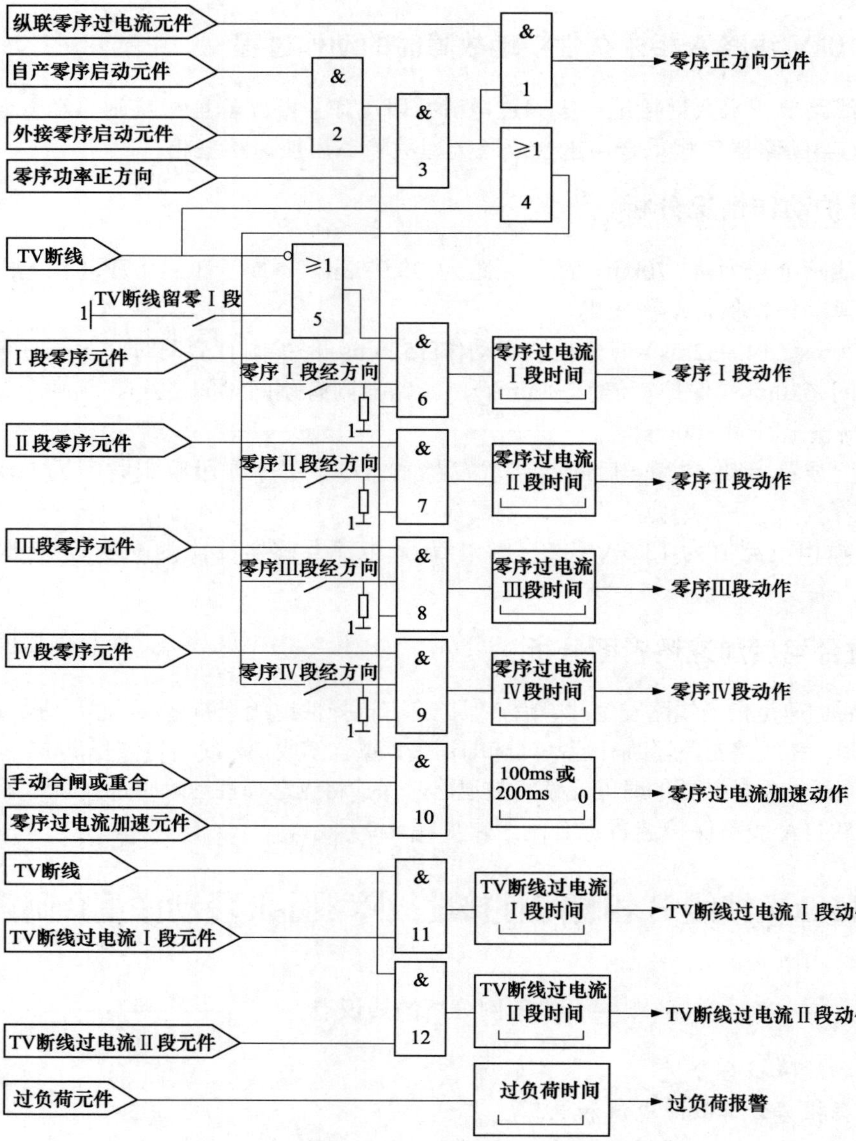

纵联零序过电流元件
自产零序启动元件
外接零序启动元件
零序功率正方向
零序正方向元件
TV断线
TV断线留零Ⅰ段
Ⅰ段零序元件
零序Ⅰ段经方向
零序过电流Ⅰ段时间
零序Ⅰ段动作
Ⅱ段零序元件
零序Ⅱ段经方向
零序过电流Ⅱ段时间
零序Ⅱ段动作
Ⅲ段零序元件
零序Ⅲ段经方向
零序过电流Ⅲ段时间
零序Ⅲ段动作
Ⅳ段零序元件
零序Ⅳ段经方向
零序过电流Ⅳ段时间
零序Ⅳ段动作
手动合闸或重合
零序过电流加速元件
100ms或200ms 0
零序过电流加速动作
TV断线
TV断线过电流Ⅰ段元件
TV断线过电流Ⅰ段时间
TV断线过电流Ⅰ段动作
TV断线过电流Ⅱ段元件
TV断线过电流Ⅱ段时间
TV断线过电流Ⅱ段动作
过负荷元件
过负荷时间
过负荷报警

图 4-9 iPACS-5911A 线路保护装置重合闸逻辑图

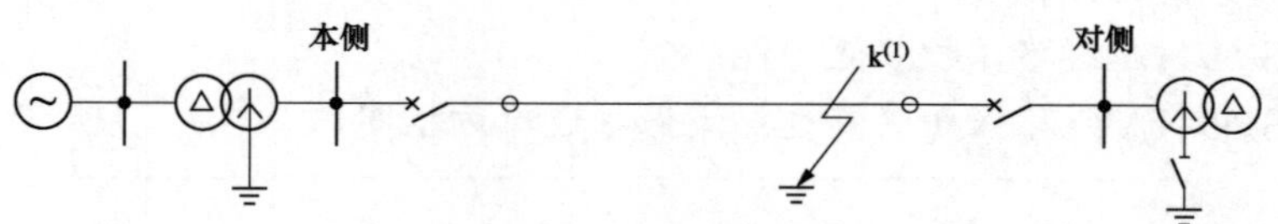

图 4-10 110kV 线路 B 相瞬时性接地故障点位置示意图

二、iPACS-5911A 线路保护装置故障波形分析

iPACS-5911A 线路保护装置动作报告见表 4-7，110kV 线路 B 相瞬时性接地故障波形如图 4-11 所示，横坐标表示模拟量和开关量的幅值，纵坐标表示故障时间。“I：18.5A”表示

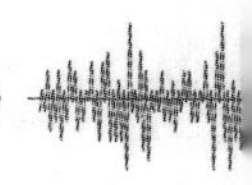

电流二次值（瞬时值），每格为 18.5A。“U: 55.5V/1”表示电压二次值（瞬时值），每格为 55.5V。纵坐标（时间轴）每小格为一个周期（20ms），T_0～T_7 为当时的绝对时间。横坐标 1～8 为模拟量，分别表示 U_a、U_b、U_c、U_0、I_A、I_B、I_C、I_0；A、B、C、D 为开关量，分别表示保护启动、保护跳闸出口动作、重合闸出口动作、距离Ⅰ段动作。

表 4-7　　iPACS-5911A 线路保护装置动作报告

装置名称：iPACS-5911A 线路保护装置				
装置地址：00017				
打印时间：2021-05-08 13：17：24				
1：U_A	2：U_B	3：U_C	4：U_0	5：I_A
6：I_B	7：I_C	8：I_0	A：启动	B：跳闸
C：合闸　D：距离Ⅰ段动作				
2021-05-08 13：15	T_0：48s916ms	T_1：49s076ms		
T_2：49s828ms	T_3：49s988ms	T_4：50s707ms		
T_5：50s867ms				
U：49.0V/1	I：18.5A/1			

1. 电压波形分析

（1）故障相 B 相电压波形分析。48s957ms 时 B 相单相接地故障，B 相电压明显降低。因故障在线路远端，因此残压（=短路电流×故障点到电压互感器安装处的阻抗）比较高，接地点的电压为零。B 相单相接地故障持续时间 977ms［=保护启动时间 0ms+零序过电流Ⅱ段整定时间 912ms（保护定值为 900ms）+断路器固有跳闸时间 65ms］。由于 110kV 线路重合闸多使用三相重合闸，即在单相接地故障时断路器三相跳闸，49s934ms 时断路器三相跳闸，B 相电压恢复正常，这是因为线路保护的电压量取自母线电压互感器。1791ms（50s748ms）时，重合闸动作［1791ms=保护固有启动时间 0ms+零序过电流Ⅱ段动作时间 912ms（保护定值为 900ms）+断路器固有跳闸时间 65ms+跳闸命令返回时间 14ms+重合闸整定时间 800ms］，重合成功，B 相电压恢复正常。

（2）正常相 A、C 两相电压分析。B 相故障时，A、C 两相电压正常，断路器三相跳闸后和三相重合于永久故障后，A、C 两相电压均正常。

（3）$3U_0$ 电压波形分析。由于单相接地故障，而 110kV 系统属于中性点有效接地系统，因此在故障时存在 $3U_0$，持续时间为 977ms，其方向与 $3I_0$ 反向。断路器三相跳闸后 $3U_0$ 为零，断路器重合成功后，$3U_0$ 为零，没有出现零序分量。

2. 电流波形分析

（1）故障相 B 相电流波形分析。48s957ms 时 B 相单相接地故障，B 相电流由负载电流突变成短路电流，其瞬时值在图 4-11 中最大值为 1.17 格，即 21.65A（=18.5A×1.17 格），此电流乘以电流互感器的变比（1000/5）为一次侧电流。

（2）正常相 A、C 两相电流波形分析。B 相故障时，A、C 两相电流为负载电流，图 4-11 中几乎看不见。断路器三相跳闸后，A、C 两相电流为零。三相重合成功后，A、C 两相电流恢复正常。

（3）$3I_0$ 电流波形分析。由于为单相接地故障，而 110kV 系统属于中性点有效接地系统，因此在故障时存在 $3I_0$，其与 B 相的短路电流大小相等、方向相同，持续时间为 977ms。断路器三相跳闸后，$3I_0$ 消失。重合成功后，$3I_0$ 为零，没有出现零序分量。

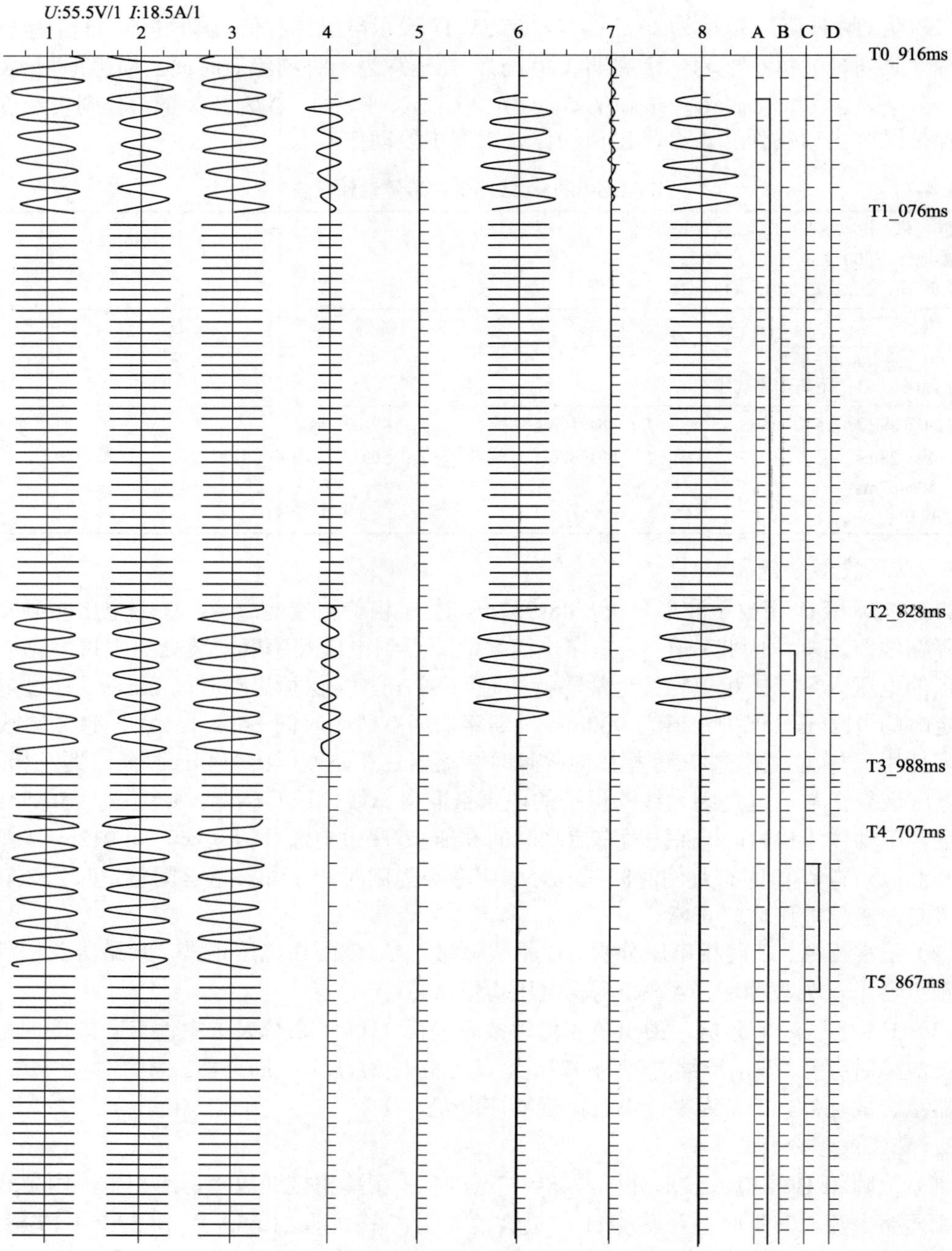

图 4-11　110kV 线路 B 相瞬时性接地故障波形图

（4）在故障时 B 相的电流和电压波形都是正弦波，说明在故障时电压互感器、电流互感器没有饱和现象。

3．开关量分析

（1）本波形有 4 个开关量：A—启动；B—跳闸；C—合闸；D—距离Ⅰ段。

（2）距离Ⅰ段无信号，说明距离Ⅰ段未启动。

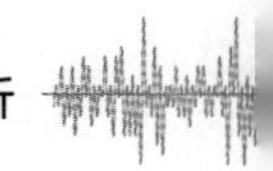

（3）B 相故障发生几乎 0ms（48s957ms）时保护启动，912ms（49s869ms）时保护装置向断路器发跳闸命令，977ms（49s934ms）时断路器三相跳闸，991ms（49s948ms）时跳闸命令返回，1791ms（50s748ms）时重合闸启动，重合成功。

三、iPACS-5911A 线路保护装置动作报告分析

iPACS-5911A 线路保护装置动作报告见表 4-8，保护启动时间为 2021 年 5 月 8 日 13 时 15 分 48 秒 957 毫秒。

表 4-8　　iPACS-5911A 线路保护装置动作报告

装置名称：iPACS-5911A 线路保护装置			
装置地址：00017			
打印时间：2021-05-08 13：17：24			
2021-05-08 13：15：48.957			
选相：BN			
测距：23.86km			
I_{max}=21.65A			
启动：0000			
零序Ⅱ段动作：0912			
重合闸动作：01791			
[系统定值]			
定值区号	00 区	系统频率	50Hz
TV 一次额定值	110kV	TV 二次额定值	100.00V
TA 一次额定值	1000A	TA 二次额定值	5.00A
[定值区号：00 区]			
电流变化量启动值	1.00A	零序启动电流	1.50A
零序补偿系数	0.62	振荡闭锁过电流	7.00A
接地距离Ⅰ段定值	0.90Ω	距离Ⅰ段时间	0.00s
接地距离Ⅱ段定值	0.90Ω	接地距离Ⅱ段时间	10.00s
接地距离Ⅲ段定值	0.90Ω	接地距离Ⅲ段时间	10.00s
接地四边形阻抗定值	0.90Ω	接地四边形电阻定值	0.90Ω
接地四边形时间	10.00s	相间距离Ⅰ段定值	1.12Ω
相间距离Ⅱ段定值	2.00Ω	相间距离Ⅱ段时间	0.80s
相间距离Ⅲ段定值	2.00Ω	相间距离Ⅲ段时间	0.80s
零序过电流Ⅰ段定值	100.00A	零序过电流Ⅰ段时间	10.00s
零序过电流Ⅱ段定值	6.75A	零序过电流Ⅱ段时间	0.90s
零序过电流Ⅲ段定值	2.45A	零序过电流Ⅲ段时间	1.20s
零序过电流Ⅳ段定值	2.45A	零序过电流Ⅳ段时间	10.00s
零序过电流加速段	2.45A	重合闸时间	0.80s
线路总长度	28.70km	线路编号	158
投Ⅰ段接地距离：1	投Ⅱ段接地距离：0	投Ⅲ段接地距离：0	投四边形接地距离：0
投Ⅰ段相间距：1	投Ⅱ段相间距离：1	投Ⅲ段相间距离：1	重合闸加速Ⅲ段距离：1
投Ⅰ段零序方向：0	投Ⅱ段零序方向：1	投Ⅲ段零序方向：1	投Ⅳ段零序方向：0
投重合闸：1			

（1）0ms 时保护装置启动，912ms 时零序Ⅱ段动作，1791ms 时重合闸动作。

（2）故障相：B 相。

（3）故障测距：23.06km。

（4）故障电流：21.65A（二次侧电流）。

四、110kV 线路 B 相永久性接地故障时的动作过程

110kV 线路 B 相瞬时性接地→零序过电流Ⅱ段动作→断路器三相跳闸→经重合闸整定时间（800ms）→断路器三相重合→重合成功。

五、保护动作情况分析

（1）本线路全长为 28.70km，故障测距为 23.86km，不属于距离Ⅰ段动作范围，因此零序过电流Ⅱ段动作，保护动作正确。

（2）1791ms（50s748ms）时，重合闸动作［1791ms=保护固有启动时间 0ms+零序过电流Ⅱ段动作时间 912ms（保护定值为 900ms）+断路器固有跳闸时间 65ms+跳闸命令返回时间 14ms+重合闸整定时间 800ms］。

（3）保护装置启动后约 900ms 向断路器发跳闸命令，零序Ⅱ段整定时间为 900ms，时间正确。

（4）故障相电流值为 21.65A（二次侧电流），电流互感器变比为 1000/5，一次故障电流为 4330A。

案例 6：110kV 馈线 A 相瞬时性接地故障距离Ⅱ段动作重合闸重合成功

本案例分析的知识点

（1）保护故障报告分析。
（2）根据报告计算故障电流和电压。
（3）110kV 馈线 A 相瞬时性接地故障距离Ⅱ段的动作过程总结。
（4）保护动作情况分析。

一、案例基本情况

2022 年 3 月 31 日 12 时 53 分 58 秒 633 毫秒，某 110kV 线路 A 相瞬时性接地故障，重合成功。RCS-941A 线路保护装置 524ms 时距离Ⅱ段动作，线路断路器三相跳闸。1380ms 时重合闸动作，三相重合成功。故障测距为 33.80km，线路全长为 37.21km。110kV 线路 A 相瞬时性接地故障点位置如图 4-12 所示。

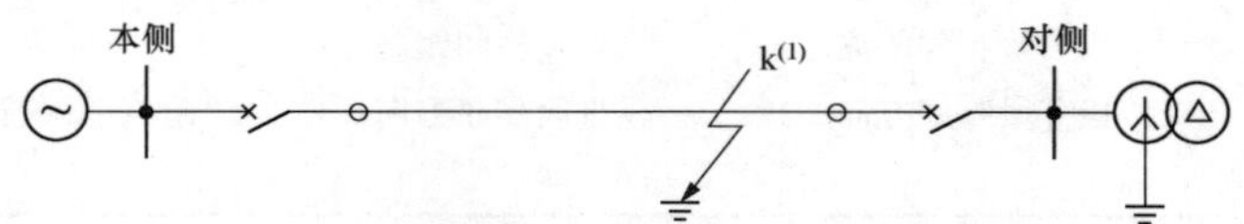

图 4-12　110kV 线路 A 相瞬时性接地故障点位置示意图

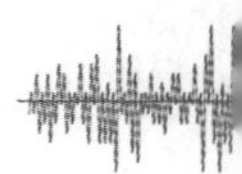

二、RCS-941A 型线路保护装置故障波形分析（本侧）

故障波形如图 4-13 所示，横坐标表示模拟量和开关量的幅值，纵坐标表示故障时间。“I：28.65A/格”表示电流二次值（瞬时值），每格为 28.65A。“U：45V/格”表示电压二次值（瞬时值），每格为 45V。纵坐标（时间轴）每小格为一个周期（20ms）。横坐标模拟量分别为 I_0、U_0、I_A、I_B、I_C、U_A、U_B、U_C、U_X；开关量分别为启动、发信、收信、跳闸、合闸。

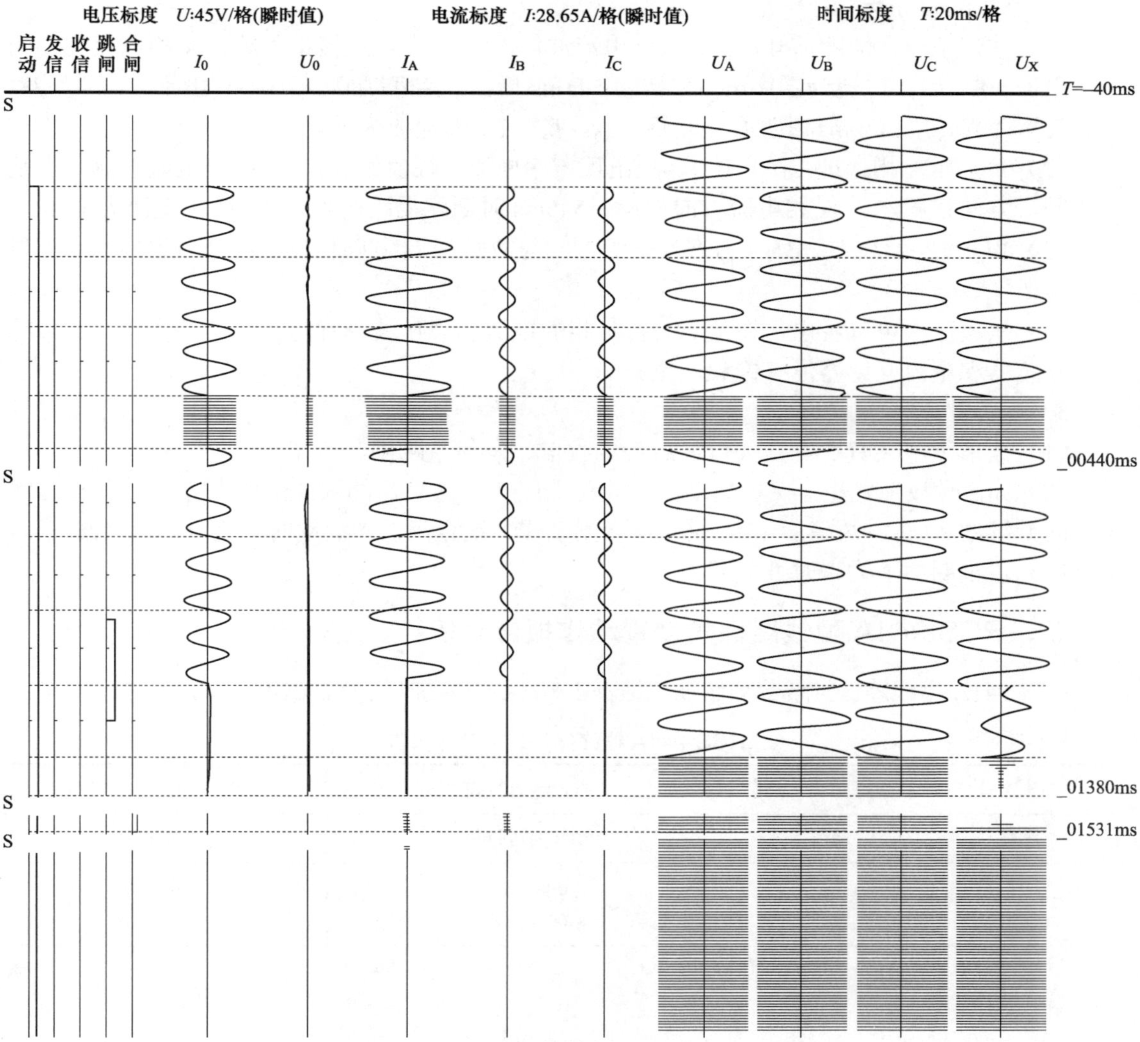

图 4-13　110kV 线路 A 相瞬时性接地故障波形图

1．电压波形分析

（1）波形记录了故障前 40ms 的正常电压波形，故障后故障相 A 相电压略微降低，因故障点距离较远，所测量的是故障点到母线电压互感器的残压，它等于短路电流乘以短路点到母线电压互感器安装处的阻抗。故障切除后，故障相电压正常，这是因为电压取自母线电压互感器。

（2）从波形开始到结束，B、C 两相电压正常。

（3）$3U_0$ 电压波形分析。从故障开始到故障切除，$3U_0$（自产）幅值特别小，因为 $3\dot{U}_0=\dot{U}_A+\dot{U}_B+\dot{U}_C$；故障切除后，$3U_0$ 为零。

（4）U_X 取自线路电压互感器 C 相，故 U_X 与 U_C 大小相等、方向相同。断路器跳闸后，故障切除，U_X 下降逐渐变为零，电压互感器为电容式电压互感器，暂态特性不好。1380ms 后，U_X 恢复正常，说明重合闸动作，重合成功。

2. 电流波形分析

（1）波形记录了故障前 40ms 的正常电流波形，0ms 时 A 相接地故障，A 相电流突变为故障电流。B、C 相电流为零序电流，持续 545ms 后，断路器跳闸，故障被切除。I_A、I_B、I_C、I_0 电流同时消失，1426ms 时重合成功后，I_A、I_B、I_C、I_0 电流为零。

（2）0ms 时 A 相接地故障，B、C 相出现零序电流，幅值不大，B、C 相电流电流大小基本相同，方向相同，与 A 相电流方向相反。545ms 时断路器跳闸后，B、C 相电流为零。

（3）$3\dot{I}_0=\dot{I}_A+\dot{I}_B+\dot{I}_C$，$3I_0$（自产）电流方向与故障相 I_A 方向相反，这是由于接线原因导致。幅值 $3I_0<I_A$。

（4）从波形中可以看出，在故障时，A 相的电流和电压波形都是正弦波，说明在故障时电压互感器和电流互感器没有饱和现象。

3. 开关量分析

（1）波形图中共有 5 个开关量：启动、收信、发信、跳闸、合闸。

（2）0ms 时故障发生，保护启动，开放正电压 7s。故障后约 524ms 保护动作，断路器跳闸时间持续约 37ms。故障后 1380ms，重合闸动作，重合闸保护启动时间为 0.8s，1426ms 时重合成功，说明故障为瞬时性故障。

三、RCS-941A 型线路保护装置动作报告分析

RCS-941A 型线路保护装置动作报告见表 4-9，保护启动时间为 2022-03-31 12：53：58.633。

表 4-9　RCS-941A 线路保护装置动作报告

动作序号	371	启动绝对时间	2022-03-31 12：53：58.633
序号	**动作相**	**动作相对时间**	**动作元件**
01 02		00524ms 01380ms	距离Ⅱ段动作 重合闸动作
故障测距结果 故障相别 故障相电流值 故障零序电流		0033.8 AN 029.8A 017.96A	

启动时开入量状态

序号	开入名称	数值	序号	开入名称	数值
01	距离保护	1	03	零序保护Ⅱ段	1
02	零序保护Ⅰ段	0	04	零序保护Ⅲ段	1

续表

序号	开入名称	数值	序号	开入名称	数值
05	零序保护Ⅳ段	0	17	合闸位置 1	1
06	不对称相继速动	0	18	合闸位置 2	0
07	双回线相继速动	0	19	收相邻线	0
08	低频保护	0	20	投距离保护 S	1
09	闭锁重合	0	21	投零序保护Ⅰ段 S	0
10	双回线通道试验	0	22	投零序保护Ⅱ段 S	1
11	合后位置	1	23	投零序保护Ⅲ段 S	1
12	跳闸压力	0	24	投零序保护Ⅳ段 S	0
13	合闸压力	0	25	投不对称相继速动 S	0
14	Ⅰ母电压	0	26	投双回线相继速动 S	0
15	Ⅱ母电压	1	27	投低频保护 S	0
16	跳闸位置	0	28	投闭锁重合 S	0

启动后变位报告

序号	开入名称		数值	序号	开入名称		数值
01	00545ms	合闸位置	1→0	03	01397ms	跳闸位置	1→0
02	00570ms	跳闸位置	0→1	04	01426ms	合闸位置	0→1

保护压板定值

序号	定值名称	数值
01	投距离保护压板	1
02	投零序Ⅱ段压板	1
03	投零序Ⅲ段压板	1

保护定值

序号	名称	数值	序号	名称	数值
01	电流变化量启动值	1.00A	14	零序过电流Ⅱ段定值	12.0A
02	零序启动电流	1.00A	15	零序过电流Ⅱ段时间	0.6s
03	负序启动电流	1.00A	16	零序过电流Ⅲ段定值	3.75A
04	零序补偿系数	0.62	17	零序过电流Ⅲ段时间	0.9s
05	振荡闭锁过电流	11.0A	18	重合闸时间	0.8s
06	接地距离Ⅰ段定值	0.71Ω	19	线路正序电抗	1.04Ω
07	距离Ⅰ段时间	0.00s	20	线路正序电阻	0.36Ω
08	相间距离Ⅰ段定值	0.89Ω	21	线路正序电抗	3.13Ω
09	相间距离Ⅱ段定值	2.6Ω	22	线路正序电阻	1.07Ω
10	相间距离Ⅱ段时间	0.5s	23	线路总长度	37.21km
11	相间距离Ⅲ段定值	6.5Ω	24	TA 变比	600/5
12	相间距离Ⅲ段四边形	6.5Ω	25	同期合闸角	20°
13	相间距离Ⅲ段时间	2.1s			

（1）0ms 时保护装置启动，524ms 时距离Ⅱ段动作，1380ms 时重合闸动作。

（2）故障相：A 相。

（3）故障测距：33.80km。

（4）故障电流：29.8A（二次侧电流）。

四、110kV 馈线 A 相瞬时性接地故障时的动作过程

110kV 线路单相瞬时性接地→距离Ⅱ段动作（0.5s）→断路器三相跳闸→经重合闸整定时间（800ms）→断路器三相重合→重合成功。

五、保护动作情况分析

本线路全长为 37.21km，故障测距为 33.80km，不属于距离Ⅰ段动作范围，因此距离Ⅱ段动作，保护动作正确。

（1）RCS-941A 保护装置零序Ⅲ段、零序Ⅳ段、距离Ⅲ段保护跳闸可由用户经控制字“Ⅲ段及以上闭锁重合闸”选择是否闭锁重合闸，本保护装置零序Ⅲ段、零序Ⅳ段、距离Ⅲ段保护跳闸闭锁重合闸。

（2）1380ms（≈保护固有启动时间 524ms+断路器分闸时间 35ms+跳闸命令返回时间 20ms+重合闸整定时间 800ms）时，重合闸动作。

（3）保护装置启动后约 524ms 向断路器发跳闸命令，距离Ⅱ段整定时间为 500ms，时间正确。

（4）故障相电流值为 29.8A（二次侧电流），电流互感器变比为 600/5，一次故障电流为 3576A。

线路 M 侧 A 相电流为 1.8－0.2=1.6kA。

六、同期合闸角 20°的意义

同期合闸角 20°指的是使用三相重合闸或手动合闸时断路器两侧电压（母线电压和线路电压）之间的夹角。

案例 7：110kV 线路区外单相永久性接地故障零序过电流Ⅲ段保护动作重合闸重合不成功

本案例分析的知识点

（1）保护故障报告分析。

（2）根据报告计算故障电流和电压。

（3）110kV 线路区外单相永久性接地故障时的动作过程总结。

（4）保护动作情况分析。

（5）零序电流Ⅲ段保护动作的原因。

一、案例基本情况

2021 年 6 月 10 日 13 时 31 分 38 秒 392 毫秒，某地区 110kV 线路零序Ⅲ段保护动作，保护装置型号为 CSC-163A。故障发生 1207ms，零序过电流Ⅲ段出口，断路器跳闸；3833ms

时重合闸动作，断路器重合；4019ms时零序过电流Ⅲ段加速出口，断路器再次跳闸不再重合。110kV线路A相单相接地故障点位置如图4-14所示。

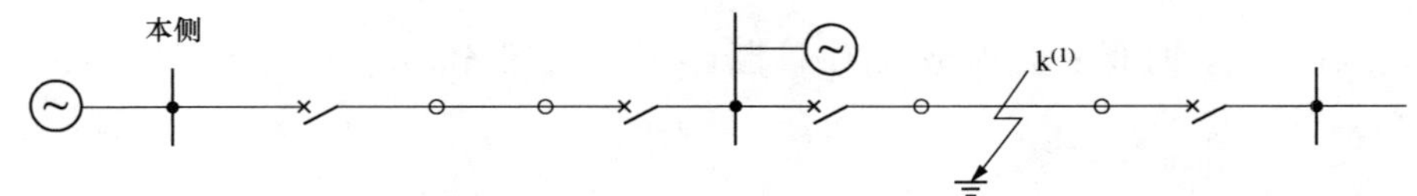

图4-14 110kV线路A相单相接地故障点位置示意图

CSC-163A保护装置零序保护动作逻辑图如图4-15所示，其中Ⅲ段及以上故障永跳投入未投。

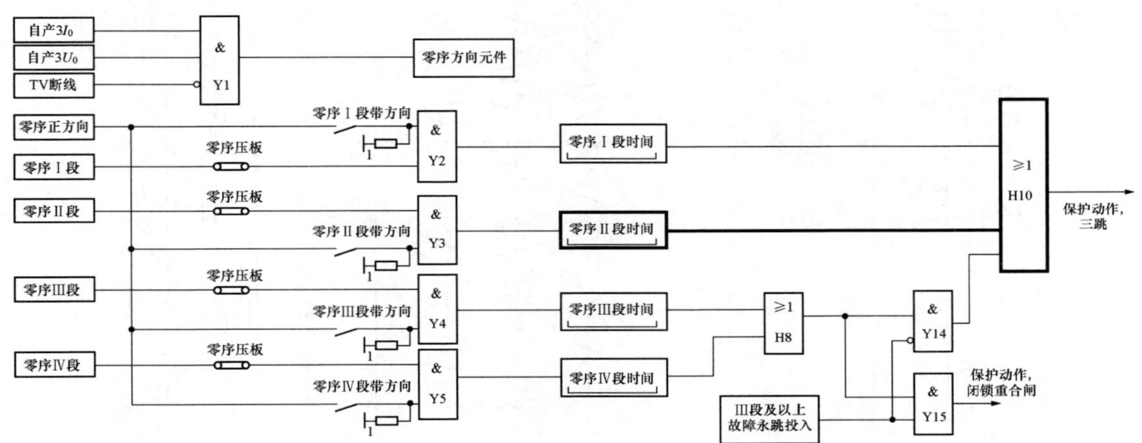

图4-15 CSC-163A保护装置零序保护动作逻辑图

二、CSC-163A保护装置故障波形分析

CSC-163A保护装置故障波形如图4-16所示。

开关量说明：1—保护启动；2—保护动作；3—保护重合；4—装置告警；5—TWJ；6—HWJ1；7—HWJ2；8—闭锁重合开入；9—相邻线加速信号；10—远方跳闸；11—远传命令。

模拟量说明：1—I_A；2—I_B；3—I_C；4—$3I_0$；5—I_x；6—U_A；7—U_B；8—U_C；9—U_X；10—$3U_0$。

满量程：104.8V/4.01A。

1. 电压波形分析

（1）报告记录了线路三相电压量和零序电压量。

（2）报告记录了故障前40ms的正常电压波形，故障后A相电压有所降低，电压量取自母线电压互感器，所测量的是故障点到母线的残压，等于短路电流乘以短路点到母线的阻抗。

（3）故障发生的同时出现零序电压，$3\dot{U}_0=\dot{U}_A+\dot{U}_B+\dot{U}_C$。

（4）约1299ms时保护动作，断路器三相跳闸，电压恢复正常，零序电压变为零。

（5）故障时 B、C 相电压正常。

（6）约 3899ms 时断路器重合，A 相电压再次降低，与第一次故障时相同，同时出现零序电压。

（7）约 4099ms 时保护后加速动作，断路器三相跳闸，电压恢复正常，零序电压变为零。

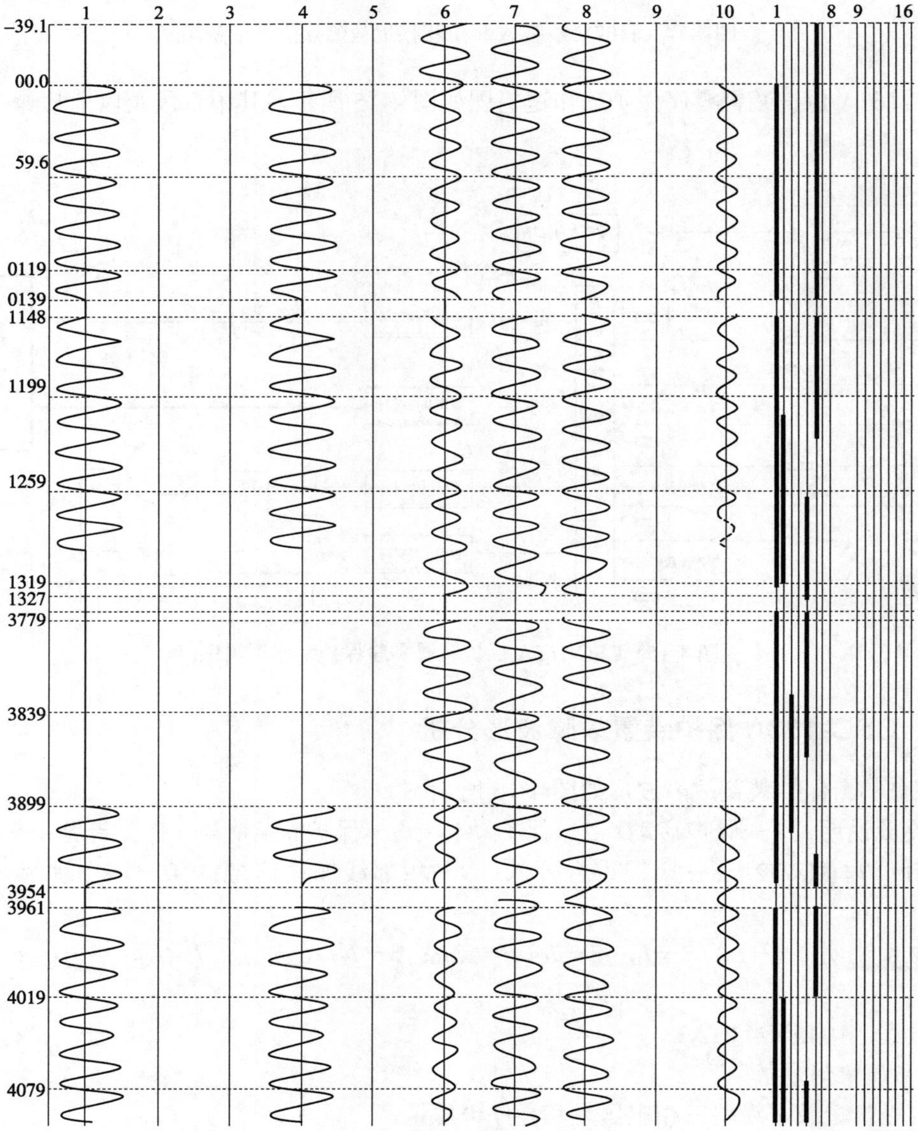

图 4-16　CSC-163A 保护装置录波图

2. 电流波形分析

（1）报告记录了线路三相电流量和零序电流量。

（2）故障前 40ms 为正常负载电流，波形几乎为零。故障发生时，A 相出现明显的故障

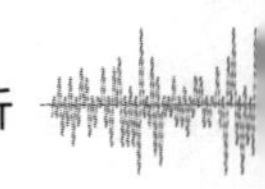

电流。

（3）故障发生的同时出现零序电流，$3I_0$=2.766A，与 A 相故障电流大小相等、方向相同。

（4）故障期间 B、C 相电流几乎不变。

（5）约 1299ms 时保护动作，断路器三相跳闸，A 相故障电流和零序电流变为零。

（6）约 3899ms 时重合闸动作，断路器重合。A 相再次出现故障电流，同时出现零序电流，$3I_0$=2.797A，与 A 相故障电流大小相等、方向相同。

（7）约 4099ms 时保护后加速动作，断路器三相跳闸，三相电流及零序电流变为零。

3. 开关量分析

（1）启动开关量有 5 个：保护启动、保护动作、保护重合、TWJ、HWJ1。

（2）故障发生 4ms 时保护启动动作，持续到 4099ms 录波结束。

（3）1207ms 时保护动作，1327ms 时复归；4019ms 时保护再次动作，4099ms 时再次复归。

（4）3833ms 时保护重合动作，到 3919ms 时复归。

（5）1259ms 时 TWJ 动作，3859ms 时复归；4069ms 时 TWJ 再次动作，持续到录波结束。

（6）录波开始时，HWJ1 一直处于动作位置，持续到 1229ms 时复归；3934ms 时 HWJ1 再次动作，4039ms 时再次复归。

三、CSC-163A 保护装置动作报告分析

CSC-163A 保护装置动作报告见表 4-10，故障时间为 2021 年 6 月 10 日 13 时 31 分 38 秒 392 毫秒。4ms 时保护启动，1207ms 时零序Ⅲ段出口，$3I_0$=2.766A。3833ms 时重合闸出口动作，断路器重合，4019ms 时零序Ⅲ段加速出口，$3I_0$=2.797A。

表 4-10　　　　CSC-163A 保护装置动作报告

故障绝对时间（ms）	2021-06-10 13：31：38.392	
4	保护启动	
1207	零序Ⅲ段出口	$3I_0$=2.766A
3833	重合出口	
4019	零序Ⅲ段加速出口	$3I_0$=2.797A

四、110kV 线路区外永久性接地故障动作过程

110kV 线路区外单相永久性接地→零序过电流Ⅲ段动作→断路器三相跳闸→经重合闸整定时间（2600ms）→断路器三相重合→110kV 线路区外单相永久性接地→零序过电流Ⅲ段加速出口→断路器三相跳闸。

五、保护动作情况分析

线路保护为 CSC-163A 装置。故障发生 1207ms 时零序过电流Ⅲ段出口，1299ms 时断路

器三相跳闸，保护动作正确。3833ms 时重合闸出口动作，3899ms 时断路器重合，A 相故障电流再次出现，A 相电压降低，同时出现零序电压和零序电流，与第一故障相同，重合闸正确动作。4019ms 时零序过电流Ⅲ段加速出口动作，4099ms 时断路器三相跳闸，故障复归，保护动作正确。

六、零序过电流Ⅲ段保护动作的原因

（1）下一级线路主保护及Ⅱ段动作不正确或拒动。

（2）本线路经高阻抗接地。

案例 8：110kV 线路 AB 相间瞬时性故障重合闸未投断路器永久三相跳闸

本案例分析的知识点

（1）保护动作报告分析。

（2）故障电压、电流波形分析。

（3）相间故障动作过程。

（4）保护动作分析。

（5）测距分析。

一、案例基本情况

2022 年 9 月 5 日 21 时 0 分 4 毫秒某 110kV 馈线线路相间故障，线路电流光纤差动保护动作，两侧断路器跳闸，线路三相重合闸在停用位置。故障测距：M 侧为 69.27km，N 侧为 1.08km，线路全长为 70.2km。110kV 线路 AB 相间故障点位置如图 4-17 所示。

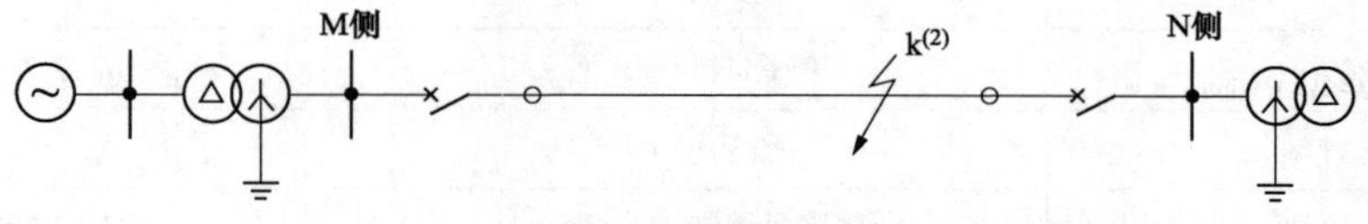

图 4-17　110kV 线路 AB 相间故障点位置示意图

二、保护动作信息

1. M侧

（1）时间：2022-09-05 21：00：04.269。

（2）0ms 时保护启动。

（3）10ms 时保护跳闸。

（4）10ms 时电流差动保护动作。

（5）故障电压：40.66V。

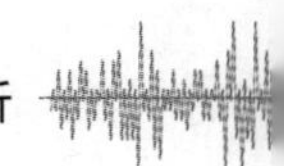

（6）故障电流：6.83A。
（7）零序故障电流：0.04A。
（8）故障频率：50Hz。
（9）最大差动电流：7.49A。
（10）故障测距结果：69.27km。
（11）故障相别：AB。

2. N侧

（1）时间：2022-09-05 20：57：18.481。
（2）0ms 时保护启动。
（3）10ms 时保护跳闸。
（4）10ms 时电流差动保护动作。
（5）17ms 时相间距离 I 段动作。
（6）故障电压：0.33V。
（7）故障电流：5.9A。
（8）零序故障电流：0.02A。
（9）故障频率：50Hz。
（10）最大差动电流：5.29A。
（11）故障测距结果：1.08km。
（12）故障相别：AB。

三、故障录波器波形分析（N 侧）

故障录波器波形如图 4-18 所示。

1. 报告信息

（1）时间：2022-09-05 20：57：18.480。
（2）故障类型：AB 两相短路。
（3）故障测距：（0.14km）区外故障。
（4）跳闸时间：2022-09-05 20：57：18.530。
（5）跳闸类型：跳三相。
（6）通道 1～4：110kV 母线电压。
（7）通道 5～8：10kV 母线电压。
（8）通道 9～12：110kV 线路电流。
（9）电压比例尺：187.74V。
（10）电流比例尺：9.29139A。
（11）压缩比例：0.125。

2. 故障数据

故障数据见表 4-11。

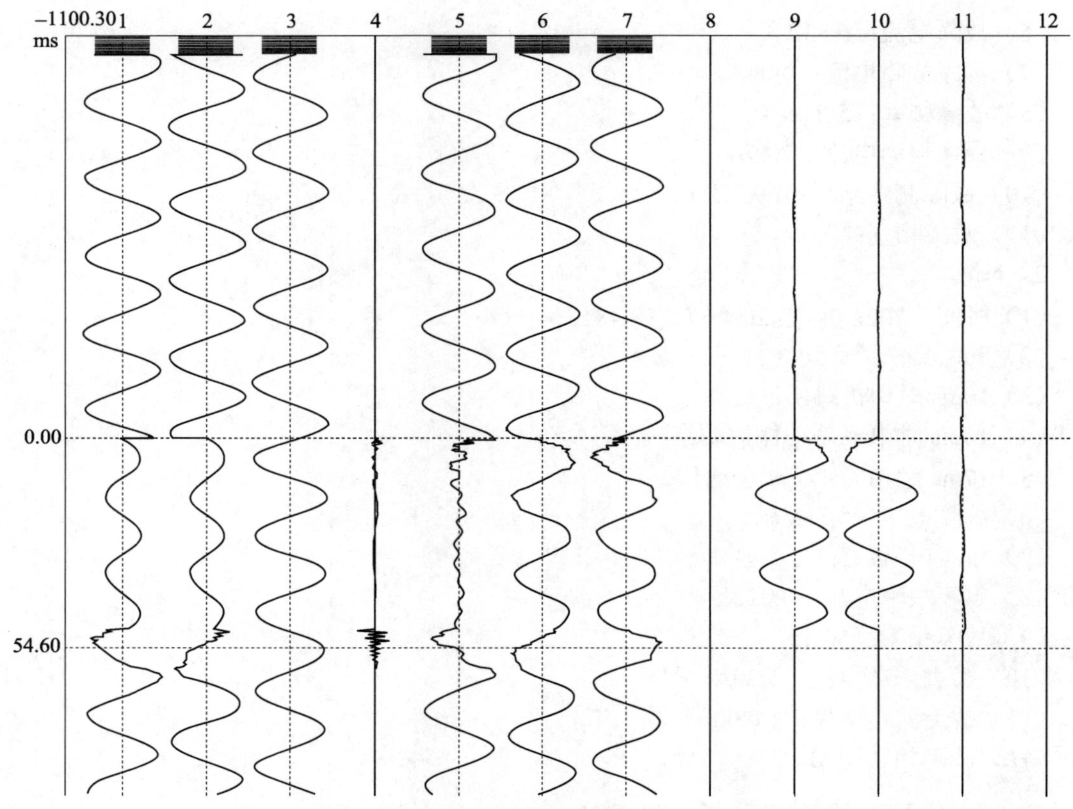

图 4-18　故障录波器波形图

表 4-11　　故障数据

周波	U_a	U_b	U_c	$3U_0$	I_a	I_b	I_c	$3I_0$
故障前 2 周波	62.72	62.90	62.86	0.16	0.107	0.110	0.110	0.000
故障前 1 周波	62.33	62.51	62.87	0.16	0.103	0.104	0.109	0.000
故障后 1 周波	30.84	30.58	61.69	2.65	2.899	3.014	0.157	0.000
故障后 2 周波	30.05	29.83	60.12	2.72	2.767	2.897	0.190	0.000
故障后 3 周波	34.90	31.54	58.52	1.99	1.348	1.425	0.113	0.000
故障后 4 周波	58.25	58.33	58.36	0.54	0.001	0.001	0.000	0.000
故障后 5 周波	58.44	58.68	58.80	0.54	0.000	0.000	0.000	0.000

（1）故障前电压、电流数据正常。

（2）故障时 3 个周波 A、B 两相电压降低，C 相正常，故障开始有很小的 $3U_0$ 分量。

（3）故障时 3 个周波 A、B 两相电流增大，C 相正常，没有 $3I_0$ 分量。

（4）故障后 2 个周波电压恢复正常，断路器三跳，电流为零。

3. 110kV电压波形分析

（1）波形图记录了故障前 110ms 正常电压波形值（5.5 个周波）。

（2）0ms 时 A、B 相电压降低，C 相电压基本不变，两故障相电压大小相等、方向相同，与非故障相电压基本反相（近区故障）。故障开始时 A 相电压反相，故障时间为 54.6ms。断路器三相分闸时，A、B 相出现了短时小幅值暂态恢复电压。

（3）故障开始时出现了很小的 $3U_0$ 分量，断路器三相分闸时 $3U_0$ 出现高频振荡。

4. 10kV电压波形分析

（1）波形图记录了故障前 110ms 正常电压波形值（5.5 个周波）。

（2）0ms 时三相电压出现谐波分量。

（3）故障时 A 相电压出现很小高频分量，此电压不对，B、C 两相电压略有畸变。

（4）故障切除时电压出现谐波分量。

5. 故障电流分析

（1）波形图记录了故障前 110ms 负载电流波形值（5.5 个周波）。

（2）0ms 时 A、B 相出现短路电流，并且大小相等、方向相反，故障时间为 54.6ms。

（3）故障开始时，两故障相电流有谐波分量。

四、故障设备

经现场绝缘测试，发现本线路靠近 N 侧电压互感器和避雷器 A 相和 B 相击穿。

五、相间故障动作过程

110kV 线路相间故障→线路光纤差动电流保护动作→断路器三相跳闸（重合闸未投）。

六、保护动作分析

（1）M 侧保护动作分析。因故障在 N 侧，不在距离 I 段范围内，M 侧线路光纤差动电流保护动作，保护动作正确。M 侧是大电源侧，M 侧故障电流为 6.83A，比 N 侧大。

（2）N 侧保护动作分析。因故障在 N 侧，在距离 I 段范围内，N 侧线路光纤差动电流保护动作和距离 I 段保护动作，保护动作正确。N 侧虽是近端，但 N 侧是小电源侧，故障电流为 5.9A。

七、测距分析

（1）保护测距：M 侧故障测距结果为 69.27km，N 侧故障测距结果为 1.08km，线路全长为 70.2km，保护测距正确。

（2）故障录波器测距：区外故障（0.14km），而故障点在本线路光纤差动保护范围内，故障录波器测距不正确。

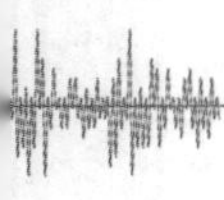

案例 9：110kV 线路 AB 相间瞬时性故障相间距离Ⅲ段保护动作重合闸重合成功

本案例分析的知识点

（1）110kV 线路 AB 相间瞬时性故障保护动作分析。
（2）110kV 线路 AB 相间瞬时性故障录波分析。
（3）110kV 线路 AB 相间瞬时性故障动作过程。
（4）保护动作情况分析。
（5）故障电压存在的问题分析。

一、案例基本情况

2021 年 8 月 19 日 15 时 26 分 54 秒 616 毫秒，某 110kV 线路（区外）两相相间短路故障，重合成功。0ms 时线路 AB 相相间短路，CSC-161A-G 线路保护装置 2103ms 时相间距离Ⅲ段保护动作，2200ms 时线路断路器三相跳闸。3018ms 时重合闸动作，重合成功。故障测距为 46.75km，线路全长为 20.38km。110kV 线路（区外）两相相间短路故障点位置如图 4-19 所示。

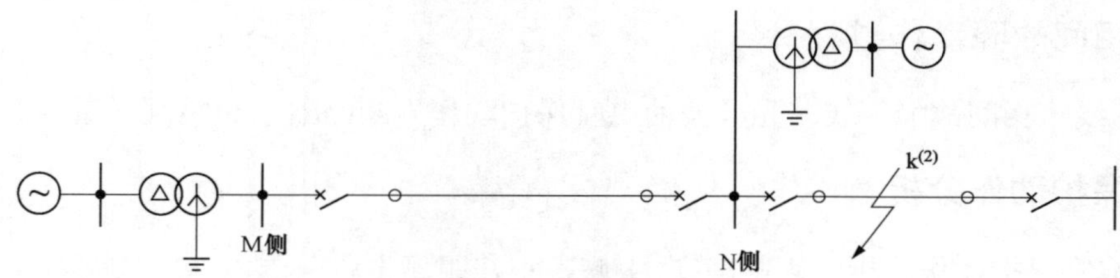

图 4-19　110kV 线路（区外）两相相间短路故障点位置示意图

二、CSC-161A-G 型线路保护装置故障波形分析

110kV 线路两相相间短路故障波形如图 4-20 所示，横坐标表示模拟量和开关量的幅值，纵坐标表示故障时间。横坐标模拟量 1～9 分别表示 I_a、I_b、I_c、$3I_0$、U_a、U_b、U_c、自产 $3U_0$、U_x。开关量 1～8 分别表示保护启动、保护跳闸、永跳、重合动作、跳位、合位、闭锁重合闸、低气压闭锁重合闸。满量程 81.3V/5.83A 表示电压/电流波形满格时的数值为 81.3V/5.83A。

1. 电压波形分析

（1）故障相 A、B 相电压波形分析。0ms 时 AB 相间短路故障，A、B 相电压因电压互感器的原因不满足相间金属性和经过渡电阻故障电压特征。AB 相间短路故障持续至 2200ms［=保护装置固有动作时间 3ms+相间距离Ⅲ段整定延时 2100ms+断路器固有跳闸时间 97ms（相关国家标准要求，对于 126kV 及以上的断路器固有分闸时间不大于 60ms，推荐不大于 50ms）］。2200ms 时断路器三相跳闸，A、B 相电压变为零，这是因为该 110kV 线路为 110kV 母线唯一的电源点，电源点跳闸后，母线失压的结果。3018ms（≈保护装置固有动作时间 3ms+

相间距离Ⅲ段整定延时 2100ms+断路器固有跳闸时间 97ms+跳闸命令返回时间 23ms+重合闸整定时间 800ms）时重合闸动作重合成功。虽然重合成功，但是电源点已被切除，该站 110kV 母线仍然无电压。

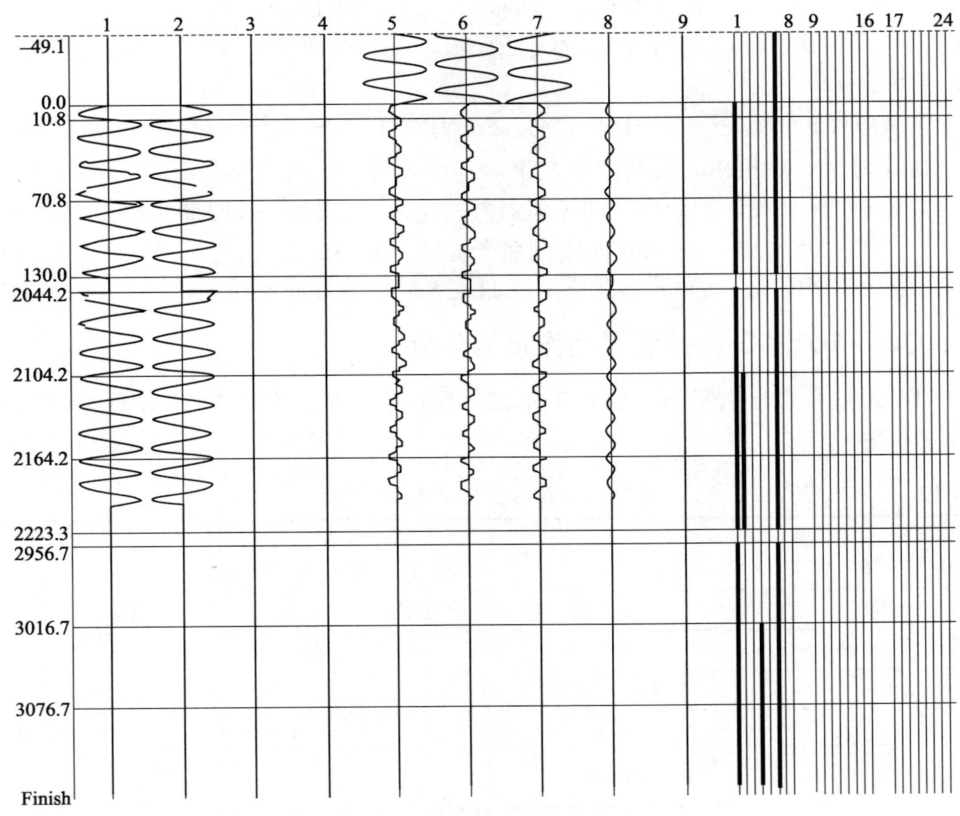

图 4-20　110kV 线路两相相间短路故障波形图

（2）正常相 C 相电压分析。A、B 相相间短路故障时，C 相电压降低（系电压互感器原因），与 A、B 相电压大小相等。断路器三相跳闸后，C 相电压变为零。重合成功后，由于电源点已被切除，所以 110kV 母线仍然无电压。

（3）$3U_0$ 电压波形分析。0ms 时 AB 相间短路故障，由于电压互感器存在问题，出现了 $3U_0$，大小等于相电压，方向与 A、B 相相同，与 C 相电压相同，持续时间为 2200ms。断路器三相跳闸后，$3U_0$ 为零。3018ms 时断路器重合成功，$3U_0$ 仍然为零。

（4）U_a、U_b、U_c、$3U_0$ 波形为不规则正弦波，有谐波分量，系电压互感器的原因。

2. 电流波形分析

（1）故障相 A、B 相电流波形分析。0ms 时 AB 相间短路故障，A、B 相电流由负载电流突变成短路电流，A、B 两相电流大小相等、方向相反。其瞬时值为满格的 3/7，故障相电流为 2.5A（2.5≈3/7×5.83），此电流乘以电流互感器的变比 600/5 为一次侧电流 300A。2200ms 时断路器三相跳闸，三相电流变为零。3018ms 时断路器三相合闸，重合成功后，由于电源点已被切除，三相电流仍然为零。

（2）正常相 C 相电流波形分析。A、B 相相间短路故障时，C 相电流为负载电流。断路器三相跳闸后，C 相电流为零。

（3）$3I_0$ 电流波形分析。故障为 A、B 两相相间短路，故障点没有接地，且 A、B 相故障电流大小相等、方向相反，而正常相 C 相负荷比较小，因此没有 $3I_0$。

（4）在故障时 I_a、I_b、I_c、$3I_0$ 波形都是正弦波，说明在故障时电流互感器没有饱和现象。

3. 开关量分析

（1）本波形有 5 个开关量：1—保护启动；2—保护跳闸；4—重合闸动作；5—跳位；6—合位。

（2）0ms 时 A、B 相相间短路故障发生，3ms 时保护 CPU 启动，开放保护正电源 7s。2103ms 时相间距离Ⅲ段保护动作，向断路器发跳闸命令。2200ms 时断路器三相跳闸，故障电流消失，分闸触点导通。2223ms 时跳闸命令返回，3018ms 时重合闸启动，重合成功。

（3）2223～2956.7ms 之间波形有压缩，通道 5 跳位信号被压缩了。

三、CSC-161A-G 保护装置动作报告分析

CSC-163A-G 保护装置动作报告见表 4-12，保护启动时间为 2021 年 8 月 19 日 15 时 26 分 54 秒 616 毫秒。

表 4-12　CSC-163A-G 保护装置动作报告

设备名称：CSC 保护装置　　一次设备调度编号：159

故障绝对时间：2021-08-19 15：26：54.616　　打印时间：2021-08-19 15：34：58

时间	动作元件	跳闸相别	动作参数
2021-08-19 15：26：54.616	保护启动		
2103ms	相间距离Ⅲ段动作		X=2.094Ω R=1.047Ω AB 相
	故障相电压		U_A=11.88V U_B=11.81V U_C=11.88V
	故障相电流		I_A=2.500A I_B=2.500A I_C=0.000A $3I_0$=0.000A
	测距阻抗		X=2.094Ω R=1.047Ω AB 相
	故障测距		L=46.75km AB 相
2217ms	三跳启动重合		
3018ms	重合闸动作		

启动时开关量状态

序号	开入名称	数值	序号	开入名称	数值
01	断路器跳闸位置	0	05	气压低（未储能）闭重	0
02	断路器合闸位置 1	1	06	重合闸充电完成	1
03	断路器合闸位置 2	0	07	投Ⅰ母电压	1
04	闭锁重合闸	0	08	投Ⅱ母电压	0

启动时压板状态

序号	压板名称	数值	序号	压板名称	数值
01	距离保护	1	05	远方切换定值区	0
02	零序过电流保护	1	06	远方修改定值	0
03	停用重合闸	0	07	保护远方操作	0
04	远方投退压板	0	08	检修状态	0

续表

启动后开关量变化							
序号	时间	开入名称	数值	序号	时间	开入名称	数值
01	3019ms	重合闸充电完成	1→0				

设备参数定值					
序号	参数名称	数值	序号	参数名称	数值
01	TV 一次值	110.0kV	03	TA 二次值	5.000A
02	TA 一次值	600.0A			

保护定值					
序号	定值名称	数值	序号	定值名称	数值
01	变化量启动电流定值	1.000A	14	相间距离Ⅲ段定值	2.500Ω
02	零序启动电流定值	1.000A	15	相间距离Ⅲ段时间	2.100s
03	线路正序阻抗定值	63.90Ω	16	零序过电流Ⅰ段定值	100.0A
04	线路零序阻抗定值	63.90Ω	17	零序过电流Ⅰ段时间	10.00s
05	线路总长度	20.30km	18	零序过电流Ⅱ段定值	12.00A
06	接地距离Ⅰ段定值	0.640Ω	19	零序过电流Ⅱ段时间	0.900s
07	接地距离Ⅱ段定值	0.640Ω	20	零序过电流Ⅲ段定值	2.500A
08	接地距离Ⅱ段时间	10.00s	21	零序过电流Ⅲ段时间	1.200s
09	接地距离Ⅲ段定值	0.640Ω	22	零序过电流Ⅳ段定值	2.500A
10	接地距离Ⅲ段时间	10.00s	23	零序过电流Ⅳ段时间	10.00s
11	相间距离Ⅰ段定值	0.800Ω	24	零序过电流加速段定值	2.500A
12	相间距离Ⅱ段定值	1.700Ω	25	重合闸时间	0.800s
13	相间距离Ⅱ段时间	0.800s			

控制字					
序号	控制字名称	数值	序号	控制字名称	数值
01	振荡闭锁元件	0	10	零序过电流Ⅰ段经方向	0
02	距离保护Ⅰ段	1	11	零序过电流Ⅱ段经方向	1
03	距离保护Ⅱ段	1	12	零序过电流Ⅲ段经方向	1
04	距离保护Ⅲ段	1	13	停用重合闸	0
05	重合加速距离Ⅲ段	1	14	TWJ 启动重合闸	1
06	零序过电流Ⅰ段	0	15	远跳受启动元件控制	0
07	零序过电流Ⅱ段	1	16	TV 断线自检	1
08	零序过电流Ⅲ段	1	17	过负荷告警	1
09	零序过电流Ⅳ段	0	18	控制回路 1 断线自检	1

（1）0ms 保护装置启动，2103ms 相间距离Ⅲ段保护动作，3018ms 重合闸动作。

（2）故障相：AB 相。

（3）故障测距：46.75km。

（4）故障电流：2.50A（二次侧电流）。

四、110kV AB 相间瞬时短路故障时的动作过程

110kV 线路（区外）两相相间短路故障→相间距离Ⅲ段保护动作→断路器三相跳闸→经重合闸整定时间（800ms）→断路器三相重合→重合成功。

五、保护动作情况分析

（1）本线路全长为 20.03km，故障测距为 46.75km，区外故障，根据表 4-12 中的测距阻抗 X=2.094Ω、R=1.047Ω，计算 $Z=\sqrt{X^2+R^2}=2.34\Omega$，相间距离Ⅱ段定值（1.7Ω）＜$Z$＜相间距离Ⅲ段定值（2.5Ω），因此相间距离Ⅲ段动作，保护动作正确。

（2）故障为相间短路故障，零序保护不动作，接地距离保护不动作，保护动作正确。

六、存在的问题

在故障时，运维人员应该及时打印故障录波器故障波形和微机保护报告，便于对故障性质和波形正确性进行分析。本案例在相间瞬时性故障重合成功，故障电压波形不符合相间金属性和经过渡电阻故障性质，说明电压回路或电压互感器在测量时存在问题，该电压互感器是之后运行中发现有异常声音后才进行更换的。

案例 10：110kV 线路 B、C 两相接地故障光纤差动保护动作重合闸重合成功

本案例分析的知识点

（1）110kV 线路 B、C 两相接地故障保护动作分析。
（2）110kV 线路 B、C 两相接地故障录波图分析。
（3）110kV 两相瞬时性接地故障时的动作过程。
（4）保护动作情况分析。

一、案例基本情况

2022 年 8 月 4 日 15 时 33 分 49 秒 999 毫秒，某 110kV 线路 B、C 两相瞬时性接地故障，重合成功。RCS-943AMV 线路保护装置 10ms 时电流差动保护动作，55ms 时线路断路器三相跳闸。879ms 时重合闸动作，895ms 时三相重合成功。故障测距为 17.50km，线路全长为 33.50km。110kV 线路 B、C 两相瞬时性接地故障点位置如图 4-21 所示。

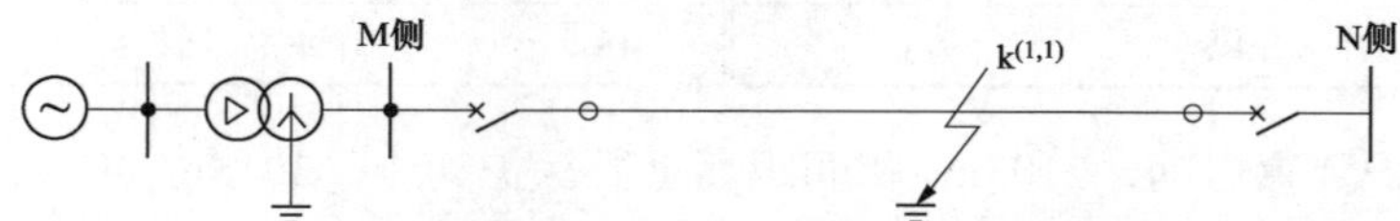

图 4-21　110kV 线路 B、C 两相瞬时性接地故障点位置示意图

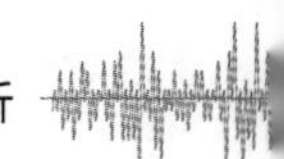

二、RCS-943AMV 型线路保护装置故障波形分析

RCS-943AMV 超高压线路电流差动保护开关量和模拟量见表 4-13，110kV 线路 B、C 两相瞬时性接地故障波形如图 4-22 所示，横坐标表示模拟量和开关量的幅值，纵坐标表示故障时间。“标度组 01（通道 06～09）：38.50A/格”表示电流二次值（瞬时值），每格为 38.50A。“标度组 00（通道 01～05）：44.53V/格”表示电压二次值（瞬时值），每格为 44.53V。纵坐标（时间轴）每小格为一个周期（20ms）。横坐标 $3U_0$、U_a、U_b、U_c、U_l、$3I_0$、I_a、I_b、I_c 为模拟量；1、2、3 为开关量，分别表示保护 CPU 启动、断路器跳闸动作、重合闸动作。

表 4-13　RCS-943AMV 超高压线路电流差动保护开关量和模拟量

各路波形幅值（启动后 0.5～1.5s 之间的一个周波内有效值）：			
零序电压（$3U_0$）	16.64V	电压 A 相（U_a）	58.05V
电压 B 相（U_b）	33.31V	电压 C 相（U_c）	33.52V
线路电压（U_l）	7.50V	外接零序电流（$3I_0$）	22.10A
电流 A 相（I_a）	5.40A	电流 B 相（I_b）	40.54A
电流 C 相（I_c）	35.62A		
标度组 00（通道 01～05）：44.53V/格			
标度组 01（通道 06～09）：38.50A/格			
瞬时值录波时间标度 T：20.00ms/格			
跳闸说明：			
1：CPU 启动	2：跳闸	3：重合闸动作	

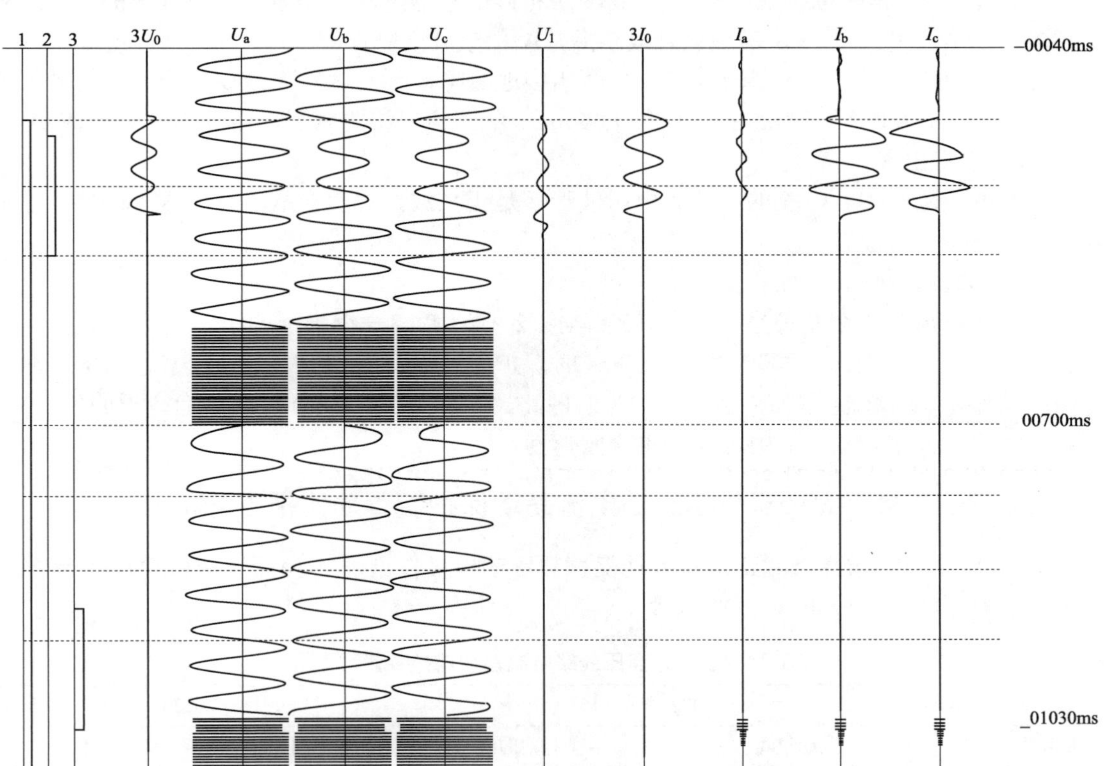

图 4-22　110kV 线路 B、C 两相瞬时性接地故障波形图

1. 电压波形分析

（1）故障相 B、C 相电压波形分析。0ms 时 B、C 相两相接地故障，B、C 相电压明显降低且大小相等，但是方向不相同。B、C 两相接地故障持续时间 55ms（=保护装置固有动作时间 10ms+断路器固有跳闸时间 45ms）。55ms 时断路器三相跳闸，B、C 相电压恢复正常，这是因为线路保护的电压量取自母线电压互感器。879ms（≈保护装置固有动作时间 10ms+断路器固有跳闸时间 45ms+跳闸命令返回时间 25ms+重合闸整定时间 800ms）时重合闸动作，重合成功，B、C 相电压恢复正常。

（2）正常相 A 相电压分析。B、C 两相接地时，A 相电压正常，断路器三相跳闸后和三相重合成功后，A 相电压均正常。

（3）$3U_0$ 电压波形分析。由于 B、C 两相接地故障，而 110kV 系统属于中性点有效接地系统，因此在故障时存在 $3U_0$，持续时间为 55ms。断路器三相跳闸后，$3U_0$ 为零。断路器重合成功后，$3U_0$ 为零，没有出现零序分量。

2. 电流波形分析

（1）故障相 B、C 相电流波形分析。0ms 时 B、C 两相接地故障，B、C 相电流由负载电流突变成短路电流，大小相等。由于故障初期，电流波形中存在非周期分量，故障后的两个电流波形偏向时间轴的一侧。在一个周波中电流在正半轴的峰值点为 2 格，在负半轴的峰值点为 1 格，故障相电流为 59.85A≈［（2+1）/2］×38.5，此电流乘以电流互感器的变比为一次侧电流。

（2）正常相 A 相电流波形分析。B、C 两相接地故障时，A 相电流为负载电流。断路器三相跳闸后 A 相电流为零，三相重合成功后，A 相电流恢复正常。

（3）$3I_0$ 电流波形分析。由于为 B、C 两相接地故障，而 110kV 系统属于中性点有效接地系统，因此在故障时存在 $3I_0$，持续时间为 55ms。断路器三相跳闸后，$3I_0$ 消失。重合成功后，$3I_0$ 为零，没有出现零序分量。

（4）在故障时 B、C 相的电流和电压波形都是正弦波，说明在故障时电压互感器、电流互感器没有饱和现象。

3. 开关量分析

（1）本波形有 3 个开关量：1—CPU 启动；2—跳闸；3—重合闸动作。

（2）B、C 两相接地故障发生几乎 0ms 时保护 CPU 启动、开放保护正电源。10ms 时差动保护动作，向断路器发跳闸命令。55ms 时断路器三相跳闸，80ms 时跳闸命令返回。879ms 时重合闸启动，重合成功。950ms 时重合闸返回。

三、RCS-943AMV 超高压线路电流差动保护装置动作报告分析

RCS-943AMV 超高压线路电流差动保护装置动作报告见表 4-14，保护启动时间为 2022 年 8 月 4 日 15 时 33 分 49 秒 999 毫秒。

表 4-14　　RCS-943AMV 超高压线路电流差动保护装置动作报告

被保护设备：RCS-943	线路编号：155		打印时间：2022-08-04 15：39：35	
报告序号	启动时间	相对时间	动作相别	动作元件
143	2022-08-04 15：33：49.999	00000ms		保护启动

续表

报告序号	启动时间	相对时间	动作相别	动作元件
143	2022-08-04 15：33：49.999	00010ms		电流差动保护
		00024ms		距离Ⅰ段动作
		00879ms		重合闸动作
故障选相		BC		
短路位置		0017.5km		
故障相电流		059.85A		
零序电流		023.14A		
最大差动电流		044.67A		

启动时开关量状态

序号	描述：启动时值	序号	描述：启动时值
01	差动保护：1	08	投差动保护：1
02	距离保护：1	09	投距离保护：1
03	零序保护Ⅰ段：0	10	投零序Ⅰ段：0
04	零序保护Ⅱ段：1	11	投零序Ⅱ段：1
05	零序保护Ⅲ段：1	12	投零序Ⅲ段：1
06	零序保护Ⅳ段：0	13	投零序Ⅳ段：0
07	合闸位置：1	14	重合闸充电完成：1

启动后开入量变化

序号	相对时间	描述：变化值	序号	相对时间	描述：变化值
01	00027ms	合闸位置：1→0	04	00895ms	跳闸位置：1→0
02	00070ms	跳闸位置：0→1	05	00983ms	合闸位置：0→1
03	00879ms	重合闸充电：1→0			

启动后开出量变化

序号	相对时间	描述：变化值	序号	相对时间	描述：变化值
01	00010ms	保护跳闸出口：0→1	03	00879ms	重合闸出口：0→1
02	00078ms	保护跳闸出口：1→0	04	00950ms	重合闸出口：1→0

（1）0ms 时保护装置启动，10ms 时电流差动保护，879ms 时重合闸动作。

（2）故障相：BC 相。

（3）故障测距：17.50km。

（4）故障电流：59.85A（二次侧电流）。

四、110kV 线路两相瞬时性接地故障时的动作过程

110kV 线路两相瞬时性接地→差动保护动作→断路器三相跳闸→经重合闸整定时间（800ms）→断路器三相重合→重合成功。

五、保护动作情况分析

（1）本线路全长为 33.5km，故障测距为 17.5km，属于差动保护范围，因此保护动作正确。

（2）879ms（≈保护装置固有动作时间 10ms+断路器固有跳闸时间 45ms+跳闸命令返回时间 25ms+重合闸整定时间 800ms）时，重合闸动作。

（3）故障相电流值为 59.85A（二次侧电流），电流互感器变比为 600/5，一次故障电流为 7182A。

案例 11：110kV 线路 B、C 两相接地故障光纤差动保护动作重合闸重合于 A、C 两相故障断路器三相跳闸

本案例分析的知识点

（1）110kV 线路 B、C 两相永久性接地故障保护动作分析。
（2）110kV 线路 B、C 两相永久性接地故障录波图分析。
（3）110kV 线路两相永久性接地故障时的动作过程。
（4）保护动作情况分析。

一、案例基本情况

2021 年 11 月 6 日 3 时 24 分 19 秒 142 毫秒，某 110kV 线路两相永久性接地故障，重合不成功。0ms 时线路 B 相单相接地，CSC-163A-G 线路保护装置 19ms 时纵差保护动作，27.5ms 时线路 C 相也发生接地，82.5ms 时线路断路器三相跳闸。903ms 时重合闸动作，997.5ms 时断路器三相合闸，重合于永久性故障 A、C 两相接地，重合不成功。1067.5ms 时断路器永跳。故障测距为 14.75km，线路全长为 17.72km。110kV 线路两相永久性接地故障点位置如图 4-23 所示。

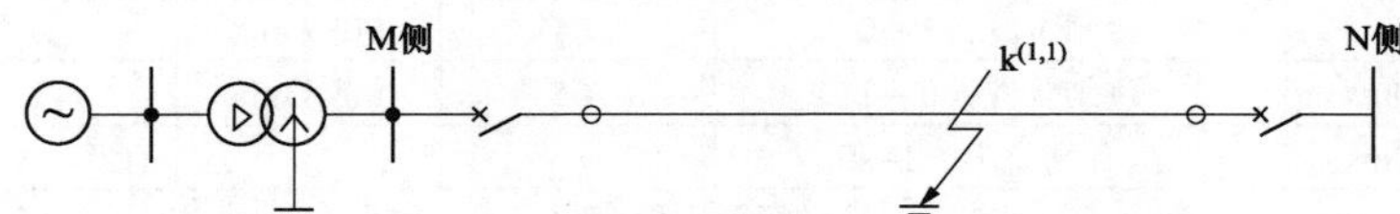

图 4-23　110kV 线路两相永久性接地故障点位置示意图

二、CSC-163A-G 型线路保护装置故障波形分析

110kV 线路两相永久性接地故障波形如图 4-24 所示，横坐标表示模拟量和开关量的幅值，纵坐标表示故障时间。横坐标模拟量 1～9 分别表示 I_a、I_b、I_c、$3I_0$、U_a、U_b、U_c、自产 $3U_0$、U_x。开关量 1～13 分别表示保护启动、保护跳闸、永跳、重合动作、远传 1 开出、远传 2 开出、跳位、合位、其他保护动作开入、远传 1 开入、远传 2 开入、闭锁重合闸、低气压闭锁重合闸。满量程 150.2V/114.83A 表示电压/电流波形满格时的数值为 150.2V/114.83A。

1. 电压波形分析

（1）ABC 三相电压波形分析。0ms 时 B 相单相接地故障，B 相电压明显降低，因故障在线路远端，因此残压（=短路电流×故障点到电压互感器安装处的阻抗）比较高，接地点的电压为零。27.5ms 时 C 相也发生接地故障，B、C 相两相接地故障持续至 82.5ms［=保护装置固有动作时间 19ms+断路器固有跳闸时间 63.5ms（相关国家标准要求，对于 126kV 及以上的断路器固有分闸时间不大于 60ms，推荐不大于 50ms）］。82.5ms 时断路器三相跳闸，B、C 相电压恢复正常，这是因为线路保护的电压量取自母线电压互感器。903ms（903ms≈保护装置固有动作时间 19ms+断路器固有跳闸时间 63.5ms+跳闸命令返回时间 25ms+重合闸整定时

间 800ms）时，重合闸动作。997.5ms 时断路器三相合闸，重合于线路 A、C 两相接地故障，A、C 相电压明显降低且大小相等。1067.5ms 时断路器永跳。

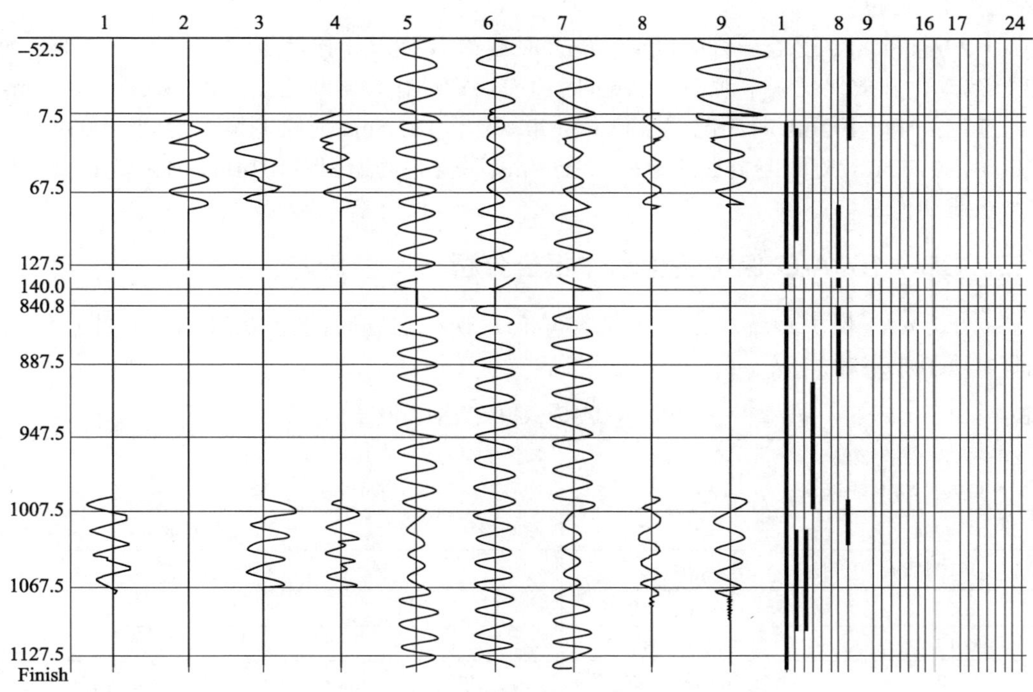

图 4-24 110kV 线路两相永久性接地故障波形图

（2）$3U_0$ 电压波形分析。由于首先 B 相单相接地，紧接着在断路器未跳闸前 C 相也发生接地故障，而 110kV 系统属于中性点有效接地系统，因此在故障时存在 $3U_0$，持续时间为 82.5ms。断路器三相跳闸后 $3U_0$ 为零，997.5ms 时断路器重合于线路 A、C 相两相接地故障，$3U_0$ 又出现。1067.5ms 时断路器永跳，$3U_0$ 消失。$3U_0$ 波形几乎为标准的正弦波，电压互感器未出现饱和现象。

2. 电流波形分析

（1）ABC 三相电流波形分析。0ms 时 B 相单相接地故障，B 相电流由负载电流突变成短路电流。27.5ms 时 C 相也发生接地故障并出现短路电流，B、C 相电流大小相等。其瞬时值为满格的 1/3，故障相电流为 37.75A（≈1/3×114.83），此电流乘以电流互感器的变比 600/5 为一次侧电流 4530A。82.5ms 时断路器三相跳闸，三相电流变为零。997.5ms 时断路器三相合闸，重合于线路 A、C 两相接地故障，A、C 相出现短路电流且大小相等。1067.5ms 时断路器永跳，三相电流变为零。

（2）$3I_0$ 电流波形分析。首先 B 相单相接地，而 110kV 系统属于中性点有效接地系统，出现 $3I_0$，紧接着在断路器未跳闸前 C 相也发生接地故障，$3I_0$ 未消失，持续时间为 82.5ms。断路器三相跳闸后，$3I_0$ 为零。997.5ms 时断路器重合于线路 A、C 相两相接地故障，$3I_0$ 又出现。1067.5ms 时断路器永跳，$3I_0$ 消失。$3I_0$ 波形中存在马鞍形波形，波形中存在三次谐波分量。

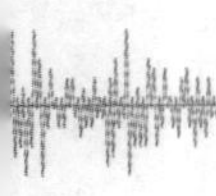

3. 开关量分析

（1）本波形有 6 个开关量：1—保护启动；2—保护跳闸；3—永跳；4—重合闸动作；7—跳位；8—合位。

（2）29ms 前断路器处于合闸位置。0ms 时线路 B 相单相接地故障发生，几乎 0ms 时保护 CPU 启动、开放保护正电源 7s。19ms 时纵差保护动作，向断路器发跳闸命令。82.5ms 时断路器三相跳闸，102ms 时断路器跳位开关量动作，107.5ms 时跳闸命令返回。903ms 时重合闸启动，997.5ms 时断路器三相合闸，1005ms 时重合闸返回。1014ms 时距离Ⅲ段后加速动作、永跳动作。

三、CSC-163A-G 保护装置动作报告分析

CSC-163A-G 保护装置动作报告见表 4-15，保护启动时间为 2021 年 11 月 6 日 3 时 24 分 19 秒 142 毫秒。

表 4-15　　CSC-163A-G 保护装置动作报告

设备名称：CSC 保护装置 故障绝对时间：2021-11-06 03：24：19.142		一次设备调度编号：168 打印时间：2021-11-06 03：39：52	
时间	动作元件	跳闸相别	动作参数
2021-11-06 03：24：19.142	保护启动		
	采样已同步		
19ms	纵差保护动作		
19ms	分相差动动作		I_{CDa}=0.027A I_{CDb}=29.25A I_{CDc}=0.000A
	三相差动电流		I_{CDa}=0.027A I_{CDb}=32.75A I_{CDc}=5.563A
	三相制动电流		I_A=0.027A I_B=32.75A I_C=5.563A
	故障相电压		U_A=59.25V U_B=27.25V U_C=46.50V
	故障相电流		I_A=0.000A I_B=37.75A I_C=30.38A $3I_0$=33.25A
	测距阻抗		X=1.836Ω R=−0.192Ω BCN 相
	故障测距		L=14.75km 相别：BCN 相
55ms	相间距离Ⅰ段动作		X=0.461Ω R=0.157Ω BCN 相
102ms	三跳启动重合		
903ms	重合闸动作		
1014ms	距离Ⅲ段加速动作		X=0.461Ω R=0.110Ω CAN 相
1014ms	距离加速动作		X=0.461Ω R=0.110Ω CAN 相
1018ms	闭锁重合闸		
1024ms	纵差保护动作		
1024ms	分相差动动作		I_{CDa}=41.00A I_{CDb}=0.027A I_{CDc}=51.75A
	三相差动电流		I_{CDa}=41.00A I_{CDb}=0.027A I_{CDc}=51.75A
	三相制动电流		I_A=41.25A I_B=1.063A I_C=51.75A
1066ms	零序过电流加速动作		$3I_0$=27.75A CAN 相

启动时开关量状态

序号	开入名称	数值	序号	开入名称	数值
01	断路器跳闸位置	0	03	断路器合闸位置 2	0
02	断路器合闸位置 1	1	04	闭锁重合闸	0

续表

启动时开关量状态

序号	开入名称	数值	序号	开入名称	数值
05	气压低（未储能）闭重	0	07	投Ⅰ母电压	0
06	重合闸充电完成	1	08	投Ⅱ母电压	1

启动时压板状态

序号	压板名称	数值	序号	压板名称	数值
01	纵差保护	1	06	远方切换定值区	0
02	距离保护	1	07	远方修改定值	0
03	零序过电流保护	1	08	保护远方操作	0
04	停用重合闸	0	09	检修状态	0
05	远方投退压板	0			

启动后开关量变化

序号	时间	开入名称	数值	序号	时间	开入名称	数值
01	29ms	断路器合闸位置 1	1→0	06	914ms	断路器跳闸位置	1→0
02	39ms	第一组跳闸	0→1	07	914ms	位置不对应	1→0
03	102ms	断路器跳闸位置	0→1	08	992ms	断路器合闸位置 1	0→1
04	104ms	位置不对应	0→1	09	1026ms	断路器合闸位置 1	1→0
05	905ms	重合闸充电完成	1→0				

设备参数定值

序号	参数名称	数值	序号	参数名称	数值
01	TV 一次值	110.0kV	03	TA 二次值	5.000A
02	TA 一次值	600.0A	04	通道类型	专用通道

保护定值

序号	定值名称	数值	序号	定值名称	数值
01	变化量启动电流定值	1.000A	14	相间距离Ⅱ段时间	0.500s
02	零序启动电流定值	1.000A	15	相间距离Ⅲ段定值	6.000Ω
03	差动动作电流定值	2.500A	16	相间距离Ⅲ段时间	2.100s
04	线路正序阻抗定值	0.810Ω	17	零序过电流Ⅰ段定值	100.0A
05	线路零序阻抗定值	2.400Ω	18	零序过电流Ⅰ段时间	10.00s
06	线路总长度	17.72km	19	零序过电流Ⅱ段定值	10.00A
07	接地距离Ⅰ段定值	0.510Ω	20	零序过电流Ⅱ段时间	0.600s
08	接地距离Ⅱ段定值	0.510Ω	21	零序过电流Ⅲ段定值	2.500A
09	接地距离Ⅱ段时间	10.00s	22	零序过电流Ⅲ段时间	0.900s
10	接地距离Ⅲ段定值	0.510Ω	23	零序过电流Ⅳ段定值	2.500A
11	接地距离Ⅲ段时间	10.00s	24	零序过电流Ⅳ段时间	10.00s
12	相间距离Ⅰ段定值	0.640Ω	25	重合闸时间	0.800s
13	相间距离Ⅱ段定值	3.000Ω			

续表

控制字					
序号	控制字名称	数值	序号	控制字名称	数值
01	纵差保护	1	11	零序过电流Ⅰ段经方向	0
02	TA 断线闭锁差动	1	12	零序过电流Ⅱ段经方向	0
03	距离保护Ⅰ段	1	13	零序过电流Ⅲ段经方向	0
04	距离保护Ⅱ段	1	14	停用重合闸	0
05	距离保护Ⅲ段	1	15	TWJ 启动重合闸	1
06	重合加速距离Ⅲ段	1	16	远跳受启动元件控制	0
07	零序过电流Ⅰ段	0	17	TA 断线自检	1
08	零序过电流Ⅱ段	1	18	过负荷告警	1
09	零序过电流Ⅲ段	1	19	控制回路 1 断线自检	1
10	零序过电流Ⅳ段	0			

（1）0ms 时保护装置启动，19ms 时纵差保护动作，903ms 时重合闸动作，1014ms 时距离Ⅲ段后加速动作，断路器永跳。

（2）故障相：第一次故障为 BCN 相，重合后故障为 CAN 相。

（3）故障测距：14.75km。

（4）故障电流：37.75A（二次侧电流）。

四、110kV 线路 B、C 两相永久性接地故障时的动作过程

110kV 线路两相永久性接地→纵差保护动作→断路器三相跳闸→经重合闸整定时间（800ms）→断路器三相重合，重合于永久性故障→重合后加速动作→断路器三相永跳。

五、保护动作情况分析

（1）本线路全长为 17.72km，故障测距为 14.75km，属于差动保护范围，因此保护动作正确。

（2）903ms（≈保护装置固有动作时间 19ms+断路器固有跳闸时间 63.5ms+跳闸命令返回时间 25ms+重合闸整定时间 800ms）时，重合闸动作。

案例 12：110kV 线路 AB 相间永久性故障相间距离Ⅱ段保护动作重合闸重合不成功

本案例分析的知识点

（1）110kV 线路 AB 相间永久性故障保护动作分析。

（2）110kV 线路 AB 相间永久性故障录波分析。

（3）110kV 线路 AB 相间永久性故障动作过程。

（4）故障电压存在的问题分析。

一、案例基本情况

2021 年 9 月 22 日 12 时 16 分 18 秒 633 毫秒，某 110kV 线路（区外）AB 相间短路故障，重合不成功。0ms 时线路 AB 相间短路，CSC-163A-G 线路保护装置 503ms 时相间距离Ⅱ段保护动作，556ms 时线路断路器三相跳闸。1372ms 时重合闸动作，1461ms 时断路器三相合闸，重合于永久故障，重合不成功，1550ms 时断路器永跳。故障测距为 7.031km，线路全长为 4.3km。110kV 线路（区外）AB 相间短路故障点位置如图 4-25 所示。

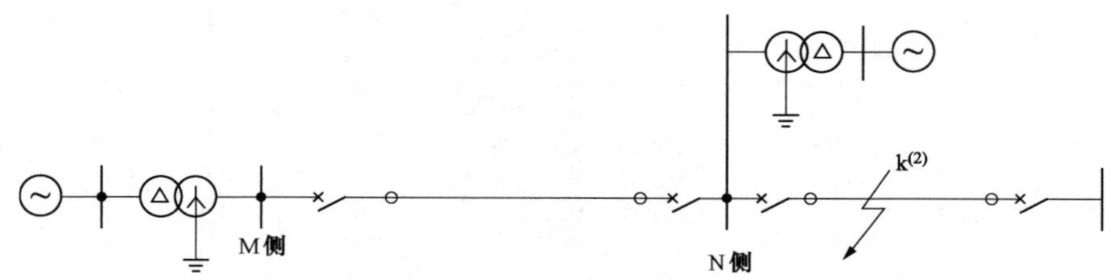

图 4-25　110kV 线路（区外）AB 相间短路故障点位置示意图

二、CSC-163A-G 型线路保护装置故障波形分析

110kV 线路 AB 相间短路故障波形如图 4-26 所示，横坐标表示模拟量和开关量的幅值，纵坐标表示故障时间。横坐标模拟量 1～9 分别表示 I_a、I_b、I_c、$3I_0$、U_a、U_b、U_c、自产 $3U_0$、U_x。开关量 1～13 分别表示保护启动、保护跳闸、永跳、重合动作、远传 1 开出、远传 2 开出、跳位、合位、其他保护动作开入、远传 1 开入、远传 2 开入、闭锁重合闸、低气压闭锁重合闸。“满量程 81.3V/11.46A”表示电压/电流波形满格时的数值为 81.3V/11.46A。

1．电压波形分析

（1）故障相 A、B 相电压波形分析。0ms 时 A、B 相相间短路故障，A、B 两相电压很低，不符合线路金属性短路或经过渡电阻短路的特点，电压存在问题（该电压互感器因运行异常已更换）。AB 相间短路故障持续至 556ms［=保护装置固有动作时间 3ms+相间距离Ⅱ段整定延时 500ms+断路器固有跳闸时间 53ms（相关国家标准要求，对于 126kV 及以上的断路器固有分闸时间不大于 60ms，推荐不大于 50ms）］。556ms 时断路器三相跳闸，A、B 相电压恢复正常，这是因为线路保护的电压量取自母线电压互感器。1372ms（≈保护装置固有动作时间 3ms+相间距离Ⅱ段整定延时 500ms+断路器固有跳闸时间 53ms+跳闸命令返回时间 16ms+重合闸整定时间 800ms）时，重合闸动作。1461ms 时断路器三相合闸，重合于永久故障，A、B 相电压再次降低，重合不成功。1550ms 时断路器永跳。

（2）正常相 C 相电压分析。AB 相间短路故障时，C 相电压正常，断路器三相跳闸后和三相重合成功后，C 相电压均正常。

（3）$3U_0$ 电压波形分析。0ms 时 AB 相间短路故障，因 A、B 相电压很低（电压互感器有问题），出现 $3U_0$（自产），大小基本等于相电压，方向与 C 相电压基本相同，持续时间为 556ms。断路器三相跳闸后，$3U_0$ 为零。1461ms 时断路器重合于永久故障，$3U_0$ 又出现，特征与之前相同。1550ms 时断路器永跳，$3U_0$ 消失。

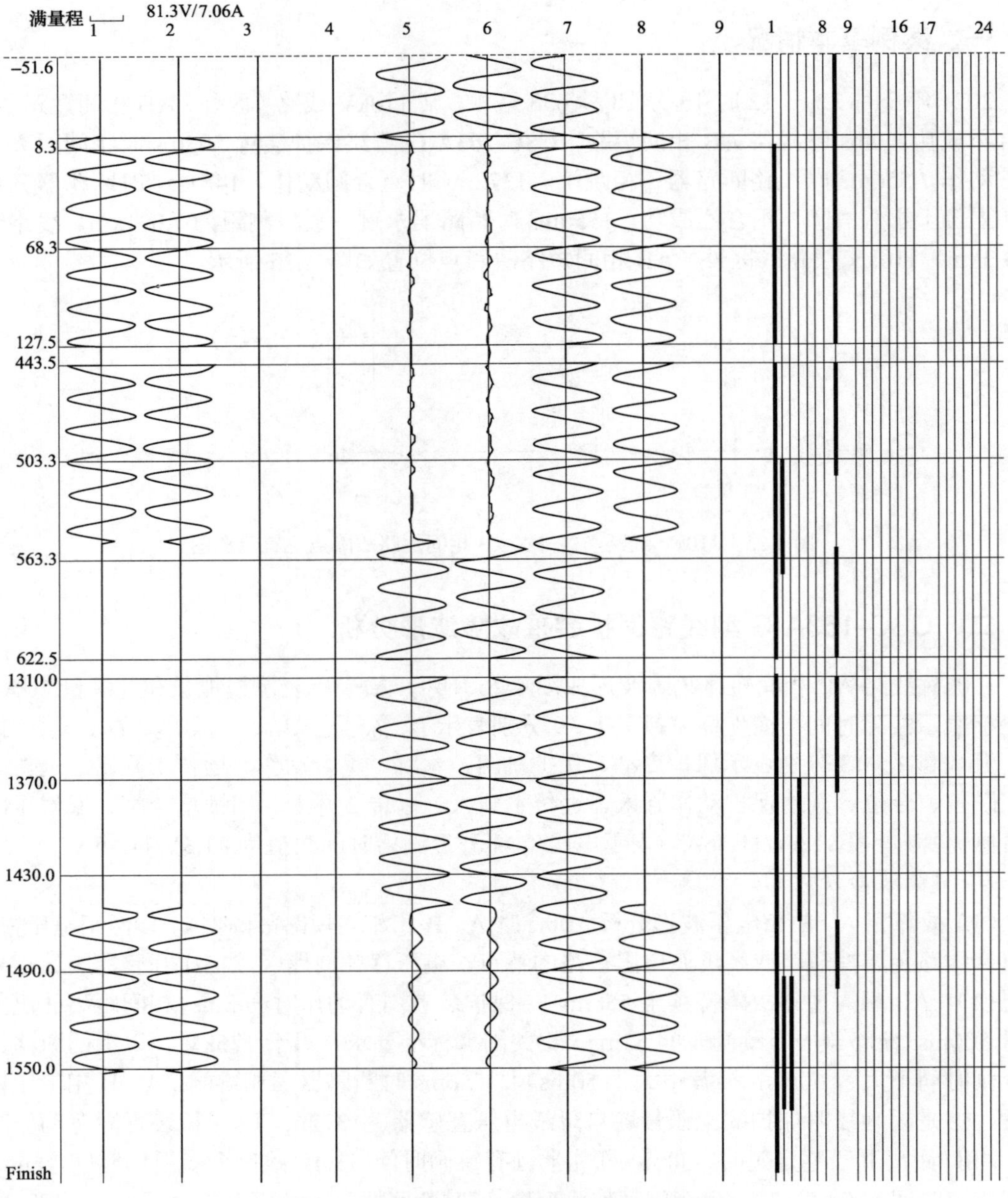

满量程 81.3V/7.06A

图 4-26 110kV 线路 AB 相间短路故障波形图

2. 电流波形分析

（1）故障相 A、B 相电流波形分析。0ms 时 AB 相间短路故障，A、B 相电流由负载电流突变成短路电流，A、B 两相电流大小相等、方向相反，其瞬时值为满格的 7/16，故障相电流为 4.969A（≈7/16×11.46），此电流乘以电流互感器的变比 1200/5 为一次侧电流 1192.56A。556ms，断路器三相跳闸，三相电流变为零。1461ms 时断路器三相合闸，重合于永久故障，A、B 相又出现短路电流，且特征与之前相同。1550ms 时断路器永跳，三相电流变为零。

（2）正常相 C 相电流波形分析。AB 相间短路故障时，C 相电流为负载电流。断路器三相跳闸后，C 相电流为零。

（3）$3I_0$ 电流波形分析。故障为 AB 相间短路，故障点没有接地，且 A、B 相故障电流大小相等、方向相反，而正常相 C 相负荷比较小，因此没有 $3I_0$。

（4）在故障时 A、B 相的电流和电压波形都是正弦波，说明在故障时电压互感器、电流互感器没有饱和现象。

3. 开关量分析

（1）本波形有 6 个开关量：1—保护启动；2—保护跳闸；3—永跳；4—重合闸动作；7—跳位；8—合位。

（2）0ms 时 A、B 相相间短路故障发生，3ms 时保护 CPU 启动、开放保护正电源 7s。503ms 时相间距离Ⅱ段保护动作，向断路器发跳闸命令。556ms 时断路器三相跳闸，故障电流消失，分闸触点导通。572ms 时跳闸命令返回，1372ms 时重合闸启动，1461ms 断路器三相合闸，1470ms 重合闸返回。1492ms 时距离Ⅲ段后加速动作、永跳动作。

三、CSC-163A-G 保护装置动作报告分析

CSC-163A-G 保护装置动作报告见表 4-16，保护启动时间为 2021 年 9 月 22 日 12 时 16 分 18 秒 633 毫秒。

表 4-16　　CSC-163A-G 保护装置动作报告

设备名称：CSC 保护装置　　一次设备调度编号：169

故障绝对时间：2021-09-22 12：16：18.633　　打印时间：2021-09-22 12：19：58

时间	动作元件	跳闸相别	动作参数
2021-09-22 12：16：18.633	保护启动		
503ms	相间距离Ⅱ段动作		X=0.432Ω R=−0.104Ω AB 相
	故障相电压		U_A=2.547V U_B=2.563V U_C=57.50V
	故障相电流		I_A=4.969A I_B=4.969A I_C=0.000A $3I_0$=0.000A
	测距阻抗		X=0.432Ω　R=−0.104Ω AB 相
	故障测距		L=7.031km 相别：AB 相
571ms	三跳启动重合		
1372ms	重合闸动作		
1492ms	距离Ⅲ段加速动作		X=1.266Ω R=−0.301Ω AB 相
1492ms	距离加速动作		X=1.266Ω R=−0.301Ω AB 相
1496ms	闭锁重合闸		

启动时开关量状态

序号	开入名称	数值	序号	开入名称	数值
01	断路器跳闸位置	0	05	气压低（未储能）闭重	0
02	断路器合闸位置 1	1	06	重合闸充电完成	1
03	断路器合闸位置 2	0	07	投Ⅰ母电压	1
04	闭锁重合闸	0	08	投Ⅱ母电压	0

续表

启动时压板状态

序号	压板名称	数值	序号	压板名称	数值
01	纵差保护	1	06	远方切换定值区	0
02	距离保护	1	07	远方修改定值	0
03	零序过电流保护	1	08	保护远方操作	0
04	停用重合闸	0	09	检修状态	0
05	远方投退压板	0			

启动后开关量变化

序号	时间	开入名称	数值	序号	时间	开入名称	数值
01	513ms	断路器合闸位置 1	1→0	06	1383ms	断路器跳闸位置	1→0
02	523ms	第一组跳闸	0→1	07	1383ms	位置不对应	1→0
03	556ms	断路器跳闸位置	0→1	08	1461ms	断路器合闸位置 1	0→1
04	559ms	位置不对应	0→1	09	1503ms	断路器合闸位置 1	1→0
05	1374ms	重合闸充电完成	1→0				

设备参数定值

序号	参数名称	数值	序号	参数名称	数值
01	TV 一次值	110.0kV	03	TA 二次值	5.000A
02	TA 一次值	1200.0A	04	通道类型	专用通道

保护定值

序号	定值名称	数值	序号	定值名称	数值
01	变化量启动电流定值	1.000A	14	相间距离Ⅱ段时间	0.500s
02	零序启动电流定值	1.000A	15	相间距离Ⅲ段定值	1.380Ω
03	差动动作电流定值	1.250A	16	相间距离Ⅲ段时间	2.100s
04	线路正序阻抗定值	0.270Ω	17	零序过电流Ⅰ段定值	100.0A
05	线路零序阻抗定值	0.770Ω	18	零序过电流Ⅰ段时间	10.00s
06	线路总长度	4.300km	19	零序过电流Ⅱ段定值	3.200A
07	接地距离Ⅰ段定值	0.170Ω	20	零序过电流Ⅱ段时间	0.300s
08	接地距离Ⅱ段定值	0.170Ω	21	零序过电流Ⅲ段定值	1.250A
09	接地距离Ⅱ段时间	10.00s	22	零序过电流Ⅲ段时间	0.600s
10	接地距离Ⅲ段定值	0.170Ω	23	零序过电流Ⅳ段定值	1.250A
11	接地距离Ⅲ段时间	10.00s	24	零序过电流Ⅳ段时间	10.00s
12	相间距离Ⅰ段定值	0.220Ω	25	重合闸时间	0.800s
13	相间距离Ⅱ段定值	0.470Ω			

控制字

序号	控制字名称	数值	序号	控制字名称	数值
01	纵差保护	1	04	距离保护Ⅱ段	1
02	TA 断线闭锁差动	1	05	距离保护Ⅲ段	1
03	距离保护Ⅰ段	1	06	重合加速距离Ⅲ段	1

续表

控制字					
序号	控制字名称	数值	序号	控制字名称	数值
07	零序过电流Ⅰ段	0	14	停用重合闸	0
08	零序过电流Ⅱ段	1	15	TWJ 启动重合闸	1
09	零序过电流Ⅲ段	1	16	远跳受启动元件控制	0
10	零序过电流Ⅳ段	0	17	TV 断线自检	1
11	零序过电流Ⅰ段经方向	0	18	过负荷告警	1
12	零序过电流Ⅱ段经方向	1	19	控制回路 1 断线自检	1
13	零序过电流Ⅲ段经方向	1			

（1）0ms 保护装置启动，503ms 相间距离Ⅱ段保护动作，1372ms 重合闸动作，1492ms 距离Ⅲ段加速动作断路器永跳。

（2）故障相：AB 相。

（3）故障测距：7.031km。

（4）故障电流：4.969A（二次侧电流）。

四、110kV 线路两相相间短路故障时的动作过程

110kV 线路（区外）AB 相间短路故障→相间距离Ⅱ段保护动作→断路器三相跳闸→经重合闸整定时间（800ms）→断路器三相重合，重合于永久性故障→重合后加速距离Ⅲ段保护动作→断路器三相永跳。

五、保护动作情况分析

（1）本线路全长为 4.30km，故障测距为 7.031km，不属于差动保护范围，因此差动保护不动作，保护动作正确。

（2）根据表 4-16 中的测距阻抗 X=0.432Ω、R=－0.104Ω，计算 $Z=\sqrt{X^2+R^2}=0.44\Omega$，相间距离Ⅰ段定值（0.22Ω）＜$Z$＜相间距离Ⅱ段定值（0.47Ω），因此相间距离Ⅱ段动作，保护动作正确。

（3）故障为相间短路故障，零序保护不动作，接地距离保护不动作，保护动作正确。

（4）A、B 相相间短路时，A、B 相电压降到很低，由于 $3\dot{U}_0=\dot{U}_A+\dot{U}_B+\dot{U}_C$，因此 $3U_0$ 和 C 相电压幅值大小基本相等、方向基本相同。

六、存在的问题

在故障时，运维人员应该及时打印故障录波器故障波形和微机保护报告，便于对故障性质和波形正确性进行分析。本案例在相间故障及重合于永久故障，故障电压波形不符合相间金属性和经过渡电阻故障性质，说明电压回路或电压互感器在测量时存在问题，该电压互感器是之后运行中发现有异常声音后才进行更换的。

案例13：110kV线路因外力造成瞬时性相间转三相短路故障光纤差动保护动作断路器三相永久跳闸

本案例分析的知识点

（1）保护故障报告分析。
（2）110kV 线路 A、C 相间转三相短路故障波形分析。
（3）低电压穿越（LVRT）能力分析。
（4）RCS-943 AMV 型线路保护装置的功能。
（5）线路光纤差动保护的原理。
（6）RCS-943 AMV 纵差保护方框图。

一、案例基本情况

2022年6月15日13点14分29秒，某风电场110kV线路因外力造成瞬时性A、C相间转三相短路故障，光纤差动保护动作，风电场侧111断路器跳闸，110kV线路经2.23s振荡时间，风机脱网、电压为零。故障测距为51.9km。110kV线路故障点位置如图4-27所示。

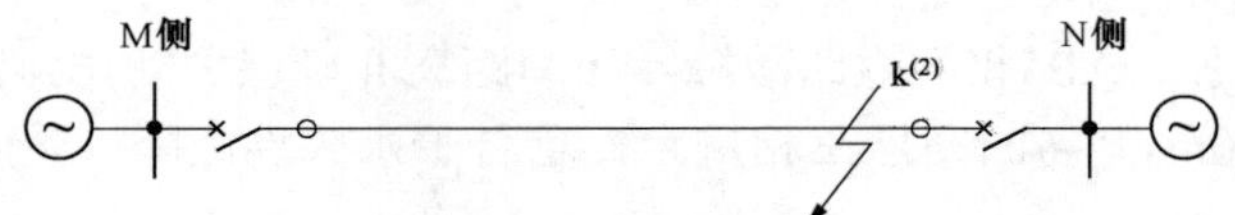

图4-27　110kV线路故障点位置示意图

二、RCS-943AMV保护动作信息

（1）时间：2022-06-15 13：14：29.782。
（2）0ms时保护启动。
（3）5ms时光纤差动保护动作。
（4）故障选相：AC。
（5）故障测距：51.9km。
（6）故障相电流：9.21A。
（7）零序电流：0.01A。
（8）最大差动电流：13.01A。
（9）故障原因：110kV线路下方靠近对侧有施工，钢卷尺弹到导线上。

三、RCS-943AMV保护装置故障波形分析

RCS-943AMV保护装置故障波形如图4-28所示，图中有8个模拟量，分别为U_a、U_b、U_c、$3U_0$；I_a、I_b、I_c、$3I_0$；有3个开关量，分别为保护启动、断路器分闸、未注明。

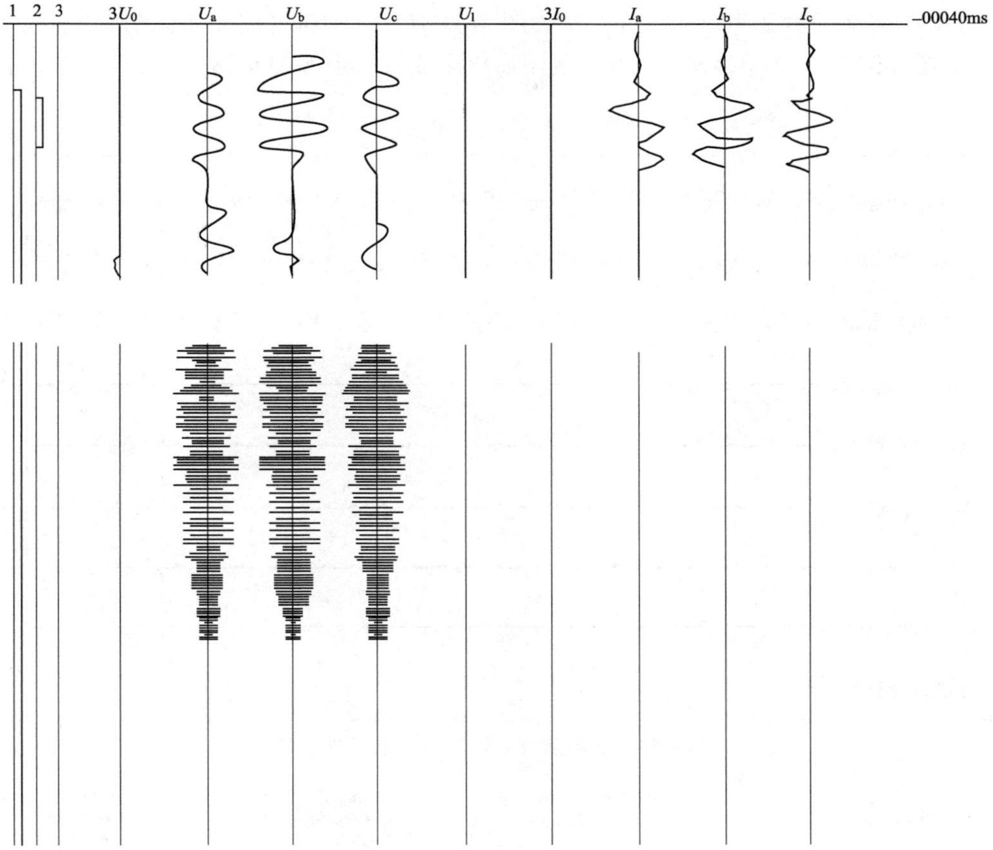

图 4-28 RCS-943AMV 保护装置故障波形图

1. 电压波形分析

报告记录了故障前 40ms 正常电压波形值，0ms 时 A、C 相电压降低，B 相电压基本不变。约 6ms 后，A、C 相故障转三相故障，故障时间为 50ms。断路器三相跳闸后，电压波形开始振荡，此报告没有看到 $3U_0$ 分量，从其他故障波形图可知，断路器三相分闸后有 $3U_0$ 分量。

2. 电流波形分析

报告记录了故障前 40ms 正常电流波形值，0ms 时 A、C 相出现故障电流，前 6ms 中 A、C 相电流大小相等、方向相反，之后 B 相故障，A、C 相故障时间为 50ms，B 相故障时间为 44ms，故障时没有 $3I_0$ 分量。

3. 开关量分析

0ms 时保护启动，开放保护正电源。15ms 时断路器分闸。

110kV 线路 111 断路器跳闸后，电压量出现了很长时间的振荡，原因是风电场有主变、集电线路有箱式变压器等能量元件、风机在运行并与系统解裂，电压的频率和幅值发生变化，直到风机停运。

四、故障前、故障时及 110kV××四线故障波形

故障前及故障时电压电流波形如图 4-29 所示，110kV××四线跳闸后电压波形如图 4-30

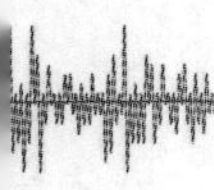

所示，110kV××四线故障电流及开关量如图 4-31 所示，110kV××四线故障电压及电流放大波形如图 4-32 所示，110kV××四线跳闸后电压放大波形如图 4-33 所示。

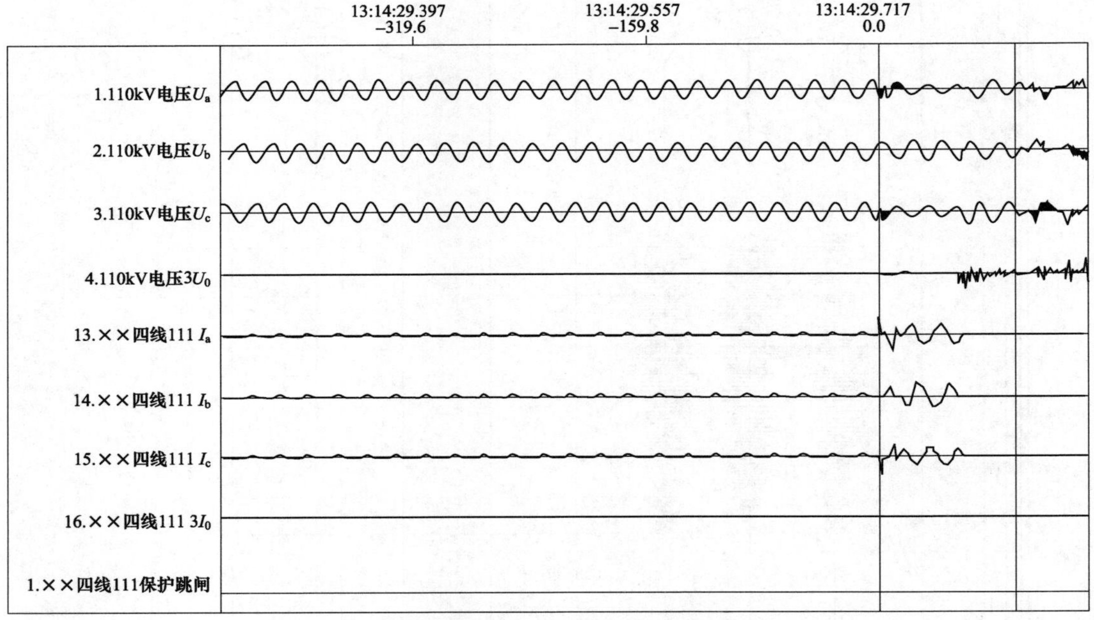

图 4-29　故障前及故障时电压电流波形图

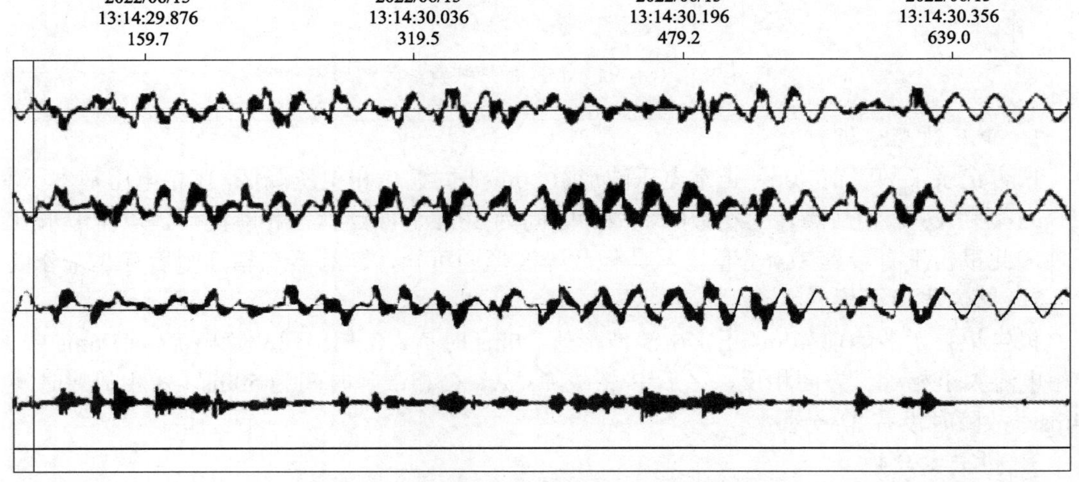

图 4-30　110kV××四线跳闸后电压波形图

（1）0ms 之前记录故障前正常电压和负载电流波形。

（2）0ms 时开始故障，A、C 相电压降低，有高次谐波分量，50ms 时出现 $3U_0$ 分量。

（3）0ms 时出现 A、C 相间短路电流，6ms 时开始 B 相故障（转三相），A、C 相故障时间为 50ms，B 相故障时间为 44ms，故障时没有 $3I_0$ 分量。B 相故障时电压基本没有降低。

（4）故障后 65ms 风四线 111 断路器跳闸，约 89ms 断路器分位（见图 4-31）。

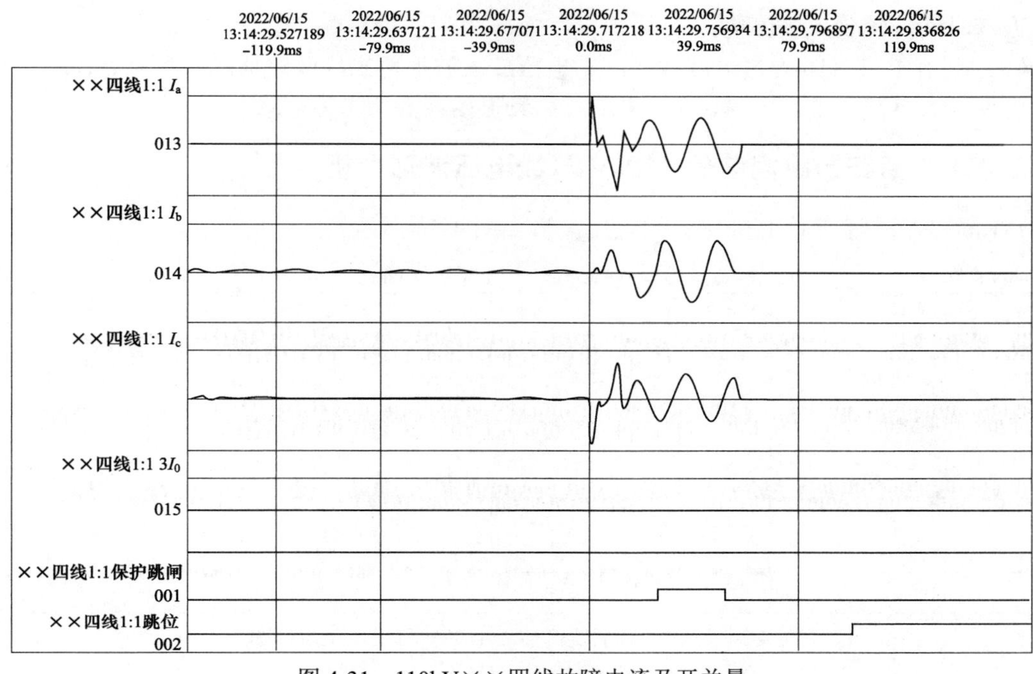

图 4-31　110kV××四线故障电流及开关量

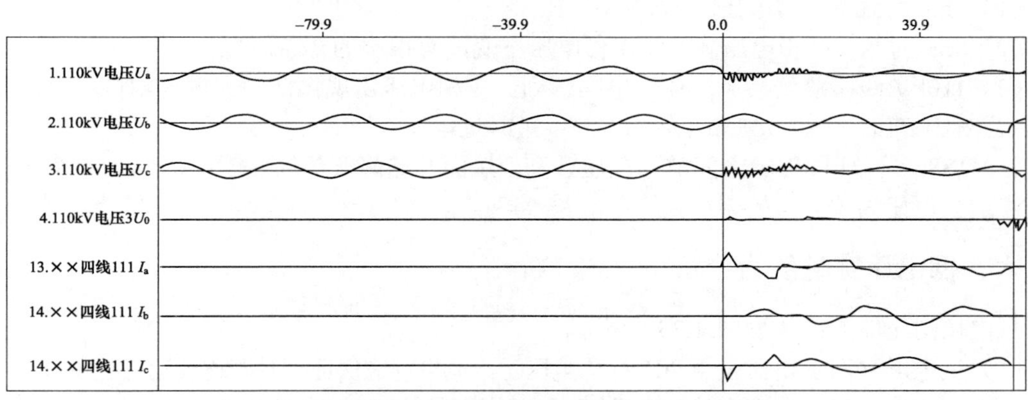

图 4-32　110kV××四线故障电压及电流放大波形图

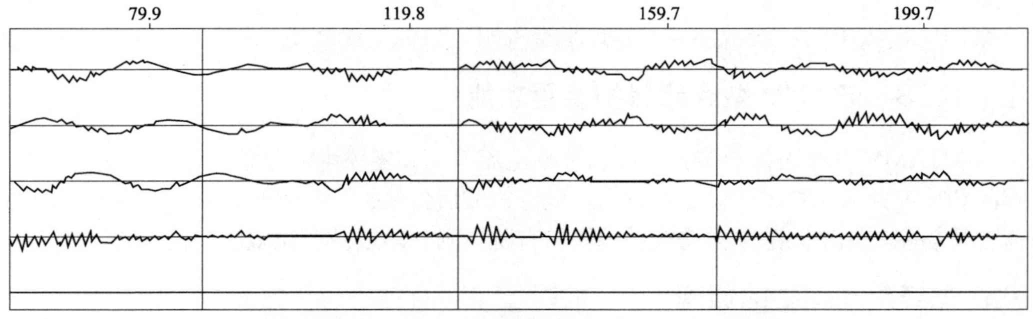

图 4-33　110kV××四线跳闸后电压放大波形图

（5）故障电流消失后出现 $3U_0$，A、B、C 相及 $3U_0$ 电压发生畸变，出现了高次谐波分量。

整个振荡时间持续到风机停运。

（6）由图 4-33 110kV××四线跳闸后电压放大波形可知，断路器跳闸后 A、B、C 三相电压出现了大量高次谐波分量，$3U_0$ 出现了高频振荡及高次谐波分量。

五、111 断路器跳闸前后 110kV 母线电压波形分析

111 断路器跳闸前后 110kV 母线电压波形如图 4-34 所示。

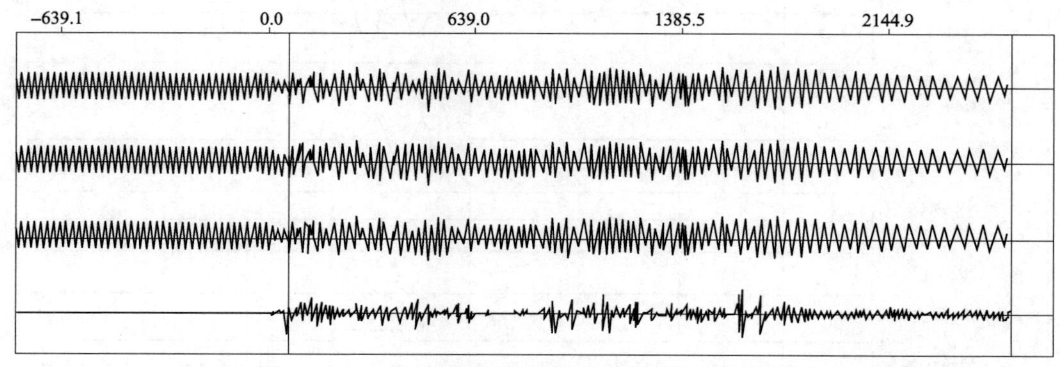

图 4-34　111 断路器跳闸前后 110kV 母线电压波形图

（1）0ms 以前为正常电压波形。

（2）0ms 时 A、C 相电压降低，B 相电压不变，有很小的 $3U_0$。

（3）110kV 线路跳闸后风电场与电网解列，三相电压出现振荡，在振荡的过程中出现了过电压并且一直有 $3U_0$。1385ms 后 $3U_0$ 出现短时过电压。

（4）1385.5～2144.9ms 之间前面电压升高，后面开始降低（包括 $3U_0$），之后整个风电场风机停运。电压为零。

六、低电压穿越能力分析

风电场耐压能力曲线如图 4-35 所示。

（1）风电场并网点电压跌至 20%标称电压时，风电场应保证不脱网连续运行至少 0.625s。

（2）风电场并网点电压在发生跌落后 2s 内能够恢复到 90%标称电压及以上时，风电场保证不脱网运行。

该案例中，风电场出线故障，111 断路器跳闸，110kV 母线电压振荡了 2s 多脱网停机。

七、RCS-943AMV 型线路保护装置功能

RCS-941AMV 型线路保护装置包括以分相电流差动和零序电流差动为主体的快速保护，由Ⅲ段相间和接地距离保护、Ⅳ段零序方向过电流构成后备保护；装置配有三相一次重合闸功能、过负荷告警功能、频率跟踪采样功能；装置带有跳合闸回路以及交流电压切换回路。

八、光纤差动保护的原理

线路光纤差动保护的基本原理是依赖光纤通道把一端的带有时标的电流信息数据包转发送到另一端，在一端实现对两侧的电流进行差值和相位计算，以此判断是否存在故障。

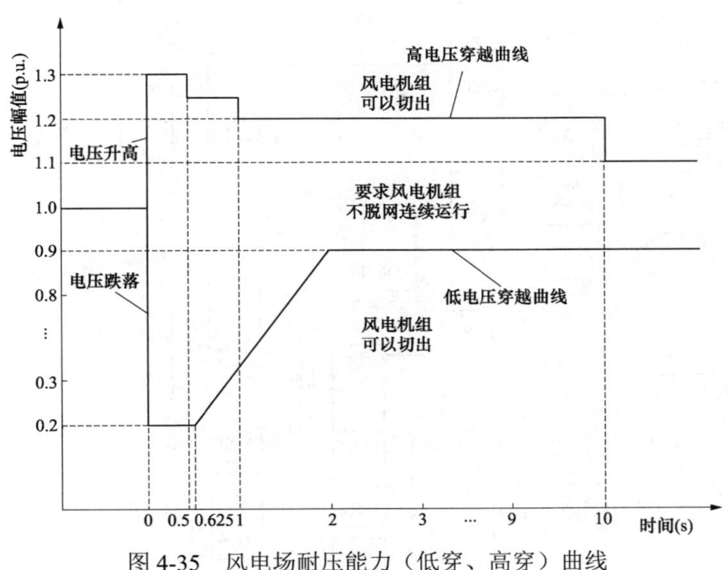

图 4-35　风电场耐压能力（低穿、高穿）曲线

九、RCS-943AMV 纵差保护方框图

（1）差动保护投入指屏上“投差动保护压板”和定制控制字“投纵差保护”同时投入。

（2）“A 相差动元件”“B 相差动元件”“C 相差动元件”包括变化量差动、稳态差动Ⅰ段或Ⅱ段动作时的分相差动，只是各自的定值有差异。

（3）三相断路器在跳闸位置或经保护启动控制的差动继电器动作，则向对侧发差动动作允许信号。

（4）电流互感器断线瞬间，断线侧的启动元件和差动继电器可靠动作，但对侧的启动元件不动作，不会向对侧发保护动作信号，从而保证纵差不会误动。电流互感器断线时发生故障或系统扰动导致启动元件动作，若“TA 断线闭锁差动”整定为“1”，则闭锁差动保护；若“TA 断线闭锁差动”整定为“0”，且该相电流大于“TA 断线闭锁定值”，仍开放差动保护。

RCS-943AMV 纵差保护方框图如图 4-36 所示。

案例 14：110kV 风电场变压器送电对侧线路保护电流互感器错接线造成线路光纤差动保护动作跳闸

本案例分析的知识点

（1）光纤差动保护基本概念。

（2）保护功率方向的概念。

（3）保护用电流互感器和测量用电流互感器的区别。

（4）电流互感器饱和的概念。

（5）异常波形的分析。

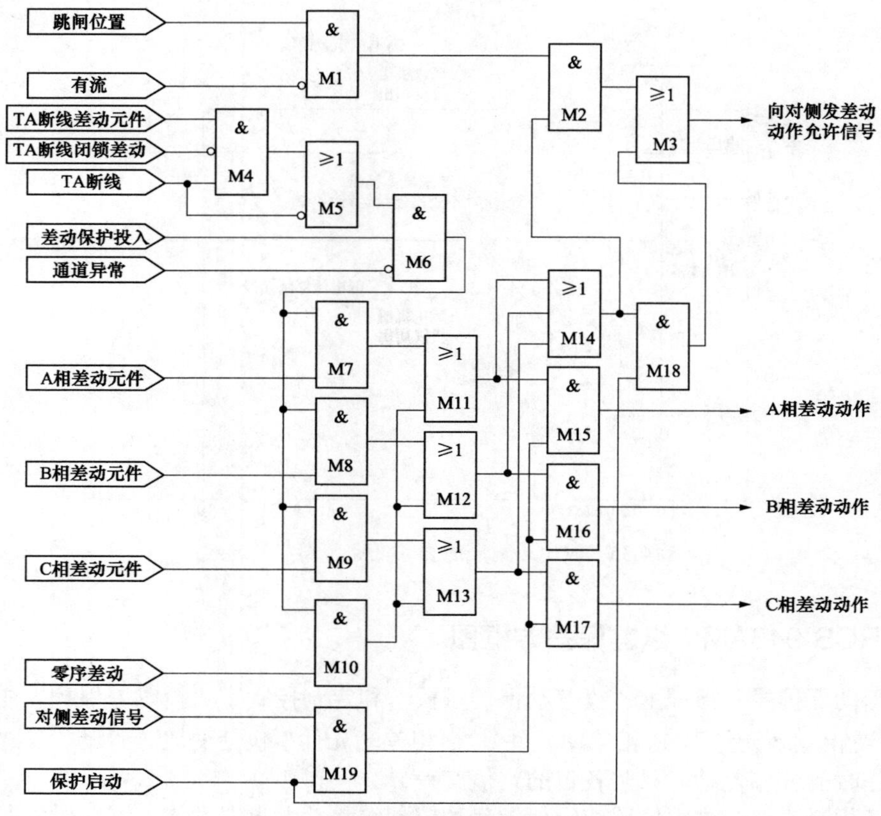

图 4-36　RCS-943AMV 纵差保护方框图

一、案例基本情况

某 110kV 风电场变电站，110kV 1290 某线为进出线电源，110kV 单母线运行，2015 年 9 月 21 日、9 月 23 日电网合上 110kV 1280 断路器后对风电场 110kV MN 线进行充电，风电场 MN 线线路充电正常，风电场侧合上 1290 断路器，线路 N 侧 110kV 母线运行正常，合上 1 号主变高压侧断路器 1101 时，110kV 线路光纤差动保护动作。本侧测距 12.06km，线路全长 15km。110kV 线路及风电场变压器接线如图 4-37 所示。变压器充电时励磁涌流实际方向与功率的参考方向如图 4-38 所示。

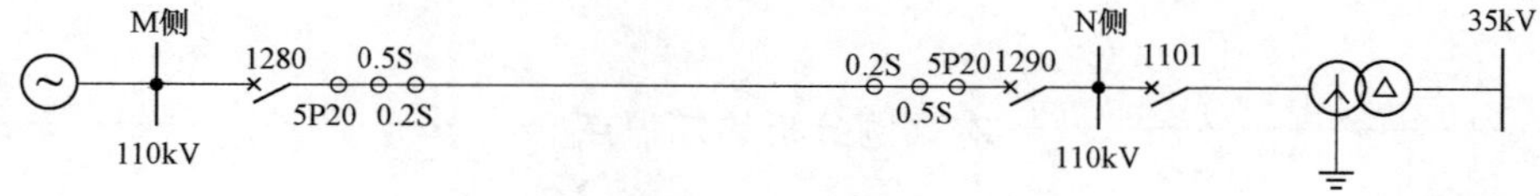

图 4-37　110kV 线路及风电场变压器接线示意图

二、线路保护功率的方向

电力系统中功率的方向是由母线流向线路为正，由线路流向母线为负（见图 4-38）。本案例中，N 侧 1101 断路器合闸后，M 侧实际方向与参考方向相同，N 侧相反。

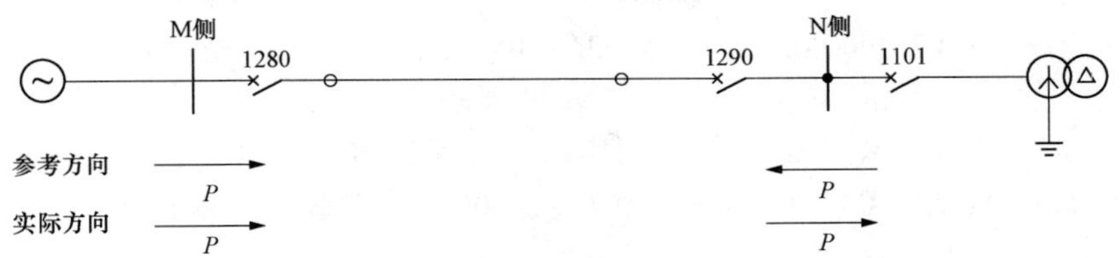

图 4-38 变压器充电时励磁涌流实际方向与功率的参考方向示意图

三、跳闸原因分析

对 MN 线进行年检，工作完毕后恢复送电，变压器在合闸时产生了励磁涌流，M、N 侧励磁涌流故障波形如图 4-39 所示。因 M 侧工作完后误将光纤差动保护用 5P20 误接入了测量用电流互感器 0.5S，即光纤差动保护和测量用电流互感器二次接反，M 测量用电流互感器在流过大的励磁涌流时饱和，光纤差动保护有差流保护动作。

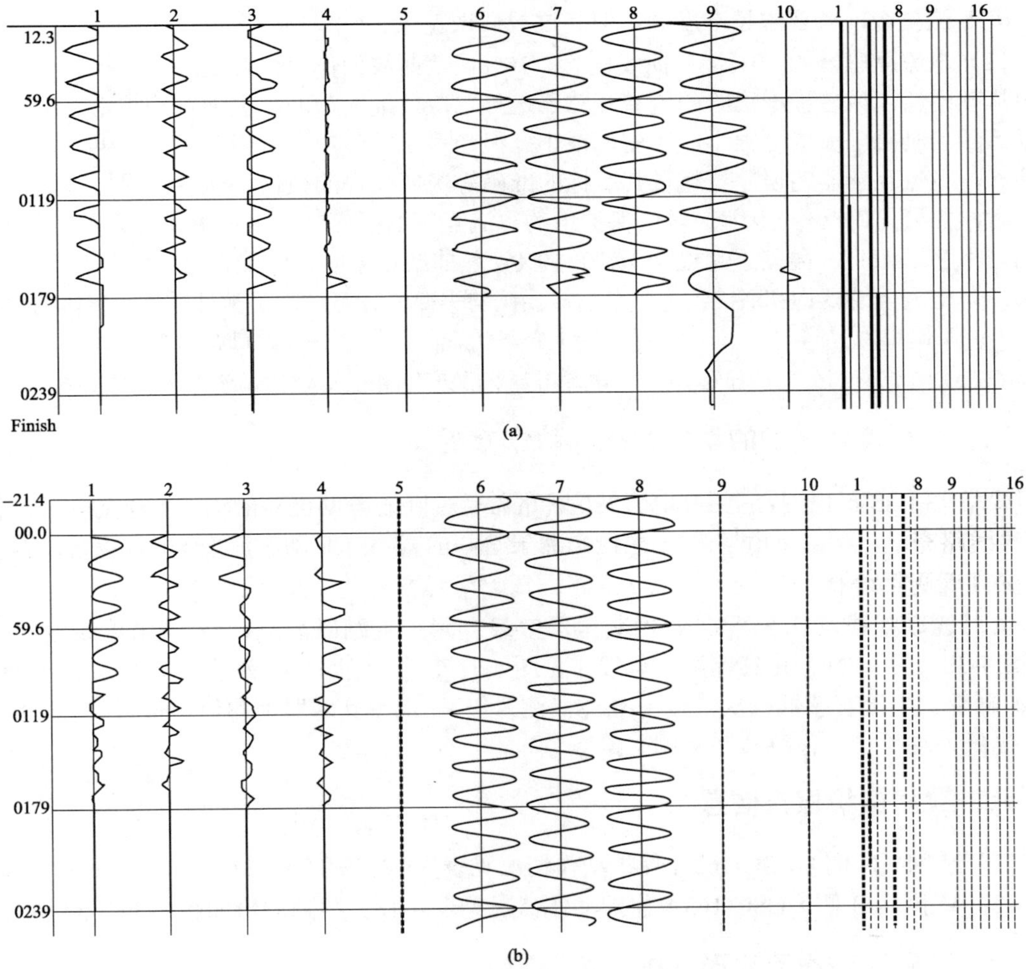

(a)

(b)

图 4-39 励磁涌流故障波形

（a）N 侧励磁涌流故障波形；（b）M 侧励磁涌流故障波形

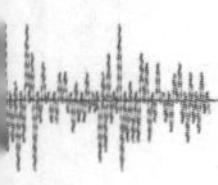

模拟量：01—I_a；02—I_b；03—I_c；04—$3I_0$；05—I_x；06—U_a；07—U_b；08—U_c；09—U_x；10—$3U_0$。

开关量：01—保护启动；02—保护动作；03—保护重合；04—装置告警；05—TWJ；06—HWJ1；07—HWJ2；08—闭锁重合闸开入；09—相邻线路加速信号；10—远方跳闸；11—远传命令。

四、保护用和测量用电流互感器的区别

（1）保护用电流互感器是指专门用于继电保护和自动控制装置的电流互感器，根据对暂态饱和问题的不同处理方法，保护用电流互感器可分为 P 类和 TP（暂态保护）类：P 类电流互感器不特殊考虑暂态饱和问题，仅按通过互感器的最大稳态短路电流选用互感器，而对暂态饱和引起的误差主要由保护装置本身采取措施，防止可能出现的错误动作行为（误动或拒动）；TP 类电流互感器要求在最严重的暂态条件下不饱和，互感器误差在规定范围内，以保证保护装置的正确动作。

0.5S 测量级，其要求精准度高，但其过载后误差大。

（2）电流互感器的 10%误差曲线概念。10%误差曲线的作用主要是用于选择继电保护用的电流互感器，或者根据已给的电流互感器选择二次电缆的截面。电力系统正常运行时，电流互感器的励磁电流成分很小，比差也很小。但当系统发生短路故障时，一次电流很大，铁心饱和，电流互感器的误差要超过其所标的准确等级所允许的数值，而继电保护装置正是在这个时候需要正确动作。因此，对供保护用的电流互感器提出了一个最大允许误差值的要求，即比差不超过 10%（角差不超过 7°）。在 10%误差曲线以下时，才能保证角差小于 7°。

（3）电流互感器饱和后二次电流分析。由磁势平衡方程可知，正常时电流互感器的励磁阻抗很大，励磁电流 I_0 很小，由公式 $I_1N_1 = I_2N_2 + I_0N_0$ 可知，当电流互感器饱和后，I_2 下降，I_0 上升，二次电流一部分变成励磁电流，电流互感器深度饱和后，二次电流基本传不过来。

五、光纤差动保护的动作方程及动作分析

线路光纤差动保护反应两侧电流矢量和的幅值。稳态差动电流的动作方程为

差动电流 $I_{CD} = |\dot{I}_M + \dot{I}_N|$，即为两侧电流矢量和的幅值；制动电流 $I_R = |\dot{I}_M - \dot{I}_N|$，即为两侧电流矢量差的幅值。

光纤差动保护动作分析：N 侧变压器空载合闸产生励磁涌流，M 侧由母线流向线路［见图 4-39（a）］，N 侧由线路流向母线［见图 4-3（b）］。线路光纤差动保护不应动作，但由于 M 侧保护电流互感器二次错接了 0.5S（测量级），电流互感器饱和使得 M 侧电流小于 N 侧，光纤差动保护动作跳线路两侧断路器。

六、跳闸保护报告信息

（1）N 侧（N 侧）CSC-163A 保护动作情况见表 4-17。故障波形如图 4-39（a）所示。

（2）M 侧（M 侧）CSC-163A 保护动作情况见表 4-18。故障波形如图 4-39（b）所示。

七、两侧励磁涌流波形分析

（1）M、N 侧电流方向正好反向 180°，N 侧三相励磁涌流正常，M 侧 30ms 时 C 相饱和，

100ms 时 A 相饱和，B 相饱和不明显。由公式 $I_{CD}=\left|\dot{I}_M+\dot{I}_N\right|$ 可知，$I_{CN}>I_{CM}$，30ms 时 C 相饱和后 C 相产生差流；100ms 时 A 相饱和，$I_{AN}>I_{AM}$，A 相产生差流。

表 4-17　　N 侧（N 侧）CSC-163A 保护动作情况

相对时间	动作元件	故障相别	动作参数
2ms	保护启动		
129ms	分相差动出口		I_A=0.8047A　I_B=0.0052A　I_C=0.7891A
135ms	对侧差动出口		
	三相差动电流		I_A=0.7773A　I_B=0.0052A　I_C=0.7578A
	三相制动电流		I_A=1.172A　I_B=0.9180A　I_C=1.031A
	测距阻抗	CA	X=−58.00Ω　R=−6.031Ω　CA 相
	测距	CA	L=12.06km　CA 相
故障绝对时间	2015-09-21 15：22：47.716		

表 4-18　　M 侧（M 侧）CSC-163A 保护动作情况

相对时间	动作元件	故障相别	动作参数
	启动失灵		I_A=0.6211A　I_B=0.8594A　I_C=0.5742A
2ms	保护启动		
129ms	分相差动出口		I_A=0.4180A　I_B=0.5625A　I_C=0.1934A
135ms	对侧差动出口		
	三相差动电流		I_A=0.3906A　I_B=0.5313A　I_C=0.1719A
	三相制动电流		I_A=0.5859A　I_B=0.7969A　I_C=0.5898A
	测距阻抗	AB	X=−74.50Ω　R=−225.0Ω　AB 相
	测距	CA	L=94.50.50km　AB 相
故障绝对时间	2015-09-21 15：22：47.628		

（2）N 侧在变压器充电时有很小的 $3I_0$ 分量，由于断路器三相分闸不同期，在分闸时出现了 $3I_0$ 分量，同时出现了 $3U_0$ 分量。N 侧线路单相电压互感器有谐振现象，在断路器跳闸后由于能量不能突变，电压没有为零，并且出现了一个周波的高频零序电压。

（3）M 侧在变压器充电开始前 30ms 涌流没有降低，30ms 时 C 相饱和，100ms 时 A 相饱和；在 C 相开始饱和时，$3I_0$ 分量也增大，A 相饱和后 $3I_0$ 分量也减小。

案例 15：110kV 线路两相接地转三相故障零序差动保护动作重合闸重合不成功

本案例分析的知识点

（1）PSL-G21UDA-DG-N 保护动作信息。
（2）故障录波器动作信息。
（3）故障波形分析。
（4）110kV 线路两相接地转三相接地故障动作过程。
（5）保护动作分析。

一、案例基本情况

2022 年 7 月 24 日 14 时 58 分 51 秒 93 毫秒，某变电站 110kV 线路区外两相接地故障转三相故障，线路零序差动保护动作，三相重合闸重合不成功永久三跳。故障测距为 0.0km，故障最大二次电流为 17.258A，零序电流为 0.919A，最大差动电流为 2.208A。110kV 线路两相故障转三相故障接线如图 4-40 所示。

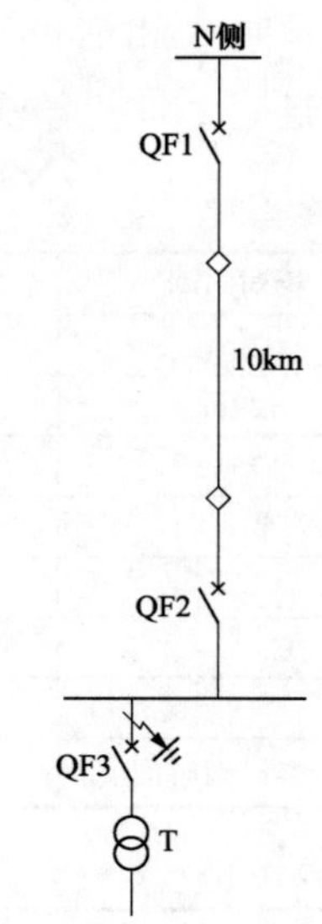

图 4-40 110kV 线路两相接地故障转三相故障接线示意图

二、PSL-G21UDA-DG-N 保护动作信息

（1）0ms 时保护启动。
（2）144ms 时保护跳闸。
（3）144ms 时零序差动动作。
（4）144ms 时保护三跳出口。
（5）故障类型：AN。
（6）故障测距：0.0km。
（7）故障阻抗：0.001j－000Ω。
（8）故障电流：17.258A。
（9）零序电流：0.919A。
（10）故障最大差流：2.208A。
（11）211ms 时重合闸启动。
（12）2791ms 时重合闸动作。
（13）2982ms 时保护跳闸。
（14）2982ms 时零序过电流加速动作。
（15）2982ms 时保护永跳出口。
（16）8056ms 时保护整组复归。

故障录波器动作信息见表 4-19。

表 4-19 故障录波器动作信息

动作信息	第一次变位	第二次变位	第三次变位	第四次变位
断路器跳闸位置	↑217.500ms	↓2899.166ms	↑3057.500ms	
三跳	↑144.166ms	↓212.500ms	↑2982.500ms	↓3062.500
永跳	↑2790.833ms	↓3062.500ms		
重合闸	↑2790.833ms	↓2900.833ms		
控制回路断线闭重	↑7965.833ms			

三、故障波形分析

故障录波器波形如图 4-41 所示，图中 1～4 分别为 110kV A、B、C 相线路电流及 $3I_0$ 电流，5～7 为 110kV 母线三相电压，8 为 $3U_0$，9 为同期电压。

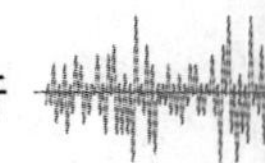

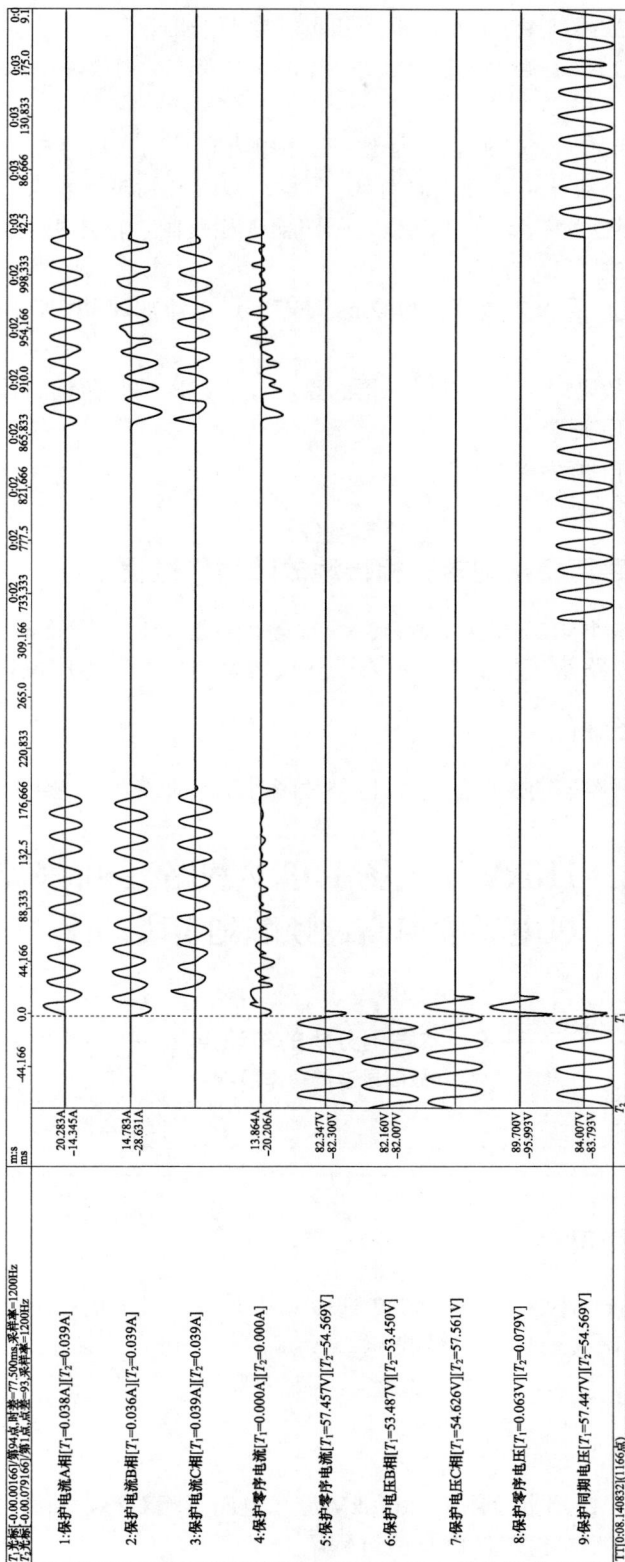

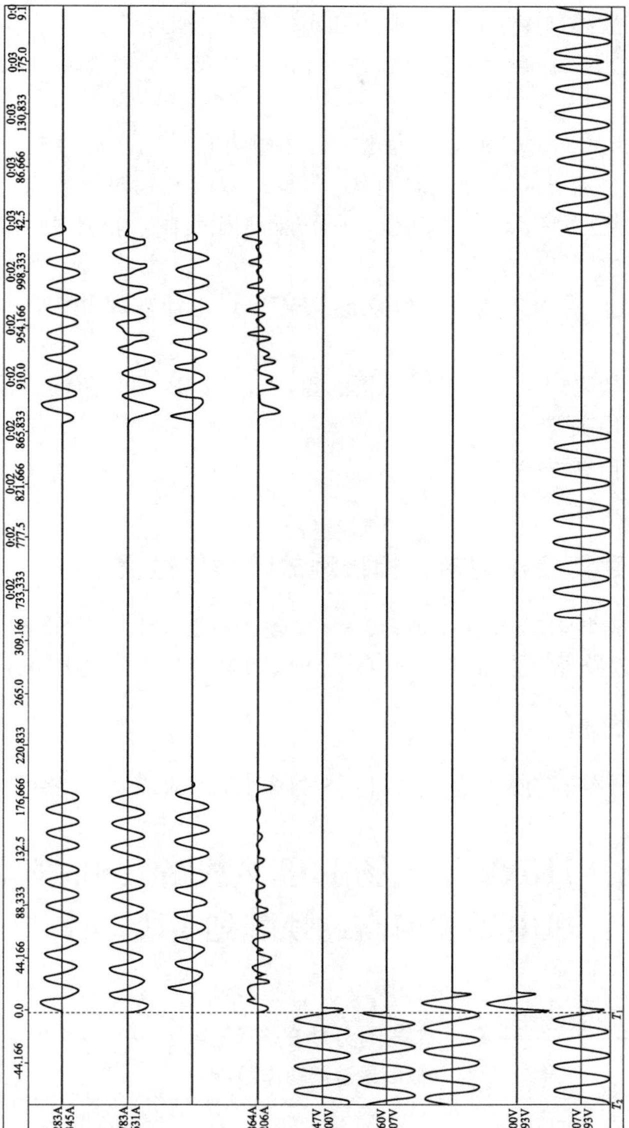

图 4-41 故障录波器波形图

（1）波形记录了故障前 85ms 正常电压和负载电流波形。

（2）0ms 时 A、B 两相接地短路，A、B 相电压为零，A 相故障电流有正的直流分量，B 相有负的直流分量。

（3）12ms 时 C 相故障，C 相电压为零，C 相电流有正的直流分量。

（4）由于出现了直流分量，故障时有 $3I_0$ 分量，故障开始时比较大，慢慢减小。

（5）181ms 时线路零序差动保护动作，断路器三相跳闸，首开相为 A 相，由于三相分闸不同期，在分闸时产生了 $3I_0$ 分量。

（6）2790ms 时重合于永久故障，2982ms 时零序过电流加速动作，3062ms 时断路器永久三相跳闸。

（7）重合于永久故障时，A、C 相有正的直流分量，B 相有负的直流分量。$3I_0$ 有负的直流分量，并且电流出现失零。

（8）同期电压取自线路 A 相。

（9）波形图中有压缩。

四、110kV 线路两相接地转三相接地故障动作过程

110kV 线路两相接地转三相接地故障→零序差动保护动作→断路器三相跳闸→经重合闸整定时间（2.5s）→断路器三相重合→重合于永久故障→后加速零序保护动作。

五、保护动作分析

本案例故障点在线路差动保护范围外，区外故障时差流应该为零，零序差动保护不应该动作。

案例 16：110kV 风电场 110kV 线路三相故障跳闸后风电场频率高过频解列Ⅰ段动作

本案例分析的知识点

（1）故障波形分析。

（2）过频解列的基本概念。

一、案例基本情况

2021 年 8 月 5 日 11 时 21 分 34 秒 527 毫秒 ，某 110kV 风电场频率高过频解列Ⅰ段动作，频率为 63.213Hz。故障波形如图 4-42 所示。

二、故障波形分析

1. 电压波形分析

在解列保护动作、断路器分闸前，110kV 母线电压三相对称，断路器分闸时 B 相为首开相，A、C 相电压在分闸时出现低频衰减过程。

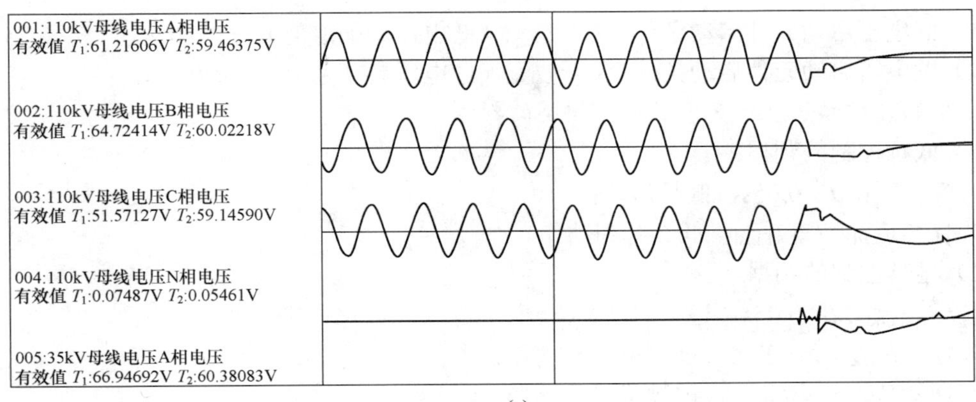

(a)

0.542311][第6162点][采样率:9600]
00.033458][第1点][采样率:9600]
m:s
ms
−99.459 −62.167 −24.876 12.416 49.708

33:110kV 分段145电流I_a
T_1=0.020A T_2=0.019A
1.245A
−0.724A

34:110kV 分段145电流I_b
T_1=0.020A T_2=0.020A
0.821A
−0.742A

35:110kV 分段145电流I_c
T_1=0.020A T_2=0.020A
0.585A
−1.181A

36:110kV 分段145电流$3I_0$
T_1=0.001A T_2=0.000A
0.473A
−0.039A

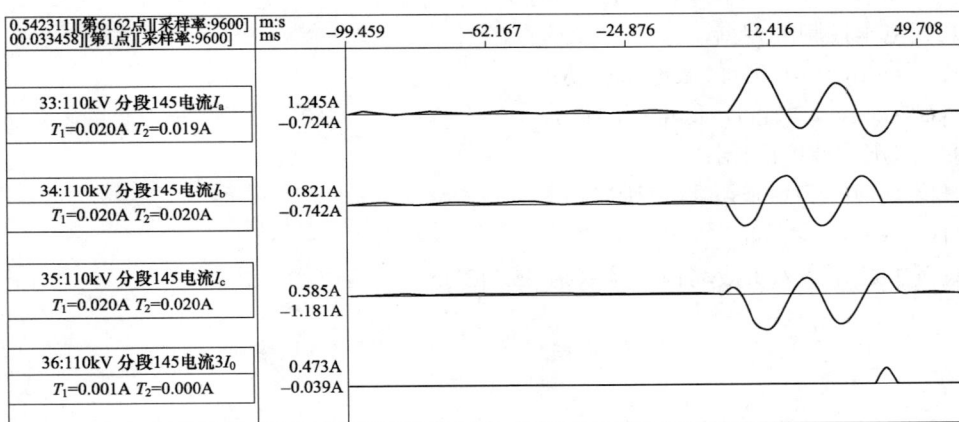

(b)

图 4-42 故障波形图

（a）电压波形图；（b）电流波形图

2. 电流波形分析

（1）A 相故障电流有正的直流分量，第一个半波出现了峰值电流，故障时间为 40ms。

（2）B 相故障电流基本没有直流分量，故障时间为 37ms。

（3）C 相故障电流有负的直流分量，第一个半波出现了峰值电流，故障时间为 40ms。

（4）B 相为首开相，由于 B 相先于 A、C 相断开，所以在分闸时出现了 $3I_0$ 分量。

三、过频解列的基本概念

以 PCS-993E 型失步解列及频率电压紧急控制装置为例，其将电力系统失步解列功能和低频解列、低电压解列、过电压解列、过频解列或切机功能集中在同一装置中，可在电力系统失步时做出相应的处理：解列、切机、切负荷或启动其他使系统再同期的控制措施；也可在电力系统发生频率或电压稳定事故时，将联络线解列，隔离事故系统。过频切机设置 3 轮。

1. 保护启动元件

（1）低频启动元件启动条件：$f \leqslant F_{Lqd}$（低频启动定值），$t \geqslant 0.05$s。

（2）过频启动元件启动条件：$f \geqslant F_{Lqd}$（过频启动定值），$t \geqslant 0.05$s。

（3）低电压启动元件启动条件：$U \leqslant U_{Lqd}$（低电压启动定值），$t \geqslant 0.05s$。

（4）过电压启动元件启动条件：$U \geqslant U_{Lqd}$（过电压启动定值），$t \geqslant 0.02s$。

2. 低频、过频、低电压、过电压控制的判据

（1）低频控制的判据：

1）$f \leqslant F_{Lqd}$，$t \geqslant 0.05s$，低频启动；

2）$\downarrow f \leqslant F_{Lzd}$，$t \geqslant T_{FLzd}$，低频解列动作。

（2）过频控制的判据：

1）$f \geqslant F_{Lqd}$，$t \geqslant 0.05s$，过频启动；

2）$\uparrow f \geqslant F_{H1zd}$，$t \geqslant T_{FH1}$，过频第一轮动作；

3）$\uparrow f \geqslant F_{H2zd}$，$t \geqslant T_{FH2}$，过频第二轮动作；

4）$\uparrow f \geqslant F_{H3zd}$，$t \geqslant T_{FH3}$，过频第三轮动作。

（3）低电压控制的判据：

1）$U \leqslant U_{Lqd}$，$t \geqslant 0.05s$，低电压启动；

2）$\downarrow U \leqslant U_{L1}$，$t \geqslant T_{UL1}$，低电压动作。

（4）过电压控制的判据：

1）$U \geqslant U_{Lqd}$，$t \geqslant 0.05s$，过电压启动；

2）$\uparrow U \leqslant U_{L1}$，$t \geqslant T_{UH}$，过电压动作。

本案例中过频解列Ⅰ段动作，频率为63.213Hz。

第五章

66kV 及以下线路故障波形分析

案例 1：500kV 2 号主变压器内部 66kV 侧（三角形）单相接地故障

本案例分析的知识点

（1）不接地系统单相接地的特点。
（2）不接地系统单相接地判断和处理。
（3）不接地系统单相接地故障波形分析。
（4）变压器内部三角侧接地后果。

一、案例基本情况

2016 年 12 月 29 日 16 时 3 分 28 秒，值班人员发现监控后台“66kV 小室故障录波器启动”“66kV 小室故障录波器复归”报文频繁上报。监控后台数据 66kV 2 母线相电压发生变化（C 相降低，A、B 相升高），同时 $3U_0$ 从 6V 渐增至 90V。当值运行人员分析可能发生 66kV 系统单相接地故障，随即向省调监控汇报“准备对 2 号主变 66kV 侧设备进行逐个拉停，以便查找并隔离接地故障点”，同时安排人员在现场远距离用望远镜观察 2 号主变 66kV 侧设备是否存在单相接地电容电弧，并使用红外测温仪检查有无电弧发热情况。

2 号主变 A 相为 2013 年 9 月生产，2016 年 10 月投运，容量 1000MVA，3 号主变正常运行。

主控室运行人员发现监控后台 2 号主变三次母线 C 相电压随着时间推移降为 0kV，A、B 相电压升高至 $\sqrt{3}$ 倍，运行人员立即将上述情况汇报省调监控。在电压降低的过程中，运行人员在主控室门口听到一声东西炸裂的声音，再无其他声音，监控后台主机备机均报“2 号主变轻瓦斯保护动作”信号。继电保护人员到保护小室检查，2 号主变非电量保护屏“A 相轻瓦斯保护动作”信号灯显示。随后，现场继电人员分析确定 2 号主变 A 相内部 66kV 绕组发生单相接地，立即启动应急预案，16 时 32 分由运行人员向省调监控请示“申请将 2 号站用变压器所带负荷由 3 号站用变压器转带出去，然后将 2 号主变停电”。16 时 48 分，省调监控答复“同意将 2 号站用变压器所带负荷由 3 号站用变压器转带出去，然后将 2 号主变停电”。17 时 13 分，2 号主变停电操作结束。

注意：此时变压器本体内部存在故障特征已经比较明显，各专业人员都应想到变压器随时可能爆炸起火伤人，为防止人员伤亡和群死群伤特别重大事故发生，不应再允许任何人员靠近主变观察、取油样等工作。

2 号主变停电后，检查设备发现 2 号主变 A 相气体继电器内有气体，现场将气体继电器内的气体引下来至集气盒内，初步目测集气盒充满气体，有白色的烟，分析是可燃气体，随后取气并拿到现场无风且安全的室内宽敞处做点燃试验，一人负责左手举起取气体的胶皮管，右手持取气体的大号玻璃针管，左手沿斜向上方60°举至最远处，一人负责点燃，另一人负责录像，气体有"砰"的一声，瞬间火焰团达七八十厘米至 1m 远，随后变为红黄色火焰燃烧直至熄灭。随后，检修专业班组做气体及油样送高压专业班组进一步检测，油色谱在线监测装置工作正常。

二、监控后台

监控后台 2 号主变各遥测量见表 5-1。

表 5-1 监控后台 2 号主变各遥测量

2 号主变高压遥测量		2 号主变中压遥测量		2 号主变低压遥测量	
U_a 299.49kV	I_a 164.00A	U_a 133.89kV	I_a 356.40A	U_a 63.25kV	I_a 487.80 A
U_b 299.85kV	I_b 169.60A	U_b 133.85kV	I_b 373.20A	U_b 63.71kV	I_b 492.00 A
U_c 300.09kV	I_c 164.00A	U_c 133.86kV	I_c 362.00A	U_c 0.51kV	I_c 487.80 A
U_{ab} 519.18kV	P 144.74 MW	U_{ab} 231.92kV	P −146.78MW	U_{ab} 63.55kV	P −0.10MW
U_{bc} 520.13kV	Q 46.20 Mvar	U_{bc} 232.67kV	Q 10.51Mvar	U_{bc} 63.45kV	Q −54.45Mvar
U_{ca} 518.61kV	$\cos\varphi$ 0.954	U_{ca} 231.66kV	$\cos\varphi$ 0.994	U_{ca} 63.50kV	$\cos\varphi$ 0.000

三、变压器内部故障情况

变压器套管下瓷套放电烧损炸裂如图 5-1 所示，由图可见该套管为电容式套管结构，当时的 66kV 套管下瓷套已经烧损炸开了，陶瓷碎成 20 片左右掉落至变压器箱体最底部的位置，电容芯绝缘纸烧损已经十分严重。事后根据现场照片分析，再回顾运行人员听到的那一声响，确定是变压器套管下瓷套炸裂的声音。

图 5-1 变压器套管下瓷套放电烧损炸裂

四、故障波形分析

（1）2016 年 12 月 29 日 16 时 3 分 29 秒 925 毫秒，2 号主变低压侧电压故障波形如图 5-2 所示。三相电压不平衡，A 相低压侧二次有效值为 53.366V，$3U_0$ 二次有效值为 4.222V。

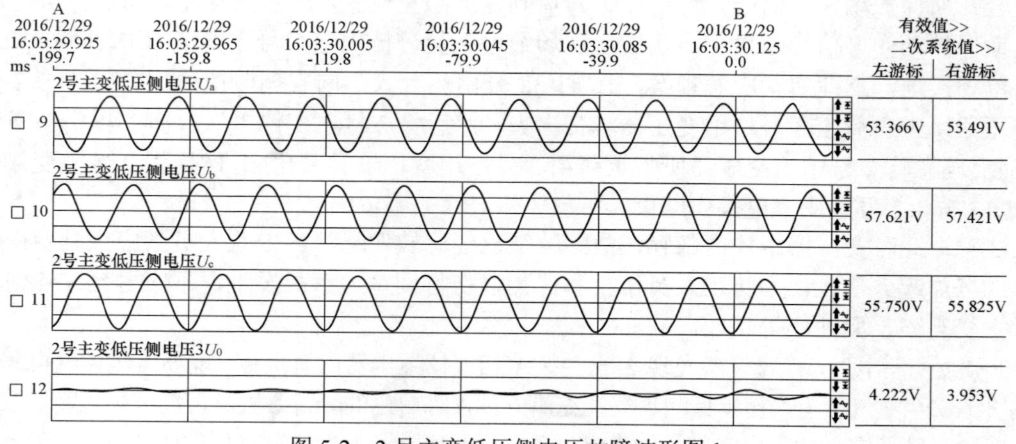

图 5-2 2 号主变低压侧电压故障波形图 1

（2）2016 年 12 月 29 日 16 时 5 分 13 秒 88 毫秒，2 号主变低压侧电压故障波形如图 5-3 所示。A 相低压侧二次有效值为 50.651V，$3U_0$ 二次有效值为 9.873V。

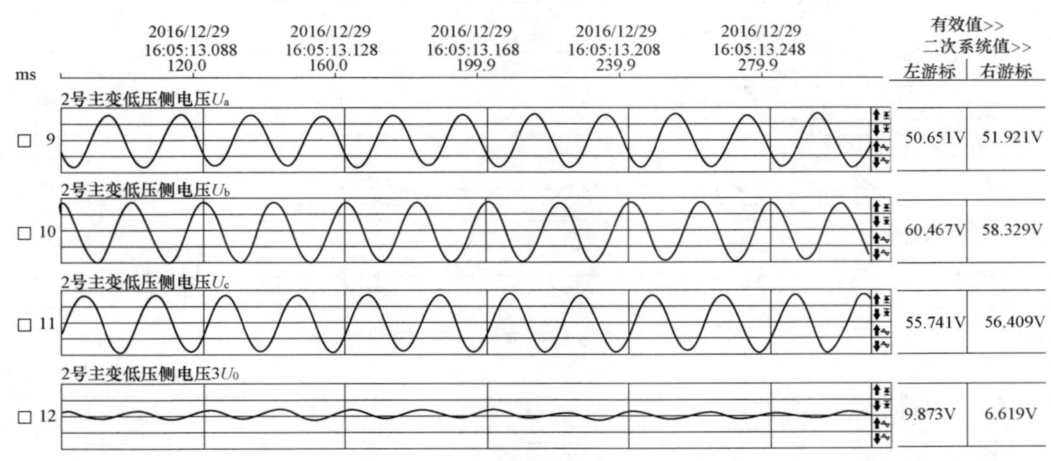

图 5-3　2 号主变低压侧电压故障波形图 2

（3）2016 年 12 月 29 日 16 时 20 分 5 秒 42 毫秒，2 号主变低压侧电压故障波形如图 5-4 所示。A 相低压侧二次有效值为 49.221V，$3U_0$ 二次有效值为 13.780V。A 相电压波形 65ms 时发生畸变，有些谐波分量。B、C 两相电压升高，与 C 相对应有畸变，$3U_0$ 不是正弦波。

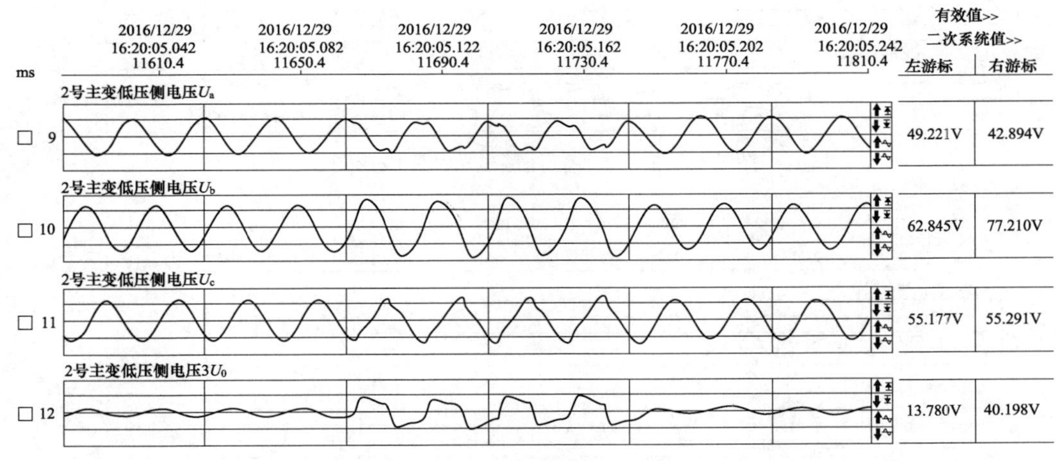

图 5-4　2 号主变低压侧电压故障波形图 3

（4）2016 年 12 月 29 日 16 时 21 分 39 秒 675 毫秒，2 号主变低压侧电压故障波形如图 5-5 所示。出现较大的 2、3、5、7 次谐波，B 相出现 2.0 倍过电压，电压畸变严重。

（5）2016 年 12 月 29 日 16 时 25 分 15 秒 915 毫秒，2 号主变低压侧电压故障波形如图 5-6 所示。出现较大的 2、3、5、7、9 次谐波。

（6）2016 年 12 月 29 日 16 时 25 分 19 秒 251 毫秒，2 号主变低压侧电压故障波形如图 5-7 所示。出现较大的 2、3、5、7 次谐波，B 相出现 2.18 倍过电压。

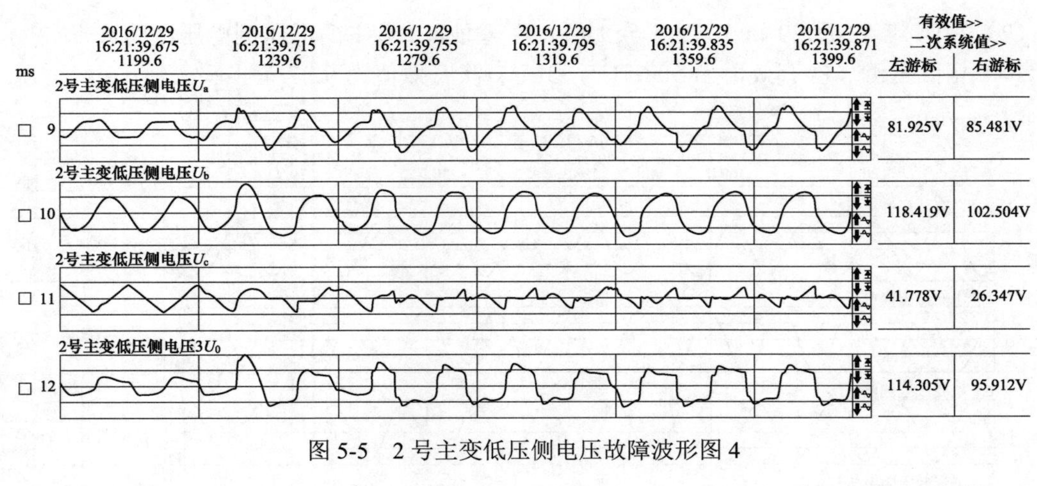

图 5-5　2 号主变低压侧电压故障波形图 4

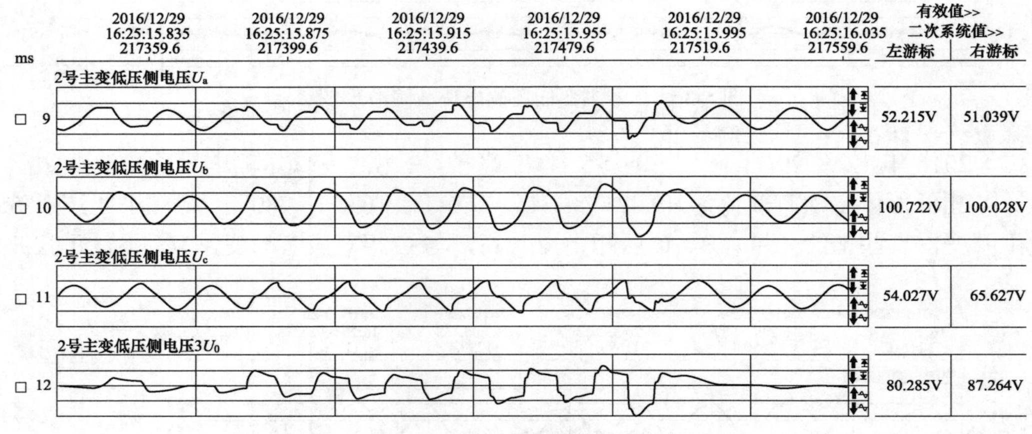

图 5-6　2 号主变低压侧电压故障波形图 5

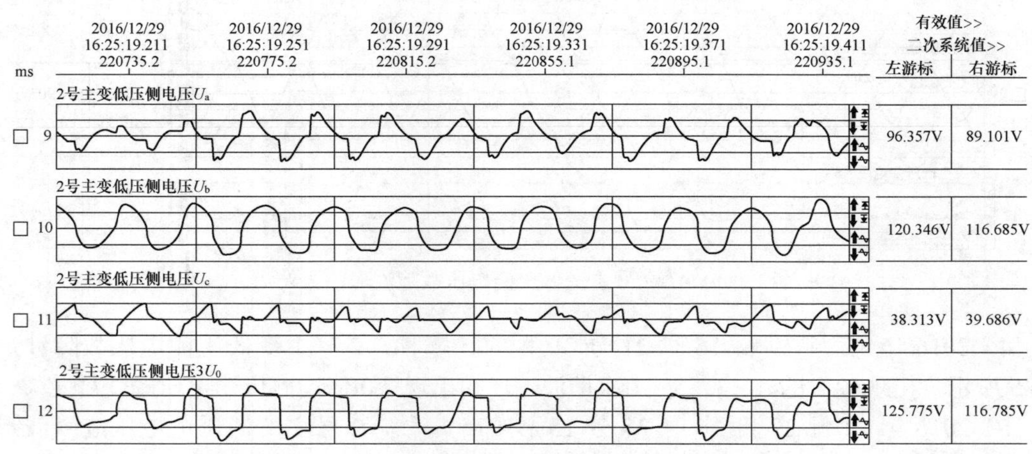

图 5-7　2 号主变低压侧电压故障波形图 6

（7）2016 年 12 月 29 日 16 时 25 分 19 秒 607 毫秒，2 号主变低压侧电压故障波形如图 5-8 所示。A、B 相电压高，谐波减少，C 相电压低，$3U_0$ 谐波量减少。

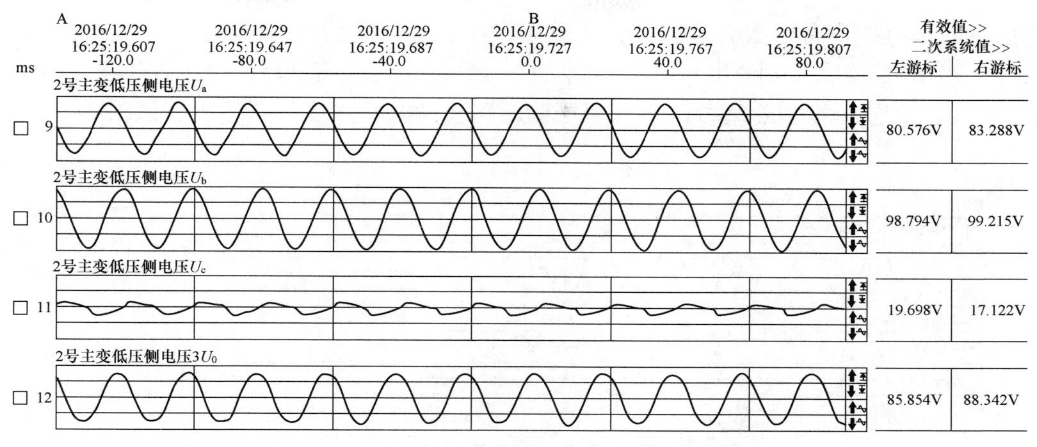

图 5-8　2 号主变低压侧电压故障波形图 7

（8）2016 年 12 月 29 日 17 时 4 分 59 秒 527 毫秒，2 号主变低压侧电压故障波形如图 5-9 所示。此时 C 相电压已经完全接地了，由于当时 66kV 系统电压稍低，由监控后台照片可知，当时母线相间电压 63kV，因为 C 相单相接地，此时 C 相二次电压降至 0.865V，非故障相 A、B 相电压升高$\sqrt{3}$倍到线电压，A 相二次电压升至 95.977V，一次值为 63.25kV，B 相二次电压升至 96.952V，一次值为 63.71kV，线电压不变，U_{AB}=63.55kV，U_{BC}=63.45kV，U_{CA}=63.50kV。录波器说明上有关零序问题的说明：序分量限值中的零序定值，是装置根据三相电压量计算出的零序分量 U_0 的启动值；而模拟量设置中的启动定值，是装置接入的 $3U_0$ 的启动值，其值应是序分量限值中零序定值的 3 倍，装置可以按照实测 $3U_0$、计算 $3U_0$ 同时启动，也可分别屏蔽。

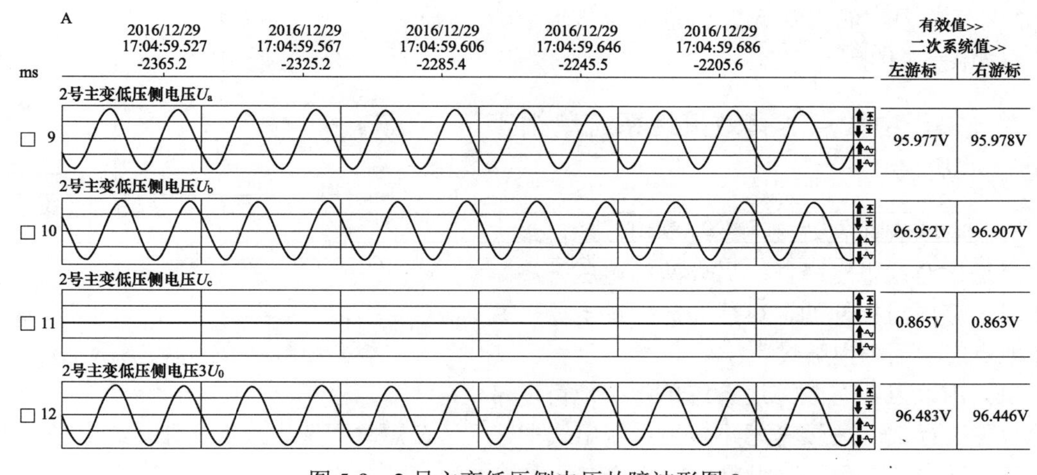

图 5-9　2 号主变低压侧电压故障波形图 8

三相电压平衡运行时，开口三角输出电压为零。一相接地时，开口三角输出 3 倍相电压，录波器的 $3U_0$ 用的开口三角绕组电压 dadn 电压互感器变比为 100/3=33.3，零序电压二次值理论值为 33.33×3=100V，也是由于当时 66kV 系统电压稍低的原因，零序电压二次值实际值为 32.161×3=96.483V。监控后台即测控用的相电压采用母线电压互感器 1a1n 变比为 $100/\sqrt{3}$，保护和录波器相电压用的母线电压互感器变比也是 $100/\sqrt{3}$，录波图波形二次有

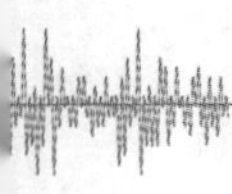

效值折算后和监控后台一次有效值一致，录波二次有效值实际值与理论值一致。

（9）2016 年 12 月 29 日 17 时 12 分 1 秒 186 毫秒，2 号主变低压侧电压故障波形如图 5-10 所示。17 时 12 分 1 秒 306 毫秒，主变低压侧断路器拉开，主变低压侧电压消失。

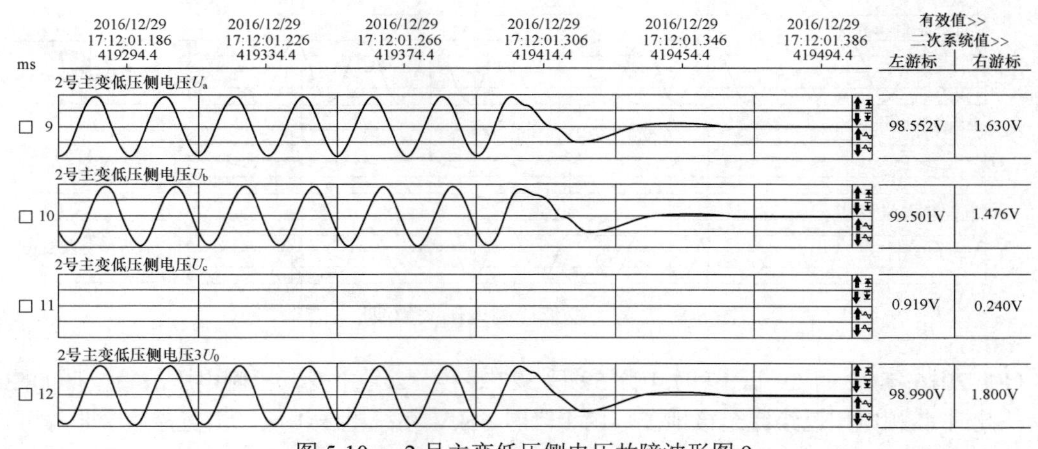

图 5-10　2 号主变低压侧电压故障波形图 9

以上 9 张故障波形图记录了从故障开始至故障处理结束 2 号主变低压侧电压变化的基本情况，波形变化特点为故障相电压逐渐降低、非故障相电压逐渐升高，中间虽有电压反复，但整个故障过程呈相电压逐渐降低、非故障相电压逐渐升高的演变过程。

五、2 号主变内部低压侧 A 相绕组 a 尾接地故障点位置

2 号主变内部低压侧 A 相绕组 a 尾接地故障点位置如图 5-11 所示。

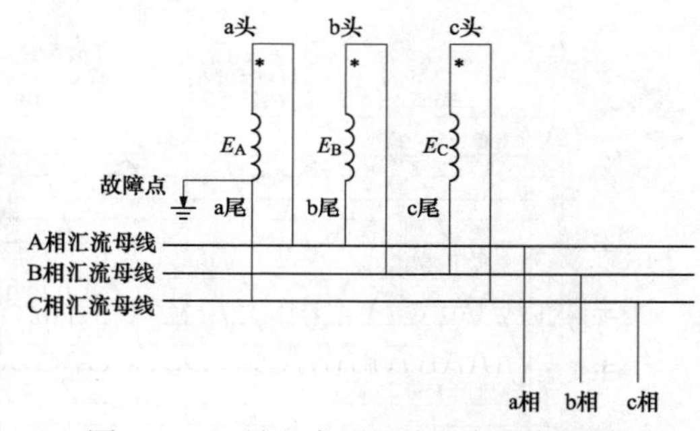

图 5-11　2 号主变压器内部低压侧 A 相绕组 a 尾接地故障点位置示意图

六、关于中性点非有效接地系统单相接地处理的思考

（1）中性点非有效接地系统单相接地，最大的特点是接地相电压降低、另外两相电压升高。对于经过渡电阻接地的，可能会产生过电压，并在接地点产生间隙电弧过电压。

（2）中性点非有效接地系统单相接地可以带接地故障运行 2h，主要考虑不接地系统出线多，无法在短时间选出接地线路。继电保护没有针对变压器内部三角形绕组单相接地的电量保护。

（3）中性点非有效接地系统发生单相接地可以继续运行，因为中性点非有效接地系统发生单相接地时，系统的线电压依然对称，电力用户可以正常用电。同时，中性点非有效接地系统的设备绝缘水平都考虑了接地时电压的情况，绝缘可以耐受。基于以上条件，考虑供电的可靠性，当发生单相接地时中性点非有效接地系统可以继续运行。

（4）中性点非有效接地系统单相接地存在严重的安全隐患，如果单相接地不及时消除，接地点的接地电流和电弧（严重时会产生间隙电弧过电压）必然会对相邻相或相邻间隔设备造成影响，

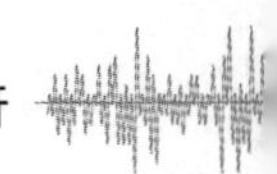

往往会发展成为相间故障，或造成故障范围故障扩大。特别是在电缆沟道中，容易发生大面积的设备损坏，进而造成大面积停电等严重后果。在山林和野外还容易引起事故扩大和发生火灾。

（5）单相接地故障虽然故障电流不大，但在接地点会有较大的跨步电压，人员接近接地点或碰触接地设备，会造成人身伤害，存在重大安全隐患。

（6）单相接地会造成多种过电压形式，对设备安全造成威胁。单相接地会造成非接地相电压的升高，也是引发铁磁谐振的重要原因，产生的间歇性电弧还会引发弧光过电压。单相纯金属接地时，非接地相电压升高 $\sqrt{3}$ 倍，铁磁谐振过电压为 4～5 倍，弧光过电压为 3～5 倍。单相接地造成的过电压是系统中很多设备故障的重要根源，往往会引起开关柜、电压互感器、避雷器、电缆头等部位的绝缘故障。

（7）对于中性点非有效接地系统发生的单相接地故障，尽快处置、隔离是基本原则。

（8）对于 110kV 及以上的变压器内部低压侧角内单相接地，在接地点会引起低能放电，不允许继续运行 2h，要立即转移负荷，向调度申请将变压器强迫停运，因为变压器不一定能挺过 2h。

（9）当低压母线上接有光伏线路，若对侧是经低阻接地，那么本侧单相接地可能造成光伏线路零序保护误动，使光伏站停电。

（10）针对本案例，建议对于 110kV 及以上电压等级的变压器增加“低电压+轻瓦斯保护”，同时动作跳主变各侧断路器。

案例 2：66kV 不接地系统 A 相接地转 C 相接地转三相短路故障

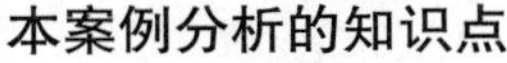

不接地系统转换性故障波形分析。

某 66kV 不接地系统 A、C 相接地转三相短路故障，故障波形如图 5-12 所示。

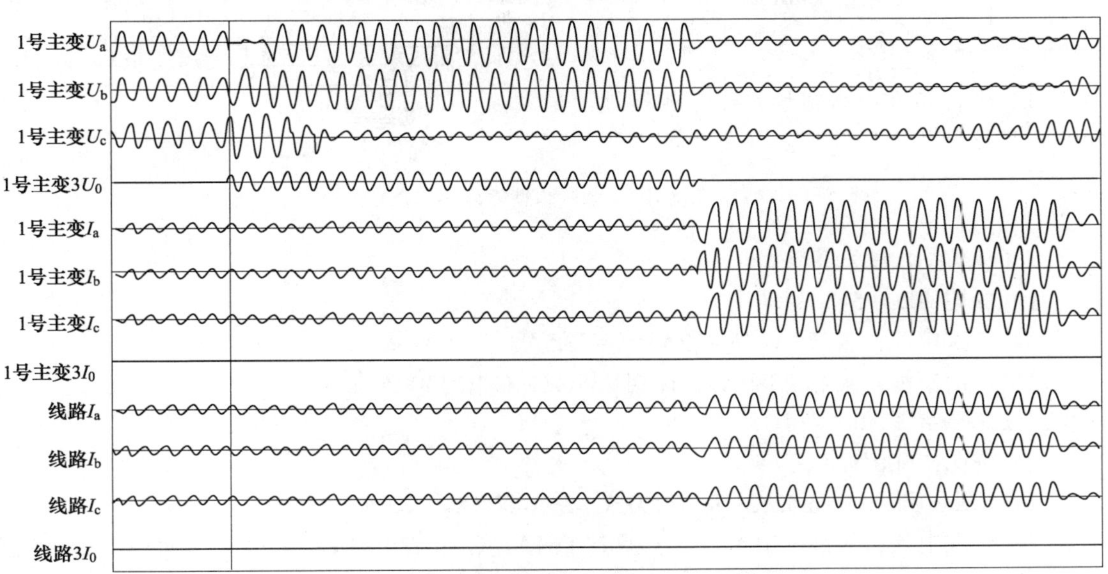

图 5-12　不接地系统 A、C 相接地转三相短路故障波形图

（1）电压波形分析。波形记录了故障前 5 个周波（100ms）正常电压电流波形值。0ms 时 A 相接地，B、C 两相电压升高，有 $3U_0$，接地时间为 45ms；45ms 时 C 相接地时间为 21 个周波（420ms），有 $3U_0$；后三相电压降低，三相短路，几乎没有 $3U_0$。

（2）电流波形分析：C 相接地 420ms 后出现对称三相短路电流，没有 $3I_0$，时间 19 个周波（380ms）。在三相短路后，另一条线路也出现了故障电流，故障电流不大。

（3）线路过电流保护整定时间为 0.35s。

案例 3：220kV 变电站 66kV 线路近端三相故障

本案例分析的知识点

一、案例基本情况

2021 年 8 月 27 日 20 时 14 分 59 秒，某 220kV 变电站 66kV 线路三相故障，线路过电流速断保护动作，保护测距为 1.39km。故障接线方式如图 5-13 所示。

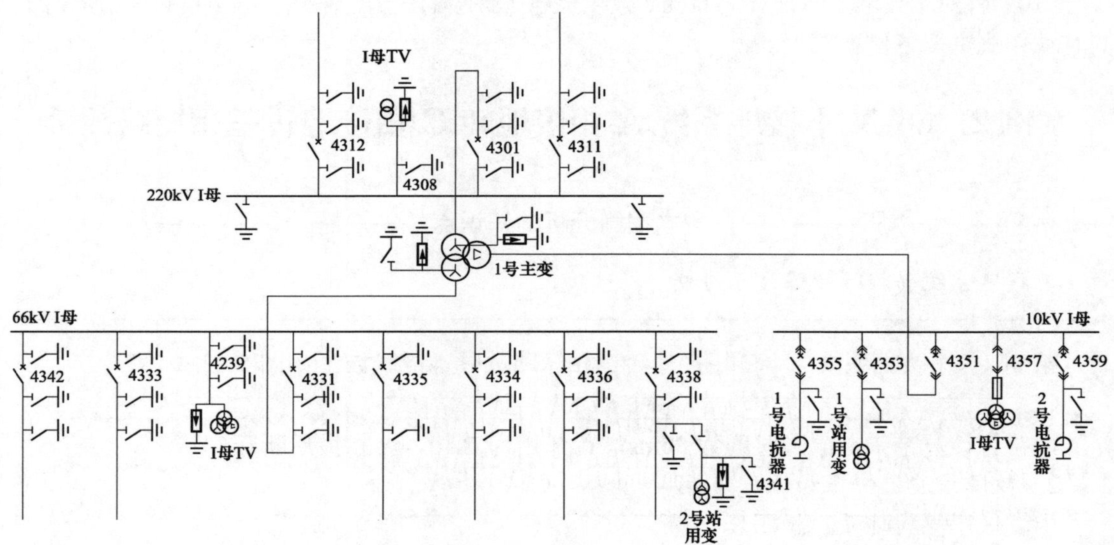

图 5-13　故障接线方式示意图

1. 66kV系统相关参数

（1）变比：200/5。

（2）二次电流：I_A=72A，I_B=72A，I_C=82.5A。

（3）一次电流：A 相 2880A， B 相 2880A，C 相 3300A。

2. 220kV系统相关参数

（1）变比：600/5。

（2）二次电流：I_A=6.42A，I_B=6.172A，I_C=6.007A。

（3）一次电流：A 相 770.4A， B 相 740.64A，C 相 730.84A。

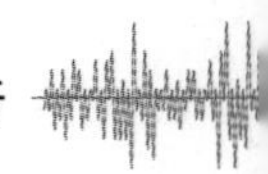

二、故障波形图分析

1. 220kV故障波形分析

220kV 故障录波器波形如图 5-14 所示。

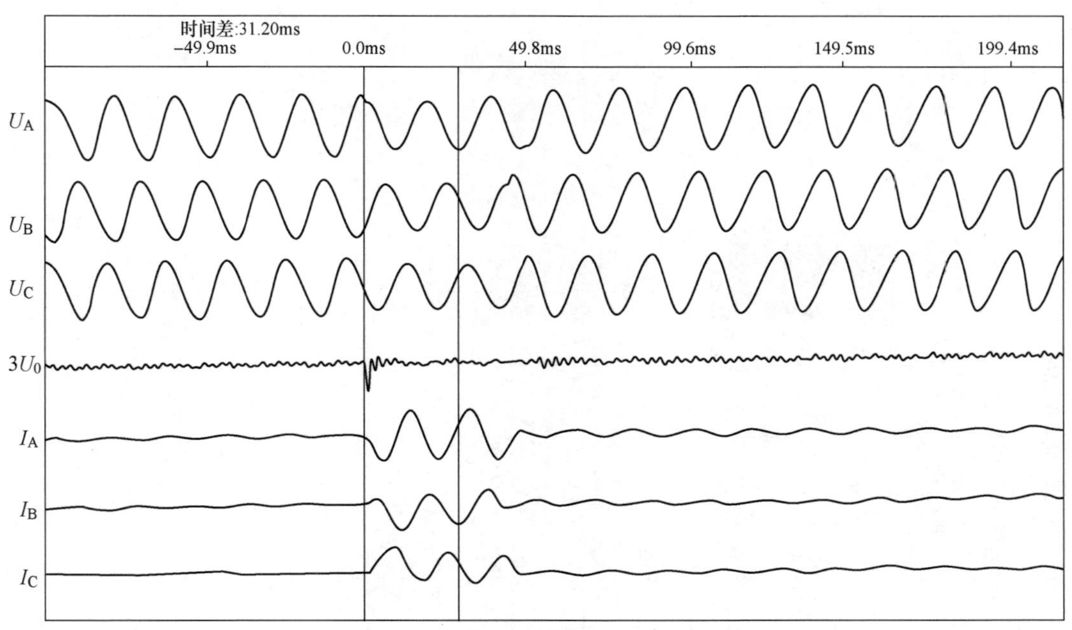

图 5-14　220kV 故障录波器波形图

（1）波形图记录了 220k 母线电压和变压器高压侧故障电流。故障时 A、B 相电压第一个波有畸变，三相电压降低，因此变压器的阻抗降低不是特别明显。

（2）变压器高压侧故障电流分析：0ms 时变压器高压有三相故障电流，A 相值比 B、C 相大，符合计算结果，故障时间为 50ms，首开相为 B 相，A 相最后断开。

2. 故障录波器中压和低压分析

中、低压侧故障波形如图 5-15 所示。

（1）故障录波器记录了故障时 8 个模拟量，即 4 个电压量、4 个电流量。报告记录了故障前 60ms 正常电压、负载电流波形。

（2）66kV 电压量分析：0ms 时 66kV 母线电压为零，说明故障在近端，故障开始 A、C 相有个小的电压负半轴电压，并出现很小的 $3U_0$。35ms 时 B 相电压先恢复，A、C 相后恢复，B 相电压有一个周波半的升高，之后恢复正常。断路器分闸时，由于三相不同期和 B 相电压升高，出现了 $3U_0$ 分量。时间约为 30ms。

（3）10kV 电压量分析：由于 10kV 是负荷侧，在 66kV 出线近端三相故障时，三相电压为零，没有 $3U_0$ 分量。

（4）66kV 故障电流量分析：0ms 前记录负载电流，0ms 开始为三相短路电流，故障时间约为 50ms。

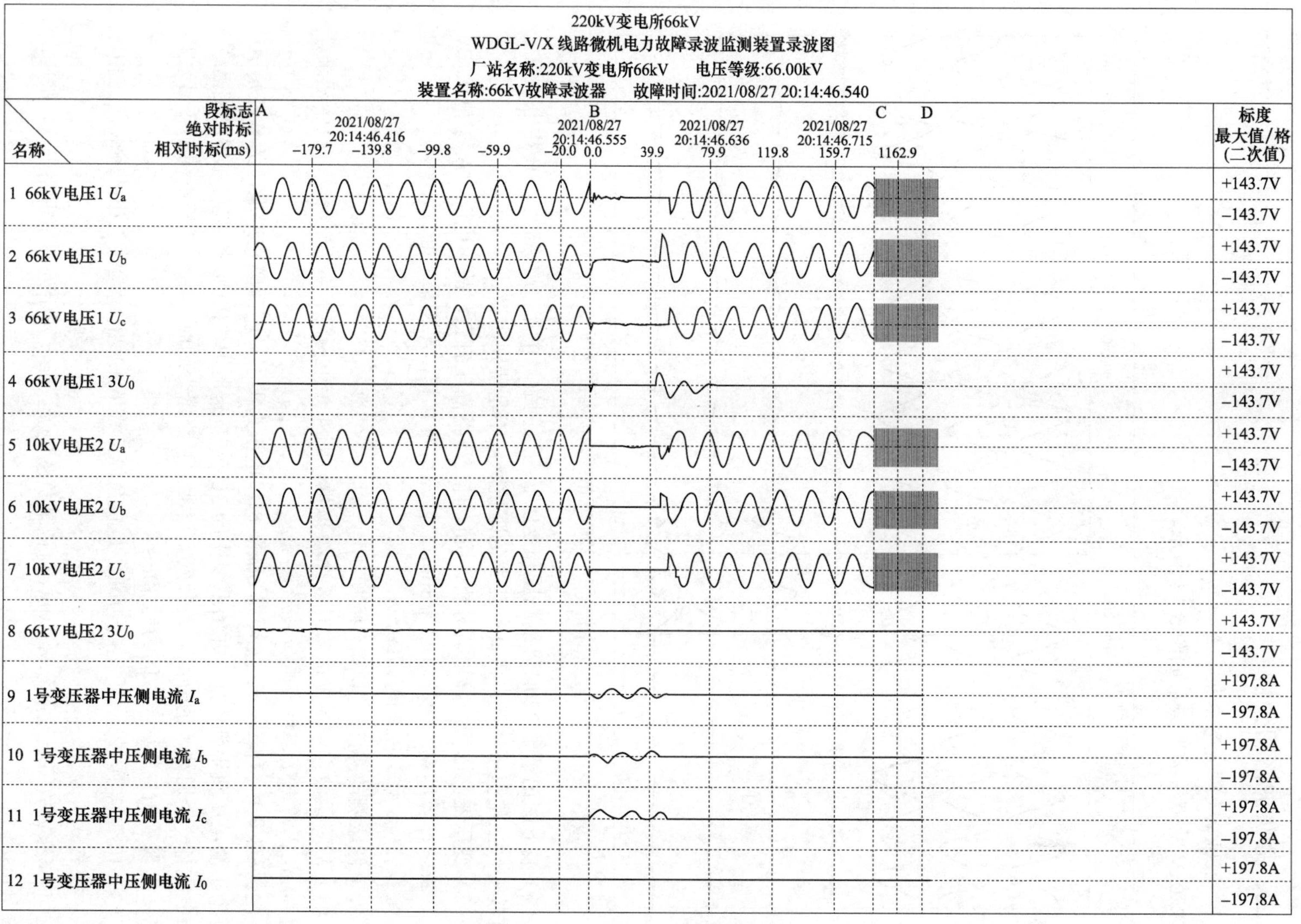
220kV变电所66kV
WDGL-V/X 线路微机电力故障录波监测装置录波图
厂站名称:220kV变电所66kV　电压等级:66.00kV
装置名称:66kV故障录波器　故障时间:2021/08/27 20:14:46.540
名称
段标志
绝对时标
相对时标(ms)
A B C D
2021/08/27 20:14:46.416
2021/08/27 20:14:46.555
2021/08/27 20:14:46.636
2021/08/27 20:14:46.715
-179.7 -139.8 -99.8 -59.9 -20.0 0.0 39.9 79.9 119.8 159.7 1162.9
标度
最大值/格
(二次值)
1 66kV电压1 U_a　+143.7V　-143.7V
2 66kV电压1 U_b　+143.7V　-143.7V
3 66kV电压1 U_c　+143.7V　-143.7V
4 66kV电压1 $3U_0$　+143.7V　-143.7V
5 10kV电压2 U_a　+143.7V　-143.7V
6 10kV电压2 U_b　+143.7V　-143.7V
7 10kV电压2 U_c　+143.7V　-143.7V
8 66kV电压2 $3U_0$　+143.7V　-143.7V
9 1号变压器中压侧电流 I_a　+197.8A　-197.8A
10 1号变压器中压侧电流 I_b　+197.8A　-197.8A
11 1号变压器中压侧电流 I_c　+197.8A　-197.8A
12 1号变压器中压侧电流 I_0　+197.8A　-197.8A

图 5-15　中、低压侧故障波形图

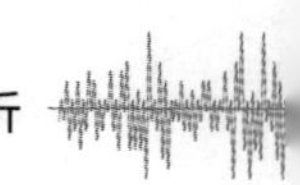

案例 4：35kV 不接地系统 C 相接地转三相短路

本案例分析的知识点

不接地系统 C 相接地转三相短路波形分析。

一、案例基本情况

某变电站 35kV 不接地系统 C 相接地转三相短路故障，线路过电流速断保护动作。

二、故障波形分析

1. C相故障波形分析

C 相故障波形如图 5-16 所示。故障记录了 80ms 正常电压波形值，0ms 时 C 相接地，A、B 两相电压升高，有 $3U_0$，电压互感器 A、B 相和 $3U_0$ 出现了铁磁谐振。

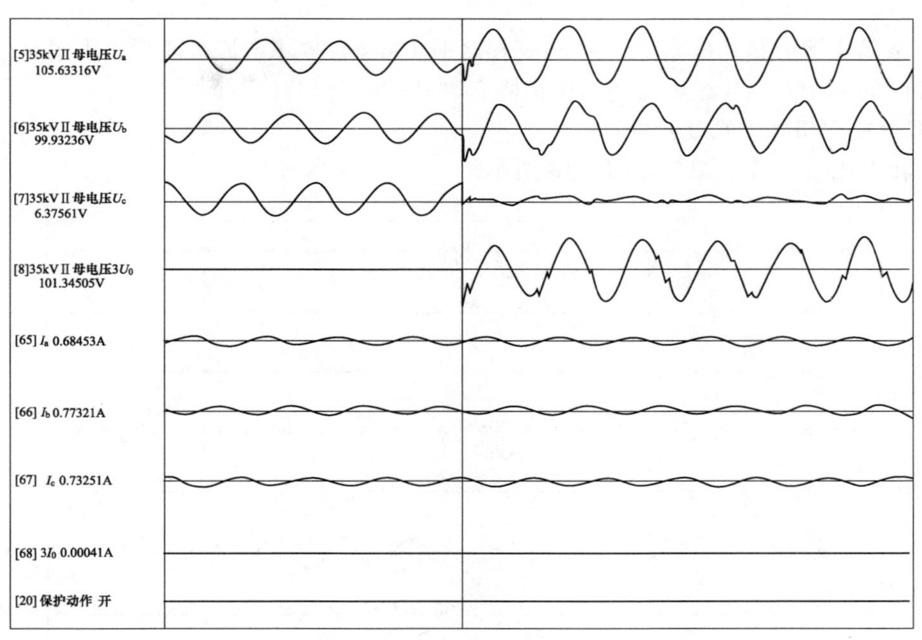

图 5-16　C 相故障波形图

2. C相转三相故障波形分析1

C 相转三相故障波形图 1 如图 5-17 所示。

（1）故障电压分析：由图 5-17 可知 C 相接地，C 相电压降低，C 相电压不等于零，经很小的过渡电阻接地；A、B 两相电压升高，有 $3U_0$ 分量，A、B 、$3U_0$ 电压出现谐波分量。

40ms 后转三相近区短路，故障时间为 100ms。

断路器三相跳闸后，B 相接地，A、C 两相电压升高。

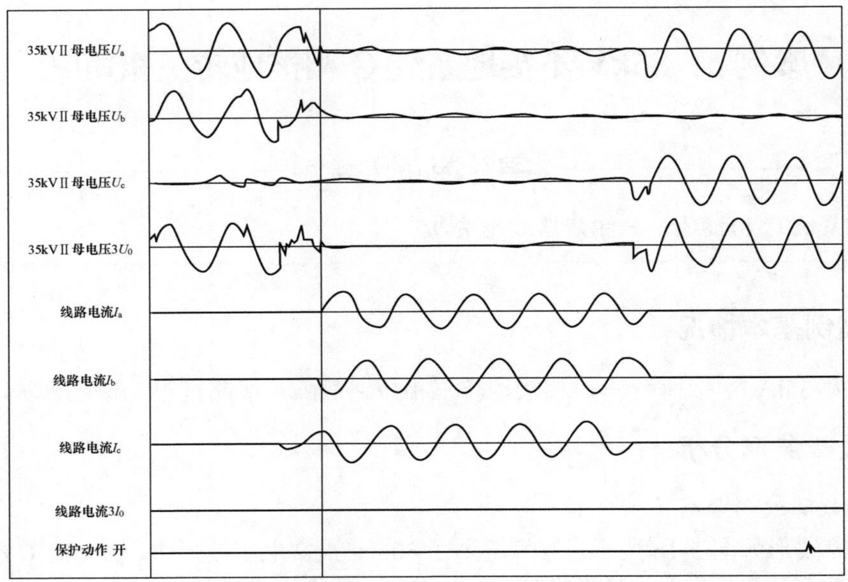

图 5-17　C 相转三相故障波形图 1

（2）故障电流分析：C 相接地在转三相之前 10ms 有故障电流，随后出现对称性三相短路，故障时间为 100ms（过电流速断保护固有时间+断路器分闸时间）。

3．C相转三相故障波形分析2

C 相转三相故障波形图 2 如图 5-18 所示。

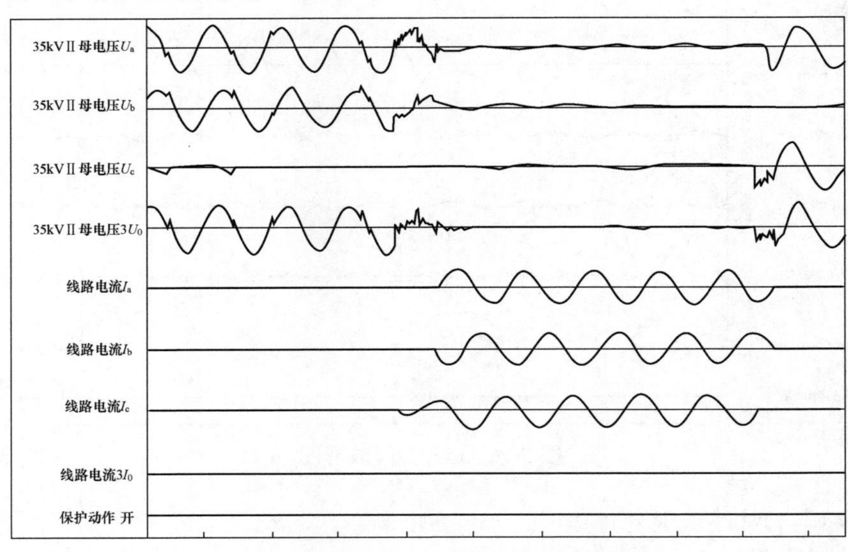

图 5-18　C 相转三相故障波形图 2

（1）故障电压分析。由图 5-18 可知第二个周波发生畸变，母线电压互感器有铁磁谐振现象，有高次谐波分量。40ms 后 B 相电压降低，转 BC 相间故障 50ms 后三相对称性短路，三相电压为零，故障在出口处，故障时间为 90ms。故障切除时，A、B 相及开口三角电压发生

畸变，应该是断路器切除故障的过渡过程引起。三相故障切除后B相仍然存在接地，接地时间为80ms，如图5-19所示，B相电压为零（纯金属性接地），A、C两相电压升高，有$3U_0$，接地时间为80ms。随后，三相电压及$3U_0$出现不规则振荡过程，$3U_0$开始衰减，直到三相电压恢复正常，如图5-20所示。

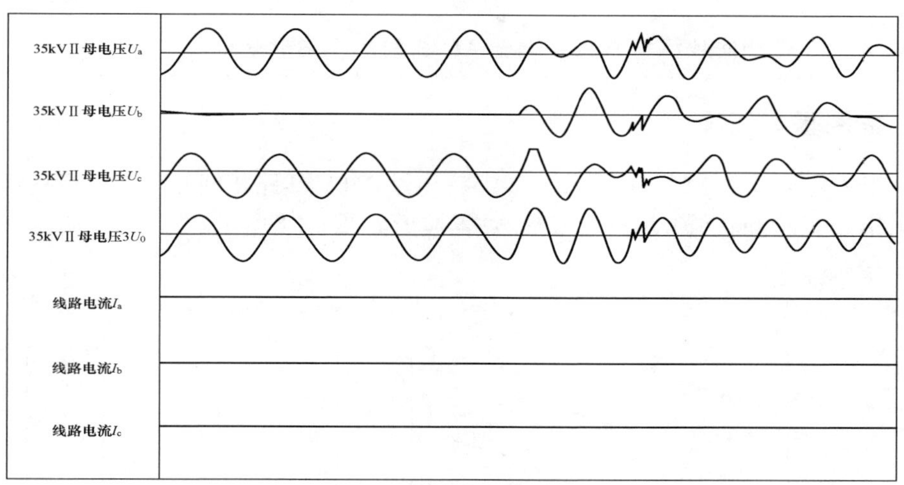

图5-19　B相接地故障波形图

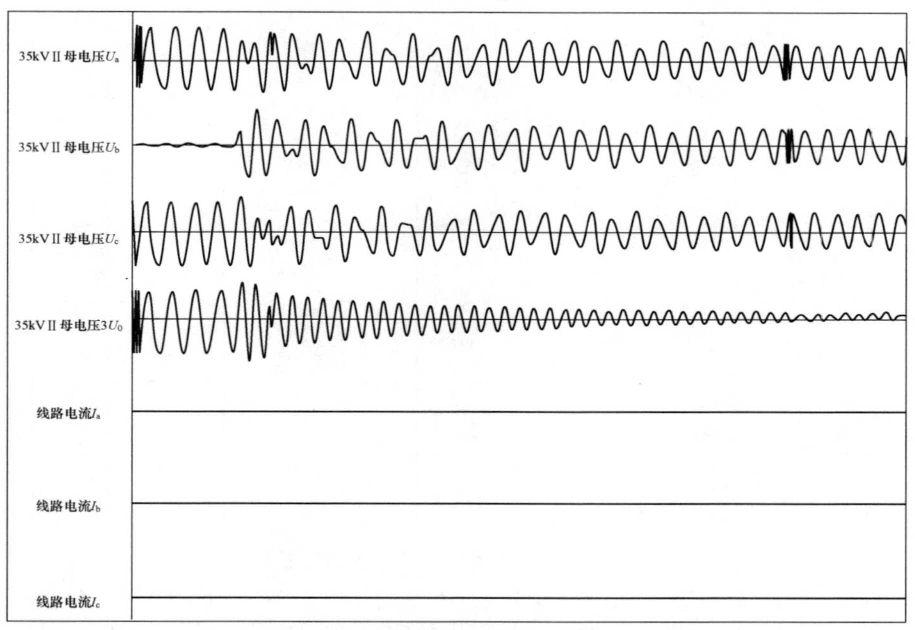

图5-20　B相接地恢复过程故障波形图

（2）故障电流分析。0～50ms记录的是负载电流，40ms开始C相有故障电流，50ms时转三相对称性短路，时间为90ms。首开相为C相，A、B相后跳闸，滞后时间为5ms。

案例 5：35kV 线路 BC 相间故障转三相故障转 AC 相间故障

本案例分析的知识点

35kV 线路 BC 相间故障转三相故障转 AC 相间故障波形分析。

一、案例基本情况

2021 年 3 月 18 日 12 时 49 分 59 秒，某变电站 35kV 线路相间故障转三相故障再转相间故障，线路过电流速断保护动作。故障录波器波形如图 5-21 所示。

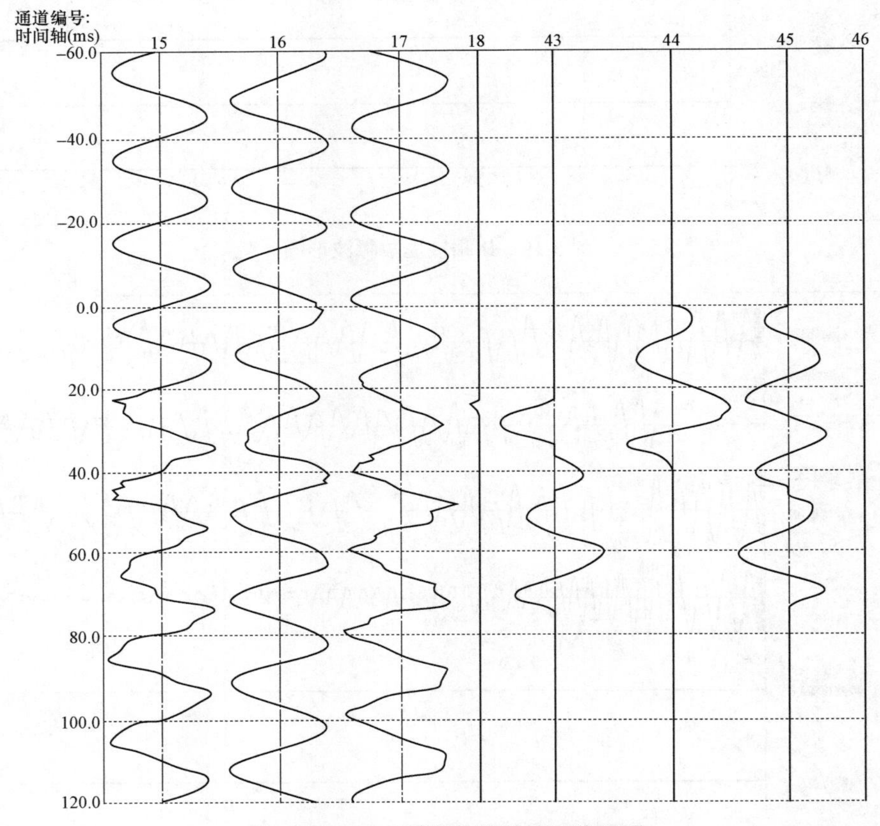

图 5-21 35kV 系统故障录波器波形图

15—35kV 母线电压 U_a；16—35kV 母线电压 U_b；17—35kV 母线电压 U_c；18—35kV 母线电压 $3U_0$；
43—35kV 集电线路Ⅶ电流 I_a；44—35kV 集电线路Ⅶ电流 I_b；45—35kV 集电线路Ⅶ电流 I_c；
46—35kV 集电线路Ⅶ电流 $3I_0$

二、故障波形图分析

（1）故障录波器记录了故障时 8 个模拟量，即 4 个电压量、4 个电流量。报告记录了故障前 60ms 正常电压、负载电流波形。

（2）电压量分析。0ms 开始故障，前 20msC 相负半波电压出现了 3 次谐波分量。20～100ms，三相电压发生畸变，其中 A、C 相比 B 相严重。电压 A 相 80ms 负半波、40ms 后 C 相的正半波电压比相电压略高。20ms 后有一点 $3U_0$。

（3）电流量分析。0ms 开始 BC 相间短路，短路电流大小基本相等，20ms 时转三相短路，40ms 时转 AC 相间短路，A、C 相电流互感器有饱和现象，之后退出饱和。整个故障时间约为 72ms。20ms 后有一点 $3I_0$。

（4）根据电压波形，在故障电流切除后仍有电压，并逐步恢复正常。故障是 35kV 出线故障，故障点应该在线路末端，或经过渡电阻短路。

三、保护动作情况分析

2021 年 3 月 18 日 12 点 49 分 50 秒，某变电站 35kV 出线末端 BC 相间故障转三相故障转 AC 相间故障，线路速断保护动作。

案例 6：500kV 变电站 66kV 1 号站用电低压侧电缆因外力造成故障，站用变压器低压零序保护动作跳 1 号站用变压器

本案例分析的知识点

（1）零序保护动作故障波形分析。
（2）故障原因分析。

一、案例基本情况

2022 年 8 月 11 日 11 时 29 分 56 秒 742 毫秒，某 500kV 变电站 66kV 1 号站用电低压侧电缆因外力造成故障，站用变压器低压零序保护动作跳 1 号站用变压器，零序保护采用外接 $3I_0$，整定时间为 0.95s。

二、故障报告信息

（1）0ms 时保护启动。

（2）986ms 时低压侧零流动作（400V 侧）。

三、故障波形分析

PST-645 保护装置故障波形如图 5-22 所示。

（1）保护类型：PST-645 站用变压器保护。

（2）模拟量：I_a=5.01A/格；I_b=5.01A/格；I_c=5.01A/格；I_{D0}=8.01A/格；U_a=6.00V/格；U_b=6.00V/格；U_c=6.00V/格；I_{G0}=1.00A/格；C_{I0}=1.00A/格。

（3）开关量：1—跳位；2—合位；3—启动；4—跳闸；5—合闸。

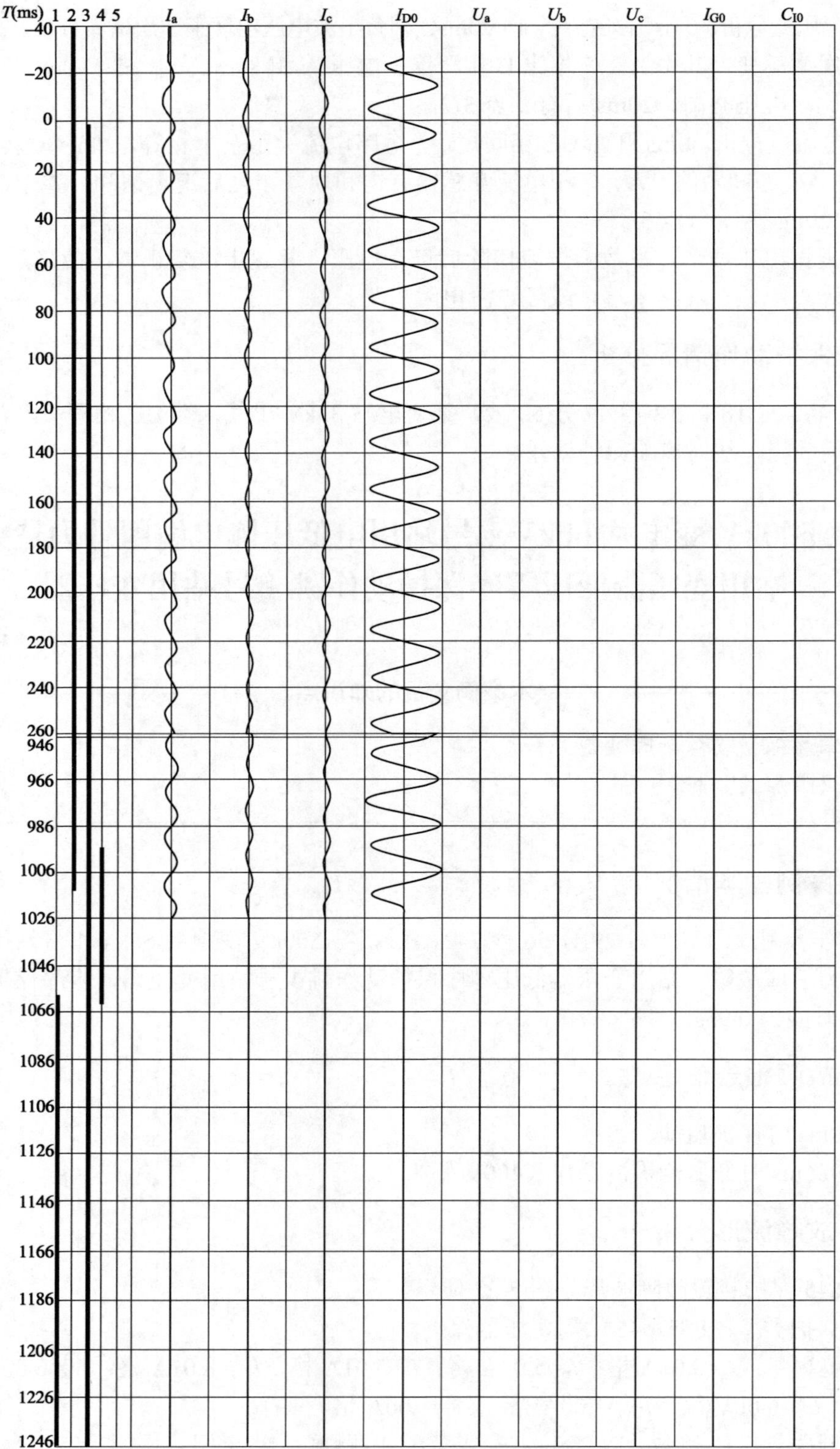

图 5-22　PST-645 保护装置故障波形图

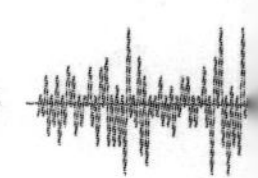

四、故障分析

I_a、I_b、I_c为 66kV 1 号站用变压器高压侧电流，I_{D0}为 1 号站用变压器低压侧（400V）外接零序电流互感器电流，本报告没有采集 66kV 母线电压。

（1）报告记录了故障前 20ms 66kV 站用变压器高压侧正常电流和 400V $3I_0$ 波形值。

（2）−20ms 开始故障，400V 侧出现 $3I_0$，波形对称，约为 0.9 格，66kV 站用变压器高压侧三相均出现故障电流，其中 A 相电流比 B、C 两相，高压侧三相电流之间相位保持不变。

（3）$3I_0$ 二次有效值=（0.9 格×8.01A/格）$\div\sqrt{2}$=5.098A。

（4）站用变压器分段断路器配有过电流速断保护，但故障电流没有达到保护整定值。

（5）故障电流持续时间为 1022ms。

（6）1 号站用变压器 66kV 侧断路器三相分闸时间同期。

（7）开关量分析：

1）993ms 时 1 号站用变压器 66kV 侧断路器跳闸，分闸时间约为 60ms；

2）通道 2 表示站用变压器高压侧断路器在合位；

3）0ms 时保护启动，开放保护正电源；

4）993ms 时 1 号站用变压器 66kV 侧断路器跳闸，分闸时间约为 60ms；

5）1011ms 时 1 号站用变压器 66kV 侧断路器合位信号消失，1059ms 时 1 号站用变压器 66kV 侧断路器分位，断路器两组辅助开关在切换时有短时既不在合位、也不在分位过程。

五、故障原因分析

跳闸后，运行人员经过查找确认为低压侧某 400V 分支电缆单相接地短路故障导致，经分析为 1 号站用变压器低压侧断路器定值整定与分支电缆 400V 塑壳断路器特性选型整定配合不当，导致 1 号站用变压器 400V 侧零序过电流动作，越级跳开 66kV 1 号站用变压器一、二次侧断路器。

第六章

发电机故障波形分析

案例1：某水电站220kV线路故障引起发电机全停事故

本案例分析的知识点

（1）220kV线路差动保护和距离Ⅰ段保护动作原因分析。
（2）220kV线路故障，发电机频率变化情况分析。
（3）220kV线路故障，发电机甩负荷原因分析。

一、案例基本情况

某水电站装设4台62MW的发电机，发电机机端电压为10.5kV，额定功率因数为0.85（滞后），发电机中性点为不接地方式。装设4台双绕组升压变压器，变压器容量均为75MVA，额定电压为242/10.5kV，1G、2G、3G、4G发电机分别与1TM、2TM、3TM、4TM变压器构成发电机—变压器组单元接线，220kV系统为单母线接线，出线一回，通过220kV线路并入电网。

2022年7月6日6时53分56秒314毫秒，220kV线路A、B套差动保护动作，相间距离Ⅰ段动作。

2022年7月6日6时56分，220kV线路差动保护动作导致四台发电机甩负荷停机。

二、220kV线路保护故障波形分析

1. 220kV线路A套CSC-103A-G-R线路保护装置故障波形分析

220kV线路A套CSC-103A-G-R线路保护装置动作信息见表6-1，故障波形如图6-1所示。

表6-1　CSC-103A-G-R线路保护装置动作信息

时间	动作元件	跳闸相别	动作参数
2022-07-06 06：53：56. 210	保护启动		
	采样已同步		
14ms	纵差保护动作	ABC	
14ms	分相差动动作	ABC	I_{CDa}=0.027A I_{CDb}=2.344A I_{CDc}=2.344A
20ms	闭锁重合闸		
21ms	三跳闭锁重合闸		
22ms	相间距离Ⅰ段动作	ABC	X=−0.016Ω R=0.156Ω BC相
	三相差动电流		I_{CDa}=0.027A I_{CDb}=5.688A I_{CDc}=5.688A
	三相制动电流		I_A=1.117A I_B=2.391A I_C=3.438A
	对侧差动电流		
	故障相电压		U_A=60.75V U_B=30.20V U_C=29.50V

续表

时间	动作元件	跳闸相别	动作参数
	故障相电流		I_A=0.602A I_B=1.766A I_C=1.227A
	测距阻抗		X=0.0049Ω R=0.221Ω BC 相
	故障测距		L=0.828km BC 相
	三相闭锁重合闸		

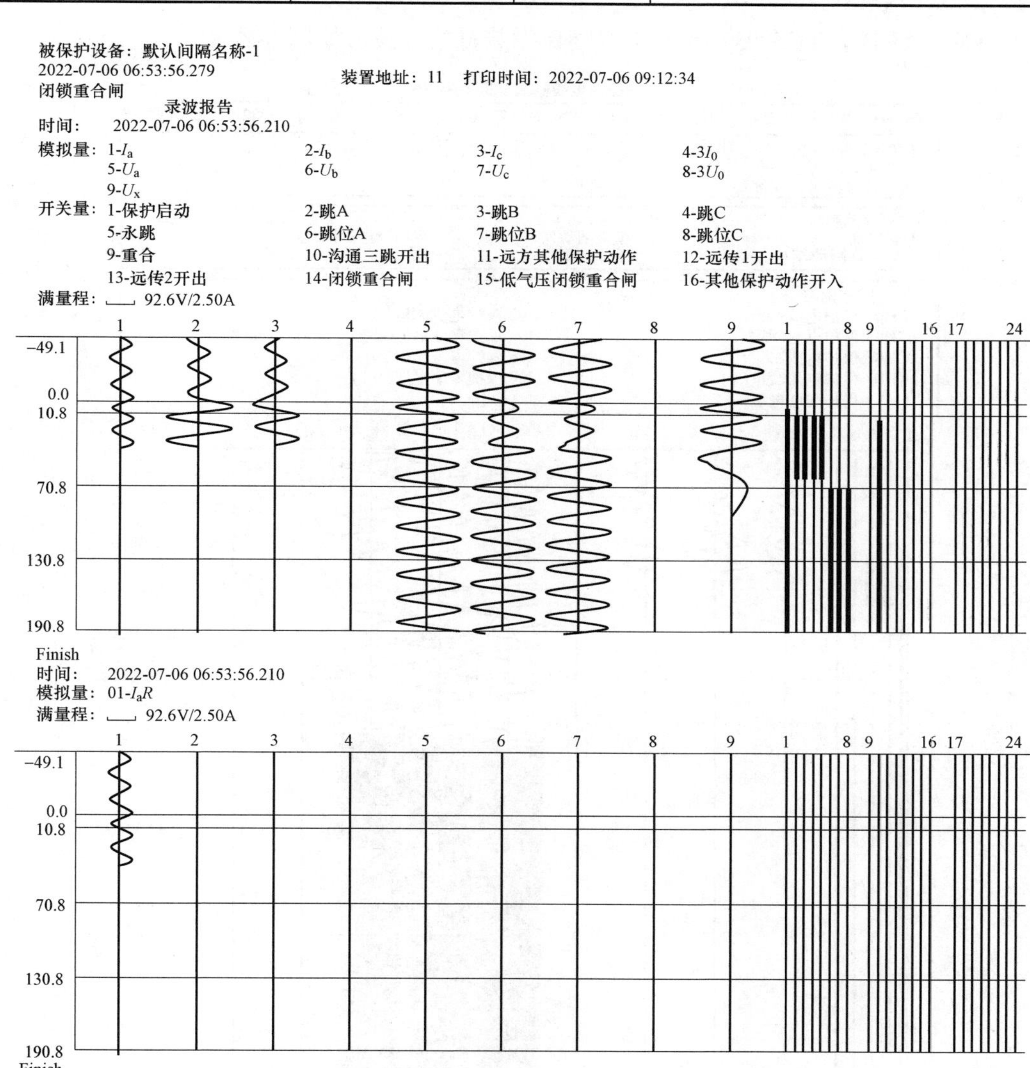

图 6-1 220kV 线路 A 套 CSC-103A-G-R 线路保护装置故障波形图

2. CSC-103A-G-R线路保护装置故障波形分析

（1）图 6-2 中有 9 个模拟量、24 个开关量。

（2）波形记录了故障前 49.1ms 正常电压和负载电流波形。

（3）0ms 时 B、C 相电压降低，A 相电压不变，没有 $3U_0$ 分量，两故障相电压大小相等、方向相反（近端），故障时间约为 40ms。

（4）0ms 时 B、C 两相出现短路电流，两故障相电流方向相反，波形幅值不相等；故障时 A 相流过的是负载电流，没有 $3I_0$ 分量，故障时间约为 40ms。

（5）模拟量为线路 A 相电压互感器，断路器三相分闸后，电压有一个衰减过程。

（6）故障时有 9 个开关量动作，分别是：01—保护启动；02—跳 A；03—跳 B；04—跳 C；05—永跳；06—跳位 A；07—跳位 B；08—跳位 C；10—沟通三跳开出。

3. 220kV线路B套CSC-103A-G-R线路保护装置故障波形分析

220kV 线路 B 套 PCS-931SA-S-R 线路保护装置故障波形如图 6-2 所示。

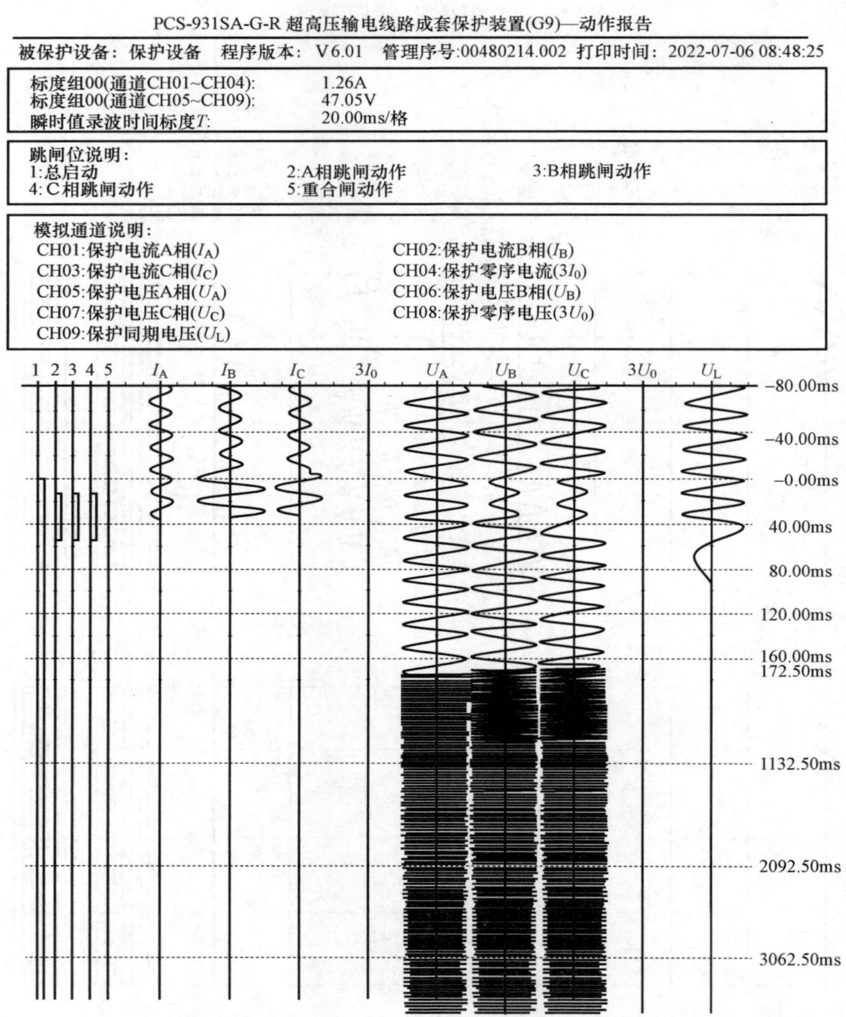

PCS-931SA-G-R 超高压输电线路成套保护装置(G9)—动作报告
被保护设备：保护设备 程序版本：V6.01 管理序号:00480214.002 打印时间：2022-07-06 08:48:25
标度组00(通道CH01~CH04): 1.26A
标度组00(通道CH05~CH09): 47.05V
瞬时值录波时间标度T: 20.00ms/格
跳闸位说明：
1:总启动 2:A相跳闸动作 3:B相跳闸动作
4:C相跳闸动作 5:重合闸动作
模拟通道说明：
CH01:保护电流A相(IA) CH02:保护电流B相(IB)
CH03:保护电流C相(IC) CH04:保护零序电流(3I0)
CH05:保护电压A相(UA) CH06:保护电压B相(UB)
CH07:保护电压C相(UC) CH08:保护零序电压(3U0)
CH09:保护同期电压(UL)
1 2 3 4 5 IA IB IC 3I0 UA UB UC 3U0 UL
-80.00ms
-40.00ms
-0.00ms
40.00ms
80.00ms
120.00ms
160.00ms
172.50ms
1132.50ms
2092.50ms
3062.50ms

图 6-2 220kV 线路 B 套 PCS-931SA-S-R 线路保护装置故障波形图

（1）220kV 线路 B 套 PCS-931SA-S-R 线路保护装置动作信息。

1）时间：2022-07-06 06：53：56.217。

2）0ms 时保护启动。

3）12ms 时 B 相纵差保护动作。

4）13ms 时 ABC 相纵差保护动作。

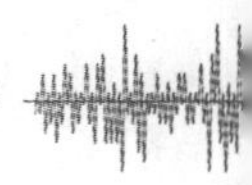

5）24ms 时 ABC 相相间距离Ⅰ段动作。

6）故障相电压：0.71V。

7）故障相电流：3.00A。

8）最大零序电流：0.06A。

9）最大差动电流：5.71A。

10）故障测距：0.50km。

11）故障相别：BC。

（2）220kV 线路 B 套 PCS-931SA-S-R 线路保护装置故障波形分析（略）。

（3）220kV 线路 BC 相故障录波器波形如图 6-3 所示。

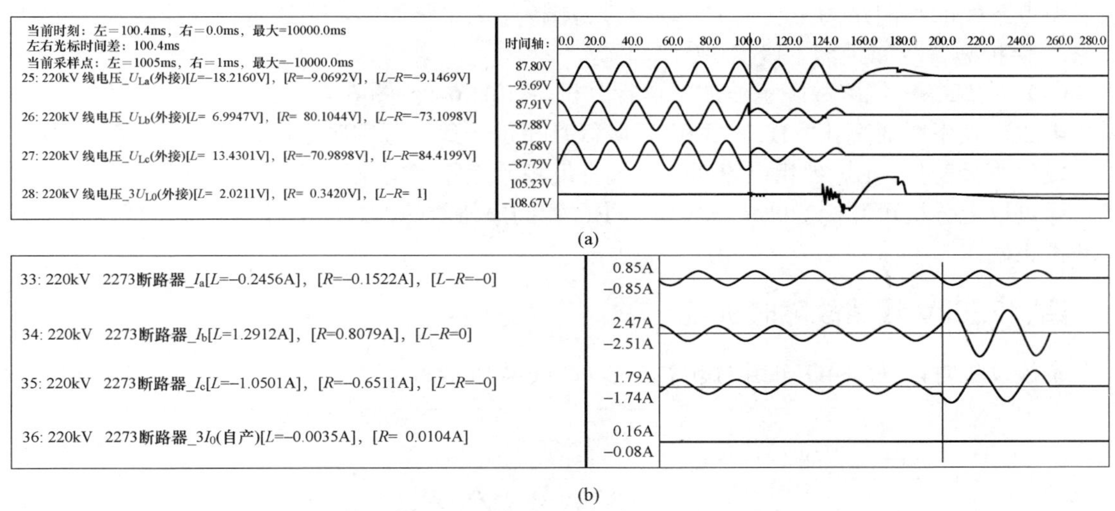

图 6-3 220kV 线路 BC 相故障录波器波形图

（a）电压波形图；（b）电流波形图

三、220kV 线路保护动作及信息分析

220kV 线路 A、B 套保护装置动作报文见表 6-2。

表 6-2 220kV 线路 A、B 套保护装置动作报文信息

220kV 线路 A 套 CSC-103A-G-R	
相间距离Ⅰ段动作：$X=-0.016\Omega$ $R=0.156\Omega$ BC 相 跳 ABC 相 动作时间 22ms	
纵差动作：差流 $I_a=0.027A$、$I_b=5.688A$、$I_c=5.688A$ 跳 ABC 相 动作时间 14ms 制动电流 $I_a=1.117A$、$I_b=2.391A$、$I_c=3.438A$	
分相差动动作：$I_a=0.027A$、$I_b=2.344A$、$I_c=2.344A$ 跳 ABC 相 动作时间 14ms	
20ms 闭锁重合闸	21ms 三跳闭锁重合闸
220kV 线路 B 套 PCS-931SA-S-R	
相间距离Ⅰ段动作：$X=-0.016\Omega$ $R=0.156\Omega$ BC 相 跳 ABC 相 动作时间 24ms	
纵差动作：差流 $I_a=0.027A$、$I_b=5.688A$、$I_c=5.688A$ 跳 ABC 相 动作时间 13ms 制动电流 $I_a=1.117A$、$I_b=2.391A$、$I_c=3.438A$	
分相差动动作：$I_a=0.027A$、$I_b=2.344A$、$I_c=2.344A$ 跳 B 相 动作时间 12ms	

（1）根据 220kV 线路保护装置动作报文及故障录波图形参数，220kV 线路 A 套保护装置

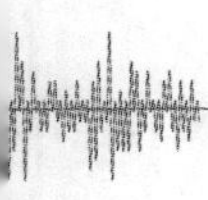

纵差保护和相间距离Ⅰ段保护相继动作，动作相为B、C相，220kV线路启用了多相故障闭锁重合闸，保护直接三相跳闸。根据调度下发的A套定值单，差动动作电流为0.45A，此时B、C两相差流满足差动保护动作条件，220kV线A套保护装置纵差保护正确动作。

在发生短路故障时，BC相间测量阻抗进入了调度下发的相间距离Ⅰ段定值（3.64Ω）范围内，满足相间距离Ⅰ段保护动作条件，220kV线A套保护装置相间距离Ⅰ段保护动作正确。

（2）220kV线路B套保护装置纵差保护和相间距离Ⅰ段保护相继动作，动作相为B、C相，220kV 线路启用了多相故障闭锁重合闸，保护直接三相跳闸。故障时差动电流最大为5.71A，根据调度下发的B套定值单，差动动作电流为0.45A，此时差流满足差动保护动作条件，220kV线路B套保护装置纵差保护正确动作；在发生短路故障时，BC相间测量阻抗进入了调度下发的相间距离Ⅰ段定值（3.64Ω）范围内，满足相间距离Ⅰ段保护动作条件，220kV线B套保护装置相间距离Ⅰ段保护动作正确。

（3）对220kV线路故障录波波形进行分析，如图6-1～图6-4所示，在故障发生时线路A相电压未发生明显变化，B、C相电压降低且相位一致，无零序电压；故障时线路A相电流未发生明显变化，B、C相电流明显增大且反相，无零序电流。

通过以上分析可知，220kV线发生了BC相间短路故障，220kV线A、B套线路保护装置动作正确。

四、220kV线路故障时机组频率

事故发生时，1G～4G机组的频率波形如图6-4所示。

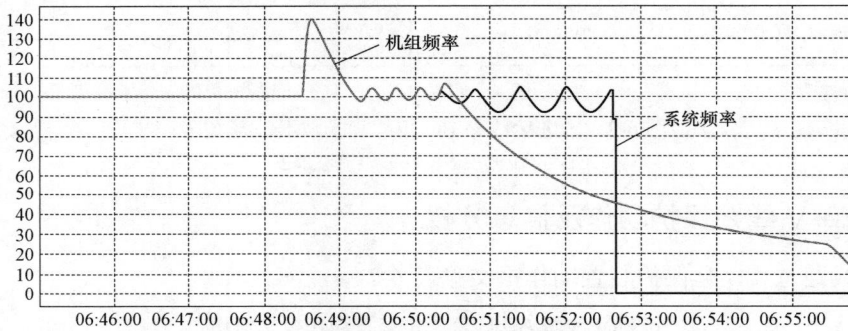

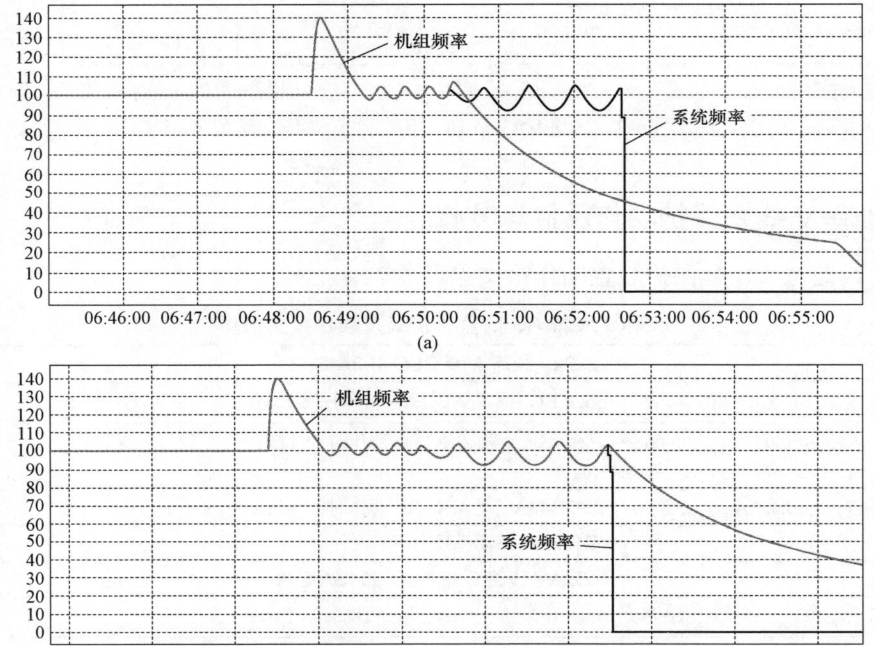

图6-4 1G～4G机组频率波形图（一）

（a）1G机组频率波形图；（b）2G机组频率波形图

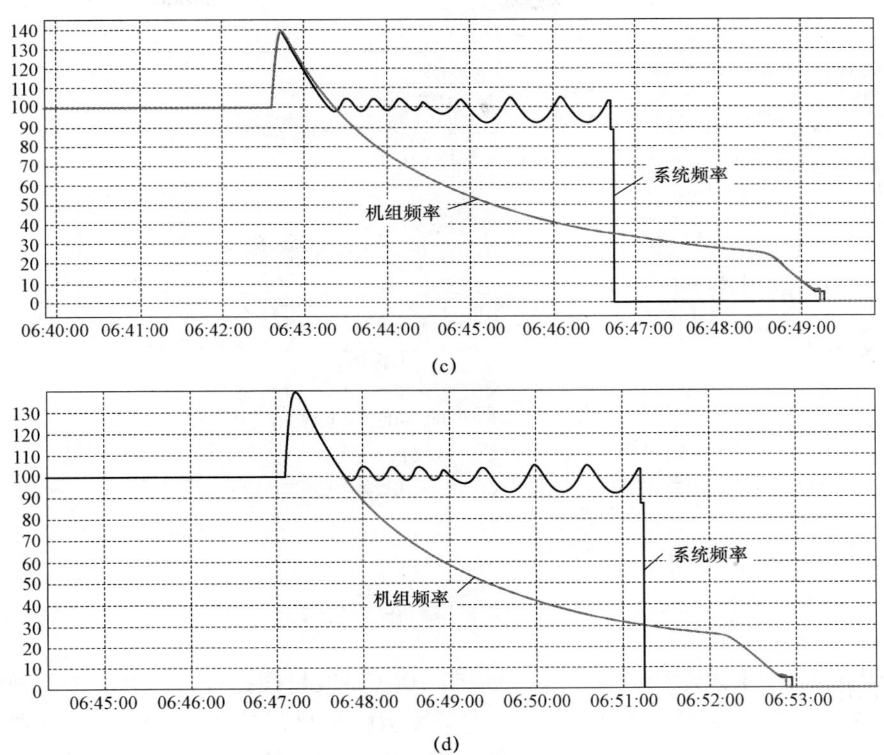

图 6-4 1G～4G 机组频率波形图（二）

（c）3G 机组频率波形图；（d）4G 机组频率波形图

线路跳闸事件发生初期，机组在甩负荷时 1G～4G 机组频率由正常的 50Hz 短时间内分别上升至最高 65.41、65.68、65.34、65.40Hz，四台机组频率变化范围均远超正常机组频率范围。

五、故障原因分析

1. 220kV线路故障原因分析

该变电站技术人员对 220kV 输电线路进行巡视检查，未发现导线及铁塔上有异物且无明显的放电痕迹。因大风天气，输电线路周围空中时常漂浮塑料薄膜，在巡视检查 GIS 楼出线场时发现 A 相均压环上附着有塑料薄膜。视频监控显示，事故发生时段有明显电弧放电现象，通过现场查看 220kV 线路实际情况，发现在 1 号铁塔附近线路弧垂过大，在大风天气极易发生相间短路，所以分析故障点在 220kV 线路 1 号铁塔附近。结合保护动作情况、出线场视频和线路现场实际情况，初步判断为出线场至 220kV 线路 1 号铁塔之间发生相间短路引起线路差动保护动作，造成 220kV 线路断路器跳闸继而引发全厂四台机组甩负荷。

2. 1G、2G发电机甩负荷原因分析

紧急停机压力开关动作条件如图 6-5 所示。

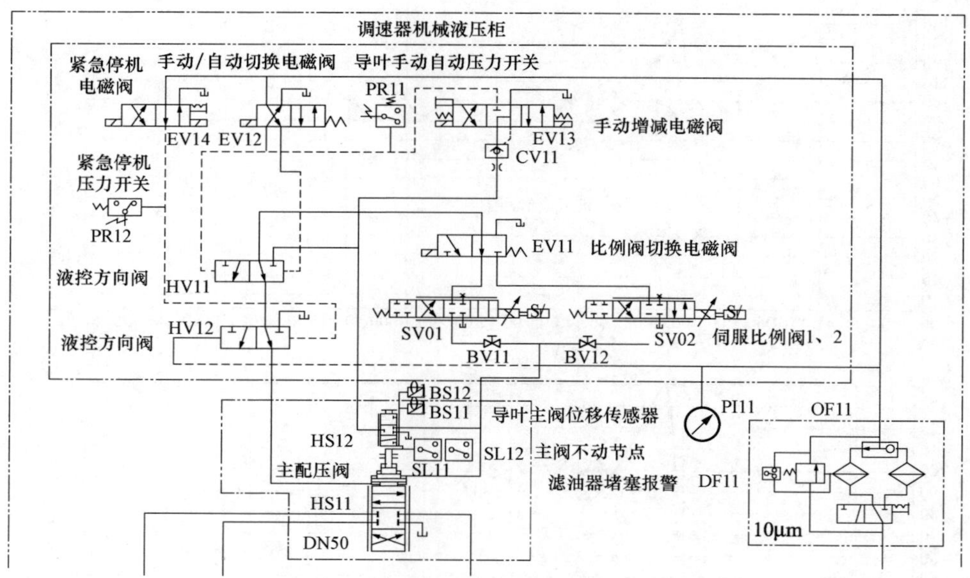

图 6-5　紧急停机压力开关动作条件

1G 机组带 10kV Ⅰ段母线运行，3G 机组带 10kV Ⅲ段母线运行，220kV 线路故障时引起机组频率的快速变化，从而导致 400V 厂用电频率大幅变化，400V 1 号厂用变压器 41CB 高压侧频率由正常的 50Hz 短时间内上升至最高 65.89Hz，400V 3 号厂用变压器 43CB 高压侧频率由正常的 50Hz 短时间内上升至最高 65.60Hz。此时机组出口断路器仍在合闸位置，由于频率超差，使调速器的控制模式由开度调节模式自动切换为频率调节模式。

06：54：40.324～06：55：38.466，从上位机报文可以看出，1G 机组调速器在此期间一直在频繁地开关导叶，而 2G 机组调速器动作相比 1G 机组就没有那么频繁，所以 2F 机组在事件发生后 4min 左右，调速器事故低油压才动作停机。在四台机组调速器都在频率调节模式下时极易造成各机组之间抢负荷的现象，从而造成频率波动更加剧烈，在这种情况下调速器会频繁动作开关导叶，试图稳住频率，所以调速器油压装置压力会因导叶频繁动作出现急剧下降现象；而此时的频率变化已超出调速器油压装置软启动器在 Aut 模式下正常频率变化范围，所以当软启检测到频率变化异常时则会向调速器油压装置 PLC 反馈一个故障信号，导致调速器油泵无法启动打压，造成 1G、2G 机组调速器油压装置相继触发调速器事故低油压动作（根据厂家提供的调速器油泵软启动器说明书，软启动器线路频率参数有 50Hz、60Hz、Aut 三种参数：在 50、60Hz 参数下，软启动器的故障检测允许偏差为±20%；在 Aut 参数下，软启动器的频率故障检测允许偏差为±5%。现地查看软启动器线路频率参数为 Aut）。

在 2G 机组的上位机报文中显示“06：57：22.954 2F 机组调速器紧急停机”就已经动作，40s 后“06：58：02.406 2F 机组事故低油压”“06：58：02.764 2G 机组调速器事故配压阀投入”“06：58：02.852 2G 机组出口断路器 1002 分位”才动作。经过分析，上位机报文中的“2G 机组调速器紧急停机”动作信号是由调速器机柜内紧急停机压力开关反馈上来的（见图 6-5 中的 PR12）。

当检测管路压力低于整定值时，压力开关动作，向现地 LCU 开出调速器紧急停机的动作信号。经向厂家核实这个压力开关的整定值没有规范的标准定值，一般都是调试人员根据

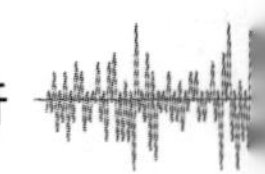

现场事故低油压定值进行整定，正常情况下都是低于机组事故低油压定值。在机组正常运行、紧急停机电磁阀没有动作时，紧急停机压力开关所检测到的压力值为调速器液压站的系统压力，系统压力大于紧急停机压力开关动作值，紧急停机压力开关不动作。当紧急停机电磁阀动作时，紧急停机压力开关所接管路油路被切断，此时紧急停机压力开关检测到的压力肯定低于动作值，所以紧急停机电磁阀的动作情况就是由紧急停机压力开关通过管路压力来进行判断。

事件中“06：57：22.954 2G 机组调速器紧急停机”动作的信号初步判断是紧急停机电磁阀实际没有动作的情况下，紧急停机压力开关先动作导致的误报信号。根据调速器油压历史曲线可以查询到此时的调速器系统压力为 5.258MPa，这个压力值是大于事故低油压的定值，此时此刻上位机监控也未报出事故低油压动作的信号，同时根据后续报文可以看出，在“06：57：22.954 2G 机组调速器紧急停机”动作信号报出后近 40s 内，2F 机组导叶还在持续动作，机组频率也在上下波动，所以由此也可以判断调速器紧急停机电磁阀实际是没有动作的；如果紧急停机电磁阀动作，那么图 6-5 中的液控方向阀 HV12 会切断主配压阀主油路，导叶的控制就只能通过事故配压阀来控制。

导致紧急停机压力开关误动作的原因可能存在以下两种：①现场调试人员未将压力开关整定值整定到事故低油压定值以下，整定值存在偏差，导致调速器液压站系统压力低于一定值时紧急停机压力开关动作，造成紧急停机电磁阀动作信号的误报；②机组运行过程中的振动导致紧急停机压力开关整定值发生偏移，从而造成误报。

现在由于机组在运行过程中，暂无法证实以上对“06：57：22.954 2G 机组调速器紧急停机”动作信号的判断是否一定正确。计划在机组停机时，通过对 2F 机组调速器泄压进行证实，当压力值低于 5.258MPa 时，紧急停机压力开关是否会动作。

目前在机组运行过程中，就算紧急停机压力开关误动也不会造机组非停的风险，因为在机组投运前就已经将调速器紧急停机动作启动机组紧急停机流程的程序屏蔽，所以在“06：57：22.954 2G 机组调速器紧急停机”动作信号报出后，机组并未启动紧急停机流程。调速器紧急停机电磁阀动作程序如图 6-6 所示。

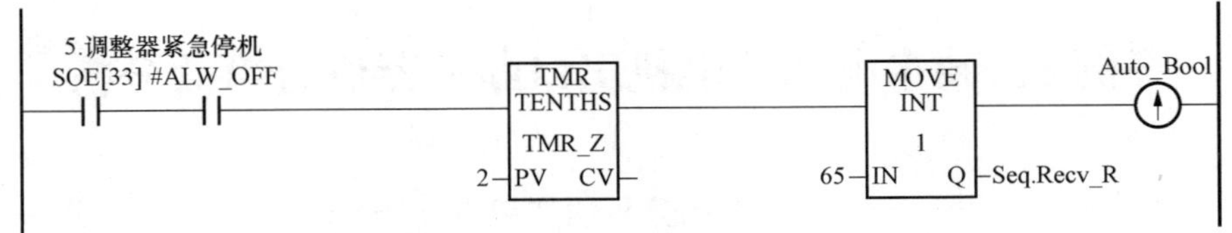

图 6-6　调速器紧急停机电磁阀动作程序图

综上所述，分析得出：1G、2G 机组在甩负荷后启动紧急停机流程的根本原因是调速器事故低油压导致，而造成调速器事故低油压动作的根本原因为机组在甩负荷阶段厂用电频率上升导致调速器油压装置软启报故障，以至于无法启动油泵对调速器进行打压，最终导致机组调速器事故低油压动作。

3. 3G、4G发电机甩负荷原因分析

通过机组停机过程中的报文可以看出，在四台机组报调速器紧急停机之前，都有转速≥115%N_e及调速器主配拒动报文，但在水力机械事故里报出转速≥115%N_e及调速器主配拒动报文后，3G、4G 机组调速器紧急停机电磁阀动作较快，3G、4G 机组调速器紧急停机时间较另外两台机组分别快了 1min 和 3min；但在 3G、4G 机组调速器紧急停机电磁阀动作时，3G、4G 机组调速器事故低油压并未动作，所以初步怀疑厂家在调试阶段未将水力机械事故流程中转速≥115%N_e及调速器主配拒动增加 2000ms 延时（因在机组调试阶段对厂家提出要求：将机组 LCU 程序及水力机械事故流程中转速≥115%N_e及调速器主配拒动都增加 2000ms 延时）。事故发生后，用调试电脑连接 3G、4G 机组水力机械事故流程程序发现，厂家将转速≥115%N_e及调速器主配拒动延时时间设置成了 200ms，造成 3G、4G 机组转速≥115%N_e及调速器主配拒动相继到来后，使 3G、4G 机组最早启动了紧急停机流程，最终停机关闭球阀。而此时 1G、2G 机组在转速≥115%N_e及调速器主配拒动相继到来后，因为有 2000ms 延时，所以在转速≥115%N_e及调速器主配拒动相继到来后并未直接启动紧急停机。直到调速器油压装置压力达到事故低油压时，才开出紧急停机流程。由此分析得出：造成 3G、4G 机组紧急停机的原因为转速≥115%N_e及调速器主配拒动同时来后，3G、4G 机组水力机械事故流程增加的延时较短，导致转速≥115%N_e及调速器主配拒动误动作，致使机组启动紧急停机流程。

3G、4G 机组紧急停机的原因为：转速≥115%N_e及调速器主配拒动同时来后，水力机械事故流程中增加的延时未按要求设置，导致转速≥115%N_e及调速器主配拒动误动作，如图 6-7 所示。

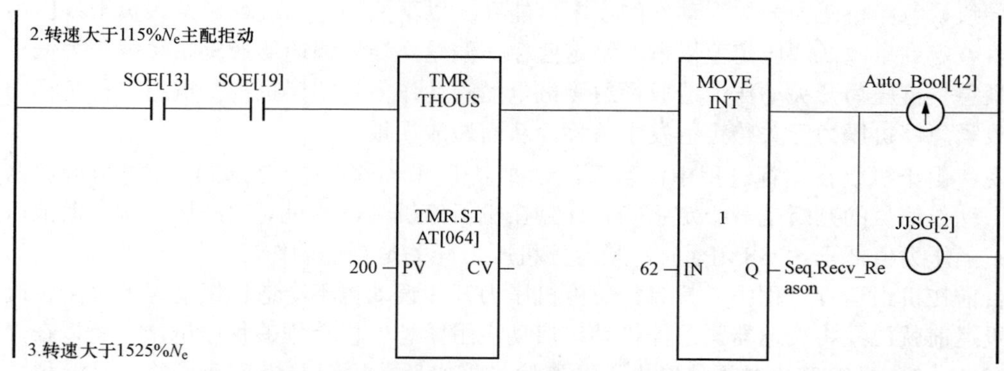

图 6-7　3G、4G 机组水机保护转速≥115%N_e及调速器主配拒动延时

案例 2：某水电站发电机出口断路器偷合事故分析

本案例分析的知识点

（1）发电机出口断路器偷合功率变化分析。

（2）P-Q 平面转化成 R-X 平面计算过程。

（3）失磁保护动作逻辑分析。

一、案例基本情况

某水电站装设 3 台 45MW 发电机，发电机出口端电压为 10.5kV，额定功率因数为 0.85（滞后），发电机中性点为不接地方式。装设 3 台双绕组升压变压器，变压器容量均为 63MVA，额定电压为 242/10.5kV，1G、2G、3G 发电机分别与 1TM、2TM、3TM 变压器构成发电机—变压器组单元接线，220kV 系统为单母线接线，出线一回，通过 220kV 线路并入电网。

2015 年 11 月 4 日 22 时 30 分 10 秒集控发某水电站 3G 机组停机令，3G 机组出口断路器 3QF 分闸动作 5s 后偷合，合闸时有功功率为－3.0225MW，无功功率为－25.5Mvar，合闸 2s 后有功功率为－0.6062MW，合闸 5s 后稳定在 1.67MW，无功功率最小值为－25.4965Mvar，发电机主后备保护启动。22 时 31 分 5 秒机组振摆过大告警，22 时 32 分 58 秒集控再次发某水电站 3G 机组停机令，停机正常。

二、保护动作情况及信息分析

（1）3G 机组出口断路器正常停机时，非同期偷合后由集控远方停机，这期间发电机主后备保护启动，但未出口。

出口断路器偷合时的 3G 机组功率曲线如图 6-8 所示（有功功率最小值为－3.0225MW；无功功率最小值为－25.4965Mvar，合闸时间是 2015 年 11 月 4 日 22 时 30 分 15 秒）。

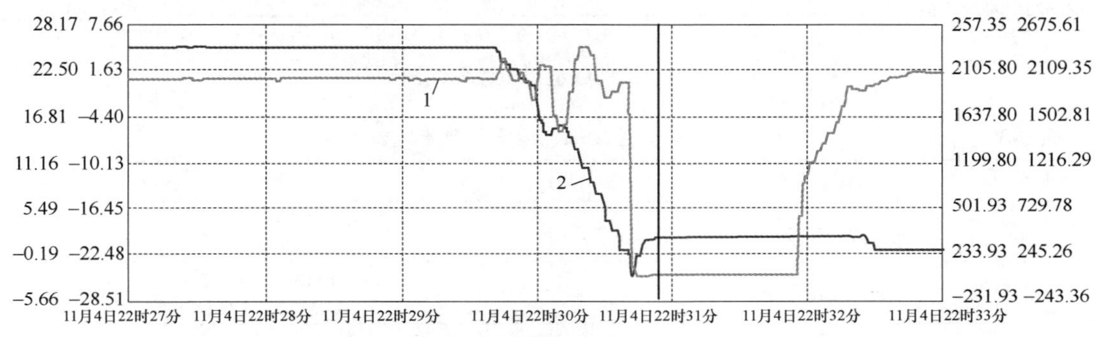

图 6-8 3G 机组功率曲线图

1—有功功率；2—无功功率

出口断路器偷合时的 3G 机组电压曲线如图 6-9 所示（A 相最小值为 8.2503kV；B 相最小值为 8.2405kV；C 相最小值为 8.2405kV）。

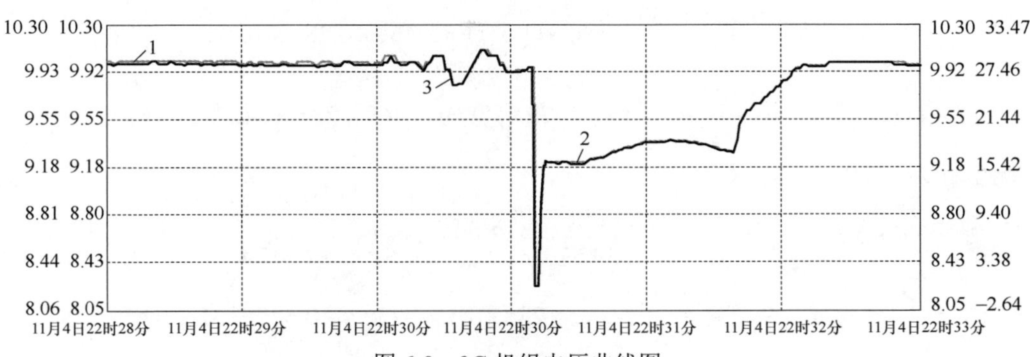

图 6-9 3G 机组电压曲线图

1—A 相电压；2—B 相电压；3—C 相电压

出口断路器偷合时的 3G 机组电流曲线如图 6-10 所示。

合闸后 5ms（最大）：电流 I_c=9760A 162.858°，电压 U_c=3167V 89.2°。

合闸后 777ms（最小）：电流 I_c=1742A －59.575°，电压 U_c=5377V 178.6°。

根据以上参数，可整理出合闸后功率、电压、电流，见表 6-3。

（2）根据以上参数，可以计算出偷合闸后的阻抗值。

电站发电机出口电压互感器变比为10.5/0.1，电流互感器变比为4000/5。

图6-10　3G机组电流曲线图

表6-3　　合闸后功率、电压、电流

合闸后时间	参数
5ms（电流最大）	I_c=9760A 162.858° U_c=3167V 89.2°
777ms（电流最小）	I_c=1742A －59.575° U_c=5377V 178.6°
合闸时	P=－3.0225MW Q=－25.5Mvar
5s稳定后	P=－1.67MW Q=－25.5Mvar

合闸后5ms：$Z_{5\text{ms}}=\dfrac{3.167\angle 89.2°}{9.76\angle 162.858°}=0.324\angle-73.65°$

$$R=\frac{0.324\times 800}{105}\times\cos(-73.65°)=2.469\times 0.282=0.7\Omega$$

$$X=\frac{0.324\times 800}{105}\times\sin(-73.65°)=-2.469\times 0.96=-2.37\Omega$$

此坐标为（0.7，－2.37Ω）。

合闸后777ms：$Z_{777\text{ms}}=\dfrac{5.377\angle 178.6°}{1.742\angle-59.575°}=3.09\angle 238.18°$

$$R=\frac{3.09\times 800}{105}\times\cos(238.18°)=-23.54\times 0.527=-12.4\Omega$$

$$X=\frac{3.09\times 800}{105}\times\sin(238.18°)=-23.54\times 0.85=-20\Omega$$

此坐标为（－12.4，－20Ω）。

合闸瞬间：P=－3.0025MVA，Q=－25.5Mvar。

转换成R-X平面：$Z=\dfrac{U_n^2}{S}=\dfrac{10.5^2}{\sqrt{P^2+Q^2}}=\dfrac{10.5^2}{\sqrt{3.0225^2+25.5^2}}=4.29\Omega$

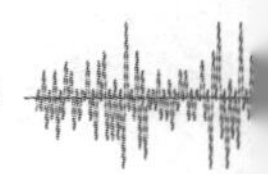

$$R = Z\cos\varphi = 4.29 \times \frac{-3.0225}{\sqrt{3.0225^2 + 25.5^2}} = -4.29 \times 0.118 = -0.51\Omega$$

$$X = Z\sin\varphi = 4.29 \times \frac{-25.49}{\sqrt{3.0225^2 + 25.5^2}} = -4.29 \times 0.993 = -4.26\Omega$$

此坐标为（−0.51，−4.26Ω）。

5s 稳定后：P=−1.67MVA，Q=−25.5Mvar。

转换成 R-X 平面：$Z = \frac{U_n^2}{S} = \frac{10.5^2}{\sqrt{P^2 + Q^2}} = \frac{10.5^2}{\sqrt{1.67^2 + 25.5^2}} = 4.32\Omega$

$$R = Z\cos\varphi = 4.32 \times \frac{-1.67}{\sqrt{1.67^2 + 25.5^2}} = -4.32 \times 0.07 = -0.3\Omega$$

$$X = Z\sin\varphi = 4.32 \times \frac{-25.5}{\sqrt{1.67^2 + 25.55^2}} = -4.32 \times 0.998 = -4.31\Omega$$

此坐标为（−0.3，−4.32Ω）。

本电站定值清单中低励失磁保护静稳圆和阻抗圆如下。

静稳圆：X_{A1}=3.1Ω，X_{B1}=−16.28Ω。

异步圆：X_{A2}=−2.1Ω，X_{B2}=−16.28Ω。

根据以上计算数据，可以绘制出 R-X 平面中的发电机出口开关偷合之后的运动轨迹，如图 6-11 所示。

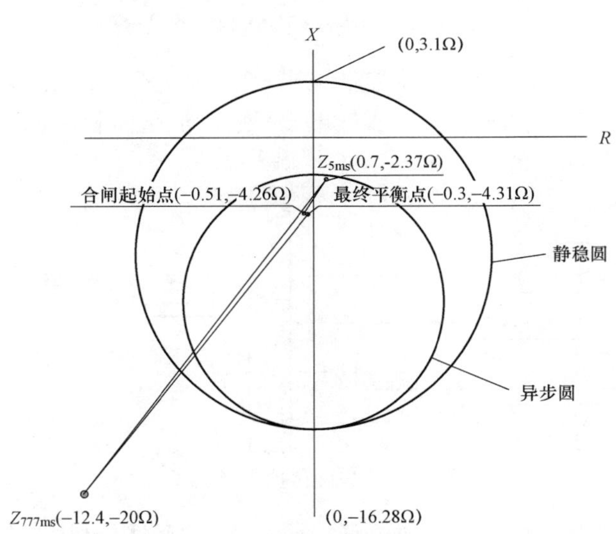

图 6-11　R-X 平面中的发电机出口开关偷合之后的运动轨迹

从图 6-12 可以得出，从发电机出口断路器合闸瞬间到合闸 5s 稳定后，将 P-Q 平面转换到 R-X 平面之后，坐标点均落在异步圆内。

查看现场转子电压和机端电压波形发现，发电机出口断路器偷合后转子电压低于 80%额定励磁电压，304ms 后转子低电压复归，随后励磁系统正常工作，发电机机端电压均未波动。

本站失磁保护选择低励失磁保护，其逻辑图 1 如图 6-12 所示。

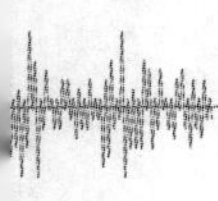

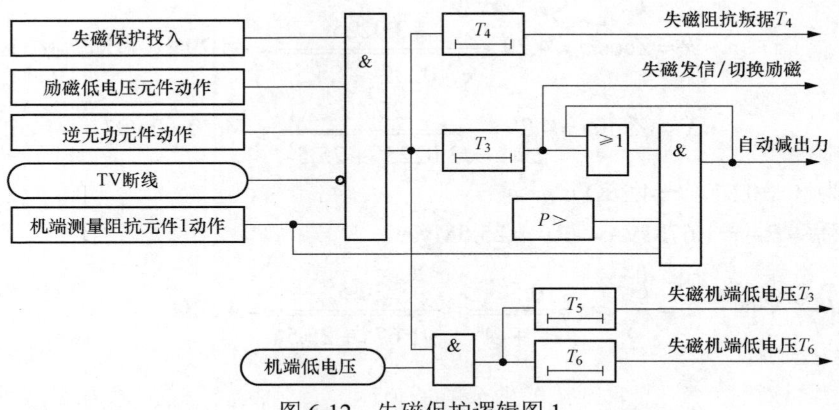

图 6-12　失磁保护逻辑图 1

失磁保护逻辑图 2 如图 6-13 所示。

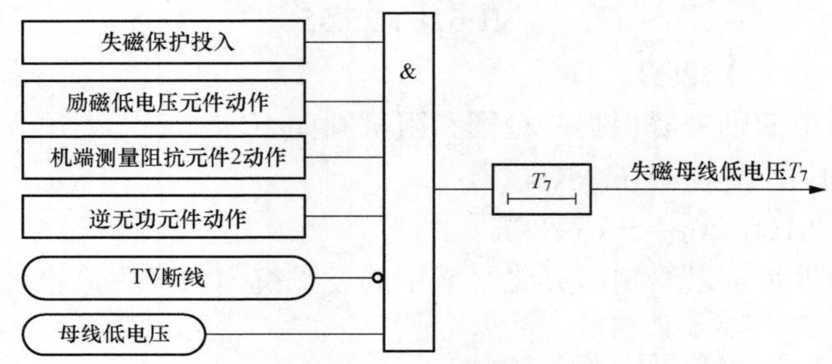

图 6-13　失磁保护逻辑图 2

（1）失磁阻抗元件 1（静稳圆）+励磁低电压+逆无功元件，t=1.0s。

（2）失磁阻抗元件 1（静稳圆）+励磁低电压+逆无功元件+机端低电压，t=0.5s。

失磁保护逻辑图 3 如图 6-14 所示。

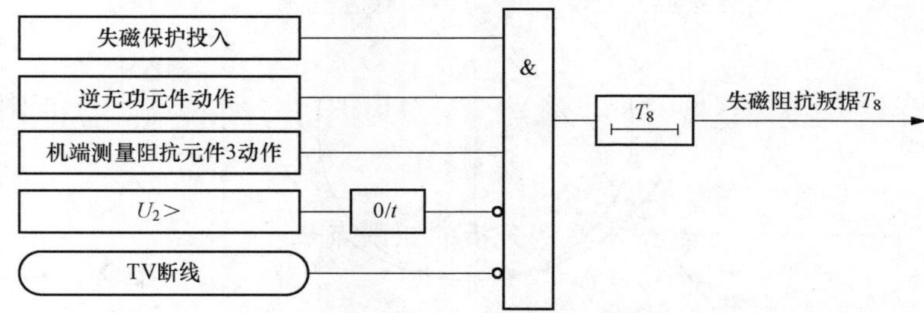

图 6-14　失磁保护逻辑图 3

（3）失磁阻抗元件 1（静稳圆）+励磁低电压+逆无功元件+母线低电压，t=0.5s。

（4）失磁阻抗元件 3（异步圆）+逆无功元件+负序电压，t=0.5s。

本站失磁保护逻辑均带有闭锁条件，励磁低电压复归时间小于失磁保护动作时限，所以失磁阻抗元件 1、2 均不动作，根据定值单逆无功整定为 5%Q_{ge}（1.39Mvar），断路器偷合稳定后无功功率为−1.67Mvar，大于整定值（−1.39Mvar），满足启动要求，但是失磁阻抗元件 3 经负序电压闭锁，负序电压不满足要求，所以失磁保护未动作。

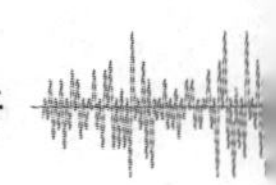

三、故障原因分析

1. 断路器偷合故障原因

经全面排查，未发现人为操作合闸记录，也无就地手动合闸迹象，检查同期回路、电气合闸二次回路元器件及合闸回路控制电源，均未发现可能造成断路器偷合的问题。

随后对断路器本体机构进行了检查，检查试验中，断路器本体偶然出现了 1 次本体机械合闸按钮被二次接线卡住不能复位的情况，检查中发现二次线上有很多旧划痕。断路器在检查试验中还出现了分闸储能现象。根据断路器储能原理，正常情况下断路器是合闸后储能。

经过反复进行分合闸动作试验，最终模拟出了断路器分闸后偷合故障状态。具体操作方法为：在断路器按钮按下，使合闸按钮处在合闸后未完全弹起的位置，就地手动分开断路器，随即按下合闸按钮并及时复位，弹簧储能机构的能量在合闸按钮按下时被全部释放后储能弹簧重新储能，4s 后储能完毕，随后被已复位的合闸按钮联动的凸轮限位住。此时模拟被二次电缆卡住的合闸按钮因振动再次被按下，断路器合闸。

模拟试验中，断路器分闸后的储能时间和断路器分闸后偷合故障的时间基本吻合，均为 4s 左右，说明了模拟试验与真实故障的状态一致性。因此，可以确定造成断路器偷合的原因是机械合闸按钮被二次线卡住而导致其无法复位。

2. 发电机保护配置不完善

机端断路器在励磁系统灭磁成功后合闸，机组转变为异步电动机运行，短时间内可对发电机造成损伤，建议增加误上电保护。

发电机可能出现的三种误上电情况：

（1）发电机在盘车或升速过程中，在未加励磁时突然并入电网的误上电。

（2）发电机在并网前或解列后，此时断路器在分闸状态，励磁开关在合闸状态，当系统电压和主变高压侧电压相位相差 180°时，可能在断路器端口出现单相或两相闪络，这也是一种误上电。

（3）发电机在并网前或解列后，由于某种原因非同期合闸的误上电。误上电保护在发电机并网前或解列后自动投入运行，并网后自动退出运行。

案例 3：某垃圾发电厂 1 号发电机同期电压互感器 B 相断线故障

本案例分析的知识点

（1）电压互感器一次熔断器熔断波形分析。

（2）电压互感器一次熔断器熔断保护动作分析。

（3）电压互感器一次熔断器熔断的原因分析。

一、案例基本情况

某垃圾发电厂装设 2 台 25MW 发电机，发电机出口端电压为 10.5kV，额定功率因数为 0.8（滞后），发电机中性点通过接地变压器接地。装设 2 台双绕组升压变压器，容量均为 40MVA，额定电压为 121/10.5kV，1G、2G 发电机分别与 1TM、2TM 变压器构成发电机—变压器组单元接线，110kV 系统为单母线接线，出线一回，通过 110kV 线路并入电网。10kV

厂用A分支从1G出口母线引出，10kV厂用B分支从2G出口母线引出。

2020年4月19日12时51分，10kV厂用A分支段零序过电压1告警、接地告警。

2020年4月19日23时08分，10kV厂用A分支段零序过电压1告警、接地告警电压互感器断线告警。

2020年4月20日3时54分，1号发电机消谐装置失电报警。

2020年4月20日4时20分，1号发电机消谐装置电压互感器接地告警。

实地查看发现，1号发电机同期电压互感器柜电压表B相显示值为零，电压互感器柜内二次侧空开上、下端B相对地电压为零，电压互感器开口三角L610与N610直接电压为34V。

现场故障录波器录波波形如图6-15和图6-16所示。

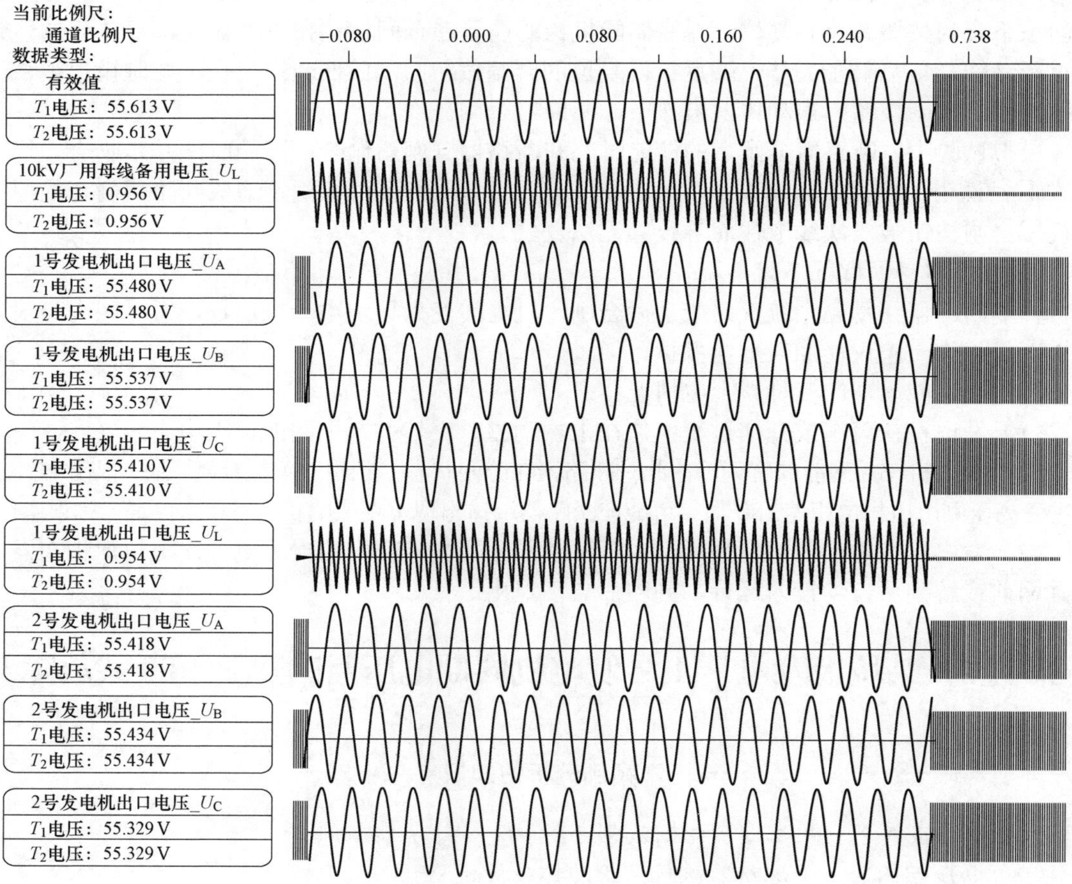

图6-15　1号发电机出口电流波形图

根据以上故障录波图可得：10kV厂用A分支段电流波形呈规则的正弦波形，无明显变化；10kV母线电压波形呈规则的正弦波形，无明显变化。

二、保护动作情况及信息分析

（1）1号发电机消谐装置电压引至同期电压互感器柜，接线如图6-17所示。

（2）1号发电机失磁保护系统电压引自同期电压互感器柜，接线如图6-18所示。

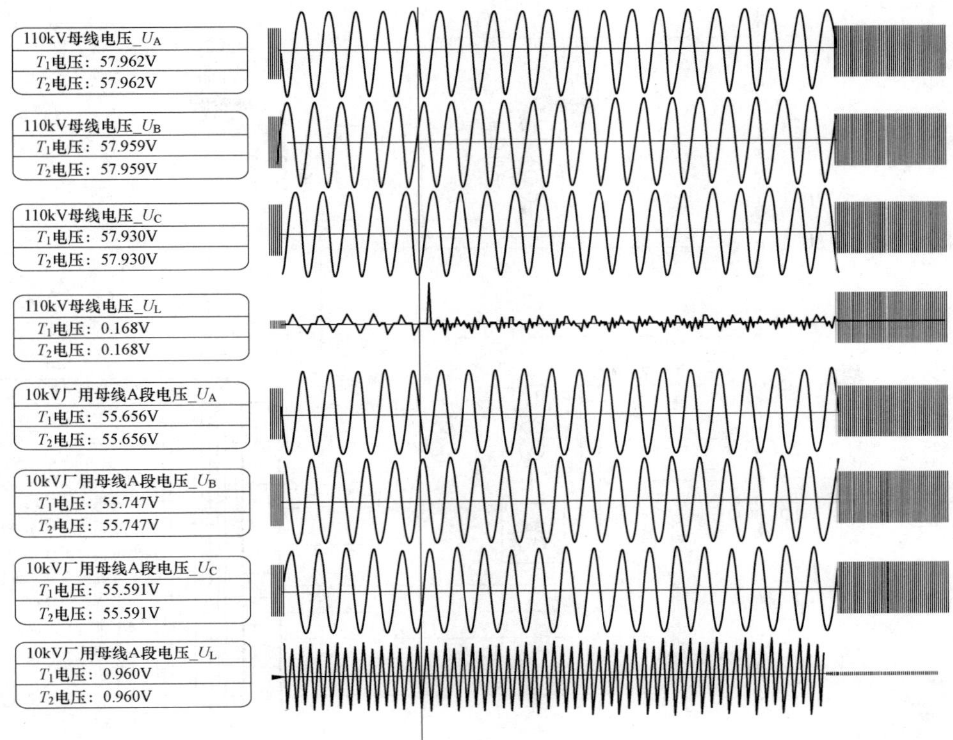

图 6-16　10kV 厂用 A 分支段电压波形图

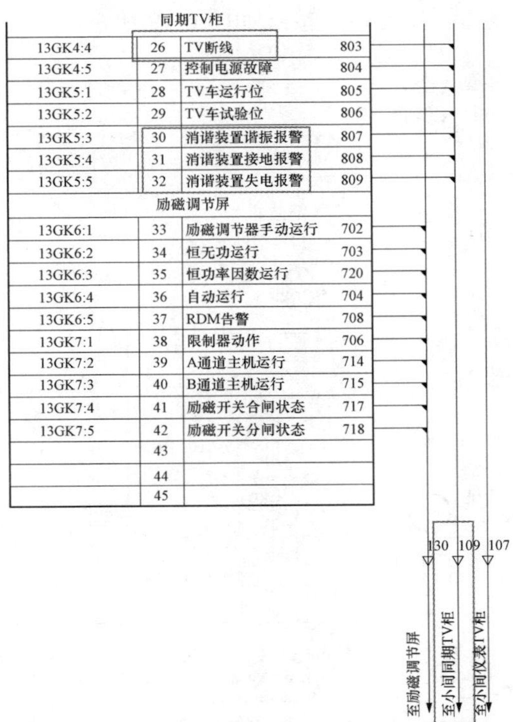

同期TV柜
13GK4:4　26　TV断线　803
13GK4:5　27　控制电源故障　804
13GK5:1　28　TV车运行位　805
13GK5:2　29　TV车试验位　806
13GK5:3　30　消谐装置谐振报警　807
13GK5:4　31　消谐装置接地报警　808
13GK5:5　32　消谐装置失电报警　809
励磁调节屏
13GK6:1　33　励磁调节器手动运行　702
13GK6:2　34　恒无功运行　703
13GK6:3　35　恒功率因数运行　720
13GK6:4　36　自动运行　704
13GK6:5　37　RDM告警　708
13GK7:1　38　限制器动作　706
13GK7:2　39　A通道主机运行　714
13GK7:3　40　B通道主机运行　715
13GK7:4　41　励磁开关合闸状态　717
13GK7:5　42　励磁开关分闸状态　718
43
44
45
130　109　107
至励磁调节屏
至小间同期TV柜
至小间仪表TV柜

图 6-17　1 号发电机消谐装置电压引至同期电压互感器柜接线示意图

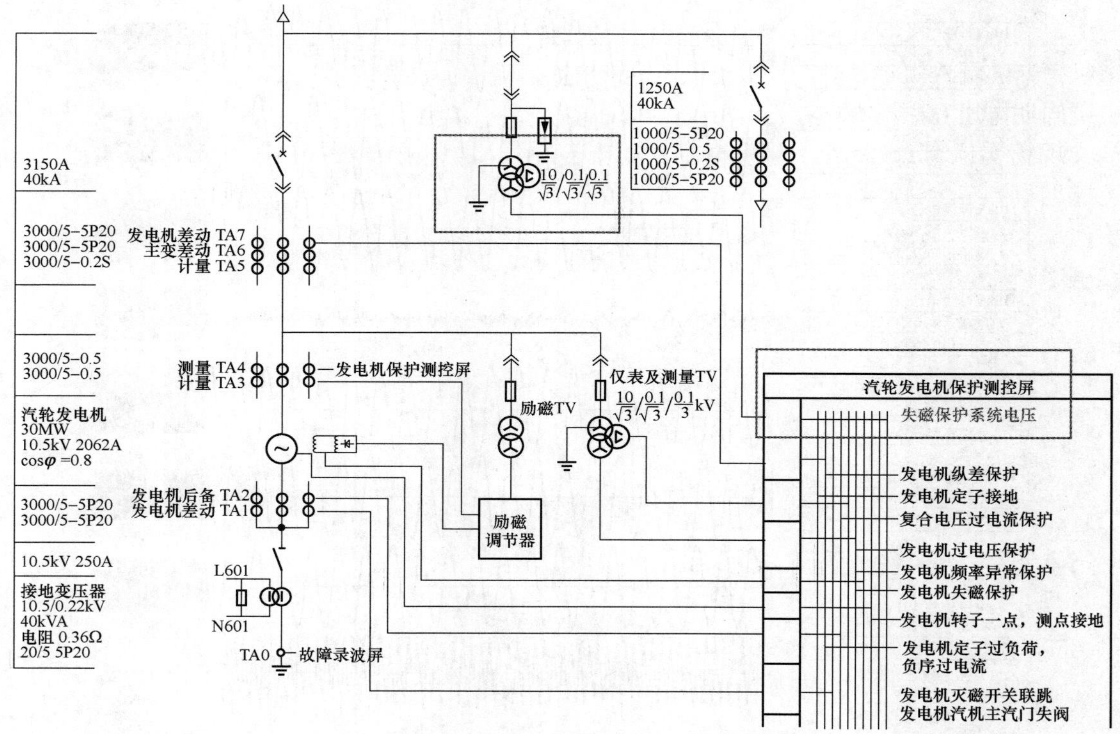

图 6-18　1 号发电机失磁保护系统电压引自同期电压互感器柜接线示意图

（3）1 号发电机同期电压互感器柜，接线如图 6-19 所示。

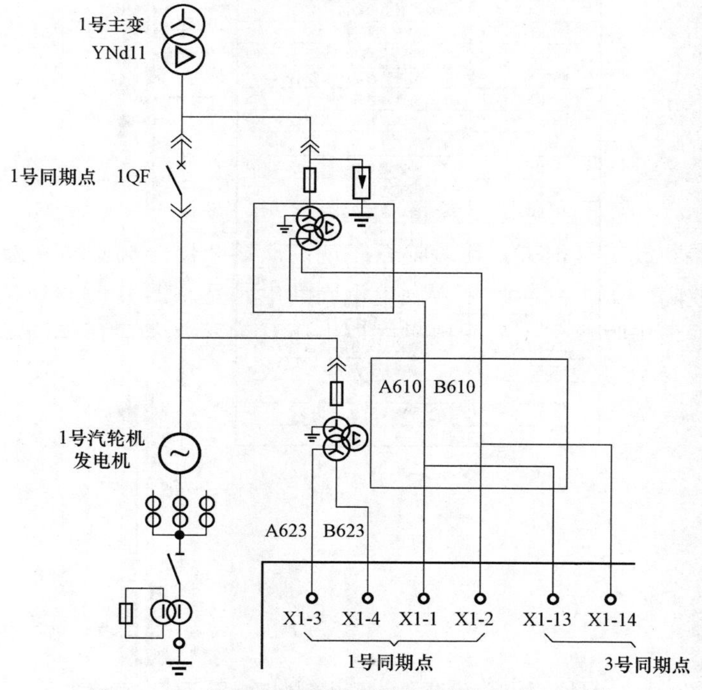

图 6-19　1 号发电机同期电压互感器柜接线示意图

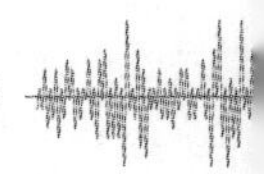

根据 10kV 厂用 A 分支段零序过电压 1 告警、接地告警，电压互感器断线告警、1 号发电机消谐装置失电报警、1 号发电机消谐装置电压互感器接地告警可以看出，故障和 1 号发电机同期电压互感器有关系。

现场实地查看发现，1 号发电机同期电压互感器柜电压表 B 相显示值为零，实测电压互感器开口三角 L610 与 N610 直接电压为 34V，可以证实 1 号发电机同期电压互感器 B 相断线。

(4)故障录波中的 10kV 母线电压引自 1 号发电机机端电压互感器，接线如图 6-20 所示。

故障录波装置的 10kV 母线电压采自 TV2，TV2 无故障，故障录波电压正常。

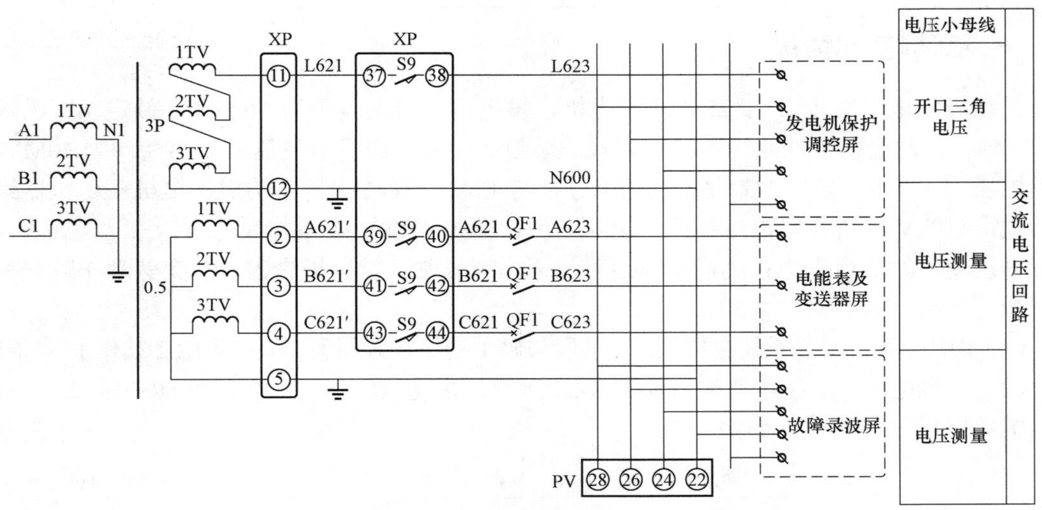

图 6-20 10kV 母线电压引自 1 号发电机机端电压互感器接线示意图

三、故障原因分析

现场排查故障时发现，1 号发电机同期电压互感器 B 相高压侧熔断器确实熔断，更换熔断器之后，1 号发电机同期电压互感器 A、B、C 三相电压均为 58.3V，零序电压及接地信号、电压互感器断线信号消失。现场检查发现高压熔断器一端松动，未发现 10kV 厂用电分支侧有接地故障，可以判断是 1 号发电机同期电压互感器 B 相存在接触不良且伴随着接地故障，由于现场未收集到 1 号发电机同期电压互感器 B 相高压熔断器熔断之前三相电压中非故障相是否存在电压升高的情况，若有升高就能确定是 1 号发电机同期电压互感器存在单相接地。

根据以上情况，在运行维护时需注意：

（1）若 10kV 系统报零序电压及接地告警，应立即排查告警原因。

（2）根据现场反馈，同期电压互感器柜安装位置振动较大，后期还可能会造成熔断器松动后熔断器熔断，应加强巡视。若振动过大会造成熔断器接触不良，引起二次电压降低，造成三相电压不平衡，保护装置采集到不平衡电压，会导致 10kV 厂用电分支 A 段发出零序电压及接地告警信号。

案例 4：某垃圾发电厂 2 号发电机失磁保护动作

本案例分析的知识点

（1）低励限制与失磁保护配合原则。
（2）*R-X* 平面映射到 *P-Q* 平面计算过程。
（3）失磁保护动作逻辑分析。

一、案例基本情况

某垃圾发电厂装设 2 台 25MW 发电机，发电机出口端电压为 10.5kV，额定功率因数为 0.8（滞后），发电机中性点为不接地方式。装设 2 台双绕组升压变压器，容量均为 40MVA，额定电压为 121/10.5kV，1G、2G 发电机分别与 1TM、2TM 变压器构成发电机—变压器组单元接线，110kV 系统为单母线接线，出线一回，通过 110kV 线路并入电网。

升压变电站 2 台发电机为满负荷运行，未出现异常，发电机失磁保护突然动作跳开机端断路器、灭磁开关。

（1）现场情况。监控系统主要信息：低励失磁 1 动作 0.5s 报警；低励失磁 2 动作 1.0s 报警。

（2）系统电压。系统电压波形如图 6-21 所示，系统电压三相平衡，在 60V 左右；2 号发电机机端电压三相平衡，在 48～55V。

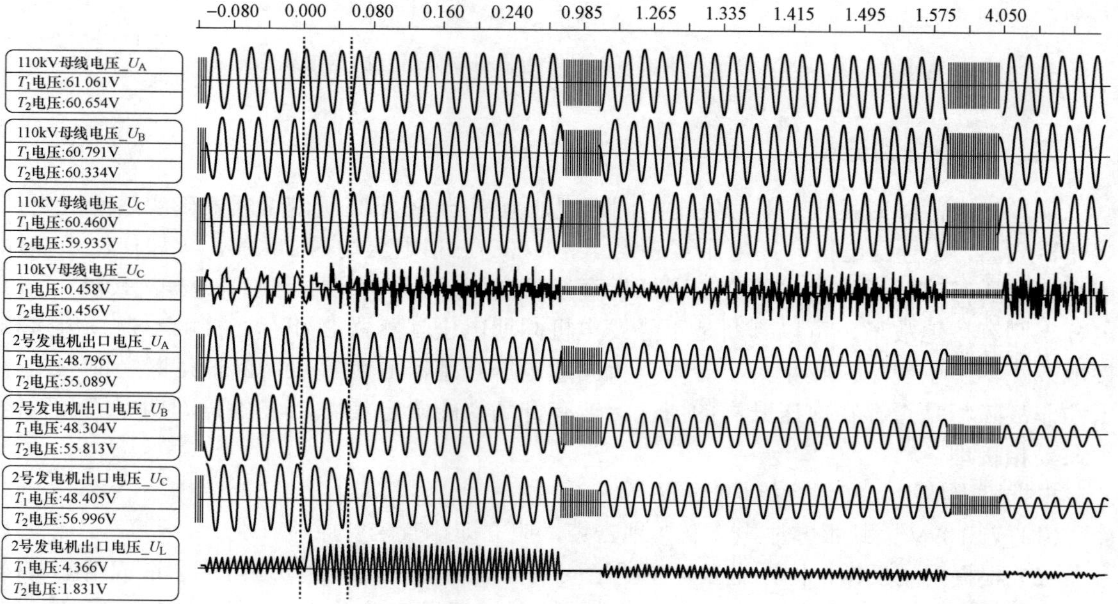

图 6-21　系统电压波形图

（3）2 号发电机母线电压、有功功率、无功功率曲线。2 号发电机母线电压、有功功率、无功功率曲线如图 6-22 所示。

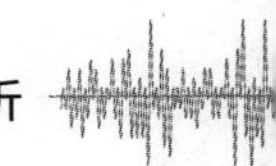

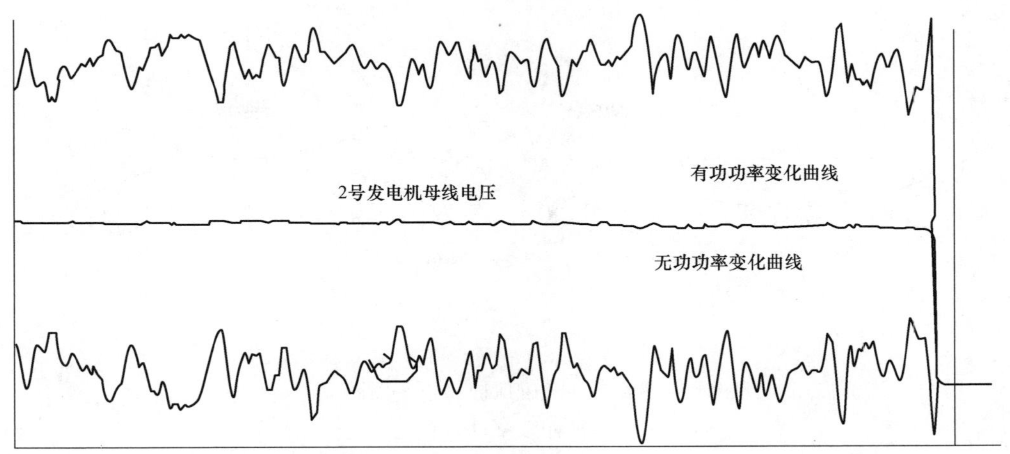

图 6-22　2 号发电机母线电压、有功功率、无功功率曲线图

（4）发生故障时的保护量。

1）励磁电压：119.05V。

2）接地电阻 R_f：127.996kΩ。

3）故障点位置：0.00。

4）有功功率 1：426.9W。

5）励磁电压未达到动作整定值（52V）。

（5）现场收集的数据整理如下：

1）110kV 系统电压无波动，三相电压平衡，二次电压在 60V 左右；

2）2 号发电机机端电压有波动，三相电压平衡，二次电压在 48～55V（83%～95%）；

3）2 号发电机失磁保护动作时的有功功率为 25.6MW，无功功率为−8.5Mvar。

二、保护动作情况及信息分析

1. 失磁保护动作分析

根据该电站 2016 年 12 月 12 日定值清单：

失磁保护投入静稳圆，阻抗为 X_A=3.43Ω，X_B=－47.6Ω。

失磁保护异步圆，阻抗为 X_A=－2.03Ω，X_B=－47.6Ω。

电流互感器变比：3000/5。

电压互感器变比：10/0.1。

发电机额定阻抗：$\dfrac{U_n^{\ 2}}{S_n}\times\dfrac{n_{TA}}{n_{TV}}=\dfrac{10.5^2}{37.5}\times\dfrac{600}{100}=17.64\Omega$ 。

静稳圆的标幺值：$X_A=\dfrac{3.43}{17.64}$=0.194，$X_B=\dfrac{-47.6}{17.64}=-2.698$ 。

异步圆的标幺值：$X_A=\dfrac{-2.03}{17.64}$=0.12，$X_B=\dfrac{-47.6}{17.64}=-2.698$ 。

发电机失磁保护映射到 P-Q 平面，如图 6-23 所示。

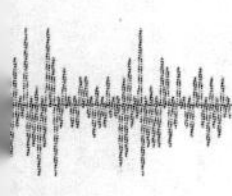

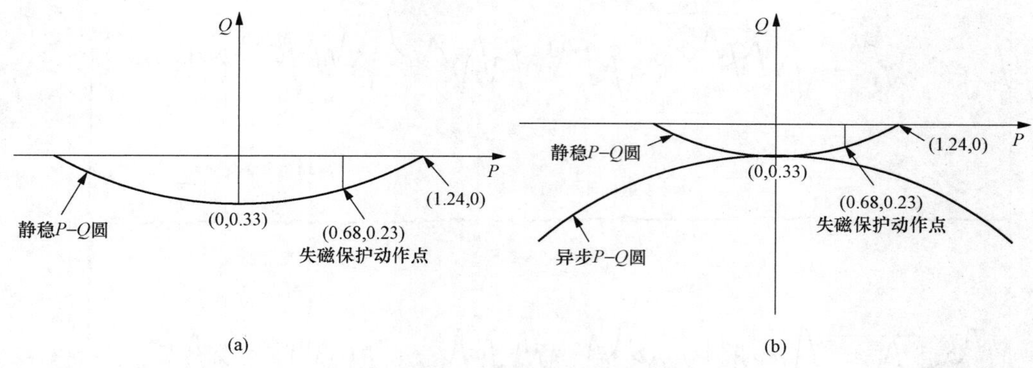

图 6-23　失磁保护 *P-Q* 平面图

（a）平面图 1；（b）平面图 2

此极限功率圆的圆心在 Q 轴上，圆心的坐标为 0，$X_0U^2/$（$R_0^2-X_0^2$），半径为 $U^2R_0/$（$R_0^2-X_0^2$），与 Q 轴相交于上边界 U^2/X_A、下边界 $-U^2/X_B$ 两点。

静稳圆：

$$X_A=(0.95)^2/0.194=4.65$$

$$X_B=(0.95)^2/(-2.698)=-0.33$$

异步圆：

$$X_A=(0.95)^2/(-0.12)=-7.52$$

$$X_B=(0.95)^2/(-2.698)=-0.33$$

保护动作时的有功功率为 25.6MW，无功功率为－8.5Mvar。

标幺值：P=25.6/37.5=0.68，Q=8.5/37.5=－0.23。

2. 失磁保护逻辑

失磁保护逻辑如图 6-24 所示。

根据现场提供的失磁保护动作时的 *P-Q* 值与失磁保护静稳 *P-Q* 圆对比，刚刚落到在失磁保护静稳 *P-Q* 圆上，属于失磁保护动作区，失磁保护正确动作。

3. 低励限制与失磁保护配合原则

低励限制的作用是当励磁电流下降到限制值时，限制励磁电流下降或增加励磁电流，使机组在运行时不越过静稳极限。失磁保护根据机端测量阻抗而动作，当发电机失磁后，机端测量阻抗必将从等有功圆越过静稳圆最后进入到异步圆，动作方式为减出力、切换厂用电、解列。从低励限制、失磁保护的原理和动作行为可得到相互配合原则，发电机从失磁进入低励限制区，然后过渡到失磁保护圆，在 *R-X* 平面上低励限制圆可靠包含失磁保护阻抗圆，在 *P-Q* 平面上失磁保护阻抗圆处在低励限制线的下方，且相互之间的裕度充分合理、过渡平稳。低励限制与失磁保护配合原则如图 6-25 所示，根据查看现场情况，低励限制未动作。

4. 事件分析

（1）2 号失磁保护由低励失磁 1 段和低励失磁 2 段动作，根据保护装置说明书可知，低励失磁 1 段和低励失磁 2 段为阻抗判据或转子低电压与阻抗判据。根据失磁保护动作时的励磁电压未到转子低电压动作值 52V，2 号失磁保护 1 段和 2 段动作均为阻抗判据动作。

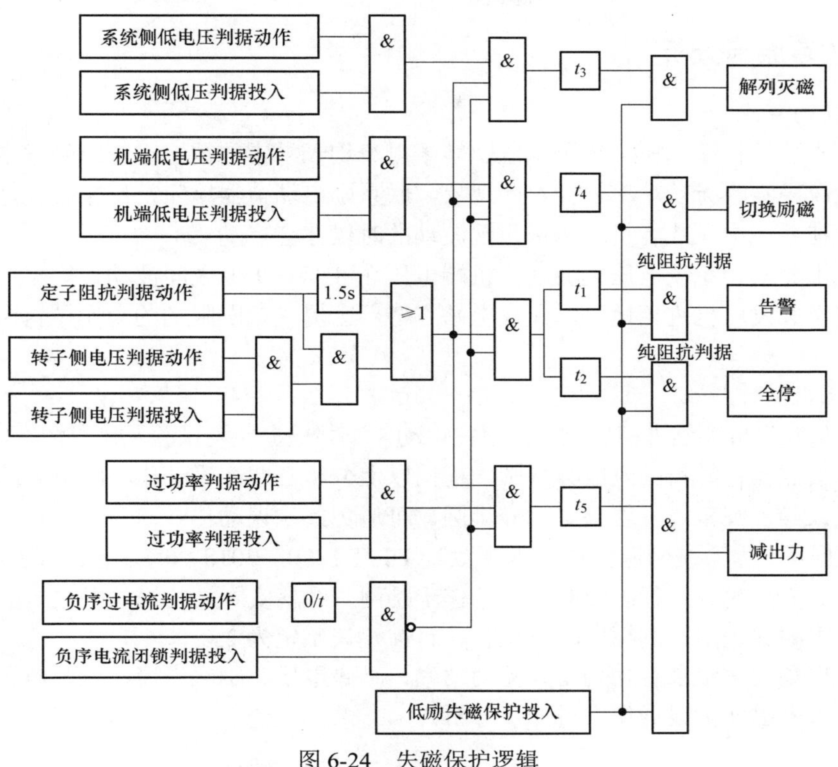

图 6-24　失磁保护逻辑

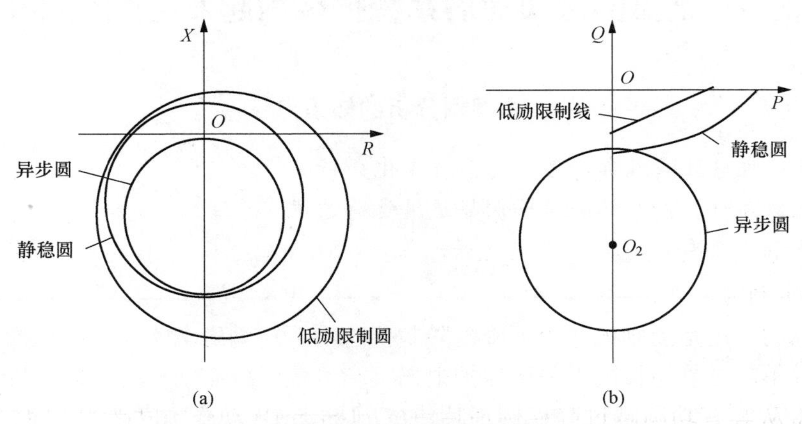

图 6-25　低励限制与失磁保护配合原则

（a）R-X 平面；（b）P-Q 平面

（2）机端电压在 83%～95%之间波动，失磁保护机端低电压动作值为 83%，由于机端电压随时在波动，根据现场情况，机端电压波动时未达到失磁保护动作时限，所以失磁保护机端低电压与阻抗判据段未动作。

（3）在系统无波动的情况下，2 号发电机突然瞬间进相运行，从系统中吸收无功功率，进入失磁保护静稳圆，导致失磁保护动作。

（4）励磁调节器未发信，低励限制未动作。

三、故障原因分析

1. 存在的疑点

在系统电压、机端电压、转子电压、转子电流均无异常的情况下，2 号发电机突然进相运行，从系统中吸收无功功率。针对此现象，联系励磁调节器厂家，厂家回复，励磁调节器低励限制是在系统电压或者机端电压出现波动的时候才会启动。

通过以上分析，系统电压无波动，机端电压在 83%～95%之间波动，厂家口头回复可能是外部干扰造成发电机进相运行，建议电站方请厂家提供低励限制的动作逻辑图，便于进一步分析。

2. 防止误动作措施

为了避免发电机突然进相导致失磁保护误动作，并根据现场试验及排查情况，建议如下：

（1）将失磁保护静稳圆改成异步圆。根据以上分析，此次误动作刚刚进入静稳圆动作范围，但未进入异步圆范围，若整定为异步圆，可避免此次误动作。

（2）根据《电力系统网源协调技术规范》（DL/T 1870—2018）6.4.3 条：对于汽轮发电机，运行时间达到失磁允许运行时限时，应动作于跳闸。经核实本站的汽轮发电机失磁允许运行时限，可将失磁保护阻抗判据段时限延长，目前建议整定为 2s。

（3）应现场观察记录有功功率、无功功率、励磁电压、励磁电流、系统电压、机端电压情况，便于对失磁保护误动作做进一步分析。

案例 5：某孤网甩负荷后系统振荡引起发电站全停事故

本案例分析的知识点

（1）220kV 线路故障甩负荷之后的系统变化分析。

（2）系统振荡时，发电站调速器调节及甩负荷过程。

（3）系统振荡原因分析。

一、案例基本情况

某变电站孤网运行，系统内机组可调出力为 164.5MW，系统内用电负荷为 106.8MW，主要用电负荷为硅厂、铝厂大用电负荷企业。A 电站作为某变电站孤网运行期间的主调频调压电站，B、C 电站作为辅助调频调压电站（A 电站装机容量为 3×20MW，B 电站总装机容量为 3×18MW，C 电站总装机容量为 3×15MW）。水电站一次接线系统图如图 6-26 所示。

9 月 4 日 21 时 48 分，集控中心监控系统上位机显示频率、电压突变，频率电压来回波动，三站机组在不定态和发电态之间跳变，流域机组上网负荷从 88MW 突降至 45MW 左右，且负荷无法手动调整。

21 时 50 分 28 秒～21 时 52 分 55 秒，B 电站 2G、3G，C 电站 3G 分别因事故低油压甩负荷停机。

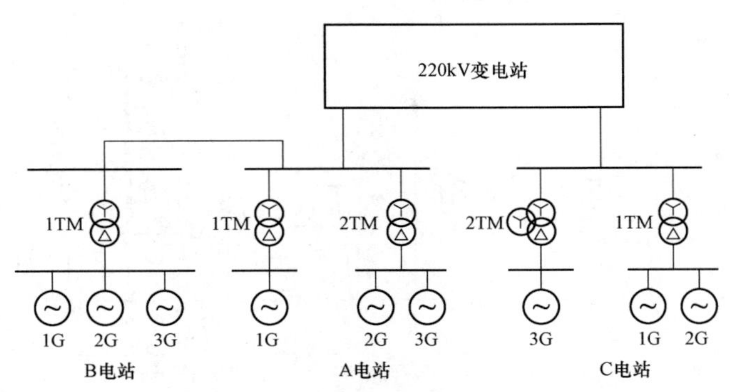

图 6-26　水电站一次接线系统图

21 时 56 分 23 秒，A 电站 3G 机组事故低油压甩负荷停机。

21 时 56 分 28 秒，A 电站 1G、2G，C 电站 1G、2G 机组几乎同时因复压过电流保护动作跳出口断路器甩负荷停机，该电网就此崩溃，集控中心厂用电消失。

二、保护动作情况及信息分析

1. B电站保护动作情况分析

9 月 4 日晚，在 21 时 47 分时电网系统开始进入振荡，振荡的第一个波峰表现在三站 8 台并网机组的机端频率上分别是 1～2.8Hz 不等，随后振荡扩大超过±4Hz，频率振荡过程如图 6-27 所示。

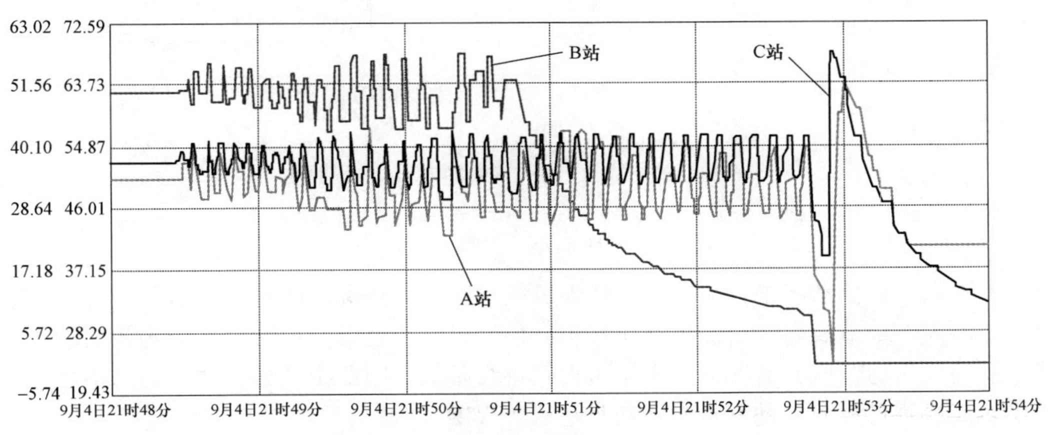

图 6-27　三站机组频率振荡过程

B 电站 1G 机组处于检修态，2G 和 3G 机组处于并网发电态，孤网运行期间由于频率波动较大且周期较短，此前 B 电站调速器油压装置油泵启动间隔约 10min，启动本就频繁。受本次系统振荡影响，调速器响应迅速，导叶开度调整幅度大，两台油泵同时启动的情况下油压仍然持续降低，在 21 时 50 分 28 秒时 B 电站 3G 机组首先动作事故低油压信号停机，21 时 52 分 55 秒时 B 电站 2G 机组动作事故低油压信号停机。

B 电站在系统振荡期间运行时间较短，发电机的各项电气量受振荡影响较小，未构成保护动作条件，因此 B 电站电气量保护装置保护未动作，水力机械保护动作属于正确动作行为。B 电站 2G 和 3G 机组电流、电压曲线如图 6-28 所示。

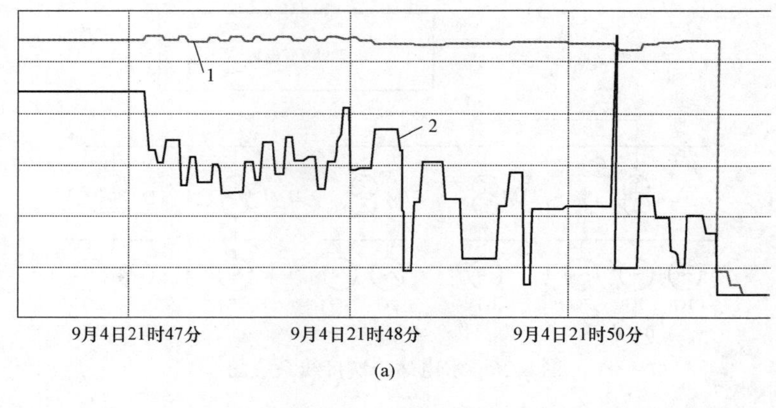

(a)

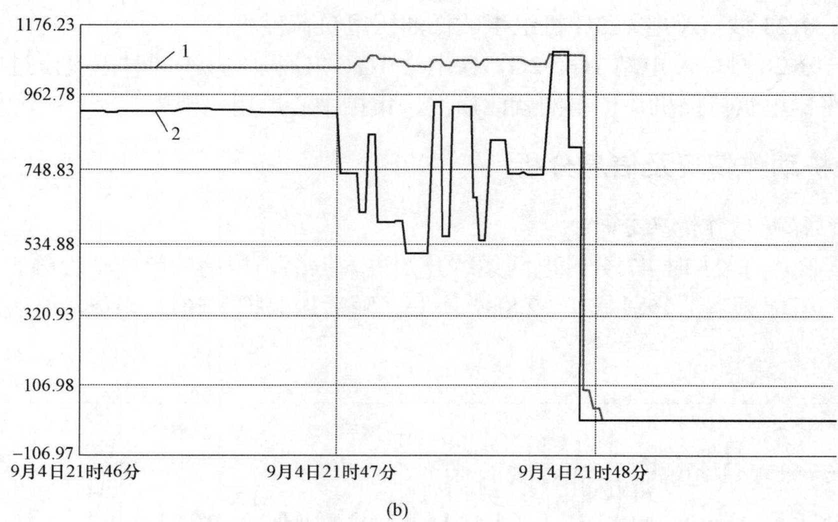

(b)

图 6-28　B 电站 2G 和 3G 机组电流、电压曲线

（a）2G 机组电流、电压曲线；（b）3G 机组电流、电压曲线

1—电压曲线；2—电流曲线

在本次系统振荡故障中，MP 变电站因机组并网持续振荡时间短，机组各项电气量增幅值变化量不大，未造成电气量保护动作停机；但因机组调速器油压装置在振荡初期动作调节频繁，双油泵启动打压的情况下，系统压力仍持续降低，因此由调速器油压装置事故低油压信号启动事故停机流程，跳发电机出口断路器、灭磁开关。

2. A电站保护动作情况分析

B 电站 2G、3G 发电机甩负荷之后，A 电站 3 台机组在系统持续振荡且有加大的过程中，3G 机组在 21 时 56 分 23 秒时，3G 调速器油压装置受本次系统振荡影响，调速器响应迅速，导叶开度调整幅度大，两台油泵同时启动的情况下油压仍然持续降低，由事故低油压启动事故停机流程。

21 时 56 分 28 秒 551 毫秒，A 电站 1G 发电机保护相间后备保护过电流 I 段（复压过电流）动作，跳 1G 机组发电机出口断路器 QF1 及机组出口灭磁开关，启动电气量事故停机流程。

21 时 56 分 24 秒 388 毫秒，A 电站 2G 发电机相间后备保护过电流 I 段动作，跳 2G 机发电机出口断路器 QF2 及机组出口灭磁开关，启动电气量事故停机流程。

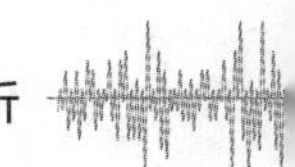

（1）A 电站 1G 机组保护信息。

1）时间：2020-09-04 21：56：28.551。

2）0ms 时保护启动。

3）3434ms 时报警启动录波。

4）3796ms 时发电机过电流Ⅰ段。

5）跳闸出口 1；跳闸出口 2；跳闸出口 3。

（2）A 电站 2G 机组保护信息。

1）时间：2020-09-04 21：56：24.388。

2）0ms 时保护启动。

3）4095ms 时发电机过电流Ⅰ段。

4）跳闸出口 1；跳闸出口 2；跳闸出口 3。

A 电站发电机复压过电流Ⅰ段定值见表 6-4。

表 6-4　　A 电站发电机复压过电流Ⅰ段定值

序号	定值名称	定值
1	发电机负序电压定值	4.2V
2	低电压定值	73.5V
3	过电流Ⅰ段定值	0.89A
4	过电流Ⅰ段延时	3.5s

继 B 电站 1G、2G 及 C 电站 3G 机组事故低油压停机后，在系统后续持续振荡故障中，21 时 56 分 23 秒 A 电站 3G 机组继发事故低油压跳闸甩负荷，因所带负荷占比较大，造成剩下的 A 电站 1G、2G 机组及 C 电站 1G、2G 机组振荡进一步加剧，使机组出口有功、机端电流及极端电压剧烈波动，最后导致剩下 4 台机组相间后备保护动作跳闸停机。

3. C电站保护动作情况分析

9 月 4 日晚，C 电站三台机组正常运行。21 时 52 分 5 秒，3G 机组调速器油压装置受本次系统振荡影响，调速器响应迅速，导叶开度调整幅度大，两台油泵同时启动的情况下油压仍然持续降低，由事故低油压启动事故停机流程。

21 时 56 分 25 秒 57 毫秒，C 电站 1G 机组发电机保护相间后备保护过电流Ⅰ段（复压过电流）动作，跳 1G 机组发电机出口断路器 QF1 及机组出口灭磁开关，启动电气量事故停机流程。

21 时 56 分 28 秒 569 毫秒，C 电站 2G 机组发电机相间后备保护过电流Ⅰ段动作，跳 2G 机发电机出口断路器 QF2 及机组出口灭磁开关，启动电气量事故停机流程。

C 电站发电机复压过电流Ⅰ段定值见表 6-5。

表 6-5　　C 电站发电机复压过电流Ⅰ段定值

序号	定值名称	定值
1	发电机负序电压定值	4.04V
2	低电压定值	70V
3	过电流Ⅰ段定值	1.29A
4	过电流Ⅰ段延时	6s
5	过电流Ⅰ段跳闸控制字	000F

（1）C 电站 1G 机组保护信息。

1）时间：2020-09-05 21：56：25.057。

2）0ms 时保护启动。

3）13433ms 时发电机过电流Ⅰ段。

4）跳灭磁开关，停机，跳 GCB（发电机出口断路器）。

（2）C 电站 2G 机组保护信息。

1）时间：2020-09-06 21：56：28.569。

2）0ms 时保护启动。

3）10010ms 发电机过电流Ⅰ段。

4）跳灭磁开关，停机，跳 GCB。

继 B 电站 1G、2G 及 C 电站 3G 机组、A 电站 3G 机组事故低油压停机后，系统持续振荡故障中，C 电站 1G 机组和 2G 机组相继相间后备保护动作停机。

通过以上分析，可整理出三个电站发电机停机时间见表 6-6。

表 6-6　　A、B、C 电站发电机停机时间

时间	动作结果
21：50：28	B 电站 3G 机事故低油压停机
21：52：05	C 电站 3G 机事故低油压停机
21：52：55	B 电站 2G 机事故低油压停机
21：56：23	A 电站 3G 机事故低油压停机
21：56：24.388	A 电站 2G 机组保护装置相间后备保护Ⅰ段动作停机
21：56：25.057	C 电站 1G 机组保护装置相间后备保护Ⅰ段动作停机
21：56：28.551	A 电站 1G 机组保护装置相相间备保护Ⅰ段动作停机
21：56：28.569	C 电站 2G 机组保护装置相间后备保护Ⅰ段动作停机

三、故障原因分析

1. 直接原因

21 时 49 分 2 秒县域孤网内一大功率用电单位由于设备故障甩负荷约 45MW，使各站机组频率均上升 1～2.8Hz 不等，负荷均突降 1.1～4.4MW 不等，随之引起各站机组频率、有功负荷、机端电压等指标持续振荡。由于频率振荡幅值大且周期性短，振幅最大近 8Hz，在振荡发展一分多钟后，B 站 3G 机组调速器油压装置在两台油泵启动打压的情况下，油压仍持续下降，于 21 时 50 分 28 秒事故低油压启动紧急停机流程甩负荷停机。随后 21 时 52 分 5 秒 C 电站 3G 机组事故低油压甩负荷停机，21 时 52 分 55 秒 B 电站 2G 机组事故低油压甩负荷停机。此时，孤网上频率、有功等指标振荡幅值相较于初期也有很大发展，频率振荡幅值最大约 11Hz。再次持续振荡 3min28s 后，A 电站 3G 机组事故低油压甩负荷停机，所甩负荷 17.9MW，约占此刻孤网负荷的 22.5%，引起的有功突变导致孤网上 A 电站 1G、2G 机组与 C 电站 1G、2G 机组均过负荷运行；同时，由于各站机组机端均有某两相线电压突降至 7kV 以下，各站机组定子电流也一度短时间超过 150%额定，满足复压过电流保护动作条件，四台机组几乎同时因相间后备保护Ⅰ段动作甩负荷停机。由此可以看出，孤网运行期间大容量甩负荷（近 50%负荷），是造成本次孤网振荡崩溃的直接原因。

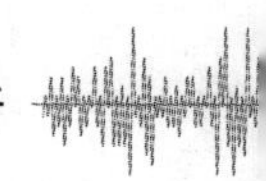

2. 间接原因

因 220kV 线路部分铁塔出现弯曲变形，有倒塔风险，为配合线路故障检查处理，220kV 线路双回将解列停电。县域孤网运行，本身系统容量较小，并入系统的机组可调备用容量有限，导致系统频率及电压不稳定，再加上该系统内大用电单位为硅厂及铝厂，用电负荷也不稳定。系统内除流域三站装机较大，其他并入系统的电厂均为小厂，装机容量小，均为上地方网的私人电厂，调速系统、励磁系调节精度及设备可靠性、稳定性相对较差。发生振荡前，三站共承担该网络 90%以上用电负荷（约 88MW），剩余负荷由同在网上另外几个小水电承担。由于近期来水不足的原因，三站基本处于最大发电能力状态，同时由于小水电出力受到其就近供电负荷的挤压，导致网上旋转备用容量严重不足，是导致振荡发生后难以平复的间接原因。

案例 6：300MW 发电机定子绕组单相接地/匝间故障导致发电机定子接地保护和差动保护动作

本案例分析的知识点

（1）300MW 发电机定子绕组单相接地/匝间故障引发定子接地保护和差动保护动作分析。

（2）300MW 发电机定子接地保护和差动保护动作故障录波图分析。

一、案例基本情况

某日 20 时 18 分 11 秒，某水电厂×号机组带 300MW 发电过程中，发电机定子绕组单相接地故障，紧接着发生两点接地，构成匝间短路故障。两套保护装置的定子接地保护启动（注入式定子接地保护、基波零序电压保护），约 260ms 后，差动保护启动，完全纵差 1 保护、完全纵差 2 保护、不完全差动 1 保护、不完全差动 2 保护、裂相横差保护、横差保护先后动作，机组解列灭磁停机。发电机电气接线简图和定子绕组故障点位置如图 6-29 所示。

二、定子接地阶段波形分析

电压波形如图 6-30 所示，保护装置基波零序电压保护定值为 8V，延时 0.5s；基波零序电压保护高定值为 20V，延时 0.3s。图 6-30 中，左上表示故障时间，以 0.0ms 为基准，“−”表示前时刻，“+”表示后时刻；下侧 038、039、040 通道波形分别对应发电机机端 A、B、C 相电压，041 通道波形对应机端零序电压，042 通道波形对应中性点零序电压；右侧实线游标处显示实线游标位置的波形二次有效值，该游标位置可移动；左下 001、259 为开关量变位情况。

1. 电压波形分析

（1）故障相 C 相电压波形分析。以 0.0ms 为基准，−276ms 时 C 相电压开始降低，幅值为 54.07V，低于正常相电压幅值 57.74V，且呈现逐步降低趋势，直到发展成为大的匝间短路故障降低到 10V 左右，一直到停机完全结束，才降低为零。

（2）正常相 A、B 两相电压波形分析。由于发电机属于中性点非有效接地系统，发生单相接地故障，A 相电压正常，B 相电压升高，幅值最高达到 73.7V。随着故障的发展，发电机灭磁开关跳开，A、B 两相电压逐渐降低。

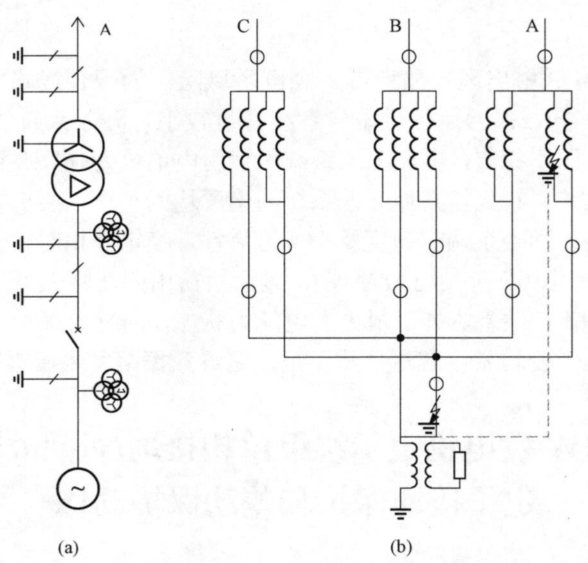

图 6-29　发电机电气接线简图和定子绕组故障点位置示意图

（a）发电机电气接线简图；（b）定子绕组故障点位置示意图

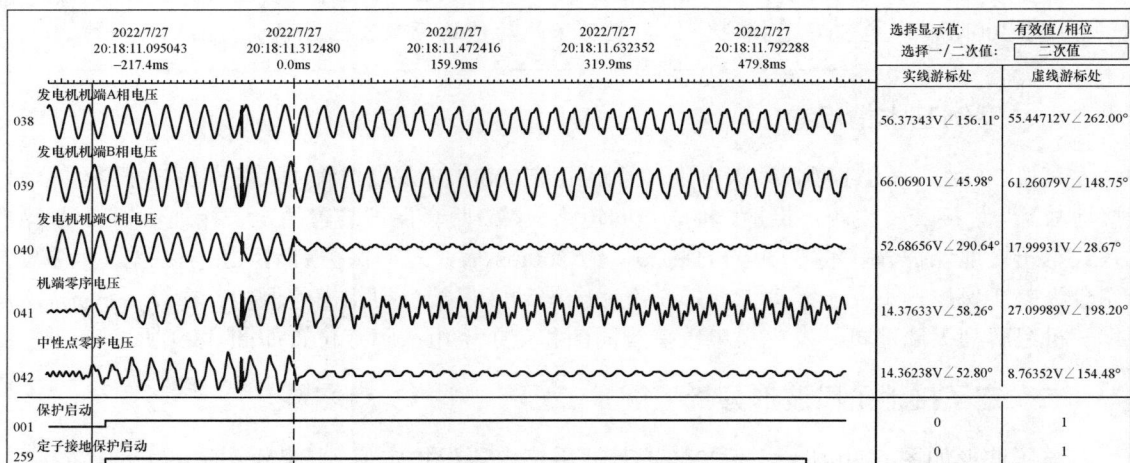

2022/7/27 20:18:11.095043 −217.4ms
2022/7/27 20:18:11.312480 0.0ms
2022/7/27 20:18:11.472416 159.9ms
2022/7/27 20:18:11.632352 319.9ms
2022/7/27 20:18:11.792288 479.8ms

选择显示值: 有效值/相位
选择一/二次值: 二次值

通道	实线游标处	虚线游标处
038 发电机机端A相电压	56.37343V∠156.11°	55.44712V∠262.00°
039 发电机机端B相电压	66.06901V∠45.98°	61.26079V∠148.75°
040 发电机机端C相电压	52.68656V∠290.64°	17.99931V∠28.67°
041 机端零序电压	14.37633V∠58.26°	27.09989V∠198.20°
042 中性点零序电压	14.36238V∠52.80°	8.76352V∠154.48°
001 保护启动	0	1
259 定子接地保护启动	0	1

图 6-30　电压波形图

（3）机端、中性点零序电压波形分析。由于是单相接地故障，因此在发电机定子绕组发生单相接地故障时，在发电机机端和中性点产生零序电压 $3U_0$，该零序电压逐渐增大，其有效值由 15V 左右逐渐升高至 30V 以上。到故障发展成匝间短路后，中性点零序电压降低为 7V 左右，一直到中性点电流消失，零序电压变为零。由于 A、B 相电压的存在，机端一直有 18V 左右的零序电压。机端零序电压后 60ms 开始发生畸变，发生了基频谐振。

（4）图 6-30 波形中有两个开关量动作：A—保护启动；B—定子接地保护启动。

2. 接地电阻、中性点零序电流波形分析

定子接地保护测量对地电阻、零序电流波形如图 6-31 所示，注入式定子接地保护测量的发电机对地电阻由正常值（超过 30kΩ 时，最大显示 30kΩ）快速下降至 3.5kΩ 左右，低于报

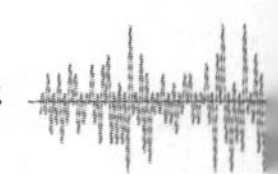

警定值（5kΩ），但高于电阻判据跳闸定值门槛（1kΩ）；保护测量的接地变压器二次侧零序电流最大值达到 0.85A 以上，超过零序电流判据定值（0.45A），因此注入式定子接地保护的零序电流判据启动，同样由于延时未到定值 0.5s 而没有动作。

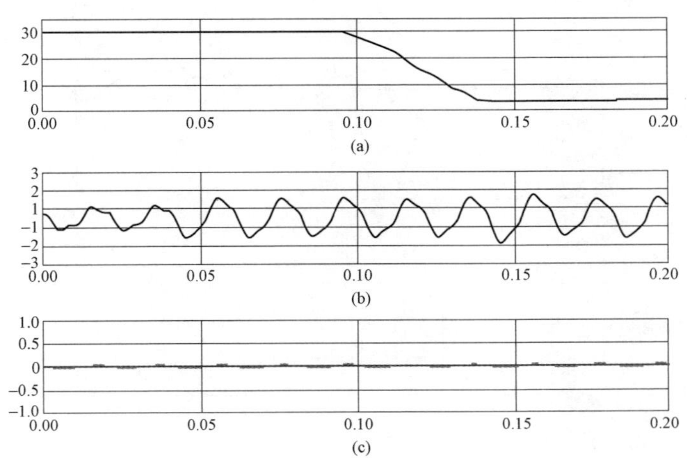

图 6-31　定子接地保护测量对地电阻、零序电流波形图

（a）20Hz 接地电阻（kΩ）；（b）接地零序电流（A）；（c）完全纵差 1A 相差值（H）

三、匝间短路故障波形分析

20 时 18 分 11 秒 272 毫秒，发电机电流突然增加，C 相出现很大的差动电流，而 A、B 两相基本无差流。各差动回路电流波形如图 6-32 所示，发电机完全纵差 1 保护、完全纵差 2 保护、不完全差动 1 保护、不完全差动 2 保护、裂相横差保护、横差保护先后动作。发电机机端电流互感器变比为 15000/1，中性点分支电流互感器变比为 7500/1，发电机容量为 300MW，机端电压为 18kV，功率因数为 0.9，经过计算得到机端二次额定电流 $I_e = \dfrac{300\text{MW}}{18\text{kV}\times\sqrt{3}\times 0.9\times 15000} = 0.713\text{A}$。

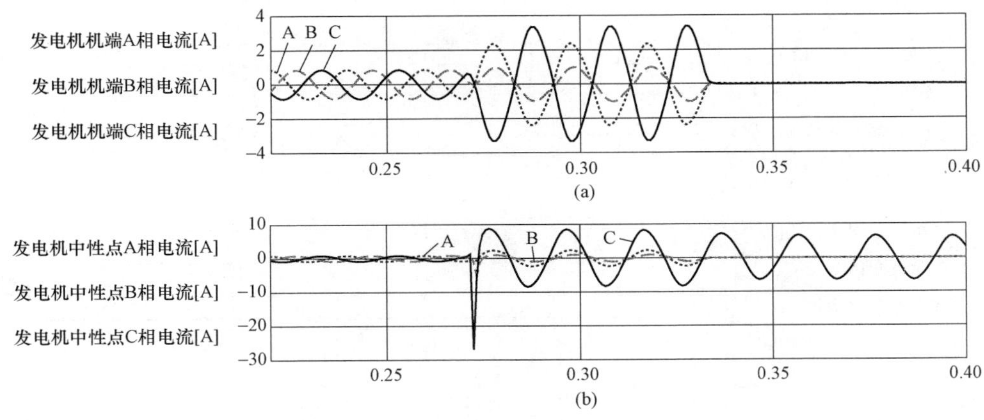

图 6-32　各差动回路电流波形图（一）

（a）发电机端三相电流；（b）发电机中性点三相电流

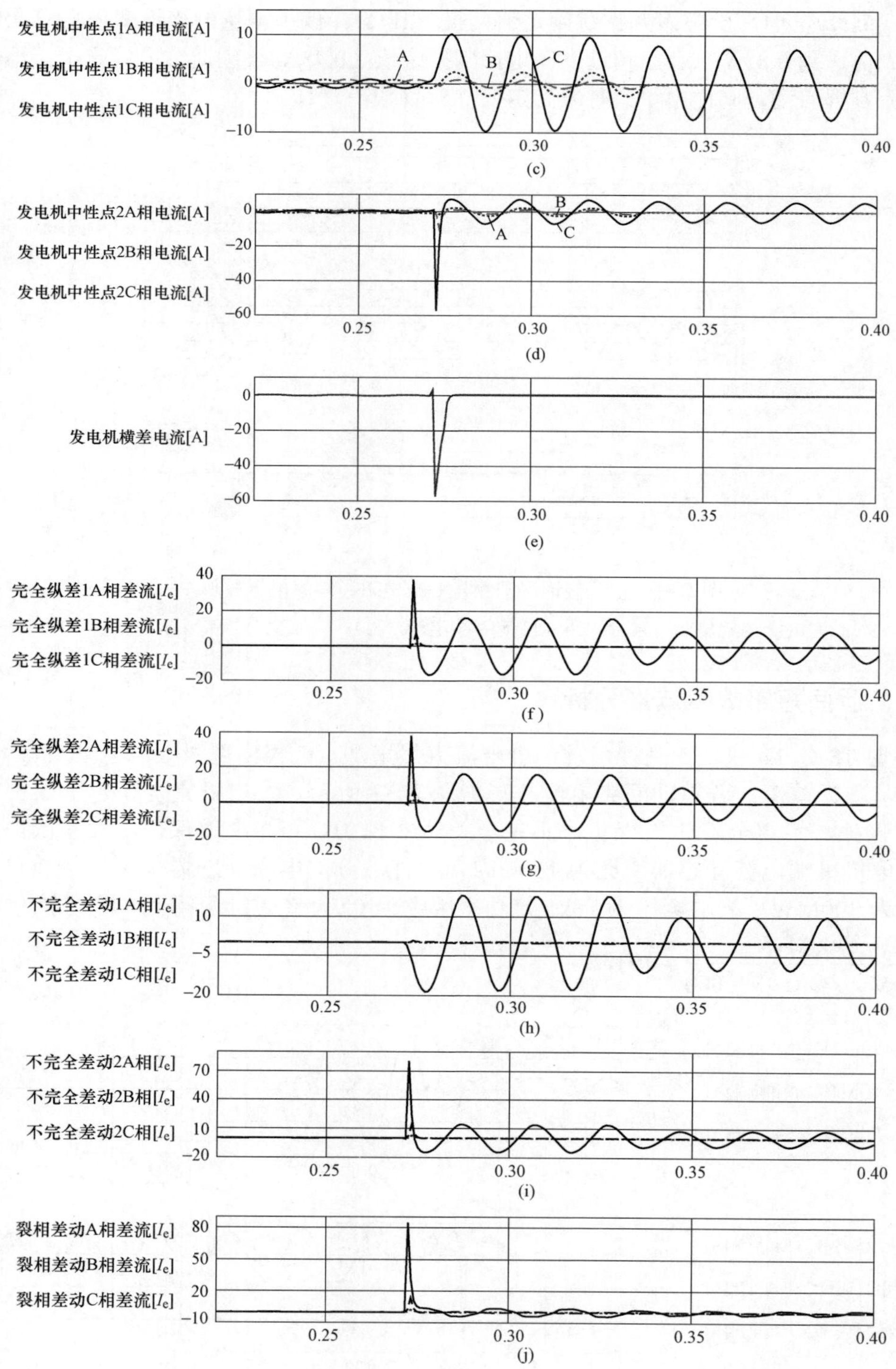

图 6-32　各差动回路电流波形图（二）

（c）发电机中性点 1 三相电流；（d）发电机中性点 2 三相电流；（e）发电机横差电流；（f）完全纵差 1 三相差流；（g）完全纵差 2 三相差流；（h）不完全纵差 1 三相差流；（i）不完全纵差 2 三相差流；（j）裂相差动三相差流

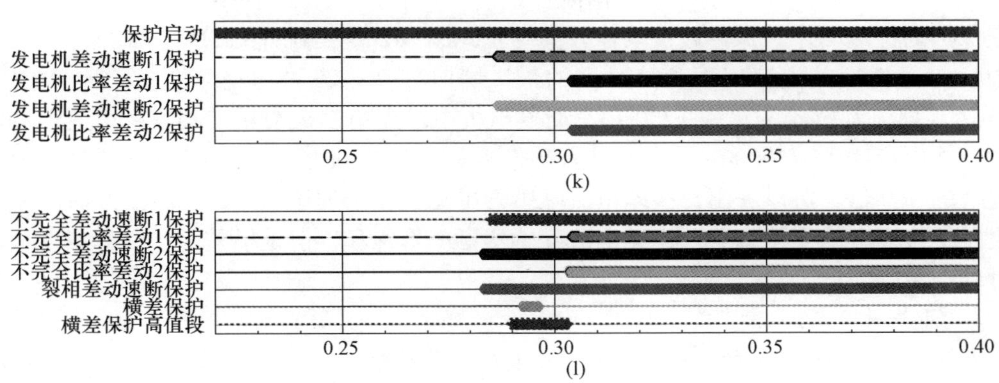

图 6-32　各差动回路电流波形图（三）

（k）发电机保护动作开关量；（l）差动保护动作开关量

图 6-32 中，C 相故障电流中出现的第一个尖峰值和横差电流尖峰值为高频电流。

故障前后各模拟量有效值（均为二次值）见表 6-7。

表 6-7　故障前后各模拟量有效值

序号	通道名称	单位	故障前			故障后				
			第 3 周波	第 2 周波	第 1 周波	第 1 周波	第 2 周波	第 3 周波	第 4 周波	第 5 周波
1	主变高压侧A 相电压	V	0.015	0.012	0.304	0.307	0.020	0.073	0.133	0.216
2	主变高压侧B 相电压	V	0.014	0.005	0.414	0.239	0.023	0.048	0.071	0.137
3	主变高压侧C 相电压	V	0.007	0.006	0.153	0.153	0.069	0.091	0.087	0.108
4	主变高压侧零序电压	V	0.028	0.025	0.097	0.129	0.093	0.121	0.107	0.123
5	完全纵差 1A 相差流	A	0.003	0.004	0.130	0.025	0.011	0.008	0.002	0.004
6	完全纵差 1B 相差流	A	0.017	0.015	0.633	0.044	0.012	0.009	0.003	0.003
7	完全纵差 1C 相差流	A	0.000	0.000	2.302	11.561	11.360	11.152	6.669	6.421
8	完全纵差 2A 相差流	A	0.003	0.004	0.127	0.023	0.007	0.007	0.003	0.002
9	完全纵差 2B 相差流	A	0.001	0.001	0.628	0.051	0.006	0.007	0.003	0.004
10	完全纵差 2C 相差流	A	0.001	0.002	2.301	11.556	11.357	11.147	6.670	6.420
11	发电机机端A 相电流	A	0.605	0.605	0.563	1.685	1.681	1.639	0.002	0.002

1. 电流波形分析

表 6-7 中的各通道有效值列表（仅列出部分通道）完全纵差 1 保护（最大稳态差流 16I_e 以上）、完全纵差 2 保护（最大稳态差流 16I_e 以上）、不完全差动 1 保护（最大稳态差流 9I_e 以上）、不完全差动 2 保护（最大稳态差流 10I_e 以上）、裂相横差保护（最大稳态差流 2.8I_e）、

横差保护均快速动作。保护最快动作时间约 7.5ms，52ms 内跳开 GCB，机组解列灭磁停机。其中，单元件横差电流出现尖峰时刻的最大瞬时二次电流约 57A，折算至一次电流约为 71250A（电流互感器变比为 1250/1），而发电机中性点第 2 分支组三相自产电流约 60A，折算至一次电流约为 450000A（分支电流互感器变比为 7500/1），约为单元件横差电流互感器额定值的 360 倍。可以看出，横差电流互感器电流远低于理论值，再加上后续时段呈现正向偏置且缓慢衰减的变化趋势，横差电流互感器已严重饱和，但是横差保护动作速度快，仍然及时动作。

2. 开关量分析

本波形有 12 个开关量，包括：A—发电机差动速断 1、2 保护，该保护动作于 9.996ms；B—不完全差动速断 1、2 保护，该保护动作于 9.996ms；C—裂相差动速断保护，该保护动作于 9.996ms；D—发电机比率差动 1、2 保护，该保护动作于 29.155ms；E—不完全比率差动 1、2 保护，该保护动作于 29.155ms；F—横差保护，该保护动作于 17.193ms；G—横差保护高值段，该保护动作于 14.994ms。

四、保护动作情况分析

第一部分发电机定子绕组一点接地故障的基础上，定子接地保护启动，由于没有达到出口延时，在很短时间内，定子绕组 C 相某分支电流互感器的靠近接地变侧出现了另外一个故障点，从而构成了跨接中性点侧电流互感器的匝间短路故障。观察发电机中性点侧两个分支电流，第二分支电流有瞬时尖峰，为 C 相第二分支发生匝间短路故障（两点接地构成）。

五、本案例分析相关术语和定义

（1）纵差保护：反应发电机定子绕组相间短路故障，作为发电机主保护；其工作原理是比较被保护设备各引出端电流大小和相位，可分为完全纵差保护和不完全纵差保护。

（2）横差保护：反应发电机匝间短路、相间短路和分支开焊故障，是定子绕组所有内部故障的主保护；按工作原理分为裂相横差保护和单元件横差保护。

（3）定子接地保护：反应发电机定子绕组对地（铁心）绝缘损坏引起的单相接地故障，作为发电机后备保护；按工作原理分为基波零序电压保护、三次谐波电压保护、注入式定子接地保护。

案例 7：300MW 水轮发电电动机低功率保护动作

本案例分析的知识点

（1）300MW 水轮发电电动机低功率保护动作条件及分析。
（2）300MW 水轮发电电动机低功率保护动作故障录波图分析。

一、案例基本情况

201×年××月××日 15 时 8 分，某电站启动 2 号机抽水，当机组开机由抽水调相转抽

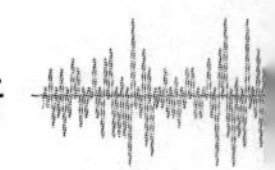

水过程中，2 号机组电动工况低功率保护 A/B 动作，2 号机组电气事故停机，2 号机出口断路器跳闸，机组工况转换失败。

低功率保护的开放条件：

（1）收到换向隔离开关电动方向合信号；

（2）收到水泵模式下导叶开度到达正常开度信号。

发电机—变压器组水泵低功率保护 37M 为双重化配置（A/B 两套），动作定值为 55%P_N（−256MW），延迟时间为 2s。

二、上位机监控信息

15：09：45　上位机发 2 号机抽水调相命令

15：16：22　2 号发电机出口断路器 802 合闸

15：16：28　2 号机进入抽水调相工况

15：16：34　上位机发 2 号机抽水命令

15：18：50.286　“2 号机 A 组保护紧急停机 1”动作

15：18：50.286　“2 号机 A 组保护紧急停机 2”动作

15：18：50.286　“2 号机 B 组保护紧急停机 1”动作

15：18：50.286　“2 号机 B 组保护紧急停机 2”动作

15：18：50.293　“2 号机组电动工况低功率保护 A 动作”动作

15：18：50.294　“2 号机组电动工况低功率保护 B 动作”动作

15：18：50.328　“2 号机发电机出口断路器分闸/合闸”分闸

15：18：50.336　“2 号机励磁跳闸”报警

15：18：50.520　“2 号机事故停机”报警

15：18：50.520　“2 号机电气事故停机”报警

三、DRS-WIN 保护装置录波波形分析

故障波形如图 6-33 和图 6-34 所示。

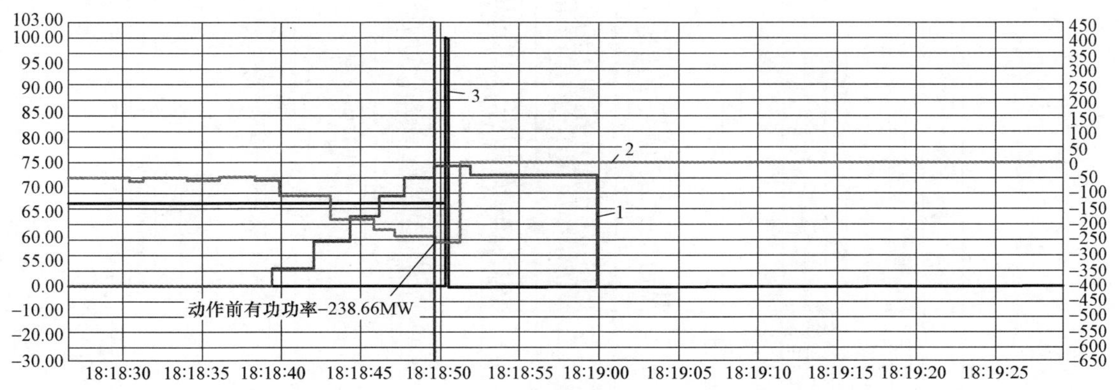

图 6-33　有功功率、导叶开度、2 号发电电动机出口断路器合分闸波形图

1—导叶开度走势；2—有功功率走势；3—断路器位置

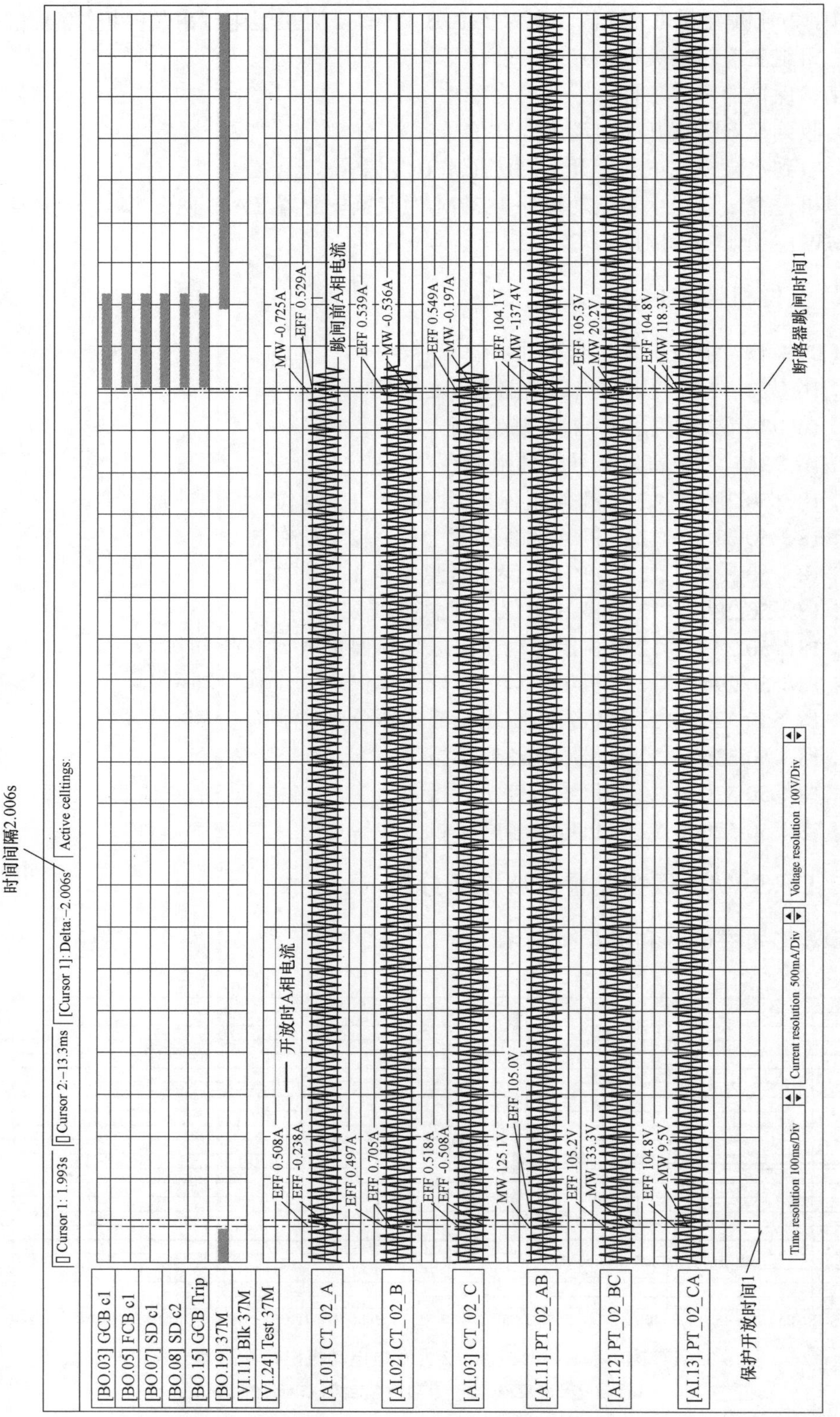

图 6-34　2 号发电动机保护 A 柜 AG13 装置故障波形图

（1）图 6-33 为监控系统提供的有功功率和导叶开度录波图。可以看出，随着发电/电动机组导叶的开度不断加大，吸收的有功功率不断增加。直到电动工况低功率保护动作，发电电动机出口断路器跳闸，机组吸收的有功功率消失，导叶随着机械机构的动作关闭。

（2）图 6-34 中游标 1 时刻为 1.993s，为保护跳闸前电流；游标 2 时刻为－13.3ms，为保护开放时 A 相电流，两个游标时间间隔共有的时间为 2.006s；[AI.01]CT-02-A、[AI.01]CT-02-B、[AI.01]CT-02-C 为三相电流通道，[AI.11]PT-02-AB、[AI.12]PT-02-BC、[AI.13]PT-02-CA 为三相电压通道，I_{EFF} 为故障电流的有效值。

（3）图 6-34 中，上部横线部分为开关量。

1）[BO.03]GCB c1：出口断路器。

2）[BO.05]FCB c1：灭磁开关。

3）[BO.07]SD c1：紧急停机 1 动作。

4）[BO.08]SD c2：紧急停机 2 动作。

5）[BO.15]GCB TiP：出口断路器跳闸。

6）[BO.19]37M 低功率动作。

7）[V1.11]Blk 37M：闭锁低功率保护。

四、保护动作过程分析

在 2 号机抽水调相转抽水过程中，当调速器水泵模式下导叶开度到达正常开度以前（开放时 A 相电流），电流幅值为 0.508A，计算功率 P_1=0.508A×15000×18kV×1.732=−237.56MW，虽然低于低功率整定值，由于图 6-34 上部[V1.11]BLK 37M 闭锁低功率保护的开关量通道处于闭锁状态，保护不会动作；在导叶开度达到正常开度后，[V1.11]Blk 37M 闭锁低功率保护的开关量通道解除闭锁，一直到 2 号机发电机出口断路器跳闸前（跳闸前 A 相电流）这段时间，图 6-34 中 2 号发电电动机 A 柜 AG13 装置所测功率 P_1=0.529A×15000×18kV×1.732=−247.38MW，图 6-34 中电流互感器变比为 15000/1，发电机出口电压为 18kV，没有发生变化；保护装置所测值均小于定值（−256MW），且持续时间超过定值 2s，满足保护动作条件，水泵低功率保护 37M 动作，2 号发电电动机出口断路器跳闸。

五、本案例分析相关术语和定义

（1）低功率保护：水轮发电机/水泵电动机低功率保护是为了防止机组在电动机工况下输入功率过低或失去电源，造成管道中水的流向转变导致机组达到飞逸转速运行，作为抽水蓄能机组的特殊保护。

（2）调速器控制（调节）：水轮发电机/水泵电动机通过调速器系统的自动调节，实现机组启动、停机、工况转换、增减负荷、抽水、调相、甩负荷控制等功能。根据水轮机/水泵水头或扬程自动调整导叶开度，以较高效率将水能转换为电能或将电能转换为水的势能储存起来。

（3）运行工况（状态）：水轮发电机/水泵电动机运行工况包括开机、空载、发电、发电调相、抽水、抽水调相、背靠背（BTB）启动、黑启动等运行方式。稳态方式有停机、空载、发电、发电调相、抽水、抽水调相态，暂态方式有开机、背靠背启动、黑启动态。

（4）GCB：水轮发电电动机出口断路器。可减少机组启停时对主变的冲击，用以承担正常运行时的切换操作、短路故障跳闸及同期并网合闸等作用，当系统出现故障时，可迅速切除机组与电网联系，达到保护机组和主变的目的。

案例8：300MW发电机出口断路器单相接地故障导致定子接地保护动作

本案例分析的知识点

（1）300MW发电机出口断路器单相接地故障引发定子接地保护动作分析。
（2）300MW发电机定子接地保护动作故障录波图分析。

一、设备运行方式

202×年××月××日16时6分，双母线合环运行，1号主变空载运行。1号机组发电并网升负荷过程中，发电机定子接地保护动作电气事故停机。发电机—变压器组接线如图6-35所示。

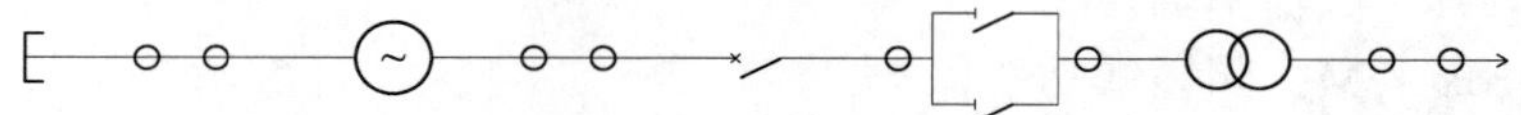

图6-35　发电机—变压器组接线示意图

二、故障动作信息

16：02：42　中控室值班人员执行1号机组发电操作
16：05：32　1号机组到达空载态
16：05：42　监控显示1号机组GCB合位，1号机组到达发电态
16：06：22　监控显示1号机组有功功率调节完成，机组发电出力增至150MW
16：06：30　中控室值班人员在监控系统内执行1号机组有功功率从150MW升至225MW操作
16：06：44　监控显示发电机A/B套保护总跳闸信号输出，保护盘柜显示定子接地保护动作（此时机组功率约为219.2MW，导叶开度约为56%）
16：06：44　监控显示1号机组电气事故停机流程启动，1号机组GCB跳开、灭磁开关跳开
16：06：45　监控显示1号机组GCB SF_6压力低报警
16：07：44　1号机组导叶全关
16：07：51　1号机组球阀全关
16：08：19　1号机组PRD全分位
16：09：08　中控室人员启动备用机组，执行6号机组发电操作，满足系统负荷需求
16：11：59　GCB06合位，6号机组发电态
16：14：19　6号机组有功功率调节完成，发电带300MW负荷运行
16：20：06　监控显示1号机组停机态

三、发电机定子接地保护配置情况

1号机组保护A柜95%定子接地保护动作，1号机组保护B柜定子接地零序电流保护动

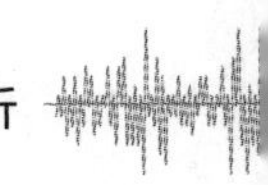

作，保护配置及动作信息如下：

（1）1 号机组保护 A 柜配置基波零序电压定子接地保护和三次谐波定子接地保护，基波零序电压定子接地保护动作于机组跳闸，三次谐波定子接地保护动作于报警；

（2）1 号机组保护 B 柜配置注入式 100%定子接地保护和零序电流保护，两者均动作于跳闸。

四、故障波形及保护动作分析

（1）故障波形分析。发电机—变压器组故障录波器波形如图 6-36 所示。

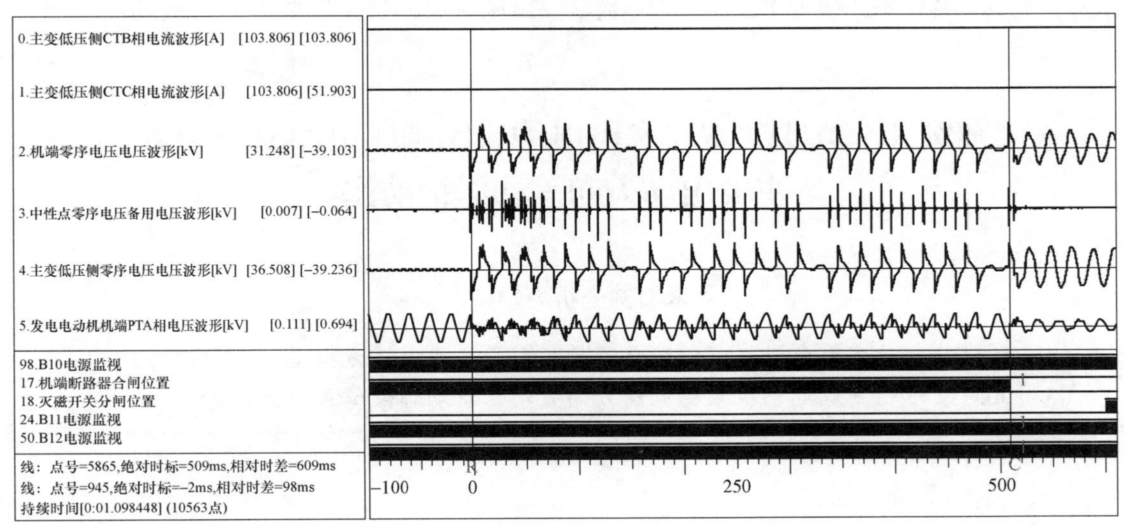

图 6-36　发电机—变压器组故障录波器波形图

从录波情况看，16 时 6 分 44 秒 192 毫秒，1 号机组端零序电压瞬间增大至 39.1V，达到基波零序电压定子接地保护高定值（15V，0.3s），保护正确启动；150ms 后，机端零序电压下降至 10V 以下，保护重新计时，458ms 后，基波零序电压定子接地高定值段动作跳闸。保护启动 499ms 后，基波零序电压定子接地保护低定值（5V，0.5s）动作；基波零序电压定子接地保护高定值、低定值均正确动作。

（2）保护动作报告分析。保护盘柜动作信息如下。

1）动作时间：2021-06-04 16：06：44.216。

2）0ms 时保护启动。

3）499ms 时定子接地零序电流跳 GCB 线圈，闭锁 GCB 合闸跳灭磁开关，闭锁灭磁开关合闸。

4）1511ms 时停机，出口 SFC 紧急停机，低频定子零序电压启动 GCB 断路器失灵。

5）2014ms 时定子接地保护动作。

16 时 6 分 44 秒 216 毫秒，1 号机组保护 B 柜定子接地零序电流保护启动，定子接地零序电流达到 2.43A，定子接地零序电流保护定值为 0.55A、0.5s，499ms 后，保护动作跳闸，定子接地零序电流保护正确动作。

1 号发电机断路器为 HECPS-3S 型号，发电/抽水运行 887 次。经分析保护正确动作，判

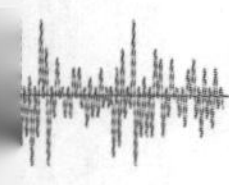

断为发电机出口断路器 GCB 设备内部存在接地故障。

五、本案例分析相关术语和定义

（1）SFC：静止变频器。利用晶闸管换流装置将工频交流电转换成频率可调的变频交流电，将该变频电流输出到同步电机定子绕组，形成定子旋转磁场，同时在转子上施加励磁电流，形成转子磁场，旋转的定子磁场与转子磁场相互作用，牵引转子转动，即可实现可逆式机组的启动。其具有无级变速、启动平稳、响应速度快、调节精度高等优点。

（2）定子接地保护：反应发电机定子绕组对地（铁心）绝缘损坏引起的单相接地故障，作为发电机后备保护。按工作原理分为基波零序电压保护、三次谐波电压保护、注入式定子接地保护。

案例 9：90MW 水轮发电电动机闭锁继电器故障导致主变电动方向差动保护动作

本案例分析的知识点

（1）90MW 水轮发电电动机闭锁继电器故障引发主变电动方向差动保护动作分析。
（2）90MW 水轮发电电动机主变电动方向差动保护动作故障录波图分析。

一、案例基本情况

201×年××月××日 9 时 29 分，某电站 1 号机组甩 75%额定负荷试验开机，9 时 32 分 25 秒，1 号机组发电工况并网，9 时 33 分 17 秒监控出现报警“1 号主变 B 套保护紧急停机动作”“1 号主变差动保护 B 套动作”“1 号机组出口断路器 801 分闸”“高压厂用变电源侧断路器 841 分闸”，1 号机组甩有功功率 65MW。抽水蓄能机组分为发电方向和抽水方向，通过换相隔离开关的操作改变相位。主变配有双套比率制动差动保护，分别为大差动（B 组）保护（保护范围包括高压侧电流互感器和低压侧换相隔离开关）和小差动（A 组）保护（保护范围为变压器高低压侧电流互感器）。

发电机—变压器组纵差保护单相接线如图 6-37 所示。

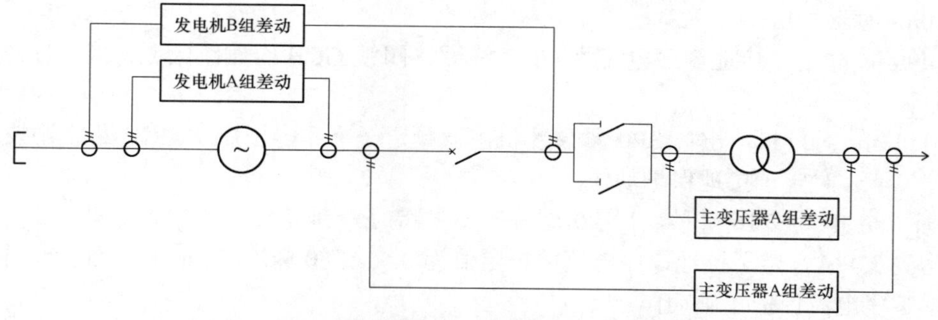

图 6-37　发电机—变压器组纵差保护单相接线示意图

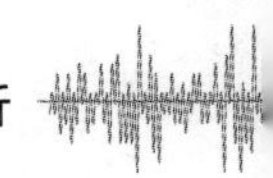

二、故障波形分析

抽水蓄能机组在发电运行和抽水运行时，换相开关位置不同，（也就是相序不同）这对发变组保护产生了多方面的影响。当差动保护将换相开关置于保护范围内时，该差动保护就必须采取相应措施，因为换相前后差动保护两侧电流互感器的相序完全不同。发电工况需要将抽水（电动）方向保护闭锁。故障电流波形如图 6-38 所示。

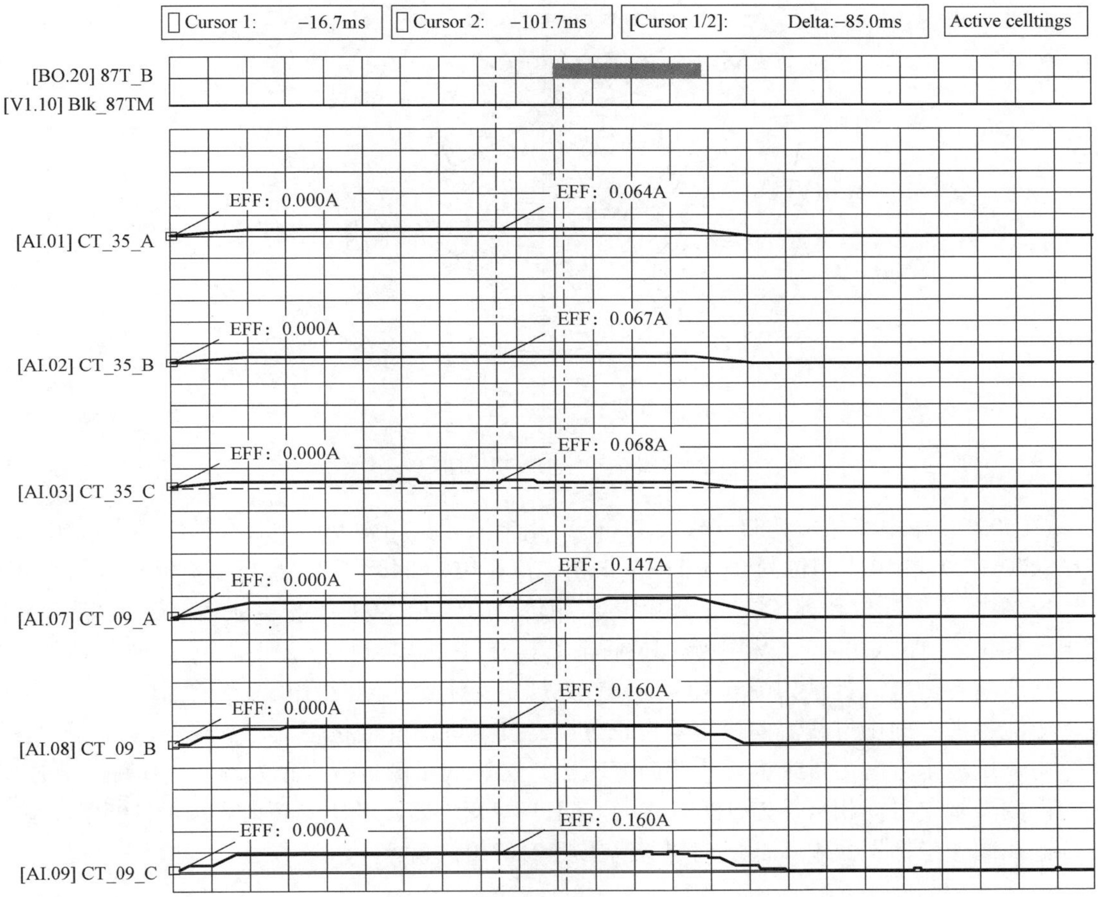

图 6-38　故障电流波形图

图 6-38 中，横坐标（时间轴）每小格为 10ms，CT_35 为 1 号主变高压侧电流，CT_09 为 1 号机组机端电流，值均为有效值。以差动保护出口动作为 0 时刻，游标 1 时刻为 16.7 ms，电流有效值分别为：CT_35_A 为 0.064A，CT_35_B 为 0.067A，CT_35_C 为 0.068A；CT_09_A 为 0.147A，CT_09_B 为 0.160A，CT_09_C 为 0.160A。游标 2（图 6-38 中最左侧的虚竖线）电流的有效值均为 0.000A，游标 1、2 中间持续时间为 85ms。

图 6-38 中上部为开关量通道，87T_B 为 1 号主变压器差动保护动作信号，粗实线为动作部分，表示保护动作信号由 0 变为 1；Blk.87TM 为 1 号主变压器差动 B 套保护（电动方向）闭锁信号，图中显示一直没有动作。

电流相位如图 6-39 所示。

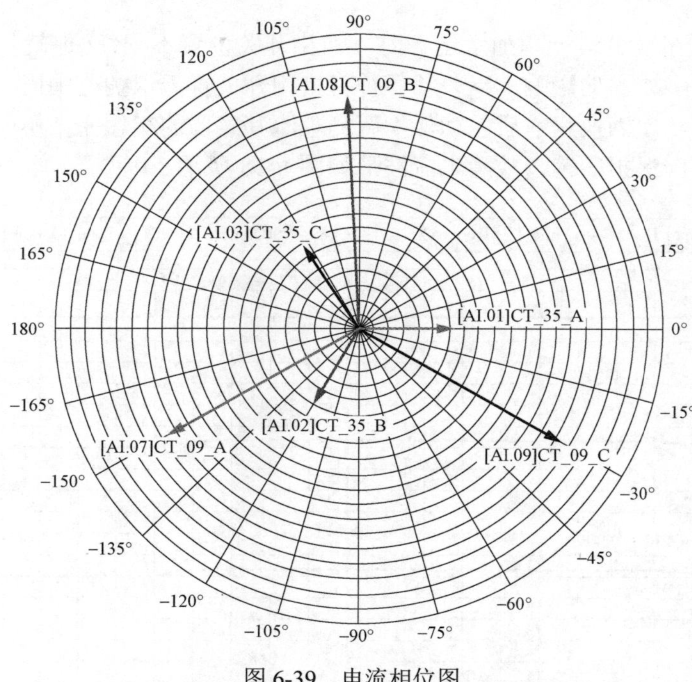

图 6-39　电流相位图

CT_09_A 相电流相位为−150°，CT_09_B 相电流相位约为 90°，CT_09_C 相电流相位为−30°，CT_35_A 相电流相位为 0°，CT_35_B 相电流相位为 240°，CT_35_C 相电流相位为 120°。CT_09_A 相电流相位超前 CT_35_A 相电流相位 210°；CT_09_B 相电流相位超前 CT_35_B 相电流相位 210°；CT_09_C 相电流相位超前 CT_35_C 相电流相位 210°。

变压器各侧电流极性如图 6-40 所示。首先规定变压器各侧电流互感器的正极性端在母线侧，电流参考方向由母线流向变压器为正方向。发电机在发电状态下，变压器作为升压变压器，电流的流出方向由 35kV 母线流向变压器，这样低压侧电流为正方形，中压侧、高压侧电流流向与规定方向相反，差 180°。对于 Yd11 型变压器，低压侧超前高压侧 30°相位角。这样，在同一坐标平面中，低压侧超前高压侧 210°相位角。

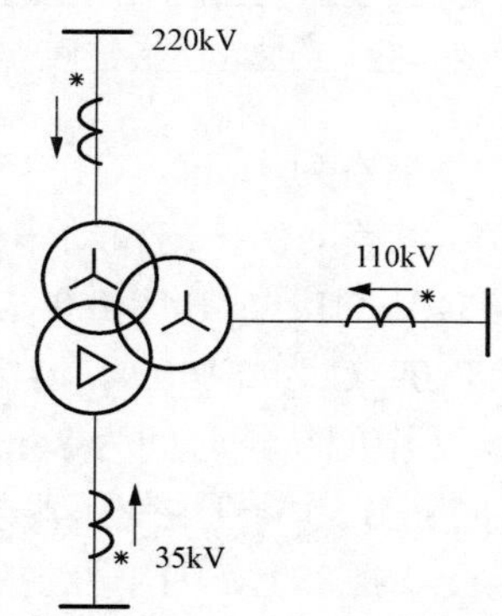

图 6-40　变压器各侧电流极性示意图

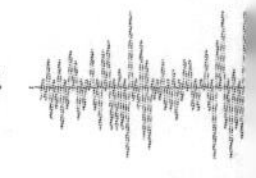

主变差动保护（电动方向）A 相差动电流在发电工况时为 2 倍主变高压侧 A 相电流，在 1 号机组有功功率为 65MW 时，$I_{cdA}=2\times I_{Ha}=2\times0.064=0.128A>0.95\times0.13=0.1235A$，差动最小动作电流定值为 0.13A。

三、故障情况分析

1 号机组主变 B 套保护屏柜上有主变差动保护（电动方向）动作告警，查看保护录波，主变差动保护（电动方向）闭锁信号未收到（Blk.87TM 为 0），导致 1 号机组发电工况运行时 1 号主变差动 B 套保护（电动方向）未被闭锁而误动作。

四、本案例分析相关术语和定义

换相：满足抽水蓄能机组发电方向和抽水方向运行时对相序的要求。通过五极换相隔离开关切换一次回路实现。

案例 10：60MW 水轮发电电动机转子接地保护动作

本案例分析的知识点

（1）60MW 水轮发电电动机转子接地保护动作分析。
（2）60MW 水轮发电电动机转子接地保护故障录波图分析。

一、案例基本情况

某抽水蓄能电站，三台机组水泵工况各带 60MW 负荷稳态运行。发电机励磁系统-转子绕组回路简图如图 6-41 所示。

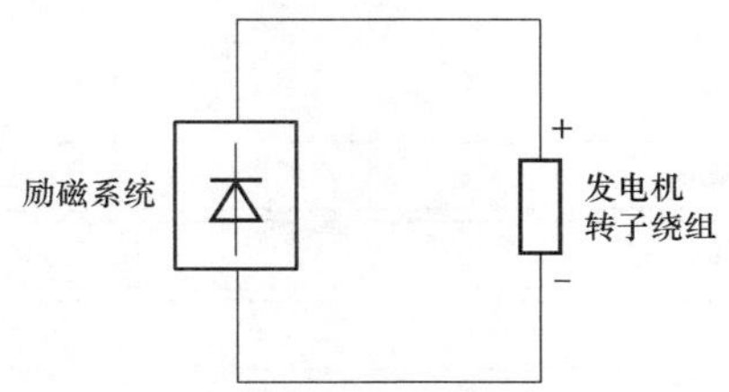

图 6-41　发电机励磁系统-转子绕组回路简图

（1）监控系统故障信息。2016 年 9 月 15 日 3 时 56 分 45 秒，计算机监控系统报故障，2 号机组由水泵工况转电气事故停机流程，时间列表如下：

2016-09-15 03：56：45.981　2 号机组转子接地保护动作动作

2016-09-15 03：56：45.981　2 号机组机变组保护跳闸动作

2016-09-15 03：56：46.000　机变组保护跳闸，启动电气事故停机流程

（2）保护装置动作信息。现场检查 2 号机组保护盘装置上的“发电/电动机转子接地保护”报警及跳闸灯亮，如图 6-42 所示。

（3）励磁装置动作信息。现场检查2号机组励磁控制盘，励磁控制盘显示报警信息“rotor overvoltage”对应为“转子过压保护动作”。

Device State	●		1	Operation		Fault
电动工况纵差保护1.1			2		T	87M1-1
电动工况Ⅰ失磁保护			3	A	T	40M1-t1/t2
电动工况Ⅰ失步保护			4	A	T	78M1
发电机100%定子接地保护1			5	A	T	64-100%-1
发电/电动机过励磁保护			6	A	T	24-t1/t2
发电/电动机转子接地保护	●	●	7	A	T	64F-t1/t2
电动工况负序过负荷保护	○	○	8	A	T	46M1
发电电动机轴电流保护	○	○	9	A	T	SC-t1/t2
电动工况电压平衡保护	○	○	10	A		60M1
低频过流保护1	○	○	11	A	T	51GL-M1
机械保护	○	○	12	A	T	Mech.

图6-42　2号机组保护盘“发电/电动机转子接地保护”报警及跳闸灯亮

（4）保护动作情况分析。转子接地保护检测到接地故障，满足Ⅱ段动作条件，延时2s出口跳闸发电机出口断路器。转子接地Ⅰ段报警启动，由于延时为10s，故障时间很短，达不到Ⅰ段动作时间（第二次报警启动也是如此）。同时跳发电机灭磁断路器，灭磁开关分闸瞬间出现的转子过电压，同时励磁电流开始衰减。

二、保护装置故障波形分析

（1）转子接地保护定值界面如图6-43所示。

Relay parameters

Rolor insulation(64F)

☼	Operate Value St.1	50 kOhm	
☼	Time Delay St.1	10.0 s	
☼	Operate Value St.2	10 kOhm	
☼	Time Delay St.2	2.0 s	⚠

PG21　⚠　Online

图6-43　转子接地保护定值界面

通过机组保护装置内部信息，事件顺序描述如下。

0056．转子接地Ⅰ段报警启动时间：2016-09-15 03：56：43.913

0055．转子接地Ⅱ段跳闸启动时间：2016-09-15 03：56：43.980

0054．转子接地保护动作跳闸出口时间：2016-09-15 03：56：45.980

0053．转子接地保护Ⅱ段报警复归时间：2016-09-15 03：56：48.874

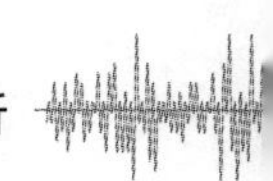

0052．转子接地保护Ⅱ段跳闸复归时间：2016-09-15 03：56：48.874

0051．转子接地保护Ⅰ段复归时间：2016-09-15 03：56：48.930

0050．转子接地Ⅰ段报警启动时间：2016-09-15 03：57：05.720

0049．转子接地Ⅰ段报警复归时间：2016-09-15 03：57：07.069

由上述机组保护装置信息可知此次转子接地故障发生两次；首先满足二段启动跳闸的定值，一段启动报警与二段启动跳闸时间间隔仅为 70ms，说明此次接地故障的阻值很小，转子接地保护跳闸动作；故障消失后约 16s 后一段接地报警再次启动，此次接地阻值在Ⅰ段和Ⅱ段动作值之间，持续约 1.3s 后消失。

（2）机组故障录波器波形分析。通过故障时 2 号机组故障录波器波形分析可以看出，保护动作为第一时间动作跳机出口。2 号机组转子接地故障跳机时刻波形如图 6-44 所示。

1）图 6-44 中，上部分为模拟量通道。

a．通道 1～3：发电机机端电压 U_{ab}、U_{bc}、U_{ca}（线电压）。

b．通道 4：发电机机端零序电压 $3U_0$。

c．通道 9～11：发电机定子绕组 A、B、C 相电流。

d．通道 12：发电机定子绕组零序电流 $3I_0$。

e．通道 13～15：主变低压侧 A、B、C 相电流。

f. 通道 16：主变低压侧零序电流。波形中显示的是最大值，得到有效值需要除以 1.414。以 B 相电压通道为例，波形中显示该通道最大值为 141.29V，得到有效值为 141.29/1.414=99.92V，跟电压互感器二次线电压额定值 100V 相符合。

g．通道 45：励磁电流。

h．通道 46：通道为励磁电压，由于励磁电流和励磁电压为直流量，所以波形为一条直线，滑动光标能得到该通道的一次值。

图 6-44 中竖线为左右两条光标，滑动光标得到光标位置的波形时刻及幅值（为一次值）。

2）图 6-44 中，下边四个通道为开关量通道，分别为：

a．2UPP1 保护综合跳闸；

b．外部跳闸至监控；

c．机组出口开关合闸位置；

d．机组出口开关分闸位置，“0”为不动作，“1”为动作。

由图 6-44 可以看出，最早是 2 号机组保护装置 2UPP1 跳闸，随后 2 号机组出口开关分闸，同时发电机定子绕组三相电流消失。

三、同步相量测量装置 PMU 波形分析

（1）同步相量测量装置 PMU 励磁电压波形如图 6-45 所示。

从图 6-45 可以看出，期间励磁电压出现明显突变，并且励磁电压最大值出现时间与故障录波器机组保护装置 2UPP1 跳闸时间一致（均为 3 时 56 分 46 秒 160 毫秒），说明此处励磁电压波形突变原因为灭磁开关分闸瞬间出现的转子过电压现象，与励磁系统出现“转子过电压”保护信号一致。

（2）同步相量测量装置 PMU 励磁电流波形如图 6-46 所示。

当前时刻:左=0.4ms,右=45.1ms,最大=8000.0ms
左右光标时间差:44.7ns
当前采样点:左=1005,右=1452,最大=54001

时间轴: −68.7 −55.3 −41.8 −28.4 −14.9 −1.4 12.0 25.5 38.9 52.4 65.9 79.3 92.8 106.2 119.7 133.2 146.6 160.1 173.6 187.0 200.5 213.9 227.4 240.9 254.3 267.8 281.2 294.7 308.2

1-发电机机端电压U_{ab}[L=13.6766kV], [R=13.3799kV] 140.63V −140.63V
2-发电机机端电压U_{bc}[L=13.6097kV], [R=13.5157kV] 141.29V −141.19V
3-发电机机端电压U_{ca}[L=13.6465kV], [R=13.6167kV] 141.25V −141.18V
4-发电机机端电压$3U_0$[L=1.0254V], [R=0.9132V] 0.67V −0.41V
9-125转绕组电流I_a[L=2.3571kA], [R=5.7089A] 0.74A −0.85A
10-125转绕组电流I_b[L=2.5030kA], [R=6.6584A] 0.80A −0.81A
11-125转绕组电流I_c[L=2.3803kA], [R=4.1229A] 0.79A −0.81A
12-125转绕组电流$3I_0$[L=505902A], [R=1.4459A] 0.01A −0.02A
13-主变低压侧电流I_a[L=314.0069A], [R=1.4264A] 0.74A −0.83A
14-主变低压侧电流I_b[L=331.4065A], [R=1.0911A] 0.80A −0.82A
15-主变低压侧电流I_c[L=315.8250A], [R=0.8639A] 0.80A −0.81A
16-主变低压侧电流$3I_0$[L=0.1277A], [R=0.1142A] 0.01A −0.01A
45-励磁电流[L=950.7626A], [R=950.7851A] 0.01A −0.00A
46-励磁电压[L=75.2171V], [R=75.2153V] 0.01A −0.00A
2-2UPP1综合跳闸[L=1], [R=1]
3-外部跳闸至监控[L=0], [R=1]
35-机组出口开关合闸位置[L=1], [R=0]
36-机组出口开关分闸位置[L=0], [R=1]

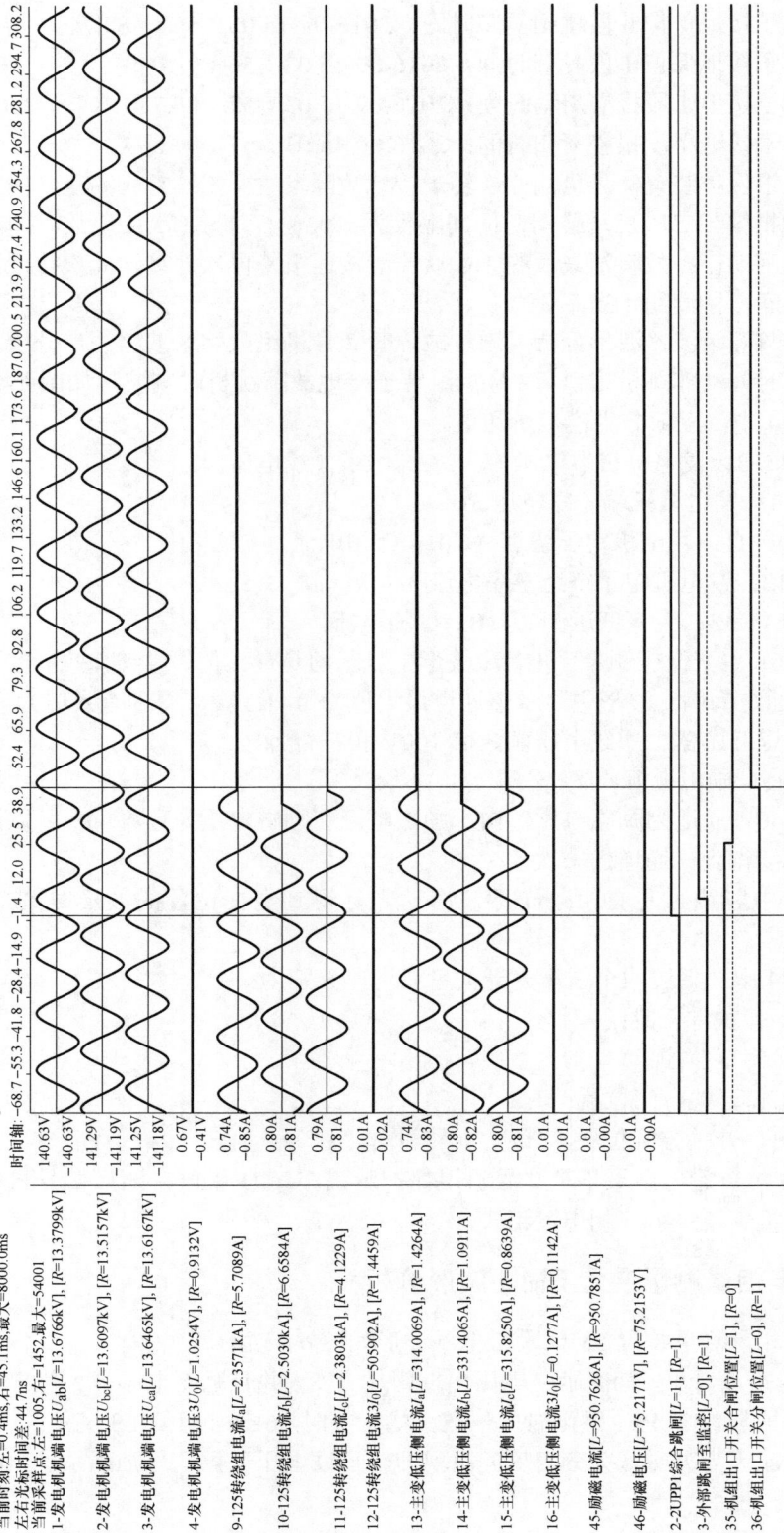

图 6-44　2 号机组转子接地故障跳机时刻波形图

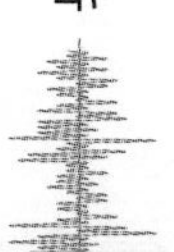

通道名称	当前坐标值	最大值时间	最大值	最小值时间	最小值	最大差值
OPJK-0002号机-EFZ幅值	0.100	03:56:46.640	54.963	03:56:00.000	0.100	54.863

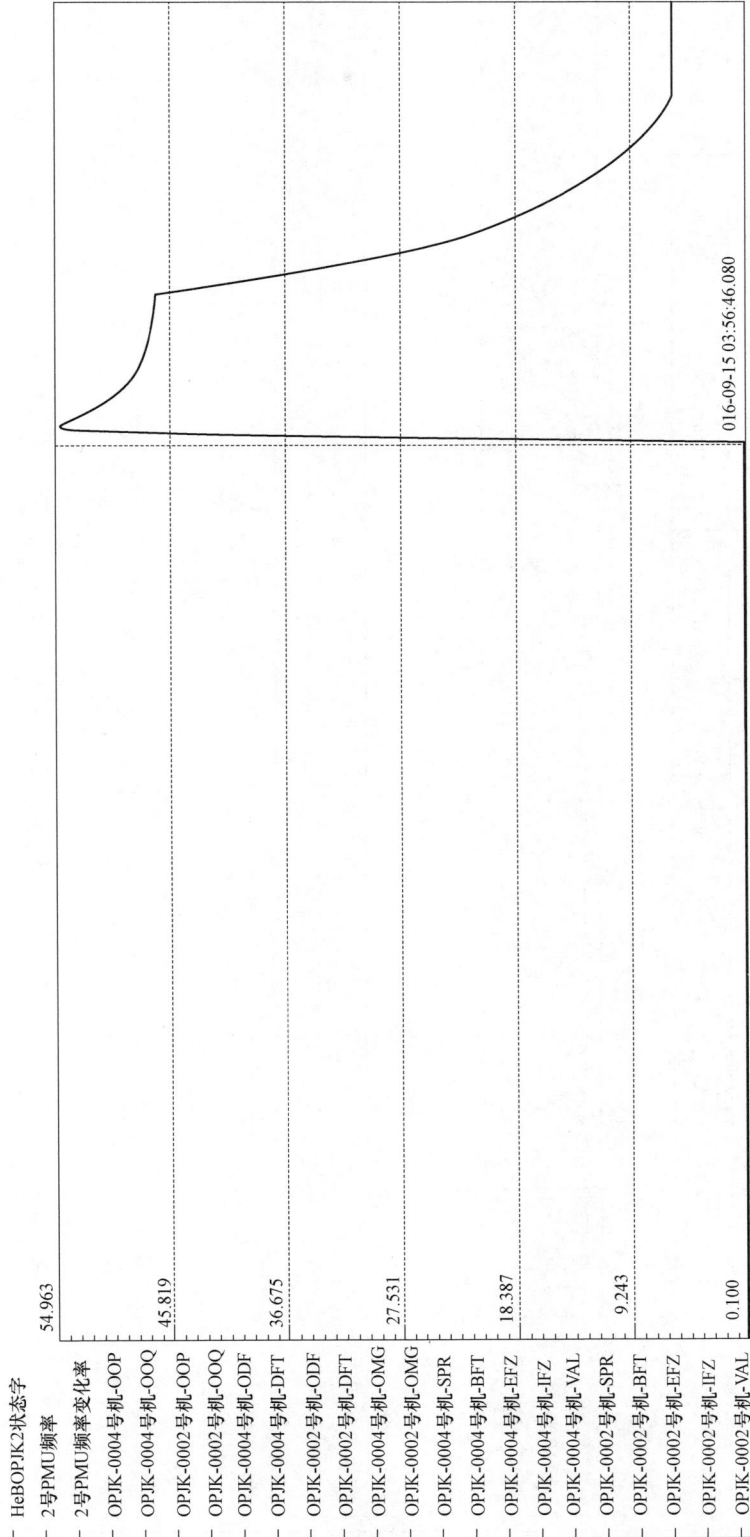

图 6-45　同步相量测量装置 PMU 励磁电压波形图

通道名称	当前坐标值	最大值时间	最大值	最小值时间	最小值	最大差值
OPJK-0002号机-IFZ幅值	113.580	03:56:46.140	115.243	03:56:49.820	13.040	102.202

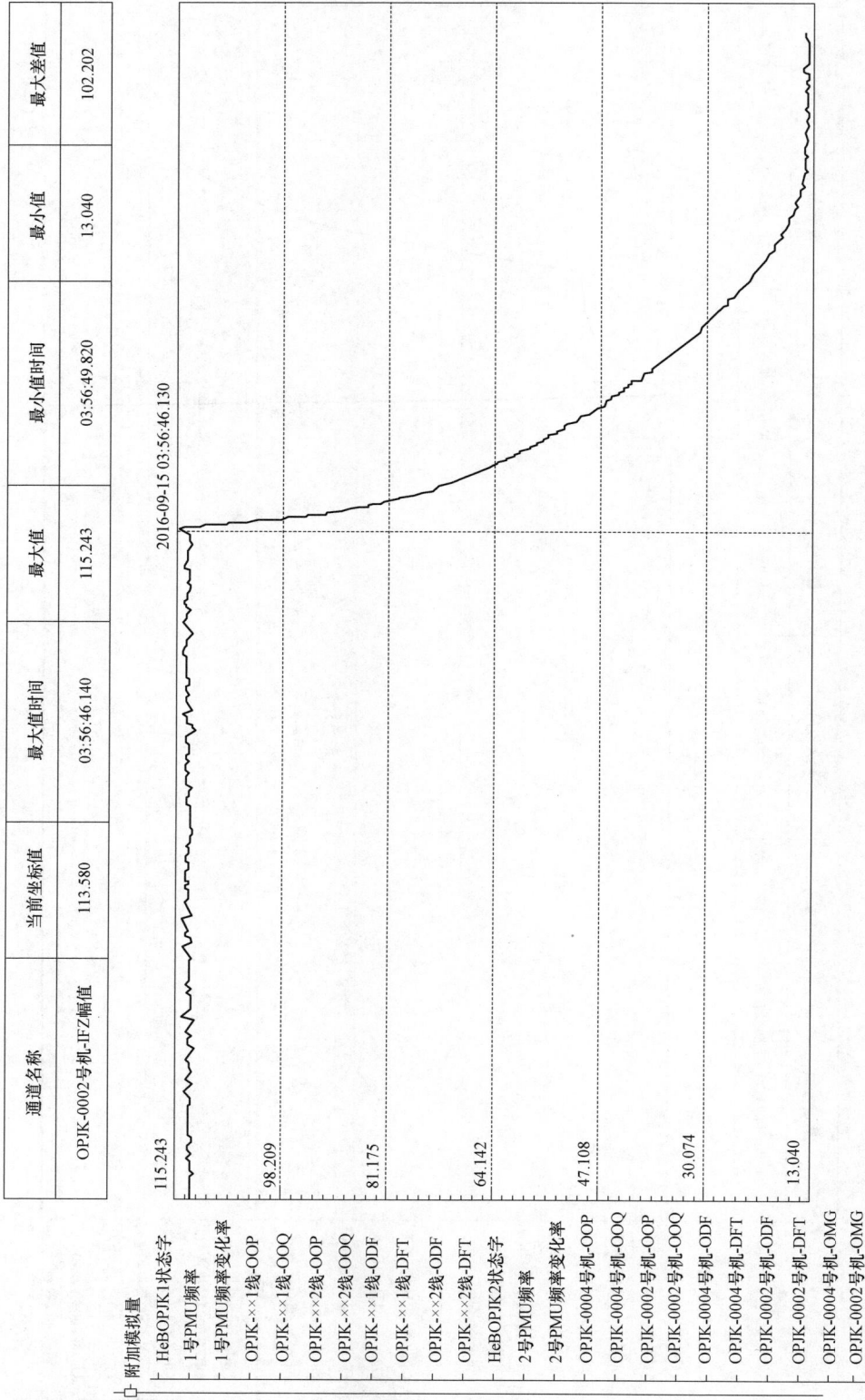

图 6-46　同步相量测量装置 PMU 励磁电流波形图

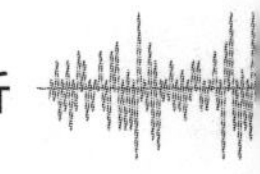

由图 6-46 可以看出，2 号机组保护 2UPP1 跳闸的同时励磁电流开始衰减，当时保护动作跳闸分开了励磁系统的灭磁开关。

四、本案例分析相关术语和定义

转子接地保护：通过监视发电机转子及励磁回路的绝缘水平，来检测转子及励磁回路一点（两点）接地故障。按工作原理分为乒乓式转子接地保护、注入式转子接地保护。

案例 11：300MW 发电电动机励磁系统电源模块故障导致机组低压记忆过电流保护动作

本案例分析的知识点

（1）300MW 发电电动机励磁系统电源模块故障引发低压记忆过电流保护动作分析。

（2）300MW 发电电动机低压记忆过电流保护动作录波图分析。

一、案例基本情况

201×年××月××日 23 时 37 分，电站 3 号机组在抽水调相转抽水工况过程中，3 号主变 A、B 套保护装置无保护动作信息，3 号机组 A 套 P141 保护装置低电压保护动作，3 号机组 B 套 P141 保护装置低电压保护动作，3 号机组 B 套 P343 保护装置低压记忆过电流保护动作。

发电机励磁系统接线如图 6-47 所示。

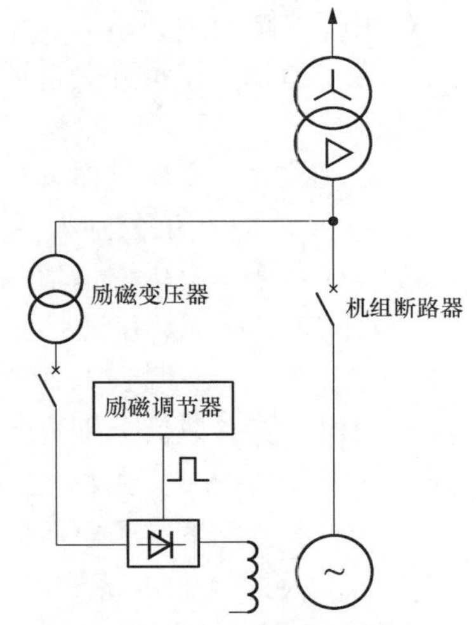

图 6-47 发电机励磁系统接线示意图

二、励磁系统报警信息

“1ST MEASUREMENT FAULT”：励磁系统一级测量故障。

“AVR CHANGE OVERON FAILURE”：AVR 模式转换失败。

“2nd regulator fault”：2 级通道故障。

（1）励磁系统故障原因分析。

1）机组运行时，励磁调节器 1 为主用，调节器 2 为备用。

2）机组转速小于 90%时，励磁调节模式为励磁电流调节模式。

3）机组转速大于 90%时，励磁电流调节模式应自动切换至自动电压调节模式。但由于定子电压电流采集模块 A1.3 故障，引起“励磁系统一级测量故障”，励磁调节模式切换失败，调节模式仍然为励磁电流调节模式。

4）当励磁调节器 1 的调节转换失败时，励磁系统应自动切换至备用通道，即励磁调节器 2 工作。

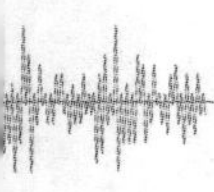

5）由于励磁系统主、备用通道切换模块 A4.1 故障，导致通道切换失败，但由于通道切换故障原因为定子电压电流采集模块 A1.3 故障，励磁系统判断为测量回路故障，未作为重大故障接入跳闸回路。

6）励磁系统无法测量定子电压电流，根据内部逻辑程序，励磁系统切换至空载模式运行，励磁电压电流始终维持空载值运行，以防止发电机失磁，故机组失磁保护不会启动。

（2）故障情况分析。当机组抽水功率从零升到额定（－300MW）过程中，励磁电流及励磁电压没有参与调节，输出始终保持为空载值（电流 970A，电压 70V)。当机组由抽水调相转入抽水工况时，从系统吸收了大量的有功功率和无功功率，造成机端电压大幅下降（相电压由 9.1kV 降至 7.6kV)，而机组励磁系统没有参与调节，导致机组功率在－300MW 时，定子电压为 7.6kV、定子电流为 18.4kA，正常抽水情况下定子电压为 15.75kV、定子电流为 12390A。低压记忆过电流保护动作于跳机组和主变高压侧断路器。

三、故障波形分析

3 号机组故障跳机时定子电压、电流波形如图 6-48 所示。

图 6-48 通道说明：通道 1～3 为机端三相电压；通道 4 为零序电压；通道 5～7 为机端三相电流；通道 9 为零序电流；通道 10～12 为中性点三相电流。

在相应右侧分别显示该通道的有效值、峰值、相位、游标当下值（该显示值为一次值)。在波形的下部分，显示开关量通道，粗线表示该通道动作。在通道的右侧显示对应通道的名称及动作时间。

（1）电压波形。电压仍然为三相对称波形，有效值分别为 A 相 7648.264V、B 相 7582.614V、C 相 7744.968V，相位分别为 A 相 283.112°、B 相 161.644°、C 相 41.644°。由于没有发生接地故障，认为零序电压通道值为不平衡电压，本案例不做分析（零序电流也是如此)。

（2）电流波形。电流仍然为三相对称波形，机端三相电流有效值分别为 A 相 18095.073A、B 相 17974.651A、C 相 17741.695A，相位分别为 A 相 61.996°、B 相 301.227°、C 相 181.573°。中性点三相电流有效值分别为 A 相 18004.064A、B 相 18011.447A、C 相 17765.457A，相位分别为 A 相 242.053°、B 相 121.207°、C 相 1.603°。电流相量图如图 6-49 所示。

正常抽水情况下定子电压为 15.75kV、定子电流为 12390A。发电机复合电压过电流保护整定原则：根据《抽水蓄能电站发电电动机变压器组继电保护整定计算技术规范》(DL/T 2380—2021)，过电流按躲过发电电动机额定电流整定，低电压按照 0.7 倍发电机额定电压整定。从录波波形上的数值看，电压远低于发电机定子电压，电流超过发电机定子电流。满足低压过电流保护动作条件。

（3）开关量通道及动作分析。

1）本波形的开关量通道：

a．通道 3 为 station service 厂用电跳闸出口；

b．通道 5 为 unit trip 机组跳闸出口；

c．通道 6 为 SFC CB 跳闸 SFC 出口；

d．通道 7 为 outgoing HV CB 跳闸线路出线断路器；

e．通道 12 为 21/57G-B STAGE 1 低压过电流Ⅰ段动作；

f．通道 13 为 21/57G-B STAGE 2 低压过电流Ⅱ段动作；

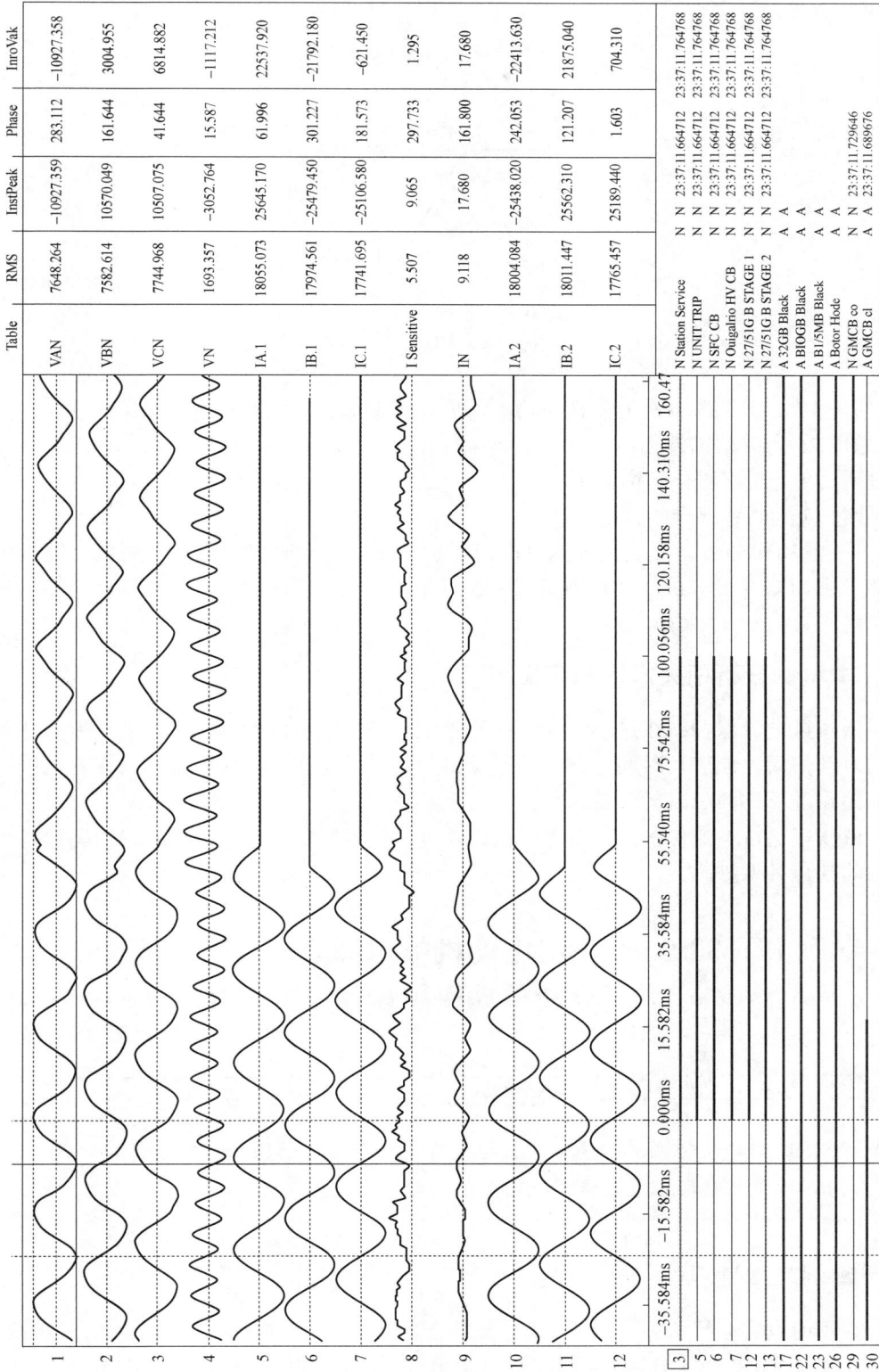

	Table	RMS	InstPeak	Phase	InroVak
1	VAN	7648.264	−10927.359	283.112	−10927.358
2	VBN	7582.614	10570.049	161.644	3004.955
3	VCN	7744.968	10507.075	41.644	6814.882
4	VN	1693.357	−3052.764	15.587	−1117.212
5	IA.1	18055.073	25645.170	61.996	22537.920
6	IB.1	17974.561	−25479.450	301.227	−21792.180
7	IC.1	17741.695	−25106.580	181.573	−621.450
8	I Sensitive	5.507	9.065	297.733	1.295
9	IN	9.118	17.680	161.800	17.680
10	IA.2	18004.084	−25438.020	242.053	−22413.630
11	IB.2	18011.447	25562.310	121.207	21875.040
12	IC.2	17765.457	25189.440	1.603	704.310

−35.584ms　−15.582ms　0.000ms　15.582ms　35.584ms　55.540ms　75.542ms　100.056ms　120.158ms　140.310ms　160.47

3	N Station Service	N	N	23:37:11.664712	23:37:11.764768
5	N UNIT TRIP	N	N	23:37:11.664712	23:37:11.764768
6	N SFC CB	N	N	23:37:11.664712	23:37:11.764768
7	N Ouigalrio HV CB	N	N	23:37:11.664712	23:37:11.764768
12	N 27/51G B STAGE 1	N	N	23:37:11.664712	23:37:11.764768
13	N 27/51G B STAGE 2	N	N	23:37:11.664712	23:37:11.764768
17	A 32GB Black	A	A		
22	A BIOGB Black	A	A		
23	A B1/5MB Black	A	A		
26	A Botor Hode	A	A		
29	N GMCB co	N	N	23:37:11.729646	
30	A GMCB cl	A	A	23:37:11.689676	

图 6-48　3 号机组故障跳机时定子电压、电流波形图

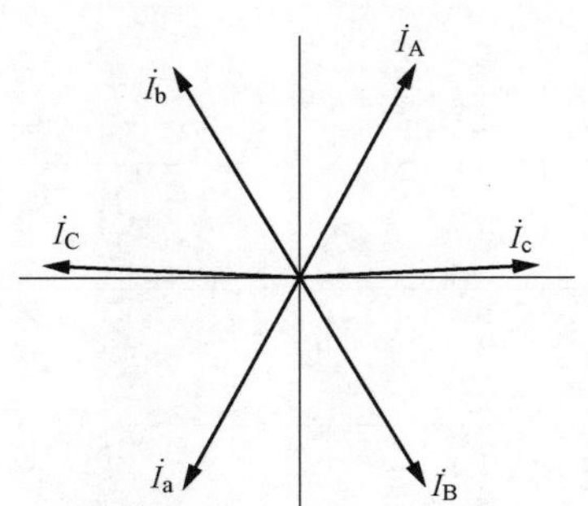

图 6-49 电流相量图

$\dot{I}_A$、$\dot{I}_B$、$\dot{I}_C$—机端电流；$\dot{I}_a$、$\dot{I}_b$、$\dot{I}_c$—中性点电流

g．通道 17、22、23 分别为闭锁逆功率保护、频率保护、低频过电流保护；

h．通道 26 为电动机模式；

i．通道 29 为断路器分闸位置；

j．通道 30 为断路器合闸位置。

2）开关量动作分析。发电机低压过电流保护动作后，同时发出跳闸厂用电、发电机出口断路器、跳 SFC 命令，由于断路器机构动作有延时，先是断路器合闸触点断开，然后分闸触点闭合。

四、本案例分析相关术语和定义

（1）低压过电流保护：在过电流保护的基础上，增加低电压判据，只有当电流元件和电压元件同时动作后才能启动时间计数，经过预定的延时后动作于出口跳闸；用作发电电动机外部相间短路及外部故障时的后备保护。

（2）低压记忆过电流保护：具有电流记忆功能，作为发电电动机内部故障短路故障和区外短路故障的后备保护。

案例 12：300MW 发电电动机单相接地、三相短路故障导致差动保护动作

本案例分析的知识点

（1）300MW 发电电动机单相接地、三相短路故障引发差动保护动作分析。

（2）300MW 发电电动机差动保护故障录波图分析。

一、案例基本情况

（1）故障前设备运行状态。220kV Ⅰ、Ⅱ线合环运行，1 号机组 C 级检修，2 号机组、3 号机组停机备用，4 号机组抽水工况启动，SFC 由 ICB2（3 号主变低压侧）供电。

发电机—变压器组接线如图 6-50 所示。

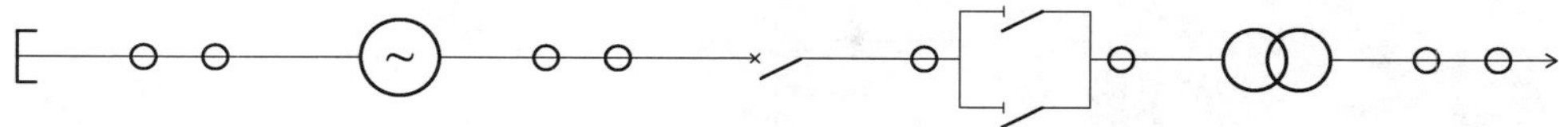

图 6-50　发电机—变压器组接线示意图

（2）故障信息。

201×年××月××日 20 时 34 分，应调令，启动 4 号机组抽水调相工况。

20 时 39 分，4 号机组转速上升至 98%转速后监控系统出现“M/G PROT A TRIP”“DIFF TRIP”“M/G PROT B TRIP”“IEE>>TRIP”“ELECTRIC TRIP RELAIS ACTIVE”报警信息，发电机差动保护动作，4 号机组电气停机。

二、故障波形分析

（1）电压波形分析。发电机出口电压波形如图 6-51 所示，图中，横轴为时间轴，每小格为 200ms，纵轴为电压幅值；VL1、VL2、VL3、VN 分别对应 U_A、U_B、U_C、$3U_0$ 电压通道；“15.785kV/cm”表示电压一次值（瞬时值），每厘米为 15.785kV。

在开始阶段发电机出口三相电压正常，在故障时刻 A 相对地电压降低、B 相和 C 相对地电压升高，零序电压出现大幅升高，然后三相电压迅速降为零。

（2）电流波形分析。发电机中性点电流波形及励磁电压、电流波形如图 6-52 所示，图中，横轴为时间轴，每小格为 200ms，纵轴为幅值；IL1、IL2、IL3 分别对应 I_A、I_B、I_C 电流通道；“75.18kA/cm”表示电流一次值（瞬时值），每厘米为 75.18kA；ROTOR VOLTAGE VDC1 通道为发电机转子电压通道，77.18V/cm 表示转子电压一次值（瞬时值），每厘米为 77.18V；ROTOR CURRENT VDC5 通道为发电机转子电流通道，355.3A/cm 表示转子电流一次值（瞬时值），每厘米为 355.3A。

发电电动机是 SFC 启动，在启动阶段发电机出口断路器分闸，所以机组的出口电流互感器电流为零。从波形上看，在故障前，中性点电流互感器电流也为零。发生故障，三相电流升高；在故障前，机组转子已施加励磁电压，产生励磁电流，故障发生后，事故灭磁过程持续约 0.4s，励磁电流从 868A 左右衰减至约 300A，然后又经过约 0.2s 衰减至零，机组中性点的短路电流（最高达 60kA）持续时间超过 1.2s（励磁电流减为零后，磁场由转子剩磁提供，此时定子中短路电流仍高达 12.65kA）。

三、故障过程分析

从电压波形分析，首先是定子绕组 A 相发生单相接地故障，A 相电压降低，其他两相电压升高，符合中性点非有效接地系统单相接地的特点。在很短的时间内迅速发展为三相短路，导致差动保护迅速动作，跳开机组灭磁开关和 SFC 输入开关，由于故障电流持续 1.2s，导致失灵保护动作跳线路侧断路器（失灵保护电流取发电机中性点电流）。

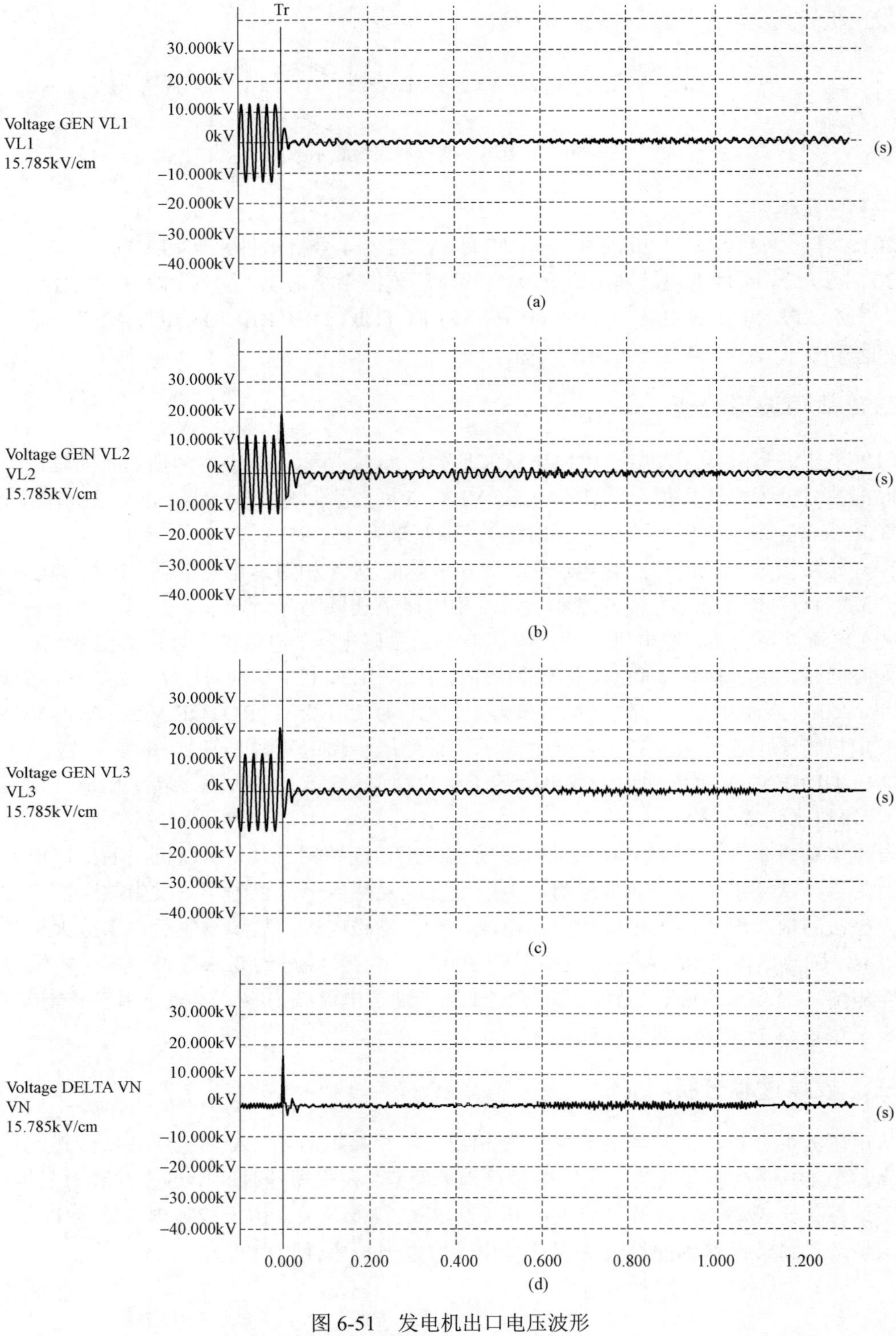

Tr

Voltage GEN VL1
VL1
15.785kV/cm

30.000kV
20.000kV
10.000kV
0kV
−10.000kV
−20.000kV
−30.000kV
−40.000kV
(s)

(a)

Voltage GEN VL2
VL2
15.785kV/cm

30.000kV
20.000kV
10.000kV
0kV
−10.000kV
−20.000kV
−30.000kV
−40.000kV
(s)

(b)

Voltage GEN VL3
VL3
15.785kV/cm

30.000kV
20.000kV
10.000kV
0kV
−10.000kV
−20.000kV
−30.000kV
−40.000kV
(s)

(c)

Voltage DELTA VN
VN
15.785kV/cm

30.000kV
20.000kV
10.000kV
0kV
−10.000kV
−20.000kV
−30.000kV
−40.000kV
(s)

0.000 0.200 0.400 0.600 0.800 1.000 1.200

(d)

图 6-51 发电机出口电压波形

（a）U_A波形；（b）U_B波形；（c）U_C波形；（d）$3U_0$波形

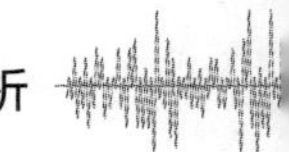

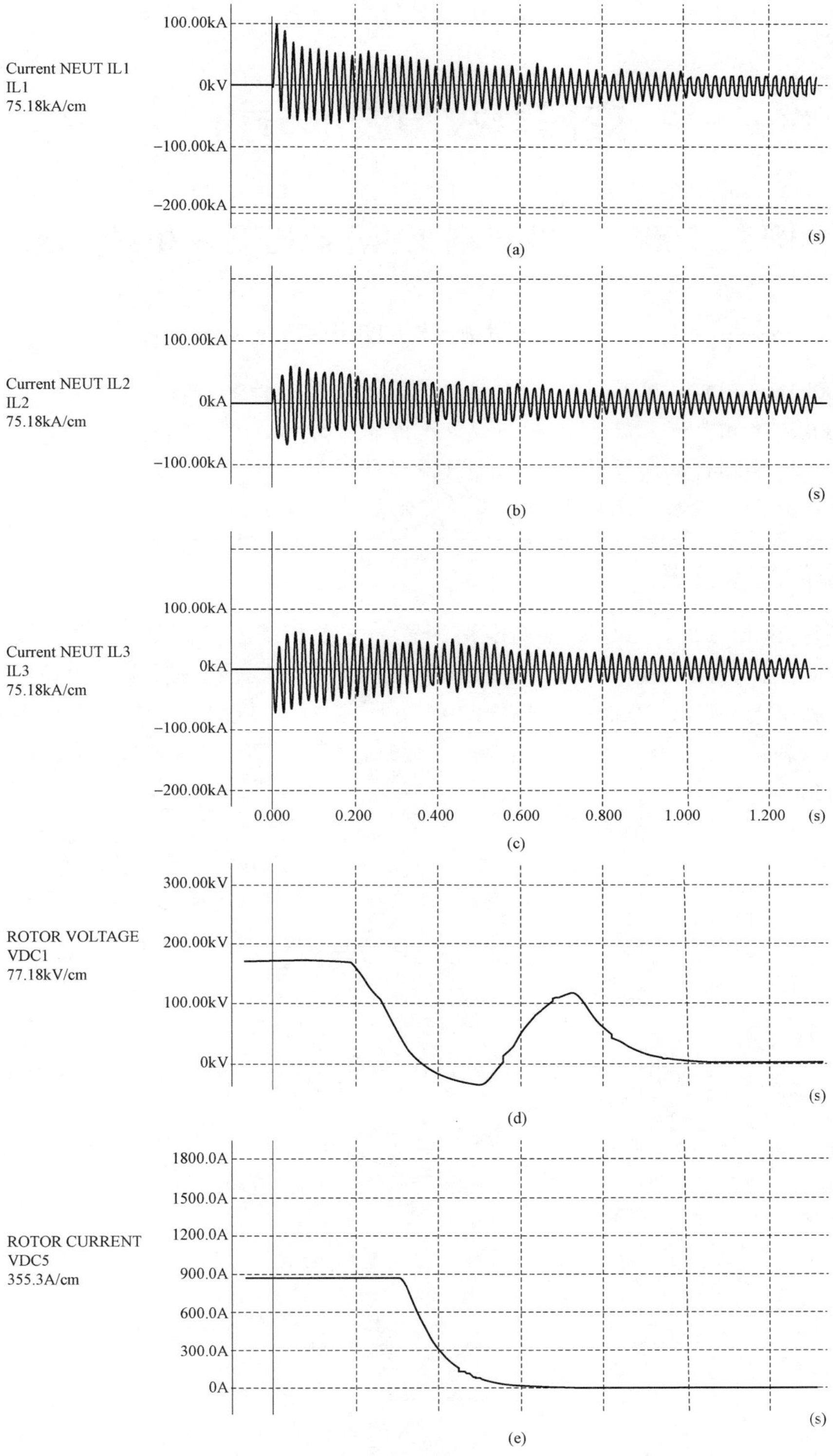

Current NEUT IL1
IL1
75.18kA/cm

100.00kA
0kV
−100.00kA
−200.00kA
(s)

(a)

Current NEUT IL2
IL2
75.18kA/cm

100.00kA
0kA
−100.00kA
(s)

(b)

Current NEUT IL3
IL3
75.18kA/cm

100.00kA
0kA
−100.00kA
−200.00kA
0.000　0.200　0.400　0.600　0.800　1.000　1.200　(s)

(c)

ROTOR VOLTAGE
VDC1
77.18kV/cm

300.00kV
200.00kV
100.00kV
0kV
(s)

(d)

ROTOR CURRENT
VDC5
355.3A/cm

1800.0A
1500.0A
1200.0A
900.0A
600.0A
300.0A
0A
(s)

(e)

图 6-52　发电机中性点电流波形及励磁电压、电流波形图

（a）I_A 波形；（b）I_B 波形；（c）I_C 波形；（d）发电机转子电压波形；（e）发电机转子电流波形

第七章

变压器故障波形分析

案例1：500kV 单相自耦变压器高压侧 A 相套管爆炸

本案例分析的知识点

（1）500kV 单相自耦变压器 A 相内部故障保护动作分析。
（2）500kV 单相自耦变压器 A 相内部故障波形图分析。
（3）500kV 单相自耦变压器 A 相内部故障动作过程。
（4）变压器差动速断、比率差动和工频变化量差动保护性能。

一、案例基本情况

某年 6 月 24 日 5 时，500kV 某变电站 3 号主变 A 相高压套管爆炸，主变第一、二套工频变化量差动保护、比率差动保护、差动速断保护、本体重瓦斯保护动作出口，主变三侧断路器跳闸（高压侧 5031、5032，中压侧 220，低压侧 71），同时 2 号站用变压器跳闸，备用电源自动投入装置动作，0 号站用变压器投入运行，500、220、35kV 故障录波器动作。主变接线方式如图 7-1 所示。

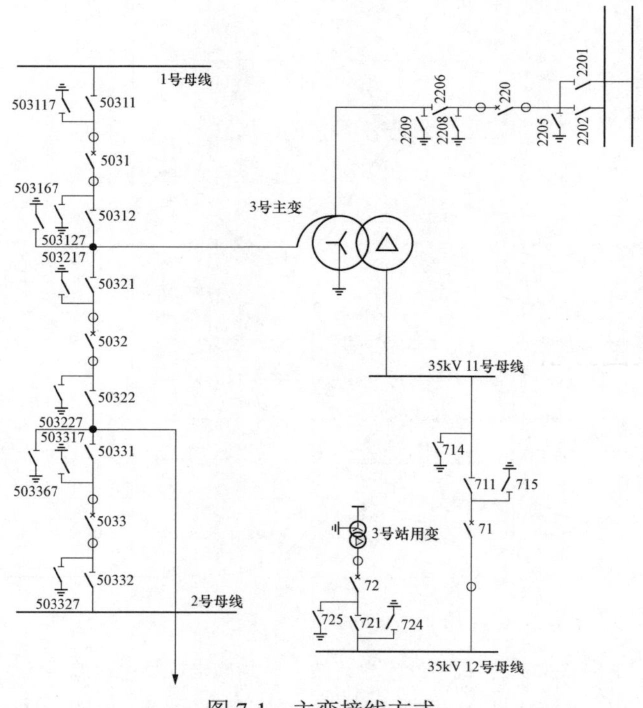

图 7-1　主变接线方式

二、3 号主变保护动作情况

3 号主变保护动作情况见表 7-1～表 7-3。

表 7-1　　第一套（A 柜）RCS-978 微机保护动作情况

序号	启动时间	相对时间	含义
01	05:00:48.804	15ms	差动速断动作
02		22ms	工频变化量差动动作
03		23ms	比率差动动作

表 7-2　　第二套（B 柜）RCS-978 微机保护动作情况

序号	启动时间	相对时间	含义
01	05:00:48.805	15ms	差动速断动作
02		22ms	工频变化量差动动作
03		23ms	比率差动动作

表 7-3　　第三套（C 柜）RCS-974FG 非电量保护动作情况

序号	启动时间	相对时间	含义
01	05:00:48.842	0ms	压力释放阀动作
02	05:00:48.861	0ms	重瓦斯动作

主变保护、断路器及监控信号动作正确。

三、差动保护和瓦斯保护动作分析

套管故障非电量和电量保护的动作情况：

（1）上部外瓷套故障（如放电），在差动保护的范围内，差动保护动作。

（2）内部芯子（上、下）故障，而下外瓷套没有故障，即没有引起变压器油分解，则瓦斯保护和压力释放阀都不应该动作，此时应该由反应电量的保护动作。

（3）油箱内部套管故障引起了瓷套的故障，此时变压器差动保护和瓦斯保护都应动作，压力释放也可能动作。

（4）若整个变压器套管爆炸，则差动保护和瓦斯保护将动作，压力释放阀动作。

四、故障录波图分析

1. 主变套管电流互感器电流波形分析

主变套管电流互感器电流波形如图 7-2 所示，图中横坐标表示电流量的幅值，纵坐标表示故障时间。“5.29A”表示电流二次值，每格为 5.29A（瞬时值），电压、电流波形的周期为 20ms，“−80ms”表示报告记录故障前 80ms，即 4 个周波的电流波形，图中起始点为−90ms。

波形显示为主变高中压侧套管电流互感器电流。故障电流持续时间约为 50ms，这个时间为保护故障动作时间+断路器三相分闸时间。

（1）通道 1 为高压侧 A 相故障电流，此电流为非正弦波形，因为故障是套管爆炸。

（2）通道 2、3 为高压侧 B、C 两相负载电流，6、7 为中压侧 B、C 两相负载电流。

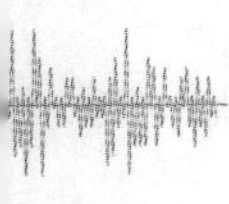

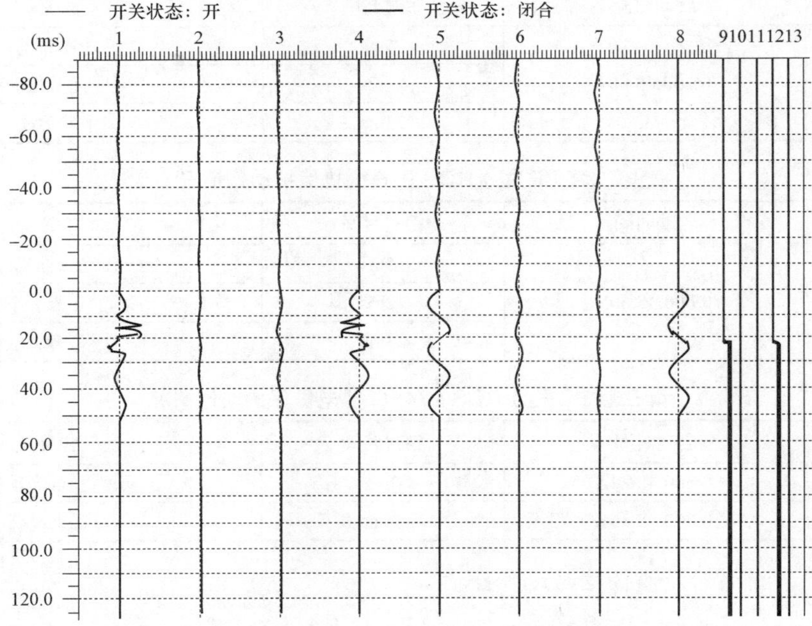

图 7-2　主变套管电流互感器电流录波图

（3）通道 4 为高压侧 $3\dot{I}_0$ 电流，$3\dot{I}_0$ 与 A 相短路电流大小相等、方向相反（接线的原因）。

（4）通道 5 为中压侧 A 相故障电流，故障电流持续时间约为 50ms，故障点在高压侧，中压侧所送短路电流为正弦波形。

（5）通道 8 为中压侧 $3\dot{I}_0$ 电流，$3\dot{I}_0$ 与 A 相短路电流大小相等、方向相反。

（6）高压侧套管电流互感器变比：4000/1。

（7）中压侧套管电流互感器变比：3200/1。

2. 开关量分析

（1）通道 9：3 号变压器高压侧电流差动跳闸；

（2）通道 12：3 号变压器中压侧电流差动跳闸。

五、主变高压侧断路器电流互感器电流录波图分析

主变高压侧断路器电流互感器电流录波图如图 7-3 所示，图中含差动电流、高压侧两断路器经电流相位差的补偿电流。

RCS-978 保护差动保护 Y0 侧电流相位差的补偿如下：

$$\dot{I}'_A = \dot{I}_A - \dot{I}_0$$

$$\dot{I}'_{\rm B}=\dot{I}_{\rm B}-\dot{I}_0$$

$$\dot{I}'_{\rm B}=\dot{I}_{\rm B}-\dot{I}_0$$

故障号: 021　　启动时间: 2009-06-24　05:00:48.804

各路波形幅值(起动后0.5~1.5之间的一个周波内有效值):

差动A相电流	012.07 I_e	差动B相电流	006.03 I_e
差动C相电流	006.03 I_e	差动调整后Ⅰ侧1支路A相电流	003.79 I_e
差动调整后Ⅰ侧1支路B相电流	002.01 I_e	差动调整后Ⅰ侧1支路C相电流	001.76 I_e
差动调整后Ⅰ侧2支路A相电流	007.43 I_e	差动调整后Ⅰ侧2支路B相电流	003.36 I_e
差动调整后Ⅰ侧2支路C相电流	004.06 I_e	差动调整后Ⅱ侧1支路A相电流	000.86 I_e
差动调整后Ⅱ侧1支路B相电流	000.66 I_e	差动调整后Ⅱ侧1支路C相电流	000.20 I_e
差动调整后Ⅱ侧2支路A相电流	000.00 I_e	差动调整后Ⅱ侧2支路B相电流	000.00 I_e
差动调整后Ⅱ侧2支路C相电流	000.00 I_e	差动调整后Ⅲ侧A相电流	000.00 I_e
差动调整后Ⅱ侧B相电流	000.07 I_e	差动调整后Ⅲ侧C相电流	000.07 I_e

电流标度(瞬时值)I:　008.53I_e/格
时间标度T:　20 ms/格

跳闸位说明:

1: Ⅰ侧开关跳闸	2: Ⅱ侧开关跳闸	3: Ⅲ侧开关跳闸	4: Ⅰ侧母联开关跳闸
5: Ⅱ侧母联开关跳闸	6: 联跳低抗开关	7: 跳闸备用1	8: 跳闸备用2

7 8 $I_{\rm ACD1}$ $I_{\rm BCD1}$ $I_{\rm CCD1}$ $I'_{\rm A1}$ $I'_{\rm B1}$ $I'_{\rm C1}$ $I'_{\rm A2}$ $I'_{\rm B2}$ $I'_{\rm C2}$ $I'_{\rm A3}$ $I'_{\rm B3}$ $I'_{\rm C3}$ $I'_{\rm A4}$ $I'_{\rm B4}$ $I'_{\rm C4}$ $I'_{\rm A5}$ $I'_{\rm B5}$ $I'_{\rm C5}$

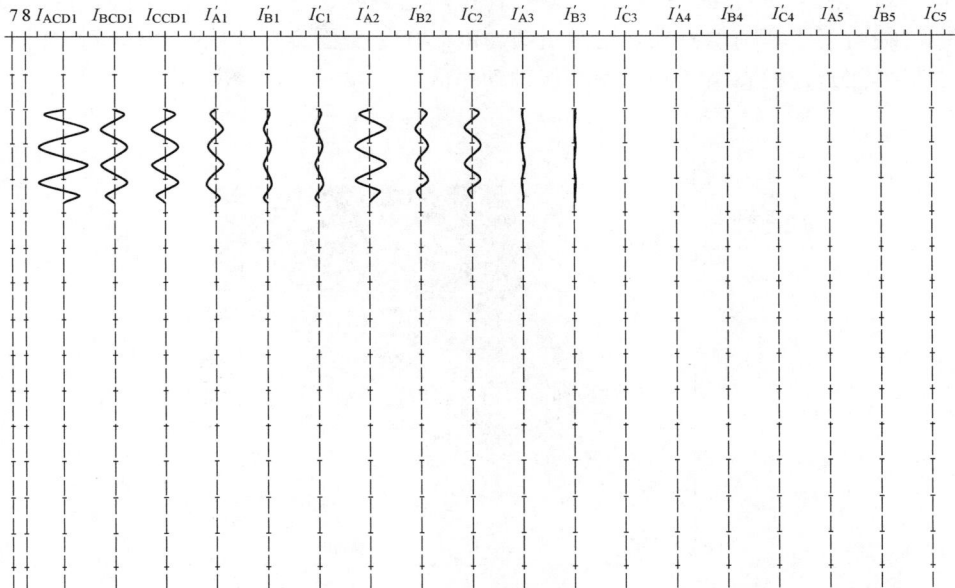

图 7-3　主变高压侧断路器电流互感器电流录波图

图 7-3 中：$I'_{\rm A1}$、$I'_{\rm B1}$、$I'_{\rm C1}$ 为差动调整后 1 侧 1 支路 A、B、C 三相电流；$I'_{\rm A2}$、$I'_{\rm B2}$、$I'_{\rm C2}$ 为差动调整后 1 侧 2 支路 A、B、C 三相电流。

六、500kV 单相自耦变压器 A 相故障动作过程

500kV 单相自耦变压器 A 相故障→变压器差动、重瓦斯、压力释放保护动作→跳变压器三侧断路器。

七、保护动作情况分析

（1）变压器主保护：两套差动保护及瓦斯保护均动作，说明变压器内部故障，保护动作正确。

（2）根据 3 号主变保护录波分析，故障相为 A 相。

八、变压器差动速断、稳态比率差动和工频变化量差动保护性能

1. 差动速断保护性能

差动速断保护实质为反应差动电流的过电流继电器，用以保证在变压器内部发生严重故障时差动保护快速动作跳闸，典型出口动作时间小于 15ms。

2. 稳态比率差动保护性能

稳态比率差动的动作特性采用三折线，励磁涌流闭锁判据采用差电流二、三次谐波闭锁或波形判别闭锁。采用差电流五次谐波进行过励磁闭锁。为防止在变压器区外故障并伴随电流互感器饱和时稳态比率差动保护的误动，装置采用适用于变压器的谐波识别抗电流互感器饱和的方法，能有效地解决变压器区外故障因电流互感器饱和而误动的问题。

为避免区内故障时电流互感器饱和误闭锁稳态比率差动，装置除了设有差动速断保护外，还有一高比例、高启动定值的比率差动保护，它只经过差电流二次谐波涌流判据或波形判别闭锁，利用其比率制动特性采用两折线。PCS-978 变压器差动保护动作特性如图 7-4 所示，图中阴影部分为稳态高值比率差动保护动作区。

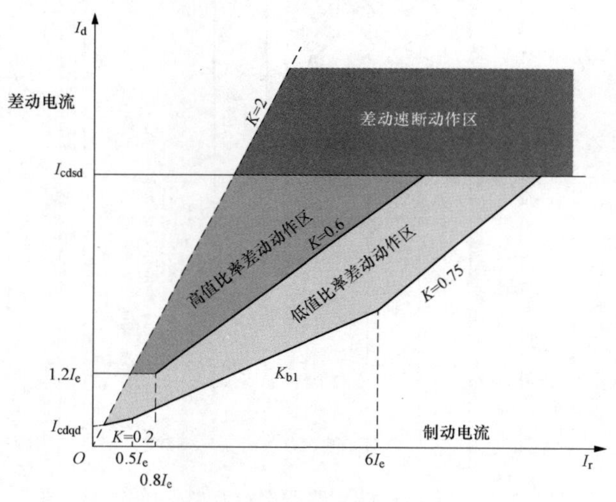

图 7-4　PCS-978 变压器差动保护动作特性

3. 工频变化量比率差动性能

工频变化量比率差动保护完全反映差动电流及制动电流的变化量，不受变压器正常运行时负载电流的影响，有很高的检测变压器内部小电流故障（如中性点附近的单相接地及相间短路，单相小匝间短路）的能力。同时，工频变化量比率差动的制动系数和制动电流取得较高，其耐受电流互感器饱和的能力较强。工频变化量比率差动经过差电流二次谐波涌流判据或波形判别涌流判据闭锁。采用差电流五次谐波进行过励磁闭锁。

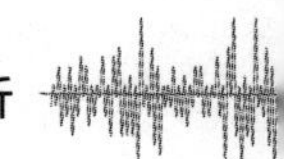

案例 2：500kV 变压器空载合闸电压、电流波形分析

本案例分析的知识点

（1）变压器空载合闸高、低压侧励磁涌流分析。
（2）变压器励磁涌流特点。

一、案例基本情况

500kV 自耦变压器首次充电的故障录波器波形如图 7-5 和图 7-6 所示，第一次检修后充电的故障录波器波形如图 7-7 和图 7-8 所示。

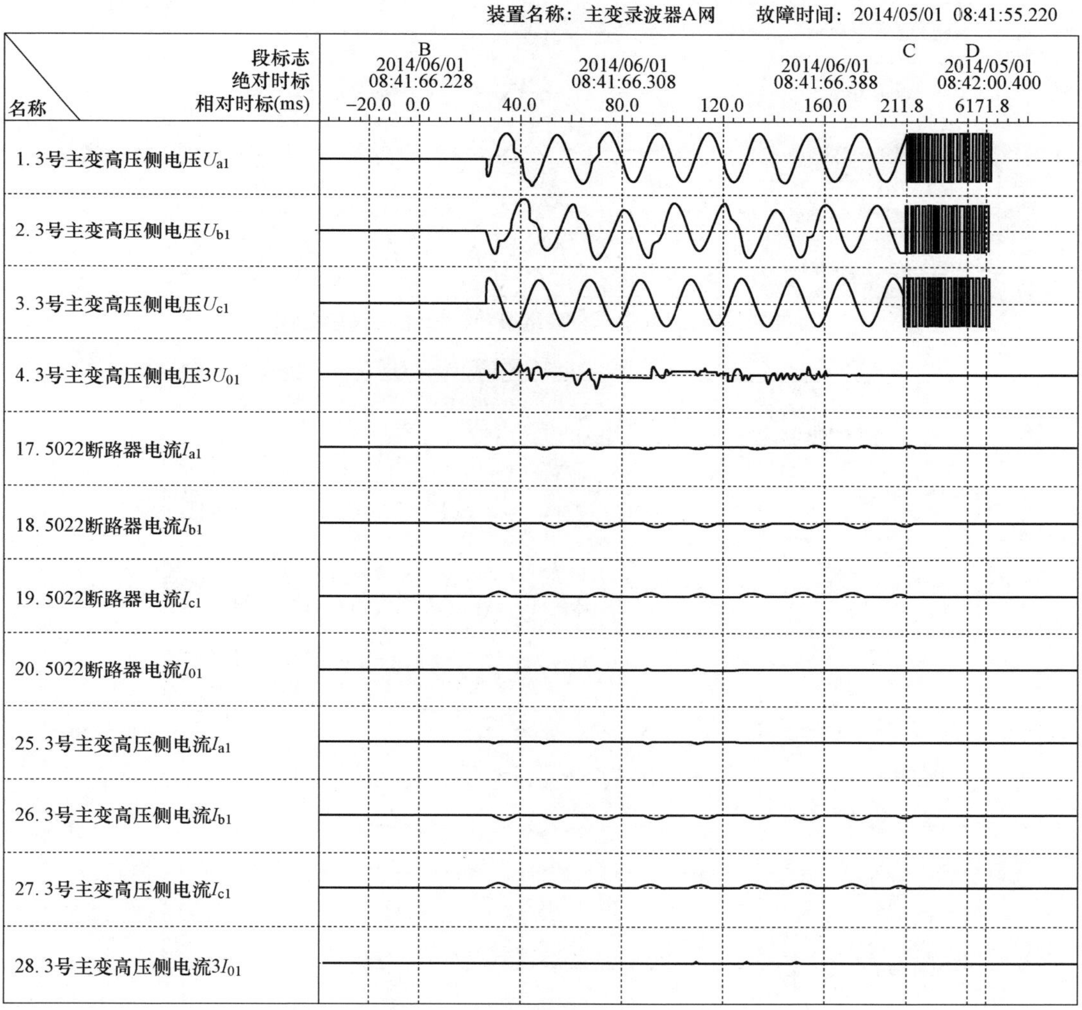

装置名称：主变录波器A网　　故障时间：2014/05/01　08:41:55.220

名称 / 段标志 / 绝对时标 / 相对时标(ms)	B 2014/06/01 08:41:66.228	2014/06/01 08:41:66.308	2014/06/01 08:41:66.388	C	D 2014/05/01 08:42:00.400
	−20.0　0.0　40.0	80.0　120.0	160.0	211.8	6171.8

1. 3号主变高压侧电压 U_{a1}
2. 3号主变高压侧电压 U_{b1}
3. 3号主变高压侧电压 U_{c1}
4. 3号主变高压侧电压 $3U_{01}$
17. 5022断路器电流 I_{a1}
18. 5022断路器电流 I_{b1}
19. 5022断路器电流 I_{c1}
20. 5022断路器电流 I_{01}
25. 3号主变高压侧电流 I_{a1}
26. 3号主变高压侧电流 I_{b1}
27. 3号主变高压侧电流 I_{c1}
28. 3号主变高压侧电流 $3I_{01}$

图 7-5　高压侧电压、电流波形图

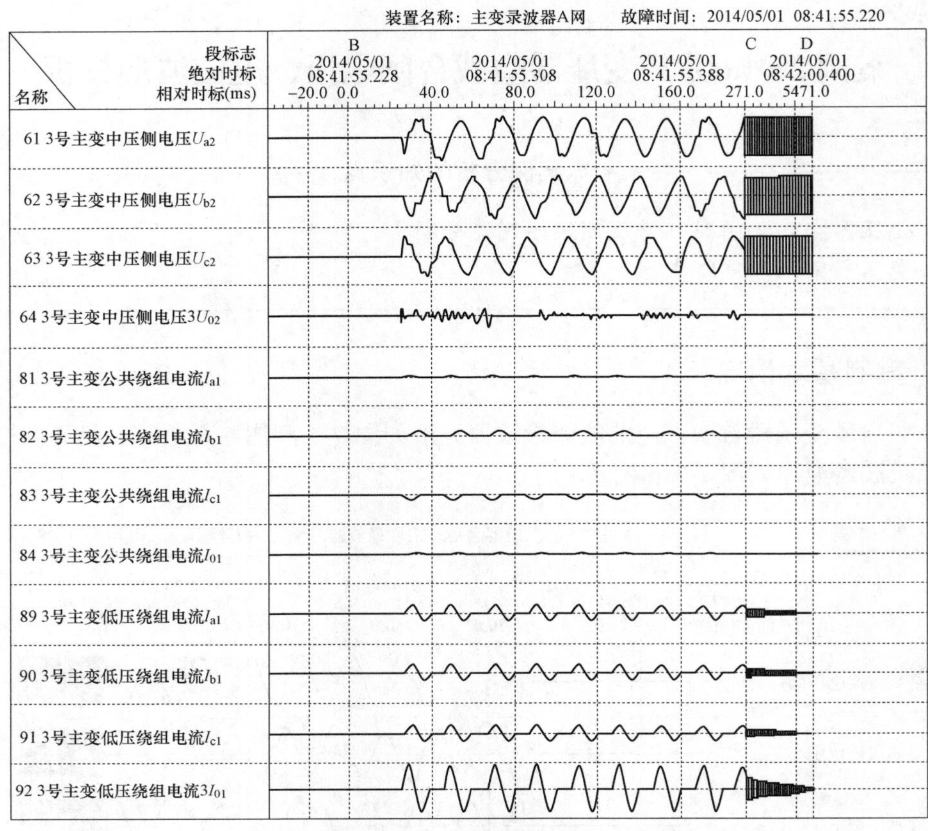

图 7-6　中压侧电压、公共绕组和三角绕组电流波形图

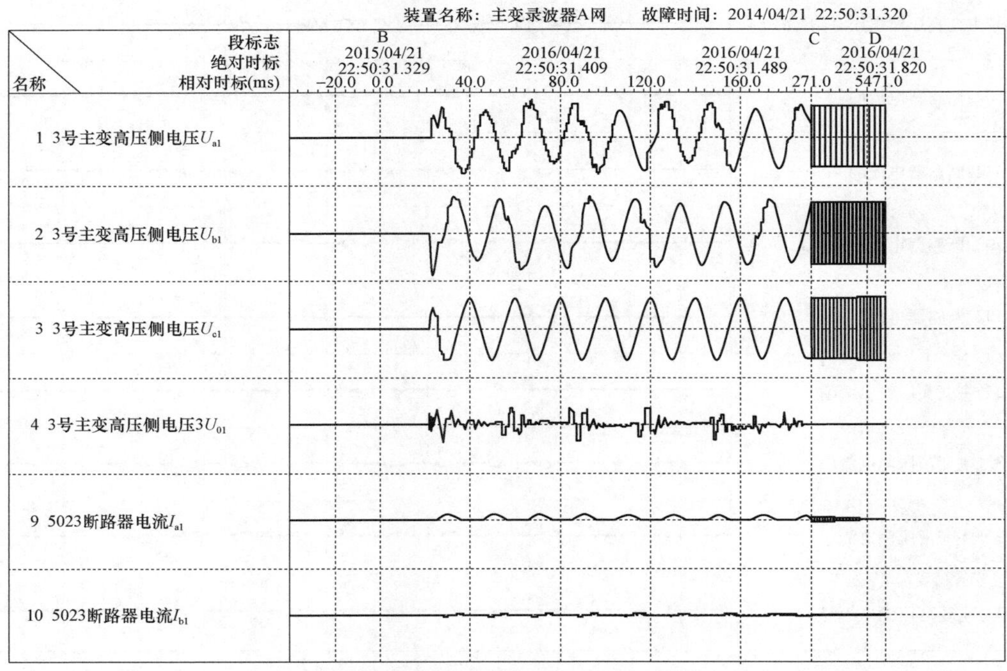

图 7-7　高压侧电压、电流波形图

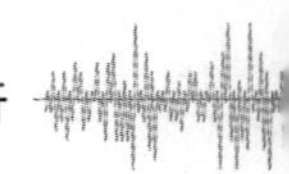

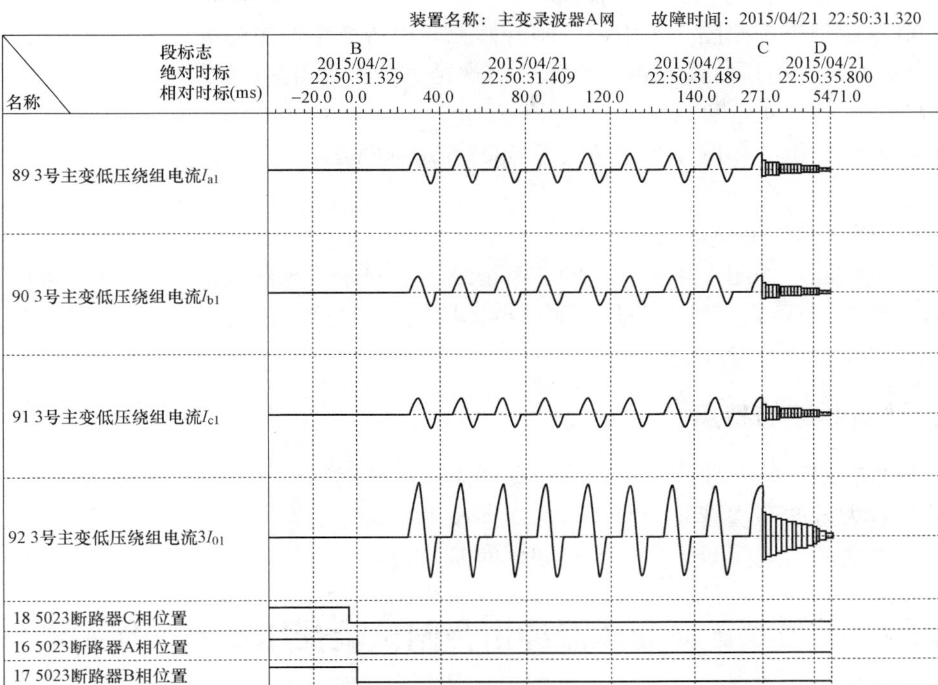

图 7-8　低压侧电流波形图

二、变压器首次合闸波形分析

1. 高压侧电压、电流波形分析

高压侧电压、电流波形如图 7-5 所示。

（1）电压量分析：在图 7-5 中，25ms 时断路器合闸，B、C 相先于 A 相合上，合闸开始三相电压波形发生畸变，之后 C 相电压波形恢复正常。A、B 两相电压互感器电压有铁磁谐振现象，B 相比 A 相严重。由于电压有畸变，出现了 $3U_0$，并有高频分量。

（2）电流波形分析：图 7-5 录取了高压侧 5022 断路器和 3 号主变高压侧励磁涌流，5022 断路器 B、C 相比 A 相励磁涌流大，出现了 $3I_0$，从图中可以看出励磁涌流并不大。

2. 中压侧电压、公共绕组和三角绕组电流波形分析

中压侧电压、公共绕组和三角绕组电流波形如图 7-6 所示。

（1）电压量分析：在图 7-6 中，变压器中压侧三相电压都有畸变现象，由于电压有畸变，出现了零 $3U_0$，并有高频分量。

（2）电流量分析：图 7-6 录取了 3 号主变公共绕组励磁涌流，B、C 相比 A 相励磁涌流大，出现了 $3I_0$，从图中可以看出励磁涌流并不大；变压器低压侧（三角形内）感应电流 A、B、C 三相同相（没有正序和负序），$3I_0=I_a+I_b+I_c$。

三、首检后空载合闸波形分析

1. 高压侧电压、电流波形分析

高压侧电压、电流波形如图 7-7 所示。

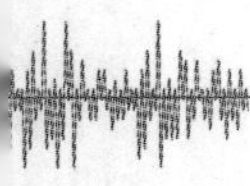

（1）电压量分析：在图 7-7 中，合闸开始三相电压波形发生畸变，C 相电压波形很快恢复正常。A、B 两相电压有铁磁谐振现象，这次是 A、B 两相都比较严重。由于电压有畸变，出现了 $3U_0$，并有高频分量。

（2）电流量分析：在图 7-7 中记录了 5023（边断路器）A、B 两相励磁涌流，A 相比 B 相大。

2. 低压侧电流波形分析

低压侧电流波形如图 7-8 所示，图 7-8 记录了合闸时变压器低压侧（三角形侧）感应的电流波形和 5023 断路器合闸开关量。变压器低压侧（三角形内）感应电流 A、B、C 三相同相（没有正序和负序），$3I_0=I_a+I_b+I_c$。

四、励磁涌流的特点

（1）包含有很大的非周期分量，往往使涌流偏于时间轴一侧（第一象限或第四象限）。

（2）包含大量的高次谐波分量，以二次谐波为主。

（3）波形之间出现间断，在一个周期中间断角为 α。

案例 3：500kV 新变压器冲击合闸试验变压器差动保护动作

本案例分析的知识点

（1）变压器故障差动保护动作后的分析与判断。

（2）故障点两侧电流波形分析。

（3）保护动作情况分析。

（4）变压器差动保护原理。

（5）变压器差动保护逻辑框图了解。

（6）Yd11 变压器差动保护各侧电流相位补偿。

一、案例基本情况

2022 年 3 月 22 日 15 时 54 分，某发电厂对新竣工 500kV 变压器进行冲击合闸试验，第一次充电由于变压器高压侧 GIS 设备避雷器上引线故障引起变压器差动保护动作，变压器高压侧断路器跳闸。变压器接线组别为 Yd11。

故障原因为 GIS 避雷气室在安装时有遗物落在气室，造成避雷器高压引线单相接地故障。

变压器新设备送电接线如图 7-9 所示，GIS 避雷器上引线 B 相故障点如图 7-10 所示。

二、故障波形分析

1. 主变高压侧断路器电流互感器电流故障录波图分析

主变高压侧断路器电流互感器（电源侧）故障电流录波图如图 7-11 所示。

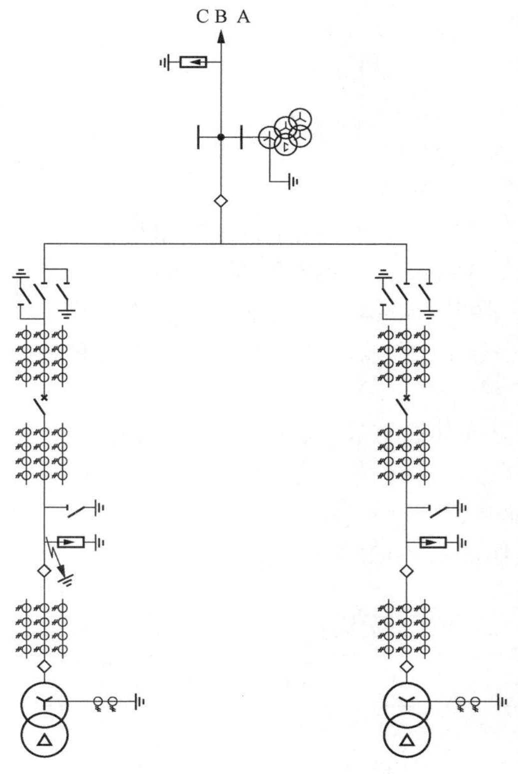

图 7-9　新设备送电接线图

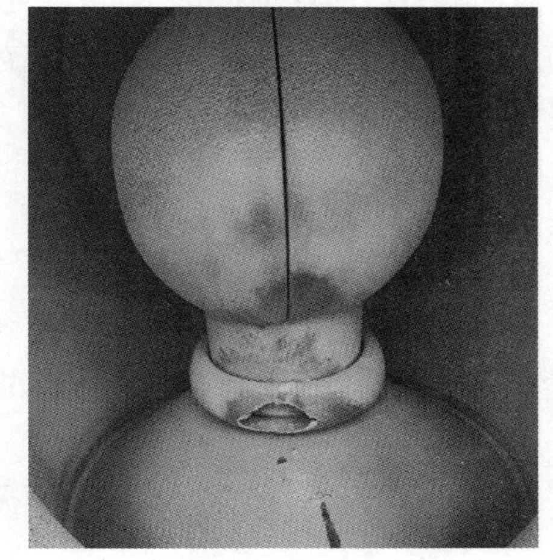

图 7-10　GIS 避雷器上引线 B 相故障点

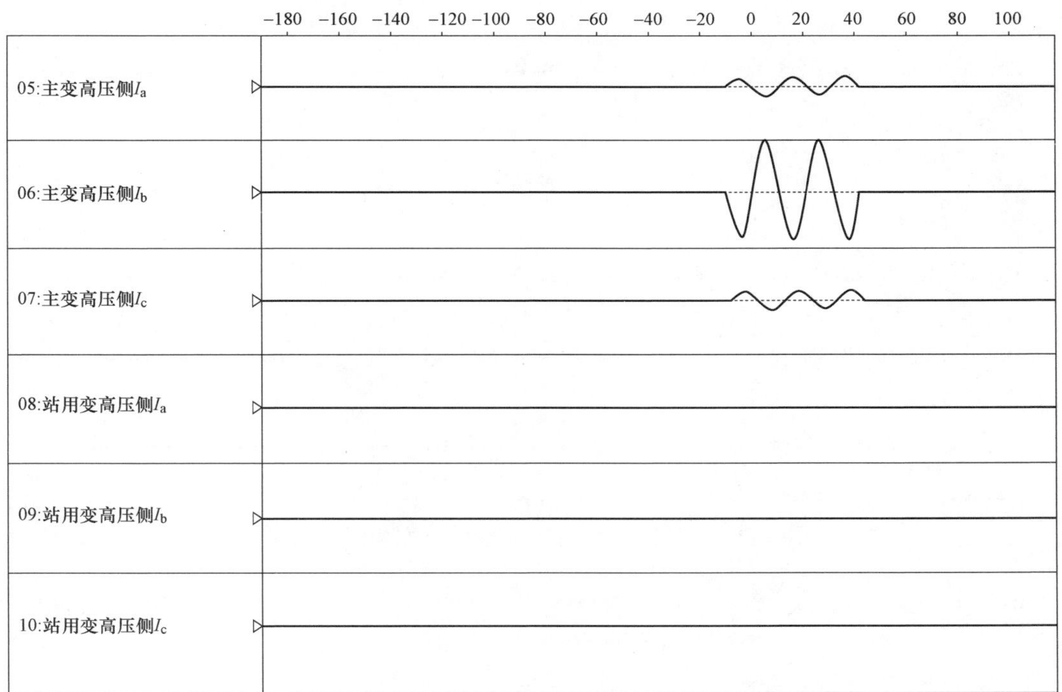

图 7-11　主变高压侧断路器电流互感器（电源侧）故障电流录波图

（1）故障录波动作报告。

1）保护动作情况：主变差动、主变差动速断、故障相 AB 相。

2）12ms 时主变保护启动（开放保护正电源）。

3）12ms 时主变差动速断，A 相差动电流为 5.156A。

4）12ms 时主变差动速断，B 相差动电流为 5.156A。

5）21ms 时主变比率差动，A 相差动电流为 5.219A，制动电流 I_{res}=2.609A。

6）21ms 时主变比率差动，B 相差动电流为 5.219A，制动电流 I_{res}=2.609A。

（2）故障波形图分析：故障相 B 相，故障时间为 50ms，A、C 两相电流大小相等、方向相同，与 B 相反向，A、C 两相是故障时的零序分量（参看本章案例 6 中例题），B 相故障电流有正的直流分量。

以上故障报告和波形分析不一致，实际检查 A 相没有故障，差动速断 A 相和比率差动 A 相动作是因为本保护各侧电流相位补偿造成。

2. 主变高压侧套管电流互感器电流故障录波图分析

主变高压侧套管电流互感器电流故障录波图如图 7-12 所示。

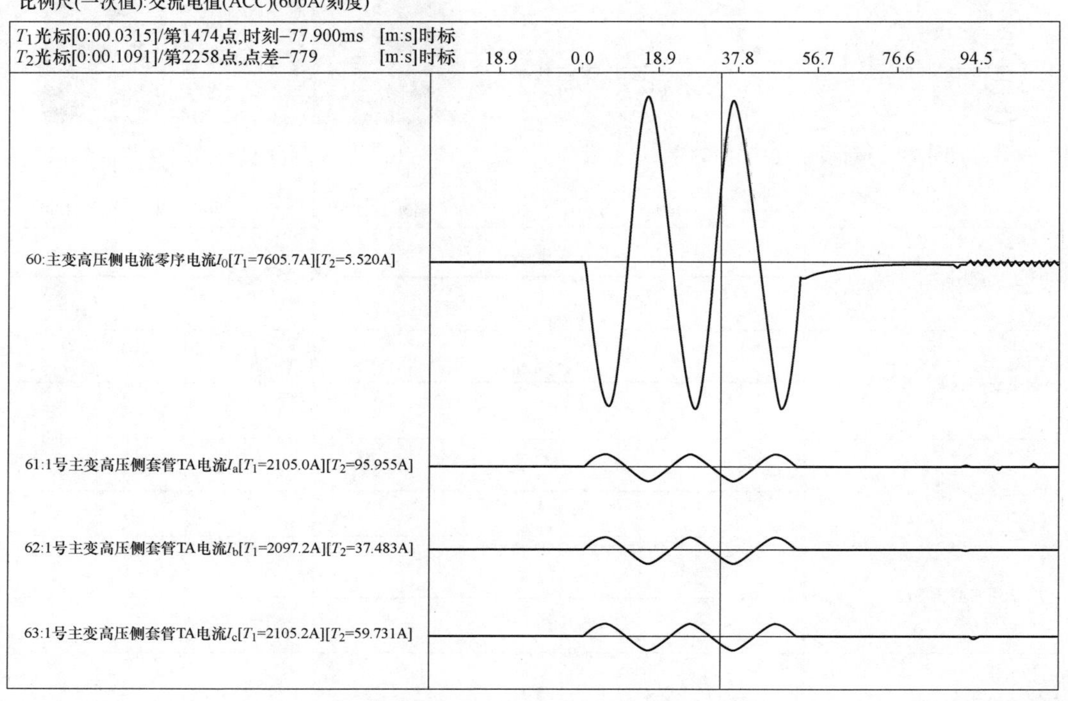

图 7-12　主变高压侧套管电流互感器故障电流录波图

由于这一侧没有电源，没有正序和负序电流，只有零序电流，因此 $3I_0=I_A+I_B+I_C$，$I_A=I_B=I_C$。零序电流与 A、B、C 三相电流反相位。

3. 保护故障录波图1分析

保护故障录波图 1 如图 7-13 所示。

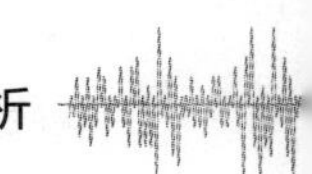

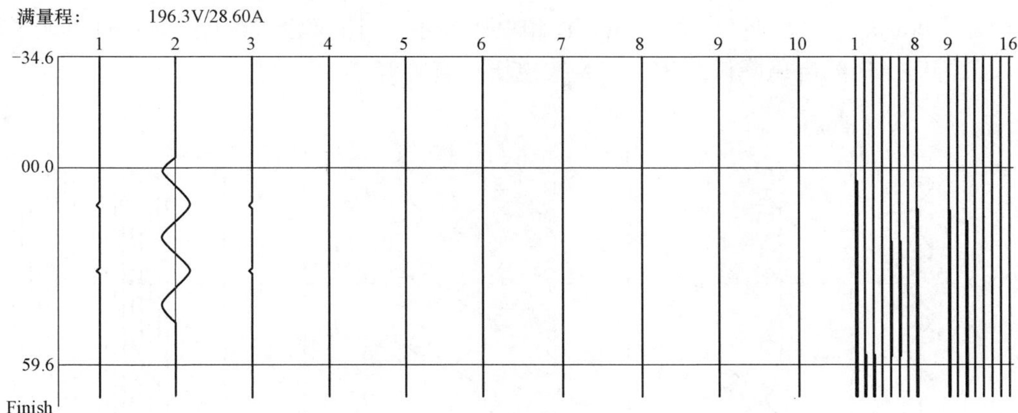

图 7-13　保护故障录波图 1

（1）报告中模拟量 B 相有故障电流，故障时间为 50ms。

（2）开关量动作情况：主变差动启动、A 相涌流闭锁、B 相涌流闭锁、比率差动 A 相动作、比率差动 B 相动作、差动速断 A 相动作、差动速断 B 相动作、主变后备保护动作。

模拟量：1—I_{MT1A}；2—I_{MT1B}；3—I_{MT1C}；4—I_{MT2A}；5—I_{MT2B}；6—I_{MT2C}；7—I_{MTA}；8—I_{MTB}；9—I_{MTC}；10—I_{GTA}。

开关量：1—主变差动启动；2—A 相涌流闭锁；3—B 相涌流闭锁；4—C 相涌流闭锁；5—比率差动 A 相动作；6—比率差动 B 相动作；7—比率差动 C 相动作；8—差动速断 A 相动作；9—差动速断 B 相动作；10—差动速断 C 相动作；11—主变后备保护动作；12—主变高过电流动作；13—高零流保护动作；14—高开入闭锁过电流；　15—高间隙保护动作；16—过励磁保护动作。

4. 保护故障录波图2分析

保护故障录波图 2 如图 7-14 所示，图中通道 9—I_{H0}，为高压侧零序电流。

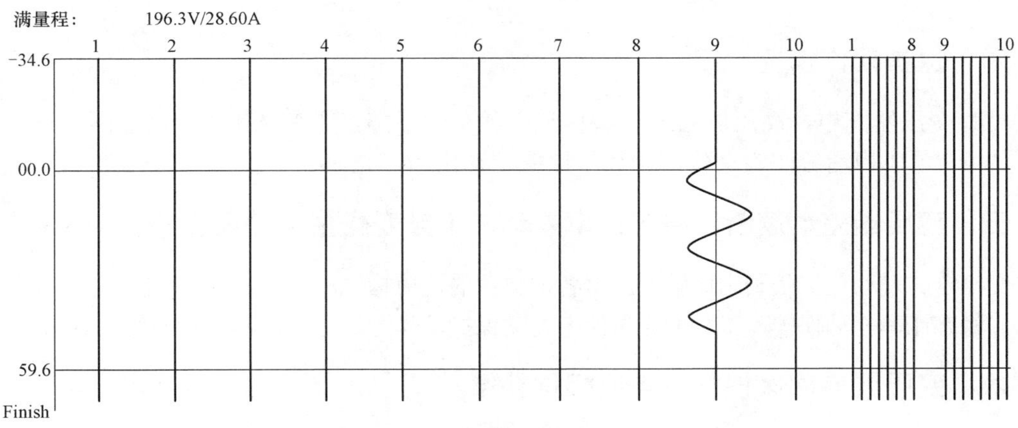

图 7-14　保护故障录波图 2

5. 保护故障录波图3分析

保护故障录波图 3 如图 7-15 所示，波形记录了故障前 34ms 变压器 500kV 侧正常相电压和线电压。0ms 时 A、C 两相电压正常，B 相电压为零，时间约为 50ms，故障时出现了零序电压。故障时 AB 线电压降低，BC、CA 线电压略有降低。

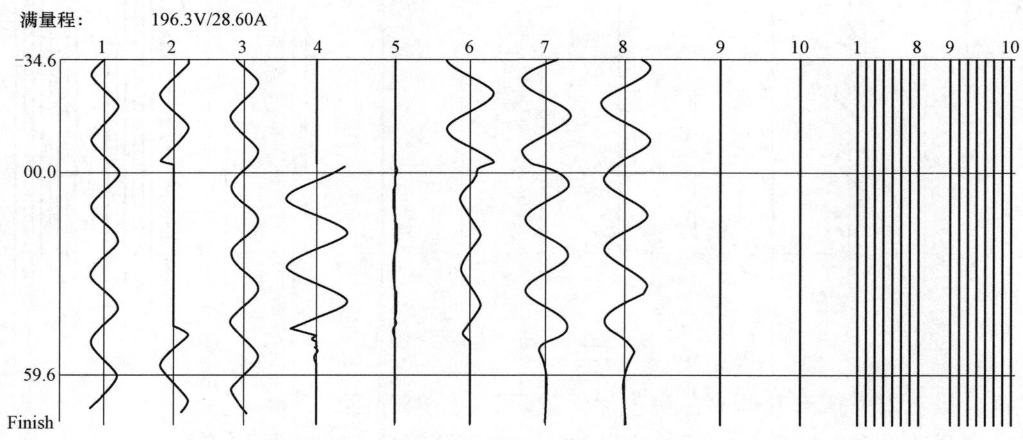

图 7-15　保护故障录波图 3

1—U_{MTHA}；2—U_{MTHB}；3—U_{MTHC}；4—U_{MTH0}；5—U_{MTL0}；6—U_{G1AB}；7—U_{G1BC}；8—U_{G1CA}

6. 故障录波器波形分析

故障录波器波形如图 7-16 所示，波形记录了 500kV 线路电压和主变高压侧电流。从图 7-16 中可以看出，0ms 时 B 相电压为零，说明 B 相有金属性单相接地，B 相出现故障电流，故障时间约 50ms，$3I_0$ 与 B 相电流大小相等、方向相同。

B 相故障切除后，500kV 母线电压恢复正常约 50ms，之后出现分频谐振并衰减。

三、变压器充电差动保护范围内 B 相故障动作过程

变压器高压侧断路合闸→合于 GIS 设备故障→变压器差动速断保护动作→跳主变高压侧断路器。

四、保护动作情况

（1）变压器充电，高压侧 GIS 设备内避雷器引线故障，主变 AB 相差动速断保护动作。

（2）A、B 相涌流闭锁动作，闭锁了比率差动出口，正确。

五、变压器差动速断、稳态比率差动、工频变化量差动逻辑图

变压器的差动保护是利用比较变压器各侧电流的差值构成的一种保护，变压器差动速断速断保护、稳态比率差动保护、工频变化量比率差动保护动作逻辑分别如图 7-17～图 7-19 所示。

六、变压器差动保护各侧电流相位补偿

变压器各侧电流互感器二次电流相位由软件自校正，采用星形侧进行校正相位。例如对于 Yd11 接线的 Y 侧：

$$\dot{I}'_{A} = (\dot{I}_{A} - \dot{I}_{B})$$

 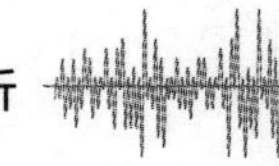

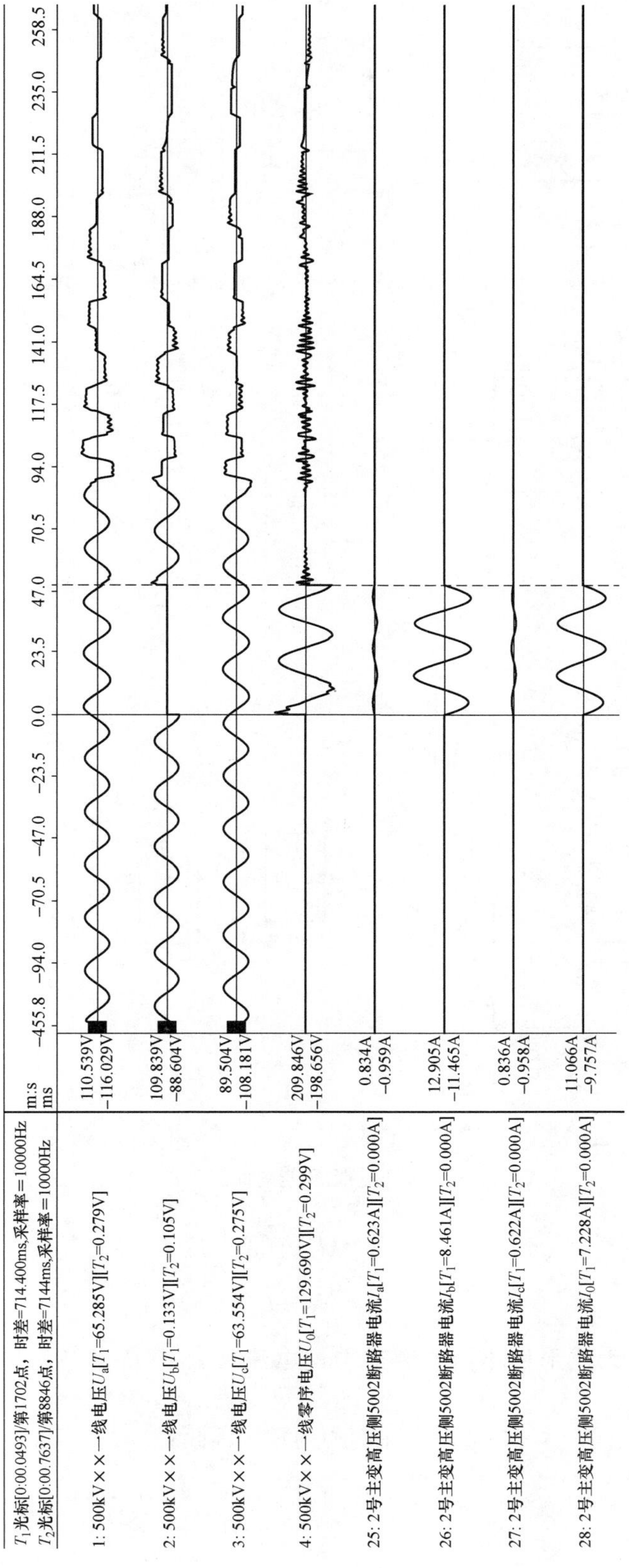

T_1光标[0:00.0493]/第1702点，时差=714.400ms,采样率=10000Hz
T_2光标[0:00.7637]/第8846点，时差=7144ms,采样率=10000Hz

m:s
ms

−455.8 −94.0 −70.5 −47.0 −23.5 0.0 23.5 47.0 70.5 94.0 117.5 141.0 164.5 188.0 211.5 235.0 258.5

1: 500kV××一线电压U_a[T_1=-65.285V][T_2=0.279V] 110.539V −116.029V

2: 500kV××一线电压U_b[T_1=0.133V][T_2=0.105V] 109.839V −88.604V

3: 500kV××一线电压U_c[T_1=-63.554V][T_2=0.275V] 89.504V −108.181V

4: 500kV××一线零序电压U_0[T_1=129.690V][T_2=0.299V] 209.846V −198.656V

25: 2号主变高压侧5002断路器电流I_a[T_1=0.623A][T_2=0.000A] 0.834A −0.959A

26: 2号主变高压侧5002断路器电流I_b[T_1=8.461A][T_2=0.000A] 12.905A −11.465A

27: 2号主变高压侧5002断路器电流I_c[T_1=0.622A][T_2=0.000A] 0.836A −0.958A

28: 2号主变高压侧5002断路器电流I_0[T_1=7.228A][T_2=0.000A] 11.066A −9.757A

图 7-16 故障录波器波形图

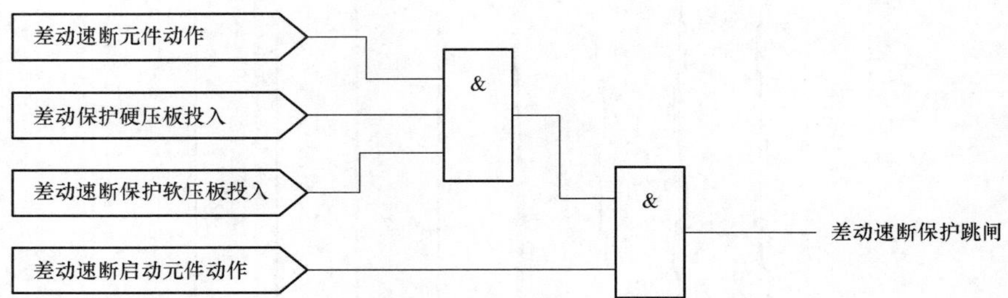

图 7-17　变压器差动速断保护动作逻辑框图

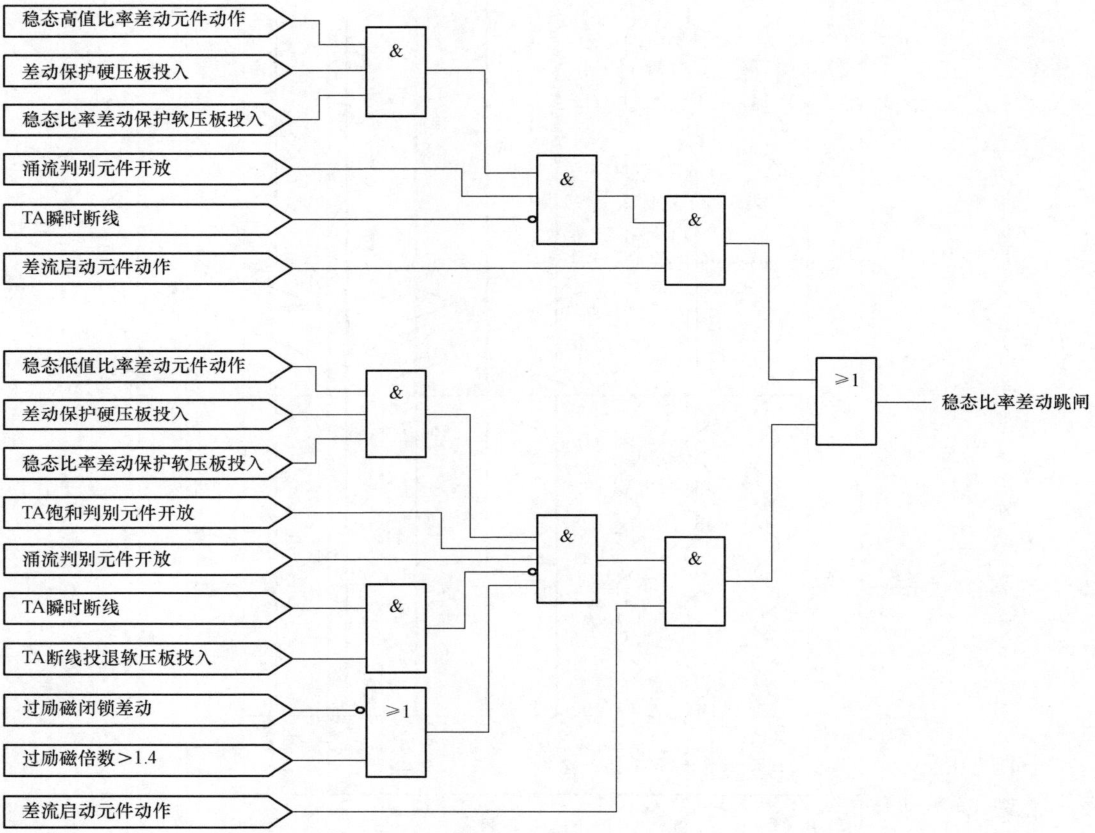

图 7-18　变压器稳态比率差动保护动作逻辑框图

$$\dot{I}'_{\mathrm{B}}=(\dot{I}_{\mathrm{B}}-\dot{I}_{\mathrm{C}})$$

$$\dot{I}'_{\mathrm{C}}=(\dot{I}_{\mathrm{C}}-\dot{I}_{\mathrm{A}})$$

式中：$\dot{I}_{\mathrm{A}}$、$\dot{I}_{\mathrm{B}}$、$\dot{I}_{\mathrm{C}}$为星形侧电流互感器二次电流，$\dot{I}'_{\mathrm{A}}$、$\dot{I}'_{\mathrm{B}}$、$\dot{I}'_{\mathrm{C}}$为星形侧校正后的各相电流。

本案例中 B 相故障，A、C 故障电流两相为零，因此有：$\dot{I}'_{\mathrm{A}}=-\dot{I}_{\mathrm{B}}$，$\dot{I}'_{\mathrm{B}}=\dot{I}_{\mathrm{B}}$。

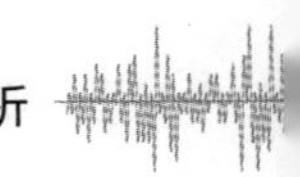

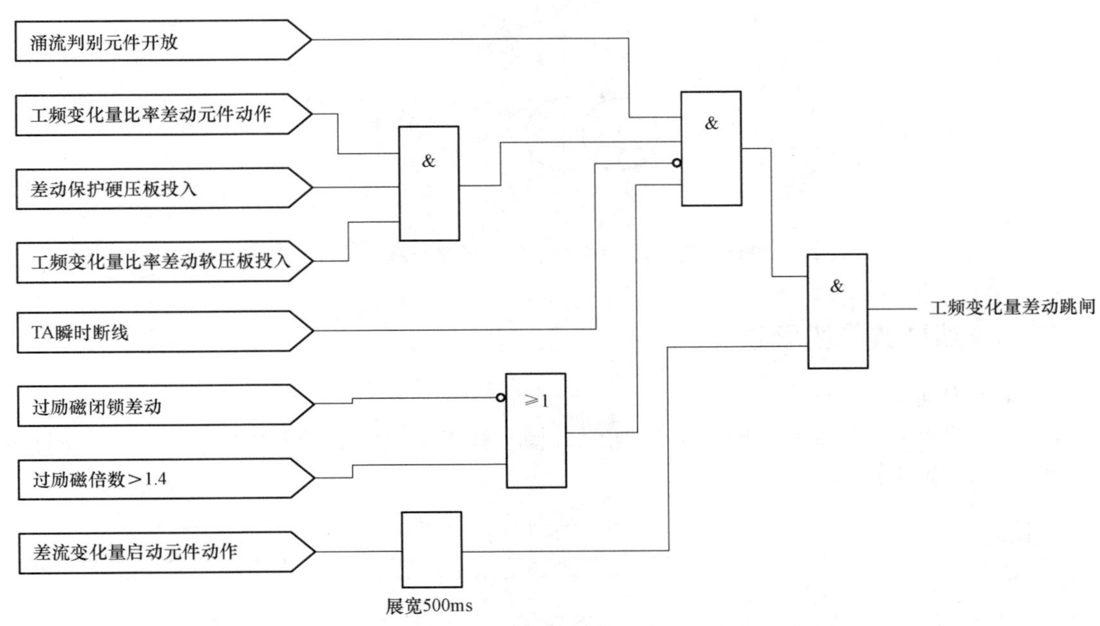

图 7-19　变压器工频变化量比率差动保护动作逻辑框图

案例 4：500kV 单相自耦变压器内部绕组绝缘老化单相接地故障

本案例分析的知识点

（1）500kV 主变单相永久性接地故障保护动作分析。

（2）500kV 主变单相永久性接地故障波形图分析。

（3）变压器油色谱分析。

（4）500kV 主变 A 相接地三相短路故障时的动作过程。

（5）保护动作情况分析。

一、案例基本情况

2018 年 11 月 26 日 23 时 56 分，某 500kV 主变 A 相接地故障，第一套 SGT-756 主变保护差动速断保护动作；第二套 CSC-326EB 主变保护差动速断、比率差动、零序差动保护动作；A 相非电量保护本体重瓦斯、本体压力释放阀动作，三侧断路器跳闸。主变 A 相压力释放阀动作，周围有明显的喷射状油迹，本体表面油漆起皮开裂，其他位置未见变形或破损，变压器外部未见明显放电痕迹，B、C 相外观检查未见异常。变压器为单相自耦，接线组别为 YNa0d11，变比为 525/220/35kV，运行时间为 36 年。500kV 主变高压侧 A 相单相接地故障点位置如图 7-20 所示。

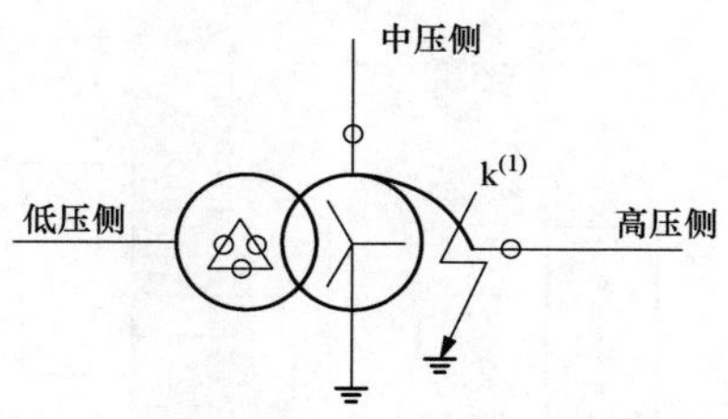

图 7-20　500kV 主变高压侧 A 相单相接地故障点位置示意图

二、故障录波器波形分析

1. 高压侧电压波形分析

主变高压侧故障电压波形如图 7-21 所示，横坐标表示故障时间（单位：ms），纵坐标表示电压、电流模拟量。

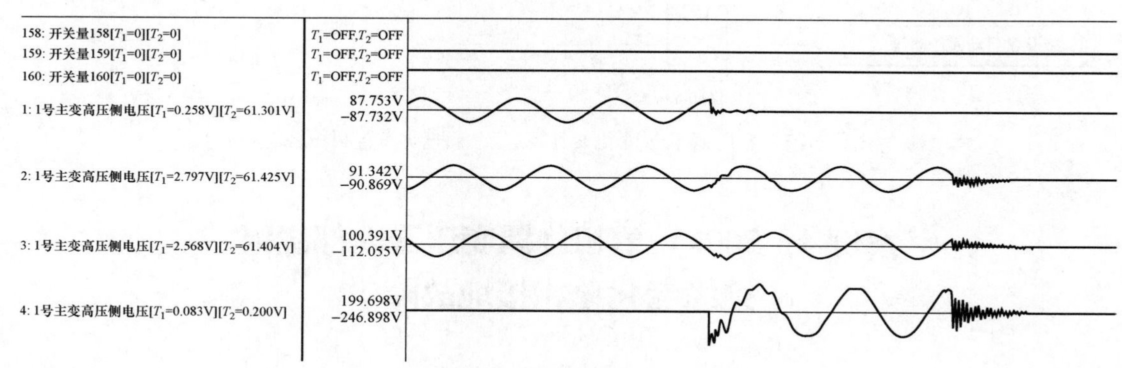

图 7-21　主变高压侧故障电压波形图

（1）故障相 A 相电压波形分析。故障发生时高压侧 A 相电压急剧降低，由于主变发生不对称短路，产生高次谐波电流，从而产生谐波电压，并不断衰减，时间约为 10ms。10ms 后 A 相电压为零，即为纯金属性接地故障。故障发生后，主变分相差动保护动作跳开主变三侧断路器，电压为零，故障持续 48ms。

（2）正常相 B、C 两相电压分析。A 相故障时，B、C 两相电压正常。主变三侧断路器跳闸后，由于断路器切的是 500kV 主变，因变压器电感与杂散电容的影响，出现了低幅值高频能量振荡过程，时间约为 15ms。

（3）$3U_0$ 电压波形分析。由于单相接地故障，而 500kV 主变高压侧中性点直接接地，因此在故障时存在零序电压 $3U_0$，其方向与 I_0 反向，大小为 I_0×零序阻抗。故障开始 15ms 时 $3U_0$ 出现了大量高次谐波，之后为正弦波。断路器三相跳闸后出现了高频振荡，时间约为 15ms。

2. 中压侧电压波形分析

主变中压侧故障电压波形如图 7-22 所示，横坐标表示故障时间（单位：ms），纵坐标表示电压、电流模拟量。

（1）故障相 A 相电压波形分析。故障发生时中压侧 A 相电压略微下降，因为中压侧距高压侧接地故障点存在主变电抗，所以中压侧存在较大残压。主变三侧断路器跳闸后，由于变压器电感与杂散电容的影响，出现了低幅值高频能量振荡过程，时间约为 15ms。

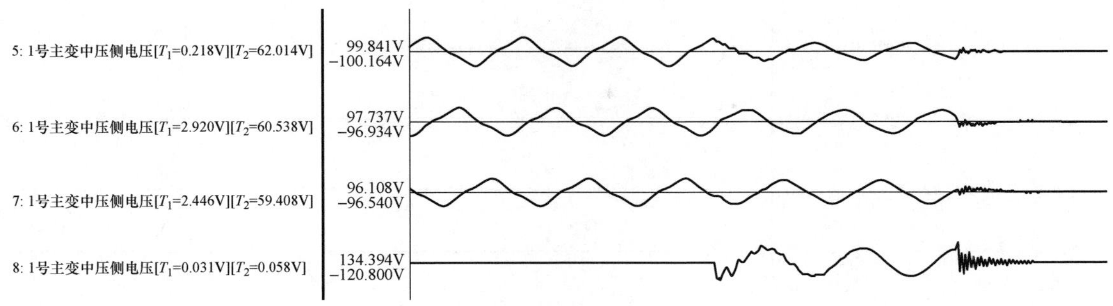

图 7-22 主变中压侧故障电压波形图

（2）正常相 B、C 两相电压分析。A 相故障时，B、C 相电压正常。主变三侧断路器跳闸后，由于 500kV 由于变压器电感与杂散电容的影响，出现了低幅值高频能量振荡过程，时间约为 15ms。

（3）$3U_0$ 电压波形分析。由于单相接地故障，而 500kV 主变中压侧中性点直接接地，因此在故障时存在零序电压 $3U_0$，其方向与 I_0 反向，大小为 $3I_0$×零序阻抗。故障开始 15ms 时 $3U_0$ 出现了大量高次谐波，之后为正弦波。断路器三相跳闸后出现了高频振荡，时间约 15ms。

3. 低压侧电压波形分析

主变低压侧故障电压波形如图 7-23 所示。

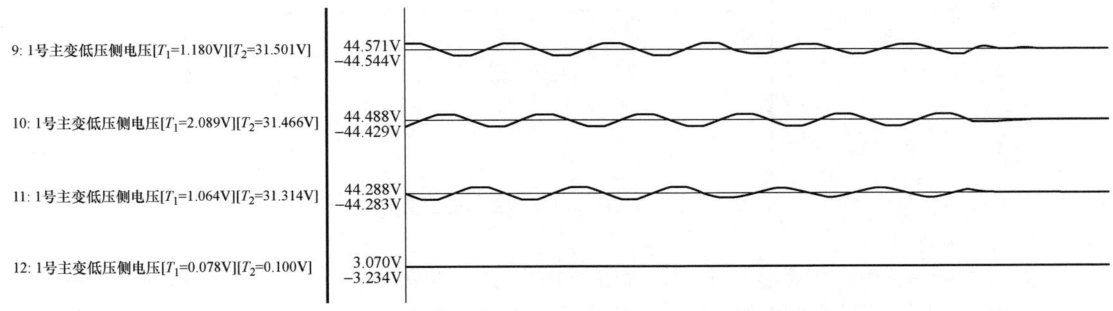

图 7-23 主变低压侧故障电压波形图

（1）A、B、C 相电压波形分析。由于主变低压侧无电源点，低压侧电压为高、中压侧电磁感应电压，故障后电压波形基本不变。主变三侧断路器跳闸后，电压为零。

（2）$3U_0$ 电压波形分析。由于低压侧为三角形接线，高、中压侧零序电压在低压侧三角形内部感应出零序电压，三相大小相等、方向相同，形成回路。三角形外部无零序电压。

4. 高压侧电流波形分析

主变高压侧故障电流波形如图 7-24 所示。

（1）故障相 A 相电流波形分析。故障发生时，高压侧 A 相电流由负载电流突变成短路电流，主变三侧断路器三相跳闸后 A 相电流为零。故障时间为 60ms×（保护固有动作时间+断路器分闸时间）。变压器差动保护动作时间比较短，此断路器分闸时间应该超过了标准规定（20ms）。

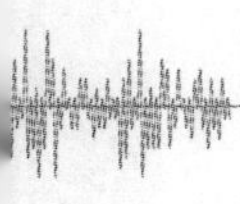

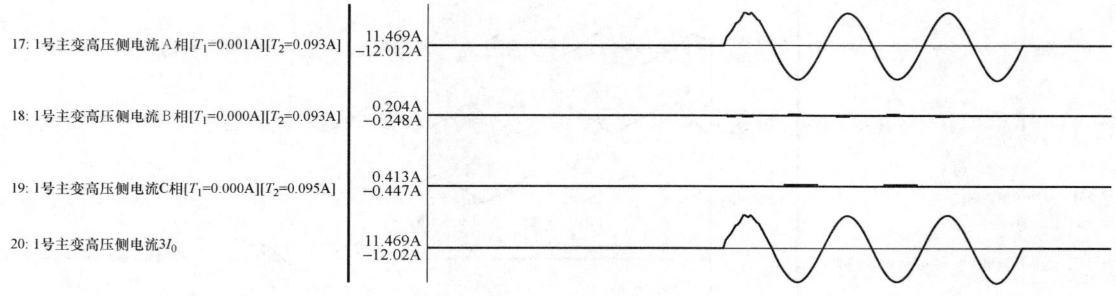

图 7-24 主变高压侧故障电流波形图

（2）正常相 B、C 两相电流波形分析。A 相故障时，B、C 两相电流为负载电流，在图 7-24 中几乎看不见。主变三侧断路器三相跳闸后，B、C 两相电流为零。

（3）$3I_0$ 电流波形分析。由于为单相接地故障，500kV 主变高压侧中性点直接接地，因此在故障时存在 $3I_0$，其与 A 相的短路电流大小相等、方向相同，持续时间为 60ms。主变三侧断路器三相跳闸后 $3I_0$ 为零。

5. 中压侧电流波形分析

主变中压侧故障电流波形如图 7-25 所示。

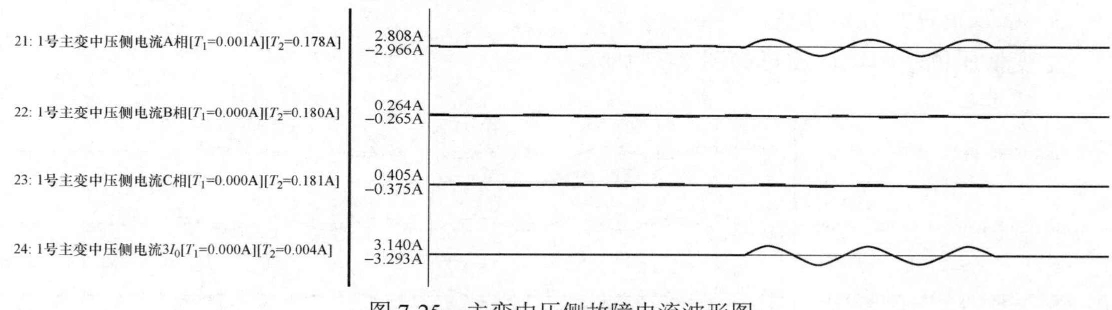

图 7-25 主变中压侧故障电流波形图

（1）故障相 A 相电流波形分析。故障发生时，中压侧 A 相电流由负载电流突变成短路电流。由于变压器中压侧是小电源侧，并有变压器电抗，变压器中压侧提供短路电流比较小。主变三侧断路器三相跳闸后，A 相电流为零。中压侧故障电流持续时间约为 48ms，说明中压侧断路器分闸时间比较短。

（2）正常相 B、C 两相电流波形分析。A 相故障时，B、C 两相电流为负载电流，在图 7-25 中几乎看不见。主变三侧断路器三相跳闸后，B、C 两相电流为零。

（3）$3I_0$ 电流波形分析。由于为单相接地故障，500kV 主变中压侧中性点直接接地，因此在故障时存在 $3I_0$，其与 A 相的短路电流大小相等、方向相同，持续时间为 48ms。主变三侧断路器三相跳闸后，$3I_0$ 为零。

6. 低压侧电流波形分析

主变低压侧套管电流互感器故障电流波形如图 7-26 所示。

（1）低压侧套管电流互感器 A、B、C 三相电流波形分析。500kV 低压侧无电源点，所以低压侧无故障电流。由于低压侧为三角形接线，高、中压侧零序电压在低压侧三角形内部感应出零序电压，三相大小相等、方向相同，从而产生零序电流，所以低压侧三角形内部 A、

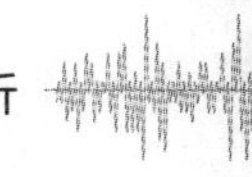

B、C 三相中存在大小相等、方向相同的零序电流。

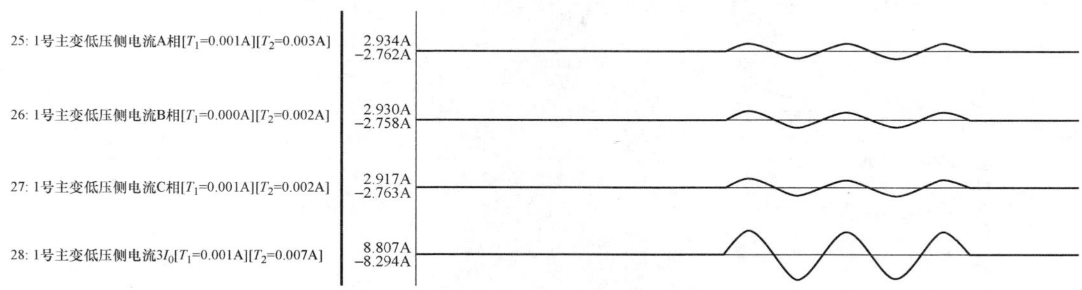

图 7-26　主变低压侧套管电流互感器故障电流波形图

（2）$3I_0$ 电流波形分析。低压侧 $3I_0=I_a+I_b+I_c$，其大小为 A、B、C 三相电流的 3 倍，方向与 A、B、C 三相电流相同。

三、主变油化验报告和油中溶解气体分析

1．500kV 主变绝缘油化验报告及油中溶解气体组分含量

500kV 主变绝缘油化验报告及油中溶解气体组分含量分别见表 7-4 和表 7-5。

表 7-4　　500kV 主变绝缘油化验报告

试验性质	诊断		采样日期	2018-11-27		试验日期	2018-11-27
试验天气	晴		温度（℃）	20		湿度（%）	60
报告日期						2018-11-27	
油温(℃)	A	38	B	38	C	38	

表 7-5　　500kV 主变绝缘油油中溶解气体组分含量　　(μL/L)

气体组分	气体组分含量					
	A 相 (2018-08-23)	A 相 (2018-11-27)	B 相 (2018-08-23)	B 相 (2018-11-27)	C 相 (2018-08-23)	C 相 (2018-11-02)
氢气（H_2）	2.50	1463	1.82	1.97	11.62	10.18
一氧化碳（CO）	77	92.77	77	78	86	80
二氧化碳（CO_2）	3095	3398.45	3353	3269	3873	3416
甲烷（CH_4）	32.77	389.96	37.66	38.22	138.00	144.05
乙烯（C_2H_4）	0.92	318.98	1.46	1.25	97.16	98.71
乙烷（C_2H_6）	66.41	109.76	67.41	62.61	115.59	120.43
乙炔（C_2H_2）	0	154.49	0	0	0	0
总烃	100.1	973.19	106.53	102.08	350.75	363.19
溶解气体含量：乙炔≤0.5μL/L（1000kV），≤1μL/L（330～750kV），≤5μL/L（其他）（注意值）；氢气≤150μL/L（注意值）；总烃≤150μL/L（注意值）						
项目结论：1 号主变 A 相氢气、乙炔、总烃超过注意值；1 号主变 C 相总烃超过注意值						

注　主变 A 相根据三比值法比值编码为 101，故障类型为电弧放电（绕组匝间、层间放电，相间闪络；分接引线间油隙闪络，选择开关拉弧；引线对箱壳或其他接地体放电）。1 号主变 C 相根据三比值法比值编码为 020，故障类型为低温过热。

2. 油中溶解气体分析

（1）A 相油中溶解气体分析。A 相油中溶解气体组分含量柱形图如图 7-27 所示。

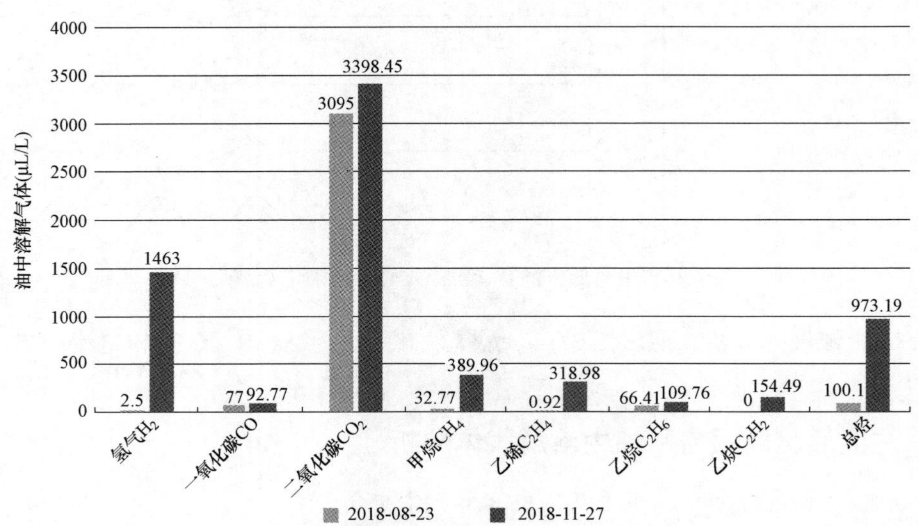

图 7-27　A 相油中溶解气体组分含量柱形图

（2）B 相油中溶解气体分析。B 相油中溶解气体组分含量柱形图如图 7-28 所示。

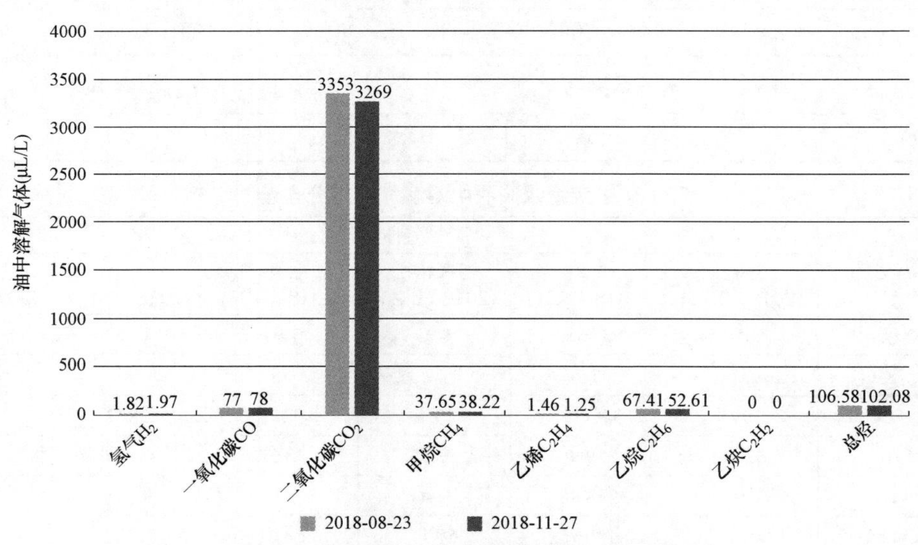

图 7-28　B 相油中溶解气体组分含量柱形图

（3）C 相油中溶解气体分析。C 相油中溶解气体组分含量柱形图如图 7-29 所示。

四、500kV 主变 A 相接地三相短路故障时的动作过程

500kV 主变 A 相永久接地故障→差动速断保护动作，本体重瓦斯、本体压力释放阀动作→变压器三侧断路器跳闸。

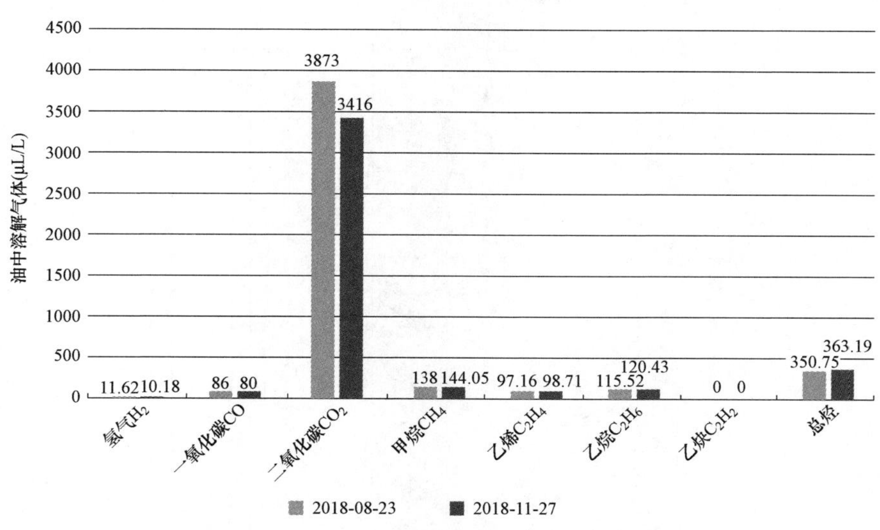

图 7-29　C 相油中溶解气体组分含量柱形图

五、保护动作情况分析

（1）主变 A 相本体内部故障导致 A 相高压侧对地发生单相接地短路故障，属于纵差保护范围，差动保护动作正确，本体重瓦斯、本体压力释放阀动作正确。

（2）高压侧故障电流峰值：12.012A（二次侧电流）。

案例 5：220kV 升压变压器内部相间故障

本案例分析的知识点

（1）220kV 升压变压器内部相间故障波形分析。

（2）220kV 升压变压器内部相间故障保护动作分析。

一、案例基本情况

某发电厂发电机并网发电，接线为发电机–变压器组接线，变压器升压（变比为 10/220kV）送电网，运行时升压变压器内部故障，变压器差动、重瓦斯、压力释放阀动作。

升压变压器内部相间故障录波器波形如图 7-30 所示。

模拟量通道：5—主变高压侧电压 U_a；6—主变高压侧电压 U_b；7—主变高压侧电压 U_c；8—主变高压侧电压 $3U_0$；9—发电机定子电流 I_a；10—发电机定子电流 I_b；11—发电机定子电流 I_c；12—发电机定子零序电流 $3I_0$；13—主变高压侧电流 I_a；14—主变高压侧电流 I_b；15—主变高压侧电流 I_c；16—主变高压侧零序电流 $3I_0$。

开关量通道：21—主变差动保护动作 A；59—主变差动保护动作 B；79—主变 A 相瓦斯；80—主变 A 相压力释放；81—主变 A 相油温高跳闸；84—主变 A 相突发压力；171—220kV 主变侧 212 断路器合闸。

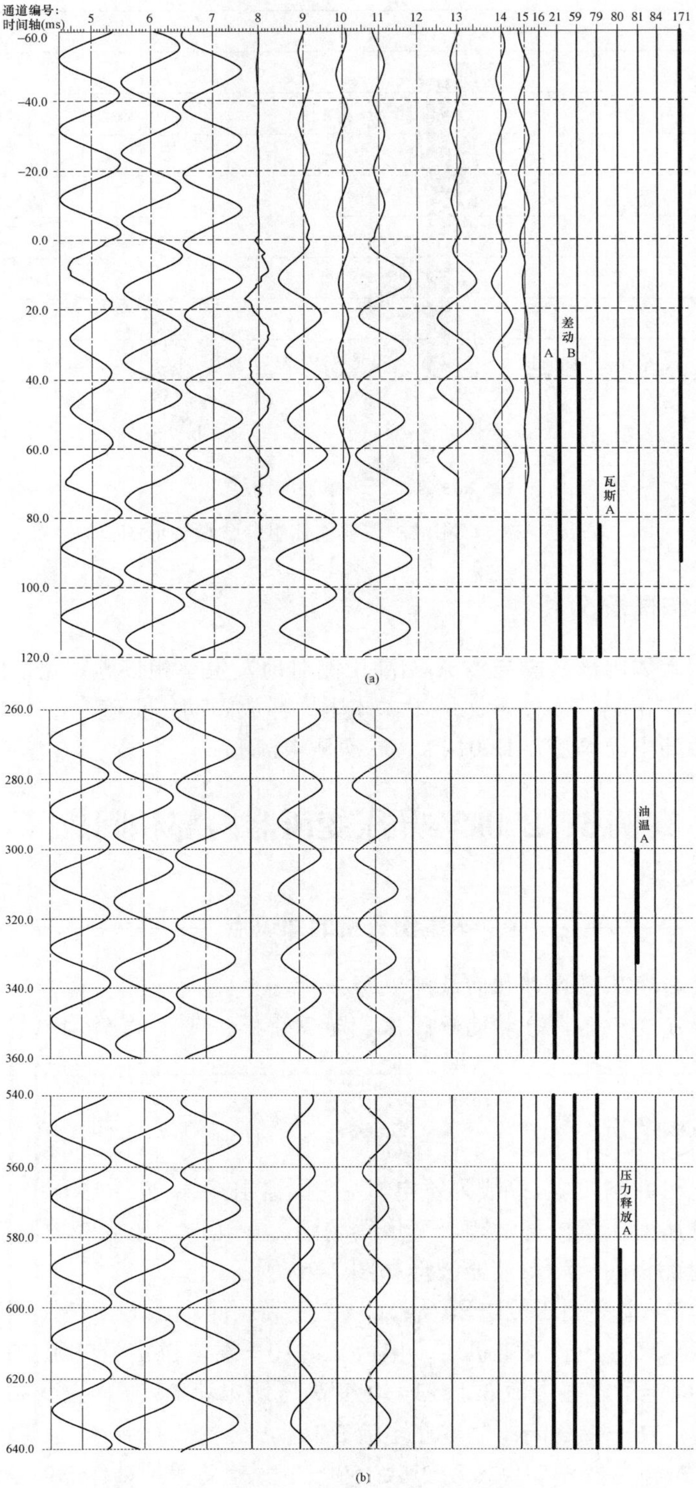

图 7-30　升压变压器内部相间故障录波器波形图（一）

（a）波形 1；（b）波形 2

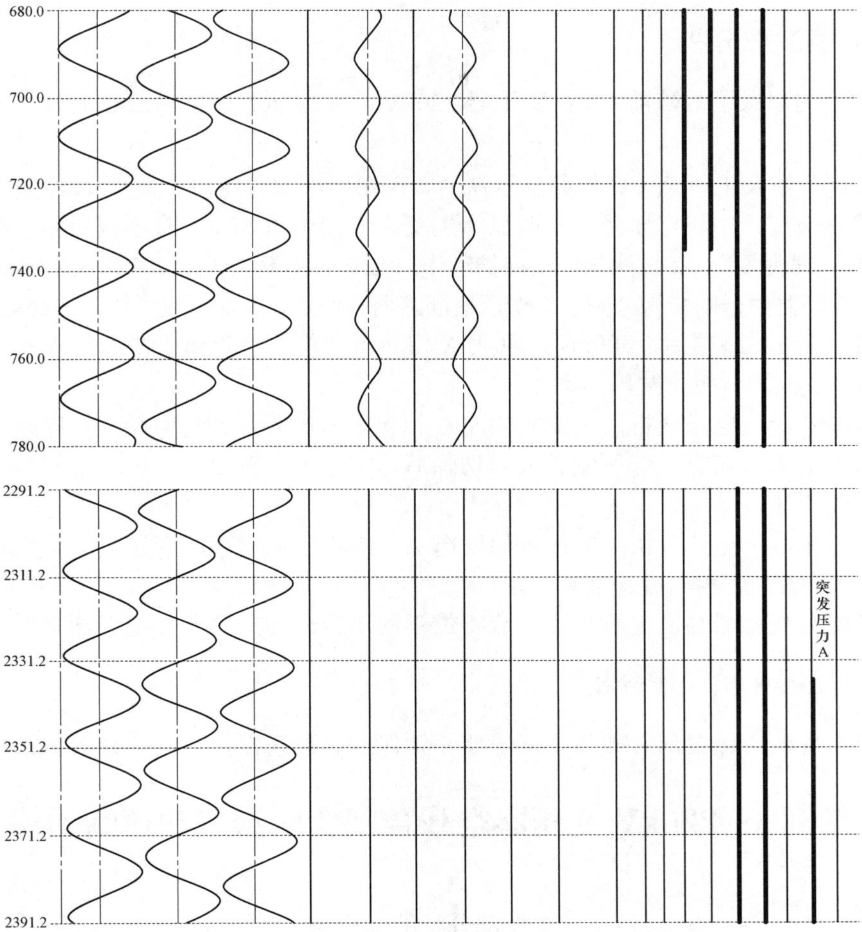

(c)

(d)

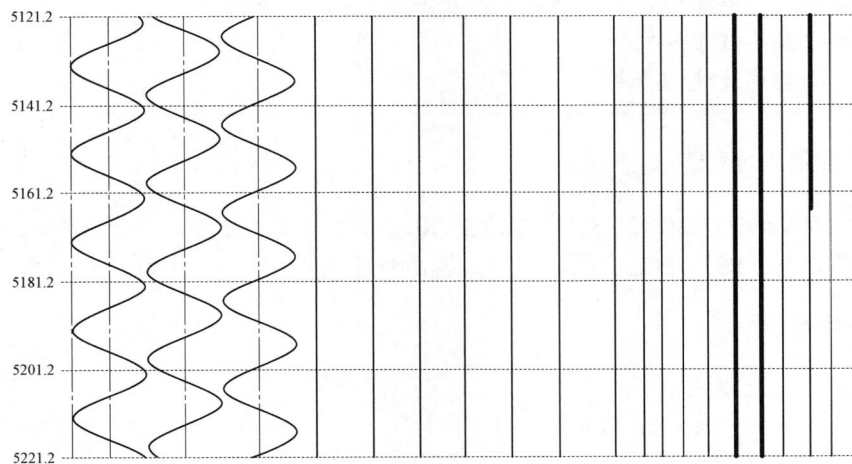

图 7-30 升压变压器内部相间故障录波器波形图（二）

（c）波形 3；（d）波形 4

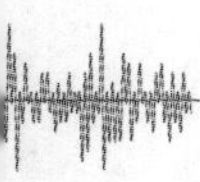

二、故障波形分析

（1）波形图记录了故障前 60ms 变压器 220kV 正常电压、发电机三相和变压器高压侧三相电流波形值。

（2）0ms 开始发电机 A、C 相和变压器 A、B 相出现故障电流，主变 220kV A 相电压有所降低并稍有畸变，B 相电压降低不明显，主变高压侧电压 $3U_0$ 并有谐波分量。故障时间约为 70ms。35ms 时变压器 A、B 两相差动保护动作，84ms 时主变 A 相重瓦斯动作，93ms 时 220kV 主变侧 212 断路器由合闸转为分闸。在变压器断路器分闸后，$3U_0$ 出现了很小的高频分量。

（3）212 断路器跳闸后，300ms 时主变 A 相油温高跳闸，585ms 时主变 A 相压力释放动作，2336ms 时主变 A 相突发压力动作。

（4）220kV 母线电压分析。主变 220kV A 相电压有所降低并稍有畸变，B 相电压降低不明显，变压器故障应该靠近低压侧。故障切除后，零序电压在 28ms 振荡过程后电压恢复正常，为电网侧电压。

（5）发电机故障电流分析。0ms 开始发电 A、C 相电流增大，变压器故障切除后发电机 B 相电流消失，A、C 相电流逐渐衰减。

（6）故障时变压器与发电机故障电流相位不同，应该与变压器接线组别有关。

三、变压器保护动作分析

经检查发现变压器内部有故障，变压器差动保护、瓦斯保护、压力释放保护动作正常。

案例 6：220kV 变压器空载合闸变压器差动速断动作

本案例分析的知识点

（1）220kV 变压器空载合闸变压器差动速断动作故障波形分析。
（2）故障录波器波形分析。
（3）无电源侧电流波形分析。

一、案例基本情况

某风电场 YNynd11 230/121/35kV 变压器 2012 年 1 月 5 日跳闸，变压器差动速断出口跳主变高压侧断路器。PST-1202 变压器保护装置故障波形如图 7-31 所示。

二、本体检查

变压器本体检查情况如下。

（1）接线组别：YNynd11 230/121/35kV。
（2）有载调压：6 挡。
（3）本体油位偏高。
（4）油面最高温度：60℃。

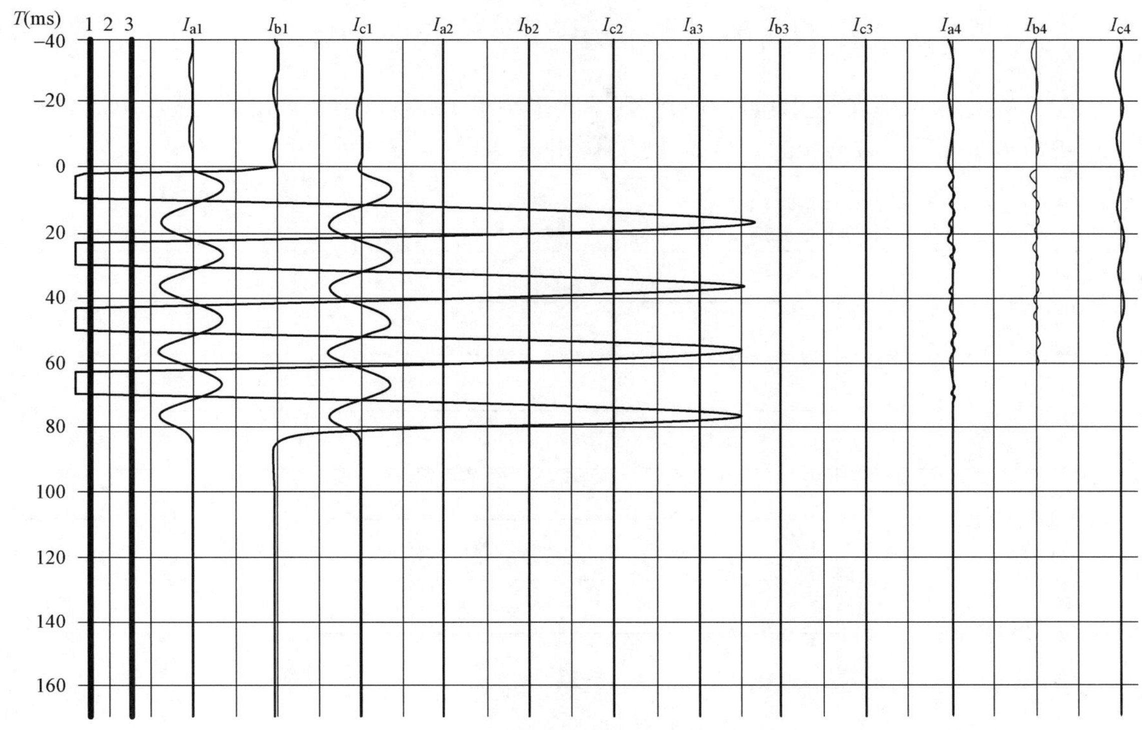

图 7-31　PST-1202 变压器保护装置故障波形图

（5）绕组最高温度：60℃。

（6）高压套管油位正常。

（7）压力释放阀少许喷油（高压侧）。

（8）本体气体继电器无油。

（9）有载调压开关气体继电器无气体。

三、PST-1202 变压器保护装置动作报告主要信息

故障时间：2012-01-05 18：17：47.235。

00ms 时差动保护启动。

01ms 时后备保护启动。

013ms 时差动速断保护出口，电流为 4.580A。

模拟量通道：I_{a1}=1.00A/格；I_{b1}=1.00A/格；I_{c1}=1.00A/格；I_{a2}=1.00A/格；I_{b2}=1.00A/格；I_{c2}=1.00A/格；I_{a3}=1.00A/格；I_{b3}=1.00A/格；I_{c3}=1.00A/格；I_{a4}=1.00A/格；I_{b4}=1.00A/格；I_{c4}=1.00A/格。

开关量通道：1—开入保护电源；2—母差联跳主变 1；3—母差联跳主变 2。

四、故障波形分析

（1）图 7-31 记录了故障前 2 个周波（40ms）正常电流波形值。

（2）0ms 时故障，由电流分析，故障相 B 相接地，B 相故障电流二次正半波最大值为 11.3

格，每格 1.00A，最大值为 11.3A。由于故障电流很大，负半波电流波形由于量程的原因只显示了 5 格。

（3）波形图中 A、C 是故障时通过变压器星形绕组（高压侧中性点接地）零序电流分量，且两电流大小相等、方向相同。与 20 例故障相同，如图 7-32 所示。

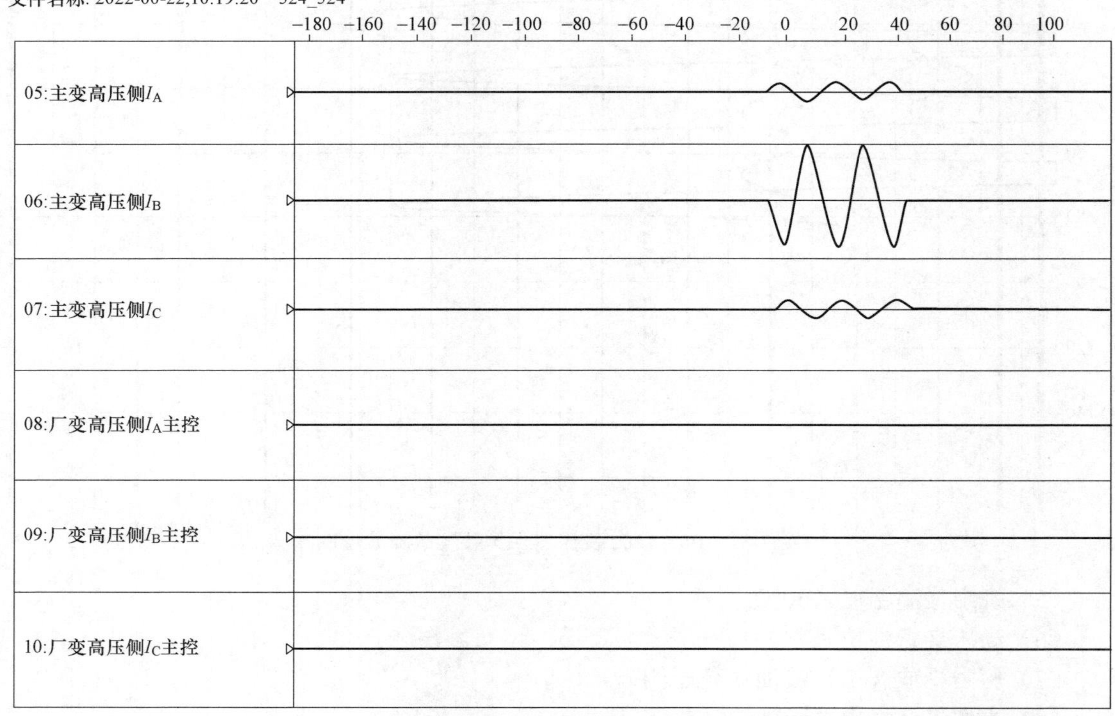

图 7-32　500kV 主变充电合闸故障波形图

（4）故障时间为 80ms（保护固有时间+断路器分闸时间）。

五、结论分析

该变压器 1 月 5 日变压器差动速断动作一次，瓦斯保护未动作，7 日再次试送差动保护动作。因两次故障变压器重瓦斯都没有动作，因此在取油样分析和对变压器做试验后确认变压器内部没有故障，此故障是差动保护除变压器之外的故障。

变压器在主保护动作后，没有查明原因不能送电。现场曾多次发生差动或瓦斯保护动作后没有取油样和做试验就将变压器试送，结果造成变压器进一步故障。

本章案例 3 和本案例都是变压器高压侧 B 相故障，A、C 相出现零序电流，参考下面的例题。

例：某系统 A 相接地电流分布如图 7-33 所示，k 点 A 相接地电流为 1.8kA，T1 中性线电流为 1.2kA，分别求线路 M 侧、N 侧的三相电流值。

线路 N 侧无正序电流和负序电流，仅有零序电流，而每零序相零序电流为 1/3 (1.8－1.2) = 0.2kA；因此 M 侧 B、C 相电流为 0.2kA；线路 M 侧 A 相电流为 1.8−0.2=1.6kA。

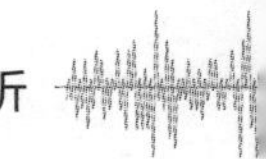

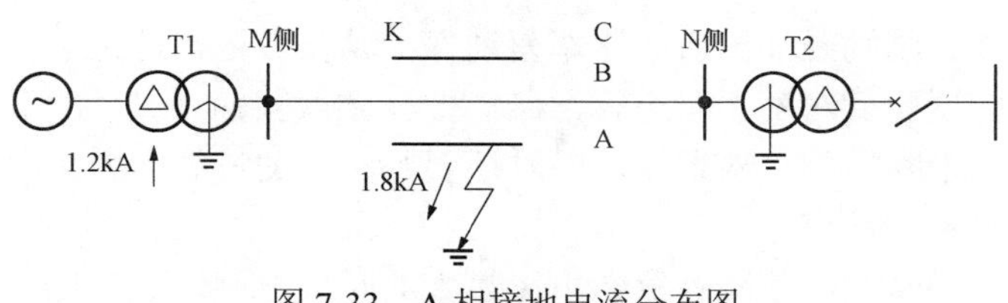

图 7-33　A 相接地电流分布图

案例 7：220kV 高铁变压器励磁涌流引起比率差动动作

本案例分析的知识点

（1）变压器差动保护误动的原因。
（2）牵引变压器差动保护接线。
（3）励磁涌流二次谐波对差动保护的影响。
（4）变压器差动保护逻辑图分析。

一、案例基本情况

变压器高压侧为 220kV，低压侧为 27.5kV，差动保护二次谐波整定为 0.15，比率差动电流为 $0.6I_n$。变压器充电时励磁涌流的波形如图 7-34 所示，变压器高压绕组接线原理如图 7-35 所示，变压器 V-V 接线差动保护电流互感器接线原理图如图 7-36 所示。

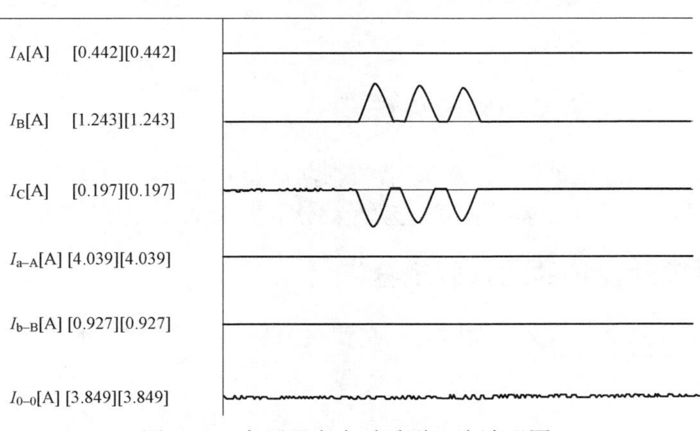

图 7-34　变压器充电时励磁涌流波形图

二、对本次差动保护动作的分析

从图 7-34 可知，变压器 B、C 相绕组励磁涌流正好反向，波形之间出现间断角。变压器在合闸后 50ms 高压断路器跳闸，原因是比率差动保护动作。由图 7-36 可知，接进变压器差动保护的高压侧是两绕组，高压侧三电流互感器，而低压侧是两绕组，两电流互感器，具体换算应该由保护完成。在变压器空载合闸时，由于励磁涌流比较大，二次谐波没有达到 15%，因此没有闭锁比率差动（差动速断是高定值不会误动）。

避免变压器空载合闸励磁涌流引起比率差动保护动作改进措施：

（1）在每次做完试验后对变压器进行消磁，做去磁试验。

（2）在差动保护中除了判二次谐波，同时还要判波形的特征，防止励磁涌流大，而二次谐波分量没有达到整定闭锁值。

（3）增加选相合闸装置，使断路器在电压最大的时候合闸，这时励磁涌流最小。

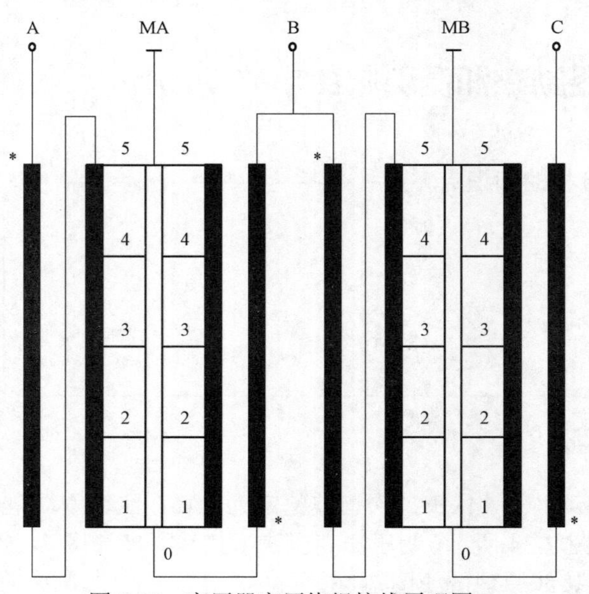

图 7-35　变压器高压绕组接线原理图

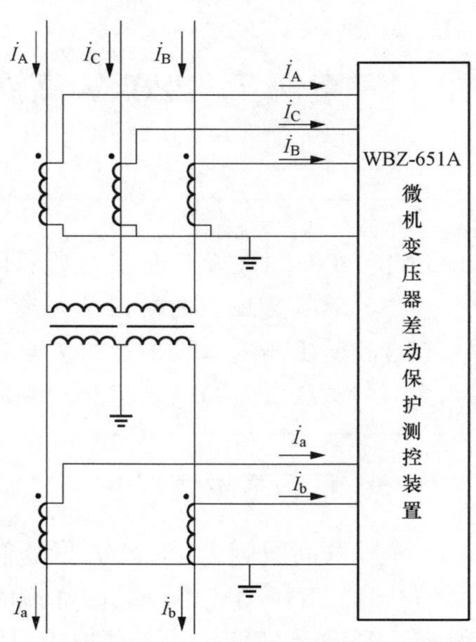

图 7-36　变压器 V-V 接线差动保护电流互感器接线原理图

三、变压器差动保护误动原因分析

本案例保护采用二次谐波制动，二次谐波制动比整定 15%，由图 7-37 可知，当二次谐波达到 15%时将闭锁比率差动，差动保护误动是二次谐波量没有达到 15%。

四、变压器差动保护的动作逻辑分析

变压器差动保护的动作逻辑如图 7-37 所示，由图可知，差动速断和比率差动共用一块功能压板。

案例 8：220kV 变压器空载合闸励磁涌流叠加故障电流变压器有载调压重瓦斯保护动作

本案例分析的知识点

（1）励磁涌流与故障电流的区别。

（2）有载调压开关基本概念。

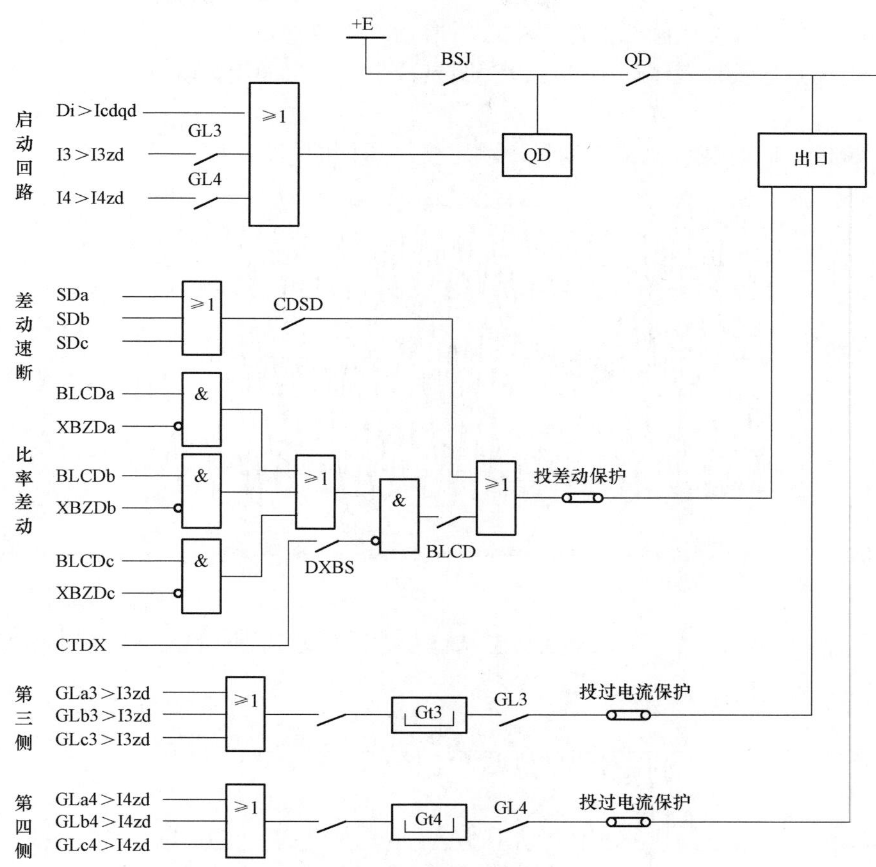

图 7-37 变压器差动保护的动作逻辑图

E—保护正电源；BSJ—闭锁时间继电器动合触点，在 CPU 出现致命错误时此触点断开，断开保护正电源；QD—启动继电器，当有故障时达到启动元件整定值保护启动接通保护正电源；SD—差动速断，高定值；CDSD—差动速断；BLCD—比率差动，经过二次谐波制动（闭锁）；XBZD—谐波制动；CTDX—电流互感器断线闭锁比率差动；DXBS—断线闭锁；GL—过流

一、案例基本情况

2013 年 4 月 5 日，某风电场 220kV 变压器送电，合高压侧断路器后约 600ms，变压器差动和有载调压重瓦斯动作，跳主变高压侧断路器。吊心检查后发现变压器有载调压分接开关有严重放电痕迹。

二、故障波形分析

变压器空载合闸电压、电流波形如图 7-38 所示。

1. 电压波形分析

图 7-38 中前三个量是 220kV 母线电压，三相电压均正常。通道 4 为 $3U_0$，$3U_0$=0。

2. 电流波形分析

通道 5～7 是变压器高压侧电流。

（1）0ms 之前，三相电流为零。

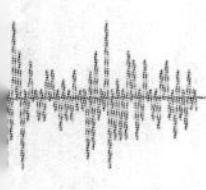

（2）0ms 时合闸，A 相励磁涌流很小，后增大；B 相励磁涌流波峰在横坐标下方，有负的直流分量，直流分量衰减过程中涌流没有明显减小；C 相涌流波峰在横坐标上面，直流分量衰减很快。

（3）约 600ms 时有载调压瓦斯动作，跳主变高压侧断路器。

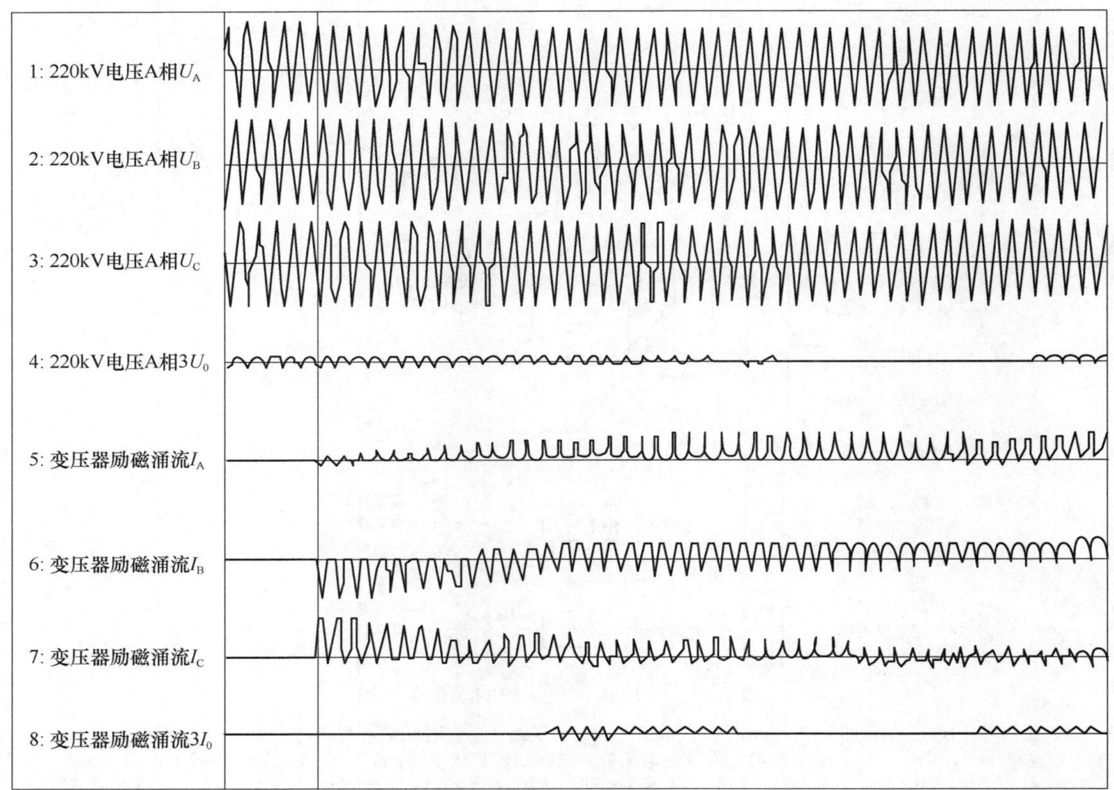

图 7-38　变压器空载合闸电压、电流波形

三、有载分接开关基本概念

（1）有载分接开关及其各部件的作用。

1）有载分接开关：它是能在变压器励磁或带负载状态下进行操作的分接头切换开关，是用于调换绕组分接头运行位置的一种装置。通常它由一个带过渡阻抗的切换开关和一个带（或不带）范围开关的分接选择器所组成。整个开关是通过驱动机构来操作的（在有些型式的分接开关中，切换开关和分接选择器的功能被结合成为一个选择开关）。

2）分接选择器：它是能承载但不能接通或断开电流的一种装置，与切换开关配合使用，以选择分接头的连接位置。

3）切换开关：它是与分接选择器配合作用，以承载、接通和断开已选电路中的电流的一种装置。

4）选择开关：它把分接选择器和切换开关的作用结合在一起，是能承载接通和断开电流的一种装置。

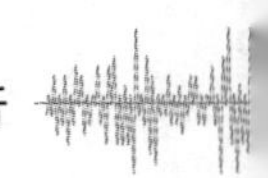

5）范围开关：它具有通电能力，但不能切断电流。它可将分接绕组的一端或另一端接到主绕组上。

6）驱动机构：它是驱动分接开关的一种装置。

7）过渡阻抗：在切换时用以限制两个分接头间的过渡电流，以限制其循环电流。

8）主触头：它是承载通过电流的触头，是不经过过渡阻抗而与变压器绕组相连接的触头组，但不用于接通和断开任何电流。

9）主通断触头：它不经过过渡阻抗而与变压器绕组相连接，是能接通或断开电流的触头组。

10）过渡触头：它是经过串联的过渡阻抗而与变压器绕组相连接的，是能接通或断开电流的触头组。

（2）按灭弧方式，有载调压有绝缘油灭弧和真空灭弧两种形式。

（3）有载调压气体继电器油位低不会造成轻瓦斯保护动作。

案例9：220kV线路C相接地线路光纤差动保护动作主变间隙保护动作

本案例分析的知识点

（1）220kV变压器保护装置动作报告及故障波形分析。

（2）220kV线路保护装置动作报告及故障波形分析。

（3）保护之间的相互配合。

（4）变压器中性点间隙的作用。

（5）变压器间隙保护基本概念。

（6）220kV变压器中性点放电棒间隙的距离及动作原因。

（7）变压器中性点间隙保护动作后如何保持。

（8）220kV线路C相雷击故障线路保护及变压器间隙保护动作过程。

一、案例基本情况

2017年11月10日6时52分，某风电场全场失电且1号主变高、低压侧断路器跳闸，220kV线路保护动作跳线路侧断路器。1号主变高压侧中性点放电间隙有轻微放电迹象，220kV线路主保护动作，单相重合闸重合不成功永久三跳，同时1号主变A套中性点间隙保护动作。1、2号主变分列运行，1、2号主变高压侧中性点间隙接地，低压侧中性点经电阻柜接地。系统接线如图7-39所示。

二、故障信息

1. 1号主变A套PST-1202A保护动作信息

（1）故障时间：2017年11月10日06：52：41.483。

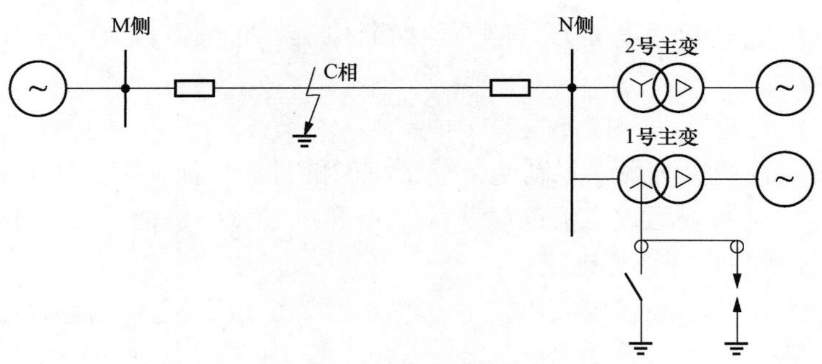

图 7-39　系统接线示意图

（2）0ms 时后备保护启动。

（3）700ms 时间隙保护 1 出口。

（4）700ms 时间隙保护 2 出口。

（5）1 号主变 B 套 RCS-978E 保护启动。

（6）2 号主变 A 套保护启动。

（7）2 号主变 B 套保护启动。

2. 220kV线路保护动作信息

（1）0ms 时保护启动。

（2）8 ms 时 C 相纵差保护动作。

（3）9ms 时 C 相工频变化量阻抗动作。

（4）14ms 时 C 相接地距离 I 段动作。

（5）558ms 时重合闸动作。

（6）647ms 时 ABC 三相纵差保护动作。

（7）661ms 时 ABC 三相距离加速动作。

（8）678ms 时 ABC 三相接地距离 I 段动作。

（9）693ms 时 ABC 三相零序加速动作。

（10）故障相电压：8.85V。

（11）故障相电流：3.92A。

（12）最大零序电流：5.94A。

（13）最大差动电流：8.46A。

3. 两台主变间隙保护整定时间

（1）1 号主变 A 套保护装置定值：间隙电压整定 180V、零序电流 1A，动作时限 0.7s。

（2）1 号主变 B 套保护装置定值：间隙电压整定 180V、零序电流 1A，动作时限 0.8s。

（3）2 号主变 A、B 两套保护装置定值：间隙电压整定 180V、零序电流 1A，动作时 0.8s。

三、故障分析

（1）线路保护的动作情况分析。220kV 线路 C 相接地、电网侧 T1 高压侧中性点接地、

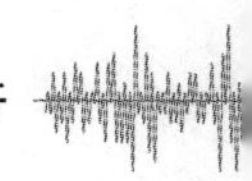

风电场 T2 高压侧不接地时，零序电流分布如图 7-40 所示。风电场侧属于不接地系统，但由于风电场侧 1 号主变中性点间隙击穿，因此就变成了接地系统。从图 7-41 故障波形图中可以看出，该线路保护电压量取自风电场侧 220kV 母线电压互感器，线路采用单相电压互感器用于同期和测量。线路 C 相故障后，C 相跳闸，故障时间约为 50ms，经 558ms 重合闸重合于永久故障（重合闸整定时间 0.5s），故障时间为 60ms 后加速保动作，断路器永久三相跳闸。整个故障时间为 697ms。

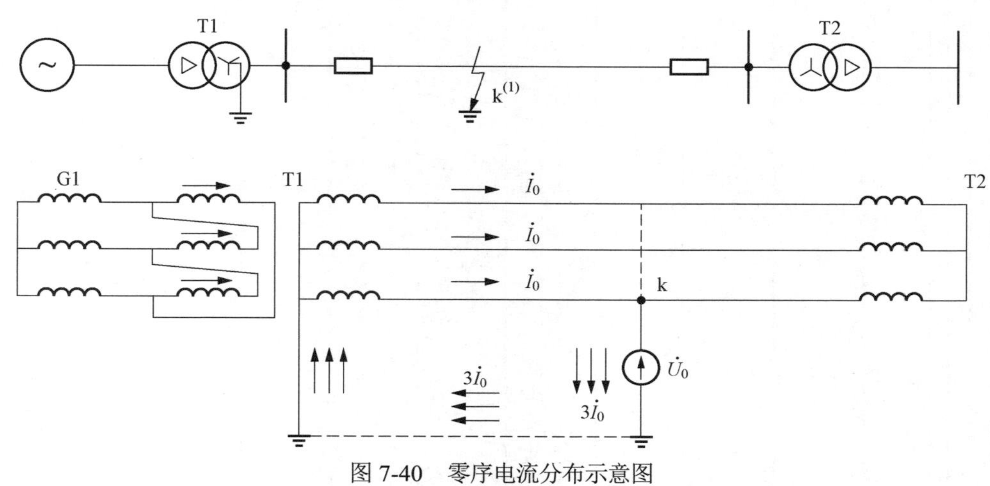

图 7-40　零序电流分布示意图

模拟量：I_A、I_B、I_C、$3I_0$；U_A、U_B、U_C、$3U_0$。

开关量通道：1—保护启动、2—A 跳、3—B 跳、4—C 跳、5—合闸。

220kV 断路器跳闸后，由于风电场侧还有电源，此时风电场已与电网解列，220kV 母线电压没有立即为零是因为 2 号主变还在继续向母线供电，由图 7-4 可知，解列后风电场侧电压波形和频率发生改变，直到风电场风机停运，220kV 母线电压升高—降低—升高—降低—再升高—接近 2s 停机，电压才为零，由低电压穿越动作 0.9 倍额定电压 2s 停风机，或者由风机自己的保护检测到电网掉电，风机执行紧急停机。变频器的保护自动断开并网开关，变频器制动回路卸掉直流回路能量。

（2）变压器中性点放电间隙的作用：在正常情况下，带电部分与大地被间隙隔开，而当过电压时，间隙被击穿，过电流就被泄入大地，使线路绝缘子或设备绝缘不至于发生闪络。放电间隙动作的主要原因：

1）雷击过电压；

2）雷击后造成系统发生单相接地故障，即大气过电压和内部过电压共同作用；

3）内部过电压。

由于过电压时间很短（微秒或更短的时间），故障录波器不一定录得下来，所以本案例在单相接地时 1 号主变中性点间隙击穿。

在我国 110kV 及以上电力系统中性点有效接地系统中，因考虑到系统接地故障的短路容量，因此对运行中变压器中性点根据调度的命令接地，对不接地的变压器中性点采取间隙保护措施。间隙一般串有电流互感器，当间隙放电时用零序电流来启动变压器后备保护，跳开变压器各侧断路器，保护变压器。

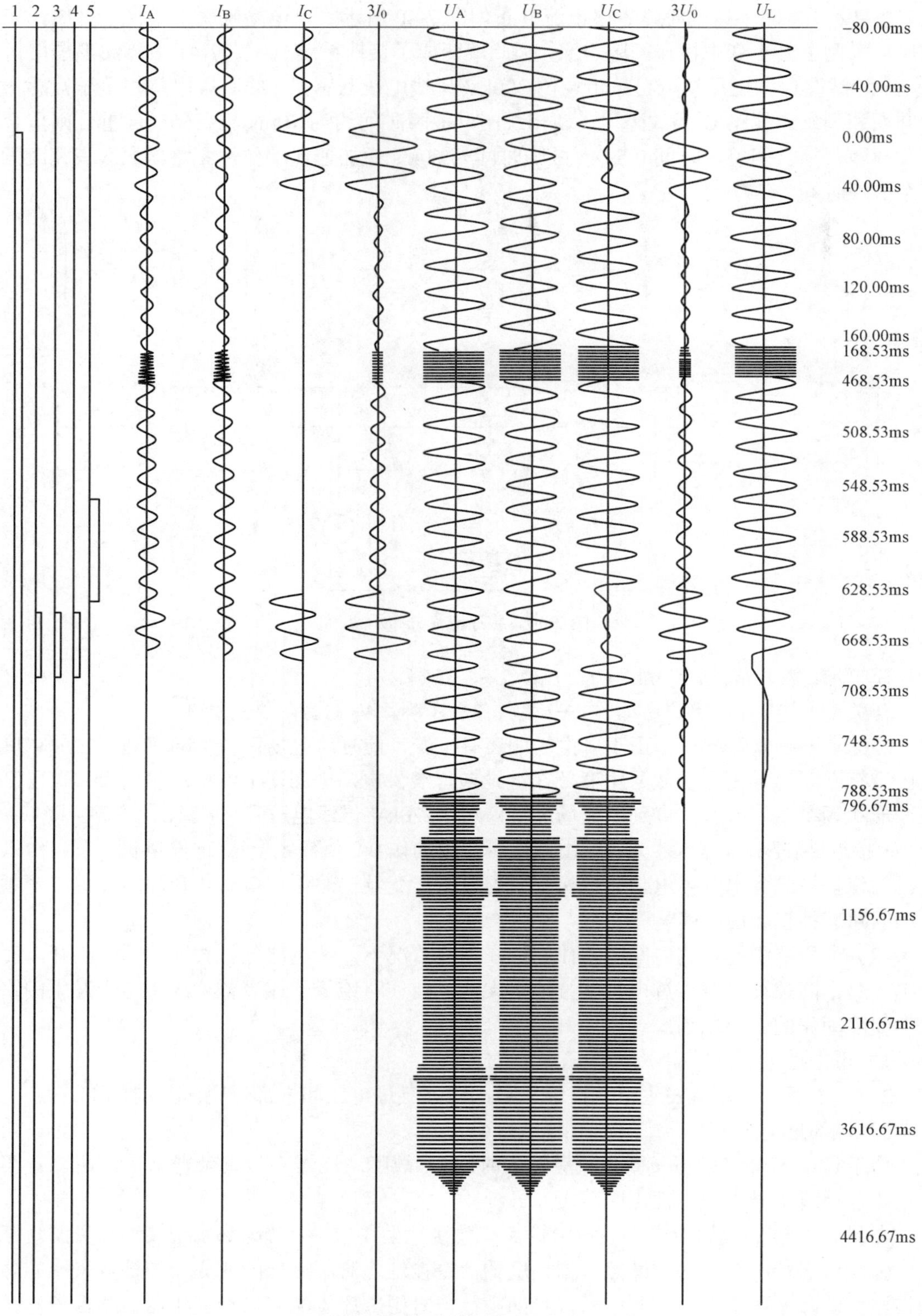

图 7-41　220kV 线路故障录波器波形图

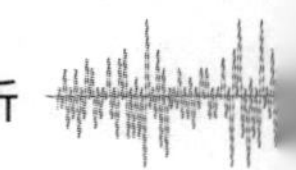

（3）变压器中性点间隙保护动作情况。由图 7-42 可知，220kV 线路故障时，变压器间隙流过零序电流；C 相跳闸后，间隙保护仍有电流，只是比故障电流小；重合于永久故障后间隙零序电流增大，0.7s 时跳主变高低压侧断路器。

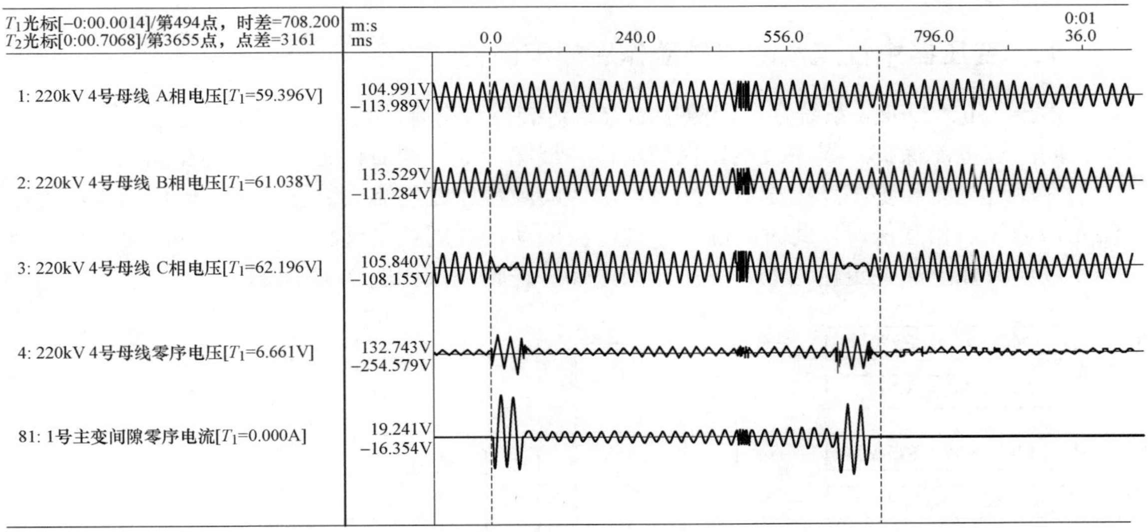

(a)

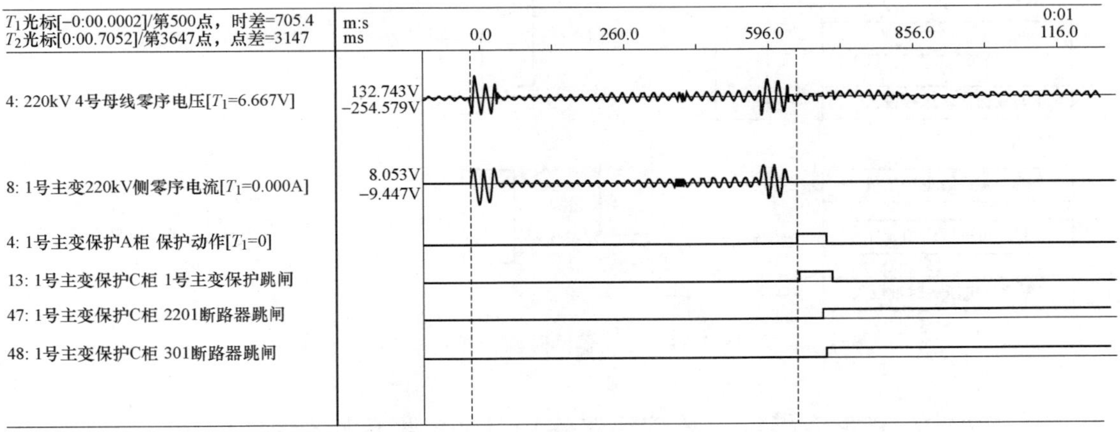

(b)

图 7-42　主变故障波形图

（a）波形图 1；（b）波形图 2

（4）本案例 1 号主变 A 柜间隙保护时间整定为 0.7s，而其他都整定为 0.8s，间隙保护时间与线路单相接地故障的保护动作时间配合余度不够。从图 7-42 中可以看出，C 相重合于永久性故障后，到三跳时间为 697ms，与间隙保护整定时间接近。

四、220kV 变压器中性点放电棒间隙的距离及动作原因

（1）220kV 变压器中性点放电棒间隙的距离：250～350mm。

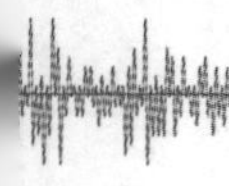

（2）棒间隙动作主要原因：

1）雷击过电压；

2）雷击后造成系统发生单相接地故障，即大气过电压和内过电压共同作用；

3）内部过电压。

五、变压器中性点间隙保护动作后如何保持

由于 110、220kV 系统存在间隙接地方式，装置设有零序过电压和间隙过电流保护。

间隙过电流保护、零序过电压保护动作并展宽一定时间后计时。考虑到在间隙击穿过程中，零序过电流和零序过电压可能交替出现，间隙零序过电流由装置零序过电压和零序过电流元件动作后相互保持，此时间隙零序过电流的动作时间整定值和跳闸控制字的整定值均以零序过电流保护的整定值为准。变压器间隙保护逻辑框图如图 7-43 所示。

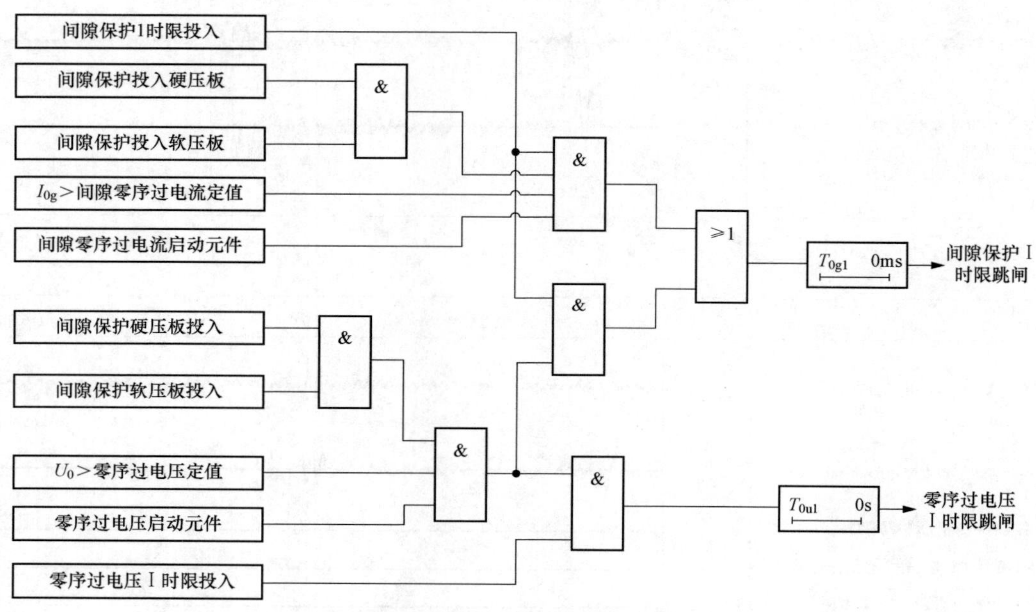

图 7-43　变压器间隙保护逻辑框图

六、220kV 线路 C 相雷击故障线路保护及变压器间隙保护动作过程

（1）220kV 线路 C 相雷击故障→线路光纤差动保护、C 相工频变化量阻抗动作，C 相接地距离Ⅰ段动作→断路器 C 相跳闸→经重合闸整定时间 0.5s→断路器 C 相重合→重合于永久故障→B、C 相纵差保护动作、距离加速动作，A、B、C 相接地距离Ⅰ段动作、零序加速动作→线路断路器永久三跳。

（2）220kV 线路 C 相雷击故障→风电场侧 1 号主变间隙保护击穿→220kV 线路 C 相跳闸→间隙零序过电压交替保持→C 相重合于永久故障→间隙保护达到整定值 0.7s→跳风电场 1 号主变高、低压侧断路器。

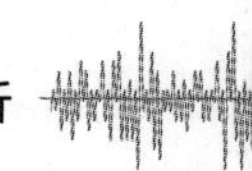

案例10：220kV主变低压侧母线单相接地转三相短路故障

本案例分析的知识点

（1）主变三侧保护信息及故障波形图分析。
（2）直流分量对故障电流的影响。
（3）变压器低压侧故障保护动作过程。
（4）复压方向过电流保护的基本概念。

一、案例基本情况

2016年3月29日12时13分57秒400毫秒，某220kV变电站10kV 1号母线发生B相金属性单相接地故障，后发展成三相短路故障，1号主变低复流动作，跳开低压侧断路器将故障切除。PCS-978T3-G变压器成套保护装置3075ms低复流Ⅰ时限动作，跳低压侧动作。220kV主变低压侧母线短路故障如图7-44所示，PCS-978T3- G变压器成套保护装置动作报告见表7-6。

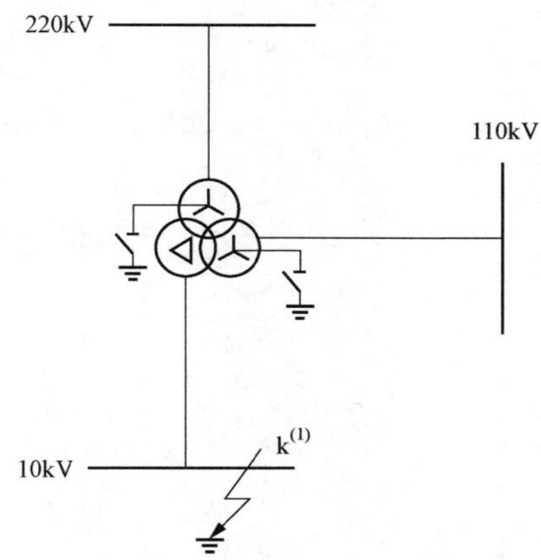

图7-44　220kV主变低压侧母线短路故障示意图

表7-6　PCS-978T3-G变压器成套保护装置动作报告

打印时间：2016-03-29 15:40:36

序号	启动时间	相对时间	动作相别	动作元件
0217	2016-03-29 12:13:57:400	0000ms		保护启动
		0307ms	ABC	低复流Ⅰ时限
				跳低压侧

纵差最大电流：$0.245I_e$
分侧差最大电流：$0.042I_n$
高压侧最大电流：0.401A
中压侧最大电流：3.505A
低压侧最大电流：12.658A
公共绕组最大电流：6.172A

二、主变低压侧波形分析

1 号主变 PCS-978T3-G 低压侧保护报告波形如图 7-45 所示，其模拟量及开关量说明见表 7-7。横坐标表示模拟量和开关量的幅值，纵坐标表示故障时间。“标度组 00（CH01～CH03）：13.428A”表示电流二次值，每格为 13.428A（瞬时值）。“标度组 01（CH04～CH06）：73.735V”表示电压二次值，每格为 73.735V（瞬时值）。“瞬时值录波时间标度 T：20.00ms/格”表示电压电流波形的周期为 20ms。纵坐标的时间轴从－60ms 开始计时，表示报告记录故障前 60ms（即 3 个周波）的电压、电流波形，整个波形有一段压缩过程。

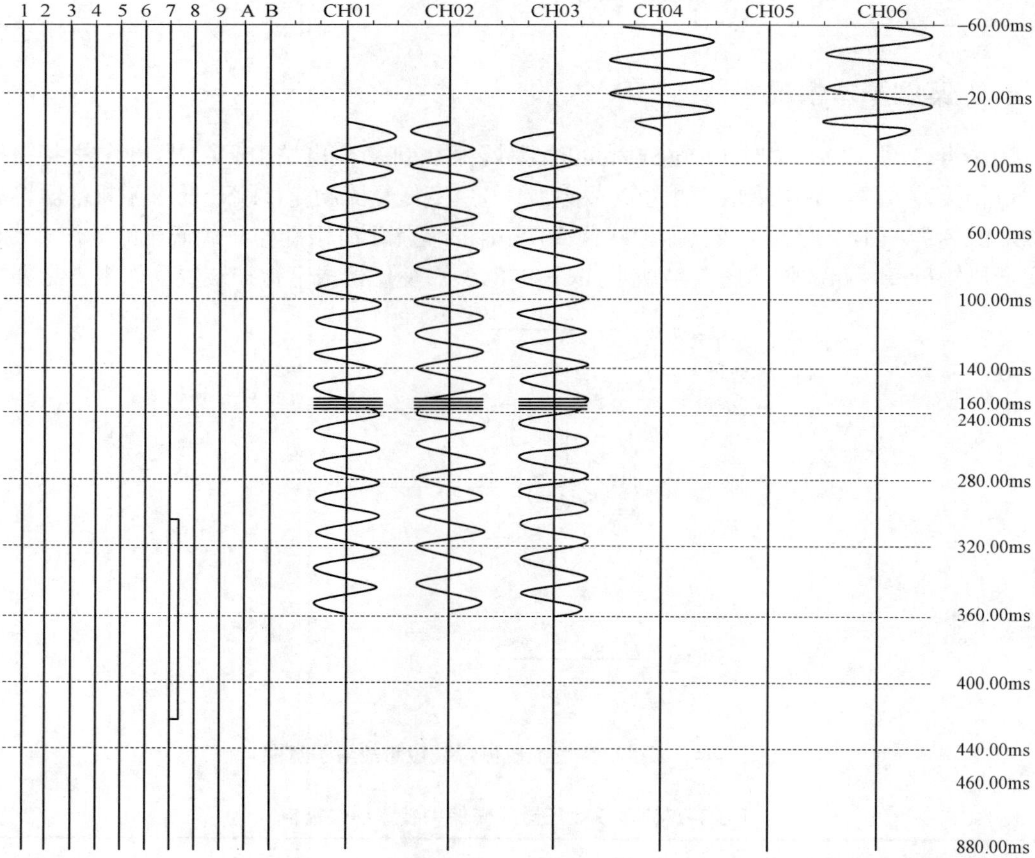

图 7-45　1 号主变 PCS-978T3-G 低压侧保护报告波形图

表 7-7　　1 号主变 PCS-978T3-G 变压器成套保护装置模拟量及开关量说明

打印时间：2016-03-29 15:31:12	
标度组 00（CH01～CH03）：13.428A 标度组 01（CH04～CH06）：73.735V 瞬时值录波时间标度 T：20.00ms/格	
跳闸位说明：	
1：跳高压侧	2：跳高压侧母联
3：跳高压侧分段	4：跳中压侧

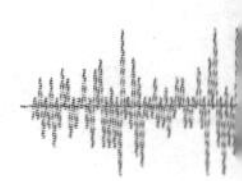

续表

5：跳中压侧母联	6：跳中压侧分段
7：跳低压侧	8：跳备用出口 1
9：跳备用出口 2	A：跳备用出口 3
B：跳备用出口 4	
模拟通道说明： CH01：低压侧 A 相电流波形 CH02：低压侧 B 相电流波形 CH03：低压侧 C 相电流波形 CH04：低压侧 A 相电压波形 CH05：低压侧 B 相电压波形 CH06：低压侧 C 相电压波形	

1. 电压波形分析

（1）故障前电压波形分析。波形图记录了故障前 3 个周波的电压图形，其中 A、C 两相电压的幅值为 4×73.735V/2/1.414=104V，B 相电压为 0V，可判断 10kV 系统 B 相发生金属性接地故障。

（2）三相故障时电压波形分析。0ms 开始，发生三相短路故障，三相电压为零，直到 360ms 故障切除前三相电压均为零，可判断为近区短路故障。故障切除后，由于低压侧母线无电压，仍指示为零。

（3）低压 B 相接地，此报告没有记录 $3U_0$。

2. 电流波形分析

（1）故障前电流波形分析。录波图记录了故障前 3 个周波的电流波形，三相电流均为负载电流。

（2）三相故障时电流波形分析。在 0ms 时，三相电流增大，其幅值的最大值为 12.658A，三相大小相等，故障持续时间为 360ms。故障切除后，三相电流为零。故障开始时，A 相电流偏向时间轴的正半轴，B、C 相电流偏向时间轴的负半轴，说明三相故障电流有较大的直流分量；约经过 100ms 衰减，三相故障电流对称，形成完好的正弦波。360ms 时三相故障电流为零，从波形图中看出，B 相电流先为变零，为首开相。

3. 开关量分析

（1）波形图中共有 11 个开关量：跳高压侧、跳高压侧母联、跳高压侧分段、跳中压侧、跳中压侧母联、跳中压侧分段、跳低压侧、跳备用出口 1、跳备用出口 2、跳备用出口 3、跳备用出口 4。

（2）发生三相短路故障 307ms 后低压侧断路器三相开始分闸，分闸时间为 53ms，将故障切除。

三、主变中压侧波形分析

1 号主变 PCS-978T3-G 中压侧保护报告波形如图 7-46 所示，其模拟量及开关量说明见表 7-8。横坐标表示模拟量和开关量的幅值，纵坐标表示故障时间。“标度组 00（CH01～CH05)：3.423A”表示电流二次值，每格为 3.423A（瞬时值）。“标度组 01（CH06～CH08)：44.271V”表示电压二次值，每格为 44.271V（瞬时值）。“标度组 02（CH09)：0.287V”表示电压二次值，每格为 0.287V（瞬时值）。“瞬时值录波时间标度 T：20.00ms/格”表示电压电流波形的周期为 20ms。纵坐标的时间轴从－60ms 开始计时，表示报告记录故障前 60ms（即 3 个周波）的电压、电流波形，整个波形有两段压缩过程。

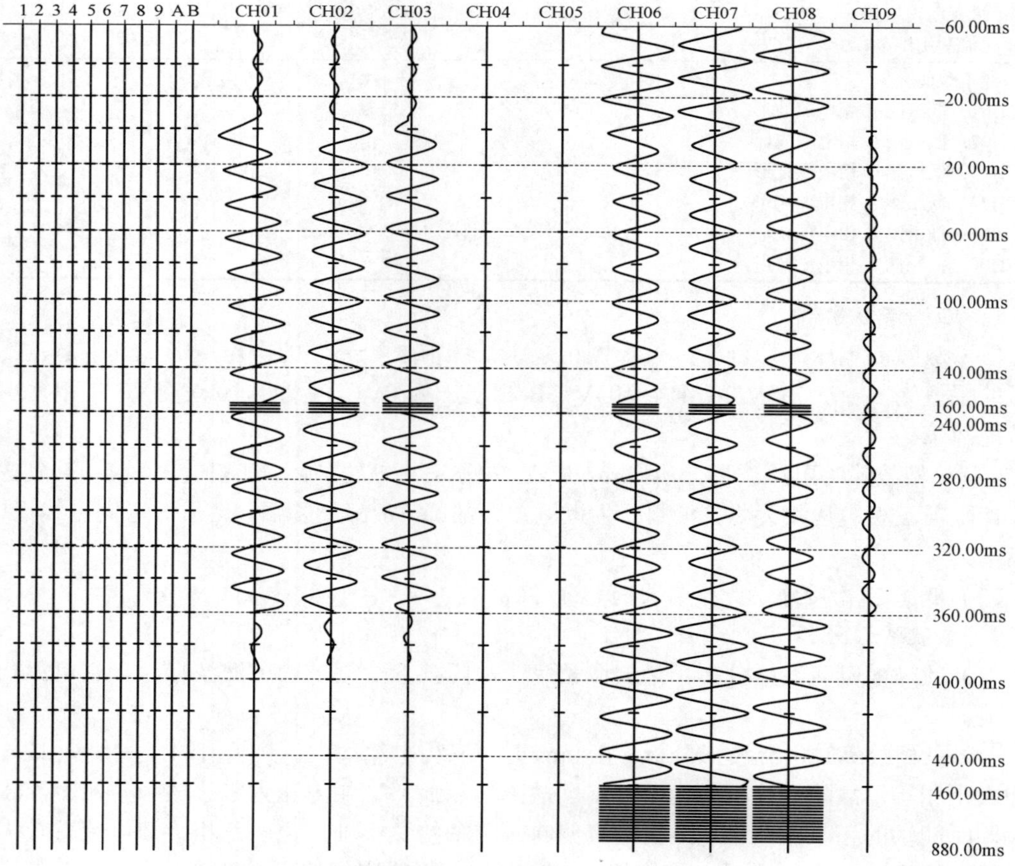

图 7-46　1 号主变 PCS-978T3-G 中压侧保护报告波形图

表 7-8　　1 号主变 PCS-978T3-G 变压器成套保护装置模拟量及开关量说明

打印时间：2016-03-29 15:31:12	
标度组 00（CH01～CH05）：3.423A	
标度组 01（CH06～CH08）：44.271V	
标度组 02（CH09）：0.287V	
瞬时值录波时间标度 T：20.00ms/格	
跳闸位说明：	
1：跳高压侧	2：跳高压侧母联
3：跳高压侧分段	4：跳中压侧
5：跳中压侧母联	6：跳中压侧分段
7：跳低压侧	8：跳备用出口 1
9：跳备用出口 2	A：跳备用出口 3
B：跳备用出口 4	
模拟通道说明：	
CH01：中压侧 A 相电流波形	
CH02：中压侧 B 相电流波形	

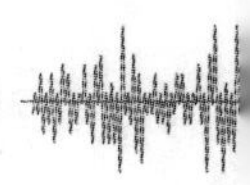

续表

CH03：中压侧 C 相电流波形 CH04：中压侧外接零序电流波形 CH05：中压侧间隙零序电流波形 CH06：中压侧 A 相电压波形 CH07：中压侧 B 相电压波形 CH08：中压侧 C 相电压波形 CH09：中压侧开口三角电压波形

1．220kV母线电压波形分析

（1）故障前电压波形分析。录波图记录了故障前 3 个周波的电压图形，其中三相电压波形的幅值为 4×44.271V/2/1.414=62V，属于正常电压波形。

（2）三相故障时电压波形分析。0ms 开始，三相电压均有降低，因为故障点在变压器低压侧，中压侧检测故障电压由变压器阻抗决定。直到 360ms 故障切除前三相电压幅值为 2×44.271V/2/1.414=31.3V，故障切除后，三相母线电压恢复正常。

（3）故障时中压侧电压互感器开口三角有 $3U_0$ 分量，二次幅值 0.287V。

2．电流波形分析

（1）故障前电流波形分析。录波图记录了故障前 3 个周波的电流波形，三相电流均为负载电流。

（2）三相故障时电流波形分析。0ms 时，三相电流增大，其幅值的最大值为 3.505A，三相大小相等，故障持续时间为 360ms。故障切除后，三相电流为负载电流。故障开始时，A 相电流偏向时间轴的负半轴，B 相电流偏向时间轴的正半轴，C 相电流波形基本沿时间轴对称，说明 A、B 两相故障电流有较大的直流分量，后经过一段时间以时间轴为中心形成完好的正弦波。断路器分闸时中压侧有约 30ms 很小的电流。

（3）中压侧外接零序电流和中压侧间隙电流波形一直为零。

3．开关量分析

（1）波形图中共有 11 个开关量：跳高压侧、跳高压侧母联、跳高压侧分段、跳中压侧、跳中压侧母联、跳中压侧分段、跳低压侧、跳备用出口 1、跳备用出口 2、跳备用出口 3、跳备用出口 4。

（2）发生三相短路故障 307ms 后低压侧断路器三相开始分闸，分闸时间为 53ms，将故障切除。

四、主变高压侧波形分析

1 号主变 PCS-978T3-G 高压侧保护报告波形如图 7-47 所示，其模拟量及开关量说明见表 7-9。横坐标表示模拟量和开关量的幅值，纵坐标表示故障时间。“标度组 00（CH01～CH08）：0.494A”表示电流二次值，每格为 0.494A（瞬时值）。“标度组 01（CH09～CH11）：45.276V”表示电压二次值，每格为 45.276V（瞬时值）。“标度组 02（CH12）：0.210V”表示电压二次值，每格为 0.210V（瞬时值）。“瞬时值录波时间标度 *T*：20.00ms/格”表示电压电流波形的周期为 20ms。纵坐标的时间轴从－60ms 开始计时，表示报告记录故障前 60ms（即 3 个周波）的电压、电流波形，整个波形有两段压缩过程。

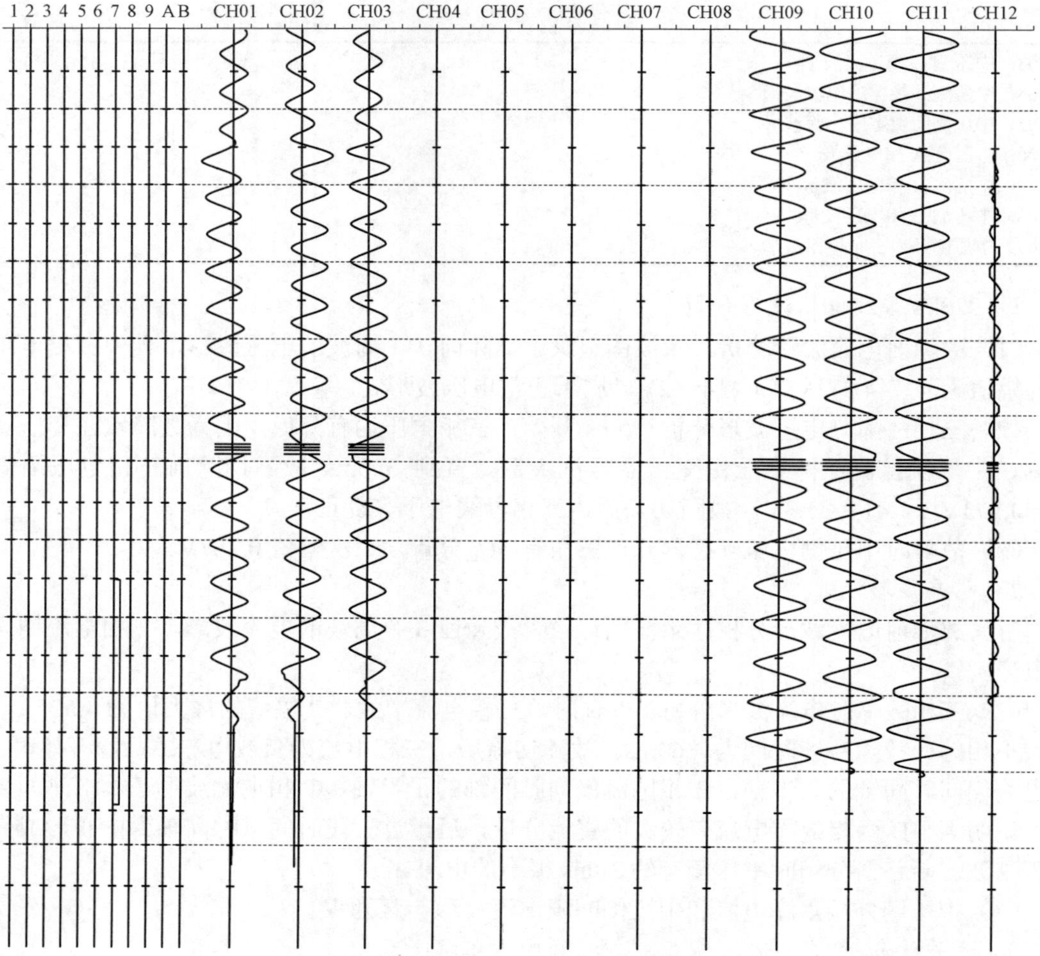

图 7-47　1 号主变 PCS-978T3-G 高压侧保护报告波形图

表 7-9　　　　1 号主变 PCS-978T3-G 变压器成套保护装置模拟量及开关量说明

打印时间：2016-03-29 15:31:12	
标度组 00（CH01～CH08）：0.494A 标度组 01（CH09～CH11）：45.276V 标度组 02（CH12）：0.210V 瞬时值录波时间标度 T：20.00ms/格	
跳闸位说明：	
1：跳高压侧	2：跳高压侧母联
3：跳高压侧分段	4：跳中压侧
5：跳中压侧母联	6：跳中压侧分段
7：跳低压侧	8：跳备用出口 1
9：跳备用出口 2	A：跳备用出口 3
B：跳备用出口 4	
模拟通道说明： CH01：高压 1 分支 A 相电流波形 CH02：高压 1 分支 B 相电流波形	

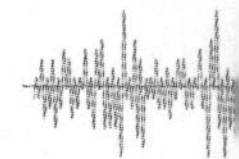

续表

CH03：高压1分支C相电流波形 CH04：高压2分支A相电流波形 CH05：高压2分支B相电流波形 CH06：高压2分支C相电流波形 CH07：高压侧外接零序电流波形 CH08：高压侧间隙零序电流波形 CH09：高压侧A相电压波形 CH10：高压侧B相电压波形 CH11：高压侧C相电压波形 CH12：高压侧开口三角电压波形

1. 电压波形分析

（1）故障前电压波形分析。录波图记录了故障前3个周波的电压图形，其中三相电压的幅值为4×45.267V/2/1.414=64V，属于正常电压波形。

（2）三相故障时电压波形分析。0ms开始，三相电压均有降低，直到360ms故障切除前三相电压幅值为（1.5+1.2）×45.267V/2/1.414=43V。故障切除后，三相电压恢复正常。

（3）故障时高压侧开口三角电压波形有$3U_0$分量，二次电压为0.210V。$3U_0$在故障波形结束前40ms结束。

2. 电流波形分析

（1）故障前电流波形分析。录波图记录了故障前3个周波的电流波形，三相电流均为负载电流。

（2）三相故障时电流波形分析。0ms时，三相电流增大，其幅值的最大值为0.401A，三相大小相等，故障持续时间为360ms。故障切除后，三相电流为负载电流。故障开始时，A相电流偏向时间轴的负半轴，故障开始第一个周波A相电流由于产生很大的、负的直流分量而失零；B相电流偏向时间轴的正半轴，C相电流波形基本沿时间轴对称，说明A、B两相故障电流有较大的直流分量，后经过一段时间以时间轴为中心形成完好的正弦波。

（3）高压侧外接零序电流和高压侧间隙电流波形一直为零。

3. 开关量分析

（1）波形图中共有11个开关量：跳高压侧、跳高压侧母联、跳高压侧分段、跳中压侧、跳中压侧母联、跳中压侧分段、跳低压侧、跳备用出口1、跳备用出口2、跳备用出口3、跳备用出口4。

（2）发生三相短路故障307ms后低压侧断路器三相开始分闸，分闸时间为53ms，将故障切除。

五、保护动作情况分析

（1）通过波形分析，纵差最大电流值较小，低压侧电流增大非常明显，且电压降低非常明显，可判断为主变低压侧后备保护范围内发生三相短路故障。

（2）通过307ms的延时，低复流Ⅰ时限动作，跳开低压侧断路器，保护动作正确。

（3）故障相别：ABC三相，从录波图中三相电流增大可判断判别正确。

六、保护动作过程

10kV 1 号母线 B 相单相接地→10kV 1 号母线 ABC 三相短路→1 号主变低复流 Ⅰ 时限动作→1 号主变低压侧断路器跳闸。

七、故障动作情况分析

低压侧 B 相金属性接地故障，B 相电压降为 0V，A、C 相电压升高为线电压，后发展成 ABC 三相相间短路故障，在主变差动保护范围外，经过延时，主变低压侧复压过电流保护动作跳开低压侧断路器将故障切除。

八、主变复合电压闭锁方向过电流保护

过电流保护主要作为变压器相间故障的后备保护。

1. 方向元件

方向元件采用正序电压并带有记忆，近处三相短路时方向元件无死区。接线方式为零度接线方式。接入装置的电流互感器极性如图 7-48 所示，正极性端应在母线侧。当方向指向变压器，灵敏角为 45°；当方向指向系统，灵敏角为 225°。方向元件的动作特性如图 7-5 所示，阴影区为动作区。

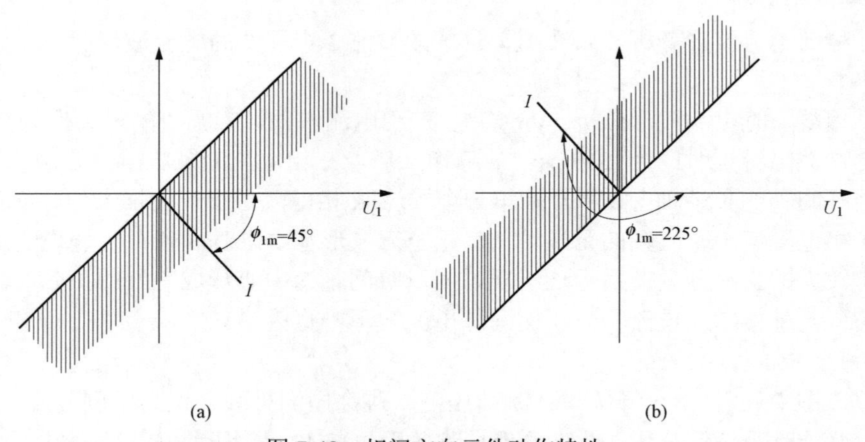

图 7-48　相间方向元件动作特性

（a）方向指向变压器；（b）方向指向系统

注意：以上所指的方向均是电流互感器的正极性端在母线侧情况下。

2. 复合电压元件

复合电压指相间电压低或负序电压高。对于变压器某侧复合电压元件可经其他侧的电压作为闭锁电压，也可能只经本侧闭锁。

3. 电压互感器异常对复合电压元件、方向元件的影响

本侧电压互感器断线后，该侧复压闭锁过电流保护，受其他侧复压元件控制；低压侧电压互感器断线后，本侧（或本分支）复压闭锁过电流保护不经复压元件控制；对于低压侧总后备保护，当两分支电压均断线或退出时，复压闭锁过电流保护不经复压元件控制。方向元件始终满足。

4. 本侧电压退出对复合电压元件、方向元件的影响

当本侧电压互感器检修或旁路代路未切换电压互感器时，为保证本侧复合电压闭锁方向过电流的正确动作，需退出本侧电压投入压板，此时它对复合电压元件、方向元件有如下影响：该侧复压闭锁过电流保护受其他侧复压元件控制；低压侧电压互感器断线后，本侧（或本分支）复压闭锁过电流保护不经复压元件控制；对于低压侧总后备保护，当两分支电压均断线或退出时，复压闭锁过电流保护不经复压元件控制。方向元件始终满足。

主变复合电压闭锁方向过电流逻辑图如图 7-49 所示。

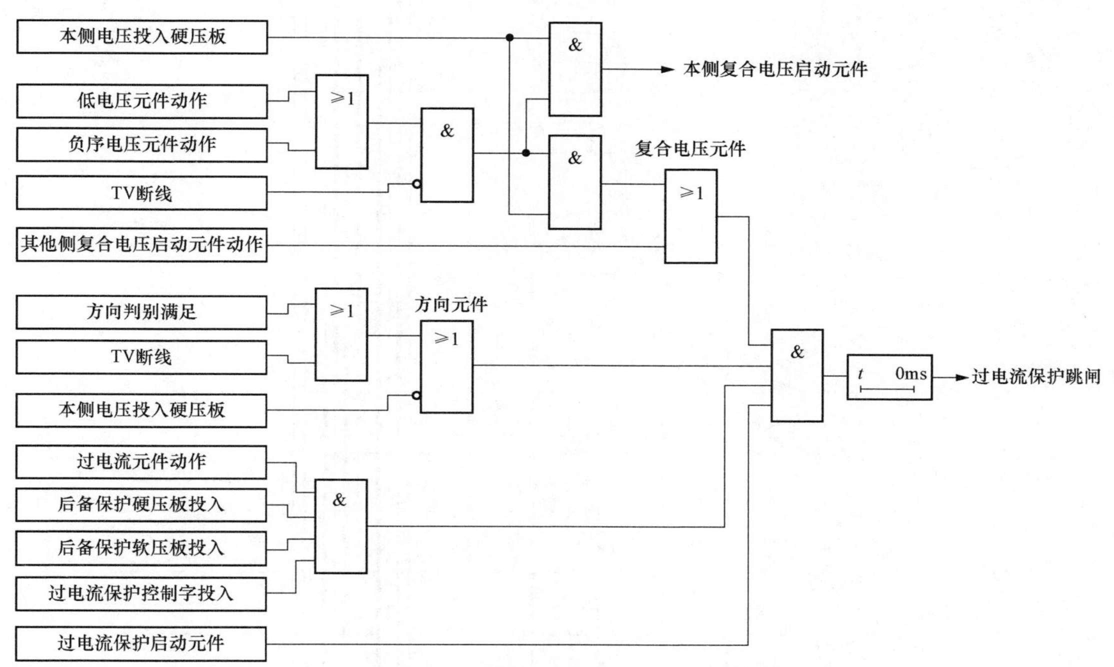

图 7-49　主变复合电压闭锁方向过电流逻辑框图

案例 11：220kV 变压器有载调压瓦斯保护动作

本案例分析的知识点

220kV 变压器有载调压瓦斯保护动作故障波形分析。

一、案例基本情况

2021 年 5 月 4 日 15 时 19 分，某变电站 220kV 变压器有载调压瓦斯保护动作，有载调压 A 相故障，变压器有载调压重瓦斯保护、调压压力释放动作，跳主变两侧断路器。变压器故障录波图如图 7-50 所示。

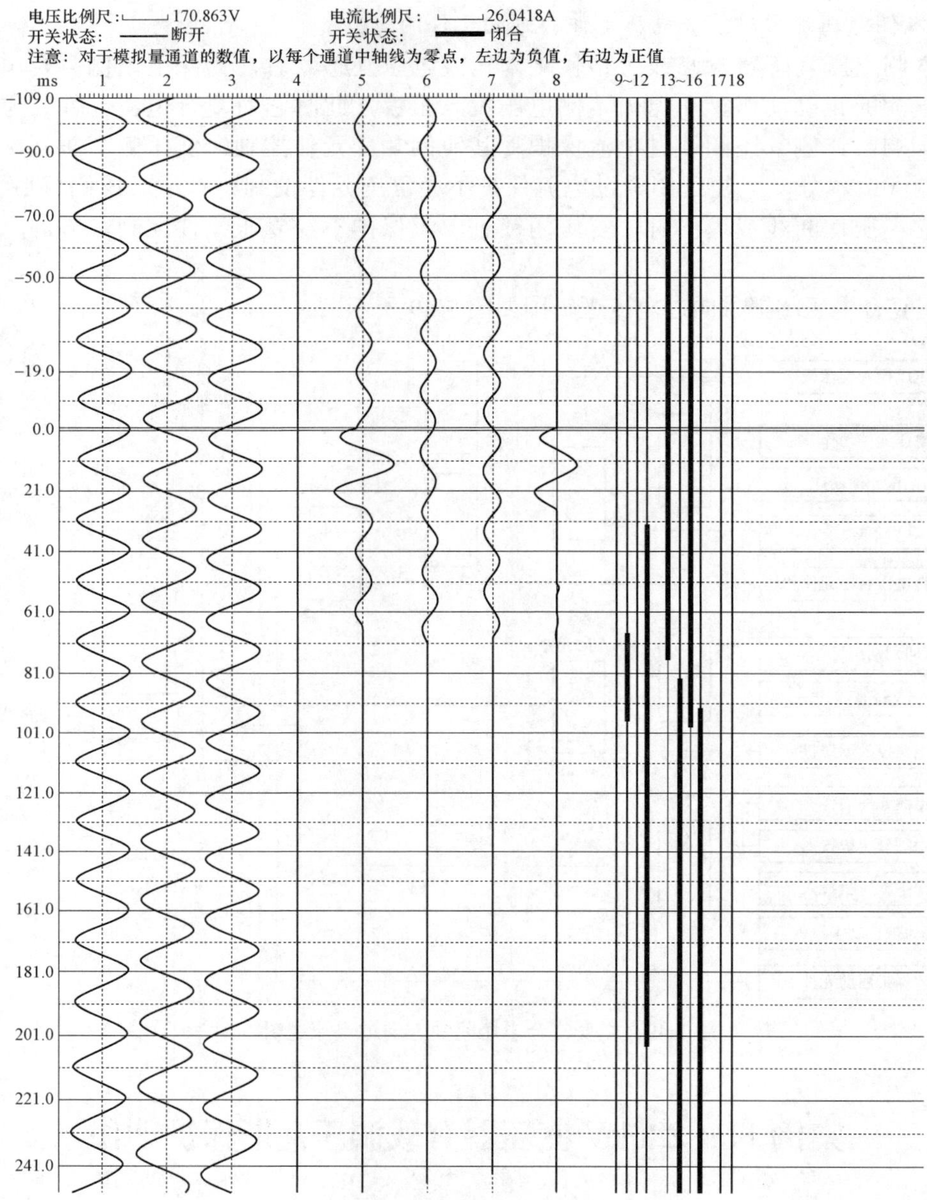

电压比例尺：170.863V　　电流比例尺：26.0418A
开关状态：断开　　开关状态：闭合
注意：对于模拟量通道的数值，以每个通道中轴线为零点，左边为负值，右边为正值

ms　1　2　3　4　5　6　7　8　9~12　13~16　17 18

−109.0　−90.0　−70.0　−50.0　−19.0　0.0　21.0　41.0　61.0　81.0　101.0　121.0　141.0　161.0　181.0　201.0　221.0　241.0

图 7-50　变压器故障录波图

1—220kVⅡ段母线电压 A 相；2—220kVⅡ段母线电压 B 相；3—220kVⅡ段母线电压 C 相；4—220kVⅡ段母线电压 $3U_0$；5—2 号主变高压侧电流 A；6—2 号主变高压侧电流 B；7—2 号主变高压侧电流 C；8—2 号主变高压侧电流 $3I_0$；9—2 号主变本体重瓦斯 C 屏；10—2 号主变调压重瓦斯 C 屏；11—2 号主变本体压力释放 C 屏；12—2 号主变调压压力释放 C 屏；13—202 断路器合位；14—202 断路器分位；15—102 断路器合位；16—102 断路器分位；17—902 合位；18—902 分位

二、故障波形分析

（1）模拟量分析。报告记录了故障前 100ms 正常电流电压波形。0ms 时 2 号主变高压侧电流 A 相出现故障电流，时间为 40ms，2 号主变高压侧出现了 $3\dot{I}_0$，时间为 40ms。故障时

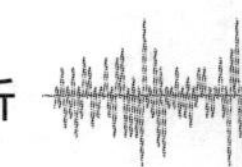

220kVⅡ段母线电压不变。

（2）开关量分析：

1）67ms 时 2 号主变调压重瓦斯保护动作；

2）31ms 时 2 号主变调压压力释放动作；

3）77ms 时 202 断路器合位信号消失；

4）82ms 时 202 断路器分位；

5）100ms 时 102 断路器合位信号消失；

6）92ms 时 102 断路器分位。

三、动作过程

变压器有载调压 C 相故障→有载调压重瓦斯保护和压力释放动作→跳 202、102 断路器。

案例 12：220kV 变压器低压侧三相弧光短路故障

本案例分析的知识点

（1）35kV 线路相间故障的分析。

（2）电流互感器故障引起的三相弧光短路故障的分析。

（3）220kV 主变反映电量保护的配置及功能。

（4）对外部相间短路引起的变压器过电流后备保护配置原则。

（5）变压器相间短路后备保护的配合。

（6）复合电压（方向）过电流保护的原理。

（7）相间短路故障波形分析。

（8）三相短路故障波形分析。

（9）进行波在无穷大线路传递的特点。

（10）变压器相间和三相短路后的检查。

一、案例基本情况

2013 年 3 月 25 日 15 时 9 分 37 秒，某 220kV 变电站 35kV 低压侧用户线厂区炉变 B、C 两相相间短路，线路保护动作跳闸，由于故障引起本站 35kV 系统波动导致补偿电容器 C 相电流互感器爆炸，造成电容器断路器上口三相弧光短路，变压器复合电压闭锁保护Ⅱ段Ⅰ时限（速断出口）跳主变 35kV 侧母联和低压侧两台断路器。

故障点位置如图 7-51 所示，运行方式为两台主变 220、110、35kV 并列运行。

用户线线路相间故障时短路电流的二次值：$I_A=0.010\text{A}$，$I_B=19.4\text{A}$，$I_C=19.1\text{A}$。

变压器容量：1 号主变为 120000/120000/120000/36000kVA，2 号主变为 150000/150000/120000/45000kVA。

变压器短路电压：1 号主变，高—中 13.46%，高—低 23.39，中—低 8.14；2 号主变，高—中 13.28%，高—低 22.88，中—低 8.04。

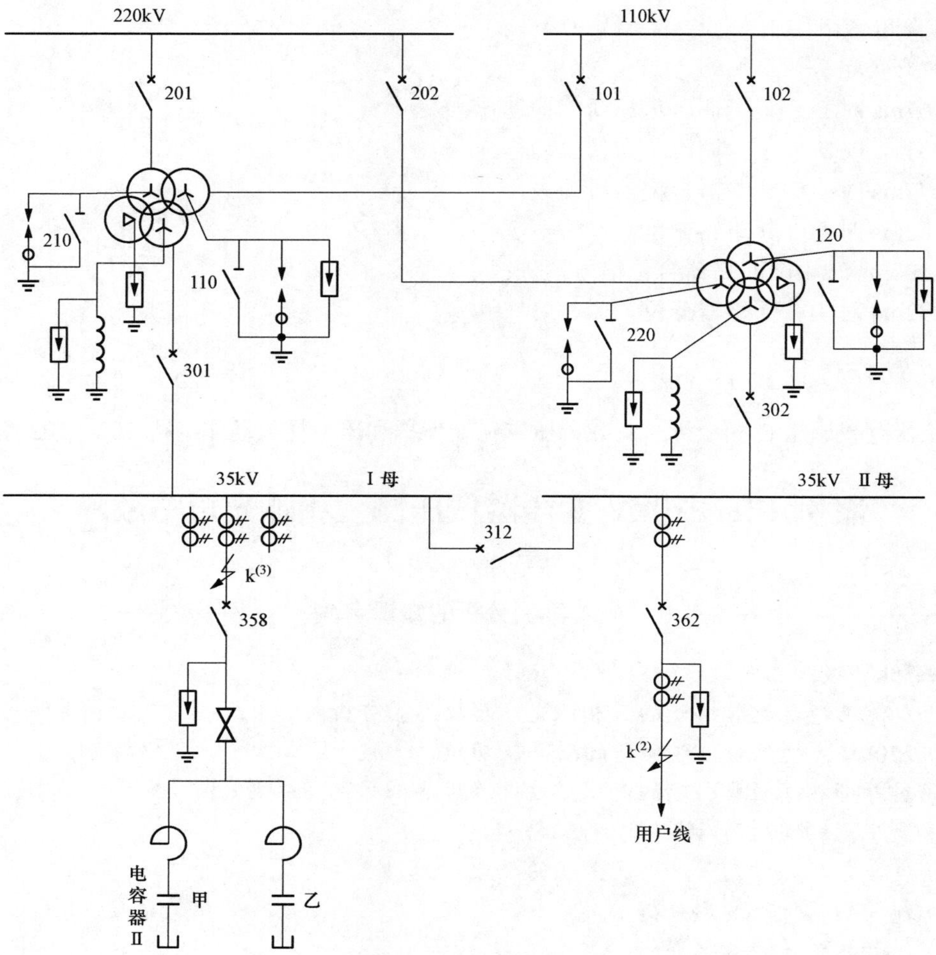

图 7-51　故障点位置示意图

1. 用户线故障情况分析

2013 年 3 月 25 日 15 时 9 分 37 秒，用户线对侧厂区炉变 B、C 两相相间短路，用户线本侧过电流Ⅰ段（速断）动作，跳开本线路 362 断路器，从 2 号主变 A 保护动作报告波形图中可以看出，变压器高压侧和低压侧 B、C 两相有短路电流，两相短路的故障时间约为 65ms，65ms 后才出现三相短路。因此，本线路保护动作正确。

2. 电容器ⅡC相电流互感器爆炸原因分析

（1）在用户线故障切除时，电容器Ⅱ向故障点提供助增电流，在 35kV 线路出现相间故障时，由于相间故障电压低，这个电流经电容器的限流电抗（限制电容器合闸涌流）、35kV Ⅰ段母线、用户线流向短路点。当 362 断路器跳闸后，35kV Ⅰ段母线电压升高，这时可能出现过电压，使电流互感器爆炸。

（2）在用户线故障切除时和故障切除的动态过程中，由于运行方式的改变，35kV 系统可能出现谐振，产生过电压，使电流互感器爆炸。

（3）由于 35kV 系统两条母线都装有无功补偿电容器，在用户线故障切除时和故障切除的动态过程中，可能出现了谐波分量，从而产生过电压，使电流互感器爆炸。

3. 电容器回路358断路器上口弧光三相短路原因分析

当358断路器C相电流互感器爆炸时，其爆炸中产生的电弧使358断路器上口弧光三相短路。由于弧光短路阻抗很小，因此短路电流很大。

二、220kV主变反应电量保护的配置及功能

1. 保护功能

变压器所需要的全部电量保护，主保护和后备保护的功能应有:

（1）比率制动差动保护；

（2）增量差动保护；

（3）差流速断保护；

（4）相间后备保护；

（5）接地零序保护；

（6）不接地零序保护；

（7）非全相保护；

（8）失灵启动保护；

（9）母线充电保护；

（10）过励磁保护。

2. 变压器保护的典型配置

微机变压器保护可以适应变压器多种接线的要求，图7-52所示为某型号微机变压器保护在220kV变压器（三绕组变压器，高、中压侧为双母带旁路，低压侧带分支）的典型配置方案。

图7-52中：

（1）所有的保护在一台装置中实现，所有的交流量只接入装置一次；

（2）利用第二组电流互感器和第二台装置完成第二套保护功能，实现双主双后；

（3）括号内为可选择项；

（4）复合电压可选本侧复合电压，或各侧复合电压的“或”。

3. 复合电压（方向）过电流保护的原理

（1）复合电压判别。复合电压判别由负序电压和低电压两部分组成。负序电压反应系统的不对称故障，低电压反应系统对称故障。

（2）复合电压（方向）过电流保护的原理。作为变压器或相邻元件的后备保护，过电流保护可通过整定相关定值控制字选择各段过电流是否投入，是否经复合电压闭锁，是否经方向闭锁。

复合电压（方向）过电流保护由以下元件组成：

1）过电流元件。过电流元件接于电流互感器二次三相回路中，当任一相电流满足动作条件时，过电流元件动作。

2）复合电压元件。对某侧过电流保护，可通过整定相关定值控制字选择是否经复合电压启动或仅由本侧复合电压启动还是可由多侧复合电压启动。

3）相间功率方向元件。对各段过电流保护可通过整定相关定值控制字选择是否带方向性或方向指向变压器还是方向指向母线。

方向元件的方向电压取本侧电压，并带有记忆，近区三相短路时方向元件无死区。

4. 对外部相间短路引起的变压器过电流后备保护配置原则

《继电保护和安全自动装置技术规程》（GB/T 14285—2023）中规定：对外部相间短路引起的变压器过电流，变压器应装设相间短路后备保护。保护带延时跳开相应的断路器。相间短路后备保护宜选用过电流保护、复合电压（负序电压和线间电压）启动的过电流保护或复合电流保护（负序电流和单相式电压启动的过电流保护）。

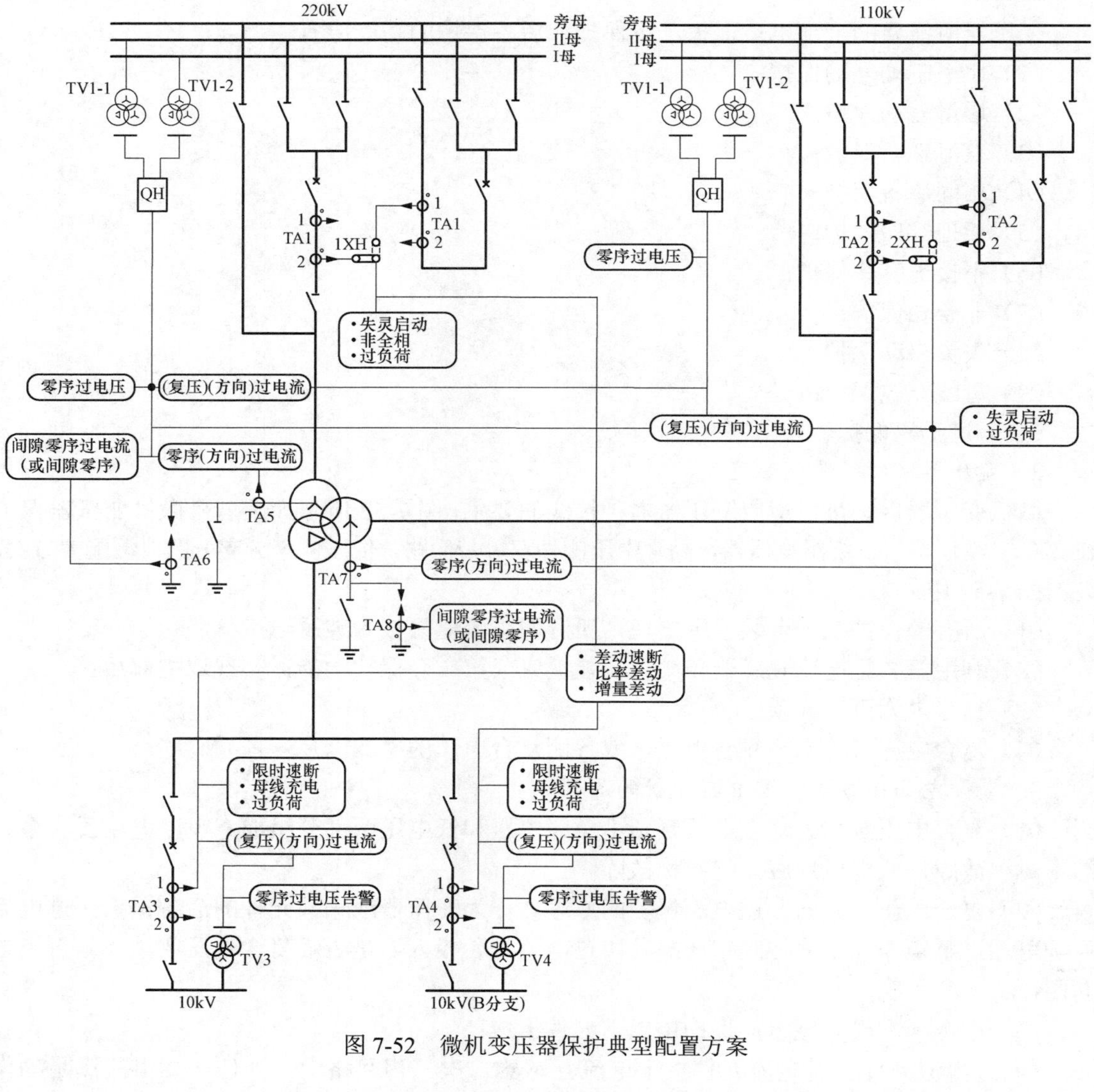

图 7-52　微机变压器保护典型配置方案

（1）35～66kV 及以下中小容量的降压变压器，宜采用过电流保护。保护的整定值要考虑变压器可能出现的过负荷。

（2）110～500kV 降压变压器、升压变压器和系统联络变压器，相间短路后备保护用过电流保护不能满足灵敏性要求时，宜采用复合电压启动的过电流保护或复合电流保护。

5. 变压器相间短路的后备保护的配合

《继电保护和安全自动装置技术规程》（GB/T 14285—2023）中规定：对降压变压器，升

压变压器和系统联络变压器，根据各侧接线、连接的系统和电源情况的不同，应配置不同的相间短路后备保护，该保护宜考虑能反映电流互感器与断路器之间的故障。

（1）单侧电源双绕组变压器和三绕组变压器，相间短路后备保护宜装于各侧。非电源侧保护带两段或三段时限，用第一时限断开本侧母联或分段断路器，缩小故障影响范围；用第二时限断开本侧断路器；用第三时限断开变压器各侧断路器。电源侧保护带一段时限，断开变压器各侧断路器。

（2）两侧或三侧有电源的双绕组变压器和三绕组变压器，各侧相间短路后备保护可带两段或三段时限。为满足选择性的要求或为降低后备保护的动作时间，相间短路后备保护可带方向，方向宜指向各侧母线，但断开变压器各侧断路器的后备保护不带方向。

（3）低压侧有分支，并接至分开运行母线段的降压变压器，除在电源侧装设保护外，还应在每个分支装设相间短路后备保护。

（4）如变压器低压侧无专用母线保护，变压器高压侧相间短路后备保护，对低压侧母线相间短路灵敏度不够时，为提高切除低压侧母线故障的可靠性，可在变压器低压侧配置两套相间短路后备保护。两套后备保护接至不同的电流互感器。

（5）发电机—变压器组，在变压器低压侧不另设相间短路后备保护，而利用装于发电机中性点侧的相间短路后备保护作为高压侧外部、变压器和分支线相间短路后备保护。

（6）相间后备保护对母线故障灵敏度应符合要求。为简化保护，当保护作为相邻线路的远后备时，可适当降低对保护灵敏度的要求。

从本案例故障波形图中可看出，变压器220kV侧是电源侧，而在低压侧短路时110kV侧没有向故障点提供短路电流，因此，110kV侧不是电源侧。35kV电容器补偿装置电源侧三相弧光短路时，变压器复合电压（方向）过电流保护第一时限断开本侧母联312断路器，第二时限跳开变压器35kV侧301、302断路器。当301、302断路器跳闸后，故障切除，因此110kV侧和电源220kV侧无须跳闸。

三、358断路器上口弧光三相短路后变压器保护分析

1. 1号主变A柜PST-1202数字式保护装置

（1）PST-1202数字式保护动作情况见表7-10。

表7-10　PST-1202数字式保护动作情况

时间	动作元件	保护侧	CPU号
0ms	后备保护启动	高压侧后备	CPU2
158ms	差动保护启动	差动保护	CPU1
166ms	后备保护启动	低压侧后备4	CPU4
469ms	复合过电流Ⅱ段Ⅰ时限	低压侧后备4	CPU4
552ms	后备保护启动	中压侧后备3	CPU3

（2）PST-1202数字式保护整定值见表7-11。

2. 2号主变A柜PST-1202数字式保护装置

PST-1202数字式保护动作情况见表7-12。

表 7-11　　PST-1202 数字式保护整定值

序号	定值名称	定值内容
1	差动动作电流	1.05A
2	速断动作电流	14.80A
3	二次谐波制动系数	0.15A
4	高压侧额定电流	2.62
5	高压侧额定电压	220.0
6	高压侧 TA 变比	600
7	中压侧额定电压	121.0
8	中压侧 TA 变比	1200
9	低压侧额定电压	38.50
10	低压侧 TA 变比	2000
11	高压侧过负荷定值	2.90
12	中压侧过负荷定值	2.64
13	低压侧过负荷定值	4.97
14	启动通风定值	1.84
15	闭锁调压定值	99.0

表 7-12　　PST-1202 数字式保护动作情况

时间	动作元件	保护侧	CPU 号
0ms	后备保护启动	高压侧后备	CPU2
18ms	后备保护启动	低压侧后备 4	CPU4
157 ms	差动保护启动	差动保护	CPU1
468ms	复合过电流Ⅱ段Ⅰ时限	低压侧后备 4	CPU4
552 ms	后备保护启动	中压侧后备 3	CPU3

四、变压器保护动作报告分析

1. 2号主变A保护报告分析

2 号主变 A 保护故障波形如图 7-53 所示，模拟量和开关量说明见表 7-13。

（1）波形记录了变压器在用户线 B、C 两相短路前 40ms 三侧负载电流，但 220kV 侧、35kV 侧电流在−20ms 区间波形发生畸变，不是正弦波。

（2）0～23ms，220kV 侧、35kV 侧分别检测到用户线 B、C 两相短路电流，并且为正弦波。

1）220kV 侧短路电流的幅值为：

I_{b1}=3.00A/格×1.5 格×600（电流互感器变比）=2700（A）

I_{c1}=3.00A/格×1.5 格×600（电流互感器变比）=2700（A）

2）35kV 侧短路电流的幅值为：

I_{b3}=3.00A/格×3.8 格×2000（电流互感器变比）=22800A=22.8（kA）

I_{c3}=3.00A/格×3.8 格×2000（电流互感器变比）=22800A=22.8（kA）

3）由以上计算可知两短路相的电流大小相等、方向相反。

4）相间短路 10ms 后其短路电流出现了很大的直流分量，从−30ms 到正的 8ms 之间几乎为直流分量。

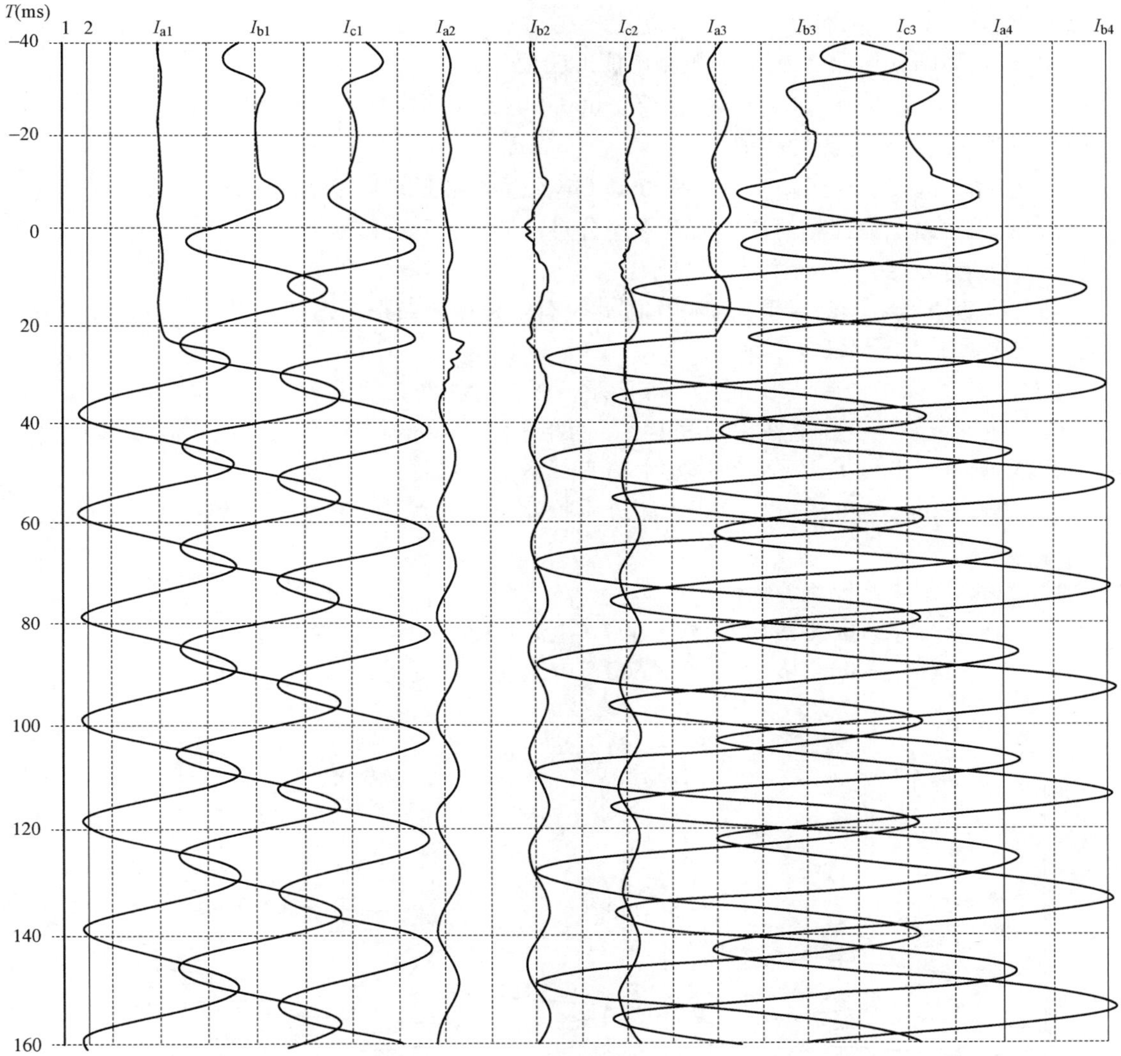

图 7-53　2 号主变 A 保护故障波形图

表 7-13　　**2 号主变 A 保护模拟量和开关量说明**

模拟量通道：

I_{a1}=3.00A/格　　I_{b1}=3.00A/格　　I_{c1}=3.00A/格　　I_{a2}=3.00A/格

I_{b2}=3.00A/格　　I_{c2}=3.00A/格　　I_{a3}=3.00A/格　　I_{b3}=3.00A/格

I_{c3}=3.00A/格　　I_{a4}=3.00A/格　　I_{b4}=3.00A/格　　I_{c4}=3.00A/格

I_{a1}、I_{b1}、I_{c1} 为 220kV 侧电流，I_{a2}、I_{b2}、I_{c2} 为 110kV 侧电流

I_{a3}、I_{b3}、I_{c3} 为 110kV 侧电流，I_{a4}、I_{b4}、I_{c4} 没有用

开关量通道：

1—开入电源　　2—通道检查退出

5）相间短路没有出现零序分量。

（3）23ms 开始出现三相弧光短路，由于故障在变压器差动保护范围外，因此由变压器复合电压闭锁的过电流保护动作。过电流保护第一时间跳开 312 断路器，第二时间跳开变压器

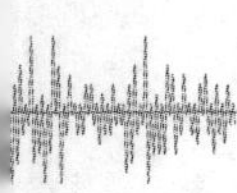

低压侧 301 和 302 断路器。

1）三相短路变压器 220kV 侧短路电流的幅值为：

$I_{a1}=I_{b1}=I_{c1}$=3.00A/格×1.7 格×600（电流互感器变比）=3060（A）

2）35kV 侧短路电流的幅值为：

$I_{a3}=I_{b3}=I_{c3}$=3.00A/格×4.2 格×2000（电流互感器变比）=25200A=25.2（kA）

3）三相短路电流三相对称，没有零序分量，波形为正弦波。

（4）波形显示到 160ms 没有再显示。

（5）因变压器中压侧属于负荷侧，因此没有短路电流波形，在图中显示的是负载电流。

2. 1号主变A保护报告分析

1 号主变 A 保护故障波形如图 7-54 所示，模拟量和开关量说明见表 7-14。

（1）波形记录了变压器在用户线 B、C 两相短路前 40ms 三侧负载电流，但 220kV 侧、35kV 侧电流在−20ms 区间波形发生畸变，不是正弦波。

（2）0～23ms，220kV 侧、35kV 侧分别检测到用户线 B、C 两相短路电流，并且为正弦波。

1）220kV 侧短路电流的幅值为：

I_{b1}=3.00A/格×2.4 格×600（电流互感器变比）=4320（A）

I_{c1}=3.00A/格×1.5 格×600（电流互感器变比）=4320（A）

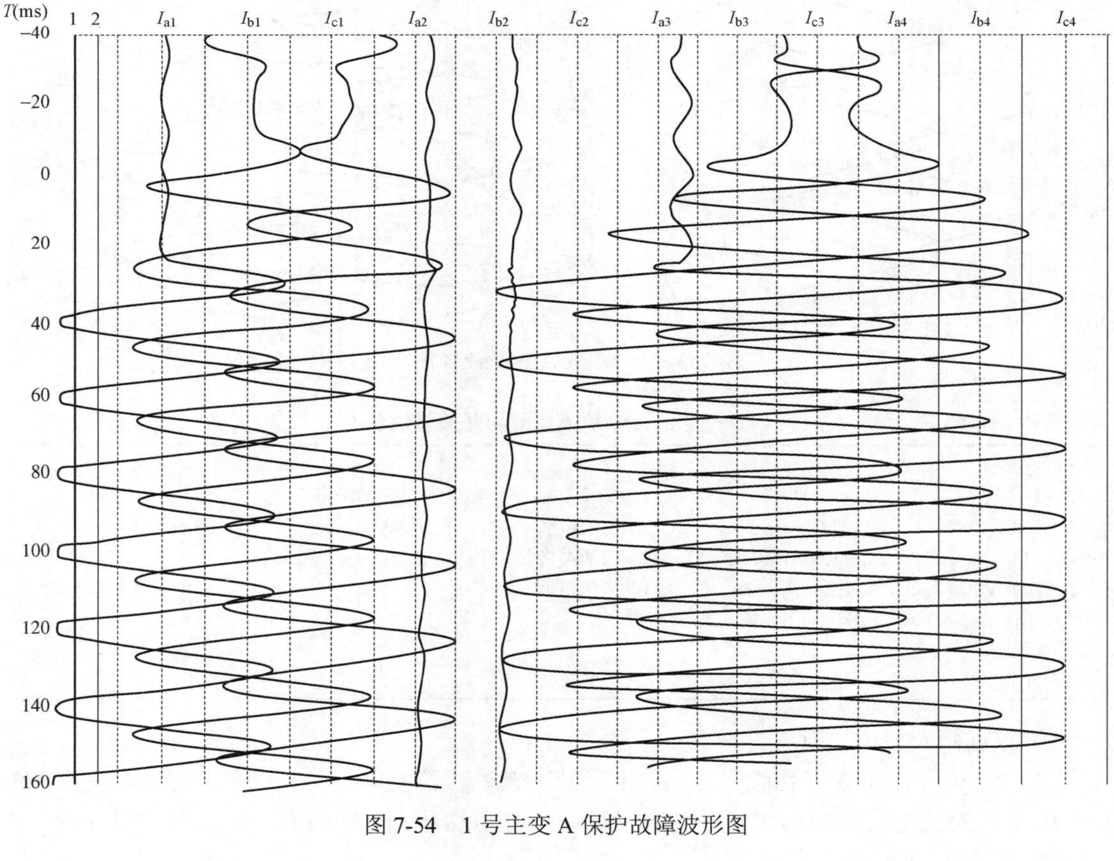

图 7-54　1 号主变 A 保护故障波形图

表 7-14　　1 号主变 A 保护模拟量和开关量说明

模拟量通道：			
I_{a1}=3.00A/格	I_{b1}=3.00A/格	I_{c1}=3.00A/格	I_{a2}=3.00A/格
I_{b2}=3.00A/格	I_{c2}=3.00A/格	I_{a3}=3.00A/格	I_{b3}=3.00A/格
I_{c3}=3.00A/格	I_{a4}=3.00A/格	I_{b4}=3.00A/格	I_{c4}=3.00A/格
I_{a1}、I_{b1}、I_{c1} 为 220kV 侧电流，I_{a2}、I_{b2}、I_{c2} 为 110kV 侧电流			
I_{a3}、I_{b3}、I_{c3} 为 110kV 侧电流，I_{a4}、I_{b4}、I_{c4} 没有用			
开关量通道：			
1—开入电源　　2—通道检查退出			

2）35kV 侧短路电流的幅值为：

I_{b3}=3.00A/格×4.3 格×2000（电流互感器变比）=25800A=25.8（kA）

I_{c3}=3.00A/格×3.8 格×2000（电流互感器变比）=25800A=25.8（kA）

3）由以上计算可知两短路相的电流大小相等，方向相反。

4）相间短路 10ms 后其短路电流出现了很大的直流分量，从−30ms 到正的 8ms 之间几乎为直流分量。

5）相间短路没有出现零序分量。

（3）23ms 开始出现三相弧光短路，由于故障在变压器差动保护范围外，因此由变压器复合电压闭锁的过电流保护动作。过电流保护第一时间跳开 312 断路器，第二时间跳开变压器低压侧 301 和 302 断路器。

1）三相短路变压器 220kV 侧短路电流的幅值为：

$I_{a1}=I_{b1}=I_{c1}$=3.00A/格×2.7（格）×600（电流互感器变比）=4860（A）

2）35kV 侧短路电流的幅值为：

$I_{a3}=I_{b3}=I_{c3}$=3.00A/格×5（格）×2000（电流互感器变比）=30000A=30（kA）

3）三相短路电流三相对称，没有零序分量，波形为正弦波。

（4）波形显示到 160ms 没有再显示。

（5）因变压器中压侧属于负荷侧，因此没有短路电流波形，在图中显示的是负载电流。

五、故障时两台主变两侧短路电流不相等的原因分析

由于两台变压器的短路阻抗的百分比不相同，容量也不相同，因此，在用户线和 358 断路器上断口三相弧光短路时，两台变压器提供的短路电流不相等。1 号主变所提供的短路电流大于 2 号主变。

六、在 358 断路器热备用状态时 358 电流互感器故障的原因分析

据现场专业人员介绍，358 断路器电流互感器曾经在 358 断路器热备用状态时发生过故障，并且进行了更换。引起故障的主要原因是 35kV 系统遇到过电压（谐振、谐波或操作引起），而过电压的波形在传递过程中遇有无穷大电阻，其幅值会翻倍，从而造成电流互感器绝缘击穿故障，当然也可能造成 358 断路器断口的绝缘击穿，问题在于它们的绝缘水平。

案例13：110kV变压器充电励磁涌流造成复压过电流Ⅰ段保护动作1

本案例分析的知识点

（1）保护信息分析。
（2）故障波形分析。
（3）复压方向过电流逻辑框图分析。
（4）变压器励磁涌流造成复压复压过电流Ⅰ段Ⅰ时限动作过程。
（5）保护动作分析。

一、案例基本情况

2022年1月13日18时15分38秒，某变电站110kV变压器充电，复压过电流Ⅰ段保护Ⅱ时限动作，跳主变高压侧断路器。

二、保护动作信息

（1）2022年1月13日18时15分38秒441毫秒，复采后备启动。
1）5ms时后备保护启动。
2）295ms时复压过电流Ⅰ段Ⅰ时限。
3）595ms时复压过电流Ⅱ段Ⅱ时限。
（2）复压过电流Ⅰ段Ⅰ时限电流测量值及整定值。
1）A相电流：2.828A。
2）B相电流：2.226A。
3）C相电流：4.108A。
4）整定电流：2.470A。
5）整定时间：0.3s。
（3）复压过电流Ⅰ段Ⅱ时限电流测量值及整定值。
1）A相电流：1.968A。
2）B相电流：1.552A。
3）C相电流：2.689A。
4）整定电流：2.470A。
5）整定时间：0.6s。

三、故障录波器波形图电压波形分析

变压器充电时110kV母线电压波形如图7-55所示。110kV变压器空载充电合闸时，A、

B、C 三相电压第一个周波开始时由很短时间谐波量，之后正常，但 $3U_0$（外接）有衰减间断波形，应该与电压互感器铁心有关。

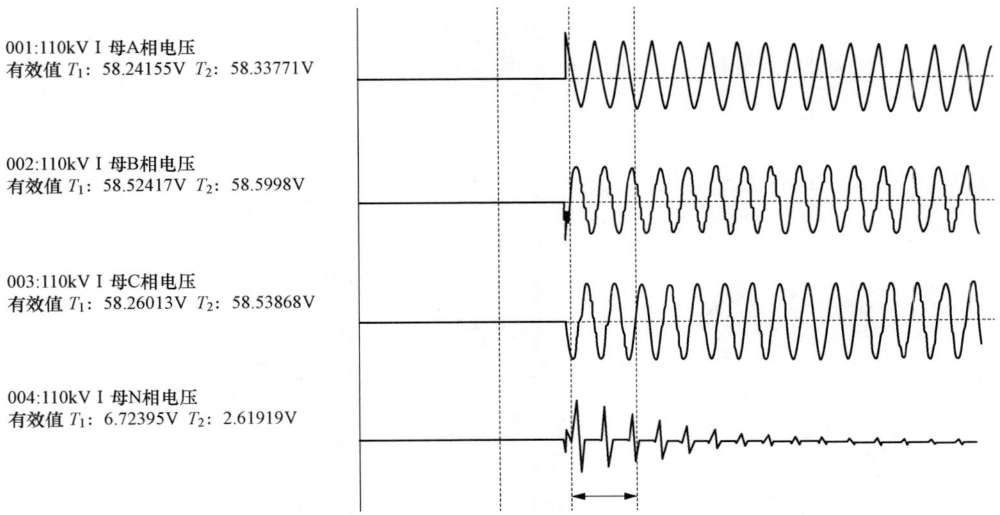

图 7-55 变压器充电时 110kV 母线电压波形图

四、变压器充电时 110kV 母线电压及励磁涌流波形分析

变压器充电时 110kV 母线电压及励磁涌流波形如图 7-56 所示。

（1）模拟通道：I_A=20.00A/格，I_B=20.00A/格，I_C=20.00A/格，$3I_0$=20.00A/格；U_A=90.00V/格，U_B=90.00V/格，U_C=90.00V/格。

（2）报告记录了故障前 80ms 电流、电压值（充电前为零）。0ms 时变压器开始充电，110kV 母线电压正常，变压器出现励磁涌流，A、B 相有正的直流分量，C 相有负的直流分量，C 相电流偏大，并且有衰减［见图 7-56（b）］。

约 620ms 时电压和电流波形为零，说明断路器已经分闸，首开相是 C 相。结合保护动作报告和整定值，判定是复压过电流Ⅱ段Ⅱ时限动作。

（3）复压过电流Ⅱ段Ⅱ时限动作原因。由图 7-57 可知，“复压闭锁”有两个条件，即正序电压低、负序电压高。在变压器空载合闸时，三相电压对称，不满足“复压闭锁”开放条件，说明是保护整定（或保护二次）存在问题，从而在变压器励磁涌流达到了复压整定值时开放了复压Ⅰ段Ⅱ时限元件。

五、动作过程

110kV 变压器充电→励磁涌流→复压元件开放→复压Ⅰ段Ⅰ时限元件经 0.3s 出口→跳主变高压侧断路器。

六、保护动作分析

变压器空载合闸，复压Ⅰ段Ⅰ时限元件经 0.3s 出口，说明复压元件开放，保护动作不正确。

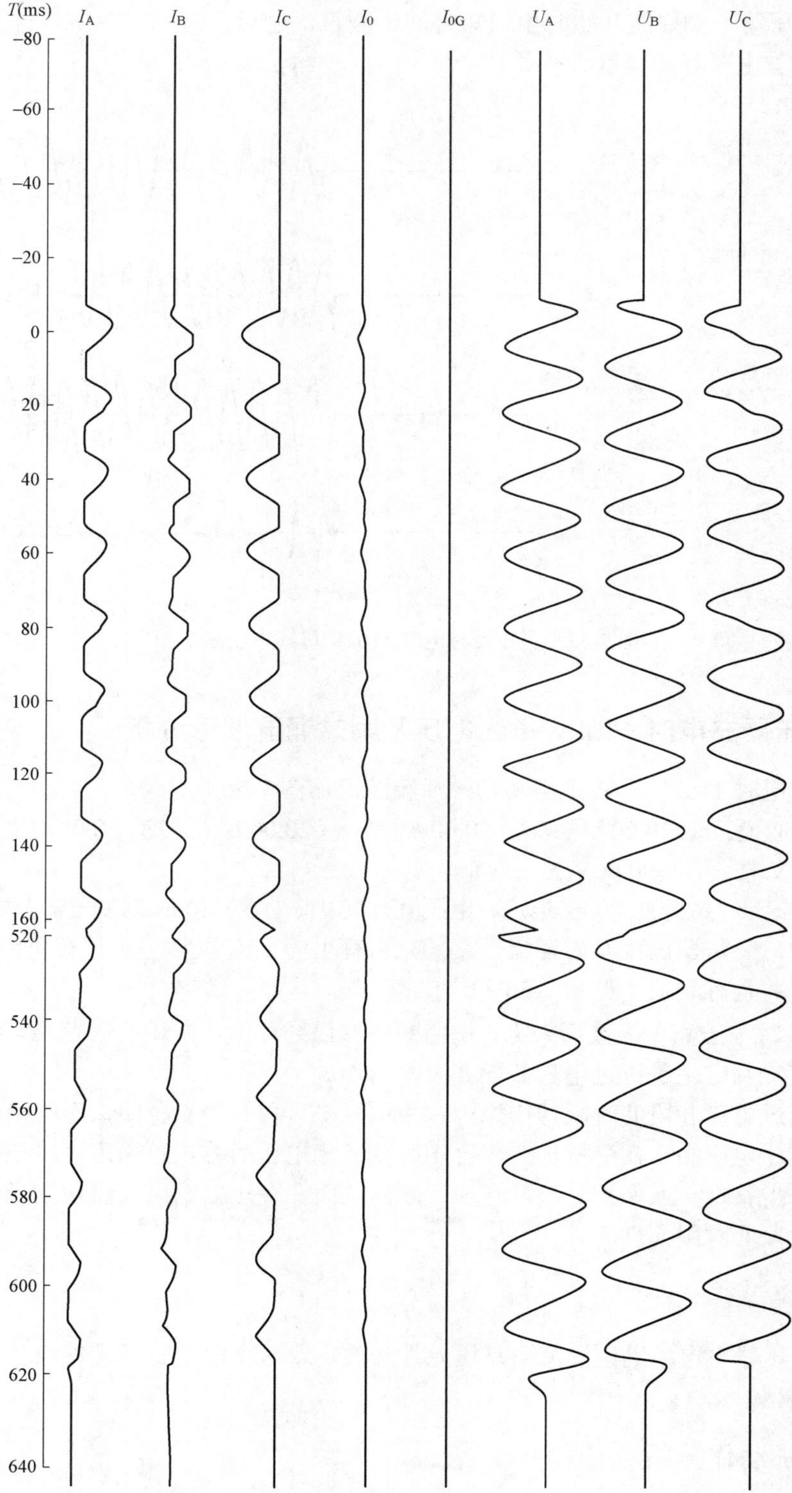

图 7-56　变压器充电时 110kV 母线电压及励磁涌流波形及截止时间

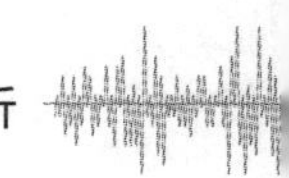

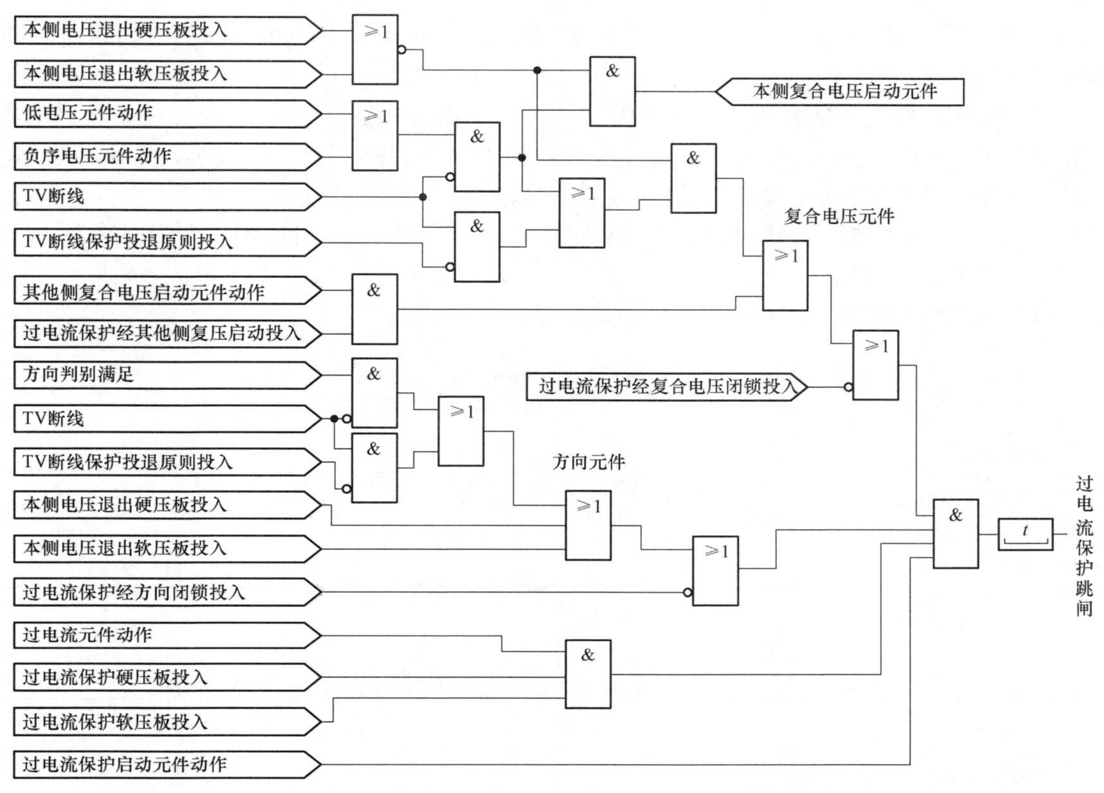

图 7-57　变压器复压方向过电流保护逻辑框图

案例 14：110kV 变压器充电励磁涌流造成复压过电流Ⅰ段保护动作 2

一、案例基本情况

2016 年 8 月 1 日 11 时 8 分 29 秒，某变电站 110kV 变压器充电，高压侧复压过电流Ⅰ段保护 T_1 时限动作，高压侧复压过电流Ⅰ段保护 T_2 时限动作，跳主变高压侧断路器。

二、保护动作信息

2016 年 8 月 1 日 11 时 8 分 29 秒 220 毫秒，主变保护启动；

248ms 高压侧复压过电流Ⅰ段 T_1 出口，I=0.6680A；

248ms 高压侧复压过电流Ⅰ段 T_2 出口，I=0.6680A。

三、电流波形分析

充电时变压器电流波形如图 7-58 所示。

（1）由图 7-58 可知，110kV 主变充电时高压侧电流为励磁涌流，其中 A 相偏向横坐标正方向，波形有正的直流分量；B 相电流偏向横坐标负方向，有负的直流分量，并出现了励磁涌流的小波；C 相偏向横坐标负方向，有负的直流分量。三相励磁涌流的直流分量按指数衰减。

（2）248ms 时高压侧复压过电流Ⅰ段 T_1 出口，I=0.6680A；248ms 时高压侧复压过电流Ⅰ段 T_2 出口，I=0.6680A。由图 7-59 可知，在充电时三相电压对称，$3U_0$ 很小，复压闭锁（电压低、负序电压高）开放，如图 7-60 所示，开放的原因应该是退出了。

（3）250ms 时 C 相（首开相）分闸，随后 B、C 两相分闸。三相分闸不同期时间约为 7ms，分闸时出现了 $3I_0$ 分量。

（4）跳闸时及跳闸后，110kV 母线电压正常。

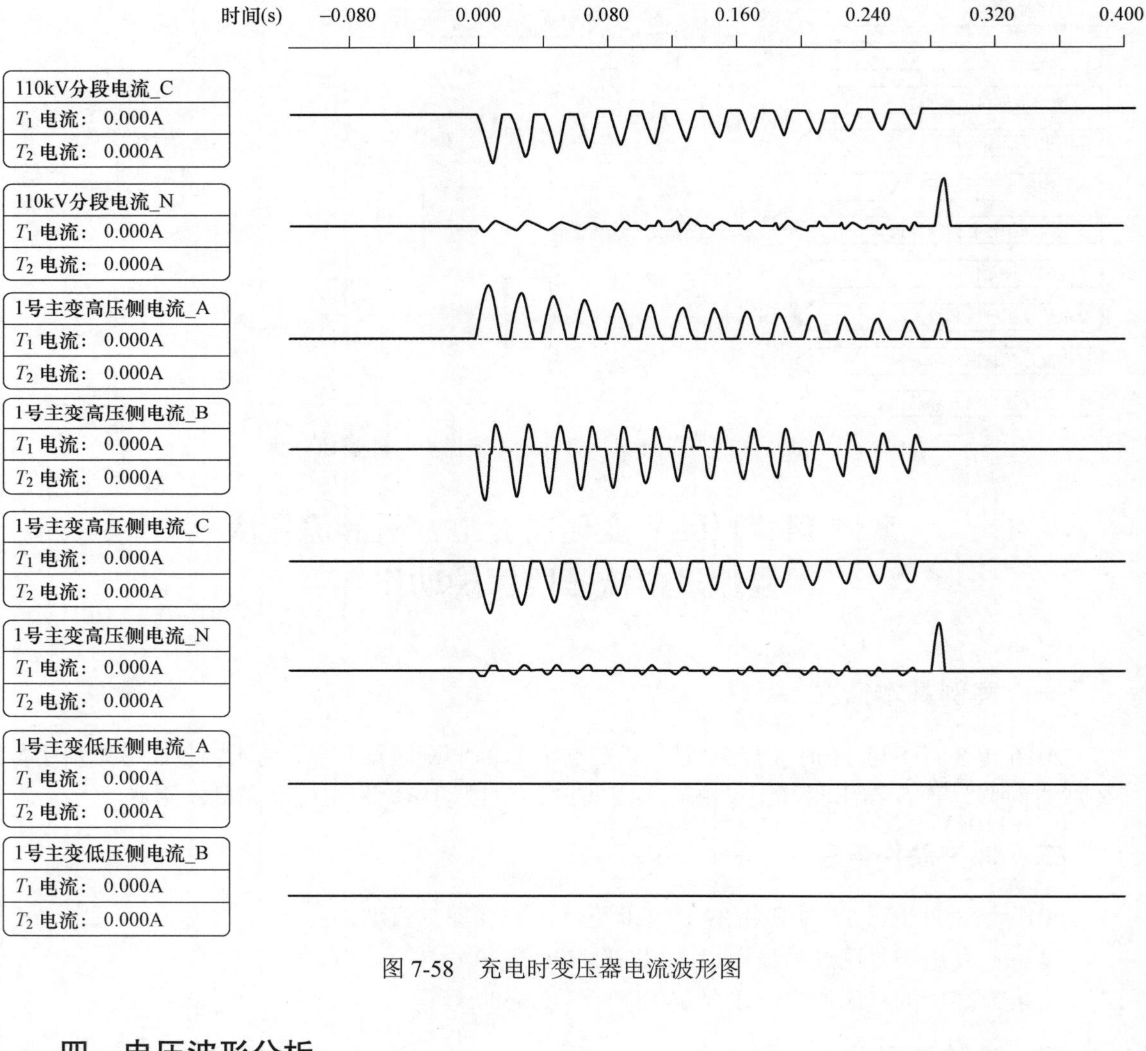

图 7-58　充电时变压器电流波形图

四、电压波形分析

波形记录了该主变所在 110kV 母线电压。变压器充电后三相电压正常，有很小的零序电压分量。断路器三相跳闸时，$3U_0$ 有一个高频分量波形，系断路器三相分闸不同期造成。

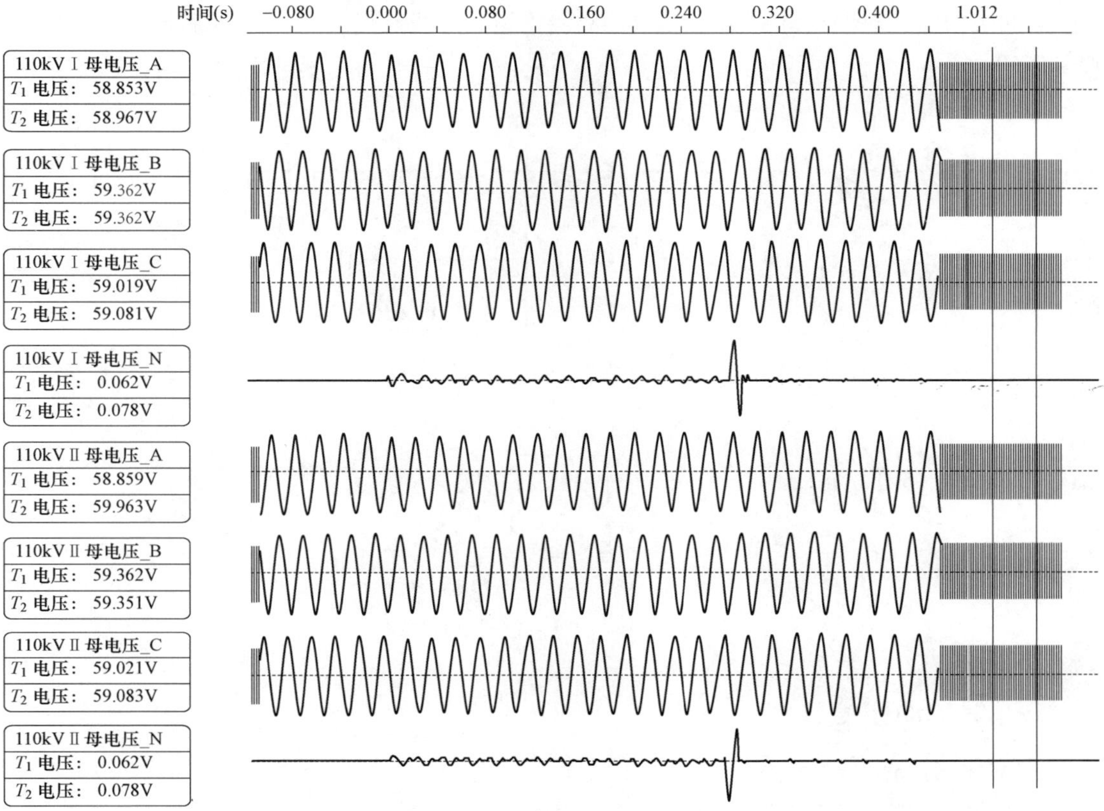

时间(s) −0.080 0.000 0.080 0.160 0.240 0.320 0.400 1.012

110kV Ⅰ母电压_A
T_1 电压：58.853V
T_2 电压：58.967V

110kV Ⅰ母电压_B
T_1 电压：59.362V
T_2 电压：59.362V

110kV Ⅰ母电压_C
T_1 电压：59.019V
T_2 电压：59.081V

110kV Ⅰ母电压_N
T_1 电压：0.062V
T_2 电压：0.078V

110kV Ⅱ母电压_A
T_1 电压：58.859V
T_2 电压：59.963V

110kV Ⅱ母电压_B
T_1 电压：59.362V
T_2 电压：59.351V

110kV Ⅱ母电压_C
T_1 电压：59.021V
T_2 电压：59.083V

110kV Ⅱ母电压_N
T_1 电压：0.062V
T_2 电压：0.078V

图 7-59 充电时变压器电压波形

案例 15：110kV 线路雷击三相故障光纤差动保护动作，电源侧断路器拒动，变压器中性点间隙零序动作，上一级 110kV 距离Ⅱ段动作

本案例分析的知识点

（1）保护动作信息分析。

（2）110kV 线路雷击三相故障波形分析。

（3）110kV 变压器间隙击穿故障波形分析。

（4）变压器中性点间隙、避雷器等参数分析。

（5）变压器中性点间隙击穿的原因分析。

（6）复合故障动作过程。

（7）复合故障保护动作分析。

一、案例基本情况

2022 年 7 月 24 日 17 时 45 分 48 秒 22 毫秒，某 110kV 线路因雷击造成线路三相故障，线路光纤差动保护动作跳 N 侧断路器，M 侧因断路器二次回路存在问题拒动，M 侧变压器

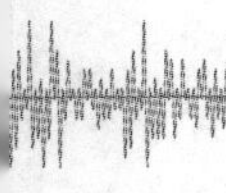

中性点间隙击穿，中性点避雷器动作，N′侧线路距离Ⅱ段动作跳电网侧断路器。故障点位置如图 7-60 所示。

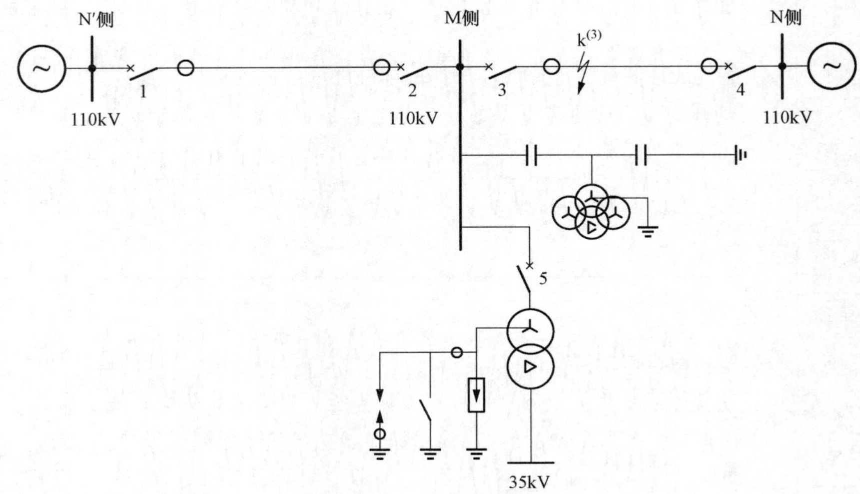

图 7-60　故障点位置示意图

二、保护动作信息

1. M侧线路保护动作信息

（1）时间：2022-7-24 17:45:47.659。

（2）55ms 时保护启动。

（3）62ms 时纵联差动保护动作。

（4）88ms 时距离Ⅰ段动作。

（5）最大故障相电流：1.51A。

（6）最大故障零序电流：0.03A。

（7）最大差动电流：1.72A。

（8）故障测距：4.90km。

（9）故障相别：ABC。

（10）线路全长：30.19km。

2. M侧变压器间隙保护动作信息

（1）时间：2022-7-24 17:45:48.022。

（2）0ms 时整组保护启动。

（3）504ms 时间隙零序Ⅱ段动作。

（4）I_p 最大：0.111A。

（5）$3I_0$：0.337A。

（6）I_{0g}：0.995。

3. 保护主要整定值

（1）PCS-943AM-D 线路保护。

1）电流互感器：一次值 1200A，二次值 1A。

2）差动电流动作值：0.25A。

3）相间距离Ⅰ段：9.43Ω。

4）相间距离Ⅱ段：20.23Ω，0.7s。

5）三相重合闸整定时间：25s。

（2）PCS-9681D-D 变压器保护。

1）间隙零序过电流：0.5A。

2）间隙零序过电流一时限：100s。

3）间隙零序过电流二时限：0.5s。

4）间隙电流互感器一次：200A。

5）间隙电流互感器二次：1A。

（3）N′侧线路距离Ⅱ段保护整定时间：0.7s。

三、110kV 线路三相故障波形分析

110kV 线路三相故障波形图如图 7-61 所示。

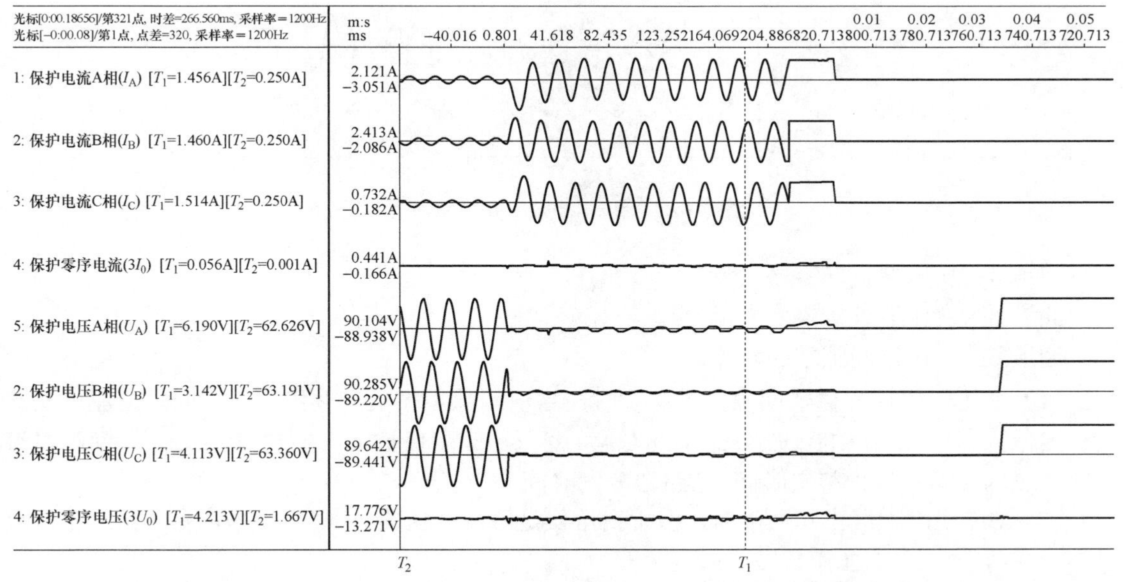

图 7-61　110kV 线路三相故障波形图

（1）报告记录了 M 侧母线电压和 MN 线路电流，0ms 前 110kV 母线电压正常。

（2）0ms 开始故障，110kV 三相母线电压很低，说明故障点在靠近 M 侧近端，MN 线路出现三相短路电流，A 相开始有负的直流分量，C 相开始有正的直流分量。

（3）713ms 后线路故障电流为零，故障切除。

（4）在故障开始和结束时出现了很小的 $3I_0$ 分量，在故障结束时出现了很小的 $3U_0$ 分量。

四、110kV 变压器故障波形分析

变压器电流、电压波形如图 7-62 所示，变压器电压波形图如图 7-63 所示。

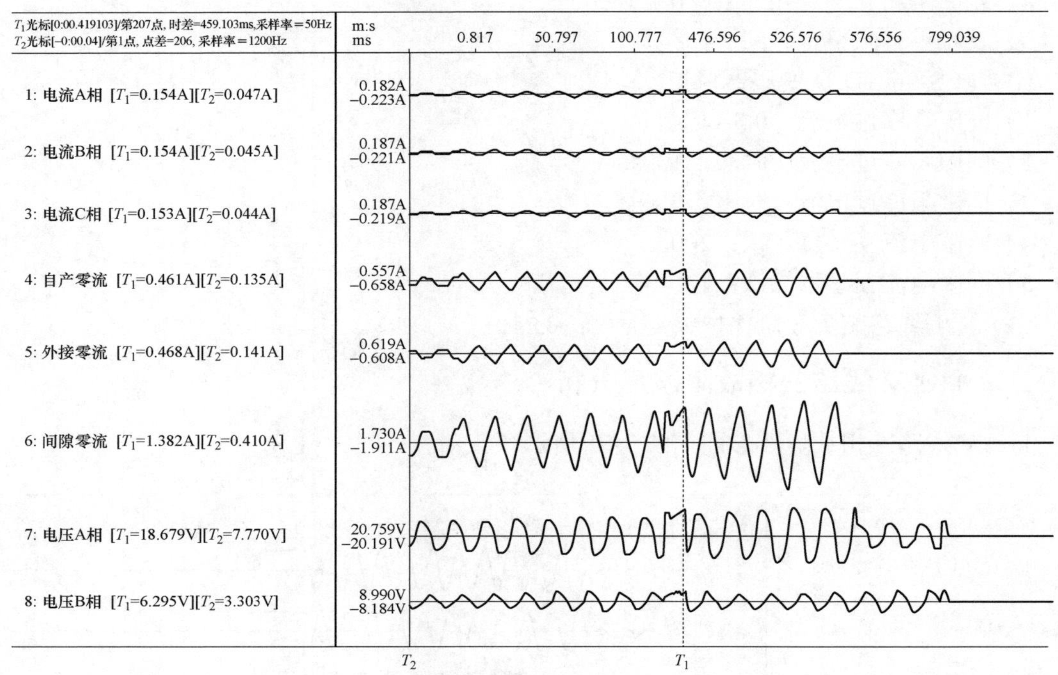

图 7-62　变压器电流、电压波形图

通道 4：变压器自产零序电流。

通道 5：变压器外接零序电流。

通道 6：变压器间隙零序电流。

（1）变压器中性点棒式间隙在过电压时击穿，间隙零序电流逐步增大，间隙电流二次最大有效值为（1.730+1.911）/2/$\sqrt{2}$=1.2875A，变压器间隙保护二次整定值为 0.5A，间隙电流持续 545ms（间隙保护整定时间+断路器分闸时间）。

（2）MN 线路近区三相故障时，由于变压器是降压变压器（下载功率），变压器三相电流很小，为负载电流（通道 1、2、3）。

（3）通道 4 为自产 $3I_0$，由图 7-62 可知，$3I_0$ 有效值为（0.557+0.658）/2/1.414=0.43A。

（4）通道 7～9 为 MN 线故障时变压器高压侧三相电压，由于在近端故障，变压器三相电压都不高，A 相电压高于 B、C 相，通道 10～12 为线电压。

（5）自产 $3U_0$ 和外接 $3U_0$ 有电压互感器饱和并有大量高次谐波分量，并且电压是逐步升高，在断路器分闸时降低。

五、中性点间隙接地保护装置铭牌

1. 铭牌信息

（1）型号：XK-2JB-110。

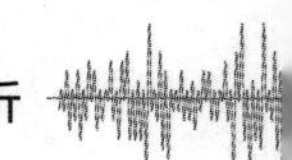

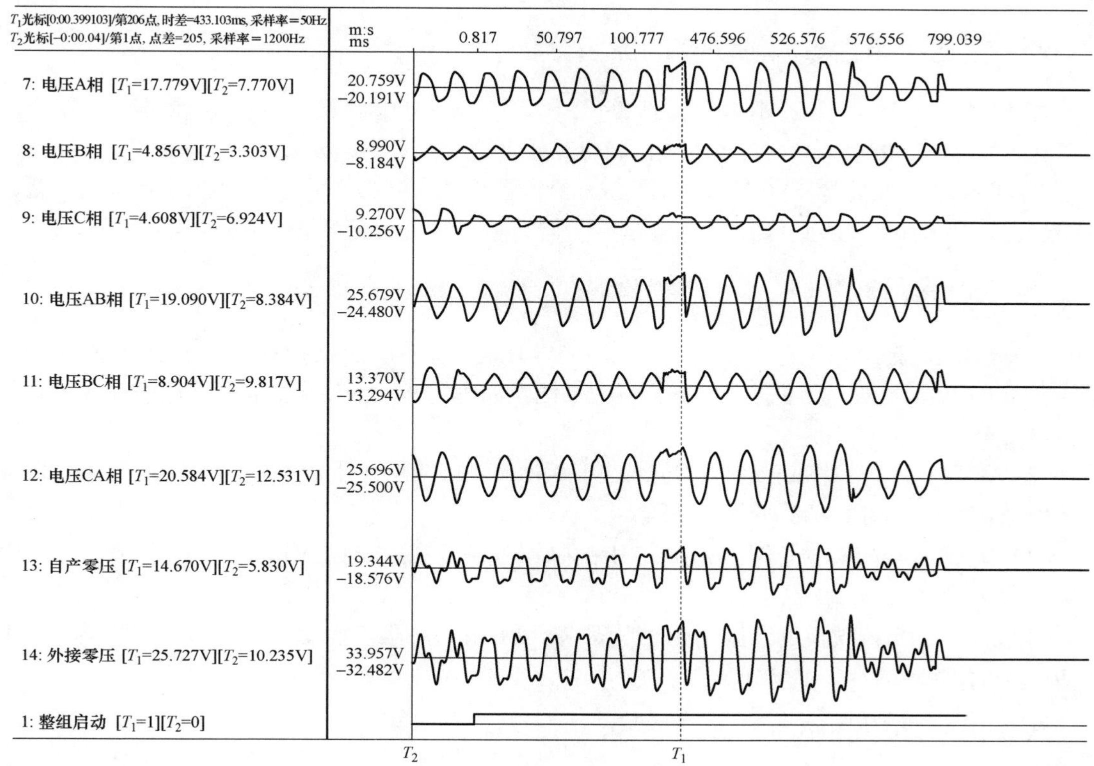

图 7-63　变压器电压波形图

（2）系统电压：110kV。

（3）组合元件：DSIAOTQAP。

（4）1min 工频耐压：140kV。

（5）20μs 雷电冲击：325kV。

（6）产品重量：350kg。

2. 技术参数

单相接地采用 GB13 系列 CX-JXB 型变压器中性点接地保护装置，其技术参数见表 7-15。

表 7-15　　CX-JXB 型变压器中性点接地装置技术参数

产品型号	变压器额定电压（kV）	变压器中性点耐受电压		隔离开关		氧化锌避雷器				放电间隙
		雷击全波和截波耐受电压（kV，峰值）	1min 工频(kV，有效值)	额定电流(A)	操动机构	额定电压(kV，有效值)	持续运行电压(kV，有效值)	直流 1mA 参考电压(kV，≥）	8/20μs 雷电冲击电流残压(kV，峰值）	工频放电电压(kV，±10%，有效值)
CX-JXB220	220	400	200	400	CS8-5（手动）或 CJ6（电动）	144	116	205	320	166
CX-JXB110	110	250	95	400		72	58	103	186	83

六、变压器中性点间隙击穿的原因分析

本案例 110kV 线路三相故障，线路几乎没有零序电压分量，而在故障时变压器中性点氧化锌避雷器动作，由表 7-15 可知，110kV 8/20μs 雷电冲击电流残压（峰值）是 186 kV，由图 7-63 可知，变压器外接 $3U_0$、自产 $3U_0$ 最大幅值即工频放电电压±10%（有效值）都没有超过理论值 83kV，由此可判断变压器中性点间隙击穿应该是雷击引起。

七、动作过程

（1）MN 110kV 线路近区因雷击三相故障→线路纵联差动保护动作、距离Ⅰ段保护动作→N 侧断路器 4 三跳（重合闸未投）→M 侧断路器拒动→N′侧线路距离保护Ⅱ段动作→0.7s→N′侧断路器 1 三跳。

（2）MN 110kV 线路近区因雷击三相故障→M 侧 110kV 变压器中性点间隙击穿→间隙零序保护动作→0.5s→M 侧断路器 5 三跳。

（3）MN 110kV 线路近区因雷击三相故障→线路纵联差动保护动作、距离Ⅰ段保护动作→M 侧断路器 3 拒动。

（4）MN 110kV 线路近区因雷击三相故障，M 侧断路器 3 拒动，线路 M N′距离保护Ⅱ段动作，N′侧断路器 2 不动作。

八、保护动作分析

（1）MN 110kV 线路近区三相故障线路纵联差动保护动作、距离Ⅰ段保护动作，保护动作正确。

（2）MN 110kV 线路近区因雷击三相故障变压器间隙击穿，变压器间隙零序动作正确。

（3）MN 110kV 线路近区因雷击三相故障，M 侧断路器 3 拒动，因故障不在 M N′线路上，M 侧保护不启动，正确。

案例 16：110kV 变压器内部断相故障

本案例分析的知识点

（1）变压器断相的现象。
（2）变压器断相后负荷分配。
（3）油浸式变压器断相后绝缘油中溶解气体分析。
（4）变压器断相后的故障分析。
（5）变压器内部断相故障的后果分析。

一、案例基本情况

2014 年 1 月 30 日 8 时 27 分 19 秒，某 110kV 变电站 2 号主变 WXH-811 零序–电流突变量保护动作，相对时间为 7ms。8 时 27 分 19 秒，WXH-811 距离–电流突变量保护动作，相

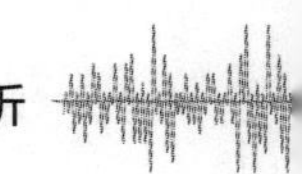

对时间为6ms，1月30日8时27分24s复归。1月31日8时39分，WXH-811零序–电流突变量保护启动动作5ms。1月31日8时39分，WXH-811距离–电流突变量保护启动动作5ms。1月31日8时40分，WXH-811零序–电流突变量保护启动返回。1月31日10时6分49秒，WBH-819A本体轻瓦斯保护动作。2月1日19时，运行人员手动断开变压器三侧断路器，2号主变强迫停运。

该变压器于2013年10月12日正式投入运行。变压器运行方式如图7-64所示。变压器型号为SSZ-40000/110，电压比为110/35/10kV。该变压器于2013年5月1日出厂，在变电站与新变厂生产的SSZ10-40000/110型变压器（1号主变）通过联络断路器实现并联运行。

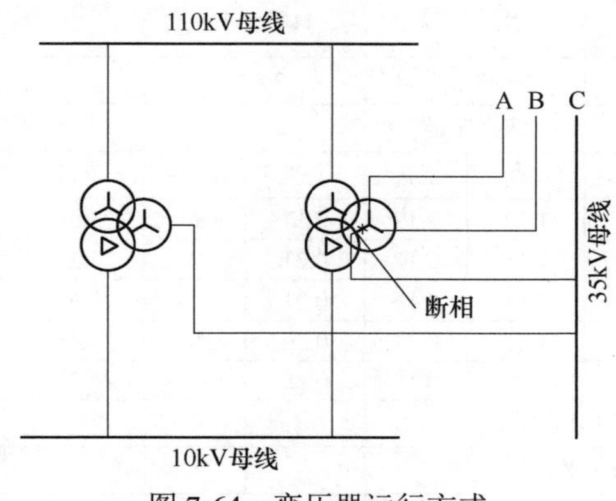

图7-64　变压器运行方式

（1）变压器投入运行后负荷情况。变压器投入运行后电流情况见表7-16。

表7-16　变压器投入运行后电流情况　（A）

时间	1号主变						2号主变					
	高压侧			中压侧			高压侧			中压侧		
2014-10-22	—	—	—	—	—	—	42	42	42	115	116	115
2014-10-25	70	71	95	172	161	224	49	47	8	132	132	0
2015-01-05	73	87	105	171	220	276	60	44	69	115	116	0
2015-01-31	42	36	49	105	80	118	60	41	29	115	116	0
2015-02-01	31	36	46	84	81	109	72	55	38	115	115	—

（2）运行情况。2号主变自10月12日投运到10月22日10d时间，2号主变的高、中压侧的A、B、C相电压和电流均正常。

由表7-16可知，10月25日上午9时开始出现2号主变110kV侧I_C偏小，只有I_A和I_B的15%；中压35kV侧I_{Cm}为零；1号主变110kV侧电流大于2号主变，35kV侧的I_{Cm}达到224A，超过I_{Am}和I_{Bm} 30%；1号主变中压侧的I_{Am}和I_{Bm}电流超出2号主变相应电流的28%，2号主变处于非全相运行状态，1号主变的负荷加重。从此时一直到2015年2月1日，2号主变的110kV侧、35kV侧电流均不平衡，35kV侧I_{Cm}一直为零。此现象也引发1号主变的110kV侧、35kV侧的电流不平衡，负荷加重，特别是C相。

（3）油化验报告。2号主变投运时绝缘油中溶解气体色谱分析报告见表7-17。从投运开始直至11月12日（1个月间），每次在断路器冲击合闸后，测定的总烃含量从1.41μL/L上

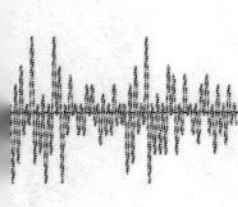

升至 1.71μL/L，乙炔含量为零，总烃低于相关标准规定的 20μL/L。

2 号主变故障时绝缘油中溶解气体色谱分析报告见表 7-18。2 月 2 日，经过对绝缘油中溶解气体色谱分析，总烃含量为 3253.03μL/L，乙炔含量为 2380μL/L，大大超出了相关标准要求，说明变压器内部存在低能放电故障。2 月 3 日，对变压器油进行取样并作理化分析，油中无游离碳。

表 7-17　　2 号主变投运时绝缘油中溶解气体色谱分析报告

设备名称	2 号主变	安装地点		××变电站		电压等级		110kV	
设备型号	SSZ10-40000/110	出厂日期		2011-05-01		投运日期		2011-10-12	
制造厂家	××特变电变压器厂制造	出厂序号		110356431		油温		℃	
油重	19.3	油号		25 号		室温		℃	
取样原因		取样日期				分析日期			
气体组分		甲烷	乙烯	乙烷	乙炔	氢	一氧化碳	二氧化碳	总烃
含量（μL/L）	冲击合闸后	1.12	0.12	0.17	0	25.33	134.2	426.8	1.41
	10.13（1d）	1.14	0.12	0.21	0	22.33	128.4	424.7	1.47
	10.17（4d）	1.24	0.16	0.21	0	25.92	139.1	442.9	1.61
	10.21（10d）	1.25	0.17	0.20	0	27.45	126	451.6	1.62
	11.12（30d）	1.3	0.18	0.25	0	26.37	135.3	465.6	1.71
产气速率	总烃绝对产气速率（mL/d）								
	总烃相对产气速率（%/月）								
三比值				故障性质					
分析意见	正常								

表 7-18　　2 号主变故障时绝缘油中溶解气体色谱分析报告

设备名称	2 号主变		安装地点	××变电站			电压等级	110kV
设备型号			油保护方式				调压方式	
容量	kVA		出厂序号				投运日期	2011-10-12
制造厂家			油重	t			油号	25 号
取样原因			取样日期	2012-02-02			分析日期	2012-02-02
油温	℃		负荷	MW			室温	9℃
气体组分	甲烷	乙烯	乙烷	乙炔	氢	一氧化碳	二氧化碳	总烃
含量（μL/L）	262.29	568.04	24.42	2380.28	1082.8	100.71	431.02	3235.03
产气速率	总烃绝对产气速率（mL/d）							
	总烃相对产气速率（%/月）							
三比值	202						故障性质	低能放电
分析意见	该主变内部存在低能放电故障							

2 月 1 日 19 时，由运行人员将 2 号主变强迫停运。2 月 3 日在对变压器抽油过程中，本体重瓦斯动作并复归 11 次，压力释放阀动作并复归 4 次，本体轻瓦斯动作并复归 3 次。

（4）变压器故障情况。2 月 3 日，运行单位取变压器油样化验乙炔含量为 2300μL/L，油变黑色。变压器生产厂家服务人员赶到现场后，发现变压器油已放到气体继电器以下，地下有断裂的螺栓，储油柜外壳变形，外罩紧固螺栓断裂，储油柜放气管打开，储油柜玻璃窗破裂。油放完后，打开有载调压开关下的人孔进入变压器内部，观察 A 相线圈围屏上有四道黑圈。

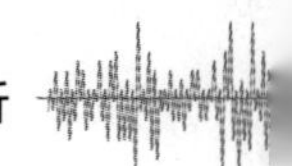

2 月 3 日将变压器主体和附件返厂。2 月 4 日吊开高压套管，发现变压器 35 kV 侧 C 相压板上碳化物最多，C 相中压引线同套管相连的部分有损伤；调压线圈已烧坏，其他线圈损坏程度不明，找封板封好箱盖的人孔，加油到本体箱盖以下 60mm。

（5）故障变压器处理情况。为了最大程度降低用户的损失和争取时间不影响农网检查，经与用户确认，厂方将库存产品某变电站变压器（生产号 110723）按照故障变压器型号和配置发往现场，在做完各项试验后投运。

二、故障分析

1. 现场分析

（1）10 月 25 日当运行中发现 35kV 侧 C 相断线故障后，运行人员未及时对 2 号主变故障情况进行分析并采取相应的措施，直至 2 月 1 日 19 时强迫停运，造成变压器故障的进一步扩大。

（2）从 10 月 25 日开始的 3 个月内，2 号主变处于非全相运行状态，非故障相电流较断相前的负载电流有所增加，变压器有零序和负序电流，系统输送功率降低。因变压器内部未出现相间故障、高压侧单相接地故障及匝间层间短路等故障，因此不会造成差动保护动作。

（3）继电保护及自动装置动作情况分析。2014 年 1 月 31 日 10 时录波启动告警动作，复归。录波器动作是由零序电流突变量保护启动，故障录波器启动属正常。2014 年 2 月 1 日 7 时 45 分，WXH-811 距离-电流突变量保护启动，动作相对时间为 5ms，WXH-811 零序−电流突变量保护启动动作，相对时间为 6ms。5s 后，零序电流和距离保护电流突变量启动返回，说明零序电流突变量没有达到保护出口的定值，保护未出口跳变压器三侧断路器。

（4）因 35kV 侧 C 相断线，内部出现低能放电，并不断产生瓦斯气体，聚积在油箱内，引起本体轻瓦斯动作。

（5）本体重瓦斯频繁动作、压力释放阀频繁动作是由于放油造成的，与本次断相故障无关。

2. 变压器内部故障分析

经返厂解体和故障分析，确定造成产品返厂的原因为：

（1）该变压器中压侧 Cm 相接线片与中压 Cm 相套管在投运前做交接试验时没有安装，而只是搭靠在一起，因此交接试验测得的数据均是合格的。由于接触不良以及在运行过程中的振动和发热导致接线片搪锡部分熔化与套管导电杆产生微小间隙后，变压器中压 Cm 相就一直处于不导通状态，而放电现象一直存在。

（2）2013 年 10 月 25 日之后，中压 Cm 相已经不通，变压器处于非全相运行状态。此后三个月，从某一时刻开始，中压 Cm 相接线片与中压 Cm 相套管之间产生频繁放电，从而产生大量气体导致瓦斯保护动作，绝缘油也在放电时被碳化，油被分解，大量碳化物由于电场作用被吸附在变压器器身各个部位。

三、变压器内部断相故障的后果分析

1. 单台变压器运行的断相故障

（1）单台变压器在运行中断相（无论哪一侧）将出现零序和负序分量。

（2）变压器断相后将改变变压器铁心中的磁路。

（3）断相后将少一相负载电流。

（4）在断相处将出现低能放电：①对油变压器将污染变压器油，最终是变压器绕组报废；②对干式变压器由于放电可能导致变压器着火。

2. 对两台变压器并列运行的断相故障

两台变压器并列运行若有其中一台变压器出现了断相故障，除以上后果外还将改变变压器的并列运行条件：

（1）两台变压器的变比不相等，在两台变压器中将出现环流。

（2）两台变压器的短路电压不相等，正常运行的变压器短路电压小，断相后的变压器短路大，因此将改变负荷的分布，正常运行的变压器负荷大，断相后的变压器负荷小（见表 7-16）。

由于变压器保护没有考虑断相故障，因此，在运行中若出现变压器内部断相，运行人员应立即请示调度，将断相的变压器退出运行。

案例 17：雷击风电场造成两台干式变压器三相故障

本案例分析的知识点

（1）故障波形分析。

（2）干式变压器绕组开裂的原因分析。

一、案例基本情况

2022 年 8 月 5 日，某风电场有雷击，造成两台集电线路两台箱式变压器（干式变压器）三相故障，过电流保护动作出口跳闸，余下干式变压器开裂。故障干式变压器如图 7-65 所示，可看出，绕组的外绝缘（环氧树脂）有明显烧黑痕迹。

图 7-65　故障干式变压器

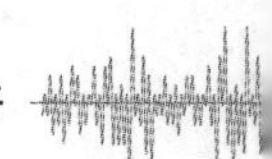

二、高压/低压预装式变电站参数

（1）产品型号：YBP-36.5/0.69-3600。

（2）额定容量：3600kVA。

（3）额定电压：36.5kV/0.69kV。

（4）额定电流：56.9A/3012.3A。

（5）联结组别：Dyn11。

（6）额定频率：50Hz。

（7）额定相数：3 相。

（8）防护等级：IP54。

三、故障波形分析

干式变压器三相故障波形如图 7-66 所示。

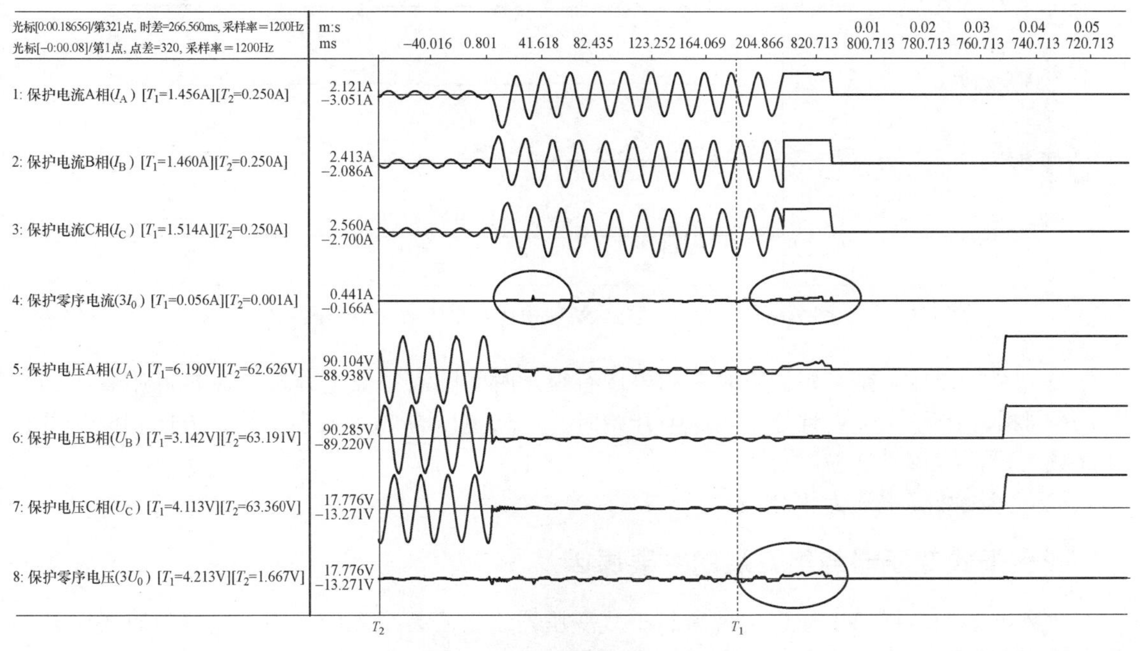

图 7-66　干式变压器三相故障波形图

1. 故障电压分析

（1）波形图记录了故障前 80ms 正常 35kV 母线电压。

（2）0ms 时发生故障，三相电压很低，说明故障点在靠近 35kV 母线侧，故障时间约为 1s，故障波形在 214ms 后有压缩。

（3）故障时 $3U_0$ 分量很小。

2. 故障电流分析

（1）波形图记录了故障前 80ms 正常线路三相负载电流值。

（2）0ms 时发生故障，三相电流突变，A 相开始有负的直流分量，B、C 相有正的直流分量，因电压等级低，R 大，$\tau = 20\text{ms}$ 时直流分量衰减完了。

（3）三相故障时间约为 1s，故障波形在 214ms 后有压缩。

（4）有很小的 $3I_0$ 分量。

3. 电压和电流放大波形分析

故障时 35kV 母线电压和电流放大波形（横坐标放大）如图 7-67 所示。

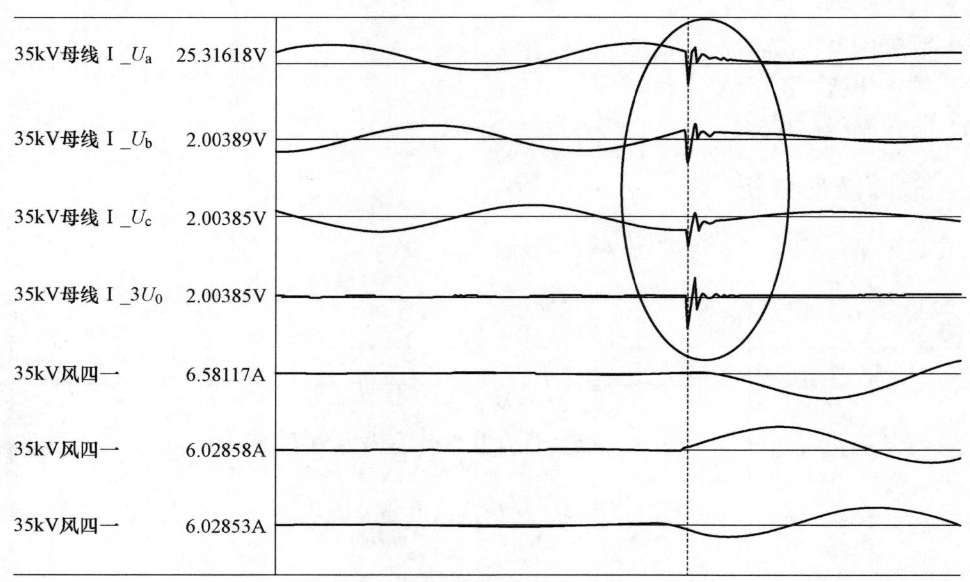

图 7-67 故障时 35kV 母线电压和电流放大波形图

（1）图 7-67 中，在三相故障时三相电压有很短时间的高频放电分量（图 7-66 中看不到），A、B 同相，并有 $3U_0$ 高频分量。故障开始时，三相电压与 $3U_0$ 大小相等、方向相同，并且是高频分量，应该是感应雷过电压。

（2）三相故障电流为正弦波。

四、干式变压器绕组开裂的主要原因

此风电场为新投风电场，出现所有干式变压器绕组开裂现象应该与产品质量有关，开裂的主要原因是局部内应力导致，而局部内应力主要由以下两个原因导致：

（1）由于温度不均匀度过大，中心与边沿热膨胀程度不一，导致产生内应力。

（2）树脂的热膨胀系数远大于铜材、玻璃纤维德热膨胀系数，各材料的热膨胀程度不一，导致内应力的产生。

干式变压器在绕组绕好后有一个很重要的过程，就是进入浇注罐浇注环氧树脂，这一过程从配方到浇注决定着干式变压器绕组外绝缘性能。

出现同一批次大部分干式变压器环氧树脂绝缘开裂，应查明原因后再送电。

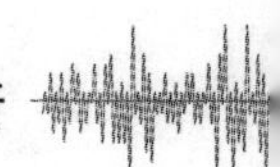

案例 18：27.5kV 线路近区故障重合闸重合不成功，强送后 110kV 变压器差动、瓦斯保护动作

本案例分析的知识点

（1）牵引变压器供电原理。
（2）故障变压器油色谱分析。
（3）故障波形分析。
（4）牵引变压器低压抗短路能力。

一、案例基本情况

2020 年 7 月 17 日 21 时 27 分 55 秒 10 毫秒，某 110kV 牵引变电站低压 27.5kV 线路（接触网）近区故障重合闸重合不成功，强送后 110kV 变压器差动、瓦斯保护动作，馈线短路电流为 3550A，主变低压侧电流为 1692A，造成变压器内部电弧放电，三比值法对应编码为 202。铁路牵引变压器原理如图 7-68 所示。

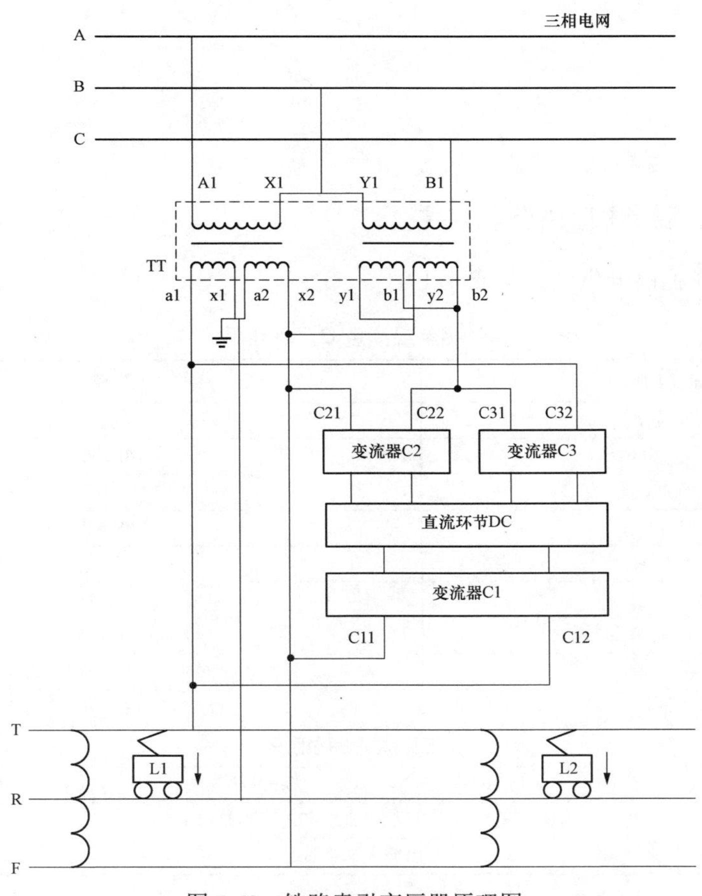

图 7-68　铁路牵引变压器原理图

二、保护动作信息

时间：2020-07-17。

差动速断出口：I_A=45.770A，I_B=32.970A，I_C=0A；I_a=5.640A，I_b=0A，I_c=0A，I_0=0.2A。

低压侧电流互感器变比：300/1。

高压侧电流互感器变比：60/1。

馈线短路电流：3550A。

主变低压侧电流：1692A。

I_{BJD}：188.8°。

I_{CJD}：292.1°。

I_{aJD}：343.7°。

I_{bJD}：40.6°。

I_{CDA}：39.06A。

I_{ZDA}：26.28A。

I_{CDA2}：17.5A。

I_{CDB}：26.740A。

I_{ZDB}：19.730A。

I_{CDB2}：18.35A。

I_{CDC}：0A。

I_{ZDC}：0A。

I_{ZDC2}：0A。

三、变压器绝缘油色谱分析结果

变压器绝缘油色谱分析结果见表 7-19。

表 7-19　　变压器绝缘油色谱分析结果　　（μL/L）

试验项目	数值
氧气（O_2）	未检出
一氧化碳（CO）	1429.75
二氧化碳（CO_2）	1412707.50
氢气（H_2）	18068.90
甲烷（CH_4）	1640.44
乙烷（C_2H_6）	27.34
乙烯（C_2H_4）	652.97
乙炔（C_2H_2）	1633.01
总烃	3953.76

三比值法编码组织

C_2H_2/ C_2H_4	CH_4/ H_2	C_2H_4/ C_2H_6	故障类型判断
2.500895906	0.090788039	23.88332114	电弧放电
对应编码：202			

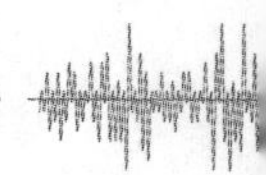

四、故障波形分析

（1）2 号主变差动保护装置故障电流波形如图 7-69 所示。报告记录了 A、B 相短路电流波形，故障时间约为 50ms，两故障电流大小相等、方向不相反。第一个周波发生了畸变，电流互感器出现很短时间饱和现象。

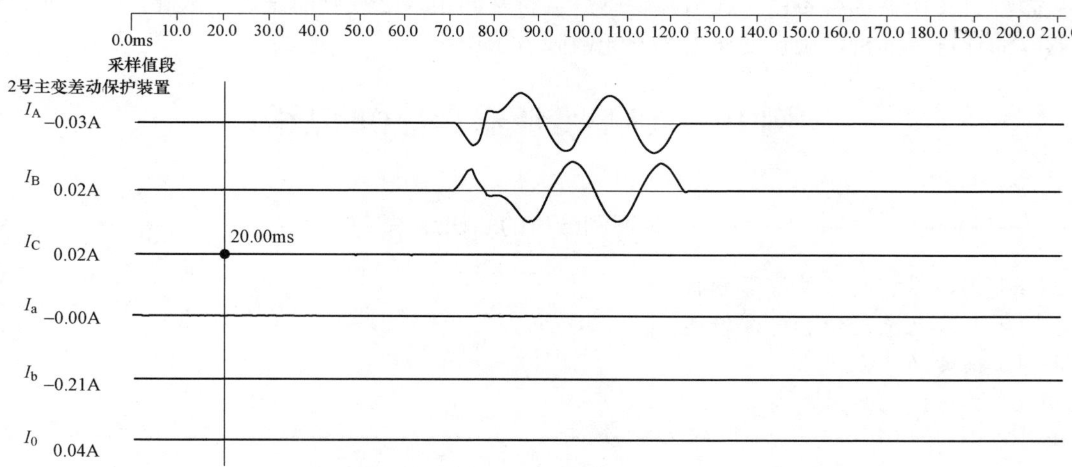

图 7-69　2 号主变差动保护装置故障电流波形图

（2）2 号主变差动保护装置故障电流放大波形如图 7-70 所示，从图中可以明显看出电流互感器饱和及两电流方向不相反。

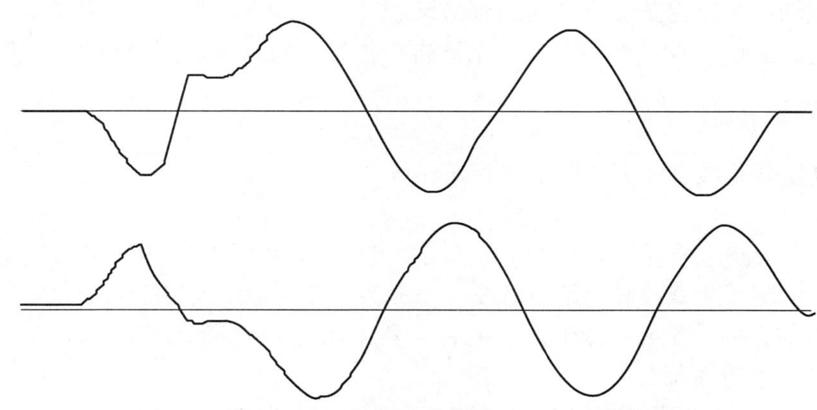

图 7-70　2 号主变差动保护装置故障电流放大波形图

五、线路重合不成功、再次强送造成变压器内部故障的原因分析

（1）由于故障属于近端，对变压器低压绕组冲击很大。

（2）部分牵引变压器低压绕组容量小，抗短路能力小。

（3）低价中标，部分小变压器厂家对同型号变压器无法做型式试验，必须到专门单位做，是否已做不得而知。

从变压器绝缘油色谱分析报告中可看出，检出的二氧化碳含量很大，变压器内部绝缘基本碳化。

对变压器吊心检查后发现，内部绝缘有严重损坏现象。

六、对牵引变压器低压线路故障重合闸重合不成功强送的讨论

因牵引变压器都有备用，在故障跳闸后，特别测距或已经判断是近区故障后，建议对变压器取油样进行分析，确认变压器内部无故障方可送电。

案例 19：20kV 变压器套管相间故障

本案例分析的知识点

（1）变压器相间故障波形分析。
（2）电流互感器饱和电流传递。
（3）谐波的基本概念。
（4）合成波形基本概念。

一、案例基本情况

某发电厂在启动送电过程中，当升压变压器（20kV/220kV）与电网并列时，接在发电机出口母线上的脱硫变压器（20kV/6kV）高压套管（内部和外部）发生相间故障爆炸，造成变压器主保护差动、瓦斯保护动作，压力释放装置喷出（没有动作，直接拔起来），变压器由于温度高起火。故障前有 A 相电压三次谐波告警信号，20kV 系统为不接地系统。

二、故障波形分析

变压器高压套管故障波形如图 7-71 所示。

1. 电压波形分析

（1）A 相电压波形分析。A 相电压有三次谐波告警，从图 7-71 中可看出在一个周波内正半波和负半波出现了两个波峰，是由基波（50Hz）与三次谐波（150Hz）合成，如图 7-72 所示。整个时间持续 11 个周波（220ms），之后 A 相电压消失。断路器三相跳闸后 A 相有电压，说明 A 相在变压器套管爆炸时有近区接地。

（2）故障前 B、C 两相电压正常，故障后 B、C 相有很小的残压。

（3）在 A 相电压三次谐波告警之后，出现 $3U_0$，并且为正弦量，故障后有很小的残压。

（4）变压器断路器跳闸后，电压有 10ms 暂态过程。

2. 电流波形分析

（1）变压器故障电流波形分析：图 7-71 中最下面电流为变压器高压侧三相电流和零序电流。由图 7-71 可知 I_B、I_C 大小相等、方向相反，为相间故障，电流发生了畸变，原因是电流互感器饱和，有高次谐波分量，故障时间约为 160ms。故障时出现了很小的 $3I_0$，应该是谐波量引起。

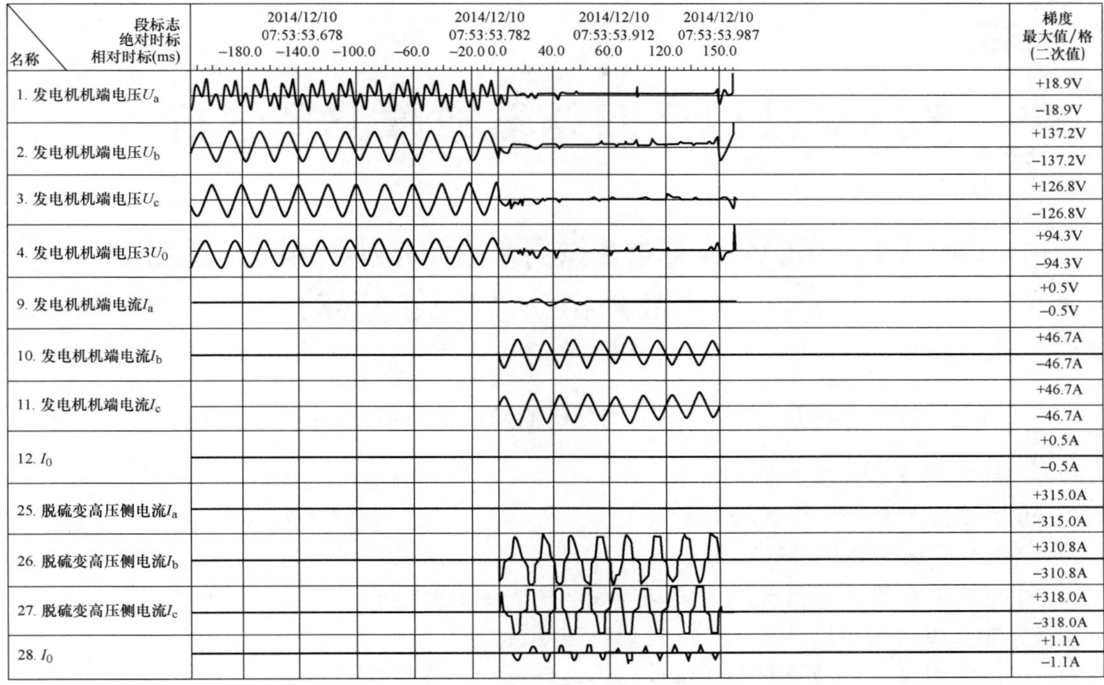

图 7-71 变压器高压套管故障波形图

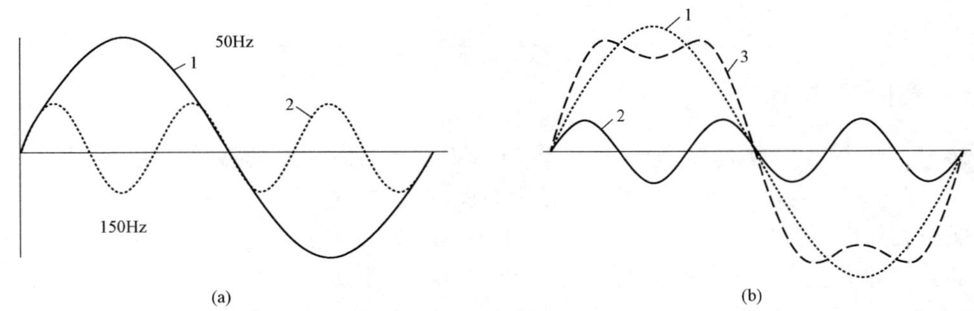

图 7-72 基波和三次谐波波形图

（a）基波和三次谐波波形图；（b）合成波形图

1—基波；2—三次谐波；3—合成波形

（2）发电机故障电流波形分析：故障时向故障点提供短路电流的就是发电机，此电流为电源电流，是正弦的，并且基本是大小相等、方向相反。变压器保护动作后故障切除，故障时间约为 160ms。

第八章

35kV及以下断路器故障波形分析

案例1：35kV不接地系统开关柜内故障电流互感器饱和区内故障拒动区外故障误动

本案例分析的知识点

（1）故障录波器波形分析。
（2）主变差动保护电流波形分析。
（3）318 线路开关柜内故障波形。
（4）电流互感器饱和对变压器差动、线路速断保护的影响。
（5）开关柜两相接地转三相故障时的故障电流分析。
（6）本案例主变差动保护和线路过电流速断保护动作顺序分析。
（7）35kV 不接地系统开关柜内故障电流互感器饱和区内故障拒动区外故障误动动作过程。
（8）电流互感器饱和保护动作分析。

一、案例基本情况

2016 年 11 月 28 日 0 时 24 分 1 秒，某 110kV 变电站值班人员感觉照明灯闪烁，几乎同时听见 35kV 开关室内爆炸声，紧接着监控后台弹跳出“1 号主变差动保护动作”“线路 318 过电流保护动作”等报文。经现场检查发现 318 线路 B 相电流互感器爆炸开裂，1 号主变外观、温度、气体继电器、油位均无异常，判断 1 号主变差动保护误动作跳主变两侧断路器。

110kV/35kV 系统接线图如图 8-1 所示，热电 2 号线经 311 联络断路器并入 35kV Ⅰ段母线。

二、保护配置

110kV 主变差动保护电流量高压取 714 断路器电流互感器（5P20）、低压取 301 断路器电流互感器（5P20），318 出线过电流速断取 318 断路器电流互感器（5P20）。

三、故障录波器波形分析

故障录波器电压波形如图 8-2 所示。

（1）波形记录了 35kV Ⅰ、Ⅱ段母线电压波形，Ⅰ段母线电压出现故障，Ⅱ段母线电压正常，该站两台主变分低压分列运行。

（2）故障前约 75ms 电压出现畸变，A 相电压明显升高，B、C 两相电压也略有升高。约 50ms 时，三相电压均发生畸变，之后三相电压有个明显的暂态尖顶波，应该是有放电现象，A 相电压为零，B 相电压有放电波形，随后 B 相电压为零，发生了 A、B 两相故障。约

30ms 后 C 相电压为零，形成三相短路。从设备放电到断路器三相跳闸时间约为 150ms，A、B 两相故障时间约为 85ms。

（3）在故障时没有 $3U_0$ 波形，应该是 $3U_0$ 没有接开口三角。

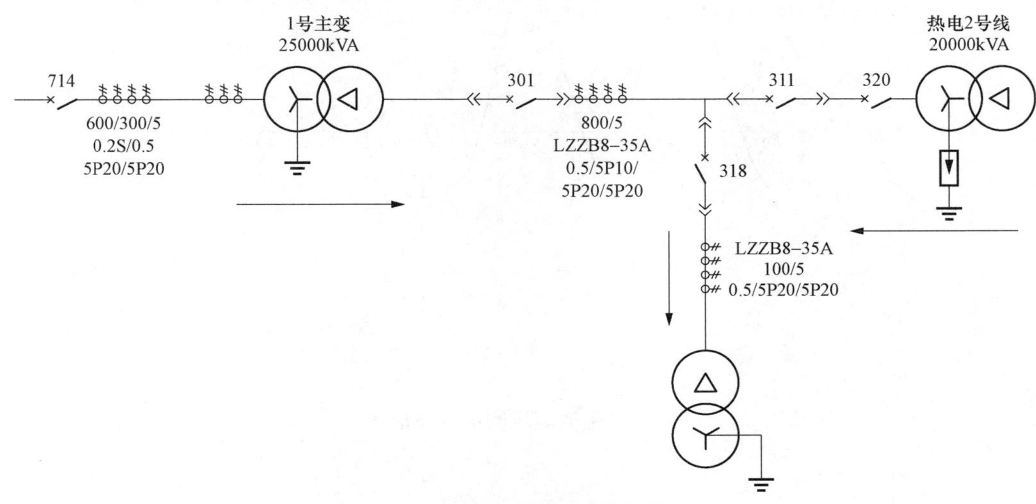

图 8-1　110kV/35kV 系统接线图

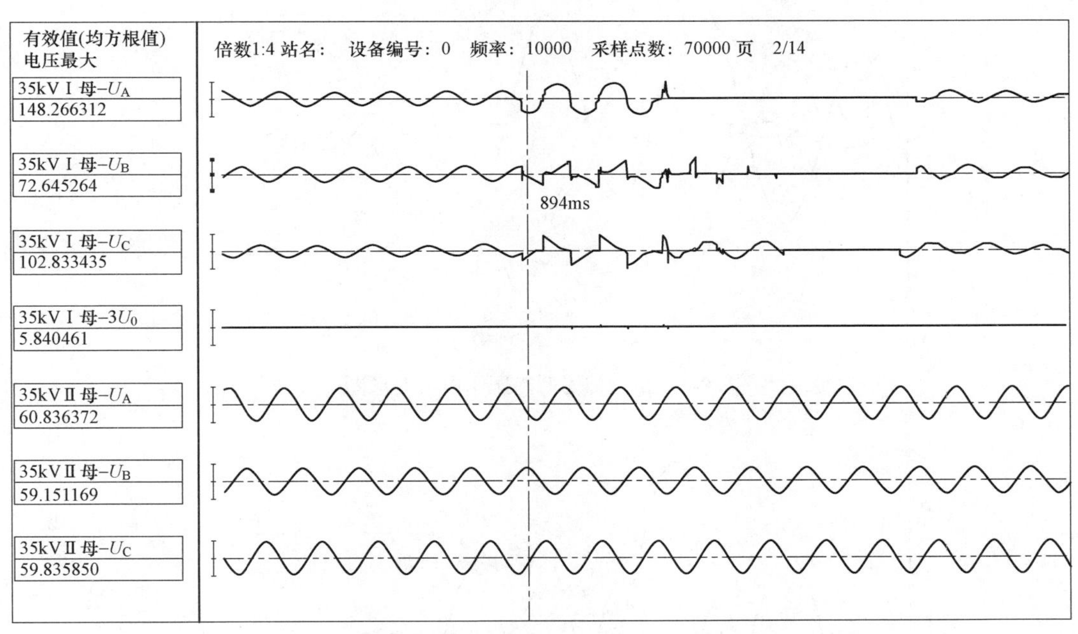

图 8-2　故障录波器电压波形图

四、主变差动保护电流波形分析

（1）故障时主变高压侧电流、相位补偿后高压侧电流、低压侧电流如图 8-3～图 8-5 所示。图 8-3、图 8-4 中三相电流正常，图 8-5 中 C 相电流从第三个波开始电流互感器饱和，没有传递到二次侧。

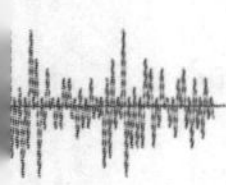

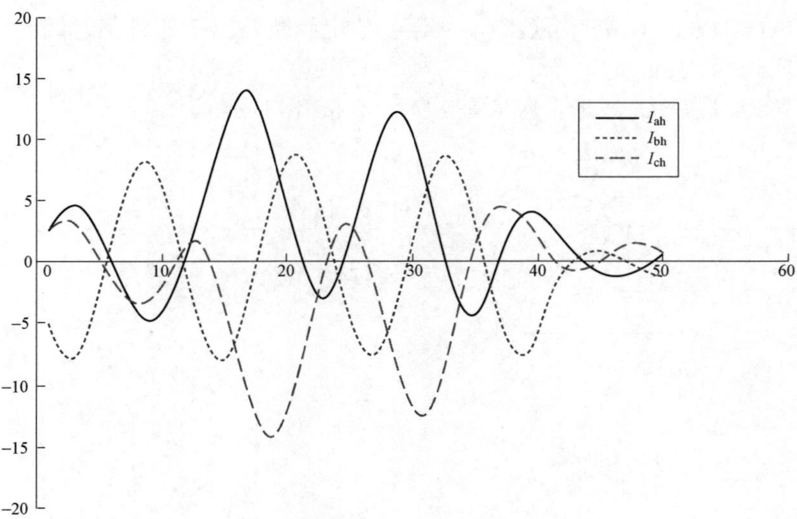

图 8-3　主变高压侧电流波形图

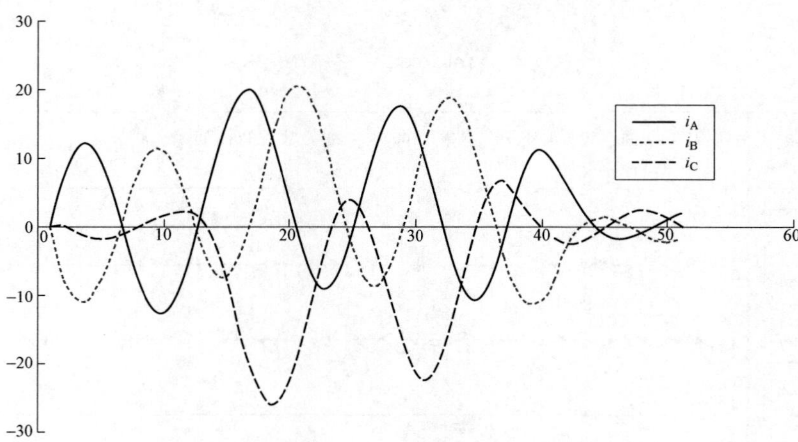

图 8-4　相位补偿后高压侧电流波形图

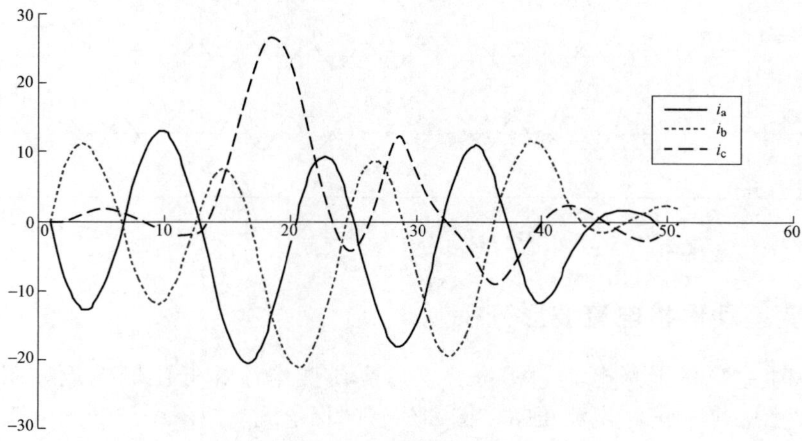

图 8-5　低压侧电流波形图

（2）主变差动保护电流波形如图 8-6 所示。图 8-6（a）是变压器差动保护 A 相电流波形图，图 8-6（b）是变压器差动保护 B 相电流波形图。高压侧与低压侧电流经过微机保护换算后大小相等，没有出现差流（A、B 两相只有不平衡电流）。图 8-6（c）是变压器差动保护 C 相电流波形图，在第二个周波低压电流互感器出现饱和现象，高、低压电流之差出现了差流，如图 8-8 中黑色波形，引起比率差动保护出口，跳主变两侧断路器。

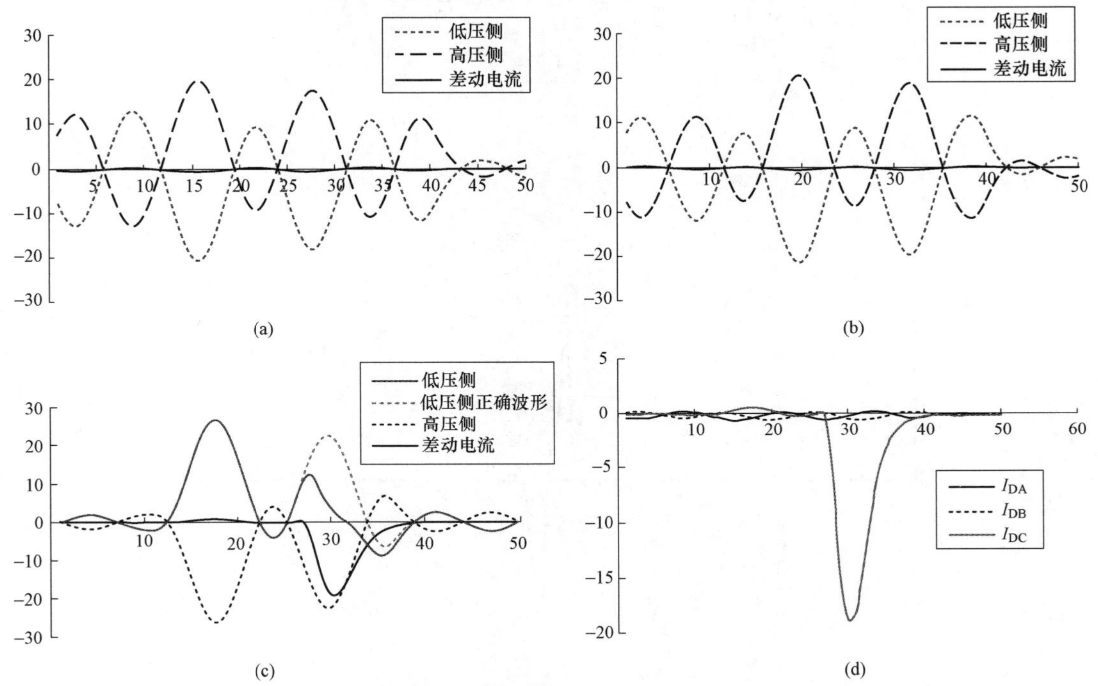

图 8-6　主变差动保护电流波形图

（a）A 相电流波形；（b）B 相电流波形；（c）C 相电流波形；（d）差动电流波形

五、318 线路开关柜内故障波形分析

故障线路 318 开关柜内故障波形如图 8-7 所示。

1. 故障线路318电压波形分析

故障线路 318 电压波形如图 8-7（a）所示，该波形可分为五个阶段：

（1）第一阶段前 36ms，三相电压出现了负的直流分量，电压波形向横坐标下移，这个时间在图 8-7（a）中看不出来。

（2）过电压阶段，由图 8-7（a）可知过电压时间约为 50ms，与故障录波器电压相同，A 相电压高于 B、C 两相。

（3）A、B 相间短路，并且有很小的 $3U_0$，说明是两相接地短路。

（4）三相短路，A、B 两相接地短路约 30ms 后三相短路，几乎没有零序，属于三相对称性短路。

（5）线路过电流速断保护动作，断路器三相跳闸后，C 相电压首先恢复，说明 C 相是首开相（与故障录波器相同），C 相约提前 7ms，三相电压出现了负的直流分量，电压波形向横坐标下移。

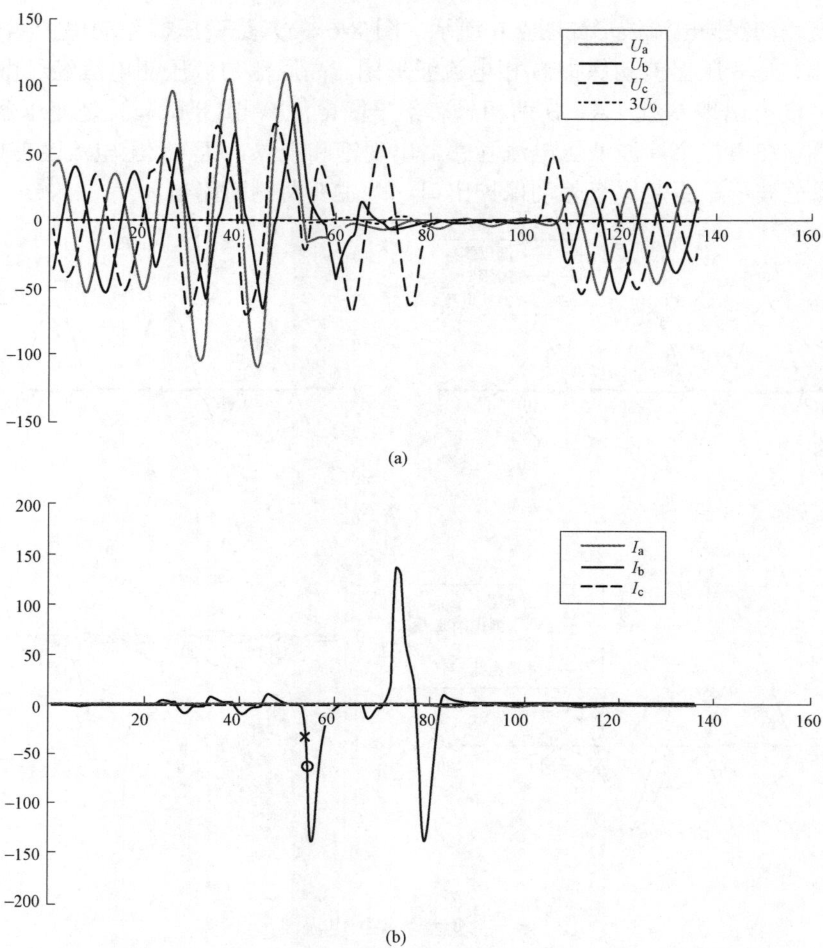

图 8-7　故障线路 318 开关柜内故障波形图

（a）电压波形；（b）电流波形

2. 故障线路B相电流分析

由图 8-7（b）与图 8-5 可知，线路过电流速断保护所用电流互感器 B 相比变压器差动 C 相低压侧所用电流互感器饱和时间长，在变压器差动保护动作后，站内自备发电机继续向故障点提供短路电流；电流互感器饱和约 50ms 后退出饱和→约 10ms 后电流互感器又饱和→约 15ms 后电流互感器再次退出饱和，线路速断过电流出口跳闸。

六、开关柜两相故障转三相故障时的故障电流分析

根据现场分析，开关柜内有电弧爆炸痕迹，柜顶鼓起，B 相电流互感器外绝缘出现了故障，二次线绝缘也有损坏。其他两个故障点在电流互感器前（靠近母线），所以故障时测不到故障电流，只有 B 相有故障电流。

七、本案例主变差动和线路速断过电流动作顺序分析

由图 8-5 和图 8-7（b）可知，故障时变压器低压侧电流互感器饱和时间先于低压侧线路

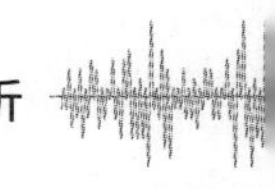

C 相电流互感器退出饱和时间，因此变压器差动保护优先于低压线路过电流速断保护动作。因该站有自备发电机，变压器两侧断路器跳闸后，发电机继续向故障点提供短路电流，因此线路过电流速断 C 相在电流互感器退出饱和后动作，从而切除故障。

该故障在该变电站发生过两次，都与低压侧电流互感器励磁特性有关，经分析对该型号的电流互感器进行了全面更换。

八、35kV 不接地系统开关柜内故障电流互感器饱和区内故障拒动区外故障误动动作过程

35kV 不接地系统开关柜内故障→变压器 35kV C 相电流互感器、318 线路 B 相电流互感器饱和→110kV 变压器差动保护动作→跳主变两侧断路器→自备电厂继续向故障点提供短路电流→线路速断保护动作→跳 318 线路断路器。

九、电流互感器饱和保护动作分析

（1）变压器 C 相差动保护动作是由 C 相电流互感器保护引起，保护有差流，保护本身动作正确。

（2）318 线路过电流速断晚于变压器 C 相差动保护动作，是因为 C 相电流互感器退出饱和较晚，电流互感器退出饱和后速断保护动作，保护本身动作正确。

案例 2：35kV 断路器合闸过程中真空泡炸裂两相短路转三相短路主变低后备保护动作

本案例分析的知识点

（1）第一套主变保护 RCS-978GE 保护装置录波报告分析。
（2）第二套主变保护 X1200 保护装置录波报告分析。
（3）主变故障录波装置录波报告分析。
（4）保护动作情况分析。
（5）真空断路器在操作过程中会产生的过电压类型。
（6）真空断路器在操作中会产生的过电压类型。
（7）真空泡炸裂原因分析。

一、案例基本情况

某 220kV 变电站 35kV 母线采用分支接线，即两段母线之间没有母联，通过主变低压侧的两个分支断路器连接在一起。某日 35kVⅢ段母线上的 3 号电容器断路器在合闸过程中真空泡炸裂，2 号主变低压侧速断保护动作跳闸。2 号主变配置了 RCS-978GE 保护装置、X1200 保护装置。低压侧主断路器型号为 ZN12-40.5，额定短路开断电流为 31.5kA，额定电流为 2500A。

220kV 变电站 2 号主变低压侧 35kV 母线接线方式如图 8-8 所示。

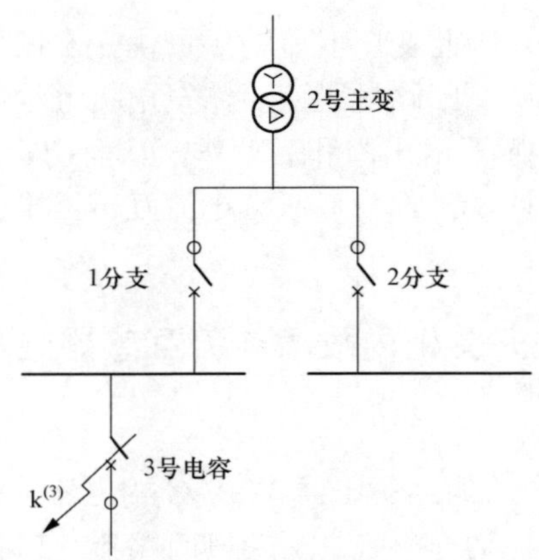

图 8-8　220kV 变电站 2 号主变低压侧 35kV 母线接线方式

二、第一套主变保护 RCS-978GE 保护装置录波报告分析

第一套主变保护 RCS-978GE 保护装置保护定值见表 8-1，保护动作报告见表 8-2。第一套主变保护 RCS-978GE 录波图如图 8-9 所示，横坐标表示模拟量和开关量的幅值，纵坐标表示故障时间。“标度组 00（通道 01～04）：55.21V/格”表示电压二次值，每格为 55.21V（瞬时值）；“标度组 01（通道 05～08）：56.19V/格”表示电压二次值；每格为 56.19V（瞬时值）；“标度组 02（通道 09～12）：7.49A/格”表示电流二次值，每格为 7.49A（瞬时值）；“标度组 03（通道 13～16）：0.26A/格”表示电流二次值，每格为 0.26A（瞬时值）；“标度组 04（通道 17～19）：0.03A/格”表示电流二次值，每格为 0.03A（瞬时值）；“瞬时值录波时间标度 *T*：20.00ms/格”表示电压电流波形的周期为 20ms。纵坐标的时间轴从－40ms 开始计时，表示报告记录故障前 40ms（即 2 个周波）的电压、电流波形，整个波形有两段压缩过程。图 8-9 中，U_3 表示 35kVⅢ段母线电压；U_4 表示 35kVⅣ段母线电压；I_5 表示 2 号主变低压侧 1 分支电流，和 35kVⅢ段母线相连；I_6 表示 2 号主变低压侧 2 分支电流，和 35kVⅣ段母线相连。

表 8-1　　第一套主变保护 RCS-978GE 保护装置保护定值

基本情况			
保护型号	RCS-978GE	高压侧 TA	1000/1A
中压侧 TA	2000/1A	低压侧甲、乙后备 TA	2500/1A
保护定值			
定值名称	定值	备注	
过电流定值	3.18A		
过电流Ⅰ时限	0.3s	跳 35kV 1 分支	
复压闭锁过电流定值	1.41A		
复压闭锁过电流Ⅰ时限	1.5s	跳 35kV 1 分支	
过电流定值	3.18A		
过电流Ⅰ时限	0.3s	跳 35kV 2 分支	
复压闭锁过电流定值	1.41A		
复压闭锁过电流Ⅰ时限	1.5s	跳 35kV 2 分支	
运行方式控制字			
过电流Ⅰ时限投入			
复压闭锁过电流Ⅰ时限			

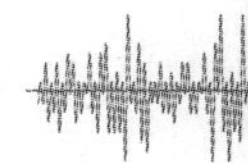

表 8-2　　第一套主变保护 RCS-978GE 保护装置动作报告

保护动作报告				
报告序号	启动时间	相对时间	相别	动作元件
110	2021-9-24 10:58:18.223	0ms	—	保护启动
		310ms	ABC	低压 1 分支过电流 I 时限
		—	—	跳低压 1 分支

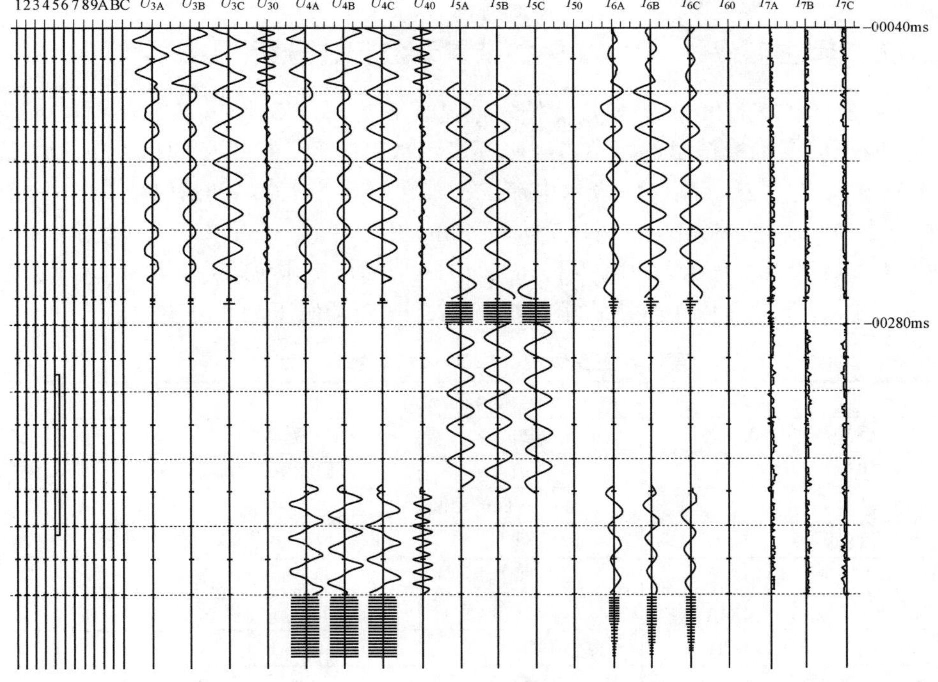

图 8-9　第一套主变保护 RCS-978GE 保护装置录波图

1. 电压波形分析

35kVⅢ、Ⅳ段母线通过主变低压侧断路器连接，两段母线的电压相同。故障前 40ms，电压波形发生畸变，三相电压不平衡，最高电压为（55.12×2）/ $\sqrt{2}$ =110.249V（峰值），并产生零序电压，幅值约为 55V，由 3 号电容器断路器合闸造成。故障前 6ms，3 号电容器断路器发生 AB 相间短路，A、B 相电压大小相等、方向相同，幅值约为 40V，为 C 相电压幅值的 1/2，A、B 相电压与 C 相电压反向，零序电压降低，几乎为零。108ms 时，3 号电容器断

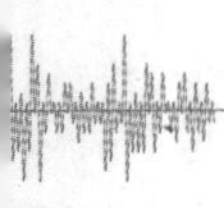

路器故障由两相短路转变为三相短路，三相电压降为零，零序电压降为零。370ms 时，2 号主变低压侧 1 分支断路器跳闸，35kVⅢ段母线三相电压为零，35kVⅣ段母线三相电压升高为线电压，三相电压不平衡，产生零序电压，幅值约为 55V，持续约 50ms。

2. 电流波形分析

故障前 40ms，2 号主变低压侧 1、2 分支流过正常负载电流。故障前 6ms，3 号电容器断路器发生 AB 相间短路，低压侧 1 分支 A、B 相电流大小相等、方向相反，幅值约为 8A；低压侧 2 分支三相电流均升高，A、B 相电流大小不相等，B 相幅值增加较多，方向相反。108ms 时，3 号电容器断路器故障由两相短路转变为三相短路，低压侧 1 分支三相电流均升高，幅值约为 10A；低压侧 2 分支三相电流均降低，迅速衰减为零。370ms 时，2 号主变低压侧 1 分支断路器跳闸，低压侧 1 分支三相电流降为零，低压侧 2 分支三相电流变为正常负载电流。

3. 开关量分析

（1）波形图中共有 12 个开关量，包括跳高压侧、跳高压侧母联、跳中压侧、跳中压侧母联、跳低压 1 分支、跳低压 1 分段、跳低压 2 分支、跳低压 2 分段等。

（2）故障后 310ms，2 号主变低压侧速断保护发“跳低压 1 分段”指令。370ms 时，2 号主变低压侧 1 分支断路器跳闸。

三、第二套主变保护 X1200 保护装置录波报告分析

第二套主变保护 X1200 保护装置保护定值见表 8-3，保护动作报告见表 8-4，录波图如图 8-10 所示，横坐标表示模拟量的幅值，纵坐标表示故障时间。模拟量通道：I_{a1}、I_{b1}、I_{c1}、I_{a2}、I_{b2}、I_{c2}、I_{a3}、I_{b3}、I_{c3}、I_{a4}、I_{b4}、I_{c4} 表示电流二次值，每格为 1.00A（瞬时值）。瞬时值录波时间标度 T 为 20.00ms/格，纵坐标的时间轴从－40ms 开始计时，表示报告记录故障前 40ms（即 2 个周波）的电流波形。图 8-10 中，I_{a1}、I_{b1}、I_{c1} 表示高压侧电流，I_{a2}、I_{b2}、I_{c2} 表示中压侧电流，I_{a3}、I_{b3}、I_{c3} 表示低压侧 1 分支电流，I_{a4}、I_{b4}、I_{c4} 表示低压侧 2 分支电流。

表 8-3　　第二套主变保护 X1200 保护装置保护定值

基本情况			
保护型号	X1200	高压侧 TA	1000/1A
中压侧 TA	2000/1A	低压侧甲、乙后备 TA	2500/1A
保护定值			
定值名称	定值	备注	
1 分支复压过电流Ⅰ段定值	3.18A	时限速断	
1 分支复压过电流Ⅰ段Ⅰ时限	0.3s	跳 35kV 甲分支	
1 分支复压过电流Ⅱ段定值	1.41A		
1 分支复压过电流Ⅱ段Ⅰ时限	1.5s	跳 35kV 甲分支	
2 分支复压过电流Ⅰ段定值	3.18A	时限速断	
2 分支复压过电流Ⅰ段Ⅰ时限	0.3s	跳 35kV 乙分支	
2 分支复压过电流Ⅱ段定值	1.41A		
2 分支复压过电流Ⅱ段Ⅰ时限	1.5s	跳 35kV 乙分支	
运行方式控制字			
低复压参与闭锁			
1 分支复压过电流Ⅰ段定值投入			
1 分支Ⅰ段复压元件退出			

续表

运行方式控制字
1 分支复压过电流Ⅱ段Ⅰ时限投入
1 分支Ⅱ段复压元件投入
2 分支复压过电流Ⅰ段定值投入
2 分支Ⅰ段复压元件退出
2 分支复压过电流Ⅱ段Ⅰ时限投入
2 分支Ⅱ段复压元件投入

表 8-4　　第二套主变保护 X1200 保护装置动作报告

保护动作报告				
报告序号	启动时间	相对时间	相别	动作元件
110	2021-09-24 10:58:18.240	0ms		后备保护启动（中压侧）
		1ms		后备保护启动（高压侧）
		4ms		后备保护启动（低压侧）
		139ms		差动保护启动
		325ms	ABC	1 复压过电流Ⅰ出口
				跳低压 1 分支

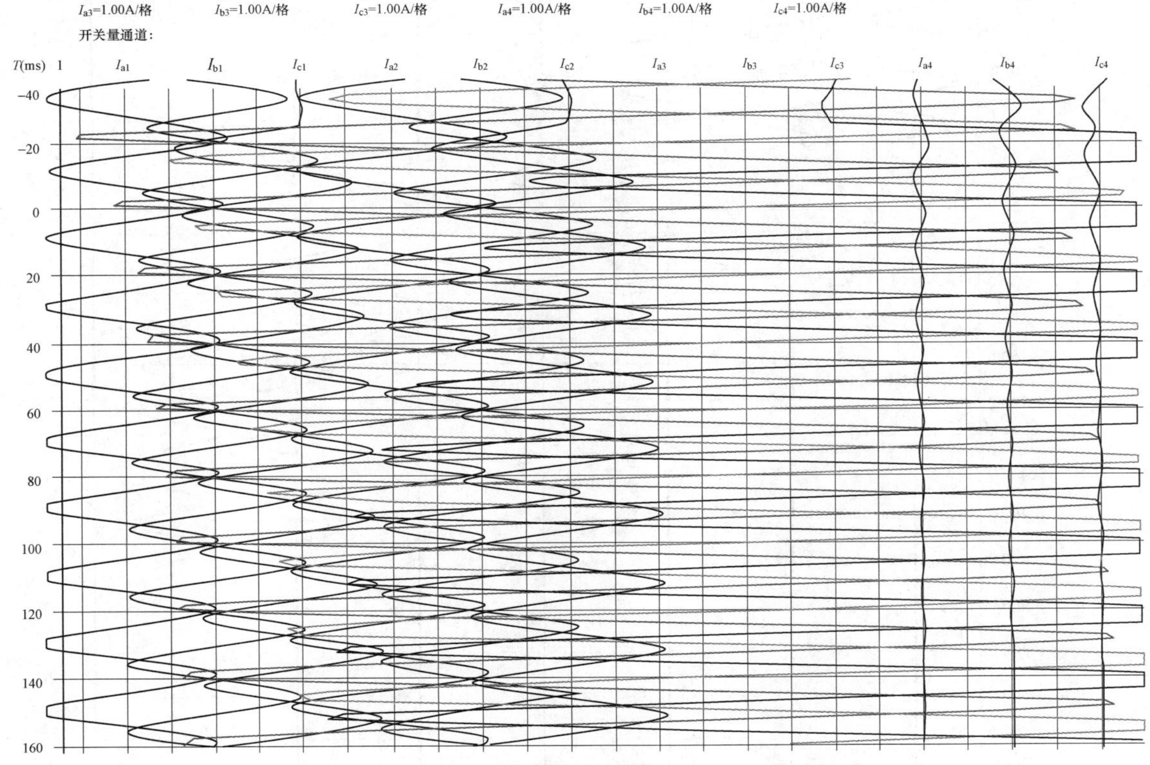

图 8-10　第二套主变保护 X1200 保护装置录波图

−40ms 时，2 号主变中、高压侧 A、B 相电流明显增大，C 相电流较小，低压侧 2 分支流过正常负载电流，低压侧 2 分支已发生 AB 相间短路，A、B 相电流大小相等、方向相反，幅值约为 9.5A，C 相电流为正常负载电流，幅值约为 0.25A。－25ms 时，3 号电容器断路器由 AB 相间短路转为三相短路，2 号主变中、高压侧 C 相电流明显增大，A、B 相电流基本没变化；低压侧 1 分支 C 相电流明显升高，幅值约为 8A，A、B 相电流小幅降低，幅值约为 9A，此后三相电流不断增大，电流最大时幅值约为 10.2A；低压侧 2 分支三相电流均降低，逐渐衰减为零。在故障时，故障电流为正弦波（C 相电流被截断是由于保护装置打印纸页面宽度不够造成）。

四、主变故障录波装置录波报告分析

主变故障录波装置录波报告如图 8-11 所示，横坐标表示模拟量的幅值，纵坐标表示故障时间。比例尺（二次值）：交流电压 10.236V/刻度，交流电流 1.223A/刻度。纵坐标的时间轴从－60ms 开始计时，表示报告记录故障前 60ms（既 3 个周波）的电压、电流波形，整个波形有两段压缩过程。

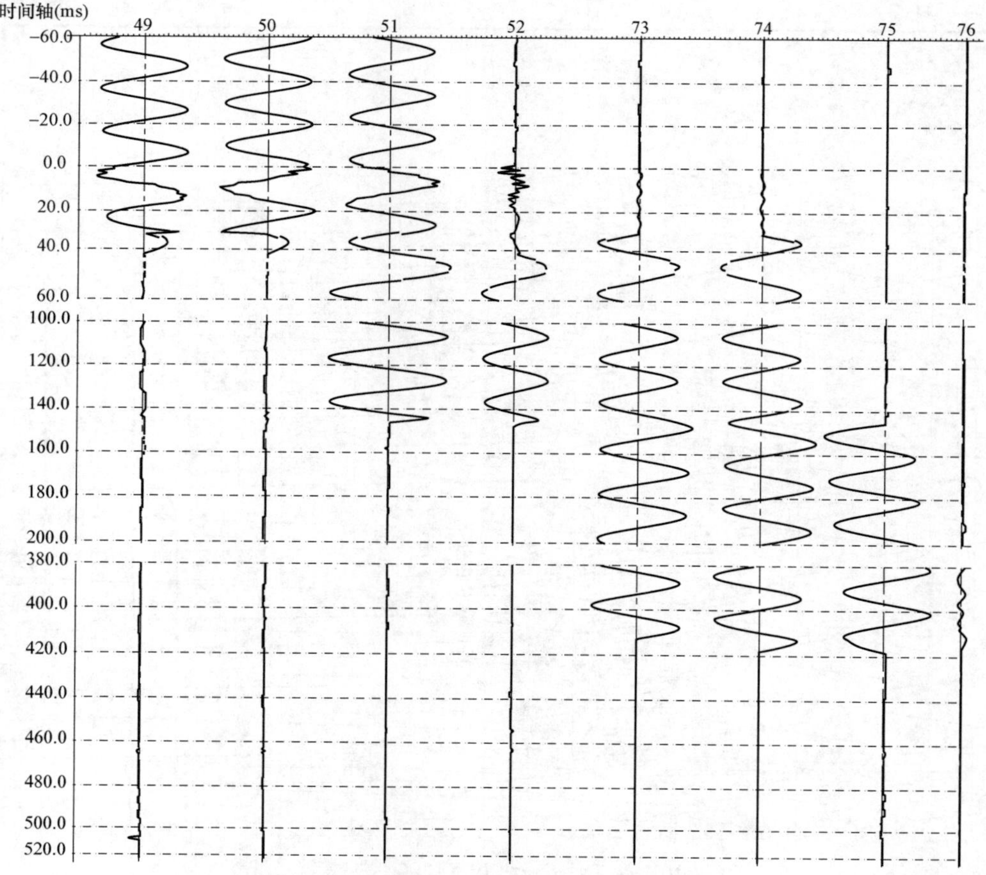

图 8-11　主变故障录波装置录波图

1. 电压波形分析

故障前 60ms，电压波形正常。0ms 时，三相电压波形发型畸变，三相电压不平衡，产生零序电压。32ms 时，3 号电容器断路器发生 AB 相间短路，A、B 相电压大小相等、方向相同，幅值约为 41V，为 C 相电压幅值的 1/2，A、B 相电压与 C 相电压反向，零序电压几乎为零。42ms 时，A、B 相电压降低为零，C 相电压升高，幅值约为 130V，同时产生零序电压，方向与 C 相电压同向，幅值约为 70V。147ms 时，3 号电容器断路器故障由两相短路转变为三相短路，三相电压降为零，零序电压降为零。

2. 电流波形分析

故障前 60ms，电流波形为正常负载电流。0ms 时，A、B 相电流略有增加，C 相电流不变。32ms 时，3 号电容器断路器发生 AB 相间短路，A、B 相电流大小相等、方向相反，幅值约为 9.8A，C 相电流为正常负载电流。147ms 时，3 号电容器断路器故障由两相短路转为三相短路，三相电流大小相等、三相对称，幅值约为 9.8A。413ms 时，A 相断路器分闸，A 相故障电流变为零。418ms 时，B、C 相断路器分闸，B、C 相电流变为零。从 180～418ms 这段时间，出现了幅值很小的零序电流。

五、保护动作情况分析

本次事故中，故障原因为电容器断路器真空泡质量不合格（怀疑由接通过电压引起），导致断路器在合闸过程中真空泡炸裂，造成电容器断路器两相短路转三相短路，主变低后备保护动作。2 号主变 X1200 保护装置录波较晚，未录上故障发生前的电压、电流波形。

主变保护装置测得的故障相电流二次值约为 7.07A，大于过电流保护定值 3.18A，电流互感器变比为 2500/1，一次故障电流为 17675A。

2 号主变低压侧 1 分支故障电流约为 17.7kA，主变低压侧 1 分支断路器跳闸，依据“十八项反措”要求应立即进行油中溶解气体组分分析，并加强跟踪；同时注意油中溶解气体组分数据的变化趋势，若发现异常，应进行局部放电带电检测，必要时安排停电检查。

六、真空断路器在操作过程中会产生的过电压类型

（1）截流过电压。

（2）多次重燃过电压。

（3）操作感性负载过电压。

（4）开断容性负载过电压。

（5）接通过电压。真空断路器在接通电路时，触头间距逐渐变小，在触头机械地接触之前，要产生预击穿，触头间流过高频电流。接着在高频电流过零点进行开断，类似开断时的情况，但是在接通时，触头间距是在变小，触头间耐压水平也逐渐降低，过电压的峰值因而也受到抑制，不会产生过高的过电压，也不会带来严重的后果。

由图 8-9 可知，在相间短路前三相电压偏高，为（55.21×2）/$\sqrt{2}$=78.09V（二次峰值）。而 10kV 断路器合闸时间不大于 100ms，报告中记录了 40ms。

七、真空泡炸裂原因分析

真空断路器真空泡炸裂、爆炸等原因如下：

（1）真空断路器触头材料原因。

（2）真空度不达标。

（3）出厂时未做老练试验，或老练试验没有达到相关规程规范要求。

（4）操作方式（如频繁投切电容时间隔时间较短）。

（5）操作时产生重燃过电压，特别是多次重燃过电压。

（6）合闸涌流，特别是背靠背合闸涌流。

案例3：35kV电容器断路器频繁操作造成真空断路器烧毁

本案例分析的知识点

（1）RCS-978保护报告分析。

（2）故障录波器波形分析。

（3）电容器回路真空断路器烧毁原因分析。

一、案例基本情况

某220kV变电站35kV无功补偿电容器备用一年多，经试验后对电容器充电—停电—送电，其间每次间隔时间小于10ms，造成真空断路烧毁。

二、保护装置报文

1. RCS-978保护装置报文

（1）0ms时保护启动。

（2）307ms时低压2分支过电流Ⅰ时限。

（3）最大纵差电流：$0.58I_e$。

2. X1200保护装置报文

（1）0ms时后备保护启动。

（2）10ms时后备保护启动。

（3）336ms时2复压过电流Ⅱ段出口。

三、故障波形分析

1. 1号主变低压侧2分支电压波形分析

1号主变低压侧2分支电压波形如图8-12所示。

（1）模拟量通道。

1）21：1号主变低压侧2分支电压U_a。

2）22：1号主变低压侧2分支电压U_b。

3）23：1号主变低压侧2分支电压U_c。

4）24：1号主变低压侧2分支电压$3U_0$。

5）29：1号主变低压侧2分支电流I_a。

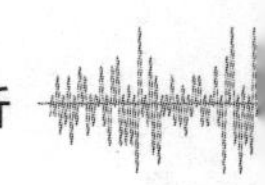

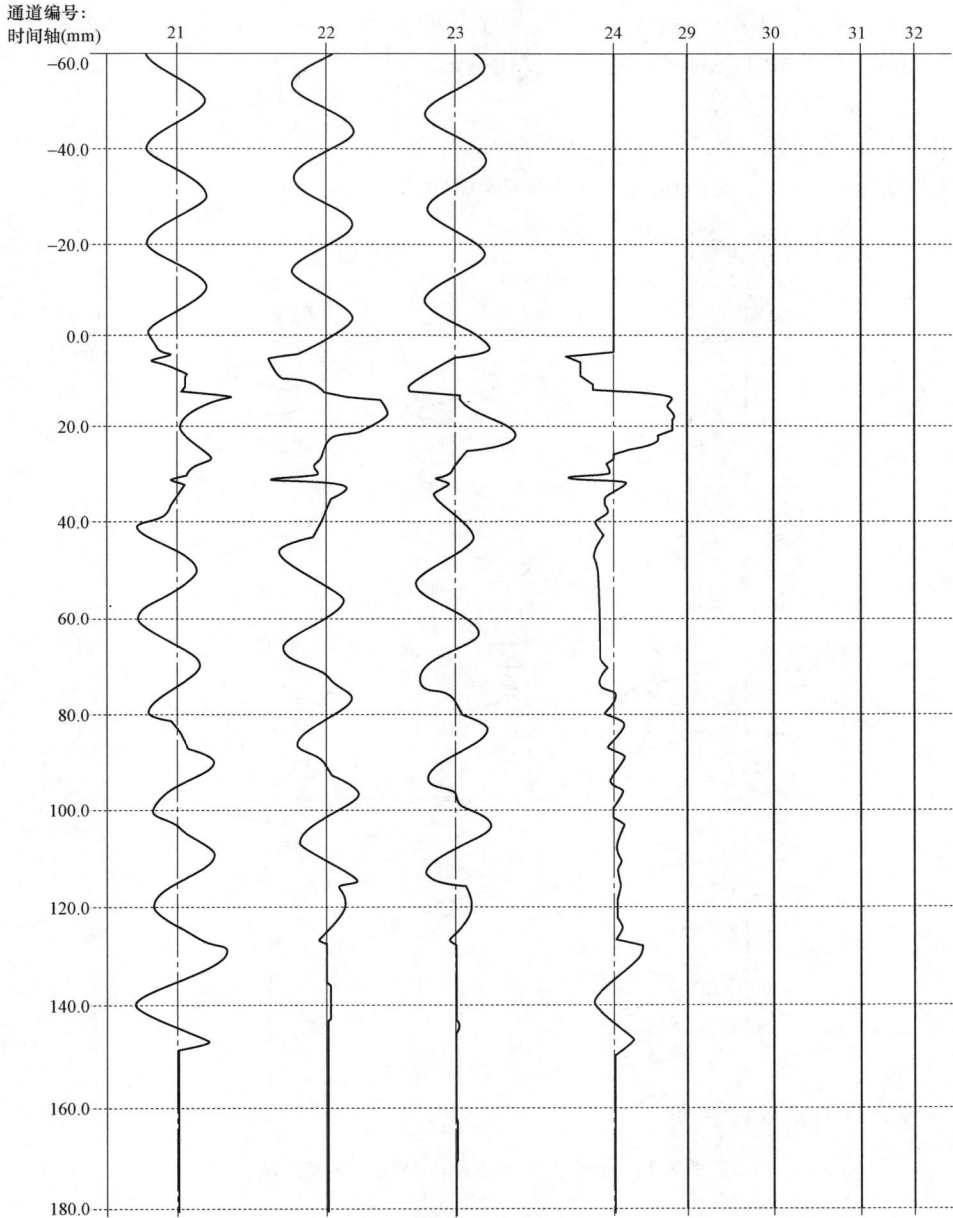

图 8-12　1 号主变低压侧 2 分支电压波形图

6）30：1 号主变低压侧 2 分支电流 I_b。

7）31：1 号主变低压侧 2 分支电流 I_c。

8）32：1 号主变低压侧 2 分支电流 $3I_0$。

（2）电压量分析：

1）报告记录了故障前 60ms 正常电压波形；

2）10ms 时 1 号主变低压侧 2 分支电压开始畸变，并且出现了过电压；

3）出现了零序电压分量，并且为非正弦波；

4）128ms 时 A、B 相电压接近零，发生了相间故障；

5）148ms 时 C 相电压为零，发生了三相故障；

6）150ms 时 $3U_0$ 为零。

2. 1号主变低压侧1分支电压波形分析

1 号主变低压侧 1 分支电压波形如图 8-13 所示。

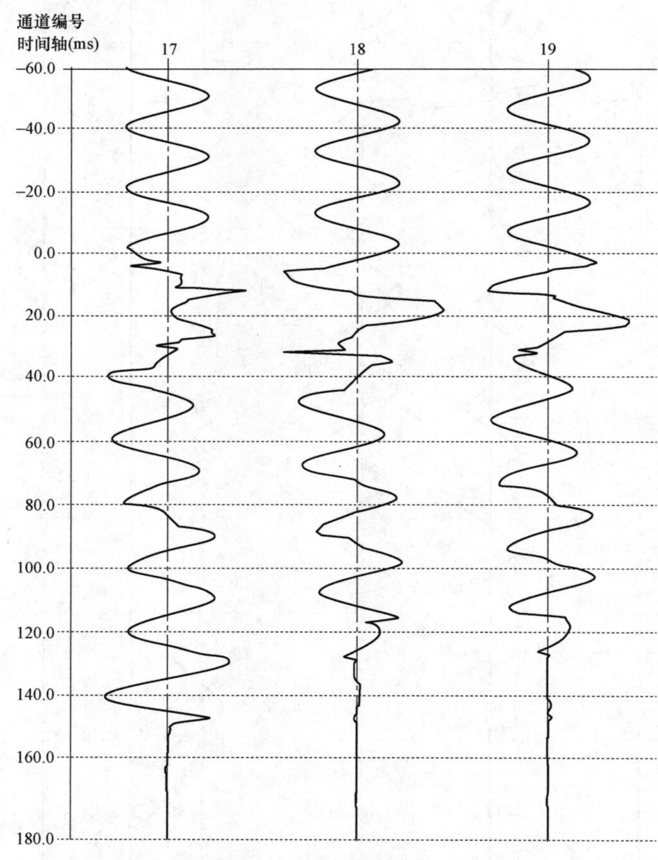

图 8-13　1 号主变低压侧 1 分支电压波形图

（1）模拟量通道。

1）17：1 号主变低压侧 1 分支电压 U_a。

2）18：1 号主变低压侧 1 分支电压 U_b。

3）19：1 号主变低压侧 1 分支电压 U_c。

（2）电压量分析：

1）报告记录了故障前 60ms 正常电压波形；

2）0ms 时 1 号主变低压侧 1 分支段电压开始畸变，并出现了过电压；

3）128ms 时 A、B 相电压接近零，发生了相间故障；

4）148ms 时 C 相电压为零，发生了三相故障；

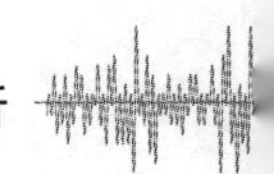

5）图 8-13 中没有记录 $3U_0$ 分量。

3. 1号主变低压侧1分支电流波形分析

1 号主变低压侧 1 分支电流波形如图 8-14 所示。

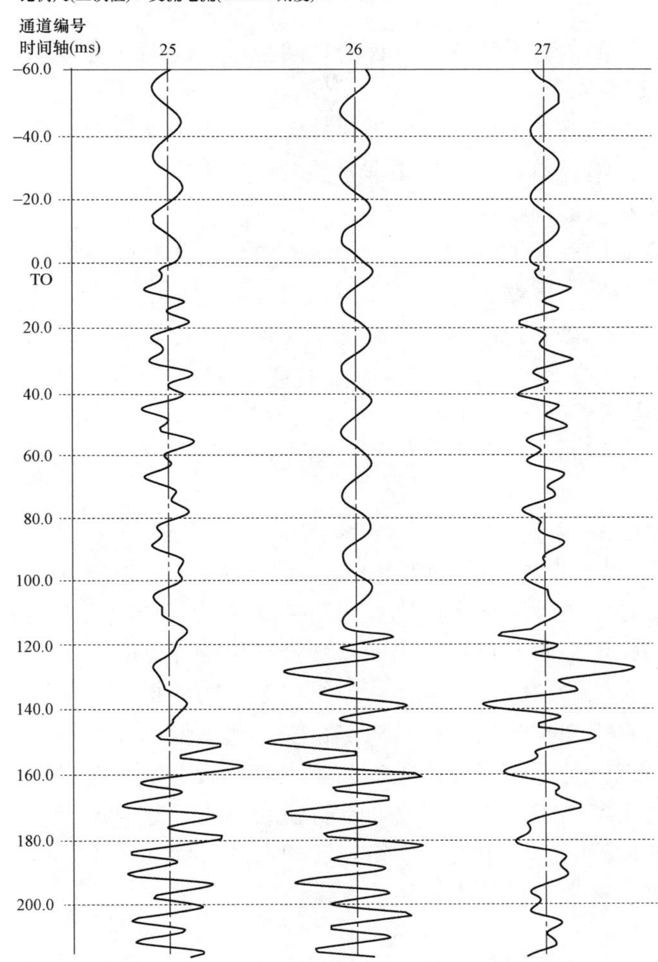

图 8-14 1 号主变低压侧 1 分支电流波形图

（1）模拟量通道。

25：1 号主变低压侧 1 分支电流 I_a。

26：1 号主变低压侧 1 分支电流 I_b。

27：1 号主变低压侧 1 分支电流 I_c。

（2）电流量分析：

1）报告记录了故障前 60ms 正常电流波形；

2）0ms 时 1 号主变低压侧 1 分支段 A、C 电流开始畸变，出现了谐波分量和高频电流；

3）117ms 时 B、C 相发生了相间故障；

4）148ms 时发生了三相故障，最大电流在 B 相，最小电流在 C 相；

5）120ms 时 B、C 两相明显出现高频电流，140ms 时 C 相出现高频电流；

6）336ms 时 2 复压过电流Ⅱ段出口，跳 1 分支断路器；

7）A、B 两相短路电流有失零波形。

四、故障原因分析（供参考）

真空断路器在短时间内频繁操作，在断开时可能发生延时击穿现象。

1. 延时击穿的基本概念

灭弧室偶尔会在电流开断后较长时间发生击穿，发生击穿时间可达 1s，这种现象称为延时击穿。击穿发生后的情况对评价其后果非常重要。

击穿发生后有两种可能的情况：

（1）如果在击穿后触头间隙继续导通，那么这种延时击穿是重燃击穿。重击穿对线路及断路器都会产生严重后果。重燃击穿通常是型式试验未通过的判据。

（2）如果在击穿后触头间隙立即恢复绝缘状态，那么这种延迟击穿称为作非保持破坏性放电（NSDD）。

2. 延时击穿对真空断路器的影响

通常延时击穿与真空断路器联系在一起，它不仅发生在容性电流投切中，而且在短路开断中也同样存在。

在小间隙下，虽然原则上真空间隙的击穿场强高于 SF_6 间隙，但真空间隙击穿电压统计数据的标准差比较大，这意味着在相对较低电压（如工频恢复电压）下就可能发生击穿。

真空间隙中发生延时击穿的根本原因或许与金属微粒有关。这些微粒有可能是燃弧后液滴凝固产生的，它们松散地附着在触头表面，当操动机构分闸时产生振动，微粒就可能脱离触头表面。延时击穿发生的原因也可能是场致发射电流突然增加，从而导致击穿。

在正常情况下，真空间隙的绝缘恢复得非常快，典型值为几微秒到几十微秒。恢复很快的原因在于真空间隙能够开断击穿后产生的高频电流。真空间隙在 40kV 电压下击穿后产生了频率非常高的电流（＞1MHz）。尽管此电流的 di/dt 很高，达到几千安每微秒，但是此例中的真空间隙能够在 8μs 开断这个电流，使得电流导通的时间非常短。这个高频电流是由真空间隙附近的寄生电容对寄生电感放电产生的。

案例 4：10kV 线路单相接地，过电压导致电容器电流互感器三相短路，电容器和线路保护动作跳闸

本案例分析的知识点

（1）NSR621RF-D60 电容器保护装置动作报告分析。

（2）NSR-305DZM 线路保护装置动作报告分析。

（3）主变故障录波装置录波报告分析。

（4）保护动作情况分析。

一、案例基本情况

某 220kV 变电站 10kV 母线采用单母线分段接线，母联断路器在合位。某日 10kVⅡ段母线上的 922 线路 A 相接地，该母线上 6 号电容器电流互感器 B 相炸裂，电容器限时速断保护动作，922 线路差动保护动作。6 号电容器配置了 NSR621RF-D60 保护装置，922 线路配置了 NSR-305DZM 保护装置。922 线路为电缆出线，对侧为风电场。6 号电容器电流互感器变比为 800/5，922 线路电流互感器变比为 800/5，1、2 号主变低压侧电流互感器变比为 4000/5。

220kV 变电站 10kV 系统接线方式如图 8-15 所示。

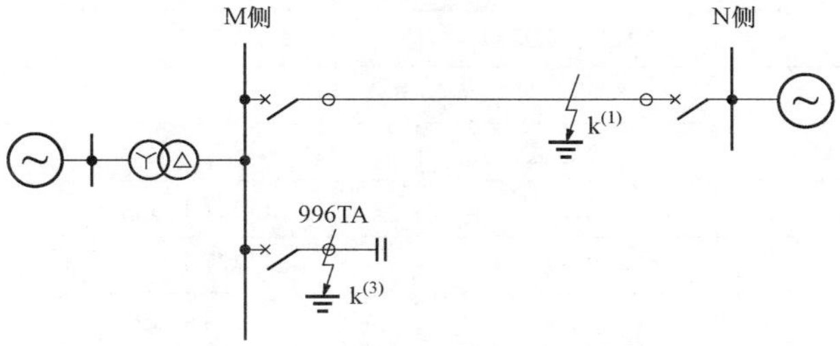

图 8-15　220kV 变电站 10kV 系统接线方式

二、NSR621RF-D60 电容器保护装置动作报告分析

NSR621RF-D60 电容器保护装置保护定值见表 8-5，动作报告见表 8-6，保护动作时间为 2022 年 5 月 7 日 7 时 39 分 35 秒 932 毫秒，电容器限时电流速断保护动作，故障电流 I_A=73.91A，断路器跳闸。

表 8-5　　NSR621RF-D60 电容器保护装置保护定值

基本情况			
保护型号	NSR621RF-D60	TA	800/5A
保护定值			
整定项目	整定值	整定项目	整定值
限时电流速断定值	13.53A	限时电流速断时间	0s
过电路保护定值	4.06A	过电路保护时间	0.2s
母线过电压定值	115V	母线过电压时间	5s
母线低电压定值	50V	母线低电压时间	5s
不平衡电压定值	0.84V	不平衡电压时间	5s
控制字			
控制字	整定	控制字	整定
限时电流速断	1	过电流保护	1
过电压保护	1	低电压保护	1
不平衡电压保护	1	不平衡电流保护	0

表 8-6　　NSR621RF-D60 电容器保护装置动作报告

保护动作报告			
启动时间	故障电流	相别	动作元件
2022-05-07 07：39：35.932	I_A=73.91A	ABC	限时电流速断动作

三、NSR-305DZM 线路保护装置动作报告分析

NSR-305DZM 线路保护装置保护定值见表 8-7，动作报告见表 8-8，保护动作时间为 2022-5-7 07:39:36:025，相对时间 0ms 时保护启动，15ms 时电流差动保护动作，保护跳闸，故障电流为 4.06A，零序故障电流为 0.14A，最大差动电流为 0.19A，故障相别为 A 相，故障电压为 5.81V。

表 8-7　　NSR-305DZM 线路保护装置保护定值

基本情况			
保护型号	NSR-305DZM	TA	800/5A
保护定值			
整定项目	整定值	整定项目	整定值
差动动作电流定值	3.1A	过电流Ⅰ段定值	24A
过电流Ⅰ段时间	0.1s	过电流Ⅲ段定值	7A
过电流Ⅲ段时间	0.6s	线路总长度	9.54km
控制字			
控制字	整定值	控制字	整定值
纵联差动保护	1	过电流保护Ⅰ段	1
过电流保护Ⅲ段	1	停用重合闸	1

表 8-8　　NSR-305DZM 线路保护装置动作报告

保护动作报告				
报告序号	启动时间	相对时间	相别	动作元件
00376	2022-5-7 07:39:36.025	0ms		保护启动
		15ms		保护跳闸
		15ms	ABC	电流差动保护动作
故障电压	5.81V	故障电流	4.06A	
零序故障电流	0.14A	最大差动电流	4.2A	
故障相别		A		

四、主变故障录波装置录波报告分析

主变故障录波装置录波图如图 8-16 所示，纵坐标表示模拟量的幅值，横坐标表示故障时间，标度为二次值。横坐标的时间轴从－30ms 开始计时，表示报告记录故障前 30ms（即 1.5 个周波）的电压、电流波形。

1. 电压波形分析

故障前 30ms，电压波形正常。0ms 时 A 相接地，A 相电压明显降低，最高幅值约为 86V，说明 A 相非金属性接地，接地点存在过渡电阻，B、C 相电压幅值约为 171V，远高于线电压，说明中性点发生偏移，三相电压波形发型畸变，三相电压不平衡，零序电压非自产，取自母线电压互感器开口三角处，2 号主变低压侧有零序电压，1 号主变低压侧无零序电压，属于不正常现象（开口三角未接进故障录波器）。99.9ms 时 996 电流互感器 A、B 相发生两相接地

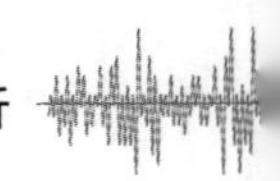

短路，A、B 相电压降为零，C 相电压幅值约为 90V。105ms 时两相短路转三相短路，三相电压降为零。159.9ms 时 996 断路器跳闸，三相短路故障切除，A 相接地故障未切除，A 相电压升高，B、C 相电压大幅升高，幅值约为 170V，说明系统内还有接地点。

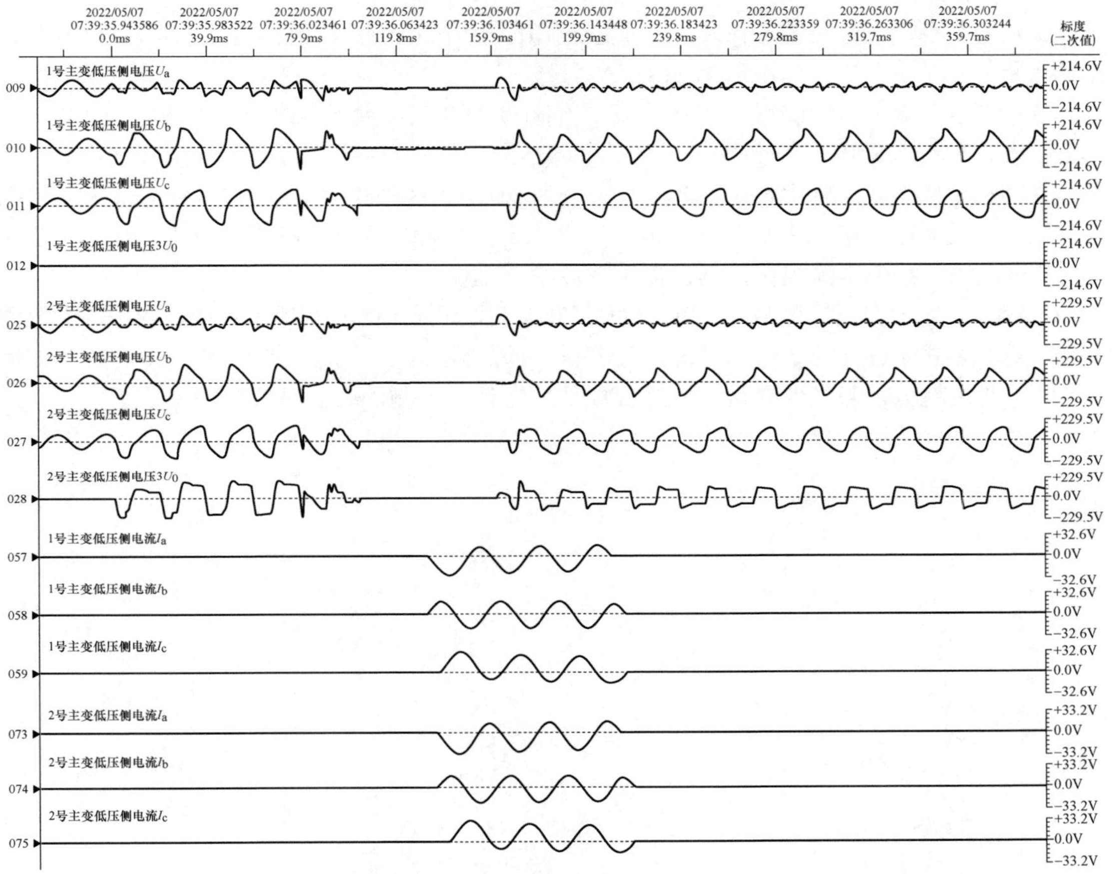

图 8-16　主变故障录波装置录波图

在 A 相接地后，两组 10kV 母线电压互感器电压波形畸变比较严重，应该与电压互感器励磁特性有关。

2. 电流波形分析

1、2 号主变低压侧电流波形相同。故障前 30ms，电流波形为正常负载电流。0ms 时 A 相接地，10kV 系统为中性点不接地系统，无故障电流和零序电流。99.9ms 时 996 电流互感器 A、B 相发生相间短路，A、B 相电流大小相等、方向相反。105ms 时两相短路转三相短路，三相电流大小相等，幅值约为 20A，三相电流对称，无零序电流，A 相电流偏向负半轴，说明有负直流分量，C 相电流偏向正半轴，说明有正直流分量。159.9ms 时 996 断路器跳闸，三相短路故障切除，无故障电流和零序电流。

五、保护动作情况分析

（1）本次事故中，故障原因为电缆线路发生 A 相接地故障，导致其他两相电压升高，过

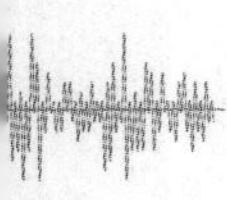

电压倍数为 2 倍，造成 996 电流互感器相间接地短路转三相短路。由于 996 电流互感器 AB 相间接地短路，此时 922 线路 A 相接地，不同线路、不同相同时接地，922 差动保护动作，故障相为 A 相，造成了 922 断路器跳闸。922、996 断路器跳闸后，系统还存在 A 相接地故障，原因为系统过电压造成 A 相绝缘性能降低，绝缘恢复后接地消失。

（2）主变故障录波装置测得 1、2 号主变低压侧故障电流二次值约为 14.14A，电流互感器变比为 4000/5，一次故障电流为 11312A。

（3）电容器保护装置测得的故障电流二次值为 73.91A，大于限时电流速断定值 13.53A，电流互感器变比为 800/5，一次故障电流为 11825A。

（4）线路保护装置测得的故障电流二次值为 4.06A，零序故障电流为 0.14A，最大差动电流为 4.2A，最大差动电流大于差动保护动作电流定值 3.1A，光纤差动保护动作正确。本线路对侧是小电源，故障电流很小，其差流主要取决于本侧。

（5）1、2 号主变低压侧故障电流约为 11.3kA，主变低压侧断路器未跳闸，依据“十八项反措”要求应立即进行油中溶解气体组分分析，并加强跟踪。同时，应注意油中溶解气体组分数据的变化趋势，若发现异常，应进行局部放电带电检测，必要时安排停电检查。

第九章

新能源故障波形分析

案例1：风电场35kV集电线路A相接地零序Ⅰ段保护动作

本案例分析的知识点

（1）风电场35kV集电线路经低阻接地故障的特点。

（2）风电场35kV集电线路单相接地故障电压、电流波形分析。

（3）风电场35kV集电线路单相接地故障动作过程。

（4）接地变压器工作原理。

一、案例基本情况

2015年9月30日22时55分，某风电场35kV低压侧为经低阻接地系统，平均风速为14.62m/s，全场负荷为4.0MW，中央监控报35kV集电Ⅲ线零序过电流Ⅰ段动作跳闸，零序电流为0.222A，零序过电流Ⅰ段整定时间为1s。

35kV系统接线如图9-1所示。

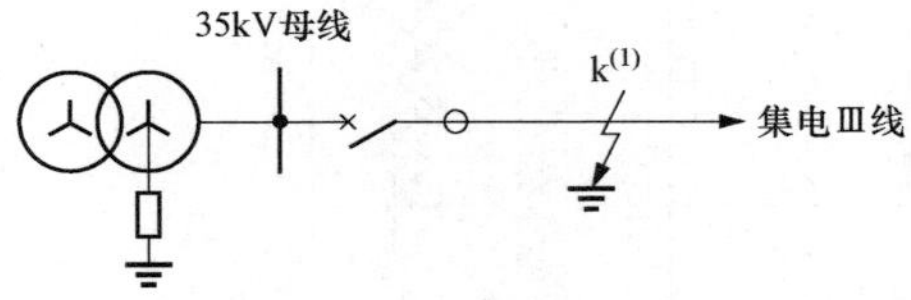

图9-1　35kV系统接线示意图

二、故障录波报告分析

故障录波图如图9-2所示，图中横坐标表示故障时间，纵坐标表示模拟量和开关量的幅值。

1. 电压波形分析

（1）故障相A相电压分析。0ms时A相单相接地故障，A相电压几乎为零。A相单相接地故障持续时间约为1100ms。断路器三相跳闸，电压恢复正常。

（2）正常相B、C两相电压分析。A相故障时，B、C两相在开始时有一个很短暂态过程，之后电压正常。断路器跳闸后和重合与永久性接地故障后，B、C两相电压均正常。

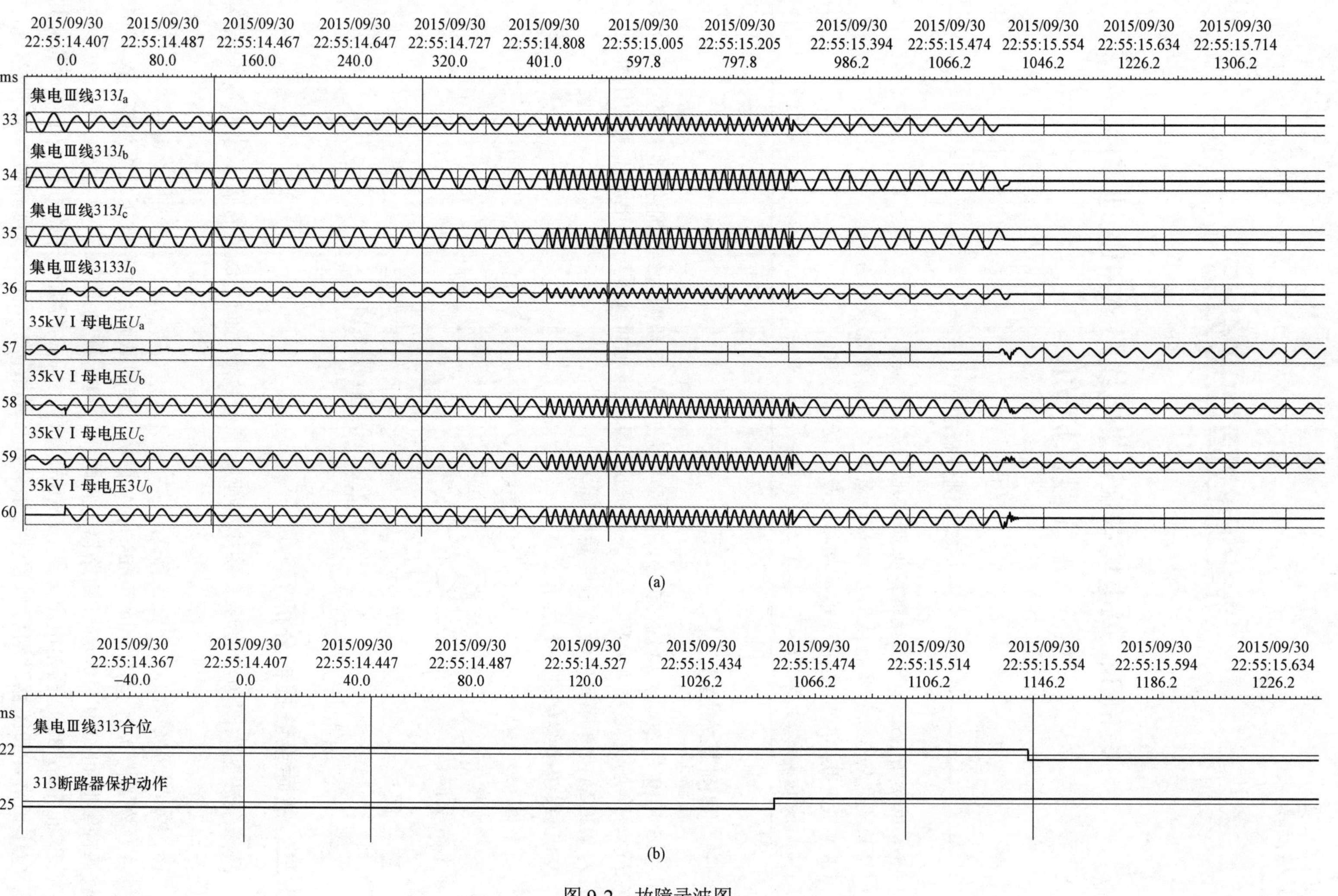

图9-2 故障录波图
（a）录波图1；（b）录波图2

（3）$3U_0$电压波形分析。由于是单相接地故障，该站35kV系统配有零序保护，故障时有$3U_0$，开始时有一个小尖，之后为正弦波，其幅值基本与正常电压一致。断路器三相跳闸后，故障切除，$3U_0$为零。

（4）如图9-2（b）所示，在约1100ms断路器三相分闸后，A、B、C三相电压出现了一小段时间的暂态过程。这是由真空断路器的性能决定的，断路器分闸后出现了高次谐波。从图9-2（b）中电流消失的先后顺序可以看出，该断路器的首开相为A相，且B、C相也不是同时分闸，所以该断路器性能较差。

2. 电流波形分析

（1）故障相A相电流波形分析。0ms时A相单相接地故障，A相电流略有下降（2/3零序电流+负载电流）。A相电流略有下降的原因为，在发生单相接地故障后，接地电阻将零序电流值削弱，使得发生单相接地故障后故障相电流反而减小。断路器三相跳闸后，A相电流为零。

（2）正常相B、C两相电流波形分析。A相故障时，B、C两相电流为负载电流+1/3零序地电流。断路器三相跳闸后，B、C两相电流不变，断路器三跳后，B、C两相电流为零。

（3）$3I_0$电流波形分析。由于是单相接地故障，该站35kV系统配有零序保护，因此在故障时有$3I_0$，其大小为A相短路电流的1/2，方向基本同向。断路器三相跳闸后，故障切除，$3I_0$为零。

（4）断路器三相跳闸后，三相负载电流为零。从图9-2（c）中可看出，断路器三相分闸顺序是首开相A相—B相—C相。

（5）图9-2（b）中400～850ms之间有压缩，整个故障时间为1140ms。

（6）断路器首开相A相，B相最后断开。

3. 开关量分析

（1）图9-2（c）、（d）中共有2个开关量，分别是313合位、313保护动作。

（2）A相单相接地故障发生后，约1050ms时313保护动作，1140ms时断路器三相分闸。零序Ⅰ段保护整定时间为1s。

三、风电场35kV集电线路A相接地故障动作过程

线路A相接地→接地零序Ⅰ段动作→经整定时间1s→线路断路器三相跳闸。

四、接地变压器工作原理

接地变压器绕组接线如图9-3所示，由于接地变压器有电磁特性，对正序、负序电流呈高阻抗，绕组中只流过很小的励磁电流。由于每个铁心柱上两段绕组绕向相反，同心柱上两绕组流过相等的零序电流呈现低阻抗，零序电流在绕组上的压降很小。当系统发生接地故障时，在绕组中将流过正序、负序和零序电流。该绕组对正序和负序电流呈现高阻抗；而对零序电流来说，由于在同一相的两绕组反极性串联，其感应电动势大小相等、方向相反，正好相互抵消，因此呈低阻抗。

当系统发生接地故障时，对正序、负序电流呈高阻抗，对零序电流呈低阻抗，使接地保护可靠动作。

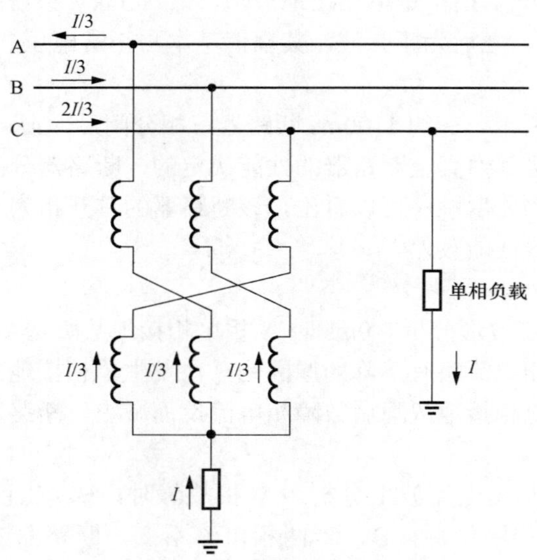

图 9-3　接地变压器绕组接线示意图

案例 2：风电场 35kV 集电线路 B 相接地零序 I 段保护动作

本案例分析的知识点

（1）风电场 35kV 集电线路单相接地保护动作信息分析。
（2）风电场 35kV 集电线路单相接地故障电压、电流波形分析。
（3）风电场 35kV 集电线路单相接地故障动作过程。

一、案例基本情况

2021 年 4 月 15 日 13 时 42 分 14 秒 241 毫秒，某风电场 35kV 集电线路 B 相接地零序 I 段动作，跳汇集二线路断路器。检查未发现任何异常，试送成功。35kV 系统经低阻接地。

二、保护装置动作情况

（1）0ms 时保护动作。
（2）0ms 时零序过电流 I 段保护动作。
（3）自产零序动作电流：0.295A。
（4）自产零序动作电压：119.521V。

三、故障波形分析

故障录波器波形如图 9-4 所示。

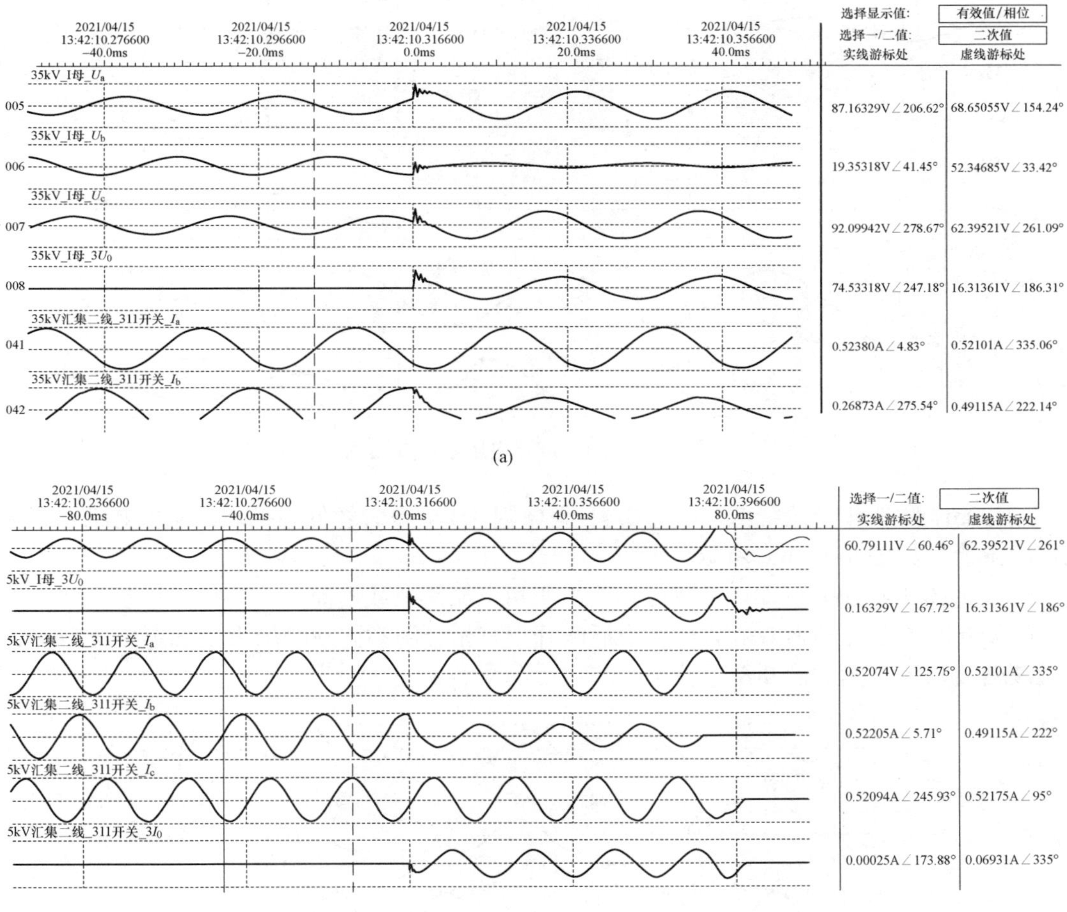

(a)

(b)

图 9-4　故障录波器波形图

（a）电压波形图；（b）电流波形图

1. 电压波形分析

（1）波形图记录了故障前 50ms 的 35kV 正常电压波形。

（2）0ms 时三相电压都出现了高频分量，时间大约为 2ms。之后 A、C 相电压正常，B 相电压降低，说明故障开始是三相瞬时。电压波形放大图如图 9-5 所示。

（3）由图 9-4（b）可知，故障时出现了零序电压，开始 2ms 有高频分量，整个故障时间约 77ms（零序过电流 I 段动作固有时间+断路器分闸时间）。

（4）断路器三相分闸后，由于三相分闸不同期，$3U_0$ 延续了 5ms，并出现了高次谐波分量。

2. 电流波形分析

（1）波形图记录了故障前 50ms 的 35kV 汇集二线正常电流波形。

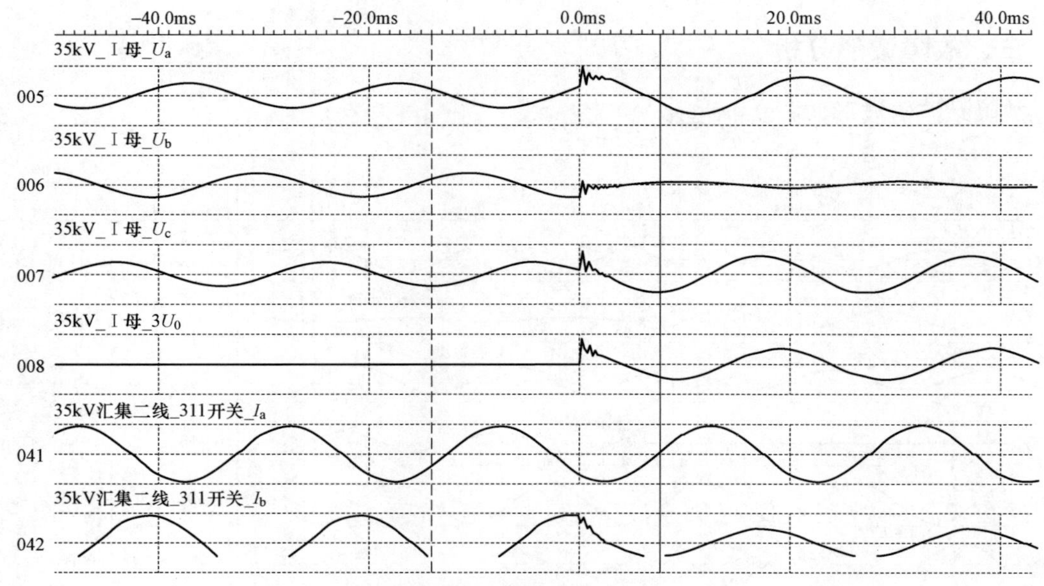

图 9-5　故障录波器电压波形放大图

（2）0ms 时 B 相电流降低，出现 $3I_0$ 分量。因 35kV 系统经低阻接地，B 相电流此时主要是零序电流，如图 9-4（b）所示。

（3）由图 9-4（b）可知，故障时 A、C 两相电流是负载电流与 1/3 零序电流之和。

（4）断路器首开相为 B 相，C 相最后断开，三相分闸不同期时间大于规定值（2ms）。故障录波器波形放大图如图 9-6 所示。

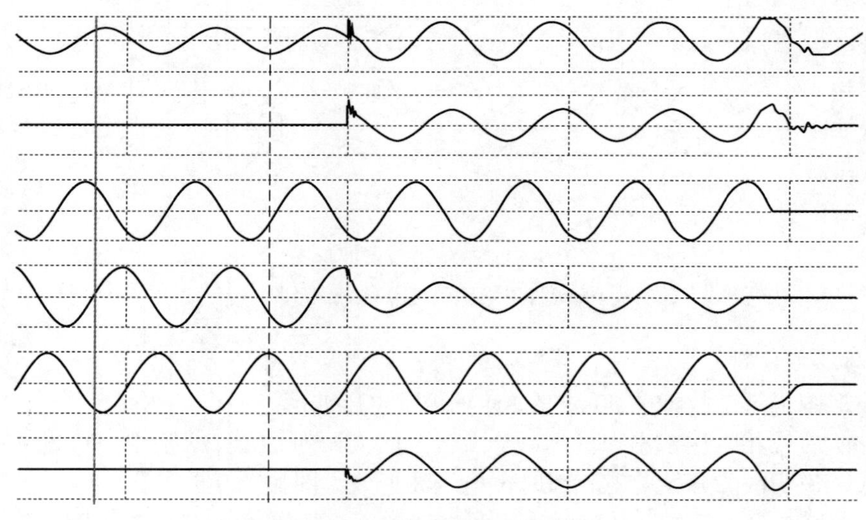

图 9-6　故障录波器波形放大图

四、35kV 风电场集电线路 B 相接地故障动作过程

线路 B 相接地→接地零序动作→零序保护固有动作时间→线路断路器三相跳闸。

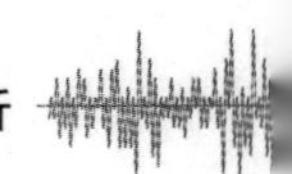

案例3：风电场35kV集电线路A相接地小电流零序Ⅰ段保护动作

本案例分析的知识点

（1）风电场35kV集电线路单相接地保护动作信息分析。
（2）风电场35kV集电线路单相接地故障电压、电流波形分析。
（3）风电场35kV集电线路单相接地故障动作过程。

一、案例基本情况

2022年4月27日6时32分5秒，某风电场零序过电压告警，35kV集电线路不接地零序过电流跳闸。

二、保护动作信息

不接地零序过电流跳闸，二次动作值$3I_0$=1.534A。

小电流零序Ⅰ段保护动作整定值为0.5A、0.1s，电流互感器（外接）变比：断路器为600/1；外接$3I_0$为100/1。$3I_0$一次值为153.4A，避雷器泄漏电流为0.5A。

三、ISA-367G线路保护装置保护功能

（1）相电流越限记录。
（2）过电流保护。
（3）三相一次自动重合闸。
（4）滑差闭锁低频减载。
（5）低压减载。
（6）定时限过电压保护。
（7）中性点不接地零序过电流保护（经电阻接地）。
（8）直接接地系统的零序过电流保护。
（9）过负荷保护。
（10）控制回路断线告警。
（11）母线电压互感器断线告警。

四、故障波形分析

1. 电压波形分析

35kV集电线路单相接地故障母线电压波形如图9-7所示。

（1）波形图记录了故障前70ms正常电压波形值。

（2）0ms开始A相电压降低，B、C两相电压升高，故障时间7.5个周波（150ms，为保护整定时间100ms+断路器分闸时间）。

（3）故障时出现了 $3U_0$，说明是接地故障。$3U_0$（二次有效值）=（0.848+1.272）/2/$\sqrt{2}$×100≈75（V），$3U_0$（一次电压）=75×35/$\sqrt{3}$≈15.12kV

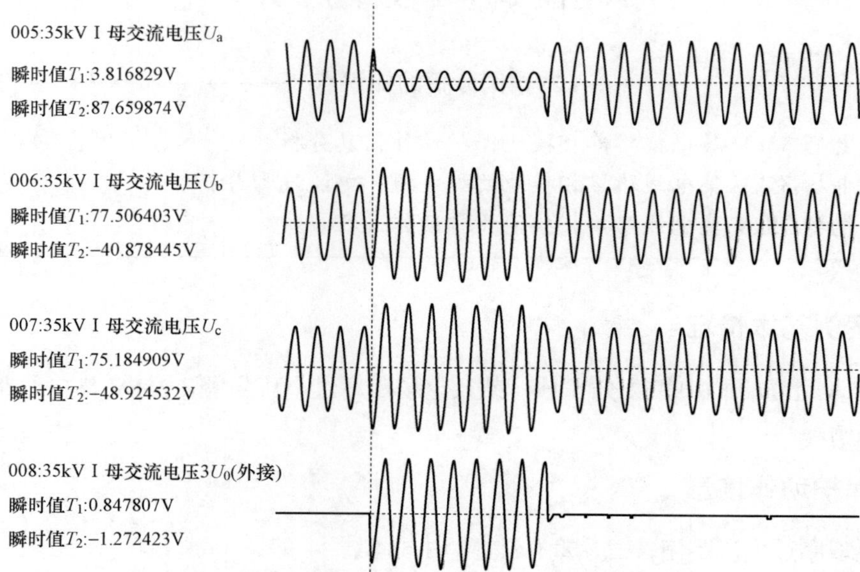

图 9-7　35kV 集电线路单相接地故障母线电压波形图

2. 电流波形分析

35kV 集电线路单相接地故障线路电流波形如图 9-8 所示。

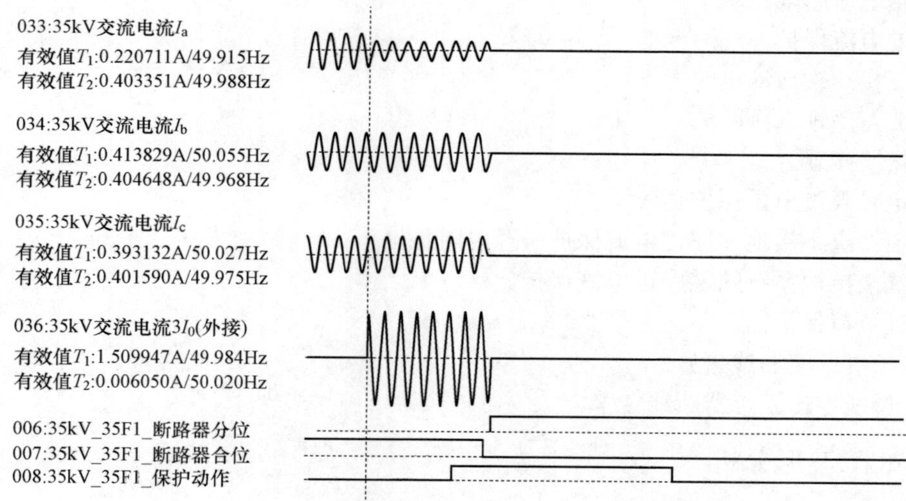

图 9-8　35kV 集电线路单相接地故障线路电流波形图

（1）波形图记录了故障前 70ms 正常电流波形值（负载电流）。

（2）0ms 开始 A 相电流降低（经低阻接地），B、C 两相电流基本不变（负载电流），故障时间 7.5 个周波（150ms，为保护整定时间 100ms+断路器分闸时间）。

I_A=0.22071×600=132.43A，主要是零序电流，由于有接地电阻，使故障相电流小于负载电流。

（3）故障时出现了 $3I_0$，说明是接地故障。$3I_0$（二次有效值）=1.509947A，保护告警值1.53A，有点误差。折算成一次值 $3I_0$=1.51×100=151A。

（4）开关量分析。

1）通道 7：35F 断路器合位（故障前到故障波形结束前 8ms）。

2）通道 6：35F 断路器分位（故障结束前 2ms 开始）。

3）通道 8：35F 保护动作（故障开始后 100ms 出口）。

五、35kV 风电场集电线路 A 相接地故障动作过程

线路 A 相接地→不接地零序动作→0.1s 整定时间→线路断路器三相跳闸。

案例 4：风电场 35kV 集电线路 AB 相间故障过电流Ⅰ段保护动作

本案例分析的知识点

（1）35kV 风电场集电线路相间故障保护动作信息分析。

（2）35kV 风电场集电线路相间故障电压、电流波形分析。

（3）35kV 风电场集电线路相间故障动作过程。

一、案例基本情况

2021 年 8 月 18 日 15 时 0 分 37 秒 609 毫秒，雷击造成 35kV 集电线路相间故障，过电流Ⅰ段保护动作，最大故障电流为 2.457A。

二、保护动作信息

（1）5ms 时保护启动。

（2）90ms 时过电流Ⅰ段保护动作。

（3）最大相电流：2.457A。

三、故障波形分析

1. 35kV母线电压波形分析

35kV 母线电压波形如图 9-9 所示。

（1）波形图记录了故障前 11 个周波（220ms）正常电压波形值。

（2）0ms 时 A、B 两相电压降低，从图 9-9 中可以看出 B 相电压降低比 A 相多，C 相电压略有升高，故障时间为 150ms。

（3）故障开始时 A 相电压有不明显的谐波量。故障切除，A 相负半波、B 相正半波有谐波量。

（4）断路器三相分闸时有很小零序电压分量。

2. 35kV 出线柜故障电流分析

35kV 出线柜故障电流波形如图 9-10 所示。

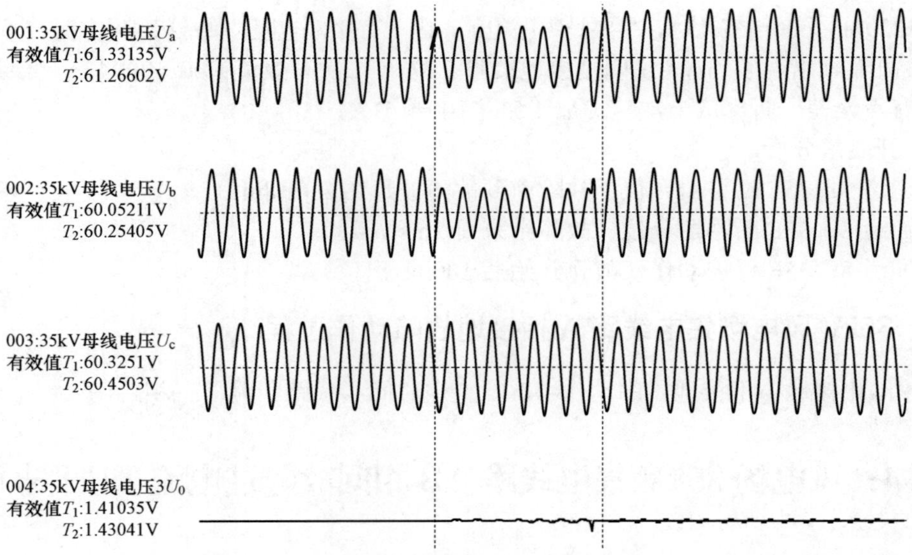

001:35kV母线电压U_a
有效值T_1:61.33135V
T_2:61.26602V

002:35kV母线电压U_b
有效值T_1:60.05211V
T_2:60.25405V

003:35kV母线电压U_c
有效值T_1:60.3251V
T_2:60.4503V

004:35kV母线电压$3U_0$
有效值T_1:1.41035V
T_2:1.43041V

图 9-9　35kV 母线电压波形图

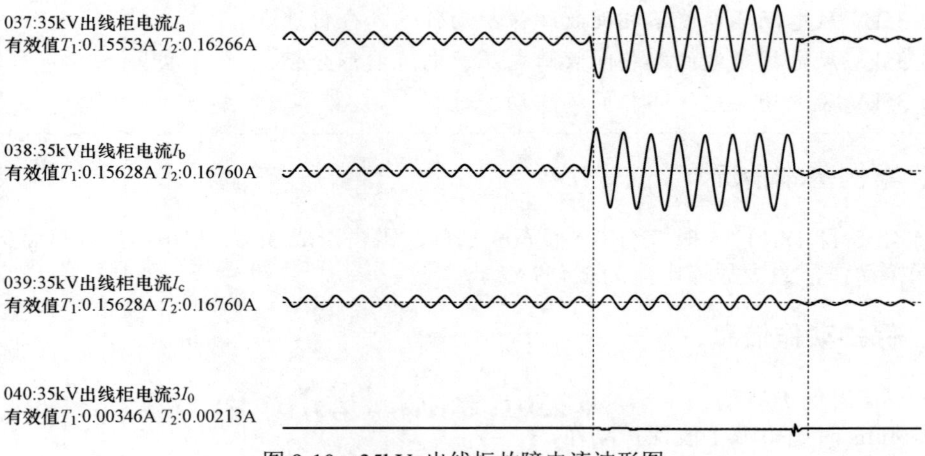

037:35kV出线柜电流I_a
有效值T_1:0.15553A T_2:0.16266A

038:35kV出线柜电流I_b
有效值T_1:0.15628A T_2:0.16760A

039:35kV出线柜电流I_c
有效值T_1:0.15628A T_2:0.16760A

040:35kV出线柜电流$3I_0$
有效值T_1:0.00346A T_2:0.00213A

图 9-10　35kV 出线柜故障电流波形图

（1）波形图记录了故障前 11 个周波（220ms）负载电流波形值。

（2）0ms 时 A、B 两相短路故障，从图 9-10 中可看出 B 相故障电流比 A 相大，与对应电压波形吻合，故障时间为 150ms。

（3）图 9-10 中没有 $3I_0$ 分量。

（4）非故障相 C 相电流为负载电流，因没有零序电流分量，故障时 C 相电流不变。

（5）从故障时间可分析出，过电流Ⅰ段保护整定时间为 0.1s。

3. 35kV 2号集电线路故障电流分析

35kV 2 号集电线路故障电流波形如图 9-11 所示。

（1）波形图记录了故障前 11 个周波（220ms）负载电流波形值。

（2）0ms 时 A、B 两相短路故障，从图 9-11 中可看出 A、B 两相电流基本是大小相等、方向相反，故障时间为 150ms。

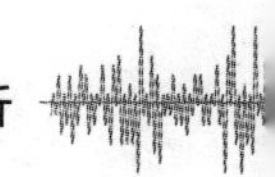

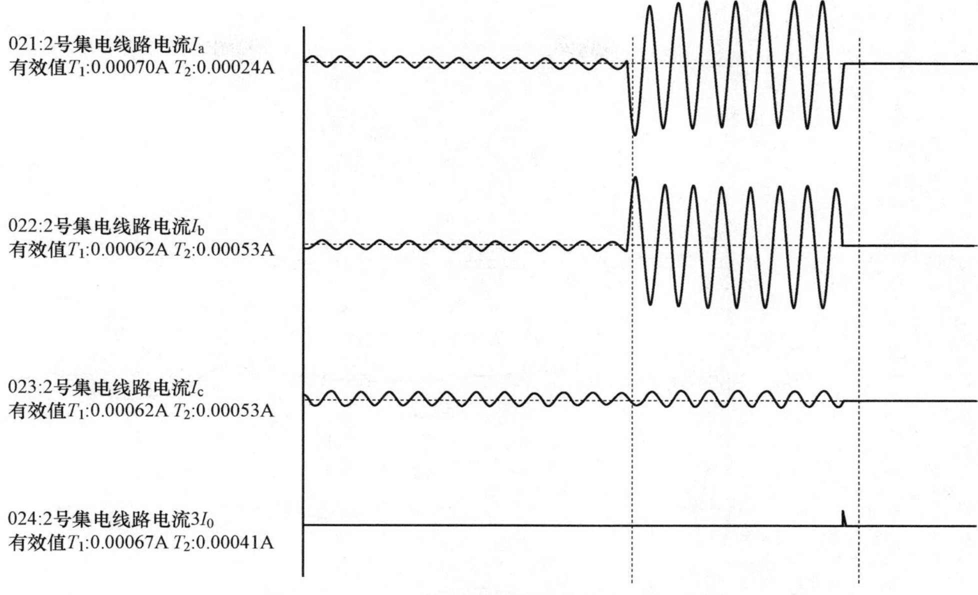

图 9-11　35kV 2 号集电线路故障电流波形图

（3）图 9-11 中没有 $3I_0$ 分量。

（4）非故障相 C 相电流为负载电流，因没有零序电流分量，故障时 C 相电流不变。

（5）从故障时间可分析出，过电流Ⅰ段保护整定时间为 0.1s。

四、35kV 风电场集电线路 AB 相间故障动作过程

线路 AB 相间故障→过电流Ⅰ段保护动作→0.1s 整定时间→线路断路器三相跳闸。

案例 5：雷击风电场 35kV 集电线路 AB 相间故障集电线路保护动作

本案例分析的知识点

（1）35kV 集电线路两相接地故障保护动作信息分析。

（2）35kV 集电线路两相接地故障电压、电流波形分析。

（3）35kV 集电线路两相接地故障动作过程。

一、案例基本情况

2022 年 8 月 6 日 19 时 43 分 33 秒 695 毫秒，某风电场雷击 35kV 集电线路，AB 相间故障，2 号集电线路保护动作。

二、故障波形分析

35kV 集电线路故障波形如图 9-12 所示。

1. 电压波形分析

（1）0ms 前为正常电压波形，无 $3U_0$ 分量。

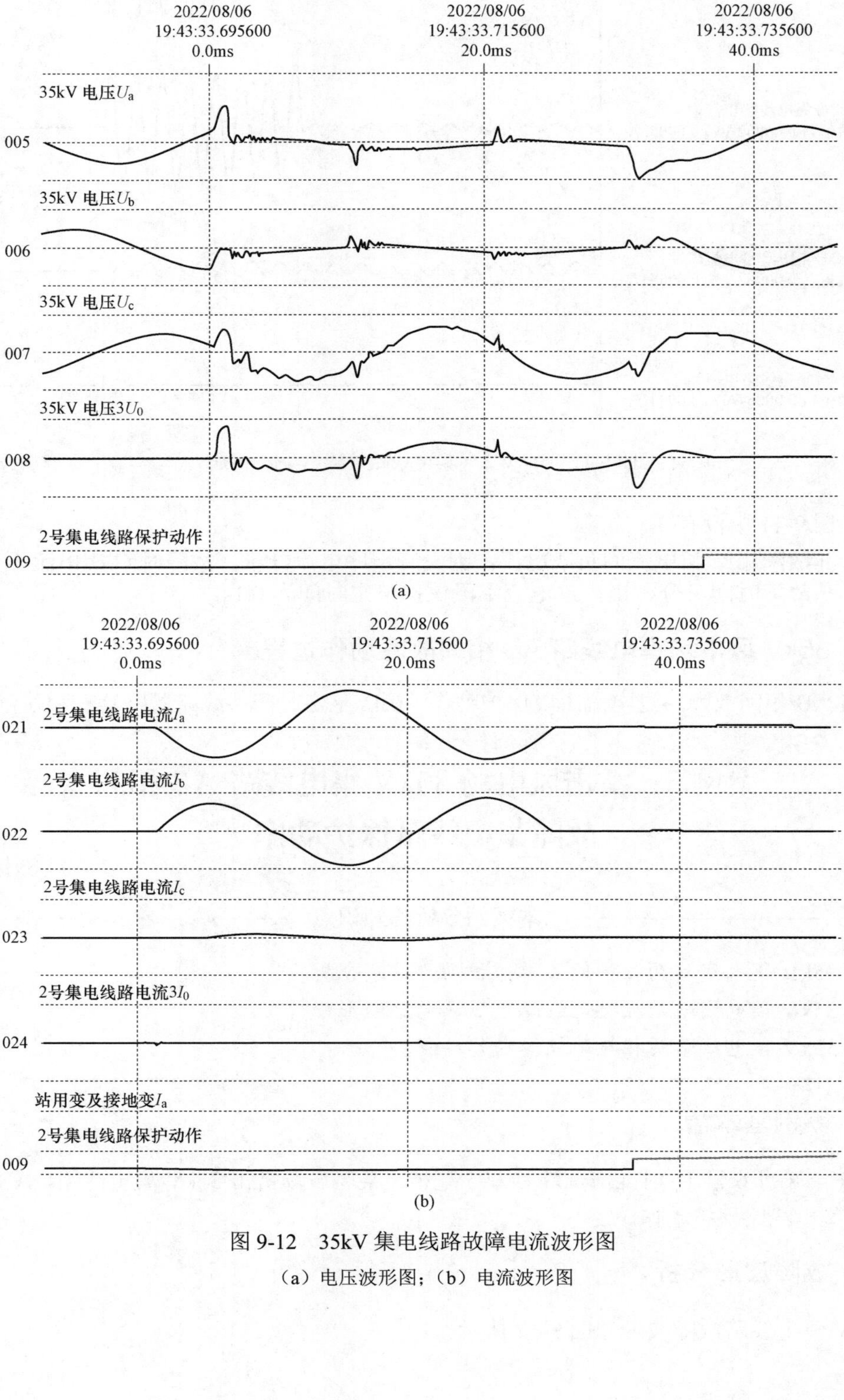

(a)

(b)

图 9-12　35kV 集电线路故障电流波形图

（a）电压波形图；（b）电流波形图

（2）0ms 时三相电压突变，A 相电压有一个高频波升高，随后降低并出现高频振荡；在故障期间，分别在 10、20ms 附近再次出现低幅值高频振荡；B 相电压故障时电压比 A 相低，同时在 10、20ms 附近也出现低幅值高频振荡；C 相电压没有降低，但也出现了高频振荡和高次谐波分量。整个故障时间约为 30ms。

（3）$3U_0$ 分量分析。0ms 前没有 $3U_0$ 分量，0ms 开始出现 $3U_0$ 分量，开始峰值比较大，然后降低。整个故障期间 $3U_0$ 有谐波分量，并出现两次高频分量。

（4）开关量分析：35ms 时保护动作。009 通道是 2 号集电线路保护动作，即由绿变红。

2. 电流波形分析

（1）0ms 前为正常负载电流波形，无 $3I_0$ 分量。

（2）0ms 时 A、B 两相出现短路电流。由于 35kV 系统经低阻接地，因此 $3I_0$ 分量很小，所以两短路相电流从波形图上看是大小相等、方向相反。故障时间约为 30ms。

（3）故障时 C 相没有故障电流。

（4）波形图中只能看见间断的幅值很小的 $3I_0$ 分量，因为流入大地的电流被接地电阻所限制。

（5）开关量分析：35ms 时保护动作，但故障电流消失了。009 通道是 2 号集电线路保护动作，即由绿变红。

三、保护动作情况分析

从故障电压和故障电流波形可以看出，整个故障时间为 35ms，而保护动作在故障电流消失后才出现开关量，35kV 断路器分闸时间不会小于 40ms。由此可判断故障是瞬时的，保护动作后可能返回，线路断路器应该没有断开。

四、35kV 集电线路 A、B 两相接地故障动作过程

风电场 35kV 集电线路 A、B 两相接地故障→线路过电流速断保护动作。

案例 6：某风电场 110kV 升压站 35kV 架空线路 B、C 两相接地故障

本案例分析的知识点

（1）35kV 集电线路两相接地故障保护动作信息分析。
（2）35kV 集电线路两相接地故障电压、电流波形分析。
（3）35kV 集电线路两相接地故障动作过程。

一、案例基本情况

2021 年 6 月 14 日 23 时 35 分，某风电场 110kV 升压站 35kV 架空线路两相接地，保护启动前 6 个周波、后 10 个周波电压有效值如图 9-13 所示，故障波形如图 9-14 所示。

	1	2	3	4
1	56.96V	62.73V	59.73V	1.87V
2	56.95V	62.72V	59.72V	1.73V
3	56.96V	62.74V	59.74V	1.66V
4	56.96V	62.73V	59.73V	1.62V
5	56.97V	62.74V	59.74V	1.60V
6	56.87V	62.77V	60.99V	46.53V
7	51.59V	64.59V	55.67V	169.44V
8	54.17V	66.13V	59.75V	95.14V
9	55.18V	64.63V	60.20V	51.45V
10	56.13V	61.87V	58.37V	35.75V
11	56.69V	62.76V	59.79V	18.27V
12	56.84V	62.92V	59.84V	13.29V
13	56.90V	62.82V	59.85V	1.92V
14	56.82V	62.71V	59.70V	1.83V
15	56.86V	62.75V	59.77V	1.78V
16	56.79V	62.70V	59.68V	8.45V

图 9-13　保护启动前 6 个周波、后 10 个周波电压有效值

二、故障波形分析

1. 故障报告信息

（1）2021 年 6 月 14 日 23 时 35 分，某实验风电场 110kV 升压站。

（2）故障时间：2021-06-14 22：10：55.670。

（3）故障设备：2 号电压 35kV 电压。

（4）故障类型：35kV 电压 U_a 突变量启动。

（5）每小格 5ms，A 阶段记录时间为 120ms，B 阶段记录时间为 260ms。

（6）故障列表：2 号电压 35kV 电压 U_a 突变量启动，2 号电压 35kV 电压 U_a 欠电压启动，2 号电压 35kV 电压 U_b 突变量启动，2 号电压 35kV 电压 U_c 突变量启动，2 号电压 35kV 电压 U_a 负序电压过量启动。

（7）通道名称：1—2 号电压 35kV 电压 U_a；2—2 号电压 35kV 电压 U_b；3—2 号电压 35kV 电压 U_c；4—2 号电压 35kV 电压 $3U_0$。

2. 故障报告分析

（1）前 6 个周波三相电压（二次）不平衡，正常时约为 $100/\sqrt{3}$ =57.736V，报告中 A 相低，B 相最高，有 $3U_0$ 分量，第 6 个周波 $3U_0$ 为 46.53V。

（2）第 7 个周波 A 相电压降低、B 相电压升高，$3U_0$=169.44V，超过开口三角的 100V，开口三角过电压。

（3）从第 8 个周波开始 A 相电压升高，B、C 相电压降回原来值，$3U_0$ 开始降低。

3. 电压波形分析

（1）前 6 个周波 B、C 相电压高于 A 相，有很小的 $3U_0$。

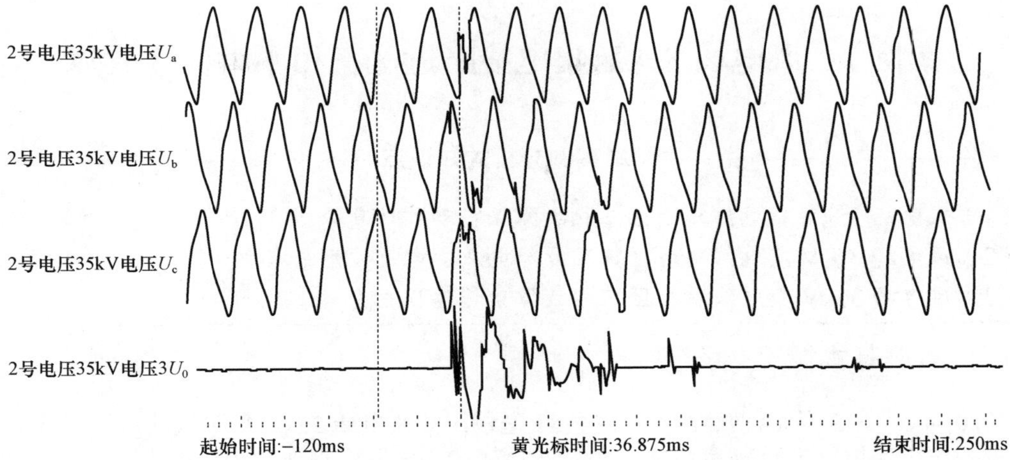

2号电压35kV电压U_a
2号电压35kV电压U_b
2号电压35kV电压U_c
2号电压35kV电压$3U_0$
起始时间:–120ms　黄光标时间:36.875ms　结束时间:250ms

(a)

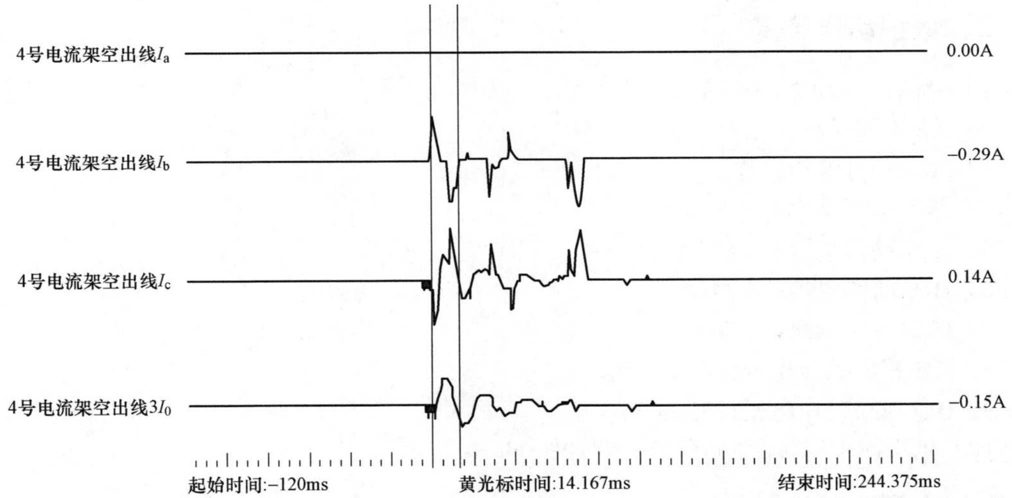

4号电流架空出线I_a　0.00A
4号电流架空出线I_b　–0.29A
4号电流架空出线I_c　0.14A
4号电流架空出线$3I_0$　–0.15A
起始时间:–120ms　黄光标时间:14.167ms　结束时间:244.375ms

(b)

图 9-14　故障波形图

（a）电压波形图；（b）电流波形图

（2）从左侧标记线开始，三相电压波形发生畸变，B 相升高，A 相降低；$3U_0$ 出现后立即增大，后开始降低，并且为非正弦波，后面有 4 处出现偶尔升高现象。

从电压波形分析，出现 $3U_0$ 应该有接地。

4．电流波形分析

（1）120ms 前无故障电流。

（2）从左侧竖线开始出现 B、C 相接地短路电流，故障电流为非正弦波。有 $3I_0$ 故障电流，开始大，后减小，持续时间 80ms，线路过电流速断动作跳线路断路器。

三、35kV 集电线路 B、C 两相接地故障动作过程

风电场 35kV 集电线路 B、C 两相接地故障→线路过电流速断保护动作→线路断路器三相跳闸。

案例 7：风电场 35kV 集电线路近区三相不对称性故障

本案例分析的知识点

（1）风电场 35kV 集电线路近区三相故障保护动作信息分析。
（2）风电场 35kV 集电线路近区三相故障电压、电流波形分析。
（3）风电场 35kV 集电线路近区三相故障动作过程。

一、案例基本情况

2020 年 5 月 15 日 18 时 47 分 10 秒 753 毫秒，某风电场 35kV 集电线路近区故障，过电流 I 段动作，保护整定时间为 0.3s，线路全长为 19.5km，经巡线检查，有设备故障。

二、保护动作信息

（1）时间：2020-05-15 18:47:10.735。
（2）0ms 时整组启动。
（3）306ms 时保护动作。
（4）306ms 时过电流 I 段动作。
（5）A 相动作电流：3.873A。
（6）B 相动作电流：4.248A。
（7）C 相动作电流：3.508A。
（8）AB 相间动作电压：37.817V。
（9）BC 相间动作电压：37.649V。
（10）过电流 I 段保护动作整定值时间：0.3s。

三、故障波形分析

35kV 集电线路故障波形如图 9-15 所示，图中从左至右分别是 35kV 三相母线电压、$3U_0$、集电线路三相电流及 $3I_0$，两个开关量分别为集电线路断路器分位和分闸。

1. 电压波形分析

（1）波形从故障后 260ms 开始，A、B、C 三相电压降低，降低程度与故障点到保护安装处的距离有关，有很小的 $3U_0$ 分量。本案例中三相残压比较低，故障在近端。

（2）断路器三相分闸时出现了一个短时的过渡过程，三相电压有畸变。由于断路器三相分闸不同期，出现了 $3U_0$。

（3）经过三个周波后，三相电压恢复正常。

2. 电流波形分析

从故障后 260ms 开始三相故障电流均为正弦波，有很小的 $3I_0$ 分量。346ms 时断路器 A 相分闸，A 相为首开相；5ms 后，断路器 B、C 相分闸。由于断路器三相分闸不同期，出现了 $3I_0$（比之前大）。

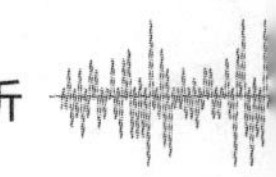

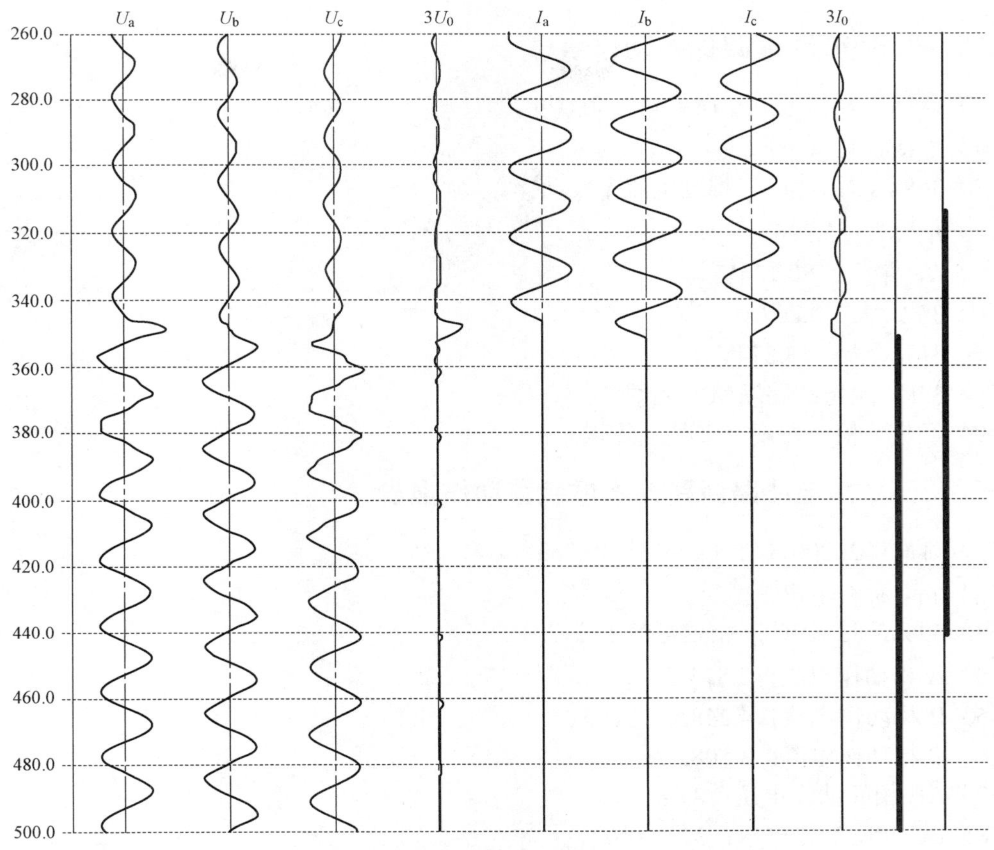

图 9-15　35kV 集电线路故障波形图

四、风电场 35kV 集电线路近区三相故障动作过程

线路近区三相故障→过电流 I 段动作→保护整定时间 0.3s→线路断路器三相跳闸。

案例 8：风电场 35kV 集电线路三相接地故障线路多处设备故障

本案例分析的知识点

（1）风电场 35kV 集电线路三相接地故障保护动作信息分析。
（2）风电场 35kV 集电线路三相接地故障电压、电流波形分析。
（3）风电场 35kV 集电线路三相接地故障动作过程。

一、案例基本情况

2020 年 5 月 15 日 18 时 44 分 30 秒 679 毫秒，某风电场 35kV 集电线路三相接地故障线路多处设备故障，过电流 I 段保护动作，跳线路断路器。

二、PCS-9611 线路保护动作信息

（1）时间：2020-05-15 18：44：30.679。

（2）0ms 时整组启动。

（3）308ms 时 ABC 三相过电流Ⅰ段动作。

（4）I_P 最大：5.306A。

（5）U_{PP} 最大：80.134V。

（6）$3I_0$ 最大：0.207A。

（7）$3U_0$ 最大：13.374V。

（8）35kV 集电线路断路器跳闸。

（9）经故障检查发现有多处故障点。

三、35kV 集电线路断路器本体装置动作报告

（1）时间：2020-05-15 18：47：10.753。

（2）0ms 时整组启动。

（3）306ms 时 ABC 三相过电流Ⅰ段动作。

（4）A 相动作电流：3.873A。

（5）B 相动作电流：4.248A。

（6）C 相动作电流：3.508A。

（7）AB 相间动作电压：37.817V。

（8）BC 相间动作电压：37.469V。

四、故障录波器动作信息

启动时间：2020-05-15 18：47：10.813。

打印时间：2020-05-16 10：34。

比例尺（二次值）：交流电压为 15.740V/刻度；交流电流为 0.797A/刻度。

模拟量通道：15—35kV 母线电压 U_a；16—35kV 母线电压 U_b；17—35kV 母线电压 U_c；18—35kV 母线电压 $3U_0$；51—35kV 集电ⅣⅡ线 $324I_a$；52—35kV 集电ⅣⅡ线 $324I_b$；53—35kV 集电ⅣⅡ线 $324I_c$；54—35kV 集电ⅣⅡ线 324 $3I_0$。

开关量通道：39—324 断路器分；40—324 保护启动。

五、故障波形分析

故障波形如图 9-16 所示。

（1）波形记录了故障前 60ms 三相电压、电流波形值。

（2）电压波形分析。0ms 时 A、B、C 三相在正方向出现了暂态尖波，并且出现了暂态 $3U_0$ 尖波，之后三相电压降低，有很小的 $3U_0$ 分量。346ms 时 A 相断路器分闸（首开相），由于断路器三相分闸不同期，出现 $3U_0$ 分量，之后电压经振荡恢复正常。

（3）电流波形分析。0ms 时 A、B、C 三相出现故障电流，并有很小的 $3I_0$ 分量，说明是

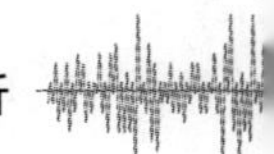

三相接地故障；346ms 时 A 相断路器分闸，A 相电流为零，随后 B、C 相分闸，故障电流为零。在三相分闸时，由于三相分闸不同期，使 $3I_0$ 变大。过电流 I 段保护整定时间为 0.3s。

（4）开关量分析。316ms 时保护启动，353ms 时 324 断路器分闸位置信号。

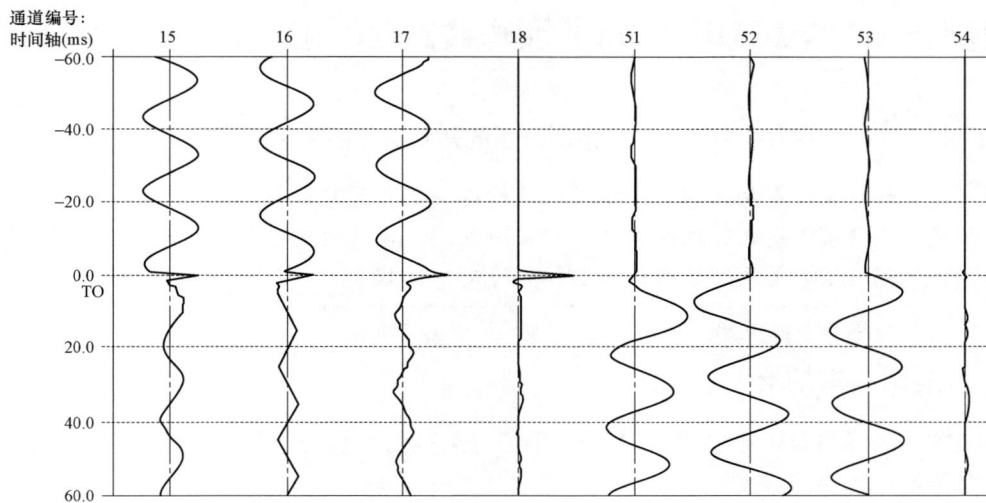

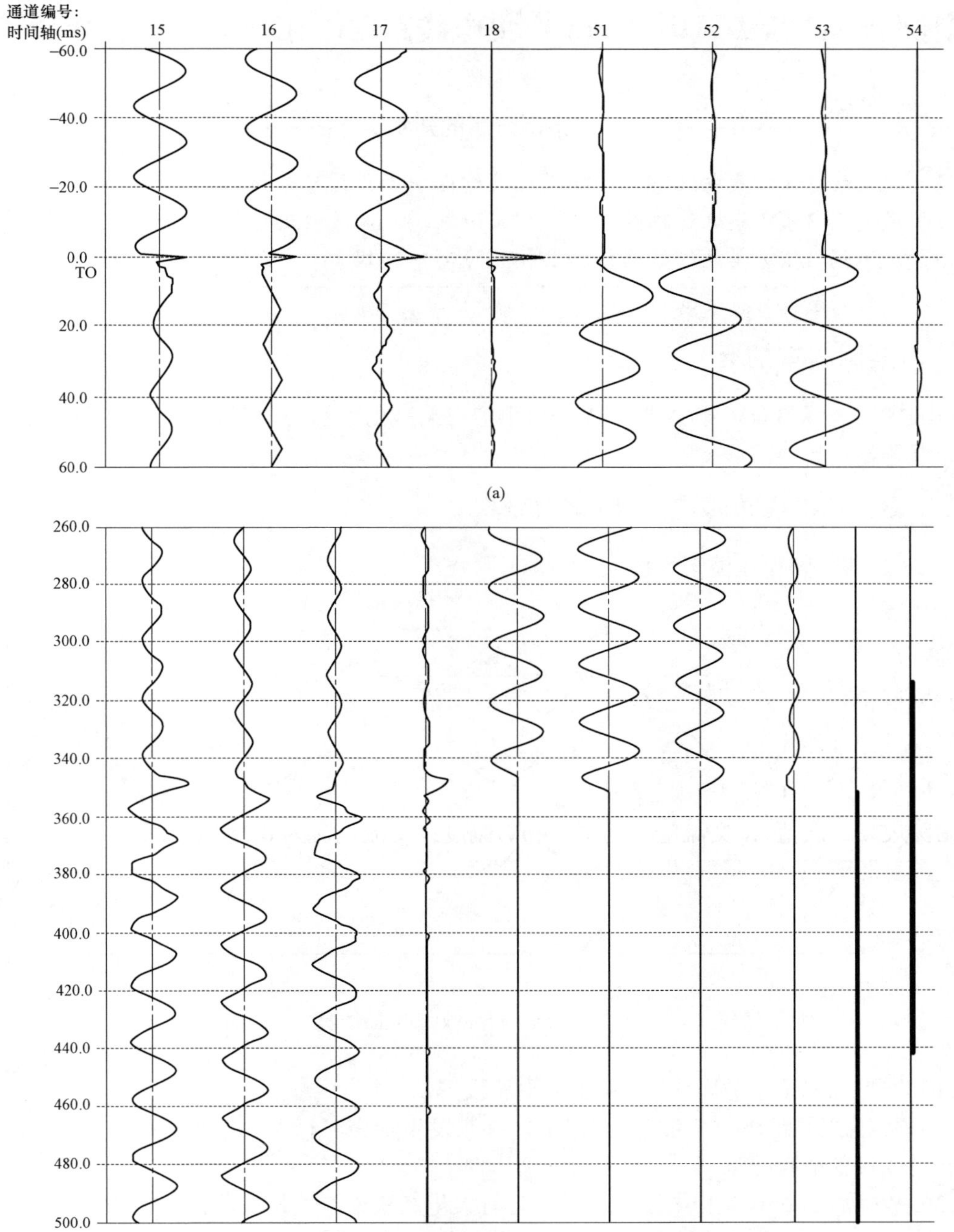

图 9-16　故障波形图

（a）波形图 1；（b）波形图 2

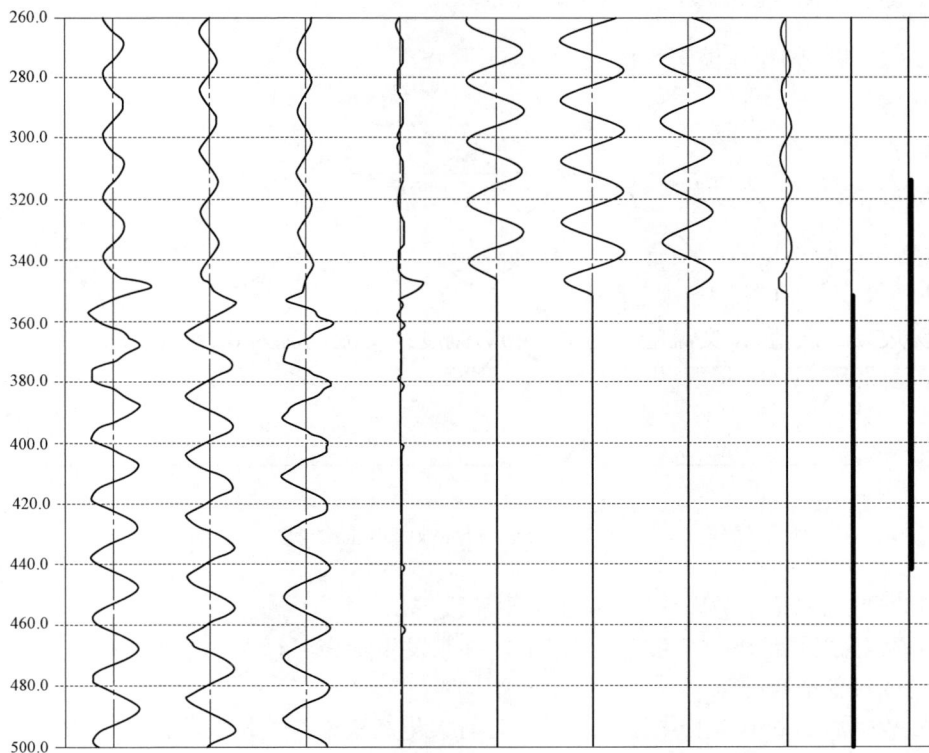

六、35kV 风电场集电线路三相接地故障动作过程

线路三相接地故障→过电流Ⅰ段动作→线路断路器三相跳闸。

案例 9：110kV 风电场 35kV 集电线路 BC 相间故障转三相故障

本案例分析的知识点

（1）风电场 35kV 集电线路两相转三相故障保护动作信息分析。
（2）风电场 35kV 集电线路两相转三相故障电压、电流波形分析。
（3）风电场 35kV 集电线路两相转三相故障动作过程。

一、案例基本情况

110kV 风电场 35kV 集电线路 BC 相间短路转三相短路，线路过电流速断保护动作，跳本线路断路器。

二、35kV 母线故障电压波形分析

35kV 母线故障电压波形如图 9-17 所示。

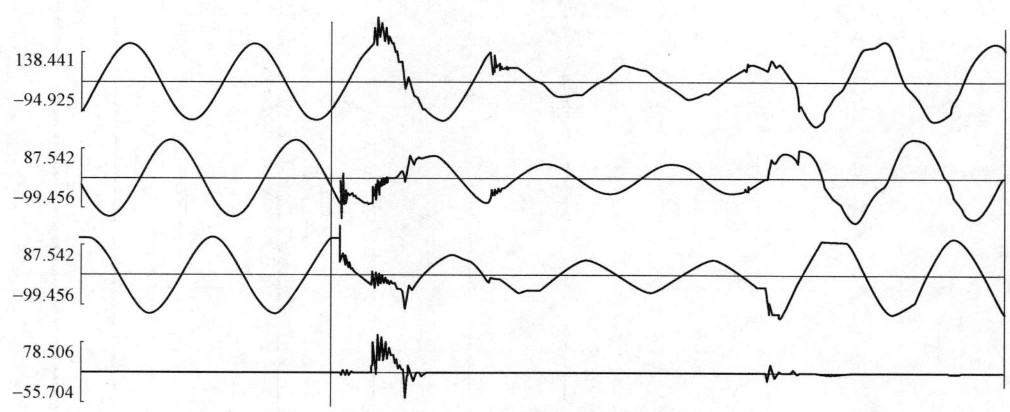

图 9-17　35kV 母线故障电压波形图

（1）波形图记录了故障前 40ms 正常电压波形。

（2）从竖线开始 B、C 两相电压降低，并且发生畸变，有大量高次谐波分量（现场如闪络、放电或设备故障等）。

（3）故障后约 6ms A 相电压升高，并且有大量高次谐波。从故障开始大约 26ms 时 A 相电压也降低。从 B、C 相开始故障，整个故障时间持续了约 65ms。

（4）故障开始出现了 $3U_0$ 分量，持续时间不长，为非正弦波，并且有大量高次谐波分量和高频分量。三相故障时 $3U_0$ 为零，断路器切除故障时也出现了小的 $3U_0$ 分量。

三、110kV 母线及 35kV 线路故障电流波形分析

110kV 母线及 35kV 线路故障电流波形如图 9-18 所示。

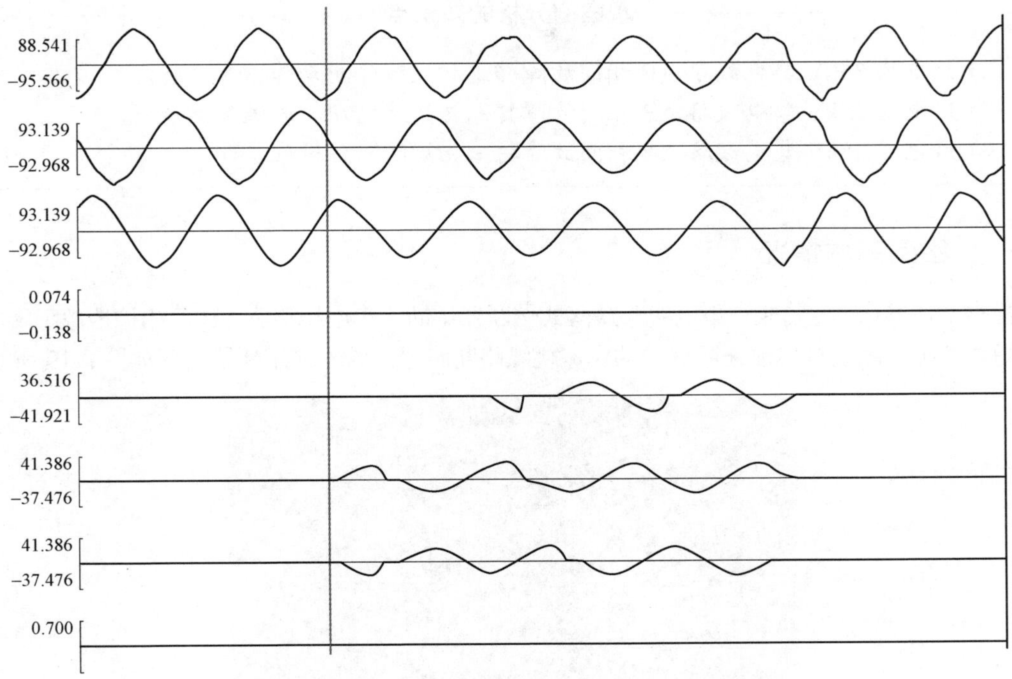

图 9-18　110kV 母线及 35kV 线路故障电流波形图

1. 110kV母线故障电压波形分析

（1）波形图记录了故障前 40ms 正常电压波形。

（2）从竖线开始 B、C 两相电压降低，降低不是很明显（有变压器电抗），随后 A 相电压降低。

（3）没有 $3U_0$ 分量。

2. 35kV线路故障电流分析

（1）从竖线后 2ms 开始 BC 相间短路，两短路电流大小相等、方向相反。

（2）BC 相间短路 25ms 后 A 相故障，此时已发展成三相短路故障。

（3）故障时没有 $3I_0$ 分量。

（4）C 相故障电流先结束，C 相为首开相，A、B 相之后断开。

（5）整个故障时间约为 65ms。

（6）在故障时，A 相第一个波和第二个波分别出现电流为零现象，B 相出现 1 次，C 相出现 2 次。

四、风电场 35kV 集电线路 BC 相间故障转三相故障动作过程

线路 BC 相间故障→转三相故障→线路过电流速断保护动作→线路断路器三相跳闸。

案例10：风电场35kV集电线路AB相间故障转三相故障跌落式熔断器熔断

本案例分析的知识点

（1）风电场35kV集电线路AB相间故障转三相故障保护动作信息分析。
（2）风电场35kV集电线路AB相间故障转三相故障电压、电流波形分析。
（3）风电场35kV集电线路AB相间故障转三相故障动作过程。

一、案例基本情况

雷击造成某风电场35kV集电线路跌落式熔断器熔断，集电线路A、B两相接地故障转三相弧光短路故障，线路过电流速断保护动作，跳线路断路器。跌落式熔断器熔断如图9-19所示。

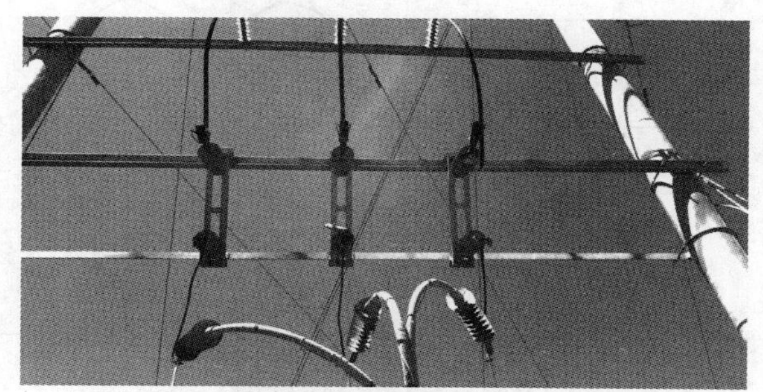

图9-19　跌落式熔断器熔断

二、故障波形分析

1. 35kV母线电压波形分析

故障时35kV母线电压波形如图9-20所示。

（1）波形记录了故障前56ms正常电压波形。35kVⅠ段母线只记录了B、C相电压和$3U_0$波形；35kVⅡ段母线记录了三相故障电压和$3U_0$波形。

（2）0ms开始故障，B、C两相电压降低，故障时电压三相电压出现谐波分量，BC相间故障时出现了1个周波高频$3U_0$分量。

（3）15ms时C相故障，形成三相对称（很小$3U_0$）短路，三相电压降低。

（4）57ms开始断路器三相分闸，B相电压先恢复正常，A相最后恢复正常。

（5）由于断路器三相分闸不同期，在分闸时出现了$3U_0$分量。

2. 故障线路电流波形分析

故障线路电流波形如图9-21所示。

（1）波形记录了故障前24ms正常电流（负载电流）波形。

（2）0ms开始故障，B、C两相电流大小相等，有很小的$3I_0$分量。

（3）15ms时C相故障，形成三相短路，三相短路故障时间为57ms。

（4）在故障时出现了两次很小$3I_0$分量，如图9-22所示。

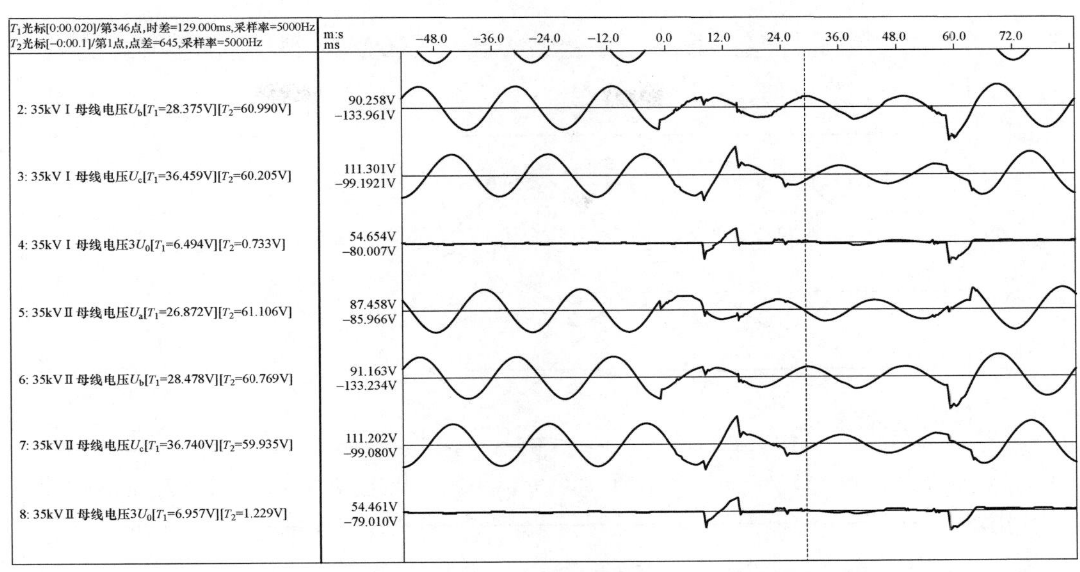

图 9-20 35kV 母线电压波形图

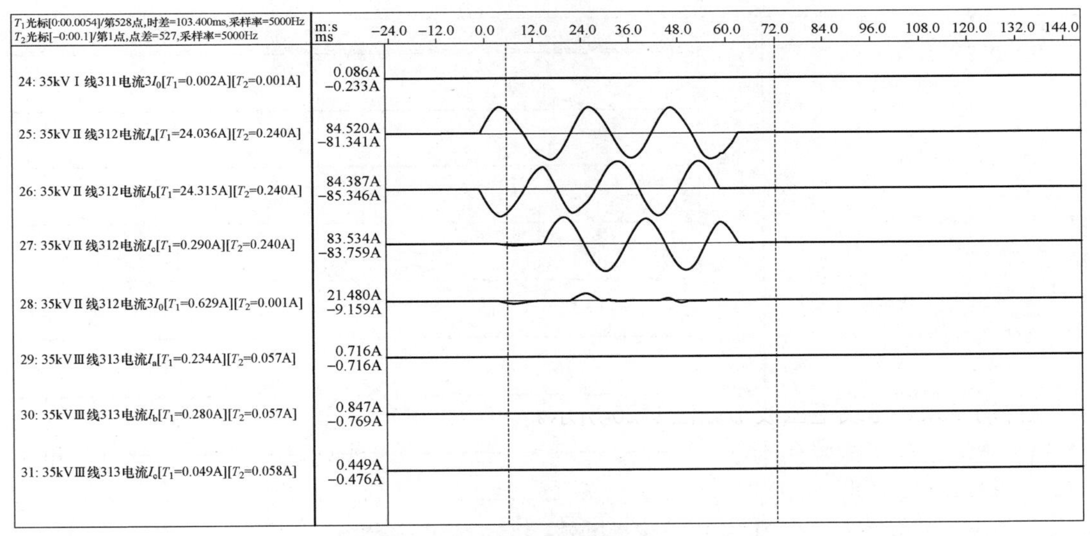

图 9-21 故障线路电流波形图

（5）断路器三相分闸的首开相为 B 相，A 相最后断开。

从故障 $3I_0$ 电流波形知故障过程为两相接地—相间短路—三相短路—三相接地短路—三相短路—三相接地—三相短路，就是在对地拉弧。

3. 主变低压侧1分支故障电流波形分析

主变低压侧 1 分支故障电流波形如图 9-23 所示。图 9-23 与图 9-21 的区别是，图 9-23 没有 $3I_0$ 分量。

三、风电场 35kV 集电线路两相故障转三相故障动作过程

线路 AB 两相故障→转三相故障→线路过电流速断保护动作→线路断路器三相跳闸。

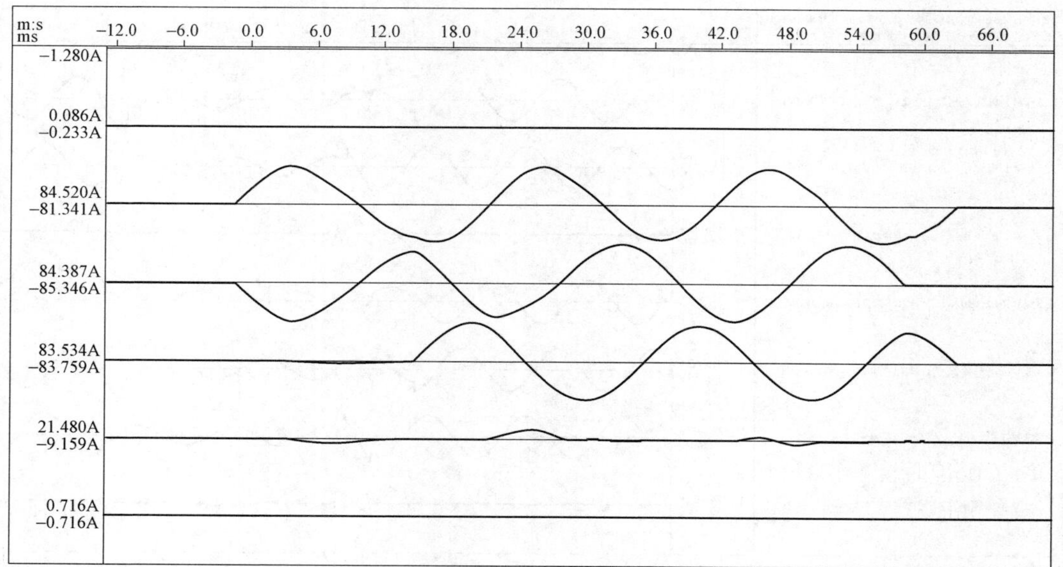

图 9-22　放大后三相电流波形图

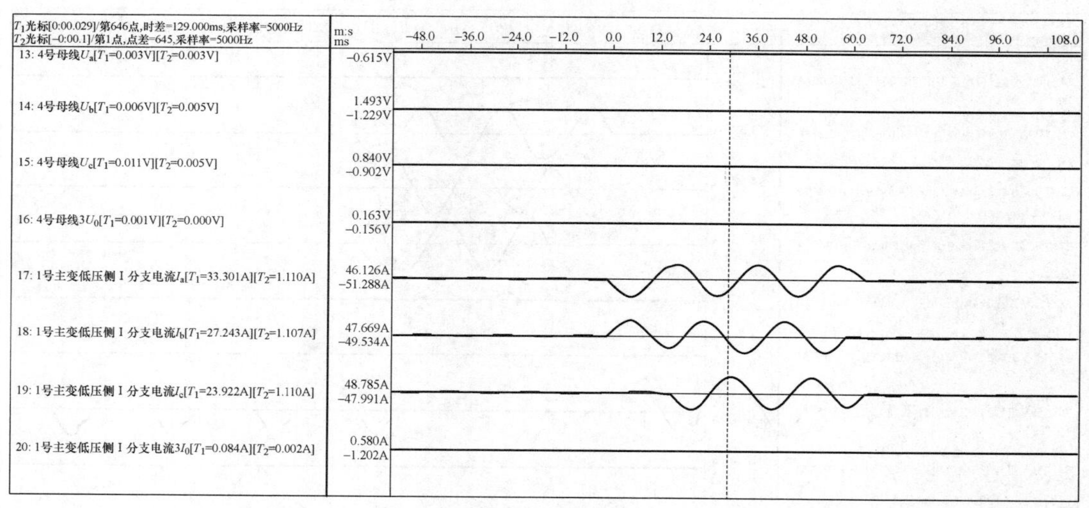

图 9-23　主变低压侧 1 分支故障电流波形图

案例 11：新建 110kV 风电场送集电线路引起站用变压器高压侧 AC 相间短路转三相短路故障

本案例分析的知识点

（1）35kV 站用变压器高压侧 AC 相间短路转三相短路故障保护动作信息分析。

（2）35kV 站用变压器高压侧 AC 相间短路转三相短路故障电流互感器饱和波形分析。

（3）35kV 母线电磁式电压互感器基频谐振波形分析。

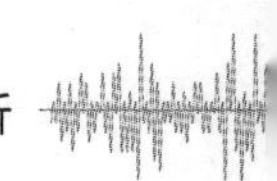

一、案例基本情况

2021 年 6 月 9 日 16 时 50 分 19 秒 235 毫秒，某 110kV 新建风电场送集电线路引起站用干式变压器高压侧相间短路转三相短路故障，站用变压器过电流 I 段保护动作跳站用变压器高压侧断路器。

（1）运行方式：110kV 变压器带 SVG（静止式无功动态补偿装置）、站用干式变压器、接地变压器运行，集电线路箱式变压器全部断开。

（2）故障情况：对空载集电线路进行送电，引起站用变压器高压侧相间短路转三相短路。

二、站用干式变压器保护动作信息

（1）0ms 时保护启动。

（2）5ms 时过电流 I 段动作。

（3）最大相电流：52.288A（二次）。

（4）最大相电流：72.238A（二次）。

三、故障波形分析

1. 35kV 母线电压波形分析

35kV 母线电压波形如图 9-24 所示。

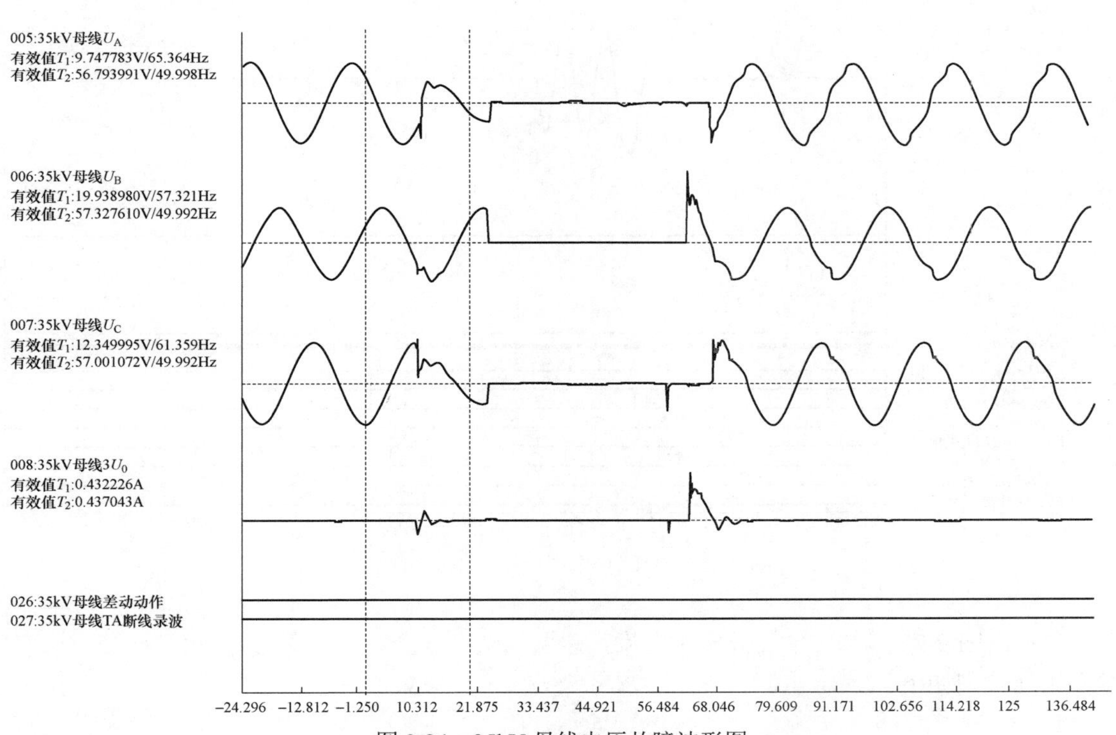

图 9-24　35kV 母线电压故障波形图

（1）波形记录了故障前 35ms 正常电压波形。

（2）0ms 时 A、C 相电压低，出现了 1 个周波小幅值高频 $3U_0$。

（3）13ms 时三相电压为零，没有 $3U_0$ 分量，说明在母线出口处发生了三相对称性短路。

（4）在断路器三相跳闸前，C 相和 $3U_0$ 电压出现了高频分量。

（5）站用变压器断路器三相分闸时，由于三相分闸不同期，出现了 $3U_0$ 分量。

（6）由于 B 相是首开相，B 相出现了高幅值暂态恢复电压；C 相也出现了暂态恢复电压，但没有 B 相严重。

（7）断路器三相分闸后，电压恢复过程中，35kV 母线电压互感器出现了基频谐振。

2. 110kV主变低压侧电流波形分析

110kV 主变低压侧电流波形如图 9-25 所示。

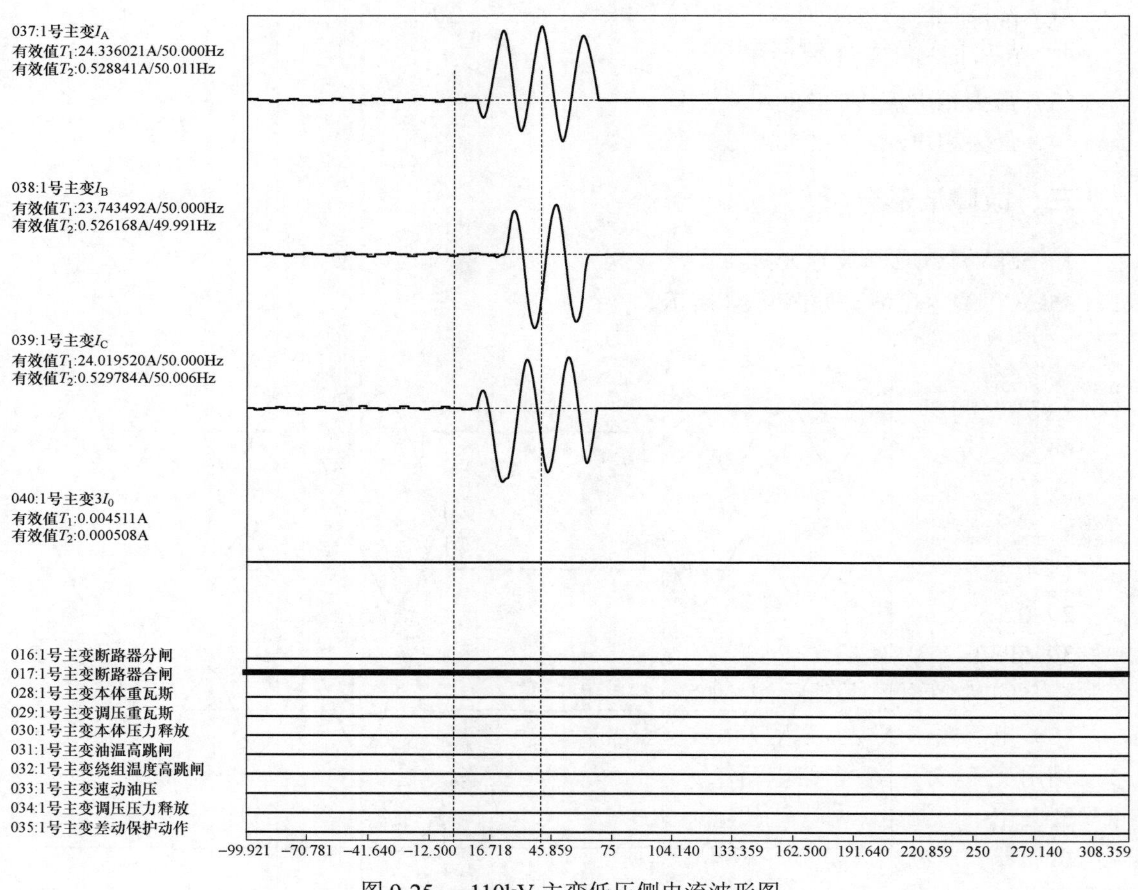

图 9-25　110kV 主变低压侧电流波形图

（1）由图 9-25 可知，主变低压侧电流互感器二次有 5 个绕组，变比为 500/5A，5 个二次绕组用途分别如下。

1）0.2S：计量。

2）0.5：测量、电能。

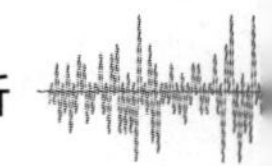

3）5P30：备用。

4）5P30：母线保护。

5）5P30：主变差动、后备保护、故障录波。

5P30 含义：5—综合误差为 5%；P—保护用；30—30 倍的额定电流。

（2）故障波形分析：0ms 时变压器低压侧 A、C 相间短路，约 13ms 时 B 相故障，形成三相短路，短路电流为正弦量，A 相有正的直流分量，B、C 相有负的直流分量。电流互感器变比为 1000/5。

A 相短路电流：24.336×1000/5=4867.2A。

B 相短路电流：23.743×1000/5=4748.6A。

C 相短路电流：24.019×1000/5= 4803.8A。

变压器低压侧额定电流：780A。

最大短路电流有效值倍数：4867.2 /780=6.24 倍。

3. 站用干式变压器故障波形分析

（1）站用干式变压器铭牌主要参数。

1）产品型号：SCB10-250/35。

2）容量：250kVA。

3）额定电压：35kV/0.4kV。

4）接线组别：Dyn11。

5）冷却方式：AN/FN。

6）短路阻抗：6.34。

7）绝缘水平：L1 170 AC 70。

8）绝缘耐热等级：F 级（对应耐热温度 155℃）。

9）额定电流：高压 4.12A，低压 360.9A。

（2）站用变压器低压侧电流互感器二次有 4 个绕组，变比分别为 50/5A，50/5A，500/5A，75/5A。4 个二次绕组用途分别如下。

1）0.2S：计量。

2）0.5：测量、电能。

3）5P30：母线保护。

4）5P30：保护、故障录波。

（3）电流波形分析。站用干式变压器故障波形如图 9-26 所示。

站用变压器高压侧短路电流，从波形图中可以看出，相间短路是正弦，三相短路波形发生畸变。由于短路电流最大值超出了 AD 量程，A、C 相波顶削了，所以波形中三相短路电流与变压器低压侧相等。B 相电流从波形和计算明显小于主变低压侧电流有效值，B 相故障波形出现了失真。

A 相短路电流有效值：168.214.×75/5=4205.35 A。

B 相短路电流有效值：86.65×75/5=2166.25A。

C 相短路电流有效值：153.707×75/5=3842.67A。

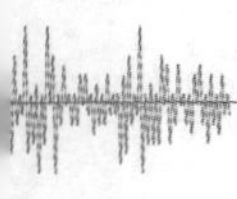

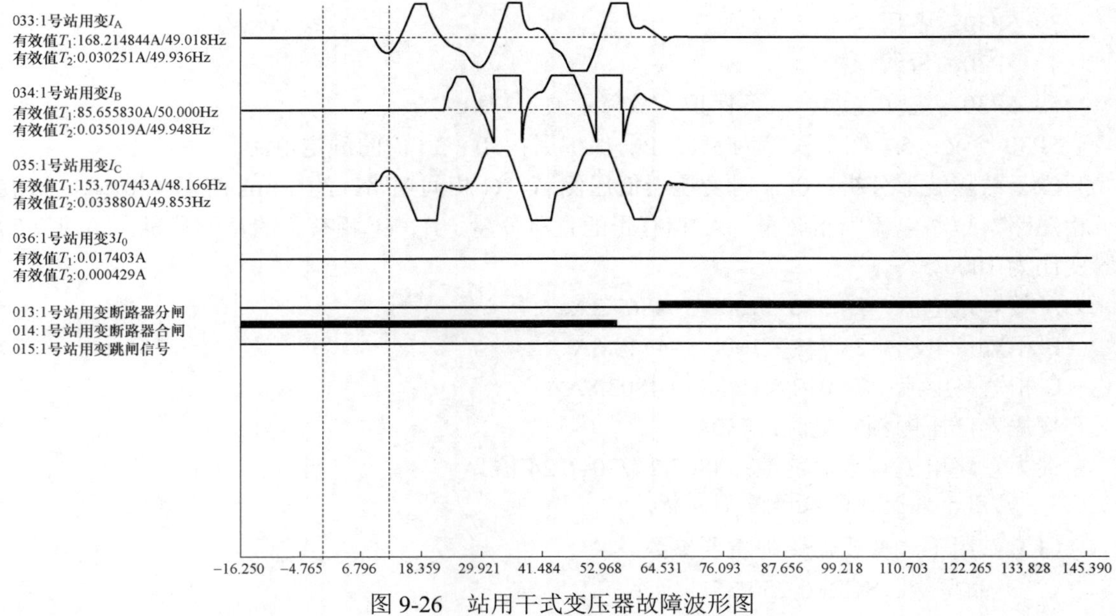

图 9-26　站用干式变压器故障波形图

案例 12：风电场 35kV 集电线路故障接地变压器零序Ⅱ段保护动作

本案例分析的知识点

（1）风电场集电线路单相故障保护动作分析。
（2）风电场集电线路单相接地变压器保护动作分析。
（3）风电场接地变压器零序保护定值整定分析。

一、案例基本情况

某风电场装设 2 台 120MVA 主变，主变额定电压为 230kV/36.75kV。35kV 系统由两段母线组成，Ⅰ段与Ⅱ段母线分别接 1 台 SVG 装置、1 台接地变压器兼站用变压器、1 台电容器组、4 条集电线路；220kV 为单母线接线，出线一回，通过 220kV 线路并入电网。

2021 年 6 月 7 日 21 时 40 分 6 秒，35kV 1 号接地变压器保护装置整组启动，1.1s 后零序过电流Ⅱ段动作，出口跳开 35kV 1 号接地变压器进线断路器，同时联切 220kV 1 号主变低压侧断路器，导致 35kV Ⅰ段母线失压，66 台风电机组脱网。

二、保护动作情况及信息分析

1. 故障早期

故障发生时现场为雷雨天气，从故障录波图分析判断，雷击导致 35kV 1 号集电线路 AB 相间短路；雷击导致 35kV 2 号集电线路 ABC 三相相间短路，35kV 1 号集电线路和 35kV 2 号集电线路为同塔双回结构。通过两回集电线路的故障电流均未达到保护定值，线路保护启动但未动作。1、2 号集电线路故障录波图如图 9-27 所示，保护整定值见表 9-1。

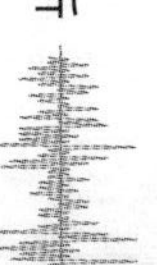

(a)

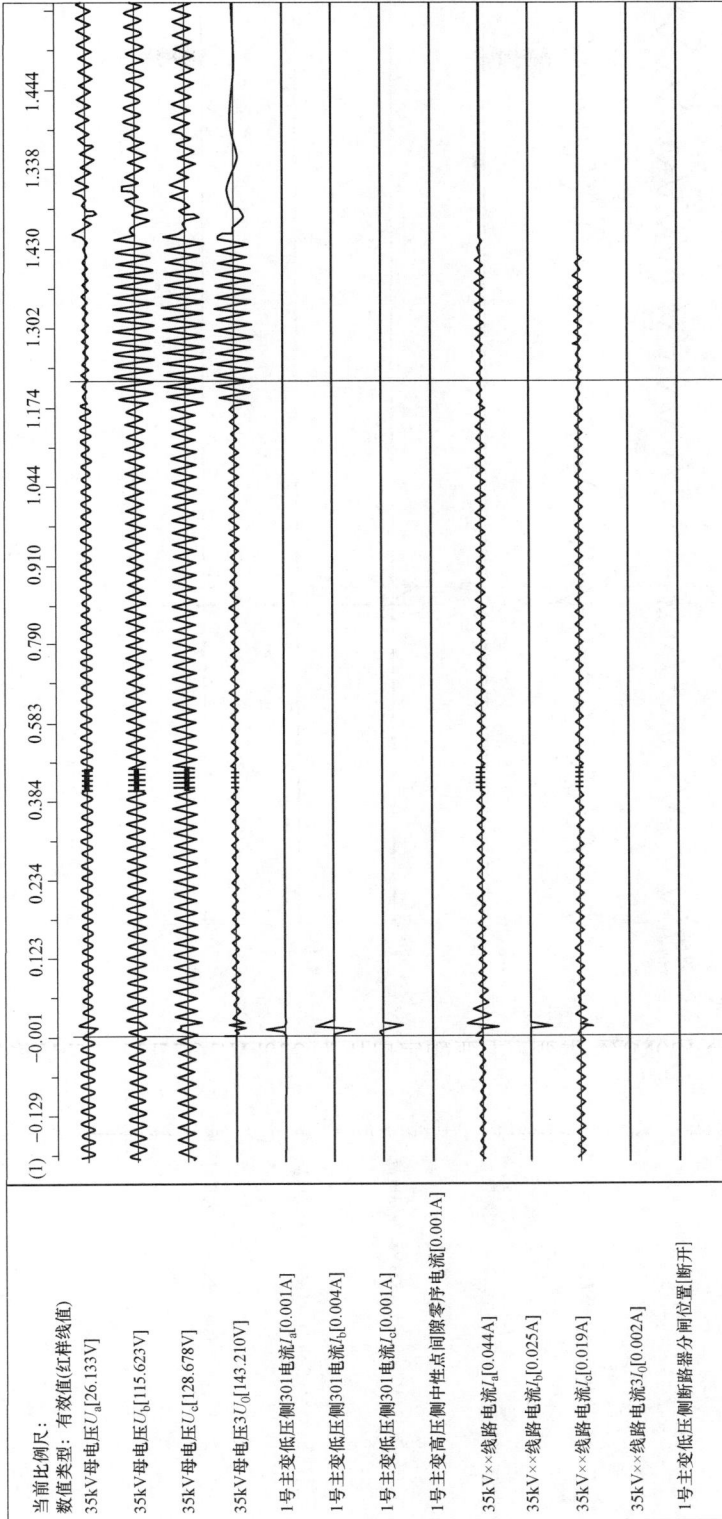

图 9-27　1、2 号集电线路故障录波图（一）
（a）1 号集电线路故障录波图

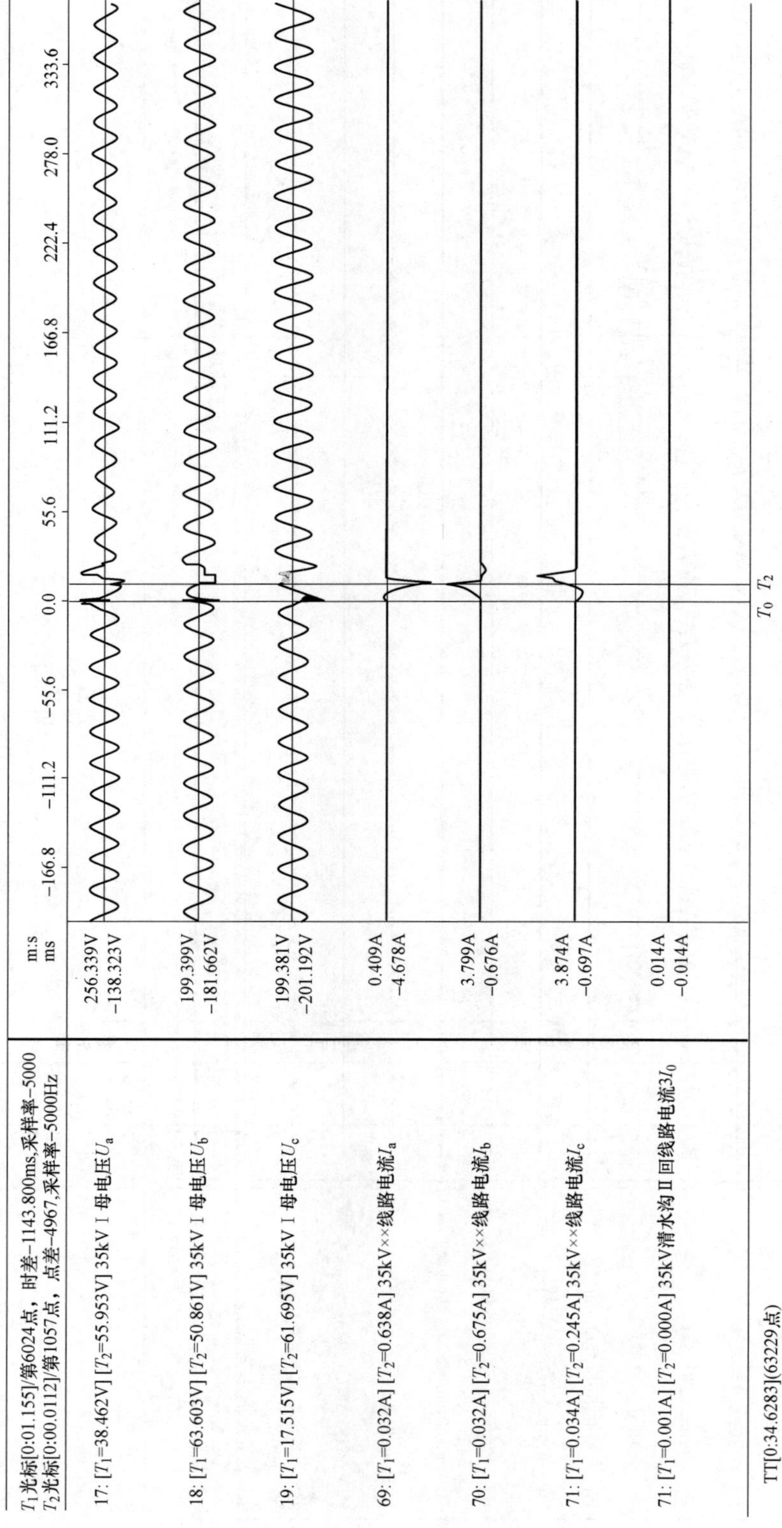
T_1光标[0:01.155]/第6024点，时差-1143.800ms,采样率-5000
T_2光标[0:00.0112]/第1057点，点差-4967,采样率-5000Hz
m:s
ms
17: [T_1=38.462V] [T_2=55.953V] 35kV Ⅰ 母电压U_a
256.339V
−138.323V
18: [T_1=63.603V] [T_2=50.861V] 35kV Ⅰ 母电压U_b
199.399V
−181.662V
19: [T_1=17.515V] [T_2=61.695V] 35kV Ⅰ 母电压U_c
199.381V
−201.192V
69: [T_1=0.032A] [T_2=0.638A] 35kV××线路电流I_a
0.409A
−4.678A
70: [T_1=0.032A] [T_2=0.675A] 35kV××线路电流I_b
3.799A
−0.676A
71: [T_1=0.034A] [T_2=0.245A] 35kV××线路电流I_c
3.874A
−0.697A
71: [T_1=0.001A] [T_2=0.000A] 35kV清水沟Ⅱ回线路电流$3I_0$
0.014A
−0.014A
−166.8
−111.2
−55.6
0.0
55.6
111.2
166.8
222.4
278.0
333.6
T_0 T_2
TT[0:34.6283](63229点)

(b)

图 9-27　1、2 号集电线路故障录波图（二）

（b）2 号集电线路故障录波图

表 9-1　　1、2 号集电线路保护整定值

线路名称	故障录波电流（600/1A）	持续时间	整定值（600/1A，自产零序）
1 号集电线路	相电流：0.586A 零序电流：0.15A	0.01s	过电流Ⅱ段：4.73A 0s 过电流Ⅲ段：1.45A 1.0s 零序Ⅰ段：0.13A 0.15s 零序Ⅱ段：0.1A 0.45s
2 号集电线路	相电流：0.675A 零序电流：0.2A	0.01s	过电流Ⅱ段：3.06A 0s 过电流Ⅲ段：1.45A 1.0s 零序Ⅰ段：0.13A 0.15s 零序Ⅱ段：0.1A 0.45s

2. 故障中期

35kV 1 号集电线路发生单相接地，35kV 1 号接地变压器保护装置检测到零序电流，零序Ⅱ段保护动作，跳开 35kV 1 号接地变压器进线断路器，同时联跳 220kV 1 号主变低压侧断路器。故障中期波形如图 9-28 所示，1 号集电线路及接地变压器保护整定值见表 9-2。

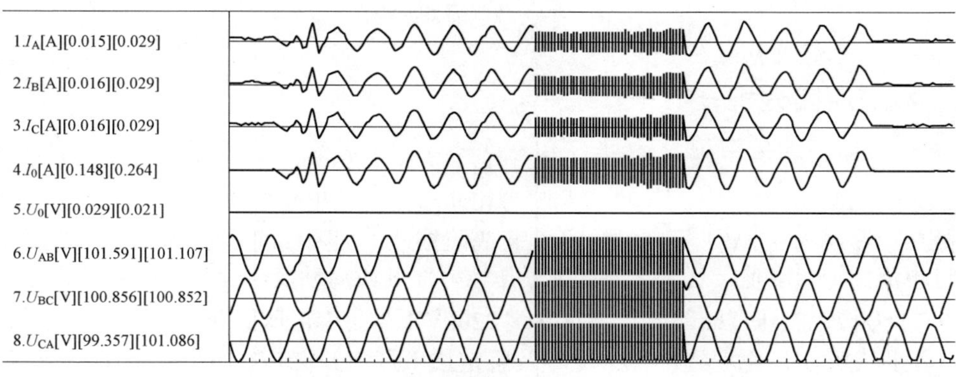

图 9-28　故障中期波形图

表 9-2　　1 号集电线路及接地变压器保护整定值

线路名称	故障录波电流	持续时间	整定值
1 号集电线路（600/1）	零序电流 I_0 : 50A（一次值）	1.1s	零序Ⅰ段：78A（一次值）0.15s 零序Ⅱ段：60A 0.45s
1 号接地变压器（200/1）	零序电流 I_0 : 50A（一次值）	1.1s	零序Ⅰ段：94A（一次值）0.8s 零序Ⅱ段：22A（一次值）1.1s

通过以上分析，1 号集电线路单相接地故障，故障电流为 50A，小于 1 号集电线路零序Ⅱ段定值，大于 1 号接地变压器零序Ⅱ段定值，故 1 号接地变压器零序Ⅱ段动作。

3. 故障后期

220kV 1 号主变低压侧断路器跳闸后，因 35kV 1 号无功补偿断路器未断开，持续向系统提供无功能量，导致 35kVⅠ段母线仍有电压。此时雷击故障点仍未消除，35kVⅠ段母线 A 相电压呈下降趋势（仍大于 40V 的 35kV 1 号无功补偿低电压保护定值），35kVⅠ段母线 B、C 相电压升高，持续约 0.3s 后短路点消失。21 时 40 分 7 秒 855 毫秒，35kVⅠ段母线三相电压恢复平衡，可以看出此时 35kV 系统故障点已消失，由此判断雷击造成的短路已消除。故障后期波形如图 9-29 所示。

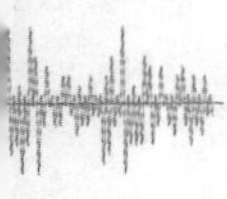

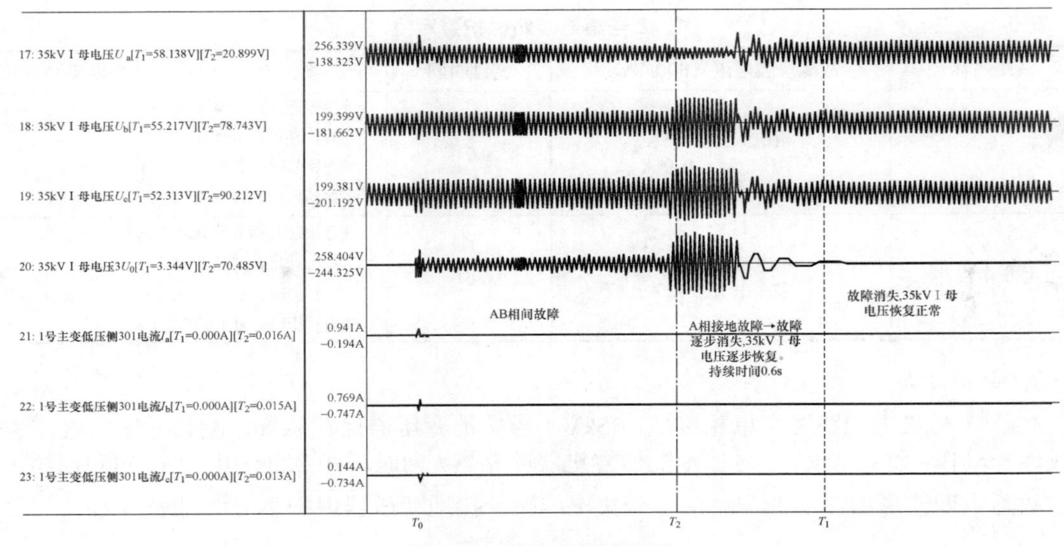

图 9-29　故障后期波形图

三、故障原因分析

综上，本次故障原因为：由于雷雨天气，空气湿度大，雷电使空气电离，最初引起35kV 1 号集电线路和 35kV 2 号集电线路瞬时相间短路，此相间故障持续时间较短，无保护启动。事故后续发展为 35kV 1 号集电线路 A 相高阻接地，故障期间零序电流未达到 1 号集电线路零序过电流保护启动值，达到 1 号接地变压器零序Ⅱ段启动值，延时 1.1s 后保护正确动作，跳开 35kV 1 号接地变压器断路器，同时联跳 220kV 1 号主变低压侧断路器。

（1）根据《并网风电场继电保护配置及整定技术规范》（DL/T 1631—2016）4.5 条，接地变压器保护动作应断开汇集母线所有断路器，若一条集电线路故障导致接地变压器保护动作会造成停电范围扩大，影响电站的安全稳定运行，所以接地变压器的零序Ⅰ、Ⅱ段电流值和时限均须与母线上各连接元件配合，否则就会扩大停电范围。

（2）根据《3kV～110kV 电网继电保护装置运行整定规程》（DL/T 584—2017）7.2.21.5 条，当风电场发生单相接地故障时，应快速切除。由于接地变压器零序过电流Ⅱ段动作时限较长，若由接地变压器切除故障，设备将长时限承受故障电流，对设备安全造成影响，并有风电机组大规模脱网的风险。

案例 13：风电场 35kV 集电线路故障接地变压器过电流Ⅰ段保护误动作

本案例分析的知识点

（1）风电场集电线路单相故障保护动作分析。
（2）风电场集电线路单相接地变压器保护动作分析。
（3）风电场接地变压器过电流Ⅰ段定值整定分析。

一、案例基本情况

某风电场装设 1 台 100MVA 主变，主变额定电压为 242kV/36.75kV。35kV 系统由一段母线组成，35kV 母线上接入 1 台 SVG 装置、1 台接地变压器兼站用变压器、1 台电容器组、5 条集电线路；220kV 为单母线接线，出线一回，通过 220kV 线路并入电网。

2019 年 3 月 18 日 20 时 7 分 53 秒，35kV 1 号接地变压器保护装置整组启动，过电流Ⅰ段动作，出口跳开 35kV 1 号接地变压器进线断路器，同时联切 35kV 母线上所有断路器，导致 35kV 母线失压，33 台风电机组脱网。

二、保护动作情况及信息分析

故障录波图如图 9-30 所示，35kV 母线电压 U_c 降低，35kV 母线电压出现零序电压 $3U_0$，并且 35kV 集电线路采集到零序电流。从故障发生时 0～80ms，35kV 母线电压 U_c 趋近于零，属于金属性接地，35kV 母线零序电压 $3U_0$ 和 10 号集电线路 I_0 曲线也相对平滑。故障发生到 80ms 以后，35kV 母线电压 U_c 出现尖顶波，35kV 母线零序电压 $3U_0$ 出现方波，10 号集电线路 I_0 出现尖顶波。

三、故障原因分析

1. 10号集电线路单相接地故障分析

根据风电场技术人员提供的相关资料分析，10 号集电线路故障时 U_c 趋近于 0V，$3U_0$ 为 100V 左右，I_0 为 480A。

根据现场现象反馈，确实存在 10 号集电线路 U_c 单相接地的情况。

10 号集电线路单相接地，应该由 10 号集电线路本身零序过电流Ⅰ段动作，跳 10 号集电线路进线断路器；但是 10 号集电线路零序过电流Ⅰ段并未出口跳闸，由接地变压器过电流Ⅰ段动作，跳开 35kV 母线上所有断路器，扩大了事故范围。

风电场接地变压器接地电阻为 42Ω，35kV 母线上所有间隔发生金属性单相接地故障时，零序电流可简算为：$3I_0 = 37 \div \left(\sqrt{3} \times 42\right) = 508\text{A}$，流过接地变压器中性点电阻的零序电流为 508A，流过接地变压器的相电流为 $I_0 = 3I_0 \div 3 = 508 \div 3 = 169.3\text{A}$，流过 10 号集电线路零序电流互感器的零序电流为 508A。

根据电站 2018 年最新定值清单，10 号集电线路零序过电流Ⅰ段保护整定为 100A、0.2s，接地变压器过电流Ⅰ段整定为 90A、0s。由于单相接地零序电流 $3I_0$ 为 480A，所以 10 号集电线路单相接地故障时流过接地变压器的相电流为 160A，大于接地变压器过电流Ⅰ段定值，同时也达到 10 号集电线路零序过电流Ⅰ段定值；但是由于接地变压器过电流Ⅰ段时限为 0s，所以接地变压器过电流Ⅰ段先于 10 号集电线路零序过电流Ⅰ段动作，扩大了事故范围。

2. 接地变压器过电流Ⅰ段整定分析

根据《并网风电场继电保护配置及整定技术规范》（DL/T 1631—2016）5.8 条，该风电场接地变压器按照躲励磁涌流整定，但是保护装置过电流保护无滤除零序分量的功能，所以还需要考虑躲过 35kV 母线单相接地时流过接地变压器的相电流值，否则接地变压器过电流Ⅰ段存在误动作的风险。

启动时间：2019-09-10　20:07:50.092100
打印时间：2019-09-20　11:42

模拟量通道

1.35kV L11段母线三相及零序电压U_a　2.35kV L11段母线三相及零序电压U_b
3.35kV L11段母线三相及零序电压U_c　4.35kV L11段母线三相及零序电压$3U_0$
29.35kV L11段母线三相及零序电流I_a　30.35kV L11段母线三相及零序电流I_b
31.35kV L11段母线三相及零序电流I_c　32.35kV L11段母线三相及零序电流$3I_0$

开关量通道

1.　母线断路器合位　2.　母线断路器分位

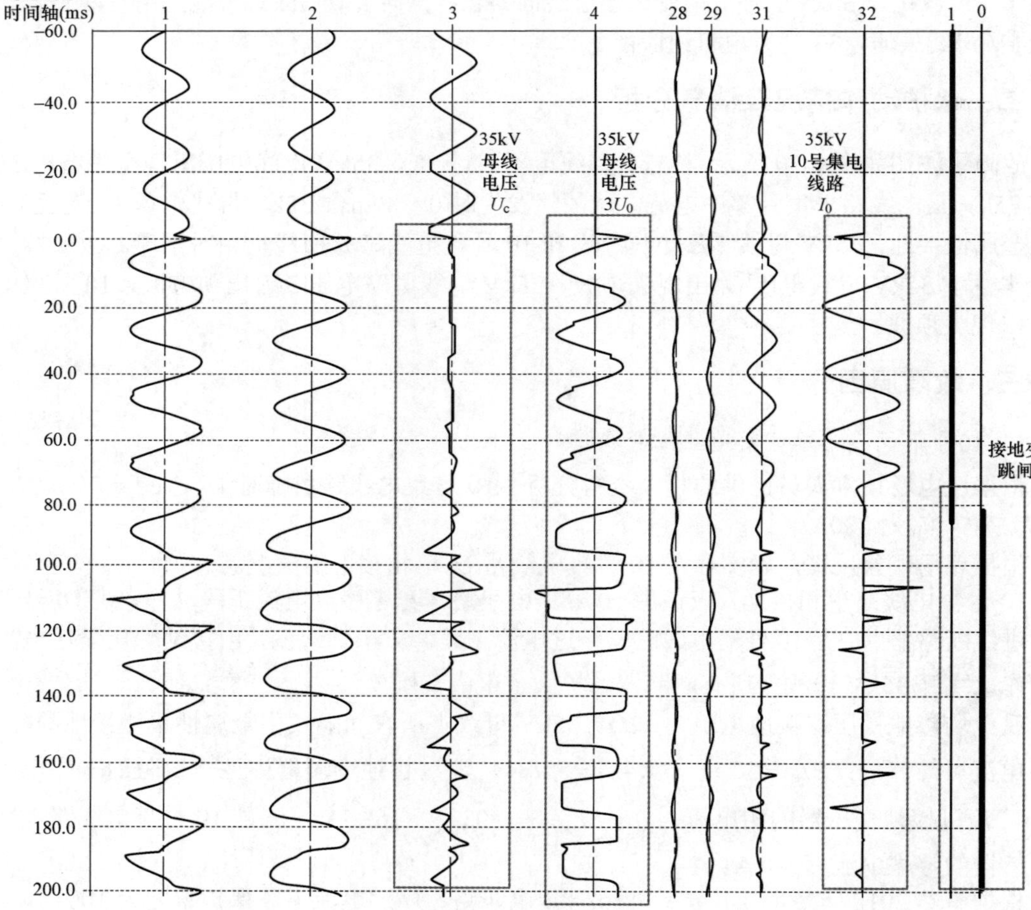

通道编号:
时间轴(ms)

35kV 母线电压 U_c

35kV 母线电压 $3U_0$

35kV 10号集电线路 I_0

接地变跳闸

图 9-30　故障录波图

案例 14：雷击风电场造成 35kV 一条集电线路三相对称性短路，另一条三相不对称性短路

本案例分析的知识点

（1）风电场 35kV 集电线路对称性故障与不对称性故障波形分析。

（2）如何根据故障电流波形查找故障点。

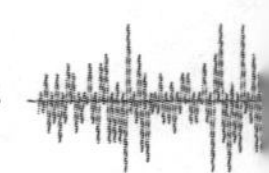

一、案例基本情况

某风电场 35kV 集电线路采用架空线（山区），线路配置过电流速断和零序电流保护，35kV 系统经低阻接地。2013 年 6 月 15 日 12 时 15 分 36 秒 537 毫秒，两条集电线路遭受雷击，造成一条线路三相对称性短路，另一条线路三相不对称性短路。

二、三相对称性短路故障波形分析

35kV 母线故障电压波形如图 9-31 所示，35kV 集电线路三相对称性故障电流波形如图 9-32 所示。

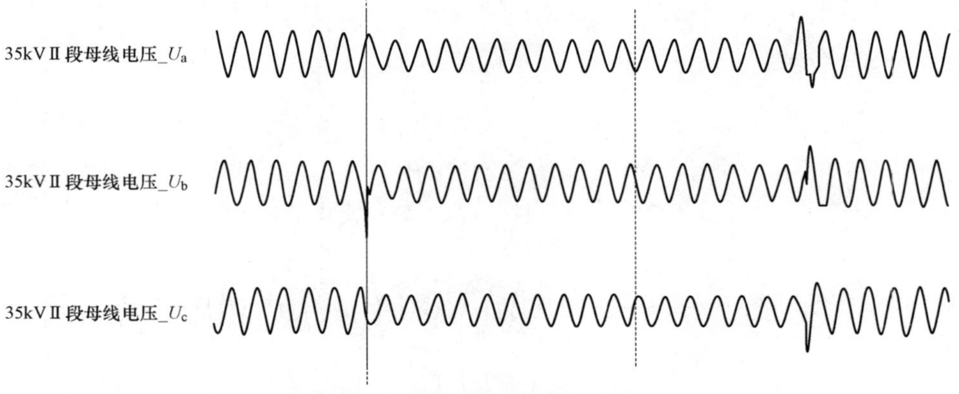

图 9-31　35kV 母线故障电压波形图

（1）电压波形分析。故障前有 110ms 正常电压波形。0ms 时 A、B、C 三相电压瞬间升高，后降低，降低时间为 17 个周波（340ms）。在故障切除后，A、B、C 三相电压瞬间升高，波形出现畸变，20ms 后恢复正常。该报告没有 $3U_0$，怀疑电压互感器开口三角没有接进故障录波器中。

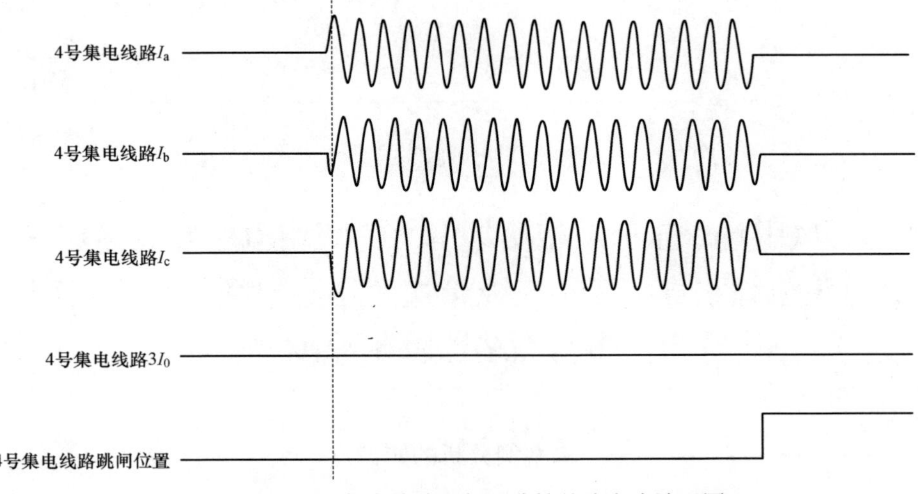

图 9-32　35kV 集电线路三相对称性故障电流波形图

（2）电流波形分析。0ms 前记录的是负载电流；0ms 开始故障，三相电流对称；故障 340ms

时，线路速断过电流动作；保护整定时间为0.3s，在故障时有很短时间的$3I_0$。经现场巡线断开箱式变压器，对线路检测绝缘正常，试送成功。分析雷击应该发生在导线上，判定为瞬时性三相对称故障。

三、三相不对称性短路故障波形分析

35kV集电线路三相不对称性故障电流波形如图9-33所示。0ms前记录的是负载电流，0ms开始故障，从波形图中可知A、B两相电流大，C相电流小，并且C相开始30ms电流更小，有$3I_0$分量，故障属于三相不对称性故障。线路过电流速断保护动作，保护整定时间为0.3s。经现场巡线发现三相均有设备故障，其中A、B两相在一个塔上，距离风电场变电站近一些；C相在远一点的塔上。检修人员对故障设备进行更换后试送成功。

四、改进措施

针对风电场雷雨季节时35kV集电线路经常遭受雷击故障的现象，风电场管理人员请专业人员对参数匹配和地理位置进行分析，在原有防雷措施基础上进行了改造，加装了“外移式”防雷系统，并将线路部分避雷器改成低残压避雷器。改造后，雷击故障大大减少，降低了95%左右。

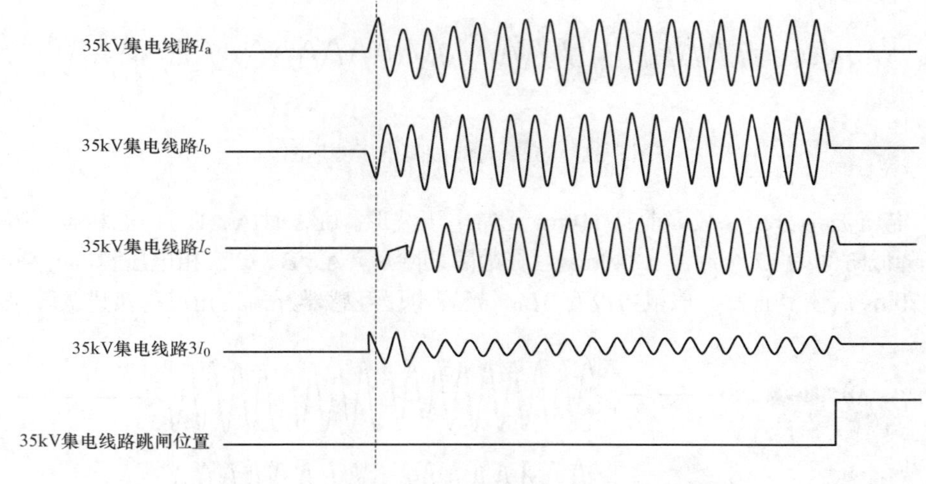

图9-33 35kV集电线路三相不对称性故障电流波形图

案例15：风电场35kV A相接地B、C两相电压升高造成SVG柜电缆头绝缘击穿、XG二线箱式变压器电缆头绝缘击穿、多台断路器跳闸故障

本案例分析的知识点

（1）故障点及保护动作情况分析。
（2）故障波形分析。

一、案例基本情况

某风电场35kV系统经变压器升压成110kV送电网，35kV系统经接地变压器小电阻接地，跳闸时间如下：

（1）2018年6月10日0时59分39秒494毫秒，35kV 1号接地变压器351JS高压侧Ⅱ段过电流保护动作跳闸。

（2）2018年6月10日0时59分41秒341毫秒，35kV XG一线3511不接地零序保护跳闸。

（3）2018年6月11日1时0分26秒300毫秒，35kV XG二线3513瞬时过电流速断保护动作跳闸。

（4）2018年6月11日1时6分25秒987毫秒，35kV 1号SVG 35V 1限时速断保护动作跳闸。

二、现场检查及保护动作情况

（1）35kV 1号SVG 35kV 1号开关柜电缆头绝缘击穿接地，造成35kVⅠ段母线电压急速降低，1号接地变压器351JS为补偿接地电流，相电流迅速增大，导致1号接地变压器351JS保护Ⅱ段过电流动作跳闸，动作值为0.1A、0.401s（整定值为0.05A，0.4s）。接地变压器断路器跳闸后，35kV系统为不接地系统。

（2）因XG一线3511高压电缆屏蔽接地线接线错误，35kV 1号SVG、35kV 1号开关柜故障持续存在，造成XG一线3511零序电流互感器产生干扰电流，不接地零序保护动作跳闸，动作值为0.515A、0.220s（整定值为0.5A，0.2s）。

（3）35kV XGⅡ线3513 27号箱式变压器电缆头绝缘击穿（因过电压引起）。XG二线3513C相瞬时速断保护动作，动作值为3.65A、0.007s（整定值为2.2A，0s）。

（4）因35kV 1号SVG 35V 1号开关柜电缆头绝缘击穿（因过电压引起），导致限时速断保护动作，动作值为3.42A、0.202s（整定值为1.58A、0.2s）。

三、35kVⅠ段母线电压和XG二线故障电流波形分析

35kVⅠ段母线电压和XG二线故障电流波形如图9-34所示。

1. 电压波形分析

（1）－40ms开始A相电压为零，A相纯金属性接地，B、C两相电压升高，$3U_0$电压升高。B相二次电压最大值U_B=169.675V，C相二次电压最大值U_C=167.674V，$3U_0$最大值为173.730V。

（2）A相在45ms后有很小的电压，时间约为80ms，之后又降为零，引起接地变压器保护动作，断路器跳闸。

（3）B相电压：开始85ms B相电压升高（经低阻接地系统A相金属接地），之后电压降低开始故障，并出现了高次谐波和高频分量。故障切除后，电压再次升高，出现电压互感器铁磁谐振现象。

（4）C相从－40～0ms电压升高，之后电压降低，有谐波分量，这时35kV系统已经出现了不同点A、C两相接地故障，约40ms后出现三相接地短路故障。故障切除后，C相电

压互感器发生铁磁谐振现象。

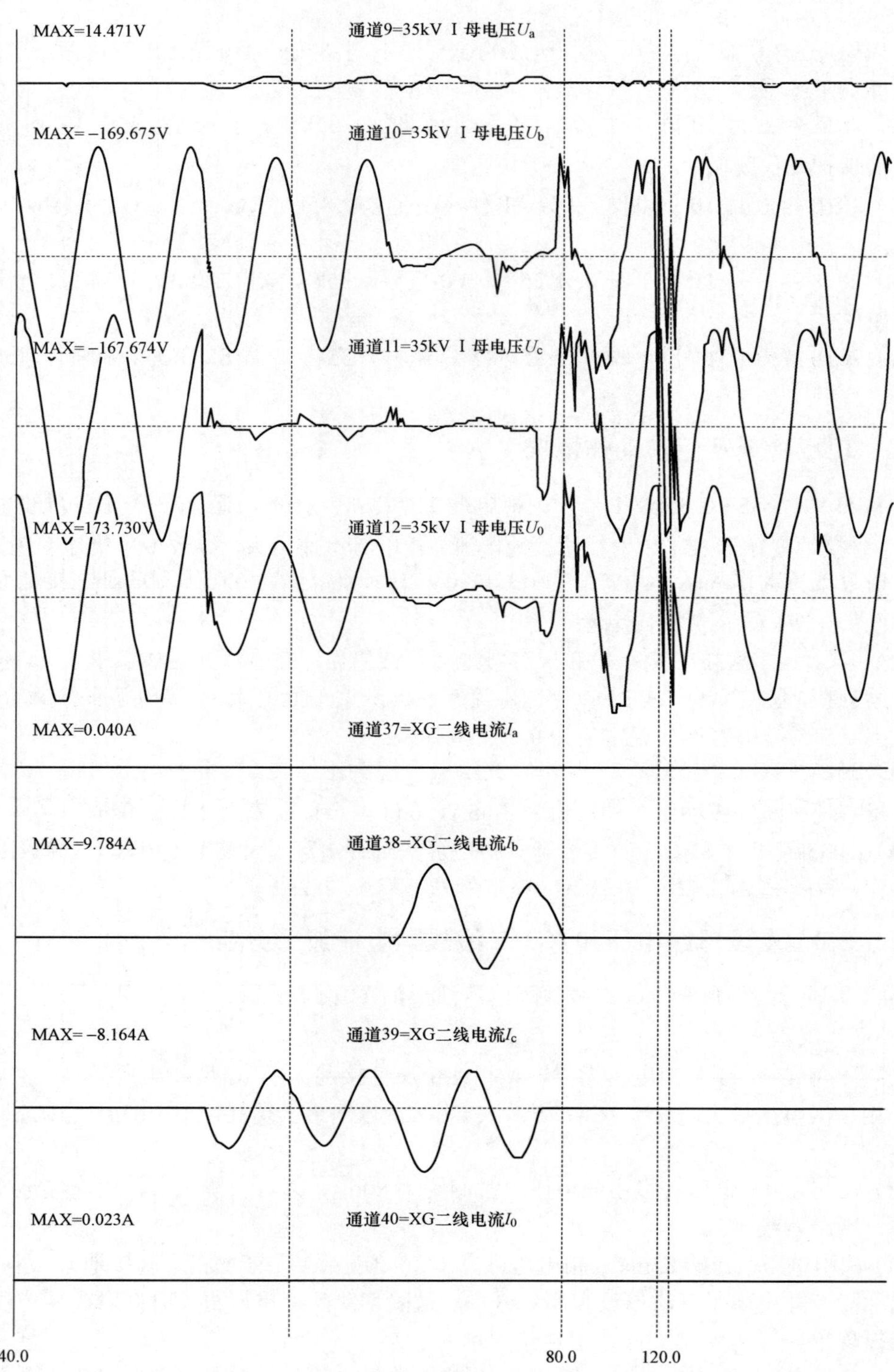

图 9-34　35kV Ⅰ 段母线电压和 XG 二线故障电流波形图

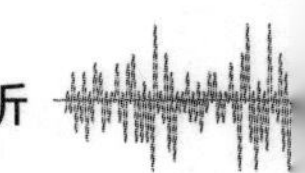

（5）$3U_0$分析：−40ms 时 A 相接地，出现 $3U_0$；C 相开始故障，$3U_0$降低；B 相出现故障。$3U_0$降得更低。故障切除后，电压互感器开口三角出现铁磁谐振。

2. 电流波形分析

（1）B 相故障时，B 相出现故障电流，故障时间约为 35ms，出现了正的直流分量。

（2）C 相开始故障时，C 相出现故障电流。B 相出现故障后，C 相故障电流增大，并且出现了负的直流分量。C 相故障电流先于 B 相结束，说明 C 相断路器是首开相。

（3）A 相没有故障电流，从 A 相电压看，A 相一直有接地，故障点应该不在同一个地方，或者在电流互感器之前。

四、35kVⅡ段母线电压和 XG 一线电流故障波形分析

35kVⅡ段母线电压和 XG 一线电流故障波形如图 9-35 所示。

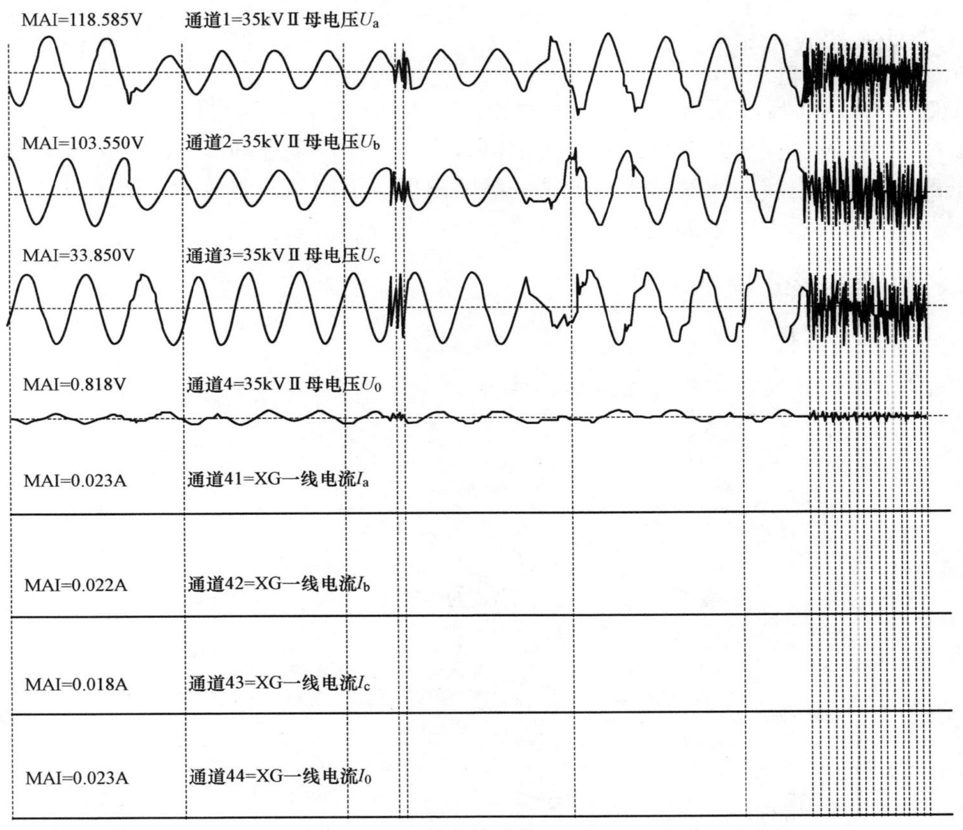

图 9-35　35kVⅡ段母线电压和 XG 一线电流故障波形图

1. 电压波形分析

故障时，35kVⅡ段母线电压降低，A、B 相电压降低。故障切除后，电压互感器出现铁磁谐振现象。从 A 相接地开始，出现了很小的 $3U_0$。

2. 电流波形分析

由波形图可知，XG 一线无故障电流。XG 一线 3511 断路器跳闸属于二次回路问题。

值得注意的是，原跳闸报告对35kV 1号SVG 35kV 1号开关柜电缆头绝缘击穿接地、35kV XG二线3513 27号箱式变压器电缆头绝缘击穿接地原因分析不够准确，没有考虑过电压引起的绝缘击穿。

案例16：220kV风电场汇流站相间故障波及该母线所接风电场电压、电流

本案例分析的知识点

（1）如何区别区外故障。
（2）区外故障电压、电流波形分析。

一、案例基本情况

2022年4月24日，某风电场A、B两相出现故障波形，使风电场220kV出线电压和出线电流A、C相发生变化，未见保护动作出口。询问其他风电场同样出现此类故障波形，从而判断是上一级风电场汇流站与母线连接的线路出现AB相间短路故障，因风电场是小电源侧，所送短路电流不大。本侧主变中性点接地开关在分开位置。

二、故障波形分析

1. 电压波形分析

220kV母线电压及放大波形如图9-36所示。

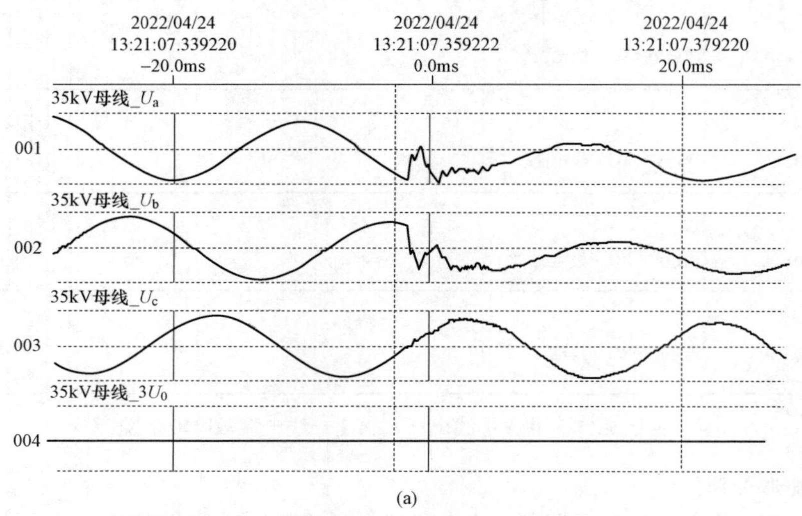

(a)

图9-36　220kV母线电压及放大波形图（一）

（a）母线电压波形图

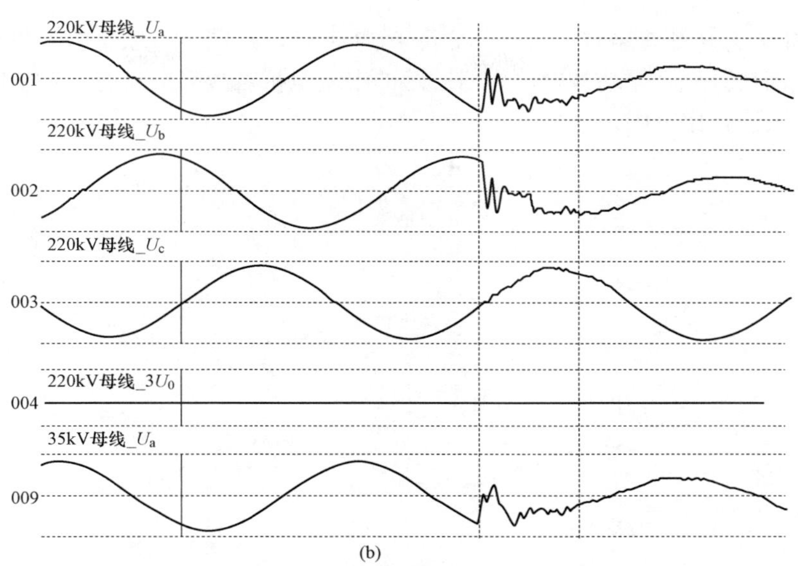

图 9-36　220kV 母线电压及放大波形图（二）
（b）放大波形图

（1）0ms 前三相电压正常。

（2）0ms 时 A、B 两相出现故障电压分量，从图 9-1（b）可以看出，两相电压方向基本相反，有高次谐波分量，故障时间约为 8ms，没有 $3U_0$ 分量。8ms 后 A、B 两相电压比 C 相低。

2. 220kV线路电流波形分析

220kV 线路电流波形如图 9-37 所示。

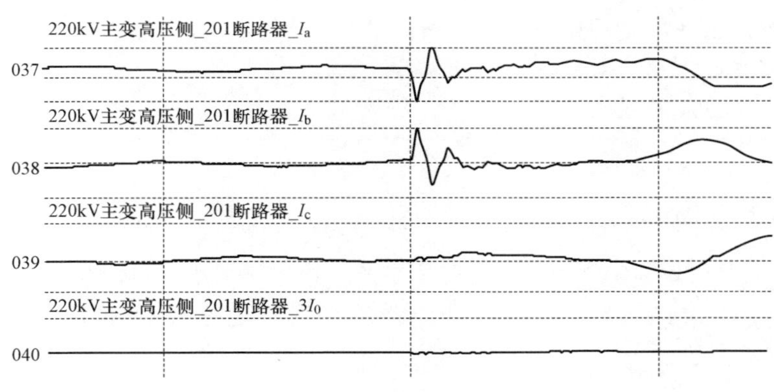

图 9-37　220kV 线路电流波形图

（1）0ms 前三相电流为正常负载电流。

（2）0ms 时 A、B 两相出现故障电流分量，从图 9-37 可以看出，两相电流方向基本相反，第一个波是高频分量，后面有高次谐波分量，故障时间约为 8ms，有很小的 $3I_0$ 分量。8ms 后 A、B 两相故障分量消失。

3. 35kV无功补偿装置电流波形分析

220kV 线路对侧系统发生相间故障，35kV 无功补偿装置类似无功发电机，将向系统提供

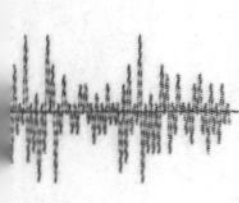

助增电流。35kV 无功补偿装置电流波形如图 9-38 所示，从图中可以看出，故障时出现了高频分量和高次谐波分量。无功补偿电容器回路的限流电抗对故障电流有一定限制作用，但因电抗比不大，限流作用有限。

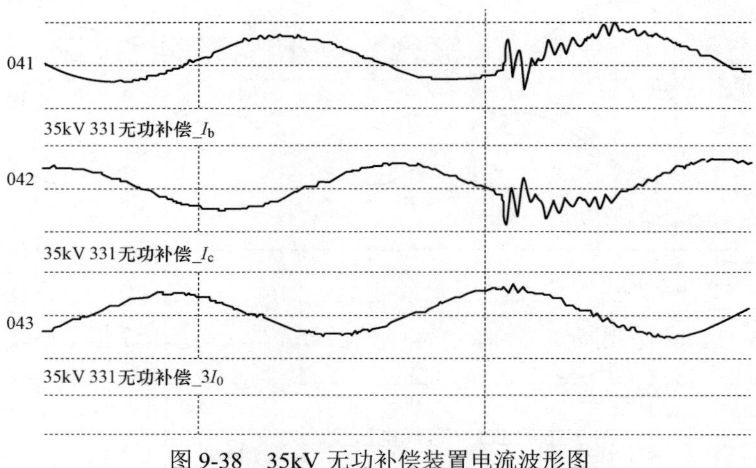

图 9-38　35kV 无功补偿装置电流波形图

案例 17：风电场 400V 站用供电系统电压波动及 35kV 2 号 SVG 324 断路器跳闸故障

本案例分析的知识点

（1）操作中产生高次谐波谐振波形分析。
（2）高次谐波谐振波形对设备的影响。
（3）抑制高次谐波的措施。

一、案例基本情况

某年 8 月 5 日 14 时 40 分某风电场升压站监控报出 2 号 SVG 本体故障，事故总信号动作。现场检查发现，35kV 2 号 SVG 本体报出所有模块温度高。现场风速为 4.34m/s，负荷为 0.52 万 kW。

二、设备情况

该风电场总装机容量为 100MW，一期工程装机容量为 49.5MW，二期工程装机容量为 49.5MW。选用直驱永磁 GW87/1500 型风力发电机组，新建 220kV 升压站一座，220kV 并网线路 4.8km，一期 35kV 集电线路 11km，二期 35kV 集电线路 27.1km。共安装 66 台单机容量 1500kW 的风力发电机组，采用一机一变的接线方式，风机发出的电能经升压变升压到 35kV，经集电线路汇集后进入升压站 35kV 母线，经主变升压 220kV 后并入系统电网。

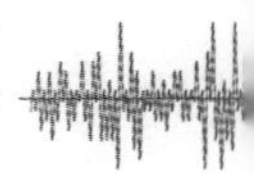

三、故障前运行方式

（1）220kV 设备：220kV A 母线运行，两条 220kV 线路运行，1、2 号主变运行，母线电压互感器随母线运行。

（2）35kV 设备：35kV Ⅰ段母线运行，35kV 集电Ⅰ线为热备用状态，35kV 集电Ⅱ、Ⅲ线为运行状态，35kV Ⅱ段母线及 35kV 集电线路运行，Ⅰ、Ⅱ段无功补偿装置运行状态。1 号站用变压器运行，母线电压互感器随母线运行。

（3）10kV 设备：0 号备用变压器冷备用。

（4）风电场上网功率为 0.52 万 kW。

四、故障经过

（1）某年 8 月 5 日某电场进行 1 号 SVG 性能测试（1 号 SVG 恒电压，2 号 SVG 恒无功-9MW），13 时 52 分断开集电Ⅰ线 311 断路器，35kV 母线电压正常，电压波形如图 9-39 所示。130ms 时断开 311 断路器。

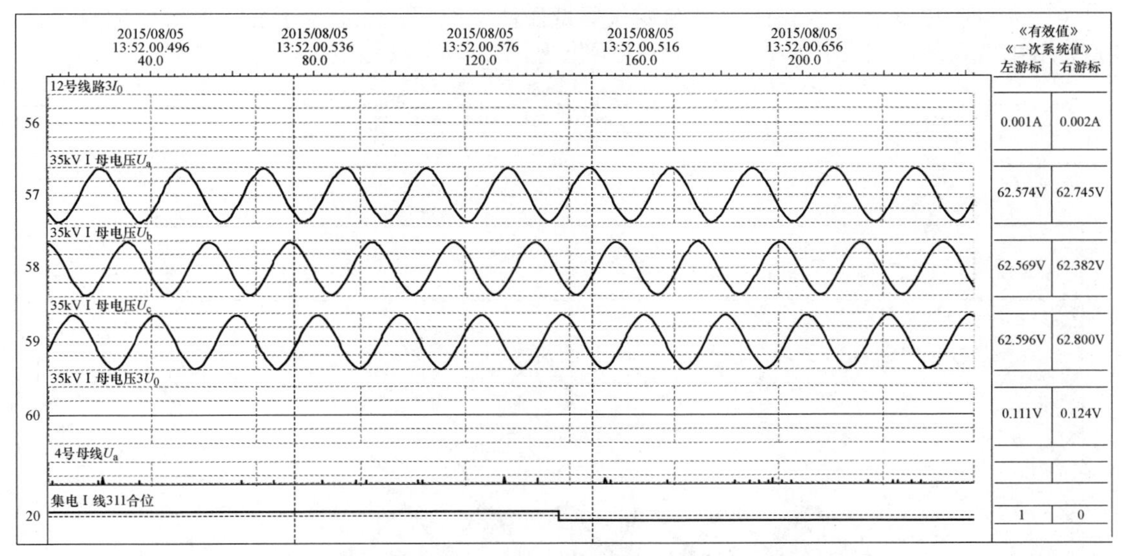

图 9-39　断开集电Ⅰ线 311 断路器 35kV 母线电压波形图

（2）14 时 28 分合上集电Ⅰ线 311 断路器，监控报主变冷却器故障，检查发现 1 号主变、2 号主变、2 号 SVG 相序继电器已过电压烧毁。1 号主变本体冷却控制柜失电，中央监控报出故障，合上集电Ⅰ线 311 断路器，35kV 母线电压波形如图 9-40 所示。图 9-40 中，在 311 断路器分位时有高次谐波分量，A、C 相比 B 相严重；合上 311 断路器后，谐波分量消失。

（3）14 时 32 分再次断开集电Ⅰ线（已带 11 台风机）311 断路器，35kV 母线电压波形如图 9-41 所示，311 断路器分闸后又出现了高次谐波分量。

（4）14 时 40 分 2 号 SVG 324 断路器跳闸，事故总信号动作，现场检查发现 2 号 SVG 控制柜报出模块温度高，冷却风机停运；2 号 SVG 本体风冷控制箱内冷却风扇相序继电器烧毁，1、2 号主变本体风冷控制箱内冷却风扇相序继电器烧毁，综合楼道内应急出口灯烧毁 2 个。

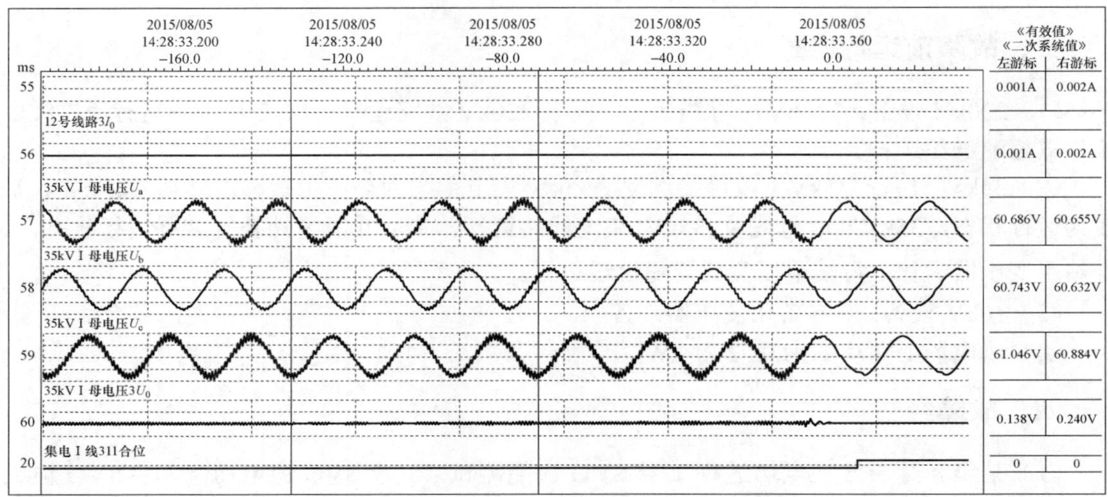

图 9-40　合上集电Ⅰ线 311 断路器 35kV 母线电压波形图

（5）16 时 40 分运行人员断开站用变压器低压侧断路器，合上备用变压器低压侧断路器，400V 站用电系统临时用 10kV 由备用变压器供电，35kV Ⅰ段母线电压依然异常。

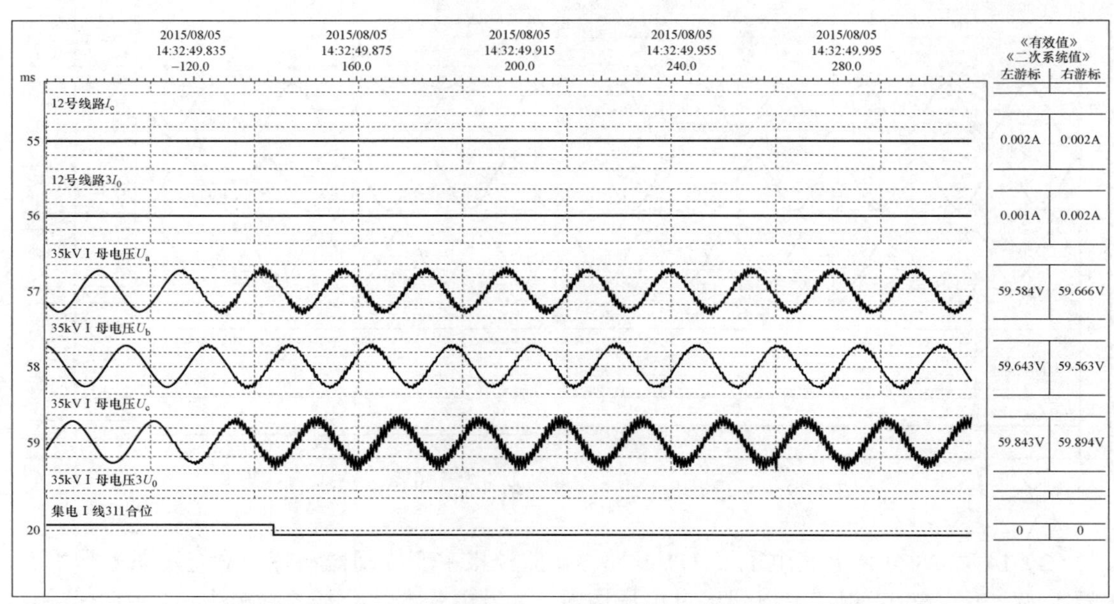

图 9-41　再次断开集电Ⅰ线 311 断路器 35kV 母线电压波形图

（6）35kV Ⅰ段母线系统电压谐波导致 1 号 SVG 反复报系统过电压事件（SVG 厂家意见，同时厂家分析 35kV 系统电压波动使 SVG 反复闭锁/解锁，在 SVG 闭锁状态时 35kV 电压波动减小，在解锁状态时 35kV 电压波动增大）；SVG 解锁前后 35kV 母线电压波形如图 9-42 所示，35kV 母线电压波形出现了高幅值谐波分量，C 相最严重，时间约为 60ms，并且三相有高次谐波电流。

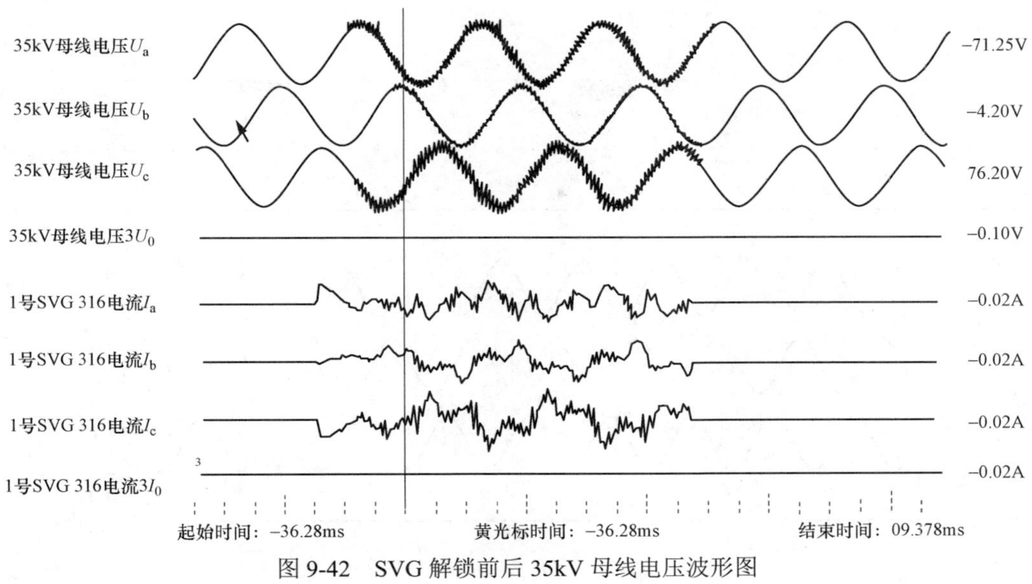

图 9-42 SVG 解锁前后 35kV 母线电压波形图

（7）17 时 12 分 SVG 解锁前后输出的波形（SVG 厂家意见）（同时初步判断 1 号 SVG 时钟超前录波装置时钟 18min）。

（8）17 时 12 分向调度汇报情况后申请断开 1 号 SVG 316 断路器。

（9）17 时 25 分断开 1 号 SVG 316 断路器，35kV Ⅰ段母线电压恢复正常，电压波形如图 9-43 所示（但从图中看，合 316 断路器前后Ⅰ段母线电压也正常）。

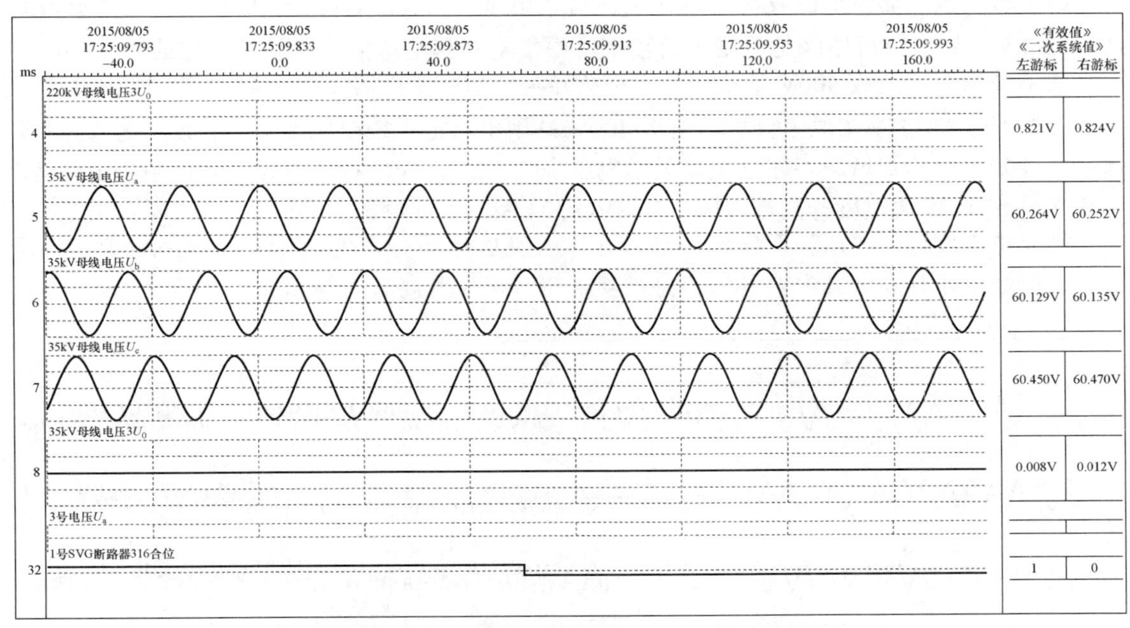

图 9-43 断开 1 号 SVG 316 断路器 35kV Ⅰ段母线电压波形图

（10）8 月 6 日 17 时 20 分合上 35kV 集电Ⅰ线 311 断路器，35kV 电压正常，电压波形如

图 9-44 所示。

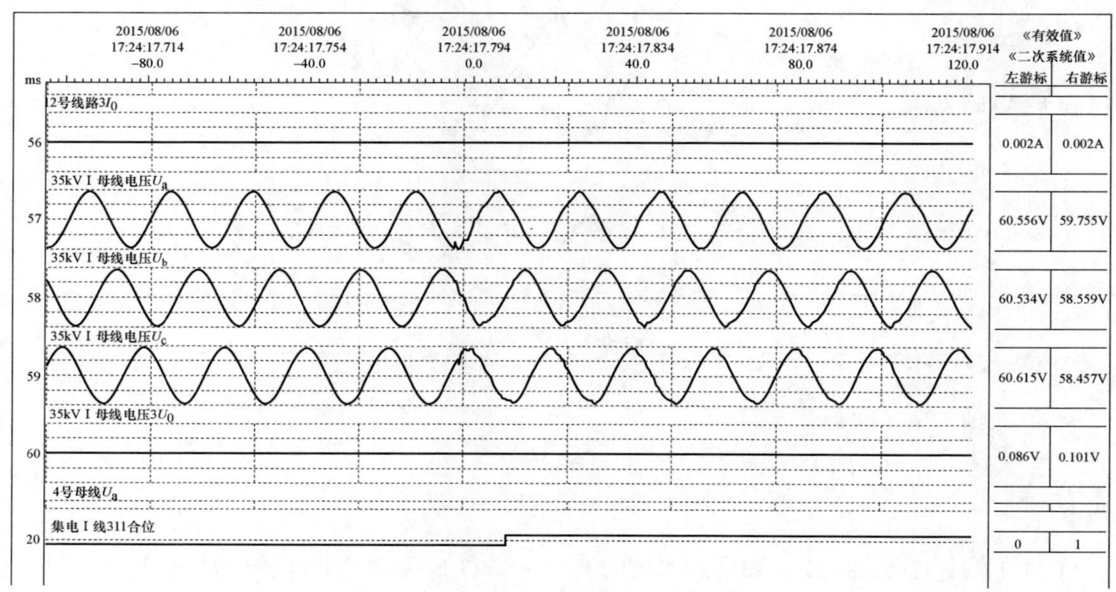

图 9-44　合上 35kV 集电Ⅰ线 311 断路器 35kV 电压波形图

五、故障分析

（1）查看录波器波形图发现，35kVⅠ段母线电压高次谐波含量高，C 相电压有效值最高达到 34kV，初步分析原因是母线负荷较小。由于电容和电感恰好满足了谐振的条件，产生了高次谐波振荡，造成 400V 站用电供电系统异常（站用变压器接在 35kVⅠ段母线上）。

（2）2 号 SVG 跳闸原因分析。由于 400V 站用电供电系统电压波动，导致 2 号 SVG 本体风冷控制箱内冷却风扇相序继电器因过电压烧毁，2 号 SVG 设备本体冷却风扇失电停运，导致 2 号 SVG 模块温度升高，造成 2 号 SVG 324 断路器跳闸。

站用电Ⅰ段母线电压波形如图 9-45 所示。由图 9-45 可知，在波形图中约 10ms 后，站用电Ⅰ段母线电压升高，其中 C 相升高最严重，母线电压升高时间约 60ms。

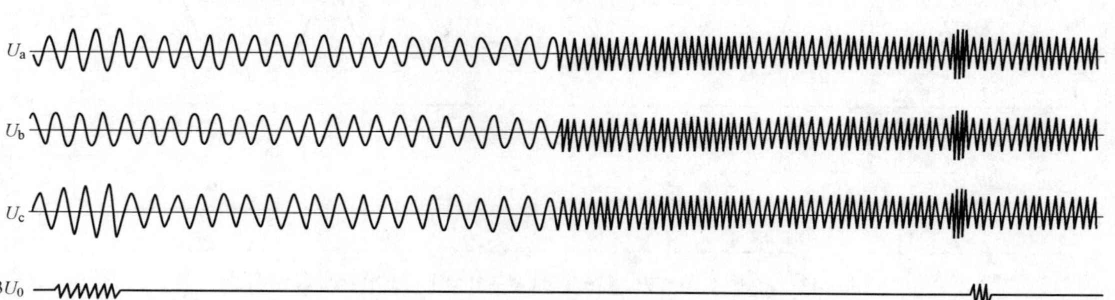

图 9-45　站用电Ⅰ段母线电压波形图

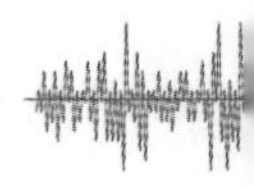

六、抑制高次谐波的措施

（1）调整集电线路有功功率和无功功率，即改变母线电容和电感大小，破坏谐振频率。

（2）在 35kV Ⅰ段母线电压互感器开口三角用电阻消谐。

（3）更新 1 号 SVG 程序，增加抑制高次谐波功能。

案例 18：100MW 风电场 35kV 箱式变压器低压母排放电故障

本案例分析的知识点

（1）风电场箱式变压器低压母排放电故障分析。

（2）保护动作情况及信息分析。

（3）风电场低电压穿越曲线分析。

（4）风机侧故障电压波形分析。

一、案例基本情况

某 100MW 风力发电项目装机容量 100MW，安装 40 台 2.5MW 风力发电机组。风电场升压站建设一台 100MVA 主变，建设一条 110kV 送出线路。风电机组接线采用一机一变单元接线方式，风机出口电压为 0.69kV，通过箱式变压器升压至 35kV，经 35kV 集电线路汇集至 110kV 升压站。风电项目 110kV 升压站接入上级 220kV 汇集站。

2021 年 5 月 26 日 5 时 17 分，×号风机箱式变压器低压铜母排存在尖端拉弧放电现象，电压下降引起风机低电压穿越保护动作，随后箱式变压器低压断路器跳闸并报警。箱式变压器低压断路器跳闸后，风机侧电压升高导致风机变流柜网侧防雷器持续动作，使防雷器烧毁并伴有大量烟雾，触发柜内风机烟感报警，造成风机事故链动作停机。现场箱式变压器低压配电室前门与侧门被短路电弧故障气流冲开，并报箱式变压器低压室门开信号。故障导致×号风机在长达一个月的时间内未能投入运行。

二、保护动作情况及信息分析

对箱式变压器监控后台调取故障数据报文，通过多报文对比分析，确定报文显示主要信息：2021 年 5 月 26 日 5 时 17 分 28 秒，×号箱式变压器低压检修门开信号，36ms 后显示×号箱式变压器低压断路器故障信号，后台报文与现场检查情况吻合。由于箱式变压器低压故障冲击气流将检修前门与侧门冲开，后续低压断路器跳闸。根据现场调出风机故障记录及故障波形分析，由于故障引起风机保护低电压穿越启动抬高电压及箱式变压器低压断路器跳闸，此高电压持续触发风机配电柜内网侧防雷器动作并导致超出防雷器泄放能力过热烧坏，导致消防烟感器报警，风机事故链保护动作停机。

低电压穿越，指在风力发电机并网点电压跌落的时候，风机能够保持低电压穿越并网，甚至向电网提供一定的无功功率，支持电网恢复，直到电网恢复正常，从而“穿越”这个低电压时间（区域）。低电压穿越是对并网风机在电网出现电压跌落时仍保持并网的一种特定的运行功能要求。风电场内的风电机组具有在并网点电压跌至20%额定电压时能够保证不脱网连续运行625ms的能力。风电场并网点电压在发生跌落后2s内能够恢复到额定电压的90%时，风电场内的风电机组能够保证不脱网连续运行。风电场低电压穿越曲线如图9-46所示。当电网发生三相短路故障、两相短路故障或者单相接地短路故障引起并网点电压跌落时，风电场并网点各线电压在图9-46中电压轮廓线及以上的区域内时，场内风电机组必须保证不脱网连续运行；风电场并网点任意线电压低于或部分低于图9-46中电压轮廓线时，场内风电机组允许从电网切出。

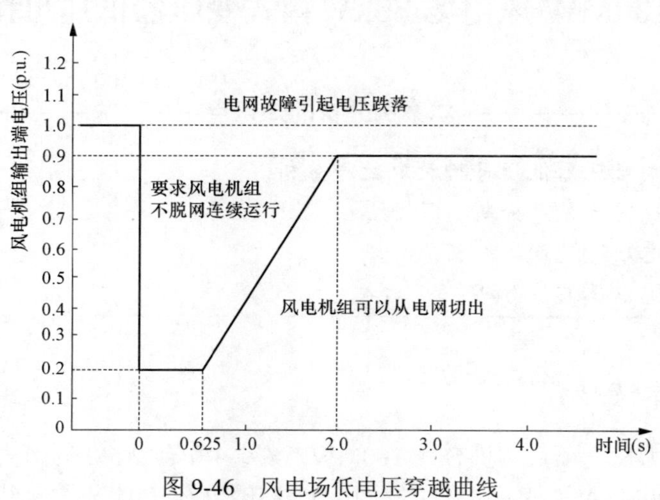

图9-46　风电场低电压穿越曲线

三、风机侧故障波形分析

（1）箱式变压器放电电压波形如图9-47所示，由图9-47（a）可知，5时17分18秒469毫秒发生箱式变压器母排尖端放电时网侧C相电压波形发生变形并降低。

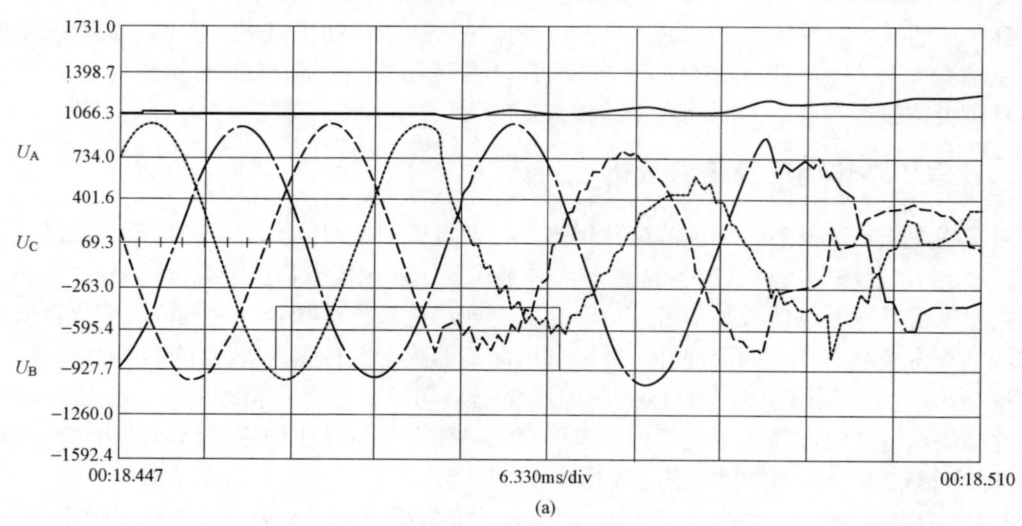

图9-47　箱式变压器放电电压波形图（一）

（a）C相波形

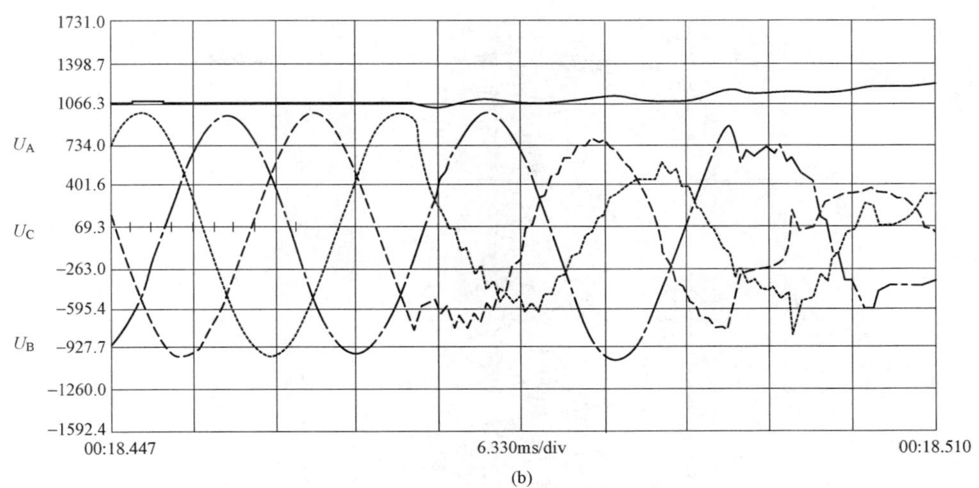

图 9-47　箱式变压器放电电压波形图（二）

（b）A、B 相波形

（2）由于 C 相弧光放电导致周边空气绝缘下降出现 A、B 相放电电压发生变形并降低，如图 9-47（b）所示。

（3）由于风机正常发电直流侧电压波动，箱式变压器低压母排三相弧光放电引起风机直流侧电压降低。23ms 后，直流侧电压降低至直流额定电压的 90%以下，风机侧低电压穿越保护启动。低电压穿越后 18ms 抬高电压倍数 1.38 倍，交流侧三相电压随之升高，此时箱式变压器低压断路器跳闸，风机发电机形成孤岛运行电压升高。低电压穿越保护启动波形如图 9-48 所示。

（4）由于箱式变压器低压断路器跳闸，风机发电机形成孤岛运行电压升高，交流电压升高造成风机侧防雷器泄压启动降低电压。风机侧直流电压及网侧交流电压波形如图 9-49 所示。

（5）风机发电机侧电压升高导致风机侧防雷器泄压持续启动，导致风机侧防雷器烧毁，并持续引起低电压穿越启动，变流器抬升电压。随后防雷器烧毁并伴随大量烟雾，导致柜内消防烟感器报警，风机事故链保护动作停机。风机侧直流电压及网侧交流电压压缩波形如图 9-50 所示。

四、故障原因分析

根据变流器故障录波图形数据、设备故障现场情况及箱式变压器测控后台数据分析。由于箱式变压器低压母排出现尖端对金属支架放电拉弧，箱式变压器低压侧 C 相电压降低，放电引起低压侧故障段母排周边空气绝缘性能降低，相间、相地拉弧放电，导致电压降低出现故障，引起风机低电压穿越保护投入，抬升系统电压造成变流器网侧防雷器持续动作泄压。随后箱式变压器低压侧断路器跳闸，风机发电机形成孤岛运行进一步抬高风机发电侧电压，防雷器持续动作烧毁导致风机低电压穿越连续动作抬升电压，防雷器烧毁造成消防烟雾报警启动报警，导致风机事故链动作，风机保护停机。故障原因为箱式变压器低压侧母排存在尖端部位，距离配电柜上下金属支架安装距离较近，尖端对金属支架拉弧放电从而引起此次故障。

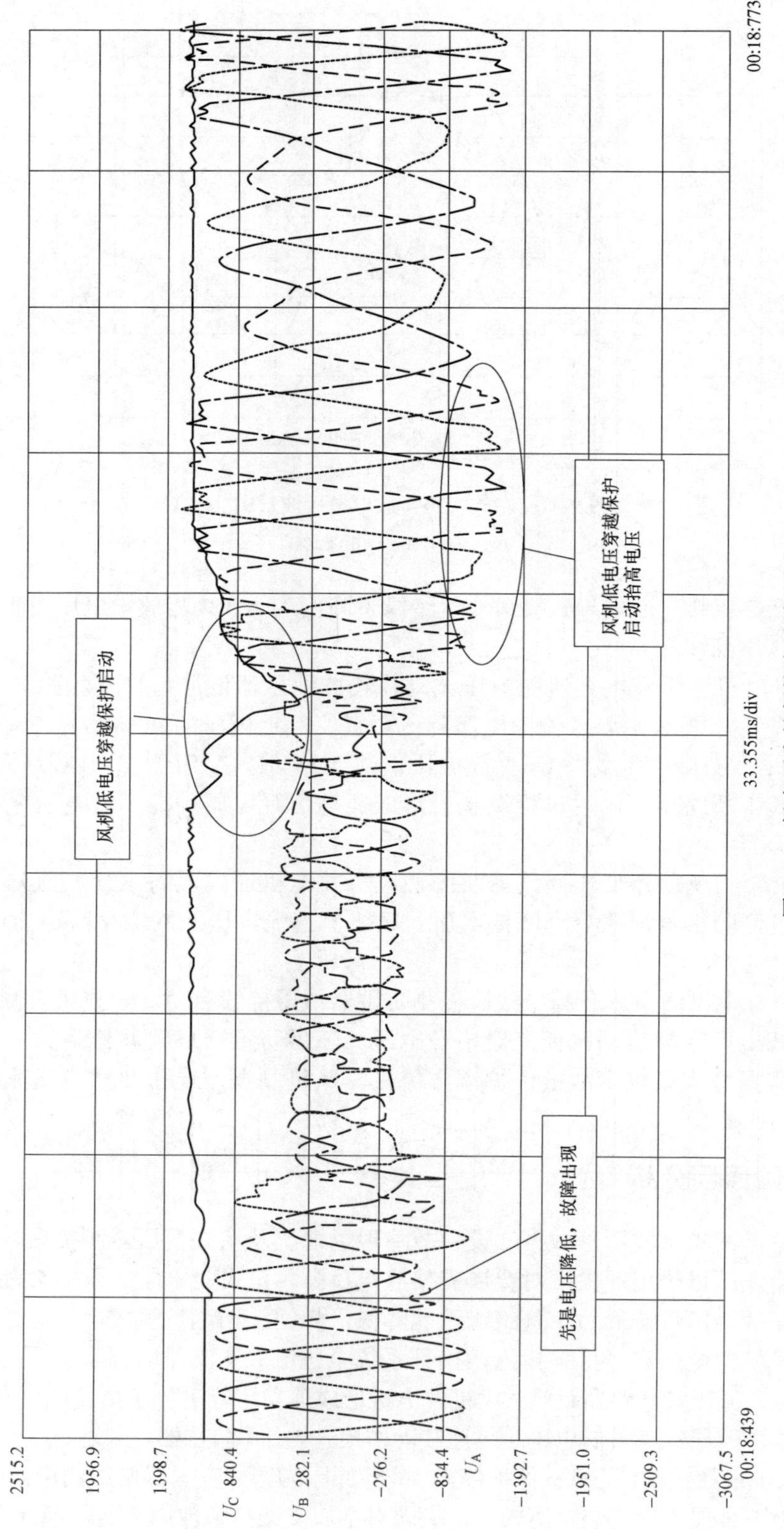

图 9-48 低电压穿越保护启动波形图

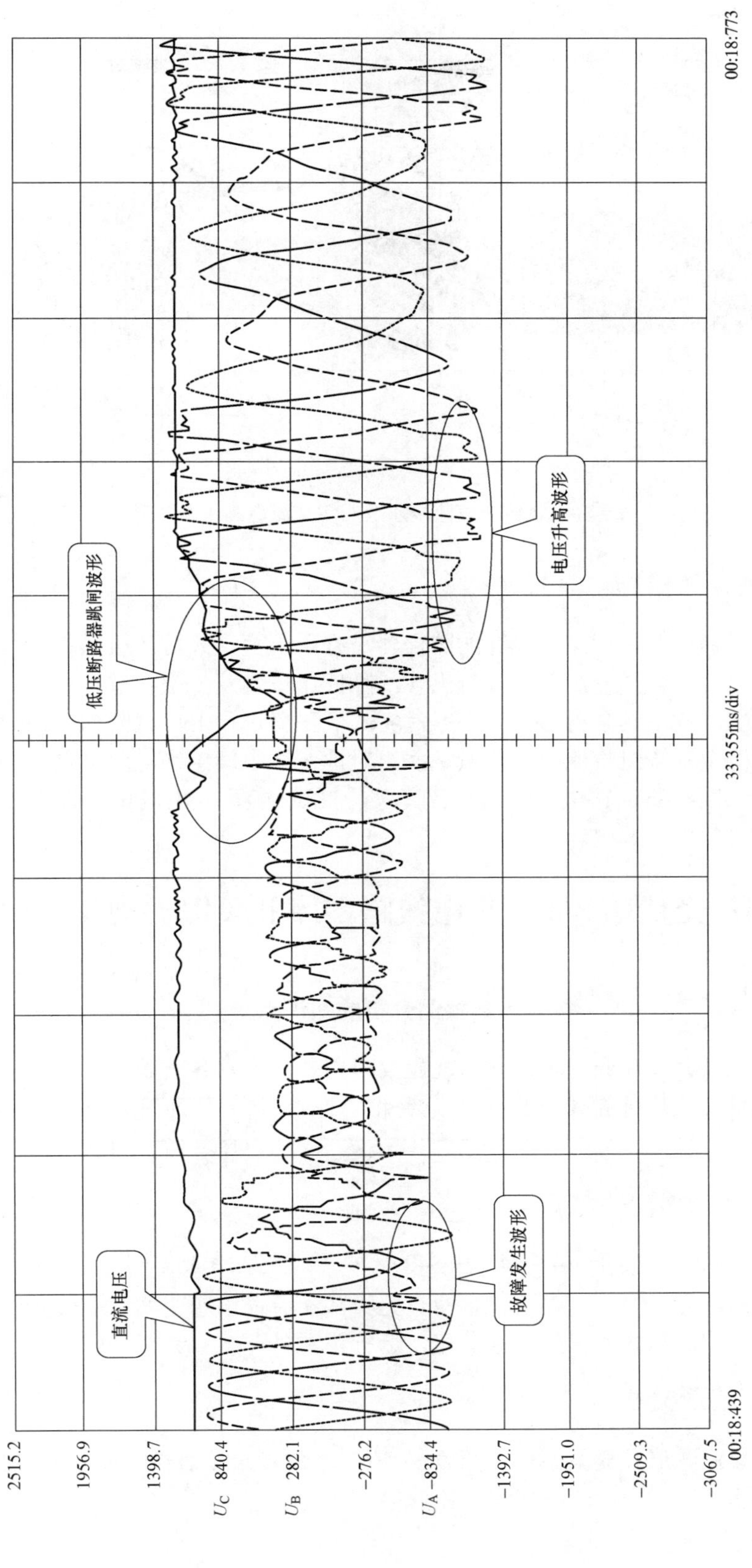

图 9-49　风机侧直流电压及网侧交流电压波形图

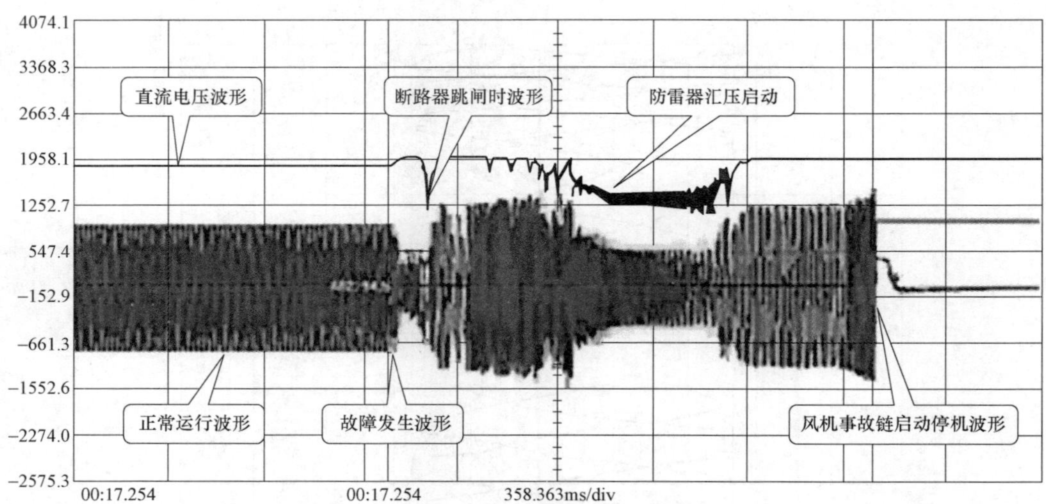

图 9-50 风机侧直流电压及网侧交流电压压缩波形图

五、解决处理措施

根据现场故障情况，厂家对损坏的防雷器进行了更换，并对风机系统进行了全面检查，并出具了分析报告。箱式变压器厂家对出现故障低压母排及二次线进行更换，并对熏黑柜门及器件进行清洗，并出具分析报告。厂家对箱式变压器进行七项试验均合格（电压比测量及联结组别标号检定、绕组直流电阻测量、绕组对地及绕组间绝缘电阻测量、外施耐压试验、电缆绝缘测试、断路器回路电阻、断路器开关特性试验），并出具试验报告后箱式变压器投运正常，风机正常投运发电。

案例 19：光伏站 35kV 集电线路零序Ⅱ段保护动作，试送成功

本案例分析的知识点

（1）如何从保护波形和专用故障录波器波形判断一次设备是否有故障。

（2）关于短路故障时直流分量的衰减的直流常数 τ 指导值范围。

一、案例基本情况

2022 年 8 月 20 日 13 时 44 分 41 秒 849 毫秒，某光伏站 35kV 集电线路零序Ⅱ段保护动作跳线路断路器，经过对一、二次设备检查无异常。后退出逆变器、箱式变压器，对空载线路充电正常，分别送箱式变压器、逆变器，运行正常。

二、故障波形分析

线路保护故障波形及放大波形如图 9-51 所示，故障录波器波形如图 9-52 所示。线路保护与故障录波器共用一个电流互感器二次线圈。

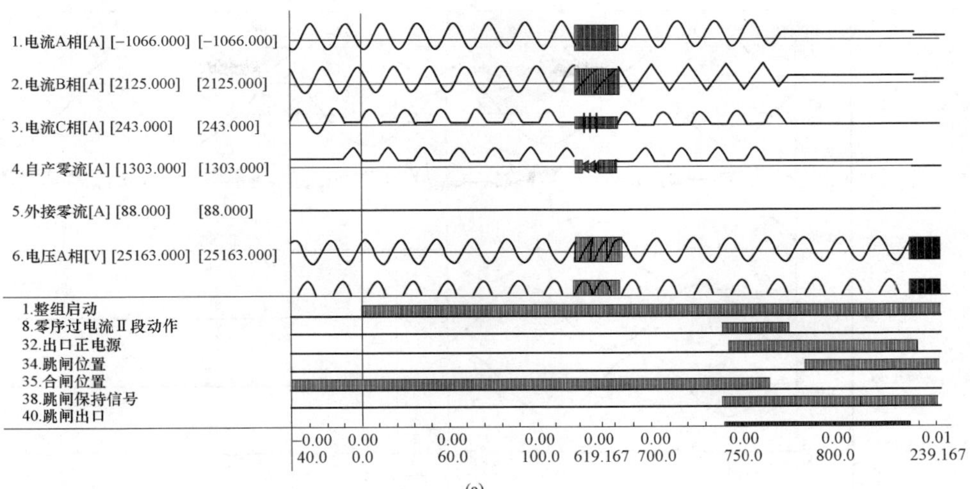

(a)

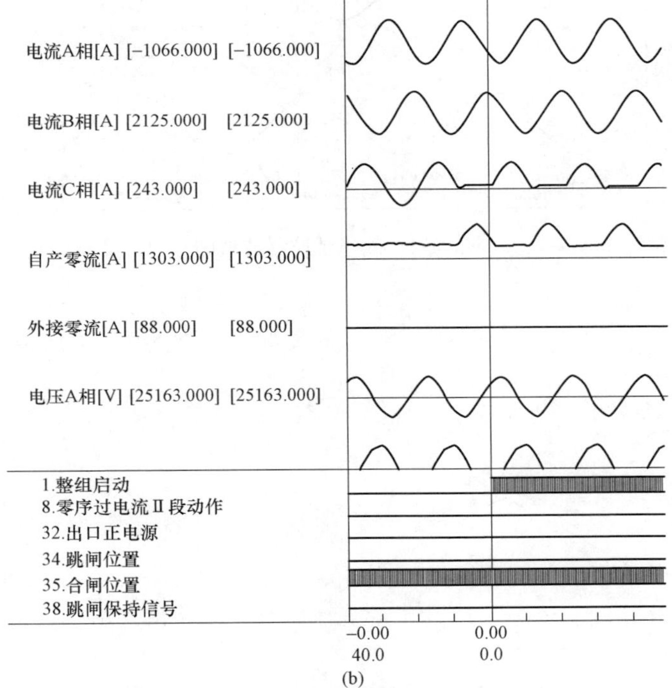

(b)

图 9-51　线路保护故障波形及放大波形图

（a）线路保护故障波形图；（b）放大波形图

（1）从图 9-51 电流波形可以看出，C 相电流出现半波前 30ms，三相电流同时偏向横坐标上侧，并出现“直流 $3I_0$”分量。这里 $3I_0$ 并非直流电流，因为一次系统没有发生故障。

（2）30ms 后 C 相出现正半波有流，负半波无流。

（3）30ms 后 $3I_0$ 出现正半周有流，并对应 C 相负半周。$3\dot{I}_0=\dot{I}_A+\dot{I}_B+\dot{I}_C$，其相量图如图 9-53 所示。

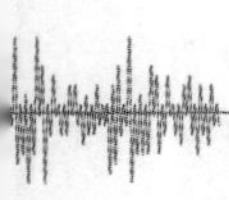

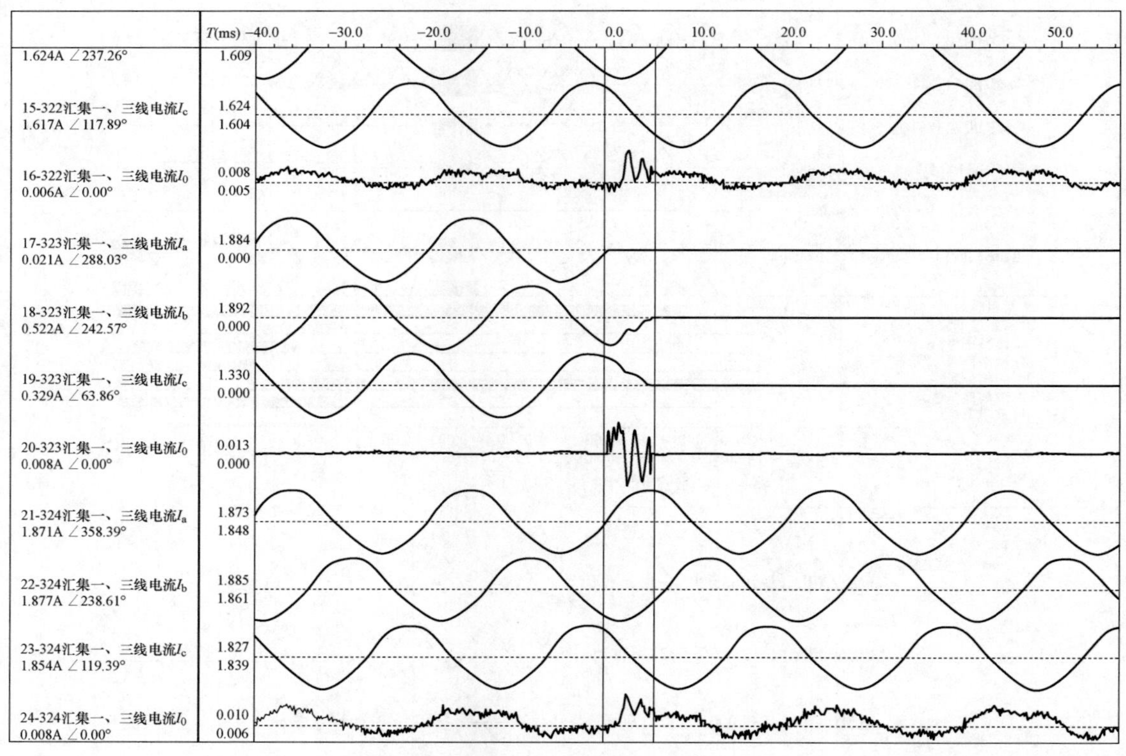

图 9-52　故障录波器波形图

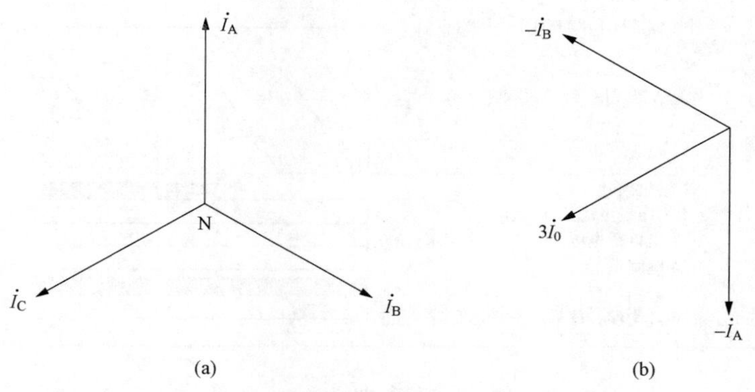

图 9-53　线路保护故障波形对应相量图

（a）电流正半周相量图（$3I_0$=0）；（b）$\dot{I}_C$ 负半周没有电流相量图（$3\dot{I}_0=\dot{I}_C$）

三、故障录波器电流波形分析

（1）如图 9-53 所示，在线路短路器跳闸前，三相电流波形正常，无 $3I_0$ 分量。

（2）断路器分闸时首开相为 A 相，B、C 两相后分，B、C 两相在分闸时出现了谐波分量。三相分闸不同期时间约为 5ms。

（3）分闸时 $3I_0$ 第一个波出现了峰值较高的谐波分量，在不同期 5ms 内，$3I_0$ 波形变换 3

次，属于高频分量。

四、线路保护故障波形图三相电流偏移原因分析（供参考）

因线路保护与故障录波器同时取自一组电流互感器二次线圈，故障录波器三相电流正常，保护三相出现向正方向同时偏移，应该是保护数据零轴出现问题。虽然不影响数据计算有效值，但是会误导运行人员看成是直流分量。

五、关于短路故障时直流分量的衰减的直流常数 τ

由于电感中电流不能突变，因此在故障时可能出现直流分量。直流分量是衰减的，IEC 对直流时间常数 τ 规定为 τ=45ms，但在实际系统中直流时间常数处于一个很宽范围，与元器件种类有关。各种系统元器件的直流时间常数指导值见表 9-3。

表 9-3 各种系统元器件的直流时间常数指导值 （ms）

元器件	视在功率 S			
	1MVA	10MVA	100MVA	1000MVA
架空线路 额定电压 U_r(kV)	U_r<72.5	72.5<U_r<420	420<U_r<525	U_r>525
	τ<20	15<τ<45	35<τ<53	58<τ<120
发电机	60<τ<120	200<τ<600	200<τ<600	300<τ<500
变压器	20<τ<40	50<τ<150	80<τ<300	200<τ<400

本案例中图 9-51 很容易被运行人员误认为是直流分量，但时间常数 τ 对不同元器件、不同电压等级的衰减范围不同，图中三相电流同时偏移，不是直流分量，应该从其他方面找原因。

案例 20：雷击光伏站造成 35kV 1、2 号集电线路 A、B 两相接地故障

本案例分析的知识点

（1）35kV 光伏集电线路两相接地故障保护动作信息分析。
（2）35kV 光伏集电线路两相接地故障电压、电流波形分析。
（3）35kV 光伏集电线路两相接地故障动作过程。

一、案例基本情况

2021 年 8 月 23 日 10 时 58 分 12 秒 195 毫秒，某光伏站 35kV 集电线路遭雷击，造成两条集电线路 A、B 两相接地短路故障，线路速断过电流保护动作，断路器三相跳闸。

二、故障波形分析

故障时 35kV 母线电压波形如图 9-54 所示，35kVⅡ段母线光伏进线故障电流波形如图 9-55 所示。

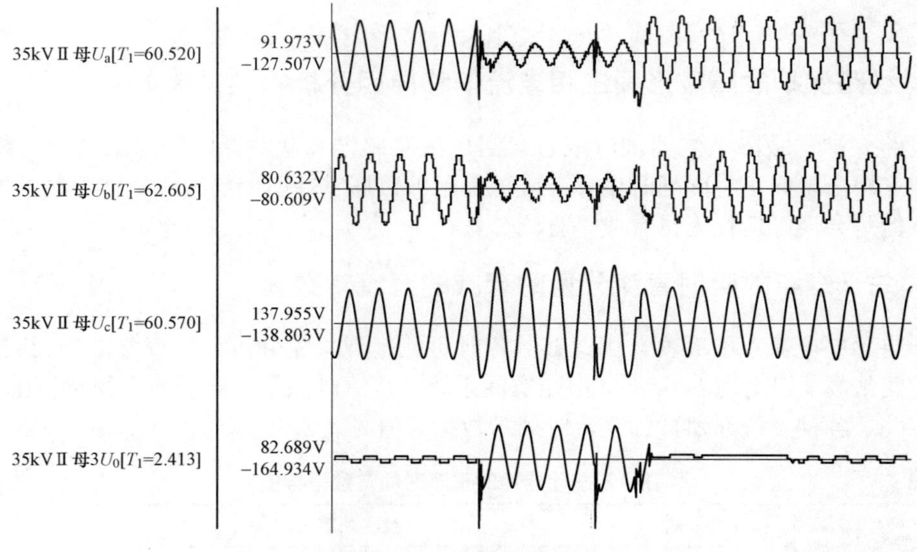

图 9-54　35kV 母线电压波形图

1. 电压波形分析

（1）波形图记录了故障前 100ms 正常电压波形。

（2）0ms 时 A、B 相电压突变，A 相有一个明显负半波突变的高频分量，随后 A、B 两相电压降低。在故障过程中还出现电压突变现象，A 相电压最大峰值（二次）127.507V，故障时间为 110ms。

（3）在故障时 C 相电压升高，这是因为 35kV 经低阻接地。

（4）$3U_0$ 分析。由于是两相接地故障，有 $3U_0$ 分量，故障录波器的 $3U_0$ 接的是开口三角电压。在故障开始和故障经过 80ms 时 $3U_0$ 出现两次突变，最大幅值 164.934V（二次），断路器三跳时 $3U_0$ 出现了高频分量。

2. 35kVⅡ段母线1号光伏进线故障电流分析

（1）波形图记录了故障前 100ms 负载电流波形。

（2）0ms 时 A、B 相出现故障电流，A 相有正的直流分量，B 相有负的直流分量；两短路电流大小相等，故障时间为 110ms，直流分量衰减时间常数 τ≈40ms。

（3）由于 35kV 采用接地变压器并经低阻接地，在故障时有 $3I_0$，因此 C 相出现了零序电流。

（4）$3I_0$ 分析。由图 9-55（a）可知 $3I_0$ 分量很小，第一个波略大，$3I_0$ 为三相电流的相量和。

3. 35kVⅡ段母线2号光伏进线故障电流分析

图 9-55（b）与图 9-55（a）的不同之处是 $3I_0$ 的方向不同，值比图 9-55（a）中的大。

三、35kV 光伏集电线路 A、B 两相接地故障动作过程

光伏线路 A、B 两相接地故障→两条线路过电流速断保护动作→两条线路断路器三相跳闸。

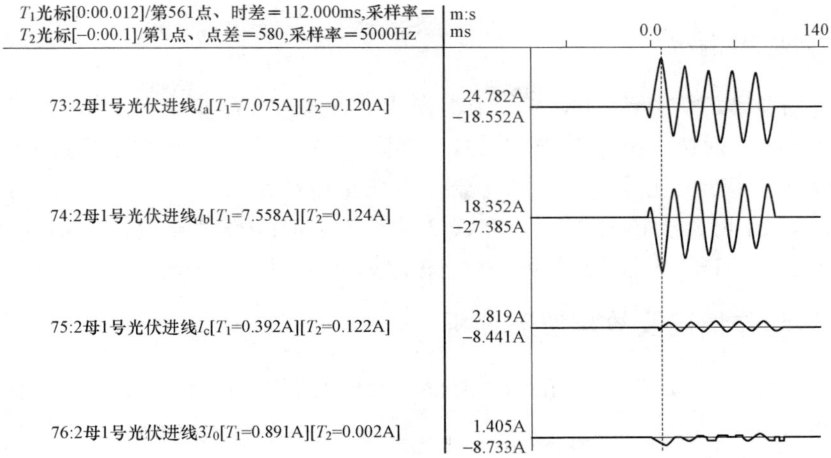

T_1光标[0:00.012]/第561点、时差＝112.000ms,采样率＝
T_2光标[−0:00.1]/第1点、点差＝580,采样率＝5000Hz

m:s
ms
0.0　140

73:2母1号光伏进线I_a[T_1=7.075A][T_2=0.120A]　24.782A　−18.552A

74:2母1号光伏进线I_b[T_1=7.558A][T_2=0.124A]　18.352A　−27.385A

75:2母1号光伏进线I_c[T_1=0.392A][T_2=0.122A]　2.819A　−8.441A

76:2母1号光伏进线$3I_0$[T_1=0.891A][T_2=0.002A]　1.405A　−8.733A

(a)

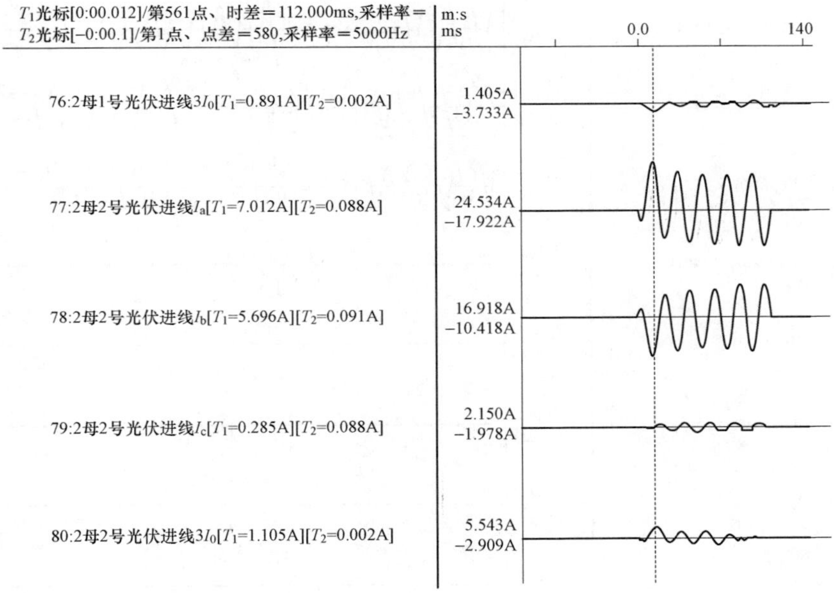

T_1光标[0:00.012]/第561点、时差＝112.000ms,采样率＝
T_2光标[−0:00.1]/第1点、点差＝580,采样率＝5000Hz

m:s
ms
0.0　140

76:2母1号光伏进线$3I_0$[T_1=0.891A][T_2=0.002A]　1.405A　−3.733A

77:2母2号光伏进线I_a[T_1=7.012A][T_2=0.088A]　24.534A　−17.922A

78:2母2号光伏进线I_b[T_1=5.696A][T_2=0.091A]　16.918A　−10.418A

79:2母2号光伏进线I_c[T_1=0.285A][T_2=0.088A]　2.150A　−1.978A

80:2母2号光伏进线$3I_0$[T_1=1.105A][T_2=0.002A]　5.543A　−2.909A

(b)

图 9-55　35kV Ⅱ段母线光伏进线故障电流波形图

（a）1 号光伏进线故障电流波形图；（b）2 号光伏进线故障电流波形图

案例 21：光伏电场箱式变压器高压侧电缆头避雷器爆炸事故

本案例分析的知识点

（1）保护动作情况及信息分析。

（2）箱式变压器高压侧电缆头避雷器爆炸事故原因分析。

一、案例基本情况

某光伏电场总装机容量为30MW，21组光伏方阵通过3条集电线路接入光伏站35kV母线，出线一回，接入对侧220kV变电站35kV间隔。35kV系统为单母线接线，母线上连接1台SVG装置、1台接地变压器兼站用变压器、3条集电线路。

2017年12月21日8时36分32秒，35kV 2号集电线路保护装置电流速断保护动作，312断路器跳闸；36分33秒，35kV 1号集电线路、3号集电线路电流速断保护动作，311、313断路器跳闸。

二、保护动作情况及故障波形分析

35kV母线电压波形如图9-56所示，35kV出线电流波形如图9-57所示，集电线路电流波形如图9-58所示。

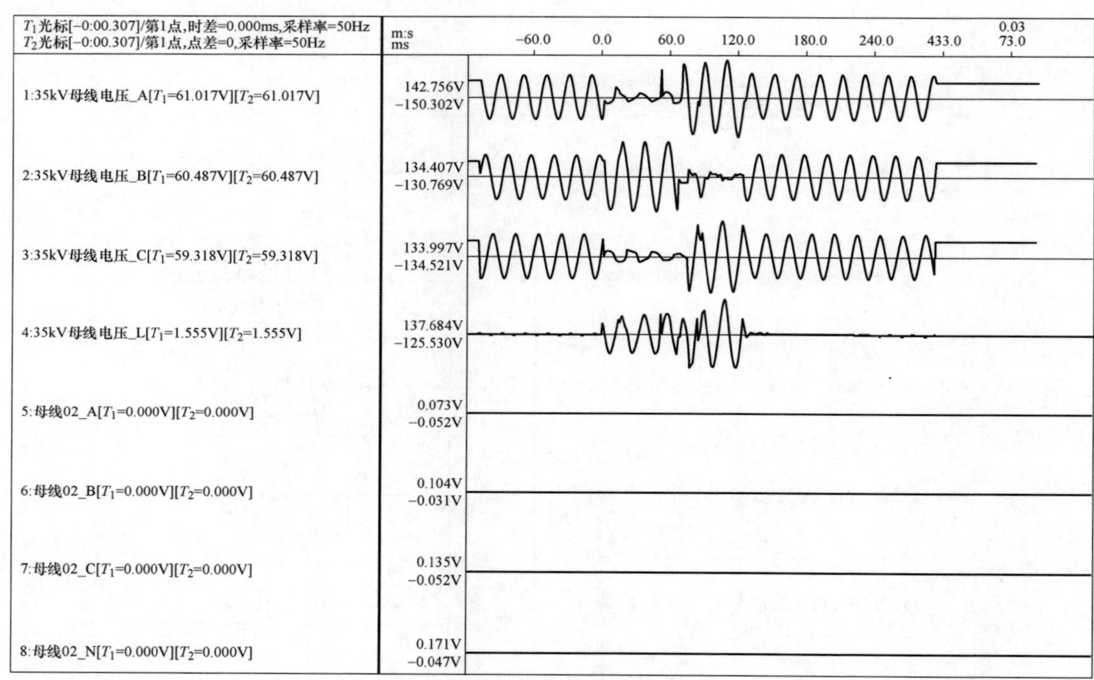

图9-56　35kV母线电压波形图

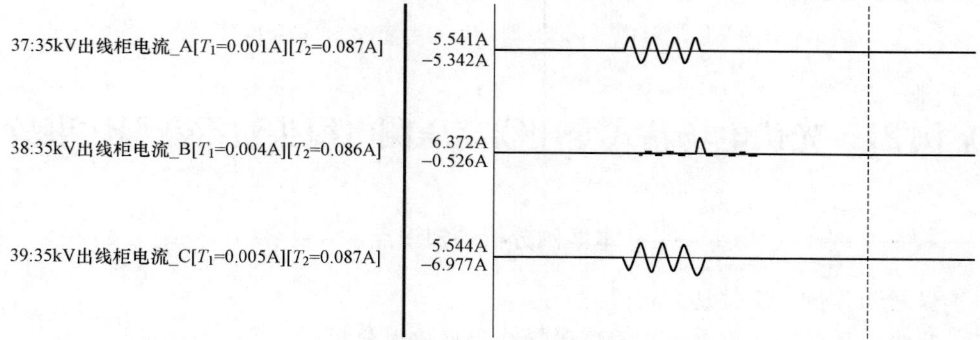

图9-57　35kV出线电流波形图

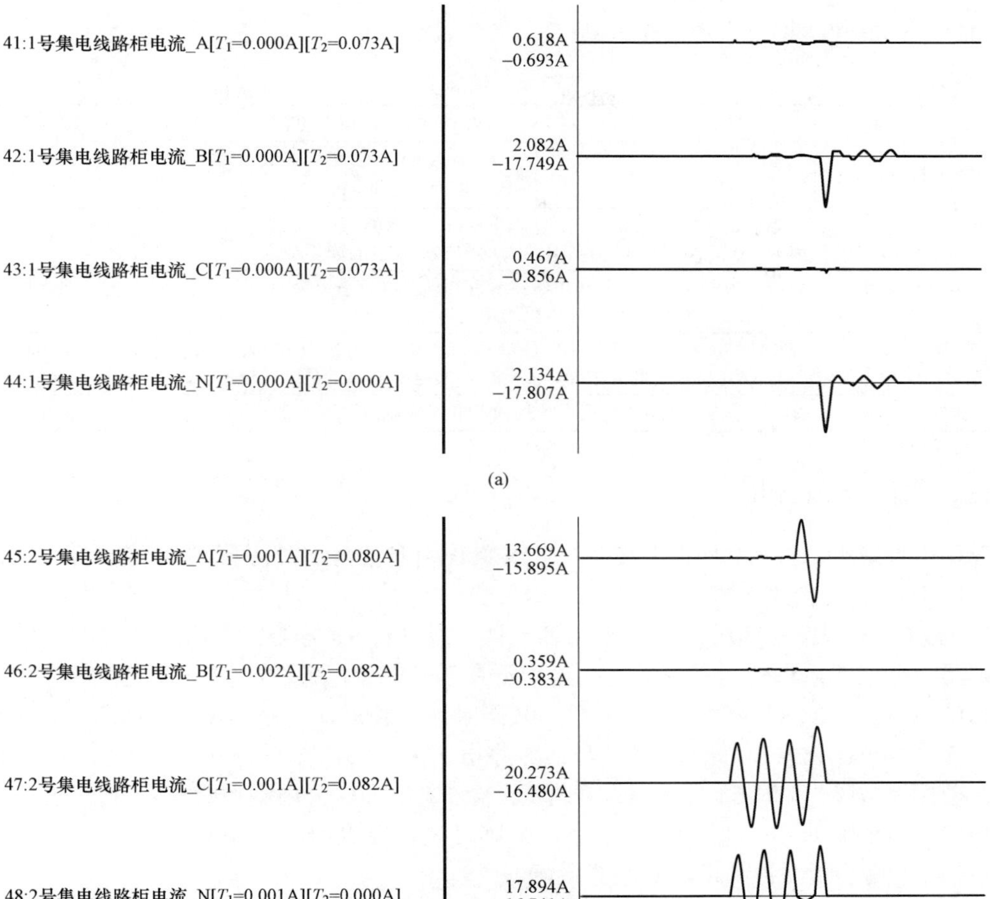

41:1号集电线路柜电流_A[T_1=0.000A][T_2=0.073A]　0.618A　−0.693A

42:1号集电线路柜电流_B[T_1=0.000A][T_2=0.073A]　2.082A　−17.749A

43:1号集电线路柜电流_C[T_1=0.000A][T_2=0.073A]　0.467A　−0.856A

44:1号集电线路柜电流_N[T_1=0.000A][T_2=0.000A]　2.134A　−17.807A

(a)

45:2号集电线路柜电流_A[T_1=0.001A][T_2=0.080A]　13.669A　−15.895A

46:2号集电线路柜电流_B[T_1=0.002A][T_2=0.082A]　0.359A　−0.383A

47:2号集电线路柜电流_C[T_1=0.001A][T_2=0.082A]　20.273A　−16.480A

48:2号集电线路柜电流_N[T_1=0.001A][T_2=0.000A]　17.894A　−16.741A

(b)

49:3号集电线路柜电流_A[T_1=0.001A][T_2=0.089A]　15.431A　−15.192A

50:3号集电线路柜电流_B[T_1=0.000A][T_2=0.089A]　0.680A　−0.511A

51:3号集电线路柜电流_C[T_1=0.000A][T_2=0.089A]　0.432A　−0.451A

52:3号集电线路柜电流_N[T_1=0.000A][T_2=0.000A]　15.818A　−15.667A

(c)

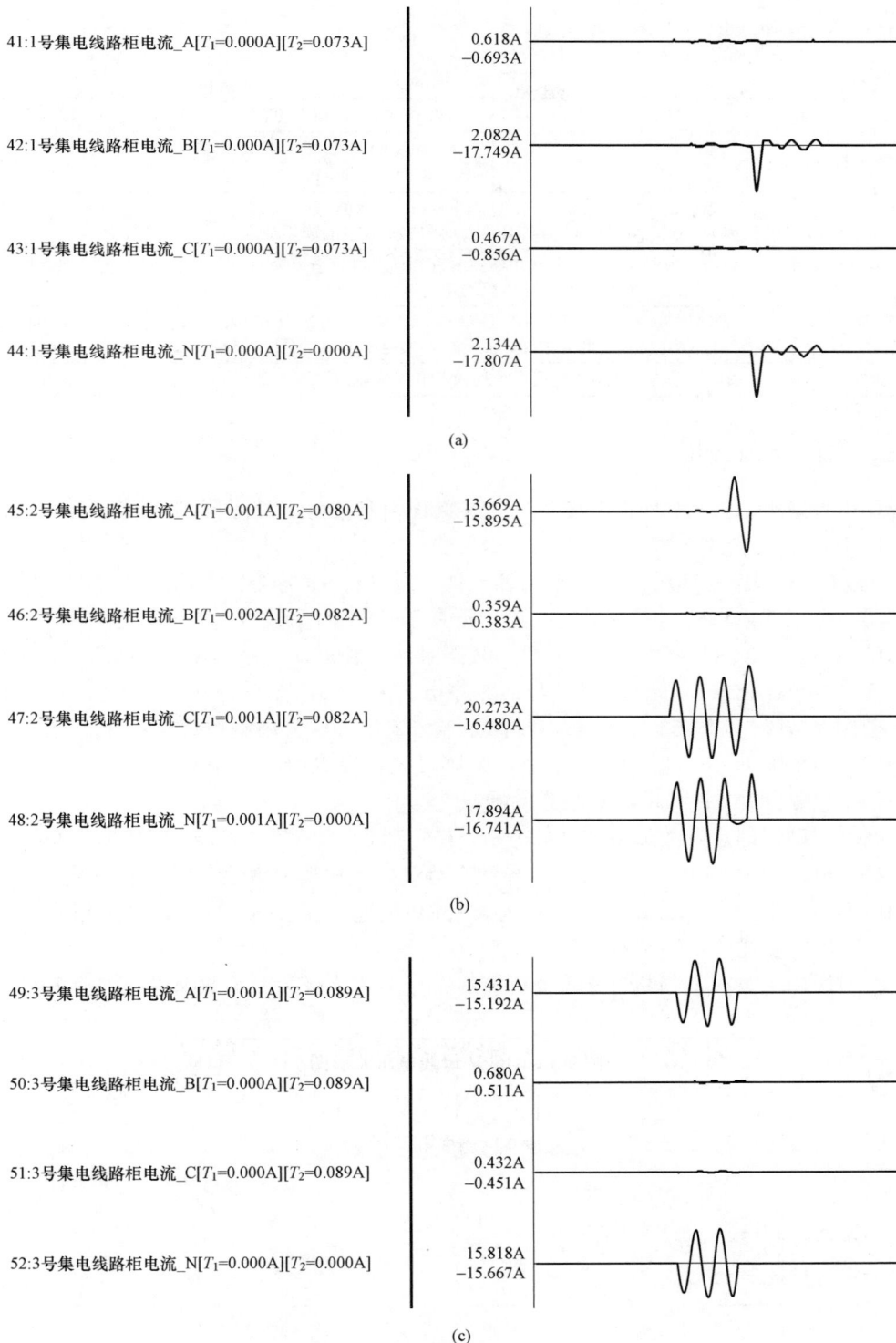

图 9-58　集电线路电流波形图

（a）1 号集电线路电流波形图；（b）2 号集电线路电流波形图；（c）3 号集电线路电流波形图

通过以上故障波形可得表 9-4 信息。

表 9-4 故障波形信息汇总

故障前（图 9-56）	35kV 母线电压	A 相：60V B 相：60V C 相：60V U_0：0V
故障时（图 9-56）	35kV 母线电压	A 相：9.64V B 相：90V C 相：15.5V U_0(最大值)：45.8V
如图 9-56 所示，故障持续时间为 70ms 左右，A、C 相电压升高为 90V 左右，波形为平滑的正弦波波形，B 相电压下降，最低到 7V，U_0 最大为 75V，A、B、C 相电压，U_0 均在 120ms 左右恢复正常		
如图 9-58（a）所示，故障时 70ms 左右，1 号集电线路 B 相电流和零序电流突然增大，最大为 1.8A，持续时间为半个周波（10ms）左右，80～120ms 三相电流和零序电流均趋近为 0A		
如图 9-58（b）所示：故障时 0ms 左右，2 号集电线路 C 相和零序电流均为 10.5A 左右，持续时间为 70ms；其中 50ms 左右，A 相出现电流 4.38A，持续时间为 20ms（2 号集电线路 C 相接地故障转化为 A、C 相相间接地故障）		
如图 9-58（c）所示：故障时 0ms 左右，3 号集电线路 A 相和零序电流均为 11.5A 左右，持续时间为 50ms		

三、故障原因分析

现场检查发现：35kV 1 号集电线路 7 号箱变 B 相避雷器炸毁，电缆头绝缘受到损伤；35kV 2 号集电线路 12 号箱式变压器 A、C 两相避雷器炸毁，A、C 两相电缆头受到严重损伤；35kV 3 号集电线路 18 号箱式变压器 A 相避雷器炸毁。7、12、18 号箱式变压器因避雷器爆炸，箱式变压器门存在严重形变。三条集电线路均不具备带电运行条件。

2017 年 12 月 21 日 7 时 52 分 27 秒，故障录波告警启动，报“A 相接地”；公用测控装置报“零序过电压告警”。此时 35kV 母线零序电压为 32.51V，零序电流为 0A，判断此时发生非直接接地故障。7 时 52 分 31 秒，故障录波告警消失、公用测控装置告警消失。

2017 年 12 月 21 日 8 时 36 分 32 秒，故障录波告警启动，报“B 相接地”；311、312、313 断路器电流速断保护动作，断路器跳闸。

根据保护动作信息及故障录波文件分析，首先判断为 A 相避雷器击穿放电，随后 C 相避雷器击穿放电，因 B 相电压急剧升高，导致 7 号箱式变压器 B 相避雷器击穿放电。

2017 年 12 月 22 日，该站对箱式变压器 35kV 电缆进行了绝缘检测，电缆相地、相相绝缘正常，可以初步排除电缆绝缘故障。

根据现场环境及天气判断，避雷器可能存在受潮、绝缘故障等原因引起本次事故。

案例 22：35kV 光伏站穿越性三相短路故障

本案例分析的知识点

（1）穿越性故障波形分析。
（2）穿越性故障的判断。
（3）穿越性故障的影响。

一、案例基本情况

某 35kV 光伏站高压侧线路无保护动作，高压侧有短时过电流，低压有逆变器爆炸故障，

分析此电流系低压逆变器爆炸所产生的三相短路电流穿越到 35kV 侧。

二、故障波形分析

35kV 光伏站高压侧线路电流波形如图 9-59 所示。

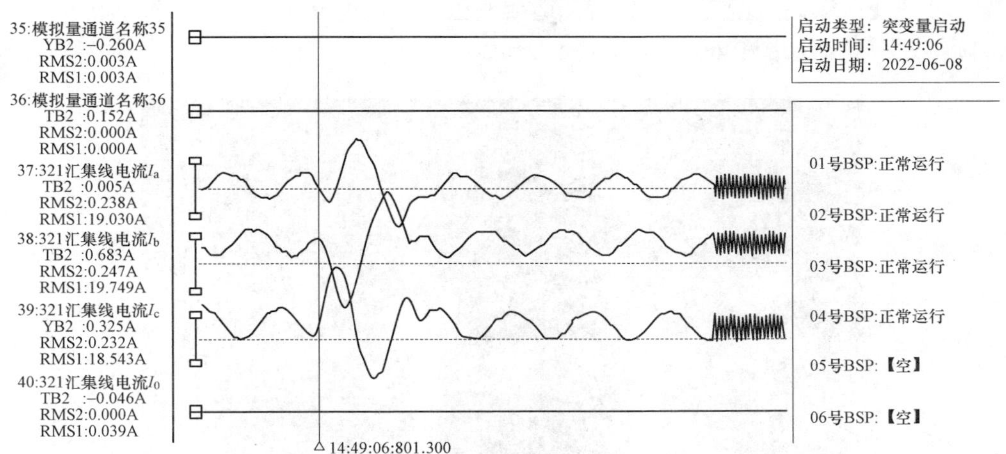

图 9-59　35kV 光伏站高压侧线路电流波形图

（1）故障前一个半周波电流三相均有向正方向偏轴（数据零轴有问题），不是一次的直流分量。

（2）故障时三相电流明显增大，时间约为 22ms。

（3）低压逆变器故障跳闸后，35kV 线路电流恢复正常，三相电流仍有偏轴现象。

（4）三相故障时没有 $3I_0$ 分量。

三、穿越性故障的影响

穿越性故障电流可能引起保护启动（发保护启动信号），若故障时间长并达到过电流保护动作整定值，将会引起 35kV 光伏站高压侧线路过电流保护误动。

四、关于录波器直流分量的规定

相关国际标准要求，录波器对直流分量 10%的衰减时间常数，也就是 100ms。

案例 23：35kV 光伏站接地变压器三相短路故障主变低压复压过电流Ⅰ段保护动作

本案例分析的知识点

（1）干式接地变压器三相故障波形分析。

（2）保护动作分析。

（3）三相故障高频分量产生原因分析。

一、案例基本情况

2022 年 7 月 26 日 8 时 16 分 10 秒 818 毫秒，某 35kV 光伏站接地变压器 B 相放电转三相故障。接地变压器为空载运行，中性点经低阻接地，接地变压器过电流速断和零序电流保护未投。接地变压器高压侧三相故障后，造成变压器低压侧复压过电流保护动作。

故障接地变压器如图 9-60 所示。

图 9-60　故障接地变压器

二、保护动作情况

（1）0s 时保护启动。

（2）1s 时主变低压侧复压过电流Ⅰ段动作。

（3）故障电流：I_A=3.39A、I_B=3.43A、I_C=3.34A。

三、故障波形分析

1. 电压波形分析

故障电压波形如图 9-61 所示，图中从故障开始到截图结束显示了 25 个周波（500ms）的电压波形，故障时间是 1s，有 500ms 没有显示完整。

（1）35kV 电压波形分析。

1）故障开始 2 个周波，A 相电压基本是正弦波，之后开始有很少的谐波分量。4 个周波后，A 相出现谐波分量。

2）故障开始 5 个周波，B 相电压有很小的谐波分量，6 个周波后出现高频谐波并有高频过电压。

3）故障开始 2 个周波，C 相电压有很小的谐波分量，之后出现高频谐波并有高频过电压。

4）$3U_0$ 电压波形为不规则尖顶脉冲波形。

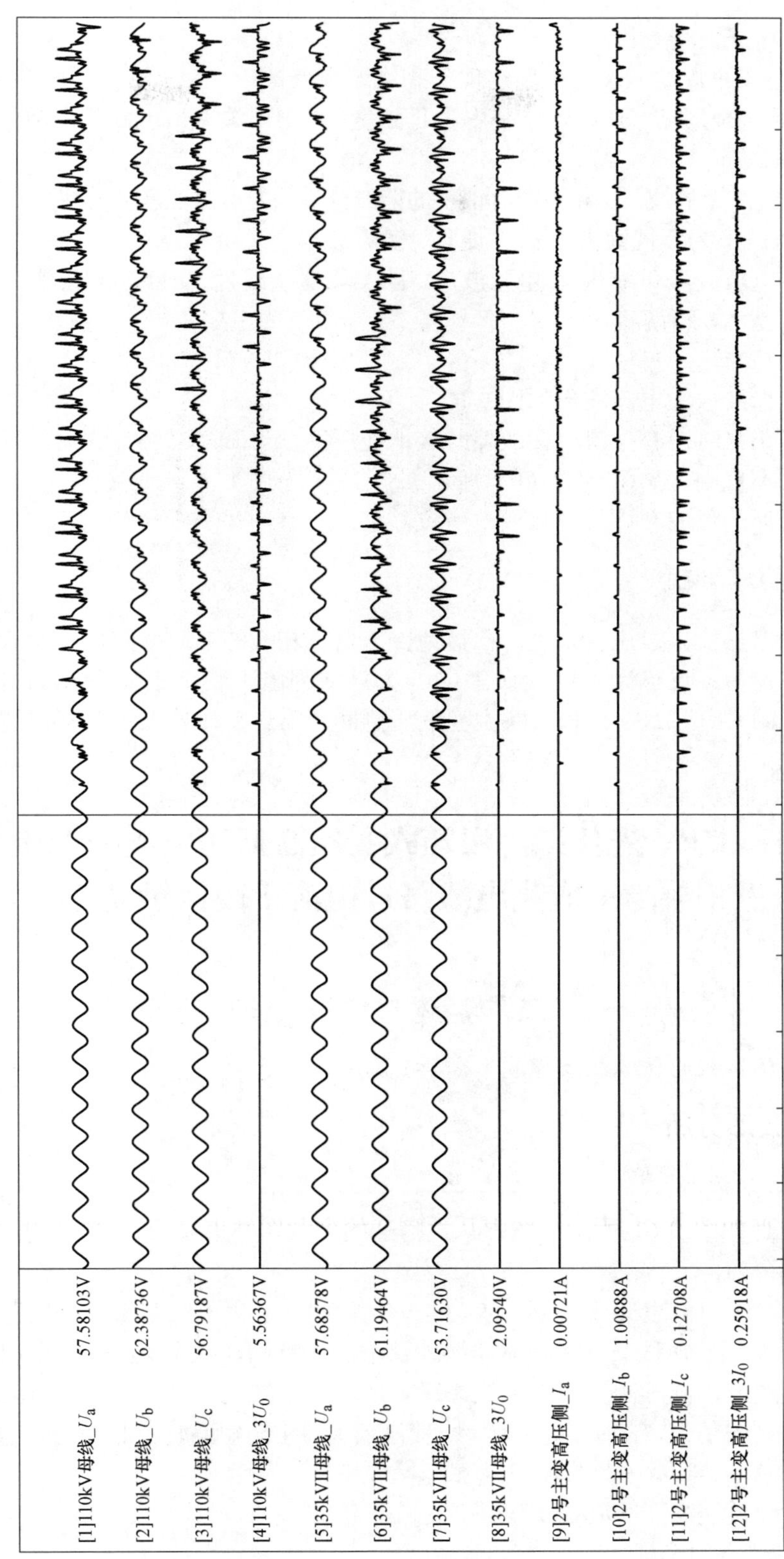
[1]110kV母线_Ua 57.58103V
[2]110kV母线_Ub 62.38736V
[3]110kV母线_Uc 56.79187V
[4]110kV母线_3U0 5.56367V
[5]35kVII母线_Ua 57.68578V
[6]35kVII母线_Ub 61.19464V
[7]35kVII母线_Uc 53.71630V
[8]35kVII母线_3U0 2.09540V
[9]2号主变高压侧_Ia 0.00721A
[10]2号主变高压侧_Ib 1.00888A
[11]2号主变高压侧_Ic 0.12708A
[12]2号主变高压侧_3I0 0.25918A
190800.0 190850.0 190900.0 190950.0 191000.0 191050.0 191100.0 191150.0 191200.0 191250.0 191300.0 191350.0 191400.0 191450.0 191500.0 191550.0

图 9-61　故障电压波形图

（2）110kV 电压波形分析。

1）故障开始 4 个周波，A 相电压出现了高次谐波分量，之后出现了单峰和双峰过电压。

2）故障开始 6 个周波，B 相电压基本为正弦量。6 个周波后出现高频谐波，没有高频过电压。

3）故障开始 13 个周波，C 相电压有很小的谐波分量，之后出现高频谐波并有高频过电压。

4）$3U_0$ 电压波形为不规则尖顶脉冲波形，多数波形在负半周。

对比 35kV 电压波形和 110kV 电压波形，因变压器接线为 Yd11，低压侧过电压在 B、C 两相，而高压侧是 A、C 两相。

2. 电流波形分析

故障电流波形及放大电流波形如图 9-62 所示。

接地变压器正常时没有电流。在故障时接地变压器 A、B、C、$3I_0$ 先后出现了尖顶放电电流波形，并且不规则，如图 9-62（b）所示。

故障电流波形的形成应该是电弧放电所致。

四、保护动作分析

因接地变压器保护出口压板未投，在接地变压器三相故障后，故障电流达到变压器低压侧复压过电流整定值：过电流 1.1A，负序电压 7.0V（因电压波形是高频分量，图 9-61 中三相故障不是对称的），保护 1s 出口，跳主变低压侧断路器。变压器低压侧复压过电流保护动作正确。

案例 24：35kV 光伏站油浸箱式变压器低压电缆与低压绕组三相故障造成集电线路过电流 I 段保护动作

本案例分析的知识点

（1）箱式变压器相间转三相故障波形分析。
（2）保护动作分析。
（3）故障原因分析。

一、案例基本情况

2023 年 1 月 7 日 18 时 50 分 4 秒，某 35kV 光伏站 4 号集电线路箱式变压器低压侧电缆三相故障。18 时 50 分 54 秒低压侧断路器接地保护动作跳闸，箱式变压器低压侧绕组动稳定破坏，三相绕组变形，低压侧三相绕组绝缘严重损坏（不满足热稳定要求）。18 时 51 分 57 秒变压器压力释放阀动作。18 时 54 分 43 秒，变压器 BC 相间短路转三相短路，集电线路 3514 “过电流 I 段”动作，跳 3514 断路器，集电线路停电。

故障设备简化接线如图 9-63 所示。

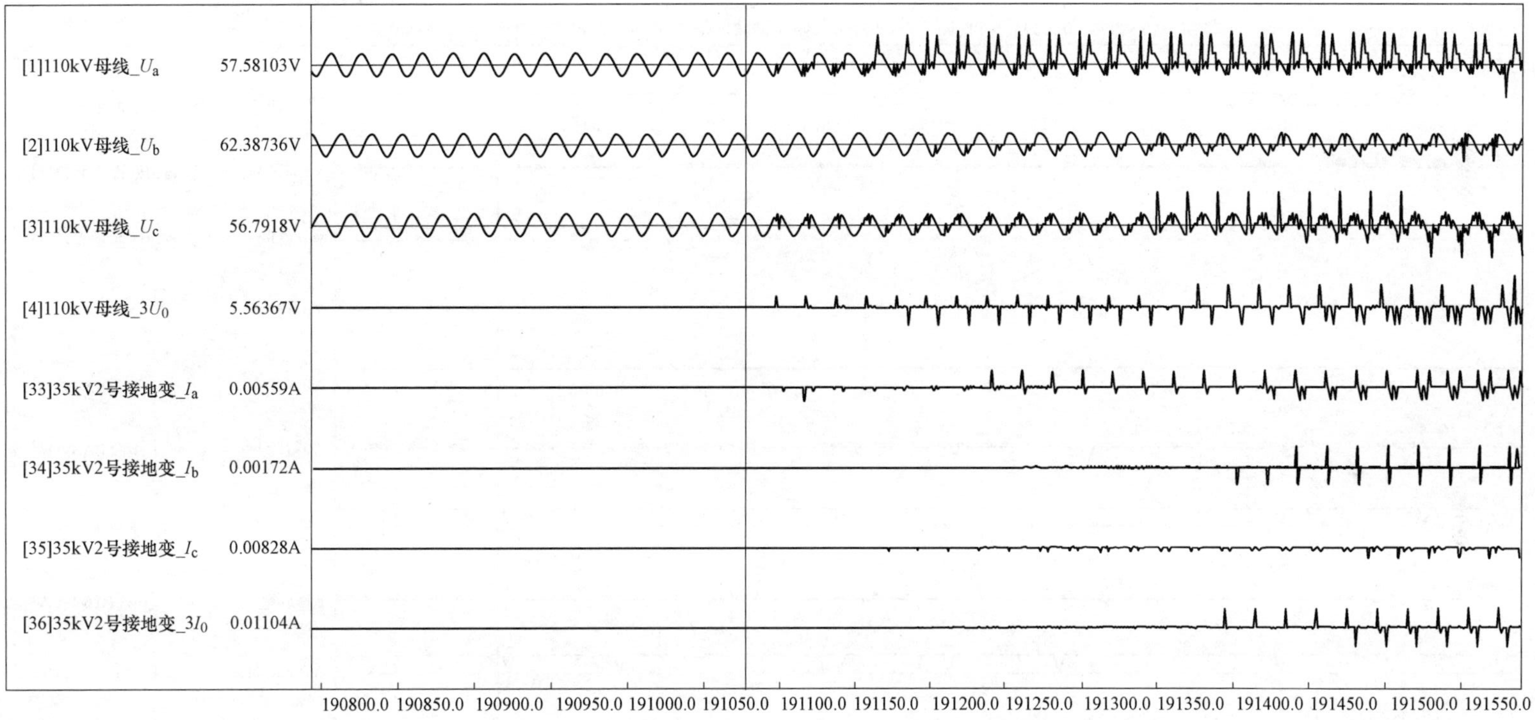

(a)

图 9-62　故障电流波形及电流放大波形图（一）

（a）故障电流波形

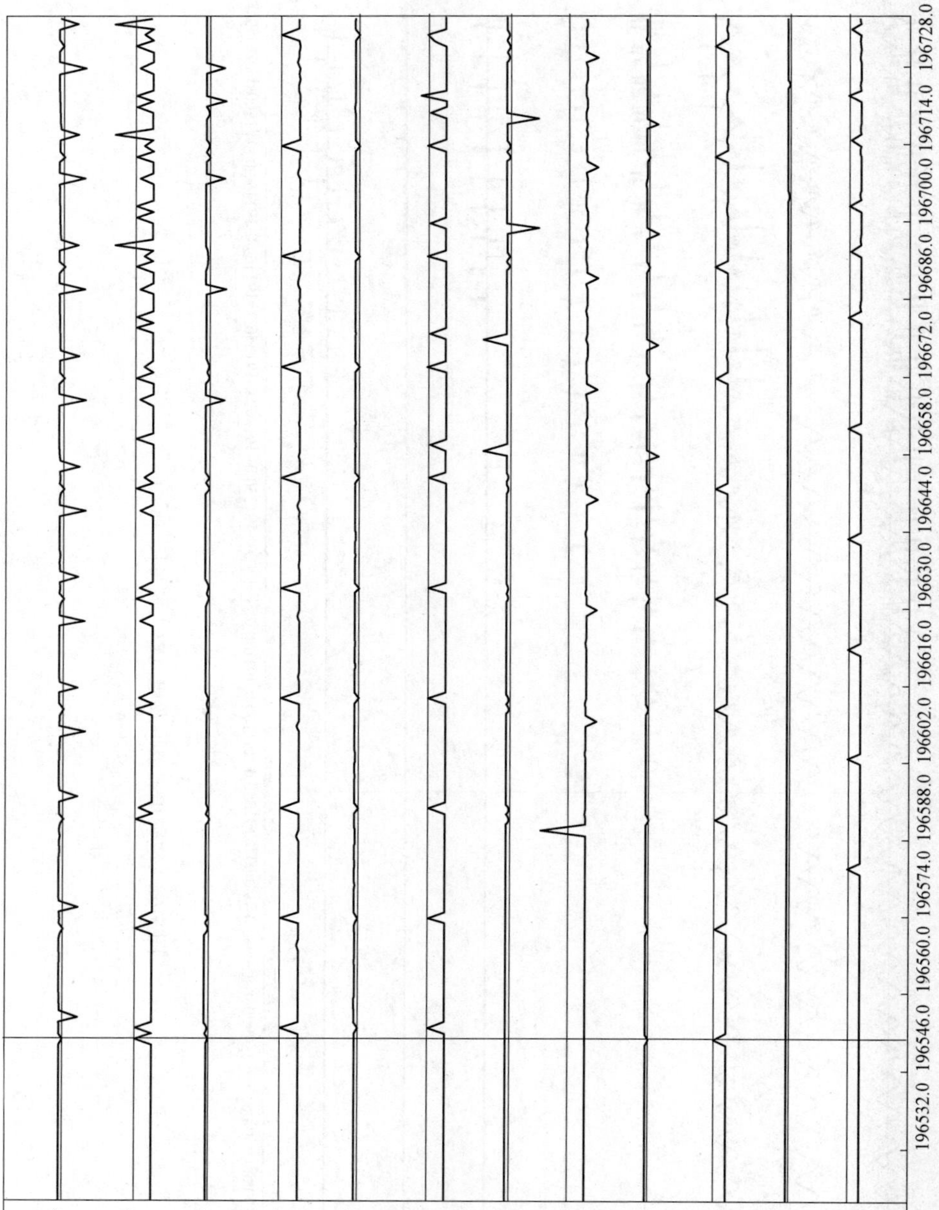

(b)

图 9-62　故障电流波形及电流放大波形图（二）

（b）电流放大波形

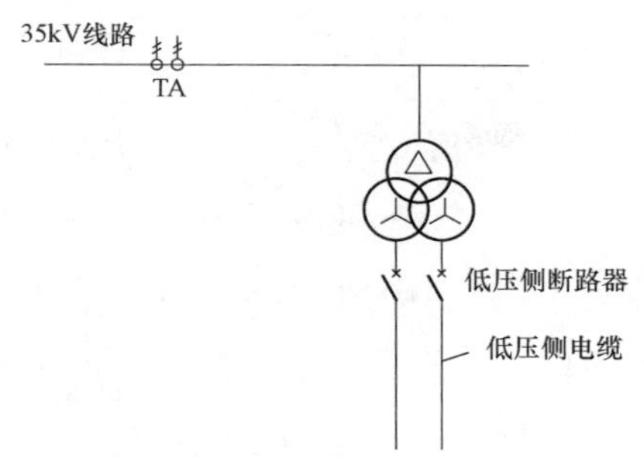

图 9-63　故障设备简化接线图

二、保护动作情况

18 时 50 分 4 秒，×号箱式变压器低压侧遥测越变化率上限告警，I_b=1171.5A，I_c=1047.6A，告警值为 1000A。

18 时 50 分 54 秒，×号箱式变压器低压侧断路器接地保护动作跳闸，故障电流为 2212A。

18 时 51 分 57 秒，×号箱式变压器压力释放阀动作。

18 时 54 分 43 秒，集电线路 3514 过电流Ⅰ段保护动作，故障电流（二次）I_A=10.93A、I_B=14.50A、I_C=14.56A，I_{max}=15.57A，T=0.043s。

过电流Ⅰ段整定值：8.82A、0s。

电流互感器变比：300/1。

三、变压器铭牌参数

（1）额定容量：1250kVA。

（2）高压侧额定电压：38.5kV；低压侧额定电压：0.27/0.27kV。

（3）高压侧额定电流：18.75A；低压侧额定电流：1336.50/1336.50A。

（4）相数：3。

（5）频率：50Hz。

（6）阻抗电压：6%。

（7）高压绕组：铝线。

（8）低压绕组：铜线。

（9）变压器高压侧熔断器额定电流：37.5A。

四、故障波形分析

变压器低压侧从电缆相间故障到集电线路过电流Ⅰ段保护动作持续了 4min39s，故障波形如图 9-64 所示。

（1）故障电压分析。0ms 开始，B、C 两相电压降低，随后三相电压降低，接近 0V，故障时间约为 95ms。断路器跳闸后，三相电压出现了振荡过程，并且出现了零序电压分量，从图 9-2（c）可知，首开相为 A 相，A 相暂态恢复电压高于 B、C 相。

（2）故障电流分析。0ms 开始，BC 相间短路，14ms 后三相短路，整个故障电流持续时间约为 95ms。

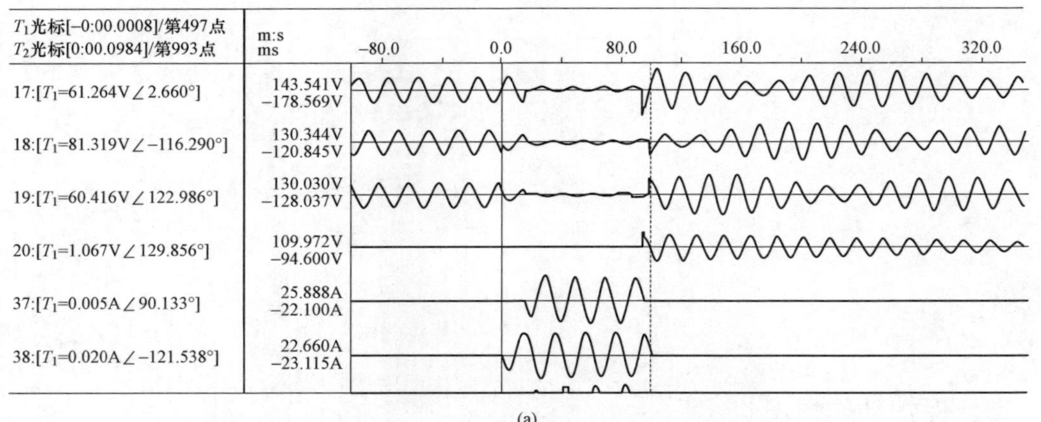

(a)

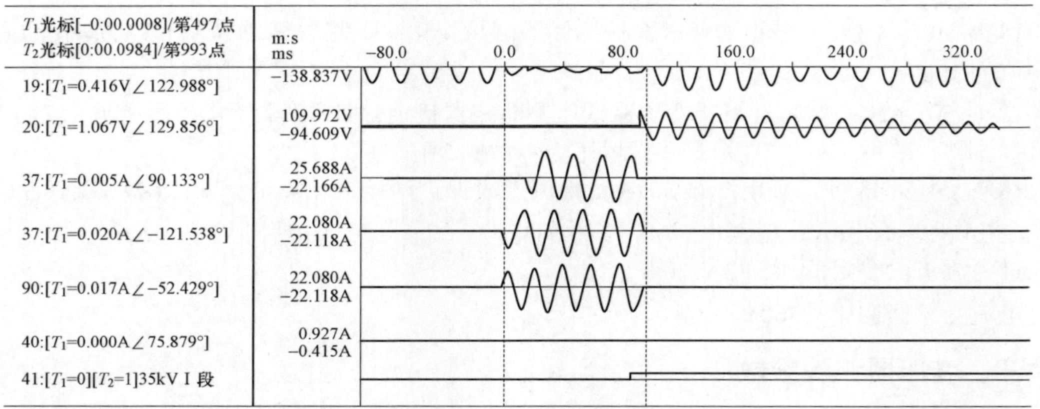

(b)

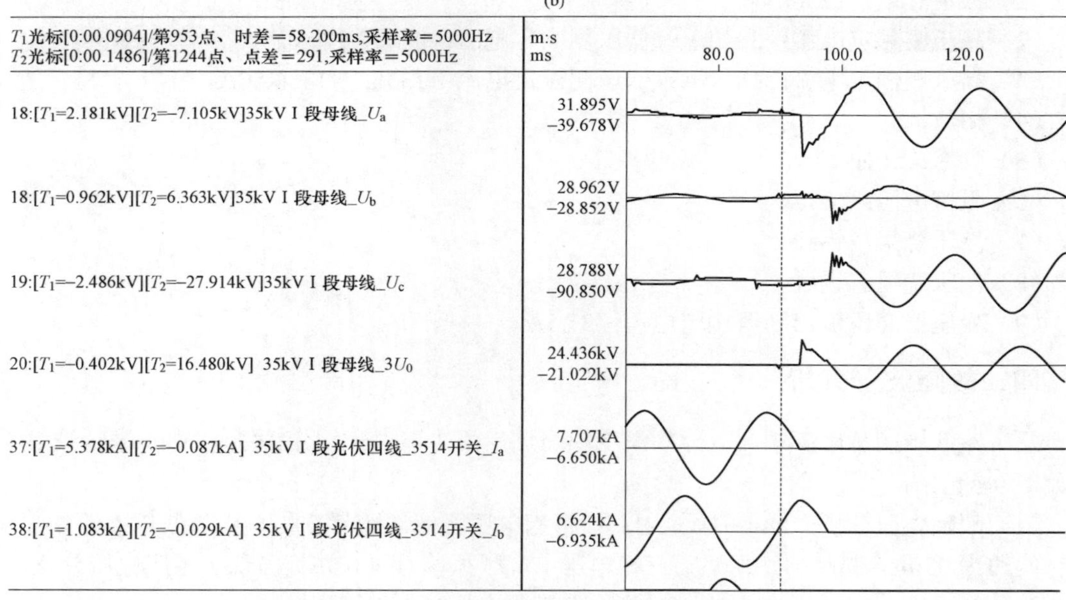

（c）

图 9-64　故障波形图

（a）故障波形图 1；（b）故障波形图 2；（c）故障波形图 3

五、设备故障情况

（1）低压交流电缆发生相间及接地弧光短路，故障情况如图 9-65 所示。

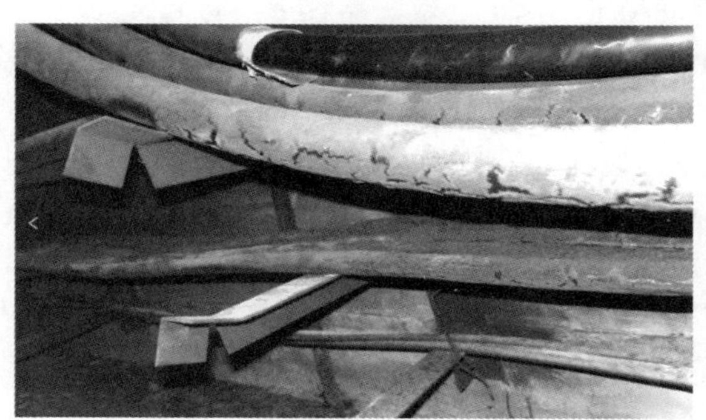

图 9-65　低压交流电缆故障

（2）解体抽心后发现变压器低压侧三相绕组烧毁，如图 9-66 所示。

(a)

(b)

图 9-66　变压器低压侧三相绕组烧毁

（a）整体图；（b）局部图

（3）B 相硅钢片烧毁，如图 9-67 所示。

图 9-67　B 相硅钢片烧毁

六、故障原因分析

（1）故障的直接原因，变压器低压侧电缆故障，从低压越限告警到低压侧断路器跳闸有50s，变压器低压侧绕组动稳定不满足（或短路容量不够），造成变压器低压侧三相绕组绝缘损坏。当故障发展到4min39s后发展成相间转三相故障，造成集电线路过电流Ⅰ段保护动作，跳该集电线路断路器。

（2）变压器高压侧熔断器在故障时间内一直没有熔断，从故障电流可知，在电缆故障时间50s内是否曾经达到过熔断器熔断电流。而低压侧短路器跳闸后直到出现故障电流期间，电流都很小，熔断器无法熔断。

本案例在出现故障电流后，熔断器没有在保护动作前熔断，造成了整个集电线路停电，熔断器与过电流Ⅰ段保护存在配合问题。

七、保护动作分析

（1）18时50分4秒，×号箱式变压器低压侧遥测越变化率上限告警，I_b=1171.5A，I_c=1047.6A，告警值为1000A，电流遥测越变化率上限告警正确。

（2）18时50分54秒，×号箱式变压器低压侧断路器接地保护动作跳闸，故障电流为2212A，T=0.4s，定值整定：I_g=1200A，T=0.4s，接地保护动作正确。

（3）18时51分57秒，×号箱式变压器压力释放阀动作。从解体后可见变压器低压绕组损坏，压力释放阀动作正确。

（4）18时54分43秒，集电线路3514过电流Ⅰ段保护动作，故障电流（二次）I_A=10.93A、I_B=14.50A、I_C=14.56A，I_{max}=15.57A，T=0.043s，保护动作正确。

案例25：35kV光伏变电站箱式变压器故障引起电缆头故障

本案例分析的知识点

（1）光伏变电站复合故障波形分析。
（2）保护报告、故障波形与实际设备故障相序分析。

一、案例基本情况

某35kV光伏变电站有4条光伏线、接地变压器、2号SVG运行，并经35kV线路送上一级110kV变电站。2024年1月29日16时11分4秒，该变电站后台监控显示35kV光伏三线过电流Ⅰ段保护动作，现场检查发现该线路断路器跳闸；17时11分，经地调同意，将该线路断路器由热备用转检修状态。故障线路有箱式变压器7台、逆变器364台，线路运行容量为9.74MW。

检查故障光伏线路保护装置告警显示过电流Ⅰ段保护动作，南瑞RCS-9611CS保护装置A、B相动作电流为124.8A。其他线路及设备均无告警信号。

运维人员对现场故障光伏线开关柜至所连接7台箱式变压器高压侧电缆头进行检查，查至16号箱式变压器时发现箱式变压器高压侧两条线路均有明显放电痕迹，查至27号箱式变压器时发现箱式变压器放气阀处有冒油迹象，箱式变压器高压熔断器室有大量油喷出。经过现场对箱式变压器三相分别测量绝缘电阻后发现变压器内部A相绝缘电阻为零，B、C相绝缘电阻较低，再次结合现场情况初步判断为变压器内部A相绝缘击穿，B、C相绝缘有不同程度烧毁。同时故障线路至箱式变压器电缆3517开关柜电缆A、B相绝缘电阻值偏低，其他箱式变压器连接电缆绝缘电阻值均正常。

二、设备参数

（1）变压器参数：35/0.8kV，20/1683.9A。

（2）电流互感器变比：200/5。

（3）过电流I段保护整定值：60A、0s。

（4）RCS-9611CS保护动作：最大电流有效值为124.8A，动作相为A、B相。

三、故障电压波形分析

35kV故障电压波形如图9-68所示。从图9-68（a）可以看出，35kVⅠ、Ⅱ段母线B相电压降低，出现U_0电压，延续时间2212.4ms，说明有接地故障。

由图9-68（a）计算得出35kV过电压倍数：

U_a=（135+134）/2/$\sqrt{2}$/57.7=1.65倍相电压；

U_b=（125+124）/2/$\sqrt{2}$/57.7=1.53倍相电压；

U_c=（161+173）/2/$\sqrt{2}$/57.7=2.05倍相电压。

由图9-68（b）可见，0ms开始，三相电压出现畸变，畸变时间约14ms并出现U_0电压。故障线路断路器跳闸后，该光伏线与电力系统解列，由本线路逆变器通过其他6台箱式变压器继续向故障点提供短路电流，直到逆变器保护动作。

图9-68（b）中，在故障后54ms出现高频振荡，应该是光伏三线断路器跳闸、光伏三线与电网解列造成。

四、故障电流波形分析

故障电流波形如图9-69所示。

由图9-69（b）可算出故障录波器电流：

I_a=（1.917+2.062）/2/1.414×40=1.4×40=56A；

I_b=（4.475+4.536）/2/1.414×40=127.45A；

I_c=（3.167+3.275）/2/1.414×40=91.12A。

B、C两相达到保护整定值。

为什么断路器跳闸后还有故障电流，是因为故障线路断路器跳闸后，该光伏线与电力系统解列，由本线路逆变器通过其他6台箱式变压器继续向故障点提供短路电流，直到逆变器保护动作。从图9-69（a）可以看出，故障电流持续时间为1100ms。

故障时零序电流很小，而零序保护整定值为12A、0.2s，因此零序保护不动作。

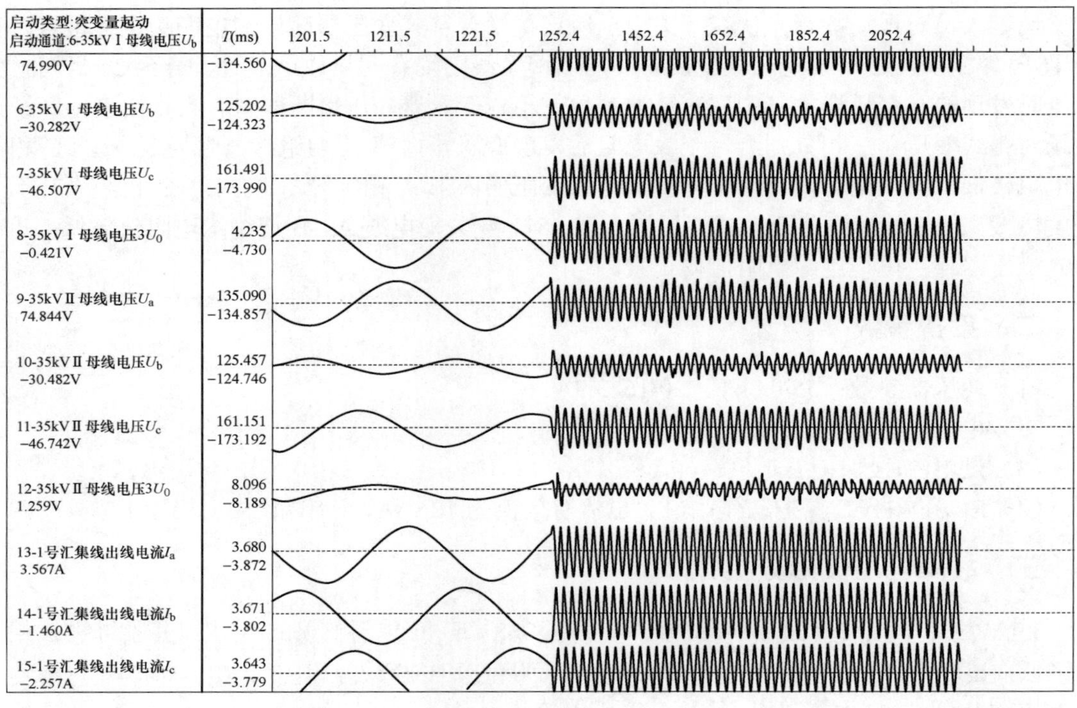

(a)

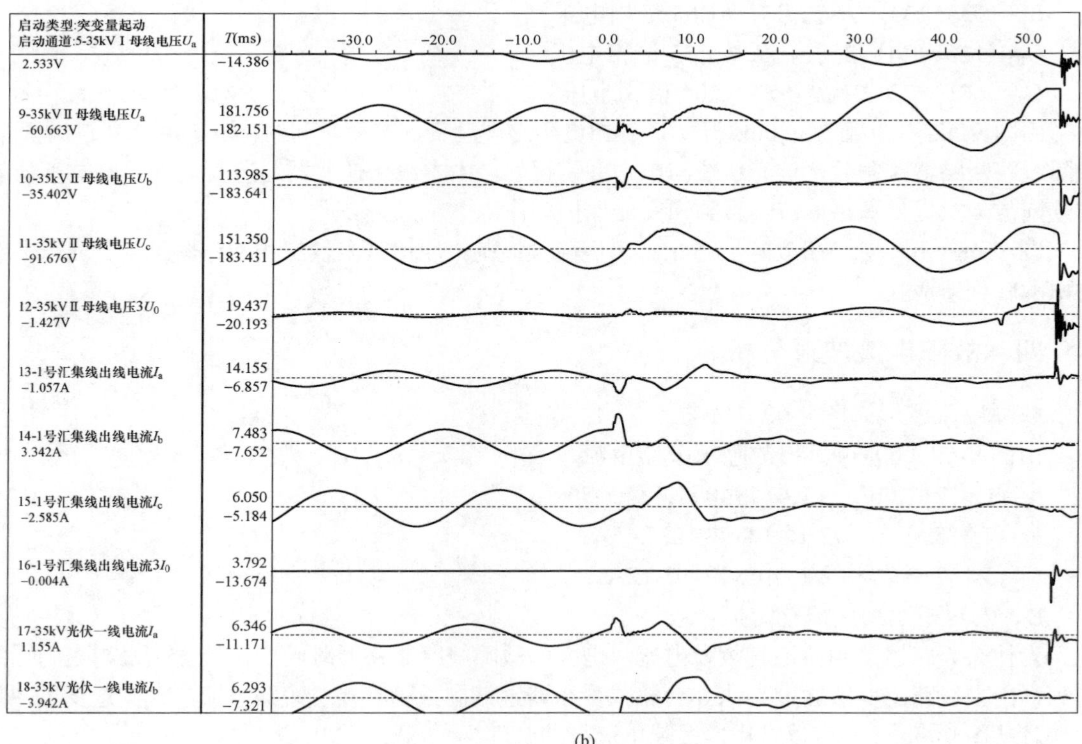

(b)

图 9-68　35kV 故障电压波形图

（a）故障电压压缩波形；（b）故障电压放大波形

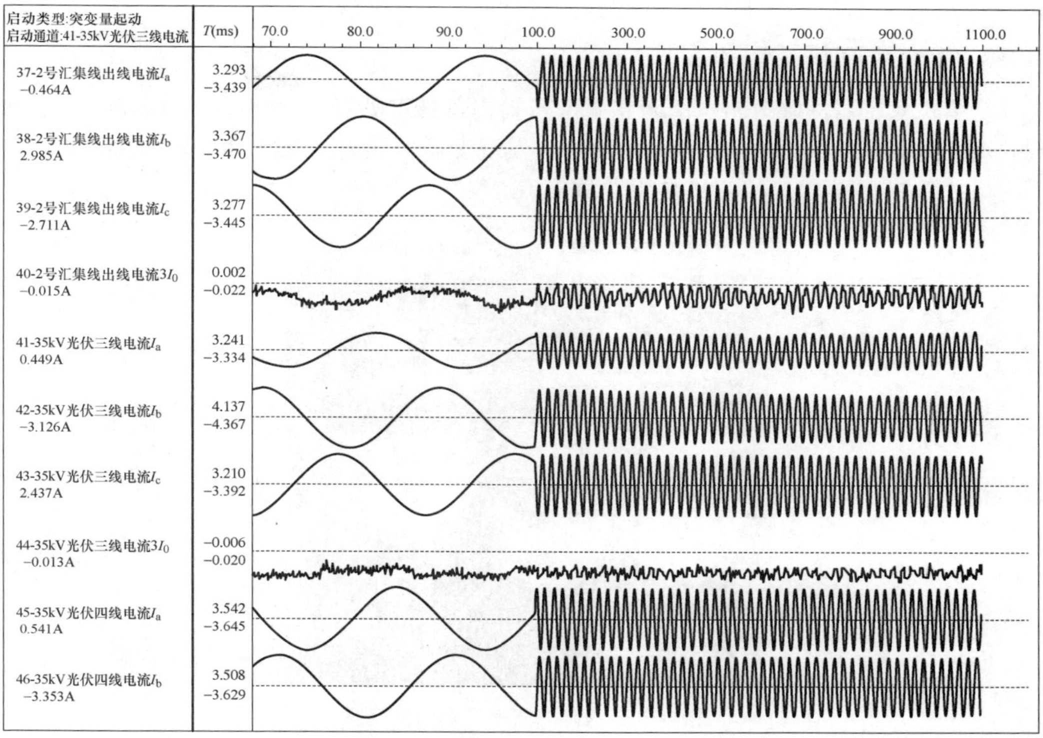

启动类型:突变量起动
启动通道:41-35kV光伏三线电流

T(ms)　70.0　80.0　90.0　100.0　300.0　500.0　700.0　900.0　1100.0

37-2号汇集线出线电流I_a −0.464A　3.293 −3.439
38-2号汇集线出线电流I_b 2.985A　3.367 −3.470
39-2号汇集线出线电流I_c −2.711A　3.277 −3.445
40-2号汇集线出线电流$3I_0$ −0.015A　0.002 −0.022
41-35kV光伏三线电流I_a 0.449A　3.241 −3.334
42-35kV光伏三线电流I_b −3.126A　4.137 −4.367
43-35kV光伏三线电流I_c 2.437A　3.210 −3.392
44-35kV光伏三线电流$3I_0$ −0.013A　−0.006 −0.020
45-35kV光伏四线电流I_a 0.541A　3.542 −3.645
46-35kV光伏四线电流I_b −3.353A　3.508 −3.629

(a)

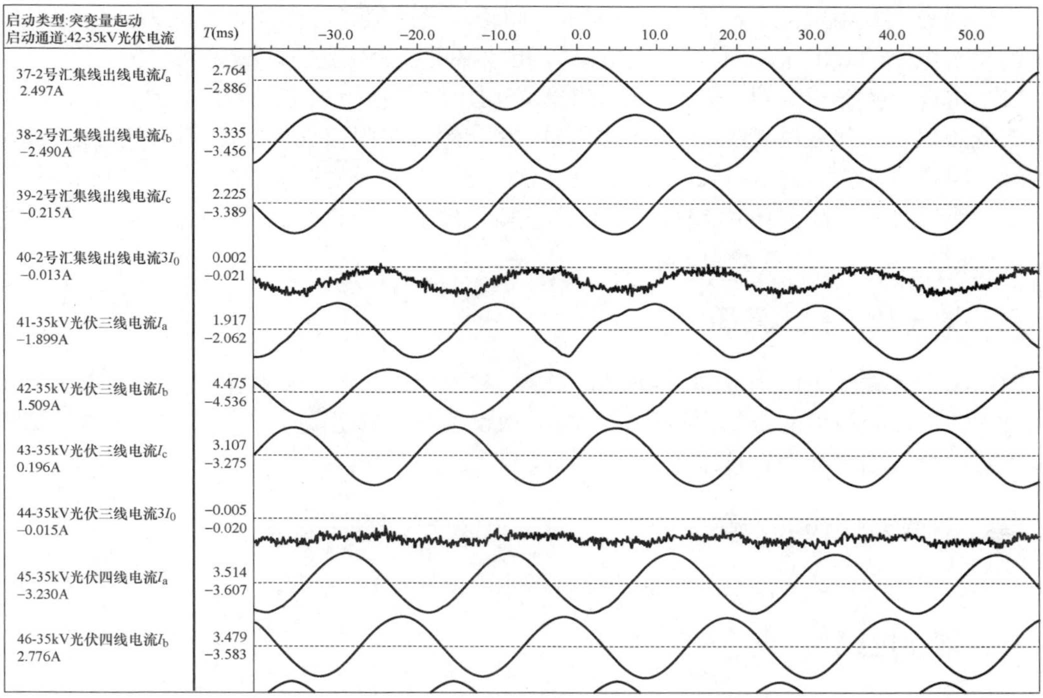

启动类型:突变量起动
启动通道:42-35kV光伏电流

T(ms)　−30.0　−20.0　−10.0　0.0　10.0　20.0　30.0　40.0　50.0

37-2号汇集线出线电流I_a 2.497A　2.764 −2.886
38-2号汇集线出线电流I_b −2.490A　3.335 −3.456
39-2号汇集线出线电流I_c −0.215A　2.225 −3.389
40-2号汇集线出线电流$3I_0$ −0.013A　0.002 −0.021
41-35kV光伏三线电流I_a −1.899A　1.917 −2.062
42-35kV光伏三线电流I_b 1.509A　4.475 −4.536
43-35kV光伏三线电流I_c 0.196A　3.107 −3.275
44-35kV光伏三线电流$3I_0$ −0.015A　−0.005 −0.020
45-35kV光伏四线电流I_a −3.230A　3.514 −3.607
46-35kV光伏四线电流I_b 2.776A　3.479 −3.583

(b)

图 9-69　故障电流波形图

（a）故障电流压缩波形；（b）故障电流放大波形

五、故障点分析

（1）箱式变压器故障分析。故障箱式变压器内部情况如图 9-70 所示。2024 年 1 月 30 日 11 时，将 27 号箱式变压器拆除后返厂分析，发现变压器 A 相故障严重，B、C 相也有故障，属于三相故障。变压器 A 相应该是原发故障点。

图 9-70　故障箱式变压器内部情况

变压器最大故障电流一次值为 127.45A，而箱式变压器高压侧额定电流为 20.99A，故障电流为额定电流的 6.07 倍，可知为变压器 A 相故障引发变压器三相故障。

（2）电缆故障分析。对 16 号箱式变压器高压电缆进行绝缘电阻测试，测试结果显示 16 号箱式变压器至光伏三线 3517 开关柜电缆 A、B 相绝缘电阻值偏低，其他箱式变压器连接电缆绝缘电阻值均正常。16 号箱式变压器至光伏三线 3517 开关柜电缆长度为 1.3km，初步判断为中间电缆接头故障。16 号箱式变压器高压侧电缆头故障只有 A、B 相，电缆故障是由于过电压造成。

六、关于故障相序问题

南瑞保护装置报 AB 相故障，与变压器返厂检查结果一致，而故障录波器波形图显示故障相是 BC 相，一种可能是二次接线相序与一次设备不一致造成，另一种可能是保护故障录波装置数据采集相序存在错接现象。

七、本案例存在的问题

保护动作相别、故障波形计算值和变压器实际损坏相别不一致。

八、动作过程

光伏三线 27、16 号箱式变压器电缆故障→光伏三线过电流保护Ⅰ段动作→光伏三线断路器跳闸→光伏三线与电网解列→经 1100ms→光伏三线所有逆变器保护动作→故障电流为零。

第十章 500kV 变电站 35kV 无功补偿电抗器故障波形分析

案例 1：35kV 无功补偿电抗器 B 相金属性接地故障

本案例分析的知识点

（1）35kV 无功补偿电抗器 B 相金属性接地故障保护动作信息分析。
（2）35kV 无功补偿电抗器 B 相金属性接地故障波形分析。

一、案例基本情况

2014 年 8 月 23 日 7 时 12 分，某 500kV 变电站 35kV 无功补偿电抗器（空心电抗器）3 号低压电抗器（简称“低抗”）过负荷保护动作，跳电抗器 313 断路器。天气：晴。

1 号主变 3 号低抗 313 断路器跳闸，发现该低抗 B 相本体有烧损痕迹，设备周围草坪出现明火。在做好安全防护并确认故障设备确已停电的情况下，现场值班员随即用灭火器对草坪以及周围可能造成事故扩大的明火进行了扑灭，检查其他设备运行正常。35kV 无功补偿电抗器 B 相故障点如图 10-1 所示。

图 10-1　35kV 无功补偿电抗器 B 相故障点

二、保护动作信息

（1）二次设备检查：1 号主变 3 号低抗 PST648U 保护测控装置过负荷保护动作。
（2）保护动作值：B 相最大电流 1.255、1.485A。

（3）保护整定值：过电流Ⅰ段 16.73A；过电流Ⅱ段 8.37A、0.8s；过负荷保护 1.3A。电流互感器变比为 1500/5。

三、故障录波器报告信息及故障波形分析

1．故障录波器报告信息

（1）1 号主变 35kV 侧电压 $3U_0$ 突变量启动。

（2）1 号主变 35kV 侧 U_a 过量启动。

（3）1 号主变 35kV 侧 U_c 过量启动。

（4）1 号主变 35kV 侧电压 $3U_0$ 过量启动。

电压互感器二次电压见表 10-1。

表 10-1　电压互感器二次电压　（V）

序号	1	2	3	4
1	55.31	55.70	56.05	1.11
2	55.31	55.69	56.05	1.11
3	55.31	55.70	56.05	1.11
4	55.34	55.65	56.04	1.11
5	55.32	55.59	56.00	1.11
6	55.38	55.60	56.00	1.05
7	100.23	12.44	98.60	102.52
8	94.06	5.37	92.27	90.44
9	98.06	3.47	96.44	98.17

2．故障波形分析

1 号主变 35kV 侧故障波形如图 10-2 所示，图中有 4 个电压量和 4 个电流量。

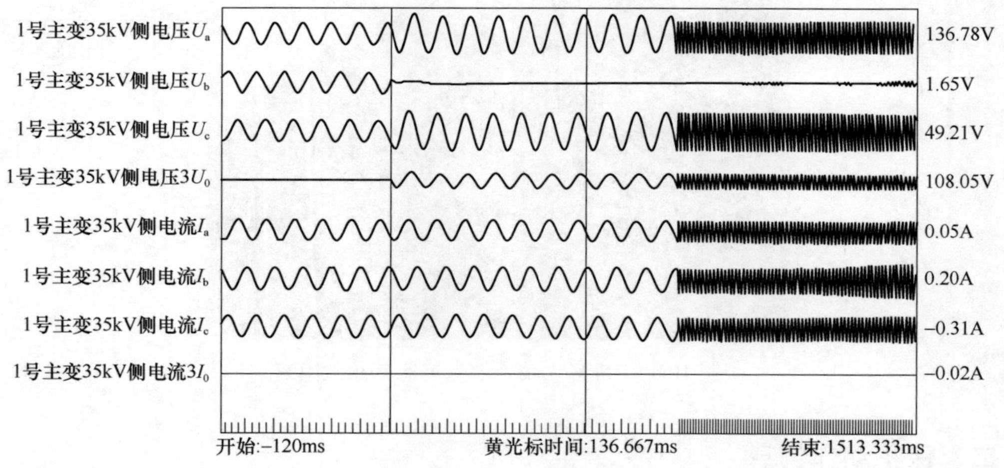

图 10-2　1 号主变 35kV 侧故障波形图

（1）电压波形分析：报告记录了故障前 6 个周波（120ms）正常电压波形值。0s 时 B 相

接地，B 相电压为零（数据记录不为零），A、C 两相电压升高。

（2）电流波形分析：报告记录了故障前 6 个周波（120ms）正常电流波形值。接地开始时 B 相电流没有明显增大，之后 B 相电流增大。从保护显示屏上看到 B 相电流最大值为 1.485A，超过过负荷保护动作值，保护出口跳闸。

案例 2：35kV 无功补偿电抗器 AB 相间故障

本案例分析的知识点

35kV 无功补偿电抗器相间故障波形分析。

一、案例基本情况

2015 年 5 月 29 日 13 时 25 分 26 秒 550 毫秒，某 500kV 变电站 35kV 无功补偿电抗器（空心电抗器）比率差动保护动作，跳电抗器断路器。35kV 电抗器 AB 相间故障波形如图 10-3 所示。

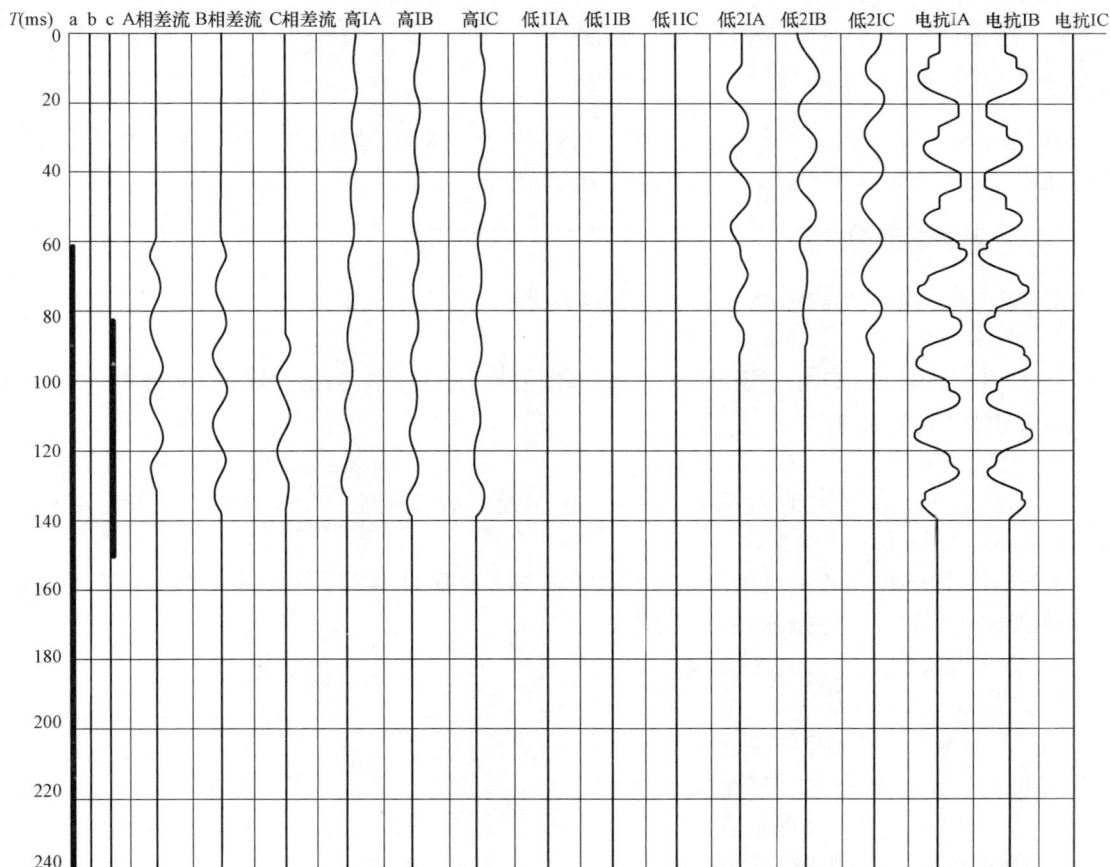

图 10-3　35kV 电抗器 AB 相间故障波形图

二、故障波形分析

（1）35kV 无功补偿电抗器 A、B 相故障电流分析：0ms 时电抗器 I_A、I_B 两短路电流几乎大小相等、方向相反，波形发生畸变，有谐波分量；137ms 时故障电流消失；C 相无故障电流。

（2）电抗器差流分析：约 60ms 时电抗器保护 A、B 相有差流；85ms 时 C 相有差流，约 137ms 时差流消失。

（3）低 2I 三相电流分析：低 2I 三相电流在 90ms 时消失。

（4）开关量分析：①差动保护启动，开放保护正电源；②差动速断保护动作（未动作）；③比率差动保护动作出口。

案例 3：35kV 无功补偿电抗器 BC 相间故障

本案例分析的知识点

（1）35kV 无功补偿电抗器相间故障波形分析。

（2）电压、电流波形相序分析。

一、案例基本情况

2014 年 9 月 13 日 22 时 8 分 6 秒 421 毫秒，某 500kV 变电站 35kV 无功补偿电抗器（空心电抗器）CSC231 保护动作，跳电抗器断路器。

二、故障波形分析

35kV 电抗器 BC 相间故障波形如图 10-4 所示。

1. 电压量分析

从－40～95ms B、C 相电压降低，故障电抗器是 B、C 相。95ms 以后电抗器相间故障切除，A 相电压比 B、C 相电压低。

2. 电流量分析

A 相故障电流持续时间为−40～85ms；B 相没有故障电流；C 相故障电流持续时间为−8～100ms；波形出现了畸变。

波形图中故障电压相别与故障电流相别有不同，电压是 B 相，电流是 C 相，两个测量的相序总有一个有问题，电抗器接线为星形。

3. 开关量分析

开关量有 5 个：

（1）1—跳位，95ms 时发跳位信号。

（2）2—合位，50ms 之前断路器在合位。

（3）3—启动，电抗器保护启动。

（4）4—跳闸，37ms 时发跳闸信号。

（5）5—合闸。

录波时间：2014-09-13　22:08:06.421

模拟量

I_{a1}=1.00A/格　I_{b1}=1.00A/格　I_{c1}=112.01A/格　I_{a2}=8.00A/格

I_{b2}=4.15A/格　I_{c2}=8.30A/格　I_0=1.00A/格　U_a=122.00V/格

U_b=95.01V/格　U_c=45.00V/格

开关量

1—跳位　2—合位　3—启动　4—跳闸

5—合闸

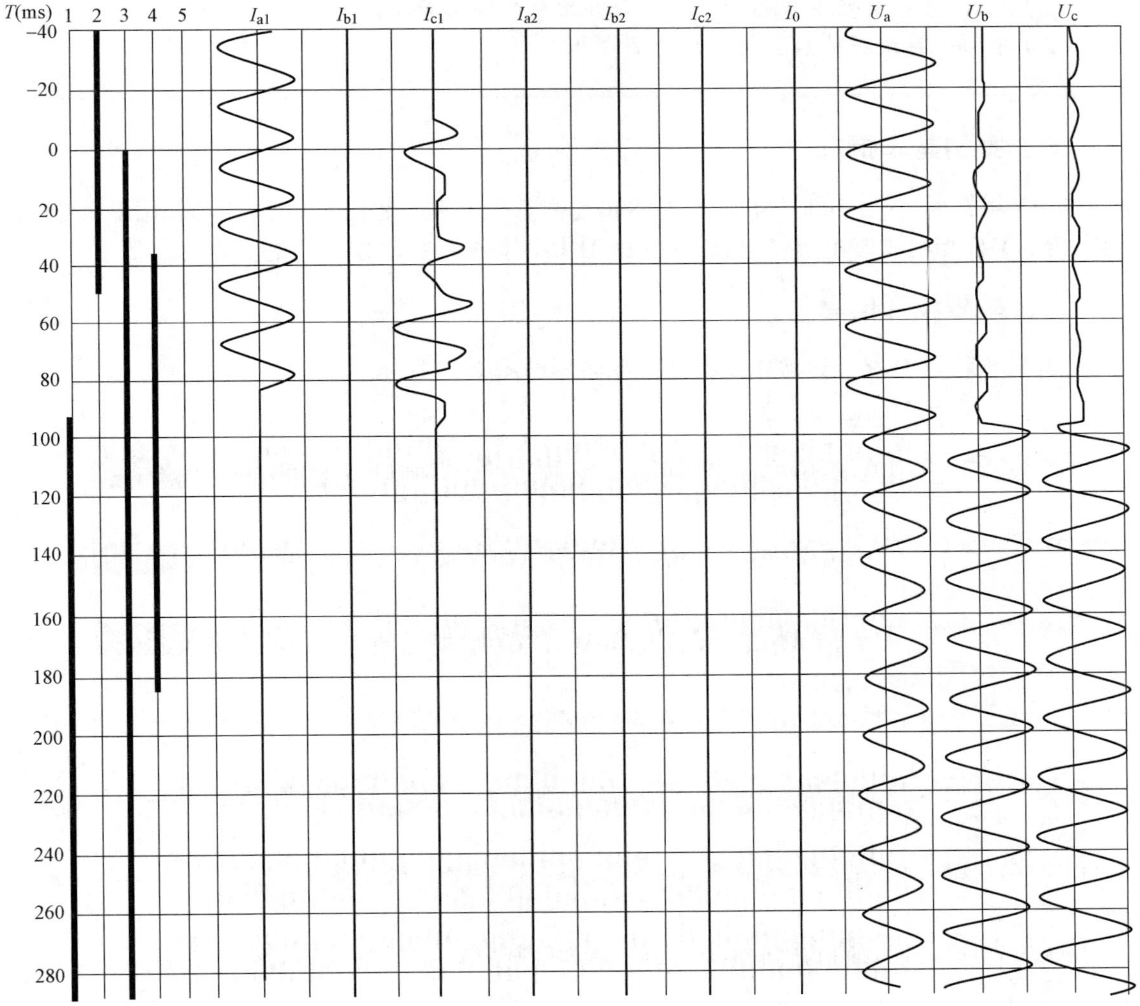

T(ms)　1　2　3　4　5　I_{a1}　I_{b1}　I_{c1}　I_{a2}　I_{b2}　I_{c2}　I_0　U_a　U_b　U_c

−40　−20　0　20　40　60　80　100　120　140　160　180　200　220　240　260　280

图 10-4　35kV 电抗器 BC 相间故障波形图

故障波形图中，−40～50ms 断路器在合位。

（1）0ms 时保护启动。

（2）37ms 时电抗器主保护出口跳闸，整个分闸时间约为 150ms。

（3）97ms 时断路器在分位。由于辅助触点的转换，断路器由合位到分位约有 43ms 既不在合位，也不在分位。

案例 4：35kV 无功补偿电抗器 B 相经过渡电阻接地故障

本案例分析的知识点

（1）35kV 无功补偿电抗器经过渡电阻接地故障波形分析。

（2）不接地系统接地后引起电压升高分析。

一、案例基本情况

2013 年 5 月 10 日 14 时 34 分 28 秒 890 毫秒，某 500kV 变电站 35kV 无功补偿电抗器（空心电抗器）B 相经过渡电阻（电弧）接地，B 相过负荷保护动作，跳电抗器断路器。

二、故障波形信息

35kV 电抗器 B 相经过渡电阻接地故障波形如图 10-5 所示。

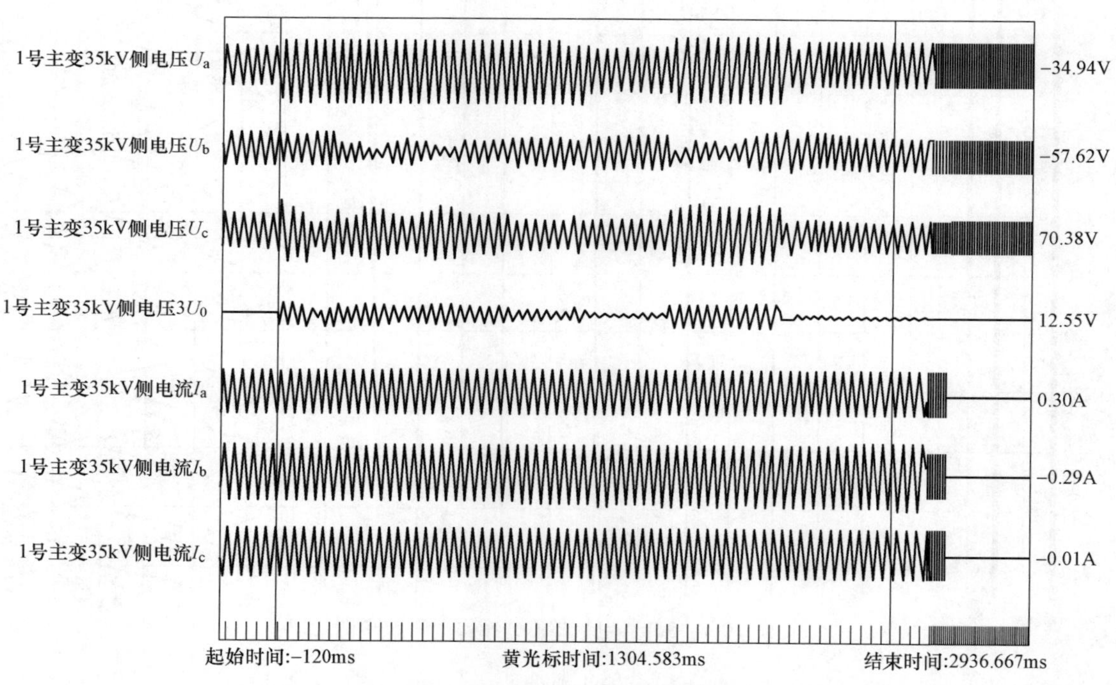

图 10-5　35kV 电抗器 B 相经过渡电阻接地故障波形图

1. 通道名称

（1）通道 1：1 号主变 35kV 侧电压 U_a。

（2）通道 2：1 号主变 35kV 侧电压 U_b。

（3）通道 3：1 号主变 35kV 侧电压 U_c。

（4）通道 4：1 号主变 35kV 侧电压 $3U_0$。

（5）通道 5：1 号主变 35kV 侧电流 I_a。

（6）通道 6：1 号主变 35kV 侧电流 I_b。

（7）通道 7：1 号主变 35kV 侧电流 I_c。

2. 启动前6个周波、后10个周波有效值

启动前 6 个周波、后 10 个周波电压、电流二次值（有效值）见表 10-2。

表 10-2　　启动前 6 个周波、后 10 个周波电压、电流二次值（有效值）

序列	1	2	3	4	5	6	7
1	55.99	55.88	56.34	0.89	0.19	0.27	0.23
2	55.96	56.00	56.42	0.88	0.19	0.25	0.22
3	55.96	55.96	56.39	0.88	0.19	0.25	0.22
4	55.95	55.94	56.39	0.87	0.19	0.26	0.22
5	55.94	55.94	56.30	0.86	0.20	0.26	0.22
6	55.91	49.01	63.50	36.97	0.20	0.26	0.22
7	112.23	25.69	91.89	110.14	0.20	0.26	0.22
8	106.14	31.53	75.06	92.29	0.20	0.26	0.22
9	109.28	35.01	74.59	96.30	0.20	0.26	0.22
10	92.97	58.89	41.78	66.06	0.20	0.26	0.22
11	79.23	46.05	52.47	41.96	0.20	0.27	0.22
12	100.61	45.33	59.06	78.90	0.20	0.26	0.22
13	104.13	34.83	73.27	88.76	0.20	0.26	0.22
14	96.36	36.89	62.17	71.79	0.19	0.25	0.22
15	101.57	34.05	68.82	81.92	0.19	0.25	0.22
16	104.39	17.2	86.22	95.88	0.20	0.26	0.22

三、故障波形分析

（1）波形记录了故障前 6 个周波（120ms）正常电压、电流波形。

（2）120ms 时 B 相电压降低，A 相升高，与表 10-1 记录有效值对应，A 相最高电压二次值为 112.23V，是 A 相正常电压 2 倍；C 相有间断升高，与表 10-1 记录有效值对应；并出现了 $3U_0$ 分量，$3U_0$ 最大值（二次）为 110.14V，超过 100V。

（3）故障时 B 相电流高于 A、C 相，与表 10-1 记录有效值对应。

第十一章

其他元件故障波形分析

案例1：35kV电压互感器铁磁谐振导致电压互感器爆炸并造成35kV母差保护动作

本案例分析的知识点

（1）主变故障录波图波形分析。

（2）SGB-750型母差保护装置动作报告分析。

（3）保护动作情况分析。

一、案例基本情况

2015年6月30日7时58分24秒，某风电场35kVⅡ段母线电压互感器B相爆炸，35kVⅡ段母线母差保护动作，跳开该母线6条35kV出线及主变低压侧断路器。现场检查发现：35kVⅡ段母线电压互感器B相因铁磁谐振爆炸，A相电压互感器一次熔断器熔断。

继电保护及自动装置动作情况：7时58分20秒35kVⅡ段母线电压互感器B相发生铁磁谐振；24s时B相爆炸无电压，同时A、C相谐振；26s时AB相间短路，母差保护动作。

二、主变故障录波图波形分析

故障波形如图11-1所示，横坐标表示故障时间，纵坐标表示模拟量幅值和开关量的幅值。横坐标（时间轴）每小格为5ms，4小格为一个周期（20ms）。

1. 电压波形分析

（1）−120ms开始35kVⅡ段母线B相电压互感器产生基频铁磁谐振。55ms时B相电压互感器炸裂，电压降低但不为零。

（2）A相电压在−120～55ms期间为正常电压。从55ms开始A相电压升高，A相电压互感器发生铁磁谐振，产生谐振过电压，经过约110ms A相熔断器熔断［见图11-1（b）］。

（3）C相电压在−120～55ms期间为正常电压。从55ms开始C相电压升高，C相电压互感器发生铁磁谐振，产生铁磁谐振过电压。730ms开始C相电压由于二次谐波产生平顶。从1920.833ms开始，由于35kVⅡ段母线母差保护动作，C相电压降低但不为零。

（4）35kVⅡ段母线B相电压互感器发生铁磁谐振，B相电压出现波动，产生较小的$3U_0$。B相电压互感器爆炸后产生基波谐振过电压，A、C相电压升高，B相电压降低但不为零，产生较大$3U_0$。

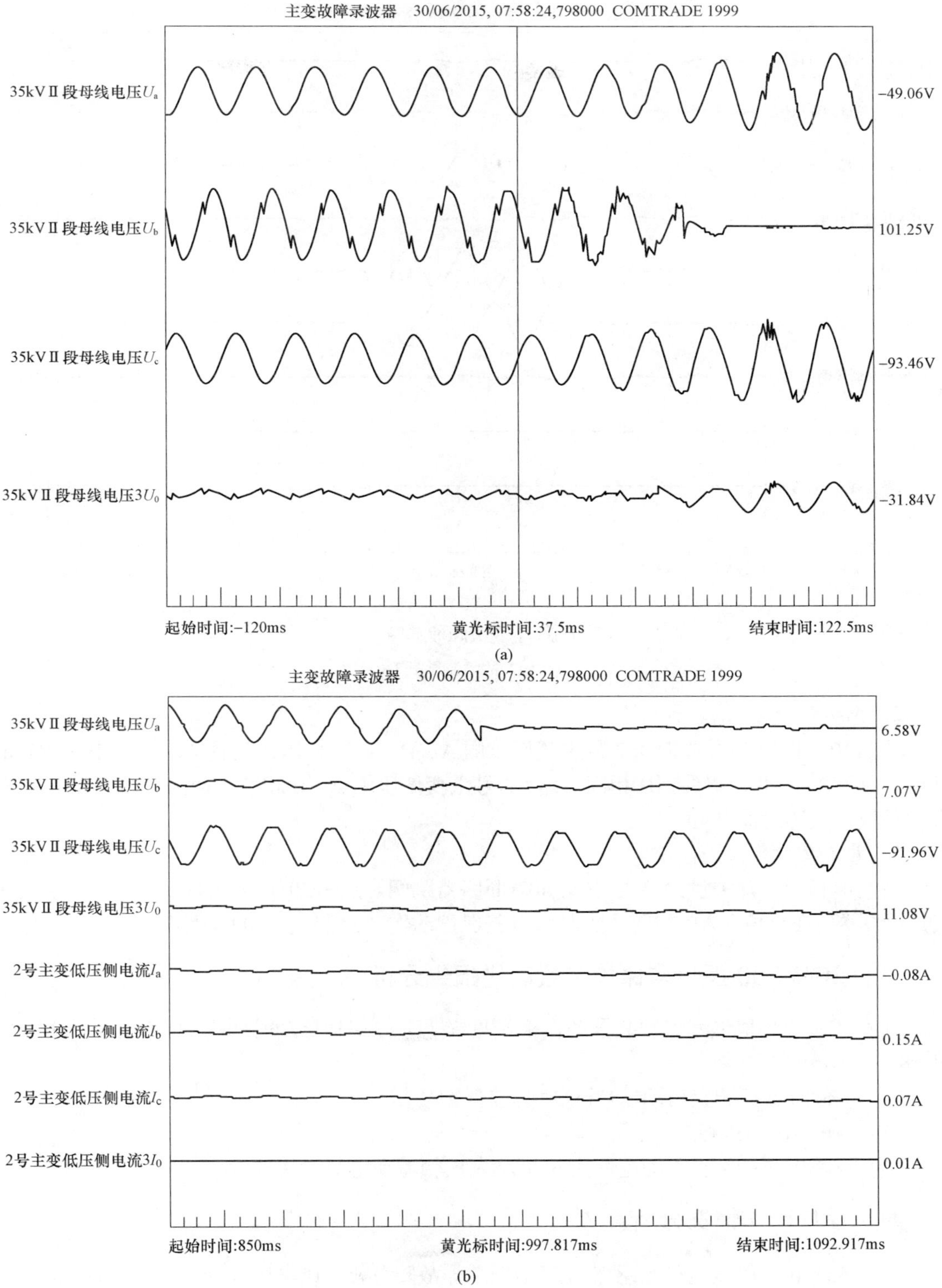

主变故障录波器　30/06/2015, 07:58:24,798000 COMTRADE 1999

35kVⅡ段母线电压U_a　−49.06V

35kVⅡ段母线电压U_b　101.25V

35kVⅡ段母线电压U_c　−93.46V

35kVⅡ段母线电压$3U_0$　−31.84V

起始时间:−120ms　黄光标时间:37.5ms　结束时间:122.5ms

(a)

主变故障录波器　30/06/2015, 07:58:24,798000 COMTRADE 1999

35kVⅡ段母线电压U_a　6.58V

35kVⅡ段母线电压U_b　7.07V

35kVⅡ段母线电压U_c　−91.96V

35kVⅡ段母线电压$3U_0$　11.08V

2号主变低压侧电流I_a　−0.08A

2号主变低压侧电流I_b　0.15A

2号主变低压侧电流I_c　0.07A

2号主变低压侧电流$3I_0$　0.01A

起始时间:850ms　黄光标时间:997.817ms　结束时间:1092.917ms

(b)

图 11-1　主变故障波形图（一）

（a）故障波形图 1；（b）故障波形图 2

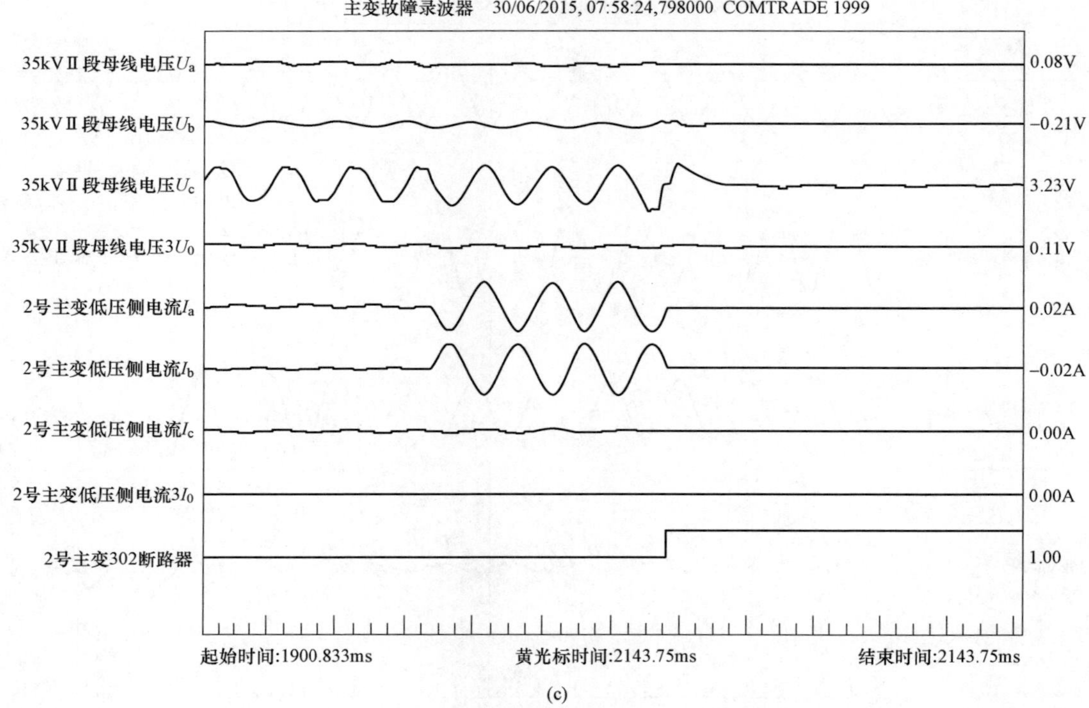

(c)

图 11-1 主变故障波形图（二）

（c）故障波形图 3

2. 电流波形分析

从−120～1950.833ms 期间 2 号主变低压侧 A、B、C 三相均为负载电流。从 1950.833ms 开始，由于 35kVⅡ段母线 AB 相间短路，2 号主变低压侧 A、B 相产生故障电流，大小相等、方向相反。故障时间 70ms。

3. 开关量分析

该波形有一个开关量为 2 号主变 302 断路器跳闸。从−120～1920.833ms 期间 2 号主变 302 断路器均在合位。AB 相间故障时，母差保护动作，2 号主变 302 断路器跳闸。

三、SGB-750 型母差保护装置动作报告分析

（1）SGB-750 型母差保护装置动作报告见表 11-1，保护启动时间为 2015 年 6 月 30 日 7 时 58 分 26 秒 887 毫秒。

（2）0ms 时保护装置启动，13ms 时母差保护动作。

（3）故障相：AB 相。

（4）故障电流：A 相差动电流为 3.207A，B 相差动电流为 3.182A。

四、保护动作情况分析

（1）35kVⅡ段母线电压互感器 B 相谐振爆炸故障分析。该电压互感器励磁特性不好，受系统干扰，铁心易饱和。35kVⅡ段母线电压互感器 B 相谐振爆炸的原因是谐振时电压升高，而电压互感器承受不住，导致爆炸。

表 11-1　　SGB-750 母差保护装置动作报告

序号	启动时间	相对时间	动作相别	动作元件
1	2015-06-30 07:58:26.887	0000ms		母差差动保护启动
		0013ms	AB	母差保护动作
		0057ms	AB	母差保护信息 故障相：AB A 相差动电流：3.027A A 相制动电流：3.249A B 相差动电流：3.182A B 相制动电流：3.508A C 相差动电流：0.002A C 相制动电流：0.405A
		0082ms	—	母差差动保护启动（返回） 母差保护动作（返回）

（2）35kVⅡ段母线电压互感器 A 相也因铁磁谐振原因电压异常升高造成 A 相电压互感器熔断器熔断，A 相电压为零。

（3）35kVⅡ段母线 AB 相间短路分析。从现场情况（见图 11-2）看出，在 B 相爆炸时，其引线弹到 A 相母线上，形成 AB 相间短路，造成母差保护动作，母线上所有断路器跳闸。

图 11-2　35kVⅡ段母线 AB 相间短路现场

案例 2：故障电流直流分量过大分析

本案例分析的知识点

（1）直流分量对短路电流的影响。
（2）含较大直流分量故障波形分析。

一、案例基本情况

2011 年 6 月 9 日 23 时 10 分 13 秒 165 毫秒，某线路单相故障，过电流元件动作，阻抗

Ⅰ段元件动作。故障电压（二次）为2.22kV，故障电流为6878A。

二、故障波形分析

故障电流波形如图11-3所示。

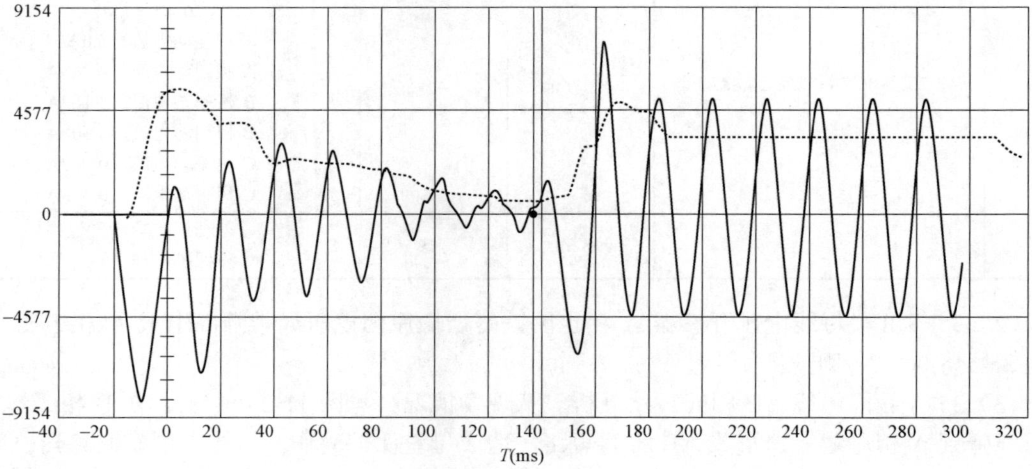

(a)

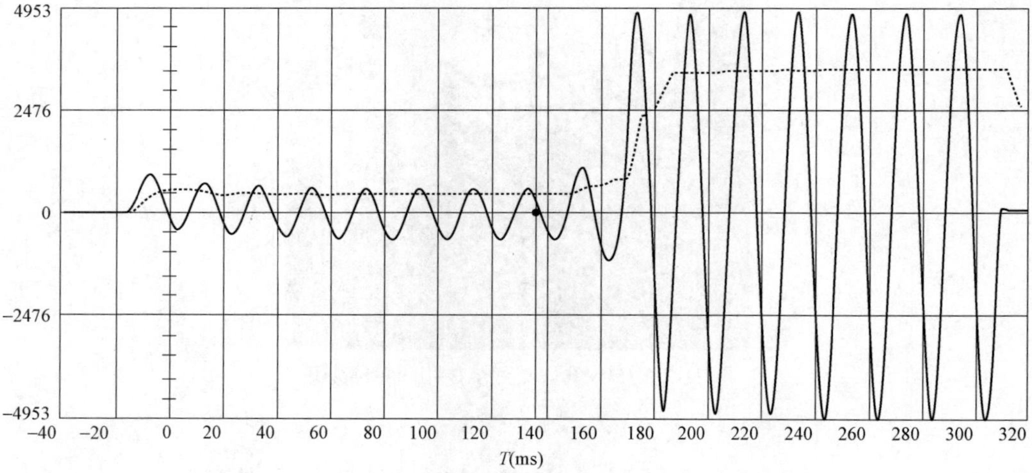

(b)

图11-3　故障电流波形图

（a）T线故障电流波形图；（b）F线故障电流波形图

1．T线故障波形分析

（1）图11-3（a）所示故障电流波形可分为三个部分：

1）故障前期70ms电流波形往横坐标下方偏移，出现的原因就是故障时出现了大的直流分量（见图11-4），短路电流由短路电流的周期分量与非周期分量（直流分量）构成，非对称电流峰值系数是直流时间常数（$\tau=L/R$）和频率的函数。

a．当短路发生于电压为零时刻（$\psi=\pi/2$）时，直流分量为最大值，这时非对称电流峰值很大。高压断路器相关标准中规定直流时间常数τ=45ms，在50Hz情况下对应于非对称电流

峰值 2.55I_{SC}（I_{SC}为短路电流的有效值）。

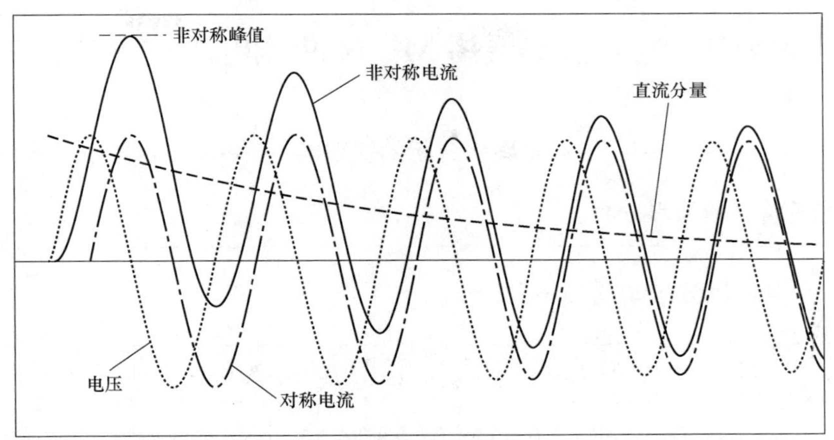

图 11-4　在单相时因直流分量导致产生对称电流（短路发生于电压峰值时刻）和非对称电流（短路发生于电压为零时刻）波形图

b．当短路发生于电压峰值时刻（$\psi\approx0$）时，直流分量为零，电流立即进入稳态，即对称电流，电流的完全对称条件是在电压峰值，而是当 $\psi=\pi/2-\varphi$ 时刻。

上述两种极端情况下，电流失零波形如图 11-5 所示，波形图中第一个周波的直流分量最大，随后衰减，衰减时间经过了 100ms。

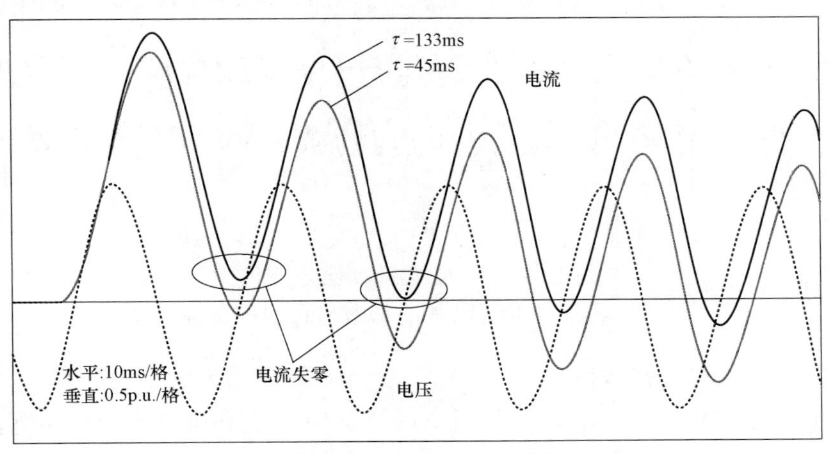

图 11-5　电流失零波形图

2）100ms 后，电流互感器出现饱和，电流变小，发生畸变，时间为 70ms。

3）电流互感器退出饱和，电流第一个周波出现峰值，随后经 140ms 跳闸。

整个故障时间 340ms，保护整定时间应该是 0.3s。

（2）直流分量过大的影响。由于直流分量可能超过交流分量，它能够在一定时间范围内产生电流失零（见图 11-5）。短路电流失零，断路器将无法断开电弧（断路器是在电流过零的情况下切断电弧）。

2. F线故障波形分析

由图 11-3（b），−15ms 时 F 线开始有短路电流，140ms 时 F 线故障电流增大，最大值时

间有 7 个周波（140ms），没有直流分量，320ms 时跳闸。

案例 3：电力系统振荡 M、N 两侧电压波形分析

本案例分析的知识点

电力系统振荡电压波形分析。

M、N 侧振荡电压波形如图 11-6 所示。

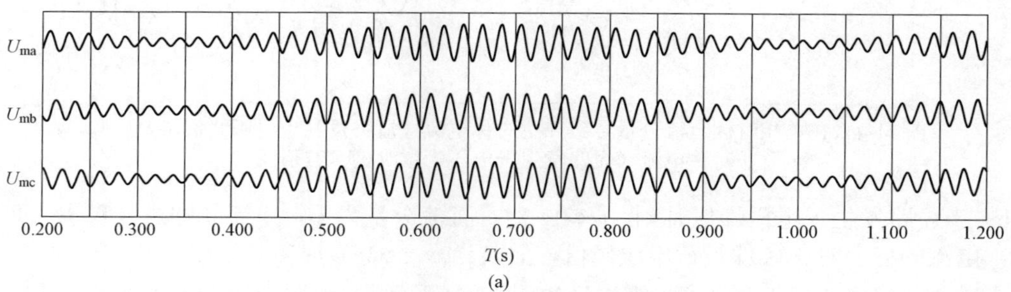

(a)

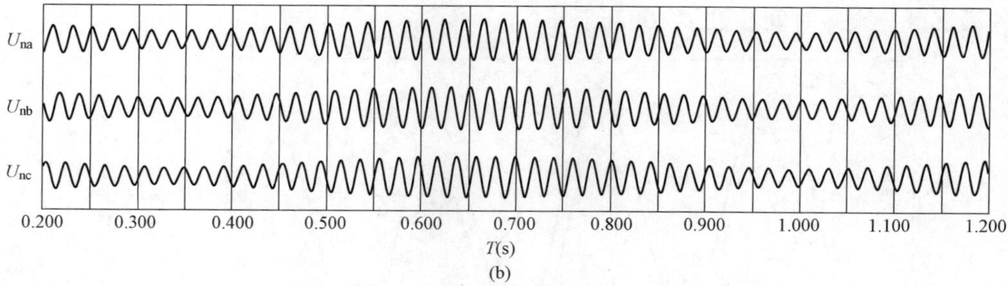

(b)

图 11-6　M、N 侧振荡电压波形图
（a）M 侧电压波形图；（b）N 侧电压波形图

（1）振荡时三相电压波形对称。

（2）从电压波形图可看出，M、N 侧电压振荡经历了三相电压降低→升高→降低→升高。

（3）M 侧电压降低和升高幅值比 N 侧小，说明 M 侧更靠近振荡中心。

（4）振荡时 N 侧没有出现“每一周期约降低至零值一次”，说明 N 侧不在振荡中心。

案例 4：用户 110kV 母线电压产生谐波分量

本案例分析的知识点

含有谐波电压波形分析。

一、案例基本情况

2021 年 10 月 21 日 15 时 13 分 41 秒，某用户 110kV 母线电压出现谐波，如图 11-7 所示，用户侧无故障。

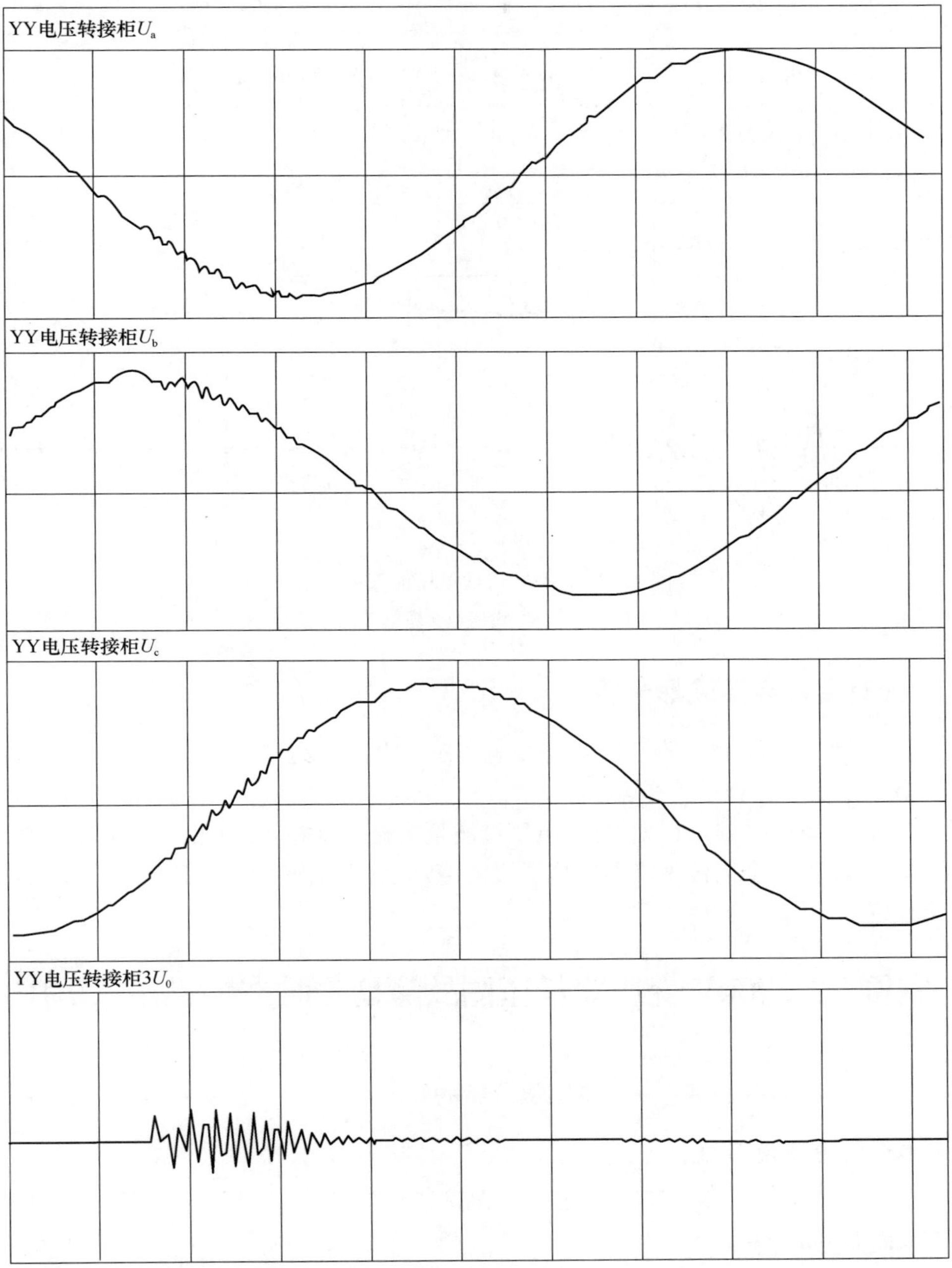

YY电压转接柜U_a

YY电压转接柜U_b

YY电压转接柜U_c

YY电压转接柜$3U_0$

(a)

图 11-7　110kV 母线电压波形图（一）

（a）电压压缩波形

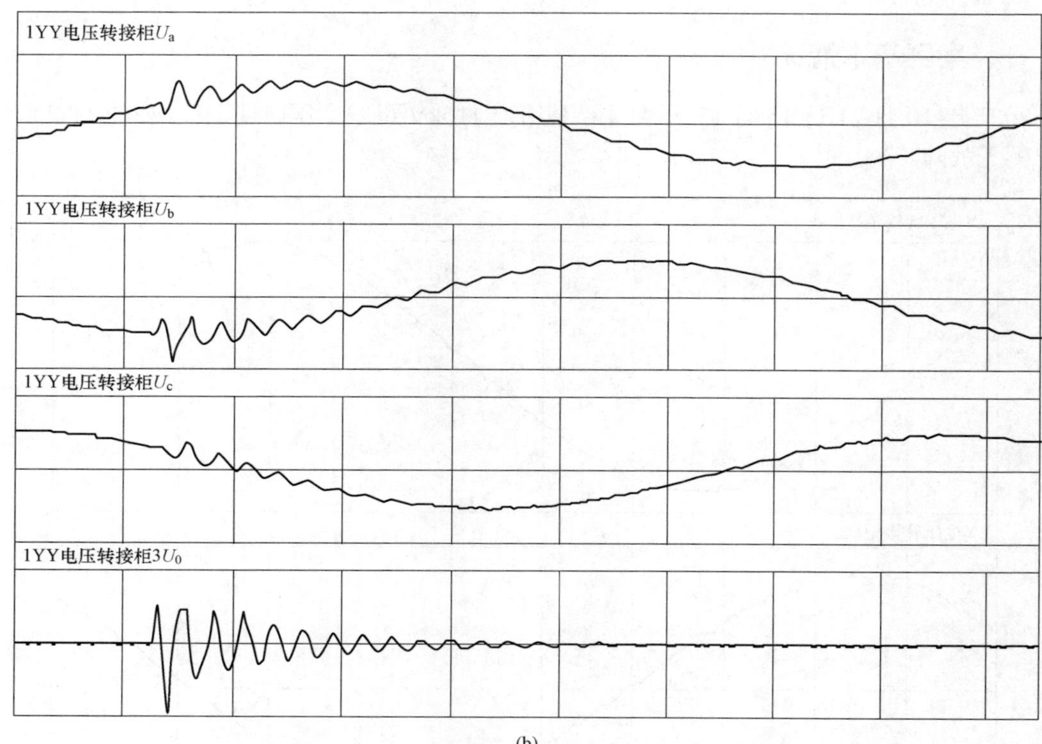

(b)

图 11-7　110kV 母线电压波形图（二）

（b）电压放大波形

二、含有谐波电压波形分析

（1）由图 11-7（a）可知，110kV 母线电压三相电压在第一个周波前 6ms 出现高次谐波分量，并且出现了 $3U_0$ 分量。

（2）图 11-7（b）中 A、B、C 三相电压谐波量明显，其中 A、B 相第一个谐波值比较大。$3U_0$ 是高频分量，第一个周波负半周出现了最大值。之后随着三相电压谐波量减少，$3U_0$ 衰减，直到完全衰减。

案例 5：220kV 变压器低压侧故障切除时产生操作过电压

本案例分析的知识点

了解操作过电压波形图。

一、案例基本情况

2016 年 3 月 22 日 8 时 51 分 36 秒 45 毫秒，某变电站 35kV 系统发生相间故障，保护动作，跳主变低压侧真空断路器，引起操作过电压。变压器低压侧（35kV 侧）母线电压波形如图 11-8 所示。

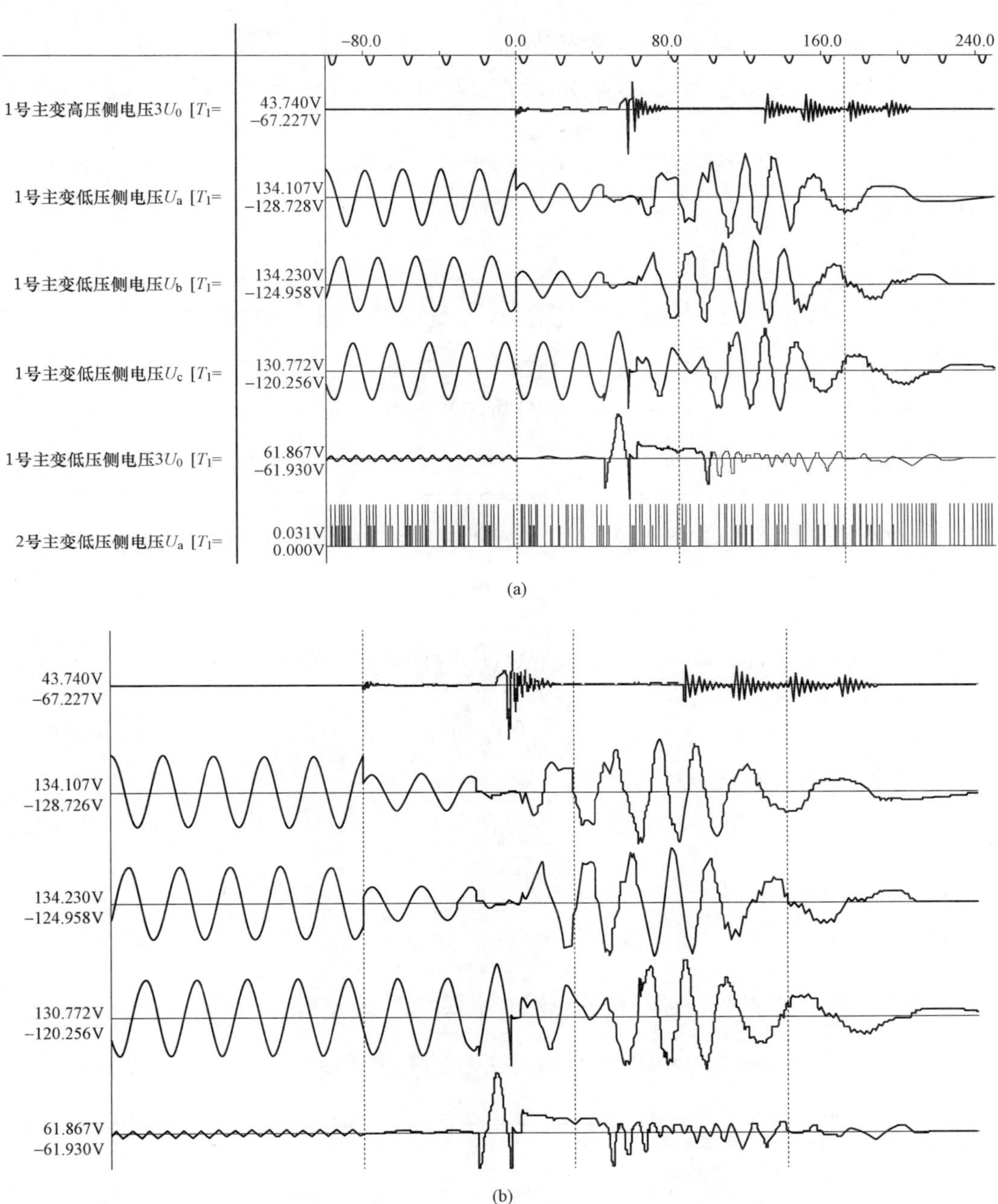

(a)

(b)

图 11-8　变压器低压侧（35kV 侧）母线电压波形图

（a）母线电压压缩波形；（b）母线电压放大波形

二、故障波形分析

（1）报告记录了故障前 5 个周波（100ms）正常电压波形。0ms 时 A、B 相电压降低，A、

B 相电压在 48ms 时几乎大小相等、方向相同，与 C 相反相。

（2）48ms 时 A、B 两相电压几乎为零，C 相电压升高，变压器高压侧出现高频 $3U_0$ 分量，并逐渐衰减；低压侧也出现了 $3U_0$ 分量，随后三相电压已不再是 50Hz 正弦波，并且出现三相过电压（由断路器分闸引起）。约 150ms 时出现三相电压出现低频衰减，约 200ms 时电压衰减为零。

（3）变压器高压侧 $3U_0$ 是高频分量，80～120ms 为零，之后又出现 4 次高频衰减波形。

（4）低压侧 $3U_0$ 为非正弦量，衰减截止时间与三相电压为零时间相同。

案例 6：几组母线电压互感器铁磁谐振波形

本案例分析的知识点

认识电压互感器铁磁谐振波形。

（1）某风电场 35kV 系统 A 相接地，母线电压互感器 B、C 相铁磁谐振，电压波形如图 11-9 所示。

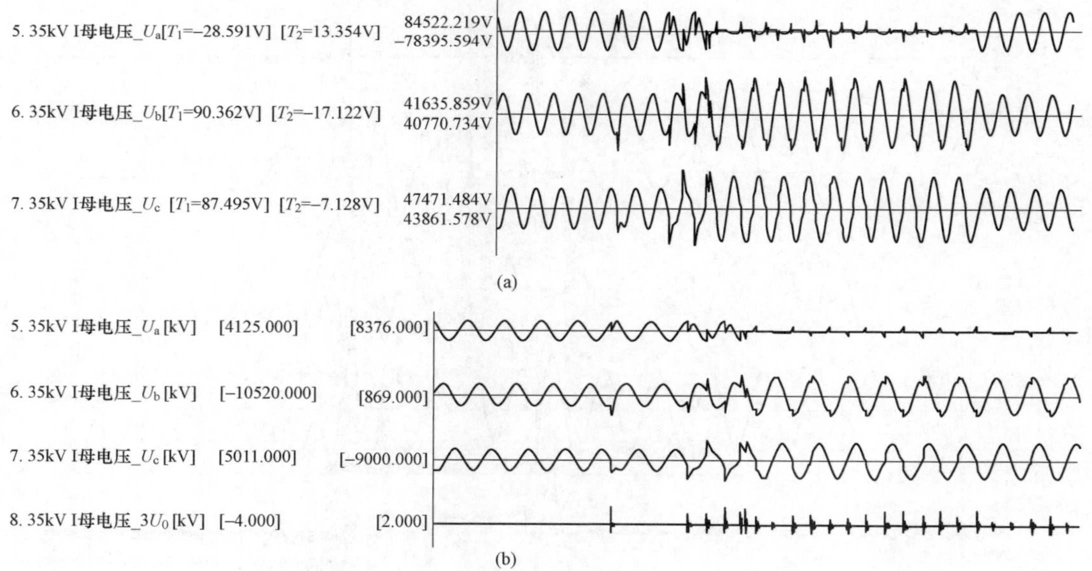

图 11-9　母线电压互感器 B、C 相铁磁谐振电压波形图

（a）电压波形图 1；（b）电压波形图 2

（2）某风电场 35kV 系统 C 相接地，母线电压互感器 A、B 相及 $3U_0$ 铁磁谐振电压波形如图 11-10 所示。

（3）某风电场 35kV 系统 A 相接地，母线电压互感器 B、C 相铁磁谐振电压波形如图 11-11 所示。

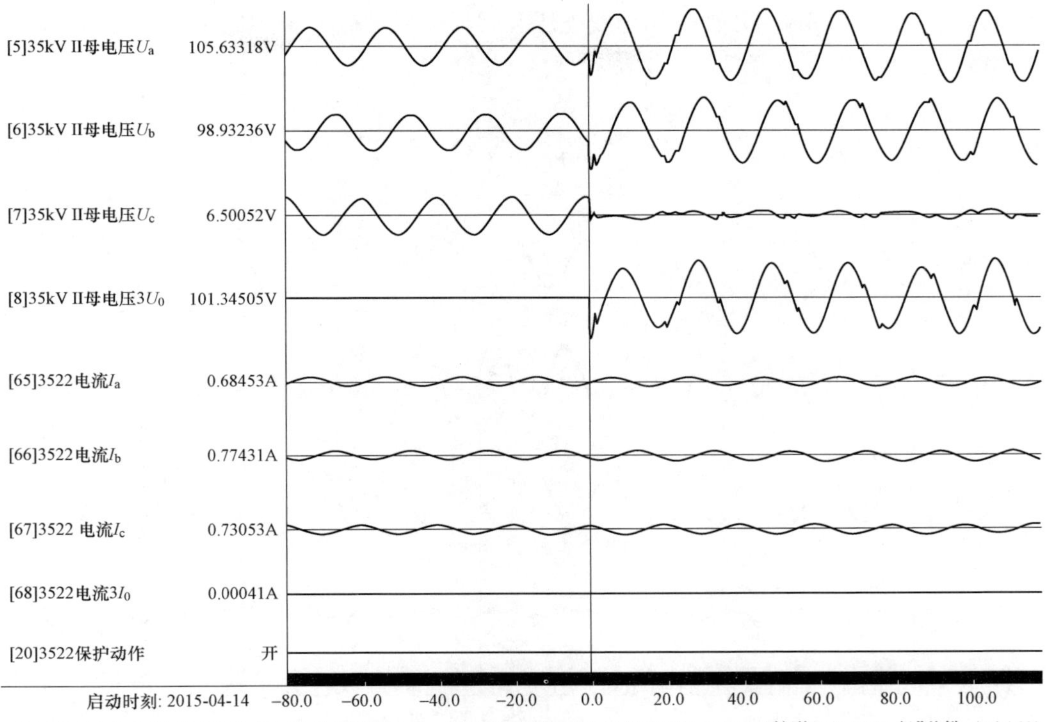

[5]35kV Ⅱ母电压U_a 105.63318V
[6]35kV Ⅱ母电压U_b 98.93236V
[7]35kV Ⅱ母电压U_c 6.50052V
[8]35kV Ⅱ母电压$3U_0$ 101.34505V
[65]3522电流I_a 0.68453A
[66]3522电流I_b 0.77431A
[67]3522 电流I_c 0.73053A
[68]3522电流$3I_0$ 0.00041A
[20]3522保护动作 开
启动时刻: 2015-04-14 12:34:07.676244
−80.0 −60.0 −40.0 −20.0 0.0 20.0 40.0 60.0 80.0 100.0
红色标线:2015-04-14 12:34:07.676244[0.0ms] 绿色标线:2015-04-14 12:34:07.676244[−80.0ms] 时间差(ms): 80.00 细节比例: (ms):1.000

图 11-10　母线电压互感器 A、B 相及 $3U_0$ 铁磁谐振电压波形图

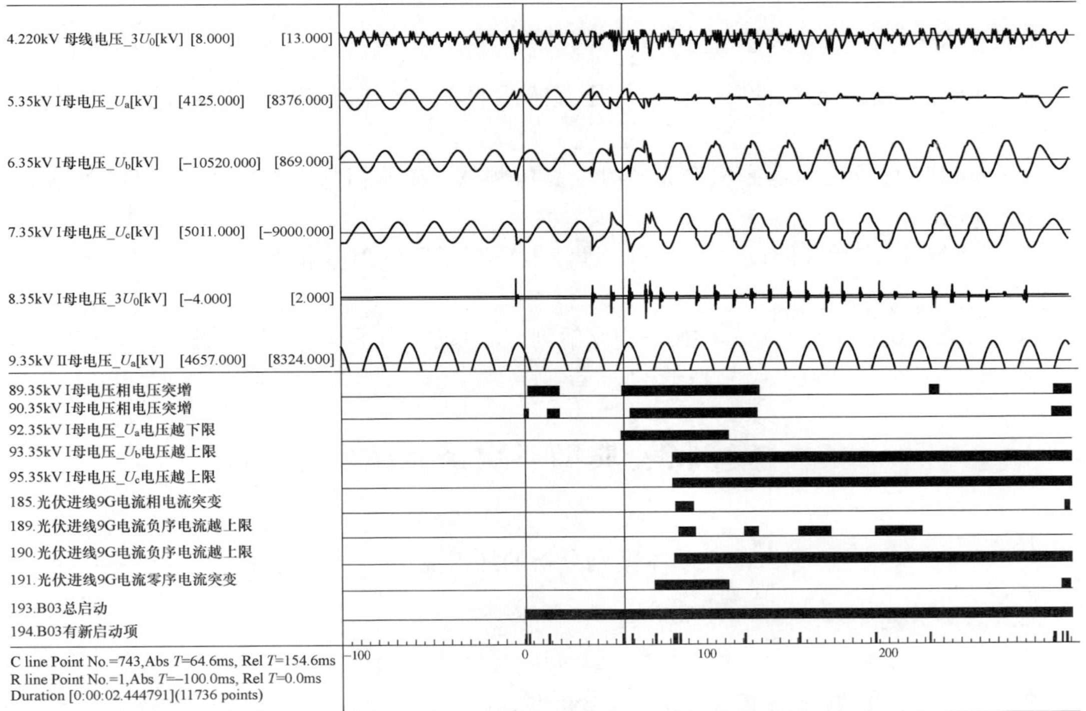

4.220kV 母线电压_$3U_0$[kV] [8.000] [13.000]
5.35kV Ⅰ母电压_U_a[kV] [4125.000] [8376.000]
6.35kV Ⅰ母电压_U_b[kV] [−10520.000] [869.000]
7.35kV Ⅰ母电压_U_c[kV] [5011.000] [−9000.000]
8.35kV Ⅰ母电压_$3U_0$[kV] [−4.000] [2.000]
9.35kV Ⅱ母电压_U_a[kV] [4657.000] [8324.000]
89.35kV Ⅰ母电压相电压突增
90.35kV Ⅰ母电压相电压突增
92.35kV Ⅰ母电压_U_a电压越下限
93.35kV Ⅰ母电压_U_b电压越上限
95.35kV Ⅰ母电压_U_c电压越上限
185.光伏进线9G电流相电流突变
189.光伏进线9G电流负序电流越上限
190.光伏进线9G电流负序电流越上限
191.光伏进线9G电流零序电流突变
193.B03总启动
194.B03有新启动项
−100 0 100 200
C line Point No.=743,Abs T=64.6ms, Rel T=154.6ms
R line Point No.=1,Abs T=−100.0ms, Rel T=0.0ms
Duration [0:00:02.444791](11736 points)

图 11-11　35kV 系统 A 相接地母线电压互感器 B、C 相铁磁谐振电压波形图

（4）某风电场 35kV 系统 B 相母线电压互感器铁磁谐振，B 相电压互感器爆炸，A、C 相铁磁谐振。电压波形如图 11-12 所示。

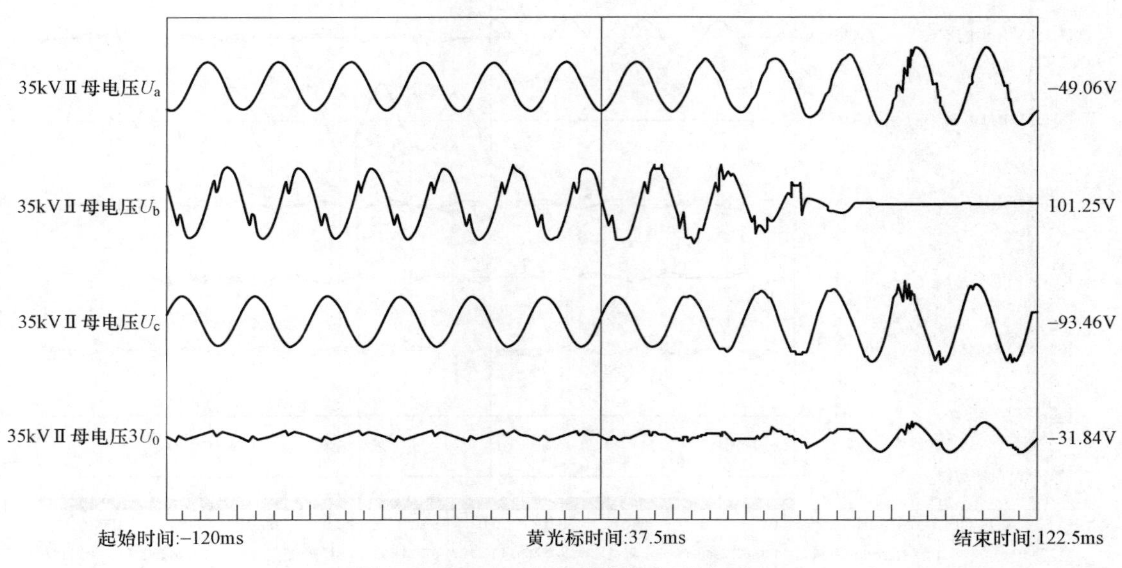

图 11-12　A、C 相铁磁谐振电压波形图

（5）500kV 线路 A 相故障，线路电压互感器 C 相和开口三角 $3U_0$ 铁磁谐振电压波形如图 11-13 所示。

（6）500kV 自耦变压器高压侧充电时，高压侧 A、B 两相电压互感器铁磁谐振电压波形如图 11-14 所示。

（7）35kV 线路故障跳闸后，35kV 母线电压互感器铁磁基频谐振电压波形如图 11-15 所示。

（8）某光伏站送出线断路器跳闸与电网解列后，35kV 电压互感器铁磁谐振波形如图 11-16 所示。

案例 7：典型三次谐波波形

本案例分析的知识点

认识三次谐波波形图。

典型三次谐波波形如图 11-17 所示（分析略）。

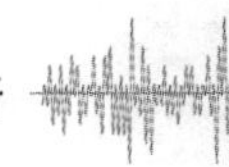

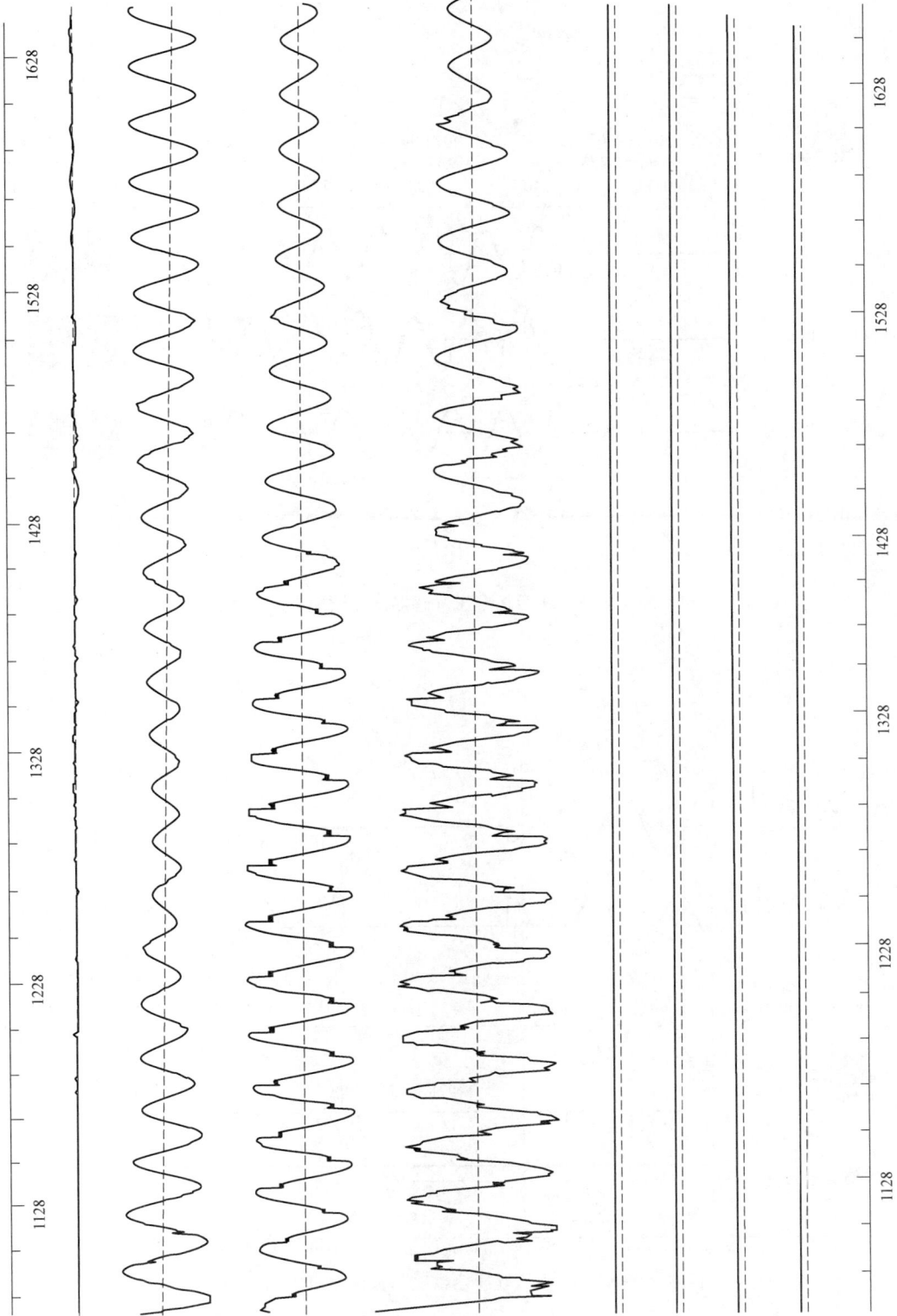

图 11-13　线路电压互感器 C 相和开口三角 $3U_0$ 铁磁谐振电压波形图

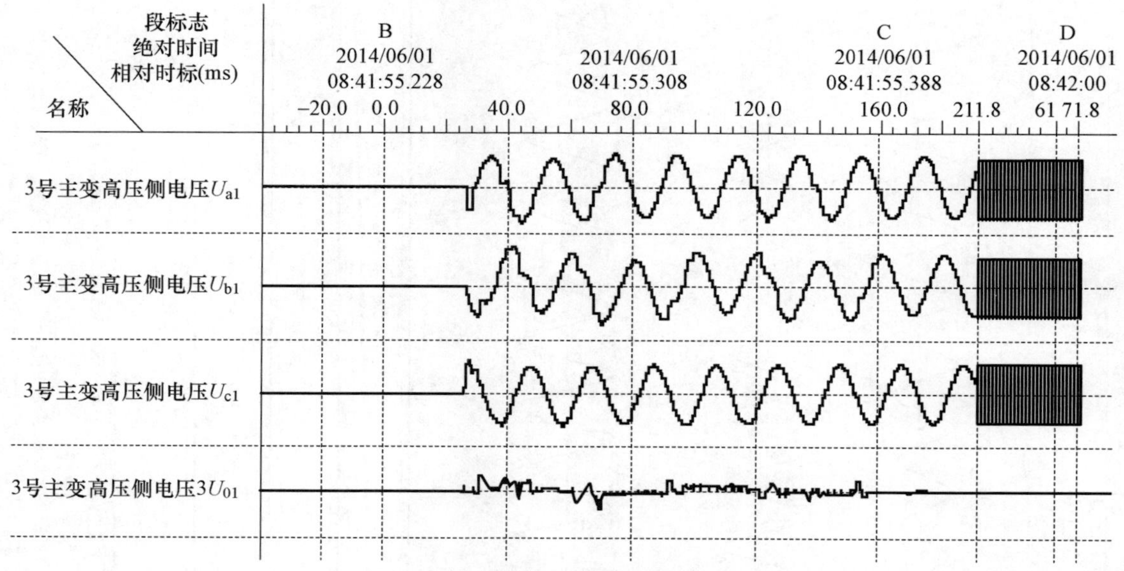

图 11-14 高压侧 A、B 两相电压互感器铁磁谐振电压波形图

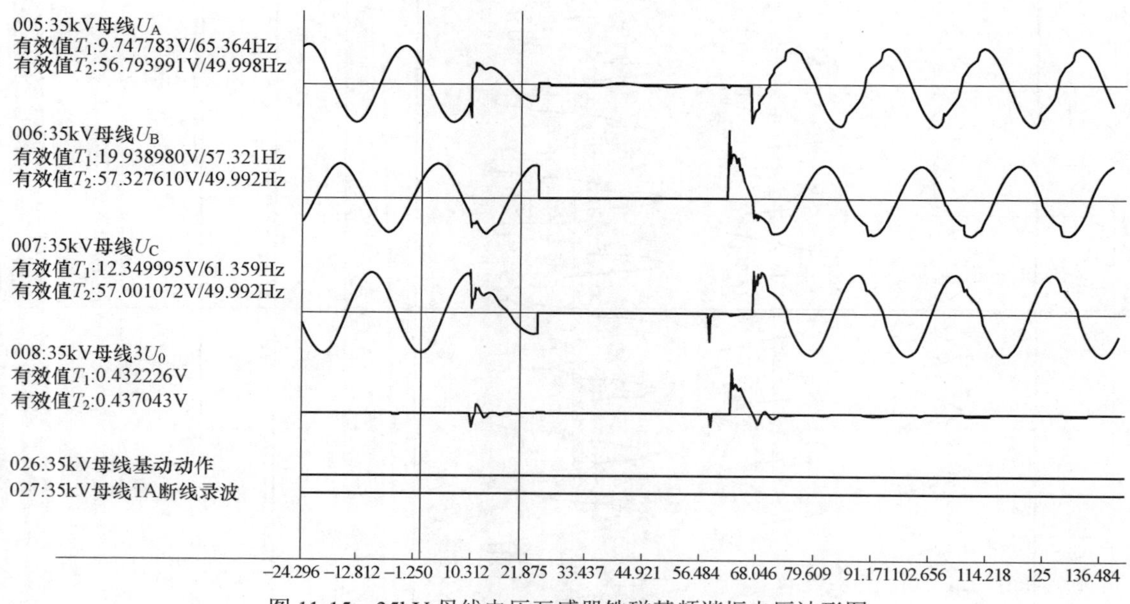

图 11-15 35kV 母线电压互感器铁磁基频谐振电压波形图

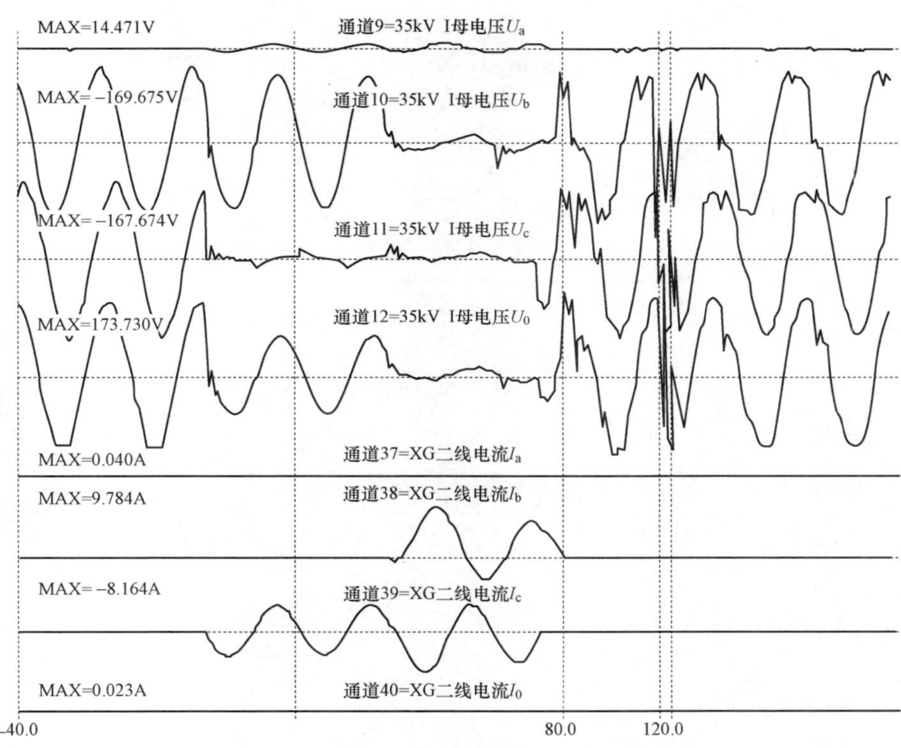

图 11-16 35kV 电压互感器铁磁谐振波形图

案例 8：220kV Ⅱ段母线电压互感器在母联断路器断开后发生分频谐振故障

本案例分析的知识点

认识电压互感器分频谐振波形。

一、案例基本情况

2016 年 10 月 14 日，某 500kV 变电站在执行 2、3 号主变送电操作计划第 7 项“将 220kV Ⅱ段母线停电”过程中，11 时 25 分，拉开“220kV Ⅰ、Ⅱ段母联 2212 断路器”对 220kV Ⅱ段母线停电后，监控后台机报“220kV 2M 母线谐振告警动作”。现场检查保护小室内 220kV Ⅱ段母线消谐装置并通过硬接点上报信号，检查 220kV 故障录波器发现 2212 断路器断开后 220kV Ⅱ段母线电压未立刻消失，电压波形畸变，频率改变并且持续录波 813ms。判断为在拉开 220kV Ⅰ、Ⅱ段母联 2212 断路器断开后，220kV Ⅱ段母线（全封闭组合电器 GIS）与 220kV Ⅱ段母线电压互感器（电磁式）发生了串联谐振，因为 220kV Ⅰ、

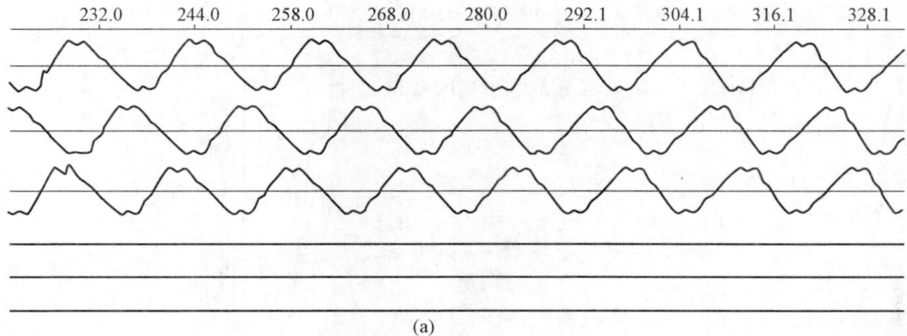

(a)

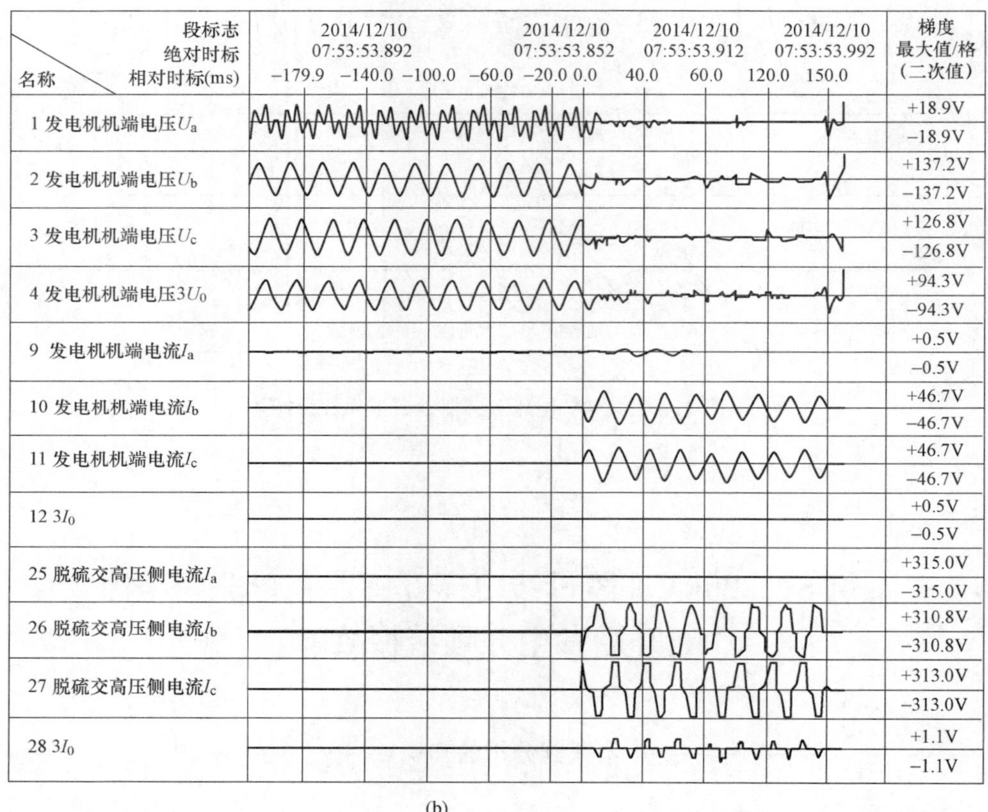

(b)

图 11-17 典型三次谐波波形图

（a）三相电压均有三次谐波分量；（b）A 相电压有幅值较大的三次谐波分量

Ⅱ段母联 2212 断路器为单断口（没有断口并联电容），分析为Ⅱ段母线对地电容与电压互感器绕组电感线圈之间构成 LC 串联谐振回路。为防止在今后的 220kV 母线停送电时再次发生串联谐振，在没有对母线电压互感器更换前采取临时措施：220kV 母线停送电操作改为在母线带电的情况下拉合电压互感器隔离开关的方式，即停电时先拉开母线电压互感器一次侧隔离开关，后拉开母联断路器停电；送电时先合上母联断路器送电，后合上母线电压互感器隔离开关。

母联 2212 断路器断开后，电压互感器谐振波形如图 11-18 所示。

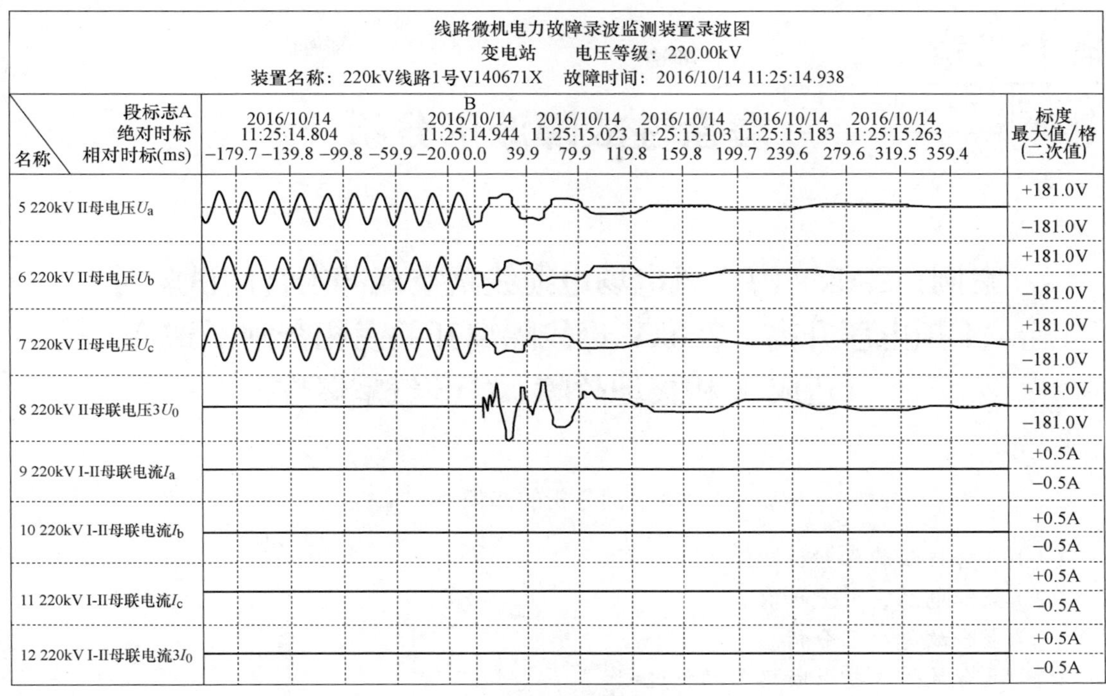

图 11-18　电压互感器谐振波形图

二、故障波形分析

（1）0ms 以前Ⅱ段母线为正常电压波形。

（2）0ms 时波形发生畸变，频率也发生改变（小于 50Hz）。

（3）谐振时出现了 $3U_0$ 分量，$3U_0$ 畸变，有高次谐波分量。

（4）239.6ms 时谐振的电压波形幅值变小。

第十二章

复合性故障波形分析

案例：220kV 海上风电场电缆线路空载冲击合闸试验时工频电压升高、220kV 母线隔离开关三相合闸不到位造成 A 相接地故障、GIS 气室爆炸

本案例分析的知识点

（1）复合性故障保护、故障波形分析。
（2）故障电压、电流计算。
（3）复合故障原因分析。
（4）复合故障保护及断路器动作过程。
（5）复合保护动作分析。
（6）引起工频电压升高的原因分析。
（7）工频电压升高对一次设备的影响。

一、案例基本情况

2021 年 12 月 6 日 14 时 12 分 19 秒，某海上风电场 220kV 线路 H 线充电（一年前充过电，停运一年），所有主保护退出运行，充电运行 9min31ms 后，A 相 22111 隔离开关发生单相接地短路，两条电源线路向故障点送短路电流分别为 12.5kA 和 3.5kA。22111 隔离开关 A 相发生单相接地后 34ms（送电后 9min75ms），H 线并联电抗器匝间保护动作（误动），跳开该线路 2211 断路器。由于故障点在 22111 隔离开关处（22111 隔离开关气室爆炸），故障未切除，继续由 S 线和电网侧 G 线供短路电流。故障后 51.6ms（充电后 9min127ms），G 侧远后备接地距离Ⅱ段保护动作（远后备整定时间为 0.2s）切除 G 线提供短路电流。S 线所接两座海上风电场与电力系统解列，风电场通过 S 线继续向 22111 隔离开关 A 相提供短路电流，风机自己的保护检测到电网掉电，风机执行紧急停机。变频器的保护自动断开并网开关，变频器制动回路卸掉直流回路能量。

2211 断路器合闸后，现场有明显的放电和异常运行声音，录像能清晰听到整个 GIS 及 22111 隔离开关气室发出很大的“噼啪”声，电缆头有放电声（现场检查人员听到整个变电站有类似炒豆子的声音），H 线海底电缆末端外皮对抱箍放电。故障线路为 220kV 海底电缆，线路全长 23.637km，线路空载运行，线路并联电抗器中性点直接接地，对侧（海上）断路器未合闸。S 线为临时接入运行线路。

故障风电场主接线如图 12-1 所示，图中 G 线长 16.064km，为架空线路；S 线为混合线

路，长度为 0.128km，S 线对侧母线通过两条海底电缆与两座风电场连接，长度分别为 28.036km 和 23.829km，线路均并有三相并联电抗器。故障风电场关联线路接线如图 12-2 所示，H 线 2211 断路器间隔、母线电压互感器间隔系统接线如图 12-3 所示。

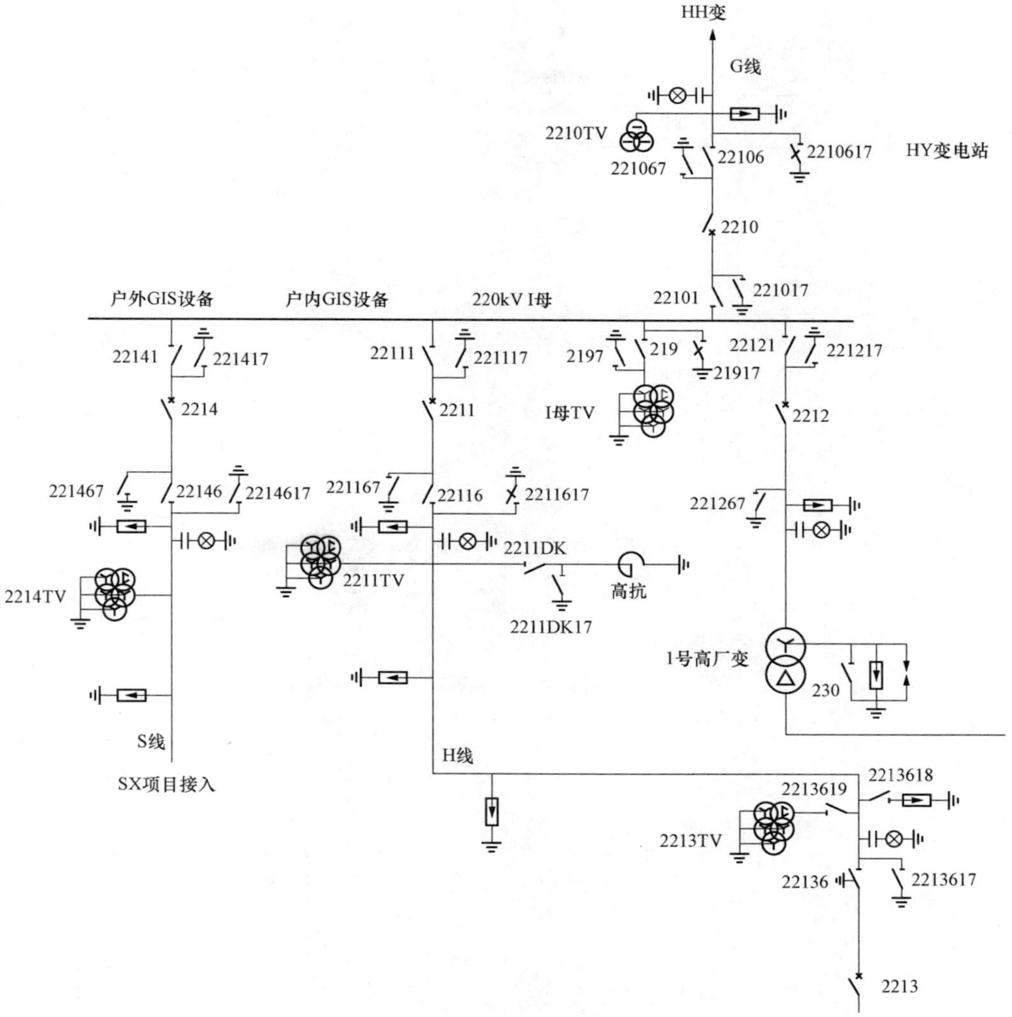

图 12-1　故障风电场主接线图

二、保护动作情况

（1）A 相发生单相接地后 34ms（送电后 9min75ms），H 线路并联电抗器匝间保护动作，跳 2211 断路器。保护动作报告如下。

1）时间：2021-12-06 14：21：50.820。

2）0ms 时匝间保护动作。

3）整组相别：无。

4）分相差流：0.019 I_e。

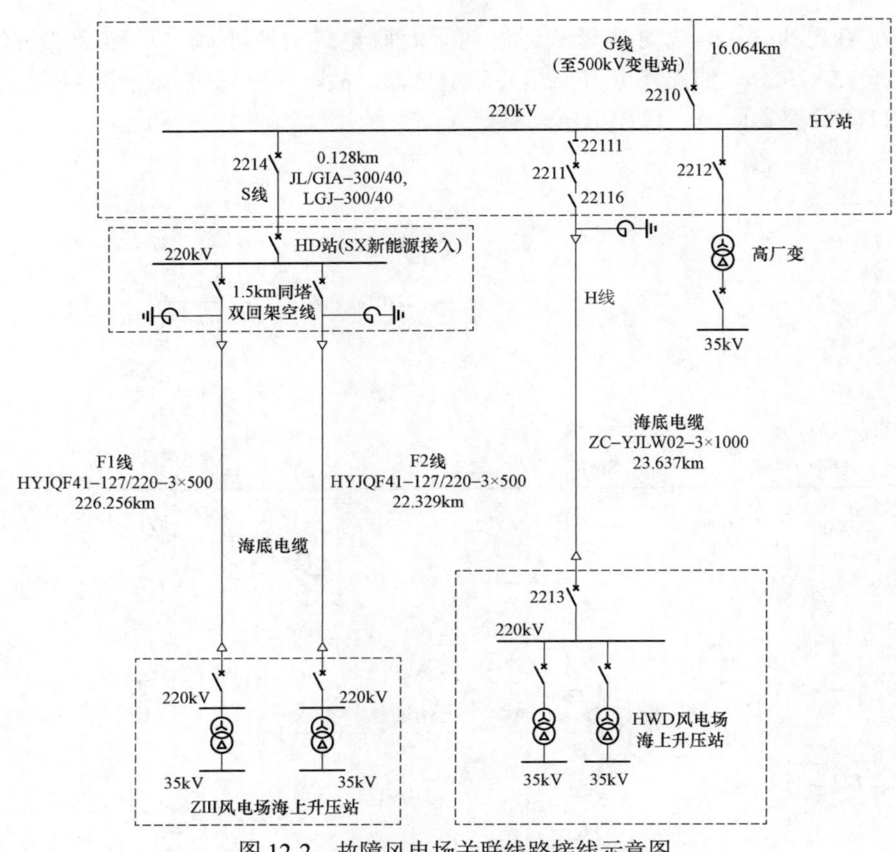

图 12-2　故障风电场关联线路接线示意图

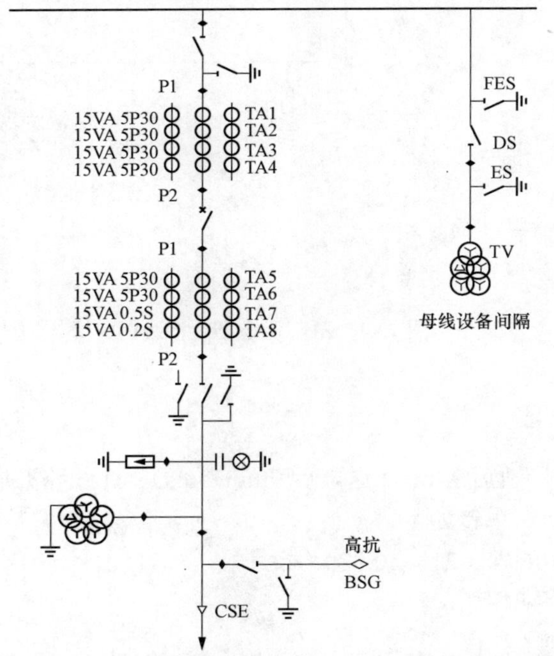

图 12-3　H 线 2211 断路器间隔、母线电压互感器间隔系统接线示意图

（2）故障后 51.6ms（充电后 9min127ms），G 侧远后备保护动作（远后备整定 0.2s）切除故障。动作报告如下。

1）时间：2021-12-06 14：21：50.791。

2）0ms 时保护启动。

3）216ms 时 ABC 接地距离Ⅱ段动作。

4）故障相电压：34.17V。

5）故障相电流：6.04A。

6）最大零序电流：3.36A。

7）故障测距：17.30km。

8）故障相：A 相。

（3）故障录波器报告主要信息。

1）220kVⅠ段母线突变量启动。

2）G 线突变量启动。

3）H 线突变量启动。

4）保护跳闸相别：ABC。

5）故障相别：AN。

6）故障测距：区外。

7）故障相最大电流：6.188A（二次值），12.376（一次值）。

8）最低故障相电压：33.325V（二次值），73.314kV（一次值）。

9）录波起始时间：2021-12-06 14：21：50.584。

10）录波结束时间：2021-12-06 14：21：53.284。

三、保护及整定值

（1）H 线所有主保护退出运行。

（2）在 H 线 2211 断路器本身加装两套临时电流保护：一套临时电流速段保护启用，整定值为 3600A（一次）、0s；一套临时过电流保护启用，整定值为 800A（一次）、0.3s。临时电流速段保护可以保护 H 线路全线，临时过电流保护可以保护海岛上两台主变本体。线路临时保护接 2211 断路器电流互感器 5P30 二次绕组。

（3）G 线电网侧变电站微机后备保护按第二套定值投入，接地距离Ⅱ段整定时间为 0.2s。

（4）本变电站两套 220kV 两套母差保护停用，H 线电流互感器接入 220kV 两套母差及失灵保护回路后不投。

（5）H 线用 2211 断路器对线路进行 3 次冲击合闸试验。

四、主要技术参数

（1）并联电抗器主要参数。

1）型号：BKS-35000/220。

2）额定容量：35Mvar。

3）额定电压：230kV。

4）额定电流：87.9A。

5）额定电抗：1511Ω。

6）相数：3 相。

7）冷却方式：ONAN。

8）长期运行最高电压：252kV。

9）绝缘耐热等级：A。

10）绕组/顶层油温升：55K/50K。

11）高压侧套管电流互感器。

a．A 相：0.2S、5P30、5P30、5P30。

b．B 相：0.2S、5P30、5P30、5P30、0.5。

c．C 相：0.2S、5P30、5P30、5P30。

（2）220kV 线路主要技术参数，见表 12-1。

表 12-1　　220kV 线路主要技术参数

序号	线路名称	长度（km）	导线型号	安全电流（A）
1	G	16.064	2×JNRLH60/LB20A-500/45； 4×JL/G1A-400/35； 2×JL/G1A-400/35； YJLW-1000	1360
2	H	23.637	ZC-YJLW02-1000（海缆）； 2×JL/G1A-300/40	1400
3	S	0.128	JL/G1A-300/40； LGJ-300/40	1363
4	S1（T 接）	0.50	2×LGJ-300/40； YJLW02-1200	1400
5	F1	28.03	JL/LB20A-400/35； 2×JL/LB20A-400/35； HYJQF41-127/220-3×500（海缆）	800
6	F2	23.826	JL/LB20A-400/35； 2×JL/LB20A-400/35； HYJQF41-127/220-3×500（海缆）	800

五、H 线路充电 220kV 母线电压及 H 线电流波形分析

1．H线充电时220kV母线电压及H线路电流压缩波形分析

H 线充电时 220kV 母线电压及 H 线路电流压缩波形如图 12-4 所示，合闸时出现了涌流，合闸后三相均采集到高频放电电流，且三相涌流出现时间顺序为 A、C、B，三相不同期时间为 2～3ms。H 线路电流取自 2211GIS 靠线路侧电流互感器二次绕组。

2．H线2211断路器合闸时220kV母线电压和H线路涌流波形分析

H 线 2211 断路器合闸时 220kV 母线电压和 H 线路涌流波形如图 12-5 所示。

（1）2211 断路器合闸后，220kV 母线电压三相电压前一个周波出现了谐波分量，合闸后三相出现了过电压，其过电压倍数如下。

1）A 相：（209+203）/2/1.414/127=1.155 倍。

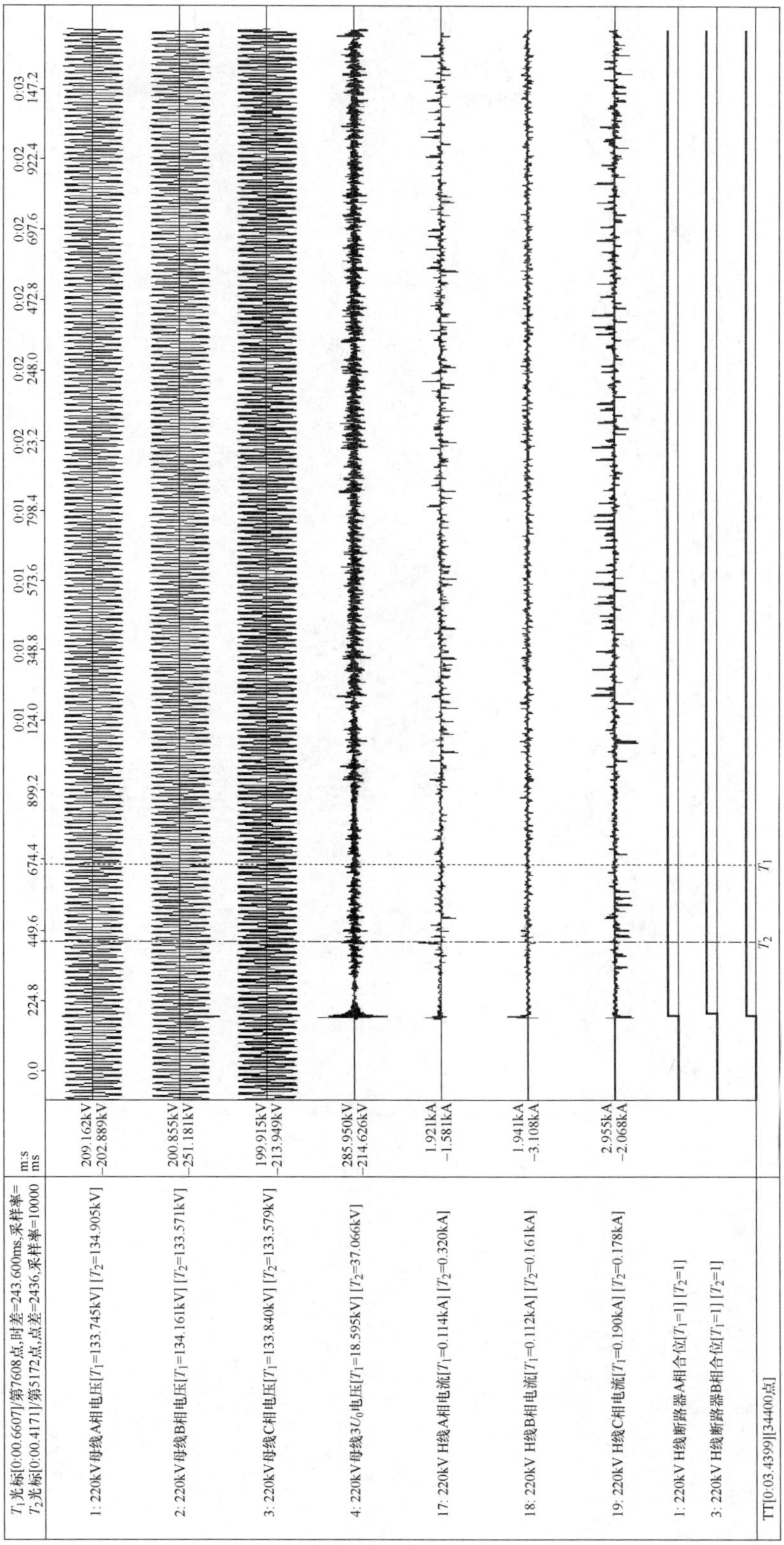

图 12-4　H 线充电时 220kV 母线电压及 H 线路电流压缩波形图

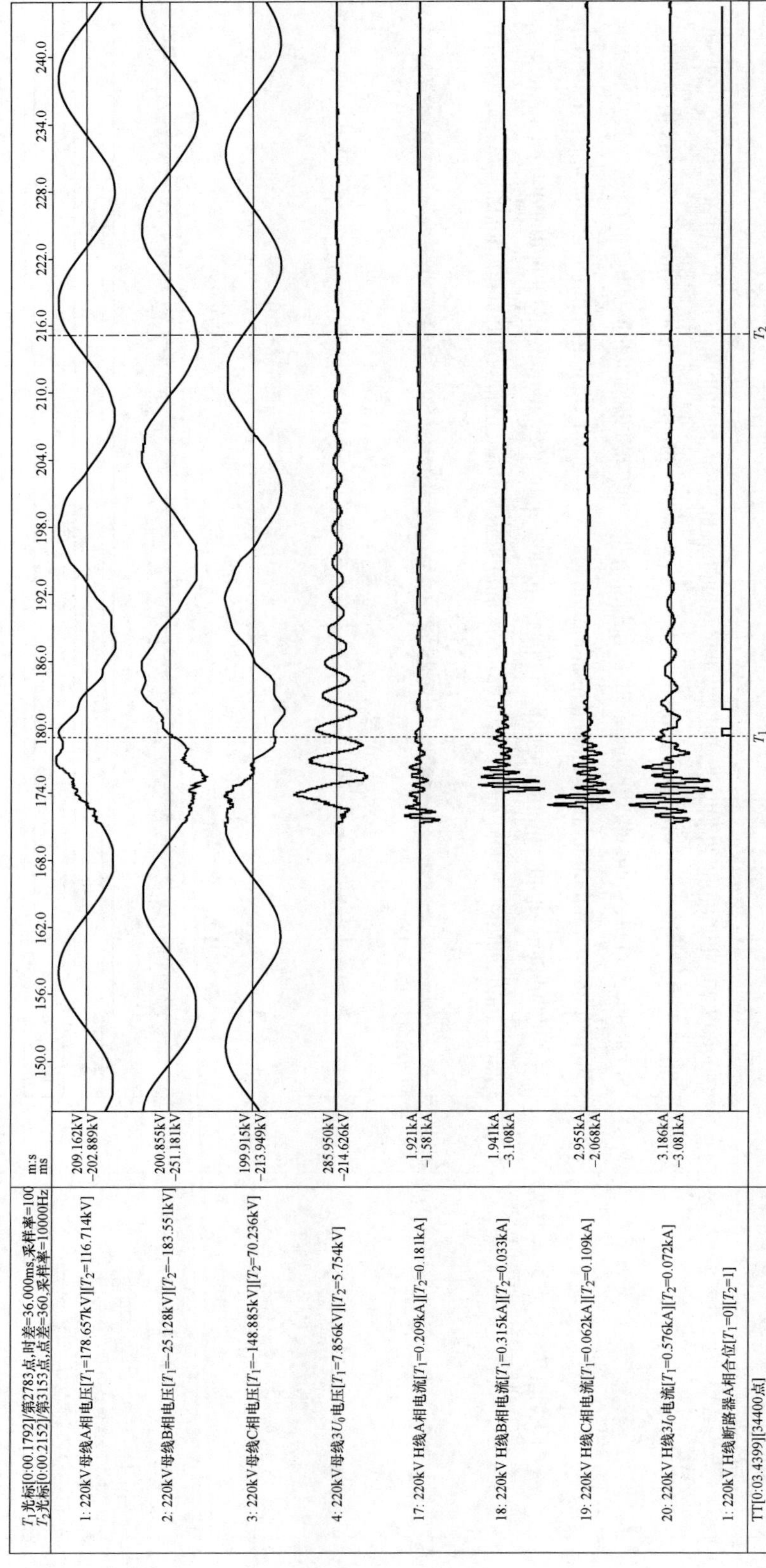

T1光标[0:00.1792]/第2783点,时差=36.000ms,采样率=100
T2光标[0:00.2152]/第3153点,点差=360,采样率=10000Hz
m:s
ms
1: 220kV母线A相电压[T1=178.657kV][T2=116.714kV]
209.162kV
−202.889kV
2: 220kV母线B相电压[T1=−25.128kV][T2=−183.551kV]
200.855kV
−251.181kV
3: 220kV母线C相电压[T1=−148.885kV][T2=70.236kV]
199.915kV
−213.949kV
4: 220kV母线3U0电压[T1=7.856kV][T2=5.754kV]
285.950kV
−214.626kV
17: 220kV H线A相电流[T1=0.209kA][T2=0.181kA]
1.921kA
−1.581kA
18: 220kV H线B相电流[T1=0.315kA][T2=0.033kA]
1.941kA
−3.108kA
19: 220kV H线C相电流[T1=0.062kA][T2=0.109kA]
2.955kA
−2.068kA
20: 220kV H线3I0电流[T1=0.576kA][T2=0.072kA]
3.186kA
−3.081kA
1: 220kV H线断路器A相合位[T1=0][T2=1]
TT[0:03.4399][34400点]
150.0
156.0
162.0
168.0
174.0
180.0
186.0
192.0
198.0
204.0
210.0
216.0
222.0
228.0
234.0
240.0
T1
T2

图 12-5　H 线 2211 断路器合闸时 220kV 母线电压和 H 线路涌流波形图

2）B 相：（201+251）/2/1.414/127=1.26 倍。

3）C 相：（200+215）/2/1.414/127=1.155 倍。

4）最大过电压倍数 B 相：251/1.414/127.02=1.3977 倍。

（2）$3U_0$ 分量为高频衰减分量：过电压倍数为（286+214）/2/1.414/127=1.39 倍。

（3）H 线三相出现不同程度高频涌流：A 相幅值小，时间长；B、C 相幅值大。产生高频涌流的原因是断路器投动力电缆（容性设备，如同投背靠背并联电容器，由 H 线和 S 线提供，S 线虽然有线路并联电抗器，但采用的是欠补偿，在投 H 线路仍有容性电流注入 H 线路）。

（4）$3I_0$ 涌流幅值最大，衰减时间最长。

3. H线2211断路器合闸后运行期间220kV母线电压和H线路压缩波形分析

H 线 2211 断路器合闸后运行期间 220kV 母线电压和 H 线路压缩波形如图 12-6 所示。

（1）220kV 母线三相电压为 50Hz 正弦电压，过电压计算参看前面；$3U_0$ 为间断高频电压分量。

（2）H 线三相和 $3I_0$ 都有高频电流，A 相电流幅值大。由于 22111 隔离开关三相合闸不到位，造成 22111 隔离开关有间断高频放电现象。

4. H线2211断路器合闸后运行期间220kV母线电压和H线路放大波形分析

H 线 2211 断路器合闸后运行期间 220kV 母线电压和 H 线路放大波形如图 12-7 所示。

由图 12-7 可知 H 线三相和 $3I_0$ 电流为不规则间断高频电流，基本是第一个波幅值大，随后衰减，A 相幅值大，这个高频电流就是 22111 隔离开关间断放电波形。

5. H线22111隔离开关A相接地故障时220kV母线电压和H线路高频电流波形分析

H 线 22111 隔离开关 A 相接地故障时 220kV 母线电压和 H 线路高频电流波形如图 12-8 所示。

（1）22111 隔离开关 A 相接地，A 相电压经低幅值高频振荡后为零。故障时 B、C 两相电压出现了谐波分量，$3U_0$ 出现高频振荡。故障后 34ms（送电后 9min75ms），H 线路并联电抗器匝间保护动作（误动），跳开该线路 2211 断路器。

（2）22111 隔离开关 A 相接地，H 线 A 相电流突然增大，H 线 A 相电流（2211 断路器靠线路侧电流互感器）一次值：（4.067+2.863）/2/1.414×1500≈3675（A）。这个电流是高频电流，电抗器匝间保护动作后，2211 断路器三相跳闸，H 线电流衰减后为零。

（3）B、C 两相电流仍为高频电流，图 12-8 对应 271.6ms 后为零。

（4）故障时 $3I_0$ 增大，故障切除后 $3I_0$ 衰减为零。

（5）图 12-8 对应 271.6ms 时 2211 断路器由合位变分位。

H 线 22111 隔离开关 A 相接地故障时横坐标放大时 220kV 母线电压和 H 线路高频电流波形如图 12-9 所示。

六、H 线路充电 220kV 母线电压及 H 线并联电抗器波形分析

1. H线充电时220kV母线电压及线路并联电抗器电流压缩波形分析

H 线充电时 220kV 母线电压及线路并联电抗器电流压缩波形如图 12-10 所示。

（1）A 相电压为零时，即是 22111A 相隔离开关接地，此时线路并联电抗器匝间保护动作，跳 2211 断路器。2211 断路器跳闸后故障没有消除，B、C 相母线电压在 G 线接地距离Ⅱ段动作跳开 G 线电源侧断路器，故障切除后电压为零。220kV 母线电压取自 220kV 母线电压互感器，$3U_0$ 取自电压互感器开口三角。

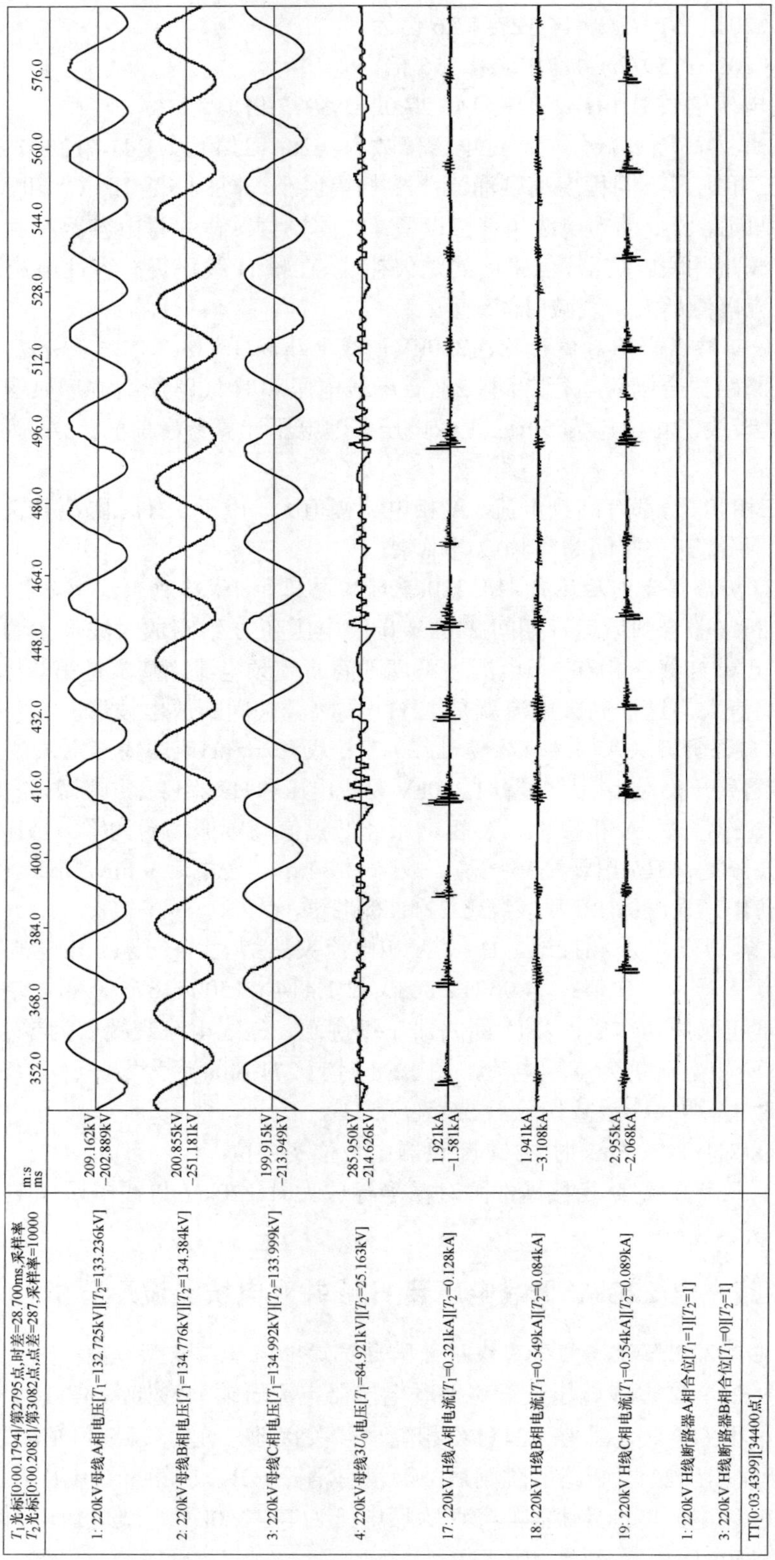

图 12-6　H 线 2211 断路器合闸后运行期间 220kV 母线电压和 H 线路压缩波形图

T_1光标[0:00.3704]/第4705点,时差=865.500ms,采样率=10
T_2光标[0:01.2359]/第13360点,点差=8655,采样率=10000

m:s
ms

363.8　367.2　370.6　374.0　377.4　380.8　384.2　387.6　391.0　394.4　397.8　401.2　404.6　408.0　411.4

1: 220kV母线A相电压[T_1=−164.765kV][T_2=103.857kV]　209.162kV　−202.889kV

2: 220kV母线B相电压[T_1=−23.026kV][T_2=−188.480kV]　200.855kV　−251.181kV

3: 220kV母线C相电压[T_1=181.331kV][T_2=77.580kV]　199.915kV　−213.949kV

4: 220kV母线$3U_0$电压[T_1=−47.928kV][T_2=−6.926kV]　285.950kV　−214.626kV

17: 220kV H线A相电流[T_1=0.773kA][T_2=0.022kA]　1.921kA　−1.581kA

18: 220kV H线B相电流[T_1=−0.167kA][T_2=−0.007kA]　1.941kA　−3.108kA

19: 220kV H线C相电流[T_1=0.033kA][T_2=0.014kA]　2.955kA　−2.068kA

20: 220kV H线$3I_0$电流[T_1=0.616kA][T_2=0.029kA]　3.188kA　−3.081kA

TT[0:03.4399][34400点]　T_1

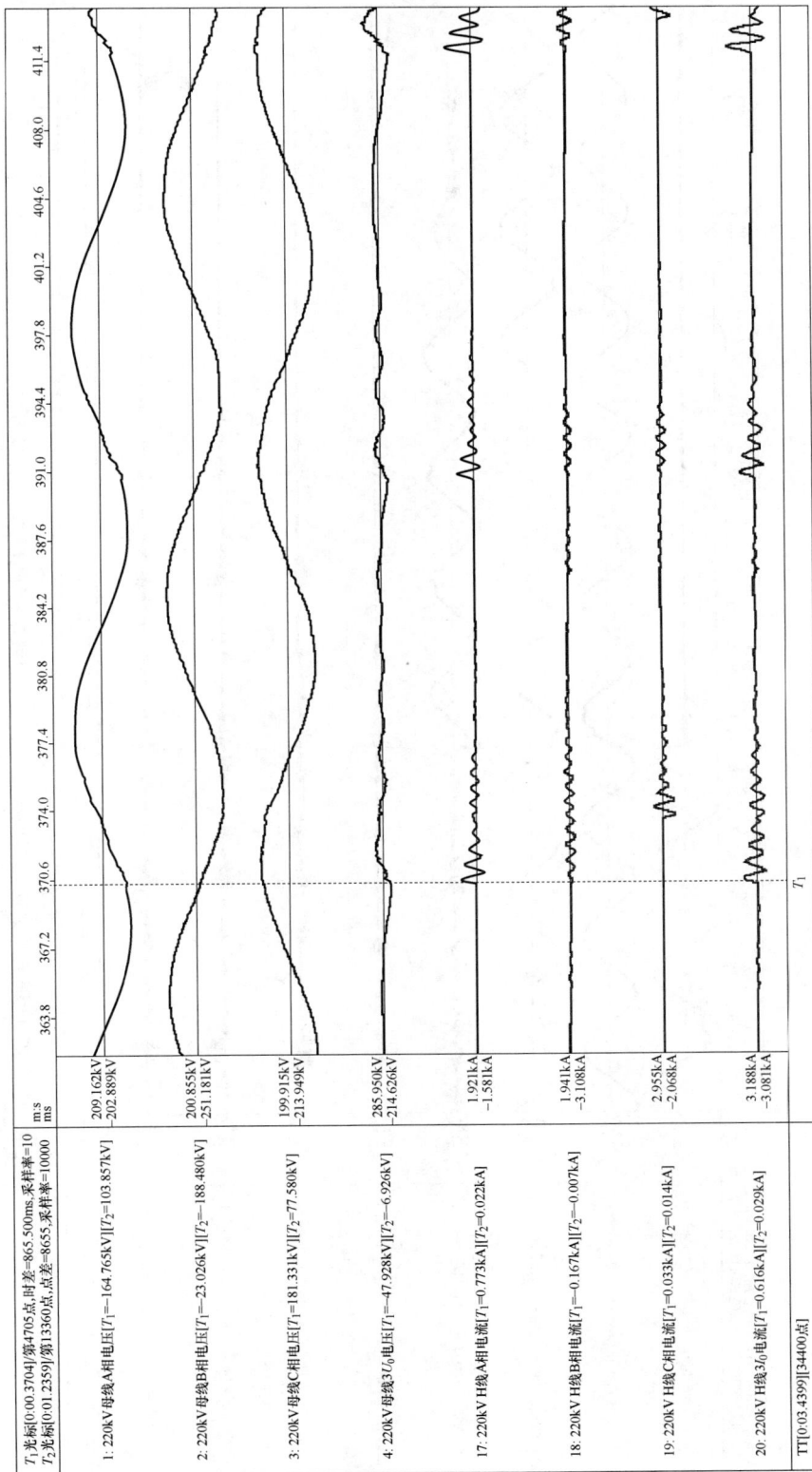

图 12-7　H 线 2211 断路器合闸后运行期间 220kV 母线电压和 H 线路放大波形图

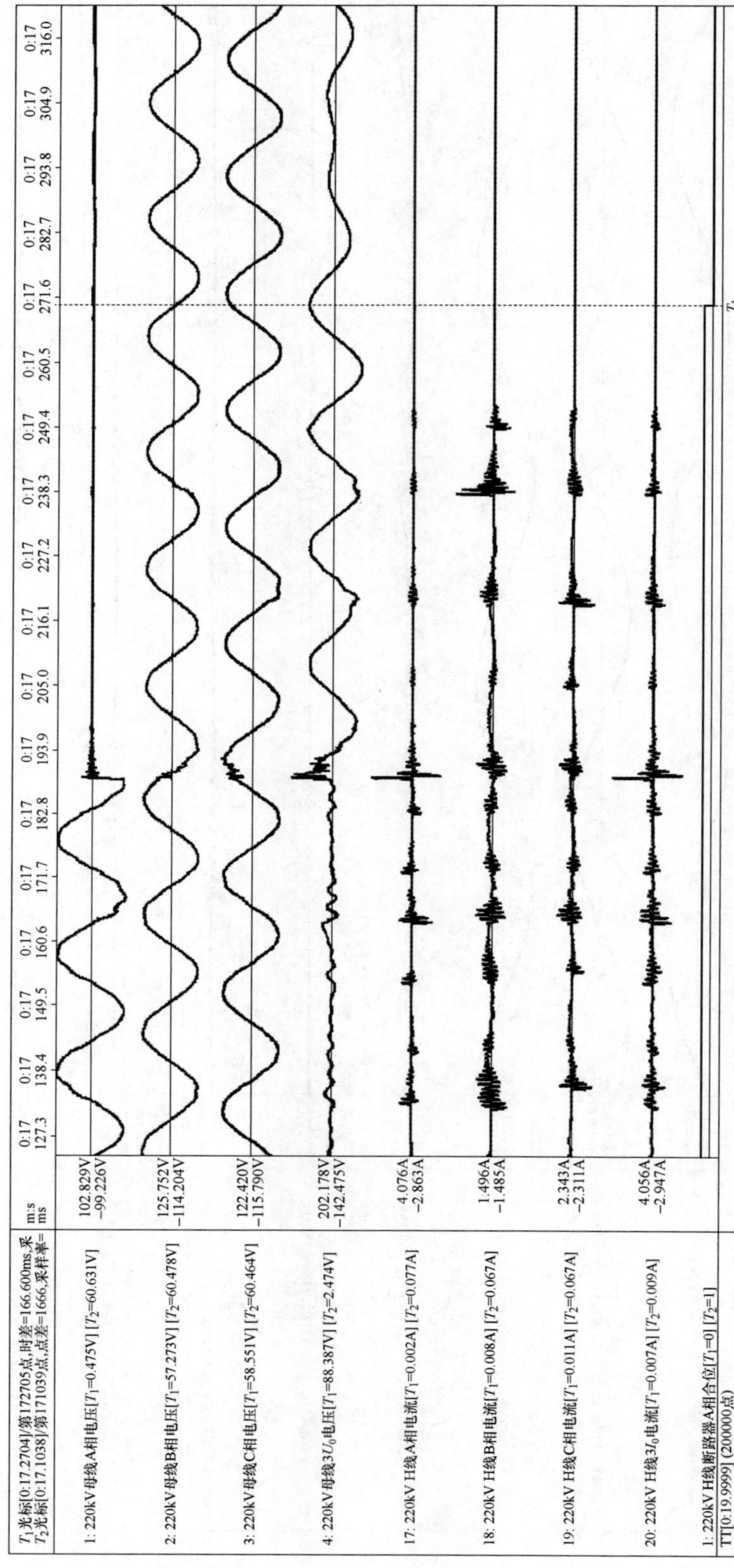

图 12-8　H 线 22111 隔离开关 A 相接地故障时 220kV 母线电压和 H 线路高频电流波形图

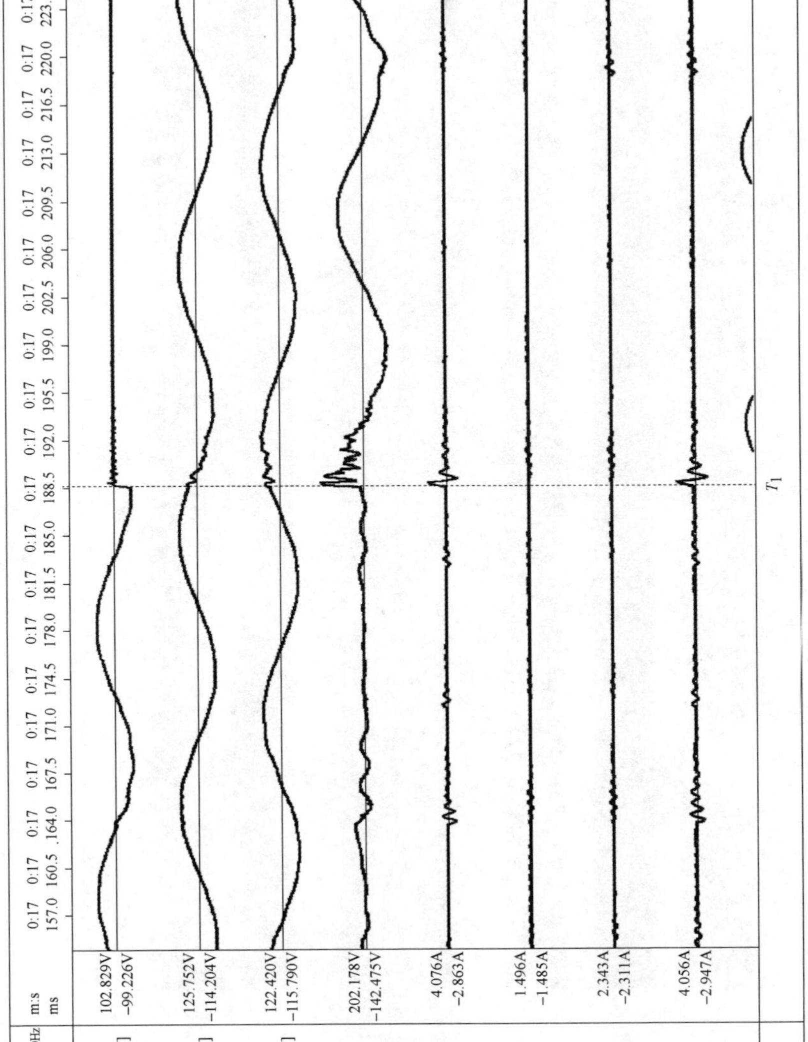

T_1光标[0:17.1887]/第171888点,时差=17188.700ms,采样率=10000Hz
T_2光标[0:00.0]/第12点,点差=171887,采样率=10000Hz

m:s / ms: 0:17 157.0, 0:17 160.5, 0:17 164.0, 0:17 167.5, 0:17 171.0, 0:17 174.5, 0:17 178.0, 0:17 181.5, 0:17 185.0, 0:17 188.5, 0:17 192.0, 0:17 195.5, 0:17 199.0, 0:17 202.5, 0:17 206.0, 0:17 209.5, 0:17 213.0, 0:17 216.5, 0:17 220.0, 0:17 223.5, 0:17 227.0, 0:17 230.5

1: 220kV母线A相电压[T_1=60.430V] [T_2=60.502V]　102.829V　−99.226V
1: 220kV母线B相电压[T_1=60.595V] [T_2=60.456V]　125.752V　−114.204V
3: 220kV母线C相电压[T_1=60.493V] [T_2=60.602V]　122.420V　−115.790V
4: 220kV母线$3U_0$电压[T_1=2.606V] [T_2=5.271V]　202.178V　−142.475V
17: 220kV H线A相电流[T_1=0.070A] [T_2=0.072A]　4.076A　−2.863A
18: 220kV H线B相电流[T_1=0.065A] [T_2=0.068A]　1.496A　−1.485A
19: 220kV H线C相电流[T_1=0.071A] [T_2=0.068A]　2.343A　−2.311A
20: 220kV H线$3I_0$电流[T_1=0.007A] [T_2=0.008A]　4.056A　−2.947A

TT[0:19.9999][200000点]　T_1

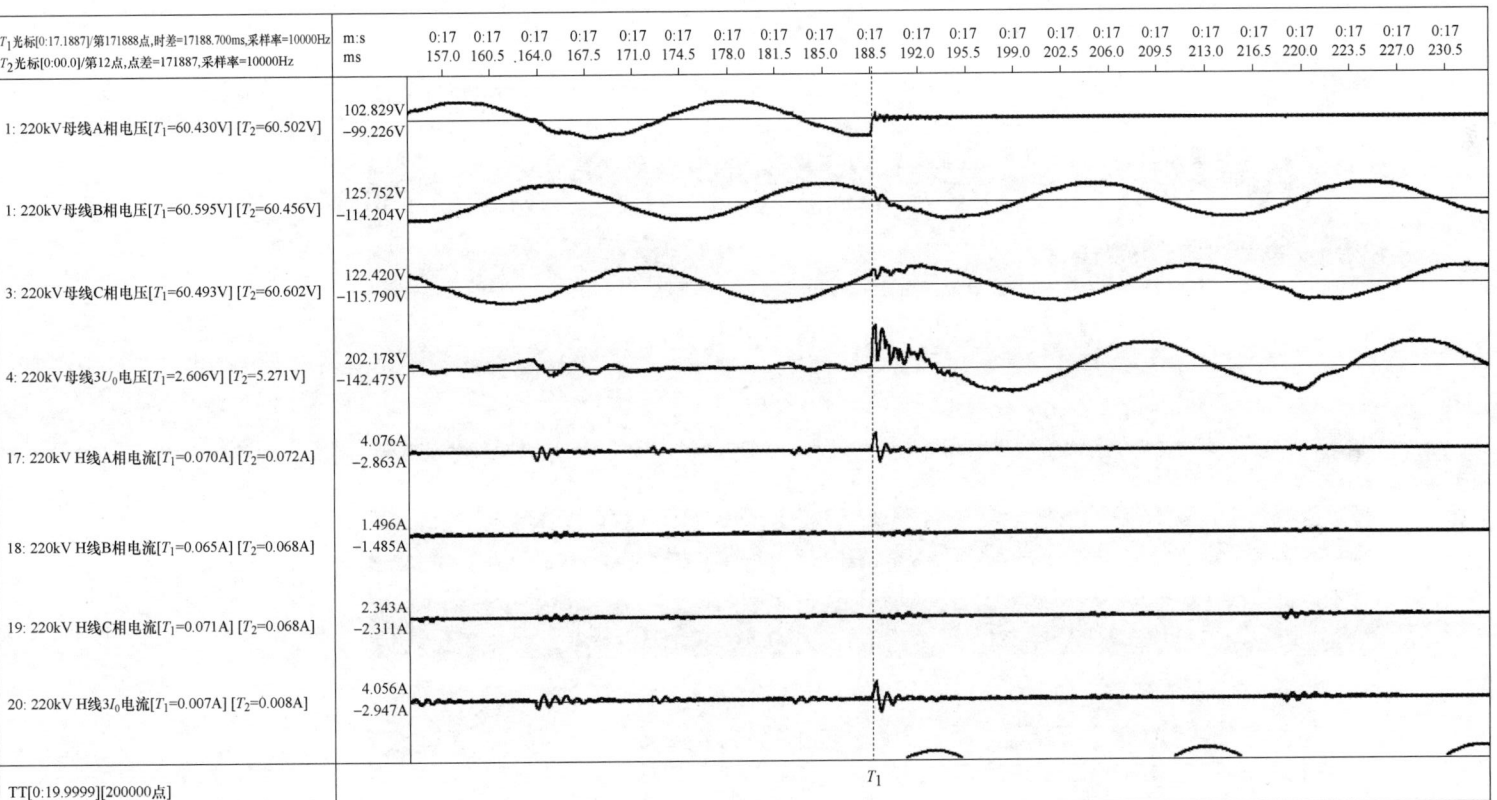

图 12-9　H 线 22111 隔离开关 A 相接地故障时横坐标放大时 220kV 母线电压和 H 线路高频电流波形

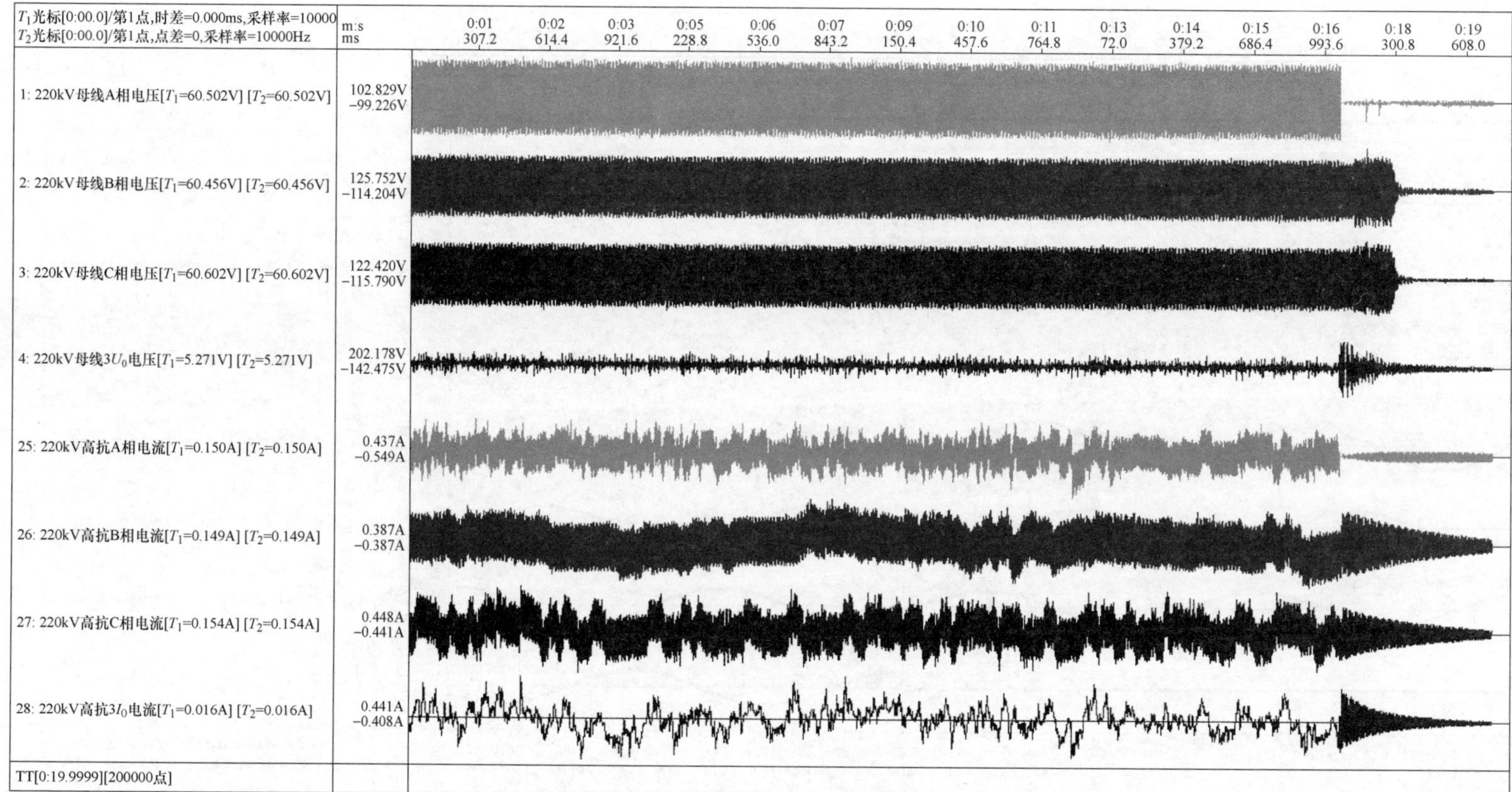

图 12-10　H 线充电时 220kV 母线电压及线路并联电抗器电流压缩波形图

（2）从线路并联电抗器电流波形看，三相电流波形值不相等，在 A 相接地线路并联电抗器保护动作后，A 相电流变小，原因是 22111A 相隔离开关存在放电，B、C 相及 $3I_0$ 经振荡逐渐减小（电感电流不能突变）。线路并联电抗器电流和零序电流在整个过程中不是标准正弦电流。

2. H线充电时220kV母线电压及线路并联电抗器电流压缩波形分析

H 线充电时 220kV 母线电压及线路并联电抗器电流压缩波形如图 12-11 所示，从图中可以看出，A、C 相电流偏移横坐标较严重，三相电流之相量和不为零，不是正弦量（产生了 $3I_0$）。T_1 时间合闸，H 线 2211 断路器三相合位。

3. H线充电时220kV母线电压及线路并联电抗器电流展开波形分析

H 线充电时 220kV 母线电压及线路并联电抗器电流展开波形如图 12-12 所示，电流取自并联电抗器高压侧套管电流互感器。

（1）2211 断路器合闸后，220kV 母线三相电压前一个周波出现了谐波分量，合闸后三相出现了过电压。

（2）$3U_0$ 分量在开始出现高幅值高频电压分量，并逐渐衰减，之后出现低幅值不等的高频分量。

（3）合闸时，线路并联电抗器 A 相电流（正弦）偏向横坐标负半轴，B、C 相电流偏向横坐标正半轴，原因是工频电压升高造成线路并联电抗器励磁特性进入饱和区。

（4）由于并联电抗器的电抗大，所以三相电流不大，$3I_0$ 分量为非正弦量。

4. H线2211断路器跳闸后220kV母线电压及并联电抗器电流波形分析

H 线 2211 断路器跳闸后 220kV 母线电压及并联电抗器电流波形如图 12-13 所示。

（1）2211 断路器跳闸后，仍由 G、S 线路向故障点提供短路电流，故障后 51.6ms（充电后 9min127ms），G 侧远后备接地距离Ⅱ段保护动作（整定 0.2s）切除故障。由图 12-13 可知，B、C 相电压在 22111 隔离开关故障切除后出现的过电压比之前运行时更高，通过计算达到（276+251）/2/1.414/127=1.49 倍，最高电压为 276/2/1.414/127=1.537 倍。

（2）由于线路并联电抗器中电流不能突变，2211 断路器跳闸后，线路并联电抗器 B、C 相电流经过较长时间的衰减。

（3）故障切除后 220kV 母线电压经过 1s 时间后 B、C 相电压逐渐衰减为零，这一过程是 S 线路风机在继续运行，由风机保护动作后将 S 场内风电机组从电网切除。

5. H线运行、A相接地故障跳闸后220kV母线电压及并联电抗器电流压缩波形

H 线运行、A 相接地故障跳闸后 220kV 母线电压及并联电抗器电流压缩波形如图 12-14 所示。

6. H线22111隔离开关A相接地故障时220kV母线电压和电抗器电流波形分析

H 线 22111 隔离开关 A 相接地故障时 220kV 母线电压和电抗器电流波形如图 12-15 所示。

（1）A 相接地故障，A 相电压经高频振荡为零，B、C 两相电压第一个周波有谐波分量，之后持续了 11 个周波没有变（这个时间是 G 线接地距离Ⅱ段动作时间）。G 线接地距离Ⅱ段动作出口跳 G 线电源侧断路器后，S 线风电场与电力系统解列，B、C 相母线电压升高，并且有谐波分量。

（2）$3U_0$ 在故障时出现高频过电压，之后 80ms 为正弦量，后面出现两次降低，G 线对侧断路器三相跳闸后出现发生畸变，出现了高次谐波分量。

（3）A 相接地故障，电抗器匝间保护先动作跳 2211 断路器，电抗器 B、C 两相电流增大。

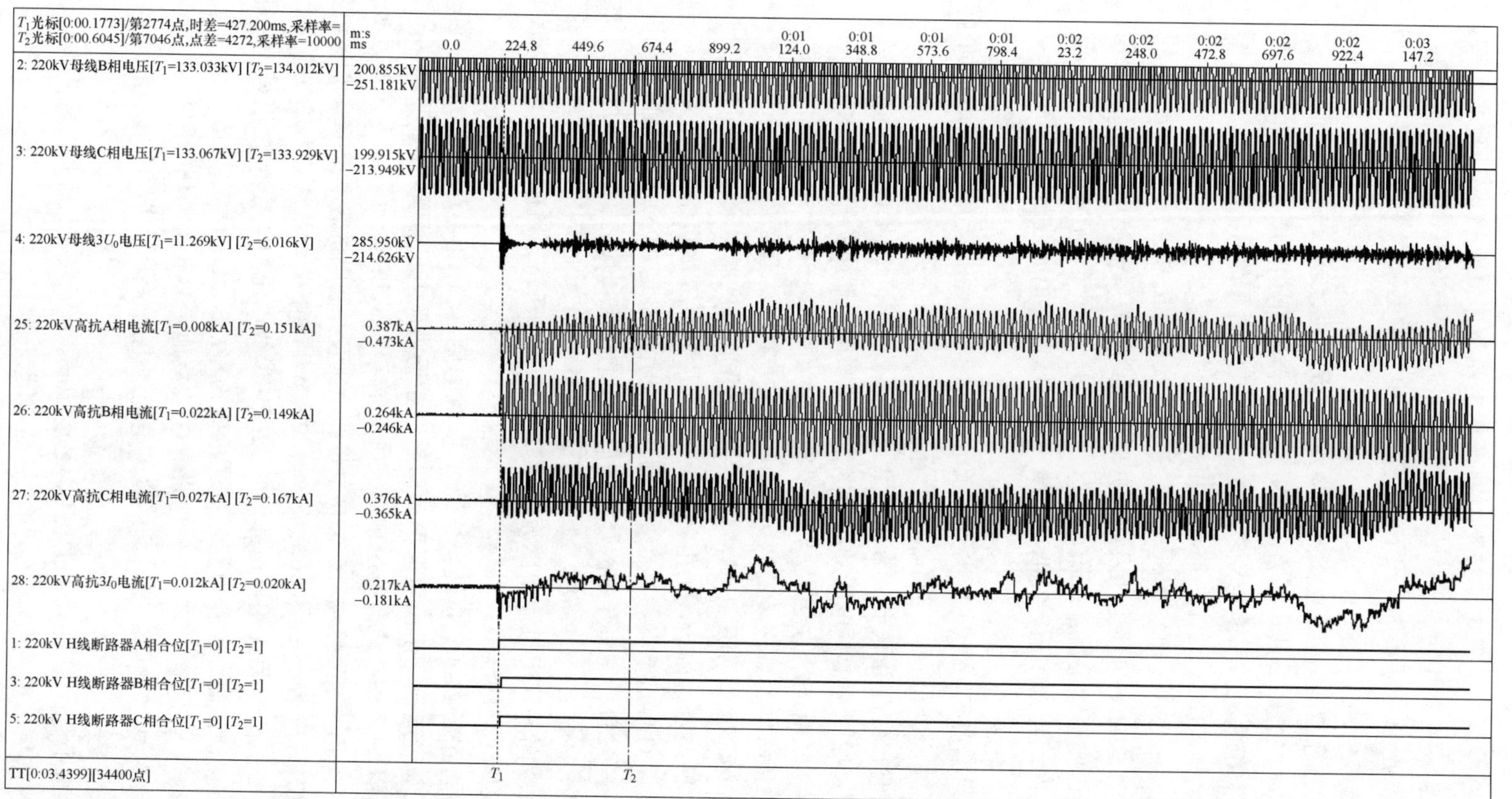
T1光标[0:00.1773]/第2774点,时差=427.200ms,采样率=
T2光标[0:00.6045]/第7046点,点差=4272,采样率=10000
m:s
ms
0.0
224.8
449.6
674.4
899.2
0:01
124.0
0:01
348.8
0:01
573.6
0:01
798.4
0:02
23.2
0:02
248.0
0:02
472.8
0:02
697.6
0:02
922.4
0:03
147.2
2: 220kV母线B相电压[T1=133.033kV] [T2=134.012kV]
200.855kV
−251.181kV
3: 220kV母线C相电压[T1=133.067kV] [T2=133.929kV]
199.915kV
−213.949kV
4: 220kV母线3U0电压[T1=11.269kV] [T2=6.016kV]
285.950kV
−214.626kV
25: 220kV高抗A相电流[T1=0.008kA] [T2=0.151kA]
0.387kA
−0.473kA
26: 220kV高抗B相电流[T1=0.022kA] [T2=0.149kA]
0.264kA
−0.246kA
27: 220kV高抗C相电流[T1=0.027kA] [T2=0.167kA]
0.376kA
−0.365kA
28: 220kV高抗3I0电流[T1=0.012kA] [T2=0.020kA]
0.217kA
−0.181kA
1: 220kV H线断路器A相合位[T1=0] [T2=1]
3: 220kV H线断路器B相合位[T1=0] [T2=1]
5: 220kV H线断路器C相合位[T1=0] [T2=1]
TT[0:03.4399][34400点]
T1
T2

图 12-11　H 线充电时 220kV 母线电压及线路并联电抗器电流压缩波形图

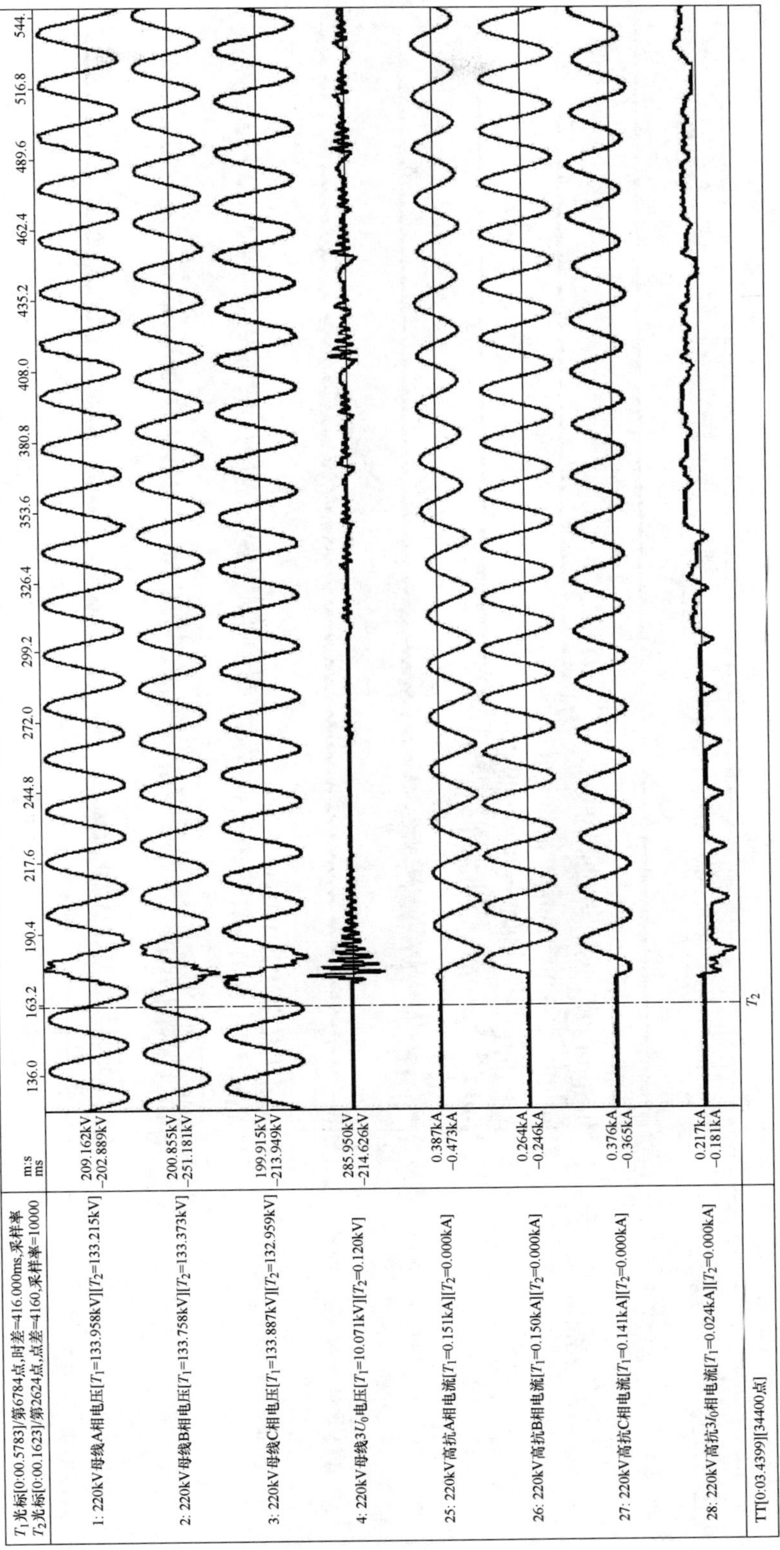

图 12-12　H 线充电时 220kV 母线电压及线路并联电抗器电流展开波形图

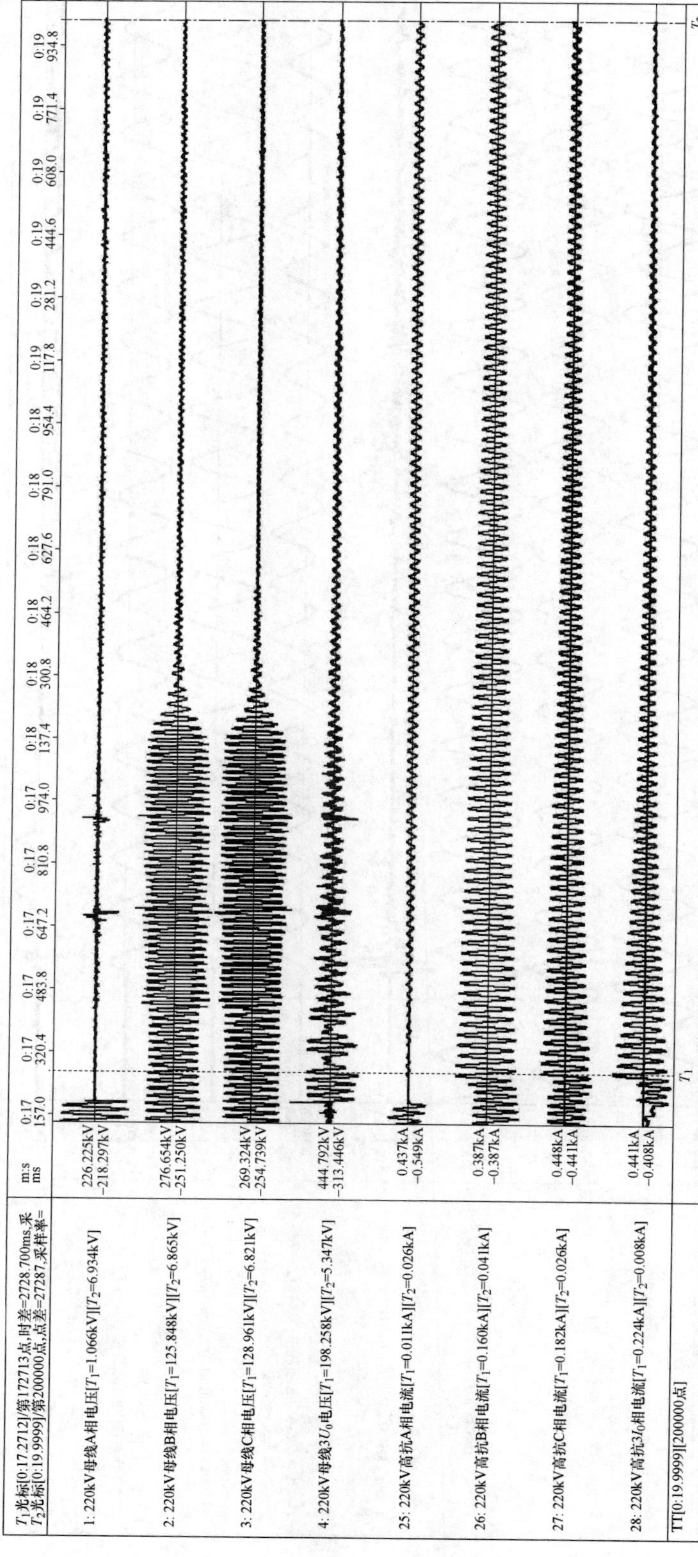

图 12-13　H 线 2211 断路器跳闸后 220kV 母线电压及并联电抗器电流波形图

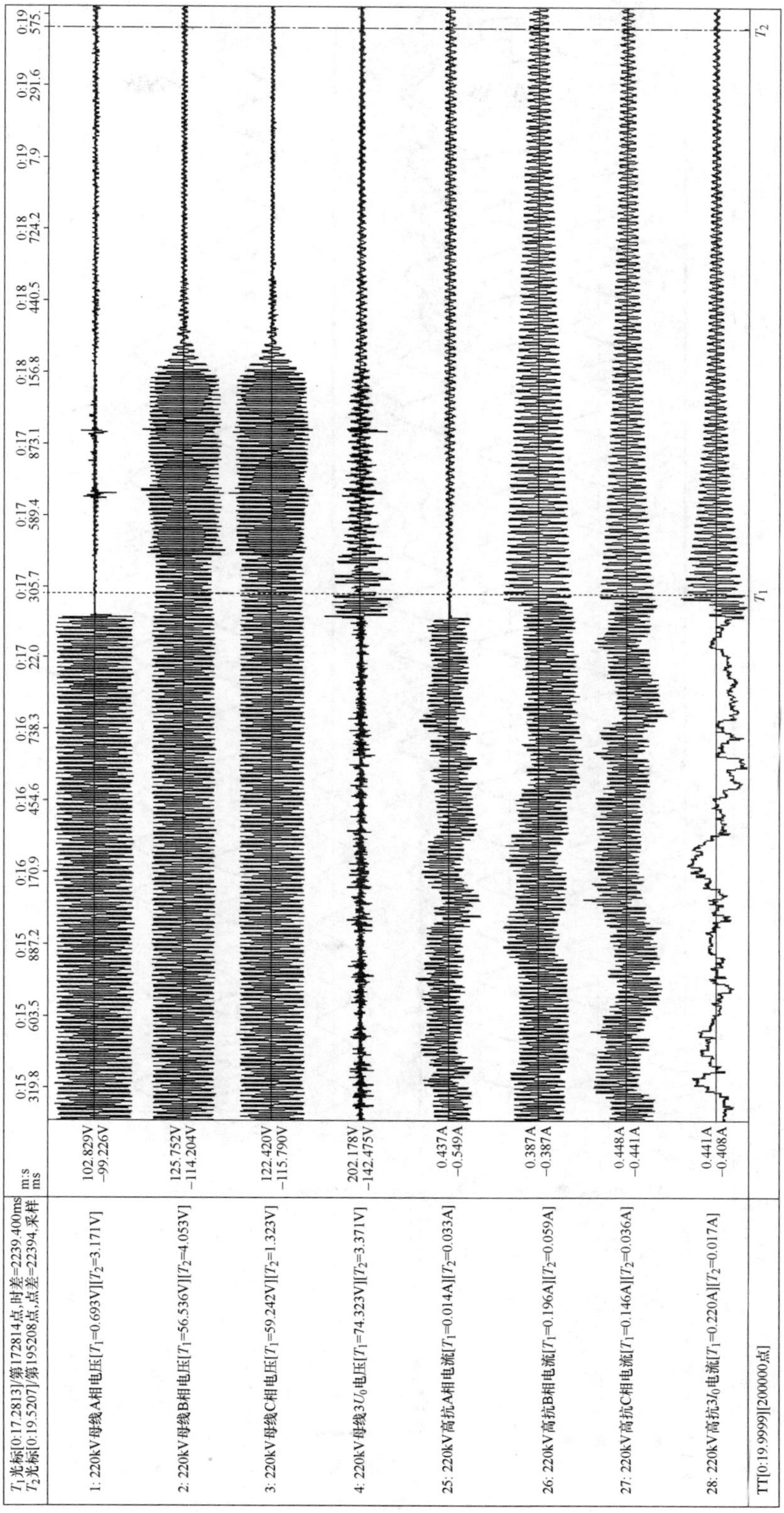

图 12-14　H 线运行、A 相接地故障跳闸后 220kV 母线电压及并联电抗器电流压缩波形图

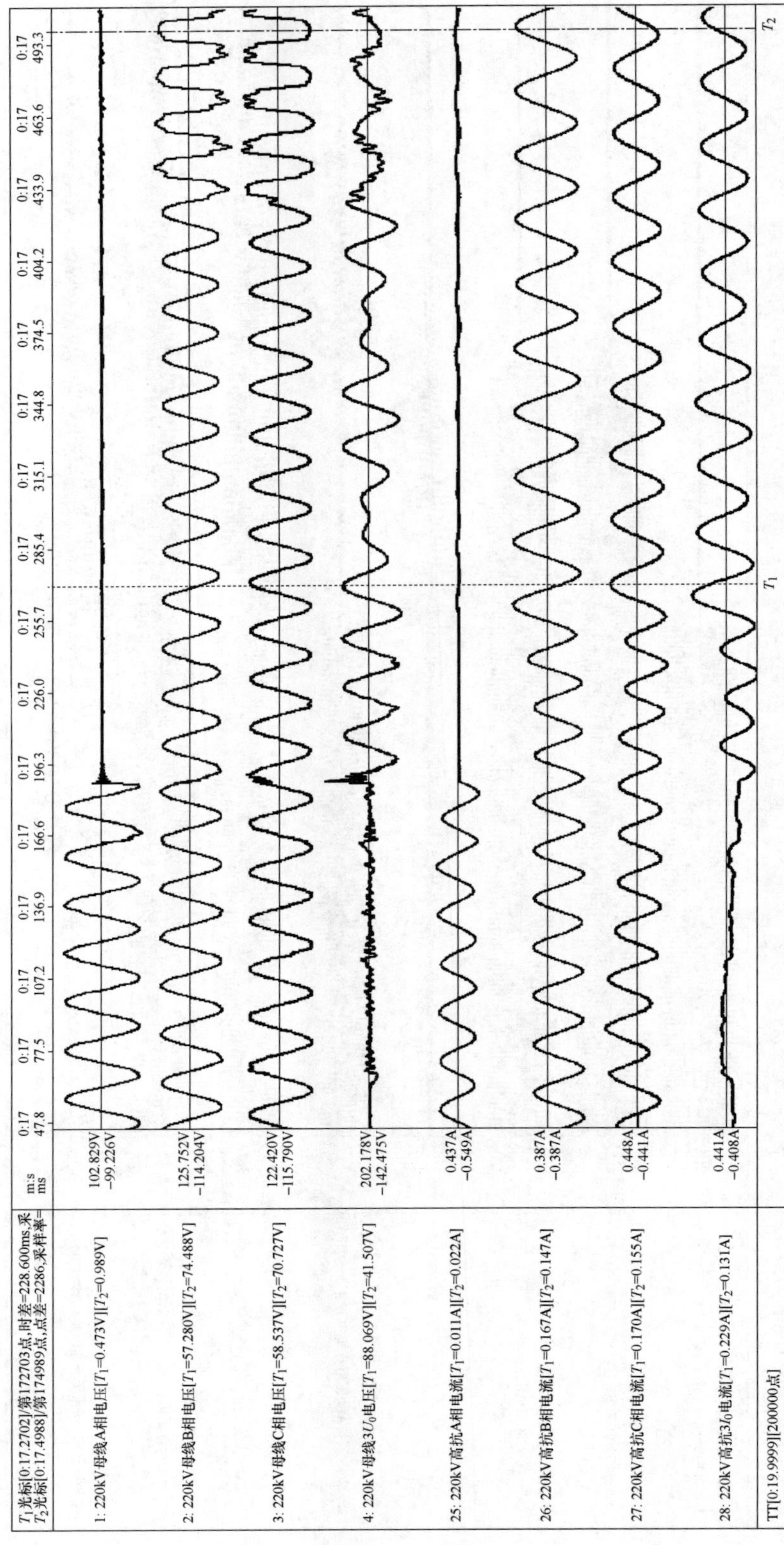

图 12-15　H 线 22111 隔离开关 A 相接地故障时 220kV 母线电压和电抗器电流波形图

（4）电抗器 $3I_0$ 在 A 相接地故障前几乎为零。A 相接地后，有 3.5 个周波偏向横坐标负半轴。2211 断路器跳闸后 $3I_0$ 增大，之后衰减。

7. H线22111隔离开关A相接地故障隔离后220kV母线电压和电抗器电流波形分析

H 线 22111 隔离开关 A 相接地故障隔离后 220kV 母线电压和电抗器电流波形如图 12-16 所示，由图可知 B、C 相母线在 22111 隔离开关 A 相接地故障消除隔离后，220kV 母线电压升高，电压波形发生畸变，并有高次谐波分量（与图 12-13、图 12-14 对应）。

8. 220kV母线电压B、C相衰减完波形分析

220kV 母线电压 B、C 相衰减完波形如图 12-17 所示，对应图 12-13、图 12-14。

22111 隔离开关 A 相接地后 220、35kV 母线完整电压波形如图 12-18 所示。

七、H 线路充电 220kV 母线电压及 G、S 线路电流波形分析

1. H线2211断路器跳闸后电网G线和临时线路S线向故障点提供的短路电流波形分析

H 线 2211 断路器跳闸后，电网 G 线和临时线路 S 线向故障点提供的短路电流波形如图 12-19 所示，图 12-20 是图 12-19 的展开波形图。

（1）G 线电流取自 2210 断路器电流互感器，S 线电流取自 2214 断路电流互感器。因接地点在 G、S 线区外，在 22111 隔离开关 A 相接地时，G 线 B、C 相流过的是由故障点 $3U_0$ 产生的零序电流分量（22111 隔离开关 A 相接地，相当于母线 A 相故障，G、S 线一侧变压器中性点接地，S 是小电源），由图 12-19 可知，G 线 B、C 两相电流基本同相，与故障相和 $3I_0$ 反向。

S 线在故障时三相电流相位基本相同，以零序分量为主，并与 $3I_0$ 同向，A 相在故障时有高频分量。

图 12-19 在故障前是悬浮高频放电电流。

（2）G 线 A 相故障电流有效值计算：（17.250+20.006）/2/1.414=13.17kA。

S 线 A 相故障电流有效值计算：（9.681+7.496）/2/1.414=6.0739kA。

故障点的短路电流为 G、S 线路的相量和。

A 相电流计算值与波形图中标注的故障电流值有误差。图 12-19 中标注的 G 线是 12.494kA，S 线标注的是 3.54kA。

（3）G 线路接地距离Ⅱ段整定 0.2s，故障波形 12 个周波，245ms，为接地距离Ⅱ段整定时间+断路器固有分闸时间。G 线跳闸后，S 线（运行风电场）与电网解列，但风机没有立即停运，因此继续向 22111A 相接地隔离开关供电，此时故障的零序分量消失，电流很小，直到风机停运。

H 线等效零序网络如图 12-21 所示。

2. H线22111隔离开关A相接地220kV母线电压及电网G线故障前、故障时、故障切除后波形分析

H 线 22111 隔离开关 A 相接地 220kV 母线电压及电网 G 线故障前、故障时、故障切除后波形如图 12-22 所示，G 线所送短路电流时间为 245ms，故障时 B、C 两相电流小，方向基本相同，与 A 相故障电流和 $3I_0$ 基本反相。G 线电源侧断路器首开相是 C 相，A 相最后断开，断路器三相分闸不同期时间有 10ms，所以 $3I_0$ 最后半个波是断路器三相分闸不同期产生，与 A 相电流最后半波相同。

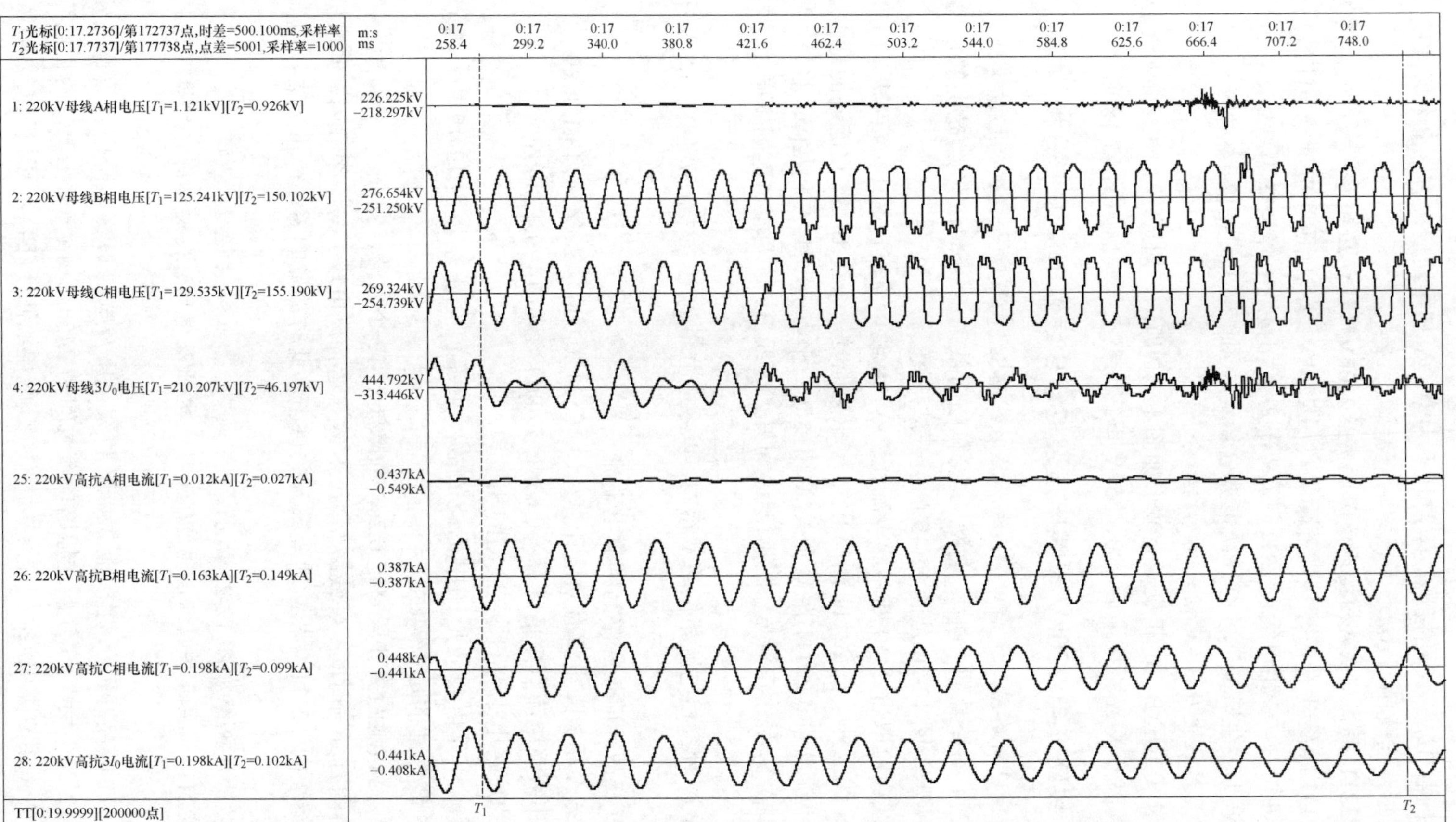

图 12-16 H 线 22111 隔离开关 A 相接地故障隔离后 220kV 母线电压和电抗器电流波形图

T_1光标[0:00.6882]/第179583点,时差=616.200ms,采样率
T_2光标[0:00.072]/第173421点,点差=6162,采样率=10000

m:s
ms

706.8　729.6　752.4　775.2　798.0　820.8　843.6　866.4　889.2　912.0　934.8　957.6　980.4　0:01 3.2　0:01 26.0

1: 220kV母线A相电压[T_1=0.909kV][T_2=1.126kV]　226.225kV　-218.297kV

2: 220kV母线B相电压[T_1=155.511kV][T_2=125.185kV]　276.654kV　-251.250kV

3: 220kV母线C相电压[T_1=159.749kV][T_2=127.385kV]　269.324kV　-254.739kV

4: 220kV母线$3U_0$电压[T_1=38.152kV][T_2=201.365kV]　444.792kV　-313.446kV

17: 220kV H线A相电流[T_1=0.000kA][T_2=0.000kA]　4.076kA　-2.863kA

18: 220kV H线B相电流[T_1=0.000kA][T_2=0.000kA]　1.496kA　-1.485kA

19: 220kV H线C相电流[T_1=0.000kA][T_2=0.000kA]　2.343kA　-2.311kA

20: 220kV H线$3I_0$电流[T_1=0.000kA][T_2=0.00kA]　4.056kA　-2.947kA

TT[0:19.9999][200000点]

T_1

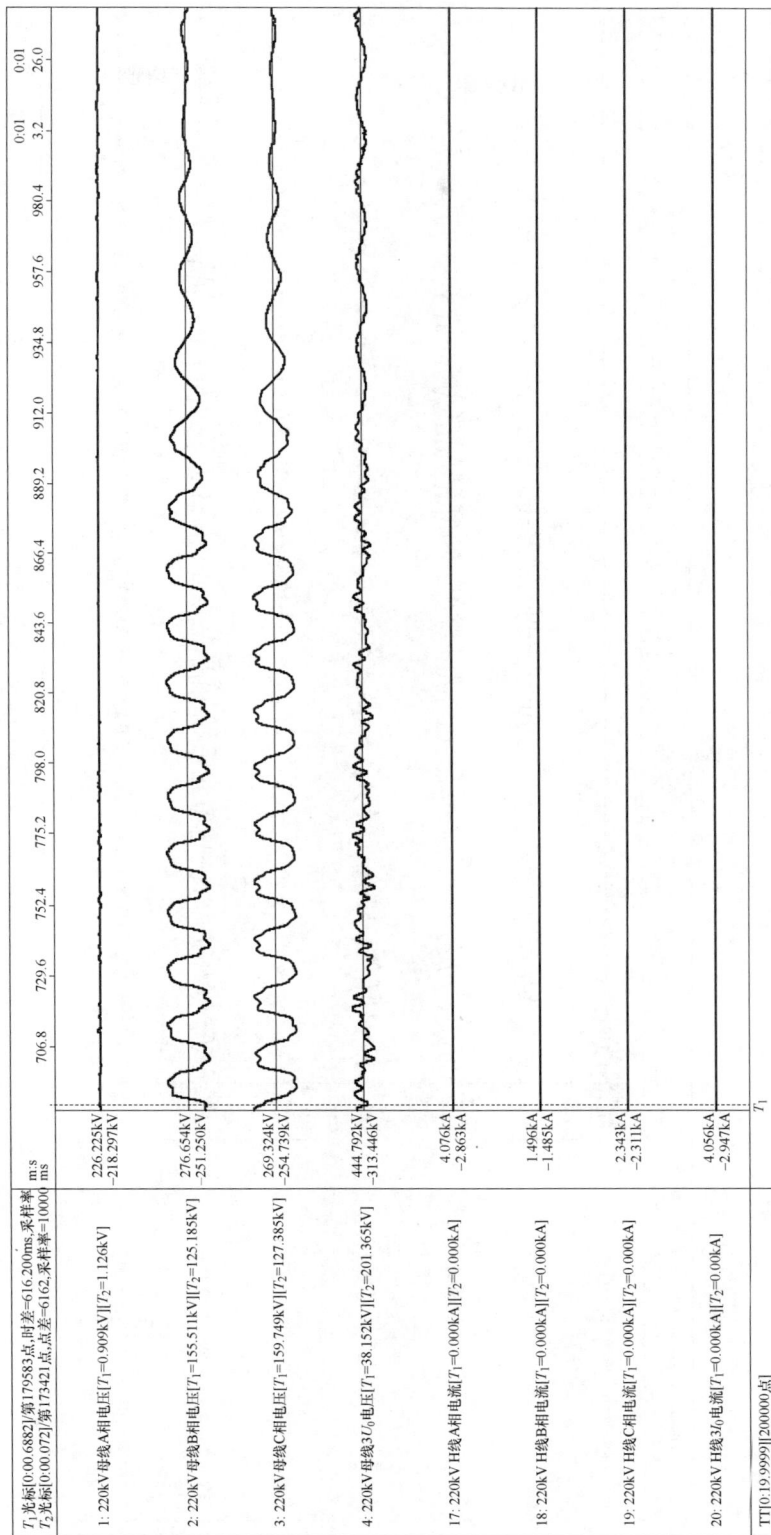

图 12-17　220kV 母线电压 B、C 相衰减完波形图

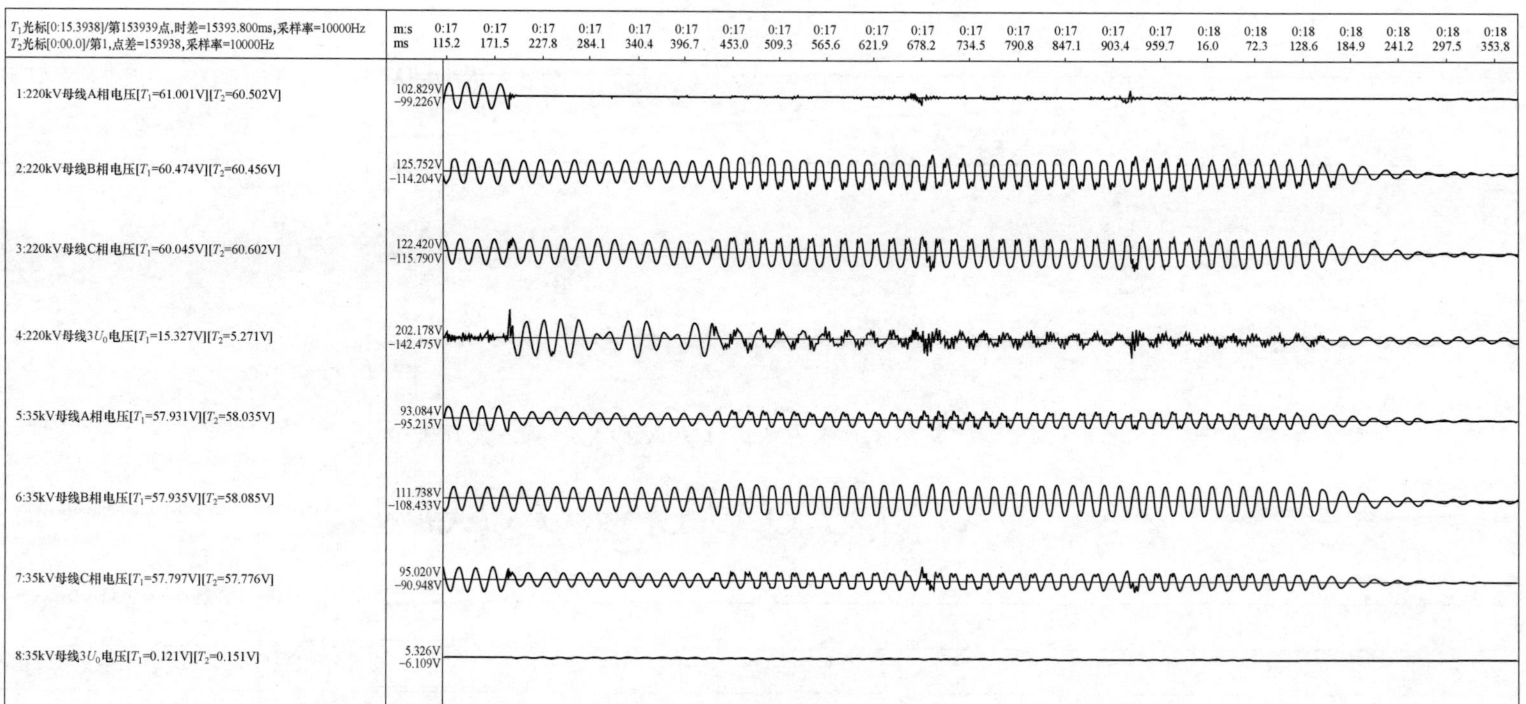

图 12-18　22111 隔离开关 A 相接地后 220、35kV 母线电压波形图

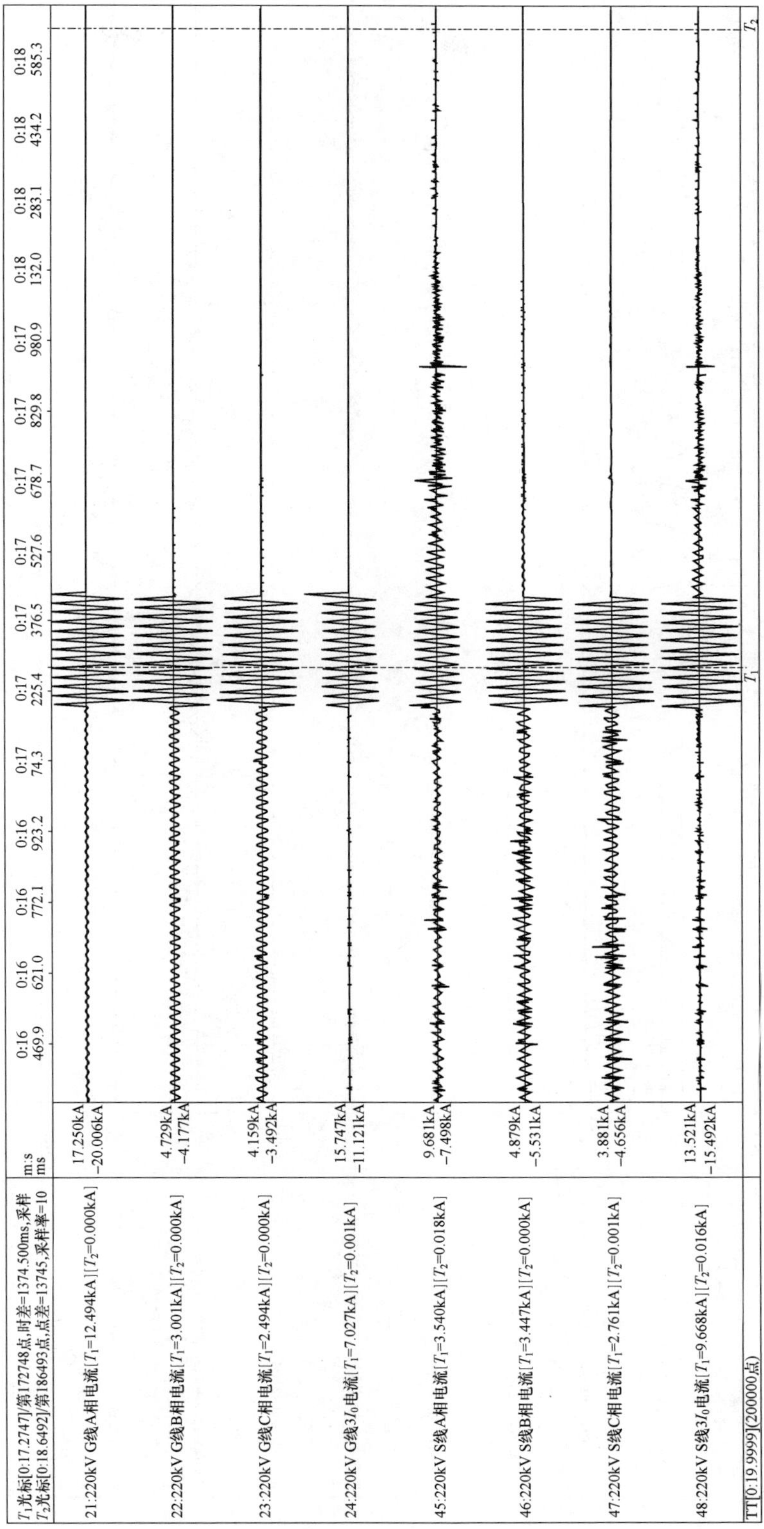

T_1光标[0:17.2747]/第172748点,时差=1374.500ms,采样
T_2光标[0:18.6492]/第186493点,点差=13745,采样率=10

m:s ms

0:16 469.9　0:16 621.0　0:16 772.1　0:16 923.2　0:17 74.3　0:17 225.4　0:17 376.5　0:17 527.6　0:17 678.7　0:17 829.8　0:17 980.9　0:18 132.0　0:18 283.1　0:18 434.2　0:18 585.3

21:220kV G线A相电流[T_1=12.494kA][T_2=0.000kA]　17.250kA　−20.006kA

22:220kV G线B相电流[T_1=3.001kA][T_2=0.000kA]　4.729kA　−4.177kA

23:220kV G线C相电流[T_1=2.494kA][T_2=0.000kA]　4.159kA　−3.492kA

24:220kV G线$3I_0$电流[T_1=7.027kA][T_2=0.001kA]　15.747kA　−11.121kA

45:220kV S线A相电流[T_1=3.540kA][T_2=0.018kA]　9.681kA　−7.498kA

46:220kV S线B相电流[T_1=3.447kA][T_2=0.000kA]　4.879kA　−5.531kA

47:220kV S线C相电流[T_1=2.761kA][T_2=0.001kA]　3.881kA　−4.656kA

48:220kV S线$3I_0$电流[T_1=9.668kA][T_2=0.016kA]　13.521kA　−15.492kA

TT[0:19.9999](200000点)

T_1　T_2

图 12-19　电网 G 线和临时线路 S 线向故障点提供的短路电流波形图

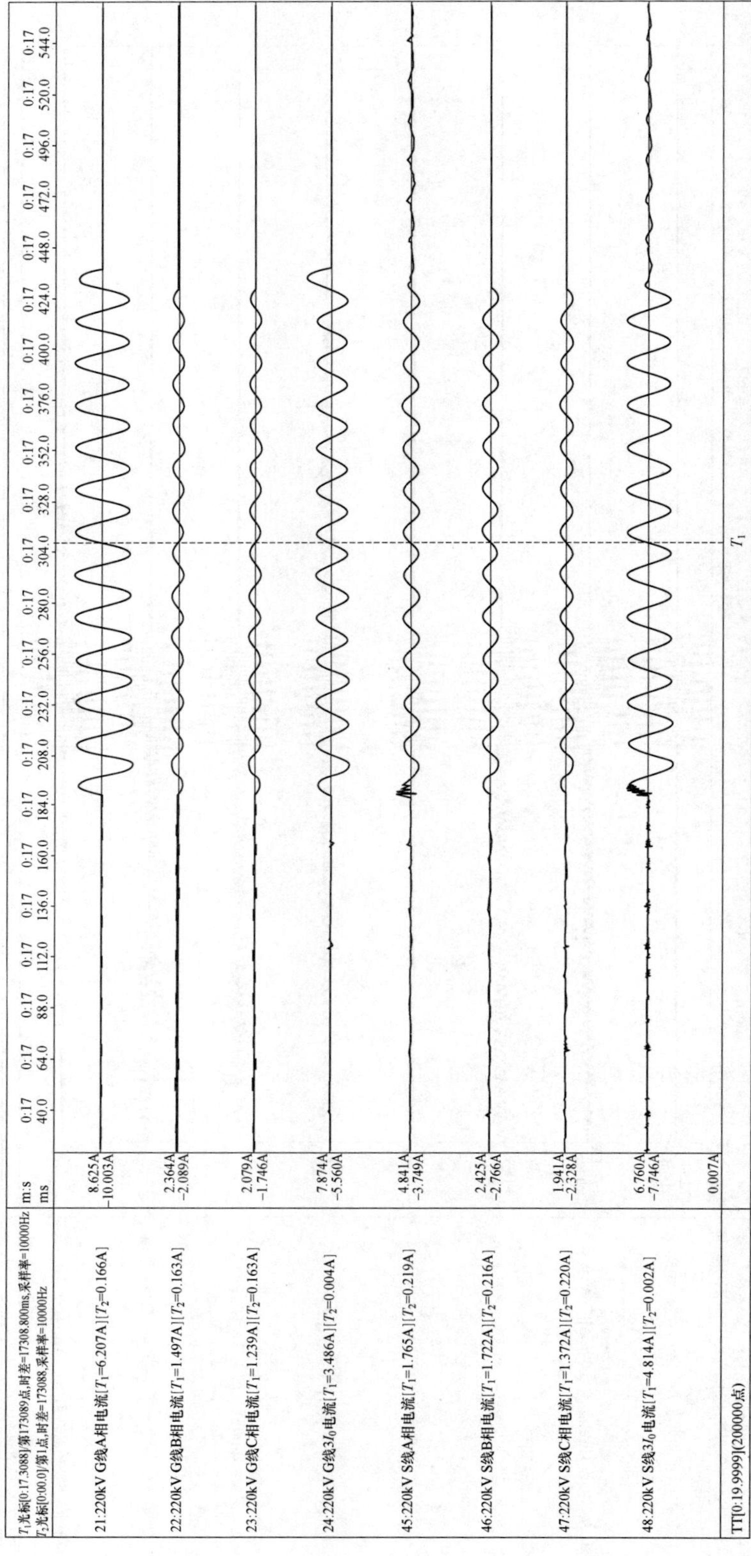

图 12-20　电网 G 线和临时线路 S 线向故障点提供的短路电流展开波形图

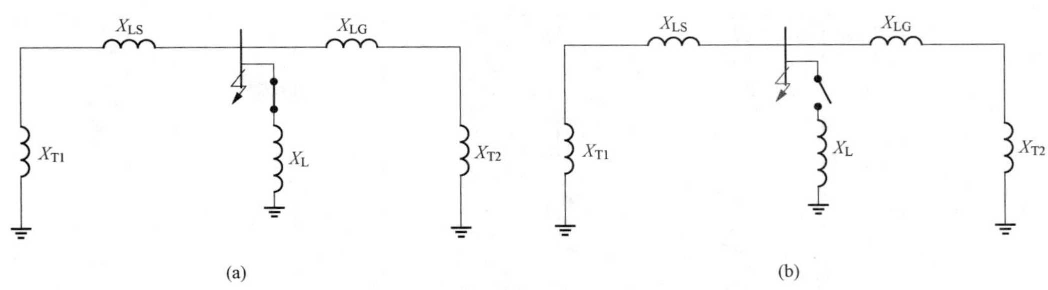

图 12-21　2210 断路器跳闸后 H 线等效零序网络

（a）2211 断路器跳闸前；（b）2211 断路器跳闸后

X_{T1}—S 侧风电场变压器零序阻抗；X_{LS}—S 线路零序阻抗；X_{LG}—G 线零序阻抗；X_{T2}—G 线电源侧变压器零序阻抗；X_L—H 线并联电抗器零序阻抗

3. H线22111隔离开关A相接地电网G线、S线故障前、故障时、故障切除后展开波形分析

H 线 22111 隔离开关 A 相接地电网 G 线、S 线故障前、故障时、故障切除后展开波形如图 12-23 所示，与图 12-16 对应，图中 S 线路故障电流有以下特点：

（1）A 相故障电流在开始时高幅值高频分量；

（2）B、C 两相在故障开始时有高次谐波分量；

（3）G 线断路器三相跳闸后，S 线由于海上风电场没有立即停运，仍向 H 线 22111 隔离开关 A 相送短路电流。

4. G线断路器三相跳闸后S线继续向22111隔离开关供短路电流波形分析

G 线断路器三相跳闸后 S 线继续向 22111 隔离开关供短路电流波形如图 12-24 所示。在 G 线接地距离Ⅱ段动作跳开 G 线断路器，切断电源侧向故障点提供的短路电流。但由于 S 线路风机仍在运行，并且已与系统解列，S 线向故障点提供的短路电流不是 50Hz 正弦量，而由于 22111 隔离开关 B、C 相没有与 GIS 接地，因此没有故障电流。S 线路 A 相电流最后由风机保护动作将 S 风电场内风电机组从电网切除后消失。

八、故障原因分析

由以上故障波形分析可知，H 线 2211 断路器合闸后，三条线三相均采集到持续的高频放电电流波形，H 线上的幅值最大，每一次放电波形幅值由大到小，说明 H 线 2211 断路器合闸后，母线侧设备气室内部产生了局部放电。由图 12-25 可知，是 22111 隔离开关位置指示器没有到位，可判断 22111 隔离开关三相没有合到位，形成三相局部放电，直到 22111 隔离开关 A 相接地。

通过现场人员对 22111 隔离开关拆卸后发现，22111 隔离开关三相动触头均有不同程度的烧灼现象，如图 12-26 所示，接地开关静梅花触指已经全部散开，紧固弹簧部分烧断；三相绝缘拉杆与动触头连接部位均有烧灼痕迹，其中 A 相拉杆表面有电弧烧灼痕迹，接地开关也有部分烧灼痕迹。

A 相接地开关静触头屏蔽罩已烧穿，与之对应的外壳上部烧出一个大洞，应为电弧连接处。22111 隔离开关爆炸后的气室如图 12-27 所示。

拆开 A 相中间触头，内部有明显的烧蚀或熔融现象，动触头已发热变黑，动静触头之间有明显的电弧烧蚀点，为电弧连接通道。

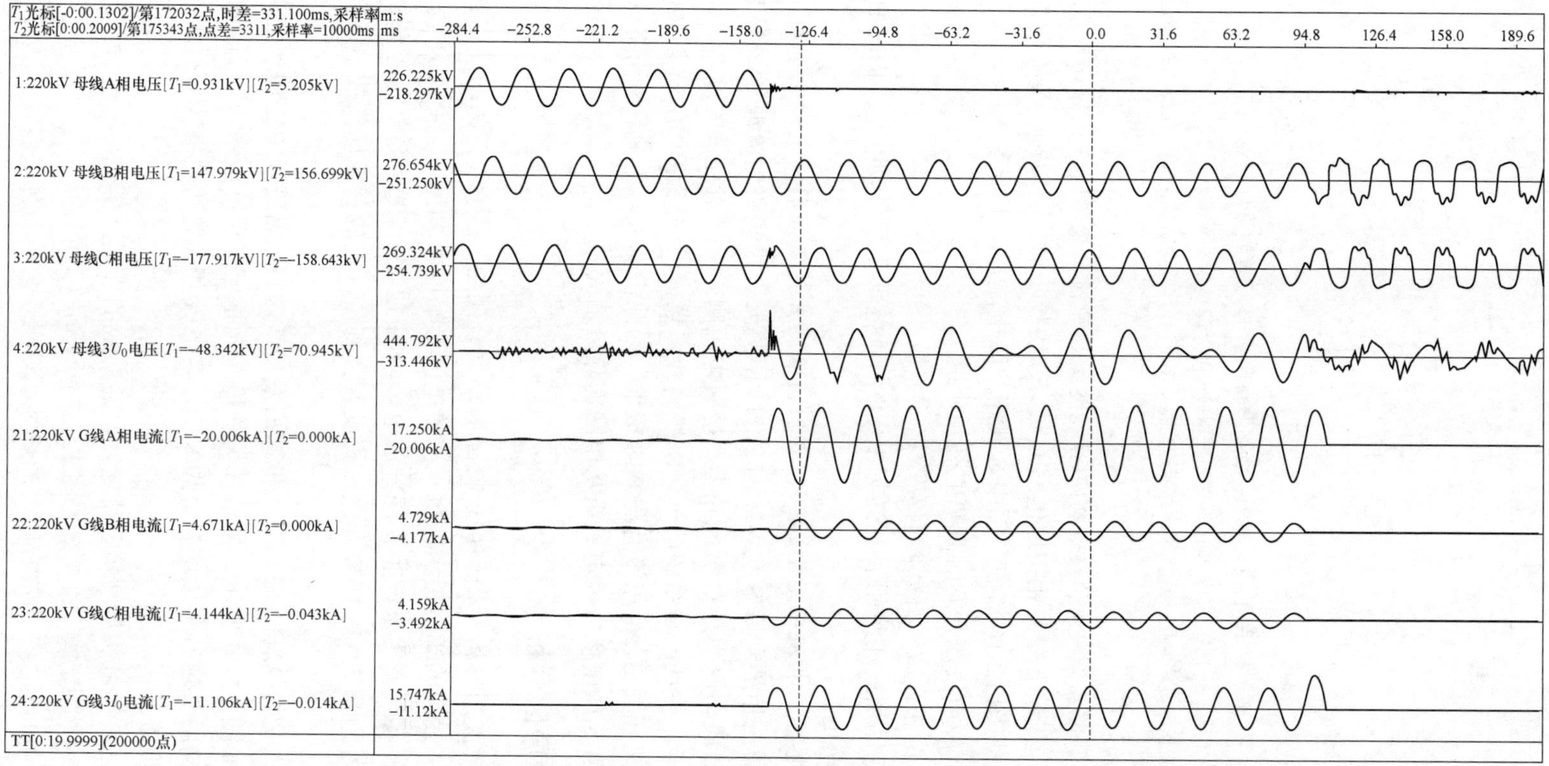

图 12-22　H 线 22111 隔离开关 A 相接地 220kV 母线电压及电网 G 线故障前、故障时、故障切除后波形图

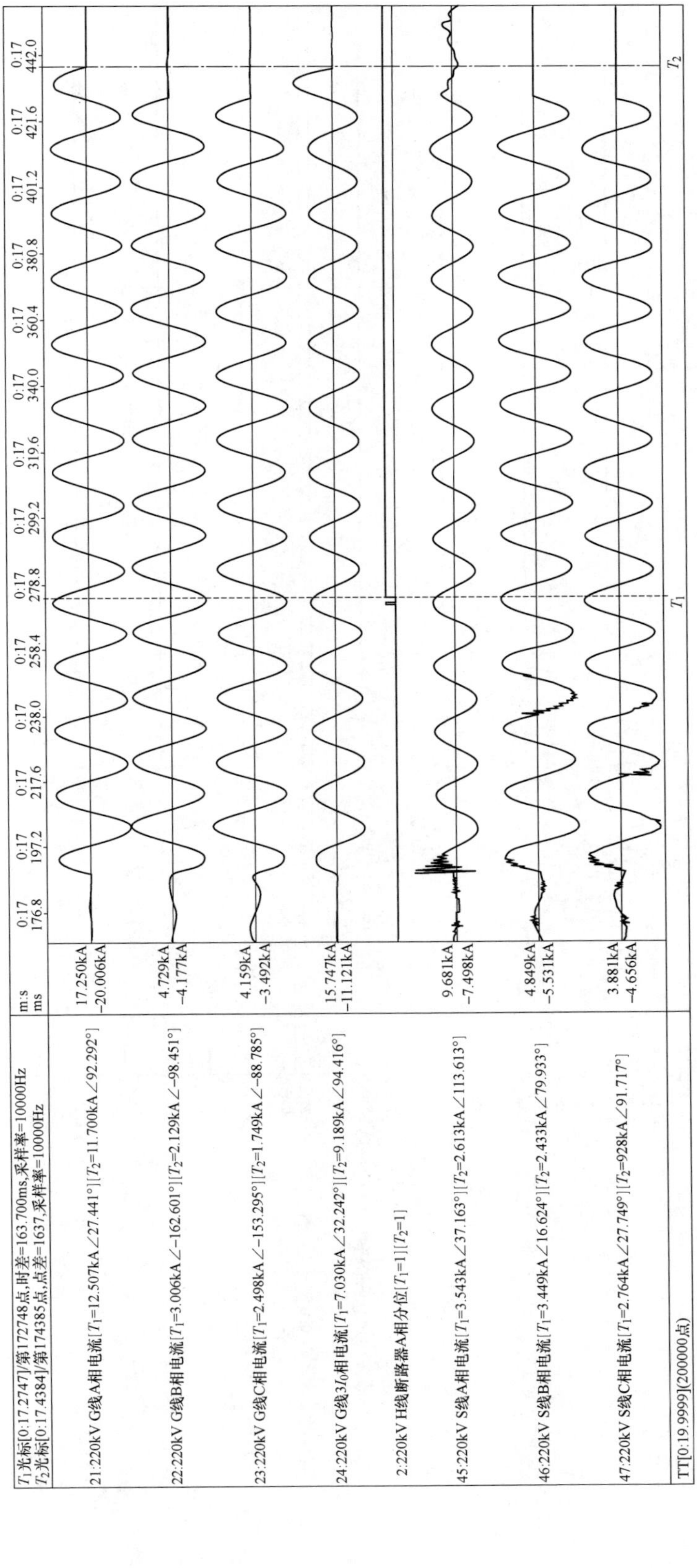

T_1光标[0:17.2747]/第172748点,时差=163.700ms,采样率=10000Hz
T_2光标[0:17.4384]/第174385点,点差=1637,采样率=10000Hz

m:s　ms
0:17 176.8　0:17 197.2　0:17 217.6　0:17 238.0　0:17 258.4　0:17 278.8　0:17 299.2　0:17 319.6　0:17 340.0　0:17 360.4　0:17 380.8　0:17 401.2　0:17 421.6　0:17 442.0

21:220kV G线A相电流[T_1=12.507kA∠27.441°][T_2=11.700kA∠92.292°]　17.250kA　−20.006kA

22:220kV G线B相电流[T_1=3.006kA∠−162.601°][T_2=2.129kA∠−98.451°]　4.729kA　−4.177kA

23:220kV G线C相电流[T_1=2.498kA∠−153.295°][T_2=1.749kA∠−88.785°]　4.159kA　−3.492kA

24:220kV G线$3I_0$相电流[T_1=7.030kA∠32.242°][T_2=9.189kA∠94.416°]　15.747kA　−11.121kA

2:220kV H线断路器A相分位[T_1=1][T_2=1]

45:220kV S线A相电流[T_1=3.543kA∠37.163°][T_2=2.613kA∠113.613°]　9.681kA　−7.498kA

46:220kV S线B相电流[T_1=3.449kA∠16.624°][T_2=2.433kA∠79.933°]　4.849kA　−5.531kA

47:220kV S线C相电流[T_1=2.764kA∠27.749°][T_2=928kA∠91.717°]　3.881kA　−4.656kA

TT[0:19.9999](200000点)　T_1　T_2

图 12-23　H 线 22111 隔离开关 A 相接地电网 G 线、S 线故障前、故障时、故障切除后展开波形图

T_1光标[0:17.2725]/第172726点,时差=165.900ms,采样率=10000Hz
T_2光标[0:17.4384]/第174385点,点差=1659,采样率=10000Hz

m:s / ms: 0:17 299.2 | 0:17 340.0 | 0:17 380.8 | 0:17 421.6 | 0:17 462.4 | 0:17 503.2 | 0:17 544.0 | 0:17 584.8 | 0:17 625.6 | 0:17 666.4 | 0:17 707.2 | 0:17 748.0 | 0:17 788.8 | 0:17 829.6

21:220kV G线A相电流[T_1=12.469kA∠−12.138°][T_2=11.700kA∠92.292°]　17.250kA　−20.006kA

22:220kV G线B相电流[T_1=2.994kA∠157.763°][T_2=2.129kA∠−98.451°]　4.729kA　−4.177kA

23:220kV G线C相电流[T_1=2.488kA∠167.135°][T_2=1.749kA∠−88.785°]　4.159kA　−3.492kA

24:220kV G线$3I_0$相电流[T_1=7.014kA∠−7.324°][T_2=9.189kA∠94.416°]　15.747kA　−11.121kA

2:220kV H线断路器A相分位[T_1=1][T_2=1]

45:220kV S线A相电流[T_1=3.533kA∠−2.377°][T_2=2.613kA∠113.613°]　9.681kA　−7.498kA

46:220kV S线B相电流[T_1=3.439kA∠−23.001°][T_2=2.433kA∠79.933°]　4.849kA　−5.531kA

47:220kV S线C相电流[T_1=2.754kA∠−11.819°][T_2=1.928kA∠91.717°]　3.881kA　−4.656kA

TT[0:19.9999](200000点)　T_1　T_2

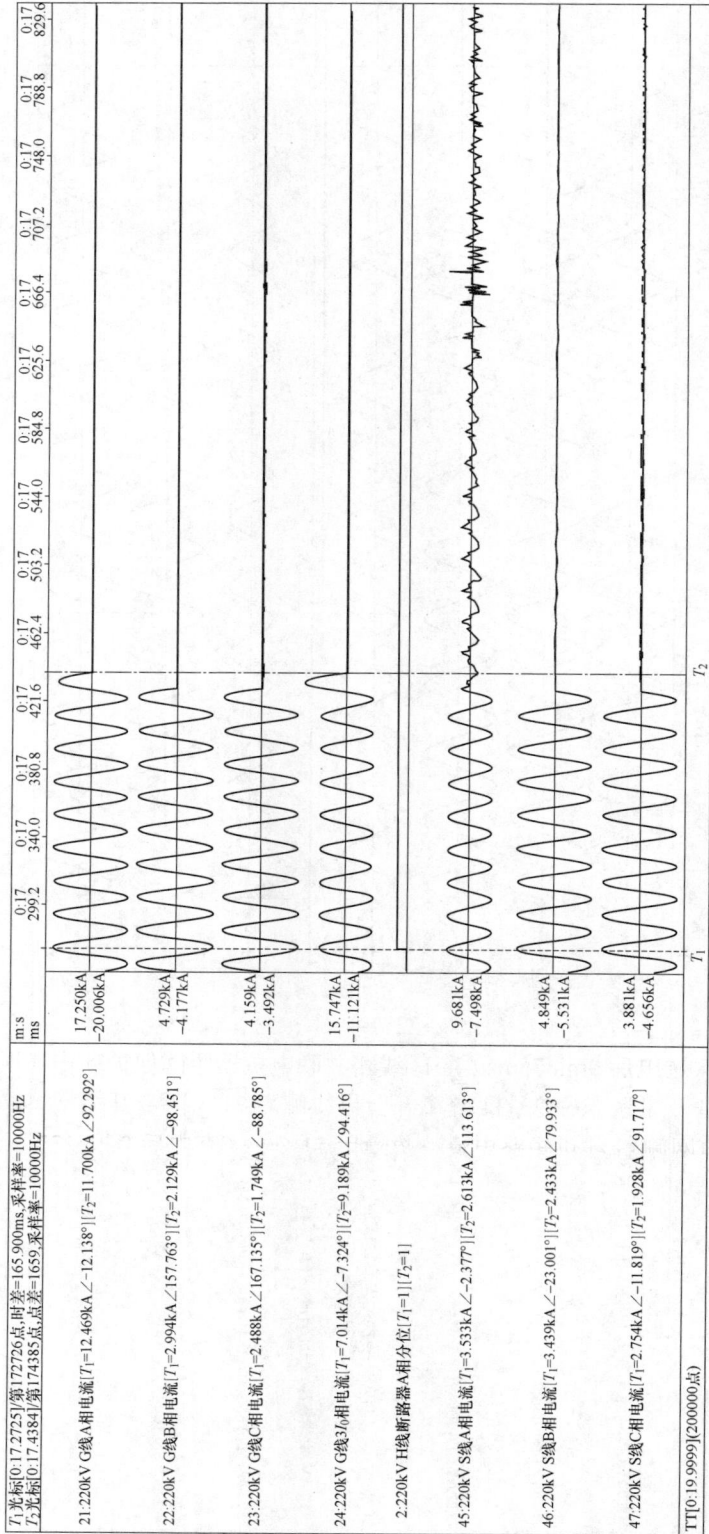

图 12-24　G 线断路器三相跳闸后 S 线继续向 22111 隔离开关供短路电流波形图

图 12-25　22111 隔离开关位置指示器实际位置

图 12-26　22111 隔离开关故障后气室内部设备

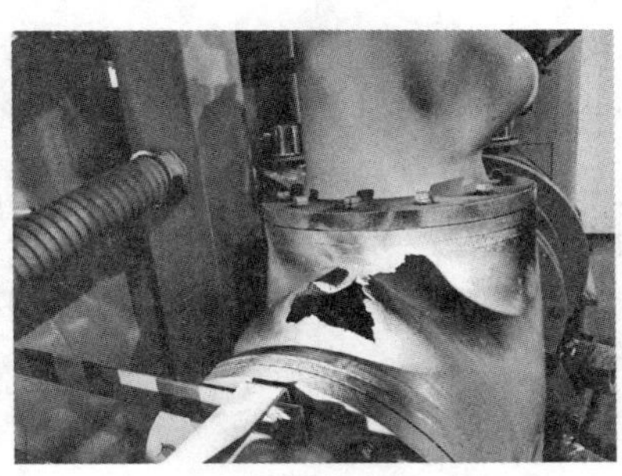

图 12-27　22111 隔离开关爆炸后的气室

故障气室下面的母线外壳伸缩节处的连接螺栓均已过热变黑，支撑角钢大面积发黑。

其他设备分析：H 线海底电缆的三相末端终端接头的外护套均有放电现象，A 相最严重。

九、故障动作过程

14 时 12 分 19 秒，220kV H 线 2211 断路器合闸→由于 S 线（类似背靠背电容器）及 H 线共同作用向 H 线提供很大的涌流→H 线合闸时产生很大的高频涌流→电缆线路对地电容大→H 变电站（故障时采集母线电压互感器电压）母线电压产生“容升效应”→工频电压升高 1.4 倍左右（H 线对侧更高）→2211 断路器合闸后同时三条线路都出现了局部放电现象→高频放电电流，以 H 线最严重→空载运行 9min31ms→22111 隔离开关 A 相接地→22111 隔离开关 A 相发生单相接地后 34ms（送电后 9min75ms）→H 线路并联电抗器匝间保护动作（误动）→跳开 H 线路 2211 断路器→由于故障点在 22111 隔离开关母线侧（22111 隔离开关气室爆炸），故障未切除→继续由 S 线和电网侧 G 线供短路电流→故障后 51.6ms（充电后 9min127ms），G 侧远后备接地距离Ⅱ段保护动作（远后备整定 0.2s）切除 G 线提供短路电流→S 线所接两座海上风电场与电力系统解列成为孤岛运行→风电场通过 S 线继续向 22111 隔离开关 A 相提供短路电流→风机自己的保护检测到电网侧掉电，启动低压穿越和频率异常程序→各台风机按照上述程序整定对风机执行紧急停机→变频器的保护自动断开并网开关→变频器制动回路卸掉直流回路能量。

十、保护动作分析

（1）线路并联电抗器匝间保护动作分析。A 相发生单相接地后 34ms（送电后 9min75ms），H 线路并联电抗器匝间保护动作（误动），跳开该线路 2211 断路器。该线路上并联电抗器中性点直接接地，接地电抗值为 0Ω，而继电保护定值通知单上中性点电抗阻值为 1506Ω，由于匝间保护动作值需要参考中性点电抗器阻抗，导致动作范围增大，满足匝间保护动作条件，线路并联电抗器匝间保护动作，跳 2211 断路器。为整定值整定导致的误动。

（2）故障后 51.6ms（充电后 9min127ms），G 侧接地距离Ⅱ段保护动作（远后备整定 0.2s）切除故障，保护动作正确。

（3）G 线路接地距离Ⅱ段保护动作跳闸后，S 线 A 相电流及 H 变电站 220kV 母线 B、C 相仍有电压，且出现电压进一步升高，由 S 场风机保护动作停运。

（4）本线路出现了工频电压的升高，线路未见过电压保护动作信息。

十一、引起工频电压升高的原因分析

（1）运行方式。由以上分析，工频电压升高来自导线电容电流，H 线在设计时已经考虑的"容升效应"对空载线路合闸末端电压升高的措施，在 H 线首端安装了 35Mvar、1511Ω 三相并联电抗器，在送电时临时接近了 S 线路，S 线路下面有两条海底电缆，线路的长度分别为 28.03km 和 23.829km，通过两台 220kV 变压器作为两个风电场的升压变压器。虽然线路上有并联电抗器，但线路并联电抗器都是采用欠补偿，特别在风电场发电容量不大的情况下，电缆线路的电容电流会比较大。

（2）充电时电源侧的电压是否偏高？

十二、工频电压升高对一次设备的影响

1. 对并联电抗器的影响

《110kV 及以上油浸式并联电抗器技术参数和要求》（GB/T 23753—2020）中对 220kV 级三相电抗器参数的规定如下。

（1）H 线电抗器规格参数。

1）型号：BKS-35000/220。

2）额定容量（Mvar）：35。

3）额定电压（kV）：230。

4）额定电流（A）：87.9。

5）额定电抗（Ω）：1511。

6）相数：3 相。

（2）磁化特性：在 1.25 倍额定电压以下时，电抗器的磁化特性曲线应基本为线性，在 1.25 倍额定电压下的电抗值应不低于额定电压下的电抗器值 95%。

（3）过励磁倍数：220kV 级电抗器过励磁能力见表 12-2。

表 12-2　220kV 级电抗器过励磁能力

过励磁倍数	允许时间	
	备用状态下投入允许时间	额定运行下允许时间
1.15	120min	60min
1.2	40min	20min
1.25	20min	10min
1.3	10min	3min
1.4	1min	20s
1.5	20s	8s

注　表中内容不作为试验考核项目。

H 线投运时间 9min31ms，从电抗器电流波形看三相电流并不在横坐标中间，有偏移横坐标现象，说明电抗器有进入饱和区现象。

2. 对GIS 壳体的影响

根据《高压交流开关设备和控制设备标准的共用技术要求》（GB/T 11022—2020）规定，额定电压 252kV GIS 的额定短时工频耐受电压（有效值）为 395kV 和 460kV，因此此次工频电压的升高对 GIS 壳体没有影响。

3. 对动力电缆的影响

对动力电缆的影响主要是电缆头，当电缆头绝缘薄弱或者工艺达不到要求时，过电压可能造成电缆头绝缘受损。

4. 对变压器过励磁能力的影响

根据《220kV～750kV 油浸式电力变压器使用技术条件》（DL/T 272—2022），额定负载下的过励磁能力见表 12-3。

表 12-3　额定负载下的过励磁能力

过励磁倍数（标幺值）	220kV	330～750kV
1.05	持续	
1.1	80%额定容量下持续，额定负载下 20min	
1.2	3min	30s
1.3	空载 5min	5s

注　1. 过励磁倍数为实际施加电压与运行分接头的额定电压之比乘以额定频率与实际额定频率之比。
2. 当变压器和发电机直接连接且必须承受甩负荷工作条件时，应能承受额定频率下 1.4 倍过励磁 5s。

5. 对无功补偿（SVC、SVG）的影响

电容器允许在额定电压±5%波动范围内长期运行，电容器的过电压倍数及运行持续时间见表 12-4，尽量避免在低于额定电压下运行。

表 12-4　电力电容器过电压倍数及运行持续时间

过电压倍数（U_g/U_N）	持续时间	说明
1.05	连续	—
1.10	每 24h 中有 8h 连续	指长期工作电压的最高值不超过 1.1 倍
1.15	每 24h 中有 30min 连续	系统电压调整与波动
1.20	5min	轻荷载时电压升高
1.30	1min	

十三、本案例应汲取的教训

（1）本案例 GIS 22111 隔离开关 A 相接地，气室爆炸的原因：

1）A 相隔离开关触头合闸不到位，造成 A 相隔离开关严重损坏。

2）现场位置指示未指到合位，未被及时发现。

（2）运行人员对工频电压升高的概念不了解，在发现设备运行声音不正常、电缆头放电、监控显示电压高时就应立即向调度汇报。

（3）风机高电压穿越装置没有投运或者没有改造。

参 考 文 献

[1] 刘万顺．电力系统故障分析[M]．北京：水利电力出版社，1998.

[2] 解广润．电力系统过电压[M]．北京：水利电力出版社，1985.

[3] 张全元．变电运行现场技术问答[M]．北京：中国电力出版社，2003.

[4] 勒内·斯梅茨，卢范德·斯路易斯，米尔萨德·卡佩塔诺维奇，等．输配电系统电力开关技术[M]．扬森著，刘志远，王建华，等译．北京：机械工业出版社，2019.

[5] 薛峰．怎样分析电力系统故障录波图[M]．北京：中国水利水电出版社，2014.

[6] 陈雷，陈家斌．SF_6断路器实用技术[M]．2版．北京：中国水利水电出版社，2014.

[7] 孟凡钟．真空断路器实用技术[M]．北京：中国水利水电出版社，2009.